装备科技译著出版基金

多源多目标统计信息融合进展

Advances in Statistical Multisource-Multitarget Information Fusion

[美]罗纳德·马勒(Ronald P. S. Mahler) 著
范红旗 卢大威 蔡 飞 译
付 强 审

国防工业出版社
·北京·

著作权合同登记　图字：军-2015-209 号

图书在版编目(CIP)数据

多源多目标统计信息融合进展 / (美)罗纳德·马勒(Ronald P. S. Mahler)著;范红旗,卢大威,蔡飞译.
—北京:国防工业出版社,2017.12
书名原文:Advances in Statistical Multisource-Multitarget Information Fusion
ISBN 978-7-118-11496-6
Ⅰ.①多… Ⅱ.①罗… ②范… ③卢… ④蔡… Ⅲ.①统计数据—信息融合 Ⅳ.①O212
中国版本图书馆 CIP 数据核字(2017)第 309479 号

※

国防工业出版社出版发行
(北京市海淀区紫竹院南路 23 号　邮政编码 100048)

三河市腾飞印务有限公司印刷

新华书店经售

*

开本 787×1092　1/16　**印张** 49¼　**字数** 1125 千字

2017 年 12 月第 1 版第 1 次印刷　**印数** 1—2500 册　**定价** 218.00 元

(本书如有印装错误,我社负责调换)

国防书店:(010)88540777　　发行邮购:(010)88540776
发行传真:(010)88540755　　发行业务:(010)88540717

Preface for the Chinese Edition

The book *Statistical Multisource-Multitarget Information Fusion* was published in 2007. It inspired a tremendous amount of research, conducted by many dozens of researchers in at least 20 nations. This included many universities in China, and a Chinese translation appeared in 2013. However, advancements in the field since 2007 were so fast-paced and extensive that I felt it was necessary to aggregate and systematize them into a coherent, integrated, and detailed picture. The result was a second book, *Advances in Statistical Multisource-Multitarget Information Fusion*, published in 2014. Given the continuing interest of Chinese researchers in the subject, the appearance of a Chinese translation of the new book, by the same publisher, continues to be welcome, timely, and valuable.

Once again, I wish to express my gratitude to the indefatigable translator of both books, Fan Hongqi. I am humbled by the great interest in my work, in China and elsewhere. The appearance of both translations has been a great honor, of which I continue to hope that I am worthy.

Ronald Mahler

June 2017

序

“感觉只解决现象问题，理论才解决本质问题。”当多数人跟着感觉，执着于线性最小均方误差估计统计理论的应用之时，不曾想却偏离贝叶斯理论的本源越来越远。Mahler博士构建了有限集合统计学及其应用的理论大厦，使古老的贝叶斯理论在解决群目标跟踪、多种测量不确定性融合等实际问题方面展现了广阔的前景。10年来，有限集统计学的应用甚至远超出作者的预料，充分说明了一个有价值的理论力量之强大。本专著囊括了近年来随机集理论的最新应用成果，而且对业内学者的主要误解进行了详实的说明，在理论阐释方面更加系统精练。Mahler博士的著作是高深的理论与前沿实践结合的范本，但理论和语言的双重门槛让国内众多从业者望而却步。因此，将这样的学术精品译成中文降低认知门槛，可以普遍提升该领域从业者的理论素养，比模仿某种实用技术或产品具有更大的影响力。

当大量吃瓜群众忙于有形事物的模仿与增长的时候，智者已放眼于影响未来的无形世界的思考上；能工巧匠的杰作固然雄浑，创造和传播知识却可以孕育更大的能量。相比于上次Mahler博士的译著《多源多目标统计信息融合》，这次翻译工作的付出更加艰辛曲折。因为在我们这样一个应用任务驱动型的工科院校，从理论上钻研前沿学术既缺乏氛围，也少有交流的同道者。范红旗博士既面临着显性业绩考评的压力，更受制于催产士般行政干预的无奈。加上成书的两年半时间里，院校改革的浪潮搅动得人心浮动，能够旁若无物、凝神静气地坚持完成如此大部头的译著，可谓是不小的壮举。须知，在如此功利浮躁的环境下，光有水平是不够的，只有超越“吃喝拉撒之上的那丝欲念，那点渴望，那缕求索”，才可能支撑与瘦弱的身躯不相称的、孕育巨大能量的成果的转化。范红旗博士不仅理论水平高，而且是驾驭文字的好手，全书文笔流畅，艰涩的专业术语翻译得简练而准确，是不可多得的高品质译著。希望有更多的国内同行品尝这份理论“大餐”并从中受益，也期盼读者能够感受到这份付出所承载的精神力量。

胡卫东

2017年5月 长沙

前 言

本书是 2007 年 *Statistical Multisource-Multitarget Information Fusion* 一书的姊妹篇。前一部作品是有限集统计学 (也称随机集信息融合) 的一本教科书式的导论，它采用一种全新且无缝统一的全概率方法来诠释多源多目标的检测、跟踪、分类与信息融合。

这部新作将全面介绍 2007 年后随机集信息融合的研究成果——这在其他地方很难看到，主要面向的读者对象为信号处理专业的研究生、一般研究人员和工程师，同时也包括那些对跟踪、信息融合、机器人及其他相关课题感兴趣的数学家和统计学家。

有限集统计学包括下面五个要素：

- 一种通用的观测理论——基于随机集理论的随机几何表示；
- 一种通用的随机多目标系统理论——基于点过程 (或随机集) 理论的随机几何表示；
- 一种通用的多源多目标建模方法——基于多目标微积分；
- 一种通用的多源多目标最优处理方法——基于一般模型和贝叶斯滤波理论；
- 一种通用的多源多目标算法近似方法——同样基于多目标微积分。

有关这方面的一些入门性导论可参见文献 [181, 198, 311]，文献 [177, 311] 部分章节中则提供了一些扩展性的概述。另外，*Statistical Multisource-Multitarget Information Fusion* 一书的授权中文版[180] 也已出版。读者还可从下述网站获取相关的信息：

- "随机有限集滤波" 网站，包含英国站和澳大利亚镜像站：
  - http://randomsets.eps.hw.ac.UK/index.html.
  - http://randomsets.ee.unimelb.edu.au/index.html.
- B. T. Vo 教授的个人主页：
  - http://ba-tuong-vo-au.com.
  - http://ba-tuong-vo-au.com/codes/html.
  - 第 2 个网址下提供许多 MATLAB 代码下载，包括概率假设密度 (PHD) 滤波器、集势概率假设密度 (CPHD) 滤波器、势均衡多伯努利 (CBMeMBer) 滤波器、文献 [309] 中的单目标随机集滤波器、λ-CPHD 滤波器 (见第18章) 和多伯努利检测前跟踪滤波器 (见第20章)。

自 2007 年以来，有限集统计学吸引了十几个国家的众多研究者，有数以百计的论著出版，推动着随机集信息融合飞速发展。许多天才般的新想法促使该方向日趋多样化，甚至出现了一些未曾预期的研究方向。实际上，这种深入迅猛的发展势头多少也超出了我的预期，如在 *Statistical Multisource-Multitarget Information Fusion*[179] 一书第 536 页中我曾有这样一则善意的免责声明：

“…… 初步研究表明 PHD 和 CPHD 滤波器在处理一些传统多目标检测跟踪问题时比多假设关联 (MHC) 型滤波器更为有效，这种结论是否成立尚待进一步的研究确认。但这里要强调的是，PHD 和 CPHD 滤波器的设计初衷是为了解决前面所述的那些非传统跟踪问题的 (如群目标跟踪)。”

1.2 节将给出该领域的进展概况。那些研究主线上的进展可大致概括为：从 PHD 滤波器到 CPHD 滤波器；从 CPHD 滤波器到多伯努利滤波器，特别是 CBMeMBer 滤波器；及至最新发展出的“背景未知的” CPHD 和 CBMeMBer 滤波器，以及 Vo-Vo 精确闭式多目标检测跟踪滤波器。一些辅助的进展则和联合跟踪与传感器配准、叠加式传感器与检测前跟踪、分布式融合、传感器管理以及机器人有关。

随着时间的推移，我越来越认为有必要对这些最新研究进行汇总和系统化，使之呈现出一幅连贯而紧凑的图景，这正是本书的初衷所在。因此，勾勒一幅能够深入反映该领域前沿的全貌图就成为本书的主要目标之一。

但这种全貌图不能追求面面俱到。比如，本书就忽略了 PHD 和 CPHD 滤波器的许多相当散乱的实现策略，同时将更多的重点放在精确闭式实现而非粒子实现上。对于那些无法确认真实性的研究结果，本书也避而不谈。除了极个别例外，本书排除了那些有着明显数学错误或者我本人不能理解的研究。由于本书于 2013 年末定稿，自然也未能包括此后的一些突破性进展。

对于那些已经以整书或者章节形式出版过的研究进展，这里不做介绍，或者只给出一般的概念性描述。有兴趣的读者可以参考下列出版物：

- B. Ristic, *Particle Filters for Random Set Models* [250]
  - 如题目所示，该书重点介绍随机有限集 (RFS) 多目标检测跟踪滤波器的序贯蒙特卡罗 (SMC) 实现；
  - 该书的特别之处是它将粒子 RFS 滤波器用于自然语言陈述和推理规则等非常规观测。
- J. Mullane, B. N. Vo, M. Adams, and B. T. Vo, *Random Finite Sets in Robotic Map Building and SLAM* [210]
  - 该书是机器人即时定位与构图 (SLAM) 领域中随机集新方法的一部简明的导论性著作，内容包括 RFS 导论、基于 RFS 的估计、SLAM 问题的强力 PHD 滤波器以及 RB-PHD 滤波器；
  - 该书报道的 RFS-SLAM 技术是 SLAM 问题的首个可证明的贝叶斯最优方法；
  - 在强杂波环境下，该书中基于 PHD 滤波器的 SLAM 算法性能远超过传统 EKF-SLAM 和 MH-FastSLAM 算法；
  - 有关该方法的导论性综述可参见文献 [1]；
  - 另一个信息来源即 Martin Adams 教授的个人网站：
    - http://www.cec.uchile.cl/~martin/Martin_research_18_8_11.html.

  - Lee、Clark 和 Salvi 的 RFS-SLAM 论文[141] 也是这方面一篇很不错的文献，发表在 2014 年 6 月 *IEEE Robotics & Automation Magazine* 的“随机几何应用”专刊上。

- R. Mahler, *Toward a Theoretical Foundation for Distributed Fusion* [183]
  - 它基本上是在介绍和解释 D. Clark 及其同事的工作，这些工作 (见 Uney、Clark 和 Julier 的论文[294]) 对推广文献 [172] 中的多目标协方差交错概念 (对未知的重复计数观测免疫) 起到了积极作用；
  - Battistelli、Chisci、Fantacci、Farina 以及 Graziano 颇具突破性的论文 [15] 是这方面尤其需要关注的；
  - 其他需关注的论文如文献 [10, 242]。

对于想用本书作为大学教材的朋友，建议遵照下述原则。按照专业化程度及面向研究课题的深度，全书共分为五篇。第 I 篇以相当紧凑的方式介绍有限集统计学初步，当与 *Statistical Multisource-Multitarget Information Fusion* 配套使用时，适合将其作为一学期导论课程的第一部分。第 II 篇主要致力于介绍有限集统计学中已经标准化的那些专题 (PHD、CPHD、伯努利以及多伯努利滤波器)，适合将其作为一学期导论课程的第二部分。对于那些更强调专家系统与高层信息融合的课程，第22章非常适合。第 II 篇其余章节以及第 III、IV、V 篇介绍一些更专业的主题与前沿研究。当选定一个特定的研究点后，便可将这些章节的部分内容作为研究生研讨课或者一学期高级课程的基础材料，重点面向那些即将进入课题研究的优秀生。为了方便教学和参考之用，本书也包括了一些熟悉的概念，如 UKF、马尔可夫跳变滤波器、复高斯分布、β 分布、Wishart 及逆 Wishart 分布。

与 *Statistical Multisource-Multitarget Information Fusion* 一样，我真心地希望这本书能够增进读者的知识，为大家提供一些有价值的信息和启发，偶尔也能带来一丝刺激，甚至是一点兴奋。

致 谢

本书内容不涉及洛克希德·马丁公司的立场或政策，不应从中推断任何官方意图。

在此，我诚挚地感谢下列人员一直以来的原创性研究以及同他们的通信交流：B. N. Vo 教授和 B. T. Vo 教授 (Curtin 大学，珀斯，澳大利亚)；Daniel Clark 教授 (Heriot–Watt 大学，爱丁堡，英国)；Branko Ristic 博士 (国防科技司 DESTO，墨尔本，澳大利亚)。另外，读者很快便能发现下列学者及其学生们研究工作的重要性：Thia Kirubarajan 教授 (McMaster 大学，哈密尔顿，安达略省，加拿大)；Peter Willett 教授 (Connecticut 大学，斯托尔斯，康涅狄格州，美国)；Lennart Sveensson 教授 (Chalmers 理工大学，哥德堡，瑞典)；Mark Coats 教授 (McGill 大学，蒙特利尔，加拿大)。

我还要感谢 Scientific Systems 公司合作者们的长期支持与研究工作，尤其是 Adel El–Fallah 博士和 Alexsander Zatezalo 博士。对 Adel El–Fallah 在本书影印稿定稿过程中给予的帮助，在此致以特别的感谢。

本书涉及数十位研究者的工作，介绍过程中力求准确。在认为必要的时候，我会就不同技术问题的归类与作者直接联系，在此感谢他们所付出的时间、支持与耐心。

最后，如我在 *Statistical Multisource–Multitarget Information Fusion* 一书致谢中所述，Goodman I. R. 博士 (美国海军 SPAWAR 系统中心，已退休) 奠基性的研究工作对我影响颇深。正是 Goodman 博士的引导，才使我明白了随机集技术对于信息融合的潜在革命性意义。

本书手稿采用 MacKichan 软件公司的 *Scientific WorkPlace 5.50* 编写，离开该软件，本书的写作将面临巨大的困难。书中的图片采用 *Scientific WorkPlace* 和 *Microsoft Powerpoint* 制作而成。

目 录

第 III 篇　未知背景下的 RFS 滤波器

第 IV 篇 非标观测模型的 RFS 滤波器

附 录

第1章 绪 论

作为上一部书 *Statistical Multisource-Multitarget Information Fusion*[179] 的主题[①]，有限集统计学 (FInite Set STatistics, FISST) 是一种面向信息融合应用的随机有限集 (Random Finite Set, RFS) 理论。它把信号处理从业人员本科所学的"统计 101"体系直接推广至多源多目标问题，从而将大多数信息融合方法统一在单个概率 (实际即贝叶斯) 范式下。下面是该理论的一些较为详细的导论性文献：

- R. Mahler, "*Statistics 101*" *for multisensor, multitarget data fusion* (一篇非常基础性的综述)[198]；
- R. Mahler, "*Statistics 102*" *for multisensor, multitarget tracking* (一篇较为详细的综述)[181]；
- R. Mahler, *Random set theory for target tracking and identification* (一篇扩展性的概述)[177]；
- B. N. Vo, B. T. Vo., D. Clark，*Bayesian multiple target filtering using random finite sets* (一篇侧重 PHD、CPHD 和多伯努利实现的综述)[311]。

有限集统计学的基本形式 (集积分、集导数、RFS 运动 / 观测模型、多目标贝叶斯滤波器) 于 1994 年提出[94,162]，而当前的精练形式 (概率生成泛函、泛函导数) 则于 2001 年提出[168]。自提出伊始，FISST 就被设定为一项系统性的研究，其路线图如图1.1所示。通常，信息融合依据"融合层级"进行分类——至少美国是这样的。最初也是最简单的分类中一共包含 4 个层级：1 级融合 (也称"多源综合") 旨在解决最基本的问题——基于单 / 多传感器的单 / 多目标检测、跟踪、定位与识别；2、3 级融合 ("高层融合""威胁判定""态势评估") 解决诸如威胁度 / 敌对意图估计等更复杂且高度模糊的问题；4 级融合 ("信息精炼"或"资源分配") 意在使传感器与其他单元可更好地获取那些尚未清晰理解的感兴趣目标的信息。

Statistical Multisource-Multitarget Information Fusion 主要关注图1.1的上面两层，即统一化的专家系统理论与统一化的 1 级融合。本书则侧重以下三个方面：

- 集中且细致地描述 1 级信息融合方面那些最为有趣且又非常重要的进展；
- 将这些进展纳入 FISST 的研究规划下并突出彼此之间的联系；
- 首次系统性地介绍图1.1的下面两层——统一化的传感器与平台管理 (见第 V 篇)，以及 2、3 级信息融合的基础要素 (见25.14节)。

为了实现第一个方面，本书许多内容都致力于他人创新成果的介绍。叙述中力求确切，不当之处敬请指正。本章后续内容安排如下：

[①]译者注：该书中译版《多源多目标统计信息融合》于 2013 年由国防工业出版社出版。

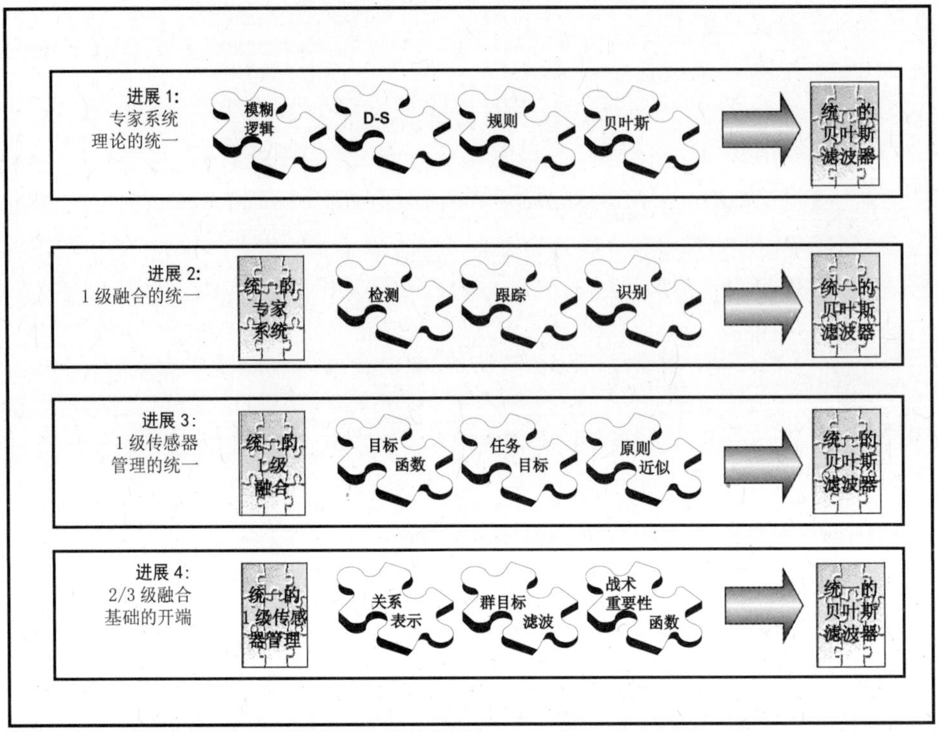

图 1.1 FISST 研究规划：统一化的专家系统理论和广义观测理论奠定了多源综合统一化的基础；统一化的多源综合则奠定了传感器与平台管理统一化的基础；而这又为所有层级信息融合的统一化奠定了基础。

- 1.1节：FISST 的理念、方法及技术概览。
- 1.2节：FISST 最新研究进展概述。
- 1.3节：全书内容安排。

1.1 有限集统计学概览

考虑到那些对 FISST 和 RFS 方法尚不太熟悉的读者，本节将简要介绍 FISST，详细的展开则参见第2~6章及第 22 章。本节的主要内容包括：

- 1.1.1节：FISST 的理念。
- 1.1.2节：关于 FISST 的一些误解。
- 1.1.3节：观测–航迹关联 (MTA)——传统多传感器多目标信息融合方法。
- 1.1.4节：随机有限集方法——与 MTA 的对比。
- 1.1.5节：基于一般随机集理论将 RFS 方法推广至非常规观测。

1.1.1 FISST 的理念

FISST 在短时间内便引起了相当多的关注。此间，少数人似乎总结出一条搏取名望的捷径：在大概了解 FISST 的一些思想后，通过改变 FISST 的符号和术语，部分或全部剥离使 FISST 严格、通用且有用的那些数学工具，随后宣称所得的半复制品相对 FISST 而言是一种进步。诸如此类的“山寨者”不仅完全不得要领，而且犯了一个共同的错误，即相信仅通过符号和术语的改变便可增加技术内涵。

FISST 的核心并不在于多目标问题是否由随机有限集、随机计数测度或者其他任何工具来表示。实际上，选择一个特定的数学表示，其本身并无太多实际价值。随机集技术真正的核心在于它为专业人员精心打造了一个明确、严格、系统、通用的工具箱，该工具箱不是那些东拼西凑的特设推理所能取代的。实际上，稍后将会看到，这些特设方法正是滋生错误的温床。接下来，本节将简要介绍 FISST 工具箱及其背后的理念。

有限集统计学基于贝叶斯概率和滤波理论，附录B对其做了简单的回顾。Challa、Evans 和 Musicki 的描述高度概括了发展有限集统计学的一个主要动机 (文献 [31] 第 437 页)：

> 实际中往往智能地组合使用贝叶斯概率理论和特设方法来解决跟踪问题。实际跟踪算法的特设部分主要用于限制概率论解的复杂性，而需要注意的一个关键点是贝叶斯解的有效性通常依赖于所用模型。因此，在将贝叶斯理论用于实际问题之前，一个重要工作就是建模。

为实现该目标，有限集统计学采用下面的系统性方法来解决多源多目标信息融合问题：

- **步骤 1**：通过构造多目标–多传感器–平台系统的全统计精确模型，以一种统一化自顶向下的统计方式解决信息融合问题，包括：
  - 多目标感知过程的自顶向下全统计精确 (相对于特设方法) 模型——紧密结合感知机理，如传感器平台动力学、传感器转速、传感器噪声、传感器视场 (FoV)、漏报过程、杂波过程、遮挡以及传输衰落。
  - 多目标运动的自顶向下全统计精确 (相对于特设方法) 模型——紧密结合物理现象，如目标个体运动、目标出现及目标消失等。
  - “非常规观测”的自顶向下全统计精确模型——紧密结合属性、特征、自然语言陈述、推理规则以及特定的专家系统不确定性表示，如模糊集、Dempster–Shafer (D–S) 理论以及规则推理。
- **步骤 2**：采用上述统计精确模型构造问题的贝叶斯最优解——通常为某种形式的多目标递归贝叶斯滤波器。为此必须构造：
  - “真实”多目标马尔可夫转移密度，即：
    * 这些密度必须如实反映底层的多目标运动模型，因而不能是启发式或特设方法；
    * 不容许在无意中引入额外的信息。
  - “真实”多目标似然函数，即：

  * 这些密度必须如实反映底层的多目标观测模型，因而不能是启发式或特设方法；
  * 不容许在无意中引入额外的信息。

- **步骤 3**：由于最优解一般都不易于计算，故需采用原则近似技术“化简”最优解以获得易于计算的近似解，但同时应尽可能如实地保留底层模型及其相互关系。特别地：

  – 原则近似也必须是自顶向下的，即它必须直接由最优多目标解构造而来。

然而，自顶向下的统计方法迫使我们进入了一个不太熟悉的理论王国：

- 多传感器、多目标系统由数目和状态均随机变化的不同类别的目标组成，其中：目标数目时变、传感器数目时变、每个传感器所得观测数目时变、传感器平台数目时变。

随机多目标问题的严格数学基础——点过程理论[55,278]，虽然已经存在半个世纪，但该理论以往的表示都是面向数学家而非跟踪与信息融合的专业人员。它通常采用数学家们喜欢的随机计数测度，抽象复杂 (尤其是相对概率基础而言) 且不说，关键是不易与实际的物理直觉相联系 (见2.3.1节)。有限集统计学对点过程理论进行改造的一个基本出发点是：

- 让跟踪与信息融合的研究者和专业技术人员不必成为点过程理论的行家，也能做出意义重大的实用创新。

正如文献 [198] 强调的那样，工程统计学只是一种工具，其本身并不是目的。它通常需具备下面两点特质：

- 可信：构造在一个系统可靠的数学基础之上，当遇到难题时可诉诸于它。
- “发射后不管”：在大部分情况下可放心地忽略其数学基础，仅保留一个能运行的数学机制即可。

但上述两点本质上是矛盾的。若该数学基础太过复杂，以致在大部分实际应用中都不能随便使用，那它就不是基础而是一种枷锁。但若太过简单以致在实际应用中错误不断，则说明它简化过头，而实际并非如此简单。

有限集统计学旨在填补数学可信度与实用性之间的这一固有鸿沟，因此下面四点就显得格外重要：

(1) 直接将熟悉的单传感器单目标贝叶斯“统计 101”概念推广至多目标问题；

(2) 避免所有可避免的抽象；

(3) 尽可能多地运用“机械式”的纯代数程序来替代定理证明；

(4) 即便如此，仍然保留有效求解实际问题所需的全部数学能力。

下面对第 2 点做一些必要的解释。

1.1.1.1 解释 1：避免可避免的概念

考虑“稀释”和“标记”这两个点过程理论中的纯数学概念。但在多目标检测跟踪中，它们仅出现在一些具体的上下文中，而且在工程人员可理解的复杂性级别上便能巧妙地解释。比如：漏报和目标消失都可描述为某种形式的“稀释”；目标身份则可视作一种“标记”形式。这样看来，强加此类抽象概念果真代表了实际理解深度的增加——抑或是一种纯粹的卖弄？

1.1.1.2 解释 2：避免抽象的点过程理论

有限集统计学基于点过程理论的一种特殊形式——随机几何版的随机有限集理论[134,278]，这主要是因为随机几何表示具有下面几个优点：

- 对于工程人员来讲，它比随机计数测度或其他点过程表示更加“友好”。有限集 $\{\boldsymbol{x}_1, \cdots, \boldsymbol{x}_n\}$ 易于可视化为点模式——例如平面或者三维空间中的点模式。同理，RFS 也很容易可视化为随机点模式。下面举一个日常生活中将 RFS 视作随机点模式的例子 (文献 [179] 第 349–356 页)：考虑夜空中的繁星，它们一眨一眨，时而可见，时而消失，而有些星星的视在位置也会略有变化。
- 它从正规数学意义上让我们避开了拓扑、可测映射以及点过程的“随机性”等抽象概念。RFS 理论的随机几何表示采用 Fell–Matheron 拓扑，从而大大简化了理论表示，它可将定义在有限集“超空间”上的概率测度等价替换为普通 (非超空间) 空间上的信任质量函数 (b.m.f.，也称信任测度)。正如概率测度

$$p_{k|k}(S) = \Pr(\boldsymbol{X}_{k|k} \in S) \tag{1.1}$$

可完全描述随机目标状态 $\boldsymbol{X}_{k|k}$ 的概率法则一样，下式的 b.m.f. 也可完全描述随机有限集 $\Xi_{k|k}$ 的概率法则：

$$\beta_{k|k}(S) = \Pr(\Xi_{k|k} \subseteq S) \tag{1.2}$$

根据集导数并利用微分法则，便可从 $\beta_{k|k}(S)$ 中导出 $\Xi_{k|k}$ 的概率分布 $f_{\Xi_{k|k}}(X)$。
- 由它得到的多目标数学表示体系与目标跟踪工程人员熟知的单目标“统计 101”体系几乎完全相同。
- 除多传感器多目标滤波外，它还为专家系统理论 (模糊逻辑、D–S 理论、规则推理) 提供了一个系统性的概率基础，从而使信息融合的这个两方面在数学上实现了系统而严格的统一 (见第22章)。

1.1.1.3 解释 3：避免抽象的测度论

在有限集统计学中，尽可能地使用密度函数来替换测度。正因如此，即便会使严格的测度论表达式退化成工程上的经验表达式，本书中仍采用了狄拉克 δ 函数。特别地，有限集统计学中的概率泛函及泛函导数采用的是一种构造性定义，而非抽象的测度论定义，对此可简单解释如下 (更为详细的解释见附录 J)：

- 像 Moyal[207] 这些数学家们所喜欢的纯测度论定义并不合乎实用目的，原因如下：
  - 概率泛函的测度论定义基于抽象超空间上的抽象概率测度，其具体表达式极为繁琐且难以确定；
  - 泛函导数的测度论定义是非构造性的，所给出的表达式是乘积空间 (或等价为多线性泛函) 上的抽象测度，而非普通的密度函数。即便能证明这些抽象测度是绝对连续的，但 Radon–Nikodým 定理只能告诉我们这些导数的存在性，却无法提供实际应用所需的密度函数本身的具体表达式。
- 与之形成对比的是，有限集统计学从一开始 (1996 年) 就基于普通 (非超) 空间上的信任质量函数及其集导数。特别地：
  - 根据普通 (非超) 空间上的信任质量函数来定义概率泛函，如概率生成泛函 (p.g.fl.)；
  - 泛函导数是一种特殊的集导数，而集导数是可构的——由它可导出密度函数的具体表达式，这与乘积空间 (或等价为多线性泛函) 上的抽象测度表达式形成鲜明对比。

1.1.2 关于 FISST 的一些误解

在任何新事物出现之初，不可避免都会有一些误解，有时甚至会将错误理解视作既定事实，有限集统计学也不能例外。本节来澄清一些常见的误解。

- **误解 1**：*PHD 滤波器及其他 RFS 滤波器都只对欧氏状态 / 观测空间才有定义。*
  - RFS 滤波器基于随机集的随机几何表示，具体来讲，它采用超空间 (由基本空间 $\mathfrak{Y}$ 的闭子集构成) 上的 Fell–Matheron 拓扑，而有限集子超空间上的拓扑即 Fell–Matheron 拓扑在该子超空间上的限制。因此，状态或观测空间可以是任何 *Hausdorff、局部紧且完全可分的*拓扑空间[278]，进一步可假定在该空间上赋予了某种测度论积分。
  - 在应用中，基本空间 $\mathfrak{Y}$ 通常具有连续–离散的“混合”形式 $L \times S$，其中：$S \subseteq \mathbb{R}^N$ 为欧氏空间中的某区域；L 为一有限集。
- **误解 2**: *由于有限集是顺序无关的，从本质上讲，RFS 滤波器不能构造标记航迹的时间序列，所以不算是真正的跟踪滤波器。*
  - 该误解是**误解 1** 的直接后果。目标状态可以是下述非欧形式：

$$\boldsymbol{x} = (\ell, \boldsymbol{u}) \tag{1.3}$$

    式中：$\ell \in L$ 为每条航迹的唯一标识；$\boldsymbol{u} \in S$ 为状态的运动学部分。给定该表示后，从理论上讲，多目标贝叶斯滤波器——以及它的任何 RFS 近似形式，包括 PHD 和 CPHD 滤波器——能够维持时域相连的航迹 (文献 [179] 第 505–508

页)；而近来的许多研究也确实表明它们在实际中具有航迹维持能力 (此类算法首见于 2004 年，这说明航迹标记问题此前一直未引起技术人员的重视)。

– 特别地，B. T. Vo 和 B. N. Vo 设计了一种易于计算的精确闭式多目标递归贝叶斯滤波器 (在第15章作详细介绍)。这是第一个既可证明是贝叶斯最优又可实现的多目标检测跟踪算法，而该滤波器自身的航迹管理方案也可证明是贝叶斯最优的。

- **误解 3**：*RFS* 模型缺少目标区分能力。

  – 该误解是**误解 1** 的第二个后果。识别标签 ℓ 可同时包含目标身份信息和航迹标记信息，也就是说，RFS 模型并未丧失目标区分能力。

- **误解 4**：由于 *RFS* 模型缺少目标区分能力，因此 *PHD* 及其他 *RFS* 滤波器限定所有目标均采用相同的运动模型和似然函数。

  – 该误解是**误解 1** 的第三个后果。单目标似然函数可以是下述形式：

$$f_{k+1}(\boldsymbol{z}|\ell, \boldsymbol{u}) \tag{1.4}$$

因此可为每个 ℓ 指定一个不同的观测模型。同理，单目标马尔可夫密度也可以是下述形式：

$$f_{k+1|k}(\ell, \boldsymbol{u}|\ell', \boldsymbol{u}') = f_{k+1|k}(\ell|\ell', \boldsymbol{u}') \cdot f_{k+1|k}(\boldsymbol{u}|\ell, \ell', \boldsymbol{u}') \tag{1.5}$$

从而可为每种 ℓ, ℓ' 配置指定一个不同的单目标马尔可夫密度：

$$f_{k+1|k}(\boldsymbol{u}|\ell, \ell', \boldsymbol{u}') \tag{1.6}$$

- **误解 5**：由于不像 *PHD* 滤波器那样包含目标衍生模型，因此 *CPHD* 滤波器不能处理目标衍生过程。

  – 考虑如下类比：为了成功跟踪机动目标，单目标贝叶斯滤波器不一定非得采用马尔可夫跳变运动模型；同理，为了跟踪衍生目标，RFS 滤波器也未必需要衍生模型。事实上，CPHD 滤波器具备检测跟踪衍生目标的潜力 (但由于要适应衍生目标生成的观测，结果会存在一定的滤波时延)。

  – CPHD 滤波器的目标出现模型 (非衍生的) 可用来处理衍生目标。

  – 进一步讲，衍生模型实际上会恶化跟踪性能。例如，考虑多级火箭分离事件，若火箭类型未知，则这些事件将在一些不可预测的时间点发生。也就是说，目标衍生仅在一个、两个或三个孤立的时间点发生，若所有时刻衍生模型均有效，则其与火箭的实际衍生行为几乎总是不相匹配。由于衍生模型在大部分时间内的不精确性，集成该模型的跟踪滤波器因此必须“浪费”观测数据以克服实际情况 (无衍生) 与衍生模型 (有衍生) 之间的失配。

- **误解 6**：**误解 5** 源于这样一个深层次的误解——模型在所有情形下总是有效的。然而，正如前面目标衍生例子中解释的那样，事实并非如此：
  - 若使用不当，则更精细的统计模型可能会适得其反；
  - 某些情形下适合的模型放在其他情形下未必合适。

- **误解 7**：*(经典) PHD 滤波器需要对时间更新和观测更新分别做如下假设：对于时间更新，$f_{k|k}(X|Z^{(k)})$ 可近似为泊松分布；对于观测更新，$f_{k+1|k}(X|Z^{(k)})$ 可近似为泊松分布。*
  - 实际上只有第二个假设是必需的，时间更新公式并不需要泊松近似。在给定基本模型和独立性假设后，时间更新是精确的，利用多目标微分的乘积法则和链式法则可精确推导。

- **误解 8**：*(经典) PHD 滤波器已经过时了，因为它可以被 (经典) CPHD 和 CBMeMBer 等更好的 RFS 滤波器取代。*
  - 在实时应用中，通常需要在算法性能和计算复杂度之间折中。虽然 (经典) CPHD 滤波器的性能要优于 (经典) PHD 滤波器，但其计算要求也高。对于那些受计算资源限制而无法使用 CPHD 滤波器的应用，便可以考虑 PHD 滤波器。同样，CBMeMBer 滤波器也存在一些局限性，有时候会限制其应用。
  - (经典) PHD 滤波器经常表现出令人惊诧的优异性能，尤其是在密集杂波环境下 (此时传统的组合式算法往往无能为力)。

- **误解 9**：*为了使贝叶斯递归闭环，贝叶斯后验 RFS 在先前信息的 PHD 近似基础上再进行近似，因此它是不精确的。即使在调用 PHD 近似前，贝叶斯后验 RFS 仍然是不精确的，所以说多目标状态的 RFS 模型只是一种近似而已。*
  - 该误解出于对有限集统计学文献的一种极其肤浅的理解。它将整个 RFS 方法与一种特定的 RFS 方法 (PHD 滤波器) 混为一谈，误以为多目标 RFS 总为泊松过程 (“PHD 近似”)。
  - 事实上，在 RFS 方法中，t_k 时刻多目标状态的数学表示是 RFS $\Xi_{k|k}$，其统计行为由 RFS 的概率分布 $f_{k|k}(X|Z^{(k)})$ 表示，该分布是统计精确而非近似的。特别地，RFS 方法中包含了一套“多目标微积分”方法，能够用来根据 RFS 多目标运动 / 观测模型构造 $f_{k|k}(X|Z^{(k)})$。
  - 但出于计算方面的考虑，RFS 方法采用多种方式来近似多目标分布。为了得到 (经典) PHD 滤波器，假定预测多目标分布服从下述多目标泊松分布：

$$f_{k+1|k}(X|Z^{(k)}) \cong e^{-N_{k+1|k}} \prod_{\boldsymbol{x} \in X} D_{k+1|k}(\boldsymbol{x}|Z^{(k)}) \tag{1.7}$$

但这并非 RFS 方法中唯一的近似方式。比如，可将 $f_{k+1|k}(X|Z^{(k)})$ 近似为 i.i.d.c. 过程、多伯努利过程或者广义标记多伯努利过程——它们并不全是泊松过程。

– 泊松近似并非随机多目标状态的一种“表示”，它只是多目标状态的一种最简单最不精确的近似方式。

- **误解 10**：多假设跟踪器 (*MHT*) 范式下的模型才是正确的多目标状态模型，而 *RFS* 范式下则不是。

  – 多目标状态的 MHT “表示”只是 $f_{k|k}(X|Z^{(k)})$ 的一种近似，在这点上它与 RFS 范式下的泊松、独立同分布群 (i.i.d.c.)、多伯努利或广义标记多伯努利“表示”并无两样。

  – 进一步，如果说 MHT “表示”是“正确”模型，则它应像 RFS 表示那样能够证明其贝叶斯最优性。但实际情况显然不是这样，没有任何证据表明 *MHT* 是贝叶斯最优或者近似贝叶斯最优的。

  – 一个算法是否是贝叶斯最优的，不能简单地看它是否采用了贝叶斯规则。术语“贝叶斯最优”具有严格的数学意义，在多目标情形下，这种最优性要能使某种多目标代价函数对应的多目标贝叶斯风险最小化 (见5.3节)。

  – 与之形成对比的是，$f_{k|k}(X|Z^{(k)})$ 的广义标记多伯努利近似可导出多目标贝叶斯滤波器的精确闭式解，因此其贝叶斯最优性是可证明的 (见第15章)。

- **误解 11**：*RFS* 方法通常不易计算，为追求计算上的可操作性，往往需要做大量近似，因此 *RFS* 方法是不可靠的。

  – 这种说法明显基于双重标准。“理想” MHT 同样也不易计算，只有通过一些相当极端的近似才能“化解”其组合复杂性。在强杂波等复杂情形下，这些近似会导致算法性能严重退化。

- **误解 12**：RFS 方法并未“玩出什么金子”，因为它相对传统算法 (如 *PHD* 和 *CPHD* 滤波器) 没有带来显著的性能提升。

  – 若排除“小肚鸡肠”品评的可能性，该说法实属对 FISST 文献的肤浅理解而产生的另一种误解。1.2节对此将给出更加全面的解释，这里仅举几个例子：

  – B. T. Vo、B. N. Vo 和 Cantoni 在文献 [309] 中介绍了一种单目标 RFS 滤波器，其性能远优于概率数据关联 (PDA) 滤波器等传统方法，该滤波器还可用来解决多路径等状态相关杂波问题。

  – 对于一般的多目标检测跟踪问题，CPHD 滤波器可成功适应 70 个 / 帧甚至更高的杂波率。在高杂波率环境下，像 MHT 等传统算法往往受限于组合复杂性而导致算法崩溃，特别是存在新生目标的情形下，观测门控技术经常会使新生目标被忽略。

- 另一个例子是用于叠加式传感器的 TNC Σ−PHD 滤波器 (第19章)，研究表明：该算法的性能远优于传统马尔可夫链蒙特卡罗 (MCMC) 方法，同时计算速度比后者快 30∼87 倍 (与具体应用有关)。
- 再就是用于图像跟踪的 IO−MeMBer 检测前跟踪 (TBD) 滤波器 (第20章)，结果表明：该算法的性能远优于此前最好的 TBD 算法——直方图 PMHT。
- 最后一例是 RFS−SLAM 算法[1,208,210]，研究表明：在高杂波率环境下，其性能远优于 MH−FastSLAM 等传统 SLAM 算法。

1.1.3 观测−航迹关联方法

本小节及下一小节通过与观测−航迹关联 (MTA) 这一传统多目标跟踪方法的对比来描述有限集统计学方法的概貌，更为完整精确的论述将在7.2.2j 节、7.2.4节和7.2.5节给出。需要指出的是：下面的讨论仅限于概念，不涉及任何特定多目标跟踪算法的内部逻辑。有关传统多目标跟踪算法的全面介绍，参见 Blackman 和 Popoli 的著作[24]。

最为熟悉的那些多目标跟踪算法均基于“标准多目标观测模型”。通常，对传感器特征信号 (如雷达回波或图像) 进行检测处理 (如门限检测器) 便可得到观测 (如位置观测) 集合 $Z = \{\mathbf{z}_1, \cdots, \mathbf{z}_m\}$。在低信噪比下，观测数 m 一般大于目标数 n。对于每个 $\mathbf{z}_i$，存在下面三种可能性：

- $\mathbf{z}_i$ 由目标生成 (“目标检报”)；
- $\mathbf{z}_i$ 由传感器噪声生成 (“虚警”)；
- $\mathbf{z}_i$ 源自背景环境中的某个实体，它有时很像却不是目标 (“杂波检报”)。

其实还有第四种可能性：

- 目标存在，却未生成对应的观测 (“漏报”)。

为简化数学表示，通常将虚警和杂波合并为一个“杂波”过程，并假定其为泊松过程；对源自目标的观测，则采用下述“小目标”假设：

- 目标距传感器甚远，以致每个目标最多生成一个观测；
- 目标彼此相距甚远，以致任一指定检报最多源自一个目标。

在小目标假设下，传统多目标检测跟踪问题采用的是一种自底向上、“分而治之”的策略 (文献 [179] 第 321−335 页)。基于该策略，可将多目标跟踪问题分解为多个单目标跟踪问题。

首先，假定 t_k 时刻多目标跟踪器得到了如下所示的 n 个假设目标 (也称作航迹)：

$$(\ell_1^{k|k}, \mathbf{x}_1^{k|k}, \mathbf{P}_1^{k|k}), \cdots, (\ell_n^{k|k}, \mathbf{x}_n^{k|k}, \mathbf{P}_n^{k|k})$$

其中：$\mathbf{x}_i^{k|k}$ 为状态矢量 (如位置和速度)；$\mathbf{P}_i^{k|k}$ 为误差协方差矩阵 (表征 $\mathbf{x}_i$ 的不确定性)；$\ell_i^{k|k}$ 为“航迹标签”(用来在时间传递过程中清晰标示该航迹)。高斯分布 $f_i(\mathbf{x}) = N_{\mathbf{P}_i^{k|k}}(\mathbf{x} - \mathbf{x}_i^{k|k})$ 则称作第 i 条航迹的“航迹密度”“航迹分布”或“空间密度”。

接下来，假定 t_{k+1} 时刻传感器得到了 m 个检报 $Z_{k+1}=\{z_1,\cdots,z_m\}$ ($|Z_{k+1}|=m$)，因杂波存在，大多数情形下 $m>n$。同时，假定已经通过某种单目标滤波器 (典型的如 EKF) 的预测器得到了如下预测航迹：

$$(\ell_1^{k+1|k},\boldsymbol{x}_1^{k+1|k},\boldsymbol{P}_1^{k+1|k}),\cdots,(\ell_n^{k+1|k},\boldsymbol{x}_n^{k+1|k},\boldsymbol{P}_n^{k+1|k})$$

令 I 表示 $\{1,\cdots,n\}$ 的某一子集 (可以为空)，由此构造假设 $\mathcal{H}_{I,\tau}$ 以表示预测航迹与 t_{k+1} 时刻新观测的对应关系：

- 对于 $i\in I$，航迹 $(\ell_i^{k+1|k},\boldsymbol{x}_i^{k+1|k},\boldsymbol{P}_i^{k+1|k})$ 生成观测 $\boldsymbol{z}_{\tau(i)}$，其中，$\tau(i)\in\{1,\cdots,m\}$ 为 I 与观测下标集的某种映射，故 $Z_{I,\tau}=\{\boldsymbol{z}_{\tau(i)}|i\in I\}$ 表示目标生成的观测集；
- 对于 $i\notin I$，航迹 $(\ell_i^{k+1|k},\boldsymbol{x}_i^{k+1|k},\boldsymbol{P}_i^{k+1|k})$ 不生成任何观测；
- 剩余观测 $Z_{k+1}-Z_{I,\tau}$ 源自杂波[①]。

将 $\mathcal{H}_{I,\tau}$ 称作一个观测–航迹关联 (MTA) 或者一条关联假设。考虑每个可能的 $I\subseteq\{1,\cdots,n\}$ 和 τ，最终可得到一个 MTA 假设表。对于每一条假设 $\mathcal{H}_{I,\tau}^{k+1|k+1}$，利用观测 $Z_{I,\tau}$ 和某种单目标滤波器 (如 EKF) 的校正器，便可得到下述观测更新后的航迹：

$$(\ell_{i,\tau(i)}^{k+1|k+1},\boldsymbol{x}_{i,\tau(i)}^{k+1|k+1},\boldsymbol{P}_{i,\tau(i)}^{k+1|k+1}),\quad i\in I$$

不断地重复上述过程。当前，主流的 MTA 跟踪算法当数多假设跟踪器 (MHT)[23,245]。

1.1.4 随机有限集方法

与 MTA 不同的是，有限集统计学采用的是一种自顶向下范式。它基于一种特殊形式的点过程理论——随机几何版的随机有限集理论，其要点如下所述。

1.1.4.1 多目标密度函数

为取代关联假设表 $\{\mathcal{H}_{I,\tau}^{k+1|k+1}\}_{I,\tau}$，RFS 方法采用定义在有限集变量 $X=\{\boldsymbol{x}_1,\cdots,\boldsymbol{x}_n\}$ ($n\geqslant 0$) 上的多目标概率密度函数 $f_{k+1|k+1}(X|Z^{(k+1)})$，其中 $Z^{(k+1)}:Z_1,\cdots,Z_{k+1}$ 为 t_{k+1} 时刻的观测历史 (样本路径)。$f_{k+1|k+1}(X|Z^{(k+1)})$ 表示给定观测集序列 $Z^{(k+1)}$ 后状态集 $X=\{\boldsymbol{x}_1,\cdots,\boldsymbol{x}_n\}$ ($n\geqslant 0$) 的概率 (密度)。由于目标数是可变的，因此

$$X=\begin{cases}\emptyset, & \text{无目标}\\ \{\boldsymbol{x}_1\}, & \text{如果存在一个状态为 } \boldsymbol{x}_1 \text{ 的目标}\\ \{\boldsymbol{x}_1,\boldsymbol{x}_2\}, & \text{如果存在两个状态 } \boldsymbol{x}_1\neq\boldsymbol{x}_2 \text{ 的目标}\\ \vdots & \vdots\end{cases}\tag{1.8}$$

$f_{k+1|k+1}(X|Z^{(k+1)})$ 的观测量纲是 $u^{-|X|}$，其中 u 为单目标状态 $\boldsymbol{x}$ 的量纲。

[①] 为概念清晰起见，略去了新生目标。

1.1.4.2 RFS 观测模型

RFS 方法基于标准多目标观测模型来构造下述形式的 RFS 观测模型：

$$\overset{\text{所有观测}}{\Sigma_{k+1}} = \overset{\text{目标 1 的观测}}{\Upsilon_{k+1}(\boldsymbol{x}_1)} \cup \cdots \cup \overset{\text{目标 } n \text{ 的观测}}{\Upsilon_{k+1}(\boldsymbol{x}_n)} \cup \overset{\text{杂波}}{C_{k+1}} \tag{1.9}$$

式中：$\Upsilon_{k+1}(\boldsymbol{x})$ 为源自目标 $\boldsymbol{x}$ 的 RFS 观测；C_{k+1} 为杂波的 RFS 观测；Σ_{k+1} 为所有观测的 RFS。

在标准多目标观测模型下，C_{k+1} 为泊松过程，$\Upsilon_{k+1}(\boldsymbol{x}) = \emptyset$ (目标 $\boldsymbol{x}$ 漏报) 或 $\Upsilon_{k+1}(\boldsymbol{x}) = \{\boldsymbol{Z}_{k+1}\}$ (检测到目标 $\boldsymbol{x}$ 且其观测为 $\boldsymbol{Z}_{k+1}$)。对于非线性加性单目标观测模型，若 $\Upsilon_{k+1}(\boldsymbol{x}) \neq \emptyset$，则

$$\Upsilon_{k+1}(\boldsymbol{x}) = \{\eta_{k+1}(\boldsymbol{x}) + \boldsymbol{V}_{k+1}\} \tag{1.10}$$

1.1.4.3 多目标似然函数

将 RFS 观测模型转换为与之等价的多目标似然函数：

$$L_Z(X) \overset{\text{abbr.}}{=} f_{k+1}(Z|X) \tag{1.11}$$

表示 t_{k+1} 时刻状态集 $X = \{\boldsymbol{x}_1, \cdots, \boldsymbol{x}_n\}$ $(n \geqslant 0)$ 的条件下观测集 $Z = \{\boldsymbol{z}_1, \cdots, \boldsymbol{z}_m\}$ $(m \geqslant 0)$ 的可能性。由多目标观测模型向多目标似然函数的转换可采用下述多目标微分运算：

$$f_{k+1}(Z|X) = \left[\frac{\delta}{\delta Z}\beta_{k+1}(T|X)\right]_{T=\emptyset} \tag{1.12}$$

式中

$$\beta_{k+1}(T|X) = \Pr(\Sigma_{k+1} \subseteq T | \Xi_{k+1|k} = X) \tag{1.13}$$

上式即多目标观测模型 Σ_{k+1} 的信任质量函数 (信任测度)，其中 $\delta/\delta Z$ 为集导数。信任质量函数与 RFS 多目标观测模型的这种关系完全类同于单目标观测模型 $\boldsymbol{Z}_{k+1} = \eta_{k+1}(\boldsymbol{x}) + \boldsymbol{V}_{k+1}$ 与概率质量函数 (见下式) 的关系。

$$p_{k+1}(T|\boldsymbol{x}) = \Pr(\boldsymbol{Z}_{k+1} \in T | \boldsymbol{X}_{k+1|k} = \boldsymbol{x}) \tag{1.14}$$

1.1.4.4 多目标贝叶斯规则

与 MTA 方法构造观测更新航迹假设表不同，RFS 方法采用下述多目标贝叶斯规则：

$$f_{k+1|k+1}(X|Z^{(k+1)}) = \frac{f_{k+1}(Z|X) \cdot f_{k+1|k}(X|Z^{(k)})}{\int f_{k+1}(Z|Y) \cdot f_{k+1|k}(Y|Z^{(k)})\delta Y} \tag{1.15}$$

式中：$\int \cdot \delta Y$ 为集积分，与集导数互为逆操作；有限集积分变量 Y 的元素及个数均可变。

1.1.4.5 RFS 多目标运动模型

标准多目标运动模型可与标准多目标观测模型做等价类比，其主要假设如下：

- 目标可从场景中消失 (可类比于观测模型中的漏报)；

- 场景中可出现新目标 (可类比于观测模型中的杂波)；
- 目标运动相互独立，且独立于那些新生目标。

根据标准模型，可构造如下的 RFS 运动模型：

$$\overbrace{\varXi_{k+1|k}}^{\text{所有目标}} = \overbrace{T_{k+1|k}(\boldsymbol{x}'_1)}^{\text{目标 1 转移}} \cup \cdots \cup \overbrace{T_{k+1|k}(\boldsymbol{x}'_{n'})}^{\text{目标 } n' \text{ 转移}} \cup \overbrace{B_{k+1|k}}^{\text{新目标}} \tag{1.16}$$

式中：$T_{k+1|k}(\boldsymbol{x}')$ 为 t_k 时刻状态为 $\boldsymbol{x}'$ 的目标在 t_{k+1} 时刻的 RFS；$B_{k+1|k}$ 为所有新生目标的 RFS；$\varXi_{k+1|k}$ 为 t_{k+1} 时刻所有预测航迹的 RFS。

在标准多目标模型假定下，$B_{k+1|k}$ 为泊松过程，$T_{k+1|k}(\boldsymbol{x}') = \emptyset$ (目标 $\boldsymbol{x}'$ 消失) 或 $T_{k+1|k}(\boldsymbol{x}') = \{\boldsymbol{X}_{k+1|k}\}$(目标继续存在且下一时刻的状态为 $\boldsymbol{X}_{k+1|k}$)。对于非线性加性单目标运动模型，若 $T_{k+1|k}(\boldsymbol{x}') \neq \emptyset$，则

$$T_{k+1|k}(\boldsymbol{x}') = \{\varphi_k(\boldsymbol{x}') + \boldsymbol{W}_k\} \tag{1.17}$$

1.1.4.6 多目标马尔可夫密度

同理可将 RFS 运动模型转换为与之等价的多目标马尔可夫密度：

$$M_X(X') \stackrel{\text{abbr.}}{=} f_{k+1|k}(X|X')$$

表示 t_k 时刻目标状态集 $X' = \{\boldsymbol{x}'_1, \cdots, \boldsymbol{x}'_{n'}\}$ 的条件下 t_{k+1} 时刻目标状态集 $X = \{\boldsymbol{x}_1, \cdots, \boldsymbol{x}_n\}$ 的可能性。由 RFS 运动模型向多目标马尔可夫密度的转换依旧使用集导数：

$$f_{k+1|k}(X|X') = \left[\frac{\delta}{\delta X}\beta_{k+1|k}(S|X')\right]_{S=\emptyset} \tag{1.18}$$

式中

$$\beta_{k+1|k}(S|X') = \Pr(\varXi_{k+1|k} \subseteq S|\varXi_{k|k} = X') \tag{1.19}$$

上式即 RFS 运动模型 $\varXi_{k+1|k}$ 的信任质量函数，它与多目标运动模型的关系完全类同于单目标运动模型 $\boldsymbol{X}_{k+1|k} = \varphi_{\boldsymbol{x}'} + \boldsymbol{W}_k$ 与其概率质量函数 (见下式) 的关系。

$$p_{k+1|k}(S|\boldsymbol{x}') = \Pr(\boldsymbol{X}_{k+1|k} \in S|\boldsymbol{X}_{k|k} = \boldsymbol{x}') \tag{1.20}$$

1.1.4.7 多目标预测积分

与传统的预测假设表构造方法不同，有限集统计学采用的是下述多目标预测积分：

$$f_{k+1|k}(X|Z^{(k)}) = \int f_{k+1|k}(X|X') \cdot f_{k|k}(X'|Z^{(k)})\delta X' \tag{1.21}$$

式中：$\int \cdot \delta X'$ 为集积分。

1.1.4.8 多目标递归贝叶斯滤波器

利用前面介绍的时间更新步和观测更新步，便可得到下述多目标递归贝叶斯滤波器：

$$\cdots \to \quad f_{k|k}(X|Z^{(k)}) \quad \to \quad f_{k+1|k}(X|Z^{(k)}) \quad \to \quad f_{k+1|k+1}(X|Z^{(k+1)}) \quad \to \cdots$$

上式即未知个未知目标检测跟踪分类问题的最优解。这种最优性是由于贝叶斯最优多目标状态估计器的存在性，比如联合多目标估计器 (JoM，文献 [179] 第 500 页)：

$$X^{\text{JoM}}_{k+1|k+1} = \arg\sup_{X} \frac{c^{|X|}}{|X|!} \cdot f_{k+1|k+1}(X|Z^{(k+1)}) \tag{1.22}$$

式中：常数 c 的量纲同单目标状态，大小则与预期的定位精度相当 (文献 [179] 第 498–499 页)。

1.1.4.9 RFS 近似滤波器

对具有实际价值的大多数应用来讲，多目标贝叶斯滤波器都不易于计算，因此需采取必要的近似。但这些近似必须是原则性的，即应采用自顶向下的统计形式，且能够保留原始运动 / 观测模型的基本属性及其相互关系。

在有限集统计学中,原则近似通常假定多目标分布 $f_{k|k}(X|Z^{(k)})$ 和 (或) $f_{k+1|k}(X|Z^{(k)})$ 具有某种简化形式——据此可推出多目标贝叶斯滤波器的近似闭式解。推导中采用的主要工具为概率生成泛函 (p.g.fl.) 和多目标微积分。多目标概率分布的 p.g.fl. 定义如下：

$$G_{k|k}[X|Z^{(k)}] = \int h^X \cdot f_{k|k}(X|Z^{(k)}) \delta X \tag{1.23}$$

$$G_{k+1|k}[X|Z^{(k)}] = \int h^X \cdot f_{k+1|k}(X|Z^{(k)}) \delta X \tag{1.24}$$

其中幂泛函 h^X 定义为

$$h^X = \begin{cases} 1, & X = \emptyset \\ \prod_{\boldsymbol{x} \in X} h(\boldsymbol{x}), & X \neq \emptyset \end{cases} \tag{1.25}$$

式中：$h(\boldsymbol{x})$ 为检验函数，一般恒满足 $0 \leqslant h(\boldsymbol{x}) \leqslant 1$。

截至目前，文献中常见的近似主要有以下三类 (基于 p.g.fl. 可得到更精简的表示)：

(1) 假定 $f_{k+1|k}(X|Z^{(k)})$ 和 (或) $f_{k|k}(X|Z^{(k)})$ 为泊松分布，可以得到时变概率假设密度 (PHD) 滤波器：

$$\cdots \to \quad D_{k|k}(\boldsymbol{x}|Z^{(k)}) \quad \to \quad D_{k+1|k}(\boldsymbol{x}|Z^{(k)}) \quad \to \quad D_{k+1|k+1}(\boldsymbol{x}|Z^{(k+1)}) \quad \to \cdots$$

其中：$D_{k|k}(\boldsymbol{x}|Z^{(k)})$ 称作概率假设密度 (PHD)。

(2) 假定 $f_{k|k}(X|Z^{(k)})$ 和 (或) $f_{k+1|k}(X|Z^{(k)})$ 为独立同分布群 (*i.i.d.c.*) 分布，可以得到时变集势概率假设密度 (CPHD) 滤波器：

$$\begin{array}{ccccccccc} \cdots \to & p_{k|k}(n|Z^{(k)}) & \to & p_{k+1|k}(n|Z^{(k)}) & \to & p_{k+1|k+1}(n|Z^{(k+1)}) & \to \cdots \\ & & & & & \upharpoonleft\downharpoonright & \\ \cdots \to & s_{k|k}(\boldsymbol{x}|Z^{(k)}) & \to & s_{k+1|k}(\boldsymbol{x}|Z^{(k)}) & \to & s_{k+1|k+1}(\boldsymbol{x}|Z^{(k+1)}) & \to \cdots \end{array}$$

其中：$s_{k|k}(\boldsymbol{x}|Z^{(k)})$ 为空间分布 (即归一化的 PHD)；$p_{k|k}(n|Z^{(n)})$ 为目标数目 n 的概率分布 (也称作势分布)。

(3) 假定 $f_{k|k}(X|Z^{(k)})$ 和 (或) $f_{k+1|k}(X|Z^{(k)})$ 为多伯努利分布，可以得到时变多伯努利滤波器：

$$\begin{array}{ccccccccc}\cdots\to & \{q_i^{k|k}\}_{i=1}^{\nu_{k|k}} & \to & \{q_i^{k+1|k}\}_{i=1}^{\nu_{k+1|k}} & \to & \{q_i^{k+1|k+1}\}_{i=1}^{\nu_{k+1|k+1}} & \to\cdots \\ & & & & & \upharpoonleft\downharpoonright & \\ \cdots\to & \{s_i^{k|k}(\boldsymbol{x})\}_{i=1}^{\nu_{k|k}} & \to & \{s_i^{k+1|k}(\boldsymbol{x})\}_{i=1}^{\nu_{k+1|k}} & \to & \{s_i^{k+1|k+1}(\boldsymbol{x})\}_{i=1}^{\nu_{k+1|k+1}} & \to\cdots\end{array}$$

其中：$s_1^{k|k}(\boldsymbol{x}),\cdots,s_{\nu_{k|k}}^{k|k}(\boldsymbol{x})$ 为 $\nu_{k|k}$ 个航迹的航迹分布 (空间密度)；$q_1^{k|k},\cdots,q_{\nu_{k|k}}^{k|k}$ 为每个航迹为真实目标的概率。

1.1.4.10 RFS 近似滤波器的推导

这些多目标滤波器可采用下述方法推导。不难证明，多目标贝叶斯滤波器可等价表示为关于 p.g.fl. 的滤波器：

$$\cdots\to\quad G_{k|k}[h|Z^{(k)}]\quad\to\quad G_{k+1|k}[h|Z^{(k)}]\quad\to\quad G_{k+1|k+1}[h|Z^{(k+1)}]\quad\to\cdots$$

给定上述三个假设中的任何一个后，便可对 $G_{k|k}[h|Z^{(k)}]$ 和 $G_{k+1|k}[h|Z^{(k)}]$ 的表达式做代数简化。采用多目标微积分可推导出相关量的表达式，如 $p_{k+1|k+1}$、$D_{k+1|k+1}(\boldsymbol{x}|Z^{(k+1)})$、$q_i^{k+1|k+1}$、$s_i^{k+1|k+1}$。例如：

$$D_{k+1|k+1}(\boldsymbol{x}|Z^{(k+1)})=\left[\frac{\delta}{\delta\boldsymbol{x}}G_{k+1|k+1}[h|Z^{(k+1)}]\right]_{h=1}\tag{1.26}$$

式中的 $\delta/\delta\boldsymbol{x}$ 为泛函导数，是集导数的推广，其定义为

$$\frac{\delta}{\delta\boldsymbol{x}}G[h]=\lim_{\varepsilon\to0}\frac{G[h+\varepsilon\cdot\delta_{\boldsymbol{x}}]-G[h]}{\varepsilon}\tag{1.27}$$

式中：$\delta_{\boldsymbol{x}}$ 为 $\boldsymbol{x}$ 处的狄拉克 δ 函数 (注意：由于 $\delta_{\boldsymbol{x}}$ 不是一个合法的检验函数，因此该定义是一个启发式的直观定义，而严格的定义见附录 C 或文献 [181])。

1.1.5 扩展至非常规观测

在本书中，术语“常规观测”指一般传感器产生的观测——无论是特征信号还是从中提取的检报。至于其他形式的信息，则统称为“非常规”观测，它们通常是 (但不总是) 有人介入的，主要包括：

- 属性——目标的可辨识特性，如由操作员判读图像时给出的目标识别特征。
- 特征——通常指由数字信号处理 (DSP) 算法提取的目标的可辨识特性，这方面的例子包括直观可理解的特征 (如从图像中提取的“斑点”) 以及数学抽象特征 (如主分量或小波系数)。
- 自然语言陈述——包括人工信源产生的口头及书面文本。
- 推理规则——指条件信息，仅当前件为真时，后件才成立。

除了将 RFS 理论用于多目标系统，有限集统计学还包括：

- 广义观测理论——基于随机 (但未必有限) 集概念的“广义观测”；
- 基于广义似然函数 (GLF) 的单 / 多目标广义观测的贝叶斯最优处理，其使用贝叶斯规则的方式与常规观测处理类似。

1.2 有限集统计学最新进展

本书旨在介绍 RFS 多源多目标信息融合方面的一些最新进展。虽然在后续章节中还会对这些内容做更详细的描述，但有时候读者可基于本节内容而直接转入其他文献的阅读。本节内容安排如下：

- 1.2.1节：经典 PHD 和 CPHD 滤波器方面的进展，包括多传感器 PHD/CPHD 滤波器及多模 PHD/CPHD 滤波器。
- 1.2.2节：PHD 多目标平滑器。
- 1.2.3节：未知检测包线和未知杂波背景下的 PHD/CPHD 滤波器。
- 1.2.4节：扩展目标、簇目标、群目标及未分辨的 PHD 滤波器。
- 1.2.5节：经典多伯努利滤波器方面的进展。
- 1.2.6节：面向“原始数据”的 RFS 滤波器。
- 1.2.7节：理论方面的进展，包括泛函导数的 Clark 通用链式法则、泛 PHD 滤波器、以及多目标贝叶斯滤波器的精确闭式解。
- 1.2.8节：非常规信源的融合。
- 1.2.9节：统一化处理系统方面的进展，包括统一化的即时定位与构图 (SLAM)、统一化的传感器 / 平台管理、统一化的多传感器多目标跟踪与传感器配准以及统一化的航迹-航迹融合。

1.2.1 经典 PHD 和 CPHD 滤波器进展

第10、11章将分别介绍多传感器 PHD/CPHD 滤波器和马尔可夫跳变 PHD/CPHD 滤波器。

1.2.1.1 原则近似的经典多传感器 PHD/CPHD 滤波器

经典 PHD 和 CPHD 滤波器皆为单传感器滤波器，相应的多传感器滤波器通常不易于计算。在多传感器 PHD/CPHD 滤波器实现方法中，最常用的近似方法即启发式的“迭代校正”法。该方法依次对每个传感器使用单传感器校正公式，校正结果与传感器次序密切相关，通常遵循的原则是优先处理检测概率较大的传感器。

10.6节介绍了这方面的一个重要进展：一种原则近似的、易于计算且传感器次序无关的多传感器 PHD/CPHD 滤波器。

1.2.1.2 多运动模型 PHD/CPHD 滤波器

PHD/CPHD 滤波器假定存在一个先验的单目标运动模型，其一般表现形式为单目标马尔可夫密度 $f_{k+1|k}(\boldsymbol{x}|\boldsymbol{x}')$。由于目标状态的一般形式为 $\boldsymbol{x}=(\boldsymbol{u},c)$，其中，$\boldsymbol{u}$ 为运动状态，c 为目标身份变量，因此，对于不同类型目标，该运动模型可取不同形式：

$$f_{k+1|k}(\boldsymbol{x}|\boldsymbol{x}') = f_{k+1|k}(\boldsymbol{u},c|\boldsymbol{u}',c') \tag{1.28}$$

$$= f_{k+1|k}(c|\boldsymbol{u}',c') \cdot f_{k+1|k}(\boldsymbol{u}|\boldsymbol{u}',c',c) \tag{1.29}$$

式(1.29)是由贝叶斯规则得到。如果运动模型 $f_{k+1|k}(\boldsymbol{u}|\boldsymbol{u}',c',c)$ 先验给定，则滤波器不能很好地跟踪快速逃逸的机动目标。

后续章节中将介绍几位研究人员在这方面的重要进展：将马尔可夫跳变 (多运动模型) 技术扩展用于 PHD/CPHD 滤波器 (见第11章) 以及多伯努利滤波器 (见13.5节)。

1.2.2 多目标平滑器

单目标贝叶斯滤波器是一种在线算法，即在给定 t_k 及之前所有时刻的历史观测 $Z^k:\boldsymbol{z}_1,\cdots,\boldsymbol{z}_k$ 后，它传递 t_k 时刻状态的航迹密度 $f_{k|k}(\boldsymbol{x}|Z^k)$。若容许采用有时延的“批处理”方法，从航迹重构的角度看，则有望得到比滤波算法更为精确的结果。为此可采用整个时间窗口内的观测 Z^k 来估计任一时刻 t_ℓ $(1\leqslant\ell\leqslant k)$ 的目标状态，将这类计算航迹分布 $f_{\ell|k}(\boldsymbol{x}|Z^k)$ $(1\leqslant\ell\leqslant k)$ 的算法称作平滑器。

虽然单目标平滑器可直接扩展至多目标平滑器，但这些平滑器通常不易于计算。第14章介绍这方面的四个重要进展：第一个即前向-后向伯努利平滑器，它为单目标检测跟踪应用提供了一个最优方法；第二个即原则近似且易于计算的 PHD 平滑器；第三个是该 PHD 平滑器的闭式高斯混合实现；作为一个副产品，第四个进展似乎是首次给出了常规单传感器单目标平滑器的闭式高斯混合解 (见14.2.3节)。虽然，PHD 平滑器表现出的性能并不如预期那样理想——仅获得了 30% 的性能提升，但它为将来设计更高效的方法指明了道路。

1.2.3 未知背景下的 PHD 和 CPHD 滤波器

经典 PHD 和 CPHD 滤波器需要已知两个先验的感知模型：一是状态相关的检测概率 $p_\mathrm{D}(\boldsymbol{x})$，用以描述传感器的检测性能；二是形如独立同分布群 (i.i.d.c.) 过程的杂波过程模型，该模型包括杂波的空间分布 $c(\boldsymbol{z})$ 和杂波观测个数的概率分布 $p^\kappa_{k+1}(m)$ (PHD 滤波器假定 $p^\kappa_{k+1}(m)=e^{-\lambda_{k+1}}\lambda^m_{k+1}/m!$，即服从泊松分布)。

在实际应用中，这两个模型 (一个或两个) 通常是未知的。第17、18章将介绍这方面的研究进展——无需这些先验模型的 PHD 和 CPHD 滤波器。这里简单介绍如下：

1.2.3.1 未知检测包线下的 PHD/CPHD 滤波器

如第17章所述，任何一个 RFS 滤波器皆可转化为无需先验 $p_\mathrm{D}(\boldsymbol{x})$ 的滤波器，方法非常简单：给单目标状态 $\boldsymbol{x}$ 增加一个表示未知检测概率的新状态变量 a $(0\leqslant a\leqslant 1)$。从理论上讲，这些 RFS 滤波器能够估计任何给定航迹处的检测概率，其“β-高斯混合”(BGM) 闭式实现参见17.3.2节。

1.2.3.2 未知杂波下的 PHD/CPHD 滤波器

如第18章所述，用多伯努利杂波模型代替 i.i.d.c. 杂波模型，便可推导出无需先验杂波模型 $c_{k+1}(z)$、$p^{\kappa}_{k+1}(m)$ 的 PHD 和 CPHD 滤波器。此时，采用类目标的*杂波源*描述杂波，它们生成一个观测而非一簇观测，而一般单目标状态空间 $\mathfrak{X}$ 则被目标–杂波联合状态空间 $\mathfrak{X} \uplus \mathfrak{C}$ 取代，其中 $\mathfrak{C}$ 表示杂波源的状态空间。

Mahler、B. N. Vo 和 B. T. Vo 表明，基于 BGM 技术可精确闭式实现所得的 PHD 和 CPHD 滤波器 (见18.5.7节)；Chen Xin、Tharmarasa、Kirubarajan 和 Pelletier 的研究则表明，基于正态–Wishart 混合 (NWM) 技术同样也能得到这些滤波器的精确闭式实现 (见18.5.8节)。

1.2.4 非点目标 PHD 滤波器

1.1.3节讨论的小目标模型假定了目标距传感器不是太近也不是太远。但该模型在下述几种情形下会失效：首先，如果目标距传感器足够近，那么它将产生多个而非一个检报，称此类目标为*扩展目标*；其次，一些未知机理会导致时变的观测簇，称此类目标为*簇目标*；再者，若这些观测簇源于协同运动的常规目标，则称此类目标为*群目标*；最后，若群目标距传感器足够远，以致其生成一个而非多个检报，此时称之为*未分辨目标*。对于这些目标的跟踪，尤其是扩展目标和未分辨目标跟踪，RFS 滤波器也取得了一些重要进展。

1.2.4.1 扩展目标 PHD/CPHD 滤波器

如第21章所述，不难推导出多扩展目标跟踪的 PHD 滤波器方程，但该滤波器的观测更新方程具有组合复杂性，因此在计算方面的实际可操作性并不强。Lundquist、Granström 和 Orguner 的最新研究表明，基于特定近似技术可使该滤波器具备实际应用的可能性。

1.2.4.2 未分辨目标 PHD/CPHD 滤波器

如第21章所述，不难推导出用于未分辨目标跟踪的 PHD 滤波器方程。基本方法是将未分辨目标表示为一个*点群目标*——具有相同 (单目标) 状态的多个目标，且点群状态中包含*可连续变化的目标数*，在该模型假定下便可推导出未分辨目标的 PHD 滤波器方程。

与扩展目标 PHD 滤波器一样，未分辨目标 PHD 滤波器的观测更新方程也具有组合复杂性，用于扩展目标 PHD 滤波器的类似近似技术也有望在此得到应用。

1.2.5 经典多伯努利滤波器的进展

多伯努利滤波器从 2007 年提出以来，在理论和应用方面的主要进展有势均衡多伯努利 (CBMeMBer) 滤波器、多模 CBMeMBer 滤波器和“背景未知”的 CBMeMBer 滤波器。

1.2.5.1 势均衡多伯努利滤波器

多伯努利滤波器最早可追溯至文献 [179] 第 17 章中的“多目标多伯努利”(MeMBer) 滤波器，但由于一个不太恰当的线性近似，导致目标数的估计出现明显偏置。为纠正这一缺陷，B. N. Vo 和 B. T. Vo 提出了“势均衡”的 MeMBer (CBMeMBer) 滤波器，见第13章。

1.2.5.2 多模 CBMeMBer 滤波器

与 PHD 和 CPHD 滤波器一样，CBMeMBer 滤波器采用先验已知的单目标运动模型(表现形式为马尔可夫密度 $f_{k+1|k}(\boldsymbol{x}|\boldsymbol{x}'))$。为了更好地跟踪快速逃逸的机动目标，Dunne 和 Kirubarajan 设计了一种马尔可夫跳变的 CBMeMBer 滤波器，见13.5节。

1.2.5.3 未知背景的 CBMeMBer 滤波器

仍与 PHD 和 CPHD 滤波器一样，CBMeMBer 滤波器采用先验已知的检测包线和杂波背景模型。为了使滤波器无需这些先验模型，B. N. Vo 和 B. T. Vo 对 CBMeMBer 滤波器做了进一步的推广，这方面的进展见18.7节。

1.2.6 面向“原始数据”的 RFS 滤波器

直到前不久，所有的 RFS 滤波器 (包括前面刚介绍的) 都是基于检报观测，即所用观测为采用某种检测技术从传感器特征信号中提取的量测点。由于提取的检报观测只是原始特征信号的近似，故相比原始信号存在着固有的信息损失，尤其是在低信噪比 (SNR) 下。因此，有必要设计可直接用于“原始”信号观测的 PHD 和 CPHD 滤波器，通常将这类滤波器称作检测前跟踪 (TBD) 滤波器。

1.2.6.1 像素化图像数据的精确多伯努利滤波器

在现代光学、红外以及其他成像系统中，图像观测通常表现为灰度或 RGB 彩色像素的二维矩阵形式。在第20章中，B. N. Vo 和 B. T. Vo 针对像素化图像的最优 TBD 处理设计了一种精确闭式多伯努利滤波器。该滤波器假定目标具有一定的物理轮廓且彼此互不遮挡，实测数据的验证结果表明，其性能优于此前最好的图像 TBD 算法——直方图–PMHT 滤波器。

1.2.6.2 叠加式传感器的 PHD/CPHD 滤波器

最为熟悉的那些传感器大多基于电磁波或声波信号，其观测信号通常为所有单目标信号 (通常为复值) 的叠加，故将此类传感器称作叠加式传感器。Mahler 的研究表明：对于这类信号观测，可以推导出精确的 RFS 滤波器 (见19.2节)，但一般不易于计算。

如第19章所述，采用一些近似技术后有望得到易于计算的叠加式 RFS 滤波器：Hauschildt 技术 (19.3节) 采用的是一种直接近似方法；第二种近似方法基于 Campbell 定理，最初由 Thouin、Nannuru 和 Coates 提出，而后由 Mahler 做了推广 (19.4节)。在射频 (RF) 层析数据及被动声学数据的多目标跟踪应用中，基于该近似的 CPHD 滤波器性能优于传统马尔可夫链蒙特卡罗 (MCMC) 算法。

1.2.7 理论进展

偏理论性的进展主要有三个：前两个分别为 D. Clark 的泛函导数通用链式法则以及由此得到的泛 *PHD* 滤波器；第三个是多目标贝叶斯滤波器的精确闭式解。

1.2.7.1 泛函导数的 Clark 通用链式法则

如1.1.4.10节所述，在近似滤波器推导过程中经常会遇到形如 $G[T[h]]$ 的一般形式，其中：$G[h]$ 为泛函；$T: h \mapsto T[h]$ 为泛函变换——它将一个函数变换为另一个函数。推导中需要确定下述形式的泛函导数：

$$\frac{\delta}{\delta X} G[T[h]]$$

此时需要用到链式法则。虽然文献 [179] 也给出了几种链式法则，但都限于特定情形，因此一个新结果的推导常常需要复杂的归纳证明。

D. Clark 通用链式法则的出现，则彻底解决了该问题。直观地讲，先前所需的一对一归纳证明已经内建于通用链式法则之中。有关该进展参见3.5.14节。

1.2.7.2 经典 PHD 滤波器的泛化形式

Clark 通用链式法则的一个间接结果——导出了经典 PHD 滤波器观测更新公式的泛化形式。由于杂波过程和观测生成过程都是任意的，因此所得泛 PHD 滤波器具有一般性，有关该进展的介绍见8.2节。

1.2.7.3 多目标贝叶斯滤波器的精确闭式解

PHD、CPHD、多伯努利滤波器都是基于一定的假设来近似实际的多目标密度函数 $f_{k|k}(X|Z^{(k)})$，且近似精度逐渐提高。除 PHD 滤波器和 CBMeMBer 滤波器的时间更新步之外，这些滤波器的滤波方程都是近似的。第15章介绍了 B. T. Vo 和 B. N. Vo 在理论方面的一个主要进展——多目标贝叶斯滤波器的精确闭式解。

该滤波器假定一条连续航迹中的所有目标共享一个独一无二的航迹标签。在该假定下，他们构造了一类多目标分布——“广义标记多伯努利”分布，并证明了这类分布关于多目标预测积分和多目标贝叶斯规则是代数封闭的。

关于该滤波器的主要结论有两点：其一，该滤波器似乎是首个可证明是贝叶斯最优且能够实现的多目标检测跟踪算法；其二，它显然包含了首个可证明是贝叶斯最优的航迹管理方案。该滤波器的高斯混合实现易于计算，而且非常类似面向航迹的多假设跟踪器 (MHT)。

1.2.8 非常规观测融合方面的进展

第22章将介绍非常规观测融合方面的两个研究进展：单目标情形下随机集“广义似然函数”方法的贝叶斯最优性 (观测函数精确已知)；该方法向 RFS 及传统多目标滤波器的贝叶斯最优扩展。

1.2.8.1 广义似然函数 (GLF) 方法的贝叶斯最优性

如1.1.5节所述，GLF 有别于一般似然函数的一个重要方面：它是无量纲的概率而非概率密度。尽管存在着这样的差别，但业已证明在单目标情形下 GLF 是贝叶斯最优的 (该结论为真的条件是基本观测函数 $\eta_{k+1}(\boldsymbol{x})$ 精确已知，即对“本源明确的模糊 (UGA) 观测”而言)。22.3.4节介绍了这方面的进展。

1.2.8.2 GLF 方法向多目标滤波的扩展

业已表明：

- GLF 方法可自然推广至 RFS 及传统多目标滤波器；
- 即便 RFS 滤波器本身未必是贝叶斯最优的，但 GLF 向 RFS 多目标滤波器的推广却是贝叶斯最优的 (假定观测函数精确已知)。

关于 GLF 向 RFS 滤波器 (PHD/CPHD/ 多伯努利滤波器) 的贝叶斯最优推广，参见22.10节。在这方面，Bishop 和 Ristic 的论文具有特殊意义——见文献 [22] 及22.10.5.3节。至于 GLF 技术向传统观测–航迹关联 (MTA)，即向传统多目标滤波器的推广，见22.11节。

1.2.9 迈向大一统

现有信息融合系统一般是通过特设方式将不同的子系统集成在一起，而其中许多子系统本身就是启发式的特设系统。在信息融合系统中，先独立设计而后再集成起来的功能模块主要有传感器配准、目标检测、目标跟踪、目标分类、观测–航迹融合、航迹–航迹融合、传感器管理、平台管理等。

由于启发式的设计与集成会引入不可预知的误差，从而会降低算法的效用。众所周知，每种启发式都隐含着一定的假设，无论是在集成过程中还是在分立组件设计中。这些隐含假设极有可能引入一些隐性误差和 (或) 统计偏置，而且，随着其在系统中的传播，这些误差 / 偏置通常会被放大。

最近的一部书和另外一部书中的某些章节，以及本书第 12、24、25、26 章都介绍了基于 RFS 统计推理构造大一统信息融合系统的最新进展，包括：机器人应用中统一化的即时定位与构图 (SLAM)；统一化的传感器与平台管理；统一化的多传感器多目标跟踪与传感器配准；统一化的多传感器多目标航迹–航迹融合。

1.2.9.1 统一化的即时定位与构图 (RFS–SLAM)

SLAM 问题考虑的是未知环境中的一个或多个机器人，它们基于观测到的地标构建环境地图并确定自己在该地图中的位置。Mullane、B. T. Vo、Adams 和 B. N. Vo 在 *Random Finite Sets in Robotic Map Building and SLAM* 一书中介绍了基于 RFS 的 SLAM 方法——它实际上是第一个可证明是贝叶斯最优的 SLAM 方法[210]。结果表明：在高密度杂波下，PHD–SLAM 的算法性能优于 EKF–SLAM、MH–FastSLAM 等传统 SLAM 方法，详见文献 [1, 208, 209]。

1.2.9.2 统一化的传感器与平台管理

如果能将可分配的传感器资源 (包括携带它的平台) 自适应地偏向那些欠观测目标，则多目标检测跟踪算法的性能将会有大幅提升，该过程即所谓的传感器 / 平台管理，又称 4 级信息融合。

本书第24~26章介绍了这方面的一个重要进展——统一化且可操作的 RFS 控制论信息论传感器 / 平台管理。采用 K–L 互熵或 Rényi α 散度等纯粹的抽象信息测度具有一定的风险，因为忽略实际直觉无异于“闭着眼睛飞”。因此，本项工作的重点是开发易于计算且具有直观物理意义（而非纯抽象）的信息论目标函数。这类目标函数的例子包括目标数后验期望（PENT）、势方差（PENT 的方差）以及柯西–施瓦茨散度，其中，势方差与柯西–施瓦茨散度方面的研究非常新但很有前景，见26.6.4.2节和26.6.3.5节[①]。

1.2.9.3 统一化的多传感器多目标跟踪与传感器配准

现有 RFS 算法及当前所有多目标跟踪算法大都基于传感器时空精确配准这一假设，但实际观测中经常会包含一个或多个偏置（又称配准误差）。例如，地形图中的未知平动偏移，传感器平台惯导系统（INS）的漂移误差等。此时，多传感器检测跟踪算法的性能通常会严重退化，除非能够估计并消除这些偏置。

一般的处理方法是在目标检测跟踪前对配准误差进行估计，但近来的研究表明，在某些情形下可同时完成传感器配准与多目标跟踪，见第12章。

1.2.9.4 统一化的多传感器多目标航迹–航迹融合

传统信息融合从传感器处获取观测以检测跟踪目标，但对于分布式信息融合系统来讲，受信道带宽限制难以传输数量巨大的原始观测，故一般的融合方法并不太适合。为解决该问题，分布式融合系统通常传输的是航迹估计而非原始观测，但这又引出了两个新的困难：时间相关和重复计算（空间相关）。

通常假定观测是统计独立的，但这并不适于航迹观测。作为滤波过程的输出，航迹是时间相关的，因此不能像对待观测那样对航迹做融合处理。另一个困难源于特定网络中到达同一结点的那些貌似独立的数据实际有可能来自同一信源。不妨考虑一个简单网络的例子：结点 X 将数据 D 送至结点 A 和 B，而这两个结点又分别将 D 以 D' 和 D'' 的形式发送给结点 Y。若结点 Y 假定 D' 和 D'' 独立并对它们做融合处理，结果将是一个伪精确的目标定位，将这种现象称为重复计算。

Distributed Data Fusion for Network–Centric Operations [183] 一书的第 8 章介绍了一种统一化的 RFS 航迹–航迹融合方法，内容主要基于 Clark 及其同事的研究工作。

1.2.9.5 统一化的态势评估

术语态势评估（也称为 2、3 级信息融合）是指在给定环境下确定当前和（或）将来威胁等级的过程。25.14.2节基于战术重要性函数（TIF）的概念，介绍了该问题的一种统一化解决方案的基本要素。

1.3 本书结构

本节简要概括一下全书的内容。由于本书的重点是推导可用于具体问题的具体技术及具体表达式，因此每章的引言部分都包含一个“要点概述”，详细列举了这章中最重要的概念、公式和结论。为方便那些更偏重理论的读者，使其勿需查阅其他的出版物，本书将相关的数学证明与展开的数学推导统一置于附录部分。此外，本书采用了一套“透明”

[①]译者注：26.6.3.5节系原著 26.6.4.3 节，根据实际内容对编排做了调整。

符号系统 (见附录A.1)，读者一看便知那些数学符号的含义。最后，全书遵循“爬–走–跑”的叙述风格，首先从熟悉的概念和技术入手，然后再介绍那些复杂的概念和技术。

本书结构安排如下 (见图1.2)：

图 1.2 本书结构一瞥。全书共分五篇：FISST 初步；标准观测模型；未知背景；非标观测模型；传感器 / 平台管理。

第 I 篇：有限集统计学初步

- 第2章：随机有限集的基本概念。
- 第3章：多目标微积分的基本概念。
- 第4章：多目标统计学的基本概念。
- 第5章：RFS 建模与多目标滤波的基本概念。
- 第6章：多目标度量的基本概念——多目标错误距离和多目标信息测度。

第 II 篇：标准观测模型的 RFS 滤波器

- 第7章：第 II 篇导论。
- 第8章：“经典” PHD 和 CPHD 滤波器；零虚警 (ZFA) CPHD 滤波器；状态相关杂波 PHD 滤波器；经典 PHD 滤波器的泛化形式。
- 第9章：经典 PHD/CPHD 滤波器实现。
- 第10章：经典 PHD/CPHD 滤波器向多传感器的扩展。
- 第11章：马尔可夫跳变的经典 PHD/CPHD 滤波器 (用于快速机动的“非合作”目标)。

- 第12章：联合的传感器配准与多目标检测跟踪。
- 第13章：多伯努利滤波器和 CBMeMBer 滤波器。
- 第14章：PHD 平滑器和 ZTA−CPHD 平滑器。
- 第15章：多目标贝叶斯滤波器的 Vo−Vo 闭式解。

第 III 篇：未知背景下的 RFS 滤波器

- 第16章：第 III 篇导论。
- 第17章：未知检测概率。
- 第18章：未知杂波背景。

第 IV 篇：非标观测模型的 RFS 滤波器

- 第19章：叠加式传感器的 PHD 和 CPHD 滤波器。
- 第20章：像素化图像的检测前跟踪多伯努利滤波器。
- 第21章：扩展、簇、群及未分辨目标的 PHD 滤波器。
- 第22章：非常规观测理论及其 RFS 滤波。

第 V 篇：RFS 传感器与平台管理

- 第23章：第 V 篇导论。
- 第24章：单传感器单目标系统的传感器管理。
- 第25章：多传感器多目标系统的 RFS 传感器管理。
- 第26章：基于 RFS 近似滤波器的传感器管理：伯努利、PHD、CPHD 以及 CBMeMBer。

附录

- 附录 A：符号表。
- 附录 B：贝叶斯方法的核心。
- 附录 C：泛函导数。
- 附录 D：分割理论。
- 附录 E：β 分布。
- 附录 F：β 分布的马尔可夫时间更新。
- 附录 G：Wishart 分布与正态−Wishart 分布。
- 附录 H：复高斯随机变量。
- 附录 I：单层群目标的统计学。
- 附录 J：FISST 和 Moyal 泛函微积分的对比。
- 附录 K：数学推导 (在线文档，网址见附录 K)。

第Ⅰ篇

有限集统计学初步

第2章 随机有限集

2.1 简 介

本章主要介绍有限集统计学的一些基本概念、公式及方法学。介绍将从传统单传感器单目标统计学入手，以多源多目标统计学的概要结束。后者主要包括以下三个基本方面：

- 多源多目标检测、跟踪、识别[①]与信息融合的随机有限集 (RFS) 表示；
- 一种通用的观测理论——涉及许多非常规的、有人介入的信息形式；
- 一套面向应用人员的实用数学工具——基于多目标微积分，可方便问题求解。

本章内容安排如下：

- 2.2节：单传感器单目标贝叶斯统计学回顾。
- 2.3节：随机有限集理论简介。
- 2.4节：多目标统计学梗概。

2.2 单传感器单目标统计学

为了概念和符号表述清晰起见，本节先回顾单传感器单目标贝叶斯统计学的一些基本概念，主要内容如下：

- 2.2.1节：基本符号。
- 2.2.2节：单目标状态空间与单传感器观测空间。
- 2.2.3节：随机矢量、概率质量函数与概率密度函数。
- 2.2.4节：目标运动模型与马尔可夫转移密度。
- 2.2.5节：传感器观测模型与似然函数。
- 2.2.6节：非常规信源的广义观测模型及广义似然函数。
- 2.2.7节：单传感器单目标递归贝叶斯滤波器。

2.2.1 基本符号

本书的符号表示参见附录A。此外，书中还采用了下列符号表示：

[①]本书对“目标识别”这一术语的使用相当灵活。依具体应用，它可指代：① 广义的目标分类 (如喷气式战斗机与商用机的识别)；② 狭义的目标类型识别 (如 F-16 与 F-35 战斗机的鉴别)；③ 甚至是一些特殊的识别 (如飞机尾翼数目识别)。

- 二项系数 (也称为组合系数)：

$$C_{n,i}=\begin{cases}\frac{n!}{i!\cdot(n-i)!}, & 0\leqslant i\leqslant n\\ 0, & \text{其他}\end{cases} \tag{2.1}$$

- 多维高斯分布：令 $\boldsymbol{x}$ 为 N 维列矢量，$\boldsymbol{C}$ 为 $N\times N$ 的协方差矩阵，则多维高斯分布定义为

$$N_{\boldsymbol{C}}(\boldsymbol{x})=\frac{1}{\sqrt{\det 2\pi\boldsymbol{C}}}\cdot\exp\left(-\frac{1}{2}\boldsymbol{x}^{\mathrm{T}}\boldsymbol{C}^{-1}\boldsymbol{x}\right) \tag{2.2}$$

- 多维高斯分布的基本恒等式：令 $\boldsymbol{x}$ 为 N 维列矢量，$\boldsymbol{z}$ 为 M 维列矢量，且 $M\leqslant N$；再令 $\boldsymbol{P}$、$\boldsymbol{R}$ 分别表示 $N\times N$ 和 $M\times M$ 的协方差矩阵，$\boldsymbol{H}$ 为 $M\times N$ 的矩阵，则

$$N_{\boldsymbol{R}}(\boldsymbol{z}-\boldsymbol{H}\boldsymbol{x})\cdot N_{\boldsymbol{P}}(\boldsymbol{x}-\boldsymbol{x}_0)=N_{\boldsymbol{R}+\boldsymbol{H}\boldsymbol{P}\boldsymbol{H}^{\mathrm{T}}}(\boldsymbol{z}-\boldsymbol{H}\boldsymbol{x}_0)\cdot N_{\boldsymbol{C}}(\boldsymbol{x}-\boldsymbol{c}) \tag{2.3}$$

式中

$$\boldsymbol{C}^{-1}=\boldsymbol{P}^{-1}+\boldsymbol{H}^{\mathrm{T}}\boldsymbol{R}^{-1}\boldsymbol{H} \tag{2.4}$$

$$\boldsymbol{C}^{-1}\boldsymbol{c}=\boldsymbol{P}^{-1}\boldsymbol{x}_0+\boldsymbol{H}^{\mathrm{T}}\boldsymbol{R}^{-1}\boldsymbol{z} \tag{2.5}$$

或等价表示为

$$\boldsymbol{c}=\boldsymbol{x}_0+\boldsymbol{K}(\boldsymbol{z}-\boldsymbol{H}\boldsymbol{x}_0) \tag{2.6}$$

$$\boldsymbol{C}=(\boldsymbol{I}-\boldsymbol{K}\boldsymbol{H})\boldsymbol{P} \tag{2.7}$$

$$\boldsymbol{K}=\boldsymbol{P}\boldsymbol{H}^{\mathrm{T}}(\boldsymbol{H}\boldsymbol{P}\boldsymbol{H}^{\mathrm{T}}+\boldsymbol{R})^{-1} \tag{2.8}$$

2.2.2 状态空间和观测空间

单目标状态中包含待认知目标的主要信息，其常见形式是欧氏空间 $\mathfrak{X}=\mathbb{R}^N$(或其中某区域 $S\subseteq\mathbb{R}^N$) 中的列矢量：

$$\boldsymbol{x}=(x_1,\cdots,x_N)^{\mathrm{T}} \tag{2.9}$$

状态矢量有时还会表现为下述离散-连续的混合形式：

$$\boldsymbol{x}=(c,x_1,\cdots,x_N)^{\mathrm{T}}\in\mathfrak{X}=C\times S \tag{2.10}$$

式中：C 为离散状态变量的有限集，它可以是航迹标签或者目标身份类别的集合。如附录 B 所述，$\mathfrak{X}$ 的一般形式是任意的 Hausdorff、局部紧且完全可分的拓扑空间。例如，状态空间 $\mathfrak{X}$ 可以是形如 $\mathfrak{X}=\mathbb{R}^{N_1}\uplus\mathbb{R}^{N_2}$ 的形式 (第18章将会遇到这种情形)，其中“$\uplus$”表示集合的互斥并。

由单目标生成的单传感器观测中包含目标的实际可观测信息，其常见形式是欧氏空间 $\mathfrak{Z}=\mathbb{R}^M$(或其中某区域 $T\subseteq\mathbb{R}^M$) 中的列矢量：

$$\boldsymbol{z}=(z_1,\cdots,z_M)^{\mathrm{T}} \tag{2.11}$$

有时观测矢量会表现为下述离散–连续的混合形式：

$$z = (b, z_1, \cdots, z_M)^{\mathrm{T}} \in \mathfrak{Z} = B \times T \tag{2.12}$$

式中：B 为离散变量的有限集，它可以是目标类别相关的属性观测集。$\mathfrak{Z}$ 的一般形式同样也是任意的 Hausdorff、局部紧且完全可分的拓扑空间。

假定在状态空间和观测空间上都赋予了某种测度论积分。比如，对于 $\mathfrak{X} = \mathbb{R}^N$ 及 $\mathfrak{Z} = \mathbb{R}^M$，通常采用的是 Lebesgue 积分；而当 $\mathfrak{X} = C \times S$ 及 $\mathfrak{Z} = B \times T$ 时，通常采用下述乘积形式的离散–Lebesgue 积分：

$$\int f(\boldsymbol{x})\mathrm{d}\boldsymbol{x} = \sum_{c \in C} \int_S f(c, x_1, \cdots, x_N)\mathrm{d}x_1 \cdots \mathrm{d}x_N \tag{2.13}$$

$$\int g(\boldsymbol{z})\mathrm{d}\boldsymbol{z} = \sum_{b \in B} \int_T g(b, z_1, \cdots, z_M)\mathrm{d}z_1 \cdots \mathrm{d}z_M \tag{2.14}$$

2.2.3 随机状态 / 观测、概率质量函数与概率密度

随机状态矢量 $\boldsymbol{X}$、随机观测矢量 $\boldsymbol{Z}$ 分别为状态空间 $\mathfrak{X}$ 和观测空间 $\mathfrak{Z}$ 中的元素，相应的概率质量函数 (也称为概率测度) 定义如下：

$$p_{\boldsymbol{X}}(S) = \Pr(\boldsymbol{X} \in S), \quad p_{\boldsymbol{Z}}(T) = \Pr(\boldsymbol{Z} \in T) \tag{2.15}$$

对于任意零测度集 S，若 $p_{\boldsymbol{X}}(S) = 0$，则由 Radon–Nikodým 定理可知：

$$p_{\boldsymbol{X}}(S) = \int_S f_{\boldsymbol{X}}(\boldsymbol{x})\mathrm{d}\boldsymbol{x} \tag{2.16}$$

式中：函数 $f_{\boldsymbol{X}}(\boldsymbol{x})$ 几乎处处唯一，称为 $\boldsymbol{X}$ 的概率密度函数 (p.d.f.)。同理可知，

$$p_{\boldsymbol{Z}}(T) = \int_T g_{\boldsymbol{Z}}(\boldsymbol{z})\mathrm{d}\boldsymbol{z} \tag{2.17}$$

2.2.4 目标运动模型与马尔可夫密度

单目标运动模型的一般形式为

$$\boldsymbol{X}_{k+1|k} = \varphi_k(\boldsymbol{x}', \boldsymbol{W}_k) \tag{2.18}$$

式中：$\boldsymbol{W}_k$ 为随机噪声矢量；$\boldsymbol{x}'$ 为 t_k 时刻的目标状态；φ_k 为状态转移函数。

更常见的则是下面的加性噪声形式：

$$\boldsymbol{X}_{k+1|k} = \varphi_k(\boldsymbol{x}') + \boldsymbol{W}_k \tag{2.19}$$

式中：$\boldsymbol{W}_k$ 为零均值噪声矢量；$\varphi_k(\boldsymbol{x}')$ 为确定性运动模型 (状态转移函数)。对于线性高斯目标运动模型，$\boldsymbol{W}_k$ 为高斯噪声，$\varphi_k(\boldsymbol{x}') = \boldsymbol{F}_k\boldsymbol{x}'$，其中 $\boldsymbol{F}_k$ 为状态转移矩阵。

在 $\boldsymbol{X}_{k|k} = \boldsymbol{x}'$ 的条件下，$\boldsymbol{X}_{k+1|k}$ 的概率质量函数可表示为

$$p_{k+1|k}(S|\boldsymbol{x}') = \Pr(\boldsymbol{X}_{k+1|k} \in S|\boldsymbol{x}') = \int_S f_{k+1|k}(\boldsymbol{x}|\boldsymbol{x}')\mathrm{d}\boldsymbol{x} \tag{2.20}$$

式中：马尔可夫状态转移密度函数 $M_{\boldsymbol{x}}(\boldsymbol{x}') = f_{k+1|k}(\boldsymbol{x}|\boldsymbol{x}')$，表示在 t_k 时刻状态为 $\boldsymbol{x}'$ 的条件下 t_{k+1} 时刻状态为 $\boldsymbol{x}$ 的概率 (密度)。

2.2.5 观测模型与似然函数

单传感器单目标观测模型的一般形式为

$$\boldsymbol{Z}_{k+1} = \eta_{k+1}(\boldsymbol{x}, \boldsymbol{V}_{k+1}) \tag{2.21}$$

式中：$\boldsymbol{V}_{k+1}$ 为随机噪声矢量；η_{k+1} 为观测函数。更常见的则是下述加性噪声形式：

$$\boldsymbol{Z}_{k+1} = \eta_{k+1}(\boldsymbol{x}) + \boldsymbol{V}_{k+1} \tag{2.22}$$

式中：$\boldsymbol{V}_{k+1}$ 为零均值噪声矢量；$\eta_{k+1}(\boldsymbol{x})$ 为确定性观测模型 (观测函数)。对于线性高斯传感器，$\boldsymbol{V}_{k+1}$ 为高斯噪声，$\eta_{k+1}(\boldsymbol{x}) = \boldsymbol{H}_{k+1}\boldsymbol{x}$，其中 $\boldsymbol{H}_{k+1}$ 为观测矩阵。

在 $\boldsymbol{X}_{k+1|k} = \boldsymbol{x}$ 的条件下，$\boldsymbol{Z}_{k+1}$ 的概率质量函数可表示为

$$p_{k+1}(T|\boldsymbol{x}) = \Pr(\boldsymbol{Z}_{k+1} \in T|\boldsymbol{x}) = \int_T f_{k+1}(\boldsymbol{z}|\boldsymbol{x})\mathrm{d}\boldsymbol{z} \tag{2.23}$$

其中

$$L_{\boldsymbol{z}}(\boldsymbol{x}) \stackrel{\text{abbr.}}{=} f_{k+1}(\boldsymbol{z}|\boldsymbol{x}) \tag{2.24}$$

上式即传感器似然函数，表示在 t_{k+1} 时刻状态为 $\boldsymbol{x}$ 的条件下观测为 $\boldsymbol{z}$ 的概率 (密度)。

2.2.6 非常规观测

“常规观测”是指由一般传感器信源 (如雷达) 生成的观测，但有许多信息是来自数字信号处理器或者人工观察员等中介信源。如1.1.5节所述，这些“非常规”信息包括属性、特征、自然语言陈述以及推理规则等。

从严格的贝叶斯视角看，有限集统计学的一个基本特点就是能够采用与常规信息相似的方式处理这类非常规信息，所涉及的基本概念有广义观测、广义观测模型、广义似然函数 (GLF)。这方面的详细讨论见第22章。

2.2.7 单传感器单目标贝叶斯滤波器

单传感器单目标贝叶斯滤波器是单传感器单目标跟踪识别的理论基础 (文献 [179] 第 2 章)。给定 t_k 时刻的观测时间序列 $Z^k : \boldsymbol{z}_1, \cdots, \boldsymbol{z}_k$ 后，贝叶斯滤波器随时间传递后验分布 $f_{k|k}(\boldsymbol{x}|Z^k)$ (也称作“航迹分布”)[①]：

$$\cdots \rightarrow \quad f_{k|k}(\boldsymbol{x}|Z^k) \quad \rightarrow \quad f_{k+1|k}(\boldsymbol{x}|Z^k) \quad \rightarrow \quad f_{k+1|k+1}(\boldsymbol{x}|Z^{k+1}) \quad \rightarrow \cdots$$

[①] 在其他两种常见的符号系统中，概率分布 $f_{k+1|k}(\boldsymbol{x}|Z^k)$ 可表示为

$$f_{k+1|k}(\boldsymbol{x}|Z^k) = f(\boldsymbol{x}_{k+1|k}|\boldsymbol{z}_{1:k})$$

或

$$f_{k+1|k}(\boldsymbol{x}|Z^k) = f_{\boldsymbol{X}_{k+1|k}|\boldsymbol{Z}_1,\cdots,\boldsymbol{Z}_k}(\boldsymbol{x}|\boldsymbol{z}_1,\cdots,\boldsymbol{z}_k)$$

式中：$\boldsymbol{X}_{k+1|k}$ 为 t_{k+1} 时刻的预测目标状态；$\boldsymbol{Z}_j$ 为 t_j 时刻的随机观测矢量。

上述滤波器由时间更新和观测更新方程组成，具体如下：

$$f_{k+1|k}(\boldsymbol{x}|Z^k) = \int f_{k+1|k}(\boldsymbol{x}|\boldsymbol{x}') \cdot f_{k|k}(\boldsymbol{x}'|Z^k)\mathrm{d}\boldsymbol{x}' \tag{2.25}$$

$$f_{k+1|k+1}(\boldsymbol{x}|Z^{k+1}) = \frac{f_{k+1}(\boldsymbol{z}_{k+1}|\boldsymbol{x}) \cdot f_{k+1|k}(\boldsymbol{x}|Z^k)}{f_{k+1}(\boldsymbol{z}_{k+1}|Z^k)} \tag{2.26}$$

式(2.26)即贝叶斯规则，其中的贝叶斯归一化因子定义为

$$f_{k+1}(\boldsymbol{z}_{k+1}|Z^k) = \int f_{k+1}(\boldsymbol{z}_{k+1}|\boldsymbol{x}) \cdot f_{k+1|k}(\boldsymbol{x}|Z^k)\mathrm{d}\boldsymbol{x} \tag{2.27}$$

当运动模型和观测模型都为线性高斯形式且初始分布 $f_{0|0}(\boldsymbol{x}|Z^0) = f_{0|0}(\boldsymbol{x})$ 也为高斯分布时，贝叶斯滤波器便退化为卡尔曼滤波器。

利用贝叶斯最优状态估计器可从后验分布 $f_{k|k}(\boldsymbol{x}|Z^k)$ 中提取感兴趣的信息，如目标的位置、速度、类型等。典型的最优估计器如最大后验 (MAP) 估计器[①]和期望后验 (EAP) 估计器，分别如下所示：

$$\hat{\boldsymbol{x}}^{\mathrm{MAP}}_{k+1|k+1} = \arg\sup_{\boldsymbol{x}\in\mathfrak{X}} f_{k+1|k+1}(\boldsymbol{x}|Z^{k+1}) \tag{2.28}$$

$$\hat{\boldsymbol{x}}^{\mathrm{EAP}}_{k+1|k+1} = \int \boldsymbol{x} \cdot f_{k+1|k+1}(\boldsymbol{x}|Z^{k+1})\mathrm{d}\boldsymbol{x} \tag{2.29}$$

2.3 随机有限集

令 $\mathfrak{Y}$ 表示基本空间，例如状态空间 $\mathfrak{X}$ 或观测空间 $\mathfrak{Z}$。令 $\mathfrak{Y}^\infty$ 表示 $\mathfrak{Y}$ 的所有有限子集(含空集) 构成的超空间[②]，则随机有限集 (RFS) 只不过是空间 $\mathfrak{Y}^\infty$ 中的一个随机变量 $\varPsi$ 而已[③]。本书主要讨论下面两种 RFS：

- $\mathfrak{Y} = \mathfrak{X}$ 表示单目标空间，$\mathfrak{Y}^\infty = \mathfrak{X}^\infty$ 表示 $\mathfrak{X}$ 的有限子集构成的超空间，$\varPsi = \varXi$ 表示随机目标状态集；
- $\mathfrak{Y} = \mathfrak{Z}$ 表示单传感器单目标观测空间，$\mathfrak{Y}^\infty = \mathfrak{Z}^\infty$ 表示 $\mathfrak{Z}$ 的有限子集构成的超空间，$\varPsi = \varSigma$ 表示随机观测集。

随机状态集 $\varXi$ 的样本可表示如下：

$$X = \emptyset, \qquad \text{无目标} \tag{2.30}$$

$$X = \{\boldsymbol{x}_1\}, \qquad \text{存在一个状态为 } \boldsymbol{x}_1 \text{ 的目标} \tag{2.31}$$

$$X = \{\boldsymbol{x}_1, \boldsymbol{x}_2\}, \qquad \text{存在两个目标，且状态 } \boldsymbol{x}_1 \neq \boldsymbol{x}_2 \tag{2.32}$$

$$\vdots$$

---

①注意：MAP 估计器通常被视作贝叶斯最优的，但对于无限的连续状态空间，它实际上只是贝叶斯近似最优的 (尽管其贝叶斯最优性可达到任意小的精度)，这是因为 MAP 估计器采用的是“极小缺口”代价函数 $\boldsymbol{C}(\boldsymbol{x},\boldsymbol{y}) = \boldsymbol{1}_E(\boldsymbol{x}-\boldsymbol{y})$，其中 E 为 $\boldsymbol{0}$ 的任意小邻域。

②在数学文献中，“超空间”泛指其元素为其他空间子集的那些空间。

③正规地讲，随机有限集 $\varPsi$ 是从基本概率空间 $\varOmega$ 到 $\mathfrak{Y}^\infty$ 的可测映射 $\varPsi : \varOmega \mapsto \mathfrak{Y}^\infty$，而定义这样的可测映射需首先定义 $\mathfrak{Y}^\infty$ 上的拓扑。在有限集统计学中，该拓扑是限制在空间 $\mathfrak{Y}$ 上的 Fell-Matheron “Hit-and-Miss” 拓扑 (定义在 $\mathfrak{Y}$ 的所有闭子集类上)，详见文献 [179] 第 711–716 页 (附录 F)。

同理，随机观测集 Σ 的样本可表示为

$$Z = \emptyset, \quad \text{未获得任何观测} \tag{2.33}$$

$$Z = \{z_1\}, \quad \text{获得一个观测 } z_1 \tag{2.34}$$

$$Z = \{z_1, z_2\}, \quad \text{获得两个观测，且 } z_1 \neq z_2 \tag{2.35}$$

$$\vdots$$

2.3.1 RFS 与点过程

如1.1.1节所述，RFS 理论是一种数学上最精简的*点过程理论*，Kingman 关于泊松点过程的著作是这方面的经典导论[134]①。

点过程理论是 Moyal 于 50 年前提出的，他给出了两种等价表示：一种基于*随机无序有限序列* (文献 [207] 第 2、3 和 5 页)；另一种基于*计数测度* (文献 [207] 第 6 页)。目前，这两种表示都仅限于纯数学家层面。

通过对 Moyal 第一种表示的简单回顾，不难得到一些启发。令 $\tilde{\mathfrak{Y}}^\infty$ 表示无序有限序列 $\theta = [\boldsymbol{y}_1, \cdots, \boldsymbol{y}_n]$ (n 任意) 构成的集合②，则点过程是在 $\tilde{\mathfrak{Y}}^\infty$ 上取值的随机变量 $\mathcal{P}$。若 $\boldsymbol{y}_1, \cdots, \boldsymbol{y}_n$ 总是互不相同的，则称该点过程为*简单点过程*。由于元素互不相同的无序有限序列与有限集是一回事，故 $[\boldsymbol{y}_1, \cdots, \boldsymbol{y}_n] = \{\boldsymbol{y}_1, \cdots, \boldsymbol{y}_n\}$，也就是说*简单点过程与 RFS 是一回事*。

$\mathcal{P}$ 的统计特性可由其概率测度 $p_{\mathcal{P}}(O) = \Pr(\mathcal{P} \in O)$ 描述，其中 O 为 $\tilde{\mathfrak{Y}}^\infty$ 的可测子集。点过程理论的基本结论是：当且仅当 $\mathcal{P}$ 是简单点过程 ($\mathcal{P}$ 为 RFS) 时，才存在 (即密度函数有限可积) 与 $p_{\mathcal{P}}(O)$ 对应的概率密度函数 $f_{\mathcal{P}}(\theta)$ (文献 [55] 中性质 5.4.V)。此时将下述函数称作 Janossy 密度：

$$n! \cdot j_{n,\mathcal{P}}(\boldsymbol{y}_1, \cdots, \boldsymbol{y}_n) = f_{\mathcal{P}}([\boldsymbol{y}_1, \cdots, \boldsymbol{y}_n]) = f_{\mathcal{P}}(\{\boldsymbol{y}_1, \cdots, \boldsymbol{y}_n\}) \tag{2.36}$$

如4.2.2节所述，上式即 RFS $\mathcal{P}$ 的多目标概率分布。文献 [55] 中性质 5.4.V 的直观含义为：若 $[\boldsymbol{y}_1, \cdots, \boldsymbol{y}_n]$ 存在重复的元素 (存在 $\boldsymbol{y}_i = \boldsymbol{y}_j$ 且 $i \neq j$)，则 $f_{\mathcal{P}}([\boldsymbol{y}_1, \cdots, \boldsymbol{y}_n]) = 0$，实际公式中无须出现它。换言之，

- *从实用角度考虑，点过程必为 RFS*。

正如文献 [179] 第 708–710 页 (附录 E.3) 所述，从信息融合和多目标检测跟踪的目的来看，点过程理论的非 RFS 表示：

- 增加了不必要的符号和理论上的复杂性；
- 特别是从实用角度看，未增加任何新的实质；

①更准确地讲，Kingman 书中的 RFS 是*局部* RFS，它与任意有界闭集的交均是有限的。

②注意：与当前表示不同，Moyal 当时采用符号 $\{\boldsymbol{y}_1, \cdots, \boldsymbol{y}_n\}$ 表示无序有限序列而非有限集。从技术角度看，$\tilde{\mathfrak{Y}}^\infty = \uplus_{n \geqslant 0}(\mathfrak{Y}^n / R_n)$，其中，$\mathfrak{Y}^n / R_n$ 表示 $\mathfrak{Y}^n$ 关于等价关系 R_n 的等价类空间。等价关系 R_n 的定义为：若存在 $1, \cdots, n$ 上的排列 π，使得 $(\boldsymbol{y}_1, \cdots, \boldsymbol{y}_n) = (\boldsymbol{x}_{\pi 1}, \cdots, \boldsymbol{x}_{\pi n})$，则 $(\boldsymbol{y}_1, \cdots, \boldsymbol{y}_n) \overset{R_n}{\equiv} (\boldsymbol{x}_1, \cdots, \boldsymbol{x}_n)$。

- 舍弃了普通集合论这一简单且几何直观的工具；
- 当用于实际问题时，它与 *RFS* 理论其实是一回事。

尽管如此，对有限集统计学不断的批评声却促使学者们去构造 RFS 信息融合的“点过程”替代品。作为一个典型例子，Streit 等人[281] 将 Kingman 视作泊松点过程方面的权威①，却并未采用 Kingman 的 RFS 表示，而是将 $\mathfrak{Y}$ 上的点过程定义为一个 n 元组 $\xi = (n, y_1, \cdots, y_n)$ $(n \geqslant 0)$②。此时，ξ 的概率分布 $f(n, y_1, \cdots, y_n)$ 必须满足：对于 $1, \cdots, n$ 上的任意排列 π，$f(n, y_1, \cdots, y_n) = f(n, y_{\pi 1}, \cdots, y_{\pi n})$。为具备实用价值，$f(\xi)$ 必为有限值，此时的点过程就是 *RFS*。这样看来，文献 [281] 中的“点过程”实则是 RFS 的一种不同表示或称谓而已。

所有这些“点过程”形式的替代品存在的另一个问题就是其技术上的空洞性。它们借鉴了有限集统计学的真知灼见，但剥离了赋予其问题求解能力的数学工具和系统性方法。这些数学工具中较为突出的是概率生成泛函 (p.g.fl.)、泛函导数以及基于它们的 PHD/CPHD 滤波器推导等，它们均发表于 2001 年[168]。自该文发表后的 10 多年间，由于“点过程”替代品在技术上的空洞性，促使一些研究者开始发掘有限集统计学这方面的相应“点过程”表示[279,282]。

每当出现一种新的“点过程”替代品时，我们需要发问：“除去符号和术语，它与有限集统计学有何实质的差别？”如附录 J 所述：

- 除去符号和术语改变外，文献 [279, 282] 的“点过程”表示等同于有限集统计学的删减版；
- 在对泛函导数的处理上，文献 [279, 282] 存在两方面的数学错误，但可将它等价为有限集统计学泛函导数的工程版。

如文献 [198] 和1.1.1节所述：“多目标跟踪可表示为 RFS 或其他数学形式”——这一纯粹的事实本身并没有太多实际意义，纯粹的符号或术语改变不会增加任何新的实质内容。特别地：

- “点过程”或“PP”与“RFS”是一回事；
- “泊松点过程”或“PPP”与“泊松 RFS”是一回事；
- “点过程的叠加”与“RFS 的并”是一回事；
- “强度”或“强度函数”与“一阶矩密度”“概率假设密度”或“PHD”是一回事；
- “势数密度”③只是“势分布”的一种透明称谓 (这里称“密度”系术语使用不当，因为“密度”只限于连续的无限空间。)，“正则数分布”则是另一种透明称呼。

这类例子还有很多。从实用角度看，正是本章及随后几章将要介绍的有限集统计学工具，才使得 RFS 表示可用于信息融合。

①文献 [281] 第 2 节首段指出，“从多维视角看，关于 PPP 更进一步的背景知识，参见 Kingman[6]”。
②参见文献 [281] (1) 式后面的讨论。
③参见文献 [282] 第 145 页 (14) 式之后的段落。

2.3.2　RFS 的例子

文献 [179] 第 11.2 节给出了 RFS 的许多具体例子，这里仅举几个简单实例。

- 随机孤元集：

$$\Psi = \{\boldsymbol{Y}\} \tag{2.37}$$

式中，$\boldsymbol{Y}$ 为空间 $\mathfrak{Y}$ 中的随机元素。

- 随机孤元集的并：

$$\Psi = \{\boldsymbol{Y}_1, \cdots, \boldsymbol{Y}_n\} \tag{2.38}$$

式中：$n > 1$ 为一固定整数；$\boldsymbol{Y}_1, \cdots, \boldsymbol{Y}_n$ 为空间 $\mathfrak{Y}$ 中的随机元素。若 $\boldsymbol{Y}_1, \cdots, \boldsymbol{Y}_n$ 独立且 $\mathfrak{Y}$ 为连续无限空间，则 $|\Psi| = n$ 的概率为 1。

- “闪烁的”随机孤元集：

$$\Psi = \{\boldsymbol{Y}\} \cap \emptyset^q \tag{2.39}$$

式中，$\mathfrak{Y}$ 的离散子集 $\emptyset^q$ 定义为

$$\Pr(\emptyset^q = T) = \begin{cases} q, & T = \mathfrak{Y} \\ 1 - q, & T = \emptyset \\ 0, & \text{其他} \end{cases} \tag{2.40}$$

即 $\Psi \neq \emptyset$ 的概率为 q，此时它为一孤元集。作为一个例子，可用随机集 Ψ 描述夜空中一颗闪烁的星星。

2.3.3　RFS 的代数性质

- 并：若 $\Psi_1, \cdots, \Psi_n \subseteq \mathfrak{Y}$ 为 RFS，则其集合并 (也称“叠加”) 仍为 RFS：

$$\Psi = \Psi_1 \cup \cdots \cup \Psi_n \tag{2.41}$$

- 交：若 $\Psi_1, \Psi_2 \subseteq \mathfrak{Y}$ 为 RFS，则其集合交仍为 RFS：

$$\Psi = \Psi_1 \cap \Psi_2 \tag{2.42}$$

若 Ψ_1, Ψ_2 独立且 $\mathfrak{Y}$ 为连续无限空间，则二者几乎总是互斥的：

$$\Pr(\Psi_1 \cap \Psi_2 = \emptyset) = 1 \tag{2.43}$$

作为一个特殊例子：令 $\Psi \subseteq \mathfrak{Y}$ 为一 RFS，对于固定的 $\boldsymbol{y} \in \mathfrak{Y}$，若将 $\{\boldsymbol{y}\}$ 视作一个定常 RFS，则 $\{\boldsymbol{y}\}$ 与 Ψ 独立，因此

$$\Pr(\boldsymbol{y} \in \Psi) = \Pr(\{\boldsymbol{y}\} \cap \Psi \neq \emptyset) = 0 \tag{2.44}$$

即 $\boldsymbol{y} \in \Psi$ 是零概率事件。稍后将会看到，Ψ 的 PHD $D_{\Psi}(\boldsymbol{y})$ 为 $\boldsymbol{y} \in \Psi$ 提供了一种严格的数学描述，这与传统概率密度函数 $f_{\boldsymbol{Y}}(\boldsymbol{y})$ 是零概率事件 $\boldsymbol{Y} = \boldsymbol{y}$ 的严格描述类似。

更一般地，令 $\Theta \subseteq \mathfrak{Y}$ 为任意随机闭子集，$\Psi \subseteq \mathfrak{Y}$ 为一 RFS，则二者的交也为 RFS：

$$\Psi' = \Psi \cap \Theta \tag{2.45}$$

特别地，若 $\Theta = T$ 为一定常闭子集，则

$$\Psi' = \Psi \cap T \tag{2.46}$$

式中的 Ψ' 也是一个 RFS，称作钳位 *RFS*。它在本书中起着非常重要的作用，稍后在4.4.1节将进一步讨论。

2.4　多目标统计学梗概

有限集统计学基于动态状态空间模型的一种通用贝叶斯表示，详见附录 B。作为该表示的一种特殊情况，有限集统计学包括下列基本要素：

- 一种面向应用人员的多源多目标微积分法则 (见文献 [179] 第 11 章)。与普通微积分中的“机械法则”一样，多目标微积分中也有类似的“机械法则”——具体如集积分、集导数、泛函导数。
- 形式化的多源多目标统计观测模型 (见文献 [179] 第 12 章)。与采用下述观测模型表示单传感器单目标数据类似，

$$\boldsymbol{Z}_{k+1} = \eta_{k+1}(\boldsymbol{x}, \boldsymbol{V}_{k+1}) \tag{2.47}$$

多传感器多目标数据也可用相应的多传感器多目标观测模型 (随机变化的有限观测集) 建模：

$$\Sigma_{k+1} = \Upsilon_{k+1}(X) \cup C_{k+1}(X) \tag{2.48}$$

式中：$\Upsilon_{k+1}(X)$ 和 $C_{k+1}(X)$ 分别为源自目标和 (可能是状态相关的) 杂波的随机观测集。

- 利用多目标微积分从观测模型中导出的“真实”多源多目标似然函数 (见文献 [179] 第 12 章)。与利用观测模型概率质量函数 (见下式) 的微分导出单传感器单目标真实似然函数 $f_{k+1}(\boldsymbol{z}|\boldsymbol{x})$ 类似，

$$p_{k+1}(T|\boldsymbol{x}) = \Pr(\boldsymbol{Z}_{k+1} \in T | \boldsymbol{X}_{k+1|k} = \boldsymbol{x}) \tag{2.49}$$

真实多目标似然函数 $f_{k+1}(Z|X)$ 也可由多传感器多目标观测模型的信任质量函数 (也称信任测度，见下式) 通过集导数得到：

$$\beta_{k+1}(T|X) = \Pr(\Sigma_{k+1} \subseteq T | \Xi_{k+1|k} = X) \tag{2.50}$$

这里，“真实”是指 $f_{k+1}(\boldsymbol{z}|\boldsymbol{x})$ 正好与观测模型 $\boldsymbol{Z}_{k+1}=\eta_{k+1}(\boldsymbol{x},\boldsymbol{V}_{k+1})$ 包含同样多的信息。也就是说，它既没有遗漏或替换模型中的信息，也没有人为地引入模型之外的信息。

- 形式化的多目标统计运动模型 (见文献 [179] 第 13 章)。与采用下述运动模型表示单目标运动类似，

$$\boldsymbol{X}_{k+1|k}=\varphi_k(\boldsymbol{x}',\boldsymbol{W}_k) \tag{2.51}$$

多目标系统的运动也可建模为下述多目标运动模型 (预测目标的随机有限集)：

$$\Xi_{k+1|k}=T_k(X)\cup B_k(X) \tag{2.52}$$

式中：$T_k(X)$、$B_k(X)$ 分别为存活和新生目标的 RFS。

- 利用多目标微积分从运动模型中导出的“真实”多目标马尔可夫转移密度 (见文献 [179] 第 13 章)。与利用运动模型概率质量函数 (见下式) 的微分导出真实马尔可夫密度 $f_{k+1|k}(\boldsymbol{x}|\boldsymbol{x}')$ 类似，

$$p_{k+1|k}(S|\boldsymbol{x}')=\Pr(\boldsymbol{X}_{k+1|k}\in S|\boldsymbol{X}_{k|k}=\boldsymbol{x}') \tag{2.53}$$

真实多目标马尔可夫转移密度 $f_{k+1|k}(X|X')$ 可由下述信任质量函数的集导数得到：

$$\beta_{k+1|k}(S|X')=\Pr(\Xi_{k+1|k}\subseteq S|\Xi_{k|k}=X') \tag{2.54}$$

这里，“真实”是指 $f_{k+1|k}(\boldsymbol{x}|\boldsymbol{x}')$ 正好与运动模型 $\boldsymbol{X}_{k+1|k}=\varphi_k(\boldsymbol{x}',\boldsymbol{W}_k)$ 包含同样多的信息。也就是说，它既没有遗漏或替换模型中的信息，也没有人为地引入模型之外的信息。

- 原则统计近似 (见文献 [179] 第 16 和 17 章)。与卡尔曼滤波器作为单传感器单目标贝叶斯滤波器的原则近似一样，多传感器多目标贝叶斯滤波器也可导出各种原则近似滤波器，如 PHD、CPHD 以及多伯努利滤波器。这里的“原则近似”假定单目标分布 $f_{k|k}(\boldsymbol{x}|Z^k)$ 或多目标分布 $f_{k|k}(X|Z^{(k)})$ 具有某种可导出闭式表达式的统计近似形式。例如，$f_{k|k}(\boldsymbol{x}|Z^k)$ 的线性高斯近似，$f_{k|k}(X|Z^{(k)})$ 的泊松近似等。
- 基于多目标微分法则的近似滤波器精确推导。利用多传感器多目标观测模型以及多目标运动模型，将递归贝叶斯滤波器重新表述为概率生成泛函 (p.g.fl.) 形式，然后采用泛函导数由 p.g.fl. 形式的贝叶斯滤波器推导出近似多目标滤波器。

第6章 (多目标度量) 和第22章 (非常规观测) 将介绍有限集统计学的其他方面：

- 多目标错误距离 (文献 [179] 第 510–512 页[①])。最优子模式分配 (*Optimal SubPattern Assignment, OSPA*) 度量 (6.2.2节) 及其推广形式可测量两个有限点集之间的距离。

[①]译者注：即 14.6.3 节，见文献 [180] 第 342 页。

- 多目标信息论泛函 (文献 [179] 第 513 页[①])。Csiszár 信息论散度系的多目标推广形式可用来比较一个多目标概率分布 $f_1(Y)$ 与另一个多目标分布 $f_0(Y)$。
- 非常规观测的形式化统计模型 (见文献 [179] 第 2 章)。与采用随机矢量 $\boldsymbol{Z}_{k+1} \in \mathfrak{Z}$ 描述常规观测类似，可将非常规观测 (如属性、特征、自然语言陈述及推理规则等) 建模为 “广义观测”，即观测空间 $\mathfrak{Z}$ 的随机闭子集 $\Theta_{k+1} \subseteq \mathfrak{Z}$。
- 非常规观测的形式化观测产生模型 (见文献 [179] 第 5、6 章)。与采用下述观测模型描述单传感器单目标数据类似，

$$\eta_{k+1}(\boldsymbol{x}) + \boldsymbol{V}_{k+1} = \boldsymbol{Z}_{k+1} \tag{2.55}$$

可用广义观测模型来表示非常规观测。若观测函数 $\eta_{k+1}(\boldsymbol{x})$ 精确已知，则

$$\eta_{k+1}(\boldsymbol{x}) + \boldsymbol{V}_{k+1} \in \Theta_{k+1} \tag{2.56}$$

否则，

$$\Theta_{k+1} \cap \Xi_{\boldsymbol{x},k+1} \neq \emptyset \tag{2.57}$$

式(2.57)采用和目标有关的 RFS $\Xi_{\boldsymbol{x},k+1}$ 代替了式(2.56)中的 $\eta_{k+1}(\boldsymbol{x})$。

- 非常规观测的似然函数 (见文献 [179] 第 5、6 章)。与常规观测模型向似然函数 $f_{k+1}(\boldsymbol{z}|\boldsymbol{x})$ 的转换类似，非常规观测的观测模型可转换为下述 “广义似然函数”：

$$\rho_{k+1}(\Theta|\boldsymbol{x}) = \Pr(\eta_{k+1}(\boldsymbol{x}) + \boldsymbol{V}_{k+1} \in \Theta) \tag{2.58}$$

或

$$\rho_{k+1}(\Theta|\boldsymbol{x}) = \Pr(\Theta_{k+1} \cap \Xi_{\boldsymbol{x}} \neq \emptyset) \tag{2.59}$$

由于 $\rho_{k+1}(\Theta|\boldsymbol{x})$ 是概率而非概率密度，因此广义似然函数有别于常规似然函数。尽管如此，但从严格的贝叶斯视角来看，业已证明广义似然函数在数学上是严格的 (见文献 [191] 及22.3.4节)。

[①]译者注：即 14.6.4 节，见文献 [180] 第 343 页。

第 3 章　多目标微积分

3.1　简　介

本章介绍的多目标微积分法则乃有限集统计学的核心“数学机器”。这套法则及其相关的概念 (随机有限集、信任质量函数、多目标概率密度函数和概率生成泛函[①]) 可以用来：

- 根据数学上的严格 RFS 多目标运动模型从数学上严格推导出多目标马尔可夫密度函数；
- 根据数学上的严格 RFS 多传感器多目标观测模型从数学上严格推导出多传感器多目标似然函数；
- 从数学上严格推导出近似的多传感器多目标检测、跟踪与识别算法，如 PHD 滤波器、CPHD 滤波器以及多伯努利滤波器。

本章其余部分安排如下：

- 3.2节：基本概念——集函数、泛函、泛函变换以及多目标密度函数。
- 3.3节：集积分——有限集超空间上的初等积分。
- 3.4节：多目标微分——梯度导数、泛函导数及集导数。
- 3.5节：多目标微积分的重要公式——多目标微积分基本定理、集积分变量替换公式、联合空间上的集积分，以及泛函导数的各种求导法则 (常数法则、求和法则、线性法则、单项式法则、幂法则、乘积法则、Clark 通用链式法则及其特例)。一些更加复杂的恒等式将在第 4 章中介绍。

3.2　基本概念

本节介绍几个基本概念：集函数、泛函、泛函变换以及多目标密度函数。

3.2.1　集函数

将定义在空间 $\mathfrak{Y}$ 可测子集 T 上的任意实值函数 $\phi(T)$ 称作*集函数*。集函数的一些简单例子如下：

- *概率质量函数* (也称为概率测度)：

$$p_{\boldsymbol{Y}}(T) = \Pr(\boldsymbol{Y} \in T) \tag{3.1}$$

式中：$\boldsymbol{Y}$ 为空间 $\mathfrak{Y}$ 中的随机元素。

[①]译者注：有些文献中将概率生成泛函和概率生成函数分别称为概率母泛函和概率母函数。

- 可能性测度：

$$\mu_g(T) = \sup_{\boldsymbol{y} \in T} g(\boldsymbol{y}) \tag{3.2}$$

式中：$g(\boldsymbol{y})$ 为 $\mathfrak{Y}$ 上的模糊隶属函数。

- 信任质量函数或信任测度 (见4.2.1节)：

$$\beta_\Psi(T) = \Pr(\Psi \subseteq T) \tag{3.3}$$

式中：Ψ 为一随机集。

3.2.2 泛函

空间 $\mathfrak{Y}$ 上的泛函为一实值 (通常是无量纲的) 函数 $F[h]$，其自变量 $h(\boldsymbol{y})$ 是空间 $\mathfrak{Y}$ 上的普通实值 (通常是无量纲的) 函数①。下面列举几个在后续章节中非常重要的泛函：

- *线性泛函*——由空间 $\mathfrak{Y}$ 上的一固定密度函数 $f(\boldsymbol{y})$ 导出，其定义如下：

$$s[h] = \int h(\boldsymbol{y}) \cdot f(\boldsymbol{y}) \mathrm{d}\boldsymbol{y} \tag{3.4}$$

- *幂泛函*——令 $Y \subseteq \mathfrak{Y}$ 为一有限集，则

$$h^Y = \begin{cases} 1, & Y = \emptyset \\ \prod_{\boldsymbol{y} \in Y} h(\boldsymbol{y}), & Y \neq \emptyset \end{cases} \tag{3.5}$$

与幂泛函相关的下述恒等式 (二项式定理的推广) 有时会非常管用②：

$$(h + h_0)^X = \sum_{W \subseteq X} h^W \cdot h_0^{X-W} \tag{3.6}$$

或者

$$\sum_{W \subseteq X} h^W = (1 + h)^X \tag{3.7}$$

3.2.3 泛函变换

*泛函变换*与泛函类似，区别在于其取值 (不只是自变量) 也是一个函数。也就是说，泛函变换 $T : h \mapsto T[h]$ 将变量 $\boldsymbol{y} \in \mathfrak{Y}$ 的函数 $h(\boldsymbol{y})$ 变换为另一函数 $T[h](\boldsymbol{w})(\boldsymbol{w} \in \mathfrak{W})$。下面是泛函变换的一个简单例子：

$$T[h] = 1 - \gamma + \gamma \cdot h \tag{3.8}$$

其逐点定义式为

$$T[h](\boldsymbol{y}) = 1 - \gamma(\boldsymbol{y}) + \gamma(\boldsymbol{y}) \cdot h(\boldsymbol{y}), \quad \boldsymbol{y} \in \mathfrak{Y} \tag{3.9}$$

式中：$0 \leqslant \gamma(\boldsymbol{y}) \leqslant 1$ 为一无量纲函数。

①用方括号 “[·]” 表示泛函变量，从而明确区分泛函 $F[h]$ 与普通函数 $F(\boldsymbol{y})$。这一表示源于量子物理[264]，而量子物理则是从 Volterra[317] 处借用而来。

②该方程源自事实：两个 PHD 分别为 $D_1(\boldsymbol{x})$ 和 $D_2(\boldsymbol{x})$ 的泊松 RFS 的并仍为泊松 RFS (PHD 为 $D_1(\boldsymbol{x}) + D_2(\boldsymbol{x})$)。

3.2.4　多目标密度函数

令 $f(Y)$ 为有限集变量 $Y \subseteq \mathfrak{Y}$ 的实值函数，对于任意的 Y，若 $f(Y)$ 的观测量纲为 $u^{-|Y|}$ ($\boldsymbol{y}$ 的量纲为 u)，则称 $f(Y)$ 为一个多目标密度函数。

例如，$\mathfrak{Y} = \mathbb{R}$ 且其单位为 m 时，则：

- $f(\emptyset)$ 是无量纲的；
- $f(\{\boldsymbol{y}\})$ 的单位为 m^{-1}；
- $f(\{\boldsymbol{y}_1, \boldsymbol{y}_2\})$ $(\boldsymbol{y}_1 \neq \boldsymbol{y}_2)$ 的单位为 m^{-2}；
- 对于更大的 $|Y|$，依此类推。

多目标密度函数也可表示为下述矢量形式[①]：

$$f_i(\boldsymbol{y}_1, \cdots, \boldsymbol{y}_i) = \begin{cases} \frac{1}{i!} \cdot f(\{\boldsymbol{y}_1, \cdots, \boldsymbol{y}_i\}), & |\{\boldsymbol{y}_1, \cdots, \boldsymbol{y}_i\}| = i \\ 0, & \text{其他} \end{cases} \tag{3.10}$$

也就是说，若 $\boldsymbol{y}_1, \cdots, \boldsymbol{y}_i$ 存在两个相等的元素，则 $f_i(\boldsymbol{y}_1, \cdots, \boldsymbol{y}_i)$ 为零。

3.3　集积分

多目标密度函数 $f(Y)$(定义见3.2.4节) 的集积分定义为

$$\int f(Y)\delta Y = \sum_{i=0}^{\infty} \frac{1}{i!} \int f(\{\boldsymbol{y}_1, \cdots, \boldsymbol{y}_i\}) \mathrm{d}\boldsymbol{y}_1 \cdots \mathrm{d}\boldsymbol{y}_i \tag{3.11}$$

$$= f(\emptyset) + \sum_{i=1}^{\infty} \frac{1}{i!} \int f(\{\boldsymbol{y}_1, \cdots, \boldsymbol{y}_i\}) \mathrm{d}\boldsymbol{y}_1 \cdots \mathrm{d}\boldsymbol{y}_i \tag{3.12}$$

$$\stackrel{\text{def.}}{=} f(\emptyset) + \sum_{i=1}^{\infty} \int f_i(\boldsymbol{y}_1, \cdots, \boldsymbol{y}_i) \mathrm{d}\boldsymbol{y}_1 \cdots \mathrm{d}\boldsymbol{y}_i \tag{3.13}$$

式中：$f_i(\boldsymbol{y}_1, \cdots, \boldsymbol{y}_i)$ 的定义见式(3.10)。

不难发现：对于任意 $i \geqslant 0$，多目标密度函数定义式中的乘积 $f_i(\boldsymbol{y}_1, \cdots, \boldsymbol{y}_i)\mathrm{d}\boldsymbol{y}_1 \cdots \mathrm{d}\boldsymbol{y}_i$ 是无量纲的，所以集积分的数学定义是确切的。

令 $T \subseteq \mathfrak{Y}$ 为一可测子集，则T 处的集积分可定义为[②]

$$\int_T f(Y)\delta Y = \int \mathbf{1}_T^Y \cdot f(Y)\delta Y \tag{3.14}$$

[①]式(3.10) 不只是一种表示上的变化。作为随机集 Ψ 的一个样本，有限集变量 Y 是按照 Fell–Matheron 拓扑定义的；但对于每个 i，矢量 $(\boldsymbol{y}_1, \cdots, \boldsymbol{y}_i)$ 则是按照 $\mathfrak{Y} \times \cdots \times \mathfrak{Y}$ (i 次笛卡儿积) 上的乘积拓扑定义的。验证这两种表示的拓扑一致性十分必要，见文献 [94] 第 133 页命题 2。

[②]更全面的解释见文献 [179] 第 714–715 页 (附录 F.3)。如该文所述，集积分并非严格意义上的测度论积分，但它可通过某种方式将 $\mathfrak{Y}$ 上的测度扩展为 $\mathfrak{Y}^{\infty}$ 上的测度，进而将集积分转换成严格的测度论积分，但定义这种测度需要引入一个任意常数 c。点过程中一般的做法是令 $c = 1 \cdot u$，其中 u 为空间 $\mathfrak{Y}$ 的观测量纲，但对于多目标跟踪来讲，集积分的这种测度论定义存在潜在的问题，更全面的解释见文献 [179] 第 499–500 页 (或文献 [180] 第 333–334 页)。如该文所述，c 的大小应近似等于待估计的单目标状态 $\boldsymbol{y}$ 的精度。

$$= f(\emptyset) + \sum_{i=1}^{\infty} \frac{1}{i!} \int_{\underbrace{T \times \cdots \times T}_{i\text{次}}} f(\{\boldsymbol{y}_1, \cdots, \boldsymbol{y}_i\}) \mathrm{d}\boldsymbol{y}_1 \cdots \mathrm{d}\boldsymbol{y}_i \tag{3.15}$$

式中：幂函数 h^Y 的定义见式(3.5)。

与常规积分类似，集积分关于被积函数 f 是线性的：

$$\int_T (a_1 f_1(Y) + a_2 f_2(Y))\delta Y = a_1 \int_T f_1(Y)\delta Y + a_2 \int_T f_2(Y)\delta Y \tag{3.16}$$

但与常规积分不同的是，集积分关于 T 通常是非加性的。也就是说，即使 $T_1 \cap T_2 = \emptyset$，但一般的情形为

$$\int_{T_1 \cup T_2} f(Y)\delta Y \neq \int_{T_1} f(Y)\delta Y + \int_{T_2} f(Y)\delta Y \tag{3.17}$$

注解 1 (关于观测量纲): 在表示一个集积分时，一定要注意求积时的观测量纲。比如，因集积分中观测量纲的不兼容性，下述多目标距离定义 (类似于 L_2 距离) 是不确切的：

$$\|f_1 - f_2\|_2 = \sqrt{\int (f_1(Y) - f_2(Y))^2 \delta Y} \tag{3.18}$$

现举一例：假定

$$f(Y) = \begin{cases} (1-q)^2, & Y = \emptyset \\ q(1-q) \cdot (f_1(\boldsymbol{y}) + f_2(\boldsymbol{y})), & Y = \{\boldsymbol{y}\} \\ q^2 \cdot (f_1(\boldsymbol{y}_1) \cdot f_2(\boldsymbol{y}_2) + f_1(\boldsymbol{y}_2) \cdot f_2(\boldsymbol{y}_1)), & Y = \{\boldsymbol{y}_1, \boldsymbol{y}_2\}, |Y| = 2 \\ 0, & |Y| > 2 \end{cases} \tag{3.19}$$

式中：$f_1(\boldsymbol{y})$ 和 $f_2(\boldsymbol{y})$ 为 $\mathfrak{Y}$ 上的概率密度函数；$0 < q \leqslant 1$。因此，

$$\int f(Y)\delta Y = f(\emptyset) + \frac{1}{1!}\int f(\{\boldsymbol{y}\})\mathrm{d}\boldsymbol{y} + \frac{1}{2!}\int f(\{\boldsymbol{y}_1, \boldsymbol{y}_2\})\mathrm{d}\boldsymbol{y}_1\mathrm{d}\boldsymbol{y}_2 \tag{3.20}$$

$$= (1-q)^2 + q(1-q)\int (f_1(\boldsymbol{y}) + f_2(\boldsymbol{y}))\mathrm{d}\boldsymbol{y} + \tag{3.21}$$

$$\frac{q^2}{2}\int (f_1(\boldsymbol{y}_1) \cdot f_2(\boldsymbol{y}_2) + f_1(\boldsymbol{y}_2) \cdot f_2(\boldsymbol{y}_1))\mathrm{d}\boldsymbol{y}_1\mathrm{d}\boldsymbol{y}_2$$

$$= (1-q)^2 + 2q(1-q) + q^2 = 1 \tag{3.22}$$

3.4 多目标微分

本节介绍多目标微分运算的一些基本概念：

- 3.4.1节：*Gâteaux* 方向导数——多目标微分运算的理论基础。
- 3.4.2节：*Volterra* 泛函导数——对推导多传感器多目标近似滤波器 (如 PHD 和 CPHD 滤波器) 极为重要。
- 3.4.3节：集导数——对推导多目标马尔可夫转移密度和多传感器多目标似然函数非常重要。

3.4.1 Gâteaux 方向导数

令 $F[h]$ 为无量纲实值函数 $h(\boldsymbol{y})$ $(\boldsymbol{y} \in \mathfrak{Y})$ 的泛函，$g(\boldsymbol{y})$ 表示 $\boldsymbol{y} \in \mathfrak{Y}$ 的另一无量纲实值函数，若 $F[h]$ 关于 g 的 *Gâteaux* 方向导数存在，则必满足下面两条性质 (见文献 [179] 附录 C)：

- 其值由下述导数给定：

$$\frac{\partial F}{\partial g}[h] = \lim_{\varepsilon \to 0} \frac{F[h + \varepsilon \cdot g] - F[h]}{\varepsilon} \tag{3.23}$$

- 对于每个固定的 h，下述关于 g 的函数存在且线性连续[①]：

$$g \mapsto \frac{\partial F}{\partial g}[h], \quad \forall g \tag{3.24}$$

需注意的是，如果 $g(\boldsymbol{y})$ 是一个密度函数，则 ε 须与 $\boldsymbol{y}$ 同量纲以确保 $\varepsilon \cdot g$ 是无量纲的，此时 $(\partial F/\partial g)[h]$ 与密度函数具有相同的量纲。

按照递归方式，可将迭代 *Gâteaux* 导数定义为

$$\frac{\partial^{n+1} F}{\partial g_{n+1} \partial g_n \cdots \partial g_1}[h] = \frac{\partial}{\partial g_{n+1}} \frac{\partial^n F}{\partial g_n \cdots \partial g_1}[h] \tag{3.25}$$

3.4.2 Volterra 泛函导数

泛函 $F[h]$ 关于有限子集 $Y \subseteq \mathfrak{Y}$ 的 *Volterra* 泛函导数可定义如下 (文献 [179] 中 11.4.1 节)[②③]：

$$\frac{\delta F}{\delta Y}[h] = \begin{cases} F[h], & Y = \emptyset \\ \dfrac{\partial^n F}{\partial \delta_{\boldsymbol{y}_1} \cdots \partial \delta_{\boldsymbol{y}_n}}[h], & Y = \{\boldsymbol{y}_1, \cdots, \boldsymbol{y}_n\}, |Y| = n > 0 \end{cases} \tag{3.26}$$

式中：$\delta_{\boldsymbol{y}}(\boldsymbol{w})$ 为 $\boldsymbol{y}$ 处的狄拉克 δ 函数。

特别地，当 $Y = \{\boldsymbol{y}\}$ 时，有[④]

$$\frac{\delta F}{\delta \boldsymbol{y}}[h] \overset{\text{abbr.}}{=} \frac{\delta F}{\delta \{\boldsymbol{y}\}}[h] = \lim_{\varepsilon \to 0} \frac{F[h + \varepsilon \delta_{\boldsymbol{y}}] - F[h]}{\varepsilon} \tag{3.27}$$

[①] 如果不限定线性或者连续性，则式(3.23)的定义为“Gâteaux 微分”。数学家们更喜欢用 Gâteaux 导数的一种特例，名为 Frechét 导数 (又称作梯度导数)，本书则不关心该导数。

[②] 式(3.26)、式(3.27)的泛函导数概念最早可追溯到 1927 年 Volterra 的工作 (文献 [317] 第 24 页中的 (3) 式)，当时将式(3.27)左边记作 $F'[h(\boldsymbol{x}); \boldsymbol{y}]$。在应用中需要区分“泛函导数”这个随意使用的术语，即所用的是 Frechét 导数、Gâteaux 导数还是式(3.23)的 Gâteaux 微分。式(3.26)和式(3.27)的表示及定义均取自量子物理学，见文献 [264]、[79] 第 406 页中的 (A.15) 式、或 [179] 第 376 页的注解 14 及第 382 页的注解 16。

[③] 虽然一阶泛函导数可按照 Radon–Nikodým 导数来定义，但一般泛函导数 $\delta F/\delta Y$ 并非某种测度的 Radon–Nikodým 导数，详见文献 [179] 附录 F.4。

[④] 若将 $\boldsymbol{y}$ 视作离散下标 i 的连续情形，则 $F[h]$ 的 Volterra 泛函导数 $(\delta F/\delta \boldsymbol{y})[h]$ 与函数 $f(\boldsymbol{x})$ ($\boldsymbol{x}$ 为欧氏空间变量) 的偏导数 $(\partial f/\partial x_i)(\boldsymbol{x})$ 非常相似，即式(3.27)与下式类似：

$$\frac{\partial f}{\partial x_i}(\boldsymbol{x}) = \lim_{\varepsilon \to 0} \frac{f(\boldsymbol{x} + \varepsilon \hat{\boldsymbol{e}}_i) - f(\boldsymbol{x})}{\varepsilon}$$

式中：$\hat{\boldsymbol{e}}_1, \cdots, \hat{\boldsymbol{e}}_N$ 为一组正交基。因此，经常用 $(\delta F/\delta h(\boldsymbol{y}))[h]$ 来表示泛函导数，而 $(\delta F/\delta \boldsymbol{y})[h]$ 是其缩写形式。

需要注意的是，由于 $\delta_{\mathbf{y}}$ 并不是一个实际的函数，因此 $F[\delta_{\mathbf{y}}]$ 的数学定义是不确切的。也就是说，式(3.26)和式(3.27)是一种直观的经验表示，而非数学上的严格定义，关于严格数学定义请参见附录C。在严格定义下，$\mathbf{y} \mapsto (\delta F/\delta \mathbf{y})[h]$ 是和概率测度 $T \mapsto (\partial F/\partial \mathbf{1}_T)[h]$ 对应的密度函数，即

$$\frac{\partial F}{\partial \mathbf{1}_T}[h] = \int_T \frac{\delta F}{\delta \mathbf{y}}[h]\mathrm{d}\mathbf{y} \tag{3.28}$$

也就是说，对于所有的 $\mathbf{y}$ 而言，一阶泛函导数 $\delta F/\delta \mathbf{y}$ 可定义为概率测度 $\partial F/\partial \mathbf{1}_T$ 的 Radon-Nikodým 导数。从实用观点看，这种严格定义是有问题的，因为它只给出了一阶泛函导数的存在性，却没有告知应如何去实际构造泛函导数。实际证明，可根据集导数来构造泛函导数——见附录C.3及3.4.3节的注解 2。

根据定义，可将泛函导数视作一种特殊形式的 Gâteaux 导数，反过来，Gâteaux 导数也能按照泛函导数来表示：

$$\frac{\partial F}{\partial g}[h] = \int g(\mathbf{y}) \cdot \frac{\delta F}{\delta \mathbf{y}}[h]\mathrm{d}\mathbf{y} \tag{3.29}$$

该方程是式(3.28)的推广，证明过程见附录C。

文献 [179] 第 377−380 页给出了泛函导数的几个例子①，这里仅举一例。考虑下式的线性泛函 (定义见(3.4)式)：

$$f[h] = \int h(\mathbf{y}) \cdot f(\mathbf{y})\mathrm{d}\mathbf{y} \tag{3.30}$$

其泛函导数为

$$\frac{\delta}{\delta \mathbf{y}} f[h] = \lim_{\varepsilon \to 0} \frac{f[h + \varepsilon\delta_{\mathbf{y}}] - f[h]}{\varepsilon} \tag{3.31}$$

$$= \lim_{\varepsilon \to 0} \frac{\varepsilon \cdot f[\delta_{\mathbf{y}}]}{\varepsilon} = \int \delta_{\mathbf{y}}(\mathbf{w}) \cdot f(\mathbf{w})\mathrm{d}\mathbf{w} \tag{3.32}$$

$$= f(\mathbf{y}) \tag{3.33}$$

3.4.3 集导数

令 $F[h]$ 为无量纲函数 $h(\mathbf{y})$ 的泛函，其中：$0 \leqslant h(\mathbf{y}) \leqslant 1$，$\mathbf{y} \in \mathfrak{Y}$。定义闭集 $T \subseteq \mathfrak{Y}$ 的集函数 $\phi_F(T)$ 为 $\phi_F(T) = F[\mathbf{1}_T]$，若 $\phi_F(T)$ 关于有限子集 $Y \subseteq \mathfrak{Y}$ 的集导数存在，则可定义如下 (见文献 [179] 中 11.4.2 节)：

$$\frac{\delta \phi_F}{\delta Y}(T) = \frac{\delta F}{\delta Y}[\mathbf{1}_T] \tag{3.34}$$

集导数的另一种定义独立于泛函。令 $\phi(T)$ 为闭集 T 的集函数，则其关于 $\mathbf{y}$ 的集导数可定义为 (文献 [179] 中的 (11.229) 式)

$$\frac{\delta \phi}{\delta \mathbf{y}}(T) = \lim_{|E_{\mathbf{y}}| \searrow 0} \frac{\phi(T \cup E_{\mathbf{y}}) - \phi(T)}{|E_{\mathbf{y}}|} \tag{3.35}$$

①译者注：即文献 [179] 第 11 章中的例 62∼64。

式中：E_y 是 y 的极小封闭邻域且与 T 互斥。对与 E_y 不互斥的 T，定义会稍微复杂些(见附录C.2或文献 [94] 第 145–146 页中的定义 13)。

注解 2 (可构泛函导数)：如前文所述，式(3.28)仅给出了泛函导数的隐式定义。但根据附录C.3中的解释，可利用集导数来构造泛函导数：

$$\frac{\delta F}{\delta \boldsymbol{y}}[h] = \left[\frac{\delta}{\delta \boldsymbol{y}} F_h(T)\right]_{T=\emptyset} \tag{3.36}$$

式中的集函数 $F_h(T)$ 定义为

$$F_h(T) = \frac{\partial F}{\partial \mathbf{1}_T}[h] \tag{3.37}$$

也就是说，根据式(3.28)，如果 $F[h]$ 的泛函导数 $(\delta F/\delta \boldsymbol{y})[h]$ 对于所有的 $\boldsymbol{y}$ 都存在，且对于每个固定的 h，泛函导数 $(\delta F/\delta \boldsymbol{y})[h]$ 都可积，则 $F_h(T)$ 为一概率测度且关于基本测度绝对连续 (见附录C)，而其集导数必等于集函数 $F_h(T)$ 的 Radon–Nikodým 导数。

关于有限子集 $Y = \{\boldsymbol{y}_1, \cdots, \boldsymbol{y}_n\} \subseteq \mathfrak{Y}$ $(|Y| = n)$ 的集导数可采用递归方式定义如下：

$$\frac{\delta \phi}{\delta Y}(T) = \frac{\delta^n \phi}{\delta \boldsymbol{y}_n \cdots \delta \boldsymbol{y}_1}(T) = \frac{\delta}{\delta \boldsymbol{y}_n} \frac{\delta^{n-1} \phi}{\delta \boldsymbol{y}_{n-1} \cdots \delta \boldsymbol{y}_1}(T) \tag{3.38}$$

注解 3 (逆 Möbius 变换阐释)：集导数是 D–S 理论中的逆 Möbius 变换向连续空间的一种推广，参见文献 [94] 第 149 页的命题 9 以及文献 [179] 第 383 页的注解 17。

注解 4 (与 Moyal 微分运算的关系)：Moyal 于 50 年前给出了概率泛函的一种微分运算[207]。该微分不仅有别于本节所述的集导数，而且不合乎实际应用，主要原因有两点：一是它基于测度论且高度抽象；二是它仅提供了 RFS 概率分布的存在性证明 (隐式定义)，却未提供任何显式方法去实际构造 RFS 的概率分布。FISST 的微分运算基于集导数——可构 Radon–Nikodým 导数，详见附录 J。

3.5 多目标微积分的重要公式

本节总结与多目标微积分运算有关的一些最重要的数学公式，另一些比较有用的公式，如卷积与解卷积公式 (4.2.3节)、Campbell 定理 (4.2.12节)、Radon–Nikodým 公式 (4.2.11节)，将在第4章给出。本节内容安排如下：

- 3.5.1节：多目标微积分基本定理——表明集积分与集 / 泛函导数互为逆操作。
- 3.5.2节：集积分变量替换公式——将集积分变换为普通积分。
- 3.5.3节：空间互斥并集上的集积分——可转化为单空间上的多重集积分。
- 3.5.4节：常数法则——常数泛函的泛函导数为零。
- 3.5.5节：求和法则——表明泛函导数为一线性算子。
- 3.5.6节：线性法则——线性泛函的泛函导数公式。

- 3.5.7节：单项式法则——线性泛函整数幂的泛函导数公式。
- 3.5.8节：幂法则——泛函幂的一阶泛函导数公式。
- 3.5.9节：乘积法则——有限个泛函乘积的泛函导数公式。
- 3.5.10节：第一链式法则——形如 $\tilde{F}[h] = f(F_1[h], \cdots, F_n[h])$ 的泛函的一阶泛函导数公式，其中，$f(x_1, \cdots, x_n)$ 为普通函数，$F_1[h], \cdots, F_n[h]$ 皆为泛函。
- 3.5.11节：第二链式法则——形如 $\tilde{F}[h] = F[T^{-1}h]$ 的泛函的一般泛函导数公式，其中，$F[h]$ 为泛函，T 为一非奇异矢量变换。
- 3.5.12节：第三链式法则——形如 $\tilde{F}[h] = F[f_h]$ 的泛函的一阶泛函导数公式，其中，$f(x)$ 为普通函数，$f_h(\boldsymbol{y}) = f(h(\boldsymbol{y}))$。
- 3.5.13节：第四链式法则——形如 $\tilde{F}[h] = F[T[h]]$ 的泛函的一阶泛函导数公式，其中，$F[h]$ 为泛函，$T[h]$ 为泛函变换。
- 3.5.14节：*Clark* 通用链式法则——形如 $\tilde{F}[h] = F[T[h]]$ 的泛函的一般泛函导数公式，其中，$F[h]$ 为泛函，$T[h]$ 为泛函变换。

3.5.1 多目标微积分基本定理

集积分与泛函导数互为逆操作 (文献 [179] 中的 (11.246) 式和 (11.247) 式)：

$$F[h] = \int h^Y \cdot \frac{\delta F}{\delta Y}[0]\delta Y \tag{3.39}$$

$$f(Y) = \left[\frac{\delta}{\delta Y}\int h^W f(W)\delta W\right]_{h=0} \tag{3.40}$$

式中：幂泛函 h^Y 的定义见式(3.5)。

对应的集导数形式 (文献 [179] 中的 (11.244) 式和 (11.245) 式) 如下所示：

$$\phi(T) = \int_T \frac{\delta\phi}{\delta Y}(\emptyset)\delta Y \tag{3.41}$$

$$f(Y) = \left[\frac{\delta}{\delta Y}\int_T f(W)\delta W\right]_{T=\emptyset} \tag{3.42}$$

3.5.2 集积分变量替换公式

令 $\Psi \subseteq \mathfrak{Y}$ 为一 RFS，其概率分布为 $f_\Psi(Y)$；令 $\eta : Y \to \eta(Y)$ 表示由有限集 $Y \subseteq \mathfrak{Y}$ 到某空间元素 $\eta(Y) \in \mathfrak{W}$ 的变换；同时令 $T : \mathfrak{W} \to \mathfrak{V}$ 表示从空间 $\mathfrak{W}$ 到另一个空间 $\mathfrak{V}$ 的变换[①]；最后令 $P_{\boldsymbol{W}}(\boldsymbol{w}) = P_{\Psi,\eta}(\boldsymbol{w})$ 表示下述随机变量的概率分布：

$$\boldsymbol{W} = \eta(\Psi) \tag{3.43}$$

则集积分变量替换公式 (文献 [94] 第 180 页的命题 4) 如下所示：

$$\int T(\eta(Y)) \cdot f_\Psi(Y)\delta Y = \int T(\boldsymbol{w}) \cdot P_{\Psi,\eta}(\boldsymbol{w})\mathrm{d}\boldsymbol{w} \tag{3.44}$$

[①]注意：在本节及后面几节中，符号“T”用来表示矢量或泛函变换，同时也表示空间 $\mathfrak{Y}$ 的子集。通过上下文不难明白其含义。

即通过变量替换 $\boldsymbol{w} = \eta(Y)$ 可将上式左边的集积分转换成右边的普通积分。

3.5.3　联合空间上的集积分

令 $\overset{1}{\mathfrak{Y}},\cdots,\overset{s}{\mathfrak{Y}}$ 为 s 个定义了积分的空间，$\overset{1}{\Psi},\cdots,\overset{s}{\Psi}$ 分别表示这些空间上的 RFS，则这些 RFS 的叠加 (集合论中的并) 为“联合空间”上的 RFS：

$$\breve{\Psi} = \overset{1}{\Psi} \uplus \cdots \uplus \overset{s}{\Psi} \tag{3.45}$$

而联合空间则为原空间的“互斥并”或“拓扑和”：

$$\breve{\mathfrak{Y}} = \overset{1}{\mathfrak{Y}} \uplus \cdots \uplus \overset{s}{\mathfrak{Y}} \tag{3.46}$$

空间 $\breve{\mathfrak{Y}}$ 上的函数可表示为

$$\breve{h}(\breve{\boldsymbol{y}}) = \breve{h}(\overset{j}{\boldsymbol{y}}), \quad 若\ \breve{\boldsymbol{y}} = \overset{j}{\boldsymbol{y}} \tag{3.47}$$

进而可将空间 $\breve{\mathfrak{Y}}$ 上的积分定义为

$$\int \breve{h}(\breve{\boldsymbol{y}})\mathrm{d}\breve{\boldsymbol{y}} = \int_{\overset{1}{\mathfrak{Y}}} \breve{h}(\overset{1}{\boldsymbol{y}})\mathrm{d}\overset{1}{\boldsymbol{y}} + \cdots + \int_{\overset{s}{\mathfrak{Y}}} \breve{h}(\overset{s}{\boldsymbol{y}})\mathrm{d}\overset{s}{\boldsymbol{y}} \tag{3.48}$$

因此，空间 $\breve{\mathfrak{Y}}$ 上的集积分可表示为如下形式：

$$\int \breve{f}(\breve{Y})\delta\breve{Y} = \sum_{\breve{n}\geqslant 0} \frac{1}{\breve{n}!} \int \breve{f}(\{\breve{\boldsymbol{y}}_1,\cdots,\breve{\boldsymbol{y}}_{\breve{n}}\})\mathrm{d}\breve{\boldsymbol{y}}_1\cdots\mathrm{d}\breve{\boldsymbol{y}}_{\breve{n}} \tag{3.49}$$

式(3.49)可表示为一种更加简洁的形式。为此，首先定义下述简写符号：

$$\breve{f}_{\breve{\Psi}}(\breve{Y}) = \breve{f}_{\breve{\Psi}}(\overset{1}{Y} \uplus \cdots \uplus \overset{s}{Y}) \overset{\text{abbr.}}{=} f_{\overset{1}{\Psi},\cdots,\overset{s}{\Psi}}(\overset{1}{Y},\cdots,\overset{s}{Y}) \tag{3.50}$$

则联合空间上的单重集积分便可转化为互斥子空间上的多重集积分：

$$\int \breve{f}_{\breve{\Psi}}(\breve{Y})\delta\breve{Y} = \int f_{\overset{1}{\Psi},\cdots,\overset{s}{\Psi}}(\overset{1}{Y},\cdots,\overset{s}{Y})\delta\overset{1}{Y}\cdots\delta\overset{s}{Y} \tag{3.51}$$

为了验证式(3.51)，只需证明 $s = 2$ 的情形即可。采用简写 $f(\overset{1}{Y},\overset{2}{Y}) = f_{\overset{1}{\Psi},\overset{2}{\Psi}}(\overset{1}{Y},\overset{2}{Y})$，关于 $\breve{n}$ 的归纳法可以证明有以下结论 (见附录 K.1)：

$$\int \breve{f}(\{\breve{\boldsymbol{y}}_1,\cdots,\breve{\boldsymbol{y}}_{\breve{n}}\})\mathrm{d}\breve{\boldsymbol{y}}_1\cdots\mathrm{d}\breve{\boldsymbol{y}}_{\breve{n}} = \sum_{n+n'=\breve{n}} C_{n+n',n} \int \breve{f}(\{\overset{1}{\boldsymbol{y}}_1,\cdots,\overset{1}{\boldsymbol{y}}_n,\overset{2}{\boldsymbol{y}}_1,\cdots,\overset{2}{\boldsymbol{y}}_{n'}\})\cdot \mathrm{d}\overset{1}{\boldsymbol{y}}_1\cdots\mathrm{d}\overset{1}{\boldsymbol{y}}_n\mathrm{d}\overset{2}{\boldsymbol{y}}_1\cdots\mathrm{d}\overset{2}{\boldsymbol{y}}_{n'} \tag{3.52}$$

式中：$C_{n+n',n}$ 为二项式系数 (定义见(2.1)式)。

因此

$$\int \breve{f}(\breve{Y})\delta\breve{Y} = \sum_{\breve{n}\geqslant 0}\frac{1}{\breve{n}!}\int \breve{f}(\{\breve{\boldsymbol{y}}_1,\cdots,\breve{\boldsymbol{y}}_{\breve{n}}\})\mathrm{d}\breve{\boldsymbol{y}}_1\cdots\mathrm{d}\breve{\boldsymbol{y}}_{\breve{n}} \tag{3.53}$$

$$= \sum_{\breve{n}\geqslant 0}\sum_{n+n'=\breve{n}}\frac{C_{n+n',n}}{(n+n')!}\int \breve{f}(\{\overset{1}{\boldsymbol{y}}_1,\cdots,\overset{1}{\boldsymbol{y}}_n\},\{\overset{2}{\boldsymbol{y}}_1,\cdots,\overset{2}{\boldsymbol{y}}_{n'}\})\mathrm{d}\overset{1}{\boldsymbol{y}}_1\cdots\mathrm{d}\overset{1}{\boldsymbol{y}}_n\mathrm{d}\overset{2}{\boldsymbol{y}}_1\cdots\mathrm{d}\overset{2}{\boldsymbol{y}}_{n'}$$

$$= \sum_{n,n'}\frac{1}{n!\cdot n'!}\int \breve{f}(\{\overset{1}{\boldsymbol{y}}_1,\cdots,\overset{1}{\boldsymbol{y}}_n\},\{\overset{2}{\boldsymbol{y}}_1,\cdots,\overset{2}{\boldsymbol{y}}_{n'}\})\mathrm{d}\overset{1}{\boldsymbol{y}}_1\cdots\mathrm{d}\overset{1}{\boldsymbol{y}}_n\mathrm{d}\overset{2}{\boldsymbol{y}}_1\cdots\mathrm{d}\overset{2}{\boldsymbol{y}}_{n'} \tag{3.54}$$

$$= \int f(\overset{1}{Y},\overset{2}{Y})\delta\overset{1}{Y}\delta\overset{2}{Y} \tag{3.55}$$

3.5.4 常数法则

令 K 表示一定常泛函或定常集函数，则

$$\frac{\delta}{\delta Y}K = 0 \tag{3.56}$$

3.5.5 求和法则

- 泛函形式：

$$\frac{\delta}{\delta Y}(a_1F_1[h] + a_2F_2[h]) = a_1\frac{\delta F_1}{\delta Y}[h] + a_2\frac{\delta F_2}{\delta Y}[h] \tag{3.57}$$

- 集函数形式：

$$\frac{\delta}{\delta Y}(a_1\phi_1(T) + a_2\phi_2(T)) = a_1\frac{\delta\phi_1}{\delta Y}(T) + a_2\frac{\delta\phi_2}{\delta Y}(T) \tag{3.58}$$

3.5.6 线性法则

- 泛函形式：令 $F[h] = \int h(\boldsymbol{y})\cdot f(\boldsymbol{y})\mathrm{d}\boldsymbol{y}$ 为一线性泛函，则 (文献 [179] 中的 (11.261) 式)

$$\frac{\delta}{\delta Y}f[h] = \begin{cases} f[h], & Y=\emptyset \\ f(\boldsymbol{y}), & Y=\{\boldsymbol{y}\} \\ 0, & |Y|\geqslant 2 \end{cases} \tag{3.59}$$

- 集函数形式：令 $p(T) = \int_T f(\boldsymbol{y})\mathrm{d}\boldsymbol{y}$，则 (文献 [179] 中的 (11.260) 式)

$$\frac{\delta}{\delta Y}p(T) = \begin{cases} p(T), & Y=\emptyset \\ f(\boldsymbol{y}), & Y=\{\boldsymbol{y}\} \\ 0, & |Y|\geqslant 2 \end{cases} \tag{3.60}$$

3.5.7 单项式法则

- 泛函形式：令 $F[h]=\int h(\boldsymbol{y})\cdot f(\boldsymbol{y})\mathrm{d}\boldsymbol{y}$ 为一线性泛函，且 $N\geqslant 0$ 为一非负整数，则 (文献 [179] 中的 (11.263) 式)

$$\frac{\delta}{\delta Y}f[h]^N=\begin{cases} f[h]^N, & Y=\emptyset \\ |Y|!\cdot C_{N,|Y|}\cdot f[h]^{N-|Y|}\cdot f^Y, & 0<|Y|\leqslant N \\ 0, & |Y|>N \end{cases} \tag{3.61}$$

式中：幂泛函 f^Y 的定义见式(3.5)；二项式系数 $C_{N,n}$ 的定义见式(2.1)。

- 集函数形式：令 $p(T)=\int_T f(\boldsymbol{y})\mathrm{d}\boldsymbol{y}$，且 $N\geqslant 0$ 为一非负整数，则 (文献 [179] 中的 (11.262) 式)

$$\frac{\delta}{\delta Y}p(T)^N=\begin{cases} p(T)^N, & Y=\emptyset \\ |Y|!\cdot C_{N,|Y|}\cdot p(T)^{N-|Y|}\cdot f^Y, & 0<|Y|\leqslant N \\ 0, & |Y|>N \end{cases} \tag{3.62}$$

3.5.8 幂法则

- 泛函形式：令 $F[h]$ 为一泛函，a 为一实数，则 (文献 [179] 中的 (11.265) 式)

$$\frac{\delta}{\delta \boldsymbol{y}}F[h]^a=a\cdot F[h]^{a-1}\cdot\frac{\delta F}{\delta \boldsymbol{y}}[h] \tag{3.63}$$

- 集函数形式：令 $\phi(T)$ 为一集函数，a 为一实数，则 (文献 [179] 中 (11.264) 式)

$$\frac{\delta}{\delta \boldsymbol{y}}\phi(T)^a=a\cdot\phi(T)^{a-1}\cdot\frac{\delta \phi}{\delta \boldsymbol{y}}(T) \tag{3.64}$$

3.5.9 乘积法则

- 泛函形式：令 $F[h]=F_1[h]\cdots F_n[h]$ 表示泛函乘积，$Y\subseteq\mathfrak{Y}$ 为有限集，则 (文献 [179] 中的 (11.274) 式)

$$\frac{\delta F}{\delta Y}[h]=\sum_{W_1\uplus\cdots\uplus W_n=Y}\frac{\delta F_1}{\delta W_1}[h]\cdots\frac{\delta F_n}{\delta W_n}[h] \tag{3.65}$$

式中的求和操作遍历并集为 Y 的所有互斥子集 $W_1,\cdots,W_n$ (含空集)。

- 集函数：令 $\phi(T)=\phi_1(T)\cdots\phi_n(T)$ 表示泛函乘积，$Y\subseteq\mathfrak{Y}$ 为有限集，则 (文献 [179] 中的 (11.273) 式)

$$\frac{\delta \phi}{\delta Y}(T)=\sum_{W_1\uplus\cdots\uplus W_n=Y}\frac{\delta \phi_1}{\delta W_1}(T)\cdots\frac{\delta \phi_n}{\delta W_n}(T) \tag{3.66}$$

当 $n=2$ 时，乘积规则可表示为

$$\frac{\delta F}{\delta Y}[h]=\sum_{W\subseteq Y}\frac{\delta F_1}{\delta W}[h]\cdot\frac{\delta F_2}{\delta (Y-W)}[h] \tag{3.67}$$

而当 $Y=\{\boldsymbol{y}\}$ 时，式(3.65)可表示为

$$\frac{\delta F}{\delta \boldsymbol{y}}[h]=F[h]\sum_{i=1}^{n}\frac{1}{F_i[h]}\cdot\frac{\delta F_i}{\delta \boldsymbol{y}}[h] \tag{3.68}$$

再限定 $n=2$，则式(3.68)可进一步简化为

$$\frac{\delta F}{\delta \boldsymbol{y}}[h]=\frac{\delta F_1}{\delta \boldsymbol{y}}[h]\cdot F_2[h]+F_1[h]\cdot\frac{\delta F_2}{\delta \boldsymbol{y}}[h] \tag{3.69}$$

3.5.10 第一链式法则

- 泛函形式：令 $F_1[h],\cdots,F_n[h]$ 为泛函，$f(y_1,\cdots,y_n)$ 为实变量 $y_1,\cdots,y_n$ 的实值函数，则 (文献 [179] 中的 (11.279) 式)

$$\frac{\delta}{\delta \boldsymbol{y}}f(F_1[h],\cdots,F_n[h])=\sum_{j=1}^{n}\frac{\partial f}{\partial y_j}(F_1[h],\cdots,F_n[h])\cdot\frac{\delta F_j}{\delta \boldsymbol{y}}[h] \tag{3.70}$$

- 集函数形式：令 $\phi_1(T),\cdots,\phi_n(T)$ 为集函数，$f(y_1,\cdots,y_n)$ 为实变量 $y_1,\cdots,y_n$ 的实值函数，则 (文献 [179] 中的 (11.276) 式)

$$\frac{\delta}{\delta \boldsymbol{y}}f(\phi_1(T),\cdots,\phi_n(T))=\sum_{j=1}^{n}\frac{\partial f}{\partial y_j}(\phi_1(T),\cdots,\phi_n(T))\cdot\frac{\delta \phi_j}{\delta \boldsymbol{y}}(T) \tag{3.71}$$

当 $n=1$ 时，第一链式法则可表示为

$$\frac{\delta}{\delta \boldsymbol{y}}f(F[h])=\frac{\mathrm{d}f}{\mathrm{d}y}(F[h])\cdot\frac{\delta F}{\delta \boldsymbol{y}}[h] \tag{3.72}$$

3.5.11 第二链式法则

- 泛函形式：令 $\mathfrak{Y}$ 为一矢量空间，$F[h]$ 为一泛函，$T:\mathfrak{Y}\to\mathfrak{Y}$ 为一非奇异变换。对于任意的检验函数 $h(\boldsymbol{y})$，定义

$$(T^{-1}h)(\boldsymbol{y})=h(T(\boldsymbol{y})) \tag{3.73}$$

$$T^{-1}Y=\{T^{-1}\boldsymbol{y}|\boldsymbol{y}\in Y\} \tag{3.74}$$

$$J_T^Y=\prod_{\boldsymbol{y}\in Y}J_T(\boldsymbol{y}) \tag{3.75}$$

式中的 $J_T(\boldsymbol{y})$ 为雅可比行列式，则 (文献 [179] 中的 (11.282) 式)

$$\frac{\delta}{\delta Y}F[T^{-1}h]=\frac{1}{J_T^Y}\cdot\frac{\delta F}{\delta(T^{-1}Y)}[T^{-1}h] \tag{3.76}$$

- 集函数形式：令 $\mathfrak{Y}$ 为一矢量空间，$\phi(S)$ 为一集函数，$T:\mathfrak{Y}\to\mathfrak{Y}$ 表示一非奇异变换。进一步定义

$$T^{-1}S=\{T^{-1}\boldsymbol{y}|\boldsymbol{y}\in S\} \tag{3.77}$$

则 (文献 [179] 中的 (11.281) 式)

$$\frac{\delta}{\delta Y}\phi(T^{-1}S) = \frac{1}{J_T^Y} \cdot \frac{\delta\phi}{\delta(T^{-1}Y)}(T^{-1}S) \tag{3.78}$$

3.5.12 第三链式法则

仅存在泛函形式：令 $f(y)$ 为实变量 y 的实值函数，$F[h]$ 为一泛函，并定义

$$f_h(\boldsymbol{y}) = f(h(\boldsymbol{y})) \tag{3.79}$$

则 (文献 [179] 中的 (11.283) 式)

$$\frac{\delta}{\delta \boldsymbol{y}}F[f_h] = \frac{\delta F}{\delta \boldsymbol{y}}[f_h] \cdot \frac{\mathrm{d}f}{\mathrm{d}y}(h(\boldsymbol{y})) \tag{3.80}$$

3.5.13 第四链式法则

第二和第三链式法则是第四链式法则的特殊情况。令 $T : h \mapsto T[h]$ 为一泛函变换 (将检验函数 h 变换为另一检验函数 $T[h]$)，$T[h]$ 的泛函导数采用逐点泛函导数定义，即对于所有的 $\boldsymbol{y}, \boldsymbol{w} \in \mathfrak{Y}$：

$$\frac{\delta T}{\delta \boldsymbol{y}}[h](\boldsymbol{w}) = \frac{\delta}{\delta \boldsymbol{y}}T[h](\boldsymbol{w}) = \lim_{\varepsilon \to 0}\frac{T[h + \varepsilon\delta_{\boldsymbol{y}}](\boldsymbol{w}) - T[h](\boldsymbol{w})}{\varepsilon} \tag{3.81}$$

再令 $F[h]$ 为一泛函，则下述链式求导法则成立 (文献 [179] 中的 (11.285) 式)：

$$\frac{\delta}{\delta \boldsymbol{y}}F[T[h]] = \int \frac{\delta T}{\delta \boldsymbol{y}}[h](\boldsymbol{w}) \cdot \frac{\delta F}{\delta \boldsymbol{w}}[T[h]]\mathrm{d}\boldsymbol{w} \tag{3.82}$$

利用 Gâteaux 导数的线性连续性质 (见式(3.29))，则上式可重写为

$$\frac{\delta}{\delta \boldsymbol{y}}F[T[h]] = \frac{\partial F}{\partial\left(\frac{\delta T}{\delta \boldsymbol{y}}[h]\right)}[T[h]] = \left[\frac{\partial F}{\partial g}[T[h]]\right]_{g=\frac{\delta T}{\delta \boldsymbol{y}}[h]} \tag{3.83}$$

也就是说，首先计算 $F[h]$ 在任意方向 $g(\boldsymbol{y})$ 的梯度导数 $(\partial F/\partial g)[h]$，然后用 $T[h]$ 在 $\boldsymbol{y}$ 处的泛函导数替换 g。

下面看式(3.82)的一个简单例子：令 $T[h](\boldsymbol{x}) = 1-\tau(\boldsymbol{x})+\tau(\boldsymbol{x})\cdot h(\boldsymbol{x})$，且 $0 \leqslant \tau(\boldsymbol{x}) \leqslant 1$，同时令 $f(x) = F[1 - \tau + \tau \cdot x]$，则

$$f'(x) = \frac{\mathrm{d}}{\mathrm{d}x}F[1 - \tau + \tau \cdot x] \tag{3.84}$$

$$= \int \frac{\mathrm{d}}{\mathrm{d}x}(1 - \tau(\boldsymbol{x}) + \tau(\boldsymbol{x}) \cdot x) \cdot \frac{\delta F}{\delta \boldsymbol{x}}[1 - \tau + \tau \cdot x]\mathrm{d}\boldsymbol{x} \tag{3.85}$$

$$= \int \tau(\boldsymbol{x}) \cdot \frac{\delta F}{\delta \boldsymbol{x}}[1 - \tau + \tau \cdot x]\mathrm{d}\boldsymbol{x} \tag{3.86}$$

$$= \frac{\partial F}{\partial \tau}[1 - \tau + \tau \cdot x] \tag{3.87}$$

上面最后一步利用了式(3.29)。

3.5.14 Clark 通用链式法则

式(3.83)是泛函导数通用链式法则的特例，该通用链式法则由 D. Clark 等人提出[41]，具体如下[47] ①：

$$\frac{\delta}{\delta Y}F[T[h]]=\sum_{\mathcal{P}\boxminus Y}\frac{\partial^{|\mathcal{P}|}F}{\partial^{W\in\mathcal{P}}\left(\frac{\delta T}{\delta W}[h]\right)}[T[h]] \tag{3.88}$$

式中：求和操作遍历 Y 的所有分割 $\mathcal{P}$；符号"$\mathcal{P}\boxminus Y$"表示"$\mathcal{P}$ 是 Y 的分割"；$|\mathcal{P}|$ 表示分割 $\mathcal{P}$ 的单元数。此外，上式还使用了下述习惯表示：

$$\partial^{W\in\{W_1,\cdots,W_l\}}\left(\frac{\delta T}{\delta W}[h]\right)\overset{\text{abbr.}}{=}\partial\left(\frac{\delta T}{\delta W_1}[h]\right)\cdots\partial\left(\frac{\delta T}{\delta W_l}[h]\right) \tag{3.89}$$

有关集合分割理论的简单描述请参见附录D，式(3.88)的证明可参见附录 K.7 (泛函导数情形) 以及文献 [47](一般形式的拓扑矢量空间)。

注解 5 (Faà di Brruno 公式): Clark 通用链式法则是矢量微分通用链式法则的推广。假定 $f(\boldsymbol{x})$ 和 $g(\boldsymbol{x})$ 都为空间 $\mathbb{R}^N$ 上的实函数，则复合函数 $f(g(\boldsymbol{x}))$ 的方向导数为

$$\frac{\partial^n}{\partial \boldsymbol{y}_1\cdots\partial \boldsymbol{y}_n}f(g(\boldsymbol{x}))=\sum_{\mathcal{P}\boxminus\{1,\cdots,n\}}f^{(|\mathcal{P}|)}(g(\boldsymbol{x}))\prod_{I\in\mathcal{P}}\frac{\partial^{|I|}g}{\prod_{i\in I}\partial \boldsymbol{y}_i}(\boldsymbol{x}) \tag{3.90}$$

式中：求和操作遍历集合 $\{1,\cdots,n\}$ 的所有分割 $\mathcal{P}$；$I=\{i_1,\cdots,i_j\}\subseteq\{1,\cdots,n\}$ ($|I|=j$)；$\prod_{i\in I}\partial \boldsymbol{y}_i=\partial \boldsymbol{y}_{i_1}\cdots\partial \boldsymbol{y}_{i_j}$。

作为一种非常有用的特例：令 $T[h]$ 为实值的 (即其为泛函)，$F[h]=f(x)$ 为实变量 $h=x$ 的普通实值函数，则式(3.88)可简化为

$$\frac{\delta}{\delta Y}f(T[h])=\sum_{\mathcal{P}\boxminus Y}\left(\prod_{W\in\mathcal{P}}\frac{\delta T}{\delta W}[h]\right)\cdot\frac{\mathrm{d}^{|\mathcal{P}|}f}{\mathrm{d}x^{|\mathcal{P}|}}(T[h]) \tag{3.91}$$

再看上式的一个特例。令 $f(x)=x^{-1}$，同时假定对于所有的 h，$F[h]>0$ ②，便可得到下述泛函倒数的求导规则 (最初由 Clark 给出)：

$$\frac{\delta}{\delta Y}\frac{1}{F[h]}=\sum_{\mathcal{P}\boxminus Y}\left(\prod_{W\in\mathcal{P}}\frac{\delta F}{\delta W}[h]\right)\cdot\frac{(-1)^{|\mathcal{P}|}\cdot|\mathcal{P}|!}{F[h]^{|\mathcal{P}|+1}} \tag{3.92}$$

例 1 (Clark 通用链式法则的例子): 这里通过一个例子来说明式(3.88)的用法。令 $Y=\{\boldsymbol{y}_1,\boldsymbol{y}_2,\boldsymbol{y}_3\}$ ($|Y|=3$)，同时令

$$T[h]=1-\rho+\rho\cdot h \tag{3.93}$$

---

①Clark 通用链式法则具有极强的通用性，对于任意拓扑矢量空间上函数的"链式导数"，它都成立 (链式导数推广了 Gâteaux 微分)。特别地，Hausdorff、局部紧且完全可分空间 $\mathfrak{X}$ 上的"检验函数 $\boldsymbol{h(x)}$"构成的空间便是一个拓扑矢量空间，因此通用链式法则适用于以检验函数为变量的泛函求导。

②译者注：需注意的是，下式中的 $\boldsymbol{F[h]}$ 对应式(3.91)中的 $\boldsymbol{T[h]}$。

式中：$0 \leqslant \rho(\boldsymbol{y}) \leqslant 1$，为一无量纲函数。$Y$ 共有下面 5 个分割：

$$\mathcal{P}_1 = \{\{\boldsymbol{y}_1, \boldsymbol{y}_2, \boldsymbol{y}_3\}\}, \qquad \mathcal{P}_2 = \{\{\boldsymbol{y}_1\}, \{\boldsymbol{y}_2\}, \{\boldsymbol{y}_3\}\} \tag{3.94}$$

$$\mathcal{P}_3 = \{\{\boldsymbol{y}_3\}, \{\boldsymbol{y}_1, \boldsymbol{y}_2\}\}, \qquad \mathcal{P}_4 = \{\{\boldsymbol{y}_2\}, \{\boldsymbol{y}_1, \boldsymbol{y}_3\}\} \tag{3.95}$$

$$\mathcal{P}_5 = \{\{\boldsymbol{y}_1\}, \{\boldsymbol{y}_2, \boldsymbol{y}_3\}\} \tag{3.96}$$

因此，式(3.88)可化为

$$\frac{\delta}{\delta Y} F[T[h]] = \frac{\partial^{|\mathcal{P}_1|} F}{\partial^{W \in \mathcal{P}_1} \left(\frac{\delta T}{\delta W}[h]\right)}[T[h]] + \frac{\partial^{|\mathcal{P}_2|} F}{\partial^{W \in \mathcal{P}_2} \left(\frac{\delta T}{\delta W}[h]\right)}[T[h]] + \tag{3.97}$$

$$\frac{\partial^{|\mathcal{P}_3|} F}{\partial^{W \in \mathcal{P}_3} \left(\frac{\delta T}{\delta W}[h]\right)}[T[h]] + \frac{\partial^{|\mathcal{P}_4|} F}{\partial^{W \in \mathcal{P}_4} \left(\frac{\delta T}{\delta W}[h]\right)}[T[h]] + \frac{\partial^{|\mathcal{P}_5|} F}{\partial^{W \in \mathcal{P}_5} \left(\frac{\delta T}{\delta W}[h]\right)}[T[h]]$$

$$= \frac{\partial F}{\partial \left(\frac{\delta^3 T}{\delta \boldsymbol{y}_1 \delta \boldsymbol{y}_2 \delta \boldsymbol{y}_3}[h]\right)}[T[h]] + \frac{\partial^3 F}{\partial \left(\frac{\delta T}{\delta \boldsymbol{y}_1}[h]\right) \partial \left(\frac{\delta T}{\delta \boldsymbol{y}_2}[h]\right) \partial \left(\frac{\delta T}{\delta \boldsymbol{y}_3}[h]\right)}[T[h]] + \tag{3.98}$$

$$\frac{\partial^2 F}{\partial \left(\frac{\delta T}{\delta \boldsymbol{y}_3}[h]\right) \partial \left(\frac{\delta T}{\delta \boldsymbol{y}_1 \delta \boldsymbol{y}_2}[h]\right)}[T[h]] + \frac{\partial^2 F}{\partial \left(\frac{\delta T}{\delta \boldsymbol{y}_2}[h]\right) \partial \left(\frac{\delta T}{\delta \boldsymbol{y}_1 \delta \boldsymbol{y}_3}[h]\right)}[T[h]] +$$

$$\frac{\partial^2 F}{\partial \left(\frac{\delta T}{\delta \boldsymbol{y}_1}[h]\right) \partial \left(\frac{\delta T}{\delta \boldsymbol{y}_2 \delta \boldsymbol{y}_3}[h]\right)}[T[h]]$$

由于

$$\frac{\delta T}{\delta \boldsymbol{w}}[h] = \lim_{\varepsilon \to 0} \frac{T[h + \varepsilon \delta_{\boldsymbol{w}}] - T[h]}{\varepsilon} \tag{3.99}$$

$$= \lim_{\varepsilon \to 0} \frac{(1 - \rho + \rho(h + \varepsilon \delta_{\boldsymbol{w}})) - (1 - \rho + \rho h)}{\varepsilon} \tag{3.100}$$

$$= \lim_{\varepsilon \to 0} \frac{\varepsilon \rho \delta_{\boldsymbol{w}}}{\varepsilon} = \rho \delta_{\boldsymbol{w}} = \rho(\boldsymbol{w}) \cdot \delta_{\boldsymbol{w}} \tag{3.101}$$

且

$$\frac{\delta T}{\delta W}[h] = 0, \quad |W| > 1 \tag{3.102}$$

因此

$$\frac{\delta}{\delta Y} F[T[h]] = \frac{\partial^3 F}{\partial \left(\frac{\delta T}{\delta \boldsymbol{y}_1}[h]\right) \partial \left(\frac{\delta T}{\delta \boldsymbol{y}_2}[h]\right) \partial \left(\frac{\delta T}{\delta \boldsymbol{y}_3}[h]\right)}[T[h]] \tag{3.103}$$

$$= \frac{\partial^3 F}{\partial \left(\rho(\boldsymbol{y}_1) \delta_{\boldsymbol{y}_1}\right) \partial \left(\rho(\boldsymbol{y}_2) \delta_{\boldsymbol{y}_2}\right) \partial \left(\rho(\boldsymbol{y}_3) \delta_{\boldsymbol{y}_3}\right)}[T[h]] \tag{3.104}$$

$$= \rho(\boldsymbol{y}_1) \cdot \rho(\boldsymbol{y}_2) \cdot \rho(\boldsymbol{y}_3) \cdot \frac{\delta^3 F}{\delta \boldsymbol{y}_1 \delta \boldsymbol{y}_2 \delta \boldsymbol{y}_3}[T[h]] \tag{3.105}$$

$$= \rho^Y \cdot \frac{\delta F}{\delta Y}[1 - \rho + \rho h] \tag{3.106}$$

第4章 多目标统计学

4.1 简 介

本章介绍多目标统计学的基本概念，包括：基本的和辅助的多目标统计描述符、以及一些重要的多目标过程。主要内容安排如下：

- 4.2节：基本的和辅助的多目标统计描述符，包括信任质量函数、多目标概率密度、概率生成泛函 (p.g.fl.)、势分布、概率生成函数 (p.g.f.)、概率假设密度 (PHD) 以及多目标阶乘矩密度。
- 4.3节：重要的多目标过程，包括泊松、独立同分布群 (i.i.d.c.)、多伯努利以及伯努利过程。
- 4.4节：一些辅助的多目标过程，包括钳位过程和簇群过程[①]。

4.2 基本的多目标统计描述符

随机有限集 $\Psi \subseteq \mathfrak{Y}$ 可由三个等价的基本统计描述符完全指定，它们是本节的主要内容：

- 4.2.1节：信任质量函数 $\beta_\Psi(T)$，它是依据多目标运动模型和多目标观测模型推导多目标马尔可夫密度和多目标似然函数的核心 (见5.4节和5.5节)。
- 4.2.2节：多目标概率密度函数 $f_\Psi(Y)$，它是多传感器多目标贝叶斯滤波、目标检测跟踪与识别中的基本概念。
- 4.2.3节：多目标概率密度函数的卷积及解卷积公式。
- 4.2.4节：概率生成泛函 (p.g.fl.) $G_\Psi[h]$，它是推导 PHD、CPHD、多伯努利等多传感器多目标近似贝叶斯滤波器的核心 (见5.10节)。
- 4.2.5节：多变量 p.g.fl. $G_{\Psi_1,\cdots,\Psi_n}[h_1,\cdots,h_n]$，它在推导多目标近似滤波器及处理多传感器问题中非常重要。

除上述基本描述符外，下面几种辅助的统计量也很重要：

- 4.2.6节：势分布 $p_\Psi(n)$——随机集 Ψ 元素数目 $|\Psi|$ 的概率分布。
- 4.2.7节：概率生成函数 $G_\Psi(y)$——$p_\Psi(n)$ 的等价描述。
- 4.2.8节：概率假设密度 $D_\Psi(y)$——Ψ 中的目标在 y 处的密度。
- 4.2.9节：多目标阶乘矩密度 $D_\Psi(Y)$——PHD 向任意有限集 Y 的推广。

接下来的三节介绍统计描述符之间的重要关系：

---

①译者注：Cluster process——有译为丛聚过程或聚类过程。本书根据多目标跟踪惯例，译为簇群过程。

- 4.2.10节：基本描述符 (p.g.fl.、信任质量函数、多目标概率密度函数) 的等价性。
- 4.2.11节：基本描述符之间的 Radon–Nikodým 型关系。
- 4.2.12节：线性及二次形式的 Campbell 定理。

4.2.1 信任质量函数

令 $\Psi \subseteq \mathfrak{Y}$，对于所有可测集合 T，信任质量函数可定义为①

$$\beta_\Psi(T) = \Pr(\Psi \subseteq T) \tag{4.1}$$

假定 RFS $\Psi_1, \cdots, \Psi_n \subseteq \mathfrak{Y}$ 相互独立，令 $\Psi = \Psi_1 \cup \cdots \cup \Psi_n$，则

$$\beta_\Psi(T) = \beta_{\Psi_1}(T) \cdots \beta_{\Psi_n}(T) \tag{4.2}$$

信任质量函数可视作概率质量函数 (见2.2.3节) 的一种推广。为此，不妨令 $\Psi = \{\boldsymbol{Y}\}$ (如(2.37)式)，其中 $\boldsymbol{Y} \in \mathfrak{Y}$ 为一随机变量，则

$$\beta_\Psi(T) = \Pr(\{\boldsymbol{Y}\} \subseteq T) = \Pr(\boldsymbol{Y} \in T) = p_{\boldsymbol{Y}}(T) \tag{4.3}$$

再举一例，考虑式(2.39)的随机“闪烁”孤元集。假定 $\boldsymbol{Y}$ 和 $\emptyset^q$ 相互独立，则

$$\beta_\Psi(T) = \Pr(\{\boldsymbol{Y}\} \cap \emptyset^q \subseteq T) \tag{4.4}$$

$$= \Pr(\emptyset^q = \emptyset) + \Pr(\emptyset^q \neq \emptyset) \cdot \Pr(\boldsymbol{Y} \in T) = 1 - q + q \cdot p_\Psi(T) \tag{4.5}$$

最后一例，考虑式(2.38)：$\Psi = \{\boldsymbol{Y}_1, \cdots, \boldsymbol{Y}_n\}$，其中 $\boldsymbol{Y}_1, \cdots, \boldsymbol{Y}_n$ 相互独立，则

$$\beta_\Psi(T) = \Pr(\{\boldsymbol{Y}_1, \cdots, \boldsymbol{Y}_n\} \subseteq T) = \Pr(\boldsymbol{Y}_1 \in T, \cdots, \boldsymbol{Y}_n \in T) = p_{\boldsymbol{Y}_1}(T) \cdots p_{\boldsymbol{Y}_n}(T) \tag{4.6}$$

4.2.2 多目标概率密度函数

多目标概率密度函数 $f(Y)$ 是集积分等于 1 的多目标密度函数 (见3.2.4节)：

$$\int f(Y)\delta Y = 1 \tag{4.7}$$

式(3.19)即多目标概率密度的一个简单例子。对于 RFS $\Psi \subseteq \mathfrak{Y}$，若多目标概率密度函数存在，则可由其信任质量函数通过下面方式导出②：

$$f_\Psi = \frac{\delta \beta_\Psi}{\delta Y}(\emptyset) \tag{4.8}$$

---

①信任质量函数又称信任测度。根据 Choquet–Matheron 定理，在 Fell–Matheron 的“Hit-and-Miss”拓扑下，信任质量函数可完全描述 RFS Ψ (文献 [179] 第 713 页)。而且，考虑到它在多目标运动 / 观测模型向多目标马尔可夫密度 / 似然函数转换中的作用，故将它视作 FISST 方法的核心。

②在点过程理论中，将下述密度函数称作点过程 Ψ 的 Janossy 密度[55,56]：

$$n! \cdot j_{\Psi,n}(\boldsymbol{y}_1, \cdots, \boldsymbol{y}_n) = f_\Psi(\{\boldsymbol{y}_1, \cdots, \boldsymbol{y}_n\})$$

它们也称作联合多目标概率密度 (JMPD，文献 [214] 第 27 页)。若这些密度存在 (即其为可积的有限值函数)，则 Ψ 为一个“简单”点过程 (文献 [55] 第 138 页的性质 5.4.V)。此时，对于任意的 $i \neq j$，只要 $\boldsymbol{y}_i = \boldsymbol{y}_j$，则 $j_{\Psi,n}(\boldsymbol{y}_1, \cdots, \boldsymbol{y}_n) = 0$。在此意义上讲，简单点过程与 RFS 本质上是一回事，见2.3.1节。

从直观上讲，可认为 $f_\Psi(Y)$ 是事件 $\Psi = Y$ 的概率 (密度)[①]。

首先来看一个例子。考虑“随机闪烁孤元集”的信任质量函数 (如(4.5)式)，相应的多目标概率分布由下列方程给定：

$$f_\Psi(\emptyset) = \frac{\delta\beta_\Psi}{\delta\emptyset}(\emptyset) = \beta_\Psi(\emptyset) = 1 - q \tag{4.9}$$

$$f_\Psi(\{\boldsymbol{y}\}) = \frac{\delta\beta_\Psi}{\delta\boldsymbol{y}}(\emptyset) = q \cdot f_{\boldsymbol{Y}}(\boldsymbol{y}) \tag{4.10}$$

$$f_\Psi(Y) = 0, \quad |Y| > 1 \tag{4.11}$$

或可简单表示为

$$f_\Psi(Y) = C_{1,|Y|} \cdot q^{|Y|}(1-q)^{1-|Y|} \cdot f_{\boldsymbol{Y}}^Y \tag{4.12}$$

式中：幂泛函 $f_{\boldsymbol{Y}}^Y$ 的定义见式(3.5)；二项式系数 $C_{1,|Y|}$ 的定义见式(2.1)。

另一个例子是多目标狄拉克 δ 密度 (文献 [179] 第 366 页的 (11.124) 式)。令 $Y' = \{\boldsymbol{y}'_1, \cdots, \boldsymbol{y}'_{n'}\}$ ($|Y'| = n$)，$Y = \{\boldsymbol{y}_1, \cdots, \boldsymbol{y}_n\}$ ($|Y| = n$)，则多目标狄拉克 δ 密度可定义为

$$\delta_{Y'}(Y) = \delta_{|Y|',|Y|} \sum_\pi \delta_{\boldsymbol{y}'_{\pi 1}}(\boldsymbol{y}_1) \cdots \delta_{\boldsymbol{y}'_{\pi n}}(\boldsymbol{y}_n) \tag{4.13}$$

其中的求和操作遍历数字 $1, \cdots, n$ 的所有排列 π。

最后一个例子是多目标均匀分布。令 $S \subseteq \mathfrak{Y} = \mathbb{R}^N$ 表示一个 (超) 体积为 $|S|$ 的有界闭子集，假定 S 中的目标不超过 n_0 个，又令 $Y = \{\boldsymbol{y}_1, \cdots, \boldsymbol{y}_n\}$ ($|Y| = n$)，则多目标均匀分布可定义为 (见文献 [94] 第 144 页或文献 [179] 第 367 页)[②]：

$$u_{S,n_0}(Y) = \frac{|Y|! \cdot \mathbf{1}_S^Y \cdot \mathbf{1}_{|Y| \leqslant n_0}}{|S|^{|Y|} \cdot (n_0 + 1)} \tag{4.14}$$

式中：$\mathbf{1}_S(\boldsymbol{y})$ 为集合 S 的示性函数；若 $n \leqslant n_0$，则 $\mathbf{1}_{n \leqslant n_0} = 1$，反之为 0；幂泛函 h^Y 的定义见式(3.5)。

4.2.3 卷积与解卷积

令 $\Psi_1, \cdots, \Psi_n$ 为统计独立的 RFS，$\Psi = \Psi_1 \cup \cdots \cup \Psi_n$，则根据式(3.65)的一般乘积法则可得：

$$f_\Psi(Y) = \sum_{W_1 \uplus \cdots \uplus W_n = Y} f_{\Psi_1}(W_1) \cdots f_{\Psi_n}(W_n) \tag{4.15}$$

式中：求和操作遍历所有满足 $W_1 \uplus \cdots \uplus W_n = Y$ 的互斥 (可以为空) 子集 $W_1, \cdots, W_n$。若 $n = 2$，则上述公式便退化为一般卷积公式：

$$f_\Psi(Y) = \sum_{W \subseteq Y} f_{\Psi_1}(W) \cdot f_{\Psi_2}(Y - W) \tag{4.16}$$

①当 $\mathfrak{Y}$ 为连续无限空间时，该解释仅为一种直观解释，因为此时 $\Psi = Y$ 为零概率事件。

② 译者注：原著中为 $\mathbf{1}_{|Y| \leqslant n_0+1}$，这里更正为 $\mathbf{1}_{|Y| \leqslant n_0}$。

式(4.15)因此称作独立 RFS 的基本卷积定理。

仅举一例：令 $Y = \{\boldsymbol{y}_1, \boldsymbol{y}_2\}$ 且 $\boldsymbol{y}_1 \neq \boldsymbol{y}_2$，则

$$\begin{aligned} f_\Psi(Y) = & f_{\Psi_1}(\emptyset) \cdot f_{\Psi_2}(\{\boldsymbol{y}_1, \boldsymbol{y}_2\}) + f_{\Psi_1}(\{\boldsymbol{y}_1\}) \cdot f_{\Psi_2}(\{\boldsymbol{y}_2\}) + \\ & f_{\Psi_1}(\{\boldsymbol{y}_2\}) \cdot f_{\Psi_2}(\{\boldsymbol{y}_1\}) + f_{\Psi_1}(\{\boldsymbol{y}_1, \boldsymbol{y}_2\}) \cdot f_{\Psi_2}(\emptyset) \end{aligned} \tag{4.17}$$

接下来，考虑式(4.16)的逆问题，即解卷积问题：

- 已知 $f_\Psi(X)$ 和 $f_{\Psi_1}(X)$，确定 $f_{\Psi_2}(X)$。

利用式(3.92)的泛函倒数求导法则，D. Clark 给出了该问题的答案：

$$f_{\Psi_2}(X) = \sum_{W \subseteq X} \sum_{\mathcal{P} \boxminus W} \frac{(-1)^{|\mathcal{P}|} \cdot |\mathcal{P}|!}{f_{\Psi_1}(\emptyset)^{|\mathcal{P}|+1}} \cdot f_\Psi(X - W) \cdot \prod_{V \in \mathcal{P}} f_{\Psi_1}(V) \tag{4.18}$$

上述结论的证明过程见附录 K.2。

4.2.4 概率生成泛函

若 $h(\boldsymbol{y})$ 为空间 $\mathfrak{Y}$ 上的“检验函数”，即 $h(\boldsymbol{y})$ 无量纲且 $0 \leqslant h(\boldsymbol{y}) \leqslant 1$①，则 RFS $\Psi \subseteq \mathfrak{Y}$ 的概率生成泛函 (p.g.fl.) 为下述期望值形式②：

$$G_\Psi[h] = \mathbb{E}[h^\Psi] = \int h^Y \cdot f_\Psi(Y) \delta Y \tag{4.19}$$

式中：幂泛函 h^Y 的定义见式(3.5)。Ψ 的 p.g.fl. 具有以下性质：

$$0 \leqslant G_\Psi[h] \leqslant 1 \tag{4.20}$$

$$G_\Psi[1] = 1 \tag{4.21}$$

$$G_\Psi[\mathbf{1}_T] = \beta_\Psi(T) = \Pr(\Psi \subseteq T) \tag{4.22}$$

假定 $\Psi_1, \cdots, \Psi_n \subseteq \mathfrak{Y}$ 为相互独立的 RFS，则 $\Psi = \Psi_1 \cup \cdots \cup \Psi_n$ 的 p.g.fl. 可表示为

$$G_\Psi[h] = G_{\Psi_1}[h] \cdots G_{\Psi_n}[h] \tag{4.23}$$

下面看“随机闪烁孤元集”的例子。它的概率密度函数已由式(4.9)~(4.11)给定，因此其 p.g.fl. 可表示为

$$G_\Psi[h] = \int h^Y \cdot f_\Psi(Y) \delta Y \tag{4.24}$$

$$= 1 \cdot f(\emptyset) + \int h(\boldsymbol{y}) \cdot f(\{\boldsymbol{y}\}) \mathrm{d}\boldsymbol{y} + 0 \tag{4.25}$$

$$= 1 - q + q \int h(\boldsymbol{y}) \cdot f_{\boldsymbol{Y}}(\boldsymbol{y}) \mathrm{d}\boldsymbol{y} \tag{4.26}$$

$$= 1 - q + q \cdot f_{\boldsymbol{Y}}[h] \tag{4.27}$$

---

①有时还要求集合 $\{\boldsymbol{y} | h(\boldsymbol{y}) \neq 0\}$ 为有界闭集。

②p.g.fl. 公式最早可追溯至 1927 年 Volterra 的工作，他当时将 p.g.fl. 称作“泛函幂级数”(文献 [317] 第 21 页的 (1) 式)；Daley 和 Vere-Jones 则认为是俄罗斯物理学家 Bogoliubov 于 1946 年将 p.g.fl. 引入点过程中 (文献 [56] 第 15 页)；而 Moyal 在 1962 年的论著 (见文献 [207] 第 13 页的脚注 1) 中却将 p.g.fl. 和其他点过程生成泛函归于 Bartlett 和 Kendall 在 19 世纪 50 年代早期的工作。此后，p.g.fl. 就成为点过程理论中一个教科书式的概念[55,56]。

再举一例，式(3.19)多目标概率密度函数的 p.g.fl. 为

$$G_f[h] = (1-q+q\cdot f_1[h])\cdot(1-q+q\cdot f_2[h]) \tag{4.28}$$

具体推导过程如下：

$$G_f[h] = \int h^Y \cdot f(Y)\delta Y \tag{4.29}$$

$$= 1\cdot f(\emptyset) + \int h(\boldsymbol{y})\cdot f(\{\boldsymbol{y}\})\mathrm{d}\boldsymbol{y} + \tag{4.30}$$

$$\frac{1}{2}\int h(\boldsymbol{y}_1)\cdot h(\boldsymbol{y}_2)\cdot f(\{\boldsymbol{y}_1,\boldsymbol{y}_2\})\mathrm{d}\boldsymbol{y}_1\mathrm{d}\boldsymbol{y}_2 + 0$$

$$= (1-q)^2 + q(1-q)\int h(\boldsymbol{y})\cdot(f_1(\boldsymbol{y})+f_2(\boldsymbol{y}))\mathrm{d}\boldsymbol{y} + \tag{4.31}$$

$$\frac{q^2}{2}\int h(\boldsymbol{y}_1)\cdot h(\boldsymbol{y}_2)\cdot(f_1(\boldsymbol{y}_1)\cdot f_2(\boldsymbol{y}_2)+f_1(\boldsymbol{y}_2)\cdot f_2(\boldsymbol{y}_1))\mathrm{d}\boldsymbol{y}_1\mathrm{d}\boldsymbol{y}_2$$

$$= (1-q)^2 + q(1-q)\cdot(f_1[h]+f_2[h]) + q^2\cdot f_1[h]\cdot f_2[h] \tag{4.32}$$

$$= (1-q+q\cdot f_1[h])\cdot(1-q+q\cdot f_2[h]) \tag{4.33}$$

注解 6 (根据 b.m.f. 构造 p.g.fl.)：作为一种启发式的经验规则，可根据信任质量函数公式构造 p.g.fl. 的表达式。将 $\beta_\Psi(T)$ 中的集变量 T 用其示性函数 $\mathbf{1}_T$ 替代，并令 p.g.fl. 中的 $h=\mathbf{1}_T$，便可得到 $G_\Psi[h]=\beta_\Psi[h]$。

注解 7 (p.g.fl. 的概率解释)：随机集 Ψ 的信任质量函数具有直接的概率定义：$\beta_\Psi(T)=\Pr(\Psi\subseteq T)$。事实证明，可将 p.g.fl. 视作一种广义的信任质量函数 (文献 [179] 第 373 页)：

$$G_\Psi[h] = \Pr(\Psi\subseteq\Sigma_\alpha(h)) \tag{4.34}$$

式中：对于任意的 $\boldsymbol{y}$，$\alpha(\boldsymbol{y})$ 是 $[0,1]$ 区间上均匀分布的随机数；$\Sigma_\alpha(h)\stackrel{\text{def.}}{=}\{\boldsymbol{y}|\alpha(\boldsymbol{y})\leqslant h(\boldsymbol{y})\}$；对于任意的 $n\geqslant 2$ 以及互不相同的 $\boldsymbol{y}_1,\cdots,\boldsymbol{y}_n$，进一步假定随机变量 $\alpha(\boldsymbol{y}_1),\cdots,\alpha(\boldsymbol{y}_n),\Psi$ 相互独立。也就是说，随机集 $\Sigma_\alpha(h)$ 为模糊隶属函数 $h(\boldsymbol{y})$ 的“异步”随机集表示。

注解 8 (为何要重视 p.g.fl.)：p.g.fl. 只不过是点过程理论中的一个基本泛函统计描述符，其他类似的泛函描述有特征泛函、拉普拉斯泛函以及阶乘矩生成泛函[55,56,207]。那么，FISST 方法为何要特别强调 p.g.fl. 而非其他泛函呢？这主要是因为不同泛函具有不同的用处，实际证明 p.g.fl. 尤其适用于多目标跟踪的理论与实践。一方面，它与信任质量函数密切相关 (p.g.fl. 是 b.m.f. 的推广，见(4.34)式)；另一方面，通过多目标微积分很容易将多目标概率分布和 PHD 等其他统计描述符与 p.g.fl. 关联起来。

注解 9 (Choquet 积分)：在式(4.19)中，若用模糊逻辑形式 $\min_{\boldsymbol{y}\in Y} h(\boldsymbol{y})$ 替换其中的 h^Y，则

$$\int h\cdot\mathrm{d}\beta_\Psi \stackrel{\text{def.}}{=} \int\left(\min_{\boldsymbol{y}\in Y} h(\boldsymbol{y})\right)\cdot f_\Psi(Y)\delta Y \tag{4.35}$$

上式即函数 h 关于非加性测度 (信任质量函数) $\beta_\Psi(T)$ 的“Choquet 积分”(文献 [94] 第 179 页)。

4.2.5 多变量 p.g.fl.

令：$\overset{1}{\Psi},\cdots,\overset{s}{\Psi}$ 分别表示空间 $\overset{1}{\mathfrak{Y}},\cdots,\overset{s}{\mathfrak{Y}}$ 上的随机有限集；$f_{\overset{1}{\Psi},\cdots,\overset{s}{\Psi}}(\overset{1}{Y},\cdots,\overset{s}{Y})$ 为联合多目标概率分布，其中 $\overset{i}{Y}$ 为空间 $\overset{i}{\mathfrak{Y}}$ 的有限子集；$\overset{1}{h}(\overset{1}{y}),\cdots,\overset{s}{h}(\overset{s}{y})$ 分别为空间 $\overset{1}{\mathfrak{Y}},\cdots,\overset{s}{\mathfrak{Y}}$ 上的检验函数，其中 $\overset{i}{y}\in\overset{i}{\mathfrak{Y}}$。将联合空间上的随机集定义为

$$\breve{\Psi}=\overset{1}{\Psi}\uplus\cdots\uplus\overset{s}{\Psi}\subseteq\overset{1}{\mathfrak{Y}}\uplus\cdots\uplus\overset{s}{\mathfrak{Y}} \tag{4.36}$$

则联合过程 $\breve{\Psi}$ 的联合多变量 p.g.fl. 为如下形式的期望值：

$$G_{\overset{1}{\Psi},\cdots,\overset{s}{\Psi}}[\overset{1}{h},\cdots,\overset{s}{h}]=\mathbb{E}\left[\overset{1}{h}^{\overset{1}{\Psi}}\cdots\overset{s}{h}^{\overset{s}{\Psi}}\right] \tag{4.37}$$

$$=\int\overset{1}{h}^{\overset{1}{Y}}\cdots\overset{s}{h}^{\overset{s}{Y}}\cdot f_{\overset{1}{\Psi},\cdots,\overset{s}{\Psi}}(\overset{1}{Y},\cdots,\overset{s}{Y})\delta\overset{1}{Y}\cdots\delta\overset{s}{Y} \tag{4.38}$$

定义联合空间上的检验函数 $\breve{h}(\breve{y})=\overset{i}{h}(\overset{i}{y})(\breve{y}=\overset{i}{y})$，则联合多变量 p.g.fl. 与随机集 $\breve{\Psi}$ 的单变量 p.g.fl. $G_{\breve{\Psi}}[\breve{h}]$ 显然是等价的：

$$G_{\breve{\Psi}}[\breve{h}]=G_{\overset{1}{\Psi},\cdots,\overset{s}{\Psi}}[\overset{1}{h},\cdots,\overset{s}{h}] \tag{4.39}$$

根据式(3.50)的密度函数定义，简单的推导过程如下：

$$G_{\breve{\Psi}}[\breve{h}]=\int\breve{h}^{\breve{Y}}\cdot f_{\breve{\Psi}}(\breve{Y})\delta\breve{Y} \tag{4.40}$$

$$=\int\breve{h}^{\overset{1}{Y}\uplus\cdots\uplus\overset{s}{Y}}\cdot f_{\overset{1}{\Psi},\cdots,\overset{s}{\Psi}}(\overset{1}{Y},\cdots,\overset{s}{Y})\delta\overset{1}{Y}\cdots\delta\overset{s}{Y} \tag{4.41}$$

$$=\int\breve{h}^{\overset{1}{Y}}\cdots\breve{h}^{\overset{s}{Y}}\cdot f_{\overset{1}{\Psi},\cdots,\overset{s}{\Psi}}(\overset{1}{Y},\cdots,\overset{s}{Y})\delta\overset{1}{Y}\cdots\delta\overset{s}{Y} \tag{4.42}$$

$$=\int\overset{1}{h}^{\overset{1}{Y}}\cdots\overset{s}{h}^{\overset{s}{Y}}\cdot f_{\overset{1}{\Psi},\cdots,\overset{s}{\Psi}}(\overset{1}{Y},\cdots,\overset{s}{Y})\delta\overset{1}{Y}\cdots\delta\overset{s}{Y} \tag{4.43}$$

$$=G_{\overset{1}{\Psi},\cdots,\overset{s}{\Psi}}[\overset{1}{h},\cdots,\overset{s}{h}] \tag{4.44}$$

下面举两个多变量 p.g.fl. 的例子：单传感器多目标的联合 p.g.fl. (4.2.5.1节)；多传感器多目标的联合 p.g.fl. (4.2.5.2节)。

4.2.5.1 例子：单传感器–多目标联合 p.g.fl.

本节的双变量 p.g.fl. 在原则近似滤波器推导中起着关键作用。令 $\Xi_{k+1|k}\subseteq\mathfrak{X}$ 表示 t_{k+1} 时刻的随机多目标预测状态集，$\Sigma_{k+1}\subseteq\mathfrak{Z}$ 表示 t_{k+1} 时刻的随机观测集。假定在给定当前状态集后，当前观测不依赖于此前的观测集，即

$$f_{\Sigma_{k+1}|\Xi_{k+1}}(Z|X)=f_{\Sigma_{k+1}|\Xi_{k+1},\Sigma_1,\cdots,\Sigma_k}(Z|X,Z_1,\cdots,Z_k) \tag{4.45}$$

采用下述简写形式表示预测分布及上式的多目标似然函数：

$$f_{k+1}(Z|X) \overset{\text{abbr.}}{=} f_{\Sigma_{k+1}|\Xi_{k+1}}(Z|X) \tag{4.46}$$

$$f_{k+1|k}(X|Z^{(k)}) \overset{\text{abbr.}}{=} f_{\Xi_{k+1|k}|\Sigma_1,\cdots,\Sigma_k}(X|Z_1,\cdots,Z_k) \tag{4.47}$$

则 $\Xi_{k+1|k}$ 和 Σ_{k+1} 的联合分布为

$$f_{\Sigma_{k+1},\Xi_{k+1|k}}(Z,X) = f_{k+1}(Z|X)\cdot f_{k+1|k}(X|Z^{(k)}) = f_{k+1}(Z,X|Z^{(k)}) \tag{4.48}$$

因此，给定条件 $Z^{(k)}$ 后，单传感器–多目标联合 p.g.fl. (Σ_{k+1} 和 $\Xi_{k+1|k}$ 的条件 p.g.fl.) 为下述双变量 p.g.fl.：

$$F[g,h] \overset{\text{def.}}{=} G_{\Sigma_{k+1},\Xi_{k+1|k}|\Sigma_1,\cdots,\Sigma_k}[g,h|Z^{(k)}] \tag{4.49}$$

$$= \int g^Z \cdot h^X \cdot f_{k+1}(Z,X|Z^{(k)})\delta Z\delta X \tag{4.50}$$

$$= \int g^Z \cdot h^X \cdot f_{k+1}(Z|X)\cdot f_{k+1|k}(X|Z^{(k)})\delta Z\delta X \tag{4.51}$$

$$= \int h^X \cdot G_{k+1}[g|X]\cdot f_{k+1|k}(X|Z^{(k)})\delta X \tag{4.52}$$

式中

$$G_{k+1}[g|X] = \int g^Z f_{k+1}(Z|X)\delta Z \tag{4.53}$$

上式即似然函数 $f(Z|X)$ 的概率生成泛函。注意：由于 $F[g,h]$ 是保范的，即 $F[1,1]=1$，故其为一 p.g.fl.。

4.2.5.2 例子：多传感器–多目标联合 p.g.fl.

本节将前面例子中的单传感器情形推广至 s 个传感器。假定这 s 个传感器的观测空间分别为 $\overset{1}{\mathfrak{Z}},\cdots,\overset{s}{\mathfrak{Z}}$，它们在 t_{k+1} 时刻分别得到了各自的观测 $\overset{1}{\Sigma}_{k+1},\cdots,\overset{s}{\Sigma}_{k+1}$。若这些传感器相互独立 (即这些观测关于目标状态条件独立)，则

$$f_{k+1}(\overset{1}{Z},\cdots,\overset{s}{Z}|X) = \overset{1}{f}_{k+1}(\overset{1}{Z}|X)\cdots\overset{s}{f}_{k+1}(\overset{s}{Z}|X) \tag{4.54}$$

因此，$\Xi_{k+1|k},\overset{1}{\Sigma}_{k+1},\cdots,\overset{s}{\Sigma}_{k+1}$ 的联合 p.g.fl. (多传感器多目标 p.g.fl.) 可表示为

$$F[\overset{1}{g},\cdots,\overset{s}{g},h] = \int \overset{1}{g}{}^{\overset{1}{Z}}\cdots\overset{s}{g}{}^{\overset{s}{Z}}\cdot h^X\cdot\overset{1}{f}_{k+1}(\overset{1}{Z}|X)\cdots\overset{s}{f}_{k+1}(\overset{s}{Z}|X)\cdot \tag{4.55}$$

$$f_{k+1|k}(X|Z^{(k)})\delta\overset{1}{Z}\cdots\delta\overset{s}{Z}\delta X$$

$$= \int h^X\cdot\overset{1}{G}_{k+1}[\overset{1}{g}|X]\cdots\overset{s}{G}_{k+1}[\overset{s}{g}|X]\cdot f_{k+1|k}(X|Z^{(k)})\delta X \tag{4.56}$$

式中

$$\overset{j}{G}_{k+1}[\overset{j}{g}|X] = \int \overset{j}{g}{}^{\overset{j}{Z}}\cdot\overset{j}{f}_{k+1}(\overset{j}{Z}|X)\delta\overset{j}{Z} \tag{4.57}$$

注解 10 (一种错误分解): 文献 [282] 中的 (20) 式认为：若传感器相互独立，则 $F[\overset{1}{g},\cdots,\overset{s}{g},h]$ 可分解为

$$F[\overset{1}{g},\cdots,\overset{s}{g},h]=F[\overset{1}{g},h]\cdots F[\overset{s}{g},h] \tag{4.58}$$

上式仅当 $s=1$ 时才成立，即它仅对单传感器成立[①]。进一步，即便是对文献 [282] 中假设的"流量过程"(多目标状态过程的一种特殊形式) 而言，上式也是不正确的。PHD 等于 $D_{\Xi}(\boldsymbol{x})$ 的"流量过程" $\Xi\subseteq\mathfrak{X}$ 一般可定义为：① 它具有 $\Xi=\overset{1}{\Xi}\cup\cdots\cup\overset{s}{\Xi}$ 的形式；② $\overset{1}{\Xi},\cdots,\overset{s}{\Xi}$ 相互独立；③ 每个 $\overset{j}{\Xi}$ 为泊松分布且其 PHD 为 $D_{\overset{j}{\Xi}}(\boldsymbol{x})=\overset{j}{\beta}(\boldsymbol{x})\cdot D_{\Xi}(\boldsymbol{x})$ (文献 [282] 中的 (17) 式)；④ $\overset{\ell}{\beta}(\boldsymbol{x})$ 为非负函数且 $\sum_{\ell=1}^{s}\overset{\ell}{\beta}(\boldsymbol{x})=1$ 对于所有 $\boldsymbol{x}$ 恒成立。附录 K.3 通过一个反例证明了式(4.58)是错误的。

4.2.6　势分布

随机有限集 $\Psi\subseteq\mathfrak{Y}$ 的势分布定义如下：

$$p_{\Psi}(n)=\Pr(|\Psi|=n) \tag{4.59}$$

$$=\int_{|Y|=n}f_{\Psi}(Y)\delta Y \tag{4.60}$$

$$=\frac{1}{n!}\int f_{\Psi}(\{\boldsymbol{x}_1,\cdots,\boldsymbol{x}_n\})\mathrm{d}\boldsymbol{x}_1\cdots\mathrm{d}\boldsymbol{x}_n \tag{4.61}$$

式中：$p_{\Psi}(n)$ 为 Ψ 包含 n 个元素的概率。

作为例子，下面来看(4.12)式多目标概率密度函数的势分布函数：对于 $n=0,1$,

$$p_{\Psi}(n)=C_{1,n}\cdot q^n(1-q)^{1-n} \tag{4.62}$$

式中：$C_{n',n}$ 为式(2.1)定义的二项式系数。

4.2.7　概率生成函数

若令 $h=y$，且标量 y 满足 $0\leqslant y\leqslant 1$，则 Ψ 的概率生成函数 (p.g.f.) 可定义为

$$G_{\Psi}(y)=[G_{\Psi}[h]]_{h=y}=\int y^{|Y|}\cdot f_{\Psi}(Y)\delta Y=\sum_{n\geqslant 0}p_{\Psi}(n)\cdot y^n \tag{4.63}$$

之所以将上式称作概率生成函数，主要是因为由它可以导出 Ψ 的势分布函数，二者的关系如下：

$$p_{\Psi}(n)=\frac{1}{n!}G_{\Psi}^{(n)}(0),\quad \forall n\geqslant 0 \tag{4.64}$$

式中：$G_{\Psi}^{(n)}(y)$ 为 $G_{\Psi}(y)$ 的 n 阶导数。

[①] 因此文献 [282] 的主要结论——即 (26) 式的强度函数观测更新——是不正确的。特别地，(26) 式关于传感器数目 s 呈线性计算复杂度的结论也是空谈，因为它并不 (像宣称的那样) 是一种合理的观测更新方程。

$G_\Psi(y)$ (或 $p_\Psi(n)$) 的均值 μ_Ψ、二阶阶乘矩 $\mu_{\Psi,2}$ 及方差 σ_Ψ^2 可通过下列表达式确定：

$$\mu_\Psi = G_\Psi^{(1)}(1) = \sum_{n\geqslant 1} n\cdot p_\Psi(n) \tag{4.65}$$

$$\mu_{\Psi,2} = G_\Psi^{(2)}(1) = \sum_{n\geqslant 2} n\cdot (n-1)\cdot p_\Psi(n) \tag{4.66}$$

$$\sigma_\Psi^2 = \mu_{\Psi,2} - \mu_\Psi^2 + \mu_\Psi = -\mu_\Psi^2 + \sum_{n\geqslant 1} n^2\cdot p_\Psi(n) \tag{4.67}$$

对于独立的 RFS $\Psi_1,\cdots,\Psi_n \subseteq \mathfrak{Y}$，令 $\Psi = \Psi_1\cup\cdots\cup\Psi_n$，则 Ψ 的 p.g.f. 可分解如下：

$$G_\Psi(y) = G_{\Psi_1}(y)\cdots G_{\Psi_n}(y) \tag{4.68}$$

而 $|\Psi|$ 的均值和方差则可表示为

$$\mu_\Psi = \mu_{\Psi_1} + \cdots + \mu_{\Psi_n} \tag{4.69}$$

$$\sigma_\Psi^2 = \sigma_{\Psi_1}^2 + \cdots + \sigma_{\Psi_n}^2 \tag{4.70}$$

4.2.8 概率假设密度

RFS Ψ 的概率假设密度 (PHD) 是单目标 $\boldsymbol{y}\in\mathfrak{Y}$ 的普通密度函数 (见文献 [179] 第 16.2 节)。直观地讲：

- $D_\Psi(\boldsymbol{y})$ 是 $\boldsymbol{y}$ 处的目标密度；
- $D_\Psi(\boldsymbol{y})\mathrm{d}\boldsymbol{y}$ 是 $\boldsymbol{y}$ 的极小邻域 $\mathrm{d}\boldsymbol{y}$ 中所含目标的数目；
- $D_\Psi(\boldsymbol{y})$ 是零概率事件 $\boldsymbol{y}\in\Psi$ 的概率 (密度)，与随机变量 $\boldsymbol{Y}\in\mathfrak{Y}$ 的概率密度函数 $f_{\boldsymbol{Y}}(\boldsymbol{y})$ 是零概率事件 $\boldsymbol{Y}=\boldsymbol{y}$ 的概率 (密度) 完全类似。若 $\mathfrak{Y}$ 为离散情形，则 $D_\Psi(\boldsymbol{y}) = \Pr(\boldsymbol{y}\in\Psi)$ (文献 [179] 第 576–580 页①)。

按照正规方式，可将 PHD 定义为下述集积分 (文献 [179] 中的 (16.26) 式)：

$$D_\Psi(\boldsymbol{y}) = \int f_\Psi(\{\boldsymbol{y}\}\cup W)\delta W = \int \left(\sum_{\boldsymbol{w}\in Y}\delta_{\boldsymbol{w}}(\boldsymbol{y})\right)\cdot f_\Psi(Y)\delta Y \tag{4.71}$$

PHD 还可表示为下述泛函导数或是集导数形式 (文献 [179] 中的 (16.35) 式和 (16.36) 式)：

$$D_\Psi(\boldsymbol{y}) = \frac{\delta G_\Psi}{\delta \boldsymbol{y}}[1] = \frac{\delta \log G_\Psi}{\delta \boldsymbol{y}}[1] = \frac{\delta \beta_\Psi}{\delta \boldsymbol{y}}(\mathfrak{Y}) = \frac{\delta \log \beta_\Psi}{\delta \boldsymbol{y}}(\mathfrak{Y}) \tag{4.72}$$

由于一般情况下能够得到更加简洁的代数形式，因此上式中的两个对数公式更为常用。

PHD 具有下列重要性质：

- 任意闭集 $T\subseteq\mathfrak{Y}$ 内所含目标数目的期望值 $\mathbb{E}[|\Psi\cap T|]$ 可依 PHD 给出：

$$\int |Y\cap T|\cdot f_\Psi(Y)\delta Y = \int_T D_\Psi(y)\mathrm{d}\boldsymbol{y} \tag{4.73}$$

①译者注：见文献 [180] 第 385–388 页。

- 特别地，若 $T = \mathfrak{Y}$，则可得到 PHD 积分形式的目标数期望值 $\mathbb{E}[|\Psi|]$：

$$N_\Psi = \int D_\Psi(y)\mathrm{d}y \tag{4.74}$$

- 对于相互独立的 RFS $\Psi_1, \cdots, \Psi_n$，其并集 $\Psi = \Psi_1 \cup \cdots \cup \Psi_n$ 的 PHD 为

$$D_\Psi(\boldsymbol{y}) = D_{\Psi_1}(\boldsymbol{y}) + \cdots + D_{\Psi_n}(\boldsymbol{y}) \tag{4.75}$$

举一个简单的例子：考虑式(3.19)多目标概率密度 $f(Y)$ 的 PHD，

$$D(\boldsymbol{y}) = \frac{1}{0!} f(\{\boldsymbol{y}\}) + \frac{1}{1!}\int f(\{\boldsymbol{y}, \boldsymbol{w}\})\mathrm{d}\boldsymbol{w} + 0 \tag{4.76}$$

$$= q(1-q)\cdot(f_1(\boldsymbol{y}) + f_2(\boldsymbol{y})) + q^2 \int (f_1(\boldsymbol{y})\cdot f_2(\boldsymbol{w}) + f_1(\boldsymbol{w})\cdot f_2(\boldsymbol{y}))\mathrm{d}\boldsymbol{w} \tag{4.77}$$

$$= q(1-q)\cdot(f_1(\boldsymbol{y}) + f_2(\boldsymbol{y})) + q^2\cdot(f_1(\boldsymbol{y}) + f_2(\boldsymbol{y})) \tag{4.78}$$

$$= q\cdot f_1(\boldsymbol{y}) + q\cdot f_2(\boldsymbol{y}) \tag{4.79}$$

注解 11 (术语阐释)：在点过程理论中，PHD 通常被更多地称作“一阶矩密度”“强度密度”或“强度函数”[55,56]。为避免出现混淆，本书尽量避免使用最后一种用法，因为“强度”在工程和物理学中有着大量不同的含义。在经典热力学中，PHD 称作“相位空间密度”(文献 [235] 第 31 页)；事实证明，在基于“交通流理论”(Traffic Flow Theory, TFT) 的城区环境多目标跟踪中，PHD 扮演着重要的角色[187]。多目标跟踪中采用“概率假设密度”这一称谓，主要是历史原因[165]。该称谓最早由 M. Stein 和 C. Winter 从直观层面上提出[274,275]，随后 Mahler 在点过程意义上证明了它与一阶矩密度是一回事 (文献 [94] 第 168–169 页)。

4.2.9 阶乘矩密度

令 $\Psi \subseteq \mathfrak{Y}$ 为一 RFS，则多目标分布 $f_\Psi(Y)$ 的多目标阶乘矩密度可定义为

$$D_\Psi(Y) = \int f_\Psi(Y \cup W)\delta W = \frac{\delta G_\Psi}{\delta Y}[1] = \frac{\delta \beta_\Psi}{\delta Y}(\mathfrak{Y}) \tag{4.80}$$

上式可视作 PHD 的推广：

$$D_\Psi(\boldsymbol{x}) = D_\Psi(\{\boldsymbol{x}\}) \tag{4.81}$$

通过下述逆变换公式，可以从阶乘矩密度 $D_\Psi(Y)$ 中恢复出多目标分布 $f_\Psi(Y)$ (文献 [165] 第 1162 页的 (60) 式和 (68) 式；文献 [179] 中的 (16.88) 式)：

$$f_\Psi(Y) = \int (-1)^{|W|}\cdot D_\Psi(Y \cup W)\delta W \tag{4.82}$$

阶乘矩密度还满足下面的恒等式 (文献 [168] 第 142 页或文献 [55] 第 222 页)：

$$G_\Psi[1+h] = \int h^Y \cdot D_\Psi(Y)\delta Y \tag{4.83}$$

4.2.10 基本描述符的等价性

对于 RFS $\Psi \subseteq \mathfrak{Y}$，概率密度 $f_\Psi(Y)$、信任质量函数 $\beta_\Psi(T)$、p.g.fl. $G_\Psi[h]$ 为其概率法则的等价表示。它们三者可通过下列公式相互转换：

$$\beta_\Psi(T) = \int_T f_\Psi(Y)\delta Y = G_\Psi[\mathbf{1}_T] \tag{4.84}$$

$$f_\Psi(Y) = \frac{\delta\beta_\Psi}{\delta Y}(\emptyset) = \frac{\delta G_\Psi}{\delta Y}[0] \tag{4.85}$$

$$G_\Psi[h] = \int h^Y \cdot f_\Psi(Y)\delta Y = \int h^Y \cdot \frac{\delta\beta_\Psi}{\delta Y}(\emptyset)\delta Y \tag{4.86}$$

因此，$f_\Psi(Y)$、$\beta_\Psi(T)$、$G_\Psi[h]$ 都能完全描述 Ψ 的统计特性，且它们之间的相互转换不损失 Ψ 的任何信息。

4.2.11 Radon–Nikodým 公式

对于 RFS $\Psi \subseteq \mathfrak{Y}$，令 $f_\Psi(Y)$、$\beta_\Psi(T)$、$G_\Psi[h]$ 分别为其概率分布、信任质量函数及 p.g.fl.，则 p.g.fl. 形式的一般 *Radon–Nikodým 定理* (文献 [179] 中的 (11.251) 式) 如下所示：

$$\frac{\delta G_\Psi}{\delta W}[h] = \int h^Y \cdot f_\Psi(W \cup Y)\delta Y \tag{4.87}$$

式中：幂泛函 h^Y 的定义见式(3.5)。

令式(4.87)中的 $h = \mathbf{1}_T$，便可得到一种特殊情况——信任质量函数形式的一般 Radon–Nikodým 定理：

$$\frac{\delta\beta_\Psi}{\delta W}(T) = \int_T f_\Psi(W \cup Y)\delta Y \tag{4.88}$$

当上式中的 $W = \emptyset$ 时，上式便退化为 (文献 [179] 中的 (11.248) 式)

$$\beta_\Psi(T) = \int_T f_\Psi(Y)\delta Y \tag{4.89}$$

式(4.89)即下式 (概率质量函数) 的多目标版：

$$p_{\boldsymbol{Y}}(T) = \int_T f_{\boldsymbol{Y}}(\boldsymbol{y})\mathrm{d}\boldsymbol{y} \tag{4.90}$$

4.2.12 Campbell 定理

本节的定理用于化简那些包含检验函数求和的表达式。给定检验函数 $h(\boldsymbol{y})$ 后，

- *Campbell 定理的线性形式*：首先定义如下的随机数 $A = h_\Psi$，即

$$h_\Psi \stackrel{\text{abbr.}}{=} \sum_{\boldsymbol{y}\in\Psi} h(\boldsymbol{y}) \tag{4.91}$$

则 A 的数学期望 $\mathbb{E}[A]$ 可表示为

$$\int h_Y \cdot f_\Psi(Y)\delta Y = \int h(\boldsymbol{y}) \cdot D_\Psi(\boldsymbol{y})\mathrm{d}\boldsymbol{y} \tag{4.92}$$

式中：$D_\Psi(\boldsymbol{y})$ 为 Ψ 的 PHD (定义见(4.72)式)。上式的证明过程见附录 K.6。

作为一个例子，下面证明式(4.73)是 Campbell 定理的直接结果。首先令 $h(\boldsymbol{y}) = \mathbf{1}_T(\boldsymbol{y})$，且有限集 $Y \subseteq \mathfrak{Y}$，则

$$|Y \cap T| = \sum_{\boldsymbol{y} \in Y} \mathbf{1}_T(\boldsymbol{y}) \tag{4.93}$$

根据 Compbell 定理，有

$$\mathbb{E}[|\Psi \cap T|] = \int \left(\sum_{\boldsymbol{y} \in Y} \mathbf{1}_T(\boldsymbol{y}) \right) \cdot f_\Psi(Y) \delta Y \tag{4.94}$$

$$= \int \mathbf{1}_T(\boldsymbol{y}) \cdot D_\Psi(\boldsymbol{y}) \mathrm{d}\boldsymbol{y} = \int_T D_\Psi(\boldsymbol{y}) \mathrm{d}\boldsymbol{y} \tag{4.95}$$

- *Campbell 定理的二次形式* (标量及矢量版)：给定第二个检验函数 $h'(\boldsymbol{y})$，并定义下述随机数 A，即

$$A = h_\Psi \cdot h'_\Psi = \left(\sum_{\boldsymbol{y} \in \Psi} h(\boldsymbol{y}) \right) \cdot \left(\sum_{\boldsymbol{y} \in \Psi} h'(\boldsymbol{y}) \right) \tag{4.96}$$

则 A 的数学期望 $\mathbb{E}[A]$ 可表示为

$$\int h_Y \cdot h'_Y \cdot f_\Psi(Y) \delta Y = \int h(\boldsymbol{y}) \cdot h'(\boldsymbol{y}) \cdot D_\Psi(\boldsymbol{y}) \mathrm{d}\boldsymbol{y} + \int h(\boldsymbol{y}_1) \cdot h'(\boldsymbol{y}_2) \cdot D_\Psi(\{\boldsymbol{y}_1, \boldsymbol{y}_2\}) \mathrm{d}\boldsymbol{y}_1 \mathrm{d}\boldsymbol{y}_2 \tag{4.97}$$

式中：$D_\Psi(Y)$ 为式(4.80)定义的阶乘矩密度。式(4.97)的证明过程见附录 K.6，很容易将它推广至 $\boldsymbol{h}(\boldsymbol{y})$ 为矢量的情形，此时 $\boldsymbol{A}$ 为矩阵：

$$\boldsymbol{A} = \boldsymbol{h}_\Psi \cdot (\boldsymbol{h}'_\Psi)^{\mathrm{T}} = \left(\sum_{\boldsymbol{y} \in \Psi} \boldsymbol{h}(\boldsymbol{y}) \right) \cdot \left(\sum_{\boldsymbol{y} \in \Psi} \boldsymbol{h}'(\boldsymbol{y})^{\mathrm{T}} \right) \tag{4.98}$$

4.3　重要的多目标过程

本节将要介绍的四类 RFS 在全书中扮演着十分重要的角色：

- 4.3.1节：*泊松 RFS*——PHD 滤波器的核心。
- 4.3.2节：*独立同分布群 RFS*——CPHD 滤波器的核心。
- 4.3.3节：*伯努利 RFS*——伯努利滤波器的核心。
- 4.3.4节：*多伯努利 RFS*——多伯努利滤波器的核心。

4.3.1　泊松 RFS

从直观上看，可以按下述方式构造*泊松 RFS* Ψ。首先给定一个 PHD $D_\Psi(\boldsymbol{y})$，这同时也给定了目标数的期望值：

$$N_\Psi = \int D_\Psi(\boldsymbol{y}) \mathrm{d}\boldsymbol{y} \tag{4.99}$$

然后从下述泊松分布中抽取整数 $\nu \sim p_\Psi(\cdot)$：

$$p_\Psi(n) = e^{-N_\Psi} \cdot \frac{N_\Psi^n}{n!} \tag{4.100}$$

接着从下述空间分布中抽取 ν 个元素 $\boldsymbol{y}_1, \cdots, \boldsymbol{y}_\nu \sim s_\Psi(\cdot)$：

$$s_\Psi(\boldsymbol{y}) = \frac{D_\Psi(\boldsymbol{y})}{N_\Psi} \tag{4.101}$$

按照上述方式得到的集合 $Y = \{\boldsymbol{y}_1, \cdots, \boldsymbol{y}_\nu\}$ 即泊松随机集 Ψ 的一个样本。换言之，泊松 RFS 是空间分布服从 $s_\Psi(\boldsymbol{y})$、目标数 $|\Psi|$ 服从泊松分布的 RFS Ψ。

更为正规地，若 $\Psi \subseteq \mathfrak{Y}$ 的 p.g.fl. 具有下述形式，则 Ψ 为泊松 RFS：

$$G_\Psi[h] = e^{D_\Psi[h-1]} \tag{4.102}$$

式中：$D_\Psi[h-1]$ 为式(3.4)定义的线性泛函。

与泊松 RFS Ψ 有关的其他统计量有：

- 多目标概率分布：

$$f_\Psi(Y) = e^{-N_\Psi} \cdot D_\Psi^Y \tag{4.103}$$

  式中：D_Ψ^Y 为式(3.5)定义的幂泛函。

- 概率生成函数 (p.g.f.)：

$$G_\Psi(y) = e^{D_\Psi(y-1)} \tag{4.104}$$

- 势方差：

$$\sigma_\Psi^2 = N_\Psi \tag{4.105}$$

注解 12 (“独立增量”性质)：令 Ψ 为泊松 RFS，因而其 p.g.fl. $G_\Psi[h] = e^{D_\Psi[h-1]}$。对于 $T_1 \cap T_2 = \emptyset$ 的两个闭子集 $T_1, T_2 \subseteq \mathfrak{Y}$，定义两个新的 RFS：

$$\Psi_1 = \Psi \cap T_1, \quad \Psi_2 = \Psi \cap T_2 \tag{4.106}$$

一般来讲，Ψ_1 和 Ψ_2 不太可能独立，因为它们都是根据 Ψ 定义的，故彼此应该是相关的。但由于 Ψ 是泊松 RFS，从而使得 Ψ_1 和 Ψ_2 确实是独立的，这一点可通过 Ψ_1、Ψ_2 是 p.g.fl. 分别为 $G_{\Psi_1}[h] = e^{(\mathbf{1}_{T_1} D_\Psi)[h-1]}$ 和 $G_{\Psi_2}[h] = e^{(\mathbf{1}_{T_2} D_\Psi)[h-1]}$ 的泊松 RFS 得出，详见附录 K.5。

4.3.2 独立同分布群 (i.i.d.c.) RFS

从直观上讲，按照下述方式构造的 Ψ 是 *i.i.d.c. RFS*。给定目标数的概率分布 $p_\Psi(n)$ 和目标分布的概率密度 $s_\Psi(\boldsymbol{y})$ 后，首先从 $p_\Psi(n)$ 中抽取整数 $\nu \sim p_\Psi(\cdot)$，然后从 $s_\Psi(\boldsymbol{y})$ 中抽取 ν 个元素 $\boldsymbol{y}_1, \cdots, \boldsymbol{y}_\nu \sim s_\Psi(\cdot)$，所得集合 $Y = \{\boldsymbol{y}_1, \cdots, \boldsymbol{y}_\nu\}$ 即随机集 Ψ 的一个样本。

换言之，i.i.d.c. RFS 是目标空间分布服从 $s_\Psi(y)$、目标数分布服从 $p_\Psi(n)$ 的集合 Ψ。因此，i.i.d.c. RFS 是泊松 RFS 的直接推广，当势分布 $p_\Psi(n)$ 为泊松分布时，i.i.d.c. RFS Ψ 即泊松 RFS。

更为正规地，如果 $\Psi \subseteq \mathfrak{Y}$ 的 p.g.fl. 具有下述形式，则 Ψ 为 i.i.d.c. RFS：

$$G_\Psi[h] = G_\Psi(s_\Psi[h]) \tag{4.107}$$

式中：$G_\Psi(y) = \sum_{n\geq 0} p_\Psi(n) \cdot y^n$ 为 Ψ 的 p.g.f.；$s_\Psi[h]$ 为式(3.4)定义的线性泛函。

与 i.i.d.c. RFS Ψ 有关的其他统计量有：

- 多目标概率分布：

$$f_\Psi(Y) = |Y|! \cdot p_\Psi(|Y|) \cdot s_\Psi^Y \tag{4.108}$$

式中：s_Ψ^Y 为式(3.5)定义的幂泛函。

- 目标数的期望值：

$$N_\Psi = G_\Psi^{(1)}(1) = \sum_{n\geqslant 0} n \cdot p_\Psi(n) \tag{4.109}$$

- *PHD*：

$$D_\Psi(\boldsymbol{y}) = N_\Psi \cdot s_\Psi(\boldsymbol{y}) \tag{4.110}$$

- 势方差：

$$\sigma_\Psi^2 = G_\Psi^{(2)}(1) - N_\Psi^2 + N_\Psi \tag{4.111}$$

注意：p.g.f. $G_\Psi(y)$ 和 PHD $D_\Psi(\boldsymbol{y})$ 唯一有交互的地方即(4.109)式，也就是说，PHD 的积分必须等于势分布的期望值。

4.3.3 伯努利 RFS

如果 $|\Psi| \leqslant 1$，则 RFS Ψ 为伯努利 *RFS*。定义如下变量 (存在概率)：

$$\Pr(|\Psi| = 1) = q_\Psi \tag{4.112}$$

因此，伯努利 RFS Ψ 可用空间分布 (概率密度) $s_\Psi(\boldsymbol{y})$ 及存在概率 q_Ψ 这两个量来描述。伯努利 RFS 的统计描述符如下所示：

- 概率生成泛函 (p.g.fl.)：

$$G_\Psi[h] = 1 - q_\Psi + q_\Psi \cdot s_\Psi[h] \tag{4.113}$$

- 多目标概率分布：

$$f_\Psi(Y) = \begin{cases} 1 - q_\Psi, & Y = \emptyset \\ q_\Psi \cdot s_\Psi(\boldsymbol{y}), & Y = \{\boldsymbol{y}\} \\ 0, & |Y| \geqslant 2 \end{cases} \tag{4.114}$$

- 概率生成函数 (p.g.f.):

$$G_\Psi(y) = 1 - q_\Psi + q_\Psi \cdot y \tag{4.115}$$

- *PHD*:

$$D_\Psi(\boldsymbol{y}) = q_\Psi \cdot s_\Psi(\boldsymbol{y}) \tag{4.116}$$

- 势分布:

$$p_\Psi(n) = C_{1,n} \cdot q_\Psi^n \cdot (1 - q_\Psi)^{1-n} \tag{4.117}$$

式中：二项式系数 $C_{n,i}$ 的定义见式(2.1)。

- 目标数的期望值:

$$N_\Psi = q_\Psi \tag{4.118}$$

- 目标数的方差:

$$\sigma_\Psi^2 = q_\Psi \cdot (1 - q_\Psi) \tag{4.119}$$

4.3.4 多伯努利 RFS

多伯努利 RFS 是有限个独立伯努利 RFS 的并集 (叠加)，其 p.g.fl. 形式如下：

$$G_\Psi[h] = (1 - q_\Psi^1 + q_\Psi^1 \cdot s_\Psi^1[h]) \cdots (1 - q_\Psi^{n_\Psi} + q_\Psi^{n_\Psi} \cdot s_\Psi^{n_\Psi}[h]) \tag{4.120}$$

多伯努利过程更为直观的解释如下：

- 存在 n_Ψ 个独立的随机目标 $\boldsymbol{Y}_\Psi^1, \cdots, \boldsymbol{Y}_\Psi^{n_\Psi} \in \mathfrak{Y}$, 其概率分布分别为 $s_\Psi^1(\boldsymbol{y}), \cdots, s_\Psi^{n_\Psi}(\boldsymbol{y})$, 存在概率分别为 $q_\Psi^1, \cdots, q_\Psi^{n_\Psi}$。

令 $Y = \{\boldsymbol{y}_1, \cdots, \boldsymbol{y}_n\}$ $(|Y| = n)$，则多伯努利 RFS Ψ 的其他统计量如下：

- 多目标概率分布:

$$f_\Psi(Y) = \left(\prod_{i=1}^{n_\Psi}(1 - q_\Psi^i)\right) \cdot \sum_{1 \leqslant i_1 \neq \cdots \neq i_n \leqslant n_\Psi} \frac{q_\Psi^{i_1} \cdot s_\Psi^{i_1}(\boldsymbol{y}_1)}{1 - q_\Psi^{i_1}} \cdots \frac{q_\Psi^{i_n} \cdot s_\Psi^{i_n}(\boldsymbol{y}_n)}{1 - q_\Psi^{i_n}} \tag{4.121}$$

- 概率生成函数 (p.g.f.):

$$G_\Psi(y) = (1 - q_\Psi^1 + q_\Psi^1 \cdot y) \cdots (1 - q_\Psi^{n_\Psi} + q_\Psi^{n_\Psi} \cdot y) \tag{4.122}$$

- *PHD*:

$$D_\Psi(\boldsymbol{y}) = q_\Psi^1 \cdot s_\Psi^1(\boldsymbol{y}) + \cdots + q_\Psi^{n_\Psi} \cdot s_\Psi^{n_\Psi}(\boldsymbol{y}) \tag{4.123}$$

- 势分布：如果 $n > n_\Psi$，则 $p_\Psi(n) = 0$；否则，

$$p_\Psi(n) = \left(\prod_{i=1}^{n_\Psi}(1 - q_\Psi^i)\right) \cdot \sigma_{n_\Psi,n}\left(\frac{q_\Psi^1}{1 - q_\Psi^1}, \cdots, \frac{q_\Psi^{n_\Psi}}{1 - q_\Psi^{n_\Psi}}\right) \tag{4.124}$$

式中：$\sigma_{n,i}$ 为 n 个变量的 i 次初等对称函数。

- 目标数的期望值：

$$N_\Psi = q_\Psi^1 + \cdots + q_\Psi^{n_\Psi} \tag{4.125}$$

- 目标数的方差：

$$\sigma_\Psi^2 = q_\Psi^1(1 - q_\Psi^1) + \cdots + q_\Psi^{n_\Psi}(1 - q_\Psi^{n_\Psi}) \tag{4.126}$$

式(4.121)是由文献 [179] 中的 (11.133) 式得到①②。注意：多伯努利 RFS 目标数的方差不会超过其期望值：

$$\sigma_\Psi^2 \leqslant N_\Psi \tag{4.127}$$

因此，若目标数估计性能不是很好的话，多伯努利滤波器难以给出多目标贝叶斯滤波器的高精度近似。

式(3.19)是式(4.121)的一个具体例子，其中：$n_\Psi = 2$；$q_\Psi^1 = q_\Psi^2 = q$。

4.4　基本的派生 RFS

由前面介绍的 RFS 可派生出另一些重要的 RFS。本节考虑下面两种派生的 RFS，它们在本书中同样也扮演着十分重要的角色：

- 4.4.1节：钳位 *RFS*——对25.14节的目标优先级理论非常重要。
- 4.4.2节：簇群 *RFS*——对第21章要介绍的扩展目标、群目标非常重要。

4.4.1　钳位 RFS

若 $\Psi \subseteq \mathfrak{Y}$ 为一 RFS，$T_0 \subseteq \mathfrak{Y}$ 为一闭子集，则 $\Psi \cap T_0$ 也为一 RFS。它从 Ψ 中排除了 T_0^c 的所有元素，其统计描述符如下所示 (见文献 [94] 第 164–165 页或文献 [179] 中的 (14.302) 式)：

- 多目标概率分布：

$$f_{\Psi\cap T_0}(Y) = \mathbf{1}_{T_0}^Y \cdot \frac{\delta\beta_\Psi}{\delta Y}(T_0^c) \tag{4.128}$$

- 概率生成泛函 (p.g.fl.)：

$$G_{\Psi\cap T_0}[h] = G_\Psi[1 - \mathbf{1}_{T_0} + h \cdot \mathbf{1}_{T_0}] \tag{4.129}$$

①堪误：不能由文献 [179] 中的 (11.133) 式得到 (11.134) 式，因为它是错误的。

②译者注：根据著者的堪误，因此文献 [180] 中的 (11.124) 式也是错误的，该式仅当这 n 个独立伯努利目标具有相同的空间分布时才成立。

- 信任质量函数[①]：

$$\beta_{\Psi\cap T_0}(T) = \beta_{\Psi}(T \cup T_0^c) \tag{4.130}$$

- 概率生成函数 (p.g.f.)：

$$G_{\Psi\cap T_0}(y) = G_{\Psi}[1 - \mathbf{1}_{T_0} + y \cdot \mathbf{1}_{T_0}] \tag{4.131}$$

- 势分布：

$$p_{\Psi\cap T_0}(n) = \frac{1}{n!}\int_{\overbrace{T_0 \times \cdots \times T_0}^{n}} \frac{\delta^n \beta_{\Psi}}{\delta \boldsymbol{y}_1 \cdots \delta \boldsymbol{y}_n}(T_0^c)\mathrm{d}\boldsymbol{y} \cdots \mathrm{d}\boldsymbol{y}_n \tag{4.132}$$

- *PHD*:

$$D_{\Psi\cap T_0}(\boldsymbol{y}) = \mathbf{1}_{T_0}(\boldsymbol{y}) \cdot D_{\Psi}(\boldsymbol{y}) \tag{4.133}$$

4.4.2 簇群 RFS

给定母空间 $\mathfrak{Y}$ 和子空间 $\mathfrak{D}$，则 $\mathfrak{D}$ 上的簇群 RFS 由下面两部分组成：

- 一个母 RFS (也称为种子过程) $\Psi \subseteq \mathfrak{Y}$；
- 一族参数化的子 RFS $\Delta_{\boldsymbol{y}} \subseteq \mathfrak{D}$ (也称为颗粒过程)，其中参数 $\boldsymbol{y} \in \mathfrak{Y}$。

对于互不相同的 $\boldsymbol{y}_1, \cdots, \boldsymbol{y}_n$，通常假定 $\Delta_{\boldsymbol{y}_1}, \cdots, \Delta_{\boldsymbol{y}_n}$ 相互独立 (独立子过程)。因此，簇群过程是由母过程和子过程共同确定的空间 $\mathfrak{D}$ 上的 RFS Δ：

$$\Delta = \bigcup_{\boldsymbol{y}\in\Psi} \Delta_{\boldsymbol{y}} \tag{4.134}$$

按照下述方式可以构造 Δ 的样本：

- 从母过程抽样 $Y = \{\boldsymbol{y}_1, \cdots, \boldsymbol{y}_n\} \sim f_{\Psi}(\cdot)$；
- 从子过程抽样 $D_{\boldsymbol{y}_i} = \{\boldsymbol{d}_{\boldsymbol{y}_i,1}, \cdots, \boldsymbol{d}_{\boldsymbol{y}_i,n(\boldsymbol{y}_i)}\} \sim f_{\Delta_{\boldsymbol{y}_i}}(\cdot)$；
- 构造簇群过程的样本 $D = D_{\boldsymbol{y}_1} \cup \cdots \cup D_{\boldsymbol{y}_n}$。

在独立性假设下，可以证明 Ψ 和 Δ 的联合 p.g.fl. 具有如下形式：

$$G_{\Delta,\Psi}[g,h] = G_{\Psi}[h \cdot G_{\Delta_*}[g]] \tag{4.135}$$

式中：$G_{\Psi}[h]$ 为母过程的 p.g.fl.；$G_{\Psi}[h \cdot G_{\Delta_*}[g]]$ 为 $G_{\Psi}[h \cdot T[g]]$ 的简写表示；而

$$T[g](\boldsymbol{y}) \overset{\text{abbr.}}{=} G_{\Delta_{\boldsymbol{y}}}[g] = \int g^D \cdot f_{\Delta_{\boldsymbol{y}}}(D)\delta D \tag{4.136}$$

上式即子过程的概率生成泛函。因此，簇群过程 Δ 自身的 p.g.fl. 可表示为

$$G_{\Delta}[g] = G_{\Delta,\Psi}[g, 1] = G_{\Psi}[G_{\Delta_*}[g]] \tag{4.137}$$

[①] 译者注：原文等式右边误为 $\beta_{\Psi\cap T_0}$，这里更正为 β_{Ψ}。

下面证明式(4.135)。首先，

$$G_{\Delta,\Psi}[g,h] = \int h^Y \cdot g^D \cdot f_{\Psi,\Delta}(Y,D)\delta D\delta Y \tag{4.138}$$

$$= \int h^Y \cdot g^D \cdot f_{\Delta|\Psi}(D|Y) \cdot f_\Psi(Y)\delta D\delta Y \tag{4.139}$$

$$= \int h^Y \cdot G_{\Delta|\Psi}[g|Y] \cdot f_\Psi(Y)\delta Y \tag{4.140}$$

若 $\Psi = Y = \{\boldsymbol{y}_1,\cdots,\boldsymbol{y}_n\}$ $(|Y|=n)$，则 $G_{\Delta|\Psi}[g|Y]$ 是 $\Delta = \Delta_{\boldsymbol{y}_1}\cup\cdots\cup\Delta_{\boldsymbol{y}_n}$ 的 p.g.fl.。由于子过程的独立性，因此可将 $G_{\Delta|\Psi}[g|Y]$ 分解为各子过程的乘积形式：

$$G_{\Delta|\Psi}[g|Y] = \prod_{i=1}^{n} G_{\Delta_{\boldsymbol{y}_i}}[g] = \prod_{\boldsymbol{y}\in Y} T[g](\boldsymbol{y}) \tag{4.141}$$

故

$$G_{\Delta,\Psi}[g,h] = \int h^Y \cdot \left(\prod_{\boldsymbol{y}\in Y} T[g](\boldsymbol{y})\right) \cdot f_\Psi(Y)\delta Y \tag{4.142}$$

$$= \int (hT[g])^Y \cdot f_\Psi(Y)\delta Y = G_\Psi[h\cdot T[g]] \tag{4.143}$$

例 2 (观测 RFS)：由随机目标集 Ξ 生成的随机观测集 Σ 是簇群 RFS 的一个典型例子，其中：状态空间 $\mathfrak{X}$ 为母空间，观测空间 $\mathfrak{Z}$ 为子空间。令 $\Sigma_{\boldsymbol{x}}$ 表示状态为 $\boldsymbol{x}$ 的目标生成的 RFS，则 Ξ 为母 RFS，$\Sigma_{\boldsymbol{x}}$ 为子 RFS，而总的簇群 RFS 为 (见(7.7)式)

$$\Sigma = \bigcup_{\boldsymbol{x}\in\Xi} \Sigma_{\boldsymbol{x}} \tag{4.144}$$

更具体的例子，可参见8.2节注解17。

例 3 (衍生模型)：由 t_k 时刻的随机目标集 $\Xi_{k|k}$ 衍生的 t_{k+1} 时刻目标集 $\Xi_{k+1|k}$ 是簇群 RFS 的另一个例子。此时，$\mathfrak{X}$ 既是母空间又是子空间。令 $\Xi_{\boldsymbol{x}}$ 表示目标 $\boldsymbol{x}$ 衍生的目标集，则 $\Xi_{k|k}$ 为母 RFS，$\Xi_{\boldsymbol{x}}$ 为子 RFS，而总的簇群 RFS 为

$$\Xi_{k+1|k} = \bigcup_{\boldsymbol{x}\in\Xi_{k|k}} \Xi_{\boldsymbol{x}} \tag{4.145}$$

例 4 (群目标)：群目标 (见5.5节) 是指隶属于同一协同战术群的一群个体目标。令：$\mathfrak{X}$ 表示一般单目标状态空间；$\mathring{\mathfrak{X}}$ 表示群目标状态空间；$\Xi_{\mathring{\boldsymbol{x}}} \subseteq \mathfrak{X}$ 表示群 $\mathring{\boldsymbol{x}}$ 内的随机有限目标集，因此所有常规目标的 RFS 可表示为

$$\Xi = \bigcup_{\mathring{\boldsymbol{x}}\in\mathring{\mathfrak{X}}} \Xi_{\mathring{\boldsymbol{x}}} \tag{4.146}$$

第 5 章　多目标建模与滤波

5.1　简　介

有限集统计学 (FISST) 为推导多源多目标问题的最优解提供了一种显式方法，主要包括下面三个步骤：

- *步骤 1*：构造多传感器多目标的 RFS 运动 / 观测模型。
- *步骤 2*：利用多目标微积分由前述 RFS 模型去构造“真实”多目标马尔可夫密度及“真实”多传感器多目标似然函数。
- *步骤 3*：将真实马尔可夫密度和真实似然函数用于多目标贝叶斯滤波器。

本章将详细介绍这三个步骤，具体内容包括：

- 5.2节：多传感器多目标贝叶斯滤波器。
- 5.3节：多目标贝叶斯最优性与贝叶斯最优多目标状态估计器。
- 5.4节：RFS 多目标运动模型。
- 5.5节：RFS 多目标观测模型。
- 5.6节：多目标马尔可夫密度函数。
- 5.7节：多传感器多目标似然函数。
- 5.8节：多传感器多目标贝叶斯滤波器的 p.g.fl. 形式。
- 5.9节：“混合状态”系统的贝叶斯滤波器——混合状态系统是指状态形如 $(\mathring{x}, X)$ 的系统，其中：$\mathring{x} \in \mathring{\mathfrak{X}}$ 表示单目标状态，$X \subseteq \mathfrak{X}$ 为常规目标状态的有限集。
- 5.10节：多传感器多目标的原则近似滤波器概述，包括 PHD、CPHD、多伯努利以及伯努利滤波器。

5.2　多传感器多目标贝叶斯滤波器

多传感器多目标递归贝叶斯滤波器是多传感器多目标检测跟踪识别的理论基础 (文献 [179] 第 14 章)。令 $Z^{(k)}: Z_1, \cdots, Z_k$ 表示所有传感器获得的观测集序列，则贝叶斯滤波器随时间传递多目标后验概率分布 $f_{k|k}(X|Z^{(k)})$[①]：

$$\cdots \to \quad f_{k|k}(X|Z^{(k)}) \quad \to \quad f_{k+1|k}(X|Z^{(k)}) \quad \to \quad f_{k+1|k+1}(X|Z^{(k+1)}) \quad \to \cdots$$

[①]注意：在另外两种常用的符号系统中，$f_{k+1|k}(X|Z^{(k)})$ 可表示为

$$f_{k+1|k}(X|Z^{(k)}) = f(X_{k+1}|Z_{1:k})$$

或

$$f_{k+1|k}(X|Z^{(k)}) = f_{\Xi_{k+1|k}|\Sigma_1,\cdots,\Sigma_k}(X|Z_1, \cdots, Z_k)$$

式中：$\Xi_{k+1|k}$ 为 t_{k+1} 时刻的预测多目标 RFS；Σ_j 为 t_j 时刻的观测 RFS。

滤波过程主要由下面的时间更新方程和观测更新方程组成：

$$f_{k+1|k}(X|Z^{(k)}) = \int f_{k+1|k}(X|X') \cdot f_{k|k}(X'|Z^{(k)})\delta X' \tag{5.1}$$

$$f_{k+1|k+1}(X|Z^{(k+1)}) = \frac{f_{k+1}(Z_{k+1}|X) \cdot f_{k+1|k}(X|Z^{(k)})}{f_{k+1}(Z_{k+1}|Z^{(k)})} \tag{5.2}$$

上式中的分母即贝叶斯归一化因子，具体为

$$f_{k+1}(Z_{k+1}|Z^{(k)}) = \int f_{k+1}(Z_{k+1}|X) \cdot f_{k+1|k}(X|Z^{(k)})\delta X \tag{5.3}$$

式(5.1)和式(5.3)中的积分均为集积分 (定义见(3.11)式)。

多目标贝叶斯滤波器需要已知下面两个先验分布：

- 多目标马尔可夫密度：

$$M_X(X') = f_{k+1|k}(X|X') \tag{5.4}$$

  上式表示 t_k 时刻目标状态集为 X' 的条件下 t_{k+1} 时刻为 X 概率 (密度)。

- 多目标似然函数：

$$L_Z(X) = f_{k+1}(Z|X) \tag{5.5}$$

  上式表示 t_{k+1} 时刻状态集为 X 的条件下观测集为 Z 的概率 (密度)。

问题随即转化为：应该如何构造这两个密度的“真实”表达式呢？与2.2节类似，首先构造：

- *RFS* 多目标运动模型 $\Xi_{k+1|k} = \Xi_{k+1|k}(X')$：表示给定 t_k 时刻状态集 X' 后 t_{k+1} 时刻目标的 RFS，将在5.4节介绍该过程；
- *RFS* 多目标观测模型 $\Sigma_{k+1} = \Sigma_{k+1}(X)$：表示给定 t_{k+1} 时刻状态集 X 后当前观测的 RFS，将在5.5节介绍该过程。

然后：

- 将 RFS 运动模型转换为“真实”的多目标马尔可夫密度；
- 将 RFS 观测模型转换为“真实”的多目标似然函数。

上述“真实”的含义如下：

- $f_{k+1|k}(X|X')$ 与原始的 RFS 多目标运动模型恰好包含同样多的信息——不多也不少，即：
  - 不丢失运动模型中的信息——如果运动模型中的信息丢失，则意味着 $f_{k+1|k}(X|X')$ 不能如实保留模型所包含的信息；

  - 不额外增加模型之外的其他信息——如果增加了额外的信息，将会给 $f_{k+1|k}(X|X')$ 引入一个无法辨识的统计偏置。
- $f_{k+1}(Z|X)$ 与原始的 RFS 多传感器多目标观测模型恰好包含同样多的信息，即：
  - 不丢失观测模型中的信息——如果存在信息丢失，则意味着 $f_{k+1}(Z|X)$ 不能如实保留模型所包含的信息；
  - 不额外增加模型之外的其他信息——如果增加了额外的信息，则 $f_{k+1}(Z|X)$ 将会给贝叶斯分析引入一个无法辨识的统计偏置。

真实多目标马尔可夫密度和真实多目标似然函数的构造需要用到第3章介绍的多目标微积分，具体过程见5.6节和5.7节。

5.3 多目标贝叶斯最优性

利用贝叶斯最优的多目标状态估计器，可以从多目标后验分布 $f_{k+1|k+1}(X|Z^{(k+1)})$ 中提取感兴趣的信息，如目标的数目、位置、速度、类型及其他。

多目标状态估计器 $\hat{X}(Z)$ 是自变量为观测集 Z 取值为状态集的一类函数。令 $C(X,Y) \geqslant 0$ 表示状态集 X,Y 的代价函数，即

$$C(X,Y) = C(Y,X), \quad \text{且}\, C(X,Y) = 0 \Rightarrow X = Y$$

给定观测集 Z 后，估计器 $\hat{X}$ 的后验代价是关于后验分布的平均代价：

$$\bar{C}(\hat{X}|Z) = \int C(X,\hat{X}(Z)) \cdot f_{k+1|k+1}(X|Z^{(k)},Z)\delta X \tag{5.6}$$

贝叶斯风险则是关于所有可能观测集的平均后验代价：

$$R(\hat{X}) = \mathbb{E}_Z[\bar{C}(\hat{X}|Z)] = \int \bar{C}(\hat{X}|Z) \cdot f_{k+1}(Z|Z^{(k)})\delta Z \tag{5.7}$$

$$= \int C(X,\hat{X}(Z)) \cdot f_{k+1}(Z|X) \cdot f_{k+1|k}(X|Z^{(k)})\delta X \delta Z \tag{5.8}$$

如果多目标状态估计器 $\hat{X}$ 能够使贝叶斯风险最小化，则称 $\hat{X}$ 关于代价函数 $C(X,Y)$ 是贝叶斯最优的 (见文献 [94] 第 189、190 页或文献 [179] 第 63 页)。在多目标跟踪中，这是术语“贝叶斯最优”唯一的严格理论定义。

联合多目标 (JoM) 估计器是贝叶斯最优状态估计器的一个例子 (文献 [179] 第 14.5.3 节)：

$$\hat{X}_{k+1|k+1} = \arg\sup_{X \in \mathfrak{X}^{\infty}} \frac{c^{|X|}}{|X|!} \cdot f_{k+1|k+1}(X|Z^{(k+1)}) \tag{5.9}$$

式中：$c > 0$ 是与 $\boldsymbol{x}$ 具有相同量纲的固定常数。

另一个例子即边缘多目标 (MaM) 估计器 (文献 [179] 第 14.5.2 节)：

$$\hat{X}_{k+1|k+1} = \arg\sup_{\boldsymbol{x}_1,\cdots,\boldsymbol{x}_{\hat{n}_{k+1|k+1}} \in \mathfrak{X}} f_{k+1|k+1}(\{\boldsymbol{x}_1,\cdots,\boldsymbol{x}_{\hat{n}_{k+1|k+1}}\}|Z^{(k+1)}) \tag{5.10}$$

式中

$$\hat{n}_{k+1|k+1} = \arg\sup_{n\geqslant 0} p_{k+1|k+1}(n|Z^{(k+1)}) \tag{5.11}$$

式(5.11)中：$p_{k+1|k+1}(n|Z^{(k+1)})$ 为 $f_{k+1|k+1}(X|Z^{(k+1)})$ 的势分布，其定义见式(4.59)。

注解 13 (瞬态事件)：在一些应用中，经常只能得到某一时刻 (如 t_k 时刻) 的观测，例如静态的聚类应用 (见21.6节)。此时，可将目标视作是静止的，估计器的任务是定位而非跟踪。如果多目标先验分布 $f_0(X)$ 未知，则可采用两种方法：一种是假定 $f_0(X)$ 为多目标均匀分布，该分布关于目标数和目标状态都是均匀的 (见文献 [179] 第 11.3.4.4 节)，然后将 JoM 或 MaM 估计器用于相应的后验分布；另一种是基于最大似然方法而非贝叶斯方法，如果所得观测集为 Z_0，则采用下述多目标版的最大似然估计器 (MMLE) 来估计多目标状态，即

$$\hat{X}_0 = \arg\sup_{X} f_0(Z_0|X) \tag{5.12}$$

式中：$f_0(Z|X)$ 为传感器的多目标似然函数 (见文献 [179] 第 14.5.3.1 节)。

5.4 RFS 多目标运动模型

正如单目标运动可用下述运动模型来表示一样，

$$\boldsymbol{X}_{k+1|k} = \varphi_k(\boldsymbol{x}_k, \boldsymbol{W}_k) \tag{5.13}$$

多目标系统也可用下述一般形式的多目标运动模型来表示：

$$\Xi_{k+1|k} = \overbrace{T_{k+1|k}(X')}^{\text{先前目标}} \cup \overbrace{B_{k+1|k}}^{\text{新生目标}} \tag{5.14}$$

令 $X' = \{\boldsymbol{x}'_1, \cdots, \boldsymbol{x}'_n\}$ ($|X'| = n$)，则一般假定

$$T_{k+1|k}(X') = T_{k+1|k}(\boldsymbol{x}'_1) \cup \cdots \cup T_{k+1|k}(\boldsymbol{x}'_n) \tag{5.15}$$

式中：$T_{k+1|k}(\boldsymbol{x}')$ 是由 t_k 时刻的目标 $\boldsymbol{x}'$ 按某种方式生成的 t_{k+1} 时刻目标的 RFS。

进一步假定 $T_{k+1|k}(\boldsymbol{x}')$ 具有如下形式①：

$$T_{k+1|k}(\boldsymbol{x}') = T^{\text{per}}_{k+1|k}(\boldsymbol{x}') \cup T^{\text{sp}}_{k+1|k}(\boldsymbol{x}') \tag{5.16}$$

式中：$T^{\text{sp}}_{k+1|k}(\boldsymbol{x}')$ 表示由目标 $\boldsymbol{x}'$ 衍生的新目标 RFS；$T^{\text{per}}_{k+1|k}(\boldsymbol{x}')$ 表示 $\boldsymbol{x}$ 自身在 t_{k+1} 时刻的 RFS ($T^{\text{per}}_{k+1|k}(\boldsymbol{x}') = \emptyset$ 或 $|T^{\text{per}}_{k+1|k}(\boldsymbol{x}')| = 1$，前者表示 t_{k+1} 时刻目标 $\boldsymbol{x}'$ 从场景中消失，后者表示目标 $\boldsymbol{x}'$ 继续存在)。

对于一般形式的多目标运动模型，通常考虑下面两类情况：

①译者注：上标“per”和“sp”分别为“persisting”和“spawning”的缩写，代表“存活”和“衍生”目标。

- 非协同多目标运动：所有目标运动统计独立，即目标运动彼此互不相关，稍后在5.6节将给出一个简单示例；
- 协同多目标运动 (见文献 [179] 第 13.5 节)：目标运动具有某种形式的相关性，因此不再统计独立。

下面两种特殊情形下的非协同运动尤为重要：

- 无衍生的标准多目标运动模型：
  - 对于所有的 $\boldsymbol{x}'$，$T^{\text{sp}}_{k+1|k}(\boldsymbol{x}') = \emptyset$，此时 $T_{k+1|k}(\boldsymbol{x}') = T^{\text{per}}_{k+1|k}(\boldsymbol{x}')$；
  - $T^{\text{per}}_{k+1|k}(\boldsymbol{x}'_1), \cdots, T^{\text{per}}_{k+1|k}(\boldsymbol{x}'_n), B_{k+1|k}$ 统计独立；
  - $B_{k+1|k}$ 为泊松过程。
- 有衍生的标准多目标运动模型：
  - 对于所有的 $\boldsymbol{x}'$，$T^{\text{sp}}_{k+1|k}(\boldsymbol{x}') \neq \emptyset$；
  - $T^{\text{per}}_{k+1|k}(\boldsymbol{x}'_1), \cdots, T^{\text{per}}_{k+1|k}(\boldsymbol{x}'_n), T^{\text{sp}}_{k+1|k}(\boldsymbol{x}'_1), \cdots, T^{\text{sp}}_{k+1|k}(\boldsymbol{x}'_n), B_{k+1|k}$ 统计独立；
  - $B_{k+1|k}$ 为泊松过程。

需要指出的是，表征新生目标的 $B_{k+1|k}$ 可用于检测当前未检测到的目标，从而实现最优搜索。当综合考虑传感器管理与平台管理时，利用 $B_{k+1|k}$ 可以实现所选的任意搜索策略。

5.5 RFS 多目标观测模型

正如单传感器单目标数据可用下述观测模型表示一样，

$$\boldsymbol{Z}_{k+1} = \eta_{k+1}(\boldsymbol{x}, \boldsymbol{V}_k) \tag{5.17}$$

多传感器多目标数据也可用多传感器多目标观测模型来表示。假定来自 s 个传感器的观测数据大约在同一时刻 t_{k+1} 到达。第一步，将 RFS 观测 Σ_{k+1} 表示为

$$\Sigma_{k+1} = \overset{1}{\Sigma}_{k+1} \uplus \cdots \uplus \overset{s}{\Sigma}_{k+1} \tag{5.18}$$

式中：$\overset{j}{\Sigma}_{k+1} \subseteq \overset{j}{\mathfrak{Z}}$ 为第 j 个传感器的随机观测集；$\uplus$ 表示互斥并；通常假定 $\overset{1}{\Sigma}_{k+1}, \cdots, \overset{s}{\Sigma}_{k+1}$ 关于多目标状态条件独立。

第二步，将每个 $\overset{j}{\Sigma}_{k+1}$ 表示为

$$\overset{j}{\Sigma}_{k+1} = \overbrace{\overset{j}{\Upsilon}_{k+1}(X)}^{\text{源自目标的观测}} \cup \overbrace{\overset{j}{C}_{k+1}(X)}^{\text{杂波观测}} \tag{5.19}$$

式中：$\Upsilon_{k+1}(X)$ 为目标生成的随机观测集；$C_{k+1}(X)$ 为源自杂波的随机观测集。后者与 X 有关，主要是因为一些应用中的杂波统计量依赖于目标状态。

接下来的基本问题就是确定 $\varUpsilon_{k+1}(X)$ 的形式。为书写简便起见，下面了省去传感器上标 j。

那些最熟悉的传感器大多与波动现象有关，如声波和电磁波。当这些波入射到目标上后，就会产生特征信号并被传感器接收，可用下述叠加式观测模型 ((2.22)式单目标观测模型的推广形式) 来表示这些特征信号：

$$\boldsymbol{Z}_{k+1} = \sum_{\boldsymbol{x}\in X} \eta_{k+1}(\boldsymbol{x}) + \boldsymbol{V}_{k+1} \tag{5.20}$$

式中：$X = \{\boldsymbol{x}_1, \cdots, \boldsymbol{x}_n\}$ $(n \geqslant 0)$ 表示目标状态集；$\boldsymbol{Z}_{k+1}$ 为随机特征 (如一幅图像) 或随机实 / 复矢量，即多目标观测是所有单目标观测信号的叠加。有关叠加式观测模型的详细介绍，参见第19章。

式(5.20)的处理通常需要极大的计算量，因此需要采用一些预处理方法对其进行简化。下面列举这方面的一些典型例子：

- 在雷达应用中，通常先计算 $\boldsymbol{Z}_{k+1}$ 的模 $|\boldsymbol{Z}|_{k+1}$ 或其模平方[①]，再使用峰值 (或门限) 检测器进行处理；
- 对于相机的图像数据，先应用“斑点检测器”，再提取这些斑点的质心；
- 对于高距离分辨雷达 (HRRR) 数据，使用小波系数检测器。

对于上述每种情形，每个特征观测 $\boldsymbol{Z}_{k+1}$ 通常会生成一个“检报观测”或者“检报”的有限集。若假定任何检报观测至多源于一个目标，则可得到检报观测模型的一般形式：

$$\overbrace{\Sigma_{k+1}}^{\text{观测}} = \overbrace{\varUpsilon_{k+1}(\boldsymbol{x}_1)}^{\text{源于 } \boldsymbol{x}_1 \text{ 的观测}} \cup \cdots \cup \overbrace{\varUpsilon_{k+1}(\boldsymbol{x}_n)}^{\text{源于 } \boldsymbol{x}_n \text{ 的观测}} \cup \overbrace{C_{k+1}}^{\text{杂波观测}} \tag{5.21}$$

式中：$\varUpsilon_{k+1}(\boldsymbol{x})$ 表示目标 $\boldsymbol{x}$ 生成的随机有限观测集；C_{k+1} 表示其余观测的 RFS，即虚警或 (和) 杂波。

给定式(5.21)后，存在以下四种可能性 (见文献 [179] 的图 12.2)：

- 点 (也称“小”[②]) 目标：目标距传感器足够远[③]，因而每个目标至多生成一个观测，即 $|\varUpsilon_{k+1}(\boldsymbol{x})| \leqslant 1$。同时，这些目标彼此相距甚远 (相对传感器分辨率而言)，因而可将其分辨为若干独立目标。第 II 篇将重点关注点目标。
- 扩展目标 (见文献 [179] 第 12.7 节)：每个观测源自一个具体目标，但该目标可同时生成多个观测，即目标 $\boldsymbol{x}$ 生成的观测数 $|\varUpsilon_{k+1}(\boldsymbol{x})|$ 可以任意大。通常，当目标距传感器足够近时，目标表面上可分辨的多个散射点将会生成多个观测。
  - 扩展目标的状态变量包括质心、质心速度、目标类型及其参数等；

[①]译者注：可能是由于作者不十分清楚雷达信号处理的缘故，原著此处为“计算 $\boldsymbol{Z}_{k+1}$ 的实部”，译者根据实际情况做了更正。

[②]译者注：此处的“小”意指物理尺寸上的小，而在雷达或图像检测中，小目标有时更多等同于“弱目标”。

[③]译者注：对于低分辨雷达和图像传感器，该假设成立；但对于高距离分辨雷达，目标是点目标还是扩展目标，只与雷达带宽和目标尺寸有关，而与距离无关。

  - 第21章将介绍扩展目标。

- 群目标：虽然 $|\Upsilon_{k+1}(\boldsymbol{x})|$ 也是任意的，但该情形下的观测是由一些自主或半自主的点目标生成，这些目标共同构成了一个战术上的集成“超目标”。这方面的例子有排 / 团编队、飞机编队、航母群等。

  - 群目标的状态变量包括质心、质心速度、队形、群内目标数、群的形状参数等；
  - 群目标与扩展目标的一个主要区别在于前者可相互重叠合并而后者却不能 (受物理尺度约束)；
  - 第21章将介绍群目标。

- 未分辨目标 (见文献 [179] 第 12.8 节)：目标距传感器相当远，以致多个目标可位于同一个观测位置。从数学上可将未分辨目标建模为形如 $\mathring{x} = (n, \boldsymbol{x})$ 的序对形式，其中 n 为 $\boldsymbol{x}$ 处的目标数，此时 $|\Upsilon(n, \boldsymbol{x})|$ 也是任意的。第21章将介绍未分辨目标。

一般模型的下面两种形式尤为重要：

- 标准多目标观测模型 (见7.2节)：

  - $\Upsilon_{k+1}(\boldsymbol{x}_1), \cdots, \Upsilon_{k+1}(\boldsymbol{x}_n), C_{k+1}$ 统计独立；
  - 对于所有的 $\boldsymbol{x}$，$|\Upsilon_{k+1}(\boldsymbol{x})| \leqslant 1$ (点目标情形)；
  - C_{k+1} 是泊松 RFS。

- 广义标准多目标观测模型：

  - $\Upsilon_{k+1}(\boldsymbol{x}_1), \cdots, \Upsilon_{k+1}(\boldsymbol{x}_n), C_{k+1}$ 统计独立；
  - 对于所有的 $\boldsymbol{x}$，$|\Upsilon_{k+1}(\boldsymbol{x})|$ 任意 (扩展目标或群目标情形)；
  - C_{k+1} 任意。

下面讨论另一种导致广义标准观测模型的情形。在一般情况下，杂波可能会与目标状态相关。比如，目标周围的杂波可能要比其他地方更为密集，或者在多路径条件下一个目标会产生多个回波。此时，杂波观测具有如下形式：

$$C_{k+1}(X) = \overbrace{C^1_{k+1}(X)}^{\text{状态相关杂波}} \cup \overbrace{C^0_{k+1}}^{\text{无关杂波}} = \left(\bigcup_{\boldsymbol{x}\in X} C^1_{k+1}(\boldsymbol{x})\right) \cup C^0_{k+1} \tag{5.22}$$

式中：$C^1_{k+1}(\boldsymbol{x})$ 表示与目标 $\boldsymbol{x}$ 有关的随机杂波观测集；C^0_{k+1} 表示与目标无关的随机杂波观测集。

若 $|X| = n$，则通常假定 $C^1_{k+1}(\boldsymbol{x}_1), \cdots, C^1_{k+1}(\boldsymbol{x}_n), C^0_{k+1}$ 独立，更为常见的假定是 $C_{k+1}(X) = C^0_{k+1}$，即杂波独立于目标状态。

5.7节将给出多目标观测的一个简单示例，对状态相关杂波的详细考虑则参见8.7节。

5.6　多目标马尔可夫密度

正如马尔可夫转移密度可由单目标运动模型的概率质量函数 (下式) 导出一样，

$$p_{k+1|k}(S|\boldsymbol{x}') = \Pr(\boldsymbol{X}_{k+1|k} \in S|\boldsymbol{X}_{k|k} = \boldsymbol{x}') \tag{5.23}$$

真实多目标马尔可夫转移密度可由 RFS 多目标运动模型的信任质量函数 (下式) 导出：

$$\beta_{k+1|k}(S|X') = \Pr(\Xi_{k+1|k} \subseteq S|\Xi_{k|k} = X') \tag{5.24}$$

推导过程基于下述集导数公式：

$$f_{k+1|k}(X|X') = \frac{\delta \beta_{k+1|k}}{\delta X}(\emptyset|X') \tag{5.25}$$

下面看一个例子：假定目标不衍生出其他目标，即目标要么消失要么继续存在，此时 $|T_{k+1|k}(\boldsymbol{x}')| = |T^{\text{per}}_{k+1|k}(\boldsymbol{x}')| \leqslant 1$。将目标存活概率定义为

$$p_{\mathrm{S}}(\boldsymbol{x}') \stackrel{\text{abbr.}}{=} p_{\mathrm{S},k+1|k}(\boldsymbol{x}') \stackrel{\text{def.}}{=} \Pr(T_{k+1|k}(\boldsymbol{x}') \neq \emptyset) \tag{5.26}$$

则 $T_{k+1|k}(\boldsymbol{x}')$ 的信任质量函数为

$$\beta_{k+1|k}(S|\boldsymbol{x}') = \Pr(T_{k+1|k}(\boldsymbol{x}') \subseteq S) \tag{5.27}$$

$$= \Pr(T_{k+1|k}(\boldsymbol{x}') = \emptyset) + \Pr(T_{k+1|k}(\boldsymbol{x}') \neq \emptyset, T_{k+1|k}(\boldsymbol{x}') \subseteq S) \tag{5.28}$$

$$= 1 - p_{\mathrm{S}}(\boldsymbol{x}') + p_{\mathrm{S}}(\boldsymbol{x}') \cdot \Pr(T_{k+1|k}(\boldsymbol{x}') \subseteq S|T_{k+1|k}(\boldsymbol{x}') \neq \emptyset) \tag{5.29}$$

由于非空的 $T_{k+1|k}(\boldsymbol{x}')$ 必为孤元集，因此上式最后面的因子便等于密度 $f_{k+1|k}(\boldsymbol{x}|\boldsymbol{x}')$ 的概率质量函数 $p_{k+1|k}(S|\boldsymbol{x}')$，故

$$\beta_{k+1|k}(S|\boldsymbol{x}') = 1 - p_{\mathrm{S}}(\boldsymbol{x}') + p_{\mathrm{S}}(\boldsymbol{x}') \cdot p_{k+1|k}(S|\boldsymbol{x}') \tag{5.30}$$

对于不同的 $|X'|$，$f_{k+1|k}(X|X')$ 具有不同的形式。这里仅考虑 $X' = \emptyset$ 和 $X' = \{\boldsymbol{x}'\}$ 这两种情况 (一般情形见(7.66)式)：

- $X' = \emptyset$：

$$f_{k+1|k}(X|\emptyset) = \begin{cases} 1, & X = \emptyset \\ 0, & X \neq \emptyset \end{cases} \tag{5.31}$$

其 p.g.fl. 为

$$G_{k+1|k}[h|\emptyset] = 1 \tag{5.32}$$

- $X' = \{\boldsymbol{x}'\}$：

$$f_{k+1|k}(X|\{\boldsymbol{x}'\}) = \begin{cases} 1 - p_{\mathrm{S}}(\boldsymbol{x}'), & X = \emptyset \\ p_{\mathrm{S}}(\boldsymbol{x}') \cdot f_{k+1|k}(\boldsymbol{x}|\boldsymbol{x}'), & X = \{\boldsymbol{x}\} \\ 0, & |X| \geqslant 2 \end{cases} \tag{5.33}$$

其 p.g.fl. 为

$$G_{k+1|k}[h|\boldsymbol{x}'] = 1 - p_{\mathrm{S}}(\boldsymbol{x}') + p_{\mathrm{S}}(\boldsymbol{x}') \cdot M_h(\boldsymbol{x}') \tag{5.34}$$

式中

$$M_h(\boldsymbol{x}') \stackrel{\text{def.}}{=} \int h(\boldsymbol{x}) \cdot f_{k+1|k}(\boldsymbol{x}|\boldsymbol{x}')\mathrm{d}\boldsymbol{x} \tag{5.35}$$

5.7 多传感器多目标似然函数

如同单传感器单目标似然函数 $f_{k+1}(\boldsymbol{z}|\boldsymbol{x})$ 可由观测模型的概率质量函数 (下式) 导出一样，

$$p_{k+1}(T|\boldsymbol{x}) = \Pr(\boldsymbol{Z}_{k+1}|\boldsymbol{X}_{k+1} = \boldsymbol{x}) \tag{5.36}$$

单传感器多目标似然函数可由相应观测模型的信任质量函数 (下式) 导出：

$$\beta_{k+1}(T|X) = \Pr(\varSigma_{k+1} \subseteq T|\varXi_{k+1|k} = X) \tag{5.37}$$

推导过程基于下述集导数公式：

$$L_Z(X) \stackrel{\text{abbr.}}{=} f_{k+1}(Z|X) = \frac{\delta\beta_{k+1}}{\delta Z}(\emptyset|X) \tag{5.38}$$

在多传感器情形下，观测集的形式为

$$Z_{k+1} = \overset{1}{Z}_{k+1} \uplus \cdots \uplus \overset{s}{Z}_{k+1} \tag{5.39}$$

式中：$\overset{j}{Z}$ 为第 j 个传感器的观测集。

假定传感器观测关于目标状态条件独立，则相应的多传感器似然函数可表示为

$$f_{k+1}(Z|X) = \overset{1}{f}_{k+1}(\overset{1}{Z}_{k+1}|X) \cdots \overset{s}{f}_{k+1}(\overset{s}{Z}_{k+1}|X) \tag{5.40}$$

式中：$\overset{j}{f}_{k+1}(\overset{j}{Z}_{k+1}|X)$ 为第 j 个传感器的似然函数。

下面看一个例子：假定目标要么生成一个观测，要么不生成任何观测。将目标检测概率定义为

$$p_{\mathrm{D}}(\boldsymbol{x}) \stackrel{\text{abbr.}}{=} p_{\mathrm{D},k+1}(\boldsymbol{x}) \stackrel{\text{def.}}{=} \Pr(\varUpsilon_{k+1}(\boldsymbol{x}) \neq \emptyset) \tag{5.41}$$

则 $\varUpsilon_{k+1}(\boldsymbol{x})$ 的信任质量函数为

$$\beta_{k+1|k}(T|\boldsymbol{x}) = \Pr(\varUpsilon_{k+1}(\boldsymbol{x}) \subseteq T) \tag{5.42}$$

$$= \Pr(\varUpsilon_{k+1}(\boldsymbol{x}) = \emptyset) + \Pr(\varUpsilon_{k+1}(\boldsymbol{x}) \neq \emptyset, \varUpsilon_{k+1}(\boldsymbol{x}) \subseteq T) \tag{5.43}$$

$$= 1 - p_{\mathrm{D}}(\boldsymbol{x}) + p_{\mathrm{D}}(\boldsymbol{x}) \cdot \Pr(\varUpsilon_{k+1}(\boldsymbol{x}) \subseteq T|\varUpsilon_{k+1}(\boldsymbol{x}) \neq \emptyset) \tag{5.44}$$

$$= 1 - p_{\mathrm{D}}(\boldsymbol{x}) + p_{\mathrm{D}}(\boldsymbol{x}) \cdot p_{k+1}(T|\boldsymbol{x}) \tag{5.45}$$

对于不同的 $|X|$，$f_{k+1}(Z|X)$ 具有不同的形式。这里考虑 $X=\emptyset$ 和 $X=\{\boldsymbol{x}\}$ 这两种情况 (一般情形见(7.21)式)：

- $X=\emptyset$：

$$f_{k+1}(Z|\emptyset)=\begin{cases}1, & Z=\emptyset\\ 0, & Z\neq\emptyset\end{cases}\tag{5.46}$$

其 p.g.fl. 为

$$G_{k+1}[g|\emptyset]=1\tag{5.47}$$

- $X=\{\boldsymbol{x}\}$：

$$f_{k+1}(Z|\{\boldsymbol{x}\})=\begin{cases}1-p_{\mathrm{D}}(\boldsymbol{x}), & Z=\emptyset\\ p_{\mathrm{D}}(\boldsymbol{x})\cdot f_{k+1}(\boldsymbol{z}|\boldsymbol{x}), & Z=\{\boldsymbol{z}\}\\ 0, & |Z|\geqslant 2\end{cases}\tag{5.48}$$

其 p.g.fl. 为

$$G_{k+1}[g|\boldsymbol{x}]=1-p_{\mathrm{D}}(\boldsymbol{x})+p_{\mathrm{D}}(\boldsymbol{x})\cdot L_g(\boldsymbol{x})\tag{5.49}$$

式中

$$L_g(\boldsymbol{x})=\int g(\boldsymbol{z})\cdot f_{k+1}(\boldsymbol{z}|\boldsymbol{x})\mathrm{d}\boldsymbol{z}\tag{5.50}$$

5.8 多目标贝叶斯滤波器的 p.g.fl. 形式

FISST 方法根据 *p.g.fl.* 形式的多传感多目标贝叶斯滤波器推导多传感器多目标近似滤波器。第一步将多目标贝叶斯滤波器转换为 p.g.fl. 形式的滤波器：

$$\begin{array}{ccccccc}\cdots\to & f_{k|k}(X|Z^{(k)}) & \to & f_{k+1|k}(X|Z^{(k)}) & \to & f_{k+1|k+1}(X|Z^{(k+1)}) & \to\cdots\\ & & & \Downarrow & & & \\ \cdots\to & G_{k|k}[h|Z^{(k)}] & \to & G_{k+1|k}[h|Z^{(k)}] & \to & G_{k+1|k+1}[h|Z^{(k+1)}] & \to\cdots\end{array}$$

与多目标贝叶斯滤波器相比，p.g.fl. 形式的滤波器既不损失信息，也不引入其他额外的信息，这是因为 p.g.fl. 与多目标概率分布之间具有如下关系 (见(4.85)式)：

$$f_{k|k}(X|Z^{(k)})=\frac{\delta G_{k|k}}{\delta X}[0|Z^{(k)}]\overset{\text{def.}}{=}\left[\frac{\delta G_{k|k}}{\delta X}[h|Z^{(k)}]\right]_{h=0}\tag{5.51}$$

第二步是将 $G_{k+1|k}[h|Z^{(k)}]$ 表示为 $G_{k|k}[h|Z^{(k)}]$ 的函数、将 $G_{k+1|k+1}[h|Z^{(k+1)}]$ 表示为 $G_{k+1|k}[h|Z^{(k)}]$ 的函数。随后两小节分别予以介绍。

5.8.1 p.g.fl. 时间更新方程

p.g.fl. 时间更新方程如下：

$$G_{k+1|k}[h|Z^{(k)}]=\int G_{k+1|k}[h|X']\cdot f_{k|k}(X'|Z^{(k)})\delta X'\tag{5.52}$$

式 i 中

$$G_{k+1|k}[h|X'] = \int h^X \cdot f_{k+1|k}(X|X')\delta X \tag{5.53}$$

上式即多目标马尔可夫密度 $f_{k+1|k}(X|X')$ 的 p.g.fl.。

式(5.52)的推导过程：对式(5.1)两边进行集积分，可得

$$G_{k+1|k}[h|Z^{(k)}] = \int h^X \cdot f_{k+1|k}(X|Z^{(k)})\delta X \tag{5.54}$$

$$= \int \left(\int h^X f_{k+1|k}(X|X')\delta X \right) \cdot f_{k|k}(X'|Z^{(k)})\delta X' \tag{5.55}$$

$$= \int G_{k+1|k}[h|X'] \cdot f_{k|k}(X'|Z^{(k)})\delta X' \tag{5.56}$$

5.8.2 p.g.fl. 观测更新方程

贝叶斯规则的 p.g.fl. 形式如下：

$$G_{k+1|k+1}[h|Z^{(k+1)}] = \frac{\frac{\delta F_{k+1}}{\delta Z_{k+1}}[0,h]}{\frac{\delta F_{k+1}}{\delta Z_{k+1}}[0,1]} \stackrel{\text{abbr.}}{=} \frac{\left[\frac{\delta F_{k+1}}{\delta Z_{k+1}}[g,h]\right]_{g=0}}{\left[\frac{\delta F_{k+1}}{\delta Z_{k+1}}[g,h]\right]_{g=0,h=1}} \tag{5.57}$$

式中：$F_{k+1}[g,h]$ 为目标–观测联合 RFS $\Sigma_{k+1} \uplus \Xi_{k+1|k} \subseteq \mathfrak{Z} \uplus \mathfrak{X}$ 的 p.g.fl.，具体定义为①

$$F_{k+1}[g,h] = \int h^X \cdot G_{k+1}[g|X] \cdot f_{k+1|k}(X|Z^k)\delta X \tag{5.58}$$

式中

$$G_{k+1}[g|X] = \int g^Z \cdot f_{k+1}(Z|X)\delta Z \tag{5.59}$$

上式即多传感器多目标似然函数 $f_{k+1}(Z|X)$ 的 p.g.fl.。

根据式(5.2)可得

$$\left[\frac{\delta F_{k+1}}{\delta Z_{k+1}}[g,h]\right]_{g=0} = \left[\int h^X \cdot \frac{\delta G_{k+1}}{\delta Z_{k+1}}[g|X] \cdot f_{k+1|k}(X|Z^{(k)})\delta X\right]_{g=0} \tag{5.60}$$

$$= \int h^X \cdot f_{k+1}(Z_{k+1}|X) \cdot f_{k+1|k}(X|Z^{(k)})\delta X \tag{5.61}$$

$$= f_{k+1}(Z_{k+1}|Z^{(k)}) \cdot \int h^X \cdot f_{k+1|k+1}(X|Z^{(k+1)})\delta X \tag{5.62}$$

$$= f_{k+1}(Z_{k+1}|Z^{(k)}) \cdot G_{k+1|k+1}[h|Z^{(k+1)}] \tag{5.63}$$

因此

$$\frac{\frac{\delta F_{k+1}}{\delta Z_{k+1}}[0,h]}{\frac{\delta F_{k+1}}{\delta Z_{k+1}}[0,1]} = \frac{f_{k+1}(Z_{k+1}|Z^{(k)}) \cdot G_{k+1|k+1}[h|Z^{(k+1)}]}{f_{k+1}(Z_{k+1}|Z^{(k)}) \cdot G_{k+1|k+1}[1|Z^{(k+1)}]} = G_{k+1|k+1}[h|Z^{(k+1)}] \tag{5.64}$$

---

①参见4.2.5节“多变量 p.g.fl.”。

5.9 可分解的多目标贝叶斯滤波器

在许多应用中，系统状态具有形如 $(\mathring{x}, X)$ 的混合形式，其中：$\mathring{x}$ 为空间 $\mathring{\mathfrak{X}}$ 中的单目标状态；$X \subseteq$ 为空间 $\mathfrak{X}$ 的有限子集。这类应用包括：

- 即时定位与构图 (SLAM)[1,208,210]：此时，
  - X 是参考地标 / 特征集 (通常假定为静止的)；
  - $\mathring{x}$ 是机器人状态矢量。
- 群目标检测跟踪 (21.9.3节)：此时，
  - $\mathring{x}$ 是目标群的状态；
  - X 是群内的常规目标集。
- 联合的多目标跟踪与传感器配准 (第12章)：此时，
  - X 是一般的多目标状态集；
  - $\mathring{x}$ 是所有传感器的偏置矢量。
- 传感器管理 (第 V 篇)：此时，
  - X 是多目标状态；
  - $\mathring{x}$ 是所有传感器的联合状态。

该问题的最优贝叶斯滤波器具有如下形式：

$$\cdots \rightarrow \quad f_{k|k}(\mathring{x}, X|Z^{(k)}) \quad \rightarrow \quad f_{k+1|k}(\mathring{x}, X|Z^{(k)}) \quad \rightarrow \quad f_{k+1|k+1}(\mathring{x}, X|Z^{(k+1)}) \quad \rightarrow \cdots$$

式中

$$f_{k+1|k}(\mathring{x}, X|Z^{(k)}) = \int f_{k+1|k}(\mathring{x}, X|\mathring{x}', X') \cdot f_{k|k}(\mathring{x}', X'|Z^{(k)})\mathrm{d}\mathring{x}'\delta X' \tag{5.65}$$

$$f_{k+1|k+1}(\mathring{x}, X|Z^{(k+1)}) = \frac{f_{k+1}(Z_{k+1}|\mathring{x}, X) \cdot f_{k+1|k}(\mathring{x}, X|Z^{(k)})}{f_{k+1}(Z_{k+1}|Z^{(k)})} \tag{5.66}$$

$$f_{k+1}(Z_{k+1}|Z^{(k)}) = \int f_{k+1}(Z_{k+1}|\mathring{x}, X) \cdot f_{k+1|k}(\mathring{x}, X|Z^{(k)})\mathrm{d}\mathring{x}\delta X \tag{5.67}$$

上述等式中：$f_{k+1|k}(\mathring{x}, X|\mathring{x}', X')$ 和 $f_{k+1}(Z_{k+1}|\mathring{x}, X)$ 分别为混合状态的马尔可夫密度与似然函数。

在一定的假设下，混合状态贝叶斯滤波器可重新表示为一种更有用的“分解”形式①。根据贝叶斯规则：

$$f_{k|k}(\mathring{x}, X|Z^{(k)}) = f_{k|k}(\mathring{x}|Z^{(k)}) \cdot f_{k|k}(X|Z^{(k)}, \mathring{x}) \tag{5.68}$$

①基于密度分解的降维概念于 1996 年由 Murphy 和 Russell 给出，他们将其用于 Rao–Blackwellization 粒子滤波器[213]。在机器人研究中，它是 FastSLAM 算法[204] 和 RFS SLAM 方法[208,210] 的理论基础。

式中：$f_{k|k}(\mathring{x}|Z^{(k)})$ 为 $\mathring{x}$ 的概率分布；$f_{k|k}(X|Z^{(k)},\mathring{x})$ 为 X 的多目标概率分布。

同理，可将马尔可夫密度分解为

$$f_{k+1|k}(\mathring{x},X|\mathring{x}',X') = f_{k+1|k}(\mathring{x}|\mathring{x}',X') \cdot f_{k+1|k}(X|\mathring{x},\mathring{x}',X') \tag{5.69}$$

假定下一时刻的单目标状态 $\mathring{x}$ 独立于此前的多目标状态，而将来的多目标状态则与单目标状态 $\mathring{x}$ 无关，即

$$f_{k+1|k}(\mathring{x}|\mathring{x}',X') = f_{k+1|k}(\mathring{x}|\mathring{x}') \tag{5.70}$$

$$f_{k+1|k}(X|\mathring{x},\mathring{x}',X') = f_{k+1|k}(X|X',\mathring{x}') \tag{5.71}$$

在上述假定下，附录 K.4 证明了混合状态贝叶斯滤波器可分解为下面两个耦合的滤波器：

$$\begin{array}{ccccccccc}
\cdots\rightarrow & f_{k|k}(\mathring{x}|Z^{(k)}) & \rightarrow & f_{k+1|k}(\mathring{x}|Z^{(k)}) & \rightarrow & f_{k+1|k+1}(\mathring{x}|Z^{(k+1)}) & \rightarrow\cdots \\
 & \upharpoonleft\downharpoonright & & \upharpoonleft\downharpoonright & & \upharpoonleft\downharpoonright & \\
\cdots\rightarrow & f_{k|k}(X|Z^{(k)},\mathring{x}) & \rightarrow & f_{k+1|k}(X|Z^{(k)},\mathring{x}) & \rightarrow & f_{k+1|k+1}(X|Z^{(k+1)},\mathring{x}) & \rightarrow\cdots
\end{array}$$

上述滤波过程的滤波方程如下：

- 混合状态的时间更新：

$$f_{k+1|k}(\mathring{x}|Z^{(k)}) = \int f_{k+1|k}(\mathring{x}|\mathring{x}') \cdot f_{k|k}(\mathring{x}|Z^{(k)})\mathrm{d}\mathring{x}' \tag{5.72}$$

$$f_{k+1|k}(X|Z^{(k)},\mathring{x}) = \int \tilde{f}_{k+1|k}(X|Z^{(k)},\mathring{x}') \cdot f_{k|k+1}(\mathring{x}'|\mathring{x},Z^{(k)})\mathrm{d}\mathring{x}' \tag{5.73}$$

式(5.72)即一般的单目标时间更新。对于每个固定的 $\mathring{x}'$，下式是一般的多目标时间更新：

$$\tilde{f}_{k+1|k}(X|Z^{(k)},\mathring{x}') = \int f_{k+1|k}(X|X',\mathring{x}') \cdot f_{k|k}(X'|Z^{(k)},\mathring{x}')\delta X' \tag{5.74}$$

$f_{k|k+1}(\mathring{x}'|\mathring{x},Z^{(k)})$ 表示逆马尔可夫密度 (也称为回溯密度)，其定义如下：

$$f_{k|k+1}(\mathring{x}'|\mathring{x},Z^{(k)}) = \frac{f_{k+1|k}(\mathring{x}|\mathring{x}') \cdot f_{k|k}(\mathring{x}'|Z^{(k)})}{f_{k+1|k}(\mathring{x}|Z^{(k)})} \tag{5.75}$$

- 混合状态的观测更新：

$$f_{k+1|k+1}(\mathring{x}|Z^{(k+1)}) = \frac{f_{k+1}(Z_{k+1}|\mathring{x},Z^{(k)}) \cdot f_{k+1|k}(\mathring{x}|Z^{(k)})}{f_{k+1}(Z_{k+1}|Z^{(k)})} \tag{5.76}$$

$$f_{k+1|k+1}(X|Z^{(k+1)},\mathring{x}) = \frac{f_{k+1}(Z_{k+1}|\mathring{x},X) \cdot f_{k+1|k}(X|Z^{(k)},\mathring{x})}{f_{k+1}(Z_{k+1}|Z^{(k)},\mathring{x})} \tag{5.77}$$

式(5.76)即一般的单目标观测更新。对于每个固定的 $\mathring{x}$，式(5.77)即一般的多目标观测更新，且

$$f_{k+1}(Z_{k+1}|Z^{(k)},\mathring{x}) = \int f_{k+1}(Z_{k+1}|\mathring{x},X) \cdot f_{k+1|k}(X|Z^{(k)},\mathring{x})\delta X \tag{5.78}$$

$$f_{k+1}(Z_{k+1}|Z^{(k)}) = \int f_{k+1}(Z_{k+1}|Z^{(k)},\mathring{x}) \cdot f_{k+1|k}(\mathring{x}|Z^{(k)})\mathrm{d}\mathring{x} \tag{5.79}$$

5.10　多目标近似滤波器

本节介绍 FISST 框架下多目标近似滤波器的推导方法，主要内容包括：

- 5.10.1节：p.g.fl. 的时间更新方程 (假定各目标具有条件独立的时间演变过程)。
- 5.10.2节：p.g.fl. 的观测更新方程 (假定观测产生过程条件独立)。
- 5.10.3节：FISST 中多目标近似滤波器的推导方法。
- 5.10.4节：一般意义上的 PHD 滤波器。
- 5.10.5节：一般意义上的 CPHD 滤波器。
- 5.10.6节：一般意义上的多伯努利滤波器。
- 5.10.7节：一般意义上的伯努利滤波器。

5.10.1　独立目标的 p.g.fl. 时间更新

5.8节介绍了 p.g.fl. 形式的多目标贝叶斯滤波器，本节基于一般性假设去推导预测 p.g.fl. $G_{k+1|k}[h|Z^{(k)}]$ 关于前一步 p.g.fl. $G_{k|k}[h|Z^{(k)}]$ 的具体表达式 (见(5.81)式)。

有关 RFS 多目标运动模型的讨论见5.4节。令 $X'=\{\boldsymbol{x}'_1,\cdots,\boldsymbol{x}'_n\}$ $(|X'|=n)$，并假定如下形式的 RFS 运动模型：

$$\Xi_{k+1|k}=T_{k+1|k}(\boldsymbol{x}'_1)\cup\cdots\cup T_{k+1|k}(\boldsymbol{x}'_n)\cup B_{k+1|k} \tag{5.80}$$

式中：

- $T_{k+1|k}(\boldsymbol{x}')$ 为 t_{k+1} 时刻目标的 RFS，由 t_k 时刻状态为 $\boldsymbol{x}'$ 的目标生成；
- $B_{k+1|k}$ 为新生目标的 RFS；
- $T_{k+1|k}(\boldsymbol{x}'_1),\cdots,T_{k+1|k}(\boldsymbol{x}'_n),B_{k+1|k}$ 统计独立。

给定上述假定后，预测 p.g.fl. $G_{k+1|k}[h]$ 与前一步 p.g.fl. $G_{k|k}[h]$ 的关系由下式给出：

$$G_{k+1|k}[h]=G^{\mathrm{B}}_{k+1|k}[h]\cdot G_{k|k}[Q_{k+1|k}[h]] \tag{5.81}$$

式中：$G^{\mathrm{B}}_{k+1|k}[h]$ 为 $B_{k+1|k}$ 的 p.g.fl.；泛函变换 $h\mapsto Q_{k+1|k}[h]$ 的定义为

$$Q_{k+1|k}[h](\boldsymbol{x}')=G_{k+1|k}[h|\boldsymbol{x}'] \tag{5.82}$$

其中：$G_{k+1|k}[h|\boldsymbol{x}']$ 为 $T_{k+1|k}(\boldsymbol{x}')$ 的 p.g.fl.。

下面来证明(5.81)式。首先由式(5.52)可得

$$G_{k+1|k}[h]=\int G_{k+1|k}[h|X']\cdot f_{k|k}(X'|Z^{(k)})\delta X' \tag{5.83}$$

根据独立性假定可得

$$G_{k+1|k}[h|X'] = G^{\mathrm{B}}_{k+1|k}[h] \prod_{\boldsymbol{x}' \in X'} G_{k+1|k}[h|\boldsymbol{x}'] \tag{5.84}$$

$$= G^{\mathrm{B}}_{k+1|k}[h] \prod_{\boldsymbol{x}' \in X'} Q_{k+1|k}[h](\boldsymbol{x}') \tag{5.85}$$

$$= G^{\mathrm{B}}_{k+1|k}[h] \cdot Q_{k+1|k}[h]^{X'} \tag{5.86}$$

式中：幂泛函 h^X 的定义见(3.5)式。

因此有

$$G_{k+1|k}[h] = G^{\mathrm{B}}_{k+1|k}[h] \int Q_{k+1|k}[h]^{X'} \cdot f_{k|k}(X'|Z^{(k)})\delta X' \tag{5.87}$$

$$= G^{\mathrm{B}}_{k+1|k}[h] \cdot G_{k|k}[Q_{k+1|k}[h]] \tag{5.88}$$

下面举一个简单的例子。假定没有新目标出现，即 $B_{k+1|k} = \emptyset$，而且 $|T_{k+1|k}(\boldsymbol{x}')| \leqslant 1$ (此即5.6节最后一例中的假定)。根据式(5.34)，$T_{k+1|k}(\boldsymbol{x}')$ 的 p.g.fl. 为

$$Q_{k+1|k}[h](\boldsymbol{x}') = G_{k+1|k}[h|\boldsymbol{x}'] = 1 - p_{\mathrm{S}}(\boldsymbol{x}') + p_{\mathrm{S}}(\boldsymbol{x}') \cdot M_h(\boldsymbol{x}') \tag{5.89}$$

或者表示为

$$Q_{k+1|k}[h] = 1 - p_{\mathrm{S}} + p_{\mathrm{S}} \cdot M_h \tag{5.90}$$

式中

$$M_h(\boldsymbol{x}') = \int h(\boldsymbol{x}) \cdot f_{k+1|k}(\boldsymbol{x}|\boldsymbol{x}')\mathrm{d}\boldsymbol{x} \tag{5.91}$$

因此

$$G_{k+1|k}[h|X'] = (1 - p_{\mathrm{S}} + p_{\mathrm{S}} \cdot M_h)^{X'} \tag{5.92}$$

故预测 RFS $\varXi_{k+1|k}$ 的 p.g.fl. 为

$$G_{k+1|k}[h] = G^{\mathrm{B}}_{k+1|k}[h] \cdot G_{k|k}[1 - p_{\mathrm{S}} + p_{\mathrm{S}} \cdot M_h] = G_{k|k}[1 - p_{\mathrm{S}} + p_{\mathrm{S}} \cdot M_h] \tag{5.93}$$

5.10.2 独立观测的 p.g.fl. 观测更新

5.8节介绍了 p.g.fl. 形式的多目标贝叶斯滤波器，本节基于一般性假设去推导观测更新的 p.g.fl. $G_{k+1|k+1}[h|Z^{(k+1)}]$ 关于预测 p.g.fl. $G_{k+1|k}[h|Z^{(k)}]$ 的具体表达式 (见(5.97)式)。

有关 RFS 多目标观测模型的讨论见5.5节。令 $X = \{\boldsymbol{x}_1, \cdots, \boldsymbol{x}_n\}$ ($|X| = n$)，并假定如下形式的单传感器多目标观测模型：

$$\varSigma_{k+1} = \varUpsilon_{k+1}(\boldsymbol{x}_1) \cup \cdots \cup \varUpsilon_{k+1}(\boldsymbol{x}_n) \cup C_{k+1} \tag{5.94}$$

式中：

- $\varUpsilon_{k+1}(\boldsymbol{x})$ 是与 t_{k+1} 时刻目标 $\boldsymbol{x}$ 有关的随机观测集，包括目标生成的观测以及状态相关杂波观测；
- $C_{k+1|k}$ 是 t_{k+1} 时刻背景杂波的随机观测集；
- $\varUpsilon_{k+1}(\boldsymbol{x}_1),\cdots,\varUpsilon_{k+1}(\boldsymbol{x}_n),C_{k+1}$ 统计独立。

给定上述假定后，观测更新的 p.g.fl. $G_{k+1|k+1}[h]$ 可由预测 p.g.fl. $G_{k+1|k}[h]$ 来表示。特别地，式(5.58)的双变量 p.g.fl. 可表示为

$$F_{k+1}[g,h]=G^{\kappa}_{k+1}[g]\cdot G_{k+1|k}[h\cdot R_{k+1}[g]] \tag{5.95}$$

式中：$G^{\kappa}_{k+1}[g]$ 为 C_{k+1} 的 p.g.fl.；泛函变换 $g\mapsto R_{k+1}[g]$ 的定义为

$$R_{k+1}[g](\boldsymbol{x})=G_{k+1}[g|\boldsymbol{x}] \tag{5.96}$$

其中：$G_{k+1}[g|\boldsymbol{x}]$ 为 $\varUpsilon_{k+1}(\boldsymbol{x})$ 的 p.g.fl.。

根据(5.57)式，观测更新的 p.g.fl. 可表示为

$$G_{k+1|k+1}[h]=\frac{\left[\frac{\delta}{\delta Z_{k+1}}\left(G^{\kappa}_{k+1}[g]\cdot G_{k+1|k}[h\cdot R_{k+1}[g]]\right)\right]_{g=0}}{\left[\frac{\delta}{\delta Z_{k+1}}\left(G^{\kappa}_{k+1}[g]\cdot G_{k+1|k}[h\cdot R_{k+1}[g]]\right)\right]_{g=0,h=1}} \tag{5.97}$$

下面举一个简单的例子。假定无任何杂波观测，即 $C_{k+1}=\emptyset$，而且 $|\varUpsilon_{k+1}(\boldsymbol{x})|\leqslant 1$ (此即5.7节最后一例中的假定)。根据式(5.49)，$\varUpsilon_{k+1}(\boldsymbol{x})$ 的 p.g.fl. 为

$$R_{k+1}[g](\boldsymbol{x})=G_{k+1}[g|\boldsymbol{x}]=1-p_{\mathrm{D}}(\boldsymbol{x})+p_{\mathrm{D}}(\boldsymbol{x})\cdot L_g(\boldsymbol{x}) \tag{5.98}$$

或者表示为

$$R_{k+1}[g](\boldsymbol{x})=1-p_{\mathrm{D}}+p_{\mathrm{D}}\cdot L_g \tag{5.99}$$

式中

$$L_g(\boldsymbol{x})=\int g(\boldsymbol{z})\cdot f_{k+1}(\boldsymbol{z}|\boldsymbol{x})\mathrm{d}\boldsymbol{z} \tag{5.100}$$

因此，$\varSigma_{k+1}$ 的 p.g.fl. 为

$$G_{k+1}[g|X]=(1-p_{\mathrm{D}}+p_{\mathrm{D}}\cdot L_g)^X \tag{5.101}$$

而联合 p.g.fl. 为

$$F_{k+1}[g,h]=G^{\kappa}_{k+1}[g]\cdot G_{k+1|k}[h\cdot(1-p_{\mathrm{D}}+p_{\mathrm{D}}\cdot L_g)] \tag{5.102}$$

$$=G_{k+1|k}[h\cdot(1-p_{\mathrm{D}}+p_{\mathrm{D}}\cdot L_g)] \tag{5.103}$$

5.10.3 原则近似方法

在适当的独立性假定下，根据(5.81)式和(5.97)式可以得到 p.g.fl. 形式的贝叶斯滤波器：

$$G_{k+1|k}[h] = G^{\mathrm{B}}_{k+1|k}[h] \cdot G_{k|k}[Q_{k+1|k}[h]] \tag{5.104}$$

$$G_{k+1|k+1}[h] = \frac{\left[\frac{\delta}{\delta Z_{k+1}}\left(G^{\kappa}_{k+1}[g] \cdot G_{k+1|k}[h \cdot R_{k+1}[g]]\right)\right]_{g=0}}{\left[\frac{\delta}{\delta Z_{k+1}}\left(G^{\kappa}_{k+1}[g] \cdot G_{k+1|k}[h \cdot R_{k+1}[g]]\right)\right]_{g=0,h=1}} \tag{5.105}$$

在给定多目标运动模型和单传感器多目标观测模型后，通过下列步骤便可以推导各种多目标近似滤波器：

- 选择 $G_{k+1|k}[h]$ 和 $G_{k+1|k+1}[h]$ 的可化简的近似形式；
- 应用式(3.67)的泛函导数乘积法则；
- 应用式(3.88)的 Clark 通用链式法则。

最为常用的简化假设分别基于泊松、i.i.d.c. 以及多伯努利过程，见4.3.1～4.3.4节。

5.10.4 泊松近似：PHD 滤波器

本节介绍下面几个概念：

- 一般意义上的 PHD 滤波器；
- 经典 PHD 滤波器的泛化形式 (泛 PHD 滤波器)；
- 经典 PHD 滤波器；
- 非经典 PHD 滤波器。

5.10.4.1 一般意义上的 PHD 滤波器

通过下面六个步骤，可以推导出一般意义上的 *PHD* 滤波器：

(1) 假定动态多目标 RFS 可近似为(4.102)式的泊松过程，即对于任意的 $k \geqslant 0$，有

$$G_{k|k}[h] = e^{D_{k|k}[h-1]} \tag{5.106}$$

$$G_{k+1|k}[h] = e^{D_{k+1|k}[h-1]} \tag{5.107}$$

或者等价地讲

$$f_{k|k}(X|Z^{(k)}) = e^{-N_{k|k}} \cdot D^{X}_{k|k} \tag{5.108}$$

$$f_{k+1|k}(X|Z^{(k)}) = e^{-N_{k+1|k}} \cdot D^{X}_{k+1|k} \tag{5.109}$$

(2) 在 $G_{k|k}[h]$ 为泊松过程的假定下，基于多目标运动模型公式确定 $G_{k+1|k}[h]$ 的表达式。

(3) 利用式(4.72)确定 $G_{k+1|k}[h]$ 的 PHD，即

$$D_{k+1|k}(\boldsymbol{x}) = \frac{\delta G_{k+1|k}}{\delta \boldsymbol{x}}[1] \tag{5.110}$$

(4) 假定 $G_{k+1|k}[h]$ 为泊松过程且 PHD 已由式(5.110)得到，利用多目标观测模型确定 $G_{k+1|k+1}[h]$ 的表达式。

(5) 利用式(4.72)确定 $G_{k+1|k+1}[h]$ 的 PHD，即

$$D_{k+1|k+1}(\boldsymbol{x})=\frac{\delta G_{k+1|k+1}}{\delta \boldsymbol{x}}[1] \tag{5.111}$$

(6) 通过上述步骤可以得到下面的动态序列，即与假定的目标模型和传感器模型对应的*一般意义上的 PHD 滤波器*：

$$\cdots\rightarrow \quad D_{k|k}(\boldsymbol{x}) \quad\rightarrow\quad D_{k+1|k}(\boldsymbol{x}) \quad\rightarrow\quad D_{k+1|k+1}(\boldsymbol{x}) \quad\rightarrow\cdots$$

一般而言，仅当运动模型和观测模型满足一定的简化假设时，才可得到 PHD 滤波器的闭式表达式。

5.10.4.2　泛 PHD 滤波器

特别假定：

- 运动模型为5.4节最后介绍的含衍生的“标准”模型；
- 观测模型为5.5节最后介绍的广义标准模型；
- 无需假定 $G_{k|k}[h]$ 为泊松过程。

在该模型假设下，有可能推导出“*泛 PHD 滤波器*”的闭式表达式。有关该滤波器的介绍见8.2节。需要指出的是，泛 PHD 滤波器的观测更新方程涉及组合式求和，一般不太容易计算。

5.10.4.3　经典 PHD 滤波器

此外，假定：

- 观测模型为5.5节最后的“标准”观测模型。

结果便可得到经典 PHD 滤波器，稍后在8.4节将进一步介绍。需要强调的是，与泛 PHD 滤波器类似，

- *经典 PHD 滤波器的时间更新方程是精确的，即无需假定* $G_{k|k}[h]$ *是泊松* RFS。

5.10.4.4　非经典 PHD 滤波器

PHD 滤波器的下列变形用于处理非标准多目标运动 / 观测模型，将在后续章节中陆续介绍：

- 泛 PHD 滤波器的多传感器版本 (第10章)；
- 经典 PHD 滤波器的推广，用于处理快速机动目标 (11.4节)；
- 经典 PHD 滤波器的推广，用于处理非常规 (如有人介入的) 观测 (22.10节)；
- PHD 滤波器变形，用于处理扩展、簇、群或者未分辨目标 (第21章)；
- PHD 滤波器变形，用于叠加式传感器 (第19章)。

5.10.5 i.i.d.c. 近似：CPHD 滤波器

本节介绍以下三个概念：

- 一般意义上的 CPHD 滤波器；
- 经典 CPHD 滤波器；
- 非经典 CPHD 滤波器。

5.10.5.1 一般意义上的 CPHD 滤波器

通过下面六个步骤，可以推导出一般意义上的 *CPHD* 滤波器：

(1) 假定动态多目标 RFS 可用(4.107)式的 i.i.d.c. 过程来近似，即对于任意的 $k \geqslant 0$，有

$$G_{k|k}[h] = G(s_{k|k}[h]) \tag{5.112}$$

$$G_{k+1|k}[h] = G(s_{k+1|k}[h]) \tag{5.113}$$

或者等价地讲

$$f_{k|k}(X|Z^{(k)}) = |X|! \cdot p_{k|k}(|X|) \cdot s_{k|k}^{X} \tag{5.114}$$

$$f_{k+1|k}(X|Z^{(k)}) = |X|! \cdot p_{k+1|k}(|X|) \cdot s_{k+1|k}^{X} \tag{5.115}$$

(2) 在 $G_{k|k}[h]$ 为 i.i.d.c. 过程的假定下，基于多目标运动模型公式和式(5.104)确定 $G_{k+1|k}[h]$ 的表达式。

(3) 利用(4.59)式和(4.72)式确定 $G_{k+1|k}[h]$ 的势分布和 PHD，即

$$p_{k+1|k}(n) = \frac{1}{n!}\left[\frac{\mathrm{d}^n}{\mathrm{d}x^n} G_{k+1|k}[x]\right]_{x=0} \tag{5.116}$$

$$D_{k+1|k}(\boldsymbol{x}) = \frac{\delta G_{k+1|k}}{\delta \boldsymbol{x}}[1] \tag{5.117}$$

(4) 假定 $G_{k+1|k}[h]$ 为 i.i.d.c. 过程且势分布和空间分布已分别由(5.116)式和(5.117)式得到，利用多目标观测模型和式(5.105)确定 $G_{k+1|k+1}[h]$ 的表达式。

(5) 利用(4.59)式和(4.72)式确定 $G_{k+1|k+1}[h]$ 的势分布和 PHD，即

$$p_{k+1|k+1}(n) = \frac{1}{n!}\left[\frac{\mathrm{d}^n}{\mathrm{d}x^n} G_{k+1|k+1}[x]\right]_{x=0} \tag{5.118}$$

$$D_{k+1|k+1}(\boldsymbol{x}) = \frac{\delta G_{k+1|k+1}}{\delta \boldsymbol{x}}[1] \tag{5.119}$$

(6) 通过上述步骤可以得到下面的动态序列，即与假定的目标模型和传感器模型对应的一般意义上的 *CPHD* 滤波器：

$$\begin{array}{ccccccc}
\cdots \to & D_{k|k}(\boldsymbol{x}) & \to & D_{k+1|k}(\boldsymbol{x}) & \to & D_{k+1|k+1}(\boldsymbol{x}) & \to \cdots \\
 & & \downarrow & & \uparrow\downarrow & & \\
\cdots \to & p_{k|k}(n) & \to & p_{k+1|k}(n) & \to & p_{k+1|k+1}(n) & \to \cdots
\end{array}$$

同样地，仅当运动模型和观测模型满足一定的简化假设时，才可得到 CPHD 滤波器的闭式表达式。

5.10.5.2 经典 CPHD 滤波器

此外，假定：

- 运动模型为5.4节最后的无衍生“标准”模型；
- 观测模型为5.5节最后的“标准”模型。

结果便可得到经典 CPHD 滤波器，稍后在8.5节将进一步介绍。

5.10.5.3 非经典 CPHD 滤波器

此外，CPHD 滤波器的下列变形用于处理非标准多目标运动 / 观测模型，将在后续章节中陆续介绍：

- 经典 CPHD 滤波器的多传感器版本 (第10章)；
- 经典 CPHD 滤波器的推广，用于处理快速机动目标 (11.5节)；
- 经典 CPHD 滤波器的推广，用于处理非常规观测 (22.10节)；
- CPHD 滤波器变形，用于未知杂波和未知检测包线情形 (分别见第18和17章)；
- CPHD 滤波器变形，用于叠加式传感器 (第19章)。

5.10.6 多伯努利近似：多伯努利滤波器

本节介绍以下概念：

- 一般意义上的多伯努利滤波器；
- MeMBer 滤波器；
- CBMeMBer 滤波器。

5.10.6.1 一般意义上的多伯努利滤波器

通过下面六个步骤，可以推导出一般意义上的多伯努利滤波器：

(1) 假定动态多目标 RFS 可近似为式(4.120)的多伯努利过程，即对于任意的 $k \geqslant 0$，有

$$G_{k|k}[h] = \prod_{i=1}^{\nu_{k|k}} \left(1 - q^i_{k|k} + q^i_{k|k} \cdot s^i_{k|k}[h]\right) \tag{5.120}$$

$$G_{k+1|k}[h] = \prod_{i=1}^{\nu_{k+1|k}} \left(1 - q^i_{k+1|k} + q^i_{k+1|k} \cdot s^i_{k+1|k}[h]\right) \tag{5.121}$$

(2) 在 $G_{k|k}[h]$ 为多伯努利过程的假定下，基于多目标运动模型公式和式(5.104)确定 $G_{k+1|k}[h]$ 的表达式。

(3) 采用某种程序，根据 $G_{k+1|k}[h]$ 确定 (至少是近似确定) 多伯努利参数 $\nu_{k+1|k}$、$q^i_{k+1|k}, s^i_{k+1|k}(\boldsymbol{x})$ $(i = 1, \cdots, \nu_{k+1|k})$。

(4) 假定 $G_{k+1|k}[h]$ 为参数已知的多伯努利过程，利用多目标观测模型和式(5.105)确定 $G_{k+1|k+1}[h]$ 的表达式。

(5) 利用某种程序，根据 $G_{k+1|k+1}[h]$ 确定 (至少是近似确定) 多伯努利参数 $\nu_{k+1|k+1}$、$q^i_{k+1|k+1}$, $s^i_{k+1|k+1}(\boldsymbol{x})$ $(i=1,\cdots,\nu_{k+1|k+1})$。

(6) 通过上述步骤可以得到下面的动态序列，即与假定的目标模型和传感器模型对应的一般意义上的多伯努利滤波器：

$$\begin{array}{ccccccccc}
\cdots\to & \nu_{k|k} & \to & \nu_{k+1|k} & \to & \nu_{k+1|k+1} & \to\cdots \\
 & \upharpoonleft\downharpoonright & & \upharpoonleft\downharpoonright & & \upharpoonleft\downharpoonright & \\
\cdots\to & \left\{q^i_{k|k}\right\}_{i=1}^{\nu_{k|k}} & \to & \left\{q^i_{k+1|k}\right\}_{i=1}^{\nu_{k+1|k}} & \to & \left\{q^i_{k+1|k+1}\right\}_{i=1}^{\nu_{k+1|k+1}} & \to\cdots \\
 & \upharpoonleft\downharpoonright & & \upharpoonleft\downharpoonright & & \upharpoonleft\downharpoonright & \\
\cdots\to & \left\{s^i_{k|k}(\boldsymbol{x})\right\}_{i=1}^{\nu_{k|k}} & \to & \left\{s^i_{k+1|k}(\boldsymbol{x})\right\}_{i=1}^{\nu_{k+1|k}} & \to & \left\{s^i_{k+1|k+1}(\boldsymbol{x})\right\}_{i=1}^{\nu_{k+1|k+1}} & \to\cdots
\end{array}$$

5.10.6.2 多目标多伯努利 (MeMBer) 滤波器

该滤波器由 Mahler 在文献 [179] 第 17 章中提出，当时在观测更新方程推导中包含了一个欠考虑的近似 (即文献 [179] 式 (17.176) 中的一阶台劳线性化[①])。该近似给目标数估计附加了一个显著的正向偏置。

5.10.6.3 势均衡 MeMBer 滤波器

B. T. Vo、B. N. Vo 和 Cantoni 注意到 MeMBer 滤波器中存在的偏置，并设计了一个修正的 MeMBer 滤波器，称作势均衡 *MeMBer* (CBMeMBer) 滤波器[310]，具体介绍见13.4节。

5.10.6.4 其他的多伯努利滤波器

在后续章节中还将介绍多伯努利滤波器的下述变形：

- 用于“原始”图像数据的多伯努利滤波器 (第20章)。

5.10.7 伯努利近似：伯努利滤波器

假定动态多目标 RFS 可近似为式(4.113)的伯努利过程，即对于任意的 $k \geqslant 0$，有

$$G_{k|k}[h] = 1 - q_{k|k} + q_{k|k} \cdot s_{k|k}[h] \tag{5.122}$$

$$G_{k+1|k}[h] = 1 - q_{k+1|k} + q_{k+1|k} \cdot s_{k+1|k}[h] \tag{5.123}$$

则下述动态序列即所给目标 / 传感器模型下的一般伯努利滤波器：

$$\begin{array}{ccccccc}
\cdots\to & q_{k|k} & \to & q_{k+1|k} & \to & q_{k+1|k+1} & \to\cdots \\
 & & & \upharpoonleft\downharpoonright & & \upharpoonleft\downharpoonright & \\
\cdots\to & s_{k|k}(\boldsymbol{x}) & \to & s_{k+1|k}(\boldsymbol{x}) & \to & s_{k+1|k+1}(\boldsymbol{x}) & \to\cdots
\end{array}$$

[①]译者注：见文献 [180] 中的 (17.160) 式。

标准运动模型和标准观测模型下的“经典”伯努利滤波器分别由 B. T. Vo[298] 和 R. Mahler[179] 独立提出①，其时间更新和观测更新方程见13.2节。

有关伯努利滤波器的综述可参见文献 [262]，也可参考 Ristic 的著作 *Particle Filters for Random Set Models* [250]。

①文献 [179] 中称伯努利滤波器为“联合检测跟踪”(JoTT) 滤波器，本书则采用 B. T. Vo 等人更偏向技术的术语描述——“伯努利滤波器”。

第 6 章　多目标度量

6.1　简　介

度量是指确定感兴趣实体间相似 (异) 性的一种过程。它是信息融合的核心，无论是对算法性能的比较，还是对研究算法内部参数与性能的关系，都至关重要。在单传感器单目标应用中，通常采用下面两类度量范式：

- 点之间的距离测量：假定单目标跟踪算法获得了一个可与真实状态序列比较的估计时间序列：

$$\text{跟踪器：}\quad \boldsymbol{x}_{1|1}, \cdots, \boldsymbol{x}_{k|k} \tag{6.1}$$

$$\text{真实值：}\quad \boldsymbol{g}_1, \cdots, \boldsymbol{g}_k \tag{6.2}$$

跟踪器在每个时刻 (逐点) 的性能可用二者之间距离度量来反映，如欧氏距离 $d(\boldsymbol{x}_{k|k}, \boldsymbol{g}_k) = \|\boldsymbol{x}_{k|k} - \boldsymbol{g}_k\|$；整条航迹的性能则可基于逐点距离做适当推广，如下面的均方根 (RMS) 错误距离：

$$d(\{\boldsymbol{x}_{i|i}\}_{i=1}^{k}, \{\boldsymbol{g}_i\}_{i=1}^{k}) = \sqrt{\frac{1}{k}\sum_{i=1}^{k} d(\boldsymbol{x}_{i|i}, \boldsymbol{g}_i)^2} \tag{6.3}$$

- 概率分布之间的距离测量：假定跟踪器产生了如下航迹分布：

$$f_{k|k}(\boldsymbol{x}) = N_{\boldsymbol{P}_{k|k}}(\boldsymbol{x} - \boldsymbol{x}_{k|k}) \tag{6.4}$$

同时，假定真实航迹分布可表示为

$$g_k(\boldsymbol{x}) = N_{\boldsymbol{C}_k}(\boldsymbol{x} - \boldsymbol{g}_k) \tag{6.5}$$

式中：$\boldsymbol{C}_k$ 由克拉美罗限决定。因此，每个时刻跟踪器的性能可用 Hellinger 距离或者 Kullback–Leiler (K–L) 互熵来度量，具体如下：

$$d(f_{k|k}, g_k) = \int \left(\sqrt{f_{k|k}(\boldsymbol{x})} - \sqrt{g_k(\boldsymbol{x})}\right)^2 \mathrm{d}\boldsymbol{x} \tag{6.6}$$

$$\mathrm{KL}(f_{k|k}; g_k) = \int f_{k|k}(\boldsymbol{x}) \cdot \log\left(\frac{f_{k|k}(\boldsymbol{x})}{g_k(\boldsymbol{x})}\right) \mathrm{d}\boldsymbol{x} \tag{6.7}$$

本章介绍多传感器多目标问题中的类似度量方法：

- 比较多目标状态集 $X = \{\boldsymbol{x}_1, \cdots, \boldsymbol{x}_n\}$ 之间的距离；
- 比较多目标分布 $f_{k|k}(X)$ 之间的距离。

后续内容安排如下：

- 6.2节：多目标错误距离，包括 Hausdorff 距离、Wasserstein 距离、最优子模式分配 (OSPA) 距离以及 OSPA 的推广。
- 6.3节：多目标信息论泛函，包括 Csiszár 信息论泛函系、柯西–施瓦茨 (Cauchy–Schwartz) 泛函、以及它们用于 PHD 和 CPHD 滤波器时的具体表达式。

6.2　多目标错误距离

在单传感器单目标应用中，状态 $\boldsymbol{x}$ 和观测 $\boldsymbol{z}$ 都是“点”的形式。如果要确定单传感器单目标滤波器的性能，常用方法首先在状态空间上选择一个合适的距离度量 $d(\boldsymbol{x},\boldsymbol{x}')$，欧氏矢量距离和马氏 (Mahalanobis) 距离最为常用，后者定义为

$$d(\boldsymbol{x},\boldsymbol{x}')=\sqrt{(\boldsymbol{x}-\boldsymbol{x}')^{\mathrm{T}}\boldsymbol{C}^{-1}(\boldsymbol{x}-\boldsymbol{x}')} \tag{6.8}$$

然后，通过计算滤波器状态估计 $\boldsymbol{x}_{k|k}$ 与当前真实状态 $\boldsymbol{g}_k$ 间的距离 $d(\boldsymbol{x}_{k|k},\boldsymbol{g}_k)$ 来确定滤波器的瞬时性能。

但在多目标问题中，多目标状态 X 和多传感器观测 Z 都是有限点集的形式，因此本节需要解决下述问题：

- 如何将“距离概念”有效扩展至多目标状态集 X、X' 上——更一般地讲，如何给某空间的有限子集赋予基本的距离度量？

本节介绍该问题的三种可能的答案：*Hausdorff* 距离、*Wasserstein* 距离以及 *OSPA* 度量。后续内容安排如下：

- 6.2.1节：“多目标错误距离”概念的发展简史。
- 6.2.2节：最优子模式分配 (OSPA) 多目标错误距离简介。
- 6.2.3节：将 OSPA 距离推广至含状态不确定性估计的算法。
- 6.2.4节：将 OSPA 距离推广至标记航迹。
- 6.2.5节：将 OSPA 距离推广至航迹时间序列。

6.2.1　多目标错误距离：历史

有限集的统计学基于超空间 $\mathfrak{Y}^\infty$——其元素为基本空间 $\mathfrak{Y}$ 的有限子集。对于度量目的而言，需要一种方法能够计算两个有限子集 $Y,Y\subseteq\mathfrak{Y}$ 的距离 $d(Y,Y')$。此处的“距离”具有特殊含义——数学意义上的度量，满足下列性质：

- 非负性：$d(Y,Y')\geqslant 0$。
- 对称性：$d(Y,Y')=d(Y',Y)$。
- 同一性：$d(Y,Y')=0\Longleftrightarrow Y=Y'$。
- 三角不等式：对于任意的 Y、Y' 和 Y''，$d(Y,Y'')\leqslant d(Y,Y')+d(Y',Y'')$。

注解 14 (三角不等式与实践经验)：由于三角不等式的抽象性，一些实用者曾主张将三角不等式从度量的性质中去掉，因此有必要就其实用性和重要性作以解释[①]。假定给两个多目标跟踪器 $\mathcal{A}$ 和 $\mathcal{B}$ 输入同样的数据，将其输出分别记作 $X_{\mathcal{A}}$ 和 $X_{\mathcal{B}}$。采用距离型性能测度 $d(X,Y)$ 作性能比较：若 $\mathcal{A}$ 的估计比较接近真值 G，即 $d(X_{\mathcal{A}},G)$ 很小；进一步，若 $\mathcal{B}$ 的估计比较接近 $\mathcal{A}$ 的估计，即 $d(X_{\mathcal{B}},X_{\mathcal{A}})$ 很小。从实用角度看，如果 $d(\cdot,\cdot)$ 是有意义的，则 $X_{\mathcal{B}}$ 的估计也必须接近真值 G，即 $d(X_{\mathcal{B}},G)$ 也必须很小。任何不满足此性质的距离型性能测度 $d(\cdot,\cdot)$ 都是"不一致的度量"，即它不能以一种一致的方式度量"概念上的近"。三角不等式能够确保 $d(\cdot,\cdot)$ 为一致的度量，因为它通过以下方式强行约束了 $d(X_{\mathcal{B}},G)$ 也必须很小：

$$d(X_{\mathcal{B}},G) \leqslant d(X_{\mathcal{B}},X_{\mathcal{A}}) + d(X_{\mathcal{A}},G) \tag{6.9}$$

6.2.1.1 Hausdorff 距离

Hausdorff 距离是子集 (有限或其他) 之间一种最为熟悉的距离度量，其定义如下：

$$d^{\mathrm{H}}(Y,Y') = \begin{cases} \max\left\{\max\limits_{\boldsymbol{y}\in Y}\min\limits_{\boldsymbol{y}'\in Y'} d(\boldsymbol{y},\boldsymbol{y}'), \max\limits_{\boldsymbol{y}'\in Y'}\min\limits_{\boldsymbol{y}\in Y} d(\boldsymbol{y},\boldsymbol{y}')\right\}, & Y,Y' \neq \emptyset \\ \infty, & Y \text{ 或 } Y' = \emptyset \end{cases} \tag{6.10}$$

式中：$d(\boldsymbol{y},\boldsymbol{y}')$ 为 $\mathfrak{Y}$ 上的某种基本度量。

由于 Hausdorff 距离的度量拓扑是 Fell–Matheron 拓扑 (文献 [201] 第 3、12 页[②])，因此 Hausdorff 距离与有限集统计学是统计一致的。但是，它并不完全适合作为多目标跟踪性能评估的度量，主要因为它不敏感于势的变化且易受野值影响 (文献 [267] 第 II–A 节)。特别地，即使对于差别非常大的 $|Y|$ 和 $|Y'|$，$d^{\mathrm{H}}(Y,Y')$ 也有可能很小。

6.2.1.2 Wasserstein 距离

令 $Y=\{\boldsymbol{y}_1,\cdots,\boldsymbol{y}_n\}$、$Y'=\{\boldsymbol{y}'_1,\cdots,\boldsymbol{y}'_{n'}\}$，并假定 $|Y|=n=n'=|Y'|$，则下面的错误距离 (最初由 Drummond 给出[62]) 定义非常直观：

$$d(Y,Y') = \min_{\pi}\sqrt{\frac{1}{n}\sum_{i=1}^{n}\|\boldsymbol{y}_i - \boldsymbol{y}'_{\pi i}\|^2} \tag{6.11}$$

式中的最小化操作遍历 $1,\cdots,n$ 的所有排列 π。也就是说，$d(Y,Y')$ 表示 Y 和 Y' 元素间均方根误差 (RMSE) 的最小值。

如何将上述定义扩展到 $n' \neq n$ 的情形，以致最终能够得到 $\mathfrak{Y}$ 上的一种真度量？2002 年，Mahler 提出了 *Wasserstein* 距离系，从而回答了该问题。

① 该讨论选自文献 [261] 第 1 节。

② 关于生成 Fell–Matheron 拓扑的度量方面的一般性讨论，参见文献 [225]。

给定空间 $\mathfrak{Y}$ 上的度量 $d(\boldsymbol{y},\boldsymbol{y}')$ 后，p 幂 Wasserstein 距离 (见文献 [109, 110] 及文献 [179] 第 14.6.3 节) 可定义为①

$$d_p^{\mathrm{W}}(Y,Y') \stackrel{\text{def.}}{=} \inf_{\boldsymbol{C}} \sqrt[p]{\sum_{i=1}^{n}\sum_{i'=1}^{n'} C_{i,i'} \cdot d(\boldsymbol{y}_i,\boldsymbol{y}_{i'})^p} \tag{6.12}$$

其中的取下界操作遍历所有 $n \times n'$ 的“传输矩阵” $\boldsymbol{C}$。矩阵 $\boldsymbol{C}$ 成为传输矩阵的条件是：对于所有的 $i = 1,\cdots,n$ 和 $i' = 1,\cdots,n'$，$C_{i,i'} \geqslant 0$，且

$$\sum_{i=1}^{n} C_{i,i'} = \frac{1}{n'},\quad \sum_{i'=1}^{n'} C_{i,i'} = \frac{1}{n} \tag{6.13}$$

当 $n = n'$、$p = 2$、$d(\boldsymbol{y},\boldsymbol{y}') = \|\boldsymbol{y}-\boldsymbol{y}'\|$ 时，式(6.12)便退化为式(6.11)的 Drummond 距离。

6.2.2 最优子模式分配度量

Schuhmacher, B. T. Vo 和 B. N. Vo 发现，从实际性能评估的角度看，Wasserstein 距离存在一些微妙且与直觉不符的行为 (见文献 [267] 第 II–B 节)②。他们提出了一种新的类 Wasserstein 度量，不仅避免了这些困难，而且数学上更加直观，同时也更易于计算[267]。

首先给定以下表示：

- 定义在单目标状态 $\boldsymbol{x},\boldsymbol{x}'$ 上的基准度量 $d(\boldsymbol{x},\boldsymbol{x}')$；
- 与 $\boldsymbol{x}$ 具有相同的量纲的正实数 c (称作关联截止半径)；
- 无量纲实数 $p \geqslant 1$。

将与 $d(\boldsymbol{x},\boldsymbol{x}')$ 相关的截止度量定义为

$$d_c(\boldsymbol{x},\boldsymbol{x}') = \min\{c, d(\boldsymbol{x},\boldsymbol{x}')\} \tag{6.14}$$

令估计的目标状态集 $X = \{\boldsymbol{x}_1,\cdots,\boldsymbol{x}_n\}$ ($|X| = n$)，真实目标状态集 $G = \{\boldsymbol{g}_1,\cdots,\boldsymbol{g}_m\}$ ($|G| = m$)，暂假定 $0 < n \leqslant m$，则 OSPA 距离可定义为③

$$d_{p,c}^{\mathrm{OSPA}}(X,G) = \left(\min_{\pi} \frac{1}{m}\sum_{i=1}^{n} d_c(\boldsymbol{x}_i,\boldsymbol{g}_{\pi i})^p + \frac{c^p}{m}\cdot(m-n)\right)^{1/p} \tag{6.15}$$

式中的最小化操作遍历 $1,\cdots,m$ 的所有排列 π。若 $0 = n < m$，依惯例 $d_{p,c}^{\mathrm{OSPA}}(\emptyset,G) = c$；若 $n > m$，则定义 $d_{p,c}(X,G) = d_{p,c}(G,X)$；若 $n = m = 0$，则令 $d_{p,c}^{\mathrm{OSPA}}(X,G) = 0$。

由上述定义可知：

$$0 \leqslant d_{p,c}^{\mathrm{OSPA}}(X,G) \leqslant c \tag{6.16}$$

---

①Wasserstein 距离的度量拓扑并不是限定在有限集上的 Matheron 拓扑。

②在文献 [267] 中，Schuhmacher 等人将 Wasserstein 度量称作最优质量传输 (OMAT) 度量。

③与 Wasserstein 度量一样，OSPA 度量的度量拓扑也不是限定在有限集上的 Fell–Matheron 拓扑。相反，它是一种模糊拓扑——在点过程理论的计数测度中最常用的一种拓扑，见文献 [267] 第 3451 页。

c 值决定目标数估计精度相对位置估计精度的重要性；p 值则决定该度量对于统计“野值”的灵敏度，p 值越大，多目标跟踪算法对劣质状态估计的“惩罚”就越大。采用 Munkres、JVC 等标准最优分配算法[267] 很容易计算式(6.15)。

OSPA 度量主要包括两部分：第一部分为

$$\min_{\pi} \frac{1}{m} \sum_{i=1}^{n} d_c(\boldsymbol{x}_i, \boldsymbol{g}_{\pi i})^p \tag{6.17}$$

这部分用于度量真值与航迹之间的定位精度，它与式(6.11)的 Drummond 度量基本类似，但对于两个相距甚远而不能正常关联的状态矢量 $\boldsymbol{x}, \boldsymbol{g}$，$d_c(\boldsymbol{x}, \boldsymbol{g}_{\pi i})$ 不度量二者之间的距离。

第二部分为

$$\frac{c^p}{m} \cdot (m - n) \tag{6.18}$$

这部分用于度量目标数估计精度。如果 c 值很小，则更突出定位精度而非目标数估计精度。

6.2.2.1 OSPA 的构造性诠释

直观地讲，若 $0 < n \leqslant m$，则 $d_{p,c}^{\text{OSPA}}(X, G)$ 为集合 G 中与 X 元素紧关联的那些元素间的距离，这里的条件是 G 中的元素 必须与 X 中的一个元素紧关联，即二者之间的距离不大于 c。采用下面的三步法构造 $d_{p,c}^{\text{OSPA}}(X, G)$，有助于更完整地理解上述解释。这里假定 $0 < n \leqslant m$，则：

(1) 采用下面的广义 Drummond 真值–航迹关联公式，寻找最接近 X 的 n 元子集 G_X：

$$G_X = \{\boldsymbol{g}_{\hat{\pi}1}, \cdots, \boldsymbol{g}_{\hat{\pi}n}\} \subseteq G \tag{6.19}$$

$$d_p(X, G) = \min_{\pi} \frac{1}{m} \sum_{i=1}^{n} d(\boldsymbol{x}_i, \boldsymbol{g}_{\pi i})^p \tag{6.20}$$

式中：$\hat{\pi}$ 为 $\boldsymbol{x}_i \leftrightarrow \boldsymbol{g}_{\hat{\pi}i}$ $(i = 1, \cdots, n)$ 的最优分配。

(2) 对于每个 $\boldsymbol{g} \in G$，令

$$\delta_{\boldsymbol{g}} = \begin{cases} c, & \boldsymbol{g} \notin G_X \\ \min\{c, d(\boldsymbol{x}_i, \boldsymbol{g}_{\hat{\pi}i})\}, & \boldsymbol{g} = \boldsymbol{g}_{\hat{\pi}i} \end{cases} \tag{6.21}$$

$\delta_{\boldsymbol{g}}$ 为 $\boldsymbol{g}$ 与其在 X 中的最优关联对象之间的关联截止距离。根据该定义，若 $\boldsymbol{g}$ 无关联对象，则 $\delta_{\boldsymbol{g}} = c$；若 $\boldsymbol{g}$ 有关联对象，但二者距离不够近，$\delta_{\boldsymbol{g}}$ 仍等于 c；若 $\boldsymbol{g}$ 有关联对象且二者足够近，则 $\delta_{\boldsymbol{g}}$ 等于二者之间的距离。

(3) 计算截止距离 $\delta_{\boldsymbol{g}}$ 的 p 阶均值：

$$\sqrt[p]{\frac{1}{|G|}\sum_{\boldsymbol{g}\in G}\delta_{\boldsymbol{g}}^{p}} = \sqrt[p]{\frac{1}{|G|}\left(\sum_{\boldsymbol{g}\in G_X}\delta_{\boldsymbol{g}}^{p}+\sum_{\boldsymbol{g}\notin G_X}\delta_{\boldsymbol{g}}^{p}\right)} \tag{6.22}$$

$$= \sqrt[p]{\frac{1}{m}\left(\min_{\pi}\sum_{i=1}^{n}d_c(\boldsymbol{x}_i,\boldsymbol{g}_{\pi i})^p + c^p\cdot(m-n)\right)} \tag{6.23}$$

$$= d_{p,c}^{\text{OSPA}}(X,G) \tag{6.24}$$

6.2.2.2 OSPA 的“分量”

可将 OSPA 度量分解为两个“分量”，但这两个分量都不满足三角不等式，因此都不是度量。尽管如此，它们却额外提供了一种颇有价值的信息，即位置和势对 OSPA 评分的相对贡献度。

第一个分量即*定位误差分量*，记作 $e_{p,c}^{\text{loc}}(X,G)$，它只评测定位精度的贡献。当 $n\leqslant m$ 时，其定义如下：

$$e_{p,c}^{\text{loc}}(X,G) = \left(\min_{\pi}\frac{1}{m}\sum_{i=1}^{n}d_c(\boldsymbol{x}_i,\boldsymbol{g}_{\pi i})^p\right)^{1/p} \tag{6.25}$$

当 $n>m$ 时，$e_{p,c}^{\text{loc}}(X,G)=e_{p,c}^{\text{loc}}(G,X)$。

第二个分量即*势误差分量*，记作 $e_{p,c}^{\text{crd}}(X,G)$，它只评测势估计精度的贡献。当 $n\leqslant m$ 时，其定义如下：

$$e_{p,c}^{\text{crd}}(X,G) = c\cdot\left(\frac{m-n}{m}\right)^{1/p} \tag{6.26}$$

当 $n>m$ 时，$e_{p,c}^{\text{crd}}(X,G)=e_{p,c}^{\text{crd}}(G,X)$。

6.2.3 扩展至协方差 OSPA (COSPA)

大部分现代多目标跟踪算法都输出形如 $X=\{(\boldsymbol{x}_1,\boldsymbol{P}_1),\cdots,(\boldsymbol{x}_n,\boldsymbol{P}_n)\}$ 的航迹，其中 $\boldsymbol{P}_i$ 是与 $\boldsymbol{x}_i$ 对应的误差协方差矩阵。为了适应这类算法，需要以一种合理的方式对 OSPA 度量进行推广。本节介绍这类技术。

一种最基本的方法是将基本度量 $d(\boldsymbol{x},\boldsymbol{x}')$ 扩展为 $(\boldsymbol{x},\boldsymbol{P})$ 上的度量 $d((\boldsymbol{x},\boldsymbol{P}),(\boldsymbol{x}',\boldsymbol{P}'))$，其中，$\boldsymbol{x}$ 为状态矢量，$\boldsymbol{P}$ 为协方差矩阵。该扩展必须满足下述相容性：

$$\text{当}\,\boldsymbol{P}\to\boldsymbol{0},\boldsymbol{P}'\to\boldsymbol{0}\,\text{时},\quad d((\boldsymbol{x},\boldsymbol{P}),(\boldsymbol{x}',\boldsymbol{P}'))\to d(\boldsymbol{x},\boldsymbol{x}') \tag{6.27}$$

这类扩展中的一种最简单形式为

$$d((\boldsymbol{x},\boldsymbol{P}),(\boldsymbol{x}',\boldsymbol{P}')) = d(\boldsymbol{x},\boldsymbol{x}')+d(\boldsymbol{P},\boldsymbol{P}') \tag{6.28}$$

式中：$d(\boldsymbol{P},\boldsymbol{P}')$ 为正定矩阵 $\boldsymbol{P}$ 和 $\boldsymbol{P}'$ 的任意度量。一种最直接的选择即 Frobenius 度量：

$$d_{\text{F}}(\boldsymbol{P},\boldsymbol{P}') = \sqrt{\text{tr}(\boldsymbol{P}-\boldsymbol{P}')^2} \tag{6.29}$$

上述度量源于 Frobenius 矩阵标量积 $\langle \boldsymbol{P}, \boldsymbol{P}' \rangle_{\mathrm{F}} = \mathrm{tr}(\boldsymbol{P}^{\mathrm{T}}\boldsymbol{P}')$。

但式(6.28)存在一个潜在的问题。通常希望 $\boldsymbol{P}$ 和 $\boldsymbol{P}'$ 的相似性能够影响到 $\boldsymbol{x}$ 和 $\boldsymbol{x}'$ 的相似性，反之亦然。比如，实际中的 $(\boldsymbol{x}, \boldsymbol{P})$ 通常源于下述航迹分布 $f_{k|k}(\boldsymbol{x}|Z^k)$：

$$f_{k|k}(\boldsymbol{x}|Z^k) = N_{\boldsymbol{P}_{k|k}}(\boldsymbol{x} - \boldsymbol{x}_{k|k}) \tag{6.30}$$

该航迹分布在 $\boldsymbol{x}$ 和 $\boldsymbol{P}$ 之间建立了一种统计上的耦合关系。但在式(6.28)中，$\boldsymbol{x}$ 和 $\boldsymbol{P}$ 是完全相互独立的。

第二个关于协方差矩阵的度量在图像处理应用中较为常见 (见文献 [38] 的 (11) 式)，它是协方差矩阵流形上的度量，具体如下[87,203]：

$$d(\boldsymbol{C}_1, \boldsymbol{C}_2) = \| \log(\boldsymbol{C}_1^{-1}\boldsymbol{C}_2) \|_{\mathrm{F}} = \sqrt{\sum_{i=1}^{d} (\log \lambda_i)^2} \tag{6.31}$$

式中：$\log \boldsymbol{C}$ 为矩阵的对数；$\|\boldsymbol{C}\|_{\mathrm{F}} = \sqrt{\langle \boldsymbol{C}, \boldsymbol{C} \rangle_{\mathrm{F}}}$ 为 Frobenius 范数；λ_i 为 $\boldsymbol{C}_1^{-1}\boldsymbol{C}_2$ 的特征值。

除用作距离度量外，$d(\boldsymbol{C}_1, \boldsymbol{C}_2)$ 还关于仿射变换及矩阵逆具有不变性。也就是说，对于任意的正则矩阵 $\boldsymbol{B}$，有

$$d(\boldsymbol{B}\boldsymbol{C}_1\boldsymbol{B}^{\mathrm{T}}, \boldsymbol{B}\boldsymbol{C}_2\boldsymbol{B}^{\mathrm{T}}) = d(\boldsymbol{C}_1, \boldsymbol{C}_2) \tag{6.32}$$

$$d(\boldsymbol{C}_1^{-1}, \boldsymbol{C}_2^{-1}) = d(\boldsymbol{C}_1, \boldsymbol{C}_2) \tag{6.33}$$

第三种方法是比较航迹分布 $f_{k|k}(\boldsymbol{x}|Z^k)$ 与另一分布 $f(\boldsymbol{x}|G_k)$ (表示当前真实情况 $G_k = \{\boldsymbol{g}_1, \cdots, \boldsymbol{g}_\gamma\}$)。Nagappa、Clark、Mahler 等人[221] 便采用了这种方法，将 $d((\boldsymbol{x}, \boldsymbol{P}), (\boldsymbol{x}', \boldsymbol{P}'))$ 定义为两个航迹分布之间的 Hellinger 距离 (见(6.67)式)。对于两个线性高斯分布 $N_{\boldsymbol{P}}(\boldsymbol{y} - \boldsymbol{x})$ 和 $N_{\boldsymbol{P}'}(\boldsymbol{y} - \boldsymbol{x}')$，Hellinger 距离的闭式形式如下：

$$d((\boldsymbol{x}, \boldsymbol{P}), (\boldsymbol{x}', \boldsymbol{P}')) = 1 - \int \sqrt{N_{\boldsymbol{P}}(\boldsymbol{y} - \boldsymbol{x}) \cdot N_{\boldsymbol{P}'}(\boldsymbol{y} - \boldsymbol{x}')} \mathrm{d}\boldsymbol{y} \tag{6.34}$$

$$= 1 - \sqrt{\frac{\sqrt{\det \boldsymbol{P}\boldsymbol{P}'}}{\det \frac{1}{2}(\boldsymbol{P} + \boldsymbol{P}')}} \cdot \exp\left(-\frac{1}{4}(\boldsymbol{x} - \boldsymbol{x}')^{\mathrm{T}}(\boldsymbol{P} + \boldsymbol{P}')^{-1}(\boldsymbol{x} - \boldsymbol{x}') \right) \tag{6.35}$$

为了比较估计航迹 $(\boldsymbol{x}, \boldsymbol{P})$ 与真实航迹 $(\boldsymbol{g}, \boldsymbol{C})$，首先需要选定矩阵 $\boldsymbol{C}$。Nagappa 等人指出，应该根据估计过程的克拉美罗限 (CRLB) 来确定 $\boldsymbol{C}$，更多细节参见文献 [221]。

但(6.34)式和(6.35)式存在的一个潜在问题是它们不一定满足式(6.27)的相容性。例如，当两个协方差矩阵 $\boldsymbol{P}$、$\boldsymbol{P}'$ 都非常小时，就会出现这种情况。更一般地，令 $\boldsymbol{E}$ 为一固定

的协方差矩阵，并给出如下定义：

$$d_{\boldsymbol{E}}((\boldsymbol{x},\boldsymbol{P}),(\boldsymbol{x}',\boldsymbol{P}')) = 1 - \int \sqrt{N_{\boldsymbol{P}+\boldsymbol{E}}(\boldsymbol{y}-\boldsymbol{x})\cdot N_{\boldsymbol{P}'+\boldsymbol{E}}(\boldsymbol{y}-\boldsymbol{x}')}\mathrm{d}\boldsymbol{y} \tag{6.36}$$

$$= 1 - \sqrt{\frac{\sqrt{\det(\boldsymbol{P}+\boldsymbol{E})(\boldsymbol{P}'+\boldsymbol{E})}}{\det\frac{1}{2}(\boldsymbol{P}+\boldsymbol{P}'+2\boldsymbol{E})}\cdot \exp\left(-\frac{1}{4}(\boldsymbol{x}-\boldsymbol{x}')^{\mathrm{T}}(\boldsymbol{P}+\boldsymbol{P}'+2\boldsymbol{E})^{-1}(\boldsymbol{x}-\boldsymbol{x}')\right)} \tag{6.37}$$

则

$$d_{\boldsymbol{E}}(\boldsymbol{x},\boldsymbol{x}') = \lim_{\boldsymbol{P},\boldsymbol{P}'\to 0} d_{\boldsymbol{E}}((\boldsymbol{x},\boldsymbol{P}),(\boldsymbol{x}',\boldsymbol{P}')) \tag{6.38}$$

$$= 1 - \exp\left(-\frac{1}{8}(\boldsymbol{x}-\boldsymbol{x}')^{\mathrm{T}}\boldsymbol{E}^{-1}(\boldsymbol{x}-\boldsymbol{x}')\right) \tag{6.39}$$

上式其实就是 $\boldsymbol{x}$ 和 $\boldsymbol{x}'$ 之间的马氏距离。

6.2.4 标记航迹的 OSPA (LOSPA)

OSPA 度量只能测量某时刻 t_k 的航迹集 $X_{k|k}$ 与真实航迹集 G_k 间的瞬时距离，而通常需要的是确定一段时间内多目标跟踪器的性能表现，此即 OSPA 距离的时间推广问题，最初由 B. Ristic、B. N. Vo 和 D. Clark 等人提出[261]。为方便起见，这里称其为 TOSPA 度量，稍后在6.2.5节将做简要介绍。在开始介绍 TOSPA 度量前，本节先来看一个中间度量：标记航迹的 OSPA。

单目标航迹不只是形如 $\boldsymbol{x}^{1|1},\cdots,\boldsymbol{x}^{K|K}$ 或 $(\boldsymbol{x}^{1|1},\boldsymbol{P}^{1|1}),\cdots,(\boldsymbol{x}^{K|K},\boldsymbol{P}^{K|K})$ 的时间序列 (为方便起见，仅考虑前者)，它还包括了如下形式 (文献 [179] 第 14.5.6 节)：

$$(\boldsymbol{x}^{1|1},\ell),\cdots,(\boldsymbol{x}^{K|K},\ell) \tag{6.40}$$

式中：整数标签 $\ell\in\{1,\cdots,L\}$ 可唯一标识一条目标轨迹 (时间上相连) 上的各个航迹点 $(\boldsymbol{x}^{k|k},\ell)$。

多目标跟踪器的输出为下述航迹集序列：

$$X^{(K)}: X_{1|1},\cdots,X_{K|K} \tag{6.41}$$

但现在每个 $X_{i|i}$ 都具有如下形式：

$$X=\{(\boldsymbol{x}_1,\ell_1),\cdots,(\boldsymbol{x}_n,\ell_n)\},\quad l_i\in\{1,\cdots,L\}, i=1,\cdots,n \tag{6.42}$$

对于每个时刻 t_k，航迹集 $X_{k|k}$ 可分割为

$$X_{k|k} = X^1_{k|k}\uplus\cdots\uplus X^L_{k|k} \tag{6.43}$$

式中：$X^{\ell}_{k|k}$ 为所有满足 $(\boldsymbol{x},\ell)\in X_{k|k}$ 的航迹点组成的集合。

显然，$X_{k|k}^{\ell}$ 要么为孤元集 (t_k 时刻标签为 ℓ 的航迹点唯一)，要么 $X_{k|k}^{\ell} = \emptyset$ (即舍弃标签 ℓ)。换言之，多目标跟踪器输出的标签为 ℓ 的航迹序列可表示为

$$X_{1|1}^{\ell}, \cdots, X_{K|K}^{\ell} \tag{6.44}$$

现假设真实航迹集序列为

$$G^{(K)}: G_{1|1}, \cdots, G_{K|K} \tag{6.45}$$

每个真实航迹集中的元素形如 $(\boldsymbol{g}, \gamma)$，其中，$\boldsymbol{g}$ 为状态真值，$\gamma \in \{1, \cdots, L\}$ 为标签真值。因此，真实航迹集可分割为

$$G_{k|k} = G_{k|k}^{1} \uplus \cdots \uplus G_{k|k}^{L} \tag{6.46}$$

而标签为 γ 的真实航迹序列为

$$G_{1|1}^{\gamma}, \cdots, G_{K|K}^{\gamma} \tag{6.47}$$

接下来，假定某时刻跟踪器以高精度正确估计出了所有真实航迹序列，但即使是在该假定下，跟踪器的航迹标签约定也会不同于真实标签约定。也就是说，存在 $1, \cdots, L$ 上的排列 σ，满足 $X_{k|k}^{\ell} = G_{k|k}^{\sigma\ell}$，其中，$k = 1, \cdots, K$，$\ell = 1, \cdots, L$。

更一般地，假定跟踪器对真实情况的估计是不精确的，则对于所有的 k、ℓ，存在一个 σ，可使 $X_{k|k}^{\ell}$ 和 $G_{k|k}^{\sigma\ell}$ 在 OSPA 距离意义上彼此足够接近。

接下来的问题便转化为：当考虑标记的航迹序列时，从定量角度看，彼此相互靠近的含义是什么？Ristic 等人采用标记状态 $(\boldsymbol{x}, \ell)$ 的一个新基本度量来替换目标状态的原始基本度量 $d(\boldsymbol{x}, \boldsymbol{x}')$，具体如下：

$$\tilde{d}_{p,\alpha}((\boldsymbol{x}, \ell), (\boldsymbol{x}', \ell')) = \sqrt[p]{d(\boldsymbol{x}, \boldsymbol{x}')^p + \alpha^p \cdot (1 - \delta_{\ell,\ell'})} \tag{6.48}$$

式中：$\delta_{\ell,\ell'}$ 为 Kronecker δ 函数；数值 $\alpha > 0$，用以控制标签误差 $1 - \delta_{\ell,\ell'}$ 的相对权重。

现假定

$$X = \{(\boldsymbol{x}_1, \ell_1), \cdots, (\boldsymbol{x}_n, \ell_n)\} \tag{6.49}$$

$$G = \{(\boldsymbol{g}_1, \gamma_1), \cdots, (\boldsymbol{g}_m, \gamma_m)\} \tag{6.50}$$

式中：$|X| = n$，$|G| = m$；$\ell_j \in \{1, \cdots, L\}$ 为估计的航迹标签；$\gamma_j \in \{1, \cdots, L\}$ 为已知的真实航迹标签。

抹掉航迹中的标签，将未标记的航迹集记作：

$$X^{\downarrow} = \{\boldsymbol{x}_1, \cdots, \boldsymbol{x}_n\} \tag{6.51}$$

$$G^{\downarrow} = \{\boldsymbol{g}_1, \cdots, \boldsymbol{g}_m\} \tag{6.52}$$

用式(6.48)的 $\tilde{d}_{p,\alpha}(\cdot,\cdot)$ 替换式(6.15)中的 $d(\cdot,\cdot)$，结果便得到一个显式的标记 OSPA 度量：

$$d_{p,c,\alpha}^{\mathrm{LOSPA}} = \left(d_{p,c}^{\mathrm{OSPA}}(X^{\downarrow}, G^{\downarrow})^p + \frac{\alpha^p}{m}\sum_{i=1}^{n}(1 - \delta_{\ell_i,\gamma_{\hat{\pi}i}})\right)^{1/p} \tag{6.53}$$

式中：数字 $1,\cdots,n$ 的排列 $\hat{\pi}$ 为

$$\hat{\pi}=\arg\min_{\pi}\sum_{i=1}^{n}d_c(\boldsymbol{x}_i,\boldsymbol{g}_{\pi i})^p \tag{6.54}$$

因此，可先忽略标签去寻找 X 与 G 的最优关联 $\hat{\pi}$。如果所有标签都估计正确，则求和式 $\sum_i(1-\delta_{\ell_i,\gamma_{\hat{\pi}i}})=0$，故 $d_{p,c,\alpha}^{\text{LOSPA}}=d_{p,c,\alpha}^{\text{OSPA}}$；如果所有标签都估计错误，则该求和式等于 n，此时 $d_{p,c,\alpha}^{\text{LOSPA}}$ 将增大，增量大小由 α 决定。

6.2.5　时域 OSPA (TOSPA)

LOSPA 度量用于测量某时刻标记航迹集之间的距离，而一般航迹融合问题则要求能够测量标记航迹集序列之间的距离，而且要能适应时变航迹序列标签分配过程中固有的任意性。此即时域 *OSPA* (TOSPA) 度量的目的所在，该度量最初由 B. Ristic、B. N. Vo 和 D. Clark 等人提出[261]。给定标记的真实航迹集 $G=\{(\boldsymbol{g}_1,\gamma_1),\cdots,(\boldsymbol{g}_m,\gamma_m)\}$ 以及 $1,\cdots,L$ 上的排列 σ，定义

$$\overset{\sigma}{G}=\{(\boldsymbol{g}_1,\sigma\gamma_1),\cdots,(\boldsymbol{g}_m,\sigma\gamma_m)\} \tag{6.55}$$

在给定真实多航迹序列 $G^{(K)}$ 以及多目标跟踪器生成的多航迹序列 $X^{(K)}$ 后，TOSPA 度量可定义为

$$d_{p,c,\alpha}^{\text{TOSPA}}(X^{(K)},G^{(K)})=\left(\min_{\sigma}\sum_{k=1}^{K}d_{p,c,\alpha}^{\text{LOSPA}}(X_{k|k},\overset{\sigma}{G}_{k|k})^p\right)^{1/p} \tag{6.56}$$

从直观上看，TOSPA 度量旨在搜索真实航迹与多目标跟踪器输出航迹在全局时间意义上的最佳匹配。它测量跟踪器在以下几个方面的性能：

- 定位精度;
- 目标数估计精度 (与漏报航迹和虚假航迹有关);
- 航迹标记精度 (贯穿整个场景的时间跨度)。

如果待评测的算法还输出误差协方差矩阵，则对6.2.3节所述方法作适当推广便可直接用于 TOSPA 度量。

式(6.56)的最小化操作是一种最优的航迹–航迹关联程序，需要在时空域上最小化所有真实航迹和所有估计航迹间的总距离。该过程通常不易于计算，因此需要一些近似，Ristic 等人[261] 的做法是为估计航迹序列重新分配标签，使之与已分配给真实航迹序列的标签保持一致。

将标签为 γ 的真实航迹序列记为

$$G_{1|1}^{\gamma},\cdots,G_{K|K}^{\gamma} \tag{6.57}$$

对于任意时刻 k，$G_{k|k}^{\gamma}=\emptyset$ 或 $G_{k|k}^{\gamma}=\{(\boldsymbol{g}_{k|k},\gamma)\}$。类似地，将标签为 ℓ 的估计航迹序列表示为

$$X_{1|1}^{\ell},\cdots,X_{K|K}^{\ell} \tag{6.58}$$

同样，对于任意的 k，$X_{k|k}^{\ell}=\emptyset$ 或 $X_{k|k}^{\ell}=\{(\boldsymbol{x}_{k|k},\ell)\}$。令

$$e_k^{\ell}=\begin{cases}1, & X_{k|k}^{\ell}\neq\emptyset\\ 0, & \text{其他}\end{cases},\qquad \tilde{e}_k^{\gamma}=\begin{cases}1, & G_{k|k}^{\gamma}\neq\emptyset\\ 0, & \text{其他}\end{cases} \tag{6.59}$$

进而将真实航迹 γ 与估计航迹 ℓ 的配对代价定义为

$$c(\ell,\gamma)=\begin{cases}\dfrac{\sum_{k=1}^{K}e_k^{\ell}\tilde{e}_k^{\gamma}\cdot\|\boldsymbol{x}_k-\boldsymbol{g}_k\|}{\exp\left(\sum_{k=1}^{K}e_k^{\ell}\tilde{e}_k^{\gamma}\right)}, & \sum_{k=1}^{K}e_k^{\ell}\tilde{e}_k^{\gamma}>0\\ \infty, & \text{其他}\end{cases} \tag{6.60}$$

然后利用 $c(\ell,\gamma)$ 构造二维关联算法的关联 (分配) 矩阵。在采用该启发式方法完成真值与估计航迹的关联 / 分配后，将与之关联的真实航迹序列的标签赋给各估计航迹序列，如果没有真实航迹序列与之关联，则为该航迹分配新标签。

通过上述过程便可创建每个时刻 t_k 所估计的标记航迹集 $X_{k|k}$，只是现在的 $X_{k|k}$ 被赋予了新的标签。Ristic 等人随后将 LOSPA 或标记 COSPA 度量用于这些标记航迹集，并将整个场景下的结果按时间逐点显示。采用式(6.60)，可以对更长时间窗口内的估计航迹与真实航迹进行关联。

6.3 多目标信息泛函

单目标距离度量解决的是两个状态 $\boldsymbol{x}$ 和 $\boldsymbol{x}'$ 的相似 (异) 性测量问题，更一般的距离概念则是测量状态 $\boldsymbol{x}$ 的两个概率分布 $f_1(\boldsymbol{x})$ 和 $f_2(\boldsymbol{x})$ 之间的相似 (异) 性。这方面最为熟悉的方法可能要数信息论泛函了，比如下面的 K–L 区分度 (或鉴别力) 泛函：

$$\mathrm{KL}(f_1;f_0)=\int f_1(\boldsymbol{x})\cdot\log\left(\frac{f_1(\boldsymbol{x})}{f_0(\boldsymbol{x})}\right)\mathrm{d}\boldsymbol{x} \tag{6.61}$$

本节要解决的问题是：

- 如何将信息论泛函扩展至多目标状态 X 的概率分布 $f_1(X)$ 和 $f_0(X)$，或者更一般地讲，扩展至任意空间有限子集的概率分布？

本节所述方法是无限系的多目标 *Csiszár* 信息泛函，最初由 Zajic 和 Mahler 于 1999 年引入 (文献 [331] 第 96、97 页)。它们不但可作性能评估之用，还可用于第 V 篇中将要介绍的传感器和平台管理。本节内容安排如下：

- 6.3.1节：Csiszár 信息泛函。
- 6.3.2节：泊松过程的 Csiszár 泛函。
- 6.3.3节：i.i.d.c. 过程的 Csiszár 泛函。

6.3.1 Csiszár 信息泛函

令 c 为非负变量 $x\geqslant 0$ 的一个凸核函数 (无量纲的非负凸函数)，满足 $c(1)=0$ 且 $c(x)$ 在 $x=1$ 处是严格凸的 ($c^{(2)}(1)>0$)。对于某状态空间 $\mathfrak{Y}$ 的两个多目标概率分布

$f_1(Y)$ 和 $f_0(Y)$，与 $c(x)$ 关联的多目标 *Csiszár* 信息区分度泛函如下所示[331]：

$$I_c(f_1; f_0) = \int c\left(\frac{f_1(Y)}{f_0(Y)}\right) \cdot f_0(Y)\delta Y \tag{6.62}$$

该泛函满足性质 $I_c(f_1; f_0) \geqslant 0$，且仅当 $f_1(Y) \stackrel{\text{a.e.}}{=} f_0(Y)$ 时，等号才成立[52,53]①。

对于任意常数 K，只要 $c_2(x) = c_1(x) + K \cdot (x-1)$，下式即成立②：

$$I_{c_2}(f_1; f_0) = I_{c_1}(f_1; f_0) \tag{6.63}$$

故 $c \mapsto I_c(f_1; f_0)$ 不是一一对应的。

下面给出多目标 Csiszár 信息泛函的一些具体例子：

- *K–L* 区分度 $(c(x) = 1 - x + x\log x)$：

$$I_c(f_1; f_0) = \int f_1(Y) \cdot \log\left(\frac{f_1(Y)}{f_0(Y)}\right)\delta Y \tag{6.64}$$

- χ^2 区分度 $(c(x) = (x-1)^2)$：

$$I_c(f_1; f_0) = -1 + \int \frac{f_1(Y)^2}{f_0(Y)}\delta Y \tag{6.65}$$

- L^1 度量 $(c(x) = |x-1|)$：

$$I_c(f_1; f_0) = \int |f_1(Y) - f_0(Y)|\delta Y \tag{6.66}$$

- *Hellinger* 度量 $(c(x) = (\sqrt{x}-1)^2)$：

$$I_c(f_1; f_0) = 2 - 2\int \sqrt{f_1(Y) \cdot f_0(Y)}\delta Y \tag{6.67}$$

- 信息偏差 $(c(x) = \frac{\alpha x + 1 - \alpha - x^\alpha}{\alpha(1-\alpha)}$，即文献 [323] 中的 (6) 式、文献 [117] 中的 (3) 式和 (4) 式)：

$$I_c(f_1; f_0) = \frac{1}{\alpha(1-\alpha)}\left(1 - \int f_1(Y)^\alpha \cdot f_0(Y)^{1-\alpha}\delta Y\right) \tag{6.68}$$

如果将 K–L 泛函在 f_0 处关于 f_1 做台劳展开，则可发现 χ^2 区分度为 K–L 区分度的二阶台劳近似。此外，χ^2 区分度和 Hellinger 区分度分别给出了 K–L 区分度的上下界约束 (文献 [92] 第 12、13 页)：

$$I_{(\sqrt{x}-1)^2}(f_1; f_0)^2 \leqslant I_{1-x+x\log x}(f_1; f_0) \leqslant \log\left(1 + I_{(x-1)^2}(f_1; f_0)\right) \tag{6.69}$$

信息偏差泛函的定义限定 $0 \leqslant \alpha \leqslant 1$，当 $\alpha \to 0$ 或 $\alpha \to 1$ 时，信息偏差泛函收敛于 K–L 区分度。信息偏差泛函还与 *Chernoff* 信息紧密相关，Chernoff 信息的多目标形式定义如下：

$$C(f_1; f_0) = \sup_{0 \leqslant \omega \leqslant 1}\left(-\log\int f_1(Y)^\omega \cdot f_0(Y)^{1-\omega}\delta Y\right) \tag{6.70}$$

①注意：若 f_1 和 f_0 不是多目标概率密度函数，则该性质不成立，见文献 [52, 53]。

②若设 $K = -c_1^{(1)}(1)$，则 $c_2(x)$ 在 $x = 1$ 处具有唯一的最小值，此时 $c_2(x) = 0 \Rightarrow x = 1$。

此外，它还与 *Rényi* α 散度密切相关，Rényi α 散度的多目标形式定义如下：

$$R_\alpha(f_1; f_0) = \frac{1}{\alpha - 1}\log\int f_1(Y)^\alpha \cdot f_0(Y)^{1-\alpha}\delta Y, \quad \alpha > 0 \tag{6.71}$$

特别地，若 $c(x)$ 表示与信息偏差对应的凸函数，则

$$R_\alpha(f_1; f_0) = \frac{1}{\alpha - 1}\cdot\log\left[1 - \alpha(1-\alpha)\cdot I_c(f_1; f_0)\right] \tag{6.72}$$

最后一个信息泛函虽不是 Csiszár 散度，但因其在信息融合中受到了越来越多的关注[64]，因此仍有必要在此介绍。该泛函即柯西–施瓦茨散度泛函，它备受关注的原因：① 其行为非常像 K–L 区分度；② 对于高斯混合形式的 $f_1(\boldsymbol{y})$ 和 $f_0(\boldsymbol{y})$，它具有闭式计算式[132]。柯西–施瓦茨散度的多目标形式如下所示：

$$\mathrm{CS}(f_1; f_0) = -\log\frac{\int c^{|Y|}\cdot f_1(Y)\cdot f_0(Y)\delta Y}{\sqrt{\int c^{|Y|}\cdot f_1(Y)^2\delta Y}\cdot\sqrt{\int c^{|Y|}\cdot f_0(Y)^2\delta Y}} \tag{6.73}$$

式中：正实数 c 与空间 $\mathfrak{Y}$ 中的元素 $\boldsymbol{y}$ 具有相同量纲①。

式(6.73)的几何解释如下：

$$\mathrm{CS}(f_1; f_0) = -\log\cos\theta_{f_1,f_0} \tag{6.74}$$

式中：若将 f_1 和 f_0 视作空间 $L_2(\mathfrak{Y}^\infty)$ (平方可积多目标密度函数 $f(Y)(Y \in \mathfrak{Y}^\infty)$ 构成的空间) 中的向量，则 θ_{f_1,f_0} 是 f_1 和 f_0 在下述内积意义上的夹角：

$$\langle f_1, f_0\rangle = \int c^{|Y|}\cdot f_1(Y)\cdot f_0(Y)\delta Y \tag{6.75}$$

6.3.2 泊松过程的 Csiszár 信息泛函

本节给出6.3.1节信息泛函在泊松分布下的显式表达式。假定 f_1 和 f_0 都为泊松分布 (定义见4.3.1节)：

$$f_1(Y) = e^{-N_1}\cdot D_1^Y, \quad f_0(Y) = e^{-N_0}\cdot D_0^Y \tag{6.76}$$

式中：$D_1(\boldsymbol{y})$、$D_0(\boldsymbol{y})$ 分别为 $f_1(Y)$ 和 $f_0(Y)$ 的 PHD；N_1、N_0 分别为 $D_1(\boldsymbol{y})$ 和 $D_0(\boldsymbol{y})$ 的积分；幂函数 D^Y 的定义见式(3.5)。此外，定义

$$s_1(\boldsymbol{y}) = N_1^{-1}\cdot D_1(\boldsymbol{y}), \quad s_0(\boldsymbol{y}) = N_0^{-1}\cdot D_0(\boldsymbol{y}) \tag{6.77}$$

则 (数学推导见附录 K.9)：

- *K–L* 区分度 $(c(x) = 1 - x + x\log x)$：

$$I_c(f_1; f_0) = N_0 - N_1 + I_c(D_1; D_0) \tag{6.78}$$

$$= N_0\cdot\left(c\left(\frac{N_1}{N_0}\right) + \frac{N_1}{N_0}\cdot I_c(s_1; s_0)\right) \tag{6.79}$$

①该常数在单目标版的柯西–施瓦茨散度中是不需要的，但在多目标版中却是必需的。若缺少它，相应的集积分定义是不确切的。

- χ^2 区分度 $(c(x)=(x-1)^2)$:

$$\log(1+I_c(f_1;f_0)) = N_0 - 2N_1 + \int \frac{D_1(\boldsymbol{x})^2}{D_0(\boldsymbol{x})}\mathrm{d}\boldsymbol{x} \tag{6.80}$$

$$= \frac{N_1^2}{N_0}\cdot\left(c\left(\frac{N_0}{N_1}\right)+I_c(s_1;s_0)\right) \tag{6.81}$$

- 信息偏差 $(c(x)=\alpha^{-1}(1-\alpha)^{-1}\cdot(\alpha x+1-\alpha-x^{\alpha}))$:

$$\log(1-\alpha(1-\alpha)\cdot I_c(f_1;f_0)) \tag{6.82}$$

$$= -\alpha N_1 - (1-\alpha)N_0 + \int D_1(\boldsymbol{y})^{\alpha}\cdot D_0(\boldsymbol{y})^{1-\alpha}\mathrm{d}\boldsymbol{y}$$

$$= -\alpha(1-\alpha)\cdot\left(N_0\cdot c\left(\frac{N_1}{N_0}\right)+N_1^{\alpha}N_0^{1-\alpha}\cdot I_c(s_1;s_0)\right) \tag{6.83}$$

- *Rényi* α 散度[①]:

$$R_{\alpha}(f_1;f_0) = -\frac{\alpha}{\alpha-1}\cdot N_1 + N_0 + \frac{1}{\alpha-1}\int D_1(\boldsymbol{y})^{\alpha}\cdot D_0(\boldsymbol{y})^{1-\alpha}\mathrm{d}\boldsymbol{y} \tag{6.84}$$

$$= \alpha N_0\cdot c\left(\frac{N_1}{N_0}\right)+\alpha N_1^{\alpha}N_0^{1-\alpha}\cdot I_c(s_1;s_0) \tag{6.85}$$

式中：$c(x)$ 是与信息偏差对应的凸核函数。

- 柯西–施瓦茨散度[②]:

$$\mathrm{CS}(f_1;f_0) = \frac{c}{2}\int (D_1(\boldsymbol{y})-D_0(\boldsymbol{y}))^2\mathrm{d}\boldsymbol{y} \tag{6.86}$$

6.3.3 i.i.d.c. 过程的 Csiszár 信息泛函

本节给出各种信息泛函在 i.i.d.c. 过程下的显式表达式。假定 f_1 和 f_0 都为 i.i.d.c. 过程 (定义见4.3.2节):

$$f_1(Y) = |Y|!\cdot p_1(|Y|)\cdot s_1^Y,\quad f_0(Y) = |Y|!\cdot p_0(|Y|)\cdot s_0^Y \tag{6.87}$$

则 (数学推导见附录 K.10):

- *K–L* 区分度 $(c(x)=1-x+x\log x)$:

$$I_0(f_1;f_0) = I_c(p_1;p_0) + N_1\cdot I_c(s_1;s_0) \tag{6.88}$$

式中

$$I_c(p_1;p_0) = \sum_{n\geqslant 0} p_1(n)\cdot\log\left(\frac{p_1(n)}{p_0(n)}\right) \tag{6.89}$$

- χ^2 区分度 $(c(x)=(x-1)^2)$:

$$I_c(f_1;f_0) = -1 + \tilde{I}_c(p_1;p_0)\cdot G_{\tilde{p}}(\tilde{I}_c(s_1;s_0)) \tag{6.90}$$

---

① 式(6.84)最初由 B. Ristic、B. N. Vo 和 D. Clark 等人给出，参见文献 [260] 中的 (18) 式。

② 出于完整性考虑，这里也给出柯西–施瓦茨散度。

或者表示为

$$\tilde{I}_c(f_1;f_0)=\tilde{I}_c(p_1;p_0)\cdot G_{\tilde{p}}(\tilde{I}_c(s_1;s_0)) \tag{6.91}$$

式中：$G_{\tilde{p}}(y)$ 为概率分布 $\tilde{p}(n)$ 的概率生成函数 (p.g.f.)，而 $\tilde{p}(n)$ 定义为

$$\tilde{p}(n)=\frac{1}{\tilde{I}_c(p_1;p_0)}\cdot\frac{p_1(n)^2}{p_0(n)} \tag{6.92}$$

其中

$$\tilde{I}_c(f_1;f_0)=\int\frac{f_1(Y)^2}{f_0(Y)}\delta Y \tag{6.93}$$

$$\tilde{I}_c(s_1;s_0)=\int\frac{s_1(\boldsymbol{y})^2}{s_0(\boldsymbol{y})}\mathrm{d}\boldsymbol{y} \tag{6.94}$$

$$\tilde{I}_c(p_1;p_0)=\sum_{n\geqslant 0}\frac{p_1(n)^2}{p_0(n)} \tag{6.95}$$

- 信息偏差 ($c(x)=\alpha^{-1}(1-\alpha)^{-1}\cdot(\alpha x+1-\alpha-x^{\alpha})$)：

$$I_c(f_1;f_0)=\frac{1}{\alpha(1-\alpha)}\cdot\left(1-\tilde{I}_c(p_1;p_0)\cdot G_{\tilde{p}}(\tilde{I}_c(s_1;s_0))\right) \tag{6.96}$$

或等价表示为

$$\tilde{I}_c(f_1;f_0)=\tilde{I}_c(p_1;p_0)\cdot G_{\tilde{p}}(\tilde{I}_c(s_1;s_0)) \tag{6.97}$$

式中：$G_{\tilde{p}}(y)$ 为概率分布 $\tilde{p}(n)$ 的概率生成函数 (p.g.f.)，而 $\tilde{p}(n)$ 定义为

$$\tilde{p}(n)=\frac{p_1(n)^{\alpha}\cdot p_0(n)^{1-\alpha}}{\tilde{I}_c(p_1;p_0)} \tag{6.98}$$

其中

$$\tilde{I}_c(f_1;f_0)=\int f_1(Y)^{\alpha}\cdot f_0(Y)^{1-\alpha}\delta Y \tag{6.99}$$

$$\tilde{I}_c(p_1;p_0)=\sum_{n\geqslant 0}p_1(n)^{\alpha}\cdot p_0(n)^{1-\alpha} \tag{6.100}$$

$$\tilde{I}_c(s_1;s_0)=\int s_1(\boldsymbol{y})^{\alpha}\cdot s_0(\boldsymbol{y})^{1-\alpha}\mathrm{d}\boldsymbol{y} \tag{6.101}$$

- *Rényi* α 散度①：

$$R_{\alpha}(f_1;f_0)=\frac{1}{\alpha-1}\cdot\log\tilde{I}_c(p_1;p_0)+\frac{1}{\alpha-1}\cdot\log G_{\tilde{p}}(\tilde{I}_c(s_1;s_0)) \tag{6.102}$$

式中：$c(x)$、$\tilde{I}_c(p_1;p_0)$、$\tilde{I}_c(s_1;s_0)$ 及 $G_{\tilde{p}}(y)$ 的定义同(6.96)式。

①式(6.102)最初由 B. Ristic、B. N. Vo 和 D. Clark 给出，见文献 [260] 中的 (14) 式。

第 II 篇

标准观测模型的 RFS 滤波器

第7章 本篇导论

第II篇中的各章介绍“标准”多目标模型(见5.4节运动模型和5.5节的观测模型)下的多目标算法，包括：

- 经典 PHD/CPHD 滤波器及其性质与行为特性——如“远距幽灵作用”；
- 多传感器经典 PHD/CPHD 滤波器；
- 势均衡多伯努利 (CBMeMBer) 滤波器；
- 用于跟踪快速机动目标的马尔可夫跳变 PHD/CPHD 滤波器；
- PHD 平滑器；
- 将 PHD 滤波器扩展为联合的多目标跟踪与传感器未知偏置估计；
- 一般多目标贝叶斯滤波器的 Vo–Vo 精确闭式解。

本导论将对标准观测模型做更为详细的描述，同时阐明其与传统观测–航迹关联 (MTA) 多目标跟踪方法 (见1.1.3节的简介) 之间的关系，从而为第 II 篇后续章节做好铺垫。本章内容安排如下：

- 7.1节：本章要点。
- 7.2节：标准多目标观测模型。
- 7.3节：标准多目标观测模型的近似多目标似然函数。
- 7.4节：标准多目标运动模型。
- 7.5节：含目标衍生的标准多目标运动模型。
- 7.6节：本篇结构。

7.1 要点概述

在本章学习过程中，需要掌握的主要概念、结论和公式如下：

- 标准多目标观测模型的 p.g.fl. 表达式 (见(7.19)式)：

$$G_{k+1}[g|X] = e^{\kappa_{k+1}[g-1]} \cdot (1 - p_{\mathrm{D}} + p_{\mathrm{D}} L_g)^X \tag{7.1}$$

- 相应的多目标似然函数表达式 (见(7.21)式)：

$$f_{k+1}(Z|X) = \kappa_{k+1}(Z) \cdot (1 - p_{\mathrm{D}})^X \cdot \sum_{\theta} \prod_{i:\theta(i)>0} \frac{p_{\mathrm{D}}(\boldsymbol{x}_i) \cdot f_{k+1}(\boldsymbol{z}_{\theta(i)}|\boldsymbol{x}_i)}{(1 - p_{\mathrm{D}}(\boldsymbol{x}_i)) \cdot \kappa_{k+1}(\boldsymbol{z}_{\theta(i)})} \tag{7.2}$$

- 上述似然函数在非密集多目标下的近似表达式 (见(7.50)式)：

$$f_{k+1}(Z|X) \cong \kappa_{k+1}(Z) \cdot \left(1 - p_{\mathrm{D}} + \sum_{\boldsymbol{z}\in Z} \frac{p_{\mathrm{D}} L_{\boldsymbol{z}}}{\kappa_{k+1}(\boldsymbol{z})}\right)^X \tag{7.3}$$

- 标准多目标观测模型的多目标似然函数与观测-航迹关联 (MTA) 之间的关系 (见(7.48)式):

$$\int \overbrace{f_{k+1}(Z_{k+1}|X)}^{\text{RFS 似然}} \cdot \overbrace{f_0(X)}^{\text{准均匀先验}} \delta X = \sum_{\theta} \overbrace{\ell_{Z_{k+1}|X_{k+1|k}}(\theta)}^{\text{MTA }\theta\text{ 的似然}} \tag{7.4}$$

- 无衍生标准多目标运动模型的 p.g.fl. 表达式 (见(7.64)式):

$$G_{k+1}[h|X'] = e^{b_{k+1}[h-1]} \cdot (1 - p_S + p_S M_h)^{X'} \tag{7.5}$$

- 无衍生标准多目标运动模型的多目标马尔可夫密度表达式 (见(7.66)式):

$$f_{k+1|k}(X|X') = b_{k+1|k}(X) \cdot (1 - p_S)^{X'} \cdot \sum_{\theta} \prod_{i:\theta(i)>0} \frac{p_S(\boldsymbol{x}_i) \cdot f_{k+1|k}(\boldsymbol{x}_{\theta(i)}|\boldsymbol{x}'_i)}{(1 - p_S(\boldsymbol{x}'_i)) \cdot b_{k+1|k}(\boldsymbol{x}_{\theta(i)})} \tag{7.6}$$

7.2　标准多目标观测模型

5.5节简单介绍了标准多目标观测模型 (见文献 [179] 第 408–422 页), 当时将 t_{k+1} 时刻的 RFS 观测表示为 (见(5.21)式)

$$\Sigma_{k+1} = \Upsilon_{k+1}(\boldsymbol{x}_1) \cup \cdots \cup \Upsilon_{k+1}(\boldsymbol{x}_n) \cup C_{k+1} \tag{7.7}$$

式中:

- $\boldsymbol{x}_1, \cdots, \boldsymbol{x}_n$ 为 t_{k+1} 时刻 n 个互不相同的目标;
- C_{k+1} 为泊松杂波的 RFS;
- 伯努利 RFS $\Upsilon_{k+1}(\boldsymbol{x}_i)$ 表示源自第 i 个目标的观测集, 且 $|\Upsilon_{k+1}(\boldsymbol{x}_i)| \leqslant 1$;
- $\Upsilon_{k+1}(\boldsymbol{x}_1), \cdots, \Upsilon_{k+1}(\boldsymbol{x}_n), C_{k+1}$ 统计独立。

因此, Σ_{k+1} 为多伯努利 RFS (源自目标的观测) 与泊松 RFS (杂波) 的并。由于 $|\Upsilon_{k+1}(\boldsymbol{x}_i)| \leqslant 1$, 故每个目标要么生成一个观测 (称作目标检报或检报), 要么不生成任何观测 (未检测到或称作漏报)。

相对于5.5节而言, 本节将对标准观测模型作更为详细的介绍, 具体内容包括:

- 7.2.1节: 标准多目标观测模型的子模型。
- 7.2.2节: 标准多目标观测模型的 p.g.fl. 及其多目标似然函数。
- 7.2.3节: 标准多目标观测模型的一些特殊情形。
- 7.2.4节: 观测-航迹关联 (MTA) 理论回顾。
- 7.2.5节: 标准 RFS 观测模型与 MTA 之间的关系。

7.2.1　标准多目标观测模型: 子模型

由 RFS 观测模型可得出下列子模型函数:

- 检测概率——状态为 $\boldsymbol{x}$ 的目标生成单个观测的概率：

$$p_{\mathrm{D}}(\boldsymbol{x}) \overset{\text{abbr.}}{=} p_{\mathrm{D},k+1}(\boldsymbol{x}) = \Pr(\Upsilon_{k+1}(\boldsymbol{x}) \neq \emptyset) \tag{7.8}$$

- 单目标似然函数——(7.10)式概率测度的概率密度函数 ((7.9)式)：

$$L_{\boldsymbol{z}}(\boldsymbol{x}) \overset{\text{abbr.}}{=} f_{k+1}(\boldsymbol{z}|\boldsymbol{x}) = \frac{\delta p_{k+1}}{\delta \boldsymbol{z}}(\emptyset|\boldsymbol{x}) \tag{7.9}$$

$$p_{k+1}(T|\boldsymbol{x}) = \Pr(\Upsilon_{k+1}(\boldsymbol{x}) \subseteq T|\Upsilon_{k+1}(\boldsymbol{x}) \neq \emptyset) \tag{7.10}$$

式(7.9)表示 t_{k+1} 时刻目标 $\boldsymbol{x}$ 生成的观测为 $\boldsymbol{z}$ 的概率 (密度)。

- 杂波密度函数——杂波 RFS 的 PHD (一阶矩密度)：

$$\kappa_{k+1}(\boldsymbol{z}) = \frac{\delta\beta_{C_{k+1}}}{\delta \boldsymbol{z}}(\emptyset), \quad \beta_{C_{k+1}}(T) = \Pr(C_{k+1} \subseteq T) \tag{7.11}$$

- 杂波率——杂波观测数目的期望值：

$$\lambda_{k+1} = \int \kappa_{k+1}(\boldsymbol{z})\mathrm{d}\boldsymbol{z} \tag{7.12}$$

- 杂波空间分布——杂波观测的空间分布：

$$c_{k+1}(\boldsymbol{z}) = \frac{\kappa_{k+1}(\boldsymbol{z})}{\lambda_{k+1}} \tag{7.13}$$

- 杂波的 *p.g.f.* 与势分布：

$$G_{k+1}^{\kappa}(z) = G_{k+1}^{\kappa}[z] = e^{\lambda_{k+1}\cdot(z-1)} \tag{7.14}$$

$$p_{k+1}^{\kappa}(m) = \frac{1}{m!}\frac{\mathrm{d}^m G_{k+1}^{\kappa}}{\mathrm{d}z^m}(0) = e^{-\lambda_{k+1}} \cdot \frac{\lambda_{k+1}^m}{m!} \tag{7.15}$$

泊松杂波 RFS 的 p.g.fl. 为

$$G_{k+1}^{\kappa}[g] = e^{\kappa_{k+1}[g-1]} \tag{7.16}$$

式中

$$\kappa_{k+1}[g-1] = \int (g(\boldsymbol{z})-1)\cdot\kappa_{k+1}(\boldsymbol{z})\mathrm{d}\boldsymbol{z} \tag{7.17}$$

显然有

$$\lambda_{k+1} = \left[\frac{\mathrm{d}G_{k+1}^{\kappa}}{\mathrm{d}z}(z)\right]_{z=1} \tag{7.18}$$

7.2.2 标准多目标观测模型：p.g.fl. 与似然

给定上述子模型后，令 $X = \{\boldsymbol{x}_1,\cdots,\boldsymbol{x}_n\}$ $(|X|=n)$，$Z_{k+1} = \{\boldsymbol{z}_1,\cdots,\boldsymbol{z}_m\}$ $(|Z|=m)$，则标准模型的基本统计描述符可表示如下：

- 标准观测模型的 *p.g.fl.*(文献 [179] 中的 (12.151) 式)：

$$G_{k+1}[g|X] = e^{\kappa_{k+1}[g-1]}\cdot(1-p_{\mathrm{D}}+p_{\mathrm{D}}L_g)^X \tag{7.19}$$

式中：幂泛函 h^X 的定义见式(3.5)；且

$$L_g(\boldsymbol{x}) = \int g(\boldsymbol{z}) \cdot f_{k+1}(\boldsymbol{z}|\boldsymbol{x})\mathrm{d}\boldsymbol{z} \tag{7.20}$$

- 标准观测模型的多目标似然函数 (文献 [179] 中的 (12.139) 式)：

$$f_{k+1}(Z|X) = \kappa_{k+1}(Z) \cdot (1 - p_{\mathrm{D}})^X \cdot \sum_{\theta} \prod_{i:\theta(i)>0} \frac{p_{\mathrm{D}}(\boldsymbol{x}_i) \cdot f_{k+1}(\boldsymbol{z}_{\theta(i)}|\boldsymbol{x}_i)}{(1 - p_{\mathrm{D}}(\boldsymbol{x}_i)) \cdot \kappa_{k+1}(\boldsymbol{z}_{\theta(i)})} \tag{7.21}$$

式中

$$\kappa_{k+1}(Z) = e^{-\lambda_{k+1}} \cdot \kappa_{k+1}^Z = e^{-\lambda_{k+1}} \prod_{\boldsymbol{z} \in Z} \kappa_{k+1}(\boldsymbol{z}) \tag{7.22}$$

且式(7.21)中的求和遍历所有的观测–航迹关联 (MTA，或称关联假设) θ。

MTA 函数 $\theta : \{1, \cdots, n\} \to \{0, 1, \cdots, m\}$ 满足条件：若 $\theta(i) = \theta(i') > 0$，则 $i = i'$。对于任何一个给定的 θ：

- $\theta(i) = 0$ 表示目标 $\boldsymbol{x}_i$ 被漏报；
- 根据约定，对于 $\theta(i)$ 全为零的那个特定关联 (没有检测到目标)，式(7.21)中的乘积项等于 1；
- $\theta(i) > 0$ 表示目标 $\boldsymbol{x}_i$ 生成观测 $\boldsymbol{z}_{\theta(i)}$。

7.2.3 标准多目标观测模型：特殊情形

下面介绍三种特殊情形下的多目标似然函数。

- 无杂波：此时 $\lambda_{k+1} = 0$。因此，若 $m > n$，则 $f_{k+1}(Z|X) = 0$；否则 (文献 [179] 中的 (12.136) 式)，有

$$f_{k+1}(Z|X) = (1 - p_{\mathrm{D}})^X \cdot \sum_{1 \leqslant i_1 \neq \cdots \neq i_m \leqslant n} \prod_{j=1}^{m} \frac{p_{\mathrm{D}}(\boldsymbol{x}_{i_j}) \cdot f_{k+1}(\boldsymbol{z}_j|\boldsymbol{x}_{i_j})}{1 - p_{\mathrm{D}}(\boldsymbol{x}_{i_j})} \tag{7.23}$$

$$= (1 - p_{\mathrm{D}})^X \cdot \sum_{\tau:Z \to X} \prod_{\boldsymbol{z} \in Z} \frac{p_{\mathrm{D}}(\tau(\boldsymbol{z})) \cdot f_{k+1}(\boldsymbol{z}|\tau(\boldsymbol{z}))}{1 - p_{\mathrm{D}}(\tau(\boldsymbol{z}))} \tag{7.24}$$

其中的第二个求和式遍历所有单射 $\tau : Z \to X$。

- 无漏报：此时 $p_{\mathrm{D}}(\boldsymbol{x}) = 1$，有

$$f_{k+1}(Z|X) = \kappa_{k+1}(Z) \sum_{\theta} \prod_{i:\theta(i)>0} \frac{f_{k+1}(\boldsymbol{z}_{\theta(i)}|\boldsymbol{x}_i)}{\kappa_{k+1}(\boldsymbol{z}_{\theta(i)})} \tag{7.25}$$

- 无杂波无漏报：此时 $\lambda_{k+1} = 0$ 且 $p_{\mathrm{D}} = 1$ (文献 [179] 中的 (12.108) 式)，有

$$f_{k+1}(Z|X) = \delta_{n,m} \sum_{\pi} f_{k+1}(\boldsymbol{z}_1|\boldsymbol{x}_{\pi 1}) \cdots f_{k+1}(\boldsymbol{z}_n|\boldsymbol{x}_{\pi n}) \tag{7.26}$$

式中的求和遍历数字 $1, \cdots, n$ 的所有排列 π。

7.2.4 观测-航迹关联

标准多目标观测模型中的多目标似然函数与传统多目标跟踪算法 (如多假设跟踪器 MHT) 背后的理论有着密切的联系，本小节及7.2.5节将更加详细的描述这种关系。与 1.1.3 节类似，接下来的讨论仅限于概念级，不涉及任何特定传统多目标跟踪方法的内部逻辑。如欲深入了解这些方法，可参考 Blackman 与 Popoli 的专著[24]。

首先给定一些符号表示。若 θ 是一个 MTA，则：

- $Z_\theta \overset{\text{def.}}{=} \{\boldsymbol{z}_i|\theta(i)>0\}$ ($m_\theta \overset{\text{def.}}{=} |Z_\theta|$) 表示目标检报集 (源自目标的观测)；
- $Z-Z_\theta$ 表示虚警和 (或) 杂波观测集，且 $|Z-Z_\theta| = m-m_\theta$①；
- $X_\theta \overset{\text{def.}}{=} \{\boldsymbol{x}_i|\theta(i)>0\}$ 表示检测到的航迹集，且 $|X_\theta| = m_\theta$；
- $X-X_\theta = \{\boldsymbol{x}_i|\theta(i)=0\}$ 表示漏报的航迹集，且 $|X-X_\theta| = n-m_\theta$。

假定 t_{k+1} 时刻的预测航迹集 $X_{k+1|k} = \{\boldsymbol{x}_1,\cdots,\boldsymbol{x}_n\}$ ($|X_{k+1|k}|=n$)，各航迹的航迹分布为 $f_{k+1|k}(\boldsymbol{x}|1),\cdots,f_{k+1|k}(\boldsymbol{x}|n)$；同时假定 t_{k+1} 时刻的新观测集 $Z_{k+1}=\{\boldsymbol{z}_1,\cdots,\boldsymbol{z}_m\}$ ($|Z|=m$)。在传统多目标跟踪理论中，需要确定哪些观测由哪些预测航迹生成，或换言之，需确定哪些观测是由杂波生成的。

下面令 $\boldsymbol{z}\in Z_{k+1}$，若预测航迹 i 被检测到，则 $\boldsymbol{z}$ 与航迹 i 相关联的全似然可表示为

$$\ell_{k+1}(\boldsymbol{z}|i) = \int p_{\mathrm{D}}(\boldsymbol{x})\cdot f_{k+1}(\boldsymbol{z}|\boldsymbol{x})\cdot f(\boldsymbol{x}|i)\mathrm{d}\boldsymbol{x} \tag{7.27}$$

上式表示在某航迹被检测到的条件下观测分布与该航迹分布的匹配度。同理，可将航迹 i 漏报假设下的全似然表示为

$$\ell_{k+1}(\emptyset|i) = \int (1-p_{\mathrm{D}}(\boldsymbol{x}))\cdot f(\boldsymbol{x}|i)\mathrm{d}\boldsymbol{x} \tag{7.28}$$

接下来简单总结下 MTA (也称数据关联) 理论的基本要点：

- *无杂波无漏报*：此时 $m=n$，MTA θ 仅为数字 $1,\cdots,n$ 的一个排列而已，且 $p_{\mathrm{D}}(\boldsymbol{x})=1$，则

$$\ell_{Z_{k+1}|X_{k+1|k}}(\theta) = \ell_{k+1}(\boldsymbol{z}_{\theta(1)}|1)\cdots\ell_{k+1}(\boldsymbol{z}_{\theta(n)}|n) \tag{7.29}$$

$$= \prod_{i:\theta(i)>0}\ell_{k+1}(\boldsymbol{z}_{\theta(i)}|i) \tag{7.30}$$

  上式表示关联 θ 的似然 (全局关联似然)，即 $\boldsymbol{z}_{\theta(1)}$ 与 $\boldsymbol{x}_1$ 关联，$\boldsymbol{z}_{\theta(2)}$ 与 $\boldsymbol{x}_2$ 关联，依次类推。有效关联的个数越多，全局关联似然的值就越大。

- *有杂波但无漏报*：此时 $m\geqslant n$，相应的全局关联似然为

$$\ell_{Z_{k+1}|X_{k+1|k}}(\theta) = \overbrace{e^{-\lambda_{k+1}}\kappa_{k+1}^{Z_{k+1}-Z_\theta}}^{\text{杂波}}\cdot\overbrace{\prod_{i:\theta(i)>0}\ell_{k+1}(\boldsymbol{z}_{\theta(i)}|i)}^{\text{检报}} \tag{7.31}$$

①注意：$Z-Z_\theta$ 也可能包含由之前未检测到的目标生成的观测，此处为概念清晰起见忽略了这种可能性。

式中：幂泛函 κ^Z 的定义见式(3.5)。式(7.31)表示对所有 i 关联 $\boldsymbol{z}_{\theta(i)} \Leftrightarrow \boldsymbol{x}_i$ 皆成立且 Z_{k+1} 中剩余观测都源于杂波的似然。

- 有杂波有漏报：此时的全局关联似然包括三个决定性的因子：

$$\ell_{Z_{k+1}|X_{k+1|k}}(\theta) = \overbrace{e^{-\lambda_{k+1}} \kappa_{k+1}^{Z_{k+1}-Z_\theta}}^{\text{杂波}} \cdot \overbrace{\prod_{i:\theta(i)=0} \ell_{k+1}(\emptyset|i)}^{\text{漏报}} \cdot \overbrace{\prod_{i:\theta(i)>0} \ell_{k+1}(\boldsymbol{z}_{\theta(i)}|i)}^{\text{检报}} \tag{7.32}$$

- 有杂波且检测概率恒定：假定 $p_{\mathrm{D}}(\boldsymbol{x}) = p_{\mathrm{D}}$ 恒定，则(7.27)式和(7.28)式可简化为

$$\ell_{k+1}(\boldsymbol{z}|i) = p_{\mathrm{D}} \cdot \tilde{\ell}_{k+1}(\boldsymbol{z}|i) \tag{7.33}$$

$$\ell_{k+1}(\emptyset|i) = 1 - p_{\mathrm{D}} \tag{7.34}$$

式中

$$\tilde{\ell}_{k+1}(\boldsymbol{z}|i) = \int f_{k+1}(\boldsymbol{z}|\boldsymbol{x}) \cdot f(\boldsymbol{x}|i) \mathrm{d}\boldsymbol{x} \tag{7.35}$$

故式(7.32)可简化为

$$\ell_{Z_{k+1}|X_{k+1|k}}(\theta) = \kappa_{k+1}(\theta) \cdot p_{\mathrm{D}}^{m_\theta} (1-p_{\mathrm{D}})^{n-m_\theta} \prod_{i:\theta(i)>0} \tilde{\ell}_{k+1}(\boldsymbol{z}_{\theta(i)}|i) \tag{7.36}$$

式中

$$\kappa_{k+1}(\theta) = e^{-\lambda_{k+1}} \cdot \kappa_{k+1}^{Z_{k+1}-Z_\theta} \tag{7.37}$$

- 全局关联概率：由于不存在任何先验理由去倾向某个关联，因此假定先验关联 $p_0(\theta)$ 服从均匀分布，则全局关联概率 (θ 为正确关联的后验概率) 为下述后验分布：

$$p_{Z_{k+1}|X_{k+1|k}}(\theta) = \frac{\ell_{Z_{k+1}|X_{k+1|k}}(\theta)}{\sum_{\theta'} \ell_{Z_{k+1}|X_{k+1|k}}(\theta')} \tag{7.38}$$

- 线性高斯情形且检测概率恒定：假定

$$f_{k+1}(\boldsymbol{z}|\boldsymbol{x}) = N_{\boldsymbol{R}}(\boldsymbol{z} - \boldsymbol{H}\boldsymbol{x}), \quad f_{k+1|k}(\boldsymbol{x}|i) = N_{\boldsymbol{P}_i}(\boldsymbol{x} - \boldsymbol{x}_i) \tag{7.39}$$

则(7.27)式和(7.28)式可简化为

$$\ell_{k+1}(\boldsymbol{z}|i) = p_{\mathrm{D}} \cdot N_{\boldsymbol{R}+\boldsymbol{H}\boldsymbol{P}_i\boldsymbol{H}^{\mathrm{T}}}(\boldsymbol{z} - \boldsymbol{H}\boldsymbol{x}_i) \tag{7.40}$$

$$\ell_{k+1}(\emptyset|i) = 1 - p_{\mathrm{D}} \tag{7.41}$$

此时，全局关联概率为

$$p_{Z_{k+1}|X_{k+1|k}}(\theta) \propto \kappa_{k+1}(\theta) \cdot p_{\mathrm{D}}^{m_\theta} (1-p_{\mathrm{D}})^{n-m_\theta} \cdot \tag{7.42}$$

$$Q_{Z_{k+1}|X_{k+1|k}}(\theta) \cdot e^{-\frac{1}{2} d_{Z_{k+1}|X_{k+1|k}}(\theta)^2}$$

式中：$\kappa_{k+1}(\theta)$ 的定义见式(7.37)；且

$$d_{Z_{k+1}|X_{k+1|k}}(\theta)^2 = \sum_{i:\theta(i)>0} (\boldsymbol{z}_{\theta(i)} - \boldsymbol{H}\boldsymbol{x}_i)^{\mathrm{T}}(\boldsymbol{R} + \boldsymbol{H}\boldsymbol{P}_i\boldsymbol{H}^{\mathrm{T}})^{-1}(\boldsymbol{z}_{\theta(i)} - \boldsymbol{H}\boldsymbol{x}_i) \tag{7.43}$$

$$Q_{Z_{k+1}|X_{k+1|k}}(\theta) = \frac{1}{\prod_{i:\theta(i)>0}\sqrt{\det 2\pi(\boldsymbol{R} + \boldsymbol{H}\boldsymbol{P}_i\boldsymbol{H}^{\mathrm{T}})}} \tag{7.44}$$

式(7.43)的 $d_{Z_{k+1}|X_{k+1|k}}(\theta)$ 即全局关联距离，使之最小的关联 θ 即全局最近邻意义上的最优关联。

下面证明式(7.42)。在线性高斯假设下，式(7.36)可化为

$$\ell_{Z_{k+1}|X_{k+1|k}}(\theta) \tag{7.45}$$
$$= \kappa_{k+1}(\theta) \cdot p_{\mathrm{D}}^{m_\theta}(1-p_{\mathrm{D}})^{n-m_\theta} \cdot \prod_{i:\theta(i)>0} N_{\boldsymbol{R}+\boldsymbol{H}\boldsymbol{P}_i\boldsymbol{H}^{\mathrm{T}}}(\boldsymbol{z}_{\theta(i)} - \boldsymbol{H}\boldsymbol{x}_i)$$

$$= \kappa_{k+1}(\theta) \cdot p_{\mathrm{D}}^{m_\theta}(1-p_{\mathrm{D}})^{n-m_\theta} \cdot \left(\prod_{i:\theta(i)>0} \frac{1}{\sqrt{\det 2\pi(\boldsymbol{R} + \boldsymbol{H}\boldsymbol{P}_i\boldsymbol{H}^{\mathrm{T}})}}\right) \cdot \tag{7.46}$$
$$\exp\left(-\frac{1}{2}\sum_{i:\theta(i)>0} (\boldsymbol{z}_{\theta(i)} - \boldsymbol{H}\boldsymbol{x}_i)^{\mathrm{T}}(\boldsymbol{R} + \boldsymbol{H}\boldsymbol{P}_i\boldsymbol{H}^{\mathrm{T}})^{-1}(\boldsymbol{z}_{\theta(i)} - \boldsymbol{H}\boldsymbol{x}_i)\right)$$

由上式即可得到式(7.42)。

7.2.5 MTA 与 RFS 方法的关系

假定先验分布中 n 个预测航迹为真实目标的可能性均等，则预测航迹的多目标先验分布为“准均匀”多目标分布，其定义为：若 $|X| \neq n$，则 $f_0(X) = 0$；若 $X = \{\boldsymbol{x}_1, \cdots, \boldsymbol{x}_n\}$ ($|X| = n$)，则

$$f_0(X) = \sum_{\pi} f_{k+1|k}(\boldsymbol{x}_1|\pi 1) \cdots f_{k+1|k}(\boldsymbol{x}_n|\pi n) \tag{7.47}$$

式中的求和遍历数字 $1, \cdots, n$ 的所有排列 π。

若 $f_{k+1}(Z|X)$ 为式(7.21)定义的似然，则下式 (证明见附录 K.11) 给出了 RFS 理论与传统 MTA 方法间的基本关系：

$$\overbrace{\int f_{k+1}(Z_{k+1}|X) \cdot f_0(X)\delta X}^{\text{RFS 理论}} = \overbrace{\sum_{\theta} \ell_{Z_{k+1}|X_{k+1|k}}(\theta)}^{\text{MTA 理论}} \tag{7.48}$$

也就是说，由预测航迹集 $X_{k+1|k}$ 得到观测集 Z_{k+1} 的概率 (密度) 等于 Z_{k+1} 与 $X_{k+1|k}$ 间所有可能的关联似然之和。

注解 15 (考虑航迹存在概率的 MTA)：需要指出的是，式(7.47)并非预测航迹先验分布的唯一可能形式。例如，若假定每条航迹的存在概率为 q_i，则式(7.48)中应选择多伯努利分布作为 $f_0(X)$，由此得到的 $\ell_{Z_{k+1}|X_{k+1|k}}(\theta)$ 具有更加复杂的形式。但即便如此，仍需强调

的是：任何采用固定形式 $f_0(X)$ 的 MTA 方法本质上都只是一种启发式近似，而唯一具有严格理论依据的选择是 $f_0(X)=f_{k+1|k}(X|Z^{(k)})$。

7.3 一种近似的标准似然函数

式(7.21)的多目标似然函数主要用于多目标贝叶斯滤波器的观测更新步 (见(5.2)式)，但对于粒子实现 (见文献 [179] 第 15 章)，该步骤的计算通常极具挑战性。

考虑到这一原因，Reuter 和 Dietmayer 给出了式(7.21)的一个近似算式，可用于非密集目标情形下的多目标粒子滤波器[246,247]。在无杂波时，该近似的形式为

$$f_{k+1}(Z|X)\cong\left(1-p_{\rm D}+\sum_{z\in Z}p_{\rm D}L_z\right)^X \tag{7.49}$$

式中：幂泛函 h^X 的定义见式(3.5)。但由于 $1-p_{\rm D}(\boldsymbol{x})$ 是无量纲的，而似然函数求和项的量纲却为 $\boldsymbol{z}$ 量纲的倒数，故式(7.49)右边括号内表达式的数学定义是不确切的。

虽然如此，但该近似背后的思想是正确且可推广的。在存在泊松杂波且目标分布不太密集时，标准观测模型多目标似然的一种近似形式为

$$f_{k+1}(Z|X)\cong\kappa_{k+1}(Z)\cdot\left(1-p_{\rm D}+\sum_{z\in Z}\frac{p_{\rm D}L_z}{\kappa_{k+1}(z)}\right)^X \tag{7.50}$$

其中的泊松杂波分量同(7.21)式的标准观测模型，具体为

$$\kappa_{k+1}(Z)=e^{-\lambda_{k+1}}\cdot\lambda_{k+1}^{|Z|}\prod_{z\in Z}c_{k+1}(z) \tag{7.51}$$

式(7.50)的证明见附录 K.12。需要指出的是，如果 $\kappa_{k+1}(\boldsymbol{z})$ 在某有界区域内 (紧子集) 恒定，则式(7.49)可视作式(7.50)的一种特殊情形。

注解 16: 需要指出的是，式(7.50)右边并不是一个实际的多目标似然函数，原因是 $\int f_{k+1}(Z|X)\delta Z$ 未必等于 1。准确地讲，式(7.50)定义了一个近似的多目标似然函数。

7.4 标准多目标运动模型

5.4节简要介绍了标准多目标运动模型 (见文献 [179] 第 13.2 节)，其数学形式可直接类比于标准多目标观测模型。由5.4节可知

$$\Xi_{k+1|k}=T_{k+1|k}(\boldsymbol{x}'_1)\cup\cdots\cup T_{k+1|k}(\boldsymbol{x}'_{n'})\cup B_{k+1|k} \tag{7.52}$$

式中：

- $\boldsymbol{x}'_1,\cdots,\boldsymbol{x}'_{n'}$ 表示 t_k 时刻的目标状态；
- $B_{k+1|k}$ 表示新生泊松目标的 RFS；
- 伯努利 RFS $T_{k+1|k}(\boldsymbol{x}'_i)$ 表示 t_k 时刻的目标 i 在 t_{k+1} 时刻生成的目标集，且 $|T_{k+1|k}(\boldsymbol{x}'_i)|\leqslant 1$；

- $T_{k+1|k}(\boldsymbol{x}'_1),\cdots,T_{k+1|k}(\boldsymbol{x}'_{n'}),B_{k+1|k}$ 相互独立。

因此，$\Xi_{k+1|k}$ 是多伯努利 RFS (存活目标) 与泊松 RFS (新生目标) 的并。由于 $|T_{k+1|k}(\boldsymbol{x}'_i)|\leqslant 1$，故任何现有目标要么继续存活至下一个时刻，要么消失（“死亡”）。

由 RFS 运动模型可以得出下列模型函数：

- 目标存活概率——t_k 时刻状态为 $\boldsymbol{x}'$ 的目标存活至 t_{k+1} 时刻的概率：

$$p_{\mathrm{S}}(\boldsymbol{x}')\overset{\text{abbr.}}{=}p_{\mathrm{S},k+1|k}(\boldsymbol{x}')=\Pr(T_{k+1|k}(\boldsymbol{x}')\neq\emptyset) \tag{7.53}$$

- 单目标马尔可夫转移密度——式(7.55)概率测度的概率密度函数：

$$f_{k+1|k}(\boldsymbol{x}|\boldsymbol{x}')=\frac{\delta p_{k+1|k}}{\delta \boldsymbol{z}}(\emptyset|\boldsymbol{x}') \tag{7.54}$$

$$p_{k+1|k}(S|\boldsymbol{x}')=\Pr(T_{k+1|k}(\boldsymbol{x}')\subseteq S|T_{k+1|k}(\boldsymbol{x}')\neq\emptyset) \tag{7.55}$$

式(7.54)表示 t_k 时刻状态为 $\boldsymbol{x}'$ 的目标在 t_{k+1} 时刻状态为 $\boldsymbol{x}$ 的概率 (密度)。

- 新生目标强度函数——新生目标 RFS 的 PHD (一阶矩密度)：

$$b_{k+1|k}(\boldsymbol{x})=\frac{\delta\beta_{B_{k+1|k}}}{\delta\boldsymbol{x}}(\emptyset),\quad \beta_{B_{k+1|k}}(S)=\Pr(B_{k+1|k}\subseteq S) \tag{7.56}$$

- 目标新生率——新生目标数目的期望值：

$$N^{\mathrm{B}}_{k+1|k}=\int b_{k+1|k}(\boldsymbol{x})\mathrm{d}\boldsymbol{x} \tag{7.57}$$

- 新生目标的空间分布：

$$s^{\mathrm{B}}_{k+1|k}(\boldsymbol{x})=\frac{b_{k+1|k}(\boldsymbol{x})}{N^{\mathrm{B}}_{k+1|k}} \tag{7.58}$$

- 新生目标的 *p.g.f.* 及势分布：

$$G^{\mathrm{B}}_{k+1|k}(x)=G^{\mathrm{B}}_{k+1|k}[x]=e^{N_{k+1|k}\cdot(x-1)} \tag{7.59}$$

$$p^{\mathrm{B}}_{k+1|k}(n)=\frac{1}{n!}\frac{\mathrm{d}^n G^{\mathrm{B}}_{k+1|k}}{\mathrm{d}x^n}(0)=e^{-N^{\mathrm{B}}_{k+1|k}}\cdot\frac{(N^{\mathrm{B}}_{k+1|k})^n}{n!} \tag{7.60}$$

PHD 为 $b_{k+1|k}(\boldsymbol{x})$ 的泊松新生目标的 p.g.fl. 可表示为

$$G^{\mathrm{B}}_{k+1|k}[h]=e^{b_{k+1|k}[h-1]} \tag{7.61}$$

式中

$$b_{k+1|k}[h-1]=\int(h(\boldsymbol{x})-1)\cdot b_{k+1|k}(\boldsymbol{x})\mathrm{d}\boldsymbol{x} \tag{7.62}$$

显然有

$$N^{\mathrm{B}}_{k+1|k}=\left[\frac{\mathrm{d}G^{\mathrm{B}}_{k+1|k}}{\mathrm{d}x}(x)\right]_{x=1} \tag{7.63}$$

给定上述模型函数后，令 t_k 时刻的目标集 $X' = \{\boldsymbol{x}'_1, \cdots, \boldsymbol{x}'_{n'}\}$ ($|X'| = n'$)，t_{k+1} 时刻的目标集 $X = \{\boldsymbol{x}_1, \cdots, \boldsymbol{x}_n\}$ ($|X| = n$)，则标准运动模型的基本统计描述符可表示如下：

- 标准多目标运动模型的 *p.g.fl.* (文献 [179] 中的 (13.61) 式)：

$$G_{k+1}[h|X'] = e^{b_{k+1}[h-1]} \cdot (1 - p_{\mathrm{S}} + p_{\mathrm{S}} M_h)^{X'} \tag{7.64}$$

式中：幂泛函 h^X 的定义见式(3.5)；且

$$M_h(\boldsymbol{x}') = \int h(\boldsymbol{x}) \cdot f_{k+1|k}(\boldsymbol{x}|\boldsymbol{x}')\mathrm{d}\boldsymbol{x} \tag{7.65}$$

- 标准多目标运动模型的多目标马尔可夫转移密度 (文献 [179] 中的 (13.42) 式和 (13.43) 式)：

$$f_{k+1|k}(X|X') = b_{k+1|k}(X) \cdot (1 - p_{\mathrm{S}})^{X'} \cdot \sum_{\theta} \prod_{i:\theta(i)>0} \frac{p_{\mathrm{S}}(\boldsymbol{x}_i) \cdot f_{k+1|k}(\boldsymbol{x}_{\theta(i)}|\boldsymbol{x}'_i)}{(1 - p_{\mathrm{S}}(\boldsymbol{x}'_i)) \cdot b_{k+1|k}(\boldsymbol{x}_{\theta(i)})} \tag{7.66}$$

而其中的泊松新生目标概率分布为

$$b_{k+1|k}(X) = e^{-N^{\mathrm{B}}_{k+1|k}} \prod_{\boldsymbol{x} \in X} b_{k+1|k}(\boldsymbol{x}) \tag{7.67}$$

式中：$N^{\mathrm{B}}_{k+1|k} = \int b_{k+1|k}(\boldsymbol{x})\mathrm{d}\boldsymbol{x}$。式(7.66)中的求和遍历所有满足条件“$\theta(i) = \theta(i') > 0 \Rightarrow i = i'$”的函数 $\theta : \{1, \cdots, n'\} \to \{0, 1, \cdots, n\}$。对于任一给定的 θ，$\theta(i) = 0$ 表示目标 $\boldsymbol{x}_i$ 消失；$\theta(i) > 0$ 表示 $\boldsymbol{x}_i$ 转变为状态为 $\boldsymbol{x}_{\theta(i)}$ 的目标。根据约定，对于 $\theta(i)$ 全为零的关联 θ (所有目标均消失)，式(7.66)中的乘积项为 1。

下面给出三种特殊情形：

- 无目标新生：此时 $N^{\mathrm{B}}_{k+1|k} = 0$ (文献 [179] 中的 (13.38) 式和 (13.39) 式)。因此，若 $n > n'$，则 $f_{k+1|k}(X|X') = 0$；否则，有

$$f_{k+1|k}(X|X') = (1 - p_{\mathrm{S}})^{X'} \cdot \sum_{1 \leqslant i_1 \neq \cdots \neq i_n \leqslant n'} \prod_{j=1}^{n} \frac{p_{\mathrm{S}}(\boldsymbol{x}'_{i_j}) \cdot f_{k+1|k}(\boldsymbol{x}_j|\boldsymbol{x}'_{i_j})}{1 - p_{\mathrm{S}}(\boldsymbol{x}'_{i_j})} \tag{7.68}$$

$$= (1 - p_{\mathrm{S}})^{X'} \sum_{\tau} \prod_{\boldsymbol{x} \in X} \frac{p_{\mathrm{S}}(\tau(\boldsymbol{x})) \cdot f_{k+1|k}(\boldsymbol{x}|\tau(\boldsymbol{x}))}{1 - p_{\mathrm{S}}(\tau(\boldsymbol{x}))} \tag{7.69}$$

其中，第二个求和式遍历所有单射 $\tau : X \to X'$。也就是说，对于给定的 τ 以及 $X = \{\boldsymbol{x}_1, \cdots, \boldsymbol{x}_n\}$ ($|X| = n$)，假定 t_k 时刻状态集 $\{\tau(\boldsymbol{x}_1), \cdots, \tau(\boldsymbol{x}_n)\} \subseteq X'$ 中的目标在 t_{k+1} 时刻转变为 $\boldsymbol{x}_1, \cdots, \boldsymbol{x}_n$，而 $|X'|$ 中的其余目标均消失。

- 无目标消亡：此时 $p_{\mathrm{S}}(\boldsymbol{x}') = 1$，有

$$f_{k+1|k}(X|X') = b_{k+1}(X) \cdot \sum_{\theta} \prod_{i:\theta(i)>0} \frac{f_{k+1|k}(\boldsymbol{x}_{\theta(i)}|\boldsymbol{x}'_i)}{b_{k+1|k}(\boldsymbol{x}_{\theta(i)})} \tag{7.70}$$

- 无目标新生与消亡：此时 $N^{\mathrm{B}}_{k+1|k}=0$ 且 $p_{\mathrm{S}}=1$(文献 [179] 中的 (12.35) 式)，有

$$f_{k+1|k}(X|X')=\delta_{n,n'}\sum_{\pi}f_{k+1|k}(\boldsymbol{x}_1|\boldsymbol{x}'_{\pi1})\cdots f_{k+1|k}(\boldsymbol{x}_n|\boldsymbol{x}'_{\pi n}) \tag{7.71}$$

  式中的求和遍历数字 $1,\cdots,n$ 的所有排列 π。

7.5 含衍生的标准运动模型

(7.52)式标准运动模型的一种变形放宽了 $T_{k+1|k}(\boldsymbol{x}')$ 为伯努利 RFS 这一假设，允许 $|T_{k+1|k}(\boldsymbol{x}')|$ 取 0 和 1 之外的其他值。此时，称 t_k 时刻的目标 $\boldsymbol{x}'_i$ 在 t_{k+1} 时刻衍生出目标集 $T_{k+1|k}(\boldsymbol{x}'_i)$ (目标当然可以衍生其本身)，含衍生标准运动模型的 p.g.fl. 及马尔可夫转移密度的表达式可参见文献 [179] 第 13.2.5 节。

7.6 本篇结构

第 II 篇的结构安排如下：

- 第8章：经典 PHD/CPHD 滤波器，包括泛 *PHD* 滤波器及零虚警 (ZFA) CPHD 滤波器。
- 第9章：经典 PHD/CPHD 滤波器的实际实现。
- 第10章：多传感器 PHD/CPHD 滤波器。
- 第11章：马尔可夫跳变版的 PHD/CPHD 滤波器——可改善对快速机动的“非合作”目标的跟踪性能。
- 第12章：扩展 PHD 滤波器以估计未知的传感器空间偏置。
- 第13章：多伯努利滤波器，包括伯努利和 CBMeMBer 滤波器。
- 第14章：RFS 贝叶斯多目标平滑器。
- 第15章：多目标贝叶斯滤波器的 Vo-Vo 精确闭式解。

第8章　经典PHD/CPHD滤波器

8.1　简　介

5.10.4节和5.10.5节介绍了经典PHD/CPHD滤波器的基本思路，本章将对这些滤波器做更详细的描述，并给出一些特殊情形及推广形式。

8.1.1　要点概述

在本章学习过程中，需要掌握的主要概念、结论和公式如下：

- *泛PHD滤波器*：该滤波器允许一般性的杂波模型与目标观测生成模型，其观测更新方程为

$$\frac{D_{k+1|k+1}(\boldsymbol{x})}{D_{k+1|k}(\boldsymbol{x})}=1-\tilde{p}_{\mathrm{D}}(\boldsymbol{x})+\sum_{\mathcal{P}\boxminus Z_{k+1}}\omega_{\mathcal{P}}\frac{L_W(\boldsymbol{x})}{\kappa_W+\tau_W} \tag{8.1}$$

  式中的求和遍历当前观测集 Z_{k+1} 的所有分割 $\mathcal{P}$。该滤波器是式(3.88)Clark通用链式法则的推论，也可以推广至多传感器情形(见10.3节)。

- 式(8.1)是之前曾报道过的一些PHD滤波器背后的理论基础(但彼时尚未认识到)，如扩展目标PHD滤波器(文献[174, 226]及本书第21章)、未分辨目标PHD滤波器(文献[175]及本书第21章)。

- 但式(8.1)本质上是组合复杂度的，研究人员目前正致力于设计可实用化的近似(见21.4.3.3节)。

- 式(8.1)的一种特殊情形将经典PHD滤波器推广到任意杂波过程，却保持同样的计算复杂度，其观测更新方程为

$$\frac{D_{k+1|k+1}(\boldsymbol{x})}{D_{k+1|k}(\boldsymbol{x})}=1-p_{\mathrm{D}}(\boldsymbol{x})+\sum_{\boldsymbol{z}\in Z_{k+1}}\frac{p_{\mathrm{D}}(\boldsymbol{x})\cdot L_{\boldsymbol{z}}(\boldsymbol{x})}{\frac{\kappa_{k+1}(\{\boldsymbol{z}\})}{\kappa_{k+1}(\emptyset)}+\tau_{k+1}(\boldsymbol{x})} \tag{8.2}$$

  式中：$\kappa_{k+1}(Z)$ 为杂波RFS的多目标密度函数，仅需用到 $Z=\emptyset$ 和 $Z=\{\boldsymbol{z}\}$ 处的值。

- 式(8.2)的一个直接但却需慎重的推论是(见8.3.3节注解21)：
  - 出现在PHD滤波器公式(如(8.2)式)中的类杂波项(如 $\kappa_{k+1}(\{\boldsymbol{z}\})/\kappa_{k+1}(\emptyset)$)不一定是杂波RFS的强度函数(PHD)。

- 经典PHD滤波器的观测更新方程是(8.2)式的一种特殊情况：

$$\frac{D_{k+1|k+1}(\boldsymbol{x})}{D_{k+1|k}(\boldsymbol{x})}=1-p_{\mathrm{D}}(\boldsymbol{x})+\sum_{\boldsymbol{z}\in Z_{k+1}}\frac{p_{\mathrm{D}}(\boldsymbol{x})\cdot L_{\boldsymbol{z}}(\boldsymbol{x})}{\kappa_{k+1}(\boldsymbol{z})+\tau_{k+1}(\boldsymbol{x})} \tag{8.3}$$

- 经典CPHD滤波器的时间更新和观测更新方程(8.5节)。

- 若目标分布不太密集，则可用一个与经典 PHD 滤波器具有相同计算复杂度的近似 CPHD 滤波器替代经典 CPHD 滤波器 (8.5.7节)。
- 作为经典 CPHD 滤波器的一个有用的特例，零虚警 CPHD 滤波器适用于无杂波情形。它与经典 PHD 滤波器具有相同的计算复杂度，其观测更新方程为 (8.6节)

$$\frac{N_{k+1|k}\cdot D_{k+1|k+1}(\boldsymbol{x})}{D_{k+1|k}(\boldsymbol{x})}=(1-p_{\mathrm{D}}(\boldsymbol{x}))\cdot\frac{G_{k+1|k}^{(m+1)}(\phi_k)}{G_{k+1|k}^{(m)}(\phi_k)}+\sum_{\boldsymbol{z}\in Z_{k+1}}\frac{p_{\mathrm{D}}(\boldsymbol{x})\cdot L_{\boldsymbol{z}}(\boldsymbol{x})}{\hat{\tau}_{k+1}(\boldsymbol{z})} \tag{8.4}$$

$$p_{k+1|k+1}(n)\propto C_{n,m}\cdot\phi_k^{n-m}\cdot p_{k+1|k}(n) \tag{8.5}$$

8.1.2 本章结构

本章结构安排如下：

- 8.2节：任意杂波和任意目标观测生成模型下的泛 PHD 滤波器。
- 8.3节：经典 PHD 滤波器向任意杂波过程的推广。
- 8.4节：经典 PHD 滤波器。
- 8.5节：经典 CPHD 滤波器。
- 8.6节：零虚警 (ZFA) CPHD 滤波器。
- 8.7节：PHD 滤波器向目标状态相关杂波的推广。

8.2 泛 PHD 滤波器

经典 PHD 滤波器基于7.2节的标准多目标观测模型——假定目标至多生成一个观测且杂波 RFS 为泊松过程，从而确保了经典 PHD 滤波器的计算可实现性。

与之不同的是，文献 [47] 最早报道了一个一般性的 PHD 滤波器 (泛 PHD 滤波器)。该滤波器基于5.5节末的广义标准多目标观测模型，可容许任意杂波与任意的目标观测生成模型。但该滤波器的局限性是其 PHD 观测更新方程中的组合求和项需遍历当前观测集的所有分割。尽管如此，研究人员仍在不懈地为这类观测更新方程设计实用化近似。本节简要介绍泛 PHD 滤波器，其多传感器版见10.3节。

经典 PHD 滤波器基于下面的多目标观测模型：

$$\Sigma_{k+1}=\Upsilon_{k+1}(\boldsymbol{x}_1)\cup\cdots\cup\Upsilon_{k+1}(\boldsymbol{x}_n)\cup C_{k+1} \tag{8.6}$$

式中：杂波 C_{k+1} 为泊松 RFS；$\Upsilon_{k+1}(\boldsymbol{x})$ 为伯努利 RFS；$\Upsilon_{k+1}(\boldsymbol{x}_1),\cdots,\Upsilon_{k+1}(\boldsymbol{x}_n),C_{k+1}$ 统计独立。在本节中，C_{k+1} 和 $\Upsilon_{k+1}(\boldsymbol{x})$ 均任意。

泛 PHD 滤波器的运动模型同经典 PHD 滤波器，即

$$\Xi_{k+1|k}=T_{k+1|k}(\boldsymbol{x}'_1)\cup\cdots\cup T_{k+1|k}(\boldsymbol{x}'_n)\cup B_{k+1|k} \tag{8.7}$$

式中：$\boldsymbol{x}'_1,\cdots,\boldsymbol{x}'_n$ 表示 t_k 时刻的目标状态；新生目标 $B_{k+1|k}$ 为泊松 RFS；$T_{k+1|k}(\boldsymbol{x}')$ 为伯努利 RFS；$T_{k+1|k}(\boldsymbol{x}'_1),\cdots,T_{k+1|k}(\boldsymbol{x}'_n),B_{k+1|k}$ 统计独立。

注解 17 (簇群过程): 如4.4.2节例 2 中所述，源自目标的 RFS 观测是簇群过程的一个典型实例。根据其中的表示：$\Psi = \Xi_{k+1|k}$ 为父过程；$\Delta_{\boldsymbol{x}} = \Upsilon_{\boldsymbol{x}} \stackrel{\text{abbr.}}{=} \Upsilon_{k+1}(\boldsymbol{x})$ 为子过程。因此，源自目标的 RFS 观测可表示为

$$\Delta = \Sigma_{k+1} = \bigcup_{\boldsymbol{x} \in \Xi_{k+1|k}} \Upsilon_{k+1}(\boldsymbol{x}) \tag{8.8}$$

上式即总簇群过程。根据式(4.135)，观测–目标联合 p.g.fl. 为

$$F[g,h] = G_{\Sigma_{k+1},\Xi_{k+1|k}}[g,h] = G_{\Xi_{k+1|k}}[h \cdot G_{\Upsilon_*}[g]] \tag{8.9}$$

式中

$$T[g](\boldsymbol{x}) \stackrel{\text{abbr.}}{=} G_{\Upsilon_{\boldsymbol{x}}}[g] = \int g^Z \cdot f_{\Upsilon_{\boldsymbol{x}}}(Z)\delta Z \tag{8.10}$$

上式即子 RFS 的 p.g.fl.。式(8.9)中的 $G_{\Xi_{k+1|k}}[h \cdot G_{\Upsilon_*}[g]]$ 是 $G_{\Xi_{k+1|k}}[h \cdot T[g]]$ 的简写形式。类似注解也适用于存活目标的 RFS。

本节内容安排如下：

- 8.2.1节：泛 PHD 滤波器的运动建模 (同经典 PHD 滤波器)。
- 8.2.2节：泛 PHD 滤波器的时间更新方程 (同经典 PHD 滤波器)。
- 8.2.3节：泛 PHD 滤波器的观测建模。
- 8.2.4节：泛 PHD 滤波器的观测更新方程。

8.2.1 泛 PHD 滤波器：运动建模

下面的运动模型不仅适于本滤波器，也适于经典 PHD 滤波器 (8.4.1节) 及其任意杂波推广形式 (8.3.1节)。

- 单目标马尔可夫转移密度 $f_{k+1|k}(\boldsymbol{x}|\boldsymbol{x}')$：表示 t_k 时刻状态为 $\boldsymbol{x}'$ 的目标在 t_{k+1} 时刻状态为 $\boldsymbol{x}$ 的概率。
- 目标存活概率 $p_S(\boldsymbol{x}') \stackrel{\text{abbr.}}{=} p_{S,k+1}(\boldsymbol{x}')$：表示 t_k 时刻状态为 $\boldsymbol{x}'$ 的目标在 t_{k+1} 时刻不消亡的概率。
- 新生目标 *PHD* $b_{k+1|k}(\boldsymbol{x})$：多目标分布 $f^{\mathrm{B}}_{k+1|k}(X)$ (t_{k+1} 时刻场景中出现新目标集 X 的概率 / 密度) 的 PHD (强度函数)。定义

$$N^{\mathrm{B}}_{k+1|k} = \int b_{k+1|k}(\boldsymbol{x})\mathrm{d}\boldsymbol{x} \tag{8.11}$$

$$s^{\mathrm{B}}_{k+1|k}(\boldsymbol{x}) = \frac{b_{k+1|k}(\boldsymbol{x})}{N^{\mathrm{B}}_{k+1|k}} \tag{8.12}$$

上面两式分别表示目标新生率 (新生目标数目的期望值) 与新生目标空间分布。

- 衍生目标 *PHD* $b_{k+1|k}(\boldsymbol{x}|\boldsymbol{x}')$：多目标分布 $f^{\mathrm{sp}}_{k+1|k}(X|\boldsymbol{x}')$ (t_k 时刻状态为 $\boldsymbol{x}'$ 的目标在 t_{k+1} 时刻衍生出新目标集 X 的概率 / 密度) 的 PHD。定义

$$N^{\mathrm{B}}_{k+1|k}(\boldsymbol{x}') = \int b_{k+1|k}(\boldsymbol{x}|\boldsymbol{x}')\mathrm{d}\boldsymbol{x} \tag{8.13}$$

$$s^{\mathrm{B}}_{k+1|k}(\boldsymbol{x}|\boldsymbol{x}') = \frac{b_{k+1|k}(\boldsymbol{x}|\boldsymbol{x}')}{N^{\mathrm{B}}_{k+1|k}(\boldsymbol{x}')} \tag{8.14}$$

上面两式分别表示目标 $\boldsymbol{x}'$ 的衍生率和衍生目标的空间分布。

8.2.2 泛 PHD 滤波器：预测器

本节的时间更新方程不仅适于泛 PHD 滤波器，也适于经典 PHD 滤波器 (8.4.1节) 及其任意杂波推广形式 (8.3.1节)。

给定 PHD $D_{k|k}(\boldsymbol{x})$ 及目标数期望值 $N_{k|k}$，现需确定预测 PHD $D_{k+1|k}(\boldsymbol{x})$ 及预测目标数的期望值 $N_{k+1|k}$。预测 PHD 可由下述方程精确 (非近似) 给出[①]：

$$D_{k+1|k}(\boldsymbol{x}) = b_{k+1|k}(\boldsymbol{x}) + \int F_{k+1|k}(\boldsymbol{x}|\boldsymbol{x}') \cdot D_{k|k}(\boldsymbol{x}')\mathrm{d}\boldsymbol{x}' \tag{8.15}$$

式中的 PHD 滤波器伪马尔可夫密度为

$$F_{k+1|k}(\boldsymbol{x}|\boldsymbol{x}') = p_{\mathrm{S}}(\boldsymbol{x}') \cdot f_{k+1|k}(\boldsymbol{x}|\boldsymbol{x}') + b_{k+1|k}(\boldsymbol{x}|\boldsymbol{x}') \tag{8.16}$$

故预测目标数的期望值为

$$N_{k+1|k} = \int D_{k+1|k}(\boldsymbol{x})\mathrm{d}\boldsymbol{x} \tag{8.17}$$

$$= N^{\mathrm{B}}_{k+1|k} + \int \left(p_{\mathrm{S}}(\boldsymbol{x}') + N^{\mathrm{B}}_{k+1|k}(\boldsymbol{x}')\right) \cdot D_{k|k}(\boldsymbol{x}')\mathrm{d}\boldsymbol{x}' \tag{8.18}$$

注解 18 (时间更新方程的特殊情形)：在没有目标衍生的特殊情形下，上述公式便简化为

$$D_{k+1|k}(\boldsymbol{x}) = b_{k+1|k}(\boldsymbol{x}) + \int p_{\mathrm{S}}(\boldsymbol{x}') \cdot f_{k+1|k}(\boldsymbol{x}|\boldsymbol{x}') \cdot D_{k|k}(\boldsymbol{x}')\mathrm{d}\boldsymbol{x}' \tag{8.19}$$

$$N_{k+1|k} = N^{\mathrm{B}}_{k+1|k} + \int p_{\mathrm{S}}(\boldsymbol{x}') \cdot D_{k|k}(\boldsymbol{x}')\mathrm{d}\boldsymbol{x}' \tag{8.20}$$

若加上无目标新生的假定，则可进一步简化为

$$D_{k+1|k}(\boldsymbol{x}) = \int p_{\mathrm{S}}(\boldsymbol{x}') \cdot f_{k+1|k}(\boldsymbol{x}|\boldsymbol{x}') \cdot D_{k|k}(\boldsymbol{x}')\mathrm{d}\boldsymbol{x}' \tag{8.21}$$

$$N_{k+1|k} = \int p_{\mathrm{S}}(\boldsymbol{x}') \cdot D_{k|k}(\boldsymbol{x}')\mathrm{d}\boldsymbol{x}' \tag{8.22}$$

进一步附加无目标消失的假定，则最终可简化为

$$D_{k+1|k}(\boldsymbol{x}) = \int f_{k+1|k}(\boldsymbol{x}|\boldsymbol{x}') \cdot D_{k|k}(\boldsymbol{x}')\mathrm{d}\boldsymbol{x}' \tag{8.23}$$

$$N_{k+1|k} = \int D_{k|k}(\boldsymbol{x}')\mathrm{d}\boldsymbol{x}' = N_{k|k} \tag{8.24}$$

[①] 注意：此处未对先验多目标分布 $f_{k|k}(X|Z^{(k)})$ 做任何特殊假设，特别是未假定它为泊松过程。

8.2.3 泛 PHD 滤波器：观测建模

泛 PHD 滤波器的观测更新方程需要下列模型假设：

- 单目标多观测似然函数——$\Upsilon_{k+1}(\boldsymbol{x})$ 的多目标概率密度函数：

$$L_Z(\boldsymbol{x}) \overset{\text{abbr.}}{=} f_{k+1}(Z|\boldsymbol{x}) = \frac{\delta G_{k+1}^{\boldsymbol{x}}}{\delta Z}[0] \tag{8.25}$$

式中：$G_{k+1}^{\boldsymbol{x}}[g]$ 为 $\Upsilon_{k+1}(\boldsymbol{x})$ 的 p.g.fl.。

- 广义检测概率——目标 $\boldsymbol{x}$ 至少生成一个观测的概率：

$$\tilde{p}_{\mathrm{D}}(\boldsymbol{x}) \overset{\text{abbr.}}{=} \tilde{p}_{\mathrm{D},k+1}(\boldsymbol{x}) = 1 - f_{k+1}(\emptyset|\boldsymbol{x}) \tag{8.26}$$

- 对数杂波密度——对数 p.g.fl. $\log G_{k+1}^{\kappa}[g]$ 的多目标密度函数：

$$\kappa_Z = \frac{\delta \log G_{k+1}^{\kappa}}{\delta Z}[0] \tag{8.27}$$

式中：$G_{k+1}^{\kappa}[g]$ 为杂波 RFS C_{k+1} 的 p.g.fl.。

- 无杂波的可能性——为确保 $\log G_{k+1}^{\kappa}[g]$ 定义良好，必须假定存在未获得任何杂波观测的可能性 (这一假设对于泊松杂波自动成立)：

$$p_{k+1}^{\kappa}(0) > 0 \tag{8.28}$$

在该假定下，对于所有的 g，$G_{k+1}^{\kappa}[g] > 0$，因此 $\log G_{k+1}^{\kappa}[g]$ 具有确切的定义。

8.2.4 泛 PHD 滤波器：校正器

下式为(3.88)式 Clark 通用链式法则的一个推论：

$$D_{k+1|k+1}(\boldsymbol{x}) = L_{Z_{k+1}}(\boldsymbol{x}) \cdot D_{k+1|k}(\boldsymbol{x}) \tag{8.29}$$

其中的 PHD 伪似然由下式给出 (文献 [47] 中的 (27)~(29) 式)：

$$L_{Z_{k+1}}(\boldsymbol{x}) = 1 - \tilde{p}_{\mathrm{D}}(\boldsymbol{x}) + \sum_{\mathcal{P} \boxminus Z_{k+1}} \omega_{\mathcal{P}} \sum_{W \in \mathcal{P}} \frac{L_W(\boldsymbol{x})}{\kappa_W + \tau_W} \tag{8.30}$$

上式中的求和遍历观测集 Z_{k+1} 的所有分割 $\mathcal{P}$，且

$$\tau_W = \int L_W(\boldsymbol{x}) \cdot D_{k+1|k}(\boldsymbol{x}) \mathrm{d}\boldsymbol{x} \tag{8.31}$$

$$\omega_{\mathcal{P}} = \frac{\prod_{W \in \mathcal{P}} (\kappa_W + \tau_W)}{\sum_{\mathcal{Q} \boxminus Z_{k+1}} \prod_{V \in \mathcal{Q}} (\kappa_V + \tau_V)} \tag{8.32}$$

上述结果的证明见文献 [47] 第 IV 节，而关于分割理论的简介则参见附录D。

注解 19 (泛 PHD 滤波器的计算复杂度)：由于组合求和项的存在，式(8.30)的实际效用令人质疑。然而，扩展目标 PHD 滤波器的校正器方程[174] 中也存在类似的组合求和项 (见第21章)，迄今已经为其设计了若干的实用化近似[226,285]，见21.4.3节。值得指出的是，“理

想的”多假设跟踪器 (MHT) 同样也具有组合复杂度，但为了使之具备计算上的可实现性，研究人员开发了大量的近似技术。

8.3 任意杂波 PHD 滤波器

式(8.29)~(8.32)的一个直接推论：

- 经典 PHD 滤波器的观测更新方程 (8.4.3节) 可推广至任意杂波过程，却不增计算复杂度。

本节介绍该滤波器。

8.3.1 任意杂波 PHD 滤波器：时间更新方程

该滤波器的运动模型和时间更新方程同泛 PHD 滤波器，见8.2.1节及8.3.1节。

8.3.2 任意杂波 PHD 滤波器：观测建模

本节描述该滤波器所用的观测模型。根据式(5.41)，式(8.26)中的广义检测概率 $\tilde{p}_{\mathrm{D}}(\boldsymbol{x})$ 可简化为传统检测概率：

$$\tilde{p}_{\mathrm{D}}(\boldsymbol{x}) = p_{\mathrm{D}}(\boldsymbol{x}) \tag{8.33}$$

根据式(5.48)，式(8.25)的一般单目标多观测似然函数 $L_Z(\boldsymbol{x})$ 可简化为

$$L_Z(\boldsymbol{x}) = \frac{\delta G^{\boldsymbol{x}}_{k+1}}{\delta Z}[0] = \begin{cases} 1 - p_{\mathrm{D}}(\boldsymbol{x}), & Z = \emptyset \\ p_{\mathrm{D}}(\boldsymbol{x}) \cdot L_{\boldsymbol{z}}(\boldsymbol{x}), & Z = \{\boldsymbol{z}\} \\ 0, & |Z| > 1 \end{cases} \tag{8.34}$$

因此，最终可得到下列模型：

- 传感器检测概率：$p_{\mathrm{D}}(\boldsymbol{x}) \overset{\text{abbr.}}{=} p_{\mathrm{D},k+1}(\boldsymbol{x})$，表示 t_{k+1} 时刻目标 $\boldsymbol{x}$ 生成某观测的概率[①]。
- 传感器似然函数：$L_{\boldsymbol{z}}(\boldsymbol{x}) \overset{\text{abbr.}}{=} f_{k+1}(\boldsymbol{z}|\boldsymbol{x})$，表示 t_{k+1} 时刻目标 $\boldsymbol{x}$ 生成的观测为 $\boldsymbol{z}$ 的概率 (密度)。
- 任意杂波分布 $\kappa_{k+1}(Z)$：仅需先验已知两项 $\kappa_{k+1}(\{\boldsymbol{z}\})$ 和 $\kappa_{k+1}(\emptyset)$ ($\kappa_{k+1}(\emptyset) > 0$)。

8.3.3 任意杂波 PHD 滤波器：校正器

基于上述模型假定，式(8.30)可简化为

$$L_{Z_{k+1}}(\boldsymbol{x}) = 1 - p_{\mathrm{D}}(\boldsymbol{x}) + \sum_{\boldsymbol{z} \in Z_{k+1}} \frac{p_{\mathrm{D}}(\boldsymbol{x}) \cdot L_{\boldsymbol{z}}(\boldsymbol{x})}{\tilde{\kappa}_{k+1}(\boldsymbol{z}) + \tau_{k+1}(\boldsymbol{z})} \tag{8.35}$$

式(8.31)则简化为

$$\tau_{k+1}(\boldsymbol{z}) = \int p_{\mathrm{D}}(\boldsymbol{x}) \cdot L_{\boldsymbol{z}}(\boldsymbol{x}) \cdot D_{k+1|k}(\boldsymbol{x}) \mathrm{d}\boldsymbol{x} \tag{8.36}$$

[①] 由式(8.26)中的广义检测概率退化而来：$\tilde{p}_{\mathrm{D}}(\boldsymbol{x}) = p_{\mathrm{D}}(\boldsymbol{x})$。

根据(8.27)式，杂波的“伪强度”函数如下所示：

$$\tilde{\kappa}_{k+1}(z)=\frac{\kappa_{k+1}(\{z\})}{p_{k+1}^{\kappa}(0)} \tag{8.37}$$

注解 20 (任意杂波 PHD 滤波器的推导): 根据式(8.34)，对于任意的 $|W|>1$，$L_W=0$。此时，式(8.30)求和部分余下的唯一一项就是 Z_{k+1} 的 $|Z_{k+1}|$ 元分割 $\mathcal{P}$ (其 $|Z_{k+1}|$ 个单元对应 Z_{k+1} 的 $|Z_{k+1}|$ 个孤元子集)，因此式(8.30)可简化为

$$L_{Z_{k+1}}(\boldsymbol{x})=1-p_{\mathrm{D}}(\boldsymbol{x})+\sum_{z\in Z_{k+1}}\frac{L_{\{z\}}(\boldsymbol{x})}{\kappa_{\{z\}}+\tau_{\{z\}}} \tag{8.38}$$

根据式(8.31)可得

$$\tau_{\{z\}}=\int L_{\{z\}}(\boldsymbol{x})\cdot D_{k+1|k}(\boldsymbol{x})\mathrm{d}\boldsymbol{x}=\int p_{\mathrm{D}}(\boldsymbol{x})\cdot L_{z}(\boldsymbol{x})\cdot D_{k+1|k}(\boldsymbol{x})\mathrm{d}\boldsymbol{x} \tag{8.39}$$

根据式(8.27)可得

$$\kappa_{\{z\}}=\frac{\delta\log G_{k+1}^{\kappa}}{\delta z}[0]=\left[\frac{\delta\log G_{k+1}^{\kappa}}{\delta z}[g]\right]_{g=0} \tag{8.40}$$

$$=\left[\frac{1}{G_{k+1}^{\kappa}[g]}\frac{\delta G_{k+1}^{\kappa}}{\delta z}[g]\right]_{g=0} \tag{8.41}$$

$$=\frac{1}{G_{k+1}^{\kappa}[0]}\cdot\kappa_{k+1}(\{z\})=\frac{\kappa_{k+1}(\{z\})}{p_{k+1}^{\kappa}(0)} \tag{8.42}$$

因此，式(8.38)即可化为式(8.35)。

注解 21 (注意事项): 式(8.35)在形式上容易让人将 $\tilde{\kappa}_{k+1}(z)$ 误以为是杂波 RFS C_{k+1} 的 PHD (下式的强度函数)：

$$\kappa_{k+1}(z)=\frac{\delta G_{k+1}^{\kappa}}{\delta z}[1]=\frac{\delta\log G_{k+1}^{\kappa}}{\delta z}[1] \tag{8.43}$$

但通常并非如此，这是因为

$$\frac{\delta\log G_{k+1}^{\kappa}}{\delta z}[0]\neq\frac{\delta\log G_{k+1}^{\kappa}}{\delta z}[1] \tag{8.44}$$

因此，虽然(8.35)等公式中存在一个杂波的类强度函数 $\tilde{\kappa}_{k+1}(z)$，但这并不表示 $\tilde{\kappa}_{k+1}(z)$ 确为一杂波强度函数，结论成立与否需要单独的证明。在18.5.5节的“未知杂波”PHD/CPHD 滤波器中，还将重新探讨这一问题。

8.4 经典 PHD 滤波器

经典 PHD 滤波器假定式(8.35)中的杂波为下述泊松 RFS：

$$\kappa_{k+1}(Z)=e^{-\lambda_{k+1}}\cdot\kappa_{k+1}^{Z} \tag{8.45}$$

此时，式(8.37)可简化为

$$\tilde{\kappa}_{k+1}(z) = \frac{\kappa_{k+1}(\{z\})}{p_{k+1}^{\kappa}(0)} = \frac{e^{-\lambda_{k+1}} \cdot \kappa_{k+1}(z)}{e^{-\lambda_{k+1}}} = \kappa_{k+1}(z) \tag{8.46}$$

本节介绍经典 PHD 滤波器及其主要特性，内容安排如下：

- 8.4.1节：经典 PHD 滤波器的时间更新方程。
- 8.4.2节：经典 PHD 滤波器的观测建模假设。
- 8.4.3节：经典 PHD 滤波器的观测更新方程。
- 8.4.4节：经典 PHD 滤波器的多目标状态估计。
- 8.4.5节：经典 PHD 滤波器的多目标不确定性估计。
- 8.4.6节：经典 PHD 滤波器的主要特性。

8.4.1 经典 PHD 滤波器：预测器

经典 PHD 滤波器的运动模型及时间更新方程同泛 PHD 滤波器 (见8.2.2节)。

8.4.2 经典 PHD 滤波器：观测建模

8.4.3节的 PHD 滤波器观测更新方程基于下述模型 (原始定义见7.2节)：

- 传感器检测概率：$p_D(\boldsymbol{x}) \overset{\text{abbr.}}{=} p_{D,k+1}(\boldsymbol{x})$，表示 t_{k+1} 时刻目标 $\boldsymbol{x}$ 产生某观测的概率。
- 传感器似然函数：$L_{\boldsymbol{z}}(\boldsymbol{x}) \overset{\text{abbr.}}{=} f_{k+1}(\boldsymbol{z}|\boldsymbol{x})$，表示 t_{k+1} 时刻目标 $\boldsymbol{x}$ 生成的观测为 $\boldsymbol{z}$ 的概率 (密度)。
- 杂波密度函数 (也称为杂波 *PHD*)：$\kappa_{k+1}(z)$，即多目标分布 $\kappa_{k+1}(Z)$——t_{k+1} 时刻杂波观测集为 Z 的概率 (密度)——的 PHD。定义

$$\lambda_{k+1} = \int \kappa_{k+1}(z)\mathrm{d}z \tag{8.47}$$

$$c_{k+1}(z) = \frac{\kappa_{k+1}(z)}{\lambda_{k+1}} \tag{8.48}$$

上面两式分别表示杂波率 (杂波观测数目的期望值) 与杂波空间分布。

8.4.3 经典 PHD 滤波器：校正器

已知：

- 新观测集 $Z_{k+1} = \{z_1, \cdots, z_m\}$ ($|Z_{k+1}| = m$)；
- 预测 PHD $D_{k+1|k}(\boldsymbol{x})$；
- 预测目标数的期望值 $N_{k+1|k}$。

现需确定观测更新 PHD $D_{k+1|k+1}(\boldsymbol{x})$ 以及观测更新目标数的期望值 $N_{k+1|k+1}$。为了获得闭式表达式，还需要下述假定：

- 预测多目标分布 $f_{k+1|k}(X|Z^{(k)})$ 是泊松的。

此时，观测更新 PHD 可由下式给定：

$$D_{k+1|k+1}(\boldsymbol{x}) = L_{Z_{k+1}}(\boldsymbol{x}) \cdot D_{k+1|k}(\boldsymbol{x}) \tag{8.49}$$

其中的 PHD 滤波器伪似然函数为

$$L_Z(\boldsymbol{x}) = 1 - p_{\mathrm{D}}(\boldsymbol{x}) + \sum_{\boldsymbol{z} \in Z} \frac{p_{\mathrm{D}}(\boldsymbol{x}) \cdot L_{\boldsymbol{z}}(\boldsymbol{x})}{\kappa_{k+1}(\boldsymbol{z}) + \tau_{k+1}(\boldsymbol{z})} \tag{8.50}$$

式中

$$\tau_{k+1}(\boldsymbol{z}) = \int p_{\mathrm{D}}(\boldsymbol{x}) \cdot L_{\boldsymbol{z}}(\boldsymbol{x}) \cdot D_{k+1|k}(\boldsymbol{x}) \mathrm{d}\boldsymbol{x} \tag{8.51}$$

通过对 $D_{k+1|k+1}(\boldsymbol{x})$ 求积分即可得到目标数的期望值：

$$N_{k+1|k+1} = D_{k+1|k}[1 - p_{\mathrm{D}}] + \sum_{\boldsymbol{z} \in Z_{k+1}} \frac{\tau_{k+1}(\boldsymbol{z})}{\kappa_{k+1}(\boldsymbol{z}) + \tau_{k+1}(\boldsymbol{z})} \tag{8.52}$$

式中

$$D_{k+1|k}[1 - p_{\mathrm{D}}] = \int (1 - p_{\mathrm{D}}(\boldsymbol{x})) \cdot D_{k+1|k}(\boldsymbol{x}) \mathrm{d}\boldsymbol{x} \tag{8.53}$$

注解 22 (一个有用的恒等式)：令

$$f_{k+1}(Z|Z^{(k)}) = \int f_{k+1}(Z|X) \cdot f_{k+1|k}(X|Z^{(k)}) \delta X \tag{8.54}$$

表示贝叶斯归一化因子，并假定 $f_{k+1|k}(X|Z^{(k)})$ 是泊松的，则下面的恒等式有时候非常管用 (文献 [165] 中的 (116) 式)：

$$f_{k+1}(Z|Z^{(k)}) = e^{-\lambda_{k+1} - D_{k+1|k}[p_{\mathrm{D}}]} \prod_{\boldsymbol{z} \in Z} (\kappa_{k+1}(\boldsymbol{z}) + \tau_{k+1}(\boldsymbol{z})) \tag{8.55}$$

式中

$$D_{k+1|k}[p_{\mathrm{D}}] = \int p_{\mathrm{D}}(\boldsymbol{x}) \cdot D_{k+1|k}(\boldsymbol{x}|Z^{(k)}) \mathrm{d}\boldsymbol{x} \tag{8.56}$$

8.4.4 经典 PHD 滤波器：状态估计

通常采用下述程式来估计当前目标的数目及状态：

- 式(8.52)的 $N_{k+1|k+1}$ 为目标数目的期望值，将其舍入至最近的整数 n；
- 寻找 $D_{k+1|k+1}(\boldsymbol{x}|Z^{(k+1)})$ 的 n 个最大的局部极大点 $\boldsymbol{x}_1, \cdots, \boldsymbol{x}_n$——这些 $\boldsymbol{x}$ 对应 n 个最大“峰值”位置；
- 将 $\boldsymbol{x}_1, \cdots, \boldsymbol{x}_n$ 作为目标航迹的状态估计；
- 当局部极大点少于 n 时，则将实际的 n' 个局部极大点作为状态估计，此时隐式地假定一些彼此接近的目标共同对应 PHD 的某个峰值。另外，若杂波率较大，则有可能误将杂波引起的峰值选作目标状态估计。

8.4.5 经典 PHD 滤波器：不确定性估计

在点过程意义上讲，PHD 滤波器是多目标贝叶斯滤波器的“一阶”近似，但这并不表示 PHD 滤波器不能提供传统意义上的二阶信息——航迹协方差。令 $\boldsymbol{x}_1, \cdots, \boldsymbol{x}_n$ 表示航迹的状态估计，对于任一给定的 $\boldsymbol{x}_i$，确定协方差矩阵 $\boldsymbol{P}_i$ 的基本思想是让高斯分布 $N_{\boldsymbol{P}_i}(\boldsymbol{x}-\boldsymbol{x}_i)$ 为某种准则下 $D_{k+1|k+1}(\boldsymbol{x})$ 在 $\boldsymbol{x}=\boldsymbol{x}_i$ 处的最佳拟合。

对于 PHD 滤波器的高斯混合 (GM) 实现，极易确定 $\boldsymbol{P}_i$；但对于序贯蒙特卡罗 (SMC) 实现，由于需要用到数据聚类技术，该过程相对要困难些。这方面的更多细节可参见9.5节和9.6节。

8.4.6 经典 PHD 滤波器：主要特性

本节旨在总结与经典 PHD 滤波器有关的一些重要性质：

- 8.4.6.1节：PHD 滤波器的一致特性。
- 8.4.6.2节：PHD 滤波器的计算复杂度。
- 8.4.6.3节：“类目标”观测与“类杂波”观测。
- 8.4.6.4节：PHD 滤波器的“自选通”特性。
- 8.4.6.5节：PHD 滤波器的线性化效应。
- 8.4.6.6节：窗平均法以期获得更好的目标数目估计。
- 8.4.6.7节：PHD 滤波器的一种推广——将泊松近似松弛为高斯–泊松近似。
- 8.4.6.8节：PHD 滤波器的其他数学推导。

8.4.6.1 经典 PHD 滤波器：一致特性

考虑单传感器单目标情形，即假定仅有一个目标、仅有一个传感器、无漏报、无虚警 / 杂波。在这些假设下，PHD 滤波器便退化为单传感器单目标贝叶斯滤波器。

为一探究竟，首先采用表示 $D_{k+1|k}(\boldsymbol{x})=f_{k+1|k}(\boldsymbol{x})$ 及 $D_{k|k}(\boldsymbol{x})=f_{k|k}(\boldsymbol{x})$，其中 $f_{k+1|k}(\boldsymbol{x})$ 和 $f_{k|k}(\boldsymbol{x})$ 均为概率密度函数。在上述假定下，式(8.23)可简化为

$$f_{k+1|k}(\boldsymbol{x})=\int f_{k+1|k}(\boldsymbol{x}|\boldsymbol{x}')\cdot f_{k|k}(\boldsymbol{x}')\mathrm{d}\boldsymbol{x}' \tag{8.57}$$

上式即单传感器单目标贝叶斯滤波器的时间更新方程 (见(2.25)式)。

在上述假定下，对于 $Z_{k+1}=\{\boldsymbol{z}_1\}$，(8.49)~(8.50)式的观测更新方程可简化为

$$f_{k+1|k+1}(\boldsymbol{x})=\left(1-p_{\mathrm{D}}(\boldsymbol{x})+\sum_{j=1}^{m}\frac{p_{\mathrm{D}}(\boldsymbol{x})\cdot L_{\boldsymbol{z}_j}(\boldsymbol{x})}{\kappa_{k+1}(\boldsymbol{z}_j)+\tau_{k+1}(\boldsymbol{z}_j)}\right)\cdot f_{k+1|k}(\boldsymbol{x}) \tag{8.58}$$

$$=\left(1-1+\frac{1\cdot L_{\boldsymbol{z}_1}(\boldsymbol{x})}{f_{k+1|k}[1\cdot L_{\boldsymbol{z}_1}]}\right)\cdot f_{k+1|k}(\boldsymbol{x}) \tag{8.59}$$

$$=\frac{L_{\boldsymbol{z}_1}(\boldsymbol{x})\cdot f_{k+1|k}(\boldsymbol{x})}{f_{k+1|k}[L_{\boldsymbol{z}_1}]} \tag{8.60}$$

上式即单传感器单目标贝叶斯滤波器的观测更新方程，即(2.26)式的贝叶斯规则。

8.4.6.2　经典 PHD 滤波器：计算复杂度

PHD 滤波器在计算方面具有良好的特性。观察式(8.50)不难发现，PHD 滤波器观测更新步的计算复杂度为 $O(mn)$，其中，m 为当前观测数，n 为当前航迹数。比如，假定 $D_{k+1|k}(\boldsymbol{x})$ 具有如下形式：

$$D_{k+1|k}(\boldsymbol{x}) = \sum_{i=1}^{n} w_i \cdot f_i(\boldsymbol{x}) \tag{8.61}$$

式中：$f_i(\boldsymbol{x})$ 为某个目标航迹的概率分布。

因此，$D_{k+1|k+1}(\boldsymbol{x})$ 的目标检报部分可表示为

$$\sum_{i=1}^{n}\sum_{j=1}^{m} \frac{p_{\mathrm{D}}(\boldsymbol{x}) \cdot L_{\boldsymbol{z}_j}(\boldsymbol{x}) \cdot w_i \cdot f_i(\boldsymbol{x})}{\kappa_{k+1}(\boldsymbol{z}_j) + \tau_{k+1}(\boldsymbol{z}_j)} \tag{8.62}$$

下面介绍另一种评估 PHD 滤波器计算复杂度的方法。假定检测概率 p_{D} 恒定，若当前有 n 条航迹，则这些航迹将平均产生 $p_{\mathrm{D}}n$ 个观测。若 $\lambda = \int \kappa_{k+1}(\boldsymbol{z})\mathrm{d}\boldsymbol{z}$ 为当前的杂波率，则当前平均的观测总数为 $p_{\mathrm{D}}n + \lambda$。因此，PHD 滤波器的计算复杂度为

$$O(n \cdot (p_{\mathrm{D}}n + \lambda)) = O(p_{\mathrm{D}}n^2 + \lambda n) \tag{8.63}$$

当 p_{D} 和 n 都比较大时，计算量仍非常大。考虑到这一原因，实际中如有可能，应尽量将目标分割为统计上无交互的簇群，并对每个簇群应用一个单独的 PHD 滤波器。9.2节将详细讨论这一问题。

8.4.6.3　“类目标”观测与“类杂波”观测

可将(8.49)~(8.50)式重写为

$$D_{k+1|k+1}(\boldsymbol{x}) = (1 - p_{\mathrm{D}}(\boldsymbol{x})) \cdot D_{k+1|k}(\boldsymbol{x}) + \sum_{\boldsymbol{z} \in Z_{k+1}} \omega_{k+1|k}(\boldsymbol{z}) \cdot s_{k+1|k+1}(\boldsymbol{x}|\boldsymbol{z}) \tag{8.64}$$

式中：

$$\omega_{k+1|k}(\boldsymbol{z}) = \frac{\tau_{k+1}(\boldsymbol{z})}{\kappa_{k+1}(\boldsymbol{z}) + \tau_{k+1}(\boldsymbol{z})} \tag{8.65}$$

$$s_{k+1|k+1}(\boldsymbol{x}|\boldsymbol{z}) = \frac{p_{\mathrm{D}}(\boldsymbol{x}) \cdot L_{\boldsymbol{z}}(\boldsymbol{x}) \cdot D_{k+1|k}(\boldsymbol{x})}{\tau_{k+1}(\boldsymbol{z})} \tag{8.66}$$

式(8.64)中：第一项对应漏报目标的 PHD，其积分 $D_{k+1|k}[1 - p_{\mathrm{D}}]$ 表示漏报目标数目的期望值；第二项对应检报目标的 PHD，其形式为概率分布 $s_{k+1|k+1}(\boldsymbol{x}|\boldsymbol{z})$ 的加权和。

权值 $0 \leqslant \omega(\boldsymbol{z}) \leqslant 1$ 决定了 $s_{k+1|k+1}(\boldsymbol{x}|\boldsymbol{z})$ (即 $\boldsymbol{z}$) 对检报目标 PHD 的贡献度。对于每个 $\boldsymbol{z}$，若

$$\omega_{k+1|k}(\boldsymbol{z}) > \frac{1}{2} \tag{8.67}$$

则观测 $\boldsymbol{z}$ 是类目标的，即它很可能是由目标生成的。

若

$$\omega_{k+1|k}(z) < \frac{1}{2} \tag{8.68}$$

则 z 是类杂波的，即它很可能不是源自目标的。

8.4.6.4 经典 PHD 滤波器：自选通特性

在传统多目标跟踪算法中，常用的做法是剔掉那些未落入任何观测关联波门内的观测。该做法的一个缺点是不易检测新生目标，这是因为源自新生目标的观测很有可能被剔除掉 (它们一般不太会落入现有航迹的观测波门内)。PHD 滤波器则在一定程度上回避了该问题，这是因为它对非航迹观测的隐式排斥作用使得源自新生目标的观测得以保留。

例如，若 $D_{k+1|k}(\boldsymbol{x})$ 的形式为

$$D_{k+1|k}(\boldsymbol{x}) = \sum_{i=1}^{n} w_i \cdot f_i(\boldsymbol{x}) \tag{8.69}$$

式中：$f_i(\boldsymbol{x})$ 为第 i 条航迹的航迹分布。

式(8.51)因此可表示为

$$\tau_{k+1}(\boldsymbol{z}_j) = \sum_{i=1}^{n} w_i \int p_{\mathrm{D}}(\boldsymbol{x}) \cdot L_{\boldsymbol{z}_j}(\boldsymbol{x}) \cdot f_i(\boldsymbol{x}) \mathrm{d}\boldsymbol{x} \tag{8.70}$$

若观测 $\boldsymbol{z}_j$ 未与任何航迹关联，则上面求和项中的每个积分值都会很小。这意味着 $\tau_{k+1}(\boldsymbol{z}_j)$ 会很小，因此在8.4.6.3节的意义上讲，$\boldsymbol{z}_j$ 是一个类杂波观测，对式(8.64)中的求和几乎没什么影响。

8.4.6.5 经典 PHD 滤波器：线性化效应

假定目标数不超过 1、检测概率恒定且 $Z_{k+1} = \emptyset$) (t_{k+1} 时刻未获得任何观测)。此时，PHD 滤波器给出的观测更新目标数的期望值为

$$N_{k+1|k+1} = (1 - p_{\mathrm{D}}) \cdot N_{k+1|k} \tag{8.71}$$

其中，假定 $N_{k+1|k} \leqslant 1$。然而，正如 Erdinc、Willett 与 Bar-Shalom[82] 指出的那样，该假设下 $N_{k+1|k+1}$ 的精确表达式为

$$N_{k+1|k+1} = \frac{(1 - p_{\mathrm{D}}) \cdot N_{k+1|k}}{1 - N_{k+1|k} \cdot p_{\mathrm{D}}} \tag{8.72}$$

$$= (1 - p_{\mathrm{D}}) N_{k+1|k} + p_{\mathrm{D}}(1 - p_{\mathrm{D}}) N_{k+1|k}^2 + p_{\mathrm{D}}^2 (1 - p_{\mathrm{D}}) N_{k+1|k}^3 + \cdots \tag{8.73}$$

上面第二个等式是 $N_{k+1|k+1}$ 在 $N_{k+1|k} = 0$ 处关于变量 $N_{k+1|k}$ 的台劳级数展开。换言之：

- *PHD 滤波器校正方程中的泊松近似具有使目标数线性化的效果。*

当 $p_D \cong 1$ 时，线性化的影响很小，否则其影响不可忽略。例如，当 $N_{k+1|k} = 0.9$ 且 $p_\mathrm{D} = 0.9$ 时，

$$\text{精确的——式(8.72):} \quad N_{k+1|k+1} = 0.47368 \tag{8.74}$$

$$\text{线性化的——式(8.71):} \quad N_{k+1|k+1} = 0.09 \tag{8.75}$$

有关该问题更为完整的讨论参见文献 [179] 第 16.7 节。

8.4.6.6 经典 PHD 滤波器：窗平均

式(8.72)的一个直接结果是目标数瞬时估计 $N_{k+1|k+1}$ 不太稳定，即方差较大，其原因在于泊松分布的方差 $\sigma^2_{k+1|k+1}$ 等于其期望值，即 $\sigma^2_{k+1|k+1} = N_{k+1|k+1}$。通过对一段时间窗口内的 $n_{k+1|k+1}$ 求平均，可获得方差较小的稳定目标数估计，从而在一定程度上缓解该问题。但是，平均法不适于那些目标快速出现 / 消失的场景。

与之形成对比的是，CPHD 滤波器容易产生方差较小的精确目标数估计。

8.4.6.7 经典 PHD 滤波器：推广到高斯–泊松过程

2009 年，S. Singh、B. N. Vo 及 A. Baddeley 等人[272] 利用 virtuoso 点过程推理得到了 PHD 滤波器的一个推广形式，其中的预测多目标分布 $f_{k+1|k}(X|Z^{(k)})$ 采用的是高斯–泊松而非泊松假设。在高斯–泊松目标 RFS 中，目标间并非是统计独立的，而是被假定为成对相关的 (文献 [55] 第 247–249 页)。

8.4.6.8 经典 PHD 滤波器：其他推导方法

自提出伊始，PHD 和 CPHD 滤波器便吸引了大量的研究兴趣，其中一些研究通过逆向工程方法进行理论推导 (尤其是针对 PHD 滤波器)，同时极力避免使用有限集统计学的 p.g.fl. 和多目标微积分方法。本节简单小结这方面的一些工作。

- *暴力法* (2000 年)：对于 PHD 滤波器，Mahler 的原始推导[182] 假定 p_D 恒定并基于信任质量函数的无限幂级数展开①。一年后，该方法即被基于 p.g.fl. 的推导方法[168] 取代。
- *物理–空间 (单元–占用) 方法* (2006 年)：Erdinc、Willett 及 Bar–Shalom 基于离散化的单目标状态空间与物理直觉给出了 PHD/CPHD 滤波器的一种推导方法[81,179]②，他们将所得离散空间 PHD 滤波器称作单元占用滤波器[80]。这种推导方法提供了高价值的物理直觉信息，虽然物理直觉在许多情况下颇为有用，但有时候却带有一定的欺骗性，因此该方法并不适合作为推导 RFS 滤波器方程的一种理论严格的、系统性的通用方法。

---

①勘误：在原始推导中，由于幂级数求和的错误，导致观测更新中的漏报项 $1 - p_\mathrm{D}$ 出现了以下错误：

$$\frac{p_\mathrm{D} \cdot N_{k+1|k}}{1 - N_{k+1|k} \cdot p_\mathrm{D}}$$

②译者注：见文献 [180] 第 16.4 节。

- *泊松点过程 (PPP) 方法* (2008 年)：Streit 和 Stone[281] 宣称“以一种基本的初级要素……初级层次上的 PPP”(文献 [281] 第一节第二段) 推导出 PHD 滤波器。然而，其推导中存在严重的数学错误并含有严格的限制性隐含假设①。
- *CPHD 滤波器的其他推导* (2008 年)：Svensson 与 Svennson[284] 基于“更一般的数理统计学”给出了高斯混合 (GM) CPHD 滤波器观测更新步的另一种推导方法，所得表达式不同于 GM-CPHD 滤波器的观测更新公式。这说明其推导过程中要么隐含了额外的假定，要么存在数学上的错误。
- *测度理论方法* (2011 年)：Caron、del Moral 及 Doucet 等人[30] 基于 virtuoso 测度论推理，提出了一个“基础且自包含的随机测度论方法”，用以推导经典 PHD 滤波器方程。

文献 [181] 第 VI-D 节表明：采用 p.g.fl. 方法，仅需数行便可推导出经典 PHD 滤波器。

8.5 经典集势 PHD (CPHD) 滤波器

本节内容安排如下：

- 8.5.1节：CPHD 滤波器时间更新的模型假设。
- 8.5.2节：CPHD 滤波器的时间更新方程。
- 8.5.3节：CPHD 滤波器观测更新的模型假设。
- 8.5.4节：CPHD 滤波器的观测更新方程。
- 8.5.5节：CPHD 滤波器的多目标状态估计。
- 8.5.6节：CPHD 滤波器的基本特性。
- 8.5.7节：经典 CPHD/PHD 滤波器在目标分布不太密集时的近似形式。

8.5.1 经典 CPHD 滤波器：运动建模

CPHD 滤波器不包含形式化的目标衍生模型，此外，其时间更新的模型假设与经典 PHD 滤波器及泛 PHD 滤波器 (8.2.1节) 完全相同。具体如下：

- *目标存活概率*：$p_{\mathrm{S}}(\boldsymbol{x}) \overset{\text{abbr.}}{=} p_{\mathrm{S},k+1|k}(\boldsymbol{x})$；
- *新生目标 RFS 的 PHD*：$b_{k+1|k}(\boldsymbol{x})$，且

$$N^{\mathrm{B}}_{k+1|k} = \int b_{k+1|k}(\boldsymbol{x})\mathrm{d}\boldsymbol{x} \tag{8.76}$$

- *新生目标 RFS 的势分布*：$p^{\mathrm{B}}_{k+1|k}(n)$，且

$$\sum_{n\geqslant 0} n \cdot p^{\mathrm{B}}_{k+1|k}(n) = N^{\mathrm{B}}_{k+1|k} \tag{8.77}$$

①最严重的数学错误出现在 (27) 式之后。文中，作者们试图通过 MAP 估计器证明常数 c 实际就是 m (当前观测数)。这种做法实际上是将随机观测数 M_{k+1} 与其当前的样本 $M_{k+1}=m$ 混为一谈。由于 m 是非随机的先验常数且 $c=m$，所以 c 也为非随机的，而非随机的先验常数是不能估计的。特别地，由于 c 是等于 m 的常数，其概率分布应为 $\delta_m(c)$，而不是与 (28) 式的 $e^{-c}\cdot c^m$ 成比例。进一步，作者们认为 c 的正确值应为 $e^{-c}\cdot c^m$ 的 MAP 估计 $c=m$，但为什么不是其他估计呢 (譬如 EAP 估计)? 更多细节参见文献 [163] 附录 A。

- 新生目标 *RFS* 的 p.g.f.：

$$G^{\mathrm{B}}_{k+1|k}(x) = \sum_{n\geqslant 0} p^{\mathrm{B}}_{k+1|k}(n) \cdot x^n \tag{8.78}$$

接下来的部分采用如下缩写：

$$p_{k|k}(n) = p_{k|k}(n|Z^{(k)}), \qquad p_{k+1|k}(n) = p_{k+1|k}(n|Z^{(k)}) \tag{8.79}$$

$$G_{k|k}(x) = G_{k|k}(x|Z^{(k)}), \qquad G_{k+1|k}(x) = G_{k+1|k}(x|Z^{(k)}) \tag{8.80}$$

$$s_{k|k}(\boldsymbol{x}) = s_{k|k}(\boldsymbol{x}|Z^{(k)}), \qquad s_{k+1|k}(\boldsymbol{x}) = s_{k+1|k}(\boldsymbol{x}|Z^{(k)}) \tag{8.81}$$

$$D_{k|k}(\boldsymbol{x}) = D_{k|k}(\boldsymbol{x}|Z^{(k)}), \qquad D_{k+1|k}(\boldsymbol{x}) = D_{k+1|k}(\boldsymbol{x}|Z^{(k)}) \tag{8.82}$$

8.5.2 经典 CPHD 滤波器：预测器

已知下列条件：

- 目标的空间分布 $s_{k|k}(\boldsymbol{x})$；
- 目标数目的期望值 $N_{k|k}$；
- 势分布 $p_{k|k}(n)$ 或与其等价的 p.g.f. $G_{k|k}(x)$，此时：

$$N_{k|k} = G^{(1)}_{k|k}(1) = \sum_{n\geqslant 0} n \cdot p_{k|k}(n) \tag{8.83}$$

为了得到闭式表达式，还需做如下假定：

- 多目标分布 $f_{k|k}(X|Z^{(k)})$ 是4.3.2节的 i.i.d.c. 过程。

现需求解预测空间分布 $s_{k+1|k}(\boldsymbol{x})$，预测目标数的期望值 $N_{k+1|k}$ 及预测势分布 $p_{k+1|k}(n)$ 或预测 p.g.f. $G_{k+1|k}(x)$。预测空间分布由下式给定：

$$s_{k+1|k}(\boldsymbol{x}) = \frac{b_{k+1|k}(\boldsymbol{x}) + N_{k|k}\int p_{\mathrm{S}}(\boldsymbol{x}') \cdot f_{k+1|k}(\boldsymbol{x}|\boldsymbol{x}') \cdot s_{k|k}(\boldsymbol{x}')\mathrm{d}\boldsymbol{x}'}{N^{\mathrm{B}}_{k+1|k} + N_{k|k} \cdot \psi_k} \tag{8.84}$$

或者表示为等价的 PHD 形式：

$$D_{k+1|k}(\boldsymbol{x}) = b_{k+1|k}(\boldsymbol{x}) + \int p_{\mathrm{S}}(\boldsymbol{x}') \cdot f_{k+1|k}(\boldsymbol{x}|\boldsymbol{x}') \cdot D_{k|k}(\boldsymbol{x}')\mathrm{d}\boldsymbol{x}' \tag{8.85}$$

式(8.84)中

$$\psi_k = s_{k|k}[p_{\mathrm{S}}] = \int p_{\mathrm{S}}(\boldsymbol{x}') \cdot s_{k|k}(\boldsymbol{x}')\mathrm{d}\boldsymbol{x}' \tag{8.86}$$

预测势分布及相应的 p.g.f. 可分别表示为①

$$G_{k+1|k}(x) = G^{\mathrm{B}}_{k+1|k}(x) \cdot G_{k|k}(1 - \psi_k + \psi_k \cdot x) \tag{8.87}$$

$$p_{k+1|k}(n) = \sum_{n'\geqslant 0} p_{k+1|k}(n|n') \cdot p_{k|k}(n') \tag{8.88}$$

①式(8.88)的表示有别 (却等价) 于文献 [179] 中的 (16.313) 式。

其中，目标数的伪马尔可夫转移函数为[①]

$$p_{k+1|k}(n|n') = \sum_{i=0}^{n} p^{\mathrm{B}}_{k+1|k}(n-i) \cdot C_{n',i} \cdot \psi_k^i (1-\psi_k)^{n'-i} \tag{8.89}$$

预测目标数的期望值为

$$N_{k+1|k} = N^{\mathrm{B}}_{k+1|k} + N_{k|k} \cdot \psi_k \tag{8.90}$$

注解 23 (时间更新的特殊情形): 这里给出三种特殊情形。首先，如果无目标新生，则 $b_{k+1|k}(\boldsymbol{x}) = 0$，$N^{\mathrm{B}}_{k+1|k} = 0$，$G^{\mathrm{B}}_{k+1|k}(x) = 1$。此时，有

$$G_{k+1|k}(x) = G_{k|k}(1-\psi_k + \psi_k \cdot x) \tag{8.91}$$

$$p_{k+1|k}(n|n') = C_{n',n} \cdot \psi_k^n (1-\psi_k)^{n'-n} \tag{8.92}$$

$$s_{k+1|k}(\boldsymbol{x}) = \frac{1}{\psi_k} \int p_{\mathrm{S}}(\boldsymbol{x}') \cdot f_{k+1|k}(\boldsymbol{x}|\boldsymbol{x}') \cdot s_{k|k}(\boldsymbol{x}')\mathrm{d}\boldsymbol{x}' \tag{8.93}$$

$$D_{k+1|k}(\boldsymbol{x}) = \int p_{\mathrm{S}}(\boldsymbol{x}') \cdot f_{k+1|k}(\boldsymbol{x}|\boldsymbol{x}') \cdot D_{k|k}(\boldsymbol{x}')\mathrm{d}\boldsymbol{x}' \tag{8.94}$$

其次，如果无目标消失，则 $p_{\mathrm{S}} = 1$。此时 $\psi_k = 1$，且

$$G_{k+1|k}(x) = G^{\mathrm{B}}_{k+1|k}(x) \cdot G_{k|k}(x) \tag{8.95}$$

$$p_{k+1|k}(n|n') = p^{\mathrm{B}}_{k|k}(n-n') \tag{8.96}$$

$$s_{k+1|k}(\boldsymbol{x}) = \frac{b_{k+1|k}(\boldsymbol{x}) + N_{k|k} \int f_{k+1|k}(\boldsymbol{x}|\boldsymbol{x}') \cdot s_{k|k}(\boldsymbol{x}')\mathrm{d}\boldsymbol{x}'}{B_{k+1|k} + N_{k|k}} \tag{8.97}$$

$$D_{k+1|k}(\boldsymbol{x}) = b_{k+1|k}(\boldsymbol{x}) + \int f_{k+1|k}(\boldsymbol{x}|\boldsymbol{x}') \cdot D_{k|k}(\boldsymbol{x}')\mathrm{d}\boldsymbol{x}' \tag{8.98}$$

最后，考虑无目标新生及消失的情形，则

$$G_{k+1|k}(x) = G_{k|k}(x) \tag{8.99}$$

$$p_{k+1|k}(n|n') = \delta_{n,n'} \tag{8.100}$$

$$s_{k+1|k}(\boldsymbol{x}) = \int f_{k+1|k}(\boldsymbol{x}|\boldsymbol{x}') \cdot s_{k|k}(\boldsymbol{x}')\mathrm{d}\boldsymbol{x}' \tag{8.101}$$

$$D_{k+1|k}(\boldsymbol{x}) = \int f_{k+1|k}(\boldsymbol{x}|\boldsymbol{x}') \cdot D_{k|k}(\boldsymbol{x}')\mathrm{d}\boldsymbol{x}' \tag{8.102}$$

8.5.3 经典 CPHD 滤波器：观测建模

除杂波 RFS 为 i.i.d.c. 而非泊松外，CPHD 滤波器观测更新方程的模型假设与 PHD 滤波器 (8.4.2节) 完全相同。具体如下：

- 检测概率：$p_{\mathrm{D}}(\boldsymbol{x}) \overset{\text{abbr.}}{=} p_{\mathrm{D},k+1}(\boldsymbol{x})$。
- 传感器似然函数：$L_{\boldsymbol{z}}(\boldsymbol{x}) \overset{\text{abbr.}}{=} f_{k+1}(\boldsymbol{z}|\boldsymbol{x})$。

[①]根据(2.1)式的定义，若 $n' < i$，则 $C_{n',i} = 0$。

- 杂波 *RFS* 的空间分布：$c_{k+1}(\boldsymbol{z})$。
- 杂波 *RFS* 的势分布：$p_{k+1}^{\kappa}(m)$。
- 杂波 *RFS* 的 *p.g.f.*：$G_{k+1}^{\kappa}(z) = \sum_{m \geqslant 0} p_{k+1}^{\kappa}(m) \cdot z^m$。

8.5.4 经典 CPHD 滤波器：校正器

已知下列条件：

- 新观测集 $Z_{k+1} = \{\boldsymbol{z}_1, \cdots, \boldsymbol{z}_m\}$ $(|Z_{k+1}| = m)$；
- 预测空间分布 $s_{k+1|k}(\boldsymbol{x})$；
- 预测势分布 $p_{k+1|k}(n)$ 或与之等价的 p.g.f. $G_{k+1|k}(x) = \sum_{n \geqslant 0} p_{k+1|k}(n) \cdot x^n$，而预测目标数的期望值满足

$$N_{k+1|k} = G_{k+1|k}^{(1)}(1) = \sum_{n \geqslant 0} n \cdot p_{k+1|k}(n) \tag{8.103}$$

为了得到闭式表达式，还需做如下假定：

- 预测多目标分布 $f_{k+1|k}(X|Z^{(k)})$ 是4.3.2节的 i.i.d.c. 过程。

现需求解后验空间分布 $s_{k+1|k+1}(\boldsymbol{x})$、后验目标数的期望值 $N_{k+1|k+1}$ 以及后验势分布 $p_{k+1|k+1}(n)$ 或与之等价的后验 p.g.f. $G_{k+1|k+1}(x)$。空间分布可由下式确定：

$$s_{k+1|k+1}(\boldsymbol{x}) = \hat{L}_{Z_{k+1}}(\boldsymbol{x}) \cdot s_{k+1|k}(\boldsymbol{x}) \tag{8.104}$$

或者表示为等价的 PHD 形式：

$$D_{k+1|k+1}(\boldsymbol{x}) = L_{Z_{k+1}}(\boldsymbol{x}) \cdot D_{k+1|k}(\boldsymbol{x}) \tag{8.105}$$

上面两式中的 CPHD 滤波器伪似然函数为

$$\hat{L}_{Z_{k+1}}(\boldsymbol{x}) = \frac{1}{N_{k+1|k+1}} \cdot \left((1 - p_{\mathrm{D}}(\boldsymbol{x})) \cdot \overset{\mathrm{ND}}{L}_{Z_{k+1}} + \sum_{j=1}^{m} \frac{p_{\mathrm{D}}(\boldsymbol{x}) \cdot L_{\boldsymbol{z}_j}(\boldsymbol{x})}{c_{k+1}(\boldsymbol{z}_j)} \cdot \overset{\mathrm{D}}{L}_{Z_{k+1}}(\boldsymbol{z}_j) \right) \tag{8.106}$$

$$L_{Z_{k+1}}(\boldsymbol{x}) = \frac{1}{N_{k+1|k}} \cdot \left((1 - p_{\mathrm{D}}(\boldsymbol{x})) \cdot \overset{\mathrm{ND}}{L}_{Z_{k+1}} + \sum_{j=1}^{m} \frac{p_{\mathrm{D}}(\boldsymbol{x}) \cdot L_{\boldsymbol{z}_j}(\boldsymbol{x})}{c_{k+1}(\boldsymbol{z}_j)} \cdot \overset{\mathrm{D}}{L}_{Z_{k+1}}(\boldsymbol{z}_j) \right) \tag{8.107}$$

式中

$$\overset{\mathrm{ND}}{L}_{Z_{k+1}} = \frac{\sum_{i=0}^{m} (m-i)! \cdot p_{k+1}^{\kappa}(m-i) \cdot \sigma_i(Z_{k+1}) \cdot G_{k+1|k}^{(i+1)}(\phi_k)}{\sum_{l=0}^{m} (m-l)! \cdot p_{k+1}^{\kappa}(m-l) \cdot \sigma_l(Z_{k+1}) \cdot G_{k+1|k}^{(l)}(\phi_k)} \tag{8.108}$$

$$\overset{\mathrm{D}}{L}_{Z_{k+1}}(\boldsymbol{z}_j) = \frac{\sum_{i=0}^{m-1} (m-i-1)! \cdot p_{k+1}^{\kappa}(m-i-1) \cdot \sigma_i(Z_{k+1} - \{\boldsymbol{z}_j\}) \cdot G_{k+1|k}^{(i+1)}(\phi_k)}{\sum_{l=0}^{m} (m-l)! \cdot p_{k+1}^{\kappa}(m-l) \cdot \sigma_l(Z_{k+1}) \cdot G_{k+1|k}^{(l)}(\phi_k)} \tag{8.109}$$

$$G_{k+1|k}^{(l)}(\phi_k) = \sum_{n\geqslant l} p_{k+1|k}(n) \cdot l! \cdot C_{n,l} \cdot \phi_k^{n-l} \tag{8.110}$$

$$G_{k+1|k}^{(j+1)}(\phi_k) = \sum_{n\geqslant j+1} p_{k+1|k}(n) \cdot (j+1)! \cdot C_{n,j+1} \cdot \phi_k^{n-j-1} \tag{8.111}$$

其中

$$\phi_k = s_{k+1|k}[1-p_{\mathrm{D}}] = \int (1-p_{\mathrm{D}}(\boldsymbol{x})) \cdot s_{k+1|k}(\boldsymbol{x})\mathrm{d}\boldsymbol{x} \tag{8.112}$$

$$\sigma_i(Z_{k+1}) = \sigma_{m,i}\left(\frac{\hat{\tau}_{k+1}(\boldsymbol{z}_1)}{c_{k+1}(\boldsymbol{z}_1)}, \cdots, \frac{\hat{\tau}_{k+1}(\boldsymbol{z}_m)}{c_{k+1}(\boldsymbol{z}_m)}\right) \tag{8.113}$$

$$\sigma_i(Z_{k+1}-\{\boldsymbol{z}_j\}) = \sigma_{m-1,i}\left(\frac{\hat{\tau}_{k+1}(\boldsymbol{z}_1)}{c_{k+1}(\boldsymbol{z}_1)}, \cdots, \widehat{\frac{\hat{\tau}_{k+1}(\boldsymbol{z}_j)}{c_{k+1}(\boldsymbol{z}_j)}}, \cdots, \frac{\hat{\tau}_{k+1}(\boldsymbol{z}_m)}{c_{k+1}(\boldsymbol{z}_m)}\right) \tag{8.114}$$

$$\hat{\tau}_{k+1}(\boldsymbol{z}) = s_{k+1|k}[p_{\mathrm{D}}L_{\boldsymbol{z}}] = \int p_{\mathrm{D}}(\boldsymbol{x}) \cdot L_{\boldsymbol{z}}(\boldsymbol{x}) \cdot s_{k+1|k}(\boldsymbol{x})\mathrm{d}\boldsymbol{x} \tag{8.115}$$

式(8.114)中：符号 $y_1, \cdots, \widehat{y_j}, \cdots, y_m$ 表示从列表 $y_1, \cdots, y_m$ 中移除 y_j，改变后的列表为 $y_1, \cdots, y_{j-1}, y_{j+1}, \cdots, y_m$。

观测更新后的目标数可表示为

$$N_{k+1|k+1} = \phi_k \cdot \overset{\mathrm{ND}}{L}_{Z_{k+1}} + \sum_{\boldsymbol{z}\in Z_{k+1}} \frac{\hat{\tau}_{k+1}(\boldsymbol{z})}{c_{k+1}(\boldsymbol{z})} \cdot \overset{\mathrm{D}}{L}_{Z_{k+1}}(\boldsymbol{z}) \tag{8.116}$$

另一方面，观测更新后的势分布及 p.g.f. 可分别表示为

$$p_{k+1|k+1}(n) = \frac{\ell_{Z_{k+1}}(n) \cdot p_{k+1|k}(n)}{\sum_{l\geqslant 0} \ell_{Z_{k+1}}(l) \cdot p_{k+1|k}(l)} \tag{8.117}$$

$$G_{k+1|k+1}(x) = \frac{\sum_{j=0}^{m} x^j \cdot (m-j)! \cdot p_{k+1}^{\kappa}(m-j) \cdot G_{k+1|k}^{(j)}(x\cdot\phi_k) \cdot \sigma_j(Z_{k+1})}{\sum_{i=0}^{m}(m-i)! \cdot p_{k+1}^{\kappa}(m-i) \cdot G_{k+1|k}^{(i)}(\phi_k) \cdot \sigma_i(Z_{k+1})} \tag{8.118}$$

而式(8.117)中的势伪似然函数为

$$\ell_{Z_{k+1}}(n) = \frac{\sum_{j=0}^{\min\{m,n\}}(m-j)! \cdot p_{k+1}^{\kappa}(m-j) \cdot j! \cdot C_{n,j} \cdot \phi_k^{n-j} \cdot \sigma_j(Z_{k+1})}{\sum_{l=0}^{m}(m-l)! \cdot p_{k+1}^{\kappa}(m-l) \cdot \sigma_l(Z_{k+1}) \cdot G_{k+1|k}^{(l)}(\phi_k)} \tag{8.119}$$

$$= \frac{\sum_{j=0}^{\min\{m,n\}} \frac{\mathrm{d}^{m-j}G_{k+1}^{\kappa}}{\mathrm{d}z^{m-j}}(0) \cdot j! \cdot C_{n,j} \cdot \phi_k^{n-j} \cdot \sigma_j(Z_{k+1})}{\sum_{l=0}^{m} \frac{\mathrm{d}^{m-l}G_{k+1}^{\kappa}}{\mathrm{d}z^{m-l}}(0) \cdot \sigma_l(Z_{k+1}) \cdot G_{k+1|k}^{(l)}(\phi_k)} \tag{8.120}$$

通过观察即可发现，式(8.117)与贝叶斯规则形式相同。

8.5.5 经典 CPHD 滤波器：状态估计

CPHD 滤波器的状态估计过程与 PHD 滤波器略有不同，它不再采用目标数目的期望值 $N_{k+1|k+1}$，而是采用下面的 MAP 估计：

$$\hat{n} = \arg\sup_n p_{k+1|k+1}(n) \tag{8.121}$$

也就是说，寻找密度 $D_{k+1|k+1}(\boldsymbol{x})$ 的 $\hat{n}$ 个最大的局部极大点 $\boldsymbol{x}_1, \cdots, \boldsymbol{x}_{\hat{n}}$——这些 $\boldsymbol{x}$ 对应 $D_{k+1|k+1}(\boldsymbol{x})$ 或 $s_{k+1|k+1}(\boldsymbol{x})$ 的 $\hat{n}$ 个最大峰值位置，将这些点作为目标航迹的状态估计。当局部极大点数目少于 $\hat{n}$ 时，则取所有的极大点作为状态估计，此时可认为部分目标因彼此间距过小而对应 PHD 的同一个峰。

8.5.6 经典 CPHD 滤波器：基本特性

本节对经典 CPHD 滤波器的一些重要性质作简单的小结：

- 8.5.6.1节：CPHD 滤波器的计算复杂度。
- 8.5.6.2节：CPHD 滤波器的一种特例——PHD 滤波器。
- 8.5.6.3节：CPHD 滤波器目标数估计的稳定性。
- 8.5.6.4节：CPHD 滤波器与目标衍生模型。
- 8.5.6.5节：CPHD 滤波器与伯努利滤波器的关系。

8.5.6.1 经典 CPHD 滤波器：计算复杂度

通过观察(8.108)式和(8.109)式，不难发现 CPHD 滤波器观测更新步的计算复杂度为 $O(m^3n)$，其中，m 为当前观测数，n 为当前航迹数。Guern 提出了一种数值均衡技术，可将复杂度降低至 $O(m^2n)$[103]，但使用中应慎重以避免数值过程的不稳定性。

与 PHD 滤波器和式(8.63)类似，也可通过另一种方法来评估 CPHD 滤波器的计算量。若检测概率 p_D 恒定且当前杂波率为 λ，则当前观测总数的平均值为 $p_\mathrm{D}n+\lambda$，故 CPHD 滤波器的计算复杂度可表示为

$$O(m^3n) = O((p_\mathrm{D}n+\lambda)^3n) \tag{8.122}$$

上式为 n 的四阶量。因此，当 p_D 和 n 都较大时，应尽量将目标分割成若干统计上不相交互的簇群，并对每个簇群使用一个单独的 CPHD 滤波器。有关这一问题的详细讨论见9.2节。

8.5.6.2 CPHD 滤波器的特例：PHD 滤波器

令

$$p_{k+1|k}(n) = e^{-N_{k+1|k}} \cdot \frac{N_{k+1|k}^n}{n!} \tag{8.123}$$

$$p_{k+1}^{\kappa}(m) = e^{-\lambda_{k+1}} \cdot \frac{\lambda_{k+1}^m}{m!} \tag{8.124}$$

即预测目标 RFS 与杂波 RFS 皆为泊松过程。此时，通过一些代数操作不难将式(8.105)化简成式(8.49)——PHD 滤波器的观测更新方程。

8.5.6.3 目标数目估计的稳定性

由于 CPHD 滤波器在线估计目标数目的完整概率分布 $p_{k+1|k+1}(n)$，因此它可获得小方差的精确目标数估计，从而避免了8.4.6.6节 PHD 滤波器目标数估计不够稳定的缺陷。

8.5.6.4 经典 CPHD 滤波器：衍生模型

由于衍生模型与 CPHD 滤波器的 i.i.d.c. 近似在数学上是不相容的，因此 CPHD 滤波器没有像 PHD 滤波器那样集成显式的目标衍生模型。如1.1.2节所述，那种认为无显式衍生模型将导致 CPHD 滤波器无法适应目标衍生情形的论断，显然是错误的。

8.5.6.5 CPHD 滤波器与伯努利滤波器的关系

伯努利滤波器 (见13.2节) 是任意杂波及任意检测包线下单目标检测、跟踪与分类问题的贝叶斯最优方法。假定：

- 目标数不超过 1，此时的预测 p.g.f. $G_{k+1|k}(x) = 1 - p_{k+1|k} + p_{k+1|k} \cdot x$，其中 $p_{k+1|k}$ 为目标存在概率；
- 杂波为 i.i.d.c. 过程，此时的 $\kappa_{k+1}(Z) = |Z|! \cdot p^{\kappa}_{k+1}(|Z|) \cdot c^{Z}_{k+1}$。

在上述假定下，极易证明伯努利滤波器与 CPHD 滤波器具有相同的时间更新与观测更新方程。

8.5.7 经典 CPHD 滤波器的近似

在目标分布不太密集的假设下，标准观测模型的多目标似然可近似为 (见(7.50)式)

$$f_{k+1}(Z|X) \cong \kappa_{k+1}(Z) \cdot \left(1 - p_{\mathrm{D}} + \sum_{z \in Z} \frac{p_{\mathrm{D}} L_z}{\kappa_{k+1}(z)}\right)^X \tag{8.125}$$

式中：泊松杂波 RFS 的概率分布为

$$\kappa_{k+1}(Z) = e^{-\lambda_{k+1}} \prod_{z \in Z} \kappa_{k+1}(z) \tag{8.126}$$

其中：$\lambda_{k+1} = \int \kappa_{k+1}(\boldsymbol{z}) \mathrm{d}\boldsymbol{z}$。

基于该近似多目标似然可得到经典 CPHD 滤波器的一种近似形式，其时间更新方程同经典 CPHD 滤波器，因此下面只需考虑观测更新方程。给定预测势分布 $p_{k+1|k}(n)$ 或与之等价的预测 p.g.f. $G_{k+1|k}(x)$，同时给定预测空间分布 $s_{k+1|k}(\boldsymbol{x})$ 或与其等价的预测 PHD $D_{k+1|k}(\boldsymbol{x})$，则近似 CPHD 滤波器的校正器方程为

- 势分布与 *p.g.f.* 的观测更新：

$$p_{k+1|k+1}(n) = \frac{\phi_k^n}{G_{k+1|k}(\phi_k)} \cdot p_{k+1|k}(n) \tag{8.127}$$

$$G_{k+1|k+1}(x) = \frac{G_{k+1|k}(x \cdot \phi_k)}{G_{k+1|k}(\phi_k)} \tag{8.128}$$

式中

$$\phi_k = \int \left(1 - p_{\mathrm{D}}(\boldsymbol{x}) + \sum_{z \in Z_{k+1}} \frac{p_{\mathrm{D}}(\boldsymbol{x}) \cdot L_z(\boldsymbol{x})}{\kappa_{k+1}(z)}\right) \cdot s_{k+1|k}(\boldsymbol{x}) \mathrm{d}\boldsymbol{x} \tag{8.129}$$

- *空间分布与 PHD 的观测更新*：

$$\frac{s_{k+1|k+1}(\boldsymbol{x})}{s_{k+1|k}(\boldsymbol{x})}=\frac{1-p_{\mathrm{D}}(\boldsymbol{x})+\sum_{\boldsymbol{z}\in Z_{k+1}}\frac{p_{\mathrm{D}}(\boldsymbol{x})\cdot L_{\boldsymbol{z}}(\boldsymbol{x})}{\kappa_{k+1}(\boldsymbol{z})}}{\phi_k} \tag{8.130}$$

$$\frac{D_{k+1|k+1}(\boldsymbol{x})}{D_{k+1|k}(\boldsymbol{x})}=\frac{G^{(1)}_{k+1|k}(\phi_k)}{N_{k+1|k}\cdot G_{k+1|k}(\phi_k)}\cdot\left(1-p_{\mathrm{D}}(\boldsymbol{x})+\sum_{\boldsymbol{z}\in Z_{k+1}}\frac{p_{\mathrm{D}}(\boldsymbol{x})\cdot L_{\boldsymbol{z}}(\boldsymbol{x})}{\kappa_{k+1}(\boldsymbol{z})}\right) \tag{8.131}$$

上述公式的证明见附录 K.13。该滤波器和经典 PHD 滤波器具有相同的计算复杂度 $O(mn)$，其中：$m=|Z_{k+1}|$ 为当前观测数，n 为当前航迹数。

注解 24 (近似的经典 PHD 滤波器)：该近似 CPHD 滤波器的 PHD 特例缺乏实际价值。若令 $G_{k+1|k}(x)=e^{N_{k+1|k}(x-1)}$，则式(8.131)便退化为截断形式的经典 PHD 滤波器观测更新方程：

$$\frac{D_{k+1|k+1}(\boldsymbol{x})}{D_{k+1|k}(\boldsymbol{x})}=1-p_{\mathrm{D}}(\boldsymbol{x})+\sum_{\boldsymbol{z}\in Z_{k+1}}\frac{p_{\mathrm{D}}(\boldsymbol{x})\cdot L_{\boldsymbol{z}}(\boldsymbol{x})}{\kappa_{k+1}(\boldsymbol{z})} \tag{8.132}$$

8.6 零虚警 (ZFA) CPHD 滤波器

作为 CPHD 滤波器的一种特殊形式，ZFA-CPHD 滤波器基于无杂波假定，即 $\kappa_{k+1}(\boldsymbol{z})=0$ 且 $G^{\kappa}_{k+1}(z)=1$ (或 $p^{\kappa}_{k+1}(m)=\delta_{m,0}$)。ZFA-CPHD 滤波器适用于背景杂波可忽略的场合，而下述原因也为其增加了更多的实际意义：

- 一般 CPHD 滤波器的计算复杂度为 $O(m^3n)$，而 ZFA-CPHD 滤波器则和 PHD 滤波器具有相同的计算复杂度 $O(mn)$；
- ZFA-CPHD 滤波器是第18章推导“未知杂波”CPHD 滤波器的基础。

由于并未改变 CPHD 滤波器的时间更新方程，因此下面仅需给出 ZFA-CPHD 滤波器的观测更新方程。依惯例，给定：

- 新观测集 $Z_{k+1}=\{\boldsymbol{z}_1,\cdots,\boldsymbol{z}_m\}$ ($|Z_{k+1}|=m$)；
- 预测空间分布 $s_{k+1|k}(\boldsymbol{x})$；
- 预测目标数的期望值 $N_{k+1|k}$；
- 预测势分布 $p_{k+1|k}(n)$ 或与之等价的 p.g.f. $G_{k+1|k}(x)$。

由于没有虚警，m 不再大于实际目标数 n。此时，

- *ZFA-CPHD 滤波器空间分布的观测更新*：

$$s_{k+1|k+1}(\boldsymbol{x})=L_{Z_{k+1}}(\boldsymbol{x})\cdot s_{k+1|k}(\boldsymbol{x}) \tag{8.133}$$

式中：ZFA–CPHD 滤波器伪似然函数为

$$L_{Z_{k+1}}(\boldsymbol{x}) = \frac{1}{N_{k+1|k+1}} \cdot \left((1 - p_{\mathrm{D}}(\boldsymbol{x})) \cdot \frac{G_{k+1|k}^{(m+1)}(\phi_k)}{G_{k+1|k}^{(m)}(\phi_k)} + \sum_{j=1}^{m} \frac{p_{\mathrm{D}}(\boldsymbol{x}) \cdot L_{\boldsymbol{z}_j}(\boldsymbol{x})}{\hat{\tau}_{k+1}(\boldsymbol{z}_j)} \right) \tag{8.134}$$

其中

$$\phi_k = \int (1 - p_{\mathrm{D}}(\boldsymbol{x})) \cdot s_{k+1|k}(\boldsymbol{x}) \mathrm{d}\boldsymbol{x} \tag{8.135}$$

$$N_{k+1|k+1} = \phi_k \cdot \frac{G_{k+1|k}^{(m+1)}(\phi_k)}{G_{k+1|k}^{(m)}(\phi_k)} + m \tag{8.136}$$

$$\hat{\tau}_{k+1}(\boldsymbol{z}) = \int p_{\mathrm{D}}(\boldsymbol{x}) \cdot L_{\boldsymbol{z}}(\boldsymbol{x}) \cdot s_{k+1|k}(\boldsymbol{x}) \mathrm{d}\boldsymbol{x} \tag{8.137}$$

- *ZFA–CPHD 滤波器势分布和 p.g.f. 的观测更新*：

$$p_{k+1|k+1}(n) = \frac{\ell_{Z_{k+1}}(n) \cdot p_{k+1|k}(n)}{\sum_{l \geqslant 0} \ell_{Z_{k+1}}(l) \cdot p_{k+1|k}(l)} \tag{8.138}$$

$$G_{k+1|k+1}(x) = \frac{x^m \cdot G_{k+1|k}^{(m)}(x \cdot \phi_k)}{G_{k+1|k}^{(m)}(\phi_k)} \tag{8.139}$$

式中：ZFA–CPHD 滤波器目标数目的伪似然为

$$\ell_{Z_{k+1}}(n) = C_{n,m} \cdot \phi_k^{n-m} \tag{8.140}$$

由于当 $m > n$ 时 $C_{n,m} = 0$ (见(2.1)式)，因此对于所有的 $n < m$，$p_{k+1|k+1}(n) = 0$。

8.6.1 PHD 滤波器与 ZFA–CPHD 滤波器的对比

将式(8.133)两边同乘以 $N_{k+1|k+1}$ 并由式(8.51)知 $\tau_{k+1}(\boldsymbol{z}) = N_{k+1|k} \cdot \hat{\tau}_{k+1}(\boldsymbol{z})$，从而可得

$$\frac{D_{k+1|k+1}(\boldsymbol{x})}{D_{k+1|k}(\boldsymbol{x})} = \frac{1 - p_{\mathrm{D}}(\boldsymbol{x})}{N_{k+1|k}} \cdot \frac{G_{k+1|k}^{(m+1)}(\phi_k)}{G_{k+1|k}^{(m)}(\phi_k)} + \sum_{j=1}^{m} \frac{p_{\mathrm{D}}(\boldsymbol{x}) \cdot L_{\boldsymbol{z}_j}(\boldsymbol{x})}{\tau_{k+1}(\boldsymbol{z}_j)} \tag{8.141}$$

而无杂波 PHD 滤波器则具有如下形式 (见(8.49)式及(8.50)式)：

$$\frac{D_{k+1|k+1}(\boldsymbol{x})}{D_{k+1|k}(\boldsymbol{x})} = 1 - p_{\mathrm{D}}(\boldsymbol{x}) + \sum_{j=1}^{m} \frac{p_{\mathrm{D}}(\boldsymbol{x}) \cdot L_{\boldsymbol{z}_j}(\boldsymbol{x})}{\tau_{k+1}(\boldsymbol{z}_j)} \tag{8.142}$$

由此可见，除下式的因子外，ZFA–CPHD 滤波器非常像 PHD 滤波器：

$$\frac{1}{N_{k+1|k}} \cdot \frac{G_{k+1|k}^{(m+1)}(\phi_k)}{G_{k+1|k}^{(m)}(\phi_k)} \tag{8.143}$$

上述因子可使 CPHD 滤波器得到更为精确而稳定的瞬时目标数估计——见随后的例子。当 $p_{\mathrm{D}}(\boldsymbol{x}) = 1$ 时，*ZFA–CPHD 滤波器便退化为相应的 PHD 滤波器*。

例 5 (单目标 ZFA−CPHD 滤波器): 假定场景中最多有一个目标，则

$$G_{k+1|k}(x) = 1 - N_{k+1|k} + N_{k+1|k} \cdot x \tag{8.144}$$

式中：$N_{k+1|k} \leqslant 1$。另外，假定 p_{D} 恒定且 $m=0$，则 $\phi_k = 1 - p_{\mathrm{D}}$，式(8.141)则可化为

$$D_{k+1|k+1}(\boldsymbol{x}) = \frac{1-p_{\mathrm{D}}}{N_{k+1|k}} \cdot \frac{G^{(1)}_{k+1|k}(\phi_k)}{G_{k+1|k}(\phi_k)} \cdot D_{k+1|k}(\boldsymbol{x}) \tag{8.145}$$

$$= \frac{1-p_{\mathrm{D}}}{N_{k+1|k}} \cdot \frac{N_{k+1|k}}{1 - N_{k+1|k} + N_{k+1|k} \cdot \phi_k} \cdot D_{k+1|k}(\boldsymbol{x}) \tag{8.146}$$

$$= \frac{1-p_{\mathrm{D}}}{1 - N_{k+1|k} \cdot p_{\mathrm{D}}} \cdot D_{k+1|k}(\boldsymbol{x}) \tag{8.147}$$

由此可得

$$N_{k+1|k+1} = \frac{(1-p_{\mathrm{D}}) \cdot N_{k+1|k}}{1 - N_{k+1|k} \cdot p_{\mathrm{D}}} \tag{8.148}$$

对比上式与(8.72)式，可得出结论：当不存在杂波时，ZFA−CPHD 滤波器应比 PHD 滤波器具有更好的性能。

8.7 状态相关泊松杂波下的 PHD 滤波器

式(7.7)的标准多目标观测模型为

$$\Sigma_{k+1} = \Upsilon_{k+1}(\boldsymbol{x}_1) \cup \cdots \cup \Upsilon_{k+1}(\boldsymbol{x}_n) \cup C_{k+1} \tag{8.149}$$

式中：对于每个目标 $\boldsymbol{x}$，目标观测 $\Upsilon_{k+1}(\boldsymbol{x})$ 均为伯努利 RFS；杂波 C_{k+1} 为泊松 RFS；$\Upsilon_{k+1}(\boldsymbol{x}_1), \cdots, \Upsilon_{k+1}(\boldsymbol{x}_n), C_{k+1}$ 相互独立。

但在许多应用中，杂波 C_{k+1} 并不独立于目标 $\boldsymbol{x}_1, \cdots, \boldsymbol{x}_n$。如在多路径传播条件下，一个雷达或声纳脉冲被不同表面反射，从而在接收机内产生多个回波。另一个例子是飞机的射频 (*RF*) 诱骗干扰。在 RF 诱骗干扰条件下，飞机上的电子对抗 (ECM) 设备接收防空系统的雷达脉冲信号，并将其延迟后转发回雷达系统，最终将产生一个或多个虚假目标。

B. T. Vo、B. N. Vo 以及 A. Cantoni 推广了伯努利滤波器，使之可用于状态相关泊松杂波下的单目标检测跟踪[309]，而本节则给出目标相关泊松杂波下的多目标检测跟踪 PHD 滤波器，所用观测模型最早见于文献 [179] 第 12.5 节。

注解 25 (勘误): 在文献 [173] 中，Mahler 提出了一种目标相关泊松杂波下的 PHD 滤波器。需要注意的是，文献 [173] 中的滤波器推导似乎不太正确，建议用接下来的推导代替文献 [173] 中的推导。

考虑如下形式的杂波 RFS：

$$C_{k+1} = C_{k+1}(\boldsymbol{x}_1) \cup \cdots \cup C_{k+1}(\boldsymbol{x}_n) \cup C^0_{k+1} \tag{8.150}$$

式中：

- C^0_{k+1} 为独立的泊松背景杂波，其强度函数和杂波率分别为 $\kappa^0_{k+1}(z)$ 和 $\lambda^0_{k+1} = \int \kappa^0_{k+1}(z)\mathrm{d}z$；
- $C_{k+1}(\boldsymbol{x})$ 为与目标 $\boldsymbol{x}$ 相关的泊松杂波，其强度函数和杂波率分别为 $\kappa_{k+1}(z|\boldsymbol{x})$ 和 $\lambda_{k+1}(\boldsymbol{x}) = \int \kappa_{k+1}(z|\boldsymbol{x})\mathrm{d}z$；
- $\Upsilon_{k+1}(\boldsymbol{x}_1), \cdots, \Upsilon_{k+1}(\boldsymbol{x}_n), C_{k+1}(\boldsymbol{x}_1), \cdots, C_{k+1}(\boldsymbol{x}_n), C^0_{k+1}$ 相互独立。

因此，总观测的 RFS 为

$$\Sigma_{k+1} = \tilde{\Upsilon}_{k+1}(\boldsymbol{x}_1) \cup \cdots \cup \tilde{\Upsilon}_{k+1}(\boldsymbol{x}_n) \cup C^0_{k+1} \tag{8.151}$$

式中

$$\tilde{\Upsilon}_{k+1}(\boldsymbol{x}) = \Upsilon_{k+1}(\boldsymbol{x}) \cup C_{k+1}(\boldsymbol{x}) \tag{8.152}$$

利用8.2节的泛 PHD 滤波器观测更新方程，则可得到如下结果：

- 目标相关泊松杂波下 *PHD* 滤波器的观测更新方程：

$$D_{k+1|k+1}(\boldsymbol{x}) = L_{Z_{k+1}}(\boldsymbol{x}) \cdot D_{k+1|k}(\boldsymbol{x}) \tag{8.153}$$

式中的 PHD 伪似然为

$$L_{Z_{k+1}}(\boldsymbol{x}) = e^{-\lambda_{k+1}(\boldsymbol{x})} \cdot (1 - p_{\mathrm{D}}(\boldsymbol{x})) + \sum_{\mathcal{P} \boxminus Z_{k+1}} \omega_{\mathcal{P}} \sum_{W \in \mathcal{P}} \frac{L_W(\boldsymbol{x})}{\kappa_W + \tau_W} \tag{8.154}$$

其中：求和项遍历 Z_{k+1} 的所有分割 $\mathcal{P}$；且

$$L_W(\boldsymbol{x}) = e^{-\lambda_{k+1}(\boldsymbol{x})} \cdot \left(\prod_{z \in W} \kappa_{k+1}(z|\boldsymbol{x}) \right) \cdot \left[1 - p_{\mathrm{D}}(\boldsymbol{x}) + \sum_{z \in W} \frac{p_{\mathrm{D}}(\boldsymbol{x}) \cdot L_z(\boldsymbol{x})}{\kappa_{k+1}(z|\boldsymbol{x})} \right] \tag{8.155}$$

$$\kappa_W = \begin{cases} e^{-\lambda^0_{k+1}}, & W = \emptyset \\ \kappa^0_{k+1}(z), & W = \{z\} \\ 0, & |W| \geqslant 2 \end{cases} \tag{8.156}$$

$$\tau_W = \int L_W(\boldsymbol{x}) \cdot D_{k+1|k}(\boldsymbol{x})\mathrm{d}\boldsymbol{x} \tag{8.157}$$

$$\omega_{\mathcal{P}} = \frac{\prod_{W \in \mathcal{P}} (\kappa_W + \tau_W)}{\sum_{\mathcal{Q} \boxminus Z_{k+1}} \prod_{V \in \mathcal{Q}} (\kappa_V + \tau_V)} \tag{8.158}$$

上述结果的推导过程见附录 K.18。

第9章　经典PHD/CPHD滤波器实现

9.1　简　介

本章介绍与经典PHD/CPHD滤波器实现相关的主要方法及问题。

这两个滤波器的滤波方程都涉及多维积分，为了得到易于计算的算法，需要做进一步的近似。当前流行的近似方法主要有高斯混合 (*GM*) 实现及序贯蒙特卡罗 (*SMC*，也称为“粒子”) 实现两类。SMC 实现是由 Sidenbladh [271]、Zajic 和 Mahler[330] 以及 B. N. Vo 和 S. Singh[306] 等人于 2003 年分别独立提出的；GM 实现则是由 B. N. Vo 和 W. K. Ma[299] 于 2005 年提出的。随后，这两类方法在若干方面又进行了扩展和精炼，稍后再叙。

有关这两个滤波器的第二个主要进展就是对它们的实际行为有了更深的理解。最明显的就是对“远距幽灵作用”的分析，最初由 Fränken 和 Ulmke[88,293] 提出。

9.1.1　要点概述

在本章学习过程中，需要掌握的主要概念、结论及公式如下：

- PHD/CPHD 滤波器的实现可基于高斯混合及其变形，如扩展卡尔曼滤波器 (EKF)、无迹卡尔曼滤波器 (UKF)、容积卡尔曼滤波器 (CKF) 以及高斯粒子滤波器 (GPF)，见9.5.4和9.5.5节。
- PHD/CPHD 滤波器的实现可基于序贯蒙特卡罗方法，见9.6节。
- 由于“远距幽灵作用”的存在，PHD/CPHD 滤波器容易将漏报航迹的概率质量转移至检报航迹，见9.2节。
- 考虑到这种“幽灵”现象，实际中应将场景分割为统计不相交互的目标簇，并对每个簇采用一个单独的 PHD/CPHD 滤波器，见9.2节。
- PHD/CPHD 滤波器的 SMC 典型实现中需要一个大计算量的复杂“聚类”步骤，用以估计目标的数目及状态，B. Ristic、D. Clark、B. T. Vo 及 B. N. Vo 等人提出的“观测驱动”的新实现方法可避免这一步骤及其他的困难，见9.6.4节。
- 在 PHD/CPHD 滤波器的高斯混合实现中，采用类似方法可有效地选择目标新生过程，见9.5.7节。
- 可对 PHD/CPHD 滤波器的高斯混合实现进行扩展以包含目标类型，进而用于目标的分类，见9.5.6节。
- 上述结论同样适用于序贯蒙特卡罗实现，见9.6.5节。

9.1.2　本章结构

本章结构安排如下：

- 9.2节："远距幽灵作用"——指 PHD/CPHD 滤波器将漏报航迹的概率质量转移至检报航迹的行为趋势。
- 9.3节：PHD 滤波器的簇合并与切分。
- 9.4节：CPHD 滤波器的簇合并与切分。
- 9.5节：PHD/CPHD 滤波器的高斯混合实现。
- 9.6节：PHD/CPHD 滤波器的序贯蒙特卡罗实现。

9.2 "远距幽灵作用"

PHD/CPHD 滤波器的核心即簇跟踪器，也就是说，这两个滤波器首先按目标簇来解释多目标场景，仅在观测数量及质量允许的条件下才尝试将其分解为单个目标。

Fränken 和 Ulmke 发现 PHD/CPHD 滤波器的簇跟踪特性会产生下面两个有悖直觉的行为[88,293]：

- "远距幽灵作用"：经典 PHD/CPHD 滤波器会把 PHD 质量由漏报航迹转移至检报航迹——即便这些航迹之间的距离足够远 (相对传感器分辨力) 以致它们在统计上不相交互。
- 不满足叠加性：对散布的目标簇分别应用 CPHD 滤波器，与采用单个 CPHD 滤波器处理整个场景，所得结果是不一致的，但类似结论对 PHD 滤波器并不成立。

因此，从实际实现的角度考虑：

- 应首先将多目标场景分割为统计上不相交互的目标簇，然后对各个簇分别独立应用 *CPHD* 滤波器。
- 如8.4.6.2节所述，多假设跟踪器 (MHT) 中常采用该方法来降低计算复杂度[23,24,245]，考虑到理论和实际方面的原因，PHD/CPHD 滤波器也必须采用该方法。

下面通过一个简单的例子来证实上面两种行为。假定如下场景：

- 至多存在两条航迹，且其相对传感器分辨力完全可分；
- 每条航迹的航迹概率 $0 < a \leqslant 1$；
- 两个目标皆静止，且其初始航迹分布为 $f_1(\boldsymbol{x})$ 和 $f_2(\boldsymbol{x})$；
- 无虚警且检测概率 p_{D} 恒定；
- 第一条航迹生成观测 $\boldsymbol{z}_1$，而第二条航迹被漏报。

在上述假设下，先验多目标分布是下述两自由度多伯努利分布：

$$f_{0|0}(X)=\begin{cases}(1-a)^2, & X=\emptyset\\ a(1-a)\cdot(f_1(\boldsymbol{x})+f_2(\boldsymbol{x})), & X=\{\boldsymbol{x}\}\\ a^2\cdot(f_1(\boldsymbol{x}_1)\cdot f_2(\boldsymbol{x}_2)+f_1(\boldsymbol{x}_2)\cdot f_2(\boldsymbol{x}_1)), & X=\{\boldsymbol{x}_1,\boldsymbol{x}_2\}(|X|=2)\\ 0, & \text{其他}\end{cases} \tag{9.1}$$

先验的 p.g.fl.、p.g.f.、势分布、PHD 以及期望目标数可分别表示为

$$G_{0|0}[h] = (1 - a + a \cdot f_1[h]) \cdot (1 - a + a \cdot f_2[h]) \tag{9.2}$$

$$G_{0|0}(x) = (1 - a + a \cdot x)^2 \tag{9.3}$$

$$p_{0|0}(n) = C_{2,n} \cdot a^n (1 - a)^{2-n} \tag{9.4}$$

$$D_{0|0}(\boldsymbol{x}) = a \cdot f_1(\boldsymbol{x}) + a \cdot f_2(\boldsymbol{x}) \tag{9.5}$$

$$N_{0|0} = 2a \tag{9.6}$$

式中：$C_{2,n}$ 的定义见式(2.1)。

附录 K.14 给出了 PHD、CPHD 及多目标递归贝叶斯 (MRB) 这三种滤波器的观测更新 PHD $D_{1|1}(\boldsymbol{x})$，具体结果如下：

$$\text{PHD 滤波器} \quad D_{1|1}(\boldsymbol{x}) = [1 + a(1 - p_{\mathrm{D}})] \cdot f_1(\boldsymbol{x}) + a(1 - p_{\mathrm{D}}) \cdot f_2(\boldsymbol{x}) \tag{9.7}$$

$$\text{CPHD 滤波器} \quad D_{1|1}(\boldsymbol{x}) = \left(1 + \frac{(1 - p_{\mathrm{D}})a}{2(1 - ap_{\mathrm{D}})}\right) \cdot f_1(\boldsymbol{x}) + \frac{(1 - p_{\mathrm{D}})a}{2(1 - ap_{\mathrm{D}})} \cdot f_2(\boldsymbol{x}) \tag{9.8}$$

$$\text{MRB 滤波器} \quad D_{1|1}(\boldsymbol{x}) = f_1(\boldsymbol{x}) + \frac{(1 - p_{\mathrm{D}})a}{1 - ap_{\mathrm{D}}} \cdot f_2(\boldsymbol{x}) \tag{9.9}$$

这些结果可解释如下：

- *多目标贝叶斯滤波器*：该结果是*精确的*。正如预期的那样，它满足叠加性，因为上述双目标 PHD 等于对两条航迹分别应用多目标贝叶斯滤波器并将所得 PHD 相加的后结果 (见附录 K.14.3)。由于检测到的航迹 1 必存在，故其权值为 1；对于漏报的航迹 2，其权值会有所降低，即

$$a \hookrightarrow \frac{(1 - p_{\mathrm{D}}) \cdot a}{1 - ap_{\mathrm{D}}} \leqslant a \tag{9.10}$$

- *CPHD 滤波器*：由于 CPHD 滤波器的双目标 PHD 不等于两个单目标 PHD 之和，故其结果*不满足叠加性*。而且，漏报航迹的权值仅为真实值的一半，而“丢失的另一半”则被转移至检报航迹，从而使其权值大于真实值。Fränken 和 Ulmke 将任意远航迹权值间的这种“纠缠”现象称作“远距幽灵作用”[①]。
- *PHD 滤波器*：因为 PHD 滤波器的双目标 PHD 等于两个单目标 PHD 之和 (见附录 K.14.1)，故其结果满足叠加性。但 PHD 滤波器结果的幽灵作用更甚于 CPHD 滤波器，即其漏报航迹权值更小，且那些丢失的权重均被转移至检报航迹。

9.3 PHD 滤波器的合并与切分

如8.4.6.2节所述，通常需要将场景中的目标分割为统计上不相交互的簇，并对每个簇使用一个单独的 PHD 滤波器。此时会用到 PHD 的合并 (若多个簇联合在一起) 或切分 (若一个簇分离为多个簇)，本节介绍具体的实现方法。

[①]译者注：爱因斯坦用“远距幽灵作用”描述量子“纠缠”效应，这里借用了这一说法。

9.3.1 PHD 滤波器的合并

假定由两个 PHD 滤波器分别跟踪两个目标群，当这两个群足够近时，便可采用单个 PHD 滤波器来跟踪这些目标。令 $\overset{1}{D}_{k|k}(\boldsymbol{x}), \overset{2}{D}_{k|k}(\boldsymbol{x})$ 分别表示 t_k 时刻这两个 PHD 滤波器的 PHD，假定这两个目标群近似独立，通过叠加即可实现两个 PHD 的合并：

$$D_{k|k}(\boldsymbol{x}) = \overset{1}{D}_{k|k}(\boldsymbol{x}) + \overset{2}{D}_{k|k}(\boldsymbol{x}) \tag{9.11}$$

9.3.2 PHD 滤波器的切分

假定由单个 PHD 滤波器跟踪的目标群分裂为两个子群，如何将 PHD 切分为两个新 PHD 以期分别对应一个子群呢？一种直观上很显然的方法：首先假定 PHD 可切分为两组空间上分离的加权航迹分布，即

$$D_{k|k}(\boldsymbol{x}) = \overbrace{w_1 \cdot f_1(\boldsymbol{x}) + \cdots + w_n \cdot f_n(\boldsymbol{x})}^{\text{群 1}} + \overbrace{\tilde{w}_1 \cdot \tilde{f}_1(\boldsymbol{x}) + \cdots + \tilde{w}_{\tilde{n}} \cdot \tilde{f}_{\tilde{n}}(\boldsymbol{x})}^{\text{群 2}} \tag{9.12}$$

式中：$0 \leqslant w_i, \tilde{w}_j \leqslant 1$；群 1 属于某区域 T，而群 2 则属于区域 T^c。

然后将这两个分离群的 PHD 表示为

$$\overset{1}{D}_{k|k}(\boldsymbol{x}) = \mathbf{1}_T(\boldsymbol{x}) \cdot D_{k|k}(\boldsymbol{x}) = w_1 \cdot f_1(\boldsymbol{x}) + \cdots + w_n \cdot f_n(\boldsymbol{x}) \tag{9.13}$$

$$\overset{2}{D}_{k|k}(\boldsymbol{x}) = \mathbf{1}_{T^c}(\boldsymbol{x}) \cdot D_{k|k}(\boldsymbol{x}) = \tilde{w}_1 \cdot \tilde{f}_1(\boldsymbol{x}) + \cdots + \tilde{w}_{\tilde{n}} \cdot \tilde{f}_{\tilde{n}}(\boldsymbol{x}) \tag{9.14}$$

注解 26: 事实上，上述启发式合并切分方法是有理论依据的。对于合并情形，令 $\overset{1}{\Xi}_{k|k}$ 和 $\overset{2}{\Xi}_{k|k}$ 表示统计独立的待合并多目标 RFS，其 PHD 分别为 $\overset{1}{D}_{k|k}(\boldsymbol{x})$ 和 $\overset{2}{D}_{k|k}(\boldsymbol{x})$，则合并后的 RFS $\Xi_{k|k} = \overset{1}{\Xi}_{k|k} \cup \overset{2}{\Xi}_{k|k}$，极易证明其 PHD $D_{k|k}(\boldsymbol{x}) = \overset{1}{D}_{k|k}(\boldsymbol{x}) + \overset{2}{D}_{k|k}(\boldsymbol{x})$。对于切分情形，假定 $\Xi_{k|k} = \overset{1}{\Xi}_{k|k} \cup \overset{2}{\Xi}_{k|k}$，且存在某区域 T 使得 $\overset{1}{\Xi}_{k|k} = \Xi_{k|k} \cap T$ 且 $\overset{2}{\Xi}_{k|k} = \Xi_{k|k} \cap T^c$，由于已假定 $\Xi_{k|k}$ 为泊松 RFS，故 $\overset{1}{\Xi}_{k|k}$ 与 $\overset{2}{\Xi}_{k|k}$ 相互独立 (见4.3.1节注解12)。由此可得出结论：$D_{k|k}(\boldsymbol{x})$ 可表示为两个 PHD 之和，即 $\overset{1}{D}_{k|k}(\boldsymbol{x}) + \overset{2}{D}_{k|k}(\boldsymbol{x})$，其中，$\overset{1}{D}_{k|k}(\boldsymbol{x}), \overset{2}{D}_{k|k}(\boldsymbol{x})$ 分别为 $\overset{1}{\Xi}_{k|k}, \overset{2}{\Xi}_{k|k}$ 的 PHD。

9.4 CPHD 滤波器的合并与切分

簇目标的 CPHD 滤波不满足叠加性，即：使用单独的 CPHD 滤波器处理每个群并将其 PHD 相加，所得结果与使用单个 CPHD 滤波器处理整个场景时得到的 PHD 是不相等的。如前面所述，需要对每个目标群采用单独的 CPHD 滤波器。为了降低计算复杂度，MHT 等传统多目标跟踪器中普遍采用了这种预分割处理。同理，CPHD 滤波器中也需要采用预分割处理，虽然它并非理论所需。本节介绍与 CPHD 滤波器合并切分有关的问题。

9.4.1 CPHD 滤波器的合并

假定由两个 CPHD 滤波器分别跟踪两个目标群，当这两个群足够近时，便可采用单个 CPHD 滤波器来跟踪这些目标。此时，该如何合并这两个 CPHD 滤波器呢？下面令

$\overset{1}{D}_{k|k}(\boldsymbol{x})$、$\overset{1}{p}_{k|k}(n)$，$\overset{2}{D}_{k|k}(\boldsymbol{x})$、$\overset{2}{p}_{k|k}(n)$ 分别表示 t_k 时刻这两个 CPHD 滤波器的 PHD 及势分布，假定这两个目标群近似独立，则可对两个滤波器做如下合并：

$$D_{k|k}(\boldsymbol{x}) = \overset{1}{D}_{k|k}(\boldsymbol{x}) + \overset{2}{D}_{k|k}(\boldsymbol{x}) \tag{9.15}$$

$$p_{k|k}(n) = (\overset{1}{p}_{k|k} * \overset{2}{p}_{k|k})(n) \tag{9.16}$$

式中

$$(p_1 * p_2)(n) = \sum_{i+j=n} p_1(i) \cdot p_2(j) \tag{9.17}$$

上式即两个离散概率分布 $p_1(n)$ 与 $p_2(n)$ 的卷积。

上述 CPHD 滤波器合并方法并非启发式的，这可解释如下：若 $\overset{1}{\Xi}_{k|k}$ 和 $\overset{2}{\Xi}_{k|k}$ 为待合并的多目标 RFS，则合并后的 RFS $\Xi_{k|k} = \overset{1}{\Xi}_{k|k} \cup \overset{2}{\Xi}_{k|k}$。由于 $\overset{1}{\Xi}_{k|k}$ 和 $\overset{2}{\Xi}_{k|k}$ 相互独立，故 $\Xi_{k|k}$ 的 p.g.fl. 为

$$G_{k|k}[h] = \overset{1}{G}_{k|k}[h] \cdot \overset{2}{G}_{k|k}[h] \tag{9.18}$$

式中：$\overset{1}{G}_{k|k}[h]$、$\overset{2}{G}_{k|k}[h]$ 分别为 $\overset{1}{\Xi}_{k|k}$、$\overset{2}{\Xi}_{k|k}$ 的 p.g.fl.。

因此

$$D_{k|k}(\boldsymbol{x}) = \overset{1}{D}_{k|k}(\boldsymbol{x}) + \overset{2}{D}_{k|k}(\boldsymbol{x}) \tag{9.19}$$

$$G_{k|k}(x) = \overset{1}{G}_{k|k}(x) \cdot \overset{2}{G}_{k|k}(x) = \sum_{n \geqslant 0} (\overset{1}{p}_{k|k} * \overset{2}{p}_{k|k})(n) \cdot x^n \tag{9.20}$$

9.4.2 CPHD 滤波器的切分

假定由单个 CPHD 滤波器跟踪的目标群分裂为两个子群，如何将 CPHD 滤波器切分为两个新滤波器以期分别跟踪一个子群呢？由于注解26中分割后的 RFS $\Xi_{k|k} \cap T$、$\Xi_{k|k} \cap T^c$ 非统计独立 ($\Xi_{k|k}$ 通常并非泊松 RFS)，故9.3.2节所述理论方法不能直接应用于此。

从纯理论视角看，式(4.18)的 Clark 解卷积公式可用来处理该问题，但它通常不易于计算。因此，剩下的似乎只有启发式方法了，这里介绍 Petetin、Clark、Ristic 和 Maltese[237,238] 等人提出的一种方法，其性能表现颇佳①。

与式(9.12)类似，首先将 PHD $D_{k|k}(\boldsymbol{x})$ 切分成两组空间上分离的加权航迹分布：

$$D_{k|k}(\boldsymbol{x}) = \overbrace{w_1 \cdot f_1(\boldsymbol{x}) + \cdots + w_n \cdot f_n(\boldsymbol{x})}^{\text{群 1}} + \overbrace{\tilde{w}_1 \cdot \tilde{f}_1(\boldsymbol{x}) + \cdots + \tilde{w}_{\tilde{n}} \cdot \tilde{f}_{\tilde{n}}(\boldsymbol{x})}^{\text{群 2}} \tag{9.21}$$

式中：$0 \leqslant w_i, \tilde{w}_j \leqslant 1$。

①注意：这些作者所用的并非经典 CPHD 滤波器，而是一种混合了数据关联技术的 CPHD 滤波器。

然后指定每个群的 PHD：

$$\overset{1}{D}_{k|k}(\boldsymbol{x})=w_1\cdot f_1(\boldsymbol{x})+\cdots+w_n\cdot f_n(\boldsymbol{x}) \tag{9.22}$$

$$\overset{2}{D}_{k|k}(\boldsymbol{x})=\tilde{w}_1\cdot \tilde{f}_1(\boldsymbol{x})+\cdots+\tilde{w}_{\tilde{n}}\cdot \tilde{f}_{\tilde{n}}(\boldsymbol{x}) \tag{9.23}$$

下面来看势分布 $p_{k|k}(i)$，这里必须确定分布 $\overset{1}{p}_{k|k}(i)$、$\overset{2}{p}_{k|k}(i)$ 以及各自的期望值 $\overset{1}{N}_{k|k}$、$\overset{2}{N}_{k|k}$，且满足如下性质：

$$(\overset{1}{p}_{k|k}*\overset{2}{p}_{k|k})(i)=p_{k|k}(i) \tag{9.24}$$

$$\overset{1}{N}_{k|k}=w_1+\cdots+w_n \tag{9.25}$$

$$\overset{2}{N}_{k|k}=\tilde{w}_1+\cdots+\tilde{w}_n \tag{9.26}$$

假定目标 RFS 近似服从多伯努利分布，即其 p.g.fl. 可近似为如下形式：

$$\begin{aligned}G_{k|k}[h]=&(1-w_1+w_1\cdot f_1[h])\cdots(1-w_n+w_n\cdot f_n[h])\cdot\\&(1-\tilde{w}_1+\tilde{w}_1\cdot \tilde{f}_1[h])\cdots(1-\tilde{w}_{\tilde{n}}+\tilde{w}_{\tilde{n}}\cdot \tilde{f}_{\tilde{n}}[h])\end{aligned} \tag{9.27}$$

注意：上述假定仅当势分布 $p_{k|k}(n)$ 的方差 $\sigma^2_{k|k}$ 小于其期望值 $N_{k|k}$ 时才成立 (见4.3.1节)。

给定该假定及多伯努利 RFS 的性质 (见4.3.4节)，则可得到目标 RFS 的 p.g.f.、势分布以及 PHD：

$$\begin{aligned}G_{k|k}(x)=&(1-w_1+w_1\cdot x)\cdots(1-w_n+w_n\cdot x)\cdot\\&(1-\tilde{w}_1+\tilde{w}_1\cdot x)\cdots(1-\tilde{w}_{\tilde{n}}+\tilde{w}_{\tilde{n}}\cdot x)\end{aligned} \tag{9.28}$$

$$\begin{aligned}p_{k|k}(i)=&\left(\prod_{i=1}^{n}(1-w_i)\right)\left(\prod_{i=1}^{\tilde{n}}(1-\tilde{w}_i)\right)\cdot\\&\sigma_{n+\tilde{n},i}\left(\frac{w_1}{1-w_1},\cdots,\frac{w_n}{1-w_n},\frac{\tilde{w}_1}{1-\tilde{w}_1},\cdots,\frac{\tilde{w}_{\tilde{n}}}{1-\tilde{w}_{\tilde{n}}}\right)\end{aligned} \tag{9.29}$$

$$\begin{aligned}D_{k|k}(\boldsymbol{x})=&w_1\cdot f_1(\boldsymbol{x})+\cdots+w_n\cdot f_n(\boldsymbol{x})+\\&\tilde{w}_1\cdot \tilde{f}_1(\boldsymbol{x})+\cdots+\tilde{w}_{\tilde{n}}\cdot \tilde{f}_{\tilde{n}}(\boldsymbol{x})\end{aligned} \tag{9.30}$$

式中：$\sigma_{N,n}(x_1,\cdots,x_N)$ 表示 N 变量的 n 次初等对称函数 (当 $i>n+\tilde{n}$ 时，$p_{k|k}(i)=0$)。

定义

$$\overset{1}{p}_{k|k}(i)=\left(\prod_{i=1}^{n}(1-w_i)\right)\cdot\sigma_{n,i}\left(\frac{w_1}{1-w_1},\cdots,\frac{w_n}{1-w_n}\right) \tag{9.31}$$

$$\overset{2}{p}_{k|k}(i)=\left(\prod_{i=1}^{\tilde{n}}(1-\tilde{w}_i)\right)\cdot\sigma_{\tilde{n},i}\left(\frac{\tilde{w}_1}{1-\tilde{w}_1},\cdots,\frac{\tilde{w}_{\tilde{n}}}{1-\tilde{w}_{\tilde{n}}}\right) \tag{9.32}$$

相应的期望值及 p.g.f. 为

$$\overset{1}{N}_{k|k} = w_1 + \cdots + w_n \tag{9.33}$$

$$\overset{2}{N}_{k|k} = \tilde{w}_1 + \cdots + \tilde{w}_{\tilde{n}} \tag{9.34}$$

$$\overset{1}{G}_{k|k}(x) = (1 - w_1 + w_1 \cdot x) \cdots (1 - w_n + w_n \cdot x) \tag{9.35}$$

$$\overset{2}{G}_{k|k}(x) = (1 - \tilde{w}_1 + \tilde{w}_1 \cdot x) \cdots (1 - \tilde{w}_{\tilde{n}} + \tilde{w}_{\tilde{n}} \cdot x) \tag{9.36}$$

因此

$$\overset{1}{G}_{k|k}(x) \cdot \overset{2}{G}_{k|k}(x) = G_{k|k}(x) \tag{9.37}$$

由上式即可推出式(9.24)~(9.26)。

该方法的一个潜在的局限性就是相对较高的计算复杂度，由于初等对称函数的存在，分布 $\overset{1}{p}_{k|k}(i)$、$\overset{2}{p}_{k|k}(i)$ 的计算复杂度分别为 $O(n^2)$、$O(\tilde{n}^2)$。

9.5 高斯混合实现

PHD 滤波器的精确闭式高斯混合实现是由 B. N. Vo 和 W. K. Ma 在 2005 年提出的[299,300]，后由 D. Clark, K. Panta 和 B. N. Vo 进行扩展以包含航迹标签，而其收敛特性则在文献 [46, 48] 中给出。2007 年，B. T. Vo, B. N. Vo 和 A. Cantoni[308]，以及 Ulmke、Erdinc 和 Willett[292] 将其推广至 CPHD 滤波器。

GM 近似依赖恒检测概率这一假设，Ulmke 等人[292] 假定检测概率非恒定 (在空间上缓变)，从而提出了一种松弛假设下的近似实现 (见9.5.6节)。

由于 GM-PHD 及 GM-CPHD 滤波器采用高斯和形式来近似 PHD，因此其实现形式为一组扩展卡尔曼滤波器 (EKF)。由于 EKF 仅适用于轻度非线性情形，因此 B. N. Vo 和 W. K. Ma 采用无迹卡尔曼 (UKF) 滤波器代替 EKF 滤波器[300]，该实现通常足以应付与距离-方位观测模型有关的非线性。对于存在更高非线性的场景，Macagnano 和 de Abreu[149] 采用 Arasaratnam、Haykin 等人[9] 的容积卡尔曼滤波器 (CKF) 替代 UKF，而 D. Clark、B. T. Vo 和 B. N. Vo[49] 则用 Kotecha、Djurić 等人[138] 的高斯粒子滤波器 (GPF) 作为替代。

本节简要介绍 GM 近似背后的基本概念，主要内容安排如下：

- 9.5.1节：标准 GM 近似。
- 9.5.2节：高斯分量修剪。
- 9.5.3节：高斯分量合并。
- 9.5.4节：GM-PHD 滤波器。
- 9.5.5节：GM-CPHD 滤波器。
- 9.5.6节：非定常检测概率下的 GM 近似。

- 9.5.7节：部分均匀新生下的 GM 近似。
- 9.5.8节：集成目标身份的 GM 近似。

9.5.1 标准 GM 实现

高斯混合近似利用了高斯分布关于乘法代数封闭这一事实 (见式(2.3)及文献 [179] 附录 D)：

$$N_{\boldsymbol{P}_1}(\boldsymbol{x}-\boldsymbol{x}_1)\cdot N_{\boldsymbol{P}_2}(\boldsymbol{x}-\boldsymbol{x}_2)=N_{\boldsymbol{P}_1+\boldsymbol{P}_2}(\boldsymbol{x}_2-\boldsymbol{x}_1)\cdot N_{\boldsymbol{E}}(\boldsymbol{x}-\boldsymbol{e}) \tag{9.38}$$

$$\boldsymbol{E}^{-1}=\boldsymbol{P}_1^{-1}+\boldsymbol{P}_2^{-1} \tag{9.39}$$

$$\boldsymbol{E}^{-1}\boldsymbol{e}=\boldsymbol{P}_1^{-1}\boldsymbol{x}_1+\boldsymbol{P}_2^{-1}\boldsymbol{x}_2 \tag{9.40}$$

因此，如果采用高斯混合形式近似 PHD，在附加少量限制条件后，PHD/CPHD 滤波器的时间更新与观测更新方程便可闭式计算 (见9.5.4.1节及9.5.5.1节)。最为严格的限制条件即恒检测概率，即 $p_{\mathrm{D}}(\boldsymbol{x})=p_{\mathrm{D}}$ (同时还需假定恒存活概率 $p_{\mathrm{S}}(\boldsymbol{x}')=p_{\mathrm{S}}$)。

在 GM 近似中，先验 PHD 及预测 PHD 均被假定为 (至少可近似为) 高斯混合形式：

$$D_{k|k}(\boldsymbol{x})=\sum_{i=1}^{\nu_{k|k}} w_i^{k|k}\cdot N_{\boldsymbol{P}_i^{k|k}}(\boldsymbol{x}-\boldsymbol{x}_i^{k|k}) \tag{9.41}$$

$$D_{k+1|k}(\boldsymbol{x})=\sum_{i=1}^{\nu_{k+1|k}} w_i^{k+1|k}\cdot N_{\boldsymbol{P}_i^{k+1|k}}(\boldsymbol{x}-\boldsymbol{x}_i^{k+1|k}) \tag{9.42}$$

式中：目标数的期望值分别为

$$N_{k|k}=\sum_{i=1}^{\nu_{k|k}} w_i^{k|k},\quad N_{k+1|k}=\sum_{i=1}^{\nu_{k+1|k}} w_i^{k+1|k} \tag{9.43}$$

因此，PHD 的时间传递便等价为下式的时间传递：

$$(\ell_i^{k|k}, w_i^{k|k}, \boldsymbol{P}_i^{k|k}, \boldsymbol{x}_i^{k|k})_{i=1}^{\nu_{k|k}}$$

式中：附加项 $\ell_i^{k|k}$ 为 GM 分量 i 的航迹标签。

注解 27 (GM−PHD/CPHD 滤波器中的航迹管理)： 下面几节介绍的航迹管理方案基于简单规则来传递高斯分量的航迹标签，虽易于实现，但性能受限于目标交错频度与杂波率。更为有效的标签管理需要用到航迹−航迹关联技术，参见文献 [146, 229, 231, 230] 中所述方法。

9.5.2 高斯分量修剪

由于 PHD 高斯混合近似的分量数目随时间传递而无界增长，因此必须对那些相似分量进行合并，同时剔除掉那些无关紧要的分量 (文献 [179] 第 630 页)。从纯逻辑视角看，分量合并似乎应先于分量修剪。但合并前修剪实则更好，因为这样做可以免除那些最终被修剪分量的合并计算代价。

假定欲对下面的观测更新 GM 系统做分量修剪：

$$(w_i^{k+1|k+1}, \boldsymbol{P}_i^{k+1|k+1}, \boldsymbol{x}_i^{k+1|k+1})_{i=1}^{\nu_{k+1|k+1}}, \quad N_{k+1|k+1} = \sum_{i=1}^{\nu_{k+1|k+1}} w_i^{k+1|k+1}$$

设定门限 τ_{prune}，寻找满足下式的分量并剔除之：

$$w_i^{k+1|k+1} < \tau_{\text{prune}} \tag{9.44}$$

结果可得到如下的修剪后系统：

$$(\check{w}_i^{k+1|k+1}, \check{\boldsymbol{P}}_i^{k+1|k+1}, \check{\boldsymbol{x}}_i^{k+1|k+1})_{i=1}^{\check{\nu}_{k+1|k+1}}$$

其中共有 $\check{\nu}_{k+1|k+1}$ 个分量。将剩余分量的总权重记作

$$\check{w}^{k+1|k+1} = \sum_{i=1}^{\check{\nu}_{k+1|k+1}} \check{w}_i^{k+1|k+1} \tag{9.45}$$

对于所有 $i = 1, \cdots, \check{\nu}_{k+1|k+1}$，定义归一化权值：

$$\hat{w}_i^{k+1|k+1} = N_{k+1|k+1} \cdot \frac{\check{w}_i^{k+1|k+1}}{\check{w}^{k+1|k+1}} \tag{9.46}$$

则修剪后的 GM 系统为

$$(\hat{w}_i^{k+1|k+1}, \check{\boldsymbol{P}}_i^{k+1|k+1}, \check{\boldsymbol{x}}_i^{k+1|k+1})_{i=1}^{\check{\nu}_{k+1|k+1}}$$

9.5.3 高斯分量合并

如欲将(9.47)式的双高斯分量系统合并为(9.48)式的单高斯分量：

$$w_1 \cdot N_{\boldsymbol{P}_1}(\boldsymbol{x} - \boldsymbol{x}_1) + w_2 \cdot N_{\boldsymbol{P}_2}(\boldsymbol{x} - \boldsymbol{x}_2) \tag{9.47}$$

$$w_0 \cdot N_{\boldsymbol{P}_0}(\boldsymbol{x} - \boldsymbol{x}_0) \tag{9.48}$$

首先，必须给出分量是否合并的判定准则。根据式(6.35)的 Hellinger 距离，可以得到 $N_{\boldsymbol{P}_1}(\boldsymbol{x} - \boldsymbol{x}_1)$ 和 $N_{\boldsymbol{P}_2}(\boldsymbol{x} - \boldsymbol{x}_2)$ 的重叠度：

$$I = -2 \log \frac{\sqrt{\det \boldsymbol{P}_1 \boldsymbol{P}_2}}{\det \frac{1}{2}(\boldsymbol{P}_1 + \boldsymbol{P}_2)} + (\boldsymbol{x}_1 - \boldsymbol{x}_2)^{\mathrm{T}} (\boldsymbol{P}_1 + \boldsymbol{P}_2)^{-1} (\boldsymbol{x}_1 - \boldsymbol{x}_2) \tag{9.49}$$

可以发现，当两个航迹分布相同时，$I = 0$。考虑到计算量，可用下述马氏距离来近似(9.49)式：

$$\tilde{I} = (\boldsymbol{x}_1 - \boldsymbol{x}_2)^{\mathrm{T}} (\boldsymbol{P}_1 + \boldsymbol{P}_2)^{-1} (\boldsymbol{x}_1 - \boldsymbol{x}_2) \tag{9.50}$$

当 $\tilde{I} < \tau_{\text{merge}}$ (τ_{merge} 为某给定门限) 时，则判定这两个分量足够相似而应当合并。

在确定了欲合并分量后，假定现需将式(9.51)合并为式(9.52)所示的单分量形式：

$$D(\boldsymbol{x}) = \sum_{i=1}^{n} w_i \cdot N_{\boldsymbol{P}_i}(\boldsymbol{x} - \boldsymbol{x}_i) \tag{9.51}$$

$$w_0 \cdot N_{\boldsymbol{P}_0}(\boldsymbol{x} - \boldsymbol{x}_0) \tag{9.52}$$

K.16 节证明了与(9.51)式具有相同均值和方差的高斯分量为[①]

$$w_0 = \sum_{i=1}^{n} w_i \tag{9.53}$$

$$\boldsymbol{x}_0 = \sum_{i=1}^{n} \hat{w}_i \cdot \boldsymbol{x}_i \tag{9.54}$$

$$\boldsymbol{P}_0 = \sum_{i=1}^{n} \hat{w}_i \cdot \boldsymbol{P}_i - \boldsymbol{x}_0 \boldsymbol{x}_0^{\mathrm{T}} + \sum_{i=1}^{n} \hat{w}_i \cdot \boldsymbol{x}_i \boldsymbol{x}_i^{\mathrm{T}} \tag{9.55}$$

$$= \sum_{i=1}^{n} \hat{w}_i \cdot \boldsymbol{P}_i + \sum_{1 \leqslant i \leqslant n} \hat{w}_i \cdot (\boldsymbol{x}_i - \boldsymbol{x}_0)(\boldsymbol{x}_i - \boldsymbol{x}_0)^{\mathrm{T}} \tag{9.56}$$

式中

$$\hat{w}_i = \frac{w_i}{w_0}, \quad i = 1, \cdots, n \tag{9.57}$$

注解 28: 上述公式可视作文献 [179] 第 16.5.3.5 节结果的推广，后者仅适用于 $n = 2$ 的情形。(9.50)式比文献 [179] 中的 (16.286) 式具有更坚实的理论基础。

注解 29 (合并与航迹标记): 在分量被合并后，将合并前最大权值分量的标签赋给合并后分量。另外，由于观测更新步的原因，即便是在分量合并修剪后，许多分量仍经常会具有相同的标签。此时，除权值最大分量的标签保持不变外，其余分量都重新分配新标签。

注解 30 (其他合并方法): 这里给出的合并方法主要是考虑到其概念的简单性。但值得指出的是，大量文献都致力于高斯混合分量缩减 (合并) 问题，关于这方面的讨论可参见文献 [51]。

9.5.4 GM-PHD 滤波器

本节简要介绍 PHD 滤波器的精确闭式高斯混合 (GM) 实现 (见文献 [179] 第 623–630 页)，主要内容安排如下：

- 9.5.4.1节：GM-PHD 滤波器的建模假设。
- 9.5.4.2节：GM-PHD 滤波器的时间更新方程。
- 9.5.4.3节：GM-PHD 滤波器的观测更新方程。
- 9.5.4.4节：GM-PHD 滤波器的多目标状态估计。

[①] 译者注：原著(9.56)式中第二项为 $\sum_{1\leqslant i<j\leqslant n} \hat{w}_i \cdot \hat{w}_j \cdot (\boldsymbol{x}_i - \boldsymbol{x}_j)(\boldsymbol{x}_i - \boldsymbol{x}_j)^{\mathrm{T}}$，这里已更正。

- 9.5.4.5节：GM−PHD 滤波器的无迹卡尔曼滤波器 (UKF) 变形。
- 9.5.4.6节：GM−PHD 滤波器的容积卡尔曼滤波器 (CKF) 变形。
- 9.5.4.7节：GM−PHD 滤波器的高斯粒子滤波器 (GPF) 变形。

9.5.4.1　GM−PHD 滤波器模型

PHD 滤波器的 GM 实现基于下列模型：

- 目标存活概率独立于目标状态：$p_{\mathrm{S},k+1}(\boldsymbol{x}) = p_{\mathrm{S},k+1} \overset{\text{abbr.}}{=} p_{\mathrm{S}}$。
- 单目标马尔可夫转移密度为下述线性高斯形式[1]：

$$f_{k+1|k}(\boldsymbol{x}|\boldsymbol{x}') = N_{\boldsymbol{Q}_k}(\boldsymbol{x} - \boldsymbol{F}_k\boldsymbol{x}') \tag{9.58}$$

- 新生目标 *PHD* 为下述高斯混合形式：

$$b_{k+1|k}(\boldsymbol{x}) = \sum_{i=1}^{\nu^{\mathrm{B}}_{k+1|k}} b_i^{k+1|k} \cdot N_{\boldsymbol{B}_i^{k+1|k}}(\boldsymbol{x} - \boldsymbol{b}_i^{k+1|k}) \tag{9.59}$$

故新生目标数目的期望值为

$$N^{\mathrm{B}}_{k+1|k} = \sum_{i=1}^{\nu^{\mathrm{B}}_{k+1|k}} b_i^{k+1|k} \tag{9.60}$$

- 衍生目标 *PHD* 为下述高斯混合形式：

$$b_{k+1|k}(\boldsymbol{x}|\boldsymbol{x}') = \sum_{j=1}^{\nu^{\mathrm{S}}_{k+1|k}} e_j^{k+1|k} \cdot N_{\boldsymbol{G}_j^{k+1|k}}(\boldsymbol{x} - \boldsymbol{E}_j^{k+1|k}\boldsymbol{x}') \tag{9.61}$$

故 $\boldsymbol{x}'$ 的衍生目标数的期望值独立于 $\boldsymbol{x}'$：

$$N^{\mathrm{S}}_{k+1|k} = \sum_{j=1}^{\nu^{\mathrm{S}}_{k+1|k}} e_j^{k+1|k} \tag{9.62}$$

- 检测概率独立于目标状态：$p_{\mathrm{D},k+1}(\boldsymbol{x}) = p_{\mathrm{D},k+1} \overset{\text{abbr.}}{=} p_{\mathrm{D}}$ (当采用9.5.6节中的近似时可删掉该假设)。
- 传感器似然函数为线性高斯形式[2]：

$$L_{\boldsymbol{z}}(\boldsymbol{x}) = f_{k+1}(\boldsymbol{z}|\boldsymbol{x}) = N_{\boldsymbol{R}_{k+1}}(\boldsymbol{z} - \boldsymbol{H}_{k+1}\boldsymbol{x}) \tag{9.63}$$

- 杂波强度函数：$\kappa_{k+1}(\boldsymbol{z}) = \lambda_{k+1} \cdot c_{k+1}(\boldsymbol{z})$，其中，$\lambda_{k+1}$ 为杂波率而 $c_{k+1}(\boldsymbol{z})$ 为杂波空间分布。

---

[1]这一假设可松弛为高斯混合假设，但会增加计算代价。

[2]这一假设可松弛为高斯混合假设，但会增加计算代价。

9.5.4.2 GM-PHD 滤波器时间更新

已知高斯分量系统 $(\ell_i^{k|k}, w_i^{k|k}, \boldsymbol{P}_i^{k|k}, \boldsymbol{x}_i^{k|k})_{i=1}^{\nu_{k|k}}$ 及目标数的期望值

$$N_{k|k} = \sum_{i=1}^{\nu_{k|k}} w_i^{k|k} \tag{9.64}$$

现欲确定预测高斯分量系统 $(\ell_i^{k+1|k}, w_i^{k+1|k}, \boldsymbol{P}_i^{k+1|k}, \boldsymbol{x}_i^{k+1|k})_{i=1}^{\nu_{k+1|k}}$ 的表达式，其实际结构如下：

$$(\ell_i^{k+1|k}, w_i^{k+1|k}, \boldsymbol{P}_i^{k+1|k}, \boldsymbol{x}_i^{k+1|k})_{i=1}^{\nu_{k|k}+\nu_{k+1|k}^{\mathrm{B}}},$$
$$(\ell_{i,j}^{k+1|k}, w_{i,j}^{k+1|k}, \boldsymbol{P}_{i,j}^{k+1|k}, \boldsymbol{x}_{i,j}^{k+1|k})_{i=1;j=1}^{\nu_{k|k},\nu_{k+1|k}^{\mathrm{S}}}$$

给定上述条件后，GM-PHD 滤波器的时间更新可定义如下：

- 时间更新的 *GM* 分量数：

$$\nu_{k+1|k} = \nu_{k|k} + \nu_{k+1|k}^{\mathrm{B}} + \nu_{k|k} \cdot \nu_{k+1|k}^{\mathrm{S}} \tag{9.65}$$

  式中：$\nu_{k|k}$ 个分量对应存活目标；$\nu_{k+1|k}^{\mathrm{B}}$ 个分量对应新生目标；$\nu_{k|k} \cdot \nu_{k+1|k}^{\mathrm{S}}$ 个分量对应衍生目标。时间更新后的分量索引编排如下：

$$i = 1, \cdots, \nu_{k|k} \quad \text{(存活)} \tag{9.66}$$
$$i = \nu_{k|k} + 1, \cdots, \nu_{k|k} + \nu_{k+1|k}^{\mathrm{B}} \quad \text{(新生)} \tag{9.67}$$
$$i = 1, \cdots, \nu_{k|k};\ j = 1, \cdots, \nu_{k+1|k}^{\mathrm{S}} \quad \text{(衍生)} \tag{9.68}$$

- 存活目标的 *GM* 分量：对于 $i = 1, \cdots, \nu_{k|k}$，有

$$\ell_i^{k+1|k} = \ell_i^{k|k} \tag{9.69}$$
$$w_i^{k+1|k} = p_{\mathrm{S}} \cdot w_i^{k|k} \tag{9.70}$$
$$\boldsymbol{x}_i^{k+1|k} = \boldsymbol{F}_k \boldsymbol{x}_i^{k|k} \tag{9.71}$$
$$\boldsymbol{P}_i^{k+1|k} = \boldsymbol{F}_k \boldsymbol{P}_i^{k|k} \boldsymbol{F}_k^{\mathrm{T}} + \boldsymbol{Q}_k \tag{9.72}$$

- 新生目标的 *GM* 分量：对于 $i = \nu_{k|k} + 1, \cdots, \nu_{k|k} + \nu_{k+1|k}^{\mathrm{B}}$，有

$$\ell_i^{k+1|k} = \text{新标签} \tag{9.73}$$
$$w_i^{k+1|k} = b_{i-\nu_{k|k}}^{k+1|k} \tag{9.74}$$
$$\boldsymbol{x}_i^{k+1|k} = \boldsymbol{b}_{i-\nu_{k|k}}^{k+1|k} \tag{9.75}$$
$$\boldsymbol{P}_i^{k+1|k} = \boldsymbol{B}_{i-\nu_{k|k}}^{k+1|k} \tag{9.76}$$

- 衍生目标的 GM 分量：对于 $i=1,\cdots,\nu_{k|k}, j=1,\cdots,\nu^{\mathrm{S}}_{k+1|k}$，有

$$\ell^{k+1|k}_{i,j} = \text{新标签} \tag{9.77}$$

$$w^{k+1|k}_{i,j} = e^{k+1|k}_{j} \cdot w^{k|k}_{i} \tag{9.78}$$

$$\boldsymbol{x}^{k+1|k}_{i,j} = \boldsymbol{E}^{k+1|k}_{j} \boldsymbol{x}^{k|k}_{i} \tag{9.79}$$

$$\boldsymbol{P}^{k+1|k}_{i,j} = \boldsymbol{E}^{k+1|k}_{j} \boldsymbol{P}^{k|k}_{i} (\boldsymbol{E}^{k+1|k}_{j})^{\mathrm{T}} + \boldsymbol{G}^{k+1|k}_{j} \tag{9.80}$$

9.5.4.3 GM-PHD 滤波器观测更新

已知预测高斯分量系统 $(\ell^{k+1|k}_i, w^{k+1|k}_i, \boldsymbol{P}^{k+1|k}_i, \boldsymbol{x}^{k+1|k}_i)^{\nu_{k+1|k}}_{i=1}$ 及预测目标数的期望值

$$N_{k+1|k} = \sum_{i=1}^{\nu_{k+1|k}} w^{k+1|k}_i \tag{9.81}$$

给定新观测集 $Z_{k+1}=\{\boldsymbol{z}_1,\cdots,\boldsymbol{z}_{m_{k+1}}\}$ $(|Z_{k+1}|=m_{k+1})$ 后，现欲确定观测更新高斯分量系统 $(\ell^{k+1|k+1}_i, w^{k+1|k+1}_i, \boldsymbol{P}^{k+1|k+1}_i, \boldsymbol{x}^{k+1|k+1}_i)^{\nu_{k+1|k+1}}_{i=1}$ 的表达式，其实际结构如下：

$$(\ell^{k+1|k+1}_i, w^{k+1|k+1}_i, \boldsymbol{P}^{k+1|k+1}_i, \boldsymbol{x}^{k+1|k+1}_i)^{\nu_{k+1|k}}_{i=1}$$

$$(\ell^{k+1|k+1}_{i,j}, w^{k+1|k+1}_{i,j}, \boldsymbol{P}^{k+1|k+1}_{i,j}, \boldsymbol{x}^{k+1|k+1}_{i,j})^{\nu_{k+1|k},m_{k+1}}_{i=1;j=1}$$

已知上述条件，GM-PHD 滤波器的观测更新由下述方程给出：

- 观测更新的 GM 分量数：

$$\nu_{k+1|k+1} = \nu_{k+1|k} + m_{k+1} \cdot \nu_{k+1|k} \tag{9.82}$$

式中：$\nu_{k+1|k}$ 个分量对应漏报航迹；$m_{k+1}\cdot\nu_{k+1|k}$ 个分量对应检报航迹。观测更新后的分量索引编排如下：

$$i=1,\cdots,\nu_{k+1|k} \qquad \text{(漏报)} \tag{9.83}$$

$$i=1,\cdots,\nu_{k+1|k};\ j=1,\cdots,m_{k+1} \qquad \text{(检报)} \tag{9.84}$$

- 观测更新的漏报分量：对于 $i=1,\cdots,\nu_{k+1|k}$，有

$$\ell^{k+1|k+1}_i = \ell^{k+1|k}_i \tag{9.85}$$

$$w^{k+1|k+1}_i = (1-p_{\mathrm{D}}) \cdot w^{k+1|k}_i \tag{9.86}$$

$$\boldsymbol{x}^{k+1|k+1}_i = \boldsymbol{x}^{k+1|k}_i \tag{9.87}$$

$$\boldsymbol{P}^{k+1|k+1}_i = \boldsymbol{P}^{k+1|k}_i \tag{9.88}$$

- 观测更新的检报分量：对于 $i = 1, \cdots, \nu_{k+1|k}, j = 1, \cdots, m_{k+1}$，有

$$\ell_{i,j}^{k+1|k+1} = \ell_i^{k+1|k} \tag{9.89}$$

$$\tau_{k+1}(z_j) = p_{\mathrm{D}} \sum_{i=1}^{\nu_{k+1|k}} w_i^{k+1|k} \cdot N_{\boldsymbol{R}_{k+1}+\boldsymbol{H}_{k+1}\boldsymbol{P}_i^{k+1|k}\boldsymbol{H}_{k+1}^{\mathrm{T}}}(z_j - \boldsymbol{H}_{k+1}\boldsymbol{x}_i^{k+1|k}) \tag{9.90}$$

$$w_{i,j}^{k+1|k+1} = \frac{p_{\mathrm{D}} \cdot N_{\boldsymbol{R}_{k+1}+\boldsymbol{H}_{k+1}\boldsymbol{P}_i^{k+1|k}\boldsymbol{H}_{k+1}^{\mathrm{T}}}(z_j - \boldsymbol{H}_{k+1}\boldsymbol{x}_i^{k+1|k})}{\kappa_{k+1}(z_j) + \tau_{k+1}(z_j)} w_i^{k+1|k} \tag{9.91}$$

$$\boldsymbol{x}_{i,j}^{k+1|k+1} = \boldsymbol{x}_i^{k+1|k} + \boldsymbol{K}_i^{k+1}(z_j - \boldsymbol{H}_{k+1}\boldsymbol{x}_i^{k+1|k}) \tag{9.92}$$

$$\boldsymbol{P}_{i,j}^{k+1|k+1} = (\boldsymbol{I} - \boldsymbol{K}_i^{k+1}\boldsymbol{H}_{k+1})\boldsymbol{P}_i^{k+1|k} \tag{9.93}$$

$$\boldsymbol{K}_i^{k+1} = \boldsymbol{P}_i^{k+1|k}\boldsymbol{H}_{k+1}^{\mathrm{T}}(\boldsymbol{H}_{k+1}\boldsymbol{P}_i^{k+1|k}\boldsymbol{H}_{k+1}^{\mathrm{T}} + \boldsymbol{R}_{k+1})^{-1} \tag{9.94}$$

9.5.4.4 GM-PHD 滤波器的多目标状态估计

GM-PHD 滤波器的状态估计可按如下方式操作：已知观测更新后的高斯混合系统 $(\ell_i^{k+1|k+1}, w_i^{k+1|k+1}, \boldsymbol{P}_i^{k+1|k+1}, \boldsymbol{x}_i^{k+1|k+1})_{i=1}^{\nu_{k+1|k+1}}$，首先令 n 为最接近下式的整数

$$N_{k+1|k+1} = \sum_{i=1}^{\nu_{k+1|k+1}} w_i^{k+1|k+1} \tag{9.95}$$

然后提取 n 个权值最大的高斯分量，与之对应的 $\boldsymbol{x}_i^{k+1|k+1}$、$P_i^{k+1|k+1}$ 分别为航迹状态估计及其协方差估计。

9.5.4.5 GM-PHD 滤波器——UKF 变形

由式(9.71)、(9.72)、(9.80)、(9.92)、(9.94)清晰可见，就算法而言，GM-PHD 滤波器是由一组卡尔曼滤波器或扩展卡尔曼滤波器组成，每个滤波器单独处理一个高斯分量。由于 EKF 仅能应付轻度非线性情形，B. N. Vo 和 W. K. Ma[300] 因此采用无迹卡尔曼滤波器 (UKF) 组来替代 EKF 滤波器组。采用这种方式后，GM-PHD 滤波器可适用于中度非线性情形，如距离-方位传感器。出于概念完整性的考虑，本节对 UKF 作简要介绍，内容主要基于 Terejanu 的导论性文献 [289]。

UKF 是由 Julier 和 Uhlmann 提出的，主要用于处理非线性较为严重而导致 EKF 不再有效的情形[129,130,131]。它采用“无迹变换”近似随机矢量 $\phi(\boldsymbol{X})$ 的均值与方差，其中，ϕ 为一非线性变换，$\boldsymbol{X}$ 为高斯分布的随机矢量①。

Sigma 点：已知高斯随机矢量 $\boldsymbol{X}$ 的均值 $\boldsymbol{x}$ 及协方差矩阵 $\boldsymbol{P}$，令 N 表示欧氏状态空间的维数，无迹变换背后的基本思想是选择确定性的 Sigma 点 $\boldsymbol{x}_0, \boldsymbol{x}_1, \cdots, \boldsymbol{x}_{2N}$ 及与之对应的固定权值 $w_0, w_1, \cdots, w_{2N}$，使其满足如下约束[130]：

$$1 = \sum_{i=0}^{2N} w_i, \quad \boldsymbol{x} = \sum_{i=0}^{2N} w_i \cdot \boldsymbol{x}_i, \quad \boldsymbol{P} = \sum_{i=0}^{2N} w_i \cdot (\boldsymbol{x}_i - \boldsymbol{x}) \cdot (\boldsymbol{x}_i - \boldsymbol{x})^{\mathrm{T}} \tag{9.96}$$

①无迹变换通常也称为 Sigma 点变换，故 UKF 也称为 Sigma 点卡尔曼滤波器或线性回归卡尔曼滤波器。

则变换后随机变量 $\phi(\boldsymbol{X})$ 的均值 $\boldsymbol{x}_\phi$ 及协方差 $\boldsymbol{C}_\phi$ 可近似为

$$\boldsymbol{x}_\phi \cong \sum_{i=0}^{2N} w_i \cdot \phi(\boldsymbol{x}_i) \tag{9.97}$$

$$\boldsymbol{C}_\phi \cong \sum_{i=0}^{2N} w_i \cdot (\phi(\boldsymbol{x}_i) - \boldsymbol{x}_\phi) \cdot (\phi(\boldsymbol{x}_i) - \boldsymbol{x}_\phi)^{\mathrm{T}} \tag{9.98}$$

而 $\boldsymbol{X}$ 与 $\phi(\boldsymbol{X})$ 的互协方差可近似为

$$\tilde{\boldsymbol{C}}_\phi \cong \sum_{i=0}^{2N} w_i \cdot (\boldsymbol{x}_i - \boldsymbol{x}) \cdot (\phi(\boldsymbol{x}_i) - \boldsymbol{x}_\phi)^{\mathrm{T}} \tag{9.99}$$

无迹变换：最常用的 Sigma 点及其权值选取方法是：对于 $i = 1, \cdots, N$，

$$w_0 = \frac{s}{N+s}, \qquad \boldsymbol{x}_0 = \boldsymbol{x} \tag{9.100}$$

$$w_i = \frac{1}{2(N+s)}, \qquad \boldsymbol{x}_i = \boldsymbol{x}_0 + \left(\sqrt{(N+s)\boldsymbol{P}}\right)_i \tag{9.101}$$

$$w_{i+N} = \frac{1}{2(N+s)}, \qquad \boldsymbol{x}_{i+N} = \boldsymbol{x}_0 - \left(\sqrt{(N+s)\boldsymbol{P}}\right)_i \tag{9.102}$$

式中：$(\sqrt{\boldsymbol{C}})_i$ 表示矩阵平方根 $\sqrt{\boldsymbol{C}}$ 的第 i 列（$\boldsymbol{C}$ 为协方差矩阵）；尺度因子 s 决定 $\boldsymbol{x}_1, \cdots, \boldsymbol{x}_{2N}$ 绕 $\boldsymbol{x}_0$ 的散布程度。

式(9.100)~(9.102)的有效性取决于 s 的合理选择。对于 $s = 3 - N < 0$ 的特殊情形，协方差阵估计有可能不正定，“缩放无迹变换”正是为了解决此问题而提出的[128]。

无迹卡尔曼滤波器：UKF 按下述方式使用无迹变换：

- 时间更新步：令 $\varphi_k(\boldsymbol{x})$、$\boldsymbol{x}_{k|k}$、$\boldsymbol{P}_{k|k}$ 分别表示 t_k 时刻的状态转移函数、状态均值及其协方差。首先取 $\boldsymbol{x}_0^{k|k} = \boldsymbol{x}_{k|k}$；然后根据式(9.100)~(9.102)确定 Sigma 点 $\boldsymbol{x}_1^{k|k}, \cdots, \boldsymbol{x}_{2N}^{k|k}$ 及权值 $w_0^{k|k}, w_1^{k|k}, \cdots, w_{2N}^{k|k}$；再利用 φ_k 传递 $\boldsymbol{x}_0^{k|k}, \boldsymbol{x}_1^{k|k}, \cdots, \boldsymbol{x}_{2N}^{k|k}$ 得到 $\varphi_k(\boldsymbol{x}_0^{k|k}), \varphi_k(\boldsymbol{x}_1^{k|k}), \cdots, \varphi_k(\boldsymbol{x}_{2N}^{k|k})$；最后考虑过程噪声的不确定性并利用(9.97)式和(9.98) 式估计 $\boldsymbol{x}_{k+1|k}$ 和 $\boldsymbol{P}_{k+1|k}$：

$$\boldsymbol{x}_{k+1|k} = \sum_{i=0}^{2N} w_i^{k|k} \cdot \varphi_k(\boldsymbol{x}_i^{k+1|k}) \tag{9.103}$$

$$\boldsymbol{P}_{k+1|k} = \boldsymbol{Q}_k + \sum_{i=0}^{2N} w_i^{k|k} \cdot \left(\varphi_k(\boldsymbol{x}_i^{k|k}) - \boldsymbol{x}_{k+1|k}\right) \cdot \left(\varphi_k(\boldsymbol{x}_i^{k|k}) - \boldsymbol{x}_{k+1|k}\right)^{\mathrm{T}} \tag{9.104}$$

- 观测更新步：记观测函数为 $\eta_{k+1}(\boldsymbol{x})$。首先取 $\boldsymbol{x}_0^{k+1|k} = \boldsymbol{x}_{k+1|k}$；然后根据式(9.100)~(9.102)确定 Sigma 点 $\boldsymbol{x}_1^{k+1|k}, \cdots, \boldsymbol{x}_{2N}^{k+1|k}$ 及权值 $w_0^{k+1|k}, w_1^{k+1|k}, \cdots, w_{2N}^{k+1|k}$；再利用 η_{k+1} 传递 $\boldsymbol{x}_0^{k+1|k}, \boldsymbol{x}_1^{k+1|k}, \cdots, \boldsymbol{x}_{2N}^{k+1|k}$，从而得到

$$\eta_{k+1}(\boldsymbol{x}_0^{k+1|k}), \eta_{k+1}(\boldsymbol{x}_1^{k+1|k}), \cdots, \eta_{k+1}(\boldsymbol{x}_{2N}^{k+1|k})$$

随后考虑观测噪声并利用(9.97)式和(9.98)式估计预测观测 $z_{k+1|k+1}$、新息协方差矩阵 $S_{k+1|k+1}$ 以及互协方差矩阵 $C_{k+1|k+1}$：

$$z_{k+1|k} = \sum_{i=0}^{2N} w_i^{k+1|k} \cdot \eta_{k+1}(x_i^{k+1|k}) \tag{9.105}$$

$$S_{k+1} = R_{k+1} + \sum_{i=0}^{2N} w_i^{k+1|k} \cdot \left(\eta_{k+1}(x_i^{k+1|k}) - z_{k+1|k}\right)\left(\eta_{k+1}(x_i^{k+1|k}) - z_{k+1|k}\right)^{\mathrm{T}} \tag{9.106}$$

$$C_{k+1|k+1} = \sum_{i=0}^{2N} w_i^{k+1|k} \cdot \left(\varphi_k(x_i^{k|k}) - x_{k+1|k}\right)\left(\eta_{k+1}(x_i^{k+1|k}) - z_{k+1|k}\right)^{\mathrm{T}} \tag{9.107}$$

在已知新观测 z_{k+1} 后，后验状态及其协方差最终可估计如下：

$$x_{k+1|k+1} = x_{k+1|k} + K_k(z_{k+1} - z_{k+1|k}) \tag{9.108}$$

$$K_k = C_{k+1} S_{k+1}^{-1} \tag{9.109}$$

$$P_{k+1|k+1} = P_{k+1|k} - K_k S_{k+1} K_k^{\mathrm{T}} \tag{9.110}$$

9.5.4.6 GM-PHD 滤波器——CKF 变形

容积卡尔曼滤波器 (CKF) 是 Arasaratnam 和 Haykin 于 2009 年提出的，可以作为 EKF 与 UKF 在严重非线性情形下的替代品[9]。2010 年，Macagnano 和 de Abreu[148,149] 采用 CKF 代替 GM-PHD 滤波器中 EKF 或 UKF，本节对 CKF 作简要介绍。

CKF 的结构与 UKF 类似 (见文献 [9] 第 1269 页附录 A)，尽管如此，但 Arasaratnam 和 Haykin 认为它较 UKF 的优势在于 (文献 [9] 第 1262 页): 更数学化的原理；更精确的数值计算；总会得到正定的协方差矩阵。

对于 CKF 的时间更新，首先令 $x_{k|k}$、$P_{k|k}$、φ_k 分别表示 t_k 时刻的状态均值、协方差及状态转移函数。然后构造容积点 ($i = 1, \cdots, N$)：

$$x_i^{k|k} = x_{k|k} + \left(\sqrt{N \cdot P_{k|k}}\right)_i \tag{9.111}$$

$$x_{i+N}^{k|k} = x_{k|k} - \left(\sqrt{N \cdot P_{k|k}}\right)_i \tag{9.112}$$

式中：$(\sqrt{N \cdot P_{k|k}})_i$ 表示矩阵平方根的第 i 列。

利用这些容积点，可以得到预测状态及其协方差：

$$x_{k+1|k} = \frac{1}{2N} \sum_{i=1}^{N} \left(\varphi_k(x_i^{k|k}) + \varphi_k(x_{i+N}^{k|k})\right) \tag{9.113}$$

$$\begin{aligned} P_{k+1|k} = {} & Q_k - x_{k+1|k} x_{k+1|k}^{\mathrm{T}} + \\ & \frac{1}{2N} \sum_{i=1}^{N} \left(\varphi_k(x_i^{k|k}) \varphi_k(x_i^{k|k})^{\mathrm{T}} + \varphi_k(x_{i+N}^{k|k}) \varphi_k(x_{i+N}^{k|k})^{\mathrm{T}}\right) \end{aligned} \tag{9.114}$$

对于 CKF 的观测更新，记观测函数为 η_{k+1}，首先对 $i=1,\cdots,N$ 构造容积点：

$$\boldsymbol{x}_i^{k+1|k} = \boldsymbol{x}_{k+1|k} + \left(\sqrt{N \cdot \boldsymbol{P}_{k+1|k}}\right)_i \tag{9.115}$$

$$\boldsymbol{x}_{i+N}^{k+1|k} = \boldsymbol{x}_{k+1|k} - \left(\sqrt{N \cdot \boldsymbol{P}_{k+1|k}}\right)_i \tag{9.116}$$

然后利用上述容积点估计预测观测、新息协方差矩阵及互协方差矩阵：

$$\boldsymbol{z}_{k+1|k} = \frac{1}{2N}\sum_{i=1}^{N}\left(\eta_{k+1}(\boldsymbol{x}_i^{k+1|k}) + \eta_{k+1}(\boldsymbol{x}_{i+N}^{k+1|k})\right) \tag{9.117}$$

$$\boldsymbol{S}_{k+1} = \boldsymbol{R}_{k+1} - \boldsymbol{z}_{k+1|k}\boldsymbol{z}_{k+1|k}^{\mathrm{T}} + \frac{1}{2N}\sum_{i=1}^{N}\left(\begin{array}{c}\eta_{k+1}(\boldsymbol{x}_i^{k+1|k}) \cdot \eta_{k+1}(\boldsymbol{x}_i^{k+1|k})^{\mathrm{T}} + \\ \eta_{k+1}(\boldsymbol{x}_{i+N}^{k+1|k}) \cdot \varphi_k(\boldsymbol{x}_{i+N}^{k+1|k})^{\mathrm{T}}\end{array}\right) \tag{9.118}$$

$$\boldsymbol{C}_{k+1} = -\boldsymbol{x}_{k+1|k}\boldsymbol{z}_{k+1|k}^{\mathrm{T}} + \frac{1}{2N}\sum_{i=1}^{N}\left(\begin{array}{c}(\boldsymbol{x}_i^{k+1|k}) \cdot \eta_{k+1}(\boldsymbol{x}_i^{k+1|k})^{\mathrm{T}} + \\ (\boldsymbol{x}_{i+N}^{k+1|k}) \cdot \eta_{k+1}(\boldsymbol{x}_{i+N}^{k+1|k})^{\mathrm{T}}\end{array}\right) \tag{9.119}$$

在给定新观测 $\boldsymbol{z}_{k+1}$ 后，观测更新的均值及协方差阵可估计如下：

$$\boldsymbol{x}_{k+1|k+1} = \boldsymbol{x}_{k+1|k} + \boldsymbol{K}_k(\boldsymbol{z}_{k+1} - \boldsymbol{z}_{k+1|k}) \tag{9.120}$$

$$\boldsymbol{K}_k = \boldsymbol{C}_{k+1}\boldsymbol{S}_{k+1}^{-1} \tag{9.121}$$

$$\boldsymbol{P}_{k+1|k+1} = \boldsymbol{P}_{k+1|k} - \boldsymbol{K}_k\boldsymbol{S}_{k+1}\boldsymbol{K}_k^{\mathrm{T}} \tag{9.122}$$

CKF-PHD 滤波器的性能结果：Macagnano 和 de Abreu [149] 通过两个简单的二维仿真实例比较了 CKF-PHD 滤波器与 EKF-PHD 滤波器。在第一个仿真中，两个目标出现后相互接近，然后远离并在场景中段衍生出第三个目标。在第二个仿真中，两个目标交错，且在仿真过程中出现第三个目标。

Macagnano 和 de Abreu 通过这两组仿真评估了目标数估计精度。在第一组中，杂波率 λ 由 1.5 增加到 39 且 $p_{\mathrm{D}}=0.98$ 保持恒定。在第二组中，p_{D} 由 0.8 增加到 1 而 $\lambda=10$ 保持恒定。对于变化的 λ，当 $\lambda \geqslant 12$ 时，CKF-PHD 滤波器的目标数估计精度相对 EKF-PHD 滤波器获得了显著提升；对于变化的 p_{D}，当 $p_{\mathrm{D}} \leqslant 0.98$ 时，CKF-PHD 滤波器具有明显的性能优势。此外，作者们还通过 OSPA 测度 (6.2.2 节) 比较了这两个滤波器随 λ 递增时的性能：当 $\lambda \leqslant 6$ 时，EKF-PHD 滤波器优于 CKF-PHD 滤波器；当 $\lambda > 6$ 时则有相反的结论。

Macagnano 和 de Abreu [148] 还对 CKF-PHD 滤波器进行修改以包含自适应的观测选通方案，他们认为其自适应选通方法要明显优于标准的椭圆选通方法。

9.5.4.7 GM-PHD 滤波器——高斯粒子滤波器变形

该方法由 D. Clark、B. T. Vo 及 B. N. Vo[49] 于 2007 年提出，他们用 Kotecha 和 Djurić [138] 的高斯粒子滤波器 (GPF) 取代了 GM-PHD 滤波器中的 EKF 或 UKF，且容许下述非线性-高斯形式的马尔可夫转移密度与似然函数：

$$f_{k+1|k}(\boldsymbol{x}|\boldsymbol{x}') = N_{\boldsymbol{Q}_k}(\boldsymbol{x} - \varphi_k(\boldsymbol{x}')) \tag{9.123}$$

$$f_{k+1}(\boldsymbol{z}|\boldsymbol{x}) = N_{\boldsymbol{R}_{k+1}}(\boldsymbol{z} - \eta_{k+1}(\boldsymbol{x})) \tag{9.124}$$

式中：函数 $\varphi_k(\boldsymbol{x}')$ 和 $\eta_{k+1}(\boldsymbol{x})$ 为任意形式。

依惯例，仍采用高斯混合形式来近似 PHD，但此时的滤波方程将涉及下述乘积形式：

$$N_{\boldsymbol{Q}_k}(\boldsymbol{x}-\varphi_k(\boldsymbol{x}'))\cdot N_{\boldsymbol{P}_i^{k|k}}(\boldsymbol{x}'-\boldsymbol{x}_i^{k|k})$$

$$N_{\boldsymbol{R}_{k+1}}(\boldsymbol{z}-\eta_{k+1}(\boldsymbol{x}))\cdot N_{\boldsymbol{P}_i^{k+1|k}}(\boldsymbol{x}-\boldsymbol{x}_i^{k+1|k})$$

对存活目标应用式(9.123)，便可得到如下形式的积分：

$$\int N_{\boldsymbol{Q}_k}(\boldsymbol{x}-\varphi_k(\boldsymbol{x}'))\cdot N_{\boldsymbol{P}_i^{k|k}}(\boldsymbol{x}'-\boldsymbol{x}_i^{k|k})\mathrm{d}\boldsymbol{x}'$$

上式可用蒙特卡罗数值积分来计算，主要步骤如下[①]：

- 首先固定 i，从 $N_{\boldsymbol{P}_i^{k|k}}(*-\boldsymbol{x}_i^{k|k})$ 中抽取 ν 个样本 $\boldsymbol{u}_{i,1},\cdots,\boldsymbol{u}_{i,\nu}$，由大数定律可知，当 $\nu\to\infty$ 时，有

$$\frac{1}{\nu}\sum_{j=1}^{\nu}N_{\boldsymbol{Q}_k}(\boldsymbol{x}-\varphi_k(\boldsymbol{u}_{i,j}))\longrightarrow\int N_{\boldsymbol{Q}_k}(\boldsymbol{x}-\varphi_k(\boldsymbol{x}'))\cdot N_{\boldsymbol{P}_i^{k|k}}(\boldsymbol{x}'-\boldsymbol{x}_i^{k|k})\mathrm{d}\boldsymbol{x}'$$

  故上式左边可作为右边的一种近似。

- 然后固定 i、j，从 $N_{\boldsymbol{Q}_k}(*-\varphi_k(\boldsymbol{u}_{i,j}))$ 中抽取单个样本 $\boldsymbol{v}_{i,j}$。
- 随后固定 i，计算样本均值及其协方差：

$$\boldsymbol{x}_i^{k+1|k}=\frac{1}{\nu}\sum_{j=1}^{\nu}\boldsymbol{v}_{i,j}\tag{9.125}$$

$$\boldsymbol{P}_i^{k+1|k}=\frac{1}{\nu}\sum_{j=1}^{\nu}(\boldsymbol{v}_{i,j}-\boldsymbol{x}_i^{k+1|k})(\boldsymbol{v}_{i,j}-\boldsymbol{x}_i^{k+1|k})^{\mathrm{T}}\tag{9.126}$$

- 存活目标的预测 PHD 最终可近似为

$$p_{\mathrm{S}}\sum_{i=1}^{\nu_{k|k}}w_i^{k|k}\cdot N_{\boldsymbol{P}_i^{k+1|k}}(\boldsymbol{x}-\boldsymbol{x}_i^{k+1|k})$$

在将式(9.124)用于检报目标时，必须计算如下形式的表达式[②]：

$$\frac{p_{\mathrm{D}}\cdot N_{\boldsymbol{R}_{k+1}}(\boldsymbol{z}_j-\eta_{k+1}(\boldsymbol{x}))\cdot N_{\boldsymbol{P}_i^{k+1|k}}(\boldsymbol{x}-\boldsymbol{x}_i^{k+1|k})}{\kappa_{k+1}(\boldsymbol{z}_j)+\sum_{i=1}^{\nu_{k+1|k}}w_i^{k+1|k}\tau_{k+1}^i(\boldsymbol{z}_j)}$$

式中

$$\tau_{k+1}^i(\boldsymbol{z}_j)=p_{\mathrm{D}}\int N_{\boldsymbol{R}_{k+1}}(\boldsymbol{z}_j-\eta_{k+1}(\boldsymbol{x}))\cdot N_{\boldsymbol{P}_i^{k+1|k}}(\boldsymbol{x}-\boldsymbol{x}_i^{k+1|k})\mathrm{d}\boldsymbol{x}\tag{9.127}$$

具体步骤如下：

[①]译者注：原著中步骤描述混乱且存在错误，这里已更正。

[②]译者注：原著中下式的分母为 $\kappa_{k+1}(\boldsymbol{z}_j)+\tau_{k+1}^i(\boldsymbol{z}_j)$，这里已更正。

- 固定 i, j，从某重要性采样函数 $\pi(\boldsymbol{x})$ 中抽取样本 $\boldsymbol{w}_{i,j,1}, \cdots, \boldsymbol{w}_{i,j,\nu}$，Clark 等人建议采用 $N_{\boldsymbol{P}_i^{k+1|k}}(\boldsymbol{x} - \boldsymbol{x}_i^{k+1|k})$ 或者基于 $\boldsymbol{z}_j$ 的 EKF/UKF 观测更新密度函数作为采样函数；
- 对于 $l = 1, \cdots, \nu$，计算各样本的权值：

$$w_{i,j,l} = \frac{N_{\boldsymbol{R}_{k+1}}(\boldsymbol{z}_j - \eta_{k+1}(\boldsymbol{w}_{i,j,l})) \cdot N_{\boldsymbol{P}_i^{k+1|k}}(\boldsymbol{w}_{i,j,l} - \boldsymbol{x}_i^{k+1|k})}{\pi(\boldsymbol{w}_{i,j,l})} \tag{9.128}$$

- 当 $\nu \to \infty$ 时，有

$$\frac{p_{\mathrm{D}}}{\nu} \sum_{l=1}^{\nu} w_{i,j,l} \to \tau_{k+1}^{i}(\boldsymbol{z}_j)$$

  因此上式左边可作为右边的一种近似。
- 计算样本的均值、协方差及权值：

$$\boldsymbol{x}_{i,j}^{k+1|k+1} = \frac{\sum_{l=1}^{\nu} w_{i,j,l} \cdot \boldsymbol{w}_{i,j,l}}{\sum_{l'=1}^{\nu} w_{i,j,l'}} \tag{9.129}$$

$$\boldsymbol{P}_{i,j}^{k+1|k+1} = \frac{\sum_{l=1}^{\nu} w_{i,j,l} \cdot (\boldsymbol{w}_{i,j,l} - \boldsymbol{x}_{i,j}^{k+1|k+1})(\boldsymbol{w}_{i,j,l} - \boldsymbol{x}_{i,j}^{k+1|k+1})^{\mathrm{T}}}{\sum_{l'=1}^{\nu} w_{i,j,l'}} \tag{9.130}$$

$$w_{i,j}^{k+1|k+1} = \frac{w_i^{k+1|k} \cdot p_{\mathrm{D}} \cdot \frac{1}{\nu} \sum_{l=1}^{\nu} w_{i,j,l}}{\kappa_{k+1}(\boldsymbol{z}_j) + p_{\mathrm{D}} \sum_{i=1}^{\nu_{k+1|k}} w_i^{k+1|k} \cdot \frac{1}{\nu} \sum_{l=1}^{\nu} w_{i,j,l}} \tag{9.131}$$

- 检报目标的 PHD 最后可近似为

$$\sum_{j=1}^{m_{k+1}} \sum_{i=1}^{\nu_{k+1|k}} w_{i,j}^{k+1|k+1} \cdot N_{\boldsymbol{P}_{i,j}^{k+1|k+1}}(\boldsymbol{x} - \boldsymbol{x}_{i,j}^{k+1|k+1}) \tag{9.132}$$

GPF-PHD/CPHD 滤波器的性能结果：Clark 等人将 GPF 方法用于 GM-PHD 及 GM-CPHD 滤波器的实现，其仿真测试基于距离-方位传感器并涉及五个出现并消失的目标[49]。目标状态设定为 (x, y, v_x, v_y, ω)，其中 ω 为非线性协同转弯运动 (CT) 模型的转弯速率；杂波则采用空间均匀分布的泊松杂波模型，杂波率 $\lambda = 25$；检测概率 $p_{\mathrm{D}} = 0.98$。结果表明：即便在交错情形下，GPF-PHD 和 GPF-CPHD 滤波器也都能精确地跟踪目标，但 GPF-CPHD 滤波器的目标数估计精度要优于 GPF-PHD 滤波器。

9.5.5 GM-CPHD 滤波器

本节简要介绍 CPHD 滤波器的精确闭式高斯混合实现 (见文献 [179] 第 646–649 页)，主要内容安排如下：

- 9.5.5.1节：GM-CPHD 滤波器的建模假设。
- 9.5.5.2节：GM-CPHD 滤波器的时间更新方程。
- 9.5.5.3节：GM-CPHD 滤波器的观测更新方程。
- 9.5.5.4节：GM-CPHD 滤波器的多目标状态估计。

- 9.5.5.5节：GM−CPHD 滤波器的无迹卡尔曼滤波器变形。

注解 31: 这里给出的 GM−CPHD 滤波器时间更新和观测更新公式与文献 [179] 第 646−649 页中的公式稍有区别，但这二者是等价的。

9.5.5.1 GM−CPHD 滤波器模型

CPHD 滤波器的 GM 实现基于下列模型：

- 势分布是有限的：对于 $n \geqslant n_{\max}$，$p_{k|k}(n) = 0$。
- 目标存活概率恒定：$p_{\mathrm{S},k+1|k}(\boldsymbol{x}) = p_{\mathrm{S},k+1|k} \overset{\text{abbr.}}{=} p_{\mathrm{S}}$。
- 单目标马尔可夫密度为线性高斯形式①：

$$f_{k+1|k}(\boldsymbol{x}|\boldsymbol{x}') = N_{\boldsymbol{Q}_k}(\boldsymbol{x} - \boldsymbol{F}_k\boldsymbol{x}') \tag{9.133}$$

- 新生目标 *PHD* 为高斯混合形式：

$$b_{k+1|k}(\boldsymbol{x}) = \sum_{i=1}^{\nu^{\mathrm{B}}_{k+1|k}} b_i^{k+1|k} \cdot N_{\boldsymbol{B}_i^{k+1|k}}(\boldsymbol{x} - \boldsymbol{b}_i^{k+1|k}) \tag{9.134}$$

故新生目标数目的期望值为

$$N^{\mathrm{B}}_{k+1|k} = \sum_{i=1}^{\nu^{\mathrm{B}}_{k+1|k}} b_i^{k+1|k} \tag{9.135}$$

- 新生目标势分布是有限的：当 n 足够大时，$p^{\mathrm{B}}_{k+1|k}(n) = 0$；且有如下关系

$$N^{\mathrm{B}}_{k+1|k} = \sum_{n\geqslant 1} n \cdot p^{\mathrm{B}}_{k+1|k}(n) \tag{9.136}$$

- 检测概率恒定：$p_{\mathrm{D},k+1}(\boldsymbol{x}) = p_{\mathrm{D},k+1} \overset{\text{abbr.}}{=} p_{\mathrm{D}}$ (当采用9.5.6节的近似时可删除该假设)。
- 传感器似然函数为线性高斯形式②：

$$L_{\boldsymbol{z}}(\boldsymbol{x}) = f_{k+1}(\boldsymbol{z}|\boldsymbol{x}) = N_{\boldsymbol{R}_{k+1}}(\boldsymbol{z} - \boldsymbol{H}_{k+1}\boldsymbol{x}) \tag{9.137}$$

- 杂波势分布：$p^{\kappa}_{k+1}(m)$ 任意，或等价地讲，杂波 p.g.f. $G^{\kappa}_{k+1}(z)$ 任意。
- 杂波空间分布：$c_{k+1}(\boldsymbol{z})$ 任意。

9.5.5.2 GM−CPHD 滤波器时间更新

已知势分布 $p_{k|k}(n)$ 及 PHD 的高斯分量系统 $(\ell_i^{k|k}, w_i^{k|k}, \boldsymbol{P}_i^{k|k}, \boldsymbol{x}_i^{k|k})_{i=1}^{\nu_{k|k}}$，且

$$N_{k|k} = \sum_{i=1}^{\nu_{k|k}} w_i^{k|k} = \sum_{n=0}^{n_{\max}} n \cdot p_{k|k}(n) \tag{9.138}$$

现欲确定预测的势分布 $p_{k+1|k}(n)$ 及高斯分量系统 $(\ell_i^{k+1|k}, w_i^{k+1|k}, \boldsymbol{P}_i^{k+1|k}, \boldsymbol{x}_i^{k+1|k})_{i=1}^{\nu_{k+1|k}}$ 的表达式，结果如下：

---
①该假设可松弛为高斯混合假设，但这会增加计算代价。
②该假设可松弛为高斯混合假设，但这会增加计算代价。

- 时间更新的势分布：

$$p_{k+1|k}(n)=\sum_{n'=0}^{n_{\max}}p_{k+1|k}(n|n')\cdot p_{k|k}(n') \tag{9.139}$$

式中

$$p_{k+1|k}(n|n')=\sum_{i=0}^{\min\{n,n'\}}p_{k+1|k}^{\mathrm{B}}(n-i)\cdot C_{n',i}\cdot p_{\mathrm{S},k}^{i}(1-p_{\mathrm{S},k})^{n'-i} \tag{9.140}$$

式中：$C_{n',i}$ 的定义见式(2.1)。

- *PHD* 时间更新后的 *GM* 分量数：

$$\nu_{k+1|k}=\nu_{k|k}+\nu_{k+1|k}^{\mathrm{B}} \tag{9.141}$$

式中：$\nu_{k|k}$ 个分量对应存活目标；$\nu_{k+1|k}^{\mathrm{B}}$ 个分量对应新生目标。时间更新后分量的索引编排如下：

$$i=1,\cdots,\nu_{k|k} \quad (存活) \tag{9.142}$$

$$i=\nu_{k+1}+1,\cdots,\nu_{k+1}+\nu_{k+1|k}^{\mathrm{B}} \quad (新生) \tag{9.143}$$

- 存活目标的 *GM* 分量：对于 $i=1,\cdots,\nu_{k|k}$，有

$$\ell_i^{k+1|k}=\ell_i^{k|k} \tag{9.144}$$

$$w_i^{k+1|k}=p_{\mathrm{S}}\cdot w_i^{k|k} \tag{9.145}$$

$$\boldsymbol{x}_i^{k+1|k}=\boldsymbol{F}_k\boldsymbol{x}_i^{k|k} \tag{9.146}$$

$$\boldsymbol{P}_i^{k+1|k}=\boldsymbol{F}_k\boldsymbol{P}_i^{k|k}\boldsymbol{F}_k^{\mathrm{T}}+\boldsymbol{Q}_k \tag{9.147}$$

- 新生目标的 *GM* 分量：对于 $i=\nu_{k|k}+1,\cdots,\nu_{k|k}+\nu_{k+1|k}^{\mathrm{B}}$，有

$$\ell_i^{k+1|k}=新标签 \tag{9.148}$$

$$w_i^{k+1|k}=b_{i-\nu_{k|k}}^{k+1|k} \tag{9.149}$$

$$\boldsymbol{x}_i^{k+1|k}=\boldsymbol{b}_{i-\nu_{k|k}}^{k+1|k} \tag{9.150}$$

$$\boldsymbol{P}_i^{k+1|k}=\boldsymbol{B}_{i-\nu_{k|k}}^{k+1|k} \tag{9.151}$$

9.5.5.3　GM−CPHD 滤波器观测更新

已知预测的势分布 $p_{k+1|k}(n)$ 及高斯分量系统 $(\ell_i^{k+1|k},w_i^{k+1|k},\boldsymbol{P}_i^{k+1|k},\boldsymbol{x}_i^{k+1|k})_{i=1}^{\nu_{k+1|k}}$，且

$$N_{k+1|k}=\sum_{i=1}^{\nu_{k+1|k}}w_i^{k+1|k}=\sum_{n=0}^{n_{\max}}n\cdot p_{k+1|k}(n) \tag{9.152}$$

在获得新观测集 $Z_{k+1}=\{z_1,\cdots,z_{m_{k+1}}\}$ ($|Z_{k+1}|=m_{k+1}$) 后，现欲确定观测更新的势分布及高斯分量系统：

$$p_{k+1|k+1}(n),\quad (\ell_i^{k+1|k+1},w_i^{k+1|k+1},\boldsymbol{P}_i^{k+1|k+1},\boldsymbol{x}_i^{k+1|k+1})_{i=1}^{\nu_{k+1|k+1}}$$

上面高斯分量系统的实际结构为

$$(\ell_i^{k+1|k+1},w_i^{k+1|k+1},\boldsymbol{P}_i^{k+1|k+1},\boldsymbol{x}_i^{k+1|k+1})_{i=1}^{\nu_{k+1|k}}$$
$$(\ell_{i,j}^{k+1|k+1},w_{i,j}^{k+1|k+1},\boldsymbol{P}_{i,j}^{k+1|k+1},\boldsymbol{x}_{i,j}^{k+1|k+1})_{i=1;j=1}^{\nu_{k+1|k},m_{k+1}}$$

主要结果如下：

- *PHD* 观测更新后的 *GM* 分量数：

$$\nu_{k+1|k+1}=\nu_{k+1|k}+m_{k+1}\cdot\nu_{k+1|k} \tag{9.153}$$

与 GM-PHD 滤波器类似，其中，$\nu_{k+1|k}$ 个分量对应漏报航迹，$m_{k+1}\cdot\nu_{k+1|k}$ 个分量对应检报航迹。观测更新后的分量索引编排如下：

$$i=1,\cdots,\nu_{k+1|k}\qquad\text{(漏报)} \tag{9.154}$$

$$i=1,\cdots,\nu_{k+1|k};\ j=1,\cdots,m_{k+1}\qquad\text{(检报)} \tag{9.155}$$

- 观测更新的势分布：

$$p_{k+1|k+1}(n)=\frac{\ell_{Z_{k+1}}(n)\cdot p_{k+1|k}(n)}{\sum_{l\geqslant 0}\ell_{Z_{k+1}}(l)\cdot p_{k+1|k}(l)} \tag{9.156}$$

式中

$$\ell_{Z_{k+1}}(n)=\frac{\left(\begin{array}{c}\sum_{j=0}^{\min\{m_{k+1},n\}}(m_{k+1}-j)!\cdot p_{k+1}^{\kappa}(m_{k+1}-j)\cdot\\ j!\cdot C_{n,j}\cdot\phi_k^{n-j}\cdot\sigma_j(Z_{k+1})\end{array}\right)}{\left(\begin{array}{c}\sum_{l=0}^{m_{k+1}}(m_{k+1}-l)!\cdot p_{k+1}^{\kappa}(m_{k+1}-l)\cdot\\ \sigma_l(Z_{k+1})\cdot G_{k+1|k}^{(l)}(\phi_k)\end{array}\right)} \tag{9.157}$$

其中：$C_{n,j}$ 的定义见式(2.1)；且

$$\phi_k=1-p_{\mathrm{D},k+1} \tag{9.158}$$

$$G_{k+1|k}^{(l)}(\phi_k)=\sum_{n=l}^{n_{\max}}p_{k+1|k}(n)\cdot l!\cdot C_{n,l}\cdot\phi_k^{n-l} \tag{9.159}$$

$$\sigma_i(Z_{k+1})=\sigma_{m_{k+1},i}\left(\frac{\hat{\tau}_{k+1}(z_1)}{c_{k+1}(z_1)},\cdots,\frac{\hat{\tau}_{k+1}(z_{m_{k+1}})}{c_{k+1}(z_{m_{k+1}})}\right) \tag{9.160}$$

$$\hat{\tau}_{k+1}(z_j)=\frac{p_{\mathrm{D}}}{N_{k+1|k}}\sum_{l=1}^{\nu_{k+1|k}}w_l^{k+1|k}\cdot \tag{9.161}$$
$$N_{\boldsymbol{R}_{k+1}+\boldsymbol{H}_{k+1}\boldsymbol{P}_l^{k+1|k}\boldsymbol{H}_{k+1}^{\mathrm{T}}}(z_j-\boldsymbol{H}_{k+1}\boldsymbol{x}_l^{k+1|k})$$

- 漏报目标 *PHD* 观测更新后的 *GM* 分量：对于 $i=1,\cdots,\nu_{k+1|k}$，有

$$\ell_i^{k+1|k+1}=\ell_i^{k+1|k} \tag{9.162}$$

$$w_i^{k+1|k+1}=\frac{(1-p_{\mathrm{D}})\cdot w_i^{k+1|k}}{N_{k+1|k}}\cdot\overset{\mathrm{ND}}{L}_{Z_{k+1}} \tag{9.163}$$

$$\boldsymbol{x}_i^{k+1|k+1}=\boldsymbol{x}_i^{k+1|k} \tag{9.164}$$

$$\boldsymbol{P}_i^{k+1|k+1}=\boldsymbol{P}_i^{k+1|k} \tag{9.165}$$

式中

$$\overset{\mathrm{ND}}{L}_{Z_{k+1}}=\frac{\begin{pmatrix}\sum_{j=0}^{m_{k+1}}(m_{k+1}-j)!\cdot p_{k+1}^{\kappa}(m_{k+1}-j)\cdot\\ \sigma_j(Z_{k+1})\cdot G_{k+1|k}^{(j+1)}(\phi_k)\end{pmatrix}}{\begin{pmatrix}\sum_{l=0}^{m_{k+1}}(m_{k+1}-l)!\cdot p_{k+1}^{\kappa}(m_{k+1}-l)\cdot\\ \sigma_l(Z_{k+1})\cdot G_{k+1|k}^{(l)}(\phi_k)\end{pmatrix}} \tag{9.166}$$

$$G_{k+1|k}^{(j+1)}(\phi_k)=\sum_{n=j+1}^{n_{\max}}p_{k+1|k}(n)\cdot(j+1)!\cdot C_{n,j+1}\cdot\phi_k^{n-j-1} \tag{9.167}$$

- 检报目标 *PHD* 观测更新后的 *GM* 分量：对于 $i=1,\cdots,\nu_{k+1|k}$, $j=1,\cdots,m_{k+1}$，有

$$\ell_{i,j}^{k+1|k+1}=\ell_i^{k+1|k} \tag{9.168}$$

$$w_{i,j}^{k+1|k+1}=\frac{p_{\mathrm{D}}\cdot w_i^{k+1|k}}{N_{k+1|k}}\cdot\frac{\overset{\mathrm{D}}{L}_{Z_{k+1}}(\boldsymbol{z}_j)}{c_{k+1}(\boldsymbol{z}_j)}\cdot N_{\boldsymbol{R}_{k+1}+\boldsymbol{H}_{k+1}\boldsymbol{P}_i^{k+1|k}\boldsymbol{H}_{k+1}^{\mathrm{T}}}(\boldsymbol{z}_j-\boldsymbol{H}_{k+1}\boldsymbol{x}_i^{k+1|k}) \tag{9.169}$$

$$\boldsymbol{x}_{i,j}^{k+1|k}=\boldsymbol{x}_i^{k+1|k}+\boldsymbol{K}_i^{k+1}(\boldsymbol{z}_j-\boldsymbol{H}_{k+1}\boldsymbol{x}_i^{k+1|k}) \tag{9.170}$$

$$\boldsymbol{P}_{i,j}^{k+1|k}=(\boldsymbol{I}-\boldsymbol{K}_i^{k+1}\boldsymbol{H}_{k+1})\boldsymbol{P}_i^{k+1|k} \tag{9.171}$$

$$\boldsymbol{K}_i^{k+1}=\boldsymbol{P}_i^{k+1|k}\boldsymbol{H}_{k+1}^{\mathrm{T}}\cdot\left(\boldsymbol{H}_{k+1}\boldsymbol{P}_i^{k+1|k}\boldsymbol{H}_{k+1}^{\mathrm{T}}+\boldsymbol{R}_{k+1}\right)^{-1} \tag{9.172}$$

式中

$$\overset{\mathrm{D}}{L}_{Z_{k+1}}(\boldsymbol{z}_j)=\frac{\begin{pmatrix}\sum_{i=0}^{m_{k+1}-1}(m_{k+1}-i-1)!\cdot p_{k+1}^{\kappa}(m_{k+1}-i-1)\cdot\\ \sigma_i(Z_{k+1}-\{\boldsymbol{z}_j\})\cdot G_{k+1|k}^{(i+1)}(\phi_k)\end{pmatrix}}{\begin{pmatrix}\sum_{l=0}^{m_{k+1}}(m_{k+1}-l)!\cdot p_{k+1}^{\kappa}(m_{k+1}-l)\cdot\\ \sigma_l(Z_{k+1})\cdot G_{k+1|k}^{(l)}(\phi_k)\end{pmatrix}} \tag{9.173}$$

$$\sigma_i(Z_{k+1}-\{\boldsymbol{z}_j\})=\sigma_{m_{k+1}-1,i}\left(\frac{\hat{\tau}_{k+1}(\boldsymbol{z}_1)}{c_{k+1}(\boldsymbol{z}_1)},\cdots,\widehat{\frac{\hat{\tau}_{k+1}(\boldsymbol{z}_j)}{c_{k+1}(\boldsymbol{z}_j)}},\cdots,\frac{\hat{\tau}_{k+1}(\boldsymbol{z}_{m_{k+1}})}{c_{k+1}(\boldsymbol{z}_{m_{k+1}})}\right) \tag{9.174}$$

式中：$x_1,\cdots,\widehat{x_j},\cdots,x_m$ 表示从列表 $x_1,\cdots,x_m$ 中移除第 j 项，结果即

$$x_1,\cdots,x_{j-1},x_{j+1},\cdots,x_m$$

9.5.5.4 GM−CPHD 滤波器多目标状态估计

状态估计同9.5.4.4节，只不过此时的目标数估计为下述 MAP 估计：

$$\hat{n}_{k+1|k+1} = \arg\sup_{n\geqslant 0} p_{k+1|k+1}(n) \tag{9.175}$$

9.5.5.5 GM−CPHD 滤波器：UKF、CKF 及 GPF 变形

与 GM−PHD 滤波器一样，GM−CPHD 滤波器也可视作扩展卡尔曼滤波器 (EKF) 组，其中每个 EKF 分别作用于 PHD 的一个高斯分量。按照9.5.4.5节的方式，可将其中的 EKF 替换为无迹卡尔曼滤波器 (UKF)，同样也可将其替换为容积卡尔曼滤波器 (9.5.4.6节) 或高斯粒子滤波器 (9.5.4.7节)。

9.5.6 非定常 p_{D} 下的实现

如前面所述，GM 实现要求检测概率恒定。这是因为 PHD/CPHD 滤波器的观测更新方程中涉及到高斯混合分量与因子 $p_{\mathrm{D}}(\boldsymbol{x})$ 及 $1-p_{\mathrm{D}}(\boldsymbol{x})$ 乘积，若 $p_{\mathrm{D}}(\boldsymbol{x})$ 不恒定，则无法得到高斯混合形式的闭式解。

对于该问题，Ulmke、Erdinc 及 Willett 等人[292] 最先给出了一个近似的解决方法。他们假定检测概率在一定范围内 (相对目标航迹分布的协方差而言) 近似不变，则对于所有的 $i=1,\cdots,\nu_{k+1|k}$，有

$$p_{\mathrm{D}}(\boldsymbol{x})\cdot N_{\boldsymbol{P}_i^{k+1|k}}(\boldsymbol{x}-\boldsymbol{x}_i^{k+1|k}) \cong p_{\mathrm{D}}(\boldsymbol{x}_i^{k+1|k})\cdot N_{\boldsymbol{P}_i^{k+1|k}}(\boldsymbol{x}-\boldsymbol{x}_i^{k+1|k}) \tag{9.176}$$

$$(1-p_{\mathrm{D}}(\boldsymbol{x}))\cdot N_{\boldsymbol{P}_i^{k+1|k}}(\boldsymbol{x}-\boldsymbol{x}_i^{k+1|k}) \cong (1-p_{\mathrm{D}}(\boldsymbol{x}_i^{k+1|k}))\cdot N_{\boldsymbol{P}_i^{k+1|k}}(\boldsymbol{x}-\boldsymbol{x}_i^{k+1|k}) \tag{9.177}$$

故

$$p_{\mathrm{D}}(\boldsymbol{x})\cdot D_{k+1|k}(\boldsymbol{x}) \cong \sum_{i=1}^{\nu_{k+1|k}} w_i^{k+1|k}\cdot p_{\mathrm{D}}(\boldsymbol{x}_i^{k+1|k})\cdot N_{\boldsymbol{P}_i^{k+1|k}}(\boldsymbol{x}-\boldsymbol{x}_i^{k+1|k}) \tag{9.178}$$

$$(1-p_{\mathrm{D}}(\boldsymbol{x}))\cdot D_{k+1|k}(\boldsymbol{x}) \cong \sum_{i=1}^{\nu_{k+1|k}} w_i^{k+1|k}\cdot (1-p_{\mathrm{D}}(\boldsymbol{x}_i^{k+1|k}))\cdot N_{\boldsymbol{P}_i^{k+1|k}}(\boldsymbol{x}-\boldsymbol{x}_i^{k+1|k}) \tag{9.179}$$

注解 32 (另一种方法): 17.3节中“p_{D} 未知”的 β 高斯混合 (BGM) 方法为应对非定常 p_{D} 情形提供了一种理论性更好的方法，其中，$p_{\mathrm{D}}(\boldsymbol{x})$ 被视作未知状态变量 $0\leqslant a\leqslant 1$，而一般状态 $\boldsymbol{x}$ 则被替换为增广状态 $\mathring{\boldsymbol{x}}=(a,\boldsymbol{x})$。

9.5.7 部分均匀新生下的实现

目标新生过程的 PHD 由式(9.134)给出：

$$b_{k+1|k}(\boldsymbol{x}) = \sum_{i=1}^{\nu_{k+1|k}^{\mathrm{B}}} b_i^{k+1|k}\cdot N_{\boldsymbol{B}_i^{k+1|k}}(\boldsymbol{x}-\boldsymbol{b}_i^{k+1|k}) \tag{9.180}$$

该 PHD 的一种最直接的构造方法就是利用任何可用的先验信息来选择 $\boldsymbol{b}_i^{k+1|k}$ 和 $\boldsymbol{B}_i^{k+1|k}$，矩阵范数 $\|\boldsymbol{B}_i^{k+1|k}\|$ 一般设置为较大的值，这种做法往往会创建大量的新生目标分量。

因此可将 $\boldsymbol{b}_i^{k+1|k}$ 置于 t_{k+1} 时刻的观测所在处，这种“观测驱动”方法在杂波率较大时同样也会创建大量新生目标分量，而当目标数较小时，它还会给目标数估计引入一个统计偏置，这一点与 B. Ristic、D. Clark 及 B. N. Vo 在 SMC-PHD 滤波器中发现的行为类似 (见9.6.4节及文献 [256])。

M. Beard、B. T. Vo、B. N. Vo 及 S. Arulampalam 等人[16,17] 给出了一种可能更加有效的方法，其主要创新点有两个：

第一个创新点是 Ristic 等人提出的统计偏置消除方法[256,257]，稍后在9.6.4节中将用一种略有不同的方式描述。该方法给状态 $\boldsymbol{x}$ 扩充了一个二值变量 $o=1,2$，其中，$o=0$ 的状态 $(0,\boldsymbol{x})$ 表示存活目标，$o=1$ 的状态 $(1,\boldsymbol{x})$ 表示新生目标。在这种方法下，增广状态的似然函数及检测概率可分别定义为

$$L_{\boldsymbol{z}}(o,\boldsymbol{x})=L_{\boldsymbol{z}}(\boldsymbol{x}) \tag{9.181}$$

$$p_{\mathrm{D}}(o,\boldsymbol{x})=\begin{cases} p_{\mathrm{D}}(\boldsymbol{x}), & o=0 \\ 1, & o=1 \end{cases} \tag{9.182}$$

也就是说，新生目标总能被检测到，且其观测生成方式与存活目标相同。这一点是符合直觉的，即不能无中生有地断定目标存在，除非有观测生成。

类似地，可将马尔可夫转移密度定义为

$$f_{k+1|k}(o,\boldsymbol{x}|o',\boldsymbol{x}')=\begin{cases} f_{k+1|k}(\boldsymbol{x}|\boldsymbol{x}'), & o=o'=0 \\ f_{k+1|k}(\boldsymbol{x}|\boldsymbol{x}'), & o=0,o'=1 \\ 0, & \text{其他} \end{cases} \tag{9.183}$$

即新生目标和存活目标只能转变为存活目标。

最后，目标存活概率及新生目标 PHD 由下式给出：

$$p_{\mathrm{S}}(o',\boldsymbol{x}')=p_{\mathrm{S}}(\boldsymbol{x}') \tag{9.184}$$

$$b_{k+1|k}(o,\boldsymbol{x})=\begin{cases} 0, & o=0 \\ b_{k+1|k}(\boldsymbol{x}), & o=1 \end{cases} \tag{9.185}$$

第二个创新点是 M. Beard，B. T. Vo，B. N. Vo 及 S. Arulampalam 等人提出的部分均匀新生过程①。该方法假定状态矢量 $\boldsymbol{x}$ 可分解为两部分：

$$\boldsymbol{x}=(\boldsymbol{o},\boldsymbol{u}) \tag{9.186}$$

且状态空间可相应分解为 $\mathfrak{X}=\mathfrak{O}\times\mathfrak{U}$，其中，$\boldsymbol{o}\in\mathfrak{O}$，$\boldsymbol{u}\in\mathfrak{U}$。而观测函数 $\eta_{k+1}(\boldsymbol{x})$ 则满足

$$\eta_{k+1}(\boldsymbol{o},\boldsymbol{u})=\eta_{k+1}(\boldsymbol{o}) \tag{9.187}$$

也即：

①该方法类似于 Houssineau 和 Laneuville[116] 的方法，他们采用均匀新生 PHD：$b_{k+1|k}(\boldsymbol{x})=w_{k+1|k}^{\mathrm{B}}\cdot\mathbf{1}_{\mathfrak{X}_0}(\boldsymbol{x})$。

- 状态变量 $\boldsymbol{o} \in \mathfrak{O}$ 至少是部分观测的；
- 而状态变量 $\boldsymbol{u} \in \mathfrak{U}$ 则完全未观测。

给定上述表示后，该方法的基本思想是用下式替换(9.180)式：

$$b_{k+1|k}(\boldsymbol{o}, \boldsymbol{u}) = w^{\mathrm{B}}_{k+1|k} \cdot \frac{\mathbf{1}_{\mathfrak{O}'_{k+1|k}}(\boldsymbol{o})}{|\mathfrak{O}'_{k+1|k}|} \cdot N_{\sigma^2_{k+1|k}\boldsymbol{I}}(\boldsymbol{u} - \boldsymbol{u}_{k+1|k}) \tag{9.188}$$

式中：

- $\mathfrak{O}'_{k+1|k}$ 为可观测状态空间 $\mathfrak{O}$ 中一个任意大的有界区域，其超体积为 $|\mathfrak{O}'_{k+1|k}|$；
- $\boldsymbol{u}_{k+1|k} \in \mathfrak{U}$，而 $\boldsymbol{I}$ 为 $\mathfrak{U}$ 上的单位矩阵；
- $w^{\mathrm{B}}_{k+1|k}$ 为目标新生分量的权值。

式(9.188)意味着新生目标：

- 关于可观测状态变量呈均匀分布；
- 关于未观测状态变量呈高斯分布。

式(9.188)导致新生目标 PHD 不再为高斯混合形式，故时间更新 PHD 也不再为高斯混合形式。但 Beard 等人表明，鉴于下述近似关系成立，仍可为 PHD/CPHD 滤波器设计近似的高斯混合实现：

$$\int \frac{\mathbf{1}_{\mathfrak{O}'_{k+1|k}}(\boldsymbol{o})}{|\mathfrak{O}'_{k+1|k}|} \cdot N_{\boldsymbol{O}}(\boldsymbol{o} - \boldsymbol{o}_0)\mathrm{d}\boldsymbol{o} = \frac{\int_{\mathfrak{O}'_{k+1|k}} N_{\boldsymbol{O}}(\boldsymbol{o} - \boldsymbol{o}_0)\mathrm{d}\boldsymbol{o}}{|\mathfrak{O}'_{k+1|k}|} \cong \frac{1}{|\mathfrak{O}'_{k+1|k}|} \tag{9.189}$$

$$\frac{\mathbf{1}_{\mathfrak{O}'_{k+1|k}}(\boldsymbol{o})}{|\mathfrak{O}'_{k+1|k}|} \cdot N_{\boldsymbol{O}}(\boldsymbol{o} - \boldsymbol{o}_0) \cong \frac{N_{\boldsymbol{O}}(\boldsymbol{o} - \boldsymbol{o}_0)}{|\mathfrak{O}'_{k+1|k}|} \tag{9.190}$$

上述近似关系保证了在每次时间更新及观测更新后 PHD 仍为高斯混合形式。接下来的几小节将详细解释这一点：

- 9.5.7.1节：部分均匀新生 PHD 滤波器；
- 9.5.7.2节：部分均匀新生 CPHD 滤波器；
- 9.5.7.3节：部分均匀新生 PHD/CPHD 滤波器的实现。

9.5.7.1 部分均匀新生 PHD 滤波器

时间更新：假设单目标马尔可夫密度的形式为

$$f_{k+1|k}(\boldsymbol{x}|\boldsymbol{x}') = N_{\boldsymbol{Q}_k}(\boldsymbol{x} - \boldsymbol{F}_k\boldsymbol{x}') \tag{9.191}$$

且目标存活概率 $p_{\mathrm{S}}(\boldsymbol{x}') = p_{\mathrm{S}}$ 保持恒定，同时假设 t_k 时刻的观测更新 PHD 为下述高斯混合形式，即

$$D_{k|k}(o, \boldsymbol{o}, \boldsymbol{u}) = \sum_{i=1}^{\nu^o_{k|k}} w^{k|k}_{o,i} \cdot N_{\boldsymbol{P}^{k|k}_{o,i}}((\boldsymbol{o}, \boldsymbol{u}) - (\boldsymbol{o}^{k|k}_{o,i}, \boldsymbol{u}^{k|k}_{o,i})) \tag{9.192}$$

式中：$\boldsymbol{P}_{o,i}^{k|k}$ 为协方差矩阵，其形式与状态表示 $\boldsymbol{x}=(\boldsymbol{o},\boldsymbol{u})$ 下的坐标匹配。

给定这些条件后，时间更新的 PHD 可表示为 (见附录 K.19 节)

$$D_{k+1|k}(0,\boldsymbol{o},\boldsymbol{u})=p_{\mathrm{S}}\sum_{i=1}^{\nu_{k|k}^{0}} w_{0,i}^{k|k}\cdot N_{\boldsymbol{P}_{0,i}^{k+1|k}}((\boldsymbol{o},\boldsymbol{u})-(\boldsymbol{o}_{0,i}^{k+1|k},\boldsymbol{u}_{0,i}^{k+1|k}))+ \tag{9.193}$$

$$p_{\mathrm{S}}\sum_{i=1}^{\nu_{k|k}^{1}} w_{1,i}^{k|k}\cdot N_{\boldsymbol{P}_{1,i}^{k+1|k}}((\boldsymbol{o},\boldsymbol{u})-(\boldsymbol{o}_{1,i}^{k+1|k},\boldsymbol{u}_{1,i}^{k+1|k}))$$

$$D_{k+1|k}(1,\boldsymbol{o},\boldsymbol{u})=w_{k+1|k}^{\mathrm{B}}\cdot\frac{\mathbf{1}_{\mathfrak{O}'}(\boldsymbol{o})}{|\mathfrak{O}'|}\cdot N_{\sigma_{k+1|k}^{2}\boldsymbol{I}}(\boldsymbol{u}-\boldsymbol{u}_{k+1|k}) \tag{9.194}$$

式中

$$(\boldsymbol{o}_{o,i}^{k+1|k},\boldsymbol{u}_{o,i}^{k+1|k})=\boldsymbol{F}_{k}(\boldsymbol{o}_{o,i}^{k|k},\boldsymbol{u}_{o,i}^{k|k}) \tag{9.195}$$

$$\boldsymbol{P}_{o,i}^{k+1|k}=\boldsymbol{Q}_{k}+\boldsymbol{F}_{k}\boldsymbol{P}_{o,i}^{k|k}\boldsymbol{F}_{k}^{\mathrm{T}} \tag{9.196}$$

观测更新：根据式(9.187)，假定似然函数具有如下形式：

$$L_{\boldsymbol{z}}(\boldsymbol{o},\boldsymbol{u})=L_{\boldsymbol{z}}(\boldsymbol{o})=N_{\boldsymbol{R}_{k+1}}(\boldsymbol{z}-\boldsymbol{H}_{k+1}\boldsymbol{o}) \tag{9.197}$$

且 (传统的) 检测概率 $p_{\mathrm{D}}(\boldsymbol{x})=p_{\mathrm{D}}$ 保持恒定，而预测 PHD 则形如(9.193)式和(9.194)式：

$$D_{k+1|k}(0,\boldsymbol{o},\boldsymbol{u})=\sum_{i=1}^{\nu_{k+1|k}} w_{i}^{k+1|k}\cdot N_{\boldsymbol{P}_{i}^{k+1|k}}((\boldsymbol{o},\boldsymbol{u})-(\boldsymbol{o}_{i}^{k+1|k},\boldsymbol{u}_{i}^{k+1|k})) \tag{9.198}$$

$$D_{k+1|k}(1,\boldsymbol{o},\boldsymbol{u})=w_{k+1|k}^{\mathrm{B}}\cdot\frac{\mathbf{1}_{\mathfrak{O}'}(\boldsymbol{o})}{|\mathfrak{O}'|}\cdot N_{\sigma_{k+1|k}^{2}\boldsymbol{I}}(\boldsymbol{u}-\boldsymbol{u}_{k+1|k}) \tag{9.199}$$

令

$$\tau_{k+1}(\boldsymbol{z})=\frac{w_{k+1|k}^{\mathrm{B}}}{|\mathfrak{O}'|}+p_{\mathrm{D}}\sum_{i=1}^{\nu_{k+1|k}} w_{i}^{k+1|k}\cdot N_{\boldsymbol{R}_{k+1}+\boldsymbol{H}_{k+1}\boldsymbol{P}_{i}^{k+1|k}\boldsymbol{H}_{k+1}^{\mathrm{T}}}(\boldsymbol{z}-\boldsymbol{H}_{k+1}\boldsymbol{o}_{i}^{k+1|k}) \tag{9.200}$$

附录 K.19 证明了存活目标观测更新后的 PHD 可表示为

$$\begin{aligned}
&D_{k+1|k+1}(0,\boldsymbol{o},\boldsymbol{u})\\
&=(1-p_{\mathrm{D}})\sum_{i=1}^{\nu_{k+1|k}} w_{i}^{k+1|k}\cdot N_{\boldsymbol{P}_{i}^{k+1|k}}((\boldsymbol{o},\boldsymbol{u})-(\boldsymbol{o}_{i}^{k+1|k},\boldsymbol{u}_{i}^{k+1|k}))+\\
&\sum_{j=1}^{m_{k+1}}\frac{\sum_{i=1}^{\nu_{k+1|k}} p_{\mathrm{D}}\cdot w_{i}^{k+1|k}\cdot N_{\boldsymbol{R}_{k+1}+\boldsymbol{H}_{k+1}\boldsymbol{P}_{i}^{k+1|k}\boldsymbol{H}_{k+1}}(\boldsymbol{z}_{j}-\boldsymbol{H}_{k+1}\boldsymbol{o}_{i}^{k+1|k})}{\kappa_{k+1}(\boldsymbol{z}_{j})+\tau_{k+1}(\boldsymbol{z}_{j})}\cdot\\
&N_{\boldsymbol{P}_{i}^{k+1|k+1}}((\boldsymbol{o},\boldsymbol{u})-(\boldsymbol{o}_{i,j}^{k+1|k+1},\boldsymbol{u}_{i,j}^{k+1|k+1}))
\end{aligned} \tag{9.201}$$

式中

$$(\boldsymbol{P}_i^{k+1|k+1})^{-1} = (\boldsymbol{P}_i^{k+1|k})^{-1} + \boldsymbol{H}_{k+1}^{\mathrm{T}} \boldsymbol{R}_{k+1}^{-1} \boldsymbol{H}_{k+1} \tag{9.202}$$

$$(\boldsymbol{P}_i^{k+1|k+1})^{-1} (\boldsymbol{o}_{i,j}^{k+1|k+1}, \boldsymbol{u}_{i,j}^{k+1|k+1}) = (\boldsymbol{P}_i^{k+1|k})^{-1} \cdot (\boldsymbol{o}_i^{k+1|k}, \boldsymbol{u}_i^{k+1|k}) + \boldsymbol{H}_{k+1}^{\mathrm{T}} \boldsymbol{R}_{k+1}^{-1} \boldsymbol{z}_j \tag{9.203}$$

另一方面，新生目标观测更新后的 PHD 可表示为

$$D_{k+1|k+1}(1, \boldsymbol{o}, \boldsymbol{u}) = \sum_{\boldsymbol{z} \in Z_{k+1}} \frac{w_{k+1|k}^{\mathrm{B}}}{|\mathfrak{O}'_{k+1|k}|} \cdot \frac{N_{\sigma_{k+1|k}^2 \boldsymbol{I}}(\boldsymbol{u} - \boldsymbol{u}_{k+1|k}) \cdot N_{\boldsymbol{R}_{k+1}}(\boldsymbol{z} - \boldsymbol{H}_{k+1} \boldsymbol{o})}{\kappa_{k+1}(\boldsymbol{z}) + \tau_{k+1}(\boldsymbol{z})} \tag{9.204}$$

9.5.7.2 部分均匀新生 CPHD 滤波器

尽管基本概念与 PHD 滤波器情形类似，但部分均匀新生 CPHD 滤波器的滤波方程要更加复杂，此处不作进一步讨论，感兴趣的读者可参见文献 [16, 17]。

9.5.7.3 部分均匀新生 PHD/CPHD 滤波器实现

Beard 等人[16,17] 实现了他们的 PHD 及 CPHD 滤波器，并与新生 PHD 高斯分量数时变的传统 GM-PHD 和 GM-CPHD 滤波器做了对比。所用仿真测试场景极具挑战性：由正弦机动平台搭载的单部唯角传感器观测六个在强杂波中出现 / 消失的目标，其中的杂波率 $\lambda = 40$。

与采用少量新生 PHD 高斯分量的传统 PHD/CPHD 滤波器相比，新滤波器在该低可观测性条件下仍表现出良好的跟踪性能。Beard 等人还指出，传统 PHD/CPHD 滤波器的计算时间要远大于新 PHD/CPHD 滤波器，主要原因是传统 PHD/CPHD 滤波器的高斯分量数易随时间增长。

为了获得与新滤波器同等的性能，传统 PHD/CPHD 滤波器需要大量的新生目标分量 (64 个)，但新生分量数目的进一步增加 (大于 64) 不再会带来性能的改善。

9.5.8 集成目标身份的实现

假定目标状态形如 $\tilde{\boldsymbol{x}} = (\tau, \boldsymbol{x})$，其中，$\boldsymbol{x}$ 为运动状态，τ 为离散身份变量 (类别 / 型号)，属于有限集 $\mathcal{T} = \{\tau_1, \cdots, \tau_N\}$。因此，目标的全状态空间 $\tilde{\mathfrak{X}} = \mathfrak{X} \times \mathcal{T}$。同样地，假定观测的形式为 $\tilde{\boldsymbol{z}} = (\phi, \boldsymbol{z})$，其中，$\boldsymbol{z}$ 为运动量观测，ϕ 为与目标身份相关的特征观测①。此时，可将高斯混合近似扩展为如下形式：

$$D_{k|k}(\tau, \boldsymbol{x}) = \sum_{i=1}^{\nu_{k|k}} w_i^{k|k} \cdot p_i^{k|k}(\tau) \cdot N_{\boldsymbol{P}_i^{k|k}}(\boldsymbol{x} - \boldsymbol{x}_i^{k|k}) \tag{9.205}$$

$$D_{k+1|k}(\tau, \boldsymbol{x}) = \sum_{i=1}^{\nu_{k+1|k}} w_i^{k+1|k} \cdot p_i^{k+1|k}(\tau) \cdot N_{\boldsymbol{P}_i^{k+1|k}}(\boldsymbol{x} - \boldsymbol{x}_i^{k+1|k}) \tag{9.206}$$

①注意：不要将表示特征的 $\boldsymbol{\phi}$ 与 CPHD 滤波器观测更新方程中的符号 $\boldsymbol{\phi}_{k+1}$ 相混淆；同样也不要将 $\boldsymbol{\tau}$ 与 PHD/CPHD 滤波器中的符号 $\tau_{k+1}(\boldsymbol{z}), \hat{\tau}_{k+1}(\boldsymbol{z})$ 相混淆。

式中：$p_i^{k|k}(\tau)$、$p_i^{k+1|k}(\tau)$ 是 $\mathcal{T}$ 上的概率分布①。

为概念清晰起见，接下来仅讨论 GM-PHD 滤波器并忽略目标衍生过程。此时，PHD 滤波器方程可化为

$$D_{k+1|k}(\tau,\boldsymbol{x}) = b_{k+1|k}(\tau,\boldsymbol{x}) + \sum_{\tau'}\int p_{\mathrm{S}}(\tau',\boldsymbol{x}')\cdot f_{k+1|k}(\tau,\boldsymbol{x}|\tau',\boldsymbol{x}')\cdot D_{k|k}(\tau,\boldsymbol{x})\mathrm{d}\boldsymbol{x} \tag{9.207}$$

$$\frac{D_{k+1|k+1}(\tau,\boldsymbol{x})}{D_{k+1|k}(\tau,\boldsymbol{x})} = 1 - p_{\mathrm{D}}(\tau,\boldsymbol{x}) + \sum_{(\phi,\boldsymbol{z})\in Z}\frac{p_{\mathrm{D}}(\tau,\boldsymbol{x})\cdot L_{(\phi,\boldsymbol{z})}(\tau,\boldsymbol{x})}{\kappa_{k+1}(\phi,\boldsymbol{z}) + \tau_{k+1}(\phi,\boldsymbol{z})} \tag{9.208}$$

式中

$$\tau_{k+1}(\phi,\boldsymbol{z}) = \sum_{\tau}\int p_{\mathrm{D}}(\tau,\boldsymbol{x})\cdot L_{(\phi,\boldsymbol{z})}(\tau,\boldsymbol{x})\cdot D_{k+1|k}(\tau,\boldsymbol{x})\mathrm{d}\boldsymbol{x} \tag{9.209}$$

9.5.8.1　集成目标 ID 的 GM-PHD 滤波器时间更新

设

$$p_{\mathrm{S}}(\tau',\boldsymbol{x}') = p_{\mathrm{S}}^{\tau'} \tag{9.210}$$

$$f_{k+1|k}(\tau,\boldsymbol{x}|\tau',\boldsymbol{x}') = p_{k+1|k}(\tau|\tau')\cdot N_{\boldsymbol{Q}_k^{\tau}}(\boldsymbol{x} - \boldsymbol{F}_k^{\tau}\boldsymbol{x}') \tag{9.211}$$

$$b_{k+1|k}(\tau,\boldsymbol{x}) = \sum_{i=1}^{\nu_{k+1|k}^{\mathrm{B}}} b_i^{\tau}\cdot p_i^{\mathrm{B},k+1|k}(\tau)\cdot N_{\boldsymbol{B}_i^{k+1|k}}(\boldsymbol{x} - \boldsymbol{b}_i^{k+1|k}) \tag{9.212}$$

代(9.205)式入(9.207)式可得

$$\begin{aligned} D_{k+1|k}(\tau,\boldsymbol{x}) = & \sum_{i=1}^{\nu_{k+1|k}^{\mathrm{B}}} b_i^{\tau}\cdot p_i^{\mathrm{B},k+1|k}(\tau)\cdot N_{\boldsymbol{B}_i^{k+1|k}}(\boldsymbol{x} - \boldsymbol{b}_i^{k+1|k}) + \\ & \sum_{i=1}^{\nu_{k|k}} w_i^{k|k}\sum_{\tau'} p_{\mathrm{S}}^{\tau'}\cdot p_i^{k|k}(\tau')\cdot p_{k+1|k}(\tau|\tau')\cdot \\ & N_{\boldsymbol{Q}_k^{\tau'}+\boldsymbol{F}_k^{\tau'}\boldsymbol{P}_i^{k|k}(\boldsymbol{F}_k^{\tau'})^{\mathrm{T}}}(\boldsymbol{x} - \boldsymbol{F}_k^{\tau'}\boldsymbol{x}_i^{k|k}) \end{aligned} \tag{9.213}$$

由于目标身份通常不会发生变化 (但不总是这样，见接下来的注解33)，因此对大部分应用都可令 $p_{k+1|k}(\tau|\tau') = \delta_{\tau,\tau'}$。此时，有

$$\begin{aligned} D_{k+1|k}(\tau,\boldsymbol{x}) = & \sum_{i=1}^{\nu_{k+1|k}^{\mathrm{B}}} b_i^{\tau}\cdot p_i^{\mathrm{B},k+1|k}(\tau)\cdot N_{\boldsymbol{B}_i^{k+1|k}}(\boldsymbol{x} - \boldsymbol{b}_i^{k+1|k}) + \\ & p_{\mathrm{S}}^{\tau}\sum_{i=1}^{\nu_{k|k}} w_i^{k|k}\cdot p_i^{k|k}(\tau)\cdot N_{\boldsymbol{Q}_k^{\tau}+\boldsymbol{F}_k^{\tau}\boldsymbol{P}_i^{k|k}(\boldsymbol{F}_k^{\tau})^{\mathrm{T}}}(\boldsymbol{x} - \boldsymbol{F}_k^{\tau}\boldsymbol{x}_i^{k|k}) \end{aligned} \tag{9.214}$$

①该方法采用一种“扁平化”或者说单层目标身份分类法 (也称为“本体论”)，即其尝试直接识别目标身份。实际应用中经常会采用多层分类法，即在精细判定前首先会对目标身份作粗判定。例如，在判定一个地面目标是哪种卡车或坦克之前，可能会先判断其是卡车还是坦克。

注解 33 (动态变化的目标身份): 实际中并不总是 $f_{k+1|k}(\tau|\tau') = \delta_{\tau,\tau'}$。最极端的例子可能要数柴电潜艇了，它具有迥然不同的被动声学现象——浮潜模式 (柴油引擎工作) 或潜航模式 (电动引擎工作)。其他例子还有变后掠翼飞机 (扩展翼模式与三角翼模式) 及移动导弹发射器 (发射模式与运输模式)。在这些情况下，假定 $f_{k+1|k}(\tau|\tau') = \delta_{\tau,\tau'}$ 通常会导致分类算法性能恶化。

9.5.8.2 集成目标 ID 的 GM-PHD 滤波器观测更新

设

$$p_{\mathrm{D}}(\tau, \boldsymbol{x}) = p_{\mathrm{D}}^{\tau} \tag{9.215}$$

$$L_{\phi,\boldsymbol{x}}(\tau, \boldsymbol{x}) = L_{\phi}(\tau) \cdot N_{\boldsymbol{R}_{k+1}^{\tau}}(\boldsymbol{z} - \boldsymbol{H}_{k+1}^{\tau}\boldsymbol{x}) \tag{9.216}$$

$$\kappa_{k+1}(\phi, \boldsymbol{z}) = \kappa_{k+1}(\boldsymbol{z}) \tag{9.217}$$

式中：$L_{\phi}(\tau)$ 是类型 τ 的目标产生特征观测 ϕ 的似然。

代(9.207)式入(9.209)式可得

$$\tau_{k+1}(\phi, \boldsymbol{z}) = \sum_{i=1}^{\nu_{k+1|k}} w_i^{k+1|k} \sum_{\tau} p_{\mathrm{D}}^{\tau} \cdot L_{\phi}(\tau) \cdot p_i^{k+1|k}(\tau) \cdot N_{\boldsymbol{R}_{k+1}^{\tau} + \boldsymbol{H}_{k+1}^{\tau}\boldsymbol{P}_i^{k+1|k}(\boldsymbol{H}_{k+1}^{\tau})^{\mathrm{T}}}(\boldsymbol{z} - \boldsymbol{H}_{k+1}^{\tau}\boldsymbol{x}_i^{k+1|k}) \tag{9.218}$$

代(9.207)式入(9.208)式可得[①]

$$D_{k+1|k+1}(\tau, \boldsymbol{x}) = (1 - p_{\mathrm{D}}^{\tau}) \sum_{i=1}^{\nu_{k+1|k}} w_i^{k+1|k} \cdot p_i^{k+1|k}(\tau) \cdot N_{\boldsymbol{P}_i^{k+1|k}}(\boldsymbol{x} - \boldsymbol{x}_i^{k+1|k}) + \sum_{i=1}^{\nu_{k+1|k}} w_i^{k+1|k} \sum_{j=1}^{m_{k+1}} \frac{\begin{pmatrix} p_i^{k+1|k}(\tau) \cdot p_{\mathrm{D}}^{\tau} \cdot L_{\phi_j}(\tau) \cdot N_{\boldsymbol{P}_i^{k+1|k+1}}(\boldsymbol{x} - \boldsymbol{x}_{i,j}^{k+1|k+1}) \cdot \\ N_{\boldsymbol{R}_{k+1}^{\tau} + \boldsymbol{H}_{k+1}^{\tau}\boldsymbol{P}_i^{k+1|k}(\boldsymbol{H}_{k+1}^{\tau})^{\mathrm{T}}}(\boldsymbol{z}_j - \boldsymbol{H}_{k+1}^{\tau}\boldsymbol{x}_i^{k+1|k}) \end{pmatrix}}{\kappa_{k+1}(\boldsymbol{z}_j) + \tau_{k+1}(\phi_j, \boldsymbol{z}_j)} \tag{9.219}$$

式中

$$\boldsymbol{x}_{i,j}^{k+1|k+1} = \boldsymbol{x}_i^{k+1|k} + \boldsymbol{K}_i^{k+1}(\boldsymbol{z}_j - \boldsymbol{H}_{k+1}^{\tau}\boldsymbol{x}_i^{k+1|k}) \tag{9.220}$$

$$\boldsymbol{P}_i^{k+1|k+1} = (\boldsymbol{I} - \boldsymbol{K}_i^{k+1}\boldsymbol{H}_{k+1}^{\tau})\boldsymbol{P}_i^{k+1|k} \tag{9.221}$$

$$\boldsymbol{K}_i^{k+1} = \boldsymbol{P}_i^{k+1|k}(\boldsymbol{H}_{k+1}^{\tau})^{\mathrm{T}}\left(\boldsymbol{H}_{k+1}^{\tau}\boldsymbol{P}_i^{k+1|k}(\boldsymbol{H}_{k+1}^{\tau})^{\mathrm{T}} + \boldsymbol{R}_{k+1}^{\tau}\right)^{-1} \tag{9.222}$$

9.5.8.3 集成目标 ID 的 GM-CPHD 滤波器观测更新

至于 CPHD 滤波器情形，虽更复杂但却比较直接，故此处不作详细讨论。这里需要指出的一个创新点是：

[①]译者注：原著下式第二行的分子中丢掉了下述因子：

$$N_{\boldsymbol{R}_{k+1}^{\tau} + \boldsymbol{H}_{k+1}^{\tau}\boldsymbol{P}_i^{k+1|k}(\boldsymbol{H}_{k+1}^{\tau})^{\mathrm{T}}}(\boldsymbol{z}_j - \boldsymbol{H}_{k+1}^{\tau}\boldsymbol{x}_i^{k+1|k})$$

这里已更正。

- 对于任意的 τ，有可能构造该型目标的势分布 $p^{\tau}_{k|k}(n)$。

令 τ 型目标数目的期望值及其在总目标数中所占的比例分别为

$$N^{\tau}_{k|k} = \int D_{k|k}(\tau, \boldsymbol{x})\mathrm{d}\boldsymbol{x} \tag{9.223}$$

$$r^{\tau}_{k|k} = \frac{N^{\tau}_{k|k}}{\sum_{\tau'} N^{\tau'}_{k|k}} \tag{9.224}$$

则有 n 个 τ 型目标的概率可表示为

$$p^{\tau}_{k|k}(n) = \frac{(r^{\tau}_{k|k})^n}{n!} \cdot G^{(n)}_{k|k}(1 - r^{\tau}_{k|k}) \tag{9.225}$$

式中：$G_{k|k}(x)$ 为势分布 $p_{k|k}(n)$ (n 是所有类型的总目标数) 的 p.g.f.。

若将联合空间 $\tilde{\mathfrak{X}} = \mathfrak{X} \times \mathcal{T}$ 重写为如下形式：

$$\tilde{\mathfrak{X}} = \overset{\tau_1}{\mathfrak{X}} \uplus \cdots \uplus \overset{\tau_N}{\mathfrak{X}} \tag{9.226}$$

式中：$\overset{\tau_i}{\mathfrak{X}} = \mathfrak{X} \times \{\tau_i\}$ 表示 τ_i 型目标的状态空间；$\uplus$ 为互斥并 (拓扑和)。

由此不难证明式(9.225)：将身份变量 τ 等同于11.6.4节中讨论的模式变量 o，即可由式(11.128)直接得到式(9.225)。

9.6 序贯蒙特卡罗实现

序贯蒙特卡罗 (SMC) 近似，也称为粒子近似或粒子系统近似，已经成为 RFS 滤波器的一个标准实现工具 (见文献 [179] 的 2.5.3 节、第 15 章、16.5.3 节及 16.9.2 节)。SMC 方法的标准参考及导论性文献有 [11, 29, 61, 252]，而关于 PHD/CPHD 滤波器粒子实现的详细讨论则可参考 Ristic 的专著 *Particle Filters for Random Set Models* [250]。

PHD 滤波器的首个算法实现便是基于 SMC 技术，由 H. Sidenbladh[271]、T. Zajic 和 R. Mahler[330] 以及 B. N. Vo、S. Singh 和 A. Doucet[306] 于 2003 年分别独立提出。随后，D. Clark 和 J. Bell[44]、A. Johansen 和 S. Singh 等人[126] 证明了 PHD 滤波器 SMC 实现的收敛性；辅助 SMC 实现的收敛性则由 N. Whiteley、S. Singh 及 S. Godsill[320,321] 给出。

本节简要介绍 PHD/CPHD 滤波器的 SMC 实现，其中包括最近的一些理论进展。为概念清晰起见，将重点以最简单的“自举”实现方法——以马尔可夫密度 (动态先验) $f_{k+1|k}(\boldsymbol{x}|\boldsymbol{x}')$ 作为重要性采样密度——为例展开，主要内容包括：

- 9.6.1节：PHD/CPHD 滤波器的序贯蒙特卡罗 (SMC) 近似。
- 9.6.2节：“自举”SMC-PHD 滤波器。
- 9.6.3节：“自举”SMC-CPHD 滤波器。
- 9.6.4节：Ristic、Clark 和 B. N. Vo 等人利用观测的新生粒子选择方法。
- 9.6.5节：集成目标身份的粒子实现。

9.6.1 SMC 近似

PHD/CPHD 滤波器的粒子实现方法是单目标粒子滤波方法的直接推广。直观地讲，它将 PHD 近似为下面的狄拉克求和：

$$D_{k|k}(\boldsymbol{x}) \cong \sum_{i=1}^{\nu_{k|k}} w_i^{k|k} \cdot \delta_{\boldsymbol{x}_i^{k|k}}(\boldsymbol{x}) \tag{9.227}$$

式中：$\boldsymbol{x}_1^{k|k},\cdots,\boldsymbol{x}_{\nu_{k|k}}^{k|k}$ 为粒子；$w_1^{k|k},\cdots,w_{\nu_{k|k}}^{k|k}$ 为各粒子的权值。

更严格地讲，若对于 $\boldsymbol{x}$ 的任意无量纲函数 $\theta(\boldsymbol{x})$，有

$$\int \theta(\boldsymbol{x}) \cdot D_{k|k}(\boldsymbol{x}|Z^k)\mathrm{d}\boldsymbol{x} \cong \sum_{i=1}^{\nu_{k|k}} w_i^{k|k} \cdot \theta(\boldsymbol{x}_i^{k|k}) \tag{9.228}$$

则 $\boldsymbol{x}_1^{k|k},\cdots,\boldsymbol{x}_{\nu_{k|k}}^{k|k}$ 和 $w_1^{k|k},\cdots,w_{\nu_{k|k}}^{k|k}$ 构成 $D_{k|k}(\boldsymbol{x})$ 的一个粒子近似。当粒子数任意大时，粒子近似满足

$$\int \theta(\boldsymbol{x}) \cdot D_{k|k}(\boldsymbol{x}|Z^k)\mathrm{d}\boldsymbol{x} = \lim_{\nu_{k|k}\to\infty} \sum_{i=1}^{\nu_{k|k}} w_i^{k|k} \cdot \theta(\boldsymbol{x}_i^{k|k}) \tag{9.229}$$

PHD 粒子近似与单目标粒子近似的主要区别在于权值之和为目标数的期望值而非 1，即

$$\sum_{i=1}^{\nu} w_i^{k|k} \cong N_{k|k} \tag{9.230}$$

另一个区别是：目标一旦被准确定位后，单目标粒子系统 $\boldsymbol{x}_1^{k|k},\cdots,\boldsymbol{x}_{\nu_{k|k}}^{k|k}$ 只包括一个粒子簇；与之形成对比的是，PHD 粒子系统通常包括数个粒子簇——每个簇对应一个检报目标，这给多目标状态估计的计算提出了很大的挑战，见9.6.4节。

一般假定粒子是等权值的，此时的粒子系统在概念上就如同统计采样一样，在较大的 $D_{k|k}(\boldsymbol{x})$ 处将拥有更多的粒子，反之则少。下面将沿用这一惯例。

9.6.2 SMC-PHD 滤波器

本节内容为文献 [179] 第 16.5.2 节的变形。

9.6.2.1 SMC-PHD 滤波器：时间更新

为概念清晰起见，此处忽略目标衍生过程，并假定 t_k 时刻的 PHD $D_{k|k}(\boldsymbol{x})$ 已近似为下述粒子系统：

$$\{(w_1^{k|k},\boldsymbol{x}_1^{k|k}),\cdots,(w_{\nu_{k|k}}^{k|k},\boldsymbol{x}_{\nu_{k|k}}^{k|k})\}$$

且该时刻目标数的期望值为

$$N_{k|k} = \sum_{i=1}^{\nu_{k|k}} w_i^{k|k} \tag{9.231}$$

现欲确定时间更新的粒子系统 $\{(w_1^{k+1|k}, \boldsymbol{x}_1^{k+1|k}), \cdots, (w_{\nu_{k+1|k}}^{k+1|k}, \boldsymbol{x}_{\nu_{k+1|k}}^{k+1|k})\}$。将

$$D_{k|k}(\boldsymbol{x}) = \sum_{i=1}^{\nu_{k|k}} w_i^{k|k} \cdot \delta_{\boldsymbol{x}_i^{k|k}}(\boldsymbol{x}) \tag{9.232}$$

代入 PHD 滤波器的时间更新方程——(8.15)式和(8.16)式，从而可得

$$D_{k+1|k}(\boldsymbol{x}) = b_{k+1|k}(\boldsymbol{x}) + \sum_{i=1}^{\nu_{k|k}} w_i^{k|k} \cdot p_{\mathrm{S}}(\boldsymbol{x}_i^{k|k}) \cdot f_{k+1|k}(\boldsymbol{x}|\boldsymbol{x}_i^{k|k}) \tag{9.233}$$

式中：第一项和第二项分别对应新生目标与存活目标，下面分别考虑。

- *新生目标粒子*：令

$$N_{k+1|k}^{\mathrm{B}} = \int b_{k+1|k}(\boldsymbol{x})\mathrm{d}\boldsymbol{x} \tag{9.234}$$

定义概率密度如下：

$$\hat{b}_{k+1|k}(\boldsymbol{x}) = \frac{b_{k+1|k}(\boldsymbol{x})}{N_{k+1|k}^{\mathrm{B}}} \tag{9.235}$$

令 $\nu_{k+1|k}^{B}$ 为最接近 $N_{k+1|k}^{\mathrm{B}}$ 的整数，从 $\hat{b}_{k+1|k}(\boldsymbol{x})$ 中抽取 $\nu_{k+1|k}^{\mathrm{B}}$ 个样本[①]：

$$\boldsymbol{x}_1^{k+1|k}, \cdots, \boldsymbol{x}_{\nu_{k+1|k}^{\mathrm{B}}}^{k+1|k} \sim \hat{b}_{k+1|k}(\cdot) \tag{9.236}$$

上述粒子应密集分布在可能出现新目标的地方。这样，粒子 $\boldsymbol{x}_1^{k+1|k}, \cdots, \boldsymbol{x}_{\nu_{k+1|k}^{B}}^{k+1|k}$ 便代表了新生目标，相应的权值为

$$w_i^{k+1|k} = N_{k+1|k}^{\mathrm{B}} \cdot \frac{\hat{b}_{k+1|k}(\boldsymbol{x}_i^{k+1|k})}{\sum_{l=1} \hat{b}_{k+1|k}(\boldsymbol{x}_l^{k+1|k})} \tag{9.237}$$

注解 34: 一种朴素的新生粒子选择方法是将新生粒子置于当前的无目标区，但通常需要大量粒子。另一种稍加复杂的方法是利用观测来引导新粒子的设置。但对于目标数较少的情形，B. Ristic、D. Clark 及 B. N. Vo 证明了该方法的朴素实现会给目标数估计引入一个统计偏置，为此他们给出了一个替代方法[256]，稍后将在9.6.4节中介绍。

- *存活目标粒子*：由(9.233)式知，存活目标数的期望值可近似为

$$N_{k+1|k}^{\mathrm{S}} = \sum_{i=1}^{\nu_{k|k}} w_i^{k|k} \cdot p_{\mathrm{S}}(\boldsymbol{x}_i^{k|k}) \tag{9.238}$$

定义 $i \in \{1, \cdots, \nu_{k|k}\}$ 上的离散概率分布 $\tilde{p}_{\mathrm{S}}(i)$ 为

$$\tilde{p}_{\mathrm{S}}(i) = \frac{w_i^{k|k} \cdot p_{\mathrm{S}}(\boldsymbol{x}_i^{k|k})}{N_{k+1|k}^{\mathrm{S}}} \tag{9.239}$$

[①]译者注：该采样方案中用 1 个粒子表示 1 个新生目标。一般来讲，每个新生目标平均需要用 ρ 个粒子表示，这时应采样 $\nu_{k+1|k}^{B} = \rho \cdot N_{k+1|k}^{\mathrm{B}}$ 个粒子。

令 $\nu^{\mathrm{S}}_{k+1|k}$ 为最接近 $N^{\mathrm{S}}_{k+1|k}$ 的整数，并从 $\tilde{p}_{\mathrm{S}}(i)$ 中抽取 $\nu^{\mathrm{S}}_{k+1|k}$ 个样本[①]：

$$i_1,\cdots,i_{\nu^{\mathrm{S}}_{k+1|k}} \sim \tilde{p}_{\mathrm{S}}(\cdot) \tag{9.240}$$

则粒子 $\boldsymbol{x}^{k|k}_{i_1},\cdots,\boldsymbol{x}^{k|k}_{i_{\nu^{\mathrm{S}}_{k+1|k}}}$ 表示存活至 t_{k+1} 时刻的目标。对于每个存活粒子，从动态先验中各抽取一个样本（“自举”方法）：

$$\boldsymbol{x}^{k+1|k}_1 \sim f_{k+1|k}(\cdot|\boldsymbol{x}^{k|k}_1),\ \cdots,\ \boldsymbol{x}^{k+1|k}_{\nu^{\mathrm{S}}_{k+1|k}} \sim f_{k+1|k}(\cdot|\boldsymbol{x}^{k|k}_{\nu^{\mathrm{S}}_{k+1|k}}) \tag{9.241}$$

则预测粒子 $\boldsymbol{x}^{k+1|k}_1,\cdots,\boldsymbol{x}^{k+1|k}_{\nu^{\mathrm{S}}_{k+1|k}}$ 便代表了存活目标。

9.6.2.2 SMC-PHD 滤波器：观测更新

假设预测 PHD $D_{k+1|k}(\boldsymbol{x})$ 已由粒子系统 $\{(w^{k+1|k}_1,\boldsymbol{x}^{k+1|k}_1),\cdots,(w^{k+1|k}_{\nu_{k+1|k}},\boldsymbol{x}^{k+1|k}_{\nu_{k+1|k}})\}$ 近似，且

$$N_{k+1|k} = \sum_{i=1}^{\nu_{k+1|k}} w^{k+1|k}_i \tag{9.242}$$

现欲确定观测更新的粒子系统 $\{(w^{k+1|k+1}_1,\boldsymbol{x}^{k+1|k+1}_1),\cdots,(w^{k+1|k+1}_{\nu_{k+1|k+1}},\boldsymbol{x}^{k+1|k+1}_{\nu_{k+1|k+1}})\}$。将

$$D_{k+1|k}(\boldsymbol{x}) = \sum_{i=1}^{\nu_{k+1|k}} w^{k+1|k}_i \cdot \delta_{\boldsymbol{x}^{k+1|k}_i}(\boldsymbol{x}) \tag{9.243}$$

代入 PHD 滤波器的观测更新方程——(8.49)式和(8.50)式，可得

$$\begin{aligned} D_{k+1|k+1}(\boldsymbol{x}) = & \sum_{i=1}^{\nu_{k+1|k}} w^{k+1|k}_i \cdot (1-p_{\mathrm{D}}(\boldsymbol{x}^{k+1|k}_i)) \cdot \delta_{\boldsymbol{x}^{k+1|k}_i}(\boldsymbol{x}) + \\ & \sum_{j=1}^{m_{k+1}} \sum_{i=1}^{\nu_{k+1|k}} \frac{w^{k+1|k}_i \cdot p_{\mathrm{D}}(\boldsymbol{x}^{k+1|k}_i) \cdot L_{\boldsymbol{z}_j}(\boldsymbol{x}^{k+1|k}_i)}{\kappa_{k+1}(\boldsymbol{z}_j)+\tau_{k+1}(\boldsymbol{z}_j)} \cdot \delta_{\boldsymbol{x}^{k+1|k}_i}(\boldsymbol{x}) \end{aligned} \tag{9.244}$$

式中

$$\tau_{k+1}(\boldsymbol{z}_j) = \sum_{i=1}^{\nu_{k+1|k}} w^{k+1|k}_i \cdot p_{\mathrm{D}}(\boldsymbol{x}^{k+1|k}_i) \cdot L_{\boldsymbol{z}_j}(\boldsymbol{x}^{k+1|k}_i) \tag{9.245}$$

式(9.244)中：第一、二项分别对应漏报目标和检报目标，下面逐个考虑。

- 漏报目标粒子：对于 $i=1,\cdots,\nu_{k+1|k}$，有

$$\boldsymbol{x}^{k+1|k+1}_i = \boldsymbol{x}^{k+1|k}_i \tag{9.246}$$

$$w^{k+1|k+1}_i = (1-p_{\mathrm{D}}(\boldsymbol{x}^{k+1|k}_i)) \cdot w^{k+1|k}_i \tag{9.247}$$

[①]译者注：与新生粒子情形相同，每个目标仅用 1 个粒子表示，而通常的情形是用 ν 个粒子表示 1 个存活目标，则此时应从 $\tilde{p}_{\mathrm{S}}(i)$ 中采 $\nu^{\mathrm{S}}_{k+1|k} = \nu \cdot N^{\mathrm{S}}_{k+1|k}$ 个粒子。

- 检报目标粒子：对于 $i = 1, \cdots, \nu_{k+1|k}, j = 1, \cdots, m_{k+1}$，有

$$\boldsymbol{x}_{i,j}^{k+1|k+1} = \boldsymbol{x}_i^{k+1|k} \tag{9.248}$$

$$w_{i,j}^{k+1|k+1} = \frac{p_D(\boldsymbol{x}_i^{k+1|k}) \cdot L_{\boldsymbol{z}_j}(\boldsymbol{x}_i^{k+1|k})}{\kappa_{k+1}(\boldsymbol{z}_j) + \tau_{k+1}(\boldsymbol{z}_j)} \cdot w_i^{k+1|k} \tag{9.249}$$

9.6.2.3 SMC-PHD 滤波器：多目标状态估计

单目标粒子滤波器的状态估计相对简单。在已知如下的观测更新单目标粒子系统后，

$$\{(w_1^{k+1|k+1}, \boldsymbol{x}_1^{k+1|k+1}), \cdots, (w_{\nu_{k+1|k+1}}^{k+1|k+1}, \boldsymbol{x}_{\nu_{k+1|k+1}}^{k+1|k+1})\}$$

目标状态的均值和协方差由下式给出：

$$\hat{\boldsymbol{x}}_{k+1|k+1} = \sum_{i=1}^{\nu_{k+1|k+1}} w_i^{k+1|k+1} \cdot \boldsymbol{x}_i^{k+1|k+1} \tag{9.250}$$

$$\hat{\boldsymbol{P}}_{k+1|k+1} = \sum_{i=1}^{\nu_{k+1|k+1}} w_i^{k+1|k+1} \cdot (\boldsymbol{x}_i^{k+1|k+1} - \hat{\boldsymbol{x}}_{k+1|k+1}) \cdot (\boldsymbol{x}_i^{k+1|k+1} - \hat{\boldsymbol{x}}_{k+1|k+1})^{\mathrm{T}} \tag{9.251}$$

但 SMC-PHD 与 SMC-CPHD 滤波器的状态估计一般要更为复杂且计算量更大，这是因为必须首先采用聚类算法 (如 EM 算法、K 均值等) 将多目标粒子系统分割为多个单目标粒子系统，其中每个对应一个假设的目标航迹。在完成聚类分割后，便可使用式(9.250)和式(9.251)确定每条航迹的均值及其协方差。幸运的是，B. Ristic、D. Clark 和 B. N. Vo 给出了一种无需聚类的 SMC-PHD 滤波器实现方法，见9.6.4节。

9.6.3 SMC-CPHD 滤波器

本节是文献 [179] 第 16.9.2 节的精简版，其要点是使用粒子方法来近似 PHD 而非空间分布 $s_{k|k}(\boldsymbol{x})$。

9.6.3.1 SMC-CPHD 滤波器：时间更新

CPHD 滤波器的时间更新方程由式(8.85)~(8.89)给出。式(8.85)(即下式) 的粒子实现同式(9.233)的 SMC-PHD 滤波器时间更新 (这里不含衍生目标项，见(9.253)式)：

$$D_{k+1|k}(\boldsymbol{x}) = b_{k+1|k}(\boldsymbol{x}) + \int p_S(\boldsymbol{x}') \cdot f_{k+1|k}(\boldsymbol{x}|\boldsymbol{x}') \cdot D_{k|k}(\boldsymbol{x}')\mathrm{d}\boldsymbol{x}' \tag{9.252}$$

$$D_{k+1|k}(\boldsymbol{x}) = b_{k+1|k}(\boldsymbol{x}) + \sum_{i=1}^{\nu_{k|k}} w_i^{k|k} \cdot p_S(\boldsymbol{x}_i^{k|k}) \cdot f_{k+1|k}(\boldsymbol{x}|\boldsymbol{x}_i^{k|k}) \tag{9.253}$$

势分布及 p.g.f. 的更新相对式(8.85)~(8.89)保持不变，只是

$$\psi_k = \frac{1}{N_{k|k}} \sum_{i=1}^{\nu_{k|k}} w_i^{k|k} \cdot p_S(\boldsymbol{x}_i^{k|k}) \tag{9.254}$$

9.6.3.2 SMC-CPHD 滤波器：观测更新

CPHD 滤波器的观测更新方程由式(8.104)~(8.120)给出。这里，势分布及 p.g.f. 相对式(8.117)~(8.120)保持不变，但式(8.112)变为

$$\phi_k = \frac{1}{N_{k+1|k}} \sum_{i=1}^{\nu_{k+1|k}} w_i^{k+1|k} \cdot (1 - p_D(\boldsymbol{x}_i^{k+1|k})) \tag{9.255}$$

而式(8.105)的 PHD 观测更新方程则变为①

$$D_{k+1|k+1}(\boldsymbol{x}) = \sum_{i=1}^{\nu_{k+1|k}} \frac{w_i^{k+1|k}}{N_{k+1|k}} \cdot (1 - p_D(\boldsymbol{x}_i^{k+1|k})) \cdot \overset{\text{ND}}{L}_{Z_{k+1}} \cdot \delta_{\boldsymbol{x}_i^{k+1|k}}(\boldsymbol{x}) + \tag{9.256}$$

$$\sum_{i=1}^{\nu_{k+1|k}} \frac{w_i^{k+1|k}}{N_{k+1|k}} \sum_{j=1}^{m_{k+1}} \frac{p_D(\boldsymbol{x}_i^{k+1|k}) \cdot L_{\boldsymbol{z}_j}(\boldsymbol{x}_i^{k+1|k})}{c_{k+1}(\boldsymbol{z}_j)} \cdot \overset{\text{D}}{L}_{Z_{k+1}}(\boldsymbol{z}_j) \cdot \delta_{\boldsymbol{x}_i^{k+1|k}}(\boldsymbol{x})$$

因此，漏报目标的粒子表示为：对于 $i = 1, \cdots, \nu_{k+1|k}$，

$$\boldsymbol{x}_i^{k+1|k+1} = \boldsymbol{x}_i^{k+1|k} \tag{9.257}$$

$$w_i^{k+1|k+1} = \frac{w_i^{k+1|k}}{N_{k+1|k}} \cdot (1 - p_D(\boldsymbol{x}_i^{k+1|k})) \cdot \overset{\text{ND}}{L}_{Z_{k+1}} \tag{9.258}$$

检报目标的粒子表示为：对于 $i = 1, \cdots, \nu_{k+1|k}, j = 1, \cdots, m_{k+1}$，

$$\boldsymbol{x}_{i,j}^{k+1|k+1} = \boldsymbol{x}_i^{k+1|k} \tag{9.259}$$

$$w_{i,j}^{k+1|k+1} = \frac{w_i^{k+1|k}}{N_{k+1|k}} \cdot \frac{p_D(\boldsymbol{x}_i^{k+1|k}) \cdot L_{\boldsymbol{z}_j}(\boldsymbol{x}_i^{k+1|k})}{c_{k+1}(\boldsymbol{z}_j)} \cdot \overset{\text{D}}{L}_{Z_{k+1}}(\boldsymbol{z}_j) \tag{9.260}$$

9.6.3.3 SMC-CPHD 滤波器：多目标状态估计

状态估计方式同9.6.2.3节，只不过用下述 MAP 估计取代了 EAP 估计 $N_{k+1|k+1} = \sum_{i=1}^{\nu_{k+1|k+1}} w_{k+1|k+1}$：

$$\nu_{k+1|k+1} = \arg\sup_n p_{k+1|k+1}(n) \tag{9.261}$$

9.6.4 基于观测的新生粒子选择

由于 SMC-PHD 和 SMC-CPHD 滤波器均含有目标新生模型，因此新生粒子的选择方法显得尤为重要。由于新生目标会生成不可预期的观测，一个显而易见的方法是利用 t_{k+1} 时刻的观测 Z_{k+1} 来确定新生粒子的位置，通常称之为“观测驱动”的粒子设置。

然而，B. Ristic、D. Clark、B. N. Vo 及 B. T. Vo 证明了若将该方法简单应用于 PHD 滤波器，则会给目标数估计引入一个下偏置[256,257]。对于产生该偏置的原因，目前尚不理解，只有当目标数较小时该偏置才比较突出，但也就是此时它的影响较为显著。

作为一种补救，Ristic[256,257] 给出了一种重新表示的 SMC-PHD 滤波器，它可以：

①译者注：原著下式中缺少最外层的求和算子 $\sum_{i=1}^{\nu_{k+1|k}}$，这里已更正。

- 消除该偏置；
- 比传统 SMC-PHD 滤波器更快更精确；
- 避免在多目标状态估计步中使用计算量较大的启发式聚类算法。

由于后两点，即便在目标数较大时，该方法也具有一定的优势。本节介绍这一技术。虽然它也可用于 SMC-CPHD 滤波器——更多细节参见文献 [257]，但为了概念简洁起见，下面仅考虑 SMC-PHD 滤波器版。

该方法的核心思想是将单目标状态空间 $\mathfrak{X}$ 替换为下面的新状态空间

$$\tilde{\mathfrak{X}} = \mathfrak{X} \uplus \mathfrak{B} \tag{9.262}$$

式中：$\uplus$ 表示互斥并；$\mathfrak{B} = \mathfrak{X}$ 为 $\mathfrak{X}$ 的复制[①]。

直观地讲，$\mathfrak{X}$ 是“存活”目标空间，$\mathfrak{B}$ 是“新生”目标空间，故 $\tilde{\mathfrak{X}}$ 上的积分可定义如下：

$$\int \tilde{f}(\tilde{\boldsymbol{x}})\mathrm{d}\tilde{\boldsymbol{x}} = \int_{\mathfrak{X}} \tilde{f}(\boldsymbol{x})\mathrm{d}\boldsymbol{x} + \int_{\mathfrak{B}} \tilde{f}(\boldsymbol{b})\mathrm{d}\boldsymbol{b} \tag{9.263}$$

9.6.4.1　无偏 SMC-PHD 滤波器：模型

给定该模型后，任何涉及到原始状态变量 $\boldsymbol{x}$ 的运动 / 观测模型均需要用状态变量 $\tilde{\boldsymbol{x}}$ 重新定义，其中 $\tilde{\boldsymbol{x}} = \boldsymbol{x} \in \mathfrak{X}$ 或 $\tilde{\boldsymbol{x}} = \boldsymbol{b} \in \mathfrak{B}$。Ristic 等人给出了以下定义：

- 目标存活概率 (文献 [256] 中的 (14) 式)：新生目标和存活目标是相同的，即

$$\tilde{p}_{\mathrm{S}}(\tilde{\boldsymbol{x}}) = \begin{cases} p_{\mathrm{S}}(\boldsymbol{x}), & \tilde{\boldsymbol{x}} = \boldsymbol{x} \\ p_{\mathrm{S}}(\boldsymbol{b}), & \tilde{\boldsymbol{x}} = \boldsymbol{b} \end{cases} \tag{9.264}$$

- 新生目标 *PHD* (文献 [256] 中的 (11) 式)：存活目标不可能为新生目标，即

$$\tilde{b}_{k+1|k}(\tilde{\boldsymbol{x}}) = \begin{cases} 0, & \tilde{\boldsymbol{x}} = \boldsymbol{x} \\ b_{k+1|k}(\boldsymbol{b}), & \tilde{\boldsymbol{x}} = \boldsymbol{b} \end{cases} \tag{9.265}$$

- 马尔可夫转移密度 (文献 [256] 中的 (12) 式)：新生目标可转变为存活目标，反之则不然，即

$$\tilde{f}_{k+1|k}(\tilde{\boldsymbol{x}}|\tilde{\boldsymbol{x}}') = \begin{cases} f_{k+1|k}(\boldsymbol{x}|\boldsymbol{x}'), & \tilde{\boldsymbol{x}} = \boldsymbol{x}, \tilde{\boldsymbol{x}}' = \boldsymbol{x}' \\ f_{k+1|k}(\boldsymbol{x}|\boldsymbol{b}'), & \tilde{\boldsymbol{x}} = \boldsymbol{x}, \tilde{\boldsymbol{x}}' = \boldsymbol{b}' \\ 0 & \text{其他} \end{cases} \tag{9.266}$$

- 检测概率 (文献 [256] 中的 (17) 式)：新目标总能被检测到，即

$$\tilde{p}_{\mathrm{D}}(\tilde{\boldsymbol{x}}) = \begin{cases} p_{\mathrm{D}}(\boldsymbol{x}), & \tilde{\boldsymbol{x}} = \boldsymbol{x} \\ 1, & \tilde{\boldsymbol{x}} = \boldsymbol{b} \end{cases} \tag{9.267}$$

[①]Ristić 等人在文献 [256] 中的实际定义为 $\tilde{\mathfrak{X}} = \mathfrak{X} \times \{0, 1\}$，其与 $\tilde{\mathfrak{X}} = \mathfrak{X} \uplus \mathfrak{B}$ 等价，此处为概念清晰起见采用后一种表示。

- 似然函数 (文献 [256] 中的 (18) 式)：新生目标和存活目标具有同样的观测统计特性，即

$$\tilde{L}_{z}(\tilde{x})=\begin{cases}L_{z}(x), & \tilde{x}=x\\ L_{z}(b), & \tilde{x}=b\end{cases} \tag{9.268}$$

由上述定义可知，空间 $\tilde{\mathfrak{X}}$ 上的 PHD $\tilde{D}_{k|k}(\tilde{x})$ 可等价表示为空间 $\mathfrak{X}$ 和 $\mathfrak{B}$ 上的 PHD：

$$D_{k|k}(x)=\tilde{D}_{k|k}(x) \tag{9.269}$$

$$\overset{\mathrm{B}}{D}_{k|k}(b)=\tilde{D}_{k|k}(b) \tag{9.270}$$

因此，修订后的 PHD 滤波器实际由两个耦合的 PHD 滤波器组成，一个用于存活目标而另一个用于新生目标：

$$\begin{array}{ccccccccc}\cdots\to & D_{k|k}(x) & \to & D_{k+1|k}(x) & \to & D_{k+1|k+1}(x) & \to\cdots\\ & & & \uparrow & & \uparrow\downarrow & \\ \cdots\to & \overset{\mathrm{B}}{D}_{k|k}(b) & \to & \overset{\mathrm{B}}{D}_{k+1|k}(b) & \to & \overset{\mathrm{B}}{D}_{k+1|k+1}(b) & \to\cdots\end{array}$$

9.6.4.2 无偏 SMC-PHD 滤波器：时间更新

为概念清晰起见，下面忽略目标衍生模型。将9.6.4.1节的模型代入式(8.15)的经典 PHD 滤波器时间更新方程，并利用式(9.263)，便可得如下时间更新方程：

$$\tilde{D}_{k+1|k}(\tilde{x})=\tilde{b}_{k+1|k}(\tilde{x})+\int\tilde{p}_{\mathrm{S}}(\tilde{x})\cdot\tilde{f}_{k+1|k}(\tilde{x}|\tilde{x}')\cdot\tilde{D}_{k+1|k}(\tilde{x}')\mathrm{d}\tilde{x}' \tag{9.271}$$

也就是说：

- 存活目标时间更新 (文献 [256] 中的 (16) 式)：

$$D_{k+1|k}(x)=\int p_{\mathrm{S}}(x)\cdot f_{k+1|k}(x|x')\cdot\left(D_{k+1|k}(x')+\overset{\mathrm{B}}{D}_{k+1|k}(x')\right)\mathrm{d}x' \tag{9.272}$$

- 新生目标时间更新 (文献 [256] 中的 (16) 式)：

$$\overset{\mathrm{B}}{D}_{k+1|k}(b)=b_{k+1|k}(b) \tag{9.273}$$

9.6.4.3 无偏 SMC-PHD 滤波器：观测更新

将9.6.4.1节的模型代入式(8.49)和式(8.50)的经典 PHD 滤波器观测更新方程，并利用式(9.263)，便可得到如下观测更新方程：

$$\frac{\tilde{D}_{k+1|k+1}(\tilde{x})}{\tilde{D}_{k+1|k}(\tilde{x})}=1-\tilde{p}_{\mathrm{D}}(\tilde{x})+\sum_{z\in Z_{k+1}}\frac{\tilde{p}_{\mathrm{D}}(\tilde{x})\cdot\tilde{L}_{z}(\tilde{x})}{\kappa_{k+1}(z)+\tau_{k+1}(z)} \tag{9.274}$$

$$\tau_{k+1}(z)=\int\tilde{p}_{\mathrm{D}}(\tilde{x})\cdot\tilde{L}_{z}(\tilde{x})\cdot\tilde{D}_{k+1|k}(\tilde{x})\mathrm{d}\tilde{x} \tag{9.275}$$

也就是说：

- 存活目标观测更新 (文献 [256] 中的 (20) 式):

$$\frac{D_{k+1|k+1}(\boldsymbol{x})}{D_{k+1|k}(\boldsymbol{x})} = 1 - p_{\mathrm{D}}(\boldsymbol{x}) + \sum_{\boldsymbol{z}\in Z_{k+1}} \frac{p_{\mathrm{D}}(\boldsymbol{x}) \cdot L_{\boldsymbol{z}}(\boldsymbol{x})}{\kappa_{k+1}(\boldsymbol{z}) + \tau_{k+1}(\boldsymbol{z})} \tag{9.276}$$

$$\tau_{k+1}(\boldsymbol{z}) = \int p_{\mathrm{D}}(\boldsymbol{x}) \cdot L_{\boldsymbol{z}}(\boldsymbol{x}) \cdot D_{k+1|k}(\boldsymbol{x})\mathrm{d}\boldsymbol{x} + \int L_{\boldsymbol{z}}(\boldsymbol{b}) \cdot b_{k+1|k}(\boldsymbol{b})\mathrm{d}\boldsymbol{b} \tag{9.277}$$

- 新生目标观测更新 (文献 [256] 中的 (21) 式):

$$\overset{\mathrm{B}}{D}_{k+1|k+1}(\boldsymbol{b}) = \sum_{\boldsymbol{z}\in Z_{k+1}} \frac{L_{\boldsymbol{z}}(\boldsymbol{b}) \cdot b_{k+1|k}(\boldsymbol{b})}{\kappa_{k+1}(\boldsymbol{z}) + \tau_{k+1}(\boldsymbol{z})} \tag{9.278}$$

9.6.4.4 无偏 SMC-PHD 滤波器：SMC 实现

假定预测 PHD 已近似为下述粒子系统:

$$D_{k+1|k}(\boldsymbol{x}) \cong \sum_{i=1}^{\nu_{k+1|k}} w_i^{k+1|k} \cdot \delta_{\boldsymbol{x}_i^{k+1|k}}(\boldsymbol{x}) \tag{9.279}$$

则 SMC 实现包括下列步骤:

- 步骤 1：新生粒子生成。对于每个 $\boldsymbol{z}_j \in Z_{k+1}$，产生 ρ 个新粒子 $\boldsymbol{b}_{1,j}^{k+1|k}, \cdots, \boldsymbol{b}_{\rho,j}^{k+1|k}$，使 $\boldsymbol{z}_j$ 可视作 $L_{\boldsymbol{z}}(\boldsymbol{b}_{i,j}^{k+1|k}) \cdot b_{k+1|k}(\boldsymbol{b}_{i,j}^{k+1|k})$ 的随机采样。各粒子的权值均相同 (文献 [256] 中的 (22) 式):

$$b^{k+1|k} = b_{i,j}^{k+1|k} \tag{9.280}$$

$$= \frac{1}{\rho \cdot m_{k+1}} \sum_{j=1}^{m_{k+1}} \sum_{l=1}^{\rho} L_{\boldsymbol{z}_j}(\boldsymbol{b}_{l,j}^{k+1|k}) \cdot b_{k+1|k}(\boldsymbol{b}_{l,j}^{k+1|k}) \tag{9.281}$$

- 步骤 2：利用这些粒子及权值近似新生目标 *PHD*，即

$$b_{k+1|k}(\boldsymbol{x}) \cong b^{k+1|k} \sum_{i=1}^{\rho} \sum_{j=1}^{m_{k+1}} \delta_{\boldsymbol{b}_{i,j}^{k+1|k}}(\boldsymbol{x}) \tag{9.282}$$

- 步骤 3：存活目标 *PHD* 权值更新 (文献 [256] 中的 (23) 式)，即

$$w_i^{k+1|k+1} = (1 - p_{\mathrm{D}}(\boldsymbol{x}_i^{k+1|k})) \cdot w_i^{k+1|k} + \sum_{j=1}^{m_{k+1}} \frac{p_{\mathrm{D}}(\boldsymbol{x}_i^{k+1|k}) \cdot L_{\boldsymbol{z}_j}(\boldsymbol{x}_i^{k+1|k}) \cdot w_i^{k+1|k}}{\mathcal{L}(\boldsymbol{z}_j)} \tag{9.283}$$

式中 (文献 [256] 中的 (25) 式)[①]:

$$\mathcal{L}(\boldsymbol{z}_j) = \kappa_{k+1}(\boldsymbol{z}_j) + \sum_{i=1}^{\rho} b_{i,j}^{k+1|k} + \sum_{i=1}^{\nu_{k+1|k}} p_{\mathrm{D}}(\boldsymbol{x}_i^{k+1|k}) \cdot L_{\boldsymbol{z}_j}(\boldsymbol{x}_i^{k+1|k}) \cdot w_i^{k+1|k} \tag{9.284}$$

①译者注：原著下式及文献 [256] 中的 (25) 式均对所有新生粒子权值求和，即 $\sum_{i=1}^{\rho m_{k+1}} b_i^{k+1|k}$，此处应只对 $\boldsymbol{z}_j$ 生成的新生粒子求和，这里已更正。

- 步骤 4：新生目标 *PHD* 权值更新 (文献 [256] 中的 (24) 式)[①]，即

$$b_{i,j}^{k+1|k+1} = \frac{b_{i,j}^{k+1|k}}{\mathcal{L}(z_j)} \tag{9.285}$$

- 步骤 5：对新生目标粒子集和存活目标粒子集分别作重采样。
- 步骤 6：对于 $j = 0, 1, \cdots, m_{k+1}$，定义权值 (文献 [256] 中的 (26) 式)[②]，即

$$w_{i,j}^{k+1|k+1} = \begin{cases} (1 - p_D(x_i^{k+1|k})) \cdot w_i^{k+1|k}, & j = 0 \\ \frac{p_D(x_i^{k+1|k}) \cdot L_{z_j}(x_i^{k+1|k}) \cdot w_i^{k+1|k}}{\mathcal{L}(z_j)}, & j > 0 \end{cases} \tag{9.286}$$

$$W_j^{k+1|k+1} = \sum_{i=1}^{\nu_{k+1|k}} w_{i,j}^{k+1|k+1} \tag{9.287}$$

- 步骤 7：无需聚类便可得到多目标状态估计及其协方差 (文献 [256] 中的 (27) 式和 (28) 式)。对于 $j = 1, \cdots, m_{k+1}$[③]，

$$\hat{x}_j^{k+1|k+1} = \sum_{i=1}^{\nu_{k+1|k}} \frac{w_{i,j}^{k+1|k+1}}{W_j^{k+1|k+1}} \cdot x_i^{k+1|k} \tag{9.288}$$

$$\hat{P}_j^{k+1|k+1} = \sum_{i=1}^{\nu_{k+1|k}} \frac{w_{i,j}^{k+1|k+1}}{W_j^{k+1|k+1}} \cdot (x_i^{k+1|k} - \hat{x}_j^{k+1|k+1}) \cdot (x_i^{k+1|k} - \hat{x}_j^{k+1|k+1})^{\mathrm{T}} \tag{9.289}$$

- 步骤 8：当 $W_j^{k+1|k+1}$ 小于某适当门限值时，删除第 j 个状态估计。

Ristic 等人对比了该方法与基于 K 均值聚类的传统方法，结果表明：它相对 K 均值聚类法具有更好的定位性能，但二者的势估计性能基本相当 (见文献 [256] 中的图 4)。

9.6.5 集成目标身份的实现

至少可用一种朴素的方式对 SMC-PHD 和 SMC-CPHD 滤波器作扩展以包含目标身份。此时，单目标状态 (x, c) 包含运动状态 x 及离散身份变量 c，而粒子的形式则为 $(c_1^{k|k}, x_1^{k|k}), \cdots, (c_{\nu_{k|k}}^{k|k}, x_{\nu_{k|k}}^{k|k})$，相应的权值为 $w_1^{k|k}, \cdots, w_{\nu_{k|k}}^{k|k}$。所得粒子 PHD 滤波器的计算复杂度为 $O(mnC)$，其中，m 为当前观测数，n 为当前航迹数，C 为当前目标类型数。

[①]译者注：原著中下式为

$$b_i^{k+1|k+1} = \sum_{j=1}^{m_{k+1}} \frac{b_i^{k+1|k}}{\mathcal{L}(z_j)}$$

这里做了更正。简单的推导过程如下：

$$b_{i,j}^{k+1|k+1} = \sum_{l=1}^{m_{k+1}} \frac{\delta_j(l) \cdot b_{i,j}^{k+1|k}}{\mathcal{L}(z_l)} = \frac{b_{i,j}^{k+1|k}}{\mathcal{L}(z_j)}$$

式中：因子 $\delta_j(l)$ 表示从第 j 个观测抽取的粒子 $b_{i,j}^{k+1|k}$ 只能与观测 z_j 关联，对于 $l \neq j$ 的观测 z_l，伪似然为 0。

[②]译者注：由于新生粒子基于当前观测生成，故它们不参与当前时刻的状态估计。

[③]译者注：原著下式中缺少归一化因子 $W_j^{k+1|k+1}$，这里已更正。

第10章　多传感器PHD/CPHD滤波器

10.1　简　介

经典PHD/CPHD滤波器的观测更新方程仅适用于单传感器情形，见8.4.3节与8.5.4节。本章讨论多个独立传感器的PHD/CPHD滤波器。

10.1.1　要点概述

在本章学习过程中，需掌握的主要概念、结论与公式如下：

- 8.2节的单传感器泛PHD滤波器可推广至多传感器情形(10.3节)，但由于该滤波器的观测更新是组合式的，故通常会存在计算方面的问题。
- 迭代校正式PHD/CPHD滤波器是常用的近似多传感器PHD/CPHD滤波器，但其结果依赖于传感器顺序，因此在理论上不是很令人满意。当传感器检测概率差别较大时，这种顺序相关性会导致性能恶化，而迭代校正式PHD滤波器尤为突出(10.5节)。
- 存在易于计算且理论良好的近似多传感器PHD/CPHD滤波器——并行组合近似多传感器(Parallel-Combination Approximate Multisensor, PCAM)PHD/CPHD滤波器，这类滤波器有PCAM-CPHD滤波器(10.6.1节)、PCAM-PHD滤波器(10.6.2节)以及简化的PCAM-PHD滤波器(10.6.3节)。简化PCAM-PHD滤波器的概念和计算都极为简单，但不太适合目标数较少的情形。
- 基于PHD伪似然平均的近似多传感器PHD滤波器在概念和理论上都是错误的(10.7节)。
- 所有这些近似滤波器均已实现且进行了仿真比对，其中，PCAM-CPHD和PCAM-PHD滤波器表现最好，而伪似然平均的PHD滤波器表现最差(10.8节)。

10.1.2　本章结构

本章结构安排如下：

- 10.2节：多传感器多目标递归贝叶斯滤波器。
- 10.3节：8.2节单传感器泛PHD滤波器向多传感器情形的推广。
- 10.4节：8.4节单传感器经典PHD滤波器向多传感器情形的推广。
- 10.5节：将经典PHD/CPHD滤波器用于多传感器时的迭代校正近似。
- 10.6节：将经典PHD/CPHD滤波器用于多传感器时的平行组合近似。
- 10.7节：基于平均伪似然方法的一种错误近似的多传感器PHD滤波器。
- 10.8节：本章所述多传感器PHD/CPHD滤波器的性能比较。

10.2 多传感器多目标贝叶斯滤波器

不但目标有状态矢量，传感器同样也有状态矢量。比如，传感器状态 $\overset{*}{\boldsymbol{x}}$ 可以是下面的形式：

$$\overset{*}{\boldsymbol{x}} = (x, y, z, \dot{x}, \dot{y}, \dot{z}, \ell, \theta, \alpha, \varphi, \dot{\theta}, \dot{\alpha}, \dot{\varphi}, \mu, \chi) \tag{10.1}$$

式中：x, y, z 与 $\dot{x}, \dot{y}, \dot{z}$ 分别为传感器携载平台的位置及速度坐标；ℓ 是其燃料等级；θ, α, φ 与 $\dot{\theta}, \dot{\alpha}, \dot{\varphi}$ 分别为传感器体坐标系的角坐标及角速率；μ 为传感器工作模式；χ 为传感器当前所用通信传输路径。

因此，单目标观测模型的实际形式为

$$\boldsymbol{Z}_{k+1} = \eta_{k+1}(\boldsymbol{x}) + \boldsymbol{V}_{k+1} \overset{\text{abbr.}}{=} \eta_{k+1}(\boldsymbol{x}, \overset{*}{\boldsymbol{x}}) + \boldsymbol{V}_{k+1} \tag{10.2}$$

式中：$\overset{*}{\boldsymbol{x}}$ 为传感器的当前状态。

类似地，传感器似然函数的形式为

$$L_{\boldsymbol{z}}(\boldsymbol{x}, \overset{*}{\boldsymbol{x}}) = f_{k+1}(\boldsymbol{z}|\boldsymbol{x}, \overset{*}{\boldsymbol{x}}) = f_{\boldsymbol{V}_{k+1}}(\boldsymbol{z} - \eta_{k+1}(\boldsymbol{x}, \overset{*}{\boldsymbol{x}})) \tag{10.3}$$

杂波过程的多目标概率分布形式为

$$\kappa_{k+1}(Z) \overset{\text{abbr.}}{=} \kappa_{k+1}(Z|\overset{*}{\boldsymbol{x}}) \tag{10.4}$$

假设有 s 个传感器，其中传感器 j 的观测 $\overset{j}{\boldsymbol{z}}$ 来自观测空间 $\overset{j}{\mathfrak{Z}}$，则多传感器联合观测空间为

$$\mathfrak{Z} = \overset{1}{\mathfrak{Z}} \uplus \cdots \uplus \overset{s}{\mathfrak{Z}} \tag{10.5}$$

式中：$\uplus$ 表示互斥并。

在任意给定时刻，将传感器 j 的观测集记作 $\overset{j}{Z}$，则总观测集为

$$Z = \overset{1}{Z} \uplus \cdots \uplus \overset{s}{Z} \tag{10.6}$$

将传感器 j 的多目标似然函数记作

$$\overset{j}{L}_{\overset{j}{Z}}(X) \overset{\text{abbr.}}{=} \overset{j}{f}_{k+1}(\overset{j}{Z}|X) \overset{\text{abbr.}}{=} f_{k+1}(\overset{j}{Z}|X, \overset{*j}{\boldsymbol{x}}) \tag{10.7}$$

式中：$\overset{*j}{\boldsymbol{x}}$ 为传感器 j 的当前状态。

根据3.5.3节及4.2.5节的讨论，可将 Z 的分布表示为下面的联合分布形式：

$$f_{k+1}(Z|X) = f_{k+1}(\overset{1}{Z} \uplus \cdots \uplus \overset{s}{Z}|X) = f_{k+1}(\overset{1}{Z}, \cdots, \overset{s}{Z}|X) \tag{10.8}$$

若

$$f_{k+1}(\overset{1}{Z}, \cdots, \overset{s}{Z}|X) = \overset{1}{f}_{k+1}(\overset{1}{Z}|X) \cdots \overset{s}{f}_{k+1}(\overset{s}{Z}|X) \tag{10.9}$$

则传感器关于多目标状态条件独立。

给定上述假设及表示后，令 $\overset{j}{Z}{}^{(k)}: \overset{j}{Z}_1, \cdots, \overset{j}{Z}_k$ 表示 t_k 时刻传感器 j 的观测时间序列，由贝叶斯规则便可得到贝叶斯最优的多传感器观测更新公式：

$$f_{k+1|k+1}(X|\overset{1}{Z}{}^{(k+1)}, \cdots, \overset{s}{Z}{}^{(k+1)}) \tag{10.10}$$

$$= \frac{f_{k+1}(\overset{1}{Z}_{k+1}, \cdots, \overset{s}{Z}_{k+1}|X) \cdot f_{k+1|k}(X|\overset{1}{Z}{}^{(k)}, \cdots, \overset{s}{Z}{}^{(k)})}{f_{k+1}(\overset{1}{Z}_{k+1}, \cdots, \overset{s}{Z}_{k+1}|\overset{1}{Z}{}^{(k)}, \cdots, \overset{s}{Z}{}^{(k)})}$$

$$= \frac{\overset{1}{f}_{k+1}(\overset{1}{Z}_{k+1}|X) \cdots \overset{s}{f}_{k+1}(\overset{s}{Z}_{k+1}|X) \cdot f_{k+1|k}(X|\overset{1}{Z}{}^{(k)}, \cdots, \overset{s}{Z}{}^{(k)})}{f_{k+1}(\overset{1}{Z}_{k+1}, \cdots, \overset{s}{Z}_{k+1}|\overset{1}{Z}{}^{(k)}, \cdots, \overset{s}{Z}{}^{(k)})} \tag{10.11}$$

式中

$$f_{k+1}(\overset{1}{Z}, \cdots, \overset{s}{Z}|\overset{1}{Z}{}^{(k)}, \cdots, \overset{s}{Z}{}^{(k)}) = \int \overset{1}{f}_{k+1}(\overset{1}{Z}|X) \cdots \overset{s}{f}_{k+1}(\overset{s}{Z}|X) \cdot f_{k+1|k}(X|\overset{1}{Z}{}^{(k)}, \cdots, \overset{s}{Z}{}^{(k)}) \delta X \tag{10.12}$$

式(10.10)的简写形式为

$$f_{k+1|k+1}(X) = \frac{f_{k+1}(\overset{1}{Z}_{k+1}, \cdots, \overset{s}{Z}_{k+1}|X) \cdot f_{k+1|k}(X)}{f_{k+1}(\overset{1}{Z}_{k+1}, \cdots, \overset{s}{Z}_{k+1})} \tag{10.13}$$

与单传感器多目标贝叶斯滤波器类似，多传感器多目标贝叶斯滤波器也必须采用近似方法，此即本章目的所在。

10.3 多传感器泛 PHD 滤波器

如文献 [47] 第 V 节所述，可将8.2节的泛 PHD 滤波器扩展为多传感器泛 PHD 滤波器。本节介绍该滤波器。

10.3.1 多传感器泛 PHD 滤波器：建模

为概念清晰起见，这里考虑两个传感器的情形，而一般的多传感器情形则可通过外推得到 (见10.3.2节注解35)。双传感器 PHD 滤波器的观测更新方程需要用到下列模型 (与8.2节中的单传感器模型相同)：

- 一个“无点传感器”(传感器 1) 和一个“带点传感器”(传感器 2)，该命名法为后者的模型加点 (如 ‘$\dot{p}_D$’) 而对前者的则不加点 (如 ‘p_D’)。
- 联合观测集：

$$\tilde{Z}_{k+1} = Z_{k+1} \uplus \dot{Z}_{k+1} \tag{10.14}$$

式中：Z_{k+1} 为无点传感器的观测集；$\dot{Z}_{k+1}$ 为带点传感器的观测集。

- 单目标似然函数：

$$L_Z(\boldsymbol{x}) = \frac{\delta G^{\boldsymbol{x}}}{\delta Z}[0], \qquad \dot{L}_{\dot{Z}}(\boldsymbol{x}) = \frac{\delta \dot{G}^{\boldsymbol{x}}}{\delta \dot{Z}}[0] \tag{10.15}$$

式中：$G^{\boldsymbol{x}}[g]$ 为无点观测 RFS $\Upsilon_{k+1}(\boldsymbol{x})$ 的 p.g.fl.；$\dot{G}^{\boldsymbol{x}}[\dot{g}]$ 为带点观测 RFS $\dot{\Upsilon}_{k+1}(\boldsymbol{x})$ 的 p.g.fl.。

- 广义检测概率：每个传感器各自至少获得一个观测的概率

$$\pi_{\mathrm{D}}(\boldsymbol{x}) = 1 - L_{\emptyset}(\boldsymbol{x}), \qquad \dot{\pi}_{\mathrm{D}}(\boldsymbol{x}) = 1 - \dot{L}_{\emptyset}(\boldsymbol{x}) \tag{10.16}$$

- 联合似然积分：对于任意的 $W \subseteq Z_{k+1}$ 及 $\dot{W} \subseteq \dot{Z}_{k+1}$，

$$\tau_{W,\dot{W}} = \int L_W(\boldsymbol{x}) \cdot \dot{L}_{\dot{W}}(\boldsymbol{x}) \cdot D_{k+1|k}(\boldsymbol{x}) \mathrm{d}\boldsymbol{x} \tag{10.17}$$

- 联合的广义检测概率：至少有一个传感器获得不少于一个观测的概率

$$\tilde{\pi}_{\mathrm{D}}(\boldsymbol{x}) = 1 - (1 - \pi_{\mathrm{D}}(\boldsymbol{x})) \cdot (1 - \dot{\pi}_{\mathrm{D}}(\boldsymbol{x})) \tag{10.18}$$

- 杂波的不存在性：对于两个传感器，必须假定它们都有可能得不到任何杂波观测

$$p_{k+1}^{\kappa}(0) > 0, \qquad \dot{p}_{k+1}^{\kappa}(0) > 0 \tag{10.19}$$

式中：$p_{k+1}^{\kappa}(m)$ 为无点杂波 RFS C_{k+1} 的势分布；$\dot{p}_{k+1}^{\kappa}(m)$ 为带点杂波 RFS $\dot{C}_{k+1}$ 的势分布。

- 杂波对数密度：杂波对数 p.g.fl. 的多目标密度函数分别为

$$\kappa_Z = \frac{\delta \log G_{k+1}^{\kappa}}{\delta Z}[0], \qquad \dot{\kappa}_{\dot{Z}} = \frac{\delta \log \dot{G}_{k+1}^{\kappa}}{\delta \dot{Z}}[0] \tag{10.20}$$

式中：$G_{k+1}^{\kappa}[g]$ 为无点杂波过程的 p.g.fl.；$\dot{G}_{k+1}^{\kappa}[\dot{g}]$ 为带点杂波过程的 p.g.fl.。

10.3.2 多传感器泛 PHD 滤波器：更新

更新方程为

$$D_{k+1|k+1}(\boldsymbol{x}) = \tilde{L}_{Z_{k+1},\dot{Z}_{k+1}}(\boldsymbol{x}) \cdot D_{k+1|k}(\boldsymbol{x}) \tag{10.21}$$

式中

$$\tilde{L}_{Z_{k+1},\dot{Z}_{k+1}}(\boldsymbol{x}) = 1 - \tilde{\pi}_{\mathrm{D}}(\boldsymbol{x}) + \sum_{\mathcal{P} \boxminus \tilde{Z}_{k+1}} \omega_{\mathcal{P}} \cdot \sum_{W \uplus \dot{W} \in \mathcal{P}} \frac{L_W(\boldsymbol{x}) \cdot \dot{L}_{\dot{W}}(\boldsymbol{x})}{\delta_{|\dot{W}|,0} \cdot \kappa_W + \delta_{|W|,0} \cdot \dot{\kappa}_{\dot{W}} + \tau_{W,\dot{W}}} \tag{10.22}$$

式中：第一个求和项需遍历联合观测集 $\tilde{Z}_{k+1} = Z_{k+1} \uplus \dot{Z}_{k+1}$ 的所有分割 $\mathcal{P}$，且

$$\omega_{\mathcal{P}} = \frac{\prod_{W \uplus \dot{W} \in \mathcal{P}} \left(\delta_{|\dot{W}|,0} \cdot \kappa_W + \delta_{|W|,0} \cdot \dot{\kappa}_{\dot{W}} + \tau_{W,\dot{W}}\right)}{\sum_{\mathcal{Q} \boxminus \tilde{Z}_{k+1}} \prod_{V \uplus \dot{V} \in \mathcal{Q}} \left(\delta_{|\dot{V}|,0} \cdot \kappa_V + \delta_{|V|,0} \cdot \dot{\kappa}_{\dot{V}} + \tau_{V,\dot{V}}\right)} \tag{10.23}$$

注解 35 (两部以上传感器的泛 PHD 滤波器)：对于三部传感器（“无点”、“单点”及“双点”）的情形，类比式(10.22)可得：

$$\tilde{L}_{Z_{k+1},\dot{Z}_{k+1},\ddot{Z}_{k+1}}(\boldsymbol{x}) = 1 - \tilde{\pi}_{\mathrm{D}}(\boldsymbol{x}) + \sum_{\mathcal{P} \boxminus \tilde{Z}_{k+1}} \omega_{\mathcal{P}} \cdot \sum_{W \uplus \dot{W} \uplus \ddot{W} \in \mathcal{P}} \frac{L_W(\boldsymbol{x}) \cdot \dot{L}_{\dot{W}}(\boldsymbol{x}) \cdot \ddot{L}_{\ddot{W}}(\boldsymbol{x})}{\left(\begin{array}{c} \delta_{|\dot{W}|,0} \cdot \delta_{|\ddot{W}|,0} \cdot \kappa_W + \\ \delta_{|\ddot{W}|,0} \cdot \delta_{|W|,0} \cdot \dot{\kappa}_{\dot{W}} + \\ \delta_{|\dot{W}|,0} \cdot \delta_{|W|,0} \cdot \ddot{\kappa}_{\ddot{W}} + \\ \tau_{W,\dot{W},\ddot{W}} \end{array}\right)} \tag{10.24}$$

式中：

$$\tilde{\pi}_{\mathrm{D}}(\boldsymbol{x}) = 1 - (1 - p_{\mathrm{D}}(\boldsymbol{x})) \cdot (1 - \dot{p}_{\mathrm{D}}(\boldsymbol{x})) \cdot (1 - \ddot{p}_{\mathrm{D}}(\boldsymbol{x})) \tag{10.25}$$

$$\tau_{W,\dot{W},\ddot{W}} = \int L_W(\boldsymbol{x}) \cdot \dot{L}_{\dot{W}}(\boldsymbol{x}) \cdot \ddot{L}_{\ddot{W}}(\boldsymbol{x}) \cdot D_{k+1|k}(\boldsymbol{x}) \mathrm{d}\boldsymbol{x} \tag{10.26}$$

$$\omega_{\mathcal{P}} = \frac{\prod_{W \uplus \dot{W} \uplus \ddot{W} \in \mathcal{P}} \left(\begin{array}{c} \delta_{|\dot{W}|,0} \cdot \delta_{|\ddot{W}|,0} \cdot \kappa_W + \\ \delta_{|\ddot{W}|,0} \cdot \delta_{|W|,0} \cdot \dot{\kappa}_{\dot{W}} + \\ \delta_{|\dot{W}|,0} \cdot \delta_{|W|,0} \cdot \ddot{\kappa}_{\ddot{W}} + \\ \tau_{W,\dot{W},\ddot{W}} \end{array}\right)}{\sum_{\mathcal{Q} \boxminus \tilde{Z}_{k+1}} \prod_{V \uplus \dot{V} \uplus \ddot{V} \in \mathcal{Q}} \left(\begin{array}{c} \delta_{|\dot{V}|,0} \cdot \delta_{|\ddot{V}|,0} \cdot \kappa_V + \\ \delta_{|\ddot{V}|,0} \cdot \delta_{|V|,0} \cdot \dot{\kappa}_{\dot{V}} + \\ \delta_{|\dot{V}|,0} \cdot \delta_{|V|,0} \cdot \ddot{\kappa}_{\ddot{V}} + \\ \tau_{V,\dot{V},\ddot{V}} \end{array}\right)} \tag{10.27}$$

对于传感器数目大于 3 的情形，依此类推。

10.4　多传感器经典 PHD 滤波器

假定无点及带点传感器均符合标准多目标观测模型——泊松杂波且目标至多生成一个观测，则由式(10.21)~(10.23)可知

$$L_Z(\boldsymbol{x}) = \begin{cases} 1 - p_{\mathrm{D}}(\boldsymbol{x}), & Z = \emptyset \\ p_{\mathrm{D}}(\boldsymbol{x}) \cdot L_{\boldsymbol{z}}(\boldsymbol{x}), & Z = \{\boldsymbol{z}\} \\ 0, & |Z| > 1 \end{cases} \tag{10.28}$$

$$\kappa_Z = \begin{cases} -\lambda_{k+1}, & Z = \emptyset \\ \kappa_{k+1}(\boldsymbol{z}), & Z = \{\boldsymbol{z}\} \\ 0, & |Z| > 1 \end{cases} \tag{10.29}$$

$$\dot{L}_{\dot{Z}}(\boldsymbol{x})=\begin{cases}1-\dot{p}_{\mathrm{D}}(\boldsymbol{x}), & \dot{Z}=\emptyset\\ \dot{p}_{\mathrm{D}}(\boldsymbol{x})\cdot\dot{L}_{\dot{z}}(\boldsymbol{x}), & \dot{Z}=\{\dot{z}\}\\ 0, & |\dot{Z}|>1\end{cases}\tag{10.30}$$

$$\dot{\kappa}_{\dot{Z}}=\begin{cases}-\dot{\lambda}_{k+1}, & \dot{Z}=\emptyset\\ \dot{\kappa}_{k+1}(\dot{z}), & \dot{Z}=\{\dot{z}\}\\ 0, & |\dot{Z}|>1\end{cases}\tag{10.31}$$

进而可以得到如下结果 (首见于文献 [166]):

$$D_{k+1|k+1}(\boldsymbol{x})=\tilde{L}_{Z_{k+1},\dot{Z}_{k+1}}(\boldsymbol{x})\cdot D_{k+1|k}(\boldsymbol{x})\tag{10.32}$$

式中

$$\tilde{L}_{Z_{k+1},\dot{Z}_{k+1}}(\boldsymbol{x})=1-\tilde{\pi}_{\mathrm{D}}(\boldsymbol{x})+\sum_{\mathcal{P}\boxminus_2\tilde{Z}_{k+1}}\omega_{\mathcal{P}}\sum_{W\uplus\dot{W}\in\mathcal{P}}\rho_{W\uplus\dot{W}}\tag{10.33}$$

式中：求和项需遍历 $\tilde{Z}_{k+1}=Z_{k+1}\uplus\dot{Z}_{k+1}$ 的所有“二进”分割 $\mathcal{P}$，即 $\mathcal{P}$ 中的每个单元 $W\uplus\dot{W}\in\mathcal{P}$ 取

$$W\uplus\dot{W}=\{z\},\quad W\uplus\dot{W}=\{\dot{z}\},\quad W\uplus\dot{W}=\{z,\dot{z}\}\tag{10.34}$$

三种形式之一；而

$$\rho_{W\uplus\dot{W}}=\begin{cases}\frac{p_{\mathrm{D}}(\boldsymbol{x})\cdot\ell_{z}(\boldsymbol{x})\cdot(1-\dot{p}_{\mathrm{D}}(\boldsymbol{x}))}{1+\tau_{z,\emptyset}}, & W=\{z\},\dot{W}=\emptyset\\ \frac{(1-p_{\mathrm{D}}(\boldsymbol{x}))\cdot\dot{p}_{\mathrm{D}}(\boldsymbol{x})\cdot\dot{\ell}_{\dot{z}}(\boldsymbol{x})}{1+\tau_{\emptyset,\dot{z}}}, & W=\emptyset,\dot{W}=\{\dot{z}\}\\ \frac{p_{\mathrm{D}}(\boldsymbol{x})\cdot\ell_{z}(\boldsymbol{x})\cdot\dot{p}_{\mathrm{D}}(\boldsymbol{x})\cdot\dot{\ell}_{\dot{z}}(\boldsymbol{x})}{\tau_{z,\dot{z}}}, & W=\{z\},\dot{W}=\{\dot{z}\}\end{cases}$$

$$\omega_{\mathcal{P}}=\frac{\prod_{W\uplus\dot{W}\in\mathcal{P}}d_{W,\dot{W}}}{\sum_{\mathcal{Q}\boxminus_2\tilde{Z}_{k+1}}\prod_{V\uplus\dot{V}\in\mathcal{Q}}d_{V,\dot{V}}}$$

式中

$$d_{W\uplus\dot{W}}=\begin{cases}1+\tau_{z,\emptyset}, & W=\{z\},\dot{W}=\emptyset\\ 1+\tau_{\emptyset,\dot{z}}, & W=\emptyset,\dot{W}=\{\dot{z}\}\\ \tau_{z,\dot{z}}, & W=\{z\},\dot{W}=\{\dot{z}\}\end{cases}$$

而

$$\ell_{z}(\boldsymbol{x})=\frac{L_{z}(\boldsymbol{x})}{\kappa_{k+1}(z)},\qquad\dot{\ell}_{\dot{z}}(\boldsymbol{x})=\frac{\dot{L}_{\dot{z}}(\boldsymbol{x})}{\dot{\kappa}_{k+1}(\dot{z})}\tag{10.35}$$

$$\tau_{z,\emptyset}=\int p_{\mathrm{D}}(\boldsymbol{x})\cdot\ell_{z}(\boldsymbol{x})\cdot(1-\dot{p}_{\mathrm{D}}(\boldsymbol{x}))\cdot D_{k+1|k}(\boldsymbol{x})\mathrm{d}\boldsymbol{x}\tag{10.36}$$

$$\tau_{\emptyset,\dot{z}}=\int(1-p_{\mathrm{D}}(\boldsymbol{x}))\cdot\dot{p}_{\mathrm{D}}(\boldsymbol{x})\cdot\dot{\ell}_{\dot{z}}(\boldsymbol{x})\cdot D_{k+1|k}(\boldsymbol{x})\mathrm{d}\boldsymbol{x}\tag{10.37}$$

$$\tau_{z,\dot{z}}=\int p_{\mathrm{D}}(\boldsymbol{x})\cdot\ell_{z}(\boldsymbol{x})\cdot\dot{p}_{\mathrm{D}}(\boldsymbol{x})\cdot\dot{\ell}_{\dot{z}}(\boldsymbol{x})\cdot D_{k+1|k}(\boldsymbol{x})\mathrm{d}\boldsymbol{x}\tag{10.38}$$

由式(10.21)~(10.23)到上述结果的化简过程见附录 K.20。

例 6 (二进分割): 设 $\tilde{Z}_{k+1} = \{\overset{1}{z}_1, \overset{1}{z}_2\} \cup \{\overset{2}{z}_1, \overset{2}{z}_2\}$，则 $\tilde{Z}_{k+1}$ 的二进分割为

$$\mathcal{P}_1 = \{\{\overset{1}{z}_1\}, \{\overset{1}{z}_2\}, \{\overset{2}{z}_1\}, \{\overset{2}{z}_2\}\} \tag{10.39}$$

$$\mathcal{P}_2 = \{\{\overset{1}{z}_1, \overset{2}{z}_1\}, \{\overset{1}{z}_2\}, \{\overset{2}{z}_2\}\} \tag{10.40}$$

$$\mathcal{P}_3 = \{\{\overset{1}{z}_2, \overset{2}{z}_2\}, \{\overset{1}{z}_1\}, \{\overset{2}{z}_1\}\} \tag{10.41}$$

$$\mathcal{P}_4 = \{\{\overset{1}{z}_1, \overset{2}{z}_2\}, \{\overset{1}{z}_2\}, \{\overset{2}{z}_1\}\} \tag{10.42}$$

$$\mathcal{P}_5 = \{\{\overset{1}{z}_2, \overset{2}{z}_1\}, \{\overset{1}{z}_1\}, \{\overset{2}{z}_2\}\} \tag{10.43}$$

$$\mathcal{P}_6 = \{\{\overset{1}{z}_1, \overset{2}{z}_1\}, \{\overset{1}{z}_2, \overset{2}{z}_2\}\} \tag{10.44}$$

$$\mathcal{P}_7 = \{\{\overset{1}{z}_1, \overset{2}{z}_2\}, \{\overset{1}{z}_2, \overset{2}{z}_1\}\} \tag{10.45}$$

注解 36 (传感器一致选通): 在多传感器经典 PHD 滤波器中，降低计算量的一种可能的方法是进行“传感器一致选通”[166]。也就是说，若分割中包含满足如下性质的观测对 $\{\overset{1}{z}, \overset{2}{z}\}$，则舍弃该分割：

$$\overset{1}{p}_{\mathrm{D}} \overset{1}{L}_{\overset{1}{z}} \overset{2}{p}_{\mathrm{D}} \overset{2}{L}_{\overset{2}{z}} \cong 0 \tag{10.46}$$

这是因为观测对 $\{\overset{1}{z}, \overset{2}{z}\}$ 不大可能来自同一目标。显然，该方法适用于两个传感器的杂波率都不是太大的情形。

注解 37 (两部以上传感器的经典 PHD 滤波器): 根据式(10.24)和式(10.28)，可得到三部传感器下的结果。依式(10.24)可得

$$L_{Z_{k+1},\dot{Z}_{k+1},\ddot{Z}_{k+1}}(\boldsymbol{x}) = 1 - \tilde{\pi}_{\mathrm{D}}(\boldsymbol{x}) + \sum_{\mathcal{P} \boxminus \tilde{Z}_{k+1}} \omega_{\mathcal{P}} \cdot \sum_{W \uplus \dot{W} \uplus \ddot{W} \in \mathcal{P}} \frac{L_W(\boldsymbol{x}) \cdot \dot{L}_{\dot{W}}(\boldsymbol{x}) \cdot \ddot{L}_{\ddot{W}}(\boldsymbol{x})}{\begin{pmatrix} \delta_{|\ddot{W}|,0} \cdot \delta_{|\dot{W}|,0} \cdot \kappa_W + \\ \delta_{|\ddot{W}|,0} \cdot \delta_{|W|,0} \cdot \dot{\kappa}_{\dot{W}} + \\ \delta_{|\dot{W}|,0} \cdot \delta_{|W|,0} \cdot \ddot{\kappa}_{\ddot{W}} + \\ \tau_{W,\dot{W},\ddot{W}} \end{pmatrix}} \tag{10.47}$$

由式(10.28)可知，对于分割 $\mathcal{P}$ 的每个单元 $W \uplus \dot{W} \uplus \ddot{W}$，仅当子集 W、$\dot{W}$、$\ddot{W}$ 中元素个数均不超过 1 时，乘积项 $L_W(\boldsymbol{x}) \cdot \dot{L}_{\dot{W}}(\boldsymbol{x}) \cdot \ddot{L}_{\ddot{W}}(\boldsymbol{x})$ 才不为零。因此，上式第二求和项中的非零项对应那些“三进”单元，即其取如下七种形式之一：

$$W \uplus \dot{W} \uplus \ddot{W} = \{z\} \tag{10.48}$$

$$W \uplus \dot{W} \uplus \ddot{W} = \{\dot{z}\} \tag{10.49}$$

$$W \uplus \dot{W} \uplus \ddot{W} = \{\ddot{z}\} \tag{10.50}$$

$$W \uplus \dot{W} \uplus \ddot{W} = \{z, \dot{z}\} \tag{10.51}$$

$$W \uplus \dot{W} \uplus \ddot{W} = \{z, \ddot{z}\} \tag{10.52}$$

$$W \uplus \dot{W} \uplus \ddot{W} = \{\dot{z}, \ddot{z}\} \tag{10.53}$$

$$W \uplus \dot{W} \uplus \ddot{W} = \{z, \dot{z}, \ddot{z}\} \tag{10.54}$$

而(10.47)式第一求和项中的剩余项为 $\tilde{Z}_{k+1} = Z_{k+1} \uplus \dot{Z}_{k+1} \uplus \ddot{Z}_{k+1}$ 的"三进"分割 $\mathcal{P}$——其所有单元均为"三进"单元。对多于三部传感器的情形，可依此类推。比如，对于 s 部传感器，第一求和项将遍历多传感器观测集 $\tilde{Z}_{k+1}$ 的所有"s 进"分割 $\mathcal{P}$——其所有单元皆为"s 进"单元，而分割单元为"s 进"意味着其中来自每部传感器的观测数目均不超过 1。

10.4.1 精确多传感器经典 PHD 滤波器的实现

文献 [221] 实现了双传感器经典 PHD 滤波器并将其与其他方法做了比较，详见10.8节。D. Moratuwage、B. N. Vo 及 Danwei Wang 将该滤波器成功用于机器人的即时定位与构图 (SLAM) 应用[205]。

10.5 迭代校正式多传感器 PHD/CPHD 滤波器

由于精确多传感器 PHD 滤波器存在不易计算的问题 (多传感器 CPHD 滤波器也如此)，因此必须采用近似技术。最简单、最常用的是一种直接的启发式方法：迭代校正式多传感器 *PHD/CPHD* 滤波器。

为概念清晰起见，这里仅考虑两个传感器的情形，其传感器模型分别为

$$\overset{1}{\mathfrak{Z}}, \quad \overset{1}{p}_{\mathrm{D}}(\boldsymbol{x}), \quad \overset{1}{L}_{\overset{1}{z}}(\boldsymbol{x}) = \overset{1}{f}_{k+1}(\overset{1}{z}|\boldsymbol{x}) \tag{10.55}$$

$$\overset{1}{\kappa}_{k+1}(\overset{1}{z}) = \overset{1}{\lambda}_{k+1}\overset{1}{c}_{k+1}(\overset{1}{z}), \quad \overset{1}{p}{}^{\kappa}_{k+1}(m) \tag{10.56}$$

$$\overset{2}{\mathfrak{Z}}, \quad \overset{2}{p}_{\mathrm{D}}(\boldsymbol{x}), \quad \overset{2}{L}_{\overset{2}{z}}(\boldsymbol{x}) = \overset{2}{f}_{k+1}(\overset{2}{z}|\boldsymbol{x}) \tag{10.57}$$

$$\overset{2}{\kappa}_{k+1}(\overset{2}{z}) = \overset{2}{\lambda}_{k+1}\overset{2}{c}_{k+1}(\overset{2}{z}), \quad \overset{2}{p}{}^{\kappa}_{k+1}(m) \tag{10.58}$$

顾名思义，迭代校正方法是对两个传感器依次应用 PHD/CPHD 滤波器的校正器。对于 PHD 滤波器情形，首先将校正器用于第一个传感器：

$$\frac{D_{k+1|k+1}(\boldsymbol{x}|\overbrace{\overset{1}{Z}{}^{(k+1)}, \overset{2}{Z}{}^{(k)}}^{\text{先}})}{D_{k+1|k}(\boldsymbol{x}|\overset{1}{Z}{}^{(k)}, \overset{2}{Z}{}^{(k)})} = 1 - \overset{1}{p}_{\mathrm{D}}(\boldsymbol{x}) + \sum_{\overset{1}{z} \in \overset{1}{Z}_{k+1}} \frac{\overset{1}{p}_{\mathrm{D}}(\boldsymbol{x}) \cdot \overset{1}{L}_{\overset{1}{z}}(\boldsymbol{x})}{\overset{1}{\kappa}_{k+1}(\overset{1}{z}) + \overset{1}{\tau}_{k+1}(\overset{1}{z})} \tag{10.59}$$

式中

$$\overset{1}{\tau}_{k+1}(\overset{1}{z}) = \int \overset{1}{p}_{\mathrm{D}}(\boldsymbol{x}) \cdot \overset{1}{L}_{\overset{1}{z}}(\boldsymbol{x}) \cdot D_{k+1|k}(\boldsymbol{x}|\overset{1}{Z}{}^{(k)}, \overset{2}{Z}{}^{(k)})\mathrm{d}\boldsymbol{x} \tag{10.60}$$

然后对第二个传感器应用校正器：

$$\frac{D_{k+1|k+1}(\boldsymbol{x}|\overbrace{\overset{1}{Z}^{(k+1)}}^{\text{先}},\overbrace{\overset{2}{Z}^{(k+1)}}^{\text{后}})}{D_{k+1|k+1}(\boldsymbol{x}|\overset{1}{Z}^{(k+1)},\overset{2}{Z}^{(k)})}=1-\overset{2}{p}_{\mathrm{D}}(\boldsymbol{x})+\sum_{\overset{2}{\boldsymbol{z}}\in\overset{2}{Z}_{k+1}}\frac{\overset{2}{p}_{\mathrm{D}}(\boldsymbol{x})\cdot\overset{2}{L}_{\overset{2}{\boldsymbol{z}}}(\boldsymbol{x})}{\overset{2}{\kappa}_{k+1}(\overset{2}{\boldsymbol{z}})+\overset{2}{\tau}_{k+1}(\overset{2}{\boldsymbol{z}})} \tag{10.61}$$

式中

$$\overset{2}{\tau}_{k+1}(\overset{2}{\boldsymbol{z}})=\int\overset{2}{p}_{\mathrm{D}}(\boldsymbol{x})\cdot\overset{2}{L}_{\overset{2}{\boldsymbol{z}}}(\boldsymbol{x})\cdot D_{k+1|k+1}(\boldsymbol{x}|\overbrace{\overset{1}{Z}^{(k+1)}}^{\text{先}},\overset{2}{Z}^{(k)})\mathrm{d}\boldsymbol{x} \tag{10.62}$$

下述符号表示先处理传感器 1 而后处理传感器 2：

$$\overbrace{\overset{1}{Z}^{(k+1)}}^{\text{先}},\quad\overbrace{\overset{2}{Z}^{(k+1)}}^{\text{后}}$$

10.5.1 迭代校正方法的局限性

迭代校正方法虽然概念简单，但无论就理论还是实用性来看都不是很令人满意，这是因为：

- 后验 PHD 依赖于传感器处理顺序：

$$D_{k+1|k+1}(\boldsymbol{x}|\overbrace{\overset{1}{Z}^{(k+1)}}^{\text{先}},\overbrace{\overset{2}{Z}^{(k+1)}}^{\text{后}})\neq D_{k+1|k+1}(\boldsymbol{x}|\overbrace{\overset{1}{Z}^{(k+1)}}^{\text{后}},\overbrace{\overset{2}{Z}^{(k+1)}}^{\text{先}}) \tag{10.63}$$

- 最终的跟踪性能优劣也因传感器处理顺序的不同而不同。

特别地，Nagappa 和 Clark[219] 研究表明：对于两个检测概率相差较大的传感器，譬如 $\overset{2}{p}_{\mathrm{D}}\ll\overset{1}{p}_{\mathrm{D}}$，估计性能会产生明显恶化，此时应先对传感器 1 (p_{D} 较大的那个) 采用校正器；若检测概率近似相等，则跟踪性能受传感器处理顺序的影响不大。

这种行为的根源在于所隐含的假设。PHD 滤波器假定预测分布 $f_{k+1|k}(X|\overset{1}{Z}^{(k)},\overset{2}{Z}^{(k)})$ 是泊松的。若先处理传感器 1，则更新后的分布为 $f_{k+1|k+1}(X|\overset{1}{Z}^{(k+1)},\overset{2}{Z}^{(k)})$，在对传感器 2 应用校正步时额外包含了它为泊松分布这一隐含假设。相反，若先处理传感器 2，则隐含地假定 $f_{k+1|k+1}(X|\overset{1}{Z}^{(k)},\overset{2}{Z}^{(k+1)})$ 为泊松分布。这两个不同的泊松假设导致了对传感器处理顺序的依赖性，类似结论也适于迭代校正式 CPHD 滤波器。

10.6 平行组合式多传感器 PHD/CPHD 滤波器

精确多传感器 PHD/CPHD 滤波器存在不易计算的问题。迭代校正近似虽易于计算，但存在潜在的性能问题。那应该如何办呢？下面介绍多传感器 PHD/CPHD 滤波器的一种顺序无关且易于计算的原则化理论近似，它于 2010 年首次提出[151]。

下面介绍该近似的基本思想。假设有 s 部传感器，它们的多目标似然函数分别为

$$\overset{j}{L}_{\overset{j}{Z}}(X) = \overset{j}{f}_{k+1}(\overset{j}{Z}|X) \quad j = 1, \cdots, s \tag{10.64}$$

式中：$\overset{j}{Z}$ 表示传感器 j 的观测集。

令先验分布为

$$f_{k+1|k}(X) \overset{\text{abbr.}}{=} f_{k+1|k}(X|\overset{1}{Z}^{(k)}, \cdots, \overset{s}{Z}^{(k)}) \tag{10.65}$$

式中：$\overset{j}{Z}^{(k)} : \overset{j}{Z}_1, \cdots, \overset{j}{Z}_k$ 为传感器 j 的观测集序列。

对于 t_{k+1} 时刻所有传感器的新观测集 $\overset{1}{Z}_{k+1}, \cdots, \overset{s}{Z}_{k+1}$，若传感器相互独立，则新观测集条件下的后验分布为

$$f_{k+1|k+1}(X) \overset{\text{abbr.}}{=} f_{k+1|k+1}(X|\overset{1}{Z}^{(k+1)}, \cdots, \overset{s}{Z}^{(k+1)}) \tag{10.66}$$

$$= \frac{\overset{1}{f}_{k+1}(\overset{1}{Z}_{k+1}|X) \cdots \overset{s}{f}_{k+1}(\overset{s}{Z}_{k+1}|X) \cdot f_{k+1|k}(X)}{\overset{1..s}{f}_{k+1}(\overset{1}{Z}_{k+1}, \cdots, \overset{s}{Z}_{k+1})} \tag{10.67}$$

式中

$$\overset{1..s}{f}_{k+1}(\overset{1}{Z}_{k+1}, \cdots, \overset{s}{Z}_{k+1})$$

$$\overset{\text{abbr.}}{=} f_{k+1}(\overset{1}{Z}_{k+1}, \cdots, \overset{s}{Z}_{k+1}|\overset{1}{Z}^{(k)}, \cdots, \overset{s}{Z}^{(k)}) \tag{10.68}$$

$$= \int \overset{1}{f}_{k+1}(\overset{1}{Z}_{k+1}|X) \cdots \overset{s}{f}_{k+1}(\overset{s}{Z}_{k+1}|X) \cdot f_{k+1|k}(X) \delta X \tag{10.69}$$

等价地讲，

$$f_{k+1|k+1}(X) \propto \overset{1}{f}_{k+1}(\overset{1}{Z}_{k+1}|X) \cdots \overset{s}{f}_{k+1}(\overset{s}{Z}_{k+1}|X) \cdot f_{k+1|k}(X) \tag{10.70}$$

现在可将 $f_{k+1|k+1}(X)$ 重新表示为“贝叶斯平行组合”形式 (文献 [129] 中的 (8.5) 式)：

$$f_{k+1|k+1}(X) \propto f_{k+1|k+1}(X|\overset{1}{Z}_{k+1}) \cdots f_{k+1|k+1}(X|\overset{s}{Z}_{k+1}) \cdot f_{k+1|k}(X)^{1-s} \tag{10.71}$$

式中

$$f_{k+1|k+1}(X|\overset{j}{Z}_{k+1}) \overset{\text{abbr.}}{=} f_{k+1|k}(X|\overset{1}{Z}^{(k)}, \cdots, \overset{j}{Z}^{(k+1)}, \cdots, \overset{s}{Z}^{(k)}) \tag{10.72}$$

上式即仅用观测集 $\overset{j}{Z}_{k+1}$ “单独更新”后的多目标后验。以 $s = 2$ 为例，式(10.71)可化为

$$f_{k+1|k+1}(X) \propto f_{k+1|k+1}(X|\overset{1}{Z}_{k+1}) \cdot f_{k+1|k+1}(X|\overset{2}{Z}_{k+1}) \cdot f_{k+1|k}(X)^{-1} \tag{10.73}$$

给定上述基本表示后，在先验 $f_{k+1|k}(X)$、单更新后验 $f_{k+1|k+1}(X|\overset{j}{Z}_{k+1})$ 以及传感器杂波过程的三种不同假设下可得到三个多传感器原则近似滤波器。这些滤波器背后的假设如下：

- 平行组合近似多传感器 (*PCAM*) *CPHD* 滤波器：假定 $f_{k+1|k}(X)$、所有单更新后验 $f_{k+1|k+1}(X|\overset{j}{Z}_{k+1})$、所有传感器杂波过程均可近似为 i.i.d.c. 过程，即

$$f_{k+1|k}(X) \cong |X|! \cdot p_{k+1|k}(|X|) \cdot s_{k+1|k}^{X} \tag{10.74}$$

$$f_{k+1|k+1}(X|\overset{j}{Z}_{k+1}) \cong |X|! \cdot \overset{j}{p}_{k+1|k+1}(|X|) \cdot \overset{j}{s}{}_{k+1|k+1}^{X} \tag{10.75}$$

$$\overset{j}{\kappa}_{k+1}(\overset{j}{Z}) = |\overset{j}{Z}|! \cdot \overset{j}{p}{}_{k+1}^{\kappa}(|\overset{j}{Z}|) \cdot \overset{j}{c}{}_{k+1}^{\overset{j}{Z}} \tag{10.76}$$

- *PCAM-PHD* 滤波器：$f_{k+1|k}(X)$ 为泊松近似，所有 $f_{k+1|k+1}(X|\overset{j}{Z}_{k+1})$ 为 i.i.d.c. 近似，所有传感器杂波过程为泊松近似，即

$$f_{k+1|k}(X) \cong e^{-N_{k+1|k}} \cdot D_{k+1|k}^{X} \tag{10.77}$$

$$f_{k+1|k+1}(X|\overset{j}{Z}_{k+1}) \cong |X|! \cdot \overset{j}{p}_{k+1|k+1}(|X|) \cdot \overset{j}{s}{}_{k+1|k+1}^{X} \tag{10.78}$$

$$\overset{j}{\kappa}_{k+1}(\overset{j}{Z}) = e^{-\overset{j}{\lambda}_{k+1}} \cdot \overset{j}{\kappa}{}_{k+1}^{\overset{j}{Z}} \tag{10.79}$$

- 简化的 *PCAM* (*SPCAM*) *PHD* 滤波器：$f_{k+1|k}(X)$、所有 $f_{k+1|k+1}(X|\overset{j}{Z}_{k+1})$ 以及所有传感器杂波过程均采用泊松近似，即

$$f_{k+1|k}(X) \cong e^{-N_{k+1|k}} \cdot D_{k+1|k}^{X} \tag{10.80}$$

$$f_{k+1|k+1}(X|\overset{j}{Z}_{k+1}) \cong e^{-\overset{j}{N}_{k+1|k+1}} \cdot \overset{j}{D}{}_{k+1|k+1}^{X} \tag{10.81}$$

$$\overset{j}{\kappa}_{k+1}(\overset{j}{Z}) = e^{-\overset{j}{\lambda}_{k+1}} \cdot \overset{j}{\kappa}{}_{k+1}^{\overset{j}{Z}} \tag{10.82}$$

通过 SPCAM-PHD 滤波器这一最简单的特例不难解释并行组合近似的基本思想。将式(10.80)~(10.82)代入式(10.71)，可得

$$f_{k+1|k+1}(X) \propto f_{k+1|k+1}(X|\overset{1}{Z}_{k+1}) \cdots f_{k+1|k+1}(X|\overset{s}{Z}_{k+1}) \cdot f_{k+1|k}(X)^{1-s} \tag{10.83}$$

$$\propto \overset{1}{D}{}_{k+1|k+1}^{X} \cdots \overset{s}{D}{}_{k+1|k+1}^{X} \cdot (D_{k+1|k}^{X})^{1-s} \tag{10.84}$$

$$= (\overset{1}{D}_{k+1|k+1} \cdots \overset{s}{D}_{k+1|k+1} \cdot D_{k+1|k}^{1-s})^{X} \tag{10.85}$$

因此

$$f_{k+1|k+1}(X) = e^{-N_{k+1|k+1}} \cdot D_{k+1|k+1}^{X} \tag{10.86}$$

式中：

$$D_{k+1|k+1}(\boldsymbol{x}) = \overset{1}{D}_{k+1|k+1}(\boldsymbol{x}) \cdots \overset{s}{D}_{k+1|k+1}(\boldsymbol{x}) \cdot D_{k+1|k}(\boldsymbol{x})^{1-s} \tag{10.87}$$

$$N_{k+1|k+1} = \int \overset{1}{D}_{k+1|k+1}(\boldsymbol{x}) \cdots \overset{s}{D}_{k+1|k+1}(\boldsymbol{x}) \cdot D_{k+1|k}(\boldsymbol{x})^{1-s} \mathrm{d}\boldsymbol{x} \tag{10.88}$$

而根据经典 PHD 滤波器观测更新方程(8.49)式及(8.50)式，有

$$\frac{\overset{j}{D}_{k+1|k+1}(\boldsymbol{x})}{D_{k+1|k}(\boldsymbol{x})}=\overset{j}{L}_{\overset{j}{Z}_{k+1}}(\boldsymbol{x})=1-\overset{j}{p}_{\mathrm{D}}(\boldsymbol{x})+\sum_{\overset{j}{z}\in\overset{j}{Z}_{k+1}}\frac{\overset{j}{p}_{\mathrm{D}}(\boldsymbol{x})\cdot\overset{j}{L}_{\overset{j}{z}}(\boldsymbol{x})}{\overset{j}{\kappa}_{k+1}(\overset{j}{z})+\overset{j}{\tau}_{k+1}(\overset{j}{z})} \tag{10.89}$$

因此，在代入上述结果后，式(10.87)和式(10.88)可化为10.6.3节的 SPCAM-PHD 滤波器观测更新方程：

$$D_{k+1|k+1}(\boldsymbol{x})=\overset{1}{L}_{\overset{1}{Z}_{k+1}}(\boldsymbol{x})\cdots\overset{s}{L}_{\overset{s}{Z}_{k+1}}(\boldsymbol{x})\cdot D_{k+1|k}(\boldsymbol{x}) \tag{10.90}$$

$$N_{k+1|k+1}=\int\overset{1}{L}_{\overset{1}{Z}_{k+1}}(\boldsymbol{x})\cdots\overset{s}{L}_{\overset{s}{Z}_{k+1}}(\boldsymbol{x})\cdot D_{k+1|k}(\boldsymbol{x})\mathrm{d}\boldsymbol{x} \tag{10.91}$$

类似推理方法也适用于 PCAM-PHD 及 PCAM-CPHD 滤波器观测更新方程的推导。但因近似假设更具一般性，故结果较式(10.90)和式(10.91)要复杂一些。

正如即将指出的那样，由于 SPCAM-PHD 滤波器在单目标情形下不能退化成正确的贝叶斯解，因此其行为不是太令人满意。但考虑到它被少数研究人员采用并获得了一定的成功，故此处仍有必要介绍它。

本节其余内容安排如下：

- 10.6.1节：PCAM-CPHD 滤波器。
- 10.6.2节：PCAM-PHD 滤波器。
- 10.6.3节：SPCAM-PHD 滤波器。

10.6.1 平行组合式多传感器 CPHD 滤波器

已知 t_k 时刻的空间分布 $s_{k|k}(\boldsymbol{x})$ 及势分布 $p_{k|k}(n)$，则 PCAM-CPHD 滤波器包括下列步骤：

首先，利用一般的 CPHD 滤波器时间更新方程构建预测空间分布 $s_{k+1|k}(\boldsymbol{x})$ 及预测势分布 $p_{k+1|k}(n)$。

其次，令

$$G_{k+1|k}(x)=\sum_{n\geqslant 0}p_{k+1|k}(n)\cdot x^n \tag{10.92}$$

$$N_{k+1|k}=G^{(1)}_{k+1|k}(1) \tag{10.93}$$

再次，假定 s 个传感器的观测形式为 $\overset{j}{z}\in\overset{j}{\mathfrak{Z}}\ (j=1,\cdots,s)$，且服从下列模型：

- 检测概率：$\overset{j}{p}_{\mathrm{D}}(\boldsymbol{x})\overset{\text{def.}}{=}\overset{j}{p}_{\mathrm{D},k+1}(\boldsymbol{x})$。
- 单目标似然函数：$\overset{j}{L}_{\overset{j}{z}}\overset{\text{abbr.}}{=}\overset{j}{f}_{k+1}(\overset{j}{z}|\boldsymbol{x})$。
- 杂波强度函数：$\overset{j}{\kappa}_{k+1}(\overset{j}{z})=\overset{j}{\lambda}_{k+1}\cdot\overset{j}{c}_{k+1}(\overset{j}{z})$，其中，$\overset{j}{\lambda}_{k+1}$ 为杂波率而 $\overset{j}{c}_{k+1}(\overset{j}{z})$ 为杂波空间分布。

- 杂波势分布及 p.g.f.: $\overset{j}{p}^{\kappa}_{k+1}(m)$ 与 $\overset{j}{G}^{\kappa}_{k+1}(z)=\sum_{m\geq 0}\overset{j}{p}^{\kappa}_{k+1}(m)\cdot z^m$。

由此定义下述中间参数:

$$\overset{j}{\phi}_{k+1}=\int(1-\overset{j}{p}_{\mathrm{D}}(\boldsymbol{x}))\cdot s_{k+1|k}(\boldsymbol{x})\mathrm{d}\boldsymbol{x} \tag{10.94}$$

$$\overset{j}{\hat{\tau}}_{k+1}(\overset{j}{\boldsymbol{z}})=\int\overset{j}{p}_{\mathrm{D}}(\boldsymbol{x})\cdot\overset{j}{L}_{\overset{j}{\boldsymbol{z}}}(\boldsymbol{x})\cdot s_{k+1|k}(\boldsymbol{x})\mathrm{d}\boldsymbol{x} \tag{10.95}$$

最后, 假定 t_{k+1} 时刻这 s 个传感器获得了观测集 $\overset{1}{Z}_{k+1},\cdots,\overset{s}{Z}_{k+1}$ ($|\overset{j}{Z}_{k+1}|=\overset{j}{m}$), 下面需要利用这些观测集更新预测分布以构建空间分布 $s_{k+1|k+1}(\boldsymbol{x})$ 及势分布 $p_{k+1|k+1}(n)$。给定上述基本表示后, 观测更新的空间分布及势分布可表示为 (文献 [151] 中的 (9)~(21) 式)

$$s_{k+1|k+1}(\boldsymbol{x})=\frac{1}{N_{k+1|k+1}}\cdot\tilde{L}_{\overset{1}{Z}_{k+1},\cdots,\overset{s}{Z}_{k+1}}(\boldsymbol{x})\cdot s_{k+1|k}(\boldsymbol{x}) \tag{10.96}$$

$$p_{k+1|k+1}(n)=\frac{\tilde{p}(n)_{k+1|k+1}\cdot\theta^n_{k+1}}{\tilde{G}_{k+1|k+1}(\theta_{k+1})} \tag{10.97}$$

式中:

$$\tilde{L}_{\overset{1}{Z}_{k+1},\cdots,\overset{s}{Z}_{k+1}}(\boldsymbol{x})=\frac{\tilde{G}^{(1)}(\theta_{k+1})}{\tilde{G}(\theta_{k+1})}\cdot\frac{\overset{1}{L}_{\overset{1}{Z}_{k+1}}(\boldsymbol{x})\cdots\overset{s}{L}_{\overset{s}{Z}_{k+1}}(\boldsymbol{x})}{\overset{1}{N}_{k+1|k+1}\cdots\overset{s}{N}_{k+1|k+1}} \tag{10.98}$$

$$\overset{1..s}{N}_{k+1|k+1}=\int\overset{1}{L}_{\overset{1}{Z}_{k+1}}(\boldsymbol{x})\cdots\overset{s}{L}_{\overset{s}{Z}_{k+1}}(\boldsymbol{x})\cdot s_{k+1|k}(\boldsymbol{x})\mathrm{d}\boldsymbol{x} \tag{10.99}$$

$$\theta_{k+1}=\frac{\overset{1..s}{N}_{k+1|k+1}}{\overset{1}{N}_{k+1|k+1}\cdots\overset{s}{N}_{k+1|k+1}} \tag{10.100}$$

$$N_{k+1|k+1}=\frac{\tilde{G}^{(1)}_{k+1|k+1}(\theta_{k+1})}{\tilde{G}_{k+1|k+1}(\theta_{k+1})}\cdot\theta_{k+1} \tag{10.101}$$

$$\tilde{p}_{k+1|k+1}(n)=\overset{1}{\ell}_{\overset{1}{z}}(n)\cdots\overset{s}{\ell}_{\overset{s}{z}}(n)\cdot p_{k+1|k}(n) \tag{10.102}$$

$$\tilde{G}_{k+1|k+1}(x)=\sum_{n\geq 0}\tilde{p}_{k+1|k+1}(n)\cdot x^n \tag{10.103}$$

其中

$$\overset{j}{\ell}_{\overset{j}{Z}_{k+1}}(n)=\sum_{l=0}^{\min\{n,\overset{j}{m}\}}(\overset{j}{m}-l)!\cdot\overset{j}{p}^{\kappa}_{k+1}(\overset{j}{m}-l)\cdot l!\cdot C_{n,l}\cdot\overset{j}{\phi}^{n-l}_{k+1}\cdot\overset{j}{\sigma}_l(\overset{j}{Z}_{k+1}) \tag{10.104}$$

$$\overset{j}{L}_{\overset{j}{Z}_{k+1}}(\boldsymbol{x})=\overset{j}{\alpha}_0\cdot(1-\overset{j}{p}_{\mathrm{D}}(\boldsymbol{x}))+\sum_{\overset{j}{z}\in\overset{j}{Z}_{k+1}}\frac{\overset{j}{p}_{\mathrm{D}}(\boldsymbol{x})\cdot\overset{j}{L}_{\overset{j}{z}}(\boldsymbol{x})\cdot\overset{j}{\alpha}(\overset{j}{z})}{\overset{j}{c}_{k+1}(\overset{j}{z})} \tag{10.105}$$

$$\overset{j}{N}_{k+1|k+1} = \overset{j}{\alpha}_0 \cdot \overset{j}{\phi}_{k+1} + \sum_{\overset{j}{z} \in \overset{j}{Z}_{k+1}} \frac{\overset{j}{\hat{\tau}}_{k+1}(\overset{j}{z}) \cdot \overset{j}{\alpha}(\overset{j}{z})}{\overset{j}{c}_{k+1}(\overset{j}{z})} \tag{10.106}$$

其中

$$\overset{j}{\alpha}_0 = \frac{\begin{pmatrix} \sum_{l=0}^{\overset{j}{m}} (\overset{j}{m} - l)! \cdot \overset{j}{p}{}^{\kappa}_{k+1}(\overset{j}{m} - l) \cdot \\ G^{(l+1)}_{k+1|k}(\overset{j}{\phi}_{k+1}) \cdot \overset{j}{\sigma}_l(\overset{j}{Z}_{k+1}) \end{pmatrix}}{\begin{pmatrix} \sum_{i=0}^{\overset{j}{m}} (\overset{j}{m} - i)! \cdot \overset{j}{p}{}^{\kappa}_{k+1}(\overset{j}{m} - i) \cdot \\ G^{(i)}_{k+1|k}(\overset{j}{\phi}_{k+1}) \cdot \overset{j}{\sigma}_i(\overset{j}{Z}_{k+1}) \end{pmatrix}} \tag{10.107}$$

$$\overset{j}{\alpha}(\overset{j}{z}) = \frac{\begin{pmatrix} \sum_{l=0}^{\overset{j}{m}-1} (\overset{j}{m} - l - 1)! \cdot \overset{j}{p}{}^{\kappa}_{k+1}(\overset{j}{m} - l - 1) \cdot \\ G^{(l+1)}_{k+1|k}(\overset{j}{\phi}_{k+1}) \cdot \overset{j}{\sigma}_l(\overset{j}{Z}_{k+1} - \{\overset{j}{z}\}) \end{pmatrix}}{\begin{pmatrix} \sum_{i=0}^{\overset{j}{m}} (\overset{j}{m} - i)! \cdot \overset{j}{p}{}^{\kappa}_{k+1}(\overset{j}{m} - i) \cdot \\ G^{(i)}_{k+1|k}(\overset{j}{\phi}_{k+1}) \cdot \overset{j}{\sigma}_i(\overset{j}{Z}_{k+1}) \end{pmatrix}} \tag{10.108}$$

$$\overset{j}{\sigma}_l(\overset{j}{Z}_{k+1}) = \sigma_{\overset{j}{m},l}\left(\frac{\overset{j}{\hat{\tau}}_{k+1}(\overset{j}{z}_1)}{\overset{j}{c}_{k+1}(\overset{j}{z}_1)}, \ldots, \frac{\overset{j}{\hat{\tau}}_{k+1}(\overset{j}{z}_{\overset{j}{m}})}{\overset{j}{c}_{k+1}(\overset{j}{z}_{\overset{j}{m}})} \right) \tag{10.109}$$

下面指出 PCAM−CPHD 滤波器的一些特性：

注解 38 (PCAM−CPHD 滤波器的可计算性)：对于较大的 n，若假定有 $p_{k+1|k}(n) = 0$，则 PCAM−CPHD 滤波器是易于计算的。此时的计算复杂度为 $O(\overset{1}{m}{}^3 \cdots \overset{s}{m}{}^3 \cdot n)$，其中，$n$ 为当前航迹数，$\overset{j}{m}$ 为传感器 j 当前的观测数。

注解 39 (PCAM−CPHD 滤波器与 CPHD 滤波器)：对于单传感器情形，PCAM−CPHD 滤波器便退化为 CPHD 滤波器。

注解 40 (PCAM−CPHD 滤波器的一致性)：假定无漏报、无虚警且目标数为 1，即单目标滤波问题，PCAM−CPHD 滤波器便退化为多传感器单目标贝叶斯滤波器。

注解 41 (远距幽灵作用)：PCAM−CPHD 滤波器也会表现出类似9.2节单传感器 CPHD 滤波器的“远距幽灵作用”。这意味着：应该和单传感器 CPHD 滤波器一样，将多目标场景分割为统计上不相交互的簇，并对每个簇指定一个单独的滤波器。

注解 42 (互斥 FoV)：由于这种“幽灵作用”，当传感器视场互斥时，PCAM−CPHD 滤波器的表现与直觉相悖。特别地，它不能简化成一些单独且不相交互的滤波器以保证一个视场一个滤波器 (与10.4节所述的多传感器经典 PHD 滤波器类似)。由于这种情形下不可能进行多传感器融合，因此实际中是不会有问题的。

注解 43 (PCAM−CPHD 滤波器实现)：Nagappa 和 Clark 等人[221] 实现了双传感器及三传感器版的 PCAM−CPHD 滤波器，详见10.8节。

10.6.2 平行组合式多传感器 PHD 滤波器

已知 t_k 时刻的 PHD $D_{k|k}(\boldsymbol{x})$，则该滤波器包括下述步骤：

首先，使用一般的 PHD 滤波器时间更新方程来构建预测 PHD $D_{k+1|k}(\boldsymbol{x})$。

然后，令

$$N_{k+1|k} = \int D_{k+1|k}(\boldsymbol{x})\mathrm{d}\boldsymbol{x} \tag{10.110}$$

$$s_{k+1|k} = \frac{D_{k+1|k}(\boldsymbol{x})}{N_{k+1|k}} \tag{10.111}$$

最后，假定 s 个传感器的观测形式为 $\overset{j}{\boldsymbol{z}} \in \overset{j}{\mathfrak{Z}}$，并令 $\overset{j}{\phi}_{k+1}$、$\overset{j}{\hat{\tau}}_{k+1}(\overset{j}{\boldsymbol{z}})$ 分别如式(10.94)、式(10.95)所示，则观测更新的 PHD 为 (文献 [151] 中的 (22)~(29) 式)

$$D_{k+1|k+1}(\boldsymbol{x}) = \tilde{L}_{\overset{1}{Z}_{k+1},\cdots,\overset{s}{Z}_{k+1}}(\boldsymbol{x}) \cdot D_{k+1|k}(\boldsymbol{x}) \tag{10.112}$$

式中

$$\tilde{L}_{\overset{1}{Z}_{k+1},\cdots,\overset{s}{Z}_{k+1}}(\boldsymbol{x}) = \chi_{k+1} \cdot \frac{\overset{1}{L}_{\overset{1}{Z}_{k+1}}(\boldsymbol{x}) \cdots \overset{s}{L}_{\overset{s}{Z}_{k+1}}(\boldsymbol{x})}{\overset{1}{\nu}_{k+1|k+1} \cdots \overset{s}{\nu}_{k+1|k+1}} \tag{10.113}$$

$$\chi_{k+1} = \frac{\sum_{n\geqslant 0} \overset{1}{\ell}_{\overset{1}{z}}(n+1) \cdots \overset{s}{\ell}_{\overset{s}{z}}(n+1) \cdot \frac{N_{k+1|k}^n \cdot \theta^n}{n!}}{\sum_{j\geqslant 0} \overset{1}{\ell}_{\overset{1}{z}}(j) \cdots \overset{s}{\ell}_{\overset{s}{z}}(j) \cdot \frac{N_{k+1|k}^j \cdot \theta^j}{j!}} \tag{10.114}$$

$$\theta = \frac{\overset{1..s}{\nu}_{k+1|k+1}}{\overset{1}{\nu}_{k+1|k+1} \cdots \overset{s}{\nu}_{k+1|k+1}} \tag{10.115}$$

$$\overset{1..s}{\nu}_{k+1|k+1} = \frac{1}{N_{k+1|k}} \int \overset{1}{L}_{\overset{1}{Z}_{k+1}}(\boldsymbol{x}) \cdots \overset{s}{L}_{\overset{s}{Z}_{k+1}}(\boldsymbol{x}) \cdot D_{k+1|k}(\boldsymbol{x})\mathrm{d}\boldsymbol{x} \tag{10.116}$$

其中

$$\overset{j}{\ell}_{\overset{j}{z}}(n) = \sum_{l=0}^{\min\{n,\overset{j}{m}\}} \overset{j}{\lambda}{}_{k+1}^{\overset{j}{m}-l} \cdot l! \cdot C_{n,l} \cdot \overset{j}{\phi}{}_{k+1}^{n-l} \cdot \overset{j}{\sigma}_l(\overset{j}{Z}_{k+1}) \tag{10.117}$$

$$\overset{j}{L}_{\overset{j}{Z}_{k+1}}(\boldsymbol{x}) = 1 - \overset{j}{p}_{\mathrm{D}}(\boldsymbol{x}) + \sum_{\overset{j}{z}\in\overset{j}{Z}_{k+1}} \frac{\overset{j}{p}_{\mathrm{D}}(\boldsymbol{x}) \cdot \overset{j}{L}_{\overset{j}{z}}(\boldsymbol{x})}{\overset{j}{\kappa}_{k+1}(\overset{j}{z}) + N_{k+1|k} \cdot \overset{j}{\hat{\tau}}_{k+1}(\overset{j}{z})} \tag{10.118}$$

$$\overset{j}{\nu}_{k+1|k+1} = \overset{j}{\phi}_{k+1} + \sum_{\overset{j}{z}\in\overset{j}{Z}_{k+1}} \frac{\overset{j}{\hat{\tau}}_{k+1}(\overset{j}{z})}{\overset{j}{\kappa}_{k+1}(\overset{j}{z}) + N_{k+1|k} \cdot \overset{j}{\hat{\tau}}_{k+1}(\overset{j}{z})} \tag{10.119}$$

而 $\overset{j}{\sigma}_l(\overset{j}{Z}_{k+1})$ 的定义见式(10.109)。

下面指出 PCAM-PHD 滤波器的一些特性：

注解 44 (PCAM−PHD 滤波器的可计算性)：由于 χ_{k+1} 的定义中存在无限项求和，因此在计算方面 PCAM−PHD 滤波器可能比 PCAM−CPHD 滤波器更加麻烦。为了使 PCAM−PHD 滤波器易于计算，必须对该无限序列作截断近似。但如果该序列的收敛速度不够快，则会存在计算问题。

注解 45 (PCAM−PHD 滤波器简化为 PHD 滤波器)：在单传感器情形下，PCAM−PHD 滤波器便退化为经典 PHD 滤波器。

注解 46 (PCAM−PHD 滤波器的一致性)：假定无漏报、无虚警且目标数为 1，即单目标滤波情形，PCAM−PHD 滤波器便退化为多传感器单目标贝叶斯滤波器。

注解 47 ("远距幽灵作用")：与 PCAM−CPHD 滤波器类似，PCAM−PHD 滤波器也表现出9.2节的"远距幽灵作用"，因此同样需要将场景分割为统计上不相交互的簇并对每个簇指定一个单独的滤波器。

注解 48 (PCAM−PHD 滤波器的实现)：Nagappa 和 Clark 等人[221] 实现了双传感器及三传感器版的 PCAM−PHD 滤波器，详见10.8节。

10.6.3 SPCAM−PHD 滤波器

这种最简单的近似多传感器 PHD 滤波器最早见于文献 [165](见其中的 (105)~(107) 式)，但文中却未提供任何证明。它的观测更新方程如下：

$$D_{k+1|k+1}(\boldsymbol{x}) = L_{\overset{1}{Z}_{k+1}}(\boldsymbol{x}) \cdots L_{\overset{s}{Z}_{k+1}}(\boldsymbol{x}) \cdot D_{k+1|k}(\boldsymbol{x}) \tag{10.120}$$

式中

$$\overset{j}{L}_{\overset{j}{Z}_{k+1}}(\boldsymbol{x}) = 1 - \overset{j}{p}_{\mathrm{D}}(\boldsymbol{x}) + \sum_{\overset{j}{\boldsymbol{z}} \in \overset{j}{Z}_{k+1}} \frac{\overset{j}{p}_{\mathrm{D}}(\boldsymbol{x}) \cdot \overset{j}{L}_{\overset{j}{\boldsymbol{z}}}(\boldsymbol{x})}{\overset{j}{\kappa}_{k+1}(\overset{j}{\boldsymbol{z}}) + \overset{j}{\tau}_{k+1}(\overset{j}{\boldsymbol{z}})} \tag{10.121}$$

$$\overset{j}{\tau}_{k+1}(\overset{j}{\boldsymbol{z}}) = \int \overset{j}{p}_{\mathrm{D}}(\boldsymbol{x}) \cdot \overset{j}{L}_{\overset{j}{\boldsymbol{z}}}(\boldsymbol{x}) \cdot D_{k+1|k}(\boldsymbol{x}) \mathrm{d}\boldsymbol{x} \tag{10.122}$$

该滤波器具有下列性质：

注解 49 (SPCAM−PHD 滤波器的可计算性)：该滤波器的计算复杂度为 $O(\overset{1}{m} \cdots \overset{s}{m} \cdot n)$，其中，$n$ 为当前航迹数，$\overset{j}{m}$ 为传感器 j 的当前观测数。

注解 50 (少量目标时的行为)：当目标数较少时，SPCAM−PHD 滤波器不可能具有良好的表现，这是因为其单目标特例不能退化为正确的表达式——多传感器版的贝叶斯规则。对于多传感器单目标，式(10.121)退化为

$$\overset{j}{L}_{\overset{j}{\boldsymbol{z}}_{k+1}}(\boldsymbol{x}) = \frac{\overset{j}{L}_{\overset{j}{\boldsymbol{z}}_{k+1}}(\boldsymbol{x})}{\overset{j}{\tau}_{k+1}(\overset{j}{\boldsymbol{z}}_{k+1})} \tag{10.123}$$

式中

$$\overset{j}{\tau}_{k+1}(\overset{j}{z}) = \int \overset{j}{L}_{\overset{j}{z}}(\boldsymbol{x}) \cdot f_{k+1|k}(\boldsymbol{x})\mathrm{d}\boldsymbol{x} \tag{10.124}$$

因此，式(10.120)可化为

$$f_{k+1|k+1}(\boldsymbol{x}) = \frac{\overset{1}{L}_{\overset{1}{z}_{k+1}}(\boldsymbol{x}) \cdots \overset{s}{L}_{\overset{s}{z}_{k+1}}(\boldsymbol{x})}{\overset{1}{\tau}_{k+1}(\overset{1}{z}_{k+1}) \cdots \overset{s}{\tau}_{k+1}(\overset{s}{z}_{k+1})} \cdot f_{k+1|k}(\boldsymbol{x}) \tag{10.125}$$

但正确的贝叶斯解为

$$f_{k+1|k+1}(\boldsymbol{x}) = \frac{\overset{1}{L}_{\overset{1}{z}_{k+1}}(\boldsymbol{x}) \cdots \overset{s}{L}_{\overset{s}{z}_{k+1}}(\boldsymbol{x})}{\overset{1..s}{\tau}_{k+1}(\overset{1}{z}_{k+1}, \cdots, \overset{s}{z}_{k+1})} \cdot f_{k+1|k}(\boldsymbol{x}) \tag{10.126}$$

式中

$$\overset{1..s}{\tau}_{k+1}(\overset{1}{z}_{k+1}, \cdots, \overset{s}{z}_{k+1}) = \int \overset{1}{L}_{\overset{1}{z}}(\boldsymbol{x}) \cdots \overset{s}{L}_{\overset{s}{z}_{k+1}}(\boldsymbol{x}) \cdot f_{k+1|k}(\boldsymbol{x})\mathrm{d}\boldsymbol{x} \tag{10.127}$$

注解 51 (实现)：尽管存在上面的问题，但一些研究人员已成功使用了 SPCAM-PHD 滤波器。Lian、Han 及 Liu 等人将该滤波器用于联合跟踪与传感器偏置估计问题 (文献 [145] 中的 (11)~(13) 式)，并通过仿真测试了其粒子实现。仿真中涉及四个出现 / 消失的目标、一个距离-方位传感器、一个唯距传感器、一个唯角传感器。结果表明：该滤波器在跟踪目标的同时成功地估计出了三部传感器的平移偏置。为降低计算代价，Delande、Duflos 及 Vanheeghie 等人采用了一种分割方法[63] 并通过仿真验证了其滤波器的粒子实现。仿真中包括 11 个出现 / 消失的机动目标以及五个具有不同 $\overset{j}{p}_{\mathrm{D}}(\boldsymbol{x})$、$\overset{j}{\lambda}_{k+1}$ 及 $\overset{j}{f}_{k+1}(\overset{j}{z}|\boldsymbol{x})$ 的高斯传感器，结果表明该滤波器具有高效的性能表现。

10.7　一种错误的平均式多传感器 PHD 滤波器

前面介绍的所有多传感器 PHD/CPHD 滤波器都有一个共同点：它们基于传感器伪似然函数的乘积。例如，10.6.3节的 SPCAM-PHD 滤波器就是基于下述乘积：

$$\overset{\times}{L}_{\overset{1}{Z},\cdots,\overset{s}{Z}}(\boldsymbol{x}) = \overset{1}{L}_{\overset{1}{Z}}(\boldsymbol{x}) \cdots \overset{s}{L}_{\overset{s}{Z}}(\boldsymbol{x}) \tag{10.128}$$

式中：不同传感器的伪似然为

$$\overset{j}{L}_{\overset{j}{Z}}(\boldsymbol{x}) = 1 - \overset{j}{p}_{\mathrm{D}}(\boldsymbol{x}) + \sum_{\overset{j}{z} \in \overset{j}{Z}_{k+1}} \frac{\overset{j}{p}_{\mathrm{D}}(\boldsymbol{x}) \cdot \overset{j}{L}_{\overset{j}{z}}(\boldsymbol{x})}{\overset{j}{\kappa}_{k+1}(\overset{j}{z}) + \overset{j}{\tau}_{k+1}(\overset{j}{z})} \tag{10.129}$$

其中

$$\overset{j}{\tau}_{k+1}(\overset{j}{z}) = \int \overset{j}{p}_{\mathrm{D}}(\boldsymbol{x}) \cdot \overset{j}{L}_{\overset{j}{z}}(\boldsymbol{x}) \cdot D_{k+1|k}(\boldsymbol{x})\mathrm{d}\boldsymbol{x} \tag{10.130}$$

基于乘积的方法不但直观，而且在理论上令人信服。在统计独立性下往往会得到基本描述符的乘积；而只要源的冲突性不是很大，概率分布相乘一般总会得到更小的误差协方差矩阵。

但与之相反的是，文献 [280] 认为多传感器 PHD 滤波器的正确“贝叶斯”方法应该基于伪似然平均[①]：

$$\overset{+}{L}_{\overset{1}{Z},\cdots,\overset{s}{Z}}(\boldsymbol{x}) = \frac{1}{s}\left(\overset{1}{L}_{\overset{1}{Z}}(\boldsymbol{x}) + \cdots + \overset{s}{L}_{\overset{s}{Z}}(\boldsymbol{x})\right) \tag{10.131}$$

如文献 [167] 和 [181] 所指出的，这种方法存在明显的问题：它会导致目标定位精度下降而非增加。本节通过一个简单的例子来说明这一结论，而10.8节中的仿真结果也可支撑该结论。

考虑可能出现的最简单的特例：单目标且无杂波无漏报。此时，预测及更新 PHD 均为概率密度函数，即 $D_{k+1|k}(\boldsymbol{x}) = f_{k+1|k}(\boldsymbol{x})$，$D_{k+1|k+1}(\boldsymbol{x}) = f_{k+1|k+1}(\boldsymbol{x})$，而式(10.131)可化为

$$\overset{+}{L}_{\overset{1}{z},\cdots,\overset{s}{z}}(\boldsymbol{x}) = \frac{1}{s}\left(\frac{\overset{1}{L}_{\overset{1}{z}}(\boldsymbol{x})}{\overset{1}{\tau}_{k+1}(\overset{1}{z})} + \cdots + \frac{\overset{s}{L}_{\overset{s}{z}}(\boldsymbol{x})}{\overset{s}{\tau}_{k+1}(\overset{s}{z})}\right) \tag{10.132}$$

给定这些表示后，基于似然平均的多传感器观测更新可表示为

$$\overset{+}{f}_{k+1|k+1}(\boldsymbol{x}) = \frac{1}{s}\left(\frac{\overset{1}{L}_{\overset{1}{z}}(\boldsymbol{x})}{\overset{1}{\tau}_{k+1}(\overset{1}{z})} + \cdots + \frac{\overset{s}{L}_{\overset{s}{z}}(\boldsymbol{x})}{\overset{s}{\tau}_{k+1}(\overset{s}{z})}\right) \cdot f_{k+1|k}(\boldsymbol{x}) \tag{10.133}$$

$$= \frac{1}{s}\left(\frac{\overset{1}{L}_{\overset{1}{z}}(\boldsymbol{x}) \cdot f_{k+1|k}(\boldsymbol{x})}{\overset{1}{\tau}_{k+1}(\overset{1}{z})} + \cdots + \frac{\overset{s}{L}_{\overset{s}{z}}(\boldsymbol{x}) \cdot f_{k+1|k}(\boldsymbol{x})}{\overset{s}{\tau}_{k+1}(\overset{s}{z})}\right) \tag{10.134}$$

$$= \frac{1}{s}\left(f_{k+1|k+1}(\boldsymbol{x}|\overset{1}{z}) + \cdots + f_{k+1|k+1}(\boldsymbol{x}|\overset{s}{z})\right) \tag{10.135}$$

式中：$\overset{j}{\tau}_{k+1}(\overset{j}{z})$ 的定义见式(10.130)；$f_{k+1|k+1}(\boldsymbol{x}|\overset{j}{z})$ 为仅用第 j 个观测单独更新的后验分布。

显然，该结果存在以下几个问题：

- 在单目标情形下，$\overset{+}{L}_{\overset{1}{z},\cdots,\overset{s}{z}}(\boldsymbol{x})$ 不是一个合理的似然函数，因为它无量纲且积分为无穷大而非 1：

$$\int \overset{+}{L}_{\overset{1}{z},\cdots,\overset{s}{z}}(\boldsymbol{x})\mathrm{d}\overset{1}{z}\cdots\mathrm{d}\overset{s}{z} = \infty \tag{10.136}$$

[①] 该文作者在文献 [282] 中又撤回了文献 [280] 中的说法，并解释说文献 [280] 所述滤波器实际上是“流量滤波器”而非多传感器多目标滤波器 (文献 [282] 第 I 节)。也就是说，文献 [280] 中的“多传感器多目标强度滤波器”是错误的，但作者在文献 [282] 中继续宣扬“流量滤波器”推广形式的合法性，并用函数 $\beta^{\ell}(\boldsymbol{x})$ 的加权平均取代了平均 (加权函数满足 $\sum_{\ell=1}^{s}\beta^{\ell}(\boldsymbol{x}) = 1$)。该说法同样也是不对的——见4.2.5.2节的注解10。

- $\overset{+}{f}_{k+1|k+1}(\boldsymbol{x})$ 不等于下述贝叶斯最优解——多传感器单目标版的贝叶斯规则：

$$f_{k+1|k+1}(\boldsymbol{x}) = \frac{\overset{1}{L}_{\overset{1}{\boldsymbol{z}}}(\boldsymbol{x}) \cdots \overset{s}{L}_{\overset{s}{\boldsymbol{z}}}(\boldsymbol{x}) \cdot f_{k+1|k}(\boldsymbol{x})}{\tau_{k+1}(\overset{1}{\boldsymbol{z}}, \cdots, \overset{s}{\boldsymbol{z}})} \tag{10.137}$$

式中

$$\tau_{k+1}(\overset{1}{\boldsymbol{z}}, \cdots, \overset{s}{\boldsymbol{z}}) = \int \overset{1}{L}_{\overset{1}{\boldsymbol{z}}}(\boldsymbol{x}) \cdots \overset{s}{L}_{\overset{s}{\boldsymbol{z}}}(\boldsymbol{x}) \cdot f_{k+1|k}(\boldsymbol{x}) \mathrm{d}\boldsymbol{x} \tag{10.138}$$

- 由于航迹分布 $\overset{+}{f}_{k+1|k+1}(\boldsymbol{x})$ 为一混合分布，故与单传感器航迹分布 $f_{k+1|k+1}(\boldsymbol{x}|\overset{j}{\boldsymbol{z}})$ 相比，航迹的不确定性将增加而非降低。

通过一个简单的例子很容易解释上面最后一点。假设平面内有两个唯角传感器，其似然函数分别为

$$\overset{1}{L}_z(x, y) = N_{\sigma^2}(z - x) = \frac{1}{\sqrt{2\pi}\sigma} \cdot \exp\left(-\frac{(z-x)^2}{2\sigma^2}\right) \tag{10.139}$$

$$\overset{2}{L}_z(x, y) = N_{\sigma^2}(z - y) = \frac{1}{\sqrt{2\pi}\sigma} \cdot \exp\left(-\frac{(z-y)^2}{2\sigma^2}\right) \tag{10.140}$$

即通过传感器指向对 (x, y) 处的目标作三角测量。上述函数的图形化表示分别如图10.1和图10.2所示。

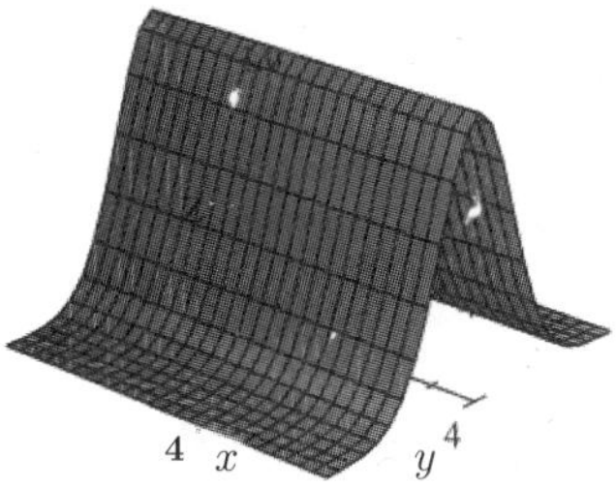

图 10.1　式10.139的图形表示

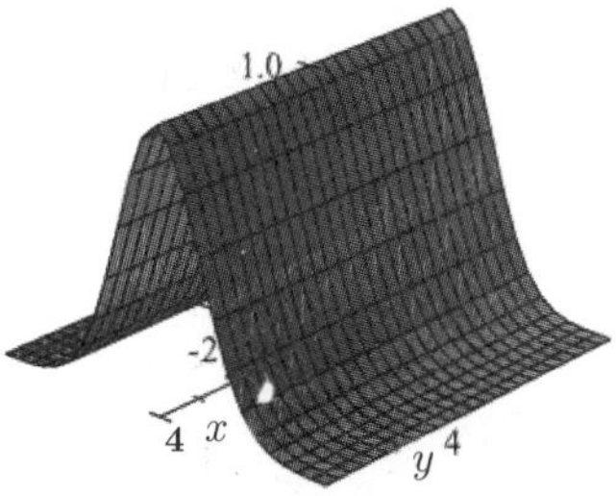

图 10.2　式10.140的图形表示

为概念清晰起见，进一步假定先验分布为

$$f_{k+1|k}(x, y) = N_{\sigma_0^2}(x - x_0) \cdot N_{\sigma_0^2}(y - y_0) \tag{10.141}$$

从而有

$$\overset{1}{\tau}_{k+1}(z) = \int \overset{1}{L}_z(x,y)\cdot f_{k+1|k}(x,y)\mathrm{d}x\mathrm{d}y \tag{10.142}$$

$$= \int N_{\sigma^2}(z-x)\cdot N_{\sigma_0^2}(x-x_0)\cdot N_{\sigma_0^2}(y-y_0)\mathrm{d}x\mathrm{d}y \tag{10.143}$$

$$= N_{\sigma^2+\sigma_0^2}(z-x_0) \tag{10.144}$$

同理，可得

$$\overset{2}{\tau}_{k+1}(z) = \int \overset{2}{L}_z(x,y)\cdot f_{k+1|k}(x,y)\mathrm{d}x\mathrm{d}y = N_{\sigma^2+\sigma_0^2}(z-y_0) \tag{10.145}$$

因此，似然平均法的观测更新航迹分布为

$$\overset{+}{f}_{k+1|k+1}(x,y) = \frac{1}{2}\left(\frac{\overset{1}{L}_{z_1}(x,y)}{\overset{1}{\tau}_{k+1}(z_1)} + \frac{\overset{2}{L}_{z_2}(x,y)}{\overset{2}{\tau}_{k+1}(z_2)}\right)\cdot f_{k+1|k}(x,y) \tag{10.146}$$

$$= \frac{1}{2}\left(\frac{N_{\sigma^2}(z_1-x)}{N_{\sigma^2+\sigma_0^2}(z_1-x_0)} + \frac{N_{\sigma^2}(z_2-y)}{N_{\sigma^2+\sigma_0^2}(z_2-y_0)}\right)\cdot \tag{10.147}$$

$$N_{\sigma_0^2}(x-x_0)\cdot N_{\sigma_0^2}(y-y_0)$$

$$= \frac{1}{2}\left(\begin{array}{c} N_{\omega^2}(x-p_0)\cdot N_{\sigma_0^2}(y-y_0)+ \\ N_{\sigma_0^2}(x-x_0)\cdot N_{\omega^2}(y-q_0) \end{array}\right) \tag{10.148}$$

式中：ω^2、p_0^2 和 q_0^2 分别为

$$\frac{1}{\omega^2} = \frac{1}{\sigma^2} + \frac{1}{\sigma_0^2},\quad \frac{p_0}{\omega^2} = \frac{x_0}{\sigma_0^2} + \frac{z_1}{\sigma^2},\quad \frac{q_0}{\omega^2} = \frac{y_0}{\sigma_0^2} + \frac{z_2}{\sigma^2} \tag{10.149}$$

经验证，$\overset{+}{f}_{k+1|k+1}(x,y)$ 的均值和方差分别为

$$\overset{+}{\mu} = \int (x,y)\cdot \overset{+}{f}_{k+1|k+1}(x,y)\mathrm{d}x\mathrm{d}y = \frac{1}{2}(x_0+p_0, y_0+q_0) \tag{10.150}$$

$$\overset{+}{\sigma}{}^2 = -\frac{1}{4}(x_0+p_0)^2 - \frac{1}{4}(y_0+q_0)^2 + \int (x^2+y^2)\cdot \overset{+}{f}_{k+1|k+1}(x,y)\mathrm{d}x\mathrm{d}y \tag{10.151}$$

$$= \omega^2 + \sigma_0^2 + \frac{1}{2}(p_0^2+q_0^2+y_0^2+x_0^2) - \frac{1}{4}(x_0+p_0)^2 - \frac{1}{4}(y_0+q_0)^2 \tag{10.152}$$

令 $\sigma_0\to\infty$，此时的先验分布实则为均匀分布，从而有 $\omega^2\to\sigma^2$、$p_0^2\to z_1^2$ 以及 $q_0^2\to z_2^2$。因此，有

$$\overset{+}{\mu} \to \frac{1}{2}(x_0+z_1, y_0+z_2) \tag{10.153}$$

$$\overset{+}{\sigma}{}^2 \to \sigma_0^2 \to \infty \tag{10.154}$$

也就是说，似然平均法将使目标定位出现任意大的不确定性。

与之形成对比的是，采用贝叶斯规则计算的航迹分布为

$$\overset{\times}{f}_{k+1|k+1}(x,y) = \frac{\overset{1}{L}_{z_1}(x,y)\cdot \overset{2}{L}_{z_2}(x,y)}{\overset{12}{\tau}_{k+1}(z_1,z_2)} \cdot f_{k+1|k}(x,y) \tag{10.155}$$

$$= N_{\omega^2}(x-p_0)\cdot N_{\omega^2}(y-q_0) \tag{10.156}$$

可以证明，此时的均值和方差为

$$\overset{\times}{\mu} = (p_0,q_0) \to (z_1,z_2) \tag{10.157}$$

$$\overset{\times}{\sigma}^2 = 2\omega^2 \to 2\sigma^2 \tag{10.158}$$

其中的极限条件是 $\sigma_0 \to \infty$。也就是说，在贝叶斯规则下可得到有限精度的目标位置三角测量结果。

关于这些分析结论的仿真验证见文献 [221] 及10.8节。图10.3和图10.4分别为贝叶斯解及平均解的示意图。

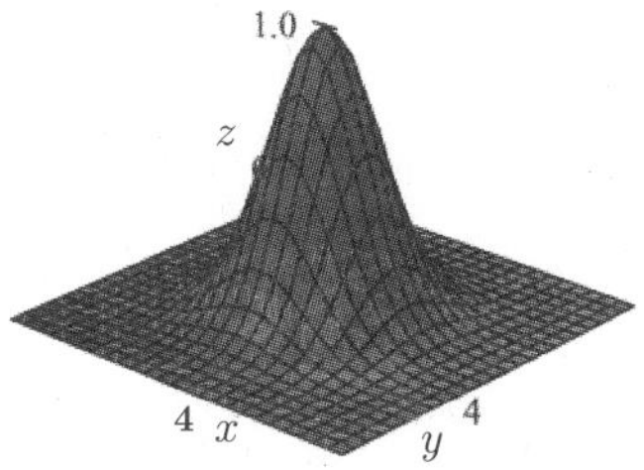

图 10.3　贝叶斯乘积法的航迹分布示意图

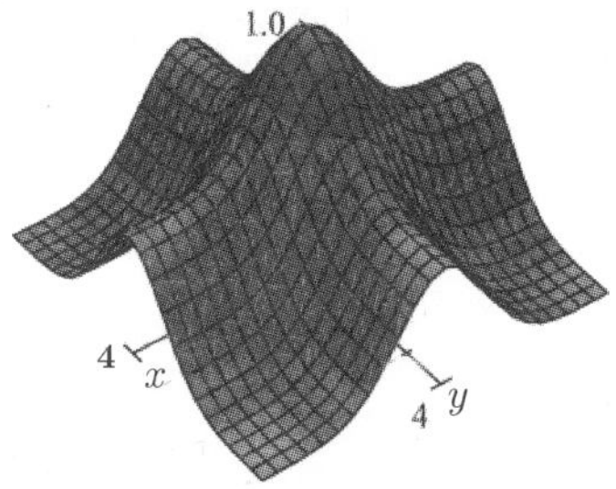

图 10.4　似然平均法的航迹分布示意图

当传感器数目增大时，贝叶斯方法与似然平均方法的差别将更为明显。假定其他唯角传感器的指向互不相同且不同于第一、二个传感器，则似然平均滤波器的方差将随传感器数目增加而增大，而贝叶斯方法的方差则随之减小。

10.8　性能比较

Nagappa 与 Clark[221] 通过仿真比较了本章所述的多传感器 PHD/CPHD 滤波器。在第一组仿真中，他们比较了下列多传感器 PHD 滤波器 (双传感器配置):

- 迭代校正式多传感器经典 PHD 滤波器 (10.5节)；
- PCAM-PHD 滤波器 (10.6.2节)；
- 多传感器经典 PHD 滤波器 (10.4节)；
- 伪似然平均 (Averaged PseudoLikelihood, APL) PHD 滤波器 (10.7节)。

两个传感器的检测概率及杂波率均设置为 $p_D = 0.95$，$\lambda = 10$。评估中采用下面两种版本的 OSPA 度量 (6.2.3节)：

- *E-OSPA*——以欧氏度量为基本度量的 OSPA 度量 (见(6.15)式)：该度量可测量目标数及目标位置的误差，但不能测量航迹的不确定性误差 (即协方差的误差)。
- *H-OSPA*——以 Hellinger 距离为基本度量的 OSPA 度量 (见(6.35)式)：不同于 E-OSPA 度量，该度量可测量航迹的不确定性误差。

他们的评估结论如下 (文献 [221] 中的图 4)：

- *E-OSPA*：不出所料，作为最精确的 PHD 滤波器，多传感器经典 PHD 滤波器的性能表现远优于其他方法；而其他三种方法的性能则大致相当，只是 APL-PHD 滤波器稍差一些。
- *H-OSPA*：在此情形下，各滤波器的差别更为明显。多传感器经典 PHD 滤波器的性能仍远优于其他方法；PCAM-PHD 滤波器与迭代校正式 PHD 滤波器的性能基本相当，但 PCAM-PHD 滤波器略胜一筹；APL-PHD 滤波器的性能较其他方法要差很多，这是因为其本质就是令航迹协方差增加而非降低 (如10.7节所述)。

在第二组仿真中，Nagappa 和 Clark 比较了下列多传感器 CPHD 滤波器 (双两传感器配置)：

- 迭代校正式 CPHD 滤波器；
- PCAM-CPHD 滤波器 (10.6.1节)。

他们的评估结论如下 (文献 [221] 中的图 5)：

- *E-OSPA* 和 *H-OSPA*：PCAM-CPHD 滤波器的性能远优于迭代校正式 CPHD 滤波器，尤其是在场景尾段。

在第三组仿真中，他们比较了下列算法的三传感器配置版：

- 迭代式 PHD 滤波器；
- PCAM-PHD 滤波器；
- 迭代式 CPHD 滤波器；
- PCAM-CPHD 滤波器；
- 伪似然平均 (APL) PHD 滤波器。

此时，前两个传感器的 $p_D = 0.95$，而第三个的 $p_D = 0.9$。他们的评估结论如下 (文献 [221] 中的图 6)：

- *E-OSPA*：将这些滤波器按性能由高到低的顺序排列，依次为 PCAM-CPHD、PCAM-PHD、迭代式 CPHD、APL-PHD、迭代式 PHD。迭代 PHD 滤波器性能最差主要可归咎于其对检测概率的敏感性 (如文献 [219] 及10.5.1节所述)，但迭代式 CPHD 滤波器的性能却远优于 APL-PHD 滤波器。
- *H-OSPA*：将这些滤波器按性能由高到低的顺序排列，依次为 PCAM-CPHD、PCAM-PHD、迭代式 CPHD、迭代式 PHD、APL-PHD。APL-PHD 滤波器的性能最差，迭代式 PHD 滤波器的性能适中。

当第三个传感器的检测概率由 $p_D = 0.9$ 降至 $p_D = 0.85$ 及 $p_D = 0.7$ 时，仍有类似结论 (文献 [221] 中的表 V)。

第11章 马尔可夫跳变PHD/CPHD滤波器

11.1 简 介

快速机动目标给传统贝叶斯跟踪滤波器 (包括截至目前介绍的 RFS 滤波器) 提出了严峻的挑战，主要是因为这些滤波器的时间更新步大都依赖先验运动模型。

对单传感器单目标贝叶斯滤波器而言，先验运动模型仅包含马尔可夫转移密度 $f_{k+1|k}(\boldsymbol{x}|\boldsymbol{x}')$ 或者形如 $\boldsymbol{X}_{k+1|k} = \varphi_k(\boldsymbol{x}') + \boldsymbol{W}_k$ 的统计运动模型。根据该模型，若 t_k 时刻的目标状态为 $\boldsymbol{x}'$，则除过程噪声 $\boldsymbol{W}_k$ 引入的些许不确定性外，t_{k+1} 时刻的目标状态几乎肯定为 $\varphi_k(\boldsymbol{x}')$。在多目标情形下，运动模型还包括一些其他项，如目标存活概率 $p_{S,k+1|k}(\boldsymbol{x}')$、新生目标 RFS 或衍生目标 RFS。

但是，这些模型具有一个共同的局限性：*在任意指定时刻都只用一个运动模型*。马尔可夫转移密度 $f_{k+1|k}(\boldsymbol{x}|\boldsymbol{x}')$ 表示一种类型的目标运动，$p_S(\boldsymbol{x}')$ 表示一种类型的目标消亡过程，等等。

在单目标跟踪中，最为熟悉的机动目标跟踪算法当数*多运动模型滤波器*，如流行的交互多模滤波器[202]。这类滤波器采用一套运动模型集并基于某种方法在线选择与观测最为匹配的运动模型 (或者融合多个运动模型)，其中，并行多滤波器算法 ("滤波器组"，即每个滤波器采用一个运动模型) 的概念最简单，随着观测的累积，它逐步剔除最不可能的滤波器。但是，滤波器组方法的计算量非常大，因此需要设计更高级的滤波器以便采用统计方法选择运动模型。

*马尔可夫跳变模型*为这类滤波器设计提供了一个良好的理论基础，其基本思想非常简单：给运动状态 $\boldsymbol{x}$ 后附加一个离散状态变量 o (模式变量或跳转变量)，从而得到增广状态 $\ddot{\boldsymbol{x}} = (o, \boldsymbol{x})$。*马尔可夫跳变滤波器*就是定义在增广状态上的贝叶斯滤波器，其最终目标是通过对 o 的连续选择从而最精确地表示所观测的运动。

为了应对多个独立的快速机动目标，有必要将马尔可夫跳变方法推广至多目标问题。但是，最优推广形式——*马尔可夫跳变多目标贝叶斯滤波器*——通常不易于计算，因此需要设计原则近似滤波器，譬如经典 PHD/CPHD 滤波器的马尔可夫跳变推广形式。此即本章目的所在，所述内容主要选自文献 [170]，而多伯努利滤波器的马尔可夫推广形式将在第13.5节给出。

本章遵循第7章中的一般思路，采用下述方法步骤：

- 首先从多目标贝叶斯滤波器入手；
- 然后将其推广为多目标马尔可夫跳变贝叶斯滤波器；
- 最后基于该推广滤波器导出相应的 PHD/CPHD 滤波器方程。

上述步骤可确保所得 PHD/CPHD 滤波器能尽可能地接近马尔可夫跳变理论框架。与之形成对比的是下面的经验方法：

- 首先从经典 PHD (或 CPHD) 滤波器入手；
- 然后将该滤波器和传统单目标马尔可夫跳变贝叶斯滤波器作类比；
- 最后基于上述类比得到马尔可夫跳变 PHD/CPHD 滤波器的滤波方程。

上述方法的主要缺陷在于其极端的主观性。如果其他人采用另一种不同的类比法，则又会得到一个不同的滤波器？应该如何判断哪种类比更为精确呢？因此，基于不同启发式类比的马尔可夫跳变 PHD/CPHD 滤波器最终将成为一个“巴比伦塔”，我们又凭什么相信这些滤波器的确是5.10.4节和5.10.5节定义的一般意义上的 *PHD/CPHD* 滤波器呢？

11.1.1 要点概述

本章学习过程中的主要概念、结论和公式如下：

- 单传感器单目标马尔可夫跳变贝叶斯滤波器是定义下述状态空间上的传统单传感器单目标贝叶斯滤波器：

$$\ddot{\mathfrak{X}} = \{1, \cdots, O\} \times \mathfrak{X} \tag{11.1}$$

  式中：$\mathfrak{X}$ 是运动状态空间；$o = 1, \cdots, O$ 是运动模式索引。因此，单传感器单目标马尔可夫跳变滤波器传递的是形如 $f_{k|k}(o, \boldsymbol{x}|Z^k)$ 的离散–连续混合概率分布 (见11.2节)。
- 前面的朴素多目标推广形式是不正确的。它给出的是定义在 $\{1, \cdots, O\} \times \mathfrak{X}^\infty$ 上的贝叶斯滤波器，其中 $\mathfrak{X}^\infty$ 为 $\mathfrak{X}$ 的所有有限子集构成的超空间，这等于隐含地假定所有目标以同样方式共用同一运动模型 (见11.3节)。
- 正确的多目标马尔可夫跳变滤波器是定义在多目标状态空间 $\ddot{\mathfrak{X}}^\infty$ 上的贝叶斯滤波器，其中 $\ddot{\mathfrak{X}}^\infty$ 为增广状态空间 $\ddot{\mathfrak{X}}$ 的所有有限子集构成的超空间。因此，它传递的是下述多目标状态的概率分布 (见11.3.2节)：

$$\ddot{X} = \{(o_1, \boldsymbol{x}_1), \cdots, (o_n, \boldsymbol{x}_n)\} \tag{11.2}$$

- 为了得到便于计算的马尔可夫跳变 PHD/CPHD 滤波器，必须假定杂波多目标概率分布 $\kappa_{k+1}(Z)$ 独立于运动模式，即 $\kappa_{k+1}(Z|o) = \kappa_{k+1}(Z)$(见11.4.1节)。
- 结果所得的马尔可夫跳变 PHD/CPHD 滤波器皆为经典 PHD/CPHD 滤波器，只不过是定义在增广单目标状态空间 $\ddot{\mathfrak{X}}$ 上。马尔可夫跳变 PHD 滤波器传递形如 $D_{k|k}(o, \boldsymbol{x}|Z^{(k)})$ 的 PHD，而马尔可夫跳变 CPHD 滤波器还传递势分布 $p_{k|k}(n|Z^{(k)})$，其中 n 为目标总数 (即无论何种模式) (见11.4节和11.5节)。
- 可采用高斯混合和序贯蒙特卡罗 (SMC) 技术来实现马尔可夫跳变 PHD/CPHD 滤波器 (见11.7节)。
- 一般马尔可夫跳变方法大都隐含了这一假设——各个运动模型的状态空间是相同的，但在实际中，该假设有时候不太合适。Chen、McDonald 和 Kirubarajan 等人表明，可对多模方法进行推广以包含模型相关的状态空间 (见11.6节)。

11.1.2 本章结构

本章结构安排如下：

- 11.2节：单传感器单目标马尔可夫跳变贝叶斯滤波器。
- 11.3节：一般多目标马尔可夫跳变贝叶斯递归滤波器。
- 11.4节：经典 PHD 滤波器的马尔可夫跳变版。
- 11.5节：经典 CPHD 滤波器的马尔可夫跳变版。
- 11.6节：模式相关状态空间的马尔可夫跳变 CPHD 滤波器。
- 11.7节：马尔可夫跳变 PHD/CPHD 滤波器的高斯混合及 SMC 实现。
- 11.8节：已实现的马尔可夫跳变 PHD/CPHD 滤波器。

11.2 马尔可夫跳变滤波器回顾

在为单目标运动状态 $\boldsymbol{x}$ 绑定一个离散状态变量 o ($o = 1, \cdots, O$，称作模式变量或跳转变量) 后，便得到了一个马尔可夫跳变系统，其状态矢量是形如 $\ddot{\boldsymbol{x}} = (o, \boldsymbol{x})$ ($\boldsymbol{x} \in \mathfrak{X}$) 的增广状态。但该过程隐含了一个假设：

- 对于每个模式 o，目标状态空间均为同一状态空间 $\mathfrak{X}$。

对于不满足该假设的情形，参见11.6节。

将增广状态空间上的积分定义为

$$\int f(\ddot{\boldsymbol{x}}) \mathrm{d}\ddot{\boldsymbol{x}} = \sum_{o=1}^{O} \int f(o, \boldsymbol{x}) \mathrm{d}\boldsymbol{x} \tag{11.3}$$

下文中将上式统一简写为

$$\int f(\ddot{\boldsymbol{x}}) \mathrm{d}\ddot{\boldsymbol{x}} = \sum_{o} \int f(o, \boldsymbol{x}) \mathrm{d}\boldsymbol{x} \tag{11.4}$$

给定上述表示后，系统的似然函数及马尔可夫转移密度具有如下形式：

$$L_{\boldsymbol{z}}(o, \boldsymbol{x}) = f_{k+1}(\boldsymbol{z}|o, \boldsymbol{x}), \quad f_{k+1|k}(o, \boldsymbol{x}|o', \boldsymbol{x}') \tag{11.5}$$

利用贝叶斯规则可将马尔可夫转移密度分解为

$$f_{k+1|k}(o, \boldsymbol{x}|o', \boldsymbol{x}') = f_{k+1|k}(o|o', \boldsymbol{x}') \cdot f_{k+1|k}(\boldsymbol{x}|o, o', \boldsymbol{x}') \tag{11.6}$$

一般假定新模式独立于先前运动状态且新运动状态独立于新模式，即

$$f_{k+1|k}(o|o', \boldsymbol{x}') = f_{k+1|k}(o|o') = \chi_{o,o'} \tag{11.7}$$

$$f_{k+1|k}(\boldsymbol{x}|o, o', \boldsymbol{x}') = f_{k+1|k}(\boldsymbol{x}|o', \boldsymbol{x}') \tag{11.8}$$

故

$$f_{k+1|k}(o,\boldsymbol{x}|o',\boldsymbol{x}') = \chi_{o,o'} \cdot f_{k+1|k}(\boldsymbol{x}|o',\boldsymbol{x}') \tag{11.9}$$

式中：$\chi_{o,o'}$ 是由模式变量 $o = 1,\cdots,O$ 定义的马尔可夫转移矩阵；$f_{k+1|k}(\boldsymbol{x}|o',\boldsymbol{x}')$ 是模式变量 o' 对应的马尔可夫转移密度 (运动模型)。

机动目标跟踪中通常还假定似然函数独立于模式变量[①]：

$$f_{k+1}(\boldsymbol{z}|o,\boldsymbol{x}) = f_{k+1}(\boldsymbol{z}|\boldsymbol{x}) \tag{11.10}$$

在上述表示下，确定最优运动模型即等价于确定与最佳模型 $f_{k+1|k}(\boldsymbol{x}|o',\boldsymbol{x}')$ 相对应的 o'。对于任意的 o、$\boldsymbol{x}$ (包括 $o',\boldsymbol{x}'$)，如果 $f_{k+1}(\boldsymbol{z}|o,\boldsymbol{x})$ 和 $f_{k+1|k}(\boldsymbol{x}|o',\boldsymbol{x}')$ 都为线性高斯形式，则称该马尔可夫跳变系统为马尔可夫跳变线性系统 (JMLS)。

11.2.1 马尔可夫跳变贝叶斯递归滤波器

2.2.7节介绍了单传感器单目标贝叶斯滤波器，马尔可夫跳变系统的时间演变可由下述增广状态 $\ddot{\boldsymbol{x}} = (o,\boldsymbol{x})$ 的递归贝叶斯滤波器来描述：

$$\cdots \to \quad f_{k|k}(o,\boldsymbol{x}|Z^k) \quad \to \quad f_{k+1|k}(o,\boldsymbol{x}|Z^k) \quad \to \quad f_{k+1|k+1}(o,\boldsymbol{x}|Z^{k+1}) \quad \to \cdots$$

式中：$f_{k|k}(o,\boldsymbol{x}|Z^k)$ 表示目标运动状态为 $\boldsymbol{x}$ 而相应运动模型为 o 的概率。

该滤波器的滤波方程如下：

$$f_{k+1|k}(\ddot{\boldsymbol{x}}|Z^k) = \int f_{k+1|k}(\ddot{\boldsymbol{x}}|\ddot{\boldsymbol{x}}') \cdot f_{k|k}(\ddot{\boldsymbol{x}}'|Z^k)\mathrm{d}\ddot{\boldsymbol{x}}' \tag{11.11}$$

$$f_{k+1|k+1}(\ddot{\boldsymbol{x}}|Z^{k+1}) = \frac{f_{k+1}(\boldsymbol{z}_{k+1}|\ddot{\boldsymbol{x}}) \cdot f_{k+1|k}(\ddot{\boldsymbol{x}}|Z^k)}{f_{k+1}(\boldsymbol{z}_{k+1}|Z^k)} \tag{11.12}$$

$$f_{k+1}(\boldsymbol{z}_{k+1}|Z^k) = \int f_{k+1}(\boldsymbol{z}_{k+1}|\ddot{\boldsymbol{x}}) \cdot f_{k+1|k}(\ddot{\boldsymbol{x}}|Z^k)\mathrm{d}\ddot{\boldsymbol{x}} \tag{11.13}$$

或者表示为下述等价形式：

$$f_{k+1|k}(o,\boldsymbol{x}|Z^k) = \sum_{o'} \chi_{o,o'} \int f_{k+1|k}(\boldsymbol{x}|o',\boldsymbol{x}') \cdot f_{k|k}(o',\boldsymbol{x}'|Z^k)\mathrm{d}\boldsymbol{x}' \tag{11.14}$$

$$f_{k+1|k+1}(o,\boldsymbol{x}|Z^{k+1}) = \frac{f_{k+1}(\boldsymbol{z}_{k+1}|o,\boldsymbol{x}) \cdot f_{k+1|k}(o,\boldsymbol{x}|Z^k)}{f_{k+1}(\boldsymbol{z}_{k+1}|Z^k)} \tag{11.15}$$

$$f_{k+1}(\boldsymbol{z}_{k+1}|Z^k) = \sum_{o} \int f_{k+1}(\boldsymbol{z}_{k+1}|o,\boldsymbol{x}) \cdot f_{k+1|k}(o,\boldsymbol{x}|Z^k)\mathrm{d}\boldsymbol{x} \tag{11.16}$$

11.2.2 马尔可夫跳变滤波器的状态估计

如何最优地确定马尔可夫跳变系统的状态呢？Boers 和 Driessen[26] 回答了该问题，他们考虑了下面几种估计器：

[①]译者注：这是因为传感器一般不提供与模式直接相关的测量，从而导致机动目标跟踪成为一个混合估计问题。

- 经典 *MAP* 估计器：

$$(\hat{o}_{k|k}, \hat{\boldsymbol{x}}_{k|k}) = \arg\sup_{o,\boldsymbol{x}} f_{k|k}(o, \boldsymbol{x}|Z^k) \tag{11.17}$$

上式即最可能的估计。它在给出目标状态估计 $\boldsymbol{x} = \hat{\boldsymbol{x}}_{k|k}$ 的同时，也给出了最可能的模式估计 $o = \hat{o}_{k|k}$。

- 与边缘最大后验模式对应的边缘最大后验目标状态：

$$\hat{o}_{k|k} = \arg\max_{o} \int f_{k|k}(o, \boldsymbol{x}|Z^k)\mathrm{d}\boldsymbol{x} \tag{11.18}$$

$$\hat{\boldsymbol{x}}_{k|k} = \arg\sup_{\boldsymbol{x}} f_{k|k}(\hat{o}_{k|k}, \boldsymbol{x}|Z^k) \tag{11.19}$$

即先对目标状态积分以确定边缘最大后验模式，然后再确定该模式下最可能的目标状态。

- 边缘最大后验目标状态：

$$\hat{\boldsymbol{x}}_{k|k} = \arg\sup_{\boldsymbol{x}} \sum_{o} f_{k|k}(o, \boldsymbol{x}|Z^k) \tag{11.20}$$

该估计器尤其适合那些只需估计目标状态 (无需确定模式量) 的应用。它先将模式量作为一个滋生变量积分掉，再对边缘化的目标状态分布应用 MAP 估计器，从而得到目标状态估计。

11.3 多目标马尔可夫跳变系统

本节将马尔可夫跳变系统理论扩展至多目标问题，为此需要回答下面两个问题：

- 11.3.1节：多目标马尔可夫跳变系统的合理定义是什么？
- 11.3.2节：多目标马尔可夫跳变贝叶斯递归滤波器。

11.3.1 多目标马尔可夫跳变系统的定义

首先来看多目标马尔可夫跳变系统的合理定义问题。在给定11.2节的马尔可夫跳变系统定义后，多目标马尔可夫跳变系统的一种可能的定义是：

- 多目标马尔可夫跳变系统的朴素定义：给多目标状态 X 直接绑定模式变量 o，从而得到形如 (o, X) 的增广状态。

毫无疑问，这种处理将导致性能恶化，原因在于它假定所有目标 $X = \{\boldsymbol{x}_1, \cdots, \boldsymbol{x}_n\}$ 都以同样的方式运动，即所有目标都基于模式量 o 对应的运动模型。

为了更好地理解这一点 (见文献 [170] 中第 III–B 节)，不妨考虑最简单的多目标运动模型：目标运动相互独立且无目标消失 / 出现。将 k 和 $k+1$ 时刻的状态集分别定义为

$$X' = \{\boldsymbol{x}'_1, \cdots, \boldsymbol{x}'_{n'}\}, \quad X = \{\boldsymbol{x}_1, \cdots, \boldsymbol{x}_n\} \tag{11.21}$$

式中：$|X'| = n'$；$|X| = n$。

根据式(7.71)，此时的多目标马尔可夫密度具有如下形式：

$$f_{k+1}(o, X|o', X') = \delta_{n,n'} \cdot \chi_{o,o'} \sum_{\pi} f_{k+1|k}(\boldsymbol{x}_{\pi 1}|o', \boldsymbol{x}'_1) \cdots f_{k+1|k}(\boldsymbol{x}_{\pi n}|o', \boldsymbol{x}'_n) \tag{11.22}$$

上式的求和遍历 $1, \cdots, n$ 的所有排列 π。若确定 $\hat{o}_{k|k}$ 为最优模式，则意味着为每个目标选择了相同的最优运动模型——$\hat{o}_{k|k}$ 对应的运动模型。

考虑一个具体的例子。假定 $\hat{o}_{k|k}$ 对应右转弯模型，则右转弯被视作场景中所有目标的最优运动模型，这显然是有问题的。同时不难看出，式(11.22)右边实际应为

$$\delta_{n,n'} \sum_{\pi} \chi_{o_{\pi 1}, o'_1} \cdot f_{k+1|k}(\boldsymbol{x}_{\pi 1}|o'_1, \boldsymbol{x}'_1) \cdots \chi_{o_{\pi n}, o'_n} \cdot f_{k+1|k}(\boldsymbol{x}_{\pi n}|o'_n, \boldsymbol{x}'_n) \tag{11.23}$$

上式允许每个目标基于各自的运动模型。

采用一种更好的建模方法，便可得到上述结果。该方法不是将模式变量 o 绑定在多目标状态 X 上，而是像单目标马尔可夫跳变系统那样将其绑定在单目标状态上，从而得到增广形式的单目标状态 $\ddot{\boldsymbol{x}} = (o, \boldsymbol{x})$。给定该表示后，多目标状态不是 (o, X)，而是增广状态的有限集：

$$\ddot{X} = \{\ddot{\boldsymbol{x}}_1, \cdots, \ddot{\boldsymbol{x}}_n\} = \{(o_1, \boldsymbol{x}_1), \cdots, (o_n, \boldsymbol{x}_n)\} \tag{11.24}$$

也就是说，目标 $\boldsymbol{x}_1$ 的运动模式为 o_1，目标 $\boldsymbol{x}_2$ 的运动模式为 o_2，依次类推。此时，根据式(7.71)可得

$$f(\ddot{X}|\ddot{X}') = \delta_{n,n'} \sum_{\pi} f_{k+1|k}(\ddot{\boldsymbol{x}}_{\pi 1}|\ddot{\boldsymbol{x}}'_1) \cdots f_{k+1|k}(\ddot{\boldsymbol{x}}_{\pi n}|\ddot{\boldsymbol{x}}'_n) \tag{11.25}$$

$$= \delta_{n,n'} \sum_{\pi} \chi_{o_{\pi 1}, o'_1} \cdot f_{k+1|k}(\boldsymbol{x}_{\pi 1}|o'_1, \boldsymbol{x}'_1) \cdots \chi_{o_{\pi n}, o'_n} \cdot f_{k+1|k}(\boldsymbol{x}_{\pi n}|o'_n, \boldsymbol{x}'_n) \tag{11.26}$$

上式即最后的正确形式。

下述结论是该表示下的一个直接结果：

- 统计量 p.g.fl. $G_{k|k}[g]$、p.g.f. $G_{k|k}(x)$、势分布 $p_{k|k}(n)$ 必是模式独立的。

反之，若这些量是模式相关的，则其形式为 $G_{k|k}[g|o]$、$G_{k|k}(x|o)$、$p_{k|k}(n|o)$，这样便会将单个模式量 o 同时强加于所有目标。

11.3.2 多目标马尔可夫跳变滤波器

基于上一节的讨论，多目标马尔可夫跳变系统的时间演变可用下述贝叶斯滤波器来描述：

$$\cdots \to \quad f_{k|k}(\ddot{X}|Z^{(k)}) \quad \to \quad f_{k+1|k}(\ddot{X}|Z^{(k)}) \quad \to \quad f_{k+1|k+1}(\ddot{X}|Z^{(k+1)}) \quad \to \cdots$$

根据式(5.1)~(5.3)可得

$$f_{k+1|k}(\ddot{X}|Z^{(k)}) = \int f_{k+1|k}(\ddot{X}|\ddot{X}') \cdot f_{k|k}(\ddot{X}'|Z^{(k)})\delta\ddot{X}' \tag{11.27}$$

$$f_{k+1|k+1}(\ddot{X}|Z^{(k+1)}) = \frac{f_{k+1}(Z_{k+1}|\ddot{X}) \cdot f_{k+1|k}(\ddot{X}|Z^{(k)})}{f_{k+1}(Z_{k+1}|Z^{(k)})} \tag{11.28}$$

$$f_{k+1}(Z_{k+1}|Z^{(k)}) = \int f_{k+1}(Z_{k+1}|\ddot{X}) \cdot f_{k+1|k}(\ddot{X}|Z^{(k)})\delta\ddot{X} \tag{11.29}$$

此处的积分均为集积分，需要按照(11.4)式单目标增广状态空间上的积分来定义：

$$\int f(\ddot{X})\delta\ddot{X} = \sum_{n\geqslant 0}\frac{1}{n!}\int f(\{\ddot{\boldsymbol{x}}_1,\cdots,\ddot{\boldsymbol{x}}_n\})\mathrm{d}\ddot{\boldsymbol{x}}_1\cdots\mathrm{d}\ddot{\boldsymbol{x}}_n \tag{11.30}$$

$$= \sum_{n\geqslant 0}\frac{1}{n!}\sum_{o_1,\cdots,o_n}\int f(\{(o_1,\boldsymbol{x}_1),\cdots,(o_n,\boldsymbol{x}_n)\})\mathrm{d}\boldsymbol{x}_1\cdots\mathrm{d}\boldsymbol{x}_n \tag{11.31}$$

11.4 马尔可夫跳变 PHD 滤波器

本节采用自顶向下的观点推导马尔可夫跳变 PHD 滤波器。该滤波器是由 S. Pasha、B. N. Vo、H. Tuan 和 W. K. Ma[232-234,297] 等人最先提出的，在其方法中，马尔可夫跳变 PHD 滤波器仍为经典 PHD 滤波器，只不过是定义在增广状态 $\ddot{\boldsymbol{x}} = (o,\boldsymbol{x})$ 上。因此，只要将经典 PHD 滤波方程 (见8.4.1节和8.4.3节) 中出现 $\boldsymbol{x}$ 的地方统一替换为 $(o,\boldsymbol{x})$，便可得到相应的时间更新与观测更新方程。本节内容安排如下：

- 11.4.1节：马尔可夫跳变 PHD 滤波器的建模假设。
- 11.4.2节：马尔可夫跳变 PHD 滤波器的时间更新方程。
- 11.4.3节：马尔可夫跳变 PHD 滤波器的观测更新方程。
- 11.4.4节：马尔可夫跳变 PHD 滤波器的多目标状态估计。

11.4.1 马尔可夫跳变 PHD 滤波器：模型

马尔可夫跳变 PHD 滤波器假定下列运动 / 观测模型：

- 马尔可夫状态转移密度：

$$f_{k+1|k}(o,\boldsymbol{x}|o',\boldsymbol{x}') = \chi_{o,o'} \cdot f_{k+1|k}(\boldsymbol{x}|o',\boldsymbol{x}') \tag{11.32}$$

  式中：$f_{k+1|k}(\boldsymbol{x}|o',\boldsymbol{x}')$ 是模式 o' 对应的马尔可夫转移密度；$\chi_{o,o'}$ 是模式转移矩阵。
- 模式相关的目标存活概率：$p_{\mathrm{S}}(o',\boldsymbol{x}') \stackrel{\text{abbr.}}{=} p_{\mathrm{S},k+1|k}(o',\boldsymbol{x}')$。
- 模式相关的新生目标 *PHD*：$b_{k+1|k}(o,\boldsymbol{x})$。
- 模式相关的衍生目标 *PHD*：$b_{k+1|k}(o,\boldsymbol{x}|o',\boldsymbol{x}')$。
- 模式相关的似然函数：$L_{\boldsymbol{z}}(o,\boldsymbol{x}) \stackrel{\text{abbr.}}{=} f_{k+1}(\boldsymbol{z}|o,\boldsymbol{x})$。
- 模式相关的检测概率：$p_{\mathrm{D}}(o,\boldsymbol{x}) \stackrel{\text{abbr.}}{=} p_{\mathrm{D},k+1}(o,\boldsymbol{x})$。

此外，还需考虑泊松杂波过程。业已证实，为了得到一个易于计算的 PHD 滤波器，杂波过程就不能是模式相关的。反之，若假定模式相关的杂波强度函数：

$$\kappa^{o}_{k+1}(z) = \lambda^{o}_{k+1} \cdot c^{o}_{k+1}(z) \tag{11.33}$$

采用更完整的表示，杂波过程将依赖于单目标状态变量 $\ddot{\boldsymbol{x}} = (o, \boldsymbol{x})$：

$$\kappa_{k+1}(z|o, \boldsymbol{x}) = \kappa^{o}_{k+1}(z)$$

文献 [179] 第 12.5 节讨论了状态相关泊松杂波模型下的 PHD 滤波器，相应的 PHD 滤波方程见本书8.7节。业已表明，该滤波器的观测更新方程涉及对观测集所有分割的组合求和。如欲使马尔可夫跳变 PHD 滤波器既保持理论上的严格性又便于实际计算，则泊松杂波 *RFS* 便不能与模式变量 o 有关。因此，需要如下模型：

- 模式独立的杂波强度函数：

$$\kappa_{k+1}(z) = \lambda_{k+1} \cdot c_{k+1}(z) \tag{11.34}$$

式中：λ_{k+1} 表示杂波率；$c_{k+1}(z)$ 表示杂波空间分布。

上述模型假设的一个直接结论：马尔可夫跳变 PHD 滤波器只不过是定义在增广状态 $\ddot{\boldsymbol{x}} = (o, \boldsymbol{x})$ 而非纯运动状态 $\boldsymbol{x}$ 上的一种普通 PHD 滤波器而已。因此，只要将传统 PHD 滤波方程 (见8.2.2节和8.4.3节) 中出现 $\boldsymbol{x}$ 的地方统一替换为 $(o, \boldsymbol{x})$，便可得到其时间更新和观测更新方程。

11.4.2　马尔可夫跳变 PHD 滤波器：时间更新

马尔可夫跳变 PHD 滤波器的时间更新方程为

$$D_{k+1|k}(o, \boldsymbol{x}) = b_{k+1|k}(o, \boldsymbol{x}) + \sum_{o'} \int F_{k+1|k}(o, \boldsymbol{x}|o', \boldsymbol{x}') \cdot D_{k|k}(o', \boldsymbol{x}')\mathrm{d}\boldsymbol{x}' \tag{11.35}$$

式中的 PHD 滤波器伪马尔可夫密度为

$$F_{k+1|k}(o, \boldsymbol{x}|o', \boldsymbol{x}') = b_{k+1|k}(o, \boldsymbol{x}|o', \boldsymbol{x}') + \chi_{o,o'} \cdot p_{\mathrm{S}}(o', \boldsymbol{x}') \cdot f_{k+1|k}(\boldsymbol{x}|o', \boldsymbol{x}') \tag{11.36}$$

因此，预测目标数的期望值为

$$N_{k+1|k} = \sum_{o} \int D_{k+1|k}(o, \boldsymbol{x})\mathrm{d}\boldsymbol{x} \tag{11.37}$$

$$= N^{\mathrm{B}}_{k+1|k} + \sum_{o'} \int \left(N^{\mathrm{B}}_{k+1|k}(o', \boldsymbol{x}') + p_{\mathrm{S}}(o', \boldsymbol{x}')\right) \cdot D_{k|k}(o', \boldsymbol{x}')\mathrm{d}\boldsymbol{x}' \tag{11.38}$$

式中

$$N^{\mathrm{B}}_{k+1|k} = \sum_{o} \int b_{k+1|k}(o, \boldsymbol{x})\mathrm{d}\boldsymbol{x} \tag{11.39}$$

$$N^{\mathrm{B}}_{k+1|k}(o', \boldsymbol{x}') = \sum_{o} \int b_{k+1|k}(o, \boldsymbol{x}|o', \boldsymbol{x}')\mathrm{d}\boldsymbol{x} \tag{11.40}$$

上面两式分别为新生目标数的期望值以及源自目标 $(o', \boldsymbol{x}')$ 的衍生目标数的期望值。

11.4.3 马尔可夫跳变 PHD 滤波器：观测更新

马尔可夫跳变 PHD 滤波器的观测更新方程为

$$\frac{D_{k+1|k+1}(o,\boldsymbol{x})}{D_{k+1|k}(o,\boldsymbol{x})} = 1 - p_{\mathrm{D}}(o,\boldsymbol{x}) + \sum_{z \in Z_{k+1}} \frac{p_{\mathrm{D}}(o,\boldsymbol{x}) \cdot L_{\boldsymbol{z}}(o,\boldsymbol{x})}{\kappa_{k+1}(z) + \tau_{k+1}(z)} \tag{11.41}$$

式中

$$\tau_{k+1}(z) = \sum_{o} \int p_{\mathrm{D}}(o,\boldsymbol{x}) \cdot L_{z}(o,\boldsymbol{x}) \cdot D_{k+1|k}(o,\boldsymbol{x})\mathrm{d}\boldsymbol{x} \tag{11.42}$$

更新后目标数的期望值为

$$N_{k+1|k+1} = D_{k+1|k}[1-p_{\mathrm{D}}] + \sum_{z \in Z_{k+1}} \frac{\tau_{k+1}(z)}{\kappa_{k+1}(z) + \tau_{k+1}(z)} \tag{11.43}$$

式中

$$D_{k+1|k}[1-p_{\mathrm{D}}] = \sum_{o} \int (1 - p_{\mathrm{D}}(o,\boldsymbol{x})) \cdot D_{k+1|k}(o,\boldsymbol{x})\mathrm{d}\boldsymbol{x} \tag{11.44}$$

注解 52 (计算复杂度)：观测更新步需要对每个 PHD $D_{k+1|k+1}(o,\boldsymbol{x})$ $(o = 1,\cdots,O)$ 执行传统的 PHD 观测更新，因此其计算复杂度为 $O(mnO)$，其中，m 为观测数，n 为当前目标数，O 为模式数。

11.4.4 马尔可夫跳变 PHD 滤波器：状态估计

马尔可夫跳变 PHD 滤波器的状态估计需要组合使用11.2.2节的单目标马尔可夫跳变状态估计以及8.4.4节的 PHD 滤波器状态估计。

但马尔可夫跳变系统通常是通过多个运动模型的使用来获得更精确的目标状态估计。一般来讲，它不太关心每个时刻哪个模型适用于哪个目标，因此可将模式变量 o 作为滋生变量积分掉，从而得到下面的目标 PHD：

$$D_{k+1|k+1}(\boldsymbol{x}) = \sum_{o} D_{k+1|k+1}(o,\boldsymbol{x}) \tag{11.45}$$

$$= \sum_{o} \left(1 - p_{\mathrm{D}}(o,\boldsymbol{x}) + \sum_{z \in Z_{k+1}} \frac{p_{\mathrm{D}}(o,\boldsymbol{x}) \cdot L_{z}(o,\boldsymbol{x})}{\kappa_{k+1}(z) + \tau_{k+1}(z)} \right) \cdot D_{k+1|k}(o,\boldsymbol{x}) \tag{11.46}$$

给定上述结果后，便可采用一般的 PHD 状态估计过程：首先根据式(11.44)确定目标数的期望值 $N_{k+1|k+1}$；然后将 $N_{k+1|k+1}$ 舍入至最近的整数 ν；最后提取 $D_{k+1|k+1}(\boldsymbol{x})$ 的前 ν 个极大值处的 $\boldsymbol{x}_1,\cdots,\boldsymbol{x}_\nu$。

11.5 马尔可夫跳变 CPHD 滤波器

像文献 [170] 那样，本节采用自顶向下的视角推导马尔可夫跳变 CPHD 滤波器。主要内容安排如下：

- 11.5.1节：马尔可夫跳变 CPHD 滤波器的模型假设。
- 11.5.2节：马尔可夫跳变 CPHD 滤波器的时间更新方程。
- 11.5.3节：马尔可夫跳变 CPHD 滤波器的观测更新方程。
- 11.5.4节：马尔可夫跳变 CPHD 滤波器的多目标状态估计。

11.5.1　马尔可夫跳变 CPHD 滤波器：建模

马尔可夫跳变 CPHD 滤波器的运动 / 观测模型与11.4.1节的马尔可夫跳变 PHD 滤波器基本相同，主要的区别如下：

- 与经典 CPHD 滤波器一样，不含目标衍生模型；
- 模式独立的新生目标势分布：$p^{\mathrm{B}}_{k+1|k}(n)$，且两种方法计算的新生率应相等，即

$$N^{\mathrm{B}}_{k+1|k}=\sum_{n\geqslant 0}n\cdot p^{\mathrm{B}}_{k+1|k}(n)=\sum_{o}\int b_{k+1|k}(o,\boldsymbol{x})\mathrm{d}\boldsymbol{x} \tag{11.47}$$

- 模式独立的杂波势分布 $p^{\kappa}_{k+1}(m)$ 及杂波强度函数 $\kappa_{k+1}(\boldsymbol{z})$，且两种方法计算的杂波率应相等，即

$$\lambda_{k+1}=\sum_{m\geqslant 0}m\cdot p^{\kappa}_{k+1}(m)=\int \kappa_{k+1}(\boldsymbol{z})\mathrm{d}\boldsymbol{z} \tag{11.48}$$

与11.4.1节中的解释类似，如欲得到易于计算的滤波器，这里的杂波 RFS 也不能是模式相关的。因此，式(11.48)独立于模式变量 o。

11.5.2　马尔可夫跳变 CPHD 滤波器：时间更新

与马尔可夫跳变 PHD 滤波器类似，马尔可夫跳变 CPHD 滤波器只不过是定义在增广状态 $\ddot{\boldsymbol{x}}=(o,\boldsymbol{x})$ 上的一种普通 CPHD 滤波器而已。因此，只要将经典 CPHD 滤波方程(见8.5.2节和8.5.4节) 中出现 $\boldsymbol{x}$ 的地方统一替换为 $(o,\boldsymbol{x})$，便可得到时间更新与观测更新方程。

给定空间分布 $s_{k|k}(o,\boldsymbol{x})$ 及势分布 $p_{k|k}(n)$，现欲确定预测空间分布 $s_{k+1|k}(o,\boldsymbol{x})$、预测目标数的期望值 $N_{k+1|k}$ 以及预测势分布 $p_{k+1|k}(n)$ 或预测 p.g.f. $G_{k+1|k}(x)$。预测空间分布由下式给定：

$$s_{k+1|k}(o,\boldsymbol{x})=\frac{\left(\begin{array}{c}b_{k+1|k}(o,\boldsymbol{x})+N_{k|k}\sum_{o'}\chi_{o,o'}\int p_{\mathrm{S}}(o',\boldsymbol{x}')\cdot\\ f_{k+1|k}(\boldsymbol{x}|o',\boldsymbol{x}')\cdot s_{k|k}(o',\boldsymbol{x}')\mathrm{d}\boldsymbol{x}'\end{array}\right)}{B_{k+1|k}+N_{k|k}\cdot\psi_k} \tag{11.49}$$

或者等价表示为预测 PHD 形式：

$$\begin{aligned}D_{k+1|k}(o,\boldsymbol{x})=b_{k+1|k}(o,\boldsymbol{x})+\sum_{o'}\chi_{o,o'}\int p_{\mathrm{S}}(o',\boldsymbol{x}')\cdot\\ f_{k+1|k}(\boldsymbol{x}|o',\boldsymbol{x}')\cdot D_{k|k}(o',\boldsymbol{x}')\mathrm{d}\boldsymbol{x}'\end{aligned} \tag{11.50}$$

式(11.49)中

$$\psi_k = s_{k|k}[p_{\mathrm{S}}] = \sum_o \int p_{\mathrm{S}}(o,\boldsymbol{x}) \cdot s_{k|k}(o,\boldsymbol{x})\mathrm{d}\boldsymbol{x} \tag{11.51}$$

预测势分布及其 p.g.f. 如下:

$$G_{k+1|k}(x) = G_{k+1}^{\mathrm{B}} \cdot G_{k|k}(1-\psi_k+\psi_k \cdot x) \tag{11.52}$$

$$p_{k+1|k}(n) = \sum_{n' \geqslant 0} p_{k+1|k}(n|n') \cdot p_{k|k}(n') \tag{11.53}$$

式中

$$p_{k+1|k}(n|n') = \sum_{i=0}^{n} p_{k+1|k}^{\mathrm{B}}(n-i) \cdot C_{n',i} \cdot \psi_k^i \cdot (1-\psi_k)^{n'-i} \tag{11.54}$$

预测目标数的期望值为

$$N_{k+1|k} = N_{k+1|k}^{\mathrm{B}} + N_{k|k} \cdot \psi_k \tag{11.55}$$

11.5.3 马尔可夫跳变 CPHD 滤波器：观测更新

给定预测空间分布 $s_{k+1|k}(o,\boldsymbol{x})$ 及预测势分布 $p_{k+1|k}(n)$，且两种方法计算的期望目标数应相同:

$$N_{k+1|k} = \sum_o \int D_{k+1|k}(o,\boldsymbol{x})\mathrm{d}\boldsymbol{x} = \sum_{n \geqslant 0} n \cdot p_{k+1|k}(n) \tag{11.56}$$

现欲确定观测更新的空间分布 $s_{k+1|k+1}(o,\boldsymbol{x})$、期望目标数 $N_{k+1|k+1}$ 以及势分布 $p_{k+1|k+1}(n)$ 或其 p.g.f. $G_{k+1|k+1}(x)$。

观测更新的空间分布由下式给出:

$$s_{k+1|k+1}(o,\boldsymbol{x}) = L_{Z_{k+1}}(o,\boldsymbol{x}) \cdot s_{k+1|k}(o,\boldsymbol{x}) \tag{11.57}$$

式中：CPHD 滤波器伪似然函数为

$$L_{Z_{k+1}}(o,\boldsymbol{x}) = \frac{\left(1-p_{\mathrm{D}}(o,\boldsymbol{x})\right) \cdot \overset{\mathrm{ND}}{L}_{Z_{k+1}} + \sum_{\boldsymbol{z} \in Z_{k+1}} \frac{p_{\mathrm{D}}(o,\boldsymbol{x}) \cdot L_{\boldsymbol{z}}(o,\boldsymbol{x})}{c_{k+1}(\boldsymbol{z})} \cdot \overset{\mathrm{D}}{L}_{Z_{k+1}}(\boldsymbol{z})}{N_{k+1|k+1}} \tag{11.58}$$

式中

$$\overset{\mathrm{ND}}{L}_{Z_{k+1}} = \frac{\sum_{j=0}^{m}(m-j)! \cdot p_{k+1}^{\kappa}(m-j) \cdot \sigma_j(Z_{k+1}) \cdot G_{k+1|k}^{(j+1)}(\phi_k)}{\sum_{l=0}^{m}(m-l)! \cdot p_{k+1}^{\kappa}(m-l) \cdot \sigma_l(Z_{k+1}) \cdot G_{k+1|k}^{(l)}(\phi_k)} \tag{11.59}$$

$$\overset{\mathrm{D}}{L}_{Z_{k+1}}(\boldsymbol{z}_j) = \frac{\left(\begin{array}{c} \sum_{i=0}^{m-1}(m-i-1)! \cdot p_{k+1}^{\kappa}(m-i-1) \cdot \\ \sigma_i(Z_{k+1}-\{\boldsymbol{z}_j\}) \cdot G_{k+1|k}^{(i+1)}(\phi_k) \end{array}\right)}{\sum_{l=0}^{m}(m-l)! \cdot p_{k+1}^{\kappa}(m-l) \cdot \sigma_l(Z_{k+1}) \cdot G_{k+1|k}^{(l)}(\phi_k)} \tag{11.60}$$

$$G_{k+1|k}^{(l)}(\phi_k) = \sum_{n \geqslant l} p_{k+1|k}(n) \cdot l! \cdot C_{n,l} \cdot \phi_k^{n-l} \tag{11.61}$$

$$G_{k+1|k}^{(j+1)}(\phi_k) = \sum_{n\geqslant j+1} p_{k+1|k}(n)\cdot(j+1)!\cdot C_{n,j+1}\cdot\phi_k^{n-j-1} \tag{11.62}$$

其中

$$\phi_k = s_{k+1|k}[1-p_{\rm D}] = \sum_o \int \big(1-p_{\rm D}(o,\boldsymbol{x})\big)\cdot s_{k+1|k}(o,\boldsymbol{x})\mathrm{d}\boldsymbol{x} \tag{11.63}$$

$$\sigma_i(Z_{k+1}) = \sigma_{m,i}\left(\frac{\hat{\tau}_{k+1}(\boldsymbol{z}_1)}{c_{k+1}(\boldsymbol{z}_1)},\cdots,\frac{\hat{\tau}_{k+1}(\boldsymbol{z}_m)}{c_{k+1}(\boldsymbol{z}_m)}\right) \tag{11.64}$$

$$\sigma_i(Z_{k+1}-\{\boldsymbol{z}_j\}) = \sigma_{m-1,i}\left(\frac{\hat{\tau}_{k+1}(\boldsymbol{z}_1)}{c_{k+1}(\boldsymbol{z}_1)},\cdots,\widehat{\frac{\hat{\tau}_{k+1}(\boldsymbol{z}_j)}{c_{k+1}(\boldsymbol{z}_j)}},\cdots,\frac{\hat{\tau}_{k+1}(\boldsymbol{z}_m)}{c_{k+1}(\boldsymbol{z}_m)}\right) \tag{11.65}$$

观测更新后目标数的期望值为

$$N_{k+1|k+1} = \phi_k\cdot\overset{\rm ND}{L}_{Z_{k+1}} + \sum_{\boldsymbol{z}\in Z_{k+1}}\frac{\hat{\tau}_{k+1}(\boldsymbol{z})}{c_{k+1}(\boldsymbol{z})}\cdot\overset{\rm D}{L}_{Z_{k+1}}(\boldsymbol{z}) \tag{11.66}$$

式中

$$\hat{\tau}_{k+1}(\boldsymbol{z}) = \sum_o \int p_{\rm D}(o,\boldsymbol{x})\cdot L_{\boldsymbol{z}}(o,\boldsymbol{x})\cdot s_{k+1|k}(o,\boldsymbol{x})\mathrm{d}\boldsymbol{x} \tag{11.67}$$

观测更新的势分布及其 p.g.f. 分别为

$$p_{k+1|k+1}(n) = \frac{\ell_{Z_{k+1}}(n)\cdot p_{k+1|k}(n)}{\sum_{l\geqslant 0}\ell_{Z_{k+1}}(l)\cdot p_{k+1|k}(l)} \tag{11.68}$$

$$G_{k+1|k+1}(x) = \frac{\sum_{j=0}^m x^j\cdot(m-j)!\cdot p_{k+1}^{\kappa}(m-j)\cdot G_{k+1|k}^{(j)}(x\cdot\phi_k)\cdot\sigma_j(Z_{k+1})}{\sum_{i=0}^m(m-i)!\cdot p_{k+1}^{\kappa}(m-i)\cdot G_{k+1|k}^{(i)}(\phi_k)\cdot\sigma_i(Z_{k+1})} \tag{11.69}$$

式(11.68)中：势分布的伪似然函数为

$$\ell_{Z_{k+1}}(n) = \frac{\sum_{j=0}^{\min\{m,n\}}(m-j)!\cdot p_{k+1}^{\kappa}(m-j)\cdot j!\cdot C_{n,j}\cdot\phi_k^{n-j}\cdot\sigma_j(Z_{k+1})}{\sum_{l=0}^m(m-l)!\cdot p_{k+1}^{\kappa}(m-l)\cdot\sigma_l(Z_{k+1})\cdot G_{k+1|k}^{(l)}(\phi_k)} \tag{11.70}$$

注解 53 (计算复杂度): 观测更新步需要对每个空间分布 $s_{k+1|k+1}(o,\boldsymbol{x})$ $(o=1,\cdots,O)$ 执行传统的 CPHD 观测更新，因此其计算复杂度为 $O(m^3nO)$，其中，m 为观测数，n 为当前目标数，O 为模式数。

11.5.4 马尔可夫跳变 CPHD 滤波器：状态估计

马尔可夫跳变 CPHD 滤波器的状态估计同马尔可夫跳变 PHD 滤波器，只不过其目标数估计采用的是势分布的 MAP 估计。

11.6 变空间马尔可夫跳变 CPHD 滤波器

上节介绍的马尔可夫跳变 CPHD 滤波器隐含了这样一条假设：每个运动模型下的目标状态空间是相同的。但对许多实际应用而言，该假设未必合适。下面两种常见的模型就是不同单目标空间中目标运动模型的典型例子：

(1) 恒速 (*CV*) 运动模型：在时间间隔 $\Delta t = t_{k+1} - t_k$ 内，假定目标以速度 $\boldsymbol{v} = (v_x, v_y)^{\mathrm{T}}$ 从当前位置 $\boldsymbol{p} = (x, y)^{\mathrm{T}}$ 沿直线运动。该模型的状态空间由所有矢量 $(x, y, v_x, v_y)^{\mathrm{T}} \in \mathbb{R}^4$ 组成，而状态转移函数则定义为

$$\varphi_{k+1|k}\begin{pmatrix} x \\ y \\ v_x \\ v_y \end{pmatrix} = \begin{pmatrix} 1 & 0 & \Delta t & 0 \\ 0 & 1 & 0 & \Delta t \\ 0 & 0 & 1 & 0 \\ 0 & 0 & 0 & 1 \end{pmatrix}\begin{pmatrix} x \\ y \\ v_x \\ v_y \end{pmatrix} \tag{11.71}$$

(2) 协同转弯 (*CT*) 运动模型：假定目标从当前位置 $\boldsymbol{p} = (x, y)^{\mathrm{T}}$ 以未知角速率 ω (rad/s) 沿圆弧向左或右转动。该模型的状态空间由所有矢量 $(\omega, x, y, v_x, v_y)^{\mathrm{T}} \in \mathbb{R}^5$ 组成，而状态转移函数则定义为

$$\varphi_{k+1|k}\begin{pmatrix} \omega \\ x \\ y \\ v_x \\ v_y \end{pmatrix} = \begin{pmatrix} \omega \\ x + v_x \cdot \frac{\sin \omega \Delta t}{\omega} - v_y \cdot \frac{1-\cos \omega \Delta t}{\omega} \\ y + v_x \cdot \frac{1-\cos \omega \Delta t}{\omega} + v_y \cdot \frac{\sin \omega \Delta t}{\omega} \\ v_x \cdot \cos \omega \Delta t - v_y \cdot \sin \omega \Delta t \\ v_x \cdot \sin \omega \Delta t + v_y \cdot \cos \omega \Delta t \end{pmatrix} \tag{11.72}$$

针对变空间多模型问题，Chen、McDonald 和 Kirubarajan 设计了一种解决方案[36]。下面介绍他们的方法。

令 $o = 1, \cdots, O$ 表示模式变量，$\overset{o}{\mathfrak{X}}$ 表示模式 o 对应的状态空间。Chen 等人将多模状态空间定义为[①]

$$\ddot{\mathfrak{X}} = \overset{1}{\mathfrak{X}} \uplus \cdots \uplus \overset{O}{\mathfrak{X}} \tag{11.73}$$

式中：$\uplus$ 表示互斥并操作。

然后，他们在该空间上构造了一个常规 CPHD 滤波器[②]。由于 $\ddot{\mathfrak{X}}$ 中的元素 $\ddot{\boldsymbol{x}}$ 具有 O 个可能的形式 $\ddot{\boldsymbol{x}} = \overset{o}{\boldsymbol{x}}$ ($\overset{o}{\boldsymbol{x}} \in \overset{o}{\mathfrak{X}}, o = 1, \cdots, O$)，因此空间 $\ddot{\mathfrak{X}}$ 上函数 $\ddot{f}(\ddot{\boldsymbol{x}})$ 的积分可表示为

$$\int \ddot{f}(\ddot{\boldsymbol{x}})\mathrm{d}\ddot{\boldsymbol{x}} = \sum_o \int_{\overset{o}{\mathfrak{X}}} \ddot{f}(\overset{o}{\boldsymbol{x}})\mathrm{d}\overset{o}{\boldsymbol{x}} = \int_{\overset{1}{\mathfrak{X}}} \ddot{f}(\overset{1}{\boldsymbol{x}})\mathrm{d}\overset{1}{\boldsymbol{x}} + \cdots + \int_{\overset{O}{\mathfrak{X}}} \ddot{f}(\overset{O}{\boldsymbol{x}})\mathrm{d}\overset{O}{\boldsymbol{x}} \tag{11.74}$$

Chen 等人的方法需要解决下列问题，在随后的小节中将逐一解决：

- 建模：目标存活概率 $\ddot{p}_{\mathrm{S}}(\ddot{\boldsymbol{x}})$、马尔可夫转移密度 $\ddot{f}_{k+1|k}(\ddot{\boldsymbol{x}}|\ddot{\boldsymbol{x}}')$、新生目标 PHD $\ddot{b}_{k+1|k}(\ddot{\boldsymbol{x}})$、检测概率 $\ddot{p}_{\mathrm{D}}(\ddot{\boldsymbol{x}})$、似然函数 $\ddot{L}_{\boldsymbol{z}}(\ddot{\boldsymbol{x}}) = \ddot{f}_{k+1}(\boldsymbol{z}|\ddot{\boldsymbol{x}})$ 等必须定义在空间 $\ddot{\mathfrak{X}}$ 上。
- 多模 *PHD*：对于每个 $o = 1, \cdots, O$，存在定义在状态空间 $\overset{o}{\mathfrak{X}}$ 上的 PHD，即

$$\overset{o}{D}_{k|k}(\overset{o}{\boldsymbol{x}}|Z^{(k)}) \overset{\text{def.}}{=} \ddot{D}_{k|k}(\overset{o}{\boldsymbol{x}}|Z^{(k)}) \tag{11.75}$$

该 PHD 表示 t_k 时刻处于模式 o 的目标密度。

[①]注意：此处的 $\ddot{\mathfrak{X}}$ 有别于本章前面部分。前文中 $\ddot{\mathfrak{X}} = \{1, \cdots, O\} \times \mathfrak{X}$，而依上下文不难明白本节的含义。

[②]该方法与第18章中推导“未知杂波”CPHD 滤波器时所用方法 (也涉及状态空间的互斥并) 有着密切的联系。

- 势估计：该 CPHD 滤波器的势分布形式为 $\ddot{p}_{k|k}(\ddot{n}|Z^{(k)})$ ($\ddot{n} = \overset{1}{n} + \cdots + \overset{O}{n}$)，其中，$\overset{o}{n}$ ($o = 1, \cdots, O$) 表示处于模式 o 的目标数。因此，下述 MAP 估计给出了总目标数 $\ddot{n}$ 而非 $\overset{o}{n}$ 的估计：

$$\ddot{n}_{k|k} = \arg\sup_{\ddot{n}} \ddot{p}_{k|k}(\ddot{n}|Z^{(k)}) \tag{11.76}$$

有时候需要的是处于模式 o 的目标数 $\overset{o}{n}$，这可通过下述 MAP 估计器得到 (具体见11.6.4节)：

$$\overset{o}{n}_{k|k} = \arg\sup_{\overset{o}{n}} \overset{o}{p}_{k|k}(\overset{o}{n}|Z^{(k)}) \tag{11.77}$$

本节内容安排如下：

- 11.6.1节：变空间 CPHD 滤波器建模。
- 11.6.2节：变空间 CPHD 滤波器的时间更新方程。
- 11.6.3节：变空间 CPHD 滤波器的观测更新方程。
- 11.6.4节：变空间 CPHD 滤波器的状态估计。

11.6.1 变空间 CPHD 滤波器：建模

假定下列模型：

- 目标存活概率：处于模式 o 状态为 $\overset{o}{\boldsymbol{x}}$ 的目标的存活概率为

$$\ddot{p}_{\mathrm{S}}(\overset{o}{\boldsymbol{x}}) \overset{\text{def.}}{=} \overset{o}{p}_{\mathrm{S}}(\overset{o}{\boldsymbol{x}}) \overset{\text{abbr.}}{=} \overset{o}{p}_{\mathrm{S},k+1|k}(\overset{o}{\boldsymbol{x}}) \tag{11.78}$$

- 马尔可夫转移密度：

$$\ddot{f}_{k+1|k}(\overset{o}{\boldsymbol{x}}|\overset{o'}{\boldsymbol{x}}{}') \overset{\text{def.}}{=} \chi_{o,o'} \cdot \overset{o,o'}{f}_{k+1|k}(\overset{o}{\boldsymbol{x}}|\overset{o'}{\boldsymbol{x}}{}') \tag{11.79}$$

式中：$\chi_{o,o'}$ 表示目标由模式 o' 转移至模式 o 的概率；$\overset{o,o'}{f}_{k+1|k}(\overset{o}{\boldsymbol{x}}|\overset{o'}{\boldsymbol{x}}{}')$ 表示 t_k 时刻状态为 $\overset{o'}{\boldsymbol{x}}{}'$ 且模式由 o' 转移为 o 的条件下，t_{k+1} 时刻状态为 $\overset{o}{\boldsymbol{x}}$ 的概率 (密度)。

- *i.i.d.c.* 目标新生过程：目标新生过程的 PHD 为

$$\ddot{b}_{k+1|k}(\overset{o}{\boldsymbol{x}}) \overset{\text{def.}}{=} \overset{o}{b}_{k+1|k}(\overset{o}{\boldsymbol{x}}) \tag{11.80}$$

式中：$\overset{o}{b}_{k+1|k}(\overset{o}{\boldsymbol{x}})$ 表示模式 o 下的新生目标 PHD，且

$$\ddot{p}^{\mathrm{B}}_{k+1|k}(\ddot{n}) \overset{\text{def.}}{=} \sum_{\overset{1}{n}+\cdots+\overset{O}{n}=\ddot{n}} \overset{1}{p}{}^{\mathrm{B}}_{k+1|k}(\overset{1}{n}) \cdots \overset{O}{p}{}^{\mathrm{B}}_{k+1|k}(\overset{O}{n}) \tag{11.81}$$

其中，$\overset{o}{p}{}^{\mathrm{B}}_{k+1|k}(\overset{o}{n})$ 表示出现 $\overset{o}{n}$ 个 o 模式目标的概率。

- 检测概率：

$$\ddot{p}_{\mathrm{D}}(\overset{o}{\boldsymbol{x}}) \overset{\text{def.}}{=} \overset{o}{p}_{\mathrm{D}}(\overset{o}{\boldsymbol{x}}) \overset{\text{abbr.}}{=} \overset{o}{p}_{\mathrm{D},k+1}(\overset{o}{\boldsymbol{x}}) \tag{11.82}$$

式中：$\overset{o}{p}_{\mathrm{D}}(\overset{o}{\boldsymbol{x}})$ 表示 o 模式目标 $\overset{o}{\boldsymbol{x}}$ 的检测概率。

- 似然函数：

$$\ddot{f}_{k+1}(\boldsymbol{z}|\overset{o}{\boldsymbol{x}}) \overset{\text{def.}}{=} \overset{o}{L}_{\boldsymbol{z}}(\overset{o}{\boldsymbol{x}}) \overset{\text{abbr.}}{=} \overset{o}{f}_{k+1}(\boldsymbol{z}|\overset{o}{\boldsymbol{x}}) \tag{11.83}$$

式中：$\overset{o}{f}_{k+1}(\boldsymbol{z}|\overset{o}{\boldsymbol{x}})$ 表示在被检测到的前提下，o 模式目标 $\overset{o}{\boldsymbol{x}}$ 生成观测 $\boldsymbol{z}$ 的概率 (密度)。

- *i.i.d.c.* 杂波过程：与经典 CPHD 滤波器一样，空间分布为 $c_{k+1}(\boldsymbol{z})$，杂波势分布为 $p^{\kappa}_{k+1}(m)$。

给定上述模型假设后，变空间 CPHD 滤波器由下面 $O+1$ 个紧耦合的滤波器组成：

$$\begin{array}{ccccccc}
\cdots\to & \ddot{p}_{k|k}(\ddot{n}|Z^{(k)}) & \to & \ddot{p}_{k+1|k}(\ddot{n}|Z^{(k)}) & \to & \ddot{p}_{k+1|k+1}(\ddot{n}|Z^{(k+1)}) & \to\cdots \\
 & & & & \uparrow\downarrow & & \\
\cdots\to & \overset{1}{D}_{k|k}(\overset{1}{\boldsymbol{x}}|Z^{(k)}) & \to & \overset{1}{D}_{k+1|k}(\overset{1}{\boldsymbol{x}}|Z^{(k)}) & \to & \overset{1}{D}_{k+1|k+1}(\overset{1}{\boldsymbol{x}}|Z^{(k+1)}) & \to\cdots \\
 & & & & \uparrow\downarrow & & \\
\vdots & \vdots & \vdots & \vdots & \vdots & \vdots & \vdots \\
 & & & & \uparrow\downarrow & & \\
\cdots\to & \overset{O}{D}_{k|k}(\overset{O}{\boldsymbol{x}}|Z^{(k)}) & \to & \overset{O}{D}_{k+1|k}(\overset{O}{\boldsymbol{x}}|Z^{(k)}) & \to & \overset{O}{D}_{k+1|k+1}(\overset{O}{\boldsymbol{x}}|Z^{(k+1)}) & \to\cdots
\end{array}$$

在上面的滤波器组中，顶部是关于 $\ddot{p}_{k|k}(\ddot{n}|Z^{(k)})$ (总目标数 $\ddot{n}$ 的势分布) 的滤波器；其他行分别是关于 $\overset{o}{D}_{k|k}(\overset{o}{\boldsymbol{x}}|Z^{(k)})$ (o 模式状态量 $\overset{o}{\boldsymbol{x}}$ 的 PHD) 的滤波器。

11.6.2 变空间 CPHD 滤波器：时间更新

由8.5.2节可知，空间 $\ddot{\mathfrak{X}}$ 上的 CPHD 滤波器时间更新方程为 (表示中省去了观测序列 $Z^{(k)}$)：

$$\ddot{p}_{k+1|k}(\ddot{n}) = \sum_{\ddot{n}'\geqslant 0} \ddot{p}_{k+1|k}(\ddot{n}|\ddot{n}') \cdot \ddot{p}_{k|k}(\ddot{n}') \tag{11.84}$$

$$\ddot{D}_{k+1|k}(\ddot{\boldsymbol{x}}) = \ddot{b}_{k+1|k}(\ddot{\boldsymbol{x}}) + \int \ddot{p}_{\mathrm{S}}(\ddot{\boldsymbol{x}}') \cdot \ddot{f}_{k+1|k}(\ddot{\boldsymbol{x}}|\ddot{\boldsymbol{x}}') \cdot \ddot{D}_{k|k}(\ddot{\boldsymbol{x}}')\mathrm{d}\ddot{\boldsymbol{x}}' \tag{11.85}$$

式中

$$\ddot{\psi}_k = \int \ddot{p}_{\mathrm{S}}(\ddot{\boldsymbol{x}}) \cdot \ddot{s}_{k|k}(\ddot{\boldsymbol{x}})\mathrm{d}\ddot{\boldsymbol{x}} \tag{11.86}$$

$$\ddot{p}_{k+1|k}(\ddot{n}|\ddot{n}') = \sum_{i=0}^{\ddot{n}} \ddot{p}^{\mathrm{B}}_{k+1|k}(\ddot{n}-i) \cdot C_{\ddot{n}',i} \cdot \ddot{\psi}^i_k \cdot (1-\ddot{\psi}_k)^{\ddot{n}'-i} \tag{11.87}$$

$$\ddot{s}_{k|k}(\ddot{\boldsymbol{x}}) = \frac{\ddot{D}_{k|k}(\ddot{\boldsymbol{x}})}{\ddot{N}_{k|k}} \tag{11.88}$$

$$\ddot{N}_{k|k} = \sum_{\ddot{n}\geqslant 0} \ddot{n} \cdot \ddot{p}_{k|k}(\ddot{n}) = \int \ddot{D}_{k|k}(\ddot{\boldsymbol{x}})\mathrm{d}\ddot{\boldsymbol{x}} \tag{11.89}$$

将 o 模式目标的 PHD 简写为

$$\overset{o}{D}_{k|k}(\overset{o}{\boldsymbol{x}}) \overset{\text{abbr.}}{=} \ddot{D}_{k|k}(\overset{o}{\boldsymbol{x}}|Z^{(k)}) \tag{11.90}$$

$$\overset{o}{D}_{k+1|k}(\overset{o}{\boldsymbol{x}}) \overset{\text{abbr.}}{=} \ddot{D}_{k+1|k}(\overset{o}{\boldsymbol{x}}|Z^{(k)}) \tag{11.91}$$

在11.6.1节的模型假设下，时间更新方程可表示为

$$\ddot{p}_{k+1|k}(\ddot{n}) = \sum_{\ddot{n}'\geqslant 0} \ddot{p}_{k+1|k}(\ddot{n}|\ddot{n}') \cdot \ddot{p}_{k|k}(\ddot{n}') \tag{11.92}$$

$$\overset{o}{D}_{k+1|k}(\overset{o}{\boldsymbol{x}}) = \overset{o}{b}_{k+1|k}(\overset{o}{\boldsymbol{x}}) + \sum_{o'} \chi_{o,o'} \int \overset{o'}{p}_{\mathrm{S}}(\overset{o'}{\boldsymbol{x}}') \cdot \overset{o,o'}{f}_{k+1|k}(\overset{o}{\boldsymbol{x}}|\overset{o'}{\boldsymbol{x}}') \cdot \overset{o'}{D}_{k|k}(\overset{o'}{\boldsymbol{x}}')\mathrm{d}\overset{o'}{\boldsymbol{x}}' \tag{11.93}$$

式中

$$\ddot{\psi}_k = \frac{1}{\ddot{N}_{k|k}} \sum_{o} \int \overset{o}{p}_{\mathrm{S}}(\overset{o}{\boldsymbol{x}}) \cdot \overset{o}{D}_{k|k}(\overset{o}{\boldsymbol{x}})\mathrm{d}\overset{o}{\boldsymbol{x}} \tag{11.94}$$

$$\ddot{p}_{k+1|k}(\ddot{n}|\ddot{n}') = \sum_{i=0}^{\ddot{n}} \ddot{p}^{\mathrm{B}}_{k+1|k}(\ddot{n}-i) \cdot C_{\ddot{n}',i} \cdot \ddot{\psi}_k^i \cdot (1-\ddot{\psi}_k)^{\ddot{n}'-i} \tag{11.95}$$

$$\ddot{N}_{k|k} = \overset{1}{N}_{k|k} + \cdots + \overset{O}{N}_{k|k} \tag{11.96}$$

$$\overset{o}{N}_{k|k} = \int \overset{o}{D}_{k|k}(\overset{o}{\boldsymbol{x}})\mathrm{d}\overset{o}{\boldsymbol{x}} \tag{11.97}$$

11.6.3 变空间 CPHD 滤波器：观测更新

由8.5.4节可知，空间 $\ddot{\mathfrak{X}}$ 上的 CPHD 滤波器观测更新方程为

$$\ddot{p}_{k+1|k+1}(\ddot{n}) = \frac{\ddot{\ell}_{Z_{k+1}}(\ddot{n}) \cdot \ddot{p}_{k+1|k}(\ddot{n})}{\sum_{l\geqslant 0} \ddot{\ell}_{Z_{k+1}}(l) \cdot \ddot{p}_{k+1|k}(l)} \tag{11.98}$$

$$\ddot{D}_{k+1|k+1}(\ddot{\boldsymbol{x}}) = \ddot{L}_{Z_{k+1}}(\ddot{\boldsymbol{x}}) \cdot \ddot{D}_{k+1|k}(\ddot{\boldsymbol{x}}) \tag{11.99}$$

式中的伪似然函数分别为

$$\ddot{\ell}_{Z_{k+1}}(\ddot{n}) = \frac{\sum_{j=0}^{\min\{m,\ddot{n}\}} (m-j)! \cdot p^{\kappa}_{k+1}(m-j) \cdot j! \cdot C_{n,j} \cdot \ddot{\phi}_k^{n-j} \cdot \ddot{\sigma}_j(Z_{k+1})}{\sum_{l=0}^{m} (m-l)! \cdot p^{\kappa}_{k+1}(m-l) \cdot \ddot{\sigma}_l(Z_{k+1}) \cdot \ddot{G}^{(l)}_{k+1|k}(\ddot{\phi}_k)} \tag{11.100}$$

$$\ddot{L}_{Z_{k+1}}(\ddot{\boldsymbol{x}}) = \frac{(1-\ddot{p}_{\mathrm{D}}(\ddot{\boldsymbol{x}})) \cdot \overset{\mathrm{ND}}{L}_{Z_{k+1}} + \sum_{j=1}^{m} \frac{\ddot{p}_{\mathrm{D}}(\ddot{\boldsymbol{x}}) \cdot \ddot{L}_{\boldsymbol{z}_j}(\ddot{\boldsymbol{x}})}{c_{k+1}(\boldsymbol{z}_j)} \cdot \overset{\mathrm{D}}{L}_{Z_{k+1}}(\boldsymbol{z}_j)}{\ddot{N}_{k+1|k}} \tag{11.101}$$

其中

$$\overset{\text{ND}}{L}_{Z_{k+1}} = \frac{\sum_{j=0}^{m}(m-j)! \cdot p_{k+1}^{\kappa}(m-j) \cdot \ddot{\sigma}_j(Z_{k+1}) \cdot \ddot{G}_{k+1|k}^{(j+1)}(\ddot{\phi}_k)}{\sum_{l=0}^{m}(m-l)! \cdot p_{k+1}^{\kappa}(m-l) \cdot \ddot{\sigma}_l(Z_{k+1}) \cdot \ddot{G}_{k+1|k}^{(l)}(\ddot{\phi}_k)} \tag{11.102}$$

$$\overset{\text{D}}{L}_{Z_{k+1}}(z_j) = \frac{\begin{pmatrix} \sum_{i=0}^{m-1}(m-i-1)! \cdot p_{k+1}^{\kappa}(m-i-1) \cdot \\ \ddot{\sigma}_i(Z_{k+1}-\{z_j\}) \cdot \ddot{G}_{k+1|k}^{(i+1)}(\ddot{\phi}_k) \end{pmatrix}}{\sum_{l=0}^{m}(m-l)! \cdot p_{k+1}^{\kappa}(m-l) \cdot \ddot{\sigma}_l(Z_{k+1}) \cdot \ddot{G}_{k+1|k}^{(l)}(\ddot{\phi}_k)} \tag{11.103}$$

$$\ddot{G}_{k+1|k}^{(l)}(\ddot{\phi}_k) = \sum_{\ddot{n} \geqslant l} \ddot{p}_{k+1|k}(\ddot{n}) \cdot l! \cdot C_{\ddot{n},l} \cdot \ddot{\phi}_k^{\ddot{n}-l} \tag{11.104}$$

$$\ddot{G}_{k+1|k}^{(j+1)}(\ddot{\phi}_k) = \sum_{\ddot{n} \geqslant j+1} \ddot{p}_{k+1|k}(\ddot{n}) \cdot (j+1)! \cdot C_{\ddot{n},j+1} \cdot \ddot{\phi}_k^{\ddot{n}-j-1} \tag{11.105}$$

其中

$$\ddot{\phi}_k = \frac{1}{\ddot{N}_{k+1|k}} \int \left(1 - \ddot{p}_{\text{D}}(\ddot{\boldsymbol{x}})\right) \cdot \ddot{D}_{k+1|k}(\ddot{\boldsymbol{x}}) \mathrm{d}\ddot{\boldsymbol{x}} \tag{11.106}$$

$$\ddot{\sigma}_i(Z_{k+1}) = \sigma_{m,i}\left(\frac{\ddot{\tau}_{k+1}(z_1)}{c_{k+1}(z_1)}, \cdots, \frac{\ddot{\tau}_{k+1}(z_m)}{c_{k+1}(z_m)}\right) \tag{11.107}$$

$$\ddot{\sigma}_i(Z_{k+1}-\{z_j\}) = \sigma_{m-1,i}\left(\frac{\ddot{\tau}_{k+1}(z_1)}{c_{k+1}(z_1)}, \cdots, \widehat{\frac{\ddot{\tau}_{k+1}(z_j)}{c_{k+1}(z_j)}}, \cdots, \frac{\ddot{\tau}_{k+1}(z_m)}{c_{k+1}(z_m)}\right) \tag{11.108}$$

$$\ddot{\tau}_{k+1}(z) = \frac{1}{\ddot{N}_{k+1|k}} \int \ddot{p}_{\text{D}}(\ddot{\boldsymbol{x}}) \cdot \ddot{L}_z(\ddot{\boldsymbol{x}}) \cdot \ddot{D}_{k+1|k}(\ddot{\boldsymbol{x}}) \mathrm{d}\ddot{\boldsymbol{x}} \tag{11.109}$$

而

$$\ddot{N}_{k+1|k+1} = \ddot{\phi}_k \cdot \overset{\text{ND}}{L}_{Z_{k+1}} + \sum_{z \in Z_{k+1}} \frac{\ddot{\tau}_{k+1}(z)}{c_{k+1}(z)} \cdot \overset{\text{D}}{L}_{Z_{k+1}}(z) \tag{11.110}$$

在11.6.1节的模型假设下，上述方程可化为

$$\ddot{p}_{k+1|k+1}(\ddot{n}) = \frac{\ddot{\ell}_{Z_{k+1}}(\ddot{n}) \cdot \ddot{p}_{k+1|k}(\ddot{n})}{\sum_{l \geqslant 0} \ddot{\ell}_{Z_{k+1}}(l) \cdot \ddot{p}_{k+1|k}(l)} \tag{11.111}$$

$$\overset{o}{D}_{k+1|k+1}(\overset{o}{\boldsymbol{x}}) = \overset{o}{L}_{Z_{k+1}}(\overset{o}{\boldsymbol{x}}) \cdot \overset{o}{D}_{k+1|k}(\overset{o}{\boldsymbol{x}}) \tag{11.112}$$

式中的伪似然函数分别为

$$\ddot{\ell}_{Z_{k+1}}(\ddot{n}) = \frac{\sum_{j=0}^{\min\{m,\ddot{n}\}}(m-j)! \cdot p_{k+1}^{\kappa}(m-j) \cdot j! \cdot C_{n,j} \cdot \ddot{\phi}_k^{n-j} \cdot \ddot{\sigma}_j(Z_{k+1})}{\sum_{l=0}^{m}(m-l)! \cdot p_{k+1}^{\kappa}(m-l) \cdot \ddot{\sigma}_l(Z_{k+1}) \cdot \ddot{G}_{k+1|k}^{(l)}(\ddot{\phi}_k)} \tag{11.113}$$

$$\overset{o}{L}_{Z_{k+1}}(\overset{o}{\boldsymbol{x}}) = \frac{(1-\overset{o}{p}_{\text{D}}(\overset{o}{\boldsymbol{x}})) \cdot \overset{\text{ND}}{L}_{Z_{k+1}} + \sum_{j=1}^{m} \frac{\overset{o}{p}_{\text{D}}(\overset{o}{\boldsymbol{x}}) \cdot \overset{o}{L}_{z_j}(\overset{o}{\boldsymbol{x}})}{c_{k+1}(z_j)} \cdot \overset{\text{D}}{L}_{Z_{k+1}}(z_j)}{\ddot{N}_{k+1|k}} \tag{11.114}$$

其中

$$\ddot{N}_{k+1|k} = \overset{1}{N}_{k+1|k} + \cdots + \overset{O}{N}_{k+1|k} \tag{11.115}$$

$$\overset{\text{ND}}{L}_{Z_{k+1}} = \frac{\sum_{j=0}^{m}(m-j)! \cdot p_{k+1}^{\kappa}(m-j) \cdot \ddot{\sigma}_j(Z_{k+1}) \cdot \ddot{G}_{k+1|k}^{(j+1)}(\ddot{\phi}_k)}{\sum_{l=0}^{m}(m-l)! \cdot p_{k+1}^{\kappa}(m-l) \cdot \ddot{\sigma}_l(Z_{k+1}) \cdot \ddot{G}_{k+1|k}^{(l)}(\ddot{\phi}_k)} \tag{11.116}$$

$$\overset{\text{D}}{L}_{Z_{k+1}}(\boldsymbol{z}_j) = \frac{\left(\begin{array}{c} \sum_{i=0}^{m-1}(m-i-1)! \cdot p_{k+1}^{\kappa}(m-i-1) \cdot \\ \ddot{\sigma}_i(Z_{k+1}-\{\boldsymbol{z}_j\}) \cdot \ddot{G}_{k+1|k}^{(i+1)}(\ddot{\phi}_k) \end{array}\right)}{\sum_{l=0}^{m}(m-l)! \cdot p_{k+1}^{\kappa}(m-l) \cdot \ddot{\sigma}_l(Z_{k+1}) \cdot \ddot{G}_{k+1|k}^{(l)}(\ddot{\phi}_k)} \tag{11.117}$$

$$\ddot{G}_{k+1|k}^{(l)}(\ddot{\phi}_k) = \sum_{\ddot{n} \geqslant l} \ddot{p}_{k+1|k}(\ddot{n}) \cdot l! \cdot C_{\ddot{n},l} \cdot \ddot{\phi}_k^{\ddot{n}-l} \tag{11.118}$$

$$\ddot{G}_{k+1|k}^{(j+1)}(\ddot{\phi}_k) = \sum_{\ddot{n} \geqslant j+1} \ddot{p}_{k+1|k}(\ddot{n}) \cdot (j+1)! \cdot C_{\ddot{n},j+1} \cdot \ddot{\phi}_k^{\ddot{n}-j-1} \tag{11.119}$$

其中

$$\ddot{\phi}_k = \frac{1}{\ddot{N}_{k+1|k}} \sum_{o} \int (1 - \overset{o}{p}_{\text{D}}(\overset{o}{\boldsymbol{x}})) \cdot \overset{o}{D}_{k+1|k}(\overset{o}{\boldsymbol{x}}) \mathrm{d}\overset{o}{\boldsymbol{x}} \tag{11.120}$$

$$\ddot{\sigma}_i(Z_{k+1}) = \sigma_{m,i}\left(\frac{\ddot{\tau}_{k+1}(\boldsymbol{z}_1)}{c_{k+1}(\boldsymbol{z}_1)}, \cdots, \frac{\ddot{\tau}_{k+1}(\boldsymbol{z}_m)}{c_{k+1}(\boldsymbol{z}_m)}\right) \tag{11.121}$$

$$\ddot{\sigma}_i(Z_{k+1}-\{\boldsymbol{z}_j\}) = \sigma_{m-1,i}\left(\frac{\ddot{\tau}_{k+1}(\boldsymbol{z}_1)}{c_{k+1}(\boldsymbol{z}_1)}, \cdots, \widehat{\frac{\ddot{\tau}_{k+1}(\boldsymbol{z}_j)}{c_{k+1}(\boldsymbol{z}_j)}}, \cdots, \frac{\ddot{\tau}_{k+1}(\boldsymbol{z}_m)}{c_{k+1}(\boldsymbol{z}_m)}\right) \tag{11.122}$$

$$\ddot{\tau}_{k+1}(\boldsymbol{z}) = \frac{1}{\ddot{N}_{k+1|k}} \sum_{o} \int \overset{o}{p}_{\text{D}}(\overset{o}{\boldsymbol{x}}) \cdot \overset{o}{L}_{\boldsymbol{z}}(\overset{o}{\boldsymbol{x}}) \cdot \overset{o}{D}_{k+1|k}(\overset{o}{\boldsymbol{x}}) \mathrm{d}\overset{o}{\boldsymbol{x}} \tag{11.123}$$

对于下一时间更新步，还需要已知

$$\ddot{N}_{k+1|k+1} = \ddot{\phi}_k \cdot \overset{\text{ND}}{L}_{Z_{k+1}} + \sum_{\boldsymbol{z} \in Z_{k+1}} \frac{\ddot{\tau}_{k+1}(\boldsymbol{z})}{c_{k+1}(\boldsymbol{z})} \cdot \overset{\text{D}}{L}_{Z_{k+1}}(\boldsymbol{z}) \tag{11.124}$$

11.6.4 变空间 CPHD 滤波器：状态估计

变空间 CPHD 滤波器的状态估计与传统 CPHD 滤波器一样 (8.5.5节)：

首先，采用 MAP 估计器估计总目标数 (与目标模式无关)，即

$$\nu = \arg\sup_{\ddot{n}} \ddot{p}_{k|k}(\ddot{n}|Z^{(k)}) \tag{11.125}$$

然后，确定 $\ddot{D}_{k|k}(\ddot{\boldsymbol{x}}|Z^{(k)})$ 的前 ν 个极大值处的目标状态，并将其作为目标状态估计，为此需要先确定下述面向模式的 PHD 峰值，即

$$\overset{1}{D}_{k|k}(\overset{1}{\boldsymbol{x}}|Z^{(k)}), \cdots, \overset{O}{D}_{k|k}(\overset{O}{\boldsymbol{x}}|Z^{(k)})$$

最后，从中选出 ν 个最大峰值。这样一来，就需要首先估计处于任意指定模式 o 的目标数。

为了实现该目标，Chen、McDonald 及 Kirubarajan 的研究表明：估计处于任意指定模式 o 的目标数是有可能的。令 $\ddot{p}_{k|k}(\ddot{n}|Z^{(k)})$、$\ddot{G}_{k|k}(x)$ 分别为 t_k 时刻的势分布及其 p.g.f.，并令

$$\overset{o}{N}_{k|k} = \int \overset{o}{D}_{k|k}(\overset{o}{\boldsymbol{x}}|Z^{(k)})\mathrm{d}\overset{o}{\boldsymbol{x}} \tag{11.126}$$

表示 o 模式的期望目标数；同时令

$$\overset{o}{r}_{k|k} = \frac{\overset{o}{N}_{k|k}}{\overset{1}{N}_{k|k} + \cdots + \overset{O}{N}_{k|k}} \tag{11.127}$$

表示 o 模式目标所占的比例，从而可将 o 模式目标的势分布表示为

$$\overset{o}{p}_{k|k}(\overset{o}{n}|Z^{(k)}) = \frac{\overset{o}{r}{}^{\overset{o}{n}}_{k|k}}{\overset{o}{n}!} \cdot \ddot{G}^{(\overset{o}{n})}_{k|k}(1 - \overset{o}{r}_{k|k}) \tag{11.128}$$

给定上述表示后，o 模式目标数的 MAP 估计为

$$\overset{o}{n}_{k|k} = \arg\sup_{\overset{o}{n}} \overset{o}{p}_{k|k}(\overset{o}{n}|Z^{(k)}) \tag{11.129}$$

式(11.128)可证明如下：令 $\ddot{\Xi}_{k|k}$ 表示所有模式目标的联合随机状态集，则 $\ddot{\Xi}_{k|k}$ 中的 o 模式目标数 (随机) 为

$$|\ddot{\Xi}_{k|k} \cap \overset{o}{\mathfrak{X}}| \tag{11.130}$$

$\ddot{\Xi}_{k|k} \cap \overset{o}{\mathfrak{X}}$ 的势分布即 o 模式目标势分布。根据式(4.131)，$\ddot{\Xi}_{k|k} \cap \overset{o}{\mathfrak{X}}$ 的 p.g.f. 为

$$G_{\ddot{\Xi}_{k|k}\cap\overset{o}{\mathfrak{X}}}(x) = G_{\ddot{\Xi}_{k|k}}[1 - \mathbf{1}_{\overset{o}{\mathfrak{X}}} + x \cdot \mathbf{1}_{\overset{o}{\mathfrak{X}}}] \tag{11.131}$$

因为 $\ddot{\Xi}_{k|k}$ 是 i.i.d.c. 过程，因此

$$G_{\ddot{\Xi}_{k|k}\cap\overset{o}{\mathfrak{X}}}(x) = \ddot{G}_{k|k}(\ddot{N}^{-1}_{k|k}\ddot{D}_{k|k}[1 - \mathbf{1}_{\overset{o}{\mathfrak{X}}} + x \cdot \mathbf{1}_{\overset{o}{\mathfrak{X}}}]) \tag{11.132}$$

$$= \ddot{G}_{k|k}(1 - \ddot{N}^{-1}_{k|k}\ddot{D}_{k|k}[\mathbf{1}_{\overset{o}{\mathfrak{X}}}] + x \cdot \ddot{N}^{-1}_{k|k}\ddot{D}_{k|k}[\mathbf{1}_{\overset{o}{\mathfrak{X}}}]) \tag{11.133}$$

$$= \ddot{G}_{k|k}(1 - \overset{o}{r}_{k|k} + x \cdot \overset{o}{r}_{k|k}) \tag{11.134}$$

上面最后一步成立的原因是

$$\ddot{N}^{-1}_{k|k}\ddot{D}_{k|k}[\mathbf{1}_{\overset{o}{\mathfrak{X}}}] = \frac{\int_{\overset{o}{\mathfrak{X}}} \ddot{D}_{k|k}(\ddot{\boldsymbol{x}})\mathrm{d}\ddot{\boldsymbol{x}}}{\overset{1}{N}_{k|k} + \cdots + \overset{o}{N}_{k|k}} = \frac{\int \overset{o}{D}_{k|k}(\overset{o}{\boldsymbol{x}})\mathrm{d}\overset{o}{\boldsymbol{x}}}{\overset{1}{N}_{k|k} + \cdots + \overset{o}{N}_{k|k}} \tag{11.135}$$

$$= \frac{\overset{o}{N}_{k|k}}{\overset{1}{N}_{k|k} + \cdots + \overset{o}{N}_{k|k}} = \overset{o}{r}_{k|k} \tag{11.136}$$

由此便可得到 o 模式目标的势分布：

$$\overset{o}{p}_{k|k}(\overset{o}{n}|Z^{(k)}) = \left[\frac{1}{\overset{o}{n}!}\frac{\mathrm{d}^{\overset{o}{n}}}{\mathrm{d}x^{\overset{o}{n}}}\ddot{G}_{k|k}(1-\overset{o}{r}_{k|k}+x\cdot\overset{o}{r}_{k|k})\right]_{x=0} \tag{11.137}$$

$$= \left[\frac{\overset{o}{r}{}_{k|k}^{\overset{o}{n}}}{\overset{o}{n}!}\ddot{G}_{k|k}^{(\overset{o}{n})}(1-\overset{o}{r}_{k|k}+x\cdot\overset{o}{r}_{k|k})\right]_{x=0} \tag{11.138}$$

$$= \frac{\overset{o}{r}{}_{k|k}^{\overset{o}{n}}}{\overset{o}{n}!}\cdot\ddot{G}_{k|k}^{(\overset{o}{n})}(1-\overset{o}{r}_{k|k}) \tag{11.139}$$

11.7 马尔可夫跳变 PHD/CPHD 滤波器的实现

本节简要介绍马尔可夫跳变 PHD/CPHD 滤波器的实现：11.7.1节为高斯混合实现；11.7.2节为序贯蒙特卡罗 (SMC) 实现。

11.7.1 高斯混合马尔可夫跳变 PHD/CPHD 滤波器

马尔可夫跳变 PHD/CPHD 滤波器的高斯混合实现是经典 PHD/CPHD 高斯混合实现 (见9.5.4节和9.5.5节) 的直接推广。为概念清晰起见，本节只介绍马尔可夫跳变 PHD 滤波器的高斯混合实现，而马尔可夫跳变 CPHD 滤波器的高斯混合实现可采用类似方式。

11.7.1.1 马尔可夫跳变 GM-PHD 滤波器模型

马尔可夫跳变 PHD 滤波器的 GM 实现需要假定下列模型：

- 目标存活概率：与模式量有关而与运动状态无关，即 $p_{\mathrm{S},k+1}(o,\boldsymbol{x}) = p_{\mathrm{S},k+1}(o) \overset{\text{abbr.}}{=} p_{\mathrm{S}}^{o}$。
- 单目标马尔可夫转移密度：线性高斯且模式相关，即

$$f_{k+1|k}(\boldsymbol{x}|o,\boldsymbol{x}') = N_{\boldsymbol{Q}_k^o}(\boldsymbol{x}-\boldsymbol{F}_k^o\boldsymbol{x}') \tag{11.140}$$

- 新生目标 *PHD*：模式相关，且每个模式下皆为高斯混合形式，即

$$b_{k+1|k}(o,\boldsymbol{x}) = \sum_{i=1}^{\nu_{k+1|k}^{\mathrm{B}}} b_{i,o}^{k+1|k}\cdot N_{\boldsymbol{B}_{i,o}^{k+1|k}}(\boldsymbol{x}-\boldsymbol{b}_{i,o}^{k+1|k}) \tag{11.141}$$

每个模式下新生目标数的期望值为

$$N_{k+1|k}^{\mathrm{B},o} = \sum_{i=1}^{\nu_{k+1|k}^{\mathrm{B}}} b_{i,o}^{k+1|k} \tag{11.142}$$

而新生目标总数的期望值为

$$N_{k+1|k}^{\mathrm{B}} = \sum_{o=1}^{O}\sum_{i=1}^{\nu_{k+1|k}^{\mathrm{B}}} b_{i,o}^{k+1|k} \tag{11.143}$$

- 衍生目标 *PHD*：模式相关，且每个 o、o' 下皆为高斯混合形式，即

$$b_{k+1|k}(o,\boldsymbol{x}|o',\boldsymbol{x}') = \sum_{j=1}^{\nu^{\mathrm{S}}_{k+1|k}} e^{k+1|k}_{j,o,o'} \cdot N_{\boldsymbol{G}^{k+1|k}_{j,o'}}(\boldsymbol{x} - \boldsymbol{E}^{k+1|k}_{j,o'}\boldsymbol{x}') \tag{11.144}$$

- 检测概率：独立于目标状态但与模式量有关，即 $p_{\mathrm{D},k+1}(o,\boldsymbol{x}) = p_{\mathrm{D},k+1}(o) \overset{\text{abbr.}}{=} p^o_{\mathrm{D}}$ (在9.5.6节的近似下可去除该假设)。
- 传感器似然函数：线性高斯且模式相关，即

$$L_{\boldsymbol{z}}(o,\boldsymbol{x}) = f_{k+1}(\boldsymbol{z}|o,\boldsymbol{x}) = N_{\boldsymbol{R}^o_{k+1}}(\boldsymbol{z} - \boldsymbol{H}^o_{k+1}\boldsymbol{x}) \tag{11.145}$$

- 杂波强度函数：模式无关且 $\kappa_{k+1}(\boldsymbol{z}) = \lambda_{k+1} \cdot c_{k+1}(\boldsymbol{z})$，其中，$\lambda_{k+1}$ 为杂波率，$c_{k+1}(\boldsymbol{z})$ 为杂波空间分布。

马尔可夫跳变 PHD 滤波器的高斯混合实现假定：对于任意的 o 和 $k \geqslant 0$，$D_{k|k}(o.\boldsymbol{x})$ 和 $D_{k+1|k}(o,\boldsymbol{x})$ 均可表示为下述高斯混合形式，即

$$D_{k|k}(o,\boldsymbol{x}) = \sum_{i=1}^{\nu_{k|k}} w^{k|k}_{i,o} \cdot N_{\boldsymbol{P}^{k|k}_{i,o}}(\boldsymbol{x} - \boldsymbol{x}^{k|k}_{i,o}) \tag{11.146}$$

$$D_{k+1|k}(o,\boldsymbol{x}) = \sum_{i=1}^{\nu_{k+1|k}} w^{k+1|k}_{i,o} \cdot N_{\boldsymbol{P}^{k+1|k}_{i,o}}(\boldsymbol{x} - \boldsymbol{x}^{k+1|k}_{i,o}) \tag{11.147}$$

而模式 o 及所有模式下的期望目标数可分别表示为

$$N^o_{k|k} = \int D_{k|k}(o,\boldsymbol{x})\mathrm{d}\boldsymbol{x} = \sum_{i=1}^{\nu_{k|k}} w^{k|k}_{i,o} \tag{11.148}$$

$$N_{k|k} = \sum_{o=1}^{O}\sum_{i=1}^{\nu_{k|k}} w^{k|k}_{i,o} \tag{11.149}$$

也就是说，可用高斯分量系统 $(\ell^{k|k}_{i,o}, w^{k|k}_{i,o}, \boldsymbol{P}^{k|k}_{i,o}, \boldsymbol{x}^{k|k}_{i,o})^{\nu_{k|k},O}_{i=1;o=1}$ 等价替换 PHD 的高斯混合表示，其中，$\ell^{k|k}_{i,o}$ 为各高斯分量的航迹标签。

11.7.1.2 马尔可夫跳变 GM-PHD 滤波器时间更新

给定下述高斯分量系统

$$(\ell^{k|k}_{i,o}, w^{k|k}_{i,o}, \boldsymbol{P}^{k|k}_{i,o}, \boldsymbol{x}^{k|k}_{i,o})^{\nu_{k|k},O}_{i=1;o=1}$$

现欲确定下面的预测高斯分量系统

$$(\ell^{k+1|k}_{i,o}, w^{k+1|k}_{i,o}, \boldsymbol{P}^{k+1|k}_{i,o}, \boldsymbol{x}^{k+1|k}_{i,o})^{\nu_{k+1|k},O}_{i=1;o=1}$$

上述预测高斯分量系统的实际结构如下：

$$(\ell^{k+1|k}_{i,o,o'}, w^{k+1|k}_{i,o,o'}, \boldsymbol{P}^{k+1|k}_{i,o,o'}, \boldsymbol{x}^{k+1|k}_{i,o,o'})^{\nu_{k|k}+\nu^{\mathrm{B}}_{k+1|k},O}_{i=1;o,o'=1}$$

$$(\ell_{i,j,o,o'}^{k+1|k}, w_{i,j,o,o'}^{k+1|k}, \boldsymbol{P}_{i,j,o,o'}^{k+1|k}, \boldsymbol{x}_{i,j,o,o'}^{k+1|k})_{i=1;j=1;o,o'=1}^{\nu_{k|k},\nu_{k+1|k}^{\mathrm{S}},O}$$

上述系统可由下列方程给定 (证明见附录 K.17)：

- *GM* 分量数的时间更新[①]：

$$\nu_{k+1|k} = \nu_{k|k} \cdot O^2 + \nu_{k+1|k}^{\mathrm{B}} \cdot O + \nu_{k|k} \cdot \nu_{k+1|k}^{\mathrm{S}} \cdot O^2 \tag{11.150}$$

式中：$\nu_{k|k} \cdot O^2$ 个分量对应存活目标；$\nu_{k+1|k}^{\mathrm{B}} \cdot O$ 个分量对应新生目标；$\nu_{k|k} \cdot \nu_{k+1|k}^{\mathrm{S}} \cdot O^2$ 个分量对应衍生目标。时间更新后的分量索引编排如下：

$$i = 1, \cdots, \nu_{k|k}; \quad o, o' = 1, \cdots, O \qquad \text{存活目标} \tag{11.151}$$

$$i = \nu_{k|k} + 1, \cdots, \nu_{k|k} + \nu_{k+1|k}^{\mathrm{B}}; \quad o = 1, \cdots, O \qquad \text{新生目标} \tag{11.152}$$

$$i = 1, \cdots, \nu_{k|k}; \quad j = 1, \cdots, \nu_{k+1|k}^{\mathrm{S}}; \quad o, o' = 1, \cdots, O \qquad \text{衍生目标} \tag{11.153}$$

- 存活目标的高斯分量：对于 $i = 1, \cdots, \nu_{k|k}$，$o, o' = 1, \cdots, O$，有

$$\ell_{i,o,o'}^{k+1|k} = \ell_{i,o'}^{k|k} \tag{11.154}$$

$$w_{i,o,o'}^{k+1|k} = w_{i,o'}^{k|k} \cdot \chi_{o,o'} \cdot p_{\mathrm{S}}^{o'} \tag{11.155}$$

$$\boldsymbol{x}_{i,o,o'}^{k+1|k} = \boldsymbol{F}_k^{o'} \boldsymbol{x}_{i,o'}^{k|k} \tag{11.156}$$

$$\boldsymbol{P}_{i,o,o'}^{k+1|k} = \boldsymbol{Q}_k^{o'} + \boldsymbol{F}_k^{o'} \boldsymbol{P}_{i,o'}^{k|k} (\boldsymbol{F}_k^{o'})^{\mathrm{T}} \tag{11.157}$$

- 新生目标的高斯分量：对于 $i = \nu_{k|k} + 1, \cdots, \nu_{k|k} + \nu_{k+1|k}^{\mathrm{B}}$，$o = 1, \cdots, O$，有

$$\ell_{i,o}^{k+1|k} = \text{新标签} \tag{11.158}$$

$$w_{i,o}^{k+1|k} = b_{i-\nu_{k|k},o}^{k+1|k} \tag{11.159}$$

$$\boldsymbol{x}_{i,o}^{k+1|k} = \boldsymbol{b}_{i-\nu_{k|k},o}^{k+1|k} \tag{11.160}$$

$$\boldsymbol{P}_{i,o}^{k+1|k} = \boldsymbol{B}_{i-\nu_{k|k},o}^{k+1|k} \tag{11.161}$$

- 衍生目标的高斯分量：对于 $i = 1, \cdots, \nu_{k|k}$，$j = 1, \cdots, \nu_{k+1|k}^{\mathrm{S}}$，$o, o' = 1, \cdots, O$，有

$$\ell_{i,j,o,o'}^{k+1|k} = \text{新标签} \tag{11.162}$$

$$w_{i,j,o,o'}^{k+1|k} = e_{j,o,o'}^{k+1|k} \cdot w_{i,o'}^{k|k} \tag{11.163}$$

$$\boldsymbol{x}_{i,j,o,o'}^{k+1|k} = \boldsymbol{E}_{j,o'}^{k+1|k} \boldsymbol{x}_{i,o'}^{k|k} \tag{11.164}$$

$$\boldsymbol{P}_{i,j,o,o'}^{k+1|k} = \boldsymbol{G}_{j,o'}^{k+1|k} + \boldsymbol{E}_{j,o'}^{k+1|k} \boldsymbol{P}_{i,o'}^{k|k} (\boldsymbol{E}_{j,o'}^{k+1|k})^{\mathrm{T}} \tag{11.165}$$

11.7.1.3 马尔可夫跳变 GM-PHD 滤波器观测更新

给定下述预测高斯分量系统

$$(\ell_{i,o}^{k+1|k}, w_{i,o}^{k+1|k}, \boldsymbol{P}_{i,o}^{k+1|k}, \boldsymbol{x}_{i,o}^{k+1|k})_{i=1;o=1}^{\nu_{k+1|k},O}$$

---

①译者注：根据式(11.158)~(11.161)，(11.150)式中新生分量数应为 $\nu_{k+1|k}^{\mathrm{B}} \cdot O$，而非原著中的 $\nu_{k+1|k}^{\mathrm{B}} \cdot O^2$。

同时给定新观测集 $Z_{k+1}=\{z_1,\cdots,z_{m_{k+1}}\}$ ($|Z_{k+1}|=m_{k+1}$)，现欲确定下述观测更新高斯分量系统的表达式

$$(\ell_{i,o}^{k+1|k+1}, w_{i,o}^{k+1|k+1}, \boldsymbol{P}_{i,o}^{k+1|k+1}, \boldsymbol{x}_{i,o}^{k+1|k+1})_{i=1;o=1}^{\nu_{k+1|k+1},O}$$

上述高斯分量系统的实际结构如下：

$$(\ell_{i,o}^{k+1|k+1}, w_{i,o}^{k+1|k+1}, \boldsymbol{P}_{i,o}^{k+1|k+1}, \boldsymbol{x}_{i,o}^{k+1|k+1})_{i=1;o=1}^{\nu_{k+1|k},O}$$

$$(\ell_{i,o,j}^{k+1|k+1}, w_{i,o,j}^{k+1|k+1}, \boldsymbol{P}_{i,o,j}^{k+1|k+1}, \boldsymbol{x}_{i,o,j}^{k+1|k+1})_{i=1;o=1;j=1}^{\nu_{k+1|k},O,m_{k+1}}$$

上述系统可由下列方程给定 (证明见附录 K.17)：

- *GM* 分量数的观测更新：

$$\nu_{k+1|k+1}=\nu_{k+1|k}\cdot O+m_{k+1}\cdot\nu_{k+1|k}\cdot O \tag{11.166}$$

  式中：$\nu_{k+1|k}\cdot O$ 个分量表示漏报航迹；$m_{k+1}\cdot\nu_{k+1|k}\cdot O$ 个分量表示检报航迹。观测更新后的分量索引编排如下：

$$i=1,\cdots,\nu_{k+1|k};\quad o,=1,\cdots,O \qquad \text{漏报航迹} \tag{11.167}$$

$$i=1,\cdots,\nu_{k+1|k};\quad o=1,\cdots,O;\quad j=1,\cdots,m_{k+1} \qquad \text{检报航迹} \tag{11.168}$$

- 漏报航迹分量的观测更新：对于 $i=1,\cdots,\nu_{k+1|k}$，$o=1,\cdots,O$，有

$$\ell_{i,o}^{k+1|k+1}=\ell_{i,o}^{k+1|k} \tag{11.169}$$

$$w_{i,o}^{k+1|k+1}=(1-p_{\mathrm{D}}^{o})\cdot w_{i,o}^{k+1|k} \tag{11.170}$$

$$\boldsymbol{x}_{i,o}^{k+1|k+1}=\boldsymbol{x}_{i,o}^{k+1|k} \tag{11.171}$$

$$\boldsymbol{P}_{i,o}^{k+1|k+1}=\boldsymbol{P}_{i,o}^{k+1|k} \tag{11.172}$$

- 检报航迹分量的观测更新：对于 $i=1,\cdots,\nu_{k+1|k}$，$o=1,\cdots,O$，$j=1,\cdots,m_{k+1}$，有

$$\ell_{i,o,j}^{k+1|k+1}=\ell_{i,o}^{k+1|k} \tag{11.173}$$

$$\tau_{k+1}(z_j)=\sum_{o}\sum_{i=1}^{\nu_{k+1|k}} w_{i,o}^{k+1|k}\cdot p_{\mathrm{D}}^{o}\cdot N_{\boldsymbol{R}_{k+1}^{o}+\boldsymbol{H}_{k+1}^{o}\boldsymbol{P}_{i,o}^{k+1|k}(\boldsymbol{H}_{k+1}^{o})^{\mathrm{T}}}(z_j-\boldsymbol{H}_{k+1}^{o}\boldsymbol{x}_{i,o}^{k+1|k}) \tag{11.174}$$

$$\boldsymbol{x}_{i,o,j}^{k+1|k+1}=\boldsymbol{x}_{i,o}^{k+1|k}+\boldsymbol{K}_{i,o}^{k+1}(z_j-\boldsymbol{H}_{k+1}^{o}\boldsymbol{x}_{i,o}^{k+1|k}) \tag{11.175}$$

$$\boldsymbol{P}_{i,o,j}^{k+1|k+1}=(\boldsymbol{I}-\boldsymbol{K}_{i,o}^{k+1}\boldsymbol{H}_{k+1}^{o})\boldsymbol{P}_{i,o}^{k+1|k} \tag{11.176}$$

$$\boldsymbol{K}_{i,o}^{k+1}=\boldsymbol{P}_{i,o}^{k+1|k}(\boldsymbol{H}_{k+1}^{o})^{\mathrm{T}}\left(\boldsymbol{R}_{k+1}^{o}+\boldsymbol{H}_{k+1}^{o}\boldsymbol{P}_{i,o}^{k+1|k}(\boldsymbol{H}_{k+1}^{o})^{\mathrm{T}}\right)^{-1} \tag{11.177}$$

$$w_{i,o,j}^{k+1|k+1} = \frac{w_{i,o}^{k+1|k} \cdot p_{\mathrm{D}}^{o} \cdot N_{\boldsymbol{R}_{k+1}^{o}+\boldsymbol{H}_{k+1}^{o}\boldsymbol{P}_{i,o}^{k+1|k}(\boldsymbol{H}_{k+1}^{o})^{\mathrm{T}}}(\boldsymbol{z}_j - \boldsymbol{H}_{k+1}^{o}\boldsymbol{x}_{i,o}^{k+1|k})}{\kappa_{k+1}(\boldsymbol{z}_j) + \tau_{k+1}(\boldsymbol{z}_j)} \tag{11.178}$$

11.7.1.4 马尔可夫跳变 GM-PHD 滤波器多目标状态估计

马尔可夫跳变 GM-PHD 滤波器的状态估计可采用11.4.4节的方法。给定观测更新的高斯分量系统

$$(\ell_{i,o}^{k+1|k+1}, w_{i,o}^{k+1|k+1}, \boldsymbol{P}_{i,o}^{k+1|k+1}, \boldsymbol{x}_{i,o}^{k+1|k+1})_{i=1;o=1}^{\nu_{k+1|k+1},O}$$

相应的 PHD 为

$$D_{k+1|k+1}(o, \boldsymbol{x}) = \sum_{i=1}^{\nu_{k+1|k+1}} w_{i,o}^{k+1|k+1} \cdot N_{\boldsymbol{P}_{i,o}^{k+1|k+1}}(\boldsymbol{x} - \boldsymbol{x}_{i,o}^{k+1|k+1}) \tag{11.179}$$

总目标数的期望值为

$$N_{k+1|k+1} = \sum_{o} \sum_{i=1}^{\nu_{k+1|k+1}} w_{i,o}^{k+1|k+1} \tag{11.180}$$

令 n 为最接近 $N_{k+1|k+1}$ 的整数，首先确定权值 $w_{i,o}^{k+1|k+1}$ 最大的 n 个分量；然后将相应的均值 $\boldsymbol{x}_{i,o}^{k+1|k+1}$ 作为状态估计，将 $\boldsymbol{P}_{i,o}^{k+1|k+1}$ 作为航迹协方差。

11.7.2 马尔可夫跳变 PHD/CPHD 滤波器的粒子实现

马尔可夫跳变 PHD/CPHD 滤波器的 SMC 实现与经典 PHD/CPHD 滤波器的 SMC 实现基本相同，主要区别在于此时粒子系统的形式为 $\{(o_i^{k|k}, \boldsymbol{x}_i^{k|k}, w_i^{k|k})\}_{i=1}^{\nu_{k|k}}$，而非 $\{(\boldsymbol{x}_i^{k|k}, w_i^{k|k})\}_{i=1}^{\nu_{k|k}}$。

11.8 已实现的马尔可夫跳变 PHD/CPHD 滤波器

部分研究人员也设计了马尔可夫跳变 PHD/CPHD 滤波器，但都是基于自底向上的方法。也就是说，他们从 PHD 或 CPHD 滤波器出发，将其推广为马尔可夫跳变系统。本节对这些研究作简单小结：

- 11.8.1节：S. Pasha、B. N. Vo、H. Tuan 和 W. K. Ma 的马尔可夫跳变 PHD 滤波器。
- 11.8.2节：Punithakumar、Kirubarajan 和 Sinha 的 IMM 型马尔可夫跳变 PHD 滤波器。
- 11.8.3节：Wenling Li 和 Yingmin Jia 的最优高斯拟合 (BFG) PHD 滤波器。
- 11.8.4节：Georgescu 和 Willett 的马尔可夫跳变 CPHD 滤波器。
- 11.8.5节：Mengjun Jin、Shaohua Hong、Zhiguo Shi 和 Kangsheng Chen 的当前统计模型 (CSM) PHD 滤波器。
- 11.8.6节：Chen Xin, McDonald 和 Kirubarajan 的变空间 CPHD 滤波器。

11.8.1 Pasha 等人的马尔可夫跳变 PHD 滤波器

该方法[232-234,297] 与自顶向下方法是相容的——等价于11.4节的马尔可夫跳变滤波器。本节内容选自文献 [234]，所述方法与11.4节方法在时间更新上略有区别。为了采用高斯混合技术实现，他们采用了特殊的目标新生及衍生模型：

$$b_{k+1|k}(o,\boldsymbol{x}) = p_{k+1|k}(o) \cdot b_{k+1|k}(\boldsymbol{x}) \tag{11.181}$$

$$b_{k+1|k}(o,\boldsymbol{x}|o',\boldsymbol{x}') = p_{k+1|k}(o|\boldsymbol{x},o',\boldsymbol{x}') \cdot b_{k+1|k}(\boldsymbol{x}|o',\boldsymbol{x}') \tag{11.182}$$

在上述模型中，新生目标的模式独立于目标本身，衍生目标的模式依赖于其母目标的状态及模式，而不单是目标本身的状态。

11.8.2 Punithakumar 等人的 IMM 型 JM-PHD 滤波器

2004 年，Punithakumar 等人首次提出了马尔可夫跳变 PHD 滤波器[243,244]，本节内容选自文献 [244]。受著名的交互多模 (IMM) 方法启发，作者们试图设计一种马尔可夫跳变的 PHD 滤波器。众所周知，单目标 IMM 算法虽然是次优的，但因其很好地平衡了计算性能与跟踪性能之间矛盾，故获得了相当广泛的应用。由于作者们的出发点是寻找一种次优方法，故其结果不同于11.4节的马尔可夫跳变 PHD 滤波器也就不足为奇了。下面对其方法作简单的介绍。

在采用本书的符号表示后，其时间更新方程 (文献 [244] 中的 (10) 式) 如下：

$$\begin{aligned} D_{k+1|k}(o,\boldsymbol{x}) = b_{k+1|k}(o,\boldsymbol{x}) + \int \big(p_{\mathrm{S}}(\boldsymbol{x}') \cdot f_{k+1|k}(\boldsymbol{x}|o,\boldsymbol{x}') + b_{k+1|k}(\boldsymbol{x}|o,\boldsymbol{x}')\big) \cdot \\ \tilde{D}_{k|k}(o,\boldsymbol{x}')\mathrm{d}\boldsymbol{x}' \end{aligned} \tag{11.183}$$

式中：$\tilde{D}_{k|k}(o,\boldsymbol{x}')$ (文献 [244] 中的 (9) 式) 是 $D_{k|k}(o,\boldsymbol{x})$ 的模式混合版，即

$$\tilde{D}_{k|k}(o,\boldsymbol{x}) = \sum_{o'} \chi_{o,o'} \cdot D_{k|k}(o',\boldsymbol{x}) \tag{11.184}$$

此外，目标存活概率是模式独立的，即 $p_{\mathrm{S}}(o,\boldsymbol{x}) = p_{\mathrm{S}}(\boldsymbol{x})$。

在采用本书的符号表示后，其观测更新方程 (文献 [244] 中的 (11) 式) 如下：

$$\frac{D_{k+1|k+1}(o,\boldsymbol{x})}{D_{k+1|k}(o,\boldsymbol{x})} = 1 - p_{\mathrm{D}}(\boldsymbol{x}) + \sum_{\boldsymbol{z}\in Z_{k+1}} \frac{p_{\mathrm{D}}(\boldsymbol{x}) \cdot L_{\boldsymbol{z}}(o,\boldsymbol{x})}{\kappa_{k+1}(\boldsymbol{z}) + \tau^{o}_{k+1}(\boldsymbol{z})} \tag{11.185}$$

式中 (文献 [244] 中的 (12) 式)

$$\tau^{o}_{k+1}(\boldsymbol{z}) = \int p_{\mathrm{D}}(\boldsymbol{x}) \cdot L_{\boldsymbol{z}}(o,\boldsymbol{x}) \cdot D_{k+1|k}(o,\boldsymbol{x})\mathrm{d}\boldsymbol{x} \tag{11.186}$$

由此便产生了一个问题：该方法与11.1节倡导的自顶向下统计分析方法是相容的吗?另一种方法是从描述11.3.2节多目标马尔可夫跳变滤波器的 IMM 版入手，并从中导出 IMM-PHD 滤波器，该方法要求将 IMM 滤波器的表示定义在密度函数层而非状态矢量层。

Punithakumar 等人已经采用序贯蒙特卡罗 (SMC) 技术实现了他们的算法。

11.8.3　Li 和 Jia 等人的最优高斯拟合 PHD 滤波器

该方法[143] 利用近似技术将马尔可夫跳变线性系统替换为一个单模线性动态系统。具体讲，式(11.187)的马尔可夫跳变线性系统被替换为式(11.188)的线性系统：

$$\boldsymbol{X}_{k+1|k}^{o_k} = \boldsymbol{F}_k^{o_k}\boldsymbol{x} + \boldsymbol{G}_k^{o_k}\boldsymbol{W}_k^{o_k} \tag{11.187}$$

$$\boldsymbol{X}_{k+1|k} = \boldsymbol{\Phi}_k\boldsymbol{x} + \boldsymbol{W}_k \tag{11.188}$$

利用文献 [106] 的最优高斯拟合 (BFG) 近似即可实现这一点，基本思想是：在每个递归周期采用 BFG 递归近似多模先验密度，从而将多模时间更新转换为单模时间更新。

Li 和 Jia 等人已采用不敏卡尔曼滤波器 (UKF) 高斯混合技术实现了他们的算法。在中等强度的均匀泊松杂波 ($\lambda = 24$) 下，他们基于距离–方位传感器二维仿真数据测试了算法的性能，结果表明其算法性能优于 Pasha 等人的滤波器。

11.8.4　Georgescu 等人的 JM–CPHD 滤波器

这是设计马尔可夫跳变 CPHD 滤波器[91] 的首次尝试，但 Georgescu 等人采用的是11.3.1节中被认为是有问题的建模方法，即其多目标马尔可夫跳变状态表示为 $(o, \{\boldsymbol{x}_1, \cdots, \boldsymbol{x}_n\})$ 而非 $\{(o_1, \boldsymbol{x}_1), \cdots, (o_n, \boldsymbol{x}_n)\}$①。在马尔可夫跳变 CPHD 滤波器推导中，他们采用的是 Erdinc 等人的“单元占用”法 (见文献 [80]、文献 [179] 第 16.4 节以及本书8.4.6.8节)。

Georgescu 等人最终未能提出11.3.2节讨论的 (更全面的讨论见文献 [170] 的 IV–D 节) 概念及其他问题。例如：

- 如果将单个模式 o 同时强加于所有目标，难道不会影响性能吗？
- 对形如 $f_{k+1|k}(o, X|Z^{(k)})$ 的分布，CPHD 滤波器近似的意义是什么？也就是说，CPHD 滤波器假定预测多目标分布是 i.i.d.c. 过程，但因离散变量 o 的缘故，$f_{k+1|k}(o, X|Z^{(k)})$ 却不是 i.i.d.c. 过程，更多细节见文献 [170]。

11.8.5　Jin 等人的当前统计模型 (CSM) PHD 滤波器

严格来讲，该方法[197] 并非马尔可夫跳变方法，在这里出现主要是考虑到完整性的缘故。在 CSM 方法中，除位置和速度外，状态矢量还包括加速度变量。与采用运动模型库不同的是，CSM 方法假定任意时刻的平均标量加速度服从瑞利分布，而分布的方差可由当前标量加速度的估计来表示。因此，它将当前的平均标量加速度视作一个额外的状态变量，其时间更新和观测更新均作为一个可分变量独立进行。

Jin 等人已经采用粒子方法实现了该滤波器，并在轻度 ($\lambda = 10$) 均匀泊松杂波及无漏报情形下通过距离–方位传感器的二维仿真数据测试了算法性能。

Hong 等人 PHD 滤波器[270] 与该方法稍有区别，它针对非机动和机动目标分别采用了恒速 (CV) 模型和 CSM 模型。

---

①从它采用模式相关的势分布函数 (文献 [91] 中的 (9) 式) 便不难看出这一点，也就是说，该方法将单个模式 o 同时强加于所有目标。

11.8.6 Chen 等人的变空间 CPHD 滤波器

Chen、McDonald 和 Kirubarajan 已经对11.6节变空间 CPHD 滤波器的高斯混合实现进行了测试[36]。测试中，由工作于轻度杂波 ($\lambda = 3$) 下的笛卡儿型位置传感器对平面内四个目标进行观测，其中，两个目标在 $t_k = 0$ 时刻出现，另外两个则在中途出现。四个目标都遵照典型的空管轨迹，即直线运动并伴有偶然的协同转弯运动。

他们的变空间滤波器采用的是11.6节开始所述的恒速 (CV) 模型和协同转弯 (CT) 模型。在任意给定时刻 t_k，分别采用 MAP 和 EAP 估计器估计这两种模式的目标数：

$$\overset{o}{n}^{\mathrm{MAP}}_{k|k} = \arg\sup_{\overset{o}{n}} \overset{o}{p}_{k|k}(\overset{o}{n}|Z^{(k)}) \tag{11.189}$$

$$\overset{o}{n}^{\mathrm{EAP}}_{k|k} = \sum_{\overset{o}{n}\geqslant 0} \overset{o}{n} \cdot \overset{o}{p}_{k|k}(\overset{o}{n}|Z^{(k)}) \tag{11.190}$$

Chen 等人发现，这两种估计器都能精确估计每种模式的目标数，而 MAP 方法的性能略好一些。但是，目标状态估计却表现出一定程度的下偏，同时，他们在单目标 IMM 滤波器的结果中也发现了类似现象。

第 12 章　联合跟踪与传感器偏置估计

12.1　简　介

当前的多目标检测跟踪算法大都假定传感器时空完全配准，即：

- 空间配准——所有传感器的位置、速度及物理指向关于某空间参考系精确已知；
- 时间配准——所有传感器的观测采集时刻关于某参考时钟精确已知。

在实际应用中，下列原因会使上面两条假设未必成立：

- 由于每个传感器采用不同的时钟，观测时间戳可能未精确对齐；
- 在地面目标跟踪中，通常将传感器位置检报叠加在地图上，但由于未知的平移 / 旋转误差，地图有可能是不精确的；
- 由于框架轴未对准或者初始标校不够精确，光学 / 红外传感器稳定平台的视轴指向实际不是非常精确。

此类缺陷被称作传感器偏置，它会使目标检测、跟踪与定位性能严重退化。比如，当两个传感器观测同一个运动目标时，如果其中一个传感器具有平移误差，则结果将得到两个沿平行轨线运动的目标。当 GPS 和精确地形均无法使用时，由于传感器平台惯导系统 (INS) 的时间漂移，偏置问题将更加严重。

本章旨在解决偏置及偏置类型 (暂不考虑时间偏置) 未知时的多目标检测跟踪问题。假定：① 传感器均位于彼此的定位范围内；② 未知参考目标的数目足够大。稍后将会看到，在这两个假定下，该问题存在一个理论上的解决方案——贝叶斯统一化配准与跟踪 (BURT)。本节内容安排如下：

- 12.1.1节：联合跟踪与传感器配准的一个简单例子：静止传感器平台的“网格同步”。
- 12.1.2节：一般的网格同步。
- 12.1.3节：本章要点。
- 12.1.4节：本章结构。

12.1.1　例子：传感器平台的“网格同步”

首先从最简单的配准问题入手。考虑两个或多个静止传感器平台通过相互配合来检测跟踪目标，因此必须已知传感器的位置。这里，假定传感器缺乏精确的参考地图，且由于某种原因不能访问 GPS。尽管如此，通过一种所谓的网格同步程序，这些平台仍有可能利用其传感器及通信系统确定彼此之间的相对坐标位置。下面通过三个逐步深入的例子来解释该过程：

- 12.1.1.1节：无偏传感器的网格同步。
- 12.1.1.2节：传感器有偏时的网格同步。
- 12.1.1.3节：同时的网格同步与目标定位。

12.1.1.1 无偏传感器的网格同步

假定两个无限大视场的静止位置传感器，其检测概率恒为 1 且无杂波，它们分别位于某绝对坐标系中的 $\overset{1}{\boldsymbol{x}}$ 和 $\overset{2}{\boldsymbol{x}}$ 处。在各自的局部坐标系下，两个传感器的观测模型可表示为

$$\overset{j}{\boldsymbol{Z}}_{k+1} = \boldsymbol{x} + \overset{j}{\boldsymbol{V}}_{k+1}, \qquad j = 1,2 \tag{12.1}$$

式中：$\overset{j}{\boldsymbol{V}}_{k+1}$ 为零均值随机矢量。

假定每个传感器对另一传感器的位置测量如下：

- 传感器 1 对传感器 2 的位置测量：

$$\overset{1,2}{\boldsymbol{Z}}_{k+1} = \overset{2}{\boldsymbol{x}} - \overset{1}{\boldsymbol{x}} + \overset{1}{\boldsymbol{V}}_{k+1} = \Delta\boldsymbol{x} + \overset{1}{\boldsymbol{V}}_{k+1} \tag{12.2}$$

式中：$\Delta\boldsymbol{x} = \overset{2}{\boldsymbol{x}} - \overset{1}{\boldsymbol{x}}$ 表示传感器 1 至传感器 2 的位移矢量。

- 传感器 2 对传感器 1 的位置测量：

$$\overset{2,1}{\boldsymbol{Z}}_{k+1} = \overset{1}{\boldsymbol{x}} - \overset{2}{\boldsymbol{x}} + \overset{2}{\boldsymbol{V}}_{k+1} = -\Delta\boldsymbol{x} + \overset{2}{\boldsymbol{V}}_{k+1} \tag{12.3}$$

通过足够长时间的观测平均，传感器 1 可在其坐标系下估计出传感器 2 的位置：

$$\overline{\overset{1,2}{\boldsymbol{Z}}_{k+1}} = \Delta\boldsymbol{x} \tag{12.4}$$

同理，传感器 2 也可在其坐标系下估计出传感器 1 的位置：

$$\overline{\overset{2,1}{\boldsymbol{Z}}_{k+1}} = -\Delta\boldsymbol{x} \tag{12.5}$$

换言之，两个传感器都能推断出自己相对另一传感器的位置。若任选一个传感器作为位置原点，比如传感器 1，则可在该相对坐标系下确定两个传感器的位置。这时，传感器 1 的位置 $\boldsymbol{x} = \overset{1}{\boldsymbol{x}} = \boldsymbol{0}$，传感器 2 的位置 $\boldsymbol{x} = \Delta\boldsymbol{x}$。

12.1.1.2 有偏时的网格同步

假定两个传感器都存在未知的平移偏置，此时的观测模型如下：

$$\overset{j}{\boldsymbol{Z}}_{k+1} = \boldsymbol{x} + \overset{*j}{\boldsymbol{t}} + \overset{j}{\boldsymbol{V}}_{k+1}, \qquad j = 1,2 \tag{12.6}$$

式中：矢量 $\overset{*j}{\boldsymbol{t}}$ 表示平移偏置。

在该模型下，传感器获得的随机观测如下：

- 传感器 *1* 对传感器 *2* 的位置测量：

$$\overset{1,2}{\boldsymbol{Z}}_{k+1} = \overset{2}{\boldsymbol{x}} - \overset{1}{\boldsymbol{x}} + \overset{*1}{\boldsymbol{t}} + \overset{1}{\boldsymbol{V}}_{k+1} \tag{12.7}$$

$$= \Delta \boldsymbol{x} + \overset{*1}{\boldsymbol{t}} + \overset{1}{\boldsymbol{V}}_{k+1} \tag{12.8}$$

- 传感器 *2* 对传感器 *1* 的位置测量：

$$\overset{2,1}{\boldsymbol{Z}}_{k+1} = \overset{1}{\boldsymbol{x}} - \overset{2}{\boldsymbol{x}} + \overset{*2}{\boldsymbol{t}} + \overset{2}{\boldsymbol{V}}_{k+1} \tag{12.9}$$

$$= -\Delta \boldsymbol{x} + \overset{*2}{\boldsymbol{t}} + \overset{2}{\boldsymbol{V}}_{k+1} \tag{12.10}$$

传感器 1 对传感器 2 的位置估计为

$$\overline{\overset{1,2}{\boldsymbol{Z}}_{k+1}} = \Delta \boldsymbol{x} + \overset{*1}{\boldsymbol{t}} \tag{12.11}$$

传感器 2 对感器 1 的位置估计为

$$\overline{\overset{2,1}{\boldsymbol{Z}}_{k+1}} = -\Delta \boldsymbol{x} + \overset{*2}{\boldsymbol{t}} \tag{12.12}$$

现在有两个方程，却存在三个未知量 $\Delta \boldsymbol{x}$、$\overset{*1}{\boldsymbol{t}}$、$\overset{*2}{\boldsymbol{t}}$。此时不可能估计偏置 $\overset{*1}{\boldsymbol{t}}$、$\overset{*2}{\boldsymbol{t}}$，除非已知 $\Delta \boldsymbol{x}$，但这类知识往往需要额外的信息支持。

12.1.1.3 同时的网格同步与目标定位

在本节中，假定还已知如下信息：

- 在某未知位置 $\boldsymbol{x}_0$ 处有一个静止的“参考目标”。

给定该假设后，除式(12.8)和式(12.10)外，传感器还可得到下面两个观测：

- 传感器 *1* 对未知目标的位置测量：

$$\overset{1,0}{\boldsymbol{Z}}_{k+1} = \boldsymbol{x}_0 - \overset{1}{\boldsymbol{x}} + \overset{*1}{\boldsymbol{t}} + \overset{1}{\boldsymbol{V}}_{k+1} \tag{12.13}$$

- 传感器 *2* 对未知目标的位置测量：

$$\overset{2,0}{\boldsymbol{Z}}_{k+1} = \boldsymbol{x}_0 - \overset{2}{\boldsymbol{x}} + \overset{*2}{\boldsymbol{t}} + \overset{2}{\boldsymbol{V}}_{k+1} \tag{12.14}$$

假设将 $\overset{1,2}{\boldsymbol{Z}}_{k+1}$ 和 $\overset{1,0}{\boldsymbol{Z}}_{k+1}$ 都发送至传感器 2 处，则传感器 2 的融合系统便可得到下列方程：

$$\overline{\overset{1,2}{\boldsymbol{Z}}_{k+1}} = \Delta \boldsymbol{x} + \overset{*1}{\boldsymbol{t}} \tag{12.15}$$

$$\overline{\overset{2,1}{\boldsymbol{Z}}_{k+1}} = -\Delta \boldsymbol{x} + \overset{*2}{\boldsymbol{t}} \tag{12.16}$$

$$\overline{\overset{1,0}{\boldsymbol{Z}}_{k+1}} = \boldsymbol{x}_0 + \Delta \boldsymbol{x} - \overset{2}{\boldsymbol{x}} + \overset{*1}{\boldsymbol{t}} \tag{12.17}$$

$$\overline{\overset{2,0}{\boldsymbol{Z}}_{k+1}} = \boldsymbol{x}_0 - \overset{2}{\boldsymbol{x}} + \overset{*2}{\boldsymbol{t}} \tag{12.18}$$

现在得到了这五个未知量 $\Delta\boldsymbol{x}$、$\overset{*1}{\boldsymbol{t}}$、$\overset{*2}{\boldsymbol{t}}$、$\boldsymbol{x}_0$、$\overset{2}{\boldsymbol{x}}$ 的四个线性方程。若选择传感器 2 作为局部坐标系的原点，即 $\overset{2}{\boldsymbol{x}}=\boldsymbol{0}$，则只剩下四个未知量 $\Delta\boldsymbol{x}$、$\overset{*1}{\boldsymbol{t}}$、$\overset{*2}{\boldsymbol{t}}$、$\boldsymbol{x}_0$，因此方程组可解。求解式(12.15)~(12.18)可得

$$\boldsymbol{x}_0=\overline{\overset{1,0}{\boldsymbol{Z}}}_{k+1}-\overline{\overset{1,2}{\boldsymbol{Z}}}_{k+1} \tag{12.19}$$

$$\Delta\boldsymbol{x}=\overline{\overset{2,0}{\boldsymbol{Z}}}_{k+1}-\overline{\overset{1,0}{\boldsymbol{Z}}}_{k+1}+\overline{\overset{1,2}{\boldsymbol{Z}}}_{k+1}-\overline{\overset{2,1}{\boldsymbol{Z}}}_{k+1} \tag{12.20}$$

$$\overset{*2}{\boldsymbol{t}}=\overline{\overset{2,0}{\boldsymbol{Z}}}_{k+1}-\overline{\overset{1,0}{\boldsymbol{Z}}}_{k+1}+\overline{\overset{1,2}{\boldsymbol{Z}}}_{k+1} \tag{12.21}$$

$$\overset{*1}{\boldsymbol{t}}=\overline{\overset{2,1}{\boldsymbol{Z}}}_{k+1}-\overline{\overset{2,0}{\boldsymbol{Z}}}_{k+1}+\overline{\overset{1,0}{\boldsymbol{Z}}}_{k+1} \tag{12.22}$$

也就是说，这里同时确定了：

- 平台在相对坐标系中的位置 (网格同步)；
- 传感器的偏置 (传感器配准)；
- 未知目标的位置 (目标定位)。

因此，将该过程称作联合跟踪与传感器配准。

12.1.2 一般的网格同步问题

现在来看一般意义上的联合跟踪与偏置估计问题。上面的例子基于不太实际的假设：传感器和参考目标均静止且良好可分；传感器可测量位置且仅包含纯平移偏置；等等。虽然如此，但该例子至少可说明以下几点：

- 联合的传感器配准与网格同步在理论上是可行的，即便所有传感器均存在偏置且不能访问 GPS 与其他惯性信息；
- 但这需要其他“真实”信息，即场景中的未知个未知“参考目标”；
- 参考目标数必须足够大；
- 偏置估计 (配准)、网格同步与目标跟踪可通过一个完全统一化的算法程序同时联合执行；
- 该程序通常是高度非线性的。

接下来的问题是设计一个形式化的概率框架，从而将前面的简单例子推广至任意复杂的场景。这正是本章的目的所在。

12.1.3 要点概述

在本章学习过程中，需要掌握的主要概念、结论和公式如下：

- 若场景中存在足够多的未知参考目标，至少从理论上讲，有可能设计出一种可同时估计传感器偏置和检测跟踪未知目标的程序 (见12.3节)。

- 该程序是网格同步的推广，也可将其视作一种类型的即时定位与构图 (SLAM)，因此，本章的“贝叶斯统一化配准与跟踪”(BURT) 方法可视作 SLAM 的一种推广。
- 最优的 BURT 方法通常不便于计算，但可将它近似为一种双滤波器版的 PHD 滤波器 (见12.4节，也可是 CPHD 滤波器，但本章不予考虑)。
- BURT 型 PHD 滤波器仅对目标状态变量的平移偏置具有明显的易计算性。
- 特别地，对于目标状态变量中的固定平移偏置，Ristic 和 Clark 等人的 BURT–PHD 滤波器似乎表现出非常可靠的性能 (见12.5.1节)。
- 对于目标状态变量中的固定平移偏置，一个启发式的 BURT–PHD 滤波器似乎也表现出了惊人的有效性 (见12.5.2节)。
- 针对简单的平移传感器偏置，这两个 BURT–PHD 滤波器均已实现且通过了仿真验证 (见12.6节)。

12.1.4　本章结构

本章内容安排如下：

- 12.2节：一般的传感器偏置建模。
- 12.3节：最优的联合多目标跟踪与传感器配准——单 / 双滤波器版的 BURT 滤波器。
- 12.4节：最优 BURT 滤波器的近似——双滤波器版的 BURT–PHD 滤波器。
- 12.5节：单滤波器版的 BURT–PHD 滤波器。
- 12.6节：已实现的 PHD 联合跟踪与传感器配准滤波器。

12.2　传感器偏置建模

本节旨在介绍传感器偏置的一般模型，其关键在于区分感知的传感器状态与真实的传感器状态。如10.2节所述，传感器也具有状态 $\overset{*}{\boldsymbol{x}}$，比如下面的形式：

$$\overset{*}{\boldsymbol{x}} = (x, y, z, \dot{x}, \dot{y}, \dot{z}, \ell, \theta, \eta, \varphi, \dot{\theta}, \dot{\eta}, \dot{\varphi}, \mu, \chi) \tag{12.23}$$

式中：x, y, z 和 $\dot{x}, \dot{y}, \dot{z}$ 分别为传感器平台的位置及速度坐标分量；ℓ 为燃料等级；θ, η, φ 和 $\dot{\theta}, \dot{\eta}, \dot{\varphi}$ 分别为传感器体坐标系的角位置及角速率；μ 为传感器模式；χ 为传感器当前所用通信传输路径。

因此，传感器观测模型的实际形式为

$$\boldsymbol{Z}_{k+1} = \eta_{k+1}(\boldsymbol{x}, \overset{*}{\boldsymbol{x}}_{k+1}) + \boldsymbol{V}_{k+1} \tag{12.24}$$

式中：$\overset{*}{\boldsymbol{x}}_{k+1}$ 为 t_{k+1} 时刻传感器的实际状态。

更复杂的情形是 $\overset{*}{\boldsymbol{x}}_{k|k}$、$\boldsymbol{x}$ 或 $\boldsymbol{Z}_{k+1}$ 中任一变量存在空间偏置，比如下面的平移偏置：

$$\boldsymbol{Z}_{k+1} = \eta_{k+1}(\boldsymbol{x} + \boldsymbol{x}_{\mathrm{b}}, \overset{*}{\boldsymbol{x}}_{k+1}) + \boldsymbol{V}_{k+1} \tag{12.25}$$

$$\boldsymbol{Z}_{k+1} = \eta_{k+1}(\boldsymbol{x}, \overset{*}{\boldsymbol{x}}_{k+1} + \overset{*}{\boldsymbol{x}}_{\mathrm{b}}) + \boldsymbol{V}_{k+1} \tag{12.26}$$

$$\boldsymbol{Z}_{k+1} = \eta_{k+1}(\boldsymbol{x}, \overset{*}{\boldsymbol{x}}_{k+1}) + \boldsymbol{z}_{\mathrm{b}} + \boldsymbol{V}_{k+1} \tag{12.27}$$

或者更一般的仿射偏置：

$$\boldsymbol{Z}_{k+1} = \eta_{k+1}(\boldsymbol{T}_{\mathrm{b}}\boldsymbol{x} + \boldsymbol{x}_{\mathrm{b}}, \overset{*}{\boldsymbol{x}}_{k+1}) + \boldsymbol{V}_{k+1} \tag{12.28}$$

$$\boldsymbol{Z}_{k+1} = \eta_{k+1}(\boldsymbol{x}, \overset{*}{\boldsymbol{T}}_{\mathrm{b}}\overset{*}{\boldsymbol{x}}_{k+1} + \overset{*}{\boldsymbol{x}}_{\mathrm{b}}) + \boldsymbol{V}_{k+1} \tag{12.29}$$

$$\boldsymbol{Z}_{k+1} = \tilde{\boldsymbol{T}}_{\mathrm{b}}\eta_{k+1}(\boldsymbol{x}, \overset{*}{\boldsymbol{x}}_{k+1}) + \boldsymbol{z}_{\mathrm{b}} + \boldsymbol{V}_{k+1} \tag{12.30}$$

式中：$\boldsymbol{T}_{\mathrm{b}}$、$\overset{*}{\boldsymbol{T}}_{\mathrm{b}}$、$\tilde{\boldsymbol{T}}_{\mathrm{b}}$ 为旋转矩阵。

此时，式(12.24)的实际形式为

$$\boldsymbol{Z}_{k+1} = \eta_{k+1}(\boldsymbol{b}, \boldsymbol{x}, \overset{*}{\boldsymbol{x}}_{k+1}) + \boldsymbol{V}_{k+1} \tag{12.31}$$

$$= \eta_{k+1}(\mathring{\boldsymbol{x}}, \overset{*}{\boldsymbol{x}}_{k+1}) + \boldsymbol{V}_{k+1} \tag{12.32}$$

式中：$\boldsymbol{b}$ 为所有偏置变量的级联矢量；增广状态矢量 $\mathring{\boldsymbol{x}}$ 则将所有未知变量 (状态 $\boldsymbol{x}$ 和偏置 $\boldsymbol{b}$) 封装为一个状态矢量，即

$$\mathring{\boldsymbol{x}} = (\boldsymbol{x}^{\mathrm{T}}, \boldsymbol{b}^{\mathrm{T}})^{\mathrm{T}} \tag{12.33}$$

该模型足以表示几类最常见的偏置。

在下面的符号表示中，省去传感器状态 $\overset{*}{\boldsymbol{x}}$ 并假定线性高斯传感器模型。然后考虑下列例子：

- 观测中的仿射偏置：

$$\boldsymbol{Z}_{k+1} = \boldsymbol{T}\boldsymbol{H}_{k+1}\boldsymbol{x} + \boldsymbol{b} + \boldsymbol{V}_{k+1} \tag{12.34}$$

$$\eta_{k+1}(\mathring{\boldsymbol{x}}) = \eta_{k+1}(\boldsymbol{T}, \boldsymbol{b}, \boldsymbol{x}) = \boldsymbol{T}\boldsymbol{H}_{k+1}\boldsymbol{x} + \boldsymbol{b} \tag{12.35}$$

- 目标状态中的仿射偏置：

$$\boldsymbol{Z}_{k+1} = \boldsymbol{H}_{k+1}(\boldsymbol{T}\boldsymbol{x} + \boldsymbol{b}) + \boldsymbol{V}_{k+1} \tag{12.36}$$

$$\eta_{k+1}(\mathring{\boldsymbol{x}}) = \eta_{k+1}(\boldsymbol{T}, \boldsymbol{b}, \boldsymbol{x}) = \boldsymbol{H}_{k+1}\boldsymbol{T}\boldsymbol{x} + \boldsymbol{H}_{k+1}\boldsymbol{b} \tag{12.37}$$

12.3　最优的联合跟踪配准

10.2节介绍了多传感器多目标贝叶斯递归滤波器，本节将其推广至联合跟踪与配准问题。与10.2节类似，假定有 s 个传感器，令：

$$\overset{j}{\mathfrak{Z}} : \text{传感器 } j \text{ 的观测空间}$$

$$\overset{j}{\boldsymbol{z}} : \text{传感器 } j \text{ 的观测}$$

$$\overset{j}{Z} : \text{传感器 } j \text{ 的观测集}$$

$$\overset{j}{Z}{}^{(k)} : \overset{j}{Z}_1, \cdots, \overset{j}{Z}_k : \text{传感器 } j \text{ 的观测集序列}$$

$$\mathfrak{Z} = \overset{1}{\mathfrak{Z}} \uplus \cdots \uplus \overset{s}{\mathfrak{Z}} : \text{多传感器观测空间}$$

$$Z = \overset{1}{Z} \uplus \cdots \uplus \overset{s}{Z} : \text{多传感器观测集}$$

$$Z^{(k)} : \overset{1}{Z}{}^{(k)}, \cdots, \overset{s}{Z}{}^{(k)} : \text{多传感器观测集序列}$$

当传感器 j 存在偏置时，其多目标似然函数的形式如下：

$$\overset{j}{L}_{\overset{j}{Z}}(\overset{j}{\boldsymbol{b}}, X) = \overset{j}{f}_{k+1}(\overset{j}{Z}|\overset{j}{\boldsymbol{b}}, X) \overset{\text{abbr.}}{=} \overset{j}{f}_{k+1}(\overset{j}{Z}|\overset{j}{\boldsymbol{b}}, X, \overset{*j}{\boldsymbol{x}}) \tag{12.38}$$

假定传感器相互独立，并将联合偏置矢量记作

$$\boldsymbol{b} = (\overset{1}{\boldsymbol{b}}{}^{\mathrm{T}}, \cdots, \overset{s}{\boldsymbol{b}}{}^{\mathrm{T}})^{\mathrm{T}} \tag{12.39}$$

根据3.5.3节的讨论，此时多传感器多目标似然函数的形式如下：

$$f_{k+1}(Z|\boldsymbol{b}, X) = f_{k+1}(\overset{1}{Z} \uplus \cdots \uplus \overset{s}{Z}|\boldsymbol{b}, X) \tag{12.40}$$

$$= f_{k+1}(\overset{1}{Z}, \cdots, \overset{s}{Z}|\boldsymbol{b}, X) \tag{12.41}$$

$$= \overset{1}{f}_{k+1}(\overset{1}{Z}|\overset{1}{\boldsymbol{b}}, X) \cdots \overset{s}{f}_{k+1}(\overset{s}{Z}|\overset{s}{\boldsymbol{b}}, X) \tag{12.42}$$

系统全部的未知状态为 $(\boldsymbol{b}, X)$，我们希望能够同时估计 $\boldsymbol{b}$ 和 X。基于上述表示，这里讨论两种版本的最优 BURT 滤波器，即单滤波器版及双滤波器版。

12.3.1　最优 BURT 滤波器：单滤波器版

针对 BURT 问题的贝叶斯最优滤波器 (最优 *BURT* 滤波器) 具有如下形式：

$$\cdots \rightarrow \quad f_{k|k}(\boldsymbol{b}, X|Z^{(k)}) \quad \rightarrow \quad f_{k+1|k}(\boldsymbol{b}, X|Z^{(k)}) \quad \rightarrow \quad f_{k+1|k+1}(\boldsymbol{b}, X|Z^{(k+1)}) \quad \rightarrow \cdots$$

式中

$$f_{k+1|k}(\boldsymbol{b},X|Z^{(k)})=\int f_{k+1|k}(\boldsymbol{b},X|\boldsymbol{b}',X')\cdot f_{k|k}(\boldsymbol{b}',X'|Z^{(k)})\mathrm{d}\boldsymbol{b}'\delta X' \tag{12.43}$$

$$f_{k+1|k+1}(\boldsymbol{b},X|Z^{(k+1)})=\frac{f_{k+1}(Z_{k+1}|\boldsymbol{b},X)\cdot f_{k+1|k}(\boldsymbol{b},X|Z^{(k)})}{f_{k+1}(Z_{k+1}|Z^{(k)})} \tag{12.44}$$

$$f_{k+1}(Z_{k+1}|Z^{(k)})=\int f_{k+1}(Z_{k+1}|\boldsymbol{b},X)\cdot f_{k+1|k}(\boldsymbol{b},X|Z^{(k)})\mathrm{d}\boldsymbol{b}\mathrm{d}\delta X \tag{12.45}$$

或者表示为下述形式：

$$\begin{aligned}&f_{k+1|k}(\overset{1}{\boldsymbol{b}},\cdots,\overset{s}{\boldsymbol{b}},X|Z^{(k)})\\&=\int f_{k+1|k}(\overset{1}{\boldsymbol{b}},\cdots,\overset{s}{\boldsymbol{b}},X|\overset{1}{\boldsymbol{b}}',\cdots,\overset{s}{\boldsymbol{b}}',X')\cdot f_{k|k}(\overset{1}{\boldsymbol{b}}',\cdots,\overset{s}{\boldsymbol{b}}',X'|Z^{(k)})\mathrm{d}\overset{1}{\boldsymbol{b}}'\cdots\mathrm{d}\overset{s}{\boldsymbol{b}}'\delta X'\end{aligned} \tag{12.46}$$

$$\begin{aligned}&f_{k+1|k+1}(\overset{1}{\boldsymbol{b}},\cdots,\overset{s}{\boldsymbol{b}},X|\overset{1}{Z}{}^{(k+1)},\cdots,\overset{s}{Z}{}^{(k+1)})\\&=\frac{\overset{1}{f}_{k+1}(\overset{1}{Z}_{k+1}|\overset{1}{\boldsymbol{b}},X)\cdots\overset{s}{f}_{k+1}(\overset{s}{Z}_{k+1}|\overset{s}{\boldsymbol{b}},X)\cdot f_{k+1|k}(\overset{1}{\boldsymbol{b}},\cdots,\overset{s}{\boldsymbol{b}},X|\overset{1}{Z}{}^{(k)},\cdots,\overset{s}{Z}{}^{(k)})}{f_{k+1}(\overset{1}{Z}_{k+1},\cdots,\overset{s}{Z}_{k+1}|\overset{1}{Z}{}^{(k)},\cdots,\overset{s}{Z}{}^{(k)})}\end{aligned} \tag{12.47}$$

$$\begin{aligned}&f_{k+1}(\overset{1}{Z}_{k+1},\cdots,\overset{s}{Z}_{k+1}|\overset{1}{Z}{}^{(k)},\cdots,\overset{s}{Z}{}^{(k)})\\&=\int \overset{1}{f}_{k+1}(\overset{1}{Z}_{k+1}|\overset{1}{\boldsymbol{b}},X)\cdots\overset{s}{f}_{k+1}(\overset{s}{Z}_{k+1}|\overset{s}{\boldsymbol{b}},X)\cdot f_{k+1|k}(\overset{1}{\boldsymbol{b}},\cdots,\overset{s}{\boldsymbol{b}},X|\overset{1}{Z}{}^{(k)},\cdots,\overset{s}{Z}{}^{(k)})\cdot\\&\quad\mathrm{d}\overset{1}{\boldsymbol{b}}\cdots\mathrm{d}\overset{s}{\boldsymbol{b}}\delta X\end{aligned} \tag{12.48}$$

12.3.2 最优 BURT 滤波器：双滤波器版

单滤波器版的 BURT 滤波器不方便近似计算，因此有必要考虑另一种形式的滤波器。由于系统状态形如 $(\boldsymbol{b},X)$，因此可根据5.9节的分析对该混合状态进行“分解”，从而得到一种双滤波器版的 BURT 滤波器。根据贝叶斯规则，

$$f_{k|k}(\boldsymbol{b},X|Z^{(k)})=f_{k|k}(\boldsymbol{b}|Z^{(k)})\cdot f_{k|k}(X|\boldsymbol{b},Z^{(k)}) \tag{12.49}$$

式中：$f_{k|k}(\boldsymbol{b}|Z^{(k)})$ 为偏置 $\boldsymbol{b}$ 的概率分布；$f_{k|k}(X|\boldsymbol{b},Z^{(k)})$ 为给定多传感器偏置 $\boldsymbol{b}$ 的条件下 X 的多目标概率分布。

同样，根据贝叶斯规则可将马尔可夫转移密度表示为

$$f_{k+1|k}(\boldsymbol{b},X|\boldsymbol{b}',X')=f_{k+1|k}(\boldsymbol{b}|\boldsymbol{b}',X')\cdot f_{k+1|k}(X|\boldsymbol{b},\boldsymbol{b}',X') \tag{12.50}$$

假定

$$f_{k+1|k}(\boldsymbol{b}|\boldsymbol{b}',X')=f_{k+1|k}(\boldsymbol{b}|\boldsymbol{b}') \tag{12.51}$$

$$f_{k+1|k}(X|\boldsymbol{b},\boldsymbol{b}',X')=f_{k+1|k}(X|X') \tag{12.52}$$

也就是说：传感器偏置与之前的目标状态无关；目标状态转移则与传感器偏置 (当前及先前的) 无关。由5.9节可知，双滤波器版的最优 BURT 滤波器具有如下形式：

$$
\begin{array}{ccccccc}
\cdots \to & f_{k|k}(\boldsymbol{b}) & \to & f_{k+1|k}(\boldsymbol{b}) & \to & f_{k+1|k+1}(\boldsymbol{b}) & \to \cdots \\
 & & \upharpoonleft\downharpoonright & & \upharpoonleft\downharpoonright & & \\
\cdots \to & f_{k|k}(X|\boldsymbol{b}) & \to & f_{k+1|k}(X|\boldsymbol{b}) & \to & f_{k+1|k+1}(X|\boldsymbol{b}) & \to \cdots
\end{array}
$$

其中：

- 最优 *BURT* 滤波器的时间更新：

$$
f_{k+1|k}(\boldsymbol{b}|Z^{(k)}) = \int f_{k+1|k}(\boldsymbol{b}|\boldsymbol{b}') \cdot f_{k|k}(\boldsymbol{b}'|Z^{(k)}) \mathrm{d}\boldsymbol{b}' \tag{12.53}
$$

$$
f_{k+1|k}(X|\boldsymbol{b}, Z^{(k)}) = \frac{\int f_{k+1|k}(\boldsymbol{b}|\boldsymbol{b}') \cdot f_{k|k}(\boldsymbol{b}'|Z^{(k)}) \cdot \tilde{f}_{k+1|k}(X|\boldsymbol{b}', Z^{(k)}) \mathrm{d}\boldsymbol{b}'}{f_{k+1|k}(\boldsymbol{b}|Z^{(k)})} \tag{12.54}
$$

$$
\tilde{f}_{k+1|k}(X|\boldsymbol{b}', Z^{(k)}) = \int f_{k+1|k}(X|X') \cdot f_{k|k}(X'|\boldsymbol{b}', Z^{(k)}) \delta X' \tag{12.55}
$$

- 最优 *BURT* 滤波器的观测更新：

$$
f_{k+1|k+1}(\boldsymbol{b}|Z^{(k+1)}) = \frac{f_{k+1|k}(\boldsymbol{b}|Z^{(k)}) \cdot f_{k+1}(Z_{k+1}|\boldsymbol{b}, Z^{(k)})}{f_{k+1}(Z_{k+1}|Z^{(k)})} \tag{12.56}
$$

$$
f_{k+1|k+1}(X|\boldsymbol{b}, Z^{(k+1)}) = \frac{f_{k+1}(Z_{k+1}|\boldsymbol{b}, X) \cdot f_{k+1|k}(X|\boldsymbol{b}, Z^{(k)})}{f_{k+1}(Z_{k+1}|\boldsymbol{b}, Z^{(k)})} \tag{12.57}
$$

  式中

$$
f_{k+1}(Z_{k+1}|Z^{(k)}) = \int f_{k+1|k}(\boldsymbol{b}|Z^{(k)}) \cdot f_{k+1}(Z_{k+1}|\boldsymbol{b}, Z^{(k)}) \mathrm{d}\boldsymbol{b} \tag{12.58}
$$

$$
f_{k+1}(Z_{k+1}|\boldsymbol{b}, Z^{(k)}) = \int f_{k+1}(Z_{k+1}|\boldsymbol{b}, X) \cdot f_{k+1|k}(X|\boldsymbol{b}, Z^{(k)}) \delta X \tag{12.59}
$$

  当式(12.59)中的 $\boldsymbol{b}$ 固定时，该式即一般的多目标贝叶斯归一化因子。

由于传感器偏置随时间通常无明显变化，因此这种特殊情形下的滤波器就显得特别重要，即采用如下的近似假设：

$$
f_{k+1|k}(\boldsymbol{b}|\boldsymbol{b}') = \delta_{\boldsymbol{b}'}(\boldsymbol{b}) \tag{12.60}
$$

在该假设下，式(12.53)~(12.55)可简化为①

$$
f_{k+1|k}(\boldsymbol{b}|Z^{(k)}) = f_{k|k}(\boldsymbol{b}|Z^{(k)}) \tag{12.61}
$$

$$
f_{k+1|k}(X|\boldsymbol{b}, Z^{(k)}) = \int f_{k+1|k}(X|X') \cdot f_{k|k}(X'|\boldsymbol{b}, Z^{(k)}) \delta X' \tag{12.62}
$$

①译者注：原著中的式 (12.65)~(12.68) 与式(12.56)~(12.59)式完全相同，未有任何简化，这里删去。

12.3.3 最优 BURT 流程

假定每个传感器都位于其他传感器的视场之内，则最优 BURT 流程包括下列步骤[①]：

- 步骤 1：任选一传感器并以其坐标系作为所有传感器的参考坐标系。
- 步骤 2：采用 BURT 滤波器处理场景中所有目标 (也包括传感器平台) 的多传感器观测集序列 $Z^{(k)}: Z_1, \cdots, Z_k$。
- 步骤 3：在每个时间步将 X 作为滋生变量积分掉，从而得到下面的边缘分布，即

$$f_{k+1|k+1}(\boldsymbol{b}|Z^{(k+1)}) = \int f_{k+1|k+1}(X, \boldsymbol{b}|Z^{(k+1)})\delta X \tag{12.63}$$

- 步骤 4：采用 MAP 估计器估计传感器偏置，即

$$\boldsymbol{b}_{k+1|k+1} = \arg\sup_{\boldsymbol{b}} f_{k+1|k+1}(\boldsymbol{b}|Z^{(k+1)}) \tag{12.64}$$

- 步骤 5 (最优配准)：当时间序列 $\boldsymbol{b}_{1|1}, \cdots, \boldsymbol{b}_{k+1|k+1}$ 收敛到一个稳定值 (方差很小) 时，有

$$\boldsymbol{b}_{k+1|k+1} = (\overset{1}{\boldsymbol{b}}{}^{\mathrm{T}}_{k+1|k+1}, \cdots, \overset{s}{\boldsymbol{b}}{}^{\mathrm{T}}_{k+1|k+1})^{\mathrm{T}} \tag{12.65}$$

  这样便得到了配准问题的最优解。但值得注意的是，该程序未必收敛。比如，当场景中的参考目标太少时就会出现不收敛的情况。

- 步骤 6：采用该信息对传感器进行配准，而无论传感器平台采用何种多目标跟踪算法。比如，若采用的是 MHT 算法，则令 MHT 的 EKF 滤波器中的 $\overset{j}{\boldsymbol{b}} = \overset{j}{\boldsymbol{b}}_{k+1|k+1} (j = 1, \cdots, s)$。
- 步骤 7 (最优网格同步)：采用(5.9)式的 JoM 估计器或(5.10)式的 MaM 估计器确定目标数及目标状态，即

$$X^{\text{JoM}}_{k+1|k+1} = \arg\sup_{X} \frac{c^{|X|} \cdot f_{k+1|k+1}(X|\boldsymbol{b}_{k+1|k+1}, Z^{(k+1)})}{|X|!} \tag{12.66}$$

  X 中的一些目标即传感器的搭载平台，因此也就确定了它们与步骤 1 所选传感器的相对位置。

上述流程实现了联合的网格同步、配准与跟踪处理。

12.4 BURT-PHD 滤波器

12.3.1节和12.3.2节的最优 BURT 滤波器一般不便于计算，因此需要原则近似。本节介绍最优 BURT 滤波器的 PHD 滤波器近似。由于变量 $\boldsymbol{b}$ 的存在，联合分布 $f_{k+1|k}(\boldsymbol{b}, X|Z^{(k)})$ 不大可能是泊松的，但却可假定条件分布 $f_{k+1|k}(X|\boldsymbol{b}, Z^{(k)})$ 为泊松过程，因此本节基于12.3.2节的双滤波器 BURT。根据(12.49)式，有

$$f_{k|k}(\boldsymbol{b}, X|Z^{(k)}) = f_{k|k}(\boldsymbol{b}|Z^{(k)}) \cdot f_{k|k}(X|\boldsymbol{b}, Z^{(k)}) \tag{12.67}$$

[①] 此处的流程与文献 [192] 中的流程略有区别。

由式(4.71)可知，联合 PHD 的形式为

$$D_{k|k}(\boldsymbol{b}, X|Z^{(k)}) = f_{k|k}(\boldsymbol{b}|Z^{(k)}) \cdot D_{k|k}(\boldsymbol{x}|\boldsymbol{b}, Z^{(k)}) \tag{12.68}$$

本节主要内容安排如下：

- 12.4.1节：单传感器 BURT 滤波器；
- 12.4.2节：基于迭代校正方法的多传感器 BURT 滤波器；
- 12.4.3节：基于平行组合方法的多传感器 BURT 滤波器。

12.4.1 BURT-PHD 滤波器：单传感器情形

本节仅考虑单传感器情形。此时，$\boldsymbol{b}$ 为该传感器的偏置，而 BURT 滤波器的 PHD 滤波器近似则为下述双滤波器形式：

$$\begin{array}{ccccccc} \cdots \to & f_{k|k}(\boldsymbol{b}|Z^{(k)}) & \to & f_{k+1|k}(\boldsymbol{b}|Z^{(k)}) & \to & f_{k+1|k+1}(\boldsymbol{b}|Z^{(k+1)}) & \to \cdots \\ & & \upharpoonleft\downharpoonright & & \upharpoonleft\downharpoonright & & \\ \cdots \to & D_{k|k}(\boldsymbol{x}|\boldsymbol{b}, Z^{(k)}) & \to & D_{k+1|k}(\boldsymbol{x}|\boldsymbol{b}, Z^{(k)}) & \to & D_{k+1|k+1}(\boldsymbol{x}|\boldsymbol{b}, Z^{(k+1)}) & \to \cdots \end{array}$$

12.4.1.1 单传感器 BURT 滤波器：时间更新

为概念清晰起见，这里忽略目标衍生模型，则时间更新方程可表示为

$$f_{k+1|k}(\boldsymbol{b}|Z^{(k)}) = \int f_{k+1|k}(\boldsymbol{b}|\boldsymbol{b}') \cdot f_{k|k}(\boldsymbol{b}'|Z^{(k)})\mathrm{d}\boldsymbol{b}' \tag{12.69}$$

$$D_{k+1|k}(\boldsymbol{x}|\boldsymbol{b}, Z^{(k)}) = \int \tilde{D}_{k+1|k}(\boldsymbol{x}|\boldsymbol{b}', Z^{(k)}) \cdot f_{k|k+1}(\boldsymbol{b}'|\boldsymbol{b})\mathrm{d}\boldsymbol{b}' \tag{12.70}$$

式中

$$\tilde{D}_{k+1|k}(\boldsymbol{x}|\boldsymbol{b}', Z^{(k)}) = b_{k+1|k}(\boldsymbol{x}) + \int p_{\mathrm{S}}(\boldsymbol{x}') \cdot f_{k+1|k}(\boldsymbol{x}|\boldsymbol{x}') \cdot D_{k|k}(\boldsymbol{x}'|\boldsymbol{b}', Z^{(k)})\mathrm{d}\boldsymbol{x}' \tag{12.71}$$

$$f_{k|k+1}(\boldsymbol{b}'|\boldsymbol{b}) = \frac{f_{k+1|k}(\boldsymbol{b}|\boldsymbol{b}') \cdot f_{k|k}(\boldsymbol{b}'|Z^{(k)})}{f_{k+1|k}(\boldsymbol{b}|Z^{(k)})} \tag{12.72}$$

式(12.72)的 $f_{k|k+1}(\boldsymbol{b}'|\boldsymbol{b})$ 为回溯密度或称作“逆”马尔可夫转移密度，见式(5.75)。

上述结果的简单推导过程如下：首先，根据式(4.71)的 PHD 积分定义，将式(12.54)中 $f_{k+1|k}(X|\boldsymbol{b}, Z^{(k)})$ 和 $\tilde{f}_{k+1|k}(X|\boldsymbol{b}', Z^{(k)})$ 的 PHD 分别表示为

$$D_{k+1|k}(\boldsymbol{x}|\boldsymbol{b}, Z^{(k)}) = \int f_{k+1|k}(\{\boldsymbol{x}\} \cup X|\boldsymbol{b}, Z^{(k)})\delta X \tag{12.73}$$

$$\tilde{D}_{k+1|k}(\boldsymbol{x}|\boldsymbol{b}', Z^{(k)}) = \int \tilde{f}_{k+1|k}(\{\boldsymbol{x}\} \cup X|\boldsymbol{b}', Z^{(k)})\delta X \tag{12.74}$$

因此，由式(12.53)及式(12.55)可得

$$f_{k+1|k}(\boldsymbol{b}|Z^{(k)}) = \int f_{k+1|k}(\boldsymbol{b}|\boldsymbol{b}') \cdot f_{k|k}(\boldsymbol{b}'|Z^{(k)})\mathrm{d}\boldsymbol{b}' \tag{12.75}$$

$$D_{k+1|k}(\boldsymbol{x}|\boldsymbol{b}, Z^{(k)}) = \frac{\int f_{k+1|k}(\boldsymbol{b}|\boldsymbol{b}') \cdot f_{k|k}(\boldsymbol{b}'|Z^{(k)}) \cdot \tilde{D}_{k+1|k}(\boldsymbol{x}|\boldsymbol{b}', Z^{(k)})\mathrm{d}\boldsymbol{b}'}{f_{k+1|k}(\boldsymbol{b}|Z^{(k)})} \tag{12.76}$$

$$= \int \tilde{D}_{k+1|k}(\boldsymbol{x}|\boldsymbol{b}', Z^{(k)}) \cdot f_{k|k+1}(\boldsymbol{b}'|\boldsymbol{b})\mathrm{d}\boldsymbol{b}' \tag{12.77}$$

对于固定的 $\boldsymbol{b}'$，(12.55)式即一般的多目标时间更新方程，因此其 PHD 时间更新也为一般的 PHD 滤波器时间更新：

$$\tilde{D}_{k+1|k}(\boldsymbol{x}|\boldsymbol{b}', Z^{(k)}) = b_{k+1|k}(\boldsymbol{x}|\boldsymbol{b}') + \int p_{\mathrm{S}}(\boldsymbol{x}'|\boldsymbol{b}') \cdot f_{k+1|k}(\boldsymbol{x}|\boldsymbol{b}', \boldsymbol{x}') \cdot D_{k|k}(\boldsymbol{x}'|\boldsymbol{b}', Z^{(k)})\mathrm{d}\boldsymbol{x}' \tag{12.78}$$

$$= b_{k+1|k}(\boldsymbol{x}) + \int p_{\mathrm{S}}(\boldsymbol{x}') \cdot f_{k+1|k}(\boldsymbol{x}|\boldsymbol{x}') \cdot D_{k|k}(\boldsymbol{x}'|\boldsymbol{b}', Z^{(k)})\mathrm{d}\boldsymbol{x}' \tag{12.79}$$

上式最后一步利用了目标出现及消失均与传感器偏置无关这一事实。

下面考虑一种特殊情形：传感器偏置随时间基本保持恒定，即 $f_{k+1}(\boldsymbol{b}|\boldsymbol{b}') = \delta_{\boldsymbol{b}'}(\boldsymbol{b})$。在该情形下，上述方程可化简为

$$f_{k+1|k}(\boldsymbol{b}|Z^{(k)}) = f_{k|k}(\boldsymbol{b}|Z^{(k)}) \tag{12.80}$$

$$D_{k+1|k}(\boldsymbol{x}|\boldsymbol{b}, Z^{(k)}) = b_{k+1|k}(\boldsymbol{x}) + \int p_{\mathrm{S}}(\boldsymbol{x}') \cdot f_{k+1|k}(\boldsymbol{x}|\boldsymbol{x}') \cdot D_{k|k}(\boldsymbol{x}'|\boldsymbol{b}, Z^{(k)})\mathrm{d}\boldsymbol{x}' \tag{12.81}$$

注解 54: 下面看(12.72)式回溯密度的一个例子。令

$$f_{k+1|k}(\boldsymbol{b}|\boldsymbol{b}') = N_{\boldsymbol{Q}}(\boldsymbol{b} - \boldsymbol{F}\boldsymbol{b}') \tag{12.82}$$

$$f_{k|k}(\boldsymbol{b}'|Z^{(k)}) = N_{\boldsymbol{P}}(\boldsymbol{b}' - \boldsymbol{b}_{k|k}) \tag{12.83}$$

则

$$f_{k|k+1}(\boldsymbol{b}'|\boldsymbol{b}) = N_{\boldsymbol{C}}(\boldsymbol{b}' - \boldsymbol{C}\boldsymbol{P}^{-1}\boldsymbol{b}_{k|k} - \boldsymbol{C}\boldsymbol{F}^{\mathrm{T}}\boldsymbol{Q}^{-1}\boldsymbol{b}) \tag{12.84}$$

式中

$$\boldsymbol{C}^{-1} = \boldsymbol{P}^{-1} + \boldsymbol{F}^{\mathrm{T}}\boldsymbol{Q}^{-1}\boldsymbol{F} \tag{12.85}$$

12.4.1.2 单传感器 BURT 滤波器：观测更新

该滤波器的观测更新方程为

$$f_{k+1|k+1}(\boldsymbol{b}|Z^{(k+1)}) = \frac{f_{k+1}(Z_{k+1}|\boldsymbol{b}, Z^{(k)}) \cdot f_{k+1|k}(\boldsymbol{b}|Z^{(k)})}{f_{k+1}(Z_{k+1}|Z^{(k)})} \tag{12.86}$$

$$\frac{D_{k+1|k+1}(\boldsymbol{x}|\boldsymbol{b}, Z^{(k+1)})}{D_{k+1|k}(\boldsymbol{x}|\boldsymbol{b}, Z^{(k)})} = 1 - p_{\mathrm{D}}(\boldsymbol{b}, \boldsymbol{x}) + \sum_{\boldsymbol{z} \in Z_{k+1}} \frac{p_{\mathrm{D}}(\boldsymbol{b}, \boldsymbol{x}) \cdot f_{k+1}(\boldsymbol{z}|\boldsymbol{b}, \boldsymbol{x})}{\kappa_{k+1}(\boldsymbol{z}) + \tau_{k+1}(\boldsymbol{z}|\boldsymbol{b})} \tag{12.87}$$

式中：传感器偏置的似然函数为

$$f_{k+1}(Z_{k+1}|\boldsymbol{b},Z^{(k)})=e^{-\lambda_{k+1}-D_{k+1|k}[p_{\mathrm{D}}|\boldsymbol{b}]}\prod_{z\in Z_{k+1}}(\kappa_{k+1}(\boldsymbol{z})+\tau_{k+1}(\boldsymbol{z}|\boldsymbol{b})) \tag{12.88}$$

式(12.86)~(12.88)中

$$f_{k+1}(Z_{k+1}|Z^{(k)})=\int f_{k+1}(Z_{k+1}|\boldsymbol{b},Z^{(k)})\cdot f_{k+1|k}(\boldsymbol{b}|Z^{(k)})\mathrm{d}\boldsymbol{b} \tag{12.89}$$

$$\tau_{k+1}(\boldsymbol{z}|\boldsymbol{b})=\int p_{\mathrm{D}}(\boldsymbol{b},\boldsymbol{x})\cdot f_{k+1}(\boldsymbol{z}|\boldsymbol{b},\boldsymbol{x})\cdot D_{k+1|k}(\boldsymbol{x}|\boldsymbol{b},Z^{(k)})\mathrm{d}\boldsymbol{x} \tag{12.90}$$

$$D_{k+1|k}[p_{\mathrm{D}}|\boldsymbol{b}]=\int p_{\mathrm{D}}(\boldsymbol{b},\boldsymbol{x})\cdot D_{k+1|k}(\boldsymbol{x}|\boldsymbol{b},Z^{(k)})\mathrm{d}\boldsymbol{x} \tag{12.91}$$

注解 55 (局限性): 需要注意的是，式(12.87)仅对目标状态偏置成立，对于观测和传感器状态偏置情形则不成立。可这样理解该限制条件：若观测 $\boldsymbol{z}$ 存在平移偏置，将会导致杂波观测同样被平移，此时 $\kappa_{k+1}(\boldsymbol{z})$ 实际应为 $\kappa_{k+1}(\boldsymbol{z}|\boldsymbol{b})$，而目标状态偏置情形则非如此。同样道理也适用于传感器状态 $\overset{*}{\boldsymbol{x}}$ 的平移偏置，由于 $\kappa_{k+1}(\boldsymbol{z})$ 实际上是 $\kappa_{k+1}(\boldsymbol{z}|\overset{*}{\boldsymbol{x}})$ 的缩写形式，故此时的杂波将与联合状态 $(\boldsymbol{b},X)$ 中的 $\boldsymbol{b}$ 有关。根据上述分析及8.7节的讨论，此时 PHD 观测更新方程中将涉及当前观测集所有分割的求和计算。

注解 56: 由于(12.88)式的偏置似然函数呈高度非线性，故这些方程的实现需要采用序贯蒙特卡罗 (SMC) 技术。

式(12.87)~(12.91)可证明如下：对于固定的 $\boldsymbol{b}$，式(12.57)乃一般多目标观测更新方程，故其 PHD 更新方程亦为一般 PHD 观测更新方程。因此，与式(12.56)和式(12.57)对应的观测更新方程为

$$f_{k+1|k+1}(\boldsymbol{b}|Z^{(k+1)})=\frac{f_{k+1}(Z_{k+1}|\boldsymbol{b},Z^{(k)})\cdot f_{k+1|k}(\boldsymbol{b}|Z^{(k)})}{f_{k+1}(Z_{k+1}|Z^{(k)})} \tag{12.92}$$

$$\frac{D_{k+1|k+1}(\boldsymbol{x}|\boldsymbol{b},Z^{(k+1)})}{D_{k+1|k}(\boldsymbol{x}|\boldsymbol{b},Z^{(k)})}=1-p_{\mathrm{D}}(\boldsymbol{b},\boldsymbol{x})+\sum_{z\in Z_{k+1}}\frac{p_{\mathrm{D}}(\boldsymbol{b},\boldsymbol{x})\cdot f_{k+1}(\boldsymbol{z}|\boldsymbol{b},\boldsymbol{x})}{\kappa_{k+1}(\boldsymbol{z})+\tau_{k+1}(\boldsymbol{z}|\boldsymbol{b})} \tag{12.93}$$

式中

$$\tau_{k+1}(\boldsymbol{z}|\boldsymbol{b})=\int p_{\mathrm{D}}(\boldsymbol{b},\boldsymbol{x})\cdot f_{k+1}(\boldsymbol{z}|\boldsymbol{b},\boldsymbol{x})\cdot D_{k+1|k}(\boldsymbol{x}|\boldsymbol{b},Z^{(k)})\mathrm{d}\boldsymbol{x} \tag{12.94}$$

$$f_{k+1}(Z_{k+1}|Z^{(k)})=\int f_{k+1}(Z_{k+1}|\boldsymbol{b},Z^{(k)})\cdot f_{k+1|k}(\boldsymbol{b}|Z^{(k)})\mathrm{d}\boldsymbol{b} \tag{12.95}$$

对于固定的 $\boldsymbol{b}$，式(12.88)乃一般的多目标贝叶斯归一化因子。在当前的模型表示下，根据式(8.55)可得

$$f_{k+1}(Z_{k+1}|\boldsymbol{b},Z^{(k)})=e^{-\lambda_{k+1}-D_{k+1|k}[p_{\mathrm{D}}|\boldsymbol{b}]}\prod_{z\in Z_{k+1}}(\kappa_{k+1}(\boldsymbol{z})+\tau_{k+1}(\boldsymbol{z}|\boldsymbol{b})) \tag{12.96}$$

式中

$$D_{k+1|k}[p_{\mathrm{D}}|\boldsymbol{b}]=\int p_{\mathrm{D}}(\boldsymbol{b},\boldsymbol{x})\cdot D_{k+1|k}(\boldsymbol{x}|\boldsymbol{b},Z^{(k)})\mathrm{d}\boldsymbol{x} \tag{12.97}$$

12.4.1.3 单传感器 BURT 滤波器：状态估计

该滤波器的状态估计可采用一种直接方式实现。首先估计传感器偏置：

$$\boldsymbol{b}_{k+1|k+1} = \arg\sup_{\boldsymbol{b}} f_{k+1|k+1}(\boldsymbol{b}|Z^{(k+1)}) \tag{12.98}$$

然后对 $D_{k+1|k+1}(\boldsymbol{x}|\boldsymbol{b}_{k+1|k+1}, Z^{(k+1)})$ 应用8.4.4节中的 PHD 滤波器状态估计方法。也就是说，先将下述期望目标数舍入至最近的整数 ν

$$N_{k+1|k+1} = \int D_{k+1|k+1}(\boldsymbol{x}|\boldsymbol{b}_{k+1|k+1}, Z^{(k+1)})\mathrm{d}\boldsymbol{x} \tag{12.99}$$

再提取 $D_{k+1|k+1}(\boldsymbol{x}|\boldsymbol{b}_{k+1|k+1}, Z^{(k+1)})$ 的前 ν 个极大值处的状态。

12.4.2 BURT-PHD 滤波器：多传感器迭代校正

假定有 s 个偏置分别为 $\overset{1}{\boldsymbol{b}}, \cdots, \overset{s}{\boldsymbol{b}}$ 的传感器，将联合偏置矢量记作 $\boldsymbol{b} = (\overset{1}{\boldsymbol{b}}{}^{\mathrm{T}}, \cdots, \overset{s}{\boldsymbol{b}}{}^{\mathrm{T}})^{\mathrm{T}}$。基于10.5节的迭代校正法对每个传感器依次重复应用(12.86)和(12.87)的观测更新式。

对第一个传感器更新后可得

$$\begin{aligned} & f_{k+1|k+1}(\overset{1}{\boldsymbol{b}}, \cdots, \overset{s}{\boldsymbol{b}}|\overset{1}{Z}{}^{(k+1)}, \overset{2}{Z}{}^{(k)}, \cdots, \overset{s}{Z}{}^{(k)}) \\ = & \frac{f_{k+1}(\overset{1}{Z}_{k+1}|\overset{1}{\boldsymbol{b}}, \cdots, \overset{s}{\boldsymbol{b}}, Z^{(k)}) \cdot f_{k+1|k}(\overset{1}{\boldsymbol{b}}, \cdots, \overset{s}{\boldsymbol{b}}|\overset{1}{Z}{}^{(k)}, \cdots, \overset{s}{Z}{}^{(k)})}{f_{k+1}(\overset{1}{Z}_{k+1}|\overset{1}{Z}{}^{(k)}, \cdots, \overset{s}{Z}{}^{(k)})} \end{aligned} \tag{12.100}$$

$$\begin{aligned} & \frac{D_{k+1|k+1}(\boldsymbol{x}|\overset{1}{\boldsymbol{b}}, \cdots, \overset{s}{\boldsymbol{b}}, \overset{1}{Z}{}^{(k+1)}, \overset{2}{Z}{}^{(k)}, \cdots, \overset{s}{Z}{}^{(k)})}{D_{k+1|k}(\boldsymbol{x}|\overset{1}{\boldsymbol{b}}, \cdots, \overset{s}{\boldsymbol{b}}, \overset{1}{Z}{}^{(k)}, \cdots, \overset{s}{Z}{}^{(k)})} \\ = & 1 - p_{\mathrm{D}}(\boldsymbol{x}) + \sum_{\overset{1}{z} \in \overset{1}{Z}_{k+1}} \frac{p_{\mathrm{D}}(\boldsymbol{x}) \cdot \overset{1}{f}_{k+1}(\overset{1}{z}|\overset{1}{\boldsymbol{b}}, \boldsymbol{x})}{\kappa_{k+1}(\overset{1}{z}) + \tau_{k+1}(\overset{1}{z}|\overset{1}{\boldsymbol{b}})} \end{aligned} \tag{12.101}$$

同理，对第二个传感器更新后可得

$$\begin{aligned} & f_{k+1|k+1}(\overset{1}{\boldsymbol{b}}, \cdots, \overset{s}{\boldsymbol{b}}|\overset{1}{Z}{}^{(k+1)}, \overset{2}{Z}{}^{(k+1)}, \cdots, \overset{s}{Z}{}^{(k)}) \\ = & \frac{f_{k+1}(\overset{2}{Z}_{k+1}|\overset{1}{\boldsymbol{b}}, \cdots, \overset{s}{\boldsymbol{b}}, Z^{(k)}) \cdot f_{k+1|k+1}(\overset{1}{\boldsymbol{b}}, \cdots, \overset{s}{\boldsymbol{b}}|\overset{1}{Z}{}^{(k+1)}, \overset{2}{Z}{}^{(k)}, \cdots, \overset{s}{Z}{}^{(k)})}{f_{k+1}(\overset{2}{Z}_{k+1}|\overset{1}{Z}{}^{(k+1)}, \overset{2}{Z}{}^{(k)}, \cdots, \overset{s}{Z}{}^{(k)})} \end{aligned} \tag{12.102}$$

$$\begin{aligned} & \frac{D_{k+1|k+1}(\boldsymbol{x}|\overset{1}{\boldsymbol{b}}, \cdots, \overset{s}{\boldsymbol{b}}, \overset{1}{Z}{}^{(k+1)}, \overset{2}{Z}{}^{(k+1)}, \cdots, \overset{s}{Z}{}^{(k)})}{D_{k+1|k}(\boldsymbol{x}|\overset{1}{\boldsymbol{b}}, \cdots, \overset{s}{\boldsymbol{b}}, \overset{1}{Z}{}^{(k+1)}, \overset{2}{Z}{}^{(k)} \cdots, \overset{s}{Z}{}^{(k)})} \\ = & 1 - p_{\mathrm{D}}(\boldsymbol{x}) + \sum_{\overset{2}{z} \in \overset{2}{Z}_{k+1}} \frac{p_{\mathrm{D}}(\boldsymbol{x}) \cdot \overset{2}{f}_{k+1}(\overset{2}{z}|\overset{2}{\boldsymbol{b}}, \boldsymbol{x})}{\kappa_{k+1}(\overset{2}{z}) + \tau_{k+1}(\overset{2}{z}|\overset{2}{\boldsymbol{b}})} \end{aligned} \tag{12.103}$$

依次类推。

12.4.3 BURT-PHD 滤波器：多传感器平行组合

对于该情形，只需将上节的迭代校正程序替换为10.6节的方法即可。

12.5 单滤波器版 BURT-PHD 滤波器

本节介绍 BURT-PHD 滤波器的简单版本——仅传递条件 PHD $D_{k|k}(\boldsymbol{x}|\boldsymbol{b},Z^{(k)})$，主要内容如下：

- 12.5.1节：静态偏置下的单滤波器版 BURT-PHD 滤波器。
- 12.5.2节：启发式的单滤波器版 BURT-PHD 滤波器。

12.5.1 静态偏置下的单滤波器版 BURT-PHD 滤波器

Ristic 和 Clark 的研究表明，在静态偏置假设下可得到单滤波器版的 BURT-PHD 滤波器，其形式如下[253–255]：

$$\begin{array}{ccccccc}\cdots\to & f_{k|k}(\boldsymbol{b}|Z^{(k)}) & & \to & & f_{k+1|k+1}(\boldsymbol{b}|Z^{(k+1)}) & \to\cdots \\ & & & & & \nearrow\uparrow & \\ \cdots\to & D_{k|k}(\boldsymbol{x}|\boldsymbol{b},Z^{(k)}) & \to & D_{k+1|k}(\boldsymbol{x}|\boldsymbol{b},Z^{(k)}) & \to & D_{k+1|k+1}(\boldsymbol{x}|\boldsymbol{b},Z^{(k+1)}) & \to\cdots\end{array}$$

注意：这两个滤波器并非真正耦合，这是因为上层的偏置分布可从下层的条件 PHD 中完全导出。因此，该滤波器本质上为单滤波器形式，且可由下列方程给定：

- 时间更新 (忽略目标衍生)：

$$D_{k+1|k}(\boldsymbol{x}|\boldsymbol{b},Z^{(k)})=b_{k+1|k}(\boldsymbol{x})+\int p_{\mathrm{S}}(\boldsymbol{x}')\cdot f_{k+1|k}(\boldsymbol{x}|\boldsymbol{x}')\cdot D_{k|k}(\boldsymbol{x}'|\boldsymbol{b},Z^{(k)})\mathrm{d}\boldsymbol{x}' \tag{12.104}$$

- 观测更新：

$$\frac{D_{k+1|k+1}(\boldsymbol{x}|\boldsymbol{b},Z^{(k+1)})}{D_{k+1|k}(\boldsymbol{x}|\boldsymbol{b},Z^{(k)})}=1-p_{\mathrm{D}}(\boldsymbol{b},\boldsymbol{x})+\sum_{\boldsymbol{z}\in Z_{k+1}}\frac{p_{\mathrm{D}}(\boldsymbol{b},\boldsymbol{x})\cdot f_{k+1}(\boldsymbol{z}|\boldsymbol{b},\boldsymbol{x})}{\kappa_{k+1}(\boldsymbol{z})+\tau_{k+1}(\boldsymbol{z}|\boldsymbol{b})} \tag{12.105}$$

$$f_{k+1|k+1}(\boldsymbol{b}|Z^{(k+1)})=\frac{f_{k+1}(Z_{k+1}|\boldsymbol{b},Z^{(k)})\cdot f_{k|k}(\boldsymbol{b}|Z^{(k)})}{f_{k+1}(Z_{k+1}|Z^{(k)})} \tag{12.106}$$

式中

$$\tau_{k+1}(\boldsymbol{z}|\boldsymbol{b})=\int p_{\mathrm{D}}(\boldsymbol{b},\boldsymbol{x})\cdot f_{k+1}(\boldsymbol{z}|\boldsymbol{b},\boldsymbol{x})\cdot D_{k+1|k}(\boldsymbol{x}|\boldsymbol{b},Z^{(k)})\mathrm{d}\boldsymbol{x} \tag{12.107}$$

$$f_{k+1}(Z_{k+1}|\boldsymbol{b},Z^{(k)})=e^{-\lambda_{k+1}-D_{k+1|k}[p_{\mathrm{D}}|\boldsymbol{b}]}\prod_{\boldsymbol{z}\in Z_{k+1}}(\kappa_{k+1}(\boldsymbol{z})+\tau_{k+1}(\boldsymbol{z}|\boldsymbol{b})) \tag{12.108}$$

$$f_{k+1}(Z_{k+1}|Z^{(k)})=\int f_{k+1}(Z_{k+1}|\boldsymbol{b},Z^{(k)})\cdot f_{k|k}(\boldsymbol{b}|Z^{(k)})\mathrm{d}\boldsymbol{b} \tag{12.109}$$

$$D_{k+1|k}[p_{\mathrm{D}}|\boldsymbol{b}]=\int p_{\mathrm{D}}(\boldsymbol{b},\boldsymbol{x})\cdot D_{k+1|k}(\boldsymbol{x}|\boldsymbol{b},Z^{(k)})\mathrm{d}\boldsymbol{x} \tag{12.110}$$

为了解释上述结果的推导过程，可首先回到双滤波器版的 BURT 滤波器。它基于式(12.49)，即

$$f_{k+1|k+1}(\boldsymbol{b}, X|Z^{(k+1)}) = f_{k+1|k+1}(\boldsymbol{b}|Z^{(k+1)}) \cdot f_{k+1|k+1}(X|\boldsymbol{b}, Z^{(k+1)}) \tag{12.111}$$

由式(4.71)可知

$$D_{k+1|k+1}(\boldsymbol{b}, \boldsymbol{x}|Z^{(k+1)}) = f_{k+1|k+1}(\boldsymbol{b}|Z^{(k+1)}) \cdot D_{k+1|k+1}(\boldsymbol{x}|\boldsymbol{b}, Z^{(k+1)}) \tag{12.112}$$

根据式(12.87)，上式中的条件 PHD 为

$$\frac{D_{k+1|k+1}(\boldsymbol{x}|\boldsymbol{b}, Z^{(k+1)})}{D_{k+1|k}(\boldsymbol{x}|\boldsymbol{b}, Z^{(k)})} = 1 - p_{\mathrm{D}}(\boldsymbol{b}, \boldsymbol{x}) + \sum_{\boldsymbol{z}\in Z_{k+1}} \frac{p_{\mathrm{D}}(\boldsymbol{b}, \boldsymbol{x}) \cdot f_{k+1}(\boldsymbol{z}|\boldsymbol{b}, \boldsymbol{x})}{\kappa_{k+1}(\boldsymbol{z}) + \tau_{k+1}(\boldsymbol{z}|\boldsymbol{b})} \tag{12.113}$$

Ristic 和 Clark 注意到，若 $\boldsymbol{b}$ 为静态参数，则无需递推便可导出 $f_{k+1|k+1}(\boldsymbol{b}|Z^{(k+1)})$。首先，由贝叶斯规则可知

$$f_{k+1|k+1}(\boldsymbol{b}|Z^{(k+1)}) = \frac{f_{k+1}(Z^{(k+1)}|\boldsymbol{b}) \cdot f_{0|0}(\boldsymbol{b})}{\int f_{k+1}(Z^{(k+1)}|\boldsymbol{b}') \cdot f_{0|0}(\boldsymbol{b}')\mathrm{d}\boldsymbol{b}'} \tag{12.114}$$

式中：$f_{0|0}(\boldsymbol{b})$ 为 $\boldsymbol{b}$ 的先验分布；$f_{k+1}(Z^{(k+1)}|\boldsymbol{b})$ 为变量 $\boldsymbol{b}$ 的似然函数。

再次利用贝叶斯规则，可得

$$f_{k+1}(Z^{(k+1)}|\boldsymbol{b}) = f_{k+1}(Z_{k+1}|\boldsymbol{b}, Z^{(k)}) \cdot f_k(Z_k|\boldsymbol{b}, Z^{(k-1)}) \cdots \tag{12.115}$$

$$f_2(Z_2|\boldsymbol{b}, Z^{(1)}) \cdot f_1(Z_1|\boldsymbol{b})$$

$$= f_{k+1}(Z_{k+1}|\boldsymbol{b}, Z^{(k)}) \cdot f_k(Z^{(k)}|\boldsymbol{b}) \tag{12.116}$$

由式(12.88)可知，对于 $k \geqslant 1$，若假定预测多目标分布是泊松过程，则

$$f_l(Z_l|\boldsymbol{b}, Z^{(l-1)}) = e^{-\lambda_l - D_{l|l-1}[p_{\mathrm{D}}|\boldsymbol{b}]} \prod_{\boldsymbol{z}\in Z_l} (\kappa_l(\boldsymbol{z}) + \tau_l(\boldsymbol{z}|\boldsymbol{b})), \quad l = 1, \cdots, k+1 \tag{12.117}$$

因此，可直接根据 PHD $D_{l|l-1}(\boldsymbol{x}|\boldsymbol{b}, Z^{(l-1)})$ $(l \geqslant 1)$ 计算得到 $f_{k+1}(Z^{(k+1)}|\boldsymbol{b})$，而观测更新后 $\boldsymbol{b}$ 的后验密度可按照下述递归方式计算：

$$f_{k+1|k+1}(\boldsymbol{b}|Z^{(k+1)}) \propto f_{k+1}(Z^{(k+1)}|\boldsymbol{b}) \cdot f_{0|0}(\boldsymbol{b}) \tag{12.118}$$

$$= f_{k+1}(Z_{k+1}|\boldsymbol{b}, Z^{(k)}) \cdot f_k(Z^{(k)}|\boldsymbol{b}) \cdot f_{0|0}(\boldsymbol{b}) \tag{12.119}$$

$$\propto f_{k+1}(Z_{k+1}|\boldsymbol{b}, Z^{(k)}) \cdot f_{k|k}(\boldsymbol{b}|Z^{(k)}) \tag{12.120}$$

随着时间递推，BURT-PHD 滤波器将隐式地估计 $\boldsymbol{b}$ 的值。如欲得到显式估计，则可采用下面的 MAP 估计器：

$$\boldsymbol{b}_{k+1|k+1} = \arg\sup_{\boldsymbol{b}} f_{k+1|k+1}(\boldsymbol{b}|Z^{(k+1)}) \tag{12.121}$$

12.5.2　一种启发式的单滤波器版 BURT-PHD 滤波器

除上述严格推导外，也可通过一种朴素方式来设计 BURT-PHD 滤波器。首先考虑单传感器情形，直接对联合 PHD 应用一般的 PHD 滤波器方程：

$$D_{k+1|k}(\boldsymbol{b},\boldsymbol{x}|Z^{(k)}) = b_{k+1|k}(\boldsymbol{x}) + \int p_S(\boldsymbol{x}')\cdot f_{k+1|k}(\boldsymbol{b},\boldsymbol{x}|\boldsymbol{b},\boldsymbol{x}')\cdot D_{k|k}(\boldsymbol{b}',\boldsymbol{x}'|Z^{(k)})\mathrm{d}\boldsymbol{b}'\mathrm{d}\boldsymbol{x}' \tag{12.122}$$

$$\frac{D_{k+1|k+1}(\boldsymbol{b},\boldsymbol{x}|Z^{(k+1)})}{D_{k+1|k}(\boldsymbol{b},\boldsymbol{x}|Z^{(k)})} = 1 - p_D(\boldsymbol{b},\boldsymbol{x}) + \sum_{\boldsymbol{z}\in Z_{k+1}} \frac{p_D(\boldsymbol{b},\boldsymbol{x})\cdot f_{k+1}(\boldsymbol{z}|\boldsymbol{b},\boldsymbol{x})}{\kappa_{k+1}(\boldsymbol{z}) + \tau_{k+1}(\boldsymbol{z})} \tag{12.123}$$

式中

$$f_{k+1|k}(\boldsymbol{b},\boldsymbol{x}|\boldsymbol{b},\boldsymbol{x}') = f_{k+1|k}(\boldsymbol{b}|\boldsymbol{b}')\cdot f_{k+1|k}(\boldsymbol{x}|\boldsymbol{x}') \tag{12.124}$$

$$\tau_{k+1}(\boldsymbol{z}) = \int p_D(\boldsymbol{b},\boldsymbol{x})\cdot f_{k+1}(\boldsymbol{z}|\boldsymbol{b},\boldsymbol{x})\cdot D_{k+1|k}(\boldsymbol{b},\boldsymbol{x}|Z^{(k)})\mathrm{d}\boldsymbol{b}\mathrm{d}\boldsymbol{x} \tag{12.125}$$

对于多传感器情形，采用第10章的多传感器 PHD 观测更新方程代替式(12.123)即可。

严格地讲，这种方法在理论上是不太合理的。因为式(12.68)表明，联合 PHD 实际应为如下形式：

$$D_{k+1|k+1}(\boldsymbol{b},\boldsymbol{x}|Z^{(k+1)}) = f_{k+1|k+1}(\boldsymbol{b}|Z^{(k+1)})\cdot D_{k+1|k+1}(\boldsymbol{x}|\boldsymbol{b},Z^{(k+1)}) \tag{12.126}$$

正如前面证明中多次提到的那样，PHD 观测更新方程只能用于 $D_{k+1|k+1}(\boldsymbol{x}|\boldsymbol{b},Z^{(k+1)})$，而不是 $D_{k+1|k+1}(\boldsymbol{b},\boldsymbol{x}|Z^{(k+1)})$。

上述启发式 BURT-PHD 是由 Lian、Han、Liu 及 Chen[145] 等人与 Mahler[192] 在 2011 年分别独立提出的，具体方法存在两方面的细微差别：①为了解决多传感器问题，Lian 等人采用10.6.3节的乘积伪似然法，而 Mahler 则基于10.5节的迭代校正法；②为了估计偏置，Lian 等人采用的是 EAP 估计，而 Mahler 则采用 MAP 估计，即

$$\boldsymbol{b}^{\mathrm{EAP}}_{k+1|k+1} = \frac{\int \boldsymbol{b}\cdot D_{k+1|k+1}(\boldsymbol{b},\boldsymbol{x}|Z^{(k+1)})\mathrm{d}\boldsymbol{b}\mathrm{d}\boldsymbol{x}}{\int D_{k+1|k+1}(\boldsymbol{b}',\boldsymbol{x}'|Z^{(k+1)})\mathrm{d}\boldsymbol{b}'\mathrm{d}\boldsymbol{x}'} \tag{12.127}$$

$$\boldsymbol{b}^{\mathrm{MAP}}_{k+1|k+1} = \arg\sup_{\boldsymbol{b}} \int D_{k+1|k+1}(\boldsymbol{b},\boldsymbol{x}|Z^{(k+1)})\mathrm{d}\boldsymbol{x} \tag{12.128}$$

Lian 等人还实现了其滤波器并在多传感器情形下作了性能测试。令人惊奇的是，尽管启发式的朴素方法有别于严格推导的双滤波器方法，但它却表现出了良好的性能(见12.6.2节)。个中缘由，尚不清楚。

12.6　已实现的 BURT-PHD 滤波器

本节介绍两个已实现的 BURT-PHD 滤波器：Ristic 和 Clark 的滤波器 (12.5.1节)；Lian、Han、Liu、Chen 等人的滤波器 (12.5.2节)。

12.6.1 Ristic 和 Clark 的 BURT-PHD 滤波器

12.5.1节已经对该滤波器做了一定的讨论，本节内容选自文献 [255]。Ristic 等人基于序贯蒙特卡罗 (SMC) 技术实现并测试了该滤波器，测试所用的两个异步传感器如下所述：

- 距离–方位传感器：位于 $(0,0)^{\mathrm{T}}$ 处；在奇数时间步采集观测，相应的协方差为 $\mathrm{diag}((50\mathrm{km})^2,(0.5°)^2)$；检测概率 $p_{\mathrm{D}}=0.95$；均匀泊松杂波且杂波率 $\lambda=10$；静态观测平移偏置为 $(6.8\mathrm{km},-3.50°)^{\mathrm{T}}$。
- 距离–方位传感器：位于 $(120\mathrm{km},35\mathrm{km})^{\mathrm{T}}$ 处；在偶数时间步采集观测，相应的协方差为 $\mathrm{diag}((50\mathrm{km})^2,(0.5°)^2)$；检测概率 $p_{\mathrm{D}}=0.95$；均匀泊松杂波且杂波率 $\lambda=10$；静态观测平移偏置为 $(-5\mathrm{km},2°)^{\mathrm{T}}$。

由于传感器以异步方式获取观测，因此可采用单传感器 PHD 滤波器 (没必要用多传感器 PHD 滤波器)。试验中共设 3~5 个运动目标，且伴有出现消失现象。由于试验的主要目的是评估偏置的估计精度，因此运动轨迹都很短。

据 Ristic 等人报道，其滤波器的偏置估计非常接近真实值，分别为 $(6.863\mathrm{km},-3.578°)^{\mathrm{T}}$ 和 $(-5.104\mathrm{km},1.806°)^{\mathrm{T}}$。

12.6.2 Lian 等人的 BURT-PHD 滤波器

该滤波器已在12.5.2节中做了一定的讨论。在文献 [145] 中，Lian 等人给出了该滤波器 SMC 实现在简单二维场景下的性能，所用的三个传感器配置如下：

- 距离–方位传感器：位于 $(600\mathrm{m},400\mathrm{m})^{\mathrm{T}}$；观测协方差为 $\mathrm{diag}((2.5\mathrm{m})^2,(2.5\mathrm{mrad})^2)$；检测概率 $p_{\mathrm{D}}=0.8$；均匀泊松杂波且杂波率 $\lambda=60$；静态观测平移偏置为 $(50\mathrm{m},-50\mathrm{mrad})^{\mathrm{T}}$。
- 唯距传感器：位于 $(0,0)^{\mathrm{T}}$；观测协方差为 $(2.5\mathrm{m})^2$；检测概率 $p_{\mathrm{D}}=0.9$；均匀泊松杂波且杂波率 $\lambda=50$；静态观测平移偏置为 30m。
- 唯角传感器：位于 $(-600\mathrm{m},-400\mathrm{m})^{\mathrm{T}}$；观测协方差为 $(2.5\mathrm{mrad})^2$；检测概率 $p_{\mathrm{D}}=0.7$；均匀泊松杂波且杂波率 $\lambda=40$；静态观测平移偏置为 −40mrad。

试验中共有四个沿曲线运动的目标，且伴有出现消失现象。

据 Lian 等人报道：首先，经过大约 15 步的建立周期后，SMC-BURT-PHD 滤波器便可收敛至正确的偏置估计；其次，该滤波器还可校正每个时刻的目标数估计，而传统 SMC-PHD 滤波器的目标数估计则表现出严重下偏；最后，在目标精确定位方面，该滤波器的 OSPA 测度 (见6.2.2节) 远小于标准的 SMC-PHD 滤波器。

Lian 等人还比较了该滤波器与适当修改后的多传感器 JPDA 滤波器，据报道：当杂波率相对较低时，多传感器 JPDA 滤波器的性能要优于 SMC-BURT-PHD 滤波器；而当杂波率相对较大时，则有相反的结论。

第 13 章　多伯努利滤波器

13.1　简　介

除了基本的模型假设，经典 PHD 滤波器的观测更新方程还需要下述简化假设：

- 对于任意的 $k \geqslant 0$，预测多目标分布 $f_{k+1|k}(X|Z^{(k)})$ 可近似为泊松过程。

同样地，经典 CPHD 滤波器则需要下面两个简化假设：

- 对于任意的 $k \geqslant 0$，多目标分布 $f_{k|k}(X|Z^{(k)})$ 及 $f_{k+1|k}(X|Z^{(k)})$ 均可近似为 i.i.d.c. 过程。

本章介绍的势均衡多目标多伯努利 (CBMeMBer) 滤波器沿用该模式，它需要下面的简化假设：

- 对于任意的 $k \geqslant 0$，多目标分布 $f_{k|k}(X|Z^{(k)})$ 及 $f_{k+1|k}(X|Z^{(k)})$ 均可近似为多伯努利过程 (多伯努利 RFS 的定义见4.3.4节)。

在概念上，CBMeMBer 滤波器却有别于 PHD 及 CPHD 滤波器：它不是将多目标分布 $f_{k|k}(X|Z^{(k)})$ 及 $f_{k+1|k}(X|Z^{(k)})$ 包含的信息压缩为简单的统计矩，而是

- 直接近似多目标概率分布 $f_{k|k}(X|Z^{(k)})$ 及 $f_{k+1|k}(X|Z^{(k)})$。

对于特定情形，这种近似未必是一种好的选择。若 $f_{k|k}(X|Z^{(k)})$ 为多伯努利分布，它的势分布为 $p_{k|k}(n|Z^{(k)})$，则其势方差不会超过势均值 (见(4.127)式)。因此，

- 当 $p_{k|k}(n|Z^{(k)})$ 的方差超过其均值，即目标数估计很不准时，CBMeMBer 滤波器不可能具有优良的性能。

如5.10.6节所述，在原始 MeMBer 滤波器的观测更新方程推导中，由于采用了一种欠考虑的一阶台劳线性近似 (见文献 [179] 中的 (17.176) 式①)，因此导致目标数估计出现了严重上偏[310]。为了校正该偏置，B. T. Vo、B. N. Vo 和 A. Cantoni[310] 设计了 CBMeMBer 滤波器——本章主题所在。B. T. Vo 和 B. N. Vo 等人还将 CBMeMBer 滤波器扩展至未知杂波及未知检测包线背景下[312,313]，这部分工作将在18.7节介绍②。

本章的第二个目的是介绍伯努利滤波器，5.10.7节已对其作过简单介绍。伯努利滤波器至多可跟踪一个目标，从这方面讲，CBMeMBer 滤波器显然比伯努利滤波器更通用；

①译者注：即文献 [180] 中的 (17.160) 式。

②Ouyang, Ji 和 Li 指出了 CBMeMBer 滤波器的局限性，并提出了一种启发式的补救措施，但它似乎不具备应用上的通用性[228]。

但在其他方面，伯努利滤波器比 CBMeMBer 滤波器更通用，具体来讲，伯努利滤波器的杂波模型可以是任意的，而 CBMeMBer 滤波器却需要假定泊松杂波模型。

接下来的章节将在一个较高层次上讨论 CBMeMBer 滤波器及伯努利滤波器。更多细节，尤其是实现相关的问题，可参见 Ristic 等人的著作 *Particle Filters for Random Set Models*[250]。

13.1.1 要点概述

在本章学习过程中，需掌握的主要概念、结论和公式如下：

- 在其建模假设下，对于任意杂波及检测包线背景下不超过 1 个目标的检测跟踪问题，伯努利滤波器是贝叶斯最优的 (见13.2节)。
- CBMeMBer 滤波器在概念上有别于 PHD/CPHD 滤波器。后者采用统计矩来近似多目标概率分布 $f_{k|k}(X|Z^{(k)})$，而前者则直接近似 $f_{k|k}(X|Z^{(k)})$ 本身。
- 当目标数估计不够精确、尤其是势方差大于势均值时，多伯努利近似是不精确的。
- CBMeMBer 滤波器的瞬时计算复杂度与 PHD 滤波器大致相当，即 $O(mn)$，其中，m 为观测数目，n 为当前航迹数。但 n 会随时间递增，故需要修剪与合并操作。
- 高斯混合 (GM) CBMeMBer 滤波器较 GM−CPHD 滤波器虽没有明显的性能提升，但在计算方面却更为高效。
- CBMeMBer 滤波器的序贯蒙特卡罗 (SMC) 实现在计算效率和跟踪性能两方面较 SMC−CPHD 滤波器均有明显提升。
- 因此，SMC−CBMeMBer 滤波器非常适合 p_D 较大但运动和 (或) 观测模型却呈高度非线性的应用。
- 采用马尔可夫跳变技术，可对 CBMeMBer 滤波器进行扩展以集成多个运动模型 (见13.5节)。

13.1.2 本章结构

本章内容安排如下：

- 13.2节：伯努利滤波器。
- 13.3节：多传感器伯努利滤波器。
- 13.4节：势均衡多目标多伯努利 (CBMeMBer) 滤波器。
- 13.5节：CBMeMBer 滤波器的马尔可夫跳变版。

13.2 伯努利滤波器

在其建模假设下，伯努利滤波器是任意杂波及检测包线背景下单目标检测跟踪问题的贝叶斯最优方法。当然，伯努利滤波器只不过是一种特定假设下的多目标贝叶斯滤波器，即先验目标数为 0 或 1，或者说多目标分布 $f_{0|0}(X) = 0$ ($|X| \geqslant 2$)。若进一步假定 i.i.d.c. 杂波，则伯努利滤波器等价于单目标 CPHD 滤波器 (见8.5.6.5节)。

伯努利滤波器是由 B. T. Vo[298] 和 R. Mahler[179]①分别独立提出的。B. T. Vo 采用的术语“伯努利滤波器”在技术上更加精确且富有表达力，目前已为大家接受，Mahler 在文献 [179] 中则将它称作“联合的目标检测与跟踪”(JoTT) 滤波器。

如文献 [179] 所述，伯努利滤波器是集成概率数据关联 (IPDA) 滤波器的一种推广。IPDA 滤波器是由 Musicki、Evans 和 Stankovic 等人基于自底向上方法设计的[215]②，在相同的模型假设下，S. Challa、B. N. Vo 和 Wang 等人随后证明了也可采用 FISST 方法推导出 IPDA 滤波器[32]。

伯努利滤波器由下面两个耦合的滤波器组成：

$$\begin{array}{ccccccc}\cdots\to & p_{k|k}(Z^{(k)}) & \to & p_{k+1|k}(Z^{(k)}) & \to & p_{k+1|k+1}(Z^{(k+1)}) & \to\cdots \\ & & \upharpoonleft\downharpoonright & & \upharpoonleft\downharpoonright & & \\ \cdots\to & s_{k|k}(\boldsymbol{x}|Z^{(k)}) & \to & s_{k+1|k}(\boldsymbol{x}|Z^{(k)}) & \to & s_{k+1|k+1}(\boldsymbol{x}|Z^{(k+1)}) & \to\cdots\end{array}$$

其中：$p_{k|k}$ 为 t_k 时刻的目标存在概率；$s_{k|k}(\boldsymbol{x})$ 为目标存在下的航迹分布，即目标状态为 $\boldsymbol{x}$ 的概率 (密度)。

在任意时刻，伯努利滤波器与下述多目标贝叶斯滤波器紧密相关：

$$f_{k|k}(X|Z^{(k)}) = \begin{cases} 1-p_{k|k}, & X=\emptyset \\ p_{k|k}\cdot s_{k|k}(\boldsymbol{x}), & X=\{\boldsymbol{x}\} \\ 0, & |X|\geqslant 2 \end{cases} \tag{13.1}$$

本节简要介绍伯努利滤波器，更详细的介绍可参见 Ristic、B. T. Vo 和 B. N. Vo 等人的综述[262] 以及 Ristic 的著作 *Particle Filters for Random Set Models*[250]。本节其余内容安排如下：

- 13.2.1节：伯努利滤波器的建模假设。
- 13.2.2节：伯努利滤波器时间更新方程。
- 13.2.3节：伯努利滤波器观测更新方程。
- 13.2.4节：伯努利滤波器状态估计。
- 13.2.5节：伯努利滤波器误差估计。
- 13.2.6节：伯努利滤波器与精确 *PHD* 滤波器的等价性。
- 13.2.7节：伯努利滤波器的实现。
- 13.2.8节：伯努利滤波器算法应用。

13.2.1　伯努利滤波器：建模

伯努利滤波器需要下述模型假设：

- 若场景中有目标 $\boldsymbol{x}$，则其继续存在的概率 $p_S(\boldsymbol{x}) \overset{\text{abbr.}}{=} p_{S,k+1|k}(\boldsymbol{x})$；

①译者注：见文献 [180] 第 14.7 节。

②伯努利滤波器对 IPDA 滤波器的推广主要包括：目标新生模型；状态相关的检测概率；状态独立的任意而非泊松杂波。

- 若场景中无目标，则目标出现或者重入的概率 $p_B \overset{\text{abbr.}}{=} p_{B,k+1|k}$；
- 新目标的空间分布为 $\hat{b}_{k+1|k}(\boldsymbol{x})$，故其 *PHD* 为

$$b_{k+1|k}(\boldsymbol{x}) = p_B \cdot \hat{b}_{k+1|k}(\boldsymbol{x}) \tag{13.2}$$

- 单目标马尔可夫密度 $M_{\boldsymbol{x}}(\boldsymbol{x}') \overset{\text{abbr.}}{=} f_{k+1|k}(\boldsymbol{x}|\boldsymbol{x}')$；
- 单传感器单目标似然函数 $L_{\boldsymbol{z}}(\boldsymbol{x}) \overset{\text{abbr.}}{=} f_{k+1}(\boldsymbol{z}|\boldsymbol{x})$；
- 任意杂波 *RFS* 的多目标概率分布 $\kappa_{k+1}(Z)$。

13.2.2 伯努利滤波器：时间更新

已知 t_k 时刻的存在概率 $p_{k|k}$ 及航迹分布 $s_{k|k}(\boldsymbol{x})$，伯努利滤波器的时间更新方程可表示为 (见文献 [179] 第 519 页)

$$p_{k+1|k} = p_B \cdot (1 - p_{k|k}) + p_{k|k} \cdot s_{k|k}[p_S] \tag{13.3}$$

$$s_{k+1|k}(\boldsymbol{x}) = \frac{p_B \cdot (1 - p_{k|k}) \cdot \hat{b}_{k+1|k}(\boldsymbol{x}) + s_{k|k}[p_S M_{\boldsymbol{x}}]}{p_{k+1|k}} \tag{13.4}$$

式中

$$s_{k|k}[p_S] = \int p_S(\boldsymbol{x}') \cdot s_{k|k}(\boldsymbol{x}')\mathrm{d}\boldsymbol{x}' \tag{13.5}$$

$$s_{k|k}[p_S M_{\boldsymbol{x}}] = \int p_S(\boldsymbol{x}') \cdot M_{\boldsymbol{x}}(\boldsymbol{x}') \cdot s_{k|k}(\boldsymbol{x}')\mathrm{d}\boldsymbol{x}' \tag{13.6}$$

13.2.3 伯努利滤波器：观测更新

已知 t_{k+1} 时刻的预测存在概率 $p_{k+1|k}$ 及预测航迹分布 $s_{k+1|k}(\boldsymbol{x})$，在获得新观测集 Z_{k+1} 后，伯努利滤波器的观测更新方程可表示为 (见文献 [179] 第 520 页)

$$p_{k+1|k+1} = \frac{1 - s_{k+1|k}[p_D] + \sum_{\boldsymbol{z}\in Z_{k+1}} s_{k+1|k}[p_D L_{\boldsymbol{z}}] \cdot \frac{\kappa_{k+1}(Z_{k+1}-\{\boldsymbol{z}\})}{\kappa_{k+1}(Z_{k+1})}}{p_{k+1|k}^{-1} - s_{k+1|k}[p_D] + \sum_{\boldsymbol{z}\in Z_{k+1}} s_{k+1|k}[p_D L_{\boldsymbol{z}}] \cdot \frac{\kappa_{k+1}(Z_{k+1}-\{\boldsymbol{z}\})}{\kappa_{k+1}(Z_{k+1})}} \tag{13.7}$$

$$\frac{s_{k+1|k+1}(\boldsymbol{x})}{s_{k+1|k}(\boldsymbol{x})} = \frac{1 - p_D(\boldsymbol{x}) + p_D(\boldsymbol{x}) \sum_{\boldsymbol{z}\in Z_{k+1}} L_{\boldsymbol{z}}(\boldsymbol{x}) \cdot \frac{\kappa_{k+1}(Z_{k+1}-\{\boldsymbol{z}\})}{\kappa_{k+1}(Z_{k+1})}}{1 - s_{k+1|k}[p_D] + \sum_{\boldsymbol{z}\in Z_{k+1}} s_{k+1|k}[p_D L_{\boldsymbol{z}}] \cdot \frac{\kappa_{k+1}(Z_{k+1}-\{\boldsymbol{z}\})}{\kappa_{k+1}(Z_{k+1})}} \tag{13.8}$$

式中

$$s_{k+1|k}[p_D] = \int p_D(\boldsymbol{x}) \cdot s_{k+1|k}(\boldsymbol{x})\mathrm{d}\boldsymbol{x} \tag{13.9}$$

$$s_{k+1|k}[p_D L_{\boldsymbol{z}}] = \int p_D(\boldsymbol{x}) \cdot L_{\boldsymbol{z}}(\boldsymbol{x}) \cdot s_{k+1|k}(\boldsymbol{x})\mathrm{d}\boldsymbol{x} \tag{13.10}$$

当 $Z_{k+1} = \emptyset$ 时，式(13.7)和式(13.8)中的求和项为零。此时，有

$$p_{k+1|k+1} = \frac{1 - s_{k+1|k}[p_D]}{p_{k+1|k}^{-1} - s_{k+1|k}[p_D]} \tag{13.11}$$

$$s_{k+1|k+1}(\boldsymbol{x}) = \frac{1 - p_D(\boldsymbol{x})}{1 - s_{k+1|k}[p_D]} \cdot s_{k+1|k}(\boldsymbol{x}) \tag{13.12}$$

注解 57: 2007 年，B. T. Vo、B. N. Vo 和 A. Cantoni 设计了一种状态相关泊松杂波下的伯努利滤波器[309]。该滤波器假定杂波过程为如下形式：

$$\kappa_{k+1}(Z|\boldsymbol{x}) = e^{-\lambda_{k+1}(\boldsymbol{x})} \prod_{z \in Z} \kappa_{k+1}(z|\boldsymbol{x}) \tag{13.13}$$

式中：$\kappa_{k+1}(\boldsymbol{z}|\boldsymbol{x})$ 为状态相关杂波的强度函数；$\lambda_{k+1}(\boldsymbol{x}) = \int \kappa_{k+1}(\boldsymbol{z}|\boldsymbol{x})\mathrm{d}\boldsymbol{z}$ 为状态相关的杂波率。结果表明，该滤波器的性能远优于概率数据关联 (PDA) 滤波器等传统方法。

13.2.4 伯努利滤波器：状态估计

伯努利滤波器的状态估计需要回答两个问题：目标是否存在？若存在，其状态如何？5.9节和5.10节的 JoM 和 MaM 多目标状态估计器便可回答这两个问题。

按照 MaM 估计器，若 t_{k+1} 时刻的目标存在概率 $p_{k+1|k+1} > 1/2$，则判有目标。或者采用下面的等价判别式 (文献 [179] 中的 (14.212) 式)：

$$p_{k+1|k} > \frac{1}{2 - s_{k+1|k}[p_\mathrm{D}] + \sum_{z \in Z_{k+1}} s_{k+1|k}[p_\mathrm{D} L_{\boldsymbol{z}}] \cdot \frac{\kappa_{k+1}(Z_{k+1} - \{\boldsymbol{z}\})}{\kappa_{k+1}(Z_{k+1})}} \tag{13.14}$$

进而可得到下述目标状态估计①：

$$\hat{\boldsymbol{x}}^{\mathrm{MaM}}_{k+1|k+1} = \arg\sup_{\boldsymbol{x}} s_{k+1|k+1}(\boldsymbol{x}) \tag{13.15}$$

对于 JoM 估计器，首先选取与状态 $\boldsymbol{x}$ 同量纲的任意常数 $c > 0$，其大小与预定定位精度在同一量级。然后根据下述判决式判定目标存在与否②：

$$p_{k+1|k+1} < c \cdot \sup_{\boldsymbol{x}} s_{k+1|k+1}(\boldsymbol{x}) \tag{13.16}$$

JoM 的目标状态估计同 MaM 估计器。

13.2.5 伯努利滤波器：误差估计

误差估计包括两个方面：目标数估计误差；目标状态估计误差 (若目标存在)。前者由下述方差给定 (文献 [179] 中的 (14.229) 式)：

$$\sigma^2_{k+1|k+1} = p_{k+1|k+1} \cdot (1 - p_{k+1|k+1}) \tag{13.17}$$

后者由 $s_{k+1|k+1}(\boldsymbol{x})$ 的协方差给定 (文献 [179] 中的 (14.232) 式)：

$$\boldsymbol{P}_{k+1|k+1} = \int (\boldsymbol{x} - \bar{\boldsymbol{x}}_{k+1|k+1})(\boldsymbol{x} - \bar{\boldsymbol{x}}_{k+1|k+1})^\mathrm{T} \cdot s_{k+1|k+1}(\boldsymbol{x})\mathrm{d}\boldsymbol{x} \tag{13.18}$$

式中：$\bar{\boldsymbol{x}}_{k+1|k+1}$ 是由 JoM 和 MaM 得到的状态估计。

---

①勘误：文献 [179] 中的 (14.213) 式存在排版错误，因子 $f_{k+1|k}(\boldsymbol{x})$ 应包含在 (14.214) 式的算子 $\arg\sup_{\boldsymbol{x}}$ 内。

②文献 [179] 中的 (14.215) 式仅对固定 p_D 成立。

13.2.6 伯努利滤波器：精确 PHD 滤波器

由式(4.72)可知，式(13.1)多目标概率分布的 PHD 为

$$D_{k|k}(\boldsymbol{x}) = p_{k|k} \cdot s_{k|k}(\boldsymbol{x}) \tag{13.19}$$

而其目标数的期望值为

$$N_{k|k} = \int D_{k|k}(\boldsymbol{x})\mathrm{d}\boldsymbol{x} = p_{k|k} \tag{13.20}$$

因此，当目标数不超过 1 时，$D_{k|k}(\boldsymbol{x})$ 与伯努利滤波器的 $p_{k|k}$ 和 $s_{k|k}(\boldsymbol{x})$ 包含同样多的信息，故伯努利滤波器与下述 *PHD* 滤波器等价：

$$\cdots \to \quad D_{k|k}(\boldsymbol{x}) \quad \to \quad D_{k+1|k}(\boldsymbol{x}) \quad \to \quad D_{k+1|k+1}(\boldsymbol{x}) \quad \to \cdots$$

但此时的观测更新步是精确的，因为无需再假定 $f_{k+1|k}(X|Z^{(k)})$ 为泊松过程。

由于伯努利滤波器的特定模型假设，该 PHD 滤波器的时间更新方程可表示为

$$D_{k+1|k+1}(\boldsymbol{x}) = b_{k+1|k}(\boldsymbol{x}) + \int p_{\mathrm{S}}(\boldsymbol{x}') \cdot f_{k+1|k}(\boldsymbol{x}|\boldsymbol{x}') \cdot D_{k|k}(\boldsymbol{x}')\mathrm{d}\boldsymbol{x}' \tag{13.21}$$

式中

$$b_{k+1|k}(\boldsymbol{x}) = p_{\mathrm{B}} \cdot (1 - p_{k|k}) \cdot \hat{b}_{k+1|k}(\boldsymbol{x}) \tag{13.22}$$

观测更新方程则可表示为 (见文献 [171] 或文献 [179] 第 631、632 页)

$$\frac{D_{k+1|k+1}(\boldsymbol{x})}{D_{k+1|k}(\boldsymbol{x})} = \frac{1 - p_{\mathrm{D}}(\boldsymbol{x}) + p_{\mathrm{D}}(\boldsymbol{x}) \sum_{\boldsymbol{z}\in Z_{k+1}} L_{\boldsymbol{z}}(\boldsymbol{x}) \cdot \frac{\kappa_{k+1}(Z_{k+1}-\{\boldsymbol{z}\})}{\kappa_{k+1}(Z_{k+1})}}{1 - D_{k+1|k}[p_{\mathrm{D}}] + \sum_{\boldsymbol{z}\in Z_{k+1}} D_{k+1|k}[p_{\mathrm{D}} L_{\boldsymbol{z}}] \cdot \frac{\kappa_{k+1}(Z_{k+1}-\{\boldsymbol{z}\})}{\kappa_{k+1}(Z_{k+1})}} \tag{13.23}$$

式中

$$D_{k+1|k}[p_{\mathrm{D}}] = \int p_{\mathrm{D}}(\boldsymbol{x}) \cdot D_{k+1|k}(\boldsymbol{x})\mathrm{d}\boldsymbol{x} \tag{13.24}$$

$$D_{k+1|k}[p_{\mathrm{D}} L_{\boldsymbol{z}}] = \int p_{\mathrm{D}}(\boldsymbol{x}) \cdot L_{\boldsymbol{z}}(\boldsymbol{x}) \cdot D_{k+1|k}(\boldsymbol{x})\mathrm{d}\boldsymbol{x} \tag{13.25}$$

13.2.7 伯努利滤波器：实现方法

基于高斯混合技术可精确闭式实现伯努利滤波器，或者采用序贯蒙特卡罗技术实现。在 GM 实现下，航迹分布近似为下述高斯混合形式：

$$s_{k|k}(\boldsymbol{x}) \cong \sum_{i=1}^{\nu_{k|k}} w_{k|k} \cdot N_{\boldsymbol{P}_i^{k|k}}(\boldsymbol{x} - \boldsymbol{x}_i^{k|k}) \tag{13.26}$$

式中：$\sum_{i=1}^{\nu_{k|k}} w_{k|k} = 1$。

在 SMC 实现下，航迹分布近似为下述狄拉克混合形式：

$$s_{k|k}(\boldsymbol{x}) \cong \sum_{i=1}^{\nu_{k|k}} w_{k|k} \cdot \delta_{\boldsymbol{x}_i^{k|k}}(\boldsymbol{x}) \tag{13.27}$$

更多细节参见文献 [303] 或 *Particle Filters for Random Set Models* 一书[250]。

13.2.8　伯努利滤波器：应用实现

Ristic 等人讨论了伯努利滤波器的几个应用，感兴趣者可参见他们的综述文章[262]。

13.3　多传感器伯努利滤波器

由于伯努利滤波器只是一般多目标贝叶斯滤波器的特例，因此可用迭代校正法解决多个独立传感器的跟踪问题。为概念清晰起见，这里仅考虑两个传感器的情形。假定 t_{k+1} 时刻两个传感器分别得到观测集 $\overset{1}{Z}_{k+1}$ 和 $\overset{2}{Z}_{k+1}$，对传感器 1 应用式(13.7)和式(13.8)，

$$\tilde{p}_{k+1|k+1} = \frac{1 - s_{k+1|k}[\overset{1}{p}_{\mathrm{D}}] + \sum_{\overset{1}{z}\in\overset{1}{Z}_{k+1}} s_{k+1|k}[\overset{1}{p}_{\mathrm{D}}\overset{1}{L}_{\overset{1}{z}}]\cdot\frac{\overset{1}{\kappa}_{k+1}(\overset{1}{Z}_{k+1}-\{\overset{1}{z}\})}{\overset{1}{\kappa}_{k+1}(\overset{1}{Z}_{k+1})}}{p^{-1}_{k+1|k} - s_{k+1|k}[\overset{1}{p}_{\mathrm{D}}] + \sum_{\overset{1}{z}\in\overset{1}{Z}_{k+1}} s_{k+1|k}[\overset{1}{p}_{\mathrm{D}}\overset{1}{L}_{\overset{1}{z}}]\cdot\frac{\overset{1}{\kappa}_{k+1}(\overset{1}{Z}_{k+1}-\{\overset{1}{z}\})}{\overset{1}{\kappa}_{k+1}(\overset{1}{Z}_{k+1})}} \tag{13.28}$$

$$\frac{\tilde{s}_{k+1|k+1}(\boldsymbol{x})}{s_{k+1|k}(\boldsymbol{x})} = \frac{1 - \overset{1}{p}_{\mathrm{D}}(\boldsymbol{x}) + \overset{1}{p}_{\mathrm{D}}(\boldsymbol{x})\sum_{\overset{1}{z}\in\overset{1}{Z}_{k+1}} \overset{1}{L}_{\overset{1}{z}}(\boldsymbol{x})\cdot\frac{\overset{1}{\kappa}_{k+1}(\overset{1}{Z}_{k+1}-\{\overset{1}{z}\})}{\overset{1}{\kappa}_{k+1}(\overset{1}{Z}_{k+1})}}{1 - s_{k+1|k}[\overset{1}{p}_{\mathrm{D}}] + \sum_{\overset{1}{z}\in\overset{1}{Z}_{k+1}} s_{k+1|k}[\overset{1}{p}_{\mathrm{D}}\overset{1}{L}_{\overset{1}{z}}]\cdot\frac{\overset{1}{\kappa}_{k+1}(\overset{1}{Z}_{k+1}-\{\overset{1}{z}\})}{\overset{1}{\kappa}_{k+1}(\overset{1}{Z}_{k+1})}} \tag{13.29}$$

再对传感器 2 应用式(13.7)和式(13.8)，从而得到两个传感器观测更新后的结果：

$$p_{k+1|k+1} = \frac{1 - \tilde{s}_{k+1|k+1}[\overset{2}{p}_{\mathrm{D}}] + \sum_{\overset{2}{z}\in\overset{2}{Z}_{k+1}} \tilde{s}_{k+1|k+1}[\overset{2}{p}_{\mathrm{D}}\overset{2}{L}_{\overset{2}{z}}]\cdot\frac{\overset{2}{\kappa}_{k+1}(\overset{2}{Z}_{k+1}-\{\overset{2}{z}\})}{\overset{2}{\kappa}_{k+1}(\overset{2}{Z}_{k+1})}}{\tilde{p}^{-1}_{k+1|k+1} - \tilde{s}_{k+1|k+1}[\overset{2}{p}_{\mathrm{D}}] + \sum_{\overset{2}{z}\in\overset{2}{Z}_{k+1}} \tilde{s}_{k+1|k+1}[\overset{2}{p}_{\mathrm{D}}\overset{2}{L}_{\overset{2}{z}}]\cdot\frac{\overset{2}{\kappa}_{k+1}(\overset{2}{Z}_{k+1}-\{\overset{2}{z}\})}{\overset{2}{\kappa}_{k+1}(\overset{2}{Z}_{k+1})}} \tag{13.30}$$

$$\frac{s_{k+1|k+1}(\boldsymbol{x})}{\tilde{s}_{k+1|k+1}(\boldsymbol{x})} = \frac{1 - \overset{2}{p}_{\mathrm{D}}(\boldsymbol{x}) + \overset{2}{p}_{\mathrm{D}}(\boldsymbol{x})\sum_{\overset{2}{z}\in\overset{2}{Z}_{k+1}} \overset{2}{L}_{\overset{2}{z}}(\boldsymbol{x})\cdot\frac{\overset{2}{\kappa}_{k+1}(\overset{2}{Z}_{k+1}-\{\overset{2}{z}\})}{\overset{2}{\kappa}_{k+1}(\overset{2}{Z}_{k+1})}}{1 - \tilde{s}_{k+1|k+1}[\overset{2}{p}_{\mathrm{D}}] + \sum_{\overset{2}{z}\in\overset{2}{Z}_{k+1}} \tilde{s}_{k+1|k+1}[\overset{2}{p}_{\mathrm{D}}\overset{2}{L}_{\overset{2}{z}}]\cdot\frac{\overset{2}{\kappa}_{k+1}(\overset{2}{Z}_{k+1}-\{\overset{2}{z}\})}{\overset{2}{\kappa}_{k+1}(\overset{2}{Z}_{k+1})}} \tag{13.31}$$

B. T. Vo、C. See 及 N. Ma 等人[303] 报道了多传感器伯努利滤波器的一个应用——道路约束下基于 TDOA/FDOA (到达时差 / 到达频差) 观测的目标检测跟踪，并给出了多传感器伯努利滤波器的精确闭式实现。他们采用的是高斯混合 (GM) 法的 UKF 变形 (GM-UKF)，同时还采用了9.5.6节所述方法以应对状态相关的检测概率，而路段则被建模为椭圆。

基于 TDOA/FDOA 观测进行滤波的主要挑战是真实目标掩盖在大量的“影子目标”中。这些“影子目标”源自唯角传感器杂波的三角测量，特别是当杂波率较高或检测概率较低时，基本上很难对目标进行初始化。B. T. Vo、C. See 及 N. Ma 等人采用两个距离相关的 TDOA/FDOA 传感器，其杂波均为均匀泊松杂波，传感器主要特性描述如下：

- *传感器 1*：最大检测概率 $p_{\mathrm{D,max}} = 0.95$ 且杂波率 $\lambda = 100$。

- 传感器 2：最大检测概率 $p_{\mathrm{D,max}} = 0.75$ 且杂波率 $\lambda = 10$。

B. T. Vo、C. See 及 N. Ma 等人在无道路约束信息和有道路约束信息两种条件下测试了多传感器伯努利滤波器对目标出现 / 消失现象的响应。正如预期的那样，由于传感器 1 较高的杂波率以及传感器 2 较低的检测性能，无道路约束下的性能非常差；但有道路约束信息下的性能则非常好，不但能够检测目标出现 / 消失 (存在一个小的延迟)，而且在目标存在时还能精确跟踪目标。同时，他们还发现：两个传感器的性能要优于只用任何一个传感器时的性能。

13.4 CBMeMBer 滤波器

如5.10.6节所述，CBMeMBer 滤波器采用4.3.4节定义的多伯努利分布来近似多目标后验分布：

$$G_{k|k}[h|Z^{(k)}] \cong \prod_{i=1}^{\nu_{k|k}} (1 - q^i_{k|k} + q^i_{k|k} \cdot s^i_{k|k}[h]) \tag{13.32}$$

同时，前面也指出该近似并非完全通用，原因是若 $p_{k|k}(n)$ 为多伯努利 RFS 的势分布，则其方差总小于均值。

如果目标新生过程和多目标马尔可夫转移过程都为多伯努利过程，则当 $f_{k|k}(X|Z^{(k)})$ 为多伯努利分布时，预测分布 $f_{k+1|k}(X|Z^{(k)})$ 也为多伯努利分布。在此意义上讲，CBMeMBer 滤波器的时间更新步是*精确的*。然而，相同结论却不适用于观测更新步，也就是说，即使 $f_{k+1|k}(X|Z^{(k)})$ 为多伯努利分布，但 $f_{k+1|k+1}(X|Z^{(k+1)})$ 通常并非多伯努利分布，故需采用一个多伯努利分布来近似它。由此便得到下述形式的多目标滤波器：

$$\cdots \to \quad f_{k|k}(X|Z^{(k)}) \quad \to \quad f_{k+1|k}(X|Z^{(k)}) \quad \to \quad f_{k+1|k+1}(X|Z^{(k+1)}) \quad \to \cdots$$

其中：若 $f_{k|k}(X|Z^{(k)})$ 为多伯努利，则 $f_{k+1|k}(X|Z^{(k)})$ 亦为多伯努利；而当 $f_{k+1|k}(X|Z^{(k)})$ 为多伯努利时，$f_{k+1|k+1}(X|Z^{(k+1)})$ 为近似的多伯努利。CBMeMBer 滤波器就是由 $f_{k+1|k+1}(X|Z^{(k+1)})$ 的一种特殊近似得到。

CBMeMBer 滤波器传递的是多伯努利参数 (即下述*航迹表*) 而非多伯努利分布本身：

$$\mathcal{T}_{0|0} \to \mathcal{T}_{1|0} \to \mathcal{T}_{1|1} \to \cdots \to \mathcal{T}_{k|k} \to \mathcal{T}_{k+1|k} \to \mathcal{T}_{k+1|k+1} \to \cdots$$

其中，对于任意的 k，$\mathcal{T}_{k|k}$ 包括 $\nu_{k|k}$ 条航迹，即

$$\mathcal{T}_{k|k} = \{(\ell^1_{k|k}, q^1_{k|k}, s^1_{k|k}(\boldsymbol{x})), \cdots, (\ell^{\nu_{k|k}}_{k|k}, q^{\nu_{k|k}}_{k|k}, s^{\nu_{k|k}}_{k|k}(\boldsymbol{x}))\} \tag{13.33}$$

这里：

- $\ell^i_{k|k}$ 表示 t_k 时刻航迹 i 的辨识标签；
- $0 < q^i_{k|k} < 1$，表示 t_k 时刻航迹 i 为实际目标的概率 (即存在概率)；
- $s^i_{k|k}(\boldsymbol{x})$ 表示 t_k 时刻航迹 i 的概率分布 (航迹分布)。

因此，CBMeMBer 滤波器的形式如下：

$$\cdots \to \{(\ell^i_{k|k}, q^i_{k|k}, s^i_{k|k}(\boldsymbol{x}))\}_{i=1}^{\nu_{k|k}} \to \{(\ell^i_{k+1|k}, q^i_{k+1|k}, s^i_{k+1|k}(\boldsymbol{x}))\}_{i=1}^{\nu_{k+1|k}}$$
$$\to \{(\ell^i_{k+1|k+1}, q^i_{k+1|k+1}, s^i_{k+1|k+1}(\boldsymbol{x}))\}_{i=1}^{\nu_{k+1|k+1}} \to \cdots$$

CBMeMBer 滤波器的计算复杂度为 $O(mn)$，其中，m 为当前观测数，n 为当前航迹数 (文献 [310] 第 414 页)。但是，n 会随时间递增，因此需要采用航迹修剪与合并技术。

注解 58 ("远距幽灵作用")：9.2节对 PHD 和 CPHD 滤波器的"幽灵"现象做了注解。B. T. Vo 和 N. Ma 曾表示，CBMeMBer 滤波器同样也会表现出这种现象，尽管程度要轻很多[304]。这种幽灵现象很可能是由 CBMeMBer 滤波器观测方程推导中的近似所致。

本节介绍 CBMeMBer 滤波器，主要内容安排如下：

- 13.4.1节：CBMeMBer 滤波器的建模假设。
- 13.4.2节：CBMeMBer 滤波器时间更新方程。
- 13.4.3节：CBMeMBer 滤波器观测更新方程。
- 13.4.4节：CBMeMBer 滤波器航迹合并修剪。
- 13.4.5节：CBMeMBer 滤波器多目标状态及误差估计。
- 13.4.6节：CBMeMBer 滤波器的高效航迹管理。
- 13.4.7节：CBMeMBer 滤波器的高斯混合与粒子实现。
- 13.4.8节：CBMeMBer 滤波器的应用实现。

13.4.1　CBMeMBer 滤波器：建模

CBMeMBer 滤波器需要下列模型假设：

- 目标存活概率：$p_S(\boldsymbol{x}') \stackrel{\text{abbr.}}{=} p_{S,k+1|k}(\boldsymbol{x}')$。
- 单目标马尔可夫密度：$M_{\boldsymbol{x}}(\boldsymbol{x}') \stackrel{\text{abbr.}}{=} f_{k+1|k}(\boldsymbol{x}|\boldsymbol{x}')$。
- 目标检测概率：$p_D(\boldsymbol{x}) \stackrel{\text{abbr.}}{=} p_{D,k+1|k}(\boldsymbol{x})$，且比较大。
- 单传感器单目标似然函数：$L_{\boldsymbol{z}}(\boldsymbol{x}) \stackrel{\text{abbr.}}{=} f_{k+1}(\boldsymbol{z}|\boldsymbol{x})$。
- 泊松杂波：杂波率 λ_{k+1} 不是很大，空间分布为 $c_{k+1}(\boldsymbol{z})$，强度函数为

$$\kappa_{k+1}(\boldsymbol{z}) = \lambda_{k+1} \cdot c_{k+1}(\boldsymbol{z}) \tag{13.34}$$

13.4.2　CBMeMBer 滤波器：预测器

CBMeMBer 滤波器的时间更新方程同原始的 MeMBer 滤波器 (见文献 [179] 第 661、662 页)。已知下面的先验航迹表：

$$\mathcal{T}_{k|k} = \{(\ell^i_{k|k}, q^i_{k|k}, s^i_{k|k}(\boldsymbol{x}))\}_{i=1}^{\nu_{k|k}} \tag{13.35}$$

现欲确定下述时间更新的航迹表：

$$\mathcal{T}_{k+1|k} = \{(\ell^i_{k+1|k}, q^i_{k+1|k}, s^i_{k+1|k}(\boldsymbol{x}))\}_{i=1}^{\nu_{k+1|k}} \tag{13.36}$$

上述航迹表包括存活航迹与新生航迹：

$$\mathcal{T}_{k+1|k} = \mathcal{T}^{\text{存活}}_{k+1|k} \cup \mathcal{T}^{\text{新生}}_{k+1|k} \tag{13.37}$$

式中

$$\mathcal{T}^{\text{存活}}_{k+1|k} = \{(\ell_i, q_i, s_i(\boldsymbol{x}))\}_{i=1}^{\nu_{k|k}} \tag{13.38}$$

$$\mathcal{T}^{\text{新生}}_{k+1|k} = \{(\ell^{\mathrm{B}}_i, q^{\mathrm{B}}_i, s^{\mathrm{B}}_i(\boldsymbol{x}))\}_{i=1}^{b_k} \tag{13.39}$$

其中：$\nu_{k|k}$、b_k 分别为存活航迹数与新生航迹数。

新生航迹主要根据对新生目标的先验信息来确定，而存活航迹则具有如下形式：对于 $i = 1, \cdots, \nu_{k|k}$，有

$$\ell_i = \ell^i_{k|k} \tag{13.40}$$

$$q_i = q^i_{k|k} \cdot s^i_{k|k}[p_{\mathrm{S}}] \tag{13.41}$$

$$s_i(\boldsymbol{x}) = \frac{s^i_{k|k}[p_{\mathrm{S}} M_{\boldsymbol{x}}]}{s^i_{k|k}[p_{\mathrm{S}}]} \tag{13.42}$$

式中

$$s^i_{k|k}[p_{\mathrm{S}}] = \int p_{\mathrm{S}}(\boldsymbol{x}') \cdot s^i_{k|k}(\boldsymbol{x}') \mathrm{d}\boldsymbol{x}' \tag{13.43}$$

$$s^i_{k|k}[p_{\mathrm{S}} M_{\boldsymbol{x}}] = \int p_{\mathrm{S}}(\boldsymbol{x}') \cdot M_{\boldsymbol{x}}(\boldsymbol{x}') \cdot s^i_{k|k}(\boldsymbol{x}') \mathrm{d}\boldsymbol{x}' \tag{13.44}$$

由于新生航迹的存在，预测航迹数将增加为

$$\nu_{k+1|k} = \nu_{k|k} + b_k \tag{13.45}$$

13.4.3 CBMeMBer 滤波器：校正器

已知下述预测航迹表：

$$\mathcal{T}_{k+1|k} = \{(\ell^i_{k+1|k}, q^i_{k+1|k}, s^i_{k+1|k}(\boldsymbol{x}))\}_{i=1}^{\nu_{k+1|k}} \tag{13.46}$$

在获得新观测集 $Z_{k+1} = \{\boldsymbol{z}_1, \cdots, \boldsymbol{z}_{m_{k+1}}\}$ ($|Z_{k+1}| = m_{k+1}$) 后，现欲确定下述观测更新的航迹表：

$$\mathcal{T}_{k+1|k+1} = \{(\ell^i_{k+1|k+1}, q^i_{k+1|k+1}, s^i_{k+1|k+1}(\boldsymbol{x}))\}_{i=1}^{\nu_{k+1|k+1}} \tag{13.47}$$

上述航迹表由遗留航迹和更新航迹组成：

$$\mathcal{T}_{k+1|k+1} = \mathcal{T}^{\text{legacy}}_{k+1|k+1} \cup \mathcal{T}^{\text{meas}}_{k+1|k+1} \tag{13.48}$$

式中

$$\mathcal{T}_{k+1|k+1}^{\text{legacy}} = \{(\ell_i^{\text{L}}, q_i^{\text{L}}, s_i^{\text{L}}(\boldsymbol{x}))\}_{i=1}^{\nu_{k+1|k}} \tag{13.49}$$

$$\mathcal{T}_{k+1|k+1}^{\text{meas}} = \{(\ell_j^{\text{U}}, q_j^{\text{U}}, s_j^{\text{U}}(\boldsymbol{x}))\}_{j=1}^{m_{k+1}} \tag{13.50}$$

其中：遗留航迹和更新航迹的数目分别为 $\nu_{k+1|k}$ 和 m_{k+1}，故总航迹数 $\nu_{k+1|k+1} = \nu_{k+1|k} + m_{k+1}$。

由于更新航迹的存在，航迹数将随时间增长。给定上述表示后，CBMeMBer 滤波器的观测更新方程可表示如下：

- 遗留航迹的校正器方程 (文献 [310] 中的 (14) 式和 (15) 式)：对于 $i = 1, \cdots, \nu_{k+1|k}$，有

$$\ell_i^{\text{L}} = \ell_{k+1|k}^i \tag{13.51}$$

$$q_i^{\text{L}} = q_{k+1|k}^i \cdot \frac{1 - s_{k+1|k}^i[p_{\text{D}}]}{1 - q_{k+1|k}^i \cdot s_{k+1|k}^i[p_{\text{D}}]} \tag{13.52}$$

$$s_i^{\text{L}}(\boldsymbol{x}) = s_{k+1|k}^i(\boldsymbol{x}) \cdot \frac{1 - p_{\text{D}}(\boldsymbol{x})}{1 - s_{k+1|k}^i[p_{\text{D}}]} \tag{13.53}$$

- 更新航迹的校正器方程 (文献 [310] 中的 (27) 式和 (28) 式)：对于 $j = 1, \cdots, m_{k+1}$[①]，有

$$\ell_j^{\text{U}} = \ell_{k+1|k}^{j*} \tag{13.54}$$

$$q_j^{\text{U}} = \frac{\sum_{i=1}^{\nu_{k+1|k}} \frac{q_{k+1|k}^i (1-q_{k+1|k}^i) \cdot s_{k+1|k}^i [p_{\text{D}} L_{\boldsymbol{z}_j}]}{(1-q_{k+1|k}^i \cdot s_{k+1|k}^i[p_{\text{D}}])^2}}{\kappa_{k+1}(\boldsymbol{z}_j) + \sum_{i=1}^{\nu_{k+1|k}} \frac{q_{k+1|k}^i \cdot s_{k+1|k}^i[p_{\text{D}} L_{\boldsymbol{z}_j}]}{1-q_{k+1|k}^i \cdot s_{k+1|k}^i[p_{\text{D}}]}} \tag{13.55}$$

$$s_j^{\text{U}}(\boldsymbol{x}) = \frac{\sum_{i=1}^{\nu_{k+1|k}} \frac{q_{k+1|k}^i}{1-q_{k+1|k}^i} \cdot s_{k+1|k}^i(\boldsymbol{x}) \cdot p_{\text{D}}(\boldsymbol{x}) \cdot L_{\boldsymbol{z}_j}(\boldsymbol{x})}{\sum_{i=1}^{\nu_{k+1|k}} \frac{q_{k+1|k}^i}{1-q_{k+1|k}^i} \cdot s_{k+1|k}^i[p_{\text{D}} L_{\boldsymbol{z}_j}]} \tag{13.56}$$

式中

$$s_{k+1|k}^i[p_{\text{D}}] = \int p_{\text{D}}(\boldsymbol{x}) \cdot s_{k+1|k}^i(\boldsymbol{x}) \mathrm{d}\boldsymbol{x} \tag{13.57}$$

$$s_{k+1|k}^i[p_{\text{D}} L_{\boldsymbol{z}_j}] = \int p_{\text{D}}(\boldsymbol{x}) \cdot L_{\boldsymbol{z}_j}(\boldsymbol{x}) \cdot s_{k+1|k}^i(\boldsymbol{x}) \mathrm{d}\boldsymbol{x} \tag{13.58}$$

而 $\ell_{k+1|k}^{j*}$ 取对(13.55)式 q_j^{U} 贡献最大的那条预测航迹的标签 (文献 [310] 第 414 页)。

[①]译者注：原著式(13.54)右边为 $\ell_{k+1|k}^{*}$，为区别不同的航迹标签，此处更正为 $\ell_{k+1|k}^{j*}$。

13.4.4 CBMeMBer 滤波器：合并与修剪

随着时间递推，CBMeMBer 滤波器的航迹数将无限增长，因此需采用修剪与合并技术。这里采用的航迹数缩减技术类似于高斯混合实现中的分量修剪合并方法 (见文献 [179] 第 665、666 页)。

假定两条航迹 ℓ_i、q_i、$s_i(\boldsymbol{x})$ 和 ℓ_j、q_j、$s_j(\boldsymbol{x})$ 的航迹概率满足 $q_i + q_j < 1$，则当下述关联密度超过一定门限后便可合并这两条航迹：

$$p_{i,j} = \int s_i(\boldsymbol{x}) \cdot s_j(\boldsymbol{x}) \mathrm{d}\boldsymbol{x} \tag{13.59}$$

若将合并后的航迹记作 $\ell, q, s(\boldsymbol{x})$，则

$$\ell = \ell^* \tag{13.60}$$

$$q = q_i + q_j \tag{13.61}$$

$$s(\boldsymbol{x}) = \frac{s_i(\boldsymbol{x}) \cdot s_j(\boldsymbol{x})}{p_{i,j}} \tag{13.62}$$

式中：ℓ^* 是存在概率较大的那条航迹的标签。也就是说，若 $q_i > q_j$，$\ell^* = \ell_i$；反之，$\ell^* = \ell_j$。

在剔除掉小存在概率的航迹后，便可对剩余航迹进行合并，从而将存储及计算开销控制在一定范围内。

13.4.5 CBMeMBer 滤波器：状态与误差估计

在修剪与合并后，B. T. Vo、B. N. Vo 和 A. Cantoni 提出了两种方法来估计目标数及各目标的状态 (文献 [310] 第 414 页)：

- *方法 1*：首先设定检测门限 τ；然后抽取存在概率超过门限 ($q^i_{k+1|k+1} > \tau$) 的航迹；最后提取相应航迹分布 $s_{k+1|k+1}(\boldsymbol{x})$ 的均值 / 模式。
- *方法 2*：首先根据式(4.124)确定势分布

$$p_{k+1|k+1}(n) = \left(\prod_{i=1}^{\nu_{k+1|k+1}} (1 - q^i_{k+1|k+1}) \right) \cdot \sigma_{\nu_{k+1|k+1},n} \left(\frac{q^1_{k+1|k+1}}{1 - q^1_{k+1|k+1}}, \cdots, \frac{q^{\nu_{k+1|k+1}}_{k+1|k+1}}{1 - q^{\nu_{k+1|k+1}}_{k+1|k+1}} \right) \tag{13.63}$$

然后采用下面的 MAP 估计器估计目标数

$$\hat{n}_{k+1|k+1} = \arg\sup_{n \geqslant 0} p_{k+1|k+1}(n) \tag{13.64}$$

并从航迹表中抽出存在概率最大的 $\hat{n}_{k+1|k+1}$ 条航迹；最后提取相应分布 $s_{k+1|k+1}(\boldsymbol{x})$ 的均值 / 模式。

13.4.6 CBMeMBer 滤波器：航迹管理

式(13.40)、式(13.51)、式(13.54)及式(13.60)的航迹管理方案具有简单易实现的优点。但 J. Wong、B. T. Vo 和 B. N. Vo 等人指出，当目标交错或者彼此靠近时，由于两条紧邻的航迹不免会落入航迹合并的门限内，故该方法此时不是特别有效[325]。

为了解决该问题，他们基于 Shafique 和 Shah 的方法[269]，提出了一种更复杂的航迹管理方案①，可简单概括如下：

- *步骤 1*：在当前估计与上一时刻估计之间寻找可能的关联。
- *步骤 2*：考虑上一时刻漏报估计与当前时刻未关联估计之间可能的关联。
- *步骤 3*：将当前时刻仍未关联上的估计视作新生目标并为其分配新标签。
- *步骤 4*：经过足够长的时间后，如果某估计仍未关联上，则视其消失而予以删除。

13.4.7 CBMeMBer 滤波器：高斯混合与粒子实现

文献 [310] 介绍了 CBMeMBer 滤波器的高斯混合及序贯蒙特卡罗实现，更多细节请参考原文。与以往一样，高斯混合实现必须假定恒定的检测概率及目标存在概率，即 $p_{\mathrm{D}}(\boldsymbol{x}) = p_{\mathrm{D}}$，$p_{\mathrm{S}}(\boldsymbol{x}') = p_{\mathrm{S}}$。

13.4.8 CBMeMBer 滤波器：性能

B. T. Vo 和 B. N. Vo 等人已经实现并通过一些应用测试了 CBMeMBer 滤波器。本节仅讨论两个实现：最初的基准实现[310]；基于音频和视频数据的跟踪应用[114]。本节还总结了 Zhang 等人关于传感器网络管理应用的 CBMeMBer 多目标检测跟踪滤波器系列论文。

13.4.8.1 CBMeMBer 滤波器：基准仿真

B. T. Vo、B. N. Vo 和 A. Cantoni 采用高斯混合和粒子技术实现了 CBMeMBer 滤波器，主要结果如下：

高斯混合实现 (文献 [310] 第 420、421 页)：通过一个仿真的线性场景测试了 GM-CBMeMBer 滤波器。仿真中，由一个线性高斯传感器观测 10 个沿线性轨迹运动的目标 (伴有目标出现消失现象)。在 $\lambda = 10$ 的均匀杂波背景下，滤波器能够正确检测跟踪目标，且中段涉及三个目标同时交错的情形。此时，CBMeMBer 滤波器的平均定位精度与 GM-PHD 滤波器相当 (23m)，但逊于 GM-CPHD 滤波器 (17m)。当杂波率增加到 50 时，CBMeMBer 滤波器的目标数估计表现出轻度上偏 (GM-PHD 和 GM-CPHD 滤波器仍是无偏的)。B. T. Vo、B. N. Vo 和 A. Cantoni 还指出，CBMeMBer 滤波器在杂波率高达 20 且检测概率低至 0.90 的条件下仍表现良好。

粒子实现 (文献 [310] 第 417–419 页)：通过一个非线性场景测试了 SMC-CBMeMBer 滤波器。仿真中，由一个距离–方位传感器观测 10 个沿曲线运动的目标 (伴有目标

①严格地讲，Wong 等人在文献 [325] 中并未将 Shafique 和 Shah 的方法用于 CBMeMBer 滤波器，而是将其用于20.5节的 IO-MeMBer 滤波器，但该方法同样适用于 CBMeMBer 滤波器。

出现消失现象)，且采用了协同转弯 (CT) 运动模型。在杂波率为 10 的高 SNR 场景中，SMC-CBMeMBer 滤波器能够成功检测跟踪目标，且中间包含同时的目标交错。此时，SMC-CBMeMBer 滤波器的定位精度 (50m) 优于 SMC-CPHD 滤波器 (60m) 及 SMC-PHD 滤波器 (70m)，这极有可能是 SMC-PHD 及 SMC-CPHD 滤波器状态提取的复杂性所致，而相比之下，SMC-CBMeMBer 滤波器的状态提取则比较简单。这种性能优劣的相对顺序在高杂波率下也是如此，虽然在杂波率大于 20 后 SMC-CBMeMBer 滤波器的目标数估计出现了轻度上偏。

总体评价：在这些试验的基础上，B. T. Vo 等人得出结论：CBMeMBer 滤波器适于处理状态相关检测概率及需要粒子实现的极端非线性情形下的问题。

13.4.8.2 CBMeMBer 滤波器：音-视频跟踪

R. Hoseinnezhad、B. T. Vo 和 B. N. Vo 等人将 CBMeMBer 滤波器用于音-视频中人的跟踪问题[114]，所用传感器为两侧固定有麦克风的视频相机。在该问题中，目标不总是可闻的；同时因交错和遮挡，目标也不总是可视的。在他们的方法中，目标被建模为长宽未知的矩形运动模板；采用到达时差 (TDOA) 技术处理麦克风数据；视频数据处理则采用基于核的减背景技术及形态学技术；同时采用了一个“有源扬声器”模型，其中，视频数据的检测概率设为较大值 (0.95，目标几乎总是可见)，音频数据的检测概率设为较小值 (0.40，目标大部分时间不讲话)。

R. Hoseinnezhad 等人通过两个人的实测音-视频数据成功测试了 CBMeMBer 滤波器。良好的性能结果应部分归功于两个数据源的互补特性，即视频可适应目标静默，而目标遮挡则可由音频应对。

13.4.8.3 CBMeMBer 滤波器：基于管控传感器网络的跟踪

在文献 [120–124, 327, 328] 中，Zhang 等人将 CBMeMBer 滤波器用于管控传感器网络下的多目标检测跟踪问题。他们假定传感器网络采用簇的组织结构，由“簇头”(CH) 负责每个簇的管理。如果簇内传感器有效感知到一定数量的目标，则激活 CH。在每个簇内，那些富含目标信息 (基于 RFS 传感器管理的目标函数来确定) 的传感器会将其观测发送至 CH，由 CH 采用 CBMeMBer 滤波器序贯处理其接收的局部信息。由于该方法用到了第 V 篇的传感器管理方法，更为深入的讨论将推至26.6.3.1节再叙。

13.5 马尔可夫跳变 CBMeMBer 滤波器

为了更有效地跟踪快速机动目标，Dunne 和 Kirubarajan 基于第11章的马尔可夫跳变技术对 CBMeMBer 滤波器做了扩展[65]①。除一些小的变化外，JM-CBMeMBer 滤波器的滤波方程与式(13.40)~(13.58)基本相同，主要差别为：航迹分布 $s^i_{k|k}(\boldsymbol{x})$ 现在的形式是 $s^i_{k|k}(o,\boldsymbol{x})$；增广状态 $(o,\boldsymbol{x})$ 上的积分形式为 $\sum_o \int f(o,\boldsymbol{x})\mathrm{d}\boldsymbol{x}$。

①Jin-Long Yang、Hong-Bing Ji 和 Hong-Wei Ge 在 2012 年基于推广的 IMM 技术提出了一种马尔可夫跳变 CBMeMBer 滤波器[119]。由于著者注意到该工作的时间太晚，故本书中未将其包含进来。

13.5.1 马尔可夫跳变 CBMeMBer 滤波器：建模

马尔可夫跳变 CBMeMBer 滤波器需要下列模型假设：

- 目标存活概率：$p_S(o',\boldsymbol{x}') \overset{\text{abbr.}}{=} p_{S,k+1|k}(o',\boldsymbol{x}')$。
- 单目标马尔可夫密度：

$$M_{o,\boldsymbol{x}}(o',\boldsymbol{x}') = f_{k+1|k}(o,\boldsymbol{x}|o',\boldsymbol{x}') = \chi_{o,o'} \cdot f_{k+1|k}(\boldsymbol{x}|o',\boldsymbol{x}') \tag{13.65}$$

式中：$\chi_{o,o'}$ 为模式转移矩阵。

- 目标检测概率：$p_D(o,\boldsymbol{x}) \overset{\text{abbr.}}{=} p_{D,k+1}(o,\boldsymbol{x})$ 且比较大。
- 单传感器单目标似然函数：$L_{\boldsymbol{z}}(o,\boldsymbol{x}) \overset{\text{abbr.}}{=} f_{k+1}(\boldsymbol{z}|o,\boldsymbol{x})$。
- 泊松杂波：杂波率 λ_{k+1} 不是很大，空间分布为 $c_{k+1}(\boldsymbol{z})$，杂波强度函数为

$$\kappa_{k+1}(\boldsymbol{z}) = \lambda_{k+1} \cdot c_{k+1}(\boldsymbol{z}) \tag{13.66}$$

注解 59 (高斯混合实现)：JM−CBMeMBer 滤波器的 GM 实现与11.7.1节 JM−PHD/CPHD 滤波器的 GM 实现类似，需假定检测概率及目标存活概率仅与模式变量有关，即 $p_D(o,\boldsymbol{x}) = p_D^o$，$p_S(o',\boldsymbol{x}') = p_D^{o'}$。

13.5.2 马尔可夫跳变 CBMeMBer 滤波器：预测器

已知下面的先验航迹表：

$$\mathcal{T}_{k|k} = \{(\ell_{k|k}^i, q_{k|k}^i, s_{k|k}^i(o,\boldsymbol{x}))\}_{i=1}^{\nu_{k|k}} \tag{13.67}$$

现欲确定下述时间更新的航迹表：

$$\mathcal{T}_{k+1|k} = \{(\ell_{k+1|k}^i, q_{k+1|k}^i, s_{k+1|k}^i(o,\boldsymbol{x}))\}_{i=1}^{\nu_{k+1|k}} \tag{13.68}$$

上述航迹表由存活航迹和新生航迹组成：

$$\mathcal{T}_{k+1|k} = \mathcal{T}_{k+1|k}^{\text{存活}} \cup \mathcal{T}_{k+1|k}^{\text{新生}} \tag{13.69}$$

式中

$$\mathcal{T}_{k+1|k}^{\text{存活}} = \{(\ell_i, q_i, s_i(o,\boldsymbol{x}))\}_{i=1}^{\nu_{k|k}} \tag{13.70}$$

$$\mathcal{T}_{k+1|k}^{\text{新生}} = \{(\ell_i^{\text{B}}, q_i^{\text{B}}, s_i^{\text{B}}(o,\boldsymbol{x}))\}_{i=1}^{b_k} \tag{13.71}$$

式中：$\nu_{k|k}$ 和 b_k 分别为存活航迹数和新生航迹数。

存活航迹具有如下形式：对于 $i = 1,\cdots,\nu_{k|k}$，有

$$\ell_i = \ell_{k|k}^i \tag{13.72}$$

$$q_i = q_{k|k}^i \cdot s_{k|k}^i[p_S] \tag{13.73}$$

$$s_i(o,\boldsymbol{x}) = \frac{s_{k|k}^i[p_S M_{o,\boldsymbol{x}}]}{s_{k|k}^i[p_S]} \tag{13.74}$$

式中

$$s^i_{k|k}[p_S] = \sum_{o'} \int p_S(o', \boldsymbol{x}') \cdot s^i_{k|k}(o', \boldsymbol{x}')\mathrm{d}\boldsymbol{x}' \tag{13.75}$$

$$s^i_{k|k}[p_S M_{\boldsymbol{x}}] = \sum_{o'} \int p_S(o', \boldsymbol{x}') \cdot M_{o,\boldsymbol{x}}(o', \boldsymbol{x}') \cdot s^i_{k|k}(o', \boldsymbol{x}')\mathrm{d}\boldsymbol{x}' \tag{13.76}$$

13.5.3 马尔可夫跳变 CBMeMBer 滤波器：校正器

已知下述预测航迹表：

$$\mathcal{T}_{k+1|k} = \{(\ell^i_{k+1|k}, q^i_{k+1|k}, s^i_{k+1|k}(o, \boldsymbol{x}))\}_{i=1}^{\nu_{k+1|k}} \tag{13.77}$$

在获得新观测集 $Z_{k+1} = \{\boldsymbol{z}_1, \cdots, \boldsymbol{z}_{m_{k+1}}\}$ $(|Z_{k+1}| = m_{k+1})$ 后，现欲确定下述观测更新的航迹表：

$$\mathcal{T}_{k+1|k+1} = \{(\ell^i_{k+1|k+1}, q^i_{k+1|k+1}, s^i_{k+1|k+1}(o, \boldsymbol{x}))\}_{i=1}^{\nu_{k+1|k+1}} \tag{13.78}$$

上述航迹表由遗留航迹和更新航迹组成：

$$\mathcal{T}_{k+1|k+1} = \mathcal{T}^{\text{legacy}}_{k+1|k+1} \cup \mathcal{T}^{\text{meas}}_{k+1|k+1} \tag{13.79}$$

式中

$$\mathcal{T}^{\text{legacy}}_{k+1|k+1} = \{(\ell^{\text{L}}_i, q^{\text{L}}_i, s^{\text{L}}_i(o, \boldsymbol{x}))\}_{i=1}^{\nu_{k+1|k}} \tag{13.80}$$

$$\mathcal{T}^{\text{meas}}_{k+1|k+1} = \{(\ell^{\text{U}}_j, q^{\text{U}}_j, s^{\text{U}}_j(o, \boldsymbol{x}))\}_{j=1}^{m_{k+1}} \tag{13.81}$$

式中：$\nu_{k+1|k}$ 和 m_{k+1} 分别为遗留航迹数和更新航迹数，故总航迹数 $\nu_{k+1|k+1} = \nu_{k+1|k} + m_{k+1}$。

在上述表示下，CBMeMBer 滤波器的观测更新方程可表示为 (文献 [310] 中的 (14) 式、(15) 式、(27) 式和 (38) 式)：

- 遗留航迹的校正器方程 (文献 [310] 中的 (14) 式和 (15) 式)：对于 $i = 1, \cdots, \nu_{k+1|k}$，有

$$\ell^{\text{L}}_i = \ell^i_{k+1|k} \tag{13.82}$$

$$q^{\text{L}}_i = q^i_{k+1|k} \cdot \frac{1 - s^i_{k+1|k}[p_D]}{1 - q^i_{k+1|k} \cdot s^i_{k+1|k}[p_D]} \tag{13.83}$$

$$s^{\text{L}}_i(o, \boldsymbol{x}) = s^i_{k+1|k}(o, \boldsymbol{x}) \cdot \frac{1 - p_D(o, \boldsymbol{x})}{1 - s^i_{k+1|k}[p_D]} \tag{13.84}$$

- 更新航迹的校正器方程 (文献 [310] 中的 (27) 式和 (28) 式)：对于 $j=1,\cdots,m_{k+1}$[①]，有

$$\ell_j^{\mathrm{U}} = \ell_{k+1|k}^{j*} \tag{13.85}$$

$$q_j^{\mathrm{U}} = \frac{\sum_{i=1}^{\nu_{k+1|k}} \frac{q_{k+1|k}^i (1-q_{k+1|k}^i)\cdot s_{k+1|k}^i [p_{\mathrm{D}} L_{\boldsymbol{z}_j}]}{(1-q_{k+1|k}^i \cdot s_{k+1|k}^i [p_{\mathrm{D}}])^2}}{\kappa_{k+1}(\boldsymbol{z}_j) + \sum_{i=1}^{\nu_{k+1|k}} \frac{q_{k+1|k}^i \cdot s_{k+1|k}^i [p_{\mathrm{D}} L_{\boldsymbol{z}_j}]}{1-q_{k+1|k}^i \cdot s_{k+1|k}^i [p_{\mathrm{D}}]}} \tag{13.86}$$

$$s_j^{\mathrm{U}}(o,\boldsymbol{x}) = \frac{\sum_{i=1}^{\nu_{k+1|k}} \frac{q_{k+1|k}^i}{1-q_{k+1|k}^i} \cdot s_{k+1|k}^i(o,\boldsymbol{x}) \cdot p_{\mathrm{D}}(o,\boldsymbol{x}) \cdot L_{\boldsymbol{z}_j}(o,\boldsymbol{x})}{\sum_{i=1}^{\nu_{k+1|k}} \frac{q_{k+1|k}^i}{1-q_{k+1|k}^i} \cdot s_{k+1|k}^i [p_{\mathrm{D}} L_{\boldsymbol{z}_j}]} \tag{13.87}$$

式中

$$s_{k+1|k}^i [p_{\mathrm{D}}] = \sum_o \int p_{\mathrm{D}}(o,\boldsymbol{x}) \cdot s_{k+1|k}^i(o,\boldsymbol{x})\mathrm{d}\boldsymbol{x} \tag{13.88}$$

$$s_{k+1|k}^i [p_{\mathrm{D}} L_{\boldsymbol{z}_j}] = \sum_o \int p_{\mathrm{D}}(o,\boldsymbol{x}) \cdot L_{\boldsymbol{z}_j}(o,\boldsymbol{x}) \cdot s_{k+1|k}^i(o,\boldsymbol{x})\mathrm{d}\boldsymbol{x} \tag{13.89}$$

$\ell_{k+1|k}^{j*}$ 取对(13.86)式 q_j^{U} 贡献最大的那条预测航迹的标签 (文献 [310] 第 414 页)。

13.5.4 马尔可夫跳变 CBMeMBer 滤波器：性能

在文献 [65, 66] 中，Dunne 等人报道了 JM-CBMeMBer 滤波器 GM 实现及 SMC 实现的性能测试结果。针对二维场景，他们共假定 CV 模型、左转 CT 模型、右转 CT 模型三个目标运动模型；场景中的四个目标分别按直线、正弦曲线、椭圆、“α 形” 四种不同的轨迹运动；所用传感器为线性高斯传感器，杂波为泊松均匀杂波 (杂波率 $\lambda=10$)，检测概率 $p_{\mathrm{D}}=0.95$。他们分别基于 OSPA 距离 (见6.2.2节) 与目标数估计这两个指标对比了 SMC-CBMeMBer、GM-CBMeMBer、SMC-JM-CBMeMBer 及 GM-JM-CBMeMBer 这四个滤波器的性能。

据 Dunne 等人报道，这四个滤波器都能够较好地估计目标数，但 GM-JM-CBMeMBer 滤波器的性能最好，GM-CBMeMBer 次之，SMC-JM-CBMeMBer 再次之，最后是 SMC-CBMeMBer。至于以 OSPA 距离 (见6.2.2节) 度量的整体性能，也有类似结论。

Dunne 等人还检验了两个马尔可夫跳变 CBMeMBer 滤波器在目标运动模型辨识方面的潜力，结果表明它们都足以满足这方面的需求。

[①] 译者注：原著(13.85)式右边为 $\ell_{k+1|k}^*$，为区别不同的航迹标签，此处更正为 $\ell_{k+1|k}^{j*}$。

第 14 章　RFS 多目标平滑器

14.1　简　介

假定由单部传感器观测状态为 $\boldsymbol{x}$ 的目标，且无虚警或杂波。在已知观测时间序列 $Z^k: \boldsymbol{z}_1, \cdots, \boldsymbol{z}_k$ 后，单目标递归贝叶斯滤波器传递如下的观测更新密度：

$$f_{k+1|k+1}(\boldsymbol{x}|Z^{k+1}) = \frac{f_{k+1}(\boldsymbol{z}_{k+1}|\boldsymbol{x}, Z^k) \cdot f_{k+1|k}(\boldsymbol{x}|Z^k)}{f_{k+1}(\boldsymbol{z}_{k+1}|Z^k)} \tag{14.1}$$

式中

$$f_{k+1|k}(\boldsymbol{x}|Z^k) = \int f_{k+1|k}(\boldsymbol{x}|\boldsymbol{x}', Z^k) \cdot f_{k|k}(\boldsymbol{x}'|Z^k)\mathrm{d}\boldsymbol{x}' \tag{14.2}$$

$$f_{k+1}(\boldsymbol{z}_{k+1}|Z^k) = \int f_{k+1}(\boldsymbol{z}_{k+1}|\boldsymbol{x}, Z^k) \cdot f_{k+1|k}(\boldsymbol{x}|Z^k)\mathrm{d}\boldsymbol{x} \tag{14.3}$$

通常假定

$$f_{k+1|k}(\boldsymbol{x}|\boldsymbol{x}', Z^k) = f_{k+1|k}(\boldsymbol{x}|\boldsymbol{x}') \tag{14.4}$$

$$f_{k+1}(\boldsymbol{z}_{k+1}|\boldsymbol{x}, Z^k) = f_{k+1}(\boldsymbol{z}_{k+1}|\boldsymbol{x}) \tag{14.5}$$

在每个迭代步 k，可采用贝叶斯最优状态估计器从 $f_{k|k}(\boldsymbol{x}|Z^k)$ 中提取状态 $\boldsymbol{x}$ 的估计。但贝叶斯滤波器并不是由观测序列 Z^k 估计目标轨迹的唯一方式，此外还可基于整个序列 Z^k 来获取先前各时间步 $\ell = 0, 1, \cdots, k$ 的更为精确的航迹估计。

贝叶斯平滑器就是用来计算下述概率分布的一种方法：

$$f_{\ell|k}(\boldsymbol{x}|Z^k), \quad \ell = 0, \cdots, k \tag{14.6}$$

之后可采用贝叶斯最优状态估计器从 $f_{\ell|k}(\boldsymbol{x}|Z^k)$ 中获取 t_ℓ 时刻 $\boldsymbol{x}$ 的平滑估计。也就是说，贝叶斯平滑器基于整个观测流 Z^k 确定中间各时刻 t_ℓ 的最优状态估计。该过程需采用离线批处理而非实时处理方式，对于航迹重构具有重要意义。

目前已有多种贝叶斯平滑器，前向–后向平滑器与双滤波平滑器是最常见的两个。贝叶斯平滑器的直接多目标推广旨在计算下述多目标分布：

$$f_{\ell|k}(X|Z^{(k)}), \quad \ell = 0, \cdots, k \tag{14.7}$$

随后采用贝叶斯最优多目标状态估计器从分布 $f_{\ell|k}(X|Z^{(k)})$ 中计算 t_ℓ 时刻多目标状态 X 的最优平滑估计。

本章主要考虑前向–后向平滑器的下列多目标推广形式：

- 一般前向–后向多目标平滑器。

- 一般多目标平滑器在目标数不超过 1 时的特例：前向–后向伯努利平滑器。
- 一般多目标平滑器的泊松近似：前向–后向 *PHD* 平滑器。
- 一般多目标平滑器的 i.i.d.c. 近似并假定无新生目标：零新生 (*Zero target appearances, ZTA*) *CPHD* 平滑器 (类似于8.6节的 ZFA–CPHD 滤波器)。

14.1.1 要点概述

在本章学习过程中，需要掌握的主要概念、结论及公式如下：

- 基于高斯混合方法，前向–后向单目标平滑器可精确闭式求解 (14.2.3节)；
- 采用有限集统计学方法可得到原则近似的多目标平滑器；
- 特别地，一般前向–后向多目标平滑器为多目标平滑问题提供了一种贝叶斯最优解 (14.3节)，其具体形式为 (见(14.58)式)

$$f_{\ell|k}(X|Z^{(k)}) = f_{\ell|\ell}(X|Z^{(\ell)}) \int \frac{f_{\ell+1|k}(Y|Z^{(k)}) \cdot f_{\ell+1|\ell}(Y|X)}{f_{\ell+1|\ell}(Y|Z^{(\ell)})} \delta Y \tag{14.8}$$

- 前向–后向伯努利平滑器 ((14.8)式的特例) 是存在杂波 / 虚警时单目标检测平滑问题的最优解，且易于处理，其粒子或高斯混合实现均具有良好的表现 (14.4节)；
- 前向–后向平滑 *PHD* $D_{\ell|k}(\boldsymbol{x}|Z^{(k)})$ 是多目标平滑分布 $f_{\ell|k}(X|Z^{(k)})$ 的 PHD，因此，为得到 $D_{\ell|k}(\boldsymbol{x}|Z^{(k)})$，需严格计算(14.8)式右边分布的 PHD 表达式 (见(14.96)式)：

$$\frac{D_{\ell|k}(\boldsymbol{x}|Z^{(k)})}{D_{\ell|\ell}(\boldsymbol{x}|Z^{(\ell)})} = 1 - p_{\mathrm{S}}^{\ell+1|\ell}(\boldsymbol{x}) + p_{\mathrm{S}}^{\ell+1|\ell}(\boldsymbol{x}) \int \frac{f_{\ell+1|\ell}(\boldsymbol{y}|\boldsymbol{x}) \cdot D_{\ell+1|k}(\boldsymbol{y}|Z^{(k)})}{D_{\ell+1|\ell}(\boldsymbol{y}|Z^{(\ell)})} \mathrm{d}\boldsymbol{y} \tag{14.9}$$

- 前向–后向 PHD 平滑器的目标定位精度较 PHD 滤波器略好一些 (约 30%)，但目标漏报或消失会对其产生负面影响 (14.5节)；
- 基于标记法的前向–后向 PHD 平滑器的快速粒子实现，能够处理极端密集杂波下的大量目标 (14.5.3节)；
- 由于计算方面的原因，前向–后向 PHD 平滑器的 CPHD 推广形式并不太可行，但在新生目标可忽略的简化假设下，这种推广的平滑器是存在的 (14.6节)。

14.1.2 本章结构

本章内容安排如下：

- 14.2节：前向–后向单传感器单目标平滑器，包括其高斯混合闭式实现。
- 14.3节：一般前向–后向单传感器多目标平滑器。
- 14.4节：前向–后向伯努利平滑器，适于目标数不超过 1 的情形。
- 14.5节：前向–后向 PHD 平滑器。
- 14.6节：前向–后向零新生 (ZTA) CPHD 平滑器——新生目标可忽略时的 CPHD 平滑器。

14.2 前向–后向单目标平滑器

该平滑器由下述方程给定[2]：

$$f_{\ell|k}(\boldsymbol{x}|Z^k)=f_{\ell|\ell}(\boldsymbol{x}|Z^\ell)\int\frac{f_{\ell+1|\ell}(\boldsymbol{y}|\boldsymbol{x})\cdot f_{\ell+1|k}(\boldsymbol{y}|Z^k)}{f_{\ell+1|\ell}(\boldsymbol{y}|Z^\ell)}\mathrm{d}\boldsymbol{y} \tag{14.10}$$

计算过程包括以下三个步骤：

- 前向递推：利用递归贝叶斯滤波器及初始分布 $f_{0|0}(\boldsymbol{x})$ 计算分布 $f_{\ell+1|\ell}(\boldsymbol{y}|Z^\ell)$ $(\ell=0,\cdots,k-1)$ 和 $f_{\ell|\ell}(\boldsymbol{y}|Z^\ell)$ $(\ell=1,\cdots,k)$。
- 后向递归：先从 $\ell=k-1$ 开始，按照下述方式计算 $f_{k-1|k}(\boldsymbol{x}|Z^k)$：

$$f_{k-1|k}(\boldsymbol{x}|Z^k)=f_{k-1|k-1}(\boldsymbol{x}|Z^{k-1})\int\frac{f_{k|k}(\boldsymbol{y}|Z^k)\cdot f_{k|k-1}(\boldsymbol{y}|\boldsymbol{x})}{f_{k|k-1}(\boldsymbol{y}|Z^{k-1})}\mathrm{d}\boldsymbol{y} \tag{14.11}$$

得到 $f_{k-1|k}(\boldsymbol{x}|Z^k)$ 后，再按下述方式计算 $f_{k-2|k}(\boldsymbol{x}|Z^k)$：

$$f_{k-2|k}(\boldsymbol{x}|Z^k)=f_{k-2|k-2}(\boldsymbol{x}|Z^{k-2})\int\frac{f_{k-1|k}(\boldsymbol{y}|Z^k)\cdot f_{k-1|k-2}(\boldsymbol{y}|\boldsymbol{x})}{f_{k-1|k-2}(\boldsymbol{y}|Z^{k-2})}\mathrm{d}\boldsymbol{y} \tag{14.12}$$

重复上述过程直至获得 $f_{1|k}(\boldsymbol{y}|Z^k)$，最后 $f_{0|k}(\boldsymbol{y}|Z^k)$ 可计算如下：

$$f_{0|k}(\boldsymbol{x}|Z^k)=f_{0|0}(\boldsymbol{x})\int\frac{f_{1|k}(\boldsymbol{y}|Z^k)\cdot f_{1|0}(\boldsymbol{y}|\boldsymbol{x})}{f_{1|0}(\boldsymbol{y})}\mathrm{d}\boldsymbol{y} \tag{14.13}$$

- 状态估计：在各后向递归时刻 $t_\ell=t_k,t_{k-1},\cdots,t_0$，采用贝叶斯最优状态估计器从 $f_{\ell|k}(\boldsymbol{x}|Z^k)$ 中获得状态 $\boldsymbol{x}$ 的平滑估计。

本节剩余内容安排如下：

- 14.2.1节：前向–后向单目标平滑器的推导。
- 14.2.2节：前向–后向平滑器的 Vo–Vo 形式。
- 14.2.2节：前向–后向平滑器的 Vo–Vo 高斯混合精确闭式解。

14.2.1 前向–后向平滑器的推导

令 $\boldsymbol{y}$ 表示 $t_{\ell+1}$ 时刻的目标状态，由全概率定理与贝叶斯规则可知

$$f_{\ell|k}(\boldsymbol{x}|Z^k)=\int f_{\ell,\ell+1|k}(\boldsymbol{x},\boldsymbol{y}|Z^k)\mathrm{d}\boldsymbol{y} \tag{14.14}$$

$$=\int f_{\ell+1|k}(\boldsymbol{y}|Z^k)\cdot f_{\ell|\ell+1,k}(\boldsymbol{x}|\boldsymbol{y},Z^k)\mathrm{d}\boldsymbol{y} \tag{14.15}$$

密度 $f_{\ell|\ell+1,k}(\boldsymbol{x}|\boldsymbol{y},Z^k)$ 定义了由 $t_{\ell+1}$ 时刻 $\boldsymbol{y}$ 向 t_ℓ 时刻 $\boldsymbol{x}$ 的后向状态转移①。在该转移过程中，假定 $\boldsymbol{x}$ 独立于其后的观测 $\boldsymbol{z}_{\ell+1},\cdots,\boldsymbol{z}_k$：

$$f_{\ell|\ell+1,k}(\boldsymbol{x}|\boldsymbol{y},Z^k)=f_{\ell|\ell+1,\ell}(\boldsymbol{x}|\boldsymbol{y},Z^\ell) \tag{14.16}$$

①符号 $f_{\ell,\ell+1|k}(\boldsymbol{x},\boldsymbol{y}|Z^k)$ 表示：t_ℓ 时刻目标状态为 $\boldsymbol{x}$；$t_{\ell+1}$ 时刻目标状态为 $\boldsymbol{y}$；$\boldsymbol{x},\boldsymbol{y}$ 以截至 t_k 时刻的所有观测为条件。符号 $f_{\ell|\ell+1,k}(\boldsymbol{x}|\boldsymbol{y},Z^k)$ 中各变量的含义类似。

则

$$f_{\ell|k}(\boldsymbol{x}|Z^k) = \int f_{\ell+1|k}(\boldsymbol{y}|Z^k) \cdot f_{\ell|\ell+1,\ell}(\boldsymbol{x}|\boldsymbol{y}, Z^\ell)\mathrm{d}\boldsymbol{y} \tag{14.17}$$

$$= f_{\ell|\ell}(\boldsymbol{x}|Z^\ell) \int f_{\ell+1|k}(\boldsymbol{y}|Z^k) \cdot \frac{f_{\ell|\ell+1,\ell}(\boldsymbol{x}|\boldsymbol{y}, Z^\ell)}{f_{\ell|\ell}(\boldsymbol{x}|Z^\ell)}\mathrm{d}\boldsymbol{y} \tag{14.18}$$

应用贝叶斯规则可得

$$f_{\ell|k}(\boldsymbol{x}|Z^k) = f_{\ell|\ell}(\boldsymbol{x}|Z^\ell) \int \frac{f_{\ell+1|k}(\boldsymbol{y}|Z^k) \cdot f_{\ell+1|\ell,\ell}(\boldsymbol{y}|\boldsymbol{x}, Z^\ell)}{f_{\ell+1|\ell}(\boldsymbol{y}|Z^\ell)}\mathrm{d}\boldsymbol{y} \tag{14.19}$$

式中：$f_{\ell+1|\ell,\ell}(\boldsymbol{y}|\boldsymbol{x}, Z^\ell)$ 定义了由 $\boldsymbol{x}$ 到 $\boldsymbol{y}$ 的一般前向状态转移。

在给定前一时刻的状态 $\boldsymbol{x}$ 后，进一步假定 $\boldsymbol{y}$ 独立于 Z^ℓ，即 $f_{\ell+1|\ell,\ell}(\boldsymbol{y}|\boldsymbol{x}, Z^\ell) = f_{\ell+1|\ell}(\boldsymbol{y}|\boldsymbol{x})$，则预期结果如下：

$$f_{\ell|k}(\boldsymbol{x}|Z^k) = f_{\ell|\ell}(\boldsymbol{x}|Z^\ell) \int \frac{f_{\ell+1|k}(\boldsymbol{y}|Z^k) \cdot f_{\ell+1|\ell}(\boldsymbol{y}|\boldsymbol{x})}{f_{\ell+1|\ell}(\boldsymbol{y}|Z^\ell)}\mathrm{d}\boldsymbol{y} \tag{14.20}$$

14.2.2 Vo–Vo 形式的前向–后向平滑器

由于式(14.10)右侧的积分式中存在分母，因此似乎不太可能采用高斯混合技术实现式(14.10)。但是，B. N. Vo、B. T. Vo 和 R. Mahler 研究表明[302]：以一种特定方式重新表示的前向–后向平滑器可允许精确闭式 GM 实现。他们的方法实际上是：

- 单目标前向–后向平滑器的首个一般性的精确闭式高斯混合解。

特别地，对于 $\ell = 0, \cdots, k-1$，定义下述无量纲函数 (后向校正器)：

$$B_{\ell|k}(\boldsymbol{x}) = \int \frac{f_{\ell+1|k}(\boldsymbol{y}|Z^k)}{f_{\ell+1|\ell}(\boldsymbol{y}|Z^\ell)} \cdot f_{\ell+1|\ell}(\boldsymbol{y}|\boldsymbol{x})\mathrm{d}\boldsymbol{y} \tag{14.21}$$

且 $B_{k|k}(\boldsymbol{x}) = 1$。对于 $\ell = 1, \cdots, k$，同时定义下面的无量纲函数：

$$L_\ell(\boldsymbol{z}_\ell|\boldsymbol{x}) = \frac{f_\ell(\boldsymbol{z}_\ell|\boldsymbol{x})}{f_\ell(\boldsymbol{z}_\ell|Z^{\ell-1})} \tag{14.22}$$

这样便可将式(14.10)等价替换为 (文献 [302] 中的 (15)～(18) 式)：对于 $\ell = 0, \cdots, k-1$，有

$$f_{\ell|k}(\boldsymbol{x}|Z^k) = f_{\ell|\ell}(\boldsymbol{x}|Z^\ell) \cdot B_{\ell|k}(\boldsymbol{x}) \tag{14.23}$$

$$B_{\ell|k}(\boldsymbol{x}) = \int B_{\ell+1|k}(\boldsymbol{y}) \cdot L_{\ell+1}(\boldsymbol{z}_{\ell+1}|\boldsymbol{y}) \cdot f_{\ell+1|\ell}(\boldsymbol{y}|\boldsymbol{x})\mathrm{d}\boldsymbol{y} \tag{14.24}$$

上式的推导过程如下：

首先观察到式(14.10)可化为

$$f_{\ell|k}(\boldsymbol{x}|Z^k) = f_{\ell|\ell}(\boldsymbol{x}|Z^\ell) \cdot B_{\ell|k}(\boldsymbol{x}) \tag{14.25}$$

由此可得

$$\frac{f_{\ell|k}(\boldsymbol{x}|Z^k)}{f_{\ell|\ell-1}(\boldsymbol{x}|Z^{\ell-1})} = \frac{f_{\ell|\ell}(\boldsymbol{x}|Z^\ell)}{f_{\ell|\ell-1}(\boldsymbol{x}|Z^{\ell-1})} \cdot B_{\ell|k}(\boldsymbol{x}) \tag{14.26}$$

$$= \frac{f_\ell(\boldsymbol{z}_\ell|\boldsymbol{x})}{f_\ell(\boldsymbol{z}_\ell|Z^{\ell-1})} \cdot B_{\ell|k}(\boldsymbol{x}) \tag{14.27}$$

$$= L_\ell(\boldsymbol{z}_\ell|\boldsymbol{x}) \cdot B_{\ell|k}(\boldsymbol{x}) \tag{14.28}$$

故

$$B_{\ell-1|k}(\boldsymbol{x}) = \int \frac{f_{\ell|k}(\boldsymbol{y}|Z^k)}{f_{\ell|\ell-1}(\boldsymbol{y}|Z^{\ell-1})} \cdot f_{\ell|\ell-1}(\boldsymbol{y}|\boldsymbol{x})\mathrm{d}\boldsymbol{y} \tag{14.29}$$

$$= \int L_\ell(\boldsymbol{z}_\ell|\boldsymbol{y}) \cdot B_{\ell|k}(\boldsymbol{y}) \cdot f_{\ell|\ell-1}(\boldsymbol{y}|\boldsymbol{x})\mathrm{d}\boldsymbol{y} \tag{14.30}$$

Vo-Vo 形式的前向-后向平滑器包括如下三个步骤：

- 前向递推：利用递归贝叶斯滤波器及初始分布 $f_{0|0}(\boldsymbol{x})$ 计算分布 $f_{\ell+1|\ell}(\boldsymbol{y}|Z^\ell)$ $(\ell = 0, \cdots, k-1)$ 和 $f_{\ell|\ell}(\boldsymbol{y}|Z^\ell)$ $(\ell = 1, \cdots, k)$。
- 后向递归：首先从 $\ell = k-1$ 开始，$f_{k-1|k}(\boldsymbol{x}|Z^k)$ 和 $B_{k-1|k}(\boldsymbol{x})$ 可计算如下：

$$B_{k-1|k}(\boldsymbol{x}) = \int L_k(\boldsymbol{z}_k|\boldsymbol{y}) \cdot f_{k|k-1}(\boldsymbol{y}|\boldsymbol{x})\mathrm{d}\boldsymbol{y} \tag{14.31}$$

$$f_{k-1|k}(\boldsymbol{x}|Z^k) = f_{k-1|k-1}(\boldsymbol{x}|Z^{k-1}) \cdot B_{k-1|k}(\boldsymbol{x}) \tag{14.32}$$

然后是 $\ell = k-2$，有

$$B_{k-2|k}(\boldsymbol{x}) = \int B_{k-1|k}(\boldsymbol{y}) \cdot L_{k-1}(\boldsymbol{z}_{k-1}|\boldsymbol{y}) \cdot f_{k-1|k-2}(\boldsymbol{y}|\boldsymbol{x})\mathrm{d}\boldsymbol{y} \tag{14.33}$$

$$f_{k-2|k}(\boldsymbol{x}|Z^k) = f_{k-2|k-2}(\boldsymbol{x}|Z^{k-2}) \cdot B_{k-2|k}(\boldsymbol{x}) \tag{14.34}$$

重复上述过程直至 $\ell = 0$，有

$$B_{0|k}(\boldsymbol{x}) = \int B_{1|k}(\boldsymbol{y}) \cdot L_1(\boldsymbol{z}_1|\boldsymbol{y}) \cdot f_{1|0}(\boldsymbol{y}|\boldsymbol{x})\mathrm{d}\boldsymbol{y} \tag{14.35}$$

$$f_{0|k}(\boldsymbol{x}|Z^k) = f_{0|0}(\boldsymbol{x}) \cdot B_{0|k}(\boldsymbol{x}) \tag{14.36}$$

- 状态估计：在各后向递归步，对 $f_{\ell|k}(\boldsymbol{x}|Z^k)$ 应用贝叶斯最优状态估计器。

14.2.3 Vo-Vo 精确闭式高斯混合前向-后向平滑器

由于式(14.23)和式(14.24)中已不含分母，因此高斯混合实现便成为可能。假定对于所有的 $\ell = 1, \cdots, k$，有

$$f_\ell(\boldsymbol{z}|\boldsymbol{x}) = N_{\boldsymbol{R}_\ell}(\boldsymbol{z} - \boldsymbol{H}_\ell \boldsymbol{x}) \tag{14.37}$$

$$f_{\ell|\ell-1}(\boldsymbol{y}|\boldsymbol{x}) = N_{\boldsymbol{Q}_{\ell-1}}(\boldsymbol{y} - \boldsymbol{F}_{\ell-1} \boldsymbol{x}) \tag{14.38}$$

$$f_{\ell|\ell-1}(\boldsymbol{y}|Z^{\ell-1}) = \sum_{i=1}^{\nu_{\ell|\ell-1}} w_i^{\ell|\ell-1} \cdot N_{\boldsymbol{P}_i^{\ell|\ell-1}}(\boldsymbol{y}-\boldsymbol{x}_i^{\ell|\ell-1}) \tag{14.39}$$

$$B_{\ell|k}(\boldsymbol{y}) = \sum_{i=1}^{n_{\ell|k}} c_i^{\ell|k} \cdot N_{\boldsymbol{C}_i^{\ell|k}}(\boldsymbol{y}-\boldsymbol{c}_i^{\ell|k}) \tag{14.40}$$

由式(14.23)和式(14.24)可知，平滑分布 $f_{\ell|k}(\boldsymbol{x}|Z^k)$ 也为高斯混合形式。特别地，根据附录 K.24[①]，有

$$B_{\ell-1|k}(\boldsymbol{x}) = \sum_{i=1}^{n_{\ell|k}} c_i^{\ell-1|k} \cdot N_{\boldsymbol{Q}_{\ell-1}+\boldsymbol{D}_i^{\ell|k}}(\boldsymbol{d}_i^{\ell|k} - \boldsymbol{F}_{\ell-1}\boldsymbol{x}) \tag{14.41}$$

式中

$$c_i^{\ell-1|k} = \frac{c_i^{\ell|k}}{f_\ell(\boldsymbol{z}_\ell|Z^{\ell-1})} \cdot N_{\boldsymbol{R}_\ell+\boldsymbol{H}_\ell\boldsymbol{C}_i^{\ell|k}\boldsymbol{H}_\ell^{\mathrm{T}}}(\boldsymbol{z}_\ell - \boldsymbol{H}_\ell\boldsymbol{c}_i^{\ell|k}) \tag{14.42}$$

$$f_\ell(\boldsymbol{z}_\ell|Z^{\ell-1}) = \sum_{i=1}^{\nu_{\ell|\ell-1}} w_i^{\ell|\ell-1} \cdot N_{\boldsymbol{R}_\ell+\boldsymbol{H}_\ell\boldsymbol{P}_i^{\ell|\ell-1}\boldsymbol{H}_\ell^{\mathrm{T}}}(\boldsymbol{z}_\ell - \boldsymbol{H}_\ell\boldsymbol{x}_i^{\ell|\ell-1}) \tag{14.43}$$

$$(\boldsymbol{D}_i^{\ell|k})^{-1} = (\boldsymbol{C}_i^{\ell|k})^{-1} + \boldsymbol{H}_\ell^{\mathrm{T}}\boldsymbol{R}_\ell^{-1}\boldsymbol{H}_\ell \tag{14.44}$$

$$(\boldsymbol{D}_i^{\ell|k})^{-1}\boldsymbol{d}_i^{\ell|k} = (\boldsymbol{C}_i^{\ell|k})^{-1}\boldsymbol{c}_i^{\ell|k} + \boldsymbol{H}_\ell^{\mathrm{T}}\boldsymbol{R}_\ell^{-1}\boldsymbol{z}_\ell \tag{14.45}$$

或等价表示为

$$\boldsymbol{d}_i^{\ell|k} = \boldsymbol{c}_i^{\ell|k} + \boldsymbol{K}_{\ell,k}(\boldsymbol{z}_\ell - \boldsymbol{H}_\ell\boldsymbol{c}_i^{\ell|k}) \tag{14.46}$$

$$\boldsymbol{D}_i^{\ell|k} = (\boldsymbol{I} - \boldsymbol{K}_{\ell,k}\boldsymbol{H}_\ell)\boldsymbol{C}_i^{\ell|k} \tag{14.47}$$

$$\boldsymbol{K}_{\ell,k} = \boldsymbol{C}_i^{\ell|k}\boldsymbol{H}_\ell^{\mathrm{T}}(\boldsymbol{H}_\ell\boldsymbol{C}_i^{\ell|k}\boldsymbol{H}_\ell^{\mathrm{T}} + \boldsymbol{R}_\ell)^{-1} \tag{14.48}$$

平滑分布因此可表示为[②]

$$\begin{aligned} f_{\ell-1|k}(\boldsymbol{x}|Z^k) = & \sum_{l=1}^{\nu_{\ell-1|\ell-1}} \sum_{i=1}^{n_{\ell-1|k}} w_l^{\ell-1|\ell-1} c_i^{\ell-1|k} \cdot \\ & N_{\boldsymbol{Q}_{\ell-1}+\boldsymbol{D}_i^{\ell|k}+\boldsymbol{F}_{\ell-1}\boldsymbol{P}_l^{\ell-1|\ell-1}\boldsymbol{F}_{\ell-1}^{\mathrm{T}}}(\boldsymbol{d}_i^{\ell|k} - \boldsymbol{F}_{\ell-1}\boldsymbol{x}_l^{\ell-1|\ell-1}) \cdot \\ & N_{\boldsymbol{E}_{i,l}^{\ell-1|\ell-1}}(\boldsymbol{x} - \boldsymbol{e}_{i,l}^{\ell-1|\ell-1}) \end{aligned} \tag{14.49}$$

式中

$$(\boldsymbol{E}_{i,l}^{\ell-1|\ell-1})^{-1} = (\boldsymbol{P}_l^{\ell-1|\ell-1})^{-1} + \boldsymbol{F}_{\ell-1}^{\mathrm{T}}(\boldsymbol{Q}_{\ell-1} + \boldsymbol{D}_i^{\ell|k})^{-1}\boldsymbol{F}_{\ell-1} \tag{14.50}$$

$$(\boldsymbol{E}_{i,l}^{\ell-1|\ell-1})^{-1}\boldsymbol{e}_{i,l}^{\ell-1|\ell-1} = (\boldsymbol{P}_l^{\ell-1|\ell-1})^{-1}\boldsymbol{x}_l^{\ell-1|\ell-1} + \boldsymbol{F}_{\ell-1}^{\mathrm{T}}(\boldsymbol{Q}_{\ell-1} + \boldsymbol{D}_i^{\ell|k})^{-1}\boldsymbol{d}_i^{\ell|k} \tag{14.51}$$

[①]译者注：原著下式中高斯分量的协方差阵为 $\boldsymbol{Q}_{\ell-1} + \boldsymbol{F}_{\ell-1}\boldsymbol{D}_i^{\ell|k}\boldsymbol{F}_{\ell-1}^{\mathrm{T}}$，这里已更正。

[②]译者注：附录 K.24 中将 $t_{\ell-1}$ 时刻滤波分布的时间下标误写作 ℓ，因此原著(14.49)～(14.54)式的时间下标有误，这里已更正。

或等价表示为

$$e_{i,l}^{\ell-1|\ell-1} = x_l^{\ell-1|\ell-1} + K_{i,l}^{\ell-1}(d_i^{\ell|k} - F_{\ell-1}x_l^{\ell-1|\ell-1}) \tag{14.52}$$

$$E_{i,l}^{\ell-1|\ell-1} = (I - K_{i,l}^{\ell-1}F_{\ell-1})P_l^{\ell-1|\ell-1} \tag{14.53}$$

$$K_{i,l}^{\ell-1} = P_l^{\ell-1|\ell-1}F_{\ell-1}^{\mathrm{T}}(P_l^{\ell-1|\ell-1} + Q_{\ell-1} + D_i^{\ell|k})^{-1} \tag{14.54}$$

另一种表示略有些区别，更多实现细节参见文献 [302]。

注解 60 (双滤波平滑器)：除前向–后向平滑器外，最熟悉的平滑器当数下面的平滑器[136]：

$$f_{\ell|k}(x|Z^k) = \frac{f_{\ell|\ell}(x|Z^\ell) \cdot f_{\ell+1|\ell}(\tilde{Z}^{\ell+1}|x)}{\int f_{\ell|\ell}(y|Z^\ell) \cdot f_{\ell+1|\ell}(\tilde{Z}^{\ell+1}|y)\mathrm{d}y} \tag{14.55}$$

式中：$f_{\ell+1|\ell}(\tilde{Z}^{\ell+1}|x)$ 可由下面的“后向信息滤波器”通过递归方式确定①：

$$f_{\ell|\ell}(\tilde{Z}^\ell|x) = f_\ell(z_\ell|x)\int f_{\ell+1|\ell+1}(\tilde{Z}^{\ell+1}|y) \cdot f_{\ell+1|\ell}(y|x)\mathrm{d}y \tag{14.56}$$

双滤波平滑器并不太适合粒子实现，Klass、Briers 和 de Freitas 等人[28,136] 给出了另一种形式的表示。

14.3 一般多目标前向–后向平滑器

本节将前向–后向平滑器直接类推至多目标情形。这里虽然只考虑单传感器情形，但所述方法同样适用于多传感器多目标情形。

假定由单传感器对多目标状态集 X 进行观测，已知观测集序列 $Z^{(k)}: Z_1, \cdots, Z_k$，在多目标贝叶斯滤波器的常规假设之上，还需假定后向多目标状态转移满足条件：对于 $\ell = 0, \cdots, k-1$，有

$$f_{\ell|\ell+1,k}(X|Y, Z^{(k)}) = f_{\ell|\ell+1,\ell}(X|Y, Z^{(\ell)}) \tag{14.57}$$

则多目标前向–后向贝叶斯滤波器为式(14.10)的直接扩展，其形式如下：

$$f_{\ell|k}(X|Z^{(k)}) = f_{\ell|\ell}(X|Z^{(\ell)})\int \frac{f_{\ell+1|k}(Y|Z^{(k)}) \cdot f_{\ell+1|\ell}(Y|X)}{f_{\ell+1|\ell}(Y|Z^{(\ell)})}\delta Y \tag{14.58}$$

式中：$f_{\ell+1|\ell}(Y|X)$ 为标准多目标运动模型的多目标马尔可夫密度。式(14.58)的计算可采用14.2节介绍的三步法。

前向–后向平滑器的 p.g.fl. 形式为

$$G_{\ell|k}[h] = \int \frac{\delta \tilde{F}_{\ell+1|\ell}}{\delta X'}[0,h] \cdot \frac{f_{\ell+1|k}(X'|Z^{(k)})}{f_{\ell+1|\ell}(X'|Z^{(\ell)})}\delta X' \tag{14.59}$$

①译者注：① 原著中式(14.55)及式(14.56)的符号表示有误，这里根据文献 [136] 做了修正，其中，$\tilde{Z}^\ell$: $z_k, z_{k-1}, \cdots, z_\ell$ 表示后向观测序列；② 式(14.56)可进一步表示为 $f_{\ell|\ell}(\tilde{Z}^\ell|x) = f_\ell(z_\ell|x) \cdot f_{\ell+1|\ell}(\tilde{Z}^{\ell+1}|x)$。

式中

$$\tilde{F}_{\ell+1|\ell}[r,h]=\int h^X\cdot G_{\ell+1|\ell}[r|X]\cdot f_{\ell|\ell}(X|Z^{(\ell)})\delta X \tag{14.60}$$

$$G_{\ell+1|\ell}[r|X]=\int r^{X'}\cdot f_{\ell+1|\ell}(X'|X)\delta X' \tag{14.61}$$

式(14.61)为多目标马尔可夫密度 $f_{\ell+1|\ell}(X'|X)$ 的 p.g.fl.，而式(14.59)则与贝叶斯规则的 p.g.fl. 形式 (见(5.57)式) 类似。

基于式(14.23)和式(14.24)的多目标版，可将式(14.58)等价表示为

$$f_{\ell|k}(X|Z^{(k)})=f_{\ell|\ell}(X|Z^{(\ell)})\cdot B_{\ell|k}(X) \tag{14.62}$$

$$B_{\ell|k}(X)=\int B_{\ell+1|k}(Y)\cdot L_{\ell+1}(Z_{\ell+1}|Y)\cdot f_{\ell+1|\ell}(Y|X)\delta Y \tag{14.63}$$

式中

$$B_{\ell|k}(X)=\int \frac{f_{\ell+1|k}(Y|Z^{(k)})}{f_{\ell+1|\ell}(Y|Z^{(\ell)})}\cdot f_{\ell+1|\ell}(Y|X)\delta Y \tag{14.64}$$

$$L_\ell(Z_\ell|X)=\frac{f_\ell(Z_\ell|X)}{f_\ell(Z_\ell|Z^{(\ell-1)})} \tag{14.65}$$

式(14.58)、式(14.62)、式(14.63)一般不易于计算，故需要原则近似，此即随后各节的主题所在。

14.4 前向–后向伯努利平滑器

13.2节介绍的伯努利滤波器是一般单目标联合检测跟踪问题的贝叶斯最优方法，它是多目标贝叶斯滤波器在目标数不超过 1 时的特例。此时，式(13.1)的多目标分布形式为

$$f_{\ell|\ell}(X|Z^{(\ell)})=\begin{cases}1-p_{\ell|\ell}, & X=\emptyset\\ p_{\ell|\ell}\cdot s_{\ell|\ell}(\boldsymbol{x}), & X=\{\boldsymbol{x}\}\\ 0, & \text{其他}\end{cases} \tag{14.66}$$

式中：$s_{\ell|\ell}(\boldsymbol{x})\overset{\text{abbr.}}{=}s_{\ell|\ell}(\boldsymbol{x}|Z^{(\ell)})$ 为 t_ℓ 时刻的目标航迹分布；$p_{\ell|\ell}\overset{\text{abbr.}}{=}p_{\ell|\ell}(Z^{(\ell)})$ 为该航迹的存在概率。

同理，伯努利前向–后向平滑器是一般单目标检测平滑问题的贝叶斯最优方法：最早由 Clark 于 2009 年提出[43]；粒子实现最早由 B. N. Vo、D. Clark 和 B. T. Vo 给出[50]，B. T. Vo、D. Clark、B. N. Vo 和 B. Ristic 等人随后也做了实现[301]；Nagappa 和 Clark 在文献 [220] 中给出了一种快速粒子实现；随后 B. N. Vo、B. T. Vo 和 R. Mahler 给出了一种精确闭式高斯混合实现，所采用的正是14.3节前面给出的前向–后向表示，详见文献 [302]。此外，Clark 等人还给出了一种双滤波伯努利平滑器[50]，本节对此不作讨论。

下面主要介绍 B. N. Vo 和 B. T. Vo 的前向–后向伯努利平滑器，这里基于一般性的表示，推导过程更为直接。本节后续内容安排如下：

- 14.4.1：前向–后向伯努利平滑器的模型假设。
- 14.4.2：前向–后向伯努利平滑器方程。
- 14.4.3：前向–后向伯努利平滑器的精确高斯混合实现。
- 14.4.4：前向–后向伯努利平滑器的实现样例。

14.4.1 前向–后向伯努利平滑器：建模

与13.2.1节类似，这里采用下列模型假设 (记号略有不同)：

- t_ℓ 时刻状态为 $\boldsymbol{x}'$ 的目标在 $t_{\ell+1}$ 时刻不消失的概率：$p_{\mathrm{S}}^{\ell+1|\ell}(\boldsymbol{x}')$。
- t_ℓ 时刻无目标而 $t_{\ell+1}$ 时刻出现目标的概率：$p_{\mathrm{B}}^{\ell+1|\ell}$。
- $t_{\ell+1}$ 时刻新生目标的空间分布：$\hat{b}_{\ell+1|\ell}(\boldsymbol{x})$。
- 单目标马尔可夫密度：$f_{\ell+1|\ell}(\boldsymbol{x}|\boldsymbol{x}')$。
- $t_{\ell+1}$ 时刻的单传感器单目标似然函数：$f_{\ell+1}(\boldsymbol{z}|\boldsymbol{x})$。
- 任意杂波 *RFS* 的多目标概率分布：$\kappa_{\ell+1}(Z)$。

14.4.2 前向–后向伯努利平滑器：方程

定义如下的后向校正器：

$$\theta_{\ell|k}^{0} = \frac{1 - p_{\ell+1|k}}{1 - p_{\ell+1|\ell}} \cdot (1 - p_{\mathrm{B}}^{\ell+1|\ell}) + \frac{p_{\mathrm{B}}^{\ell+1|\ell} \cdot p_{\ell+1|k}}{p_{\ell+1|\ell}} \int \frac{s_{\ell+1|k}(\boldsymbol{y})}{s_{\ell+1|\ell}(\boldsymbol{y})} \cdot \hat{b}_{\ell+1|\ell}(\boldsymbol{y}) \mathrm{d}\boldsymbol{y} \tag{14.67}$$

$$\begin{aligned} \theta_{\ell|k}^{1}(\boldsymbol{x}) = & \frac{1 - p_{\ell+1|k}}{1 - p_{\ell+1|\ell}} \cdot (1 - p_{\mathrm{S}}^{\ell+1|\ell}(\boldsymbol{x})) + \\ & \frac{p_{\mathrm{S}}^{\ell+1|\ell}(\boldsymbol{x}) \cdot p_{\ell+1|k}}{p_{\ell+1|\ell}} \cdot \int \frac{s_{\ell+1|k}(\boldsymbol{y})}{s_{\ell+1|\ell}(\boldsymbol{y})} \cdot f_{\ell+1|\ell}(\boldsymbol{y}|\boldsymbol{x}) \mathrm{d}\boldsymbol{y} \end{aligned} \tag{14.68}$$

同时定义前向校正器：

$$L_{\ell+1}^{0}(Z_{\ell+1}) = \frac{1}{L_\ell} \tag{14.69}$$

$$L_{\ell+1}^{1}(Z_{\ell+1}|\boldsymbol{x}) = \frac{1}{L_\ell} \left(1 - p_{\mathrm{D}}^{\ell+1}(\boldsymbol{x}) + p_{\mathrm{D}}^{\ell+1}(\boldsymbol{x}) \sum_{\boldsymbol{z} \in Z_{\ell+1}} \frac{f_{\ell+1}(\boldsymbol{z}|\boldsymbol{x}) \cdot \kappa_{\ell+1}(Z_{\ell+1} - \{\boldsymbol{z}\})}{\kappa_{\ell+1}(Z_{\ell+1})} \right) \tag{14.70}$$

式中

$$L_\ell = 1 - p_{\ell+1|\ell} + p_{\ell+1|\ell} \left(\begin{array}{c} s_{\ell+1||\ell}[1 - p_{\mathrm{D}}^{\ell+1}] \\ + \sum_{\boldsymbol{z} \in Z_{\ell+1}} \frac{s_{\ell+1|\ell}[p_{\mathrm{D}}^{\ell+1} L_{\boldsymbol{z}}^{\ell+1}] \cdot \kappa_{\ell+1}(Z_{\ell+1} - \{\boldsymbol{z}\})}{\kappa_{\ell+1}(Z_{\ell+1})} \end{array} \right) \tag{14.71}$$

$$s_{\ell+1|\ell}[1 - p_{\mathrm{D}}^{\ell+1}] = \int (1 - p_{\mathrm{D}}^{\ell+1}(\boldsymbol{x})) \cdot s_{\ell+1|\ell}(\boldsymbol{x}) \mathrm{d}\boldsymbol{x} \tag{14.72}$$

$$s_{\ell+1|\ell}[p_{\mathrm{D}}^{\ell+1} L_{\boldsymbol{z}}^{\ell+1}] = \int p_{\mathrm{D}}^{\ell+1}(\boldsymbol{x}) \cdot f_{\ell+1}(\boldsymbol{z}|\boldsymbol{x}) \cdot s_{\ell+1|\ell}(\boldsymbol{x}) \mathrm{d}\boldsymbol{x} \tag{14.73}$$

不难发现：$\theta^0_{k|k}=1$，$\theta^1_{k|k}(\boldsymbol{x})=1$。

根据附录 K.25 的证明，前向–后向伯努利平滑器方程可表示为

$$p_{\ell|k}=1-(1-p_{\ell|\ell})\cdot\theta^0_{\ell|k} \tag{14.74}$$

$$s_{\ell|k}(\boldsymbol{x})=\frac{p_{\ell|\ell}\cdot s_{\ell|\ell}(\boldsymbol{x})\cdot\theta^1_{\ell|k}(\boldsymbol{x})}{p_{\ell|k}} \tag{14.75}$$

$$\begin{aligned}\theta^0_{\ell|k}=&\,\theta^0_{\ell+1|k}\cdot L^0_{\ell+1}(Z_{\ell+1})+\\&p_{\mathrm{B}}^{\ell+1|\ell}\int\theta^1_{\ell+1|k}(\boldsymbol{x})\cdot L^1_{\ell+1}(Z_{\ell+1}|\boldsymbol{x})\cdot\hat{b}_{\ell+1|\ell}(\boldsymbol{x})\mathrm{d}\boldsymbol{x}\end{aligned} \tag{14.76}$$

$$\begin{aligned}\theta^1_{\ell|k}(\boldsymbol{x})=&\,\theta^0_{\ell+1|k}\cdot L^0_{\ell+1}(Z_{\ell+1})\cdot(1-p_{\mathrm{S}}^{\ell+1|\ell}(\boldsymbol{x}))+\\&p_{\mathrm{S}}^{\ell+1|\ell}(\boldsymbol{x})\int\theta^1_{\ell+1|k}(\boldsymbol{y})\cdot L^1_{\ell+1}(Z_{\ell+1}|\boldsymbol{y})\cdot f_{\ell+1|\ell}(\boldsymbol{y}|\boldsymbol{x})\mathrm{d}\boldsymbol{y}\end{aligned} \tag{14.77}$$

上述平滑器方程可按照如下方式计算：

- 前向递推：采用伯努利滤波器及初始分布 $p_{0|0}$、$s_{0|0}(\boldsymbol{x})$ 计算预测项 $p_{\ell+1|\ell}$、$s_{\ell+1|\ell}(\boldsymbol{x})$ $(\ell=0,\cdots,k-1)$ 和滤波项 $p_{\ell|\ell}$、$s_{\ell|\ell}(\boldsymbol{x})$ $(\ell=1,\cdots,k)$。
- 后向递归：首先从 $\ell=k-1$ 开始，$\theta^0_{k-1|k}$、$\theta^1_{k-1|k}(\boldsymbol{x})$、$p_{k-1|k}(\boldsymbol{x})$ 和 $s_{k-1|k}(\boldsymbol{x})$ 可计算如下：

$$\theta^0_{k-1|k}=L^0_k(Z_k)+p_{\mathrm{B}}^{k|k-1}\int L^1_k(Z_k|\boldsymbol{y})\cdot\hat{b}_{k|k-1}(\boldsymbol{y})\mathrm{d}\boldsymbol{y} \tag{14.78}$$

$$\begin{aligned}\theta^1_{k-1|k}(\boldsymbol{x})=&\,L^0_k(Z_k)\cdot(1-p_{\mathrm{S}}^{k|k-1}(\boldsymbol{x}))+p_{\mathrm{S}}^{k|k-1}(\boldsymbol{x})\cdot\\&\int L^1_k(Z_k|\boldsymbol{y})\cdot f_{k|k-1}(\boldsymbol{y}|\boldsymbol{x})\mathrm{d}\boldsymbol{y}\end{aligned} \tag{14.79}$$

$$p_{k-1|k}=1-(1-p_{k-1|k-1})\cdot\theta^0_{k-1|k} \tag{14.80}$$

$$s_{k-1|k}(\boldsymbol{x})=\frac{p_{k-1|k-1}\cdot s_{k-1|k-1}(\boldsymbol{x})\cdot\theta^1_{k-1|k}(\boldsymbol{x})}{p_{k-1|k}} \tag{14.81}$$

然后计算 $\ell=k-2$，有

$$\begin{aligned}\theta^0_{k-2|k}=&\,\theta^0_{k-1|k}\cdot L^0_{k-1}(Z_{k-1})+p_{\mathrm{B}}^{k-1|k-2}\int\theta^1_{k-1|k}(\boldsymbol{y})\cdot\\&L^1_{k-1}(Z_{k-1}|\boldsymbol{y})\cdot\hat{b}_{k-1|k-2}(\boldsymbol{y})\mathrm{d}\boldsymbol{y}\end{aligned} \tag{14.82}$$

$$\begin{aligned}\theta^1_{k-2|k}(\boldsymbol{x})=&\,\theta^0_{k-1|k}\cdot L^0_{k-1}(Z_{k-1})\cdot(1-p_{\mathrm{S}}^{k-1|k-2}(\boldsymbol{x}))+p_{\mathrm{S}}^{k-1|k-2}(\boldsymbol{x})\cdot\\&\int\theta^1_{k-1|k}(\boldsymbol{y})\cdot L^1_{k-1}(Z_{k-1}|\boldsymbol{y})\cdot f_{k-1|k-2}(\boldsymbol{y}|\boldsymbol{x})\mathrm{d}\boldsymbol{y}\end{aligned} \tag{14.83}$$

$$p_{k-2|k}=1-(1-p_{k-2|k-2})\cdot\theta^0_{k-2|k} \tag{14.84}$$

$$s_{k-2|k}(\boldsymbol{x})=\frac{p_{k-2|k-2}\cdot s_{k-2|k-2}(\boldsymbol{x})\cdot\theta^1_{k-2|k}(\boldsymbol{x})}{p_{k-2|k}} \tag{14.85}$$

重复上述过程直至 $\ell=0$，有

$$\theta_{0|k}^{0}=\theta_{1|k}^{0}\cdot L_{1}^{0}(Z_{1})+p_{\mathrm{B}}^{1|0}\int\theta_{1|k}^{1}(\boldsymbol{y})\cdot L_{1}^{1}(Z_{1}|\boldsymbol{y})\hat{b}_{1|0}(\boldsymbol{y})\mathrm{d}\boldsymbol{y} \tag{14.86}$$

$$\begin{aligned}\theta_{0|k}^{1}(\boldsymbol{x})=&\theta_{1|k}^{0}\cdot L_{1}^{0}(Z_{1})\cdot(1-p_{\mathrm{S}}^{1|0}(\boldsymbol{x}))+p_{\mathrm{S}}^{1|0}(\boldsymbol{x})\cdot\\&\int\theta_{1|k}^{1}(\boldsymbol{y})\cdot L_{1}^{1}(Z_{1}|\boldsymbol{y})\cdot f_{1|0}(\boldsymbol{y}|\boldsymbol{x})\mathrm{d}\boldsymbol{y}\end{aligned} \tag{14.87}$$

$$p_{0|k}=1-(1-p_{0|0})\cdot\theta_{0|k}^{0} \tag{14.88}$$

$$s_{0|k}(\boldsymbol{x})=\frac{p_{0|0}\cdot s_{0|0}(\boldsymbol{x})\cdot\theta_{0|k}^{1}(\boldsymbol{x})}{p_{0|k}} \tag{14.89}$$

- 状态估计：在各后向递归步 ($t_\ell=t_k,t_{k-1},\cdots,t_0$)，对 $p_{\ell|k}$、$s_{\ell|k}(\boldsymbol{x})$ 应用13.2.4节的贝叶斯最优状态估计器即可获得各时刻状态 $\boldsymbol{x}$ 的平滑估计。

14.4.3 前向–后向伯努利平滑器：高斯混合实现

本节的平滑器基于如下假定：对于所有的 $\ell=1,\cdots,k$，有

$$p_{\mathrm{S}}^{\ell|\ell-1}(\boldsymbol{x})=p_{\mathrm{S}}^{\ell|\ell-1} \tag{14.90}$$

$$p_{\mathrm{D}}^{\ell}(\boldsymbol{x})=p_{\mathrm{D}}^{\ell} \tag{14.91}$$

$$f_{\ell}(\boldsymbol{z}|\boldsymbol{x})=N_{\boldsymbol{R}_{\ell}}(\boldsymbol{z}-\boldsymbol{H}_{\ell}\boldsymbol{x}) \tag{14.92}$$

$$f_{\ell|\ell-1}(\boldsymbol{y}|\boldsymbol{x})=N_{\boldsymbol{Q}_{\ell-1}}(\boldsymbol{y}-\boldsymbol{F}_{\ell-1}\boldsymbol{x}) \tag{14.93}$$

$$s_{\ell|\ell-1}(\boldsymbol{x})=\sum_{i=1}^{\nu_{\ell|\ell-1}}w_{i}^{\ell|\ell-1}\cdot N_{\boldsymbol{P}_{i}^{\ell|\ell-1}}(\boldsymbol{x}-\boldsymbol{x}_{i}^{\ell|\ell-1}) \tag{14.94}$$

$$\theta_{\ell|k}^{1}(\boldsymbol{x})=\sum_{i=1}^{n_{\ell|k}}c_{i}^{\ell|k}\cdot N_{\boldsymbol{C}_{i}^{\ell|k}}(\boldsymbol{x}-\boldsymbol{c}_{i}^{\ell|k}) \tag{14.95}$$

则式(14.74)~(14.77)的前向–后向伯努利平滑器可精确闭式求解。该实现的具体表达式此处不再赘述，更多细节可参见文献 [302]。

14.4.4 前向–后向伯努利平滑器：结果

本节介绍前向–后向伯努利平滑器的两种实现结果：SMC 实现及 GM 实现。

D. Clark、*B. T. Vo*、*B. N. Vo* 和 *B. Ristic* 等人的 *SMC* 实现[50,301]：目标在 $k=11$ 时出现并于 $k=94$ 时消失，此间沿曲线运动；观测传感器为距离–方位传感器，检测概率 $p_{\mathrm{D}}=0.88$；杂波为空间均匀分布的泊松杂波，杂波率 $\lambda=30$。若 $p_{\ell|k}>0.5$，则认为目标存在，此时的目标状态估计即 $s_{\ell|k}(\boldsymbol{x})$ 的期望；平滑器并未采用完全批处理方式 (对 $\ell=k,\cdots,0$ 做后向平滑)，而是采用两步延迟递归 $\ell=k-1,k-2$；性能评测则采用 OSPA 度量 (见6.2.2节)。据作者们报道：该平滑器的性能优于相应的 SMC–PHD 滤波器，其航迹的初始和终止较 PHD 滤波器提前了两个时间步，状态估计性能也略有改善。

B. N. Vo、*B. T. Vo* 和 *R. Mahler* 等人的精确 *GM* 实现[302]：目标在 $k=10$ 时出现并于 $k=80$ 时消失，此间保持小曲率的曲线运动；线性高斯传感器的检测概率 $p_{\mathrm{D}}=0.98$；杂

波为空间均匀分布的泊松杂波，杂波率 $\lambda = 7$；若 $p_{\ell|k} > 0.5$，则认为目标存在，此时的目标状态估计即 $s_{\ell|k}(\boldsymbol{x})$ 的期望；平滑器采用一步、两步及三步延迟递归；性能评测则采用 OSPA 度量。预期结果表明：对于这三种延迟设置，平滑器均能正确地初始和终止航迹，而随着递归延迟由 1 增加到 3，状态估计性能也随之改善。

14.5 前向–后向 PHD 平滑器

前向–后向 PHD 平滑器由下面两组研究人员独立提出：

- Nadarajah 和 Kirubarajan[217,218] 基于 PHD 滤波器的“物理–空间”表示 (见8.4.6.8节或文献 [179] 第 599–609 页)；
- R. Mahler、B. T. Vo 和 B. N. Vo[199,196] 基于有限集统计学 p.g.fl. 方式。

本节介绍前向–后向 PHD 平滑器及其实现，主要内容安排如下：

- 14.5.1节：前向–后向 PHD 平滑器的原始形式。
- 14.5.2节：前向–后向平滑器的 p.g.fl. 推导方式。
- 14.5.3节：Nagappa 和 Clark 的前向–后向 PHD 平滑器快速序贯蒙特卡罗实现。
- 14.5.4节：B. T. Vo 和 B. N. Vo 给出的另一形式的前向–后向 PHD 平滑器。
- 14.5.5节：B. T. Vo 和 B. N. Vo 给出的前向–后向 PHD 平滑器的高斯混合精确闭式解。
- 14.5.6节：前向–后向 PHD 平滑器的实现样例。

14.5.1 前向–后向 PHD 平滑器方程

对于 $\ell = 0, \cdots, k-1$，假定已知：

- $t_{\ell+1}$ 时刻新生目标的 PHD：$b_{\ell+1|\ell}(\boldsymbol{x})$。
- t_ℓ 时刻至 $t_{\ell+1}$ 时刻的马尔可夫转移密度：$f_{\ell+1|\ell}(\boldsymbol{y}|\boldsymbol{x})$。
- $t_{\ell+1}$ 时刻目标的存活概率：$p_{\mathrm{S},\ell+1|\ell}(\boldsymbol{x})$。

则前向–后向 PHD 平滑器方程可表示为 (文献 [196] 第 5 页中的命题 1)

$$\frac{D_{\ell|k}(\boldsymbol{x}|Z^{(k)})}{D_{\ell|\ell}(\boldsymbol{x}|Z^{(\ell)})} = 1 - p_{\mathrm{S}}^{\ell+1|\ell}(\boldsymbol{x}) + p_{\mathrm{S}}^{\ell+1|\ell}(\boldsymbol{x}) \int \frac{f_{\ell+1|\ell}(\boldsymbol{y}|\boldsymbol{x}) \cdot D_{\ell+1|k}(\boldsymbol{y}|Z^{(k)})}{D_{\ell+1|\ell}(\boldsymbol{y}|Z^{(\ell)})} \mathrm{d}\boldsymbol{y} \tag{14.96}$$

$$= 1 - p_{\mathrm{S}}^{\ell+1|\ell}(\boldsymbol{x}) + p_{\mathrm{S}}^{\ell+1|\ell}(\boldsymbol{x}) \int \frac{f_{\ell+1|\ell}(\boldsymbol{y}|\boldsymbol{x}) \cdot D_{\ell+1|k}(\boldsymbol{y}|Z^{(k)})}{b_{\ell+1|\ell}(\boldsymbol{y}) + \rho_{\ell+1|\ell}(\boldsymbol{y})} \mathrm{d}\boldsymbol{y} \tag{14.97}$$

上面第二个方程由式(8.15)的 PHD 滤波器时间更新方程得到，其中：

$$\rho_{\ell+1|\ell}(\boldsymbol{y}) = \int p_{\mathrm{S}}^{\ell+1|\ell}(\boldsymbol{x}) \cdot f_{\ell+1|\ell}(\boldsymbol{y}|\boldsymbol{x}) \cdot D_{\ell|\ell}(\boldsymbol{x}|Z^{(k)}) \mathrm{d}\boldsymbol{x} \tag{14.98}$$

如果无目标出现消失且场景中只有单个目标，此时式(14.96)便退化成式(14.10)的前向–后向单目标平滑器。

在推导式(14.96)时，还需做如下假设：

- 对于 $\ell=0,\cdots,k$，多目标分布 $f_{\ell|\ell}(X|Z^{(\ell)})$ 是泊松的；
- 对于 $\ell=0,\cdots,k-1$，多目标分布 $f_{\ell+1|\ell}(X|Z^{(\ell)})$ 也是泊松的。

如果额外假定平滑多目标密度 $f_{\ell|k}(X|Z^{(k)})$ 为泊松的，则可得到平滑势分布 (文献 [196] 第 7 页中的命题 2)：

$$p_{\ell|k}(n)=e^{\int E(y)\mathrm{d}y}\sum_{i=0}^{n}\frac{D_{\ell|\ell}[1-p_{\mathrm{S}}^{\ell|\ell-1}]^{n-i}}{(n-i)!}\cdot D_{\ell+1|k}\left[1-\frac{b_{\ell+1|\ell}}{D_{\ell+1|\ell}}\right]^{i} \tag{14.99}$$

式中

$$E(\boldsymbol{y})=\frac{b_{\ell+1|\ell}(\boldsymbol{y})\cdot D_{\ell+1|k}(\boldsymbol{y}|Z^{(k)})}{D_{\ell+1|\ell}(\boldsymbol{y}|Z^{(\ell)})}-D_{\ell+1|k}(\boldsymbol{y}|Z^{(k)})+ D_{\ell+1|\ell}(\boldsymbol{y}|Z^{(\ell)})-b_{\ell+1|\ell}(\boldsymbol{y})-D_{\ell|\ell}(\boldsymbol{y}|Z^{(\ell)}) \tag{14.100}$$

$$D_{\ell|\ell}[1-p_{\mathrm{S}}^{\ell|\ell-1}]=\int(1-p_{\mathrm{S}}^{\ell|\ell-1}(\boldsymbol{x}))\cdot D_{\ell|\ell}(\boldsymbol{x}|Z^{(\ell)})\mathrm{d}\boldsymbol{x} \tag{14.101}$$

$$D_{\ell+1|k}\left[1-\frac{b_{\ell+1|\ell}}{D_{\ell+1|\ell}}\right]=\int\left(1-\frac{b_{\ell+1|\ell}(\boldsymbol{y})}{D_{\ell+1|\ell}(\boldsymbol{y}|Z^{(\ell)})}\right)\cdot D_{\ell+1|k}(\boldsymbol{y}|Z^{(k)})\mathrm{d}\boldsymbol{y} \tag{14.102}$$

同时还可导出 $p_{\ell|k}(n)$ 的均值及方差的表达式 (文献 [196] 第 7 页中的命题 3)，此处略过。

与前向-后向单目标平滑器类似，前向-后向 PHD 平滑器也可采用类似的三步法：

- 前向递推：采用传统 PHD 滤波器及初始 PHD $D_{0|0}(\boldsymbol{x})$ 计算预测 PHD $D_{\ell+1|\ell}(\boldsymbol{y}|Z^{(\ell)})$ $(\ell=0,\cdots,k-1)$ 及滤波 PHD $D_{\ell|\ell}(\boldsymbol{y}|Z^{(\ell)})$ $(\ell=1,\cdots,k)$。
- 后向递归：先从 $\ell=k-1$ 开始，$D_{k-1|k}(\boldsymbol{x}|Z^{(k)})$ 可计算如下：

$$\frac{D_{k-1|k}(\boldsymbol{x}|Z^{(k)})}{D_{k-1|k-1}(\boldsymbol{x}|Z^{(\ell)})}=1-p_{\mathrm{S}}^{k|k-1}(\boldsymbol{x})+p_{\mathrm{S}}^{k|k-1}(\boldsymbol{x})\cdot \int\frac{f_{k|k-1}(\boldsymbol{y}|\boldsymbol{x})\cdot D_{k|k}(\boldsymbol{y}|Z^{(k)})}{D_{k|k-1}(\boldsymbol{y}|Z^{(k-1)})}\mathrm{d}\boldsymbol{y} \tag{14.103}$$

已知 $D_{k-1|k}(\boldsymbol{x}|Z^{(k)})$ 后，$D_{k-2|k}(\boldsymbol{x}|Z^{(k)})$ 可计算如下：

$$\frac{D_{k-2|k}(\boldsymbol{x}|Z^{(k)})}{D_{k-2|k-2}(\boldsymbol{x}|Z^{(k-2)})}=1-p_{\mathrm{S}}^{k-1|k-2}(\boldsymbol{x})+p_{\mathrm{S}}^{k-1|k-2}(\boldsymbol{x})\cdot \int\frac{f_{k-1|k-2}(\boldsymbol{y}|\boldsymbol{x})\cdot D_{k-1|k}(\boldsymbol{y}|Z^{(k)})}{D_{k-1|k-2}(\boldsymbol{y}|Z^{(k-2)})}\mathrm{d}\boldsymbol{y} \tag{14.104}$$

重复上述过程直至获得 $D_{1|k}(\boldsymbol{y}|Z^{(k)})$，最后 $D_{0|k}(\boldsymbol{y}|Z^{k})$ 可计算如下：

$$\frac{D_{0|k}(\boldsymbol{x}|Z^{(k)})}{D_{0|0}(\boldsymbol{x})}=1-p_{\mathrm{S}}^{1|0}(\boldsymbol{x})+p_{\mathrm{S}}^{1|0}(\boldsymbol{x})\int\frac{f_{1|0}(\boldsymbol{y}|\boldsymbol{x})\cdot D_{1|k}(\boldsymbol{y}|Z^{(k)})}{D_{1|0}(\boldsymbol{y})}\mathrm{d}\boldsymbol{y} \tag{14.105}$$

- 状态估计：在各后向递归步 $(t_{\ell}=t_k,\cdots,t_0)$，将一般 PHD 滤波器的状态估计方法应用于 $D_{\ell|k}(\boldsymbol{x}|Z^{(k)})$，便可得到多目标状态集 X 的平滑估计。

14.5.2 前向–后向 PHD 平滑器的推导

该推导的基本思想如下：

- 前向–后向平滑 *PHD* 是(14.58)式前向–后向平滑多目标分布的 *PHD*。

最简单的推导方法是直接替换(14.59)式前向–后向平滑 p.g.fl. 方程中的对应项，推导步骤如下：

- 在标准多目标运动模型下推导 $\tilde{F}_{\ell+1|\ell}[r,h]$：

$$\tilde{F}_{\ell+1|\ell}[r,h] = G^{\mathrm{B}}_{\ell+1|\ell}[r] \cdot G_{\ell|\ell}[h(1-p_{\mathrm{S}}^{\ell+1|\ell}+p_{\mathrm{S}}^{\ell+1|\ell}M_r^{\ell+1|\ell})] \tag{14.106}$$

式中：$G^{\mathrm{B}}_{\ell+1|\ell}[r]$ 为新生目标的 p.g.fl.；而

$$M_r^{\ell+1|\ell}(\boldsymbol{x}) = \int r(\boldsymbol{x}') \cdot f_{\ell+1|\ell}(\boldsymbol{x}'|\boldsymbol{x})\mathrm{d}\boldsymbol{x}' \tag{14.107}$$

- 将式

$$G^{\mathrm{B}}_{\ell+1|\ell}[r] = e^{b_{\ell+1|\ell}[r-1]}, \quad G_{\ell|\ell}[h] = e^{D_{\ell|\ell}[h-1]} \tag{14.108}$$

代入式(14.106)，可得

$$\tilde{F}_{\ell+1|\ell}[r,h] = \exp\begin{pmatrix} b_{\ell+1|\ell}[r-1] - N_{\ell|\ell} + \\ D_{\ell|\ell}[h(1-p_{\mathrm{S}}^{\ell+1|\ell}+p_{\mathrm{S}}^{\ell+1|\ell}M_r^{\ell+1|\ell})] \end{pmatrix} \tag{14.109}$$

- 构造 $\tilde{F}_{\ell+1|\ell}[r,h]$ 关于 r 的泛函导数：

$$\frac{\delta \tilde{F}_{\ell+1|\ell}}{\delta X'}[0,h] = \tilde{F}_{\ell+1|\ell}[0,h] \cdot \gamma^{X'}_{\ell+1|\ell} \tag{14.110}$$

式中[①]

$$\gamma_{\ell+1|\ell}(\boldsymbol{x}') = b_{\ell+1|\ell}(\boldsymbol{x}') + D_{\ell|\ell}[hp_{\mathrm{S}}^{\ell+1|\ell}M_{\boldsymbol{x}'}^{\ell+1|\ell}] \tag{14.111}$$

- 构造 $\delta\tilde{F}_{\ell+1|\ell}/\delta X'[0,h]$ 关于 h 的一阶泛函导数并令 $h=1$[②]：

$$\frac{\delta \tilde{F}_{\ell+1|\ell}}{\delta X'\delta \boldsymbol{x}}[0,1] = \theta^{X'}_{\ell+1|\ell}\begin{pmatrix} \frac{\delta \tilde{F}_{\ell+1|\ell}}{\delta \boldsymbol{x}}[0,1] \\ +\tilde{F}_{\ell+1|\ell}[0,1]\cdot\sum_{\boldsymbol{x}'\in X'}\frac{D_{\ell|\ell}(\boldsymbol{x})\cdot p_{\mathrm{S}}^{\ell+1|\ell}(\boldsymbol{x})\cdot M_{\boldsymbol{x}'}^{\ell+1|\ell}(\boldsymbol{x})}{\theta_{\ell+1|\ell}(\boldsymbol{x}')} \end{pmatrix} \tag{14.112}$$

- 将式(14.112)及下述方程代入式(14.59)：

$$f_{\ell+1|\ell}(X'|Z^{(k)}) = e^{-N_{\ell+1|\ell}} \cdot D^{X'}_{\ell+1|\ell} \tag{14.113}$$

$$f_{\ell+1|k}(X'|Z^{(k)}) = e^{-N_{\ell+1|k}} \cdot D^{X'}_{\ell+1|k} \tag{14.114}$$

---

① 译者注：原著下式丢掉了 $D[\cdot]$ 中的 h，这里已更正。

② 译者注：此处的 $\theta_{\ell+1|\ell}(\boldsymbol{x}') = \gamma_{\ell+1|\ell}(\boldsymbol{x}')|_{h=1} = D_{\ell+1|\ell}(\boldsymbol{x}')$。

- 基于式(4.92)的 *Compbell* 定理及

$$\int \left(\frac{\theta_{\ell+1|\ell}\cdot D_{\ell+1|k}}{D_{\ell+1|\ell}}\right)^{\{x'\}\cup X'}\delta X' = \frac{\theta_{\ell+1|\ell}(\boldsymbol{x}')\cdot D_{\ell+1|k}(\boldsymbol{x}')}{D_{\ell+1|\ell}(\boldsymbol{x}')}\cdot \exp\left(\int \frac{\theta_{\ell+1|\ell}(\boldsymbol{x}')\cdot D_{\ell+1|k}(\boldsymbol{x}')}{D_{\ell+1|\ell}(\boldsymbol{x}')}\mathrm{d}\boldsymbol{x}'\right) \tag{14.115}$$

采用代数方法便可推导出 *PHD* 平滑器方程①。式(14.115)可视作下述函数的 PHD：

$$\tilde{f}(X') = \left(\frac{\theta_{\ell+1|\ell}\cdot D_{\ell+1|k}}{D_{\ell+1|\ell}}\right)^{X'} \tag{14.116}$$

注解 61：相比于上述证明，文献 [196] 中的证明更具一般性，可无需假设 $f_{\ell+1|k}(X'|Z^{(k)})$ 为泊松分布。

14.5.3 快速粒子 PHD 前–后向平滑器

在文献 [196] 中，R. Mahler、B. T. Vo 和 B. N. Vo 给出了式(14.97)的粒子实现。Nagappa 和 Clark 随后发现，由于后向平滑步的存在，导致该实现的计算复杂度为 $O(n^2\nu^2)$，其中，n 为当前航迹数，ν 为给每个目标分配的粒子数。作为一种弥补措施，他们给出了一种非常快速的实现，主要优点如下[220]：

- 计算复杂度为 $O(n\nu^2)$ 而非 $O(n^2\nu^2)$；
- 且与杂波率无关。

Nagappa–Clark 的前向–后向 SMC–PHD 平滑器主要基于下面两点：

- 给目标状态绑定一个标签变量 τ，即 $\mathring{x} = (\tau, \boldsymbol{x})$；
- 在马尔可夫转移过程中状态标签保持不变，即

$$f_{\ell+1|\ell}(\tau, \boldsymbol{x}|\tau', \boldsymbol{x}') = f_{\ell+1|\ell}(\boldsymbol{x}|\boldsymbol{x}')\cdot\delta_{\tau,\tau'} \tag{14.117}$$

在新增标签变量 τ 后，有必要重新定义下面的函数：

$$p_{\mathrm{D}}^{\ell}(\tau, \boldsymbol{x}) = p_{\mathrm{D}}^{\ell}(\boldsymbol{x}) \tag{14.118}$$

$$f_{\ell}(\boldsymbol{z}|\tau, \boldsymbol{x}) = f_{\ell}(\boldsymbol{z}|\boldsymbol{x}) \tag{14.119}$$

给定这些表示后，式(14.97)可化为

$$\frac{D_{\ell|k}(\tau, \boldsymbol{x}|Z^{(k)})}{D_{\ell|\ell}(\tau, \boldsymbol{x}|Z^{(\ell)})} = 1 - p_{\mathrm{S}}^{\ell+1|\ell}(\boldsymbol{x}) + \int \frac{p_{\mathrm{S}}^{\ell+1|\ell}(\boldsymbol{x})\cdot f_{\ell+1|\ell}(\boldsymbol{y}|\boldsymbol{x})\cdot D_{\ell+1|k}(\tau, \boldsymbol{y}|Z^{(k)})}{b_{\ell+1|\ell}(\tau, \boldsymbol{y}) + \rho_{\ell+1|\ell}(\tau, \boldsymbol{y})}\mathrm{d}\boldsymbol{y} \tag{14.120}$$

①译者注：由于 $\theta_{\ell+1|\ell}(\boldsymbol{x}') = D_{\ell+1|\ell}(\boldsymbol{x}')$，故实际推导中无需式(14.115)。

式中

$$\rho_{\ell+1|\ell}(\tau,\boldsymbol{y})=\sum_{\tau'}\int p_{\mathrm{S}}^{\ell+1|\ell}(\boldsymbol{x})\cdot\delta_{\tau,\tau'}\cdot f_{\ell+1|\ell}(\boldsymbol{y}|\boldsymbol{x})\cdot D_{\ell|\ell}(\tau',\boldsymbol{x}|Z^{(\ell)})\mathrm{d}\boldsymbol{x} \tag{14.121}$$

$$=\int p_{\mathrm{S}}^{\ell+1|\ell}(\boldsymbol{x})\cdot f_{\ell+1|\ell}(\boldsymbol{y}|\boldsymbol{x})\cdot D_{\ell|\ell}(\tau,\boldsymbol{x}|Z^{(\ell)})\mathrm{d}\boldsymbol{x} \tag{14.122}$$

为了进行前向递推，这里将新生目标 PHD $b_{\ell+1|\ell}(\tau,\boldsymbol{y})$ 定义为：针对每个新观测 $\boldsymbol{z}_j$，创建一个新高斯分量并为其分配独一无二的标签，从而得到下面的高斯混合分布

$$b_{\ell+1|\ell}(\tau,\boldsymbol{x})=\sum_{j=1}^{m_{\ell+1}}b_j^{\ell+1}\cdot\delta_{\tau,\tau_j^{\ell+1}}\cdot N_{\boldsymbol{P}_j^{\ell+1}}(\boldsymbol{x}-\boldsymbol{x}_j^{\ell+1}) \tag{14.123}$$

同样是为了前向递推，采用狄拉克混合形式近似上述分布，即从分布 $N_{\boldsymbol{P}_j^{\ell+1}}(\boldsymbol{x}-\boldsymbol{x}_j^{\ell+1})$ 中抽取粒子，并为其分配相应的标签

$$b_{\ell+1|\ell}(\tau,\boldsymbol{y})\cong\sum_{l=1}^{\tilde{m}_{\ell+1}}b_l^{\ell+1}\cdot\delta_{\tau,\tilde{\tau}_l^{\ell+1}}\cdot\delta_{\tilde{\boldsymbol{x}}_l^{\ell+1}}(\boldsymbol{x}) \tag{14.124}$$

式中：对于每个 l，必存在 j，使得 $\tilde{\tau}_l^{\ell+1}=\tau_j^{\ell+1}$。随后采用常规 SMC-PHD 滤波器 (9.6.2节) 进行平滑器的前向递推，这样便可获得 $D_{\ell|\ell}(\tau,\boldsymbol{x}|Z^{(\ell)})$ 和 $D_{\ell+1|\ell}(\tau,\boldsymbol{x}|Z^{(\ell)})$ 的粒子表示。

这里有几点需要说明：

- 粒子一旦创建，它及其存活的重采样副本此后将保持标签不变；
- 当前向递推完成时，便获得了 $D_{k|k}(\tau,\boldsymbol{x}|Z^{(k)})$ 的粒子表示，同时也创建并分配了互补的标签全集 T；
- 由于 $D_{k-1|k}(\tau,\boldsymbol{x}|Z^{(k)})$ 的粒子表示是由 $D_{k-1|k-1}(\tau,\boldsymbol{x}|Z^{(k-1)})$ 的粒子表示推导得到，因此前者应与后者具有同样的标签，更一般地，$D_{\ell|k}(\tau,\boldsymbol{x}|Z^{(k)})$ 的标签也应取自 T。

为了进行后向递归，假定

$$D_{\ell|\ell}(\tau,\boldsymbol{y}|Z^{(\ell)})=\sum_{i=1}^{\nu_{\ell|\ell}}w_i^{\ell|\ell}\cdot\delta_{\tau_i^{\ell|\ell},\tau}\cdot\delta_{\boldsymbol{x}_i^{\ell|\ell}}(\boldsymbol{y}) \tag{14.125}$$

$$D_{\ell+1|k}(\tau,\boldsymbol{y}|Z^{(k)})=\sum_{l=1}^{\nu_{\ell+1|k}}w_l^{\ell+1|k}\cdot\delta_{\tau_l^{\ell+1|k},\tau}\cdot\delta_{\boldsymbol{x}_l^{\ell+1|k}}(\boldsymbol{y}) \tag{14.126}$$

则式(14.120)可化为

$$D_{\ell|k}(\tau,\boldsymbol{x}|Z^{(k)})=\sum_{i=1}^{\nu_{\ell|\ell}}w_i^{\ell|\ell}\left(\begin{array}{c}1-p_{\mathrm{S}}^{\ell+1|\ell}(\boldsymbol{x}_i^{\ell|\ell})+\\ \int\frac{p_{\mathrm{S}}^{\ell+1|\ell}(\boldsymbol{x}_i^{\ell|\ell})\cdot f_{\ell+1|\ell}(\boldsymbol{y}|\boldsymbol{x}_i^{\ell|\ell})\cdot D_{\ell+1|k}(\tau_i^{\ell|\ell},\boldsymbol{y}|Z^{(k)})}{b_{\ell+1|\ell}(\tau_i^{\ell|\ell},\boldsymbol{y})+\rho_{\ell+1|\ell}(\tau_i^{\ell|\ell},\boldsymbol{y})}\mathrm{d}\boldsymbol{y}\end{array}\right)\cdot$$

$$\delta_{\tau_i^{\ell|\ell},\tau}\cdot\delta_{\boldsymbol{x}_i^{\ell|\ell}}(\boldsymbol{x}) \tag{14.127}$$

式中

$$\rho_{\ell+1|\ell}(\tau,\boldsymbol{y})=\sum_{i=1}^{\nu_{\ell|\ell}}w_i^{\ell|\ell}\cdot\delta_{\tau_i^{\ell|\ell},\tau}\cdot p_{\mathrm{S}}^{\ell+1|\ell}(\boldsymbol{x}_i^{\ell|\ell})\cdot f_{\ell+1|\ell}(\boldsymbol{y}|\boldsymbol{x}_i^{\ell|\ell}) \tag{14.128}$$

且

$$\int\frac{p_{\mathrm{S}}^{\ell+1|\ell}(\boldsymbol{x}_i^{\ell|\ell})\cdot f_{\ell+1|\ell}(\boldsymbol{y}|\boldsymbol{x}_i^{\ell|\ell})\cdot D_{\ell+1|k}(\tau_i^{\ell|\ell},\boldsymbol{y}|Z^{(k)})}{b_{\ell+1|\ell}(\tau_i^{\ell|\ell},\boldsymbol{y})+\rho_{\ell+1|\ell}(\tau_i^{\ell|\ell},\boldsymbol{y})}\mathrm{d}\boldsymbol{y} \tag{14.129}$$

$$=\sum_{l=1}^{\nu_{\ell+1|k}}\frac{w_l^{\ell+1|k}\delta_{\tau_l^{\ell+1|k},\tau_i^{\ell|\ell}}\cdot p_{\mathrm{S}}^{\ell+1|\ell}(\boldsymbol{x}_i^{\ell|\ell})\cdot f_{\ell+1|\ell}(\boldsymbol{x}_l^{\ell+1|k}|\boldsymbol{x}_i^{\ell|\ell})}{b_{\ell+1|\ell}(\tau_i^{\ell|\ell},\boldsymbol{x}_l^{\ell+1|k})+\rho_{\ell+1|\ell}(\tau_i^{\ell|\ell},\boldsymbol{x}_l^{\ell+1|k})} \tag{14.130}$$

$$=\frac{w_i^{\ell+1|k}\cdot p_{\mathrm{S}}^{\ell+1|\ell}(\boldsymbol{x}_i^{\ell|\ell})\cdot f_{\ell+1|\ell}(\boldsymbol{x}_i^{\ell+1|k}|\boldsymbol{x}_i^{\ell|\ell})}{b_{\ell+1|\ell}(\tau_i^{\ell|\ell},\boldsymbol{x}_i^{\ell+1|k})+\rho_{\ell+1|\ell}(\tau_i^{\ell|\ell},\boldsymbol{x}_i^{\ell+1|k})} \tag{14.131}$$

上面最后一步基于这一事实：在 $l=1,\cdots,\nu_{\ell+1|k}$ 的所有平滑标签中，必有一个标签 $\tau_l^{\ell+1|k}$ 等于 $\tau_i^{\ell|\ell}$①。因此，(14.120)式后向递归方程的粒子权值为

$$\frac{w_i^{\ell|k}}{w_i^{\ell|\ell}}=1-p_{\mathrm{S}}^{\ell+1|\ell}(\boldsymbol{x}_i^{\ell|\ell})+\frac{w_i^{\ell+1|k}\cdot p_{\mathrm{S}}^{\ell+1|\ell}(\boldsymbol{x}_i^{\ell|\ell})\cdot f_{\ell+1|\ell}(\boldsymbol{x}_i^{\ell+1|k}|\boldsymbol{x}_i^{\ell|\ell})}{b_{\ell+1|\ell}(\tau_i^{\ell|\ell},\boldsymbol{x}_i^{\ell+1|k})+\rho_{\ell+1|\ell}(\tau_i^{\ell|\ell},\boldsymbol{x}_i^{\ell+1|\ell})} \tag{14.132}$$

消掉式(14.130)中的求和算子，这是该 SMC 实现能降低计算量的主要原因。

14.5.4 前–后向 PHD 平滑器的另一形式

与式(14.23)~(14.49)类似，通过定义递归后向校正器，可构造另一种形式的前向–后向 PHD 平滑器。对于 $\ell=0,\cdots,k-1$，后向校正器定义如下：

$$B_{\ell|k}(\boldsymbol{x})=1-p_{\mathrm{S}}^{\ell+1|\ell}(\boldsymbol{x})+p_{\mathrm{S}}^{\ell+1|\ell}(\boldsymbol{x})\int\frac{D_{\ell+1|k}(\boldsymbol{y}|Z^{(k)})}{D_{\ell+1|\ell}(\boldsymbol{y}|Z^{(\ell)})}\cdot f_{\ell+1|\ell}(\boldsymbol{y}|\boldsymbol{x})\mathrm{d}\boldsymbol{y} \tag{14.133}$$

对于 $\ell=1,\cdots,k$，前向校正器定义如下：

$$L_\ell(Z_\ell|\boldsymbol{x})=1-p_{\mathrm{D}}^{\ell}(\boldsymbol{x})+\sum_{\boldsymbol{z}\in Z_\ell}\frac{p_{\mathrm{D}}^{\ell}(\boldsymbol{x})\cdot f_\ell(\boldsymbol{z}|\boldsymbol{x})}{\kappa_\ell(\boldsymbol{z})+\tau_\ell(\boldsymbol{z})} \tag{14.134}$$

式中

$$\tau_\ell(\boldsymbol{z})=\int p_{\mathrm{D}}^{\ell}(\boldsymbol{x})\cdot f_\ell(\boldsymbol{z}|\boldsymbol{x})\cdot D_{\ell|\ell-1}(\boldsymbol{z}|Z^{(\ell-1)})\mathrm{d}\boldsymbol{x} \tag{14.135}$$

因此，可用文献 [302] 中的式 (79)~(83) 等价替换式(14.96)：

$$D_{\ell|k}(\boldsymbol{x}|Z^{(k)})=D_{\ell|\ell}(\boldsymbol{x}|Z^{(\ell)})\cdot B_{\ell|k}(\boldsymbol{x}) \tag{14.136}$$

$$B_{\ell|k}(\boldsymbol{x})=1-p_S^{\ell+1|\ell}(\boldsymbol{x})+p_S^{\ell+1|\ell}(\boldsymbol{x})\cdot \tag{14.137}$$

$$\int B_{\ell+1|k}(\boldsymbol{y})\cdot L_{\ell+1}(Z_{\ell+1}|\boldsymbol{y})\cdot f_{\ell+1|\ell}(\boldsymbol{y}|\boldsymbol{x})\mathrm{d}\boldsymbol{y}$$

---

①译者注：原著中认为在 $i=1,\cdots,\nu_{\ell|\ell}$ 的所有滤波标签中，必存在一个标签 $\tau_i^{\ell|\ell}$ 等于 $\tau_l^{\ell+1|k}$，显然有误 (如 $t_{\ell+1}$ 时刻的新生粒子就不能在 $i=1,\cdots,\nu_{\ell|\ell}$ 中找到与之对应的标签 $\tau_i^{\ell|\ell}$)，此处已更正。

这里 $\ell = 0, \cdots, k-1$。

上述结果不难证明：由式(14.136)可知

$$\frac{D_{\ell|k}(\boldsymbol{x}|Z^{(k)})}{D_{\ell|\ell-1}(\boldsymbol{x}|Z^{(\ell-1)})} = \frac{D_{\ell|\ell}(\boldsymbol{x}|Z^{(\ell)})}{D_{\ell|\ell-1}(\boldsymbol{x}|Z^{(\ell-1)})} \cdot B_{\ell|k}(\boldsymbol{x}) \tag{14.138}$$

$$= L_\ell(Z_\ell|\boldsymbol{x}) \cdot B_{\ell|k}(\boldsymbol{x}) \tag{14.139}$$

因此

$$B_{\ell-1|k}(\boldsymbol{x}) = 1 - p_{\mathrm{S}}^{\ell|\ell-1}(\boldsymbol{x}) + p_{\mathrm{S}}^{\ell|\ell-1}(\boldsymbol{x}) \int \frac{D_{\ell|k}(\boldsymbol{y}|Z^{(k)})}{D_{\ell|\ell-1}(\boldsymbol{y}|Z^{(\ell)})} \cdot f_{\ell|\ell-1}(\boldsymbol{y}|\boldsymbol{x})\mathrm{d}\boldsymbol{y} \tag{14.140}$$

$$= 1 - p_{\mathrm{S}}^{\ell|\ell-1}(\boldsymbol{x}) + p_{\mathrm{S}}^{\ell|\ell-1}(\boldsymbol{x}) \int B_{\ell|k}(\boldsymbol{y}) \cdot L_\ell(Z_\ell|\boldsymbol{y}) \cdot f_{\ell|\ell-1}(\boldsymbol{y}|\boldsymbol{x})\mathrm{d}\boldsymbol{y} \tag{14.141}$$

14.5.5 高斯混合 PHD 平滑器

B. T. Vo 和 B. N. Vo 表明[302,314]，可以像前向−后向单目标平滑器那样采用高斯混合方法精确闭式实现式(14.96)的前向−后向 PHD 平滑器。前向递推可用常规的 GM−PHD 滤波器 (9.5.4节) 实现，而实现的关键是上节给出的 PHD 后向递归。

该平滑器基于如下假设：对于所有的 $\ell = 1, \cdots, k$，有

$$p_{\mathrm{S}}^{\ell|\ell-1}(\boldsymbol{x}) = p_{\mathrm{S}}^{\ell|\ell-1} \tag{14.142}$$

$$p_{\mathrm{D}}^{\ell}(\boldsymbol{x}) = p_{\mathrm{D}}^{\ell} \tag{14.143}$$

$$f_\ell(\boldsymbol{z}|\boldsymbol{x}) = N_{\boldsymbol{R}_\ell}(\boldsymbol{z} - \boldsymbol{H}_\ell \boldsymbol{x}) \tag{14.144}$$

$$f_{\ell|\ell-1}(\boldsymbol{y}|\boldsymbol{x}) = N_{\boldsymbol{Q}_{\ell-1}}(\boldsymbol{y} - \boldsymbol{F}_{\ell-1}\boldsymbol{x}) \tag{14.145}$$

且

$$D_{\ell|\ell-1}(\boldsymbol{y}|Z^{\ell-1}) = \sum_{i=1}^{\nu_{\ell|\ell-1}} w_i^{\ell|\ell-1} \cdot N_{\boldsymbol{P}_i^{\ell|\ell-1}}(\boldsymbol{y} - \boldsymbol{x}_i^{\ell|\ell-1}) \tag{14.146}$$

$$D_{\ell|\ell}(\boldsymbol{y}|Z^{\ell}) = \sum_{i=1}^{\nu_{\ell|\ell}} w_i^{\ell|\ell} \cdot N_{\boldsymbol{P}_i^{\ell|\ell}}(\boldsymbol{y} - \boldsymbol{x}_i^{\ell|\ell}) \tag{14.147}$$

$$B_{\ell|k}(\boldsymbol{y}) = \sum_{i=1}^{n_{\ell|k}} c_i^{\ell|k} \cdot N_{\boldsymbol{C}_i^{\ell|k}}(\boldsymbol{y} - \boldsymbol{c}_i^{\ell|k}) \tag{14.148}$$

则式(14.136)和式(14.137)式的前向−后向 PHD 平滑器方程可闭式求解。

对于该实现的具体方程，这里不再给出，更多细节见文献 [302]。如前所述，Vo−Vo 方法的一个主要结果就是该精确闭式解也适用于单目标情形 (见14.2.3节)。

14.5.6 前向−后向 PHD 平滑器的实现样例

本节介绍以下几个 PHD 平滑器实现：

- R. Mahler、B. T. Vo 和 B. N. Vo 的传统 SMC 实现[196]；

- Nagappa 和 Clark 的快速 SMC 实现[220]；
- B. N. Vo、B. T. Vo 和 R. Mahler 的精确 GM 实现[302]；
- Nadarajah 和 Kirubarajan 的 SMC 实现，含多模型实现[217,218]。

R. Mahler、B. T. Vo 和 B. N. Vo 的传统 SMC 实现[196]：5 个目标沿曲线运动，进入并离开视场；所用距离–方位传感器的检测概率 $p_D = 0.98$，杂波强度 $\lambda = 7$；SMC–PHD 平滑器的平滑延迟为 5，比较对象为 SMC–PHD 滤波器。据 Mahler 等人报道，平滑器在定位精度上较 SMC–PHD 滤波器有 33% 的改善，但在目标数估计方面的性能则基本相当。

进一步的探究揭示了一个反常现象：平滑器可成功剔除虚警的影响，却不能很好地应对漏报或目标消失。据 Mahler 等人猜测，这种行为可能源于滤波器和平滑器中的泊松近似，该近似企图用一个参数表示目标数，从而导致平滑器缺少足够的自由度来解释目标数的骤减 (无论是漏报还是目标消失)。

Nagappa 和 Clark 的快速 SMC 实现[220]：12 个目标沿曲线运动，进入并离开视场；所用距离–方位传感器的检测概率 $p_D = 0.98$，杂波强度 $\lambda = 30$。Nagappa 等人也观察到了与文献 [196] 同样的行为，在显著改善定位精度的同时，平滑器却在应对漏报和目标消失方面遇到了困难。但是，由于该平滑器具有更高的计算效率，故适用于大量目标及密集杂波场景，Nagappa 等人验证了该平滑器计算量与目标数之间的线性关系，且关于杂波率基本保持平坦。

B. N. Vo、B. T. Vo 和 R. Mahler 的精确 GM 实现[302]：4 个目标同时在原点出现，并沿坐标轴作线性运动；所用线性–高斯传感器的检测概率 $p_D = 0.98$，均匀泊松杂波的杂波率 $\lambda = 7$；平滑器运行于单步、两步及三步延迟模式，性能评测采用 OSPA 度量 (6.2.2节)。正如预期的那样：对于这三种延迟设置，平滑器均可正确地初始及终止航迹，而随着延迟由 1 增加到 3，状态估计性能也随之改善。

Nadarajah 和 Kirubarajan 的 SMC 实现[217,218]：他们基于 SMC 技术给出了两种版本的 PHD 平滑器实现——含多运动模型及不含多运动模型，并给出了这两种实现的仿真结果。

对于采用先验运动模型的实现，Nadarajah 等人基于二维场景进行算法测试：仿真中由单部距离–方位传感器观测 3 个进入并离开的目标，其中第一个目标的存在时间很短；传感器的检测概率 $p_D = 0.9$，杂波率 λ 为 20 和 50；平滑器延迟设置为 $1 \sim 5$，并以传统 SMC–PHD 滤波器作为参照对象；性能评测采用 Wasserstein 多目标错误距离 (见6.2.1.2节)。在 $\lambda = 20$ 时，据 Nadarajah 等人报道，平滑延迟为 1、2、3 的 PHD 平滑器较 PHD 滤波器有显著的性能提升，而平滑延迟为 4、5 的平滑器相对滤波器则无明显的性能改善。对于 $\lambda = 50$ 的情形，类似结论也成立，但此时无论是平滑器还是滤波器，性能较 $\lambda = 20$ 时均有退化。

在多运动模型实现中，Nadarajah 等人采用了恒速 (CV) 模型和协同转弯 (CT) 模型。该情形的仿真场景中包括两个机动目标，杂波率 $\lambda = 20$，比较对象为多模 PHD 滤波器。在滤波精度方面，平滑器的性能再次明显优于滤波器，且在估计各时刻有效运动模型方面也略好一些。

14.6 ZTA–CPHD 平滑器

前向–后向 CPHD 平滑器是否存在呢？虽然有可能推导出这类平滑器的精确表达式，但结果通常都不易于计算。倘若可以忽略各滤波步之间的目标出现，即忽略 CPHD 滤波器的新生目标模型，则所得平滑器——所谓的前向–后向“零新生”(ZTA) CPHD 平滑器——是易于计算的。本节简要介绍这种平滑器 (由于这些结果的意义相对不太重要，此处略去证明)。

假定(14.58)式多目标平滑器中的 $f_{\ell|\ell}(X|Z^{(\ell)})$、$f_{\ell+1|\ell}(Y|Z^{(\ell)})$ 和 $f_{\ell+1|k}(Y|Z^{(k)})$ 均为 i.i.d.c. 过程 (见4.3.2节)，相应的势分布和空间分布分别为 $p_{\ell|\ell}(n)$、$p_{\ell+1|\ell}(n)$、$p_{\ell+1|k}(n)$ 和 $s_{\ell|\ell}(\boldsymbol{x})$、$s_{\ell+1|\ell}(\boldsymbol{x})$、$s_{\ell+1|k}(\boldsymbol{x})$。定义

$$\psi_{\ell|\ell} = s_{\ell|\ell}[1 - p_{\mathrm{S}}^{\ell+1|\ell}] = 1 - s_{\ell|\ell}[p_{\mathrm{S}}^{\ell+1|\ell}] \tag{14.149}$$

$$\theta_{\ell,k} = \sum_{n\geqslant 0} \frac{(1-\psi_{\ell|\ell})^n \cdot p_{\ell+1|k}(n)}{n! \cdot p_{\ell+1|\ell}(n)} \cdot G_{\ell|\ell}^{(n+1)}(\psi_{\ell|\ell}) \tag{14.150}$$

$$\theta_{\ell,k}^{+} = \sum_{n\geqslant 0} \frac{(1-\psi_{\ell|\ell})^n \cdot p_{\ell+1|k}(n+1)}{n! \cdot p_{\ell+1|\ell}(n+1)} \cdot G_{\ell|\ell}^{(n+1)}(\psi_{\ell|\ell}) \tag{14.151}$$

利用(14.59)式前向–后向平滑器的 p.g.fl. 形式，可推导出下面的 ZTA–CPHD 平滑器方程：

$$G_{\ell|k}(x) = \sum_{n\geqslant 0} \frac{(1-\psi_{\ell|\ell})^n \cdot p_{\ell+1|k}(n)}{n! \cdot p_{\ell+1|\ell}(n)} \cdot G_{\ell|\ell}^{(n)}(x \cdot \psi_{\ell|\ell}) \cdot x^n \tag{14.152}$$

$$= \sum_{n\geqslant 0} \frac{(1-\psi_{\ell|\ell})^n \cdot p_{\ell+1|k}(n)}{\psi_{\ell|\ell}^n \cdot p_{\ell+1|\ell}(n)} \cdot \sum_{i\geqslant n} p_{\ell|\ell}(i) \cdot C_{i,n} \cdot (\psi_{\ell|\ell} x)^i \tag{14.153}$$

$$\frac{D_{\ell|k}(\boldsymbol{x})}{s_{\ell|\ell}(\boldsymbol{x})} = (1 - p_{\mathrm{S}}^{\ell+1|\ell}(\boldsymbol{x})) \cdot \theta_{\ell,k} + p_{\mathrm{S}}^{\ell+1|\ell}(\boldsymbol{x}) \cdot \theta_{\ell,k}^{+} \int \frac{s_{\ell+1|k}(\boldsymbol{y}) \cdot f_{\ell+1|\ell}(\boldsymbol{y}|\boldsymbol{x})}{s_{\ell+1|\ell}(\boldsymbol{y})} \mathrm{d}\boldsymbol{y} \tag{14.154}$$

式中：$C_{i,n}$ 为式(2.1)定义的二项式系数。

若 $p_{\ell+1|\ell}(n)$、$p_{\ell+1|k}(n)$、$p_{\ell|\ell}(n)$ 均为泊松分布，则不难证明上述表达式可化简为式(14.97)的 PHD 平滑器方程，只是其中未包含目标新生过程，即 $b_{\ell+1|\ell}(\boldsymbol{y}) = 0$。

与14.5.5节类似，ZTA–CPHD 平滑器也可基于高斯混合技术精确闭式实现。

第15章 精确闭式多目标滤波器

15.1 简 介

单传感器多目标贝叶斯滤波器是单传感器多目标检测、跟踪与识别问题的最优处理方法，但除了一些非常简单的问题外，通常都不太容易计算。目前，研究人员已提出了许多易于计算的多目标贝叶斯近似滤波器，包括 PHD 滤波器、CPHD 滤波器及多伯努利滤波器。下面简要回顾这些近似滤波器背后的基本思想。

- *PHD/CPHD* 滤波器：在 PHD/CPHD 滤波器理论 (第8章) 中，并非去精确近似多目标后验分布 $f_{k|k}(X|Z^{(k)})$ 本身，而是将 $f_{k|k}(X|Z^{(k)})$ 中的信息有损压缩至不同类型的多目标矩上。因此，与最优滤波器相比，这种信息损失肯定会使近似滤波器的性能严重下降。
- 多伯努利滤波器：多伯努利滤波器在理论上则进了一步，它试图以一定的精度去近似 $f_{k|k}(X|Z^{(k)})$，具体来讲，它采用多伯努利分布来近似 $f_{k|k}(X|Z^{(k)})$。但由于多伯努利分布下目标数的方差总小于均值，故该近似不具一般性；而为了获得闭式表达式，还需附加几个额外的近似，故该近似也是不精确的。

至此，有人便会质问一般精确解的存在性：

- 如同卡尔曼滤波器是单目标贝叶斯滤波器的精确闭式解一样，在该意义上的精确闭式且易于计算的多目标贝叶斯滤波器是否存在呢？

B. T. Vo 和 B. N. Vo 等人对这一问题给出了肯定的答案[295,296]，这让人多少有些惊讶。他们的精确闭式解基于这样的事实：若能够确保时变航迹的连续性，则各目标的航迹便可清晰标识，这就意味着需要将随机有限集 (RFS) 概念推广至标记的随机有限集 (LRFS)。Vo–Vo 精确闭式多目标滤波器的发现具有以下几个重要意义：

- Vo–Vo 精确闭式多目标滤波器显然是首个易计算且可证的贝叶斯最优多目标检测跟踪算法；
- 它同时还是首个集成可证贝叶斯最优航迹管理方案的多目标检测跟踪算法；
- 该滤波器极易通过一种严格理论方式进行扩展以包含目标类型标签，因此可导出可证的贝叶斯最优联合多目标检测跟踪与识别；
- 采用适当的假设后，该滤波器在跟踪精度和计算量方面非常高效；
- 9.2节讨论的“幽灵”现象会影响 PHD/CPHD 滤波器，也会在一定程度上影响13.4节的 CBMeMBer 滤波器。由于 Vo–Vo 滤波器是一般多目标贝叶斯滤波器的精确闭式解，我们期望它不会表现出这种现象①。Vo–Vo 也证实了这种预期，即精确闭式滤波器不会表现出“幽灵作用”[304]。

本章将详细介绍 Vo–Vo 精确闭式多目标贝叶斯滤波器的理论与实际应用。考虑到该结果的重要性，本章将花较大的篇幅证明 Vo–Vo 滤波器的确是贝叶斯最优的精确闭式解。本节剩余内容安排如下：

- 15.1.1节：单传感器单目标贝叶斯滤波器精确闭式解的概念。
- 15.1.2节：单传感器多目标贝叶斯滤波器精确闭式解的概念。
- 15.1.3节：Vo–Vo 滤波器方法概览。
- 15.1.4节：本章要点概述。
- 15.1.5节：本章结构安排。

15.1.1 单目标贝叶斯滤波器的精确闭式解

在下面三个模型假定下，卡尔曼滤波器是单传感器单目标贝叶斯滤波器的代数精确闭式解：

首先，假定目标运动和先验航迹分布均为下述线性高斯形式：

$$f_{k+1|k}(\boldsymbol{x}|\boldsymbol{x}') = N_{\boldsymbol{Q}_k}(\boldsymbol{x} - \boldsymbol{F}_k\boldsymbol{x}') \tag{15.1}$$

$$f_{k|k}(\boldsymbol{x}|Z^k) = N_{\boldsymbol{P}_{k|k}}(\boldsymbol{x} - \boldsymbol{x}_{k|k}) \tag{15.2}$$

此时，贝叶斯滤波器的时间更新表达式 (预测积分) 可精确计算，结果将得到精确的线性高斯预测航迹密度 (见文献 [179] 第 33–36 页)：

$$f_{k+1|k}(\boldsymbol{x}|Z^k) = \int f_{k+1|k}(\boldsymbol{x}|\boldsymbol{x}') \cdot f_{k|k}(\boldsymbol{x}'|Z^k)\mathrm{d}\boldsymbol{x}' \tag{15.3}$$

$$= N_{\boldsymbol{P}_{k+1|k}}(\boldsymbol{x} - \boldsymbol{x}_{k+1|k}) \tag{15.4}$$

式中

$$\boldsymbol{P}_{k+1|k} = \boldsymbol{Q}_k + \boldsymbol{F}_k\boldsymbol{P}_{k|k}\boldsymbol{F}_k^{\mathrm{T}} \tag{15.5}$$

$$\boldsymbol{x}_{k+1|k} = \boldsymbol{F}_k\boldsymbol{x}_{k|k} \tag{15.6}$$

其次，假定传感器似然函数及预测航迹分布均为下述线性高斯形式：

$$f_{k+1}(\boldsymbol{z}|\boldsymbol{x}) = N_{\boldsymbol{R}_{k+1}}(\boldsymbol{z} - \boldsymbol{H}_{k+1}\boldsymbol{x}) \tag{15.7}$$

$$f_{k+1|k}(\boldsymbol{x}|Z^k) = N_{\boldsymbol{P}_{k+1|k}}(\boldsymbol{x} - \boldsymbol{x}_{k+1|k}) \tag{15.8}$$

①反之则意味着多目标贝叶斯滤波器——尽管是最优的——会表现出“幽灵作用”。

此时，贝叶斯滤波器的观测更新表达式 (贝叶斯规则) 可精确闭式计算，结果将得到线性高斯形式的观测更新密度函数 (见文献 [179] 第 37−39 页)：

$$f_{k+1|k+1}(\boldsymbol{x}|Z^{k+1}) = \frac{f_{k+1}(\boldsymbol{z}_{k+1}|\boldsymbol{x}) \cdot f_{k+1|k}(\boldsymbol{x}|Z^k)}{\int f_{k+1}(\boldsymbol{z}_{k+1}|\boldsymbol{y}) \cdot f_{k+1|k}(\boldsymbol{y}|Z^k)\mathrm{d}\boldsymbol{y}} \tag{15.9}$$

$$= N_{\boldsymbol{P}_{k+1|k+1}}(\boldsymbol{x} - \boldsymbol{x}_{k+1|k+1}) \tag{15.10}$$

式中

$$\boldsymbol{P}_{k+1|k+1}^{-1} = \boldsymbol{P}_{k+1|k}^{-1} + \boldsymbol{H}_k^{\mathrm{T}} \boldsymbol{R}_{k+1}^{-1} \boldsymbol{H}_k \tag{15.11}$$

$$\boldsymbol{P}_{k+1|k+1}^{-1} \boldsymbol{x}_{k+1|k+1} = \boldsymbol{P}_{k+1|k}^{-1} \boldsymbol{x}_{k+1|k} + \boldsymbol{H}_k^{\mathrm{T}} \boldsymbol{R}_{k+1}^{-1} \boldsymbol{z}_{k+1} \tag{15.12}$$

线性高斯分布系因此也称作似然函数系 $L_{\boldsymbol{z}}(\boldsymbol{x}) = N_{\boldsymbol{R}_{k+1}}(\boldsymbol{z} - \boldsymbol{H}_{k+1}\boldsymbol{x})$ 的共轭先验系。

最后，如欲使完整的贝叶斯滤波器可精确闭式求解，还需假定初始分布为线性高斯形式：

$$f_{0|0}(\boldsymbol{x}) = N_{\boldsymbol{P}_{0|0}}(\boldsymbol{x} - \boldsymbol{x}_{0|0}) \tag{15.13}$$

更为正式地表示：令 $\mathfrak{D}$ 表示线性高斯概率密度函数系，其中的高斯函数记作 $f_{\mathfrak{p}}(\boldsymbol{x})$，参数 $\mathfrak{p} = (\boldsymbol{x}, \boldsymbol{P}) \in \mathfrak{P}$ ($\mathfrak{P}$ 为参数空间)。该函数系满足下面三条性质：

- 关于预测积分代数封闭：若 $f_{\mathfrak{p}_{k|k}} \in \mathfrak{D}$ 且 $\mathfrak{p}_{k|k} = (\boldsymbol{x}_{k|k}, \boldsymbol{P}_{k|k})$，对于马尔可夫转移密度 $f_{k+1|k}(\boldsymbol{x}|\boldsymbol{x}') = N_{\boldsymbol{Q}_k}(\boldsymbol{x} - \boldsymbol{F}_k\boldsymbol{x}')$，$f_{\mathfrak{p}_{k|k}}$ 的马尔可夫预测为

$$f_+(\boldsymbol{x}) = \int f_{k+1|k}(\boldsymbol{x}|\boldsymbol{x}') \cdot f_{\mathfrak{p}_{k|k}}(\boldsymbol{x}')\mathrm{d}\boldsymbol{x}' \tag{15.14}$$

  则存在参数 $\mathfrak{p}_{k+1|k} = (\boldsymbol{x}_{k+1|k}, \boldsymbol{P}_{k+1|k})$ 的函数 $f_{\mathfrak{p}_{k+1|k}} \in \mathfrak{D}$，使得

$$f_+ = f_{\mathfrak{p}_{k+1|k}} \tag{15.15}$$

- 关于贝叶斯规则代数封闭：若 $f_{\mathfrak{p}_{k+1|k}} \in \mathfrak{D}$，$\mathfrak{p}_{k+1|k} = (\boldsymbol{x}_{k+1|k}, \boldsymbol{P}_{k+1|k})$，对于给定的似然函数 $f_{k+1}(\boldsymbol{z}|\boldsymbol{x}) = N_{\boldsymbol{R}_{k+1}}(\boldsymbol{z} - \boldsymbol{H}_{k+1}\boldsymbol{x})$ 及观测 $\boldsymbol{z}$，贝叶斯规则给出的观测更新为

$$f^{\boldsymbol{z}}(\boldsymbol{x}) = \frac{f_{k+1}(\boldsymbol{z}|\boldsymbol{x}) \cdot f_{\mathfrak{p}_{k+1|k}}(\boldsymbol{x})}{\int f_{k+1}(\boldsymbol{z}|\boldsymbol{y}) \cdot f_{\mathfrak{p}_{k+1|k}}(\boldsymbol{y})\mathrm{d}\boldsymbol{y}} \tag{15.16}$$

  则存在参数 $\mathfrak{p}_{k+1|k+1} = (\boldsymbol{x}_{k+1|k+1}, \boldsymbol{P}_{k+1|k+1})$ 的函数 $f_{\mathfrak{p}_{k+1|k+1}} \in \mathfrak{D}$，使得

$$f^{\boldsymbol{z}} = f_{\mathfrak{p}_{k+1|k+1}} \tag{15.17}$$

  (函数系 $\mathfrak{D}$ 也因此称作似然函数系的共轭先验系。)

- 关于贝叶斯最优状态估计代数封闭：假定对 $f_{\mathfrak{p}_{k+1|k+1}}$ 应用某种最优贝叶斯状态估计器——如期望后验 (Expected A Posteriori, EAP) 估计器和最大后验 (Maximum A

Posteriori, MAP) 估计器:

$$\mathrm{EAP}[f_{\mathfrak{p}_{k+1|k+1}}] = \int \boldsymbol{x} \cdot f_{\mathfrak{p}_{k+1|k+1}}(\boldsymbol{x})\mathrm{d}\boldsymbol{x} \tag{15.18}$$

$$\mathrm{MAP}[f_{\mathfrak{p}_{k+1|k+1}}] = \sup_{\boldsymbol{x}} f_{\mathfrak{p}_{k+1|k+1}}(\boldsymbol{x}) \tag{15.19}$$

在所有的贝叶斯最优估计器中，假定至少有一种估计器的状态估计可由 $\mathfrak{p}_{k+1|k+1}$ 精确构造，而无需 $f_{\mathfrak{p}_{k+1|k+1}}$ 的信息。这里的 EAP 和 MAP 估计器都满足该性质:

$$\mathrm{EAP}[f_{\mathfrak{p}_{k+1|k+1}}] = \mathrm{MAP}[f_{\mathfrak{p}_{k+1|k+1}}] = \pi(\mathfrak{p}_{k+1|k+1}) = \boldsymbol{x}_{k+1|k+1} \tag{15.20}$$

式中: $\pi : (\boldsymbol{x}, \boldsymbol{P}) \mapsto \boldsymbol{x}$ 为投影算子。

若满足前两条性质，则分布函数系 $\mathfrak{D}$ 是

- 单目标贝叶斯滤波器的精确闭式解。此时，贝叶斯滤波器等价于参数空间 $\mathfrak{P}$ (该空间更小，因此具有计算优势) 上的精确闭式滤波器:

$$\cdots \to \quad \mathfrak{p}_{k|k} \quad \to \quad \mathfrak{p}_{k+1|k} \quad \to \quad \mathfrak{p}_{k+1|k+1} \quad \to \cdots$$

若第三条性质也满足，则可进一步说分布函数系 $\mathfrak{D}$

- 关于贝叶斯最优状态估计是精确闭式的。此时的滤波器形式如下:

$$\begin{array}{ccccccc} & & & & \pi(\mathfrak{p}_{k+1|k+1}) & & \\ & & & & \uparrow & & \\ \cdots \to & \mathfrak{p}_{k|k} & \to & \mathfrak{p}_{k+1|k} & \to & \mathfrak{p}_{k+1|k+1} & \to \cdots \end{array}$$

15.1.2 多目标贝叶斯滤波器的精确闭式解

在开始本小节之前，首先对多目标的观测及运动模型做如下假设:

- 多目标似然函数 $f_{k+1}(Z|X)$: 对应标准多目标观测模型，即多伯努利目标检报 RFS 与(7.21)式泊松杂波 RFS 相叠加。
- 多目标马尔可夫密度 $f_{k+1|k}(X|X')$: 对应修正的标准多目标运动模型，即多伯努利存活目标 RFS 与多伯努利新生目标 RFS 相叠加。该模型的 p.g.fl. 为

$$G_{k+1|k}[h|X'] = \overbrace{G^{\mathrm{B}}_{k+1|k}}^{\text{新生目标}} \cdot \overbrace{(1 - p_{\mathrm{S}} + p_{\mathrm{S}} M_h)^{X'}}^{\text{存活目标}} \tag{15.21}$$

式中: 新生目标 RFS 的 p.g.fl. $G^{\mathrm{B}}_{k+1|k}[h]$ 为多伯努利而非泊松，即

$$G^{\mathrm{B}}_{k+1|k}[h] = \prod_{l=1}^{\nu^{\mathrm{B}}_{k+1|k}} (1 - q^l_{k+1|k} + q^l_{k+1|k} \cdot \hat{b}^l_{k+1|k}[h]) \tag{15.22}$$

给定上述假设后，多目标贝叶斯滤波器的精确闭式解应该是参数化多目标概率分布 $f_{\mathfrak{p}}(X)$ 的函数系 $\mathfrak{D}$，其中参数 $\mathfrak{p} \in \mathfrak{P}$ ($\mathfrak{P}$ 为某参数空间)。该函数系 $\mathfrak{D}$ 需满足下述条件:

- 关于多目标预测积分代数封闭：若 $f_{\mathfrak{p}_{k|k}} \in \mathfrak{D}$，对于修正标准多目标运动模型的多目标马尔可夫转移密度 $f_{k+1|k}(X|X')$，$f_{\mathfrak{p}_{k|k}}$ 的马尔可夫预测为

$$f_+(X) = \int f_{k+1|k}(X|X') \cdot f_{\mathfrak{p}_{k|k}}(X')\delta X' \tag{15.23}$$

则存在 $f_{\mathfrak{p}_{k+1|k}} \in \mathfrak{D}$，使得

$$f_+ = f_{\mathfrak{p}_{k+1|k}} \tag{15.24}$$

- 关于多目标贝叶斯规则代数封闭：若 $f_{\mathfrak{p}_{k+1|k}} \in \mathfrak{D}$，对于标准多目标观测模型的多目标观测似然函数 $f_{k+1}(Z|X)$ 及任何给定的观测集 Z，贝叶斯规则给出的观测更新为

$$f^Z(X) = \frac{f_{k+1}(Z|X) \cdot f_{\mathfrak{p}_{k+1|k}}(X)}{\int f_{k+1}(Z|Y) \cdot f_{\mathfrak{p}_{k+1|k}}(Y)\delta Y} \tag{15.25}$$

则存在 $f_{\mathfrak{p}_{k+1|k+1}} \in \mathfrak{D}$，使得

$$f^Z = f_{\mathfrak{p}_{k+1|k+1}} \tag{15.26}$$

此时，多目标贝叶斯滤波器可等价替换为参数空间 $\mathfrak{P}$ 上的滤波器。

Mahler 指出：若 $\mathfrak{D}$ 为4.3.4节多伯努利分布 (见文献 [179] 第 675–677 页) 的函数系，则条件 1 是满足的。因此，若初始多目标分布 $f_{0|0}(X|Z^{(0)})$ 是多伯努利的，则第一次时间更新分布 $f_{1|0}(X|Z^{(0)})$ 也是多伯努利的。

但在下一步这种传递便会失效，第一次观测更新分布 $f_{1|1}(X|Z^{(1)})$ 只能通过多伯努利来近似，CBMeMBer 滤波器便是这么做的。

有人可能会问：能否将多伯努利分布函数系扩展到一个更大的多目标分布函数系 $\mathfrak{D}$，而该函数系关于时间更新和观测更新均代数封闭？最好还能具备易于计算的潜质？

答案是：能。这个至关重要的发现来自于 B. T. Vo，若令 $\mathfrak{D}$ 为15.3.4.1节将要介绍的广义标记多伯努利分布函数系，则可证明 $\mathfrak{D}$ 就是我们需要的函数系。

15.1.3 Vo–Vo 滤波方法概览

Vo–Vo 方法的核心思想：

- 如果为目标航迹赋予清晰可辨的标签，则易于计算的精确闭式解便成为可能。

也就是说，将运动学状态 $\boldsymbol{x}$ 替换为标记状态 $\mathring{x} = (\boldsymbol{x}, \ell)$，其中，$\ell$ 是离散标签变量，在时间传递过程中仅与该航迹关联。这样一来，传统多目标状态 $X = \{\boldsymbol{x}_1, \cdots, \boldsymbol{x}_n\}$ 就被标记多目标状态 $\mathring{X} = \{\mathring{x}_1, \cdots, \mathring{x}_n\}$ 取代，其中，$\mathring{x}_i = (\boldsymbol{x}_i, \ell_i)$，且标签 $\ell_1, \cdots, \ell_n$ 互不相同[①]。给定这些表示后，RFS 多目标状态 Ξ 便成为标记的 RFS $\mathring{\Xi}$——其样本为标记多目标状态。

[①] 对于标准多目标观测模型与未标记的目标状态，目前尚不确定是否存在多目标贝叶斯滤波器的实用精确闭式解。

先来看4.3.2节 (未标记) i.i.d.c. RFS Ξ 的分布：

$$f_{\Xi}(X) = |X|! \cdot p(|X|) \prod_{x \in X} s(x) \tag{15.27}$$

如式(15.82)所示，标记多伯努利 RFS $\mathring{\Xi}$ 的多目标概率密度函数是 i.i.d.c. RFS 概念的拓展：

$$f_{\mathring{\Xi}}(\mathring{X}) = \delta_{|\mathring{X}|,|\mathring{X}_{\mathfrak{L}}|} \cdot \omega(\mathring{X}_{\mathfrak{L}}) \prod_{(x,\ell) \in \mathring{X}} s(x,\ell) \tag{15.28}$$

式中

- $\mathring{X}_{\mathfrak{L}}$ 表示 $\mathring{X}$ 中目标的标签集[①]；
- $s_\ell(x) = s(x,\ell)$ 是标签 ℓ 对应航迹的空间密度函数；
- $\omega(L) \geqslant 0$ ($\sum_L \omega(L) = 1$) 为假设“共有 $|L|$ 个标签互异且航迹分布分别为 $s_\ell(x)$ ($\ell \in L$) 的目标”的权值。

式(15.28)定义了标记多伯努利 (LMB) 分布。若 $f_{k+1}(Z|\mathring{X})$ 为标准多目标似然函数的标记版，则 LMB 分布的贝叶斯规则更新式为

$$\frac{f_{k+1}(Z_{k+1}|\mathring{X}) \cdot f(\mathring{X})}{\int f_{k+1}(Z_{k+1}|\mathring{Y}) \cdot f(\mathring{Y})\delta\mathring{Y}} = \delta_{|\mathring{X}|,|\mathring{X}_{\mathfrak{L}}|} \sum_{\mathring{\theta} \in \mathfrak{T}_{Z_{k+1}}} \omega^{\mathring{\theta}}(\mathring{X}_{\mathfrak{L}}) \prod_{(x,\ell) \in \mathring{X}} s^{\mathring{\theta}}(x,\ell) \tag{15.29}$$

式中：对于每个固定的 ℓ，$s^{\mathring{\theta}}(x,\ell)$ 为 x 的概率分布；且

$$\sum_{\mathring{\theta} \in \mathfrak{T}_{Z_{k+1}}} \sum_L \omega^{\mathring{\theta}}(L) = 1 \tag{15.30}$$

其中：第一个求和项是针对所有的观测–航迹关联 $\mathring{\theta} \in \mathfrak{T}_{Z_{k+1}}$；$\mathring{\theta}$ 表示 Z_{k+1} 中的观测与 L 中标签之间的关联；$\mathfrak{T}_{Z_{k+1}}$ 表示这些关联的全集 (详见15.3.4节)。

如果将 $\mathfrak{T}_{Z_{k+1}}$ 换成任意的索引集 $\mathfrak{O}$，便可得到广义 *LMB*(GLMB) 分布或称作“Vo–Vo 先验”。给定这些表示后，可进一步证明：

- 对于(7.21)式多目标观测模型的标记版多目标似然函数，GLMB 分布的贝叶斯规则更新仍为 GLMB 分布；
- 对于(15.21)式修正标准多目标运动模型的标记版多目标马尔可夫密度，GLMB 分布的时间更新仍为 GLMB 分布。

换言之，GLMB 分布函数系 $\mathfrak{D}$ 是多目标贝叶斯滤波器的精确闭式解且具备易处理的潜质，后面称之为 Vo–Vo 滤波器。而且，GLMB 分布很容易扩展以便包含目标的特征及身份 (见15.4.4节)。

[①] 例如，若 $\mathring{X} = \{(x_1,\ell_1),\cdots,(x_n,\ell_n)\}$，则 $\mathring{X}_{\mathfrak{L}} = \{\ell_1,\cdots,\ell_n\}$。

注解 62 (另一种精确闭式解)：在20.4节将会看到，多目标贝叶斯滤波器存在另一种形式的精确闭式解。但是，它并不适用于标准多目标观测模型，而是针对 B. N. Vo 提出的观测模型——像素相互独立的图像数据 (见20.2节)。在该情形下，解函数系 $\mathfrak{O}$ 为多伯努利分布函数系。

15.1.4 要点概述

在本章学习过程中，需要掌握的主要概念、结论和公式如下：

- Vo–Vo 滤波器是标准多目标运动及观测模型下首个可证且易于计算的贝叶斯最优多目标滤波器。
- 特别地，其航迹管理方案也是可证的贝叶斯最优方案，因此它显然是首个易于计算的多目标跟踪滤波器。
- 多假设跟踪器 (*Multiple Hypothesis Tracker, MHT*) 中的航迹管理方案及其衍生版本，包括含“目标存在概率”的推广版本，似乎都是启发式的，除非将来能证明 MHT 或它的任何一种推广版也是多目标贝叶斯滤波器的精确闭式解；
- 换言之，Vo–Vo 滤波器可视作 *MHT* 型 (基于数据关联的) 跟踪算法中首个理论严格的贝叶斯最优表示。
- 它同时也是具备目标识别能力的关联型跟踪算法中首个理论严格的贝叶斯最优表示。
- Vo–Vo 解的实际实现中采用下面的 δ–GLMB 分布：

$$\mathring{f}_{\mathfrak{O}}(\mathring{X}) = \sum_{o\in\mathfrak{O}} \omega_o \cdot \mathring{f}_o(\mathring{X}) \tag{15.31}$$

式中：$\mathring{f}_o(\mathring{X})$ 为索引 $o \in \mathfrak{O}$ 对应的分量函数。由于分量数目会组合式增长，因此必须剔除权值 ω_o 较小的分量。因修剪引起的权重损失可精确描述，即如果分量剔除后的索引集为 $\mathfrak{O}'$，则[①]

$$\|\mathring{f}_{\mathfrak{O}} - \mathring{f}_{\mathfrak{O}'}\|_1 = \sum_{o\in\mathfrak{O}-\mathfrak{O}'} \omega_o \tag{15.32}$$

式中：$\|\mathring{f}\|_1$ 表示 $\mathring{f}$ 的 L_1 范数，见15.6.3节。

15.1.5 本章结构

本章的内容安排如下：

- 15.2节：标记随机有限集 (标记 RFS) 理论简介。
- 15.3节：标记 RFS 的例子，包括标记 i.i.d.c. RFS、标记泊松 RFS、标记多伯努利 (LMB) RFS 以及广义 LMB (GLMB) RFS。

[①]译者注：原著中 $\mathfrak{O}'$ 为待剔除的分量索引集，这显然与后续描述不符，此处根据上下文做了修正。

- 15.4节：Vo–Vo 滤波器的模型假设，包括修正标准多目标马尔可夫密度和标准多目标似然函数的 GLMB 形式，该节还包括 Vo–Vo 滤波器的概述 (15.4.2节)。
- 15.5节：对于标准多目标观测模型及修正标准多目标运动模型，演示 GLMB 分布函数系求解多目标贝叶斯滤波器的过程。
- 15.6节：Vo–Vo 滤波器的实现概述。
- 15.7节：性能结果。

15.2 标记 RFS

在多目标跟踪的经典理论及应用中，单目标状态 $\boldsymbol{x}$ 纯粹包含运动学参数，其状态变量包括位置 x, y, z、速度 v_x, v_y, v_z，有时还包括加速度以及体坐标系的姿态等。但在现实世界中，每个目标还固有一个额外的状态变量——身份 (Identity)，它可以是：

- 显式的：类型标识 (如战斗机和运输机) 或特定标识 (飞机尾翼数)。
- 隐式的：航迹标签 ℓ 并不指示任何的身份信息，却能区分场景中随时间演变的各条航迹，这是基于纯运动学跟踪多目标时常用的做法。

本节对目标标记统计学的概念做深入讨论，主要内容如下：

- 15.2.1节：单目标标记。
- 15.2.2节：多目标清晰标记。
- 15.2.3节：标记目标的集积分。

15.2.1 目标标签

有时候会听到这样的断言：*RFS 方法的固有特性决定了它不能解决航迹的连续性问题*。该断言是基于有限集元素的次序无关性得出的，由于这种次序无关性，若撇开目标动态行为的差异，则这些航迹是不可区分的。因此也就经常有人断言，RFS 方法无法区分 t_{k+1} 时刻的某条航迹是由 t_k 时刻的哪条航迹演变而来。

上述两则断言都非真。文献 [179] 第 506–507 页指出，如果可清晰标记单目标状态，则航迹管理是有可能的——实际上还有可能满足贝叶斯最优性。在这种情形下，单目标的完整状态描述应具有如下形式：

$$\mathring{x} = (\boldsymbol{x}, \ell) \in \mathfrak{X} \times \mathfrak{L} \tag{15.33}$$

式中：$\boldsymbol{x}$ 属于运动状态空间 $\mathfrak{X}$；ℓ 属于离散的标签空间 $\mathfrak{L}$。

由于目标数是无界的，因此标签空间 $\mathfrak{L}$ 的一般形式为

$$\mathfrak{L} = \{\varpi_1, \cdots, \varpi_i, \cdots\} \tag{15.34}$$

式中：$\varpi_1, \cdots, \varpi_i, \cdots$ 是可数个互异标签，它们是从某字母表中一次性抽取得到。

注解 63 (Vo–Vo 标签约定)：为了实现 Vo–Vo 多目标滤波器，式(15.143)标签空间的具体形式为 $\mathfrak{L} = \{0, 1, \cdots\} \times \{1, 2, \cdots\}$。特别地，对于每个标签 $\ell = (k, i)$，k 表示该标签关联航迹的建立时间，i 表示在创建时为该航迹分配的唯一标识索引。

对于所有的 $i = 1, 2, \cdots$，定义

$$\mathfrak{L}(i) = \{\varpi_1, \cdots, \varpi_i\} \tag{15.35}$$

同时令

$$\mathfrak{F}_n(\mathfrak{L}) = \{L \subseteq \mathfrak{L} \,|\, |L| = n\} \tag{15.36}$$

上式表示 $\mathfrak{L}$ 的 n 元 (势为 n) 有限子集类。

15.2.2 标记多目标状态集

现在考虑多目标问题，标记的目标状态集具有如下形式：

$$\mathring{X} = \{\mathring{\boldsymbol{x}}_1, \cdots, \mathring{\boldsymbol{x}}_n\} = \{(\boldsymbol{x}_1, \ell_1), \cdots, (\boldsymbol{x}_n, \ell_n)\} \subseteq \mathfrak{X} \times \mathfrak{L} \tag{15.37}$$

目标对 $(\boldsymbol{x}_1, \ell), (\boldsymbol{x}_2, \ell)$ 且 $\boldsymbol{x}_1 \neq \boldsymbol{x}_2$ 是物理不可实现的，这是因为同一目标不可能同时具有两种不同的状态 (如两个不同位置)。因此，除非 $\ell_1, \cdots, \ell_n$ 互不相同，否则 $\{(\boldsymbol{x}_1, \ell_1), \cdots, (\boldsymbol{x}_n, \ell_n)\}$ 不是良好定义的多目标状态表示①。

将点 $\mathring{\boldsymbol{x}} = (\boldsymbol{x}, \ell)$ 上的投影算子 $\mathring{\boldsymbol{x}} \mapsto \mathring{\boldsymbol{x}}_{\mathfrak{X}}$ 和 $\mathring{\boldsymbol{x}} \mapsto \mathring{\boldsymbol{x}}_{\mathfrak{L}}$ 定义如下：

$$\mathring{\boldsymbol{x}}_{\mathfrak{X}} = \boldsymbol{x} \tag{15.38}$$

$$\mathring{\boldsymbol{x}}_{\mathfrak{L}} = \ell \tag{15.39}$$

同理，可将有限集 $\mathring{X} = \{(\boldsymbol{x}_1, \ell_1), \cdots, (\boldsymbol{x}_n, \ell_n)\}$ 上的投影算子 $\mathring{X} \mapsto \mathring{X}_{\mathfrak{X}}$ 和 $\mathring{X} \mapsto \mathring{X}_{\mathfrak{L}}$ 定义为

$$\mathring{X}_{\mathfrak{X}} = \{\boldsymbol{x}_1, \cdots, \boldsymbol{x}_n\} \tag{15.40}$$

$$\mathring{X}_{\mathfrak{L}} = \{\ell_1, \cdots, \ell_n\} \tag{15.41}$$

则标记多目标状态集为标签互异的有限子集 $\mathring{X} \subseteq \mathfrak{X} \times \mathfrak{L}$：

$$|\mathring{X}_{\mathfrak{L}}| = |\mathring{X}| \tag{15.42}$$

而标记随机有限状态集则为随机的标记多目标状态集 $\mathring{\Xi} \subseteq \mathfrak{X} \times \mathfrak{L}$，且

$$|\mathring{\Xi}_{\mathfrak{L}}| = |\mathring{\Xi}| \tag{15.43}$$

因此：

- 不同目标可具有相同的运动状态，即允许 $(\boldsymbol{x}, \ell_1), (\boldsymbol{x}, \ell_2)$ 且 $\ell_1 \neq \ell_2$；
- 同一目标不能有两种不同的运动状态，即不容许 $(\boldsymbol{x}_1, \ell), (\boldsymbol{x}_2, \ell)$ 且 $\boldsymbol{x}_1 \neq \boldsymbol{x}_2$。

①此时必须确认所得标记目标状态空间是否具有合适的拓扑性质，见文献 [94] 第 196–198 页。

注解 64 (贝叶斯最优航迹管理)：多目标贝叶斯滤波器本质上能够进行最优航迹管理。假定 t_k 时刻的航迹集为 $\mathring{X}'$，$(\boldsymbol{x}_{k|k},\ell) \in \mathring{X}'$ 为其中某条航迹的状态，进一步假定 t_{k+1} 时刻的航迹集为 $\mathring{X}$，则经多目标贝叶斯滤波器单次递推后，$(\boldsymbol{x}_{k+1|k+1},\ell) \in \mathring{X}$ 为航迹 ℓ 在 t_{k+1} 时刻的状态 (文献 [94] 第 196–198 页)。这样便可得到贝叶斯最优的航迹管理方法，但这种航迹标记法不便于计算，它只能应对实际中的一些简单问题。

15.2.3 标记多目标状态的集积分

标记状态集 $\mathring{X}$ 的函数 $\mathring{f}(\mathring{X})$ 具有下述性质：

- $\mathring{f}(\mathring{X})$ 的量纲为 $u^{-|\mathring{X}|}$，这里的 u 表示运动状态 $\boldsymbol{x} \in \mathfrak{X}$ 的量纲；
- 对于所有的 $\ell_1,\cdots,\ell_n \in \mathfrak{L}$ 和 $n \geqslant 1$，$\int \mathring{f}(\{(\boldsymbol{x}_1,\ell_1),\cdots,(\boldsymbol{x}_n,\ell_n)\})\mathrm{d}\boldsymbol{x}_1,\cdots\mathrm{d}\boldsymbol{x}_n$ 存在；
- 除有限个 n 元组 $(\ell_1,\cdots,\ell_n) \in \mathfrak{L}^n$ 外，对于 $n \geqslant 1$ 及所有其他的 $(\ell_1,\cdots,\ell_n)$，有

$$\int \mathring{f}(\{(\boldsymbol{x}_1,\ell_1),\cdots,(\boldsymbol{x}_n,\ell_n)\})\mathrm{d}\boldsymbol{x}_1\cdots\mathrm{d}\boldsymbol{x}_n = 0 \tag{15.44}$$

因此，$\mathring{f}(\mathring{X})$ 的集积分存在且定义为

$$\int \mathring{f}(\mathring{X})\delta\mathring{X} = \sum_{n\geqslant 0}\frac{1}{n!}\sum_{(\ell_1,\cdots,\ell_n)\in\mathfrak{L}^n}\int \mathring{f}(\{(\boldsymbol{x}_1,\ell_1),\cdots,(\boldsymbol{x}_n,\ell_n)\})\mathrm{d}\boldsymbol{x}_1\cdots\mathrm{d}\boldsymbol{x}_n \tag{15.45}$$

若 $\mathring{h}(\boldsymbol{x},\ell)$ 为取值在 $[0,1]$ 区间上的无量纲检验函数，则 $\mathring{f}(\mathring{X})$ 的概率生成泛函 (p.g.fl.) 可定义为

$$\mathring{G}_{\mathring{f}}[\mathring{h}] = \int \mathring{h}^{\mathring{X}}\cdot\mathring{f}(\mathring{X})\delta\mathring{X} \tag{15.46}$$

式中：幂泛函 $\mathring{h}^{\mathring{X}}$ 的定义见式(3.5)。

15.3 标记 RFS 的例子

本节介绍几个标记 RFS 的例子：

- 15.3.1节：标记 i.i.d.c. RFS。
- 15.3.2节：标记泊松 RFS。
- 15.3.3节：标记多伯努利 (LMB) RFS。
- 15.3.4节：广义标记多伯努利 (GLMB) RFS。

15.3.1 标记 i.i.d.c. RFS

标记 *i.i.d.c.* RFS $\mathring{\Xi}$ 的多目标分布定义为

$$\mathring{f}_{\mathring{\Xi}}(\mathring{X}) = \delta_{\mathfrak{L}(|\mathring{X}|),\mathring{X}_{\mathfrak{L}}}\cdot p(|\mathring{X}|)\cdot s^{\mathring{X}_{\mathfrak{X}}} \tag{15.47}$$

式中：符号 $\mathfrak{L}(n)$ 的定义见式(15.35)；幂泛函 s^X 的定义见式(3.5)；且

- $p(n)$ 为势分布，即目标数 n 的概率分布；
- $s(\boldsymbol{x})$ 为 $\boldsymbol{x}$ 的概率密度，即目标航迹的空间分布；
- 对于任意子集 $L, L' \subseteq \mathfrak{L}$，Kronecker-$\delta$ 函数 $\delta_{L,L'}$ 定义为：若 $L = L'$，则 $\delta_{L,L'} = 1$；否则 $\delta_{L,L'} = 0$。

因此，若 $\mathring{X} = \{(\boldsymbol{x}_1, \ell_1), \cdots, (\boldsymbol{x}_n, \ell_n)\}$ 且 $|\mathring{X}| = n$，则式(15.47)可进一步表示为

$$\mathring{f}_{\mathring{\Xi}}(\mathring{X}) = \delta_{\{\varpi_1,\cdots,\varpi_n\},\{\ell_1,\cdots,\ell_n\}} \cdot p(n) \cdot s(\boldsymbol{x}_1) \cdots s(\boldsymbol{x}_n) \tag{15.48}$$

$$= \begin{cases} p(n) \cdot s(\boldsymbol{x}_1) \cdots s(\boldsymbol{x}_n), & \{\varpi_1, \cdots, \varpi_n\} = \{\ell_1, \cdots, \ell_n\} \\ 0, & \text{其他} \end{cases} \tag{15.49}$$

式中：$\varpi_1, \cdots, \varpi_n$ 的定义见式(15.34)。因此，当 $n > 1$ 时，除非

$$(\ell_1, \cdots, \ell_n) = (\varpi_{\pi 1}, \cdots, \varpi_{\pi n}) \tag{15.50}$$

否则 $\mathring{f}_{\mathring{\Xi}}(\{(\boldsymbol{x}_1, \ell_1), \cdots, (\boldsymbol{x}_n, \ell_n)\}) = 0$。此处，$\pi$ 为数字 $1, \cdots, n$ 的排列 (共 $n!$ 个)，故集积分 $\int \mathring{f}_{\mathring{\Xi}}(\mathring{X})\delta\mathring{X}$ 存在且有界。

15.3.1.1 标记 i.i.d.c. RFS 的 p.g.fl.

对于任意的标签 $\ell \in \mathfrak{L}$ 及任意的检验函数 $\mathring{h}(\boldsymbol{x}, \ell)$ $(0 \leqslant \mathring{h}(\boldsymbol{x}, \ell) \leqslant 1)$，定义下述线性泛函：

$$s_\ell[\mathring{h}] \stackrel{\text{def.}}{=} \int \mathring{h}(\boldsymbol{x}, \ell) \cdot s(\boldsymbol{x}) \mathrm{d}\boldsymbol{x} \tag{15.51}$$

则根据式(15.46)的定义，$\mathring{f}_{\mathring{\Xi}}(\mathring{X})$ 的 p.g.fl. 为

$$\mathring{G}_{\mathring{\Xi}}[\mathring{h}] = \sum_{n \geqslant 0} p(n) \prod_{i=1}^{n} s_{\varpi_i}[\mathring{h}] \tag{15.52}$$

$$= \sum_{n \geqslant 0} p(n) \prod_{\ell \in \mathfrak{L}(n)} s_\ell[\mathring{h}] \tag{15.53}$$

特别地，若 $\mathring{h}$ 恒为 1，则对于任意的 ℓ 有 $s_\ell[\mathring{h}] = 1$。因此

$$\mathring{G}_{\mathring{\Xi}}[1] = \int \mathring{f}_{\mathring{\Xi}}(\mathring{X})\delta\mathring{X} = \sum_{n \geqslant 0} p(n) = 1 \tag{15.54}$$

即 $\mathring{f}_{\mathring{\Xi}}(\mathring{X})$ 为标记多目标的概率分布。

式(15.52)的简单证明过程如下：

$$\mathring{G}_{\mathring{\Xi}}[\mathring{h}] = \int \mathring{h}^{\mathring{X}} \cdot \mathring{f}_{\mathring{\Xi}}(\mathring{X})\delta\mathring{X} \tag{15.55}$$

$$= \sum_{n \geqslant 0} \frac{1}{n!} \sum_{(\ell_1,\cdots,\ell_n) \in \mathfrak{L}^n} \int \mathring{h}(\boldsymbol{x}_1, \ell_1) \cdots \mathring{h}(\boldsymbol{x}_n, \ell_n) \cdot \tag{15.56}$$

$$\mathring{f}_{\mathring{\Xi}}(\{(\boldsymbol{x}_1, \ell_1), \cdots, (\boldsymbol{x}_n, \ell_n)\}) \mathrm{d}\boldsymbol{x}_1 \cdots \mathrm{d}\boldsymbol{x}_n$$

$$= \sum_{n\geqslant 0}\frac{1}{n!}\sum_{(\ell_1,\cdots,\ell_n)\in\mathfrak{L}^n}\int \mathring{h}(\boldsymbol{x}_1,\ell_1)\cdots\mathring{h}(\boldsymbol{x}_n,\ell_n)\cdot \tag{15.57}$$

$$\delta_{\{\varpi_1,\cdots,\varpi_n\},\{\ell_1,\cdots,\ell_n\}}\cdot p(n)\cdot s(\boldsymbol{x}_1)\cdots s(\boldsymbol{x}_n)\mathrm{d}\boldsymbol{x}_1\cdots\mathrm{d}\boldsymbol{x}_n$$

$$= \sum_{n\geqslant 0}\frac{p(n)}{n!}\sum_{(\ell_1,\cdots,\ell_n)\in\mathfrak{L}^n} s_{\ell_1}[\mathring{h}]\cdots s_{\ell_n}[\mathring{h}]\cdot\delta_{\{\varpi_1,\cdots,\varpi_n\},\{\ell_1,\cdots,\ell_n\}} \tag{15.58}$$

$$= \sum_{n\geqslant 0}p(n)\sum_{\{\ell_1,\cdots,\ell_n\}\in\mathfrak{F}_n(\mathfrak{L})} s_{\ell_1}[\mathring{h}]\cdots s_{\ell_n}[\mathring{h}]\cdot\delta_{\{\varpi_1,\cdots,\varpi_n\},\{\ell_1,\cdots,\ell_n\}} \tag{15.59}$$

$$= \sum_{n\geqslant 0}p(n)\prod_{i=1}^{n}s_{\varpi_i}[\mathring{h}] \tag{15.60}$$

式中：$\mathfrak{F}_n(\mathfrak{L})$ 为 $\mathfrak{L}$ 的 n 元有限子集类，其定义见式(15.36)。

15.3.1.2 标记 i.i.d.c. RFS 的 PHD、p.g.fl. 及势分布

标记 i.i.d.c. RFS $\mathring{\varXi}$ 的 PHD、p.g.f. 及势分布分别如下：

$$\mathring{D}_{\mathring{\varXi}}(\boldsymbol{x},\ell) = s(\boldsymbol{x})\sum_{n\geqslant 0}p(n)\cdot\mathbf{1}_{\mathfrak{L}(n)}(\ell) \tag{15.61}$$

$$\mathring{G}_{\mathring{\varXi}}(x) = \sum_{n\geqslant 0}p(n)\cdot x^n \tag{15.62}$$

$$\mathring{p}_{\mathring{\varXi}}(n) = p(n) \tag{15.63}$$

式中：$\mathbf{1}_{\mathfrak{L}(n)}$ 为集合 $\mathfrak{L}(n)$ 的示性函数。

欲证式(15.61)，首先注意到

$$\frac{\delta}{\delta(\boldsymbol{x},\ell)}s_{\ell'}[\mathring{h}] = \delta_{\ell,\ell'}\cdot s(\boldsymbol{x}) \tag{15.64}$$

然后根据式(15.52)可将 $\mathring{G}_{\mathring{\varXi}}[\mathring{h}]$ 的一阶泛函导数表示为

$$\frac{\delta\mathring{G}_{\mathring{\varXi}}}{\delta(\boldsymbol{x},\ell)}[\mathring{h}] = \sum_{n\geqslant 0}p(n)\left(\prod_{\ell'\in\mathfrak{L}(n)}s_{\ell'}[\mathring{h}]\right)\left(\sum_{\ell'\in\mathfrak{L}(n)}\frac{\delta_{\ell,\ell'}\cdot s(\boldsymbol{x})}{s_{\ell'}[\mathring{h}]}\right) \tag{15.65}$$

$$= s(\boldsymbol{x})\sum_{n\geqslant 0}p(n)\left(\prod_{\ell'\in\mathfrak{L}(n)}s_{\ell'}[\mathring{h}]\right)\cdot\frac{\mathbf{1}_{\mathfrak{L}(n)}(\ell)}{s_{\ell}[\mathring{h}]} \tag{15.66}$$

再由式(4.72)可得

$$\mathring{D}_{\mathring{\varXi}}(\boldsymbol{x},\ell) = \frac{\delta\mathring{G}_{\mathring{\varXi}}}{\delta(\boldsymbol{x},\ell)}[1] = s(\boldsymbol{x})\sum_{n\geqslant 0}p(n)\cdot\mathbf{1}_{\mathfrak{L}(n)}(\ell) \tag{15.67}$$

将 $\mathring{h} = x$ 代入式(15.52)并利用式(4.63)即可得到式(15.62)，进而得到式(15.63)。

注解 65 (去标记): 若剥离标记 RFS $\mathring{\Xi}$ 的标签，便得到无标签的 RFS Ξ，因此 Ξ 的多目标分布由下述边缘分布给定：

$$f_{\Xi}(\{\boldsymbol{x}_1,\cdots,\boldsymbol{x}_n\}) = \sum_{\ell_1,\cdots,\ell_n\in\mathfrak{L}} \mathring{f}_{\mathring{\Xi}}(\{(\boldsymbol{x}_1,\ell_1),\cdots,(\boldsymbol{x}_n,\ell_n)\}) \tag{15.68}$$

基于上述方程，极易证明 $\mathring{\Xi}$ 的 p.g.fl. $\mathring{G}_{\mathring{\Xi}}[\mathring{h}]$ 与 Ξ 的 p.g.fl. $G_{\Xi}[h]$ 之间满足下述关系：对于无标签状态 $\boldsymbol{x}$ 的任意检验函数 $h(\boldsymbol{x})$，有

$$G_{\Xi}[h] = \mathring{G}_{\mathring{\Xi}}[h] \tag{15.69}$$

注解 66 (标记 i.i.d.c. RFS 的无标签版仍为 i.i.d.c. RFS): 标记 i.i.d.c. RFS 虽不是 i.i.d.c. 分布，但相应的无标签版 RFS 却是 i.i.d.c. 分布。也就是说，如果 $\mathring{\Xi}$ 为标记 i.i.d.c. RFS，则投影后的无标签状态集 $\Xi = \mathring{\Xi}_{\mathfrak{X}}$ (定义见(15.40)式) 为 i.i.d.c. RFS。根据注解65及式(15.53)，无标签 RFS 的 p.g.fl. 为

$$G_{\Xi}[h] = \mathring{G}_{\mathring{\Xi}}[h] = \sum_{n\geqslant 0} p(n) \prod_{\ell\in\mathfrak{L}(n)} s_{\ell}[h] \tag{15.70}$$

$$= \sum_{n\geqslant 0} p(n) \prod_{\ell\in\mathfrak{L}(n)} s[h] = \sum_{n\geqslant 0} p(n)\cdot s[h]^n \tag{15.71}$$

上式即 i.i.d.c. RFS 的 p.g.fl.。

15.3.2 标记泊松 RFS

势分布为泊松分布的标记 i.i.d.c. RFS 即标记泊松 RFS，其概率分布函数如下所示：

$$\mathring{f}(\mathring{X}) = \delta_{\mathfrak{L}(|\mathring{X}|),\mathring{X}_{\mathfrak{L}}} \cdot e^{-N} \cdot \frac{N^{|\mathring{X}|}}{|\mathring{X}|!} \cdot s^{\mathring{X}_{\mathfrak{X}}} \tag{15.72}$$

式中：N 为泊松参数。虽然标记泊松 RFS 并非泊松的，但相应的无标签版 RFS 却是泊松的。

15.3.3 标记多伯努利 (LMB) RFS

标记多伯努利 RFS 可通过下面四个步骤来定义：

(1) 给定固定数目的 ν 条目标航迹：

- 航迹概率密度为 $s^1(\boldsymbol{x}),\cdots,s^{\nu}(\boldsymbol{x})$；
- 航迹存在概率为 $q^1,\cdots,q^{\nu}$；
- 航迹标签 $\varpi_{\tau 1},\cdots,\varpi_{\tau\nu}\in\mathfrak{L}$，其中的“航迹标记函数” $\tau:\{1,\cdots,\nu\}\to\{1,2,\cdots\}$ 是一个一一映射函数，它为每条航迹选择一个特定的标签。

与一般多伯努利 RFS (见4.3.4节) 类似，q^i 表示第 i 条航迹的存在概率，即其确为目标的概率。LMB RFS 和多伯努利 RFS 的主要区别就在于航迹索引 $i=1,\cdots,\nu$ 必须和某个标签关联，这正是引入航迹标记函数 τ 的目的所在。

(2) 将分配给各条航迹的标签集表示为

$$\overset{\nu}{\mathfrak{L}} = \{\varpi_{\tau 1}, \cdots, \varpi_{\tau \nu}\} \tag{15.73}$$

(3) 对于任意的 $\ell \in \overset{\nu}{\mathfrak{L}}$ 及任意的标记多目标状态集 $\mathring{X}$，要么 $\ell \notin \mathring{X}_{\mathfrak{L}}$ (ℓ 不是 $\mathring{X}$ 中任何一个目标的标签)，要么 $\ell \in \mathring{X}_{\mathfrak{L}}$ ——此时存在某个 $i \in \{1, \cdots, \nu\}$ 使得 $\ell = \varpi_{\tau i}$。因此，定义函数 $\sigma : \mathfrak{L} \to \{0, 1, \cdots, \nu\}$ 为

$$\sigma\ell \overset{\text{abbr.}}{=} \sigma(\ell) = \begin{cases} i, & \ell = \varpi_{\tau i} \\ 0, & \text{其他} \end{cases} \tag{15.74}$$

同时，将标记状态的函数 $\mathring{s}(\boldsymbol{x}, \ell)$ 定义为

$$\mathring{s}(\boldsymbol{x}, \ell) = s^{\sigma\ell}(\boldsymbol{x}), \quad \forall \boldsymbol{x} \in \mathfrak{X}, \ell \in \overset{\nu}{\mathfrak{L}} \tag{15.75}$$

(4) 对于所有的 $L \subseteq \mathfrak{L}$，定义集函数 $\omega(L)$ 为

$$\omega(L) = \left(\prod_{\ell \in \overset{\nu}{\mathfrak{L}} - L} (1 - q^{\sigma\ell})\right) \left(\prod_{\ell \in L} q^{\sigma\ell} \cdot \mathbf{1}_{\overset{\nu}{\mathfrak{L}}}(\ell)\right) = Q \prod_{\ell \in L} \frac{q^{\sigma\ell} \cdot \mathbf{1}_{\overset{\nu}{\mathfrak{L}}}(\ell)}{1 - q^{\sigma\ell}} \tag{15.76}$$

式中：$\mathbf{1}_S(\ell)$ 为子集 $S \subseteq \mathfrak{L}$ 的示性函数；且

$$Q = \prod_{i=1}^{\nu} (1 - q^i) \tag{15.77}$$

显然，除非 $L \subseteq \overset{\nu}{\mathfrak{L}}$，否则 $\omega(L) = 0$。同时，有

$$\sum_{L \subseteq \mathfrak{L}} \omega(L) = \sum_{L \subseteq \overset{\nu}{\mathfrak{L}}} \omega(L) = 1 \tag{15.78}$$

这是因为

$$\sum_{L \subseteq \overset{\nu}{\mathfrak{L}}} \omega(L) = Q \sum_{L \subseteq \overset{\nu}{\mathfrak{L}}} \prod_{\ell \in L} \frac{q^{\sigma\ell}}{1 - q^{\sigma\ell}} \tag{15.79}$$

$$= \left(\prod_{\ell \in \overset{\nu}{\mathfrak{L}}} (1 - q^{\sigma\ell})\right) \prod_{\ell \in \overset{\nu}{\mathfrak{L}}} \left(1 + \frac{q^{\sigma\ell}}{1 - q^{\sigma\ell}}\right) \tag{15.80}$$

$$= 1 \tag{15.81}$$

其中，式(15.80)由式(3.7)的幂泛函恒等式得到。

15.3.3.1 LMB RFS 的定义

标记多伯努利 (LMB) RFS $\mathring{\Xi}$ 的概率分布定义为[295]

$$f_{\mathring{\Xi}}(\mathring{X}) = \delta_{|\mathring{X}|,|\mathring{X}_{\mathfrak{L}}|} \cdot \omega(\mathring{X}_{\mathfrak{L}}) \prod_{(\boldsymbol{x},\ell)\in\mathring{X}} \mathring{s}(\boldsymbol{x},\ell) \tag{15.82}$$

$$= \delta_{|\mathring{X}|,|\mathring{X}_{\mathfrak{L}}|} \cdot \omega(\mathring{X}_{\mathfrak{L}}) \cdot \mathring{s}^{\mathring{X}} \tag{15.83}$$

上式从几个方面对标记 i.i.d.c. RFS 概念做了推广：式(15.47)中的势权值因子 $p(|\mathring{X}|)$ 被替换为标签权值因子 $\omega(\mathring{X}_{\mathfrak{L}})$；空间分布 $s(\boldsymbol{x})$ 则被标记航迹分布 $\mathring{s}(\boldsymbol{x},\ell)$ 替换：

$$\delta_{\mathfrak{L}(|\mathring{X}|),\mathring{X}_{\mathfrak{L}}} \cdot p(|\mathring{X}|) \cdot s^{\mathring{X}_{\mathfrak{X}}} \hookrightarrow \delta_{\mathfrak{L}(|\mathring{X}|),\mathring{X}_{\mathfrak{L}}} \cdot \omega(\mathring{X}_{\mathfrak{L}}) \cdot \mathring{s}^{\mathring{X}}$$

如果 $\mathring{X} = \{(\boldsymbol{x}_1,\ell_1),\cdots,(\boldsymbol{x}_n,\ell_n)\}$ ($|\mathring{X}| = n$)，则式(15.82)可化为

$$f_{\mathring{\Xi}}(\mathring{X}) = \delta_{n,|\{\ell_1,\cdots,\ell_n\}|} \cdot \left(\prod_{i=1}^{n} \mathbf{1}_{\{\varpi_{\tau 1},\cdots,\varpi_{\tau\nu}\}}(\ell_i)\right) \cdot Q \cdot \left(\prod_{i=1}^{n} \frac{q^{\sigma\ell_i} s^{\sigma\ell_i}(\boldsymbol{x}_i)}{1-q^{\sigma\ell_i}}\right) \tag{15.84}$$

上式具有确切的数学定义：首先，因子 $\delta_{n,|\{\ell_1,\cdots,\ell_n\}|}$ 确保了当 $\mathring{X}$ 中有非互异标签时 $f_{\mathring{\Xi}}(\mathring{X}) = 0$；其次，因子 $\mathbf{1}_{\{\varpi_{\tau 1},\cdots,\varpi_{\tau\nu}\}}(\ell_i)$ 确保了当 $\mathring{X}$ 中含预分配标签集 $\{\varpi_{\tau 1},\cdots,\varpi_{\tau\nu}\}$ 之外的元素时 $f_{\mathring{\Xi}}(\mathring{X}) = 0$；最后，由于 $\mathring{X}$ 的所有标签 ℓ 互异且均为预分配标签，故存在某个 $i = 1,\cdots,\nu$，满足 $\ell = \varpi_{\tau i}$，因而 $\sigma\ell = i$ 是良好定义的航迹索引。对于 $f_{\mathring{\Xi}}(\mathring{X})$ 的非零值，有

$$f_{\mathring{\Xi}}(\mathring{X}) = Q \prod_{i=1}^{n} \frac{q^{\sigma\ell_i} \cdot s^{\sigma\ell_i}(\boldsymbol{x}_i)}{1-q^{\sigma\ell_i}} \tag{15.85}$$

15.3.3.2 LMB RFS 的 p.g.fl.

LMB RFS $\mathring{\Xi}$ 的 p.g.fl. 为

$$\mathring{G}_{\mathring{\Xi}}[\mathring{h}] = \prod_{\ell\in\overset{\nu}{\mathfrak{L}}} \left(1-q^{\sigma\ell}+q^{\sigma\ell}\int \mathring{h}(\boldsymbol{x},\ell)\cdot\mathring{s}(\boldsymbol{x},\ell)\mathrm{d}\boldsymbol{x}\right) \tag{15.86}$$

$$= \prod_{i=1}^{\nu} \left(1-q^{i}+q^{i}\int \mathring{h}(\boldsymbol{x},\varpi_{\tau i})\cdot s^{i}(\boldsymbol{x})\mathrm{d}\boldsymbol{x}\right) \tag{15.87}$$

式中：$\mathring{h}(\boldsymbol{x},\ell)$ 是取值在 [0, 1] 区间上的检验函数；由式(15.73)知 $\overset{\nu}{\mathfrak{L}} = \{\varpi_{\tau 1},\cdots,\varpi_{\tau\nu}\}$。

令 $\mathring{h} = 1$，易证

$$\int f_{\mathring{\Xi}}(\mathring{X})\delta\mathring{X} = 1 \tag{15.88}$$

欲证式(15.86)，首先由式(15.84)不难发现

$$\mathring{G}_{\mathring{\Xi}}[\mathring{h}] = \int \mathring{h}^{\mathring{X}} \cdot f_{\mathring{\Xi}}(\mathring{X})\delta\mathring{X} \tag{15.89}$$

$$= \sum_{n\geqslant 0}\frac{1}{n!}\sum_{(\ell_1,\cdots,\ell_n)\in\mathfrak{L}^n}\int \mathring{h}(\boldsymbol{x}_1,\ell_1)\cdots\mathring{h}(\boldsymbol{x}_n,\ell_n)\cdot f_{\mathring{\Xi}}(\{(\boldsymbol{x}_1,\ell_1),\cdots,(\boldsymbol{x}_n,\ell_n)\})\cdot \mathrm{d}\boldsymbol{x}_1\cdots\mathrm{d}\boldsymbol{x}_n \tag{15.90}$$

$$= Q\sum_{n\geqslant 0}\frac{1}{n!}\sum_{(\ell_1,\cdots,\ell_n)\in\mathfrak{L}^n}\int \mathring{h}(\boldsymbol{x}_1,\ell_1)\cdots\mathring{h}(\boldsymbol{x}_n,\ell_n)\cdot\delta_{n,|\{\ell_1,\cdots,\ell_n\}|}\cdot \left(\prod_{i=1}^n \mathbf{1}_{\{\varpi_{\tau 1},\cdots,\varpi_{\tau\nu}\}}(\ell_i)\right)\cdot\frac{q^{\sigma\ell_1}s^{\sigma\ell_1}(\boldsymbol{x}_1)}{1-q^{\sigma\ell_1}}\cdots\frac{q^{\sigma\ell_n}s^{\sigma\ell_n}(\boldsymbol{x}_n)}{1-q^{\sigma\ell_n}}\mathrm{d}\boldsymbol{x}_1\cdots\mathrm{d}\boldsymbol{x}_n \tag{15.91}$$

$$= Q\sum_{n\geqslant 0}\frac{1}{n!}\sum_{(\ell_1,\cdots,\ell_n)\in\overset{\nu}{\mathfrak{L}}{}^n}\tilde{s}^{\ell_1}[\mathring{h}]\cdots\tilde{s}^{\ell_n}[\mathring{h}]\cdot\delta_{n,|\{\ell_1,\cdots,\ell_n\}|} \tag{15.92}$$

式中

$$\tilde{s}^{\ell}[\mathring{h}] \overset{\text{abbr.}}{=} \int \mathring{h}(\boldsymbol{x},\ell)\cdot\frac{q^{\sigma\ell}s^{\sigma\ell}(\boldsymbol{x})}{1-q^{\sigma\ell}}\mathrm{d}\boldsymbol{x} \tag{15.93}$$

若将 $\overset{\nu}{\mathfrak{L}}$ 的所有 n 元子集类记作 $\mathfrak{F}_n(\overset{\nu}{\mathfrak{L}})$，则

$$\mathring{G}_{\mathring{\Xi}}[\mathring{h}] = Q\sum_{n\geqslant 0}\sum_{\{\ell_1,\cdots,\ell_n\}\in\mathfrak{F}_n(\overset{\nu}{\mathfrak{L}})}\tilde{s}^{\ell_1}[\mathring{h}]\cdots\tilde{s}^{\ell_n}[\mathring{h}] \tag{15.94}$$

$$= Q\sum_{L\subseteq\overset{\nu}{\mathfrak{L}}}\prod_{\ell\in L}\tilde{s}^{\ell}[\mathring{h}] \tag{15.95}$$

根据式(15.74)，对于 $i=1,\cdots,\nu$，$\sigma\varpi_{\tau i}=i$。然后利用式(3.7)的幂泛函恒等式，便可得到想要的结果：

$$\mathring{G}_{\mathring{\Xi}}[\mathring{h}] = Q\prod_{\ell\in\overset{\nu}{\mathfrak{L}}}\left(1+\tilde{s}^{\ell}[\mathring{h}]\right) \tag{15.96}$$

$$= \prod_{\ell\in\overset{\nu}{\mathfrak{L}}}\left(1-q^{\sigma\ell}+q^{\sigma\ell}\int\mathring{h}(\boldsymbol{x},\ell)\cdot s^{\sigma\ell}(\boldsymbol{x})\mathrm{d}\boldsymbol{x}\right) \tag{15.97}$$

$$= \prod_{i=1}^{\nu}\left(1-q^{\sigma\varpi_{\tau i}}+q^{\sigma\varpi_{\tau i}}\int\mathring{h}(\boldsymbol{x},\varpi_{\tau i})\cdot s^{\sigma\varpi_{\tau i}}(\boldsymbol{x})\mathrm{d}\boldsymbol{x}\right) \tag{15.98}$$

$$= \prod_{i=1}^{\nu}\left(1-q^{i}+q^{i}\int\mathring{h}(\boldsymbol{x},\varpi_{\tau i})\cdot s^{i}(\boldsymbol{x})\mathrm{d}\boldsymbol{x}\right) \tag{15.99}$$

标记多伯努利 RFS 并非是多伯努利的，但相应的无标签 RFS 却是多伯努利的。

15.3.3.3 LMB RFS 的 PHD 和势分布

LMB RFS 的 PHD、p.g.f. 及势分布可分别为

$$\mathring{D}_{\mathring{\Xi}}(\boldsymbol{x},\ell)=\mathbf{1}_{\overset{\nu}{\mathfrak{L}}}(\ell)\cdot q^{\sigma\ell}\cdot\mathring{s}(\boldsymbol{x},\ell) \tag{15.100}$$

$$\mathring{G}_{\mathring{\Xi}}(x)=\prod_{i=1}^{\nu}(1-q^i+q^i\cdot x) \tag{15.101}$$

$$\mathring{p}_{\mathring{\Xi}}(n)=\left(\prod_{i=1}^{\nu}(1-q^i)\right)\cdot\sigma_{\nu,n}\left(\frac{q^1}{1-q^1},\cdots,\frac{q^\nu}{1-q^\nu}\right) \tag{15.102}$$

式中：$\sigma_{\nu,n}(x_1,\cdots,x_\nu)$ 为 ν 个变量的 n 次初等同构对称函数。式(15.100)可重新表示为

$$\mathring{D}_{\mathring{\Xi}}(\boldsymbol{x},\ell)=\begin{cases}q^i\cdot s^i(\boldsymbol{x}), & \ell=\varpi_{\tau i},1\leqslant i\leqslant\nu\\ 0, & \text{其他}\end{cases} \tag{15.103}$$

欲证式(15.100)，首先由式(15.86)可知

$$\frac{\delta\mathring{G}_{\mathring{\Xi}}}{\delta(\boldsymbol{x},\ell)}[\mathring{h}]=\prod_{\ell'\in\overset{\nu}{\mathfrak{L}}}\left(1-q^{\sigma\ell'}+q^{\sigma\ell'}\int\mathring{h}(\boldsymbol{x}',\ell')\cdot\mathring{s}(\boldsymbol{x}',\ell')\mathrm{d}\boldsymbol{x}'\right)\cdot \tag{15.104}$$

$$\sum_{\ell'\in\overset{\nu}{\mathfrak{L}}}\frac{\delta_{\ell',\ell}\cdot q^{\sigma\ell'}\cdot\mathring{s}(\boldsymbol{x},\ell')}{1-q^{\sigma\ell'}+q^{\sigma\ell'}\int\mathring{h}(\boldsymbol{x}',\ell')\cdot\mathring{s}(\boldsymbol{x}',\ell')\mathrm{d}\boldsymbol{x}'}$$

$$=\prod_{\ell'\in\overset{\nu}{\mathfrak{L}}}\left(1-q^{\sigma\ell'}+q^{\sigma\ell'}\int\mathring{h}(\boldsymbol{x}',\ell')\cdot\mathring{s}(\boldsymbol{x}',\ell')\mathrm{d}\boldsymbol{x}'\right)\cdot \tag{15.105}$$

$$\frac{\mathbf{1}_{\overset{\nu}{\mathfrak{L}}}(\ell)\cdot q^{\sigma\ell}\cdot\mathring{s}(\boldsymbol{x},\ell)}{1-q^{\sigma\ell}+q^{\sigma\ell}\int\mathring{h}(\boldsymbol{x}',\ell)\cdot\mathring{s}(\boldsymbol{x}',\ell)\mathrm{d}\boldsymbol{x}'}$$

因此，由式(4.72)可得

$$\mathring{D}_{\mathring{\Xi}}(\boldsymbol{x},\ell)=\frac{\delta\mathring{G}_{\mathring{\Xi}}}{\delta(\boldsymbol{x},\ell)}[1]=\mathbf{1}_{\overset{\nu}{\mathfrak{L}}}(\ell)\cdot q^{\sigma\ell}\cdot\mathring{s}(\boldsymbol{x},\ell) \tag{15.106}$$

将 $\mathring{h}=x$ 代入式(15.86)并利用式(4.63)即可得到式(15.101)，进而由式(4.124)便可得到式(15.102)。

15.3.4 广义标记多伯努利 (GLMB) RFS

本节介绍一种推广形式的 LMB RFS——广义标记多伯努利 (*GLMB*) *RFS*，主要内容安排如下：

- 15.3.4.1节：GLMB RFS 的定义。
- 15.3.4.2节：GLMB 分布的直观解释。
- 15.3.4.3节：GLMB RFS 的 p.g.fl.。

- 15.3.4.4节：GLMB RFS 的 PHD 与势分布。
- 15.3.4.5节：例子：标记 i.i.d.c. RFS 为 GLMB RFS。
- 15.3.4.6节：例子：LMB RFS 是 GLMB RFS。
- 15.3.4.7节：GLMB 分布的近似多目标状态估计。

15.3.4.1 GLMB RFS 定义

假定：

- 索引集 $\mathfrak{O}$ (在多目标贝叶斯滤波器的精确闭式实现时会用到，其本身随时间演变)；
- 对于每个 $o \in \mathfrak{O}$，关于 $(\boldsymbol{x}, \ell) \in \mathfrak{X} \times \mathfrak{L}$ 的函数 $\mathring{s}^o(\boldsymbol{x}, \ell)$ 对所有 $\ell \in \mathfrak{L}$ 均满足 $\int \mathring{s}^o(\boldsymbol{x}, \ell)\mathrm{d}\boldsymbol{x} = 1$；
- 对于每个 $o \in \mathfrak{O}$，$\omega^o(L)$ 为定义在 $L \subseteq \mathfrak{L}$ 上的无量纲集函数；
- 除有限个序对 (o, L) 及有限个 $L \subseteq \mathfrak{L}$ 外，$\omega^o(L)$ 均为 0，且

$$\sum_{o \in \mathfrak{O}} \sum_{L \subseteq \mathfrak{L}} \omega^o(L) = 1 \tag{15.107}$$

给定上述表示后，GLMB RFS 的概率分布函数 (也称作 *Vo–Vo* 先验) 可定义为 (文献 [295] 中的 (13) 式)

$$f_{\mathring{\Xi}}(\mathring{X}) = \delta_{|\mathring{X}|, |\mathring{X}_{\mathfrak{L}}|} \sum_{o \in \mathfrak{O}} \omega^o(\mathring{X}_{\mathfrak{L}}) \prod_{(\boldsymbol{x}, \ell) \in \mathring{X}} \mathring{s}^o(\boldsymbol{x}, \ell) \tag{15.108}$$

$$= \delta_{|\mathring{X}|, |\mathring{X}_{\mathfrak{L}}|} \sum_{o \in \mathfrak{O}} \omega^o(\mathring{X}_{\mathfrak{L}}) \cdot (\mathring{s}^o)^{\mathring{X}} \tag{15.109}$$

该分布关于观测量纲是良好定义的：对于每个 o，$\omega^o(\mathring{X}_{\mathfrak{L}})$ 是无量纲的，而 $(\mathring{s}^o)^{\mathring{X}}$ 的量纲则同 $\mathring{X}$。

15.3.4.2 Vo–Vo 先验的直观解释

令 $\mathring{X} = \{(\boldsymbol{x}_1, \ell_1), \cdots, (\boldsymbol{x}_n, \ell_n)\}$ 为标记多目标状态集且 $|\mathring{X}| = n$，令 $L = \mathring{X}_{\mathfrak{L}} = \{\ell_1, \cdots, \ell_n\}$ 为相应的互异标签集，则对于每个 $o \in \mathfrak{O}$，$\omega^o(L)$ 为下述假设的权值：

- 存在 n 个标签为 $\ell_1, \cdots, \ell_n$ 的目标；
- $\mathring{s}^o(\boldsymbol{x}_1, \ell_1), \cdots, \mathring{s}^o(\boldsymbol{x}_n, \ell_n)$ 为各自的航迹分布。

显然，$\omega^o(L)$ 的值越大，对应假设就越可能为真。$\mathring{s}^o(\boldsymbol{x}_1, \ell_1), \cdots, \mathring{s}^o(\boldsymbol{x}_n, \ell_n)$ 分别为各航迹运动学状态 $\boldsymbol{x}_1, \cdots, \boldsymbol{x}_n$ 的概率 (概率密度)，而下面的求和式则表示多目标状态集 $\{(\boldsymbol{x}_1, \ell_1), \cdots, (\boldsymbol{x}_n, \ell_n)\}$ 的全概率 (概率密度) $f_{\mathring{\Xi}}(\mathring{X})$：

$$\sum_{o \in \mathfrak{O}} \omega^o(\{\ell_1, \cdots, \ell_n\}) \cdot \mathring{s}^o(\boldsymbol{x}_1, \ell_1) \cdots \mathring{s}^o(\boldsymbol{x}_n, \ell_n) \tag{15.110}$$

15.3.4.3 GLMB RFS 的 p.g.fl.

将线性泛函 $\mathring{s}^o_\ell[\mathring{h}]$ 定义如下：

$$\mathring{s}^o_\ell[\mathring{h}] \stackrel{\text{abbr.}}{=} \int \mathring{h}(\boldsymbol{x},\ell)\cdot \mathring{s}^o(\boldsymbol{x},\ell)\mathrm{d}\boldsymbol{x} \tag{15.111}$$

则 Vo–Vo 先验 $\mathring{f}_{\mathring{\Xi}}(\mathring{X})$ 的 p.g.fl. 为

$$\mathring{G}_{\mathring{\Xi}}[\mathring{h}] = \sum_{o\in\mathfrak{O}}\sum_{L\subseteq\mathfrak{L}}\omega^o(L)\prod_{\ell\in L}\mathring{s}^o_\ell[\mathring{h}] \tag{15.112}$$

令 $\mathring{h}=1$，则有

$$\int \mathring{f}_{\mathring{\Xi}}(\mathring{X})\delta\mathring{X} = \mathring{G}_{\mathring{\Xi}}[1] = \sum_{o\in\mathfrak{O}}\sum_{L\subseteq\mathfrak{L}}\omega^o(L) = 1 \tag{15.113}$$

因为式(15.107)，故上式最后一步成立。因此，$\mathring{f}_{\mathring{\Xi}}(\mathring{X})$ 为标记目标的多目标概率分布，而且由 GLMB RFS 的定义可知，式(15.112)中的求和及乘积运算均是有限的。

欲证式(15.112)，首先注意到

$$\mathring{G}_{\mathring{\Xi}}[\mathring{h}] = \int \mathring{h}^{\mathring{X}}\cdot \mathring{f}_{\mathring{\Xi}}(\mathring{X})\delta\mathring{X} \tag{15.114}$$

$$= \sum_{n\geqslant 0}\frac{1}{n!}\sum_{(\ell_1,\cdots,\ell_n)\in\mathfrak{L}^n}\int \mathring{h}(\boldsymbol{x}_1,\ell_1)\cdots\mathring{h}(\boldsymbol{x}_n,\ell_n)\cdot \tag{15.115}$$

$$\mathring{f}_{\mathring{\Xi}}(\{(\boldsymbol{x}_1,\ell_1),\cdots,(\boldsymbol{x}_n,\ell_n)\})\mathrm{d}\boldsymbol{x}_1\cdots\mathrm{d}\boldsymbol{x}_n$$

$$= \sum_{n\geqslant 0}\frac{1}{n!}\sum_{(\ell_1,\cdots,\ell_n)\in\mathfrak{L}^n}\int \mathring{h}(\boldsymbol{x}_1,\ell_1)\cdots\mathring{h}(\boldsymbol{x}_n,\ell_n)\cdot\delta_{n,|\{\ell_1,\cdots,\ell_n\}|}\cdot \tag{15.116}$$

$$\sum_{o\in\mathfrak{O}}\omega^o(\{\ell_1,\cdots,\ell_n\})\cdot\mathring{s}^o(\boldsymbol{x}_1,\ell_1)\cdots\mathring{s}^o(\boldsymbol{x}_n,\ell_n)\mathrm{d}\boldsymbol{x}_1\cdots\mathrm{d}\boldsymbol{x}_n$$

因此

$$\mathring{G}_{\mathring{\Xi}}[\mathring{h}] = \sum_{o\in\mathfrak{O}}\sum_{n\geqslant 0}\frac{1}{n!}\sum_{(\ell_1,\cdots,\ell_n)\in\mathfrak{L}^n}\mathring{s}^o_{\ell_1}[\mathring{h}]\cdots\mathring{s}^o_{\ell_n}[\mathring{h}]\cdot\delta_{n,|\{\ell_1,\cdots,\ell_n\}|}\cdot\omega^o(\{\ell_1,\cdots,\ell_n\}) \tag{15.117}$$

$$= \sum_{o\in\mathfrak{O}}\sum_{n\geqslant 0}\sum_{\{\ell_1,\cdots,\ell_n\}\in\mathfrak{F}_n(\mathfrak{L})}\mathring{s}^o_{\ell_1}[\mathring{h}]\cdots\mathring{s}^o_{\ell_n}[\mathring{h}]\cdot\omega^o(\{\ell_1,\cdots,\ell_n\}) \tag{15.118}$$

$$= \sum_{o\in\mathfrak{O}}\sum_{L\subseteq\mathfrak{L}}\omega^o(L)\prod_{\ell\in L}\mathring{s}^o_\ell[\mathring{h}] \tag{15.119}$$

15.3.4.4 GLMB RFS 的 PHD 和势分布

GLMB RFS $\mathring{\Xi}$ 的 PHD 为

$$\mathring{D}_{\mathring{\Xi}}(\boldsymbol{x},\ell) = \sum_{o\in\mathfrak{O}}\left(\sum_{L\subseteq\mathfrak{L}}\omega^o(L)\cdot\mathbf{1}_L(\ell)\right)\cdot\mathring{s}^o(\boldsymbol{x},\ell) \tag{15.120}$$

$$= \sum_{o \in \mathfrak{O}} \left(\sum_{L \ni \ell} \omega^o(L) \right) \cdot \mathring{s}^o(\boldsymbol{x}, \ell) \tag{15.121}$$

$\mathring{\Xi}$ 的 p.g.f. 为

$$\mathring{G}_{\mathring{\Xi}}(x) = \sum_{o \in \mathfrak{O}} \sum_{L \subseteq \mathfrak{L}} \omega^o(L) \cdot x^{|L|} \tag{15.122}$$

$\mathring{\Xi}$ 的势分布为 (文献 [295] 中的 (16) 式)

$$\mathring{p}_{\mathring{\Xi}}(n) = \sum_{o \in \mathfrak{O}} \sum_{L \in \mathfrak{F}_n(\mathfrak{L})} \omega^o(L) \tag{15.123}$$

式中：$\mathfrak{F}_n(\mathfrak{L})$ 的定义见式(15.36)。$\mathring{\Xi}$ 中目标数期望值为

$$\mathring{N}_{\mathring{\Xi}} = \mathring{G}^{(1)}_{\mathring{\Xi}}(1) = \sum_{\ell \in \mathfrak{L}} \int \mathring{D}_{\mathring{\Xi}}(\boldsymbol{x}, \ell) \mathrm{d}\boldsymbol{x} = \sum_{o \in \mathfrak{O}} \sum_{L \subseteq \mathfrak{L}} \omega^o(L) \cdot |L| \tag{15.124}$$

欲证式(15.120)，首先注意到

$$\frac{\delta}{\delta(\boldsymbol{x}, \ell)} \mathring{s}^o_{\ell'}[\mathring{h}] = \delta_{\ell', \ell} \cdot \mathring{s}^o(\boldsymbol{x}, \ell') \tag{15.125}$$

然后计算(15.112)式 $\mathring{G}_{\mathring{\Xi}}[\mathring{h}]$ 的一阶泛函导数：

$$\frac{\delta \mathring{G}_{\mathring{\Xi}}}{\delta(\boldsymbol{x}, \ell)}[\mathring{h}] = \sum_{o \in \mathfrak{O}} \sum_{L \subseteq \mathfrak{L}} \omega^o(L) \left(\prod_{\ell' \in L} \mathring{s}^o_{\ell'}[\mathring{h}] \right) \cdot \left(\sum_{\ell' \in L} \frac{\delta_{\ell', \ell} \cdot \mathring{s}^o(\boldsymbol{x}, \ell')}{\mathring{s}^o_{\ell'}[\mathring{h}]} \right) \tag{15.126}$$

$$= \sum_{o \in \mathfrak{O}} \sum_{L \subseteq \mathfrak{L}} \omega^o(L) \left(\prod_{\ell' \in L} \mathring{s}^o_{\ell'}[\mathring{h}] \right) \cdot \frac{\mathbf{1}_L(\ell) \cdot \mathring{s}^o(\boldsymbol{x}, \ell)}{\mathring{s}^o_{\ell}[\mathring{h}]} \tag{15.127}$$

因此，由式(4.72)可知

$$\mathring{D}_{\mathring{\Xi}}(\boldsymbol{x}, \ell) = \frac{\delta \mathring{G}_{\mathring{\Xi}}}{\delta(\boldsymbol{x}, \ell)}[1] = \sum_{o \in \mathfrak{O}} \sum_{L \subseteq \mathfrak{L}} \omega^o(L) \cdot \mathbf{1}_L(\ell) \cdot \mathring{s}^o(\boldsymbol{x}, \ell) \tag{15.128}$$

将 $\mathring{h} = x$ 代入式(15.112)即可得到式(15.122)，而式(15.123)则根据式(4.64)得到：

$$\mathring{p}_{\mathring{\Xi}}(n) = \frac{1}{n!} \left[\frac{\mathrm{d}^n}{\mathrm{d}x^n} \mathring{G}_{\mathring{\Xi}}(x) \right]_{x=0} \tag{15.129}$$

$$= \frac{1}{n!} \left[\sum_{o \in \mathfrak{O}} \sum_{L} \omega^o(L) \cdot n! \cdot C_{|L|,n} \cdot x^{|L|-n} \right]_{x=0} \tag{15.130}$$

$$= \sum_{o \in \mathfrak{O}} \sum_{L \in \mathfrak{F}_n(\mathfrak{L})} \omega^o(L) \tag{15.131}$$

15.3.4.5　标记 i.i.d.c. RFS 是 GLMB RFS

由式(15.52)可知，标记 i.i.d.c. 过程的 p.g.fl. 为

$$G_{\mathring{\Xi}}[\mathring{h}] = \sum_{n \geqslant 0} p(n) \prod_{i=1}^{n} \left(\int \mathring{h}(\boldsymbol{x}, \varpi_i) \cdot s(\boldsymbol{x}) \mathrm{d}\boldsymbol{x} \right) \tag{15.132}$$

令 $|\mathfrak{O}|=1$，并定义

$$\omega(L)=p(|L|)\cdot\delta_{L,\mathfrak{L}(|L|)} \tag{15.133}$$

$$\mathring{s}(\boldsymbol{x},\ell)=s(\boldsymbol{x}) \tag{15.134}$$

式中：$\mathfrak{L}(n)=\{\varpi_1,\cdots,\varpi_n\}$ 的定义见式(15.35)。

由式(15.112)可知，此时相应 GLMB RFS 的 p.g.fl. 与标记 i.i.d.c. RFS 的 p.g.fl. 是相同的：

$$\mathring{G}_{\mathring{\Xi}}[\mathring{h}]=\sum_{L\subseteq\mathfrak{L}}\omega(L)\prod_{\ell\in L}\mathring{s}_\ell[\mathring{h}] \tag{15.135}$$

$$=\sum_{L\subseteq\mathfrak{L}}p(|L|)\cdot\delta_{L,\mathfrak{L}(|L|)}\prod_{\ell\in L}\left(\int\mathring{h}(\boldsymbol{x},\ell)\cdot\mathring{s}(\boldsymbol{x},\ell)\mathrm{d}\boldsymbol{x}\right) \tag{15.136}$$

$$=\sum_{n\geqslant 0}\sum_{|L|=n}p(n)\cdot\delta_{L,\{\varpi_1,\cdots,\varpi_n\}}\cdot\prod_{\ell\in L}\left(\int\mathring{h}(\boldsymbol{x},\ell)\cdot s(\boldsymbol{x})\mathrm{d}\boldsymbol{x}\right) \tag{15.137}$$

$$=\sum_{n\geqslant 0}p(n)\prod_{\ell\in\{\varpi_1,\cdots,\varpi_n\}}\left(\int\mathring{h}(\boldsymbol{x},\ell)\cdot s(\boldsymbol{x})\mathrm{d}\boldsymbol{x}\right) \tag{15.138}$$

$$=\sum_{n\geqslant 0}p(n)\prod_{i=1}^{n}s_{\varpi_i}[\mathring{h}] \tag{15.139}$$

15.3.4.6 LMB RFS 是 GLMB RFS

令 $|\mathfrak{O}|=1$，则不难发现式(15.82)的 LMB 分布是式(15.108)的 GLMB RFS 分布在 $|\mathfrak{O}|=1$ 时的特例。

15.3.4.7 GLMB 分布的近似多目标状态估计

式(5.10)的 MaM 及式(5.9)的 JoM 多目标状态估计器也可直接用于 GLMB 分布，但一般不便于计算。作为替代，Vo 和 Vo 提出了下述更加直观的估计器[①]：已知 GLMB 分布

$$\mathring{f}_{\mathring{\Xi}}(\mathring{X})=\delta_{|\mathring{X}|,|\mathring{X}_{\mathfrak{L}}|}\sum_{o\in\mathfrak{O}}\omega^o(\mathring{X}_{\mathfrak{L}})\prod_{(\boldsymbol{x},\ell)\in\mathring{X}}\mathring{s}^o(\boldsymbol{x},\ell) \tag{15.140}$$

则：

- 选择 $\hat{o}$ 和 $\hat{L}$ 以使 $\omega^{\hat{o}}(\hat{L})$ 最大化，即

$$(\hat{o},\hat{L})=\arg\max_{o,L}\omega^o(L) \tag{15.141}$$

- 令 $\hat{L}=\{\hat{\ell}_1,\cdots,\hat{\ell}_{\hat{n}}\}$，其中 $\hat{n}=|\hat{L}|$ 为航迹数估计；
- 对 $i=1,\cdots,\hat{n}$，相应航迹的状态估计即 $\hat{L}$ 中对应标签所示航迹分布的均值，即

$$\hat{\boldsymbol{x}}_i=\int\boldsymbol{x}\cdot\mathring{s}^{\hat{o}}(\boldsymbol{x},\hat{\ell}_i)\mathrm{d}\boldsymbol{x} \tag{15.142}$$

[①]在本书撰写期间，尚不清楚该估计器是否为贝叶斯最优或近似贝叶斯最优。

15.4 Vo–Vo 滤波器建模

本节从 Vo–Vo 精确闭式多目标滤波器的模型入手讨论该滤波器，内容安排如下：

- 15.4.1节：Vo–Vo 滤波器的标记约定。
- 15.4.2节：Vo–Vo 滤波器概览。
- 15.4.3节：基本的运动及观测模型。
- 15.4.4节：多目标联合检测跟踪与识别 / 分类的运动及观测模型。
- 15.4.5节：标记版标准多目标观测模型的多目标似然函数。
- 15.4.6节：标记版标准多目标运动模型的多目标马尔可夫密度。
- 15.4.7节：标记版修正标准多目标运动模型的多目标马尔可夫密度。

15.4.1 标记约定

对于所有可能的航迹标签构成的空间 $\mathfrak{L}$，到目前为止一直是作为一个未定义的无限可数集抽象对待。在 Vo–Vo 滤波器中，假定其具有如下形式：

$$\mathfrak{L} = \mathbb{I}^{+} \times \mathbb{N} \tag{15.143}$$

式中：$\mathbb{I}^{+} = \{0, 1, \cdots\}$ 为非负整数集；$\mathbb{N} = \{1, 2, \cdots\}$ 为自然数集。

因此，所有可能的标记状态 $\mathring{x}$ 构成的集合可表示为

$$\mathring{\mathfrak{X}} = \mathfrak{X} \times \mathbb{I}^{+} \times \mathbb{N} \tag{15.144}$$

15.4.1.1 特定的标签及状态空间

对于 $k = 0, 1, \cdots$，定义：

- t_k 时刻所有可能的目标航迹标签

$$\mathfrak{L}_{0:k} = \{0 \leqslant l \leqslant k\} \times \mathbb{N} \tag{15.145}$$

- t_{k+1} 时刻所有可能的新航迹标签

$$\mathfrak{L}_{k+1}^{\mathrm{B}} = \{k+1\} \times \mathbb{N} \tag{15.146}$$

此时有

$$\mathfrak{L}_{0:k+1} = \mathfrak{L}_{0:k} \uplus \mathfrak{L}_{k+1}^{\mathrm{B}} \tag{15.147}$$

- t_k 时刻所有可能标记航迹的状态空间

$$\mathring{\mathfrak{X}}_{0:k} = \mathfrak{X} \times \mathfrak{L}_{0:k} \tag{15.148}$$

- t_{k+1} 时刻所有可能新生标记航迹的状态空间

$$\mathring{\mathfrak{X}}^{\mathrm{B}}_{k+1} = \mathfrak{X} \times \mathfrak{L}^{\mathrm{B}}_{k+1} \tag{15.149}$$

此时

$$\mathring{\mathfrak{X}}_{0:k+1} = \mathring{\mathfrak{X}}_{0:k} \uplus \mathring{\mathfrak{X}}^{\mathrm{B}}_{k+1} \tag{15.150}$$

航迹标签从一个时间步至下一时间步的演变可描述如下：令 t_k 时刻的航迹状态为 $(\boldsymbol{x}_{k|k}, l, i)$，其中 $\ell = (l, i)$ 为航迹标签；若该目标在 t_{k+1} 时刻仍存在，则其状态为 $(\boldsymbol{x}_{k+1|k}, l, i)$，即标签不发生变化。更一般地，若 $(\boldsymbol{x}, l, i) \in \mathring{\mathfrak{X}}_{0:k}$，则 t_k 时刻该标签所标识的目标：

- 出现于 t_l 时刻；
- 在 t_l 时刻分配给它的识别索引为 i；
- 当前的运动学状态为 $\boldsymbol{x}$。

因此可得到严格嵌套的标记状态空间序列：$\mathring{\mathfrak{X}}_{0:0} \subset \mathring{\mathfrak{X}}_{0:1} \subset \cdots \subset \mathring{\mathfrak{X}}_{0:k} \subset \mathring{\mathfrak{X}}_{0:k+1} \subset \cdots$。

注解 67 (标记过程与统计独立性)：起初认为标记新航迹似乎会导致这样的理论问题：新目标航迹与已有航迹不可能是统计独立的。也就是说，若假定 t_k 时刻的现有航迹标签为有限子集 $L_{k|k} \subseteq \mathfrak{L}$，$t_{k+1}$ 时刻需要给新航迹分配标签，为了能够区分不同的航迹，新航迹标签就不能在 $L_{k|k}$ 中，而必须从 $\mathfrak{L} - L_{k|k}$ 中选择。由此可得出结论：新航迹标记过程与现有航迹标签的先验知识是统计相关的。B. T. Vo 和 B. N. Vo 提出的标记约定则避免了这个表面上的困难：在 t_k 时刻，现有航迹标签属于 $\mathfrak{L}_{0:k}$，而新航迹标签则属于 $\mathfrak{L}^{\mathrm{B}}_{k+1}$，故新航迹标签的确属于 $\mathfrak{L} - L_{k|k}$，但并不需要先确定 $L_{k|k}$ 而后再从 $\mathfrak{L} - L_{k|k}$ 中选择标签。相反，新标签的选择无需 $L_{k|k}$ 的先验信息。Vo−Vo 约定唯一用到的信息就是新航迹必须从 t_{k+1} 时刻开始，而不能早于该时刻，故其必属于 $\mathfrak{L}^{\mathrm{B}}_{k+1}$。

15.4.1.2 标记多目标贝叶斯滤波器的性质

对于标记目标，Vo−Vo 滤波器是多目标贝叶斯滤波器的精确闭式解：

$$\cdots \to \quad \mathring{f}_{k|k}(\mathring{X}|Z^{(k)}) \quad \to \quad \mathring{f}_{k+1|k}(\mathring{X}|Z^{(k)}) \quad \to \quad \mathring{f}_{k+1|k+1}(\mathring{X}|Z^{(k+1)}) \quad \to \cdots$$

上述滤波过程由下面的时间更新和观测更新方程给出：

$$\mathring{f}_{k+1|k}(\mathring{X}|Z^{(k)}) = \int \mathring{f}_{k+1|k}(\mathring{X}|\mathring{X}') \cdot \mathring{f}_{k|k}(\mathring{X}'|Z^{(k)}) \delta \mathring{X}' \tag{15.151}$$

$$\mathring{f}_{k+1|k+1}(\mathring{X}|Z^{(k+1)}) = \frac{\mathring{f}_{k+1}(Z_{k+1}|\mathring{X}) \cdot \mathring{f}_{k+1|k}(\mathring{X}|Z^{(k)})}{\mathring{f}_{k+1}(Z_{k+1}|Z^{(k)})} \tag{15.152}$$

$$\mathring{f}_{k+1}(Z_{k+1}|Z^{(k)}) = \int \mathring{f}_{k+1}(Z_{k+1}|\mathring{X}) \cdot \mathring{f}_{k+1|k}(\mathring{X}|Z^{(k)}) \delta \mathring{X} \tag{15.153}$$

式中：$\mathring{X}, \mathring{X}' \subseteq \mathring{\mathfrak{X}}$。

根据标记多目标状态的定义，若 $|\mathring{X}_{\mathfrak{L}}| \neq |\mathring{X}|$，则

$$\mathring{f}_{k+1|k}(\mathring{X}|Z^{(k)}) = \mathring{f}_{k+1|k+1}(\mathring{X}|Z^{(k+1)}) = \mathring{f}_{k+1|k}(\mathring{X}|\mathring{X}') = 0$$

也就是说，

- 对于物理上不可实现的状态集 $\mathring{X}$，概率 (密度) $\mathring{f}_{k+1|k}(\mathring{X}|Z^{(k)})$ 必为 0。

此外，

$$\mathring{f}_{k+1}(Z|\mathring{X}) = \kappa_{k+1}(Z), \qquad |\mathring{X}_{\mathfrak{L}}| \neq |\mathring{X}| \tag{15.154}$$

$$\mathring{f}_{k+1|k}(\mathring{X}|\mathring{X}') = \mathring{b}_{k+1|k}(\mathring{X}), \qquad |\mathring{X}'_{\mathfrak{L}}| \neq |\mathring{X}'| \tag{15.155}$$

式(15.154)基于：当 $|\mathring{X}_{\mathfrak{L}}| \neq |\mathring{X}|$ 时，$\mathring{X}$ 是物理不可实现的，故其不能产生观测，此时的观测只能源自杂波过程 $\kappa_{k+1}(Z)$。式(15.155)基于：若 $\mathring{X}'$ 不可实现，则其不可能存活至下一时刻，故下一时刻的目标只能完全依赖目标新生过程 $\mathring{b}_{k+1|k}(\mathring{X})$。此外，对于任意的 $k \geqslant 0$，

- 除非 $\mathring{X} \subseteq \mathring{\mathfrak{X}}_{0:k+1}$，否则 $\mathring{f}_{k+1|k+1}(\mathring{X}|Z^{(k+1)}) = 0$ ($\mathring{X}$ 中包含 t_{k+1} 时刻尚不存在的目标)；
- 除非 $\mathring{X} \subseteq \mathring{\mathfrak{X}}_{0:k+1}$，否则 $\mathring{f}_{k+1|k}(\mathring{X}|\mathring{X}') = 0$ ($\mathring{X}$ 中包含 t_{k+1} 时刻尚不存在的目标)；
- 除非 $\mathring{X}' \subseteq \mathring{\mathfrak{X}}_{0:k}$，否则 $\mathring{f}_{k+1|k}(\mathring{X}|\mathring{X}') = \mathring{b}_{k+1|k}(\mathring{X})$ ($\mathring{X}'$ 中包含 t_k 时刻尚不存在的目标)；
- 在没有目标新生的情况下，除非 $\mathring{X} \subseteq \mathring{\mathfrak{X}}_{0:k}$，否则 $\mathring{f}_{k+1|k}(\mathring{X}|\mathring{X}') = 0$ ($\mathring{X}$ 中含有不源自于 $\mathring{X}'$ 的目标)；
- 进一步，除非 $\mathring{X}_{\mathfrak{L}} \subseteq \mathring{X}'_{\mathfrak{L}}$，否则 $\mathring{f}_{k+1|k}(\mathring{X}|\mathring{X}') = 0$ ($\mathring{X}$ 中的目标必须由 $\mathring{X}'$ 中的目标存活而来)；
- 除非 $\mathring{X} \subseteq \mathring{\mathfrak{X}}_{0:k+1}$，否则 $\mathring{f}_{k+1}(Z|\mathring{X}) = \kappa_{k+1}(Z)$ ($\mathring{X}$ 中含有 t_{k+1} 时刻尚不存在的目标，故其不产生观测)。

15.4.2 Vo-Vo 滤波器概览

在深入探讨 Vo-Vo 滤波器的技术细节前，本节先给出它的“路线图”。

第一步，假定初始的标记多目标分布为 LMB 分布：

$$\mathring{f}_{0|0}(\mathring{X}) = \delta_{|\mathring{X}|,|\mathring{X}_{\mathfrak{L}}|} \cdot \omega_{0|0}(\mathring{X}_{\mathfrak{L}}) \cdot (\mathring{s}_{0|0})^{\mathring{X}} \tag{15.156}$$

其中，除有限个 $L \subseteq \mathfrak{L}_{0:0}$ 外，$\omega_{0|0}(L) = 0$。

第二步，假定标记多目标马尔可夫密度 $\mathring{f}_{k+1|k}(\mathring{X}|\mathring{X}')$ 为下面的推广形式 (见15.4.7节)：

- 目标运动服从标记版修正标准多伯努利运动模型，这也意味着目标新生过程为 LMB RFS。

则预测分布也是 LMB 的 (见15.5.3节)：

$$\mathring{f}_{1|0}(\mathring{X}|Z) = \int \mathring{f}_{k+1|k}(\mathring{X}|\mathring{X}') \cdot \mathring{f}_{0|0}(\mathring{X}')\delta\mathring{X}' \tag{15.157}$$

$$= \delta_{|\mathring{X}|,|\mathring{X}_{\mathfrak{L}}|} \cdot \omega_{1|0}(\mathring{X}_{\mathfrak{L}}) \cdot (\mathring{s}_{1|0})^{\mathring{X}} \tag{15.158}$$

除有限个 $L \subseteq \mathfrak{L}_{1:0}$ 外，$\omega_{1|0}(L) = 0$。

第三步，假定多目标似然为标记版标准多目标观测模型的似然函数 (见15.4.5节)，令 t_1 时刻的观测集为 Z_1 且 $m_1 = |Z_1|$，则贝叶斯更新后的分布为 GLMB 分布 (见15.5.2节)：

$$\mathring{f}_{1|1}(\mathring{X}|Z^{(1)}) = \frac{\mathring{f}_1(Z_1|\mathring{X}) \cdot \mathring{f}_{1|0}(\mathring{X})}{\int \mathring{f}_1(Z_1|\mathring{Y}) \cdot \mathring{f}_{1|0}(\mathring{Y})\delta\mathring{Y}} \tag{15.159}$$

$$= \delta_{|\mathring{X}|,|\mathring{X}_{\mathfrak{L}}|} \sum_{\mathring{\theta}_1 \in \mathfrak{T}_{Z_1}} \omega_{1|1}^{\mathring{\theta}_1}(\mathring{X}_{\mathfrak{L}}) \cdot (\mathring{s}_{1|1}^{\mathring{\theta}_1})^{\mathring{X}} \tag{15.160}$$

上式中只有某些 $\mathring{s}_{1|1}^{\mathring{\theta}_1}(\boldsymbol{x}, \ell)$ 和 $\omega_{1|1}^{\mathring{\theta}_1}(L)$ 有意义。对于每个 $\mathring{\theta}_1$，除有限个 $L \subseteq \mathfrak{L}_{1:0}$ 外，$\omega_{1|1}^{\mathring{\theta}_1}(L) = 0$。此外，上式中的求和运算遍历所有的观测–航迹关联,，即满足关系 "$\mathring{\theta}_1(\ell) = \mathring{\theta}_1(\ell') > 0 \Rightarrow \ell = \ell'$" 的所有函数 $\mathring{\theta}_1 : \mathfrak{L}_{0:1} \to \{0, 1, \cdots, m_1\}$。

第四步，执行下一步时间更新过程，可以得到如下的 GLMB 分布：

$$\mathring{f}_{2|1}(\mathring{X}|Z^{(1)}) = \delta_{|\mathring{X}|,|\mathring{X}_{\mathfrak{L}}|} \sum_{\mathring{\theta}_1 \in \mathfrak{T}_{Z_1}} \omega_{2|1}^{\mathring{\theta}_1}(\mathring{X}_{\mathfrak{L}}) \cdot (\mathring{s}_{2|1}^{\mathring{\theta}_1})^{\mathring{X}} \tag{15.161}$$

对于每个 $\mathring{\theta}_1$，除有限个 $L \subseteq \mathfrak{L}_{2:0}$ 外，$\omega_{2|1}^{\mathring{\theta}_1}(L) = 0$。

第五步，令 t_2 时刻的观测集为 Z_2 且 $m_2 = |Z_2|$，则贝叶斯观测更新后的分布为下面的 GLMB 分布：

$$\mathring{f}_{2|2}(\mathring{X}|Z^{(2)}) = \delta_{|\mathring{X}|,|\mathring{X}_{\mathfrak{L}}|} \sum_{(\mathring{\theta}_1, \mathring{\theta}_2) \in \mathfrak{T}_{Z_1} \times \mathfrak{T}_{Z_2}} \omega_{2|2}^{\mathring{\theta}_1, \mathring{\theta}_2}(\mathring{X}_{\mathfrak{L}}) \cdot (\mathring{s}_{2|2}^{\mathring{\theta}_1, \mathring{\theta}_2})^{\mathring{X}} \tag{15.162}$$

式中：只有某些 $\mathring{s}_{2|2}^{\mathring{\theta}_1, \mathring{\theta}_2}(\boldsymbol{x}, \ell)$ 和 $\omega_{2|2}^{\mathring{\theta}_1, \mathring{\theta}_2}(L)$ 有意义；对于每个 $\mathring{\theta}_1, \mathring{\theta}_2$，除有限个 $L \subseteq \mathfrak{L}_{2:0}$ 外，$\omega_{2|2}^{\mathring{\theta}_1, \mathring{\theta}_2}(L) = 0$；函数 $\mathring{\theta}_2 : \mathfrak{L}_{0:2} \to \{0, 1, \cdots, m_2\}$ 满足关系 "$\mathring{\theta}_2(\ell) = \mathring{\theta}_2(\ell') > 0 \Rightarrow \ell = \ell'$"。

重复上述过程，在经过 $k+1$ 步的时间更新及观测更新后，便可得到如下的 GLMB 分布：

$$\mathring{f}_{k+1|k+1}(\mathring{X}|Z^{(k+1)}) = \delta_{|\mathring{X}|,|\mathring{X}_{\mathfrak{L}}|} \cdot \sum_{(\mathring{\theta}_1, \cdots, \mathring{\theta}_{k+1})} \omega_{k+1|k+1}^{\mathring{\theta}_1, \cdots, \mathring{\theta}_{k+1}}(\mathring{X}_{\mathfrak{L}}) \cdot (\mathring{s}_{k+1|k+1}^{\mathring{\theta}_1, \cdots, \mathring{\theta}_{k+1}})^{\mathring{X}} \tag{15.163}$$

$$\mathring{f}_{k+1|k}(\mathring{X}|Z^{(k)}) = \delta_{|\mathring{X}|,|\mathring{X}_{\mathfrak{L}}|} \cdot \sum_{(\mathring{\theta}_1, \cdots, \mathring{\theta}_k)} \omega_{k+1|k}^{\mathring{\theta}_1, \cdots, \mathring{\theta}_k}(\mathring{X}_{\mathfrak{L}}) \cdot (\mathring{s}_{k+1|k}^{\mathring{\theta}_1, \cdots, \mathring{\theta}_k})^{\mathring{X}} \tag{15.164}$$

式中：对于 $j=1,\cdots,k$，函数 $\mathring{\theta}_j:\mathfrak{L}_{0:j}\to\{0,1,\cdots,|Z_j|\}$ 满足关系 "$\mathring{\theta}_j(\ell)=\mathring{\theta}(\ell')>0\Rightarrow\ell=\ell'$"；对于所有的 $\mathring{\theta}_1,\cdots,\mathring{\theta}_k$，除有限个 $L\subseteq\mathfrak{L}_{0:k}$ 外，$\omega_{k|k}^{\mathring{\theta}_1,\cdots,\mathring{\theta}_k}(L)=0$，因此除非 $\mathring{X}\subseteq\mathfrak{X}_{0:k}$，否则 $\mathring{f}_{k|k}(\mathring{X}|Z^{(k)})=0$。

式(15.163)与式(15.164)的直观解释如下：

- 观测更新的解释：令 $|\mathring{X}|=n$，$L=\mathring{X}_{\mathfrak{L}}=\{\ell_1,\cdots,\ell_n\}$，则 $\omega_{k+1|k+1}^{\mathring{\theta}_1,\cdots,\mathring{\theta}_{k+1}}(L)$ 为下述假设的权值：
  - 存在 n 条标签 $\ell_1,\cdots,\ell_n$ 互不相同的航迹；
  - 对应的航迹分布分别为 $\mathring{s}_{k+1|k+1}^{\mathring{\theta}_1,\cdots,\mathring{\theta}_{k+1}}(\boldsymbol{x},\ell_1),\cdots,\mathring{s}_{k+1|k+1}^{\mathring{\theta}_1,\cdots,\mathring{\theta}_{k+1}}(\boldsymbol{x},\ell_n)$；
  - 这些分布由观测–航迹关联的历程 $\mathring{\theta}_1,\cdots,\mathring{\theta}_k,\mathring{\theta}_{k+1}$ 决定，也包括最新的关联 $\mathring{\theta}_{k+1}$；
  - 对于每个 $i=1,\cdots,n$，$\mathring{s}_{k+1|k+1}^{\mathring{\theta}_1,\cdots,\mathring{\theta}_{k+1}}(\boldsymbol{x},\ell_i)$ 是下面两种类型之一 (见(15.251)式)：
    * 漏报航迹的分布，取决于之前的关联历程 $\mathring{\theta}_1,\cdots,\mathring{\theta}_k$；
    * 检报航迹的分布，取决于当前的关联历程 $\mathring{\theta}_1,\cdots,\mathring{\theta}_k,\mathring{\theta}_{k+1}$。
- 时间更新的解释：令 $|\mathring{X}|=n$，$L=\mathring{X}_{\mathfrak{L}}=\{\ell_1,\cdots,\ell_n\}$，则 $\mathring{s}_{k+1|k}^{\mathring{\theta}_1,\cdots,\mathring{\theta}_k}(\boldsymbol{x},\ell_i)$ 是下面两种类型之一 (见(15.279)式)：
  - t_k 时刻的存活航迹分布，取决于先前的关联历程 $\mathring{\theta}_1,\cdots,\mathring{\theta}_k$；
  - 新生航迹分布，独立于关联历程 $\mathring{\theta}_1,\cdots,\mathring{\theta}_k$。

令 $\mathfrak{D}$ 表示所有 Vo–Vo 先验构成的空间，则 t_k 时刻的分布可由参数空间 $\mathfrak{P}$ 上的有限参数列表来表征，具体形式如下：

$$\mathfrak{p}=\left(\omega_{k|k}^{\mathring{\theta}_1,\cdots,\mathring{\theta}_k}(\{\ell_1,\cdots,\ell_n\}),\mathring{s}_{k|k}^{\mathring{\theta}_1,\cdots,\mathring{\theta}_k}(\boldsymbol{x},\ell_1),\cdots,\mathring{s}_{k|k}^{\mathring{\theta}_1,\cdots,\mathring{\theta}_k}(\boldsymbol{x},\ell_n)\right)_{k,n,\ell_1,\cdots,\ell_n,\mathring{\theta}_1,\cdots,\mathring{\theta}_k} \tag{15.165}$$

在15.1.2节的意义上讲，GLMB 分布构成了标记多目标贝叶斯滤波器的精确闭式解，因此标记多目标贝叶斯滤波器传递 GLMB 分布参数而非 GLMB 分布本身：

$$\cdots\to\quad\mathfrak{p}_{k|k}\quad\to\quad\mathfrak{p}_{k+1|k}\quad\to\quad\mathfrak{p}_{k+1|k+1}\quad\to\cdots$$

进一步，若采用15.3.4.7节的多目标状态估计器，则可由参数 $\mathfrak{p}_{k+1|k+1}$ 直接构造多目标状态估计 $\mathring{X}_{k+1|k+1}$，故该滤波器可进一步表示为

$$\begin{array}{ccccccc} & & & & \mathring{X}_{k+1|k+1} & & \\ & & & & \uparrow & & \\ \cdots\to & \mathfrak{p}_{k|k} & \to & \mathfrak{p}_{k+1|k} & \to & \mathfrak{p}_{k+1|k+1} & \to\cdots\end{array}$$

15.4.3 基本的运动与观测模型

Vo–Vo 滤波器需要用到下列基本模型：

- 目标存活概率：$\mathring{p}_{\mathrm{S}}(\boldsymbol{x}',\ell') \overset{\text{abbr.}}{=} \mathring{p}_{\mathrm{S},k+1|k}(\boldsymbol{x}',\ell')$，由于从未出现过的目标不会有存活的概念，因此出于完整性考虑，定义

$$\mathring{p}_{\mathrm{S},k+1|k}(\boldsymbol{x}',l',i') = 0, \quad l' > k \tag{15.166}$$

- 单目标马尔可夫转移密度：

$$\mathring{f}_{k+1|k}(\boldsymbol{x},\ell|\boldsymbol{x}',\ell') = f_{k+1|k}(\boldsymbol{x}|\boldsymbol{x}',\ell')\cdot\delta_{\ell,\ell'} \tag{15.167}$$

  式中：$f_{k+1|k}(\boldsymbol{x}|\boldsymbol{x}',\ell')$ 是标签为 ℓ' 的目标的常规单目标马尔可夫密度；如15.4.1.1节所述，Kronecker−δ 函数 $\delta_{\ell,\ell'}$ 确保在目标转移过程中标签不变①。

- 单目标检测概率：$\mathring{p}_{\mathrm{D}}(\boldsymbol{x},\ell) \overset{\text{abbr.}}{=} \mathring{p}_{\mathrm{D},k+1}(\boldsymbol{x},\ell)$，由于从未出现过的目标不会产生观测，因此出于完整性考虑，定义

$$\mathring{p}_{\mathrm{D},k+1}(\boldsymbol{x},l,i) = 0, \quad l > k+1 \tag{15.168}$$

- 单目标似然函数：$\mathring{L}_{\boldsymbol{z}}(\boldsymbol{x},\ell) \overset{\text{abbr.}}{=} \mathring{f}_{k+1}(\boldsymbol{z}|\boldsymbol{x},\ell)$②。
- 泊松杂波过程：杂波率 $\lambda \overset{\text{abbr.}}{=} \lambda_{k+1}$，杂波空间密度为 $c_{k+1}(\boldsymbol{z})$，强度函数为 $\kappa(\boldsymbol{z}) \overset{\text{abbr.}}{=} \lambda_{k+1}\cdot c_{k+1}(\boldsymbol{z})$，故

$$\kappa_{k+1}(Z) = e^{-\lambda}\prod_{\boldsymbol{z}\in Z}\kappa(\boldsymbol{z}) = e^{-\lambda}\cdot\kappa^{Z} \tag{15.169}$$

15.4.4 集成目标 ID 的运动与观测模型

B. T. Vo 和 B. N. Vo 的研究表明，极易扩展 Vo−Vo 滤波器以集成目标身份变量[307]，所得滤波器为联合的检测、跟踪、定位与识别 / 分类问题提供了一种贝叶斯最优的精确闭式方法。本节简要介绍该方法。

令 $\mathcal{T} = \{\tau_1,\cdots,\tau_N\}$ 为目标身份 / 类型的有限集，采用 $\mathfrak{X}\times\mathfrak{T}$ 替换运动学状态空间 $\mathfrak{X}$，则标记状态空间为 $\mathfrak{X}\times\mathfrak{T}\times\mathfrak{L}$。传感器观测空间则形如 $\mathcal{Z}\times\mathfrak{F}$，其中，$\mathcal{Z}$ 为运动学观测空间，$\mathfrak{F}$ 为特征矢量 ϕ 构成的空间。

给定这些表示后，上一节的基本模型便具有如下形式：

- 目标存活概率：$\mathring{p}_{\mathrm{S}}(\boldsymbol{x}',\tau',\ell') \overset{\text{abbr.}}{=} \mathring{p}_{\mathrm{S},k+1|k}(\boldsymbol{x}',\tau',\ell')$。
- 单目标马尔可夫转移密度：

$$\mathring{f}_{k+1|k}(\boldsymbol{x},\tau,\ell|\boldsymbol{x}',\tau',\ell') = f_{k+1|k}(\boldsymbol{x}|\boldsymbol{x}',\tau,\tau',\ell')\cdot p_{k+1|k}(\tau|\boldsymbol{x}',\tau',\ell')\cdot\delta_{\ell,\ell'} \tag{15.170}$$

$$= f_{k+1|k}(\boldsymbol{x}|\boldsymbol{x}',\tau',\ell')\cdot p_{k+1|k}(\tau|\tau')\cdot\delta_{\ell,\ell'} \tag{15.171}$$

  若目标身份不随时间变化，则 $p_{k+1|k}(\tau|\tau') = \delta_{\tau,\tau'}$。

---

①由于 $\mathring{f}_{k+1|k}(\boldsymbol{x},\ell|\boldsymbol{x}',\ell')$ 只会出现在乘积 $\mathring{p}_{\mathrm{S}}(\boldsymbol{x}',\ell')\cdot\mathring{f}_{k+1|k}(\boldsymbol{x},\ell|\boldsymbol{x}',\ell')$ 中，因此没必要针对 $l' > k$ 定义 $\mathring{f}_{k+1|k}(\boldsymbol{x},\ell|\boldsymbol{x}',l',i')$。

②由于 $\mathring{f}_{k+1}(\boldsymbol{z}|\boldsymbol{x},\ell)$ 只会出现在乘积 $\mathring{p}_{\mathrm{D}}(\boldsymbol{x},\ell)\cdot\mathring{f}_{k+1}(\boldsymbol{z}|\boldsymbol{x},\ell)$ 中，因此没必要针对 $l > k+1$ 定义 $\mathring{f}_{k+1}(\boldsymbol{z}|\boldsymbol{x},l,i)$。

- 单目标检测概率：$\mathring{p}_{\mathrm{D}}(\boldsymbol{x},\tau,\ell) \overset{\text{abbr.}}{=} \mathring{p}_{\mathrm{D},k+1|k}(\boldsymbol{x},\tau,\ell)$。
- 单目标似然函数：

$$\mathring{L}_{\boldsymbol{z},\phi}(\boldsymbol{x},\tau,\ell) = \mathring{f}_{k+1}(\boldsymbol{z},\phi|\boldsymbol{x},\tau,\ell) \tag{15.172}$$

$$= \mathring{f}_{k+1}(\boldsymbol{z}|\boldsymbol{x},\tau,\ell,\phi)\cdot \mathring{f}_{k+1}(\phi|\boldsymbol{x},\tau,\ell) \tag{15.173}$$

$$= \mathring{f}_{k+1}(\boldsymbol{z}|\boldsymbol{x},\tau,\ell)\cdot \mathring{f}_{k+1}(\phi|\boldsymbol{x},\tau,\ell) \tag{15.174}$$

若目标特征观测独立于其运动学状态，则 $\mathring{f}_{k+1}(\phi|\boldsymbol{x},\tau,\ell) = \mathring{f}_{k+1}(\phi|\tau,\ell)$ (见9.5.8.1节注解33)。

- 泊松杂波过程：

$$\kappa_{k+1}(Z) = e^{-\lambda}\prod_{\boldsymbol{z}\in Z}\kappa(\boldsymbol{z}) = e^{-\lambda}\cdot\kappa^{Z} \tag{15.175}$$

15.4.5 标记多目标似然函数

本节旨在：

- 给出标记版标准多目标观测模型的多目标似然函数的具体表达式；
- 为了使之关于多目标贝叶斯规则精确闭式封闭，重新推导其 GLMB 表达式。

令 $\mathring{X} = \{(\boldsymbol{x}_1,\ell_1),\cdots,(\boldsymbol{x}_n,\ell_n)\}$ 且 $|X| = n$，同时令 $|Z| = m$，则由式(7.21)知，标记版标准多目标观测模型的多目标似然函数为

$$\mathring{f}_{k+1}(Z|\mathring{X}) = e^{-\lambda}\kappa^{Z}\cdot\begin{pmatrix} 1-\delta_{|\mathring{X}|,|\mathring{X}_{\mathfrak{L}}|} + \delta_{|\mathring{X}|,|\mathring{X}_{\mathfrak{L}}|}\cdot(1-\mathring{p}_{\mathrm{D}})^{\mathring{X}}\cdot \\ \sum_{\theta}\prod_{i:\theta(i)>0}\frac{\mathring{p}_{\mathrm{D}}(\boldsymbol{x}_i,\ell_i)\cdot\mathring{f}_{k+1}(\boldsymbol{z}_{\theta(i)}|\boldsymbol{x}_i,\ell_i)}{(1-\mathring{p}_{\mathrm{D}}(\boldsymbol{x}_i,\ell_i))\cdot\kappa(\boldsymbol{z}_{\theta(i)})}\end{pmatrix} \tag{15.176}$$

式中：依惯例 $\kappa^{Z} = \prod_{\boldsymbol{z}\in Z}\kappa(\boldsymbol{z})$；求和运算遍历所有满足关系“$\theta(i) = \theta(i') > 0 \Rightarrow i = i'$”的函数 $\theta:\{1,\cdots,n\}\to\{0,1,\cdots,m\}$。

如果 $\mathring{X}$ 是物理不可实现的，即 $|\mathring{X}| \neq |\mathring{X}_{\mathfrak{L}}|$，则式(15.176)将退化为

$$\mathring{f}_{k+1}(Z|\mathring{X}) = e^{-\lambda}\kappa^{Z} \tag{15.177}$$

也就是说，此时没有源自目标的观测，而只有杂波观测。

若 $\mathring{X}$ 是物理可实现的，则式(15.176)便退化为式(7.21)的标准多目标观测模型似然函数 (互异标签版)：

$$\mathring{f}_{k+1}(Z|\mathring{X}) = e^{-\lambda}\kappa^{Z}(1-\mathring{p}_{\mathrm{D}})^{\mathring{X}}\sum_{\theta}\prod_{i:\theta(i)>0}\frac{\mathring{p}_{\mathrm{D}}(\boldsymbol{x}_i,\ell_i)\cdot\mathring{f}_{k+1}(\boldsymbol{z}_{\theta(i)}|\boldsymbol{x}_i,\ell_i)}{(1-\mathring{p}_{\mathrm{D}}(\boldsymbol{x}_i,\ell_i))\cdot\kappa(\boldsymbol{z}_{\theta(i)})} \tag{15.178}$$

需要注意的是，若 $\mathring{X} \cap \mathring{\mathfrak{X}}_{0:k+2} \neq \emptyset$，则 $\mathring{X}$ 包含状态为 $(\boldsymbol{x}_j, l_j, i_j)$ 且 $l_j > k+1$ 的目标，此时由于 $\mathring{p}_{\mathrm{D}}(\boldsymbol{x}_j, l_j, i_j) = 0$，故(15.176)式中的乘积将为零，因此[①]

$$\mathring{f}_{k+1}(Z|\mathring{X}) = e^{-\lambda} \kappa^Z \tag{15.179}$$

定义

$$\mathring{L}_Z^{\mathring{\theta}}(\boldsymbol{x}, \ell) = \delta_{0,\mathring{\theta}(\ell)} \cdot (1 - \mathring{p}_{\mathrm{D}}(\boldsymbol{x}, \ell)) + (1 - \delta_{0,\mathring{\theta}(\ell)}) \cdot \frac{\mathring{p}_{\mathrm{D}}(\boldsymbol{x}, \ell) \cdot \mathring{f}_{k+1}(\boldsymbol{z}_{\mathring{\theta}(\ell)}|\boldsymbol{x}, \ell)}{\kappa(\boldsymbol{z}_{\mathring{\theta}(\ell)})} \tag{15.180}$$

式中：函数 $\mathring{\theta} : \mathfrak{L} \to \{0, 1, \cdots, m\}$ 满足性质：① $\mathring{\theta}(\ell) = \mathring{\theta}(\ell') > 0 \Rightarrow \ell = \ell'$；② 仅有有限个 $\ell \in \mathfrak{L}$ 使得 $\mathring{\theta}(\ell) > 0$[②]。

因此，可将式(15.176)等价表示为下述类 GLMB 形式[③]：

$$\mathring{f}_{k+1}(Z|\mathring{X}) = e^{-\lambda} \kappa^Z \left(1 - \delta_{|\mathring{X}|, |\mathring{X}_{\mathfrak{L}}|} + \delta_{|\mathring{X}|, |\mathring{X}_{\mathfrak{L}}|} \sum_{\mathring{\theta}} \lambda_{k+1}^{\mathring{\theta}}(\mathring{X}_{\mathfrak{L}}) \prod_{(\boldsymbol{x}, \ell) \in \mathring{X}} \mathring{L}_Z^{\mathring{\theta}}(\boldsymbol{x}, \ell) \right) \tag{15.181}$$

式中[④]

$$\mathring{\lambda}_{k+1}^{\mathring{\theta}}(L) = \begin{cases} \prod_{\ell \in \mathfrak{L}_{0:k+1} - L} \delta_{\mathring{\theta}(\ell), 0}, & \text{有限集 } L \subseteq \mathfrak{L}_{0:k+1} \\ 0, & \text{其他} \end{cases} \tag{15.182}$$

为了验证式(15.181)的正确性：

首先假定 $|\mathring{X}_{\mathfrak{L}}| = |\mathring{X}| = n$，此时 $\ell_1, \cdots, \ell_n$ 互异，式(15.181)可化为

$$\mathring{f}_{k+1}(Z|\mathring{X}) = e^{-\lambda} \kappa^Z \sum_{\mathring{\theta}} \lambda_{k+1}^{\mathring{\theta}}(\mathring{X}_{\mathfrak{L}}) \prod_{i=1}^{n} \mathring{L}_Z^{\mathring{\theta}}(\boldsymbol{x}_i, \ell_i) \tag{15.183}$$

其次，由于式(15.182)的缘故，式(15.183)的求和运算必是有限的，该求和实际上将遍历所有满足 $\lambda_{k+1}^{\mathring{\theta}}(\mathring{X}_{\mathfrak{L}}) \neq 0$ 的函数 $\mathring{\theta}$。也就是说，所有的 $\mathring{\theta}$ 均具有如下性质：若 $\ell \notin \mathring{X}_{\mathfrak{L}}$，则 $\mathring{\theta}(\ell) = 0$。显然，$\mathring{\theta}$ 与所有满足“$\tilde{\theta}(\ell) = \tilde{\theta}(\ell') > 0 \Rightarrow \ell = \ell'$”的函数 $\tilde{\theta} : \mathring{X}_{\mathfrak{L}} \to \{0, 1, \cdots, m\}$ 之间具有一一对应关系。

再者，因

$$\mathring{L}_Z^{\tilde{\theta}}(\boldsymbol{x}, \ell) = \begin{cases} 1 - p_{\mathrm{D}}(\boldsymbol{x}, \ell), & \tilde{\theta}(\ell) = 0 \\ \frac{p_{\mathrm{D}}(\boldsymbol{x}, \ell) \cdot \mathring{f}_{k+1}(\boldsymbol{z}_{\tilde{\theta}(\ell)}|\boldsymbol{x}, \ell)}{\kappa(\boldsymbol{z}_{\tilde{\theta}(\ell)})}, & \tilde{\theta}(\ell) > 0 \end{cases} \tag{15.184}$$

[①]译者注：这段描述显然有误。其一，$\mathring{X} \cap \mathring{\mathfrak{X}}_{0:k+2} \neq \emptyset$ 并不说明 $\mathring{X}$ 一定包含 $(\boldsymbol{x}_j, l_j, i_j)$ 且 $l_j > k+1$ 的目标，这是因为 $\mathring{\mathfrak{X}}_{0:k+2} = \mathring{\mathfrak{X}}_{0:k+1} \uplus \mathring{\mathfrak{X}}_{k+2}^{\mathrm{B}}$；其二，若 $\mathring{X}$ 包含 $(\boldsymbol{x}_j, l_j, i_j)$ 且 $l_j > k+1$ 的目标，只要不全是这类目标，则式(15.176)求和项中将余下那些 $\theta : \theta(\ell_j) = 0$ 的项。

[②]译者注：性质②实际上是多余的，因为对于互异标签集 $\mathfrak{L}$ 和有限集 $\{0, 1, \cdots, m\}$ 而言，当满足性质①时，性质②自然满足。

[③]由于 $\sum_L \sum_{\mathring{\theta}} \lambda_{k+1}^{\mathring{\theta}} = 1$ 不成立，因此严格来讲式(15.181)并非 GLMB 分布，但实际也不需要 $f_{k+1}(Z|\mathring{X})$ 关于变量 $\mathring{X}$ 呈 GLMB 分布。

[④]注意：据上下文不难看出 $\mathring{\lambda}_{k+1}^{\mathring{\theta}}(L)$ 并非泊松杂波过程的杂波率 λ_{k+1}。

故式(15.183)可化为

$$\mathring{f}_{k+1}(Z|\mathring{X}) = e^{-\lambda}\kappa^Z \sum_{\tilde{\theta}} \left(\prod_{i:\tilde{\theta}(\ell_i)=0} (1 - p_\mathrm{D}(\boldsymbol{x}_i, \ell_i)) \right) \cdot \prod_{i:\tilde{\theta}(\ell_i)>0} \frac{p_\mathrm{D}(\boldsymbol{x}_i, \ell_i) \cdot \mathring{f}_{k+1}(\boldsymbol{z}_{\tilde{\theta}(\ell_i)}|\boldsymbol{x}_i, \ell_i)}{\kappa(\boldsymbol{z}_{\tilde{\theta}(\ell_i)})} \tag{15.185}$$

$$= e^{-\lambda}\kappa^Z \cdot \left(\prod_{i=1}^{n} (1 - p_\mathrm{D}(\boldsymbol{x}_i, \ell_i)) \right) \cdot \sum_{\tilde{\theta}} \left(\prod_{i:\tilde{\theta}(\ell_i)>0} \frac{p_\mathrm{D}(\boldsymbol{x}_i, \ell_i) \cdot \mathring{f}_{k+1}(\boldsymbol{z}_{\tilde{\theta}(\ell_i)}|\boldsymbol{x}_i, \ell_i)}{(1 - \mathring{p}_\mathrm{D}(\boldsymbol{x}_i, \ell_i)) \cdot \kappa(\boldsymbol{z}_{\tilde{\theta}(\ell_i)})} \right) \tag{15.186}$$

因此

$$\mathring{f}_{k+1}(Z|\mathring{X}) = e^{-\lambda}\kappa^Z \cdot (1 - \mathring{p}_\mathrm{D})^{\mathring{X}} \cdot \sum_{\tilde{\theta}} \left(\prod_{i:\tilde{\theta}(\ell_i)>0} \frac{p_\mathrm{D}(\boldsymbol{x}_i, \ell_i) \cdot \mathring{f}_{k+1}(\boldsymbol{z}_{\tilde{\theta}(\ell_i)}|\boldsymbol{x}_i, \ell_i)}{(1 - \mathring{p}_\mathrm{D}(\boldsymbol{x}_i, \ell_i)) \cdot \kappa(\boldsymbol{z}_{\tilde{\theta}(\ell_i)})} \right) \tag{15.187}$$

$$= e^{-\lambda}\kappa^Z \cdot (1 - \mathring{p}_\mathrm{D})^{\mathring{X}} \cdot \sum_{\theta} \left(\prod_{i:\theta(i)>0} \frac{p_\mathrm{D}(\boldsymbol{x}_i, \ell_i) \cdot \mathring{f}_{k+1}(\boldsymbol{z}_{\theta(i)}|\boldsymbol{x}_i, \ell_i)}{(1 - \mathring{p}_\mathrm{D}(\boldsymbol{x}_i, \ell_i)) \cdot \kappa(\boldsymbol{z}_{\theta(i)})} \right) \tag{15.188}$$

上式与式(15.178)是相同的。

15.4.6 标记多目标马尔可夫密度：标准版

本节旨在:

- 给出标记版标准多目标运动模型多目标马尔可夫密度的具体表达式;
- 给出在无新生目标情形下该密度的具体表达式;
- 推导后面这种特例的 GLMB 形式 (这对多目标预测积分的精确闭式封闭非常必要)。

令

$$\mathring{X} = \{(\boldsymbol{x}_1, \ell_1), \cdots, (\boldsymbol{x}_n, \ell_n)\} \tag{15.189}$$

$$\mathring{X}' = \{(\boldsymbol{x}'_1, \ell'_1), \cdots, (\boldsymbol{x}'_{n'}, \ell'_{n'})\} \tag{15.190}$$

且 $|\mathring{X}| = n, |\mathring{X}'| = n'$，由式(7.66)可知，标记版标准多目标运动模型的马尔可夫密度为

$$\mathring{f}_{k+1|k}(\mathring{X}|\mathring{X}') = e^{-N^\mathrm{B}_{k+1|k}} b^{\mathring{X}}_{k+1|k} \cdot \left(\begin{array}{c} 1 - \delta_{n',|\mathring{X}'_{\mathfrak{L}}|} + \delta_{n',|\mathring{X}'_{\mathfrak{L}}|} \cdot (1 - \mathring{p}_\mathrm{S})^{\mathring{X}'} \cdot \sum_\theta \cdot \\ \prod_{i:\theta(i)>0} \frac{\mathring{p}_\mathrm{S}(\boldsymbol{x}'_i, \ell'_i) \cdot \mathring{f}_{k+1|k}(\boldsymbol{x}_{\theta(i)}|\boldsymbol{x}'_i, \ell'_i) \cdot \delta_{\ell_{\theta(i)}, \ell'_i}}{(1 - \mathring{p}_\mathrm{S}(\boldsymbol{x}'_i, \ell'_i)) \cdot b_{k+1|k}(\boldsymbol{x}_{\theta(i)})} \end{array} \right) \tag{15.191}$$

式中的求和遍历所有满足关系“$\theta(i) = \theta(i') > 0 \Rightarrow i = i'$”的函数 $\theta : \{1, \cdots, n'\} \to \{0, 1, \cdots, n\}$。

假定没有新目标出现，这时所有目标均为上一时刻的存活目标，根据式(7.69)可将式(15.191) 等价表示为：若 $n \leqslant n'$，则[①]

$$\mathring{f}^{-}_{k+1|k}(\mathring{X}|\mathring{X}') = \delta_{\mathring{X},\emptyset} \cdot (1 - \delta_{n',|\mathring{X}'_{\mathfrak{L}}|}) + \delta_{n',|\mathring{X}'_{\mathfrak{L}}|} \cdot \delta_{n,|\mathring{X}_{\mathfrak{L}}|} \cdot (1 - \mathring{p}_{\mathrm{S}})^{\mathring{X}'} \cdot \sum_{\tau} \prod_{i=1}^{n} \frac{\mathring{p}_{\mathrm{S}}(\boldsymbol{x}'_{\tau i}, \ell'_{\tau i}) \cdot \mathring{f}_{k+1|k}(\boldsymbol{x}_i|\boldsymbol{x}'_{\tau i}, \ell'_{\tau i}) \cdot \delta_{\ell_i, \ell'_{\tau i}}}{1 - \mathring{p}_{\mathrm{S}}(\boldsymbol{x}'_{\tau i}, \ell'_{\tau i})} \tag{15.192}$$

式中的求和运算遍历所有满足“$\tau i = \tau i' \Rightarrow i = i'$”的函数 $\tau : \{1, \cdots, n\} \to \{1, \cdots, n'\}$。若 $n > n'$，则

$$\mathring{f}^{-}_{k+1|k}(\mathring{X}|\mathring{X}') = \delta_{\mathring{X},\emptyset} \tag{15.193}$$

式(15.192)也可表示为类 GLMB 形式：若 $|\mathring{X}| \leqslant |\mathring{X}'|$，则

$$\mathring{f}^{-}_{k+1|k}(\mathring{X}|\mathring{X}') = \delta_{\mathring{X},\emptyset} \cdot (1 - \delta_{|\mathring{X}'|,|\mathring{X}'_{\mathfrak{L}}|}) + \delta_{|\mathring{X}|,|\mathring{X}_{\mathfrak{L}}|} \cdot \delta_{|\mathring{X}'|,|\mathring{X}'_{\mathfrak{L}}|} \cdot \beta_{\mathring{X}'_{\mathfrak{L}}}(\mathring{X}_{\mathfrak{L}}) \prod_{(\boldsymbol{x}', \ell') \in \mathring{X}'} \tilde{M}_{\mathring{X}}(\boldsymbol{x}', \ell') \tag{15.194}$$

式中[②]

$$\beta_{L'}(L) = \prod_{\ell \in L} \mathbf{1}_{L'}(\ell) \tag{15.195}$$

$$\tilde{M}_{\mathring{X}}(\boldsymbol{x}', \ell') = (1 - \mathbf{1}_{\mathring{X}_{\mathfrak{L}}}(\ell')) \cdot (1 - \mathring{p}_{\mathrm{S}}(\boldsymbol{x}', \ell')) + \sum_{(\boldsymbol{x}, \ell) \in \mathring{X}} \delta_{\ell, \ell'} \cdot \mathring{p}_{\mathrm{S}}(\boldsymbol{x}', \ell') \cdot f_{k+1|k}(\boldsymbol{x}|\boldsymbol{x}', \ell') \tag{15.196}$$

若 $|\mathring{X}| > |\mathring{X}'|$，则

$$\mathring{f}^{-}_{k+1|k}(\mathring{X}|\mathring{X}') = \delta_{\mathring{X},\emptyset} \tag{15.197}$$

欲证式(15.194)，首先假定 $|\mathring{X}| \leqslant |\mathring{X}'|$ 且 $|\mathring{X}'| = |\mathring{X}'_{\mathfrak{L}}|$、$|\mathring{X}| = |\mathring{X}_{\mathfrak{L}}|$，则式(15.192)可化为

$$\mathring{f}^{-}_{k+1|k}(\mathring{X}|\mathring{X}') = (1 - \mathring{p}_{\mathrm{S}})^{\mathring{X}'} \sum_{\tau} \prod_{i=1}^{n} \frac{\mathring{p}_{\mathrm{S}}(\boldsymbol{x}'_{\tau i}, \ell'_{\tau i}) \cdot \mathring{f}_{k+1|k}(\boldsymbol{x}_i|\boldsymbol{x}'_{\tau i}, \ell'_{\tau i}) \cdot \delta_{\ell_i, \ell'_{\tau_i}}}{1 - \mathring{p}_{\mathrm{S}}(\boldsymbol{x}'_{\tau i}, \ell'_{\tau i})} \tag{15.198}$$

[①]译者注：原著下式及后面 GLMB 形式的多目标马尔可夫密度中，第 2 项仅包含 1 个 δ 函数 $\delta_{n',|\mathring{X}'_{\mathfrak{L}}|}$，为确保 $\mathring{X}$ 和 $\mathring{X}'$ 内部标签的互异性，此处更正为两个 δ 函数的乘积 $\delta_{n',|\mathring{X}'_{\mathfrak{L}}|} \cdot \delta_{n,|\mathring{X}_{\mathfrak{L}}|}$。

[②]除非 $L \subseteq L'$，否则 $\beta_{L'}(L) = 0$。式(15.195)中的记号 $\beta_{L'}(L)$ 是由确定性 RFS Λ (只有 1 个样本 L) 的信任质量函数 $\beta_L(L')$ 而来，即

$$\beta_{\Lambda}(L') = \Pr(\Lambda \subseteq L') = \Pr(L \subseteq L') = \mathbf{1}_{L \subseteq L'} = \prod_{\ell \in L} \mathbf{1}_{L'}(\ell)$$

译者注：原著脚注中混淆了 L' 与 L，此处已更正。

由于因子 $\delta_{\ell_i,\ell_{\tau i}}$ 的存在，上面求和式实际仅存一项，该特定的 τ 满足：对于所有的 $i=1,\cdots,n$，$\ell_i=\ell'_{\tau i}$[①]。因此，式(15.198)可化为

$$\mathring{f}_{k+1|k}(\mathring{X}|\mathring{X}')=(1-\mathring{p}_{\mathrm{S}})^{\mathring{X}'}\prod_{i=1}^{n}\frac{\mathring{p}_{\mathrm{S}}(\boldsymbol{x}'_i,\ell_i)\cdot\mathring{f}_{k+1|k}(\boldsymbol{x}_i|\boldsymbol{x}'_i,\ell_i)}{1-\mathring{p}_{\mathrm{S}}(\boldsymbol{x}'_i,\ell_i)} \tag{15.199}$$

在同样的条件下假定 $\mathring{X}_{\mathfrak{L}}\subseteq\mathring{X}'_{\mathfrak{L}}$，即存活目标的标签集保持不变，则式(15.194)可化为[②]

$$\mathring{f}^{-}_{k+1|k}(\mathring{X}|\mathring{X}')=\prod_{i=1}^{n'}\tilde{M}_{\mathring{X}}(\boldsymbol{x}'_i,\ell'_i) \tag{15.200}$$

$$=\left(\prod_{i=1}^{n}\tilde{M}_{\mathring{X}}(\boldsymbol{x}'_i,\ell_i)\right)\left(\prod_{i=n+1}^{n'}\tilde{M}_{\mathring{X}}(\boldsymbol{x}'_i,\ell_i)\right) \tag{15.201}$$

而

$$\prod_{i=1}^{n}\tilde{M}_{\mathring{X}}(\boldsymbol{x}'_i,\ell_i)=\prod_{i=1}^{n}\left(\begin{array}{c}(1-\mathbf{1}_{\mathring{X}_{\mathfrak{L}}}(\ell_i))\cdot(1-\mathring{p}_{\mathrm{S}}(\boldsymbol{x}'_i,\ell_i))\\+\sum_{j=1}^{n}\delta_{\ell_j,\ell_i}\cdot\mathring{p}_{\mathrm{S}}(\boldsymbol{x}'_i,\ell_i)\cdot f_{k+1|k}(\boldsymbol{x}_j|\boldsymbol{x}'_i,\ell_i)\end{array}\right) \tag{15.202}$$

$$=\prod_{i=1}^{n}\left(\mathring{p}_{\mathrm{S}}(\boldsymbol{x}'_i,\ell_i)\cdot f_{k+1|k}(\boldsymbol{x}_i|\boldsymbol{x}'_i,\ell_i)\right) \tag{15.203}$$

$$\prod_{i=n+1}^{n'}\tilde{M}_{\mathring{X}}(\boldsymbol{x}'_i,\ell_i)=\prod_{i=n+1}^{n'}(1-\mathring{p}_{\mathrm{S}}(\boldsymbol{x}'_i,\ell_i)) \tag{15.204}$$

因此

$$\mathring{f}_{k+1|k}(\mathring{X}|\mathring{X}')=\left(\prod_{i=1}^{n}(\mathring{p}_{\mathrm{S}}(\boldsymbol{x}'_i,\ell_i)\cdot f_{k+1|k}(\boldsymbol{x}_i|\boldsymbol{x}'_i,\ell_i))\right)\cdot\left(\prod_{i=n+1}^{n'}(1-\mathring{p}_{\mathrm{S}}(\boldsymbol{x}'_i,\ell_i))\right) \tag{15.205}$$

$$=\left(\prod_{i=1}^{n'}(1-\mathring{p}_{\mathrm{S}}(\boldsymbol{x}'_i,\ell_i))\right)\cdot\left(\prod_{i=1}^{n}\frac{\mathring{p}_{\mathrm{S}}(\boldsymbol{x}'_i,\ell_i)\cdot\mathring{f}_{k+1|k}(\boldsymbol{x}_i|\boldsymbol{x}'_i,\ell_i)}{1-\mathring{p}_{\mathrm{S}}(\boldsymbol{x}'_i,\ell_i)}\right) \tag{15.206}$$

$$=(1-\mathring{p}_{S})^{\mathring{X}'}\prod_{i=1}^{n}\frac{\mathring{p}_{\mathrm{S}}(\boldsymbol{x}'_i,\ell_i)\cdot\mathring{f}_{k+1|k}(\boldsymbol{x}_i|\boldsymbol{x}'_i,\ell_i)}{1-\mathring{p}_{\mathrm{S}}(\boldsymbol{x}'_i,\ell_i)} \tag{15.207}$$

上式即式(15.199)。

[①]译者注：该 τ 实际上可这样构造：首先根据 $\mathring{X}$ 中的元素对 $\mathring{X}'$ 的元素进行重排，使得前 n 个元素的标签完全一致。不妨设重排后的集合为 $\{(\mathring{\boldsymbol{x}}'_1,\ell_1),\cdots,(\mathring{\boldsymbol{x}}'_n,\ell_n),\cdots,(\mathring{\boldsymbol{x}}'_{n'},\ell_{n'})\}$，由于交换元素顺序并不改变集合 $\mathring{X}'$，因此定义 $\tau i=i$ 即可满足要求。

[②]译者注：由式(15.200)到式(15.201)利用了乘法交换律，依 $\mathring{X}$ 中元素顺序对 $\mathring{X}'$ 中元素进行重排并不改变乘积结果，其中：对于 $i=1,\cdots,n,\ell_i\in\mathring{X}_{\mathfrak{L}}$，而对于 $i=n+1,\cdots,n',\ell_i\notin\mathring{X}_{\mathfrak{L}}$。

15.4.7 标记多目标马尔可夫密度：修正版

标准多目标运动模型的多目标马尔可夫密度假定泊松新生目标，而式(15.21)修正标准多目标运动模型中的新生目标 RFS 是式(15.82)的 LMB 分布：

$$\mathring{b}_{k+1|k}(\mathring{X}) = \delta_{|\mathring{X}|,|\mathring{X}_{\mathfrak{L}}|} \cdot \omega^{\mathrm{B}}_{k+1|k}(\mathring{X}_{\mathfrak{L}}) \prod_{(\boldsymbol{x},\ell)\in\mathring{X}} \mathring{s}^{\mathrm{B}}_{k+1|k}(\boldsymbol{x},\ell) \tag{15.208}$$

$$= \delta_{|\mathring{X}|,|\mathring{X}_{\mathfrak{L}}|} \omega^{\mathrm{B}}_{k+1|k}(\mathring{X}_{\mathfrak{L}}) \cdot (\mathring{s}^{\mathrm{B}}_{k+1|k})^{\mathring{X}} \tag{15.209}$$

本节将这个更一般的目标新生模型集成进马尔可夫密度并推导其具体表达式。

标准多目标马尔可夫密度中的目标存活过程等同于式(15.194)的无新生标准多目标运动模型：

$$\begin{aligned}\mathring{f}^{-}_{k+1|k}(\mathring{X}|\mathring{X}') = {} & \delta_{\mathring{X},\emptyset} \cdot (1-\delta_{|\mathring{X}'|,|\mathring{X}'_{\mathfrak{L}}|}) + \\ & \delta_{|\mathring{X}|,|\mathring{X}_{\mathfrak{L}}|} \cdot \delta_{|\mathring{X}'|,|\mathring{X}'_{\mathfrak{L}}|} \cdot \beta_{\mathring{X}'_{\mathfrak{L}}}(\mathring{X}_{\mathfrak{L}}) \prod_{(x',\ell')\in\mathring{X}'} \tilde{M}_{\mathring{X}}(\boldsymbol{x}',\ell')\end{aligned} \tag{15.210}$$

假定目标出现事件独立于现有目标，则总马尔可夫转移密度由式(4.16)的卷积规则给出：

$$\mathring{f}_{k+1|k}(\mathring{X}|\mathring{X}') = \sum_{\mathring{W}\subseteq\mathring{X}} \mathring{b}_{k+1|k}(\mathring{X}-\mathring{W}) \cdot \mathring{f}^{-}_{k+1|k}(\mathring{W}|\mathring{X}') \tag{15.211}$$

可按下述方式对式(15.211)做进一步的简化：按照15.2.1节的符号表示，可将时间更新的多目标状态 $\mathring{X}$ 分割成存活目标 $\mathring{X}^-$ 和新生目标 $\mathring{X}^+$，即

$$\mathring{X} = \mathring{X}^- \uplus \mathring{X}^+ \tag{15.212}$$

式中

$$\mathring{X}^- = \mathring{X} \cap \mathring{\mathfrak{X}}_{0:k}, \qquad \mathring{X}^+ = \mathring{X} \cap \mathring{\mathfrak{X}}^{\mathrm{B}}_{k+1} \tag{15.213}$$

此时，式(15.211)便退化为下面的简单分解形式：

$$\mathring{f}_{k+1|k}(\mathring{X}|\mathring{X}') = \mathring{b}_{k+1|k}(\mathring{X}^+) \cdot \mathring{f}^{-}_{k+1|k}(\mathring{X}^-|\mathring{X}') \tag{15.214}$$

欲证式(15.214)，只需证明式(15.211)右边的求和项中仅当 $\mathring{W} = \mathring{X}^-$ 时才非零，因此便有 $\mathring{X}-\mathring{W} = \mathring{X}-\mathring{X}^- = \mathring{X}^+$。为了证明这一点，回顾根据15.4.1节中的讨论，除非 $\mathring{W} \subseteq \mathring{X}^-$，否则 $\mathring{f}^{-}_{k+1|k}(\mathring{W}|\mathring{X}') = 0$，因此 $\mathring{W} = \mathring{W}^-, \mathring{W}^+ = \emptyset$。同理，除非 $\mathring{X}-\mathring{W} \subseteq \mathring{X}^+$，否则 $\mathring{b}_{k+1|k}(\mathring{X}-\mathring{W}) = 0$，从而有

$$\mathring{X}^+ \supseteq \mathring{X}-\mathring{W} = (\mathring{X}^- - \mathring{W}^-) \uplus (\mathring{X}^+ - \mathring{W}^+) = (\mathring{X}^- - \mathring{W}^-) \uplus \mathring{X}^+ \tag{15.215}$$

由于 $\mathring{X}^- - \mathring{W}^- \subseteq \mathring{X}^+$，因此 $\mathring{X}^- - \mathring{W}^- = \emptyset$，从而 $\mathring{W} = \mathring{W}^- = \mathring{X}^-$。

因此，总马尔可夫密度的形式为

$$\mathring{f}_{k+1|k}(\mathring{X}|\mathring{X}') = \delta_{|\mathring{X}^{\mathrm{B}}|,|\mathring{X}^{\mathrm{B}}_{\mathfrak{L}}|} \cdot \omega^{\mathrm{B}}_{k+1|k}(\mathring{X}^{\mathrm{B}}_{\mathfrak{L}}) \cdot \left(\prod_{(\boldsymbol{x},\ell)\in\mathring{X}^{\mathrm{B}}} s^{\mathrm{B}}_{k+1|k}(\boldsymbol{x},\ell)\right) \cdot \left(\begin{array}{c} \delta_{\mathring{X}^{\mathrm{S}},\emptyset} \cdot (1-\delta_{|\mathring{X}'|,|\mathring{X}'_{\mathfrak{L}}|}) + \\ \delta_{|\mathring{X}^{\mathrm{S}}|,|\mathring{X}^{\mathrm{S}}_{\mathfrak{L}}|} \cdot \delta_{|\mathring{X}'|,|\mathring{X}'_{\mathfrak{L}}|} \cdot \beta_{\mathring{X}'_{\mathfrak{L}}}(\mathring{X}^{\mathrm{S}}_{\mathfrak{L}}) \cdot \prod_{(\boldsymbol{x}',\ell')\in\mathring{X}'} \tilde{M}_{\mathring{X}^{\mathrm{S}}}(\boldsymbol{x}',\ell') \end{array}\right) \tag{15.216}$$

若 $\mathring{X}'$ 是物理可实现的，则[①]

$$\mathring{f}_{k+1|k}(\mathring{X}|\mathring{X}') = \left(\delta_{|\mathring{X}^{+}|,|\mathring{X}^{+}_{\mathfrak{L}}|} \cdot \omega^{\mathrm{B}}_{k+1|k}(\mathring{X}^{+}_{\mathfrak{L}}) \cdot (s^{\mathrm{B}}_{k+1|k})^{\mathring{X}^{+}}\right) \cdot \left(\delta_{|\mathring{X}^{-}|,|\mathring{X}^{-}_{\mathfrak{L}}|} \cdot \beta_{\mathring{X}'_{\mathfrak{L}}}(\mathring{X}^{-}_{\mathfrak{L}}) \cdot \tilde{M}^{\mathring{X}'}_{\mathring{X}^{-}}\right) \tag{15.217}$$

或

$$\mathring{f}_{k+1|k}(\mathring{X}|\mathring{X}') = \delta_{|\mathring{X}|,|\mathring{X}_{\mathfrak{L}}|} \cdot \left(\omega^{\mathrm{B}}_{k+1|k}(\mathring{X}^{+}_{\mathfrak{L}}) \cdot (s^{\mathrm{B}}_{k+1|k})^{\mathring{X}^{+}}\right) \cdot \left(\beta_{\mathring{X}'_{\mathfrak{L}}}(\mathring{X}^{-}_{\mathfrak{L}}) \cdot \tilde{M}^{\mathring{X}'}_{\mathring{X}^{-}}\right) \tag{15.218}$$

15.5 多目标贝叶斯滤波器的封闭

本节旨在验证所有的 Vo–Vo 先验 (GLMB 多目标分布) 为多目标贝叶斯滤波器提供了15.1.2节意义上的精确闭式解，主要内容安排如下：

- 15.5.1节：时间更新与观测更新方程的推导“路线图”。
- 15.5.2节：证明 GLMB 分布关于多目标贝叶斯滤波器的观测更新过程 (多目标贝叶斯规则) 精确闭式封闭。
- 15.5.3节：证明 GLMB 分布关于多目标贝叶斯滤波器的时间更新过程 (多目标预测积分) 精确闭式封闭。

15.5.1 推导过程的“路线图”

GLMB 分布系是多目标贝叶斯滤波器的精确闭式解，本节介绍该命题证明过程的“路线图”，主要包括时间更新 (15.5.1.1节) 和观测更新 (15.5.1.2节) 两部分。在这两个证明过程中会用到下述引理 (文献 [295] 引理 3)：

引理 1: 假定 $\omega(L) \neq 0$ 仅对有限个有限子集 $L \subseteq \mathfrak{L}$ 成立。令 $\mathring{s}(\boldsymbol{x},\ell)$ 为任意函数，且对所有 ℓ 均满足 $\int \mathring{s}(\boldsymbol{x},\ell)\mathrm{d}\boldsymbol{x} = 1$；同时令 $\mathring{h}(\boldsymbol{x},\ell)$ 为另一任意函数，且对所有 ℓ 积分 $\int \mathring{h}(\boldsymbol{x},\ell) \cdot \mathring{s}(\boldsymbol{x},\ell)\mathrm{d}\boldsymbol{x}$ 均存在，则

$$\int \delta_{|\mathring{X}|,|\mathring{X}_{\mathfrak{L}}|} \cdot \omega(\mathring{X}_{\mathfrak{L}}) \cdot (\mathring{h}\mathring{s})^{\mathring{X}} \delta\mathring{X} = \sum_{L\subseteq\mathfrak{L}} \omega(L) \prod_{\ell\in L} \int \mathring{h}(\boldsymbol{x},\ell) \cdot \mathring{s}(\boldsymbol{x},\ell)\mathrm{d}\boldsymbol{x} \tag{15.219}$$

[①]译者注：由(15.216)式至 (15.217)式的简化需假定 $\mathring{X}'$ 是物理可实现的，从而确保 $\delta_{|\mathring{X}'|,|\mathring{X}'_{\mathfrak{L}}|} = 1$，依此在原文基础上补充了该条件。

式(15.219)的证明过程如下：

$$\int (\mathring{h}\mathring{s})^{\mathring{X}} \cdot \delta_{|\mathring{X}|,|\mathring{X}_{\mathfrak{L}}|} \cdot \omega(\mathring{X}_{\mathfrak{L}})\delta\mathring{X} \tag{15.220}$$

$$= \sum_{n\geqslant 0} \frac{1}{n!} \sum_{(\ell_1,\cdots,\ell_n)\in\mathfrak{L}^n} \int \mathring{h}(\boldsymbol{x}_1,\ell_1) \cdot \mathring{s}(\boldsymbol{x}_1,\ell_1) \cdots \mathring{h}(\boldsymbol{x}_n,\ell_n) \cdot$$

$$\mathring{s}(\boldsymbol{x}_n,\ell_n) \cdot \delta_{n,|\{\ell_1,\cdots,\ell_n\}|} \cdot \omega(\{\ell_1,\cdots,\ell_n\})\mathrm{d}\boldsymbol{x}_1 \cdots \mathrm{d}\boldsymbol{x}_n$$

$$= \sum_{n\geqslant 0} \frac{1}{n!} \sum_{(\ell_1,\cdots,\ell_n)\in\mathfrak{L}^n} \prod_{i=1}^{n} \left(\int \mathring{h}(\boldsymbol{x},\ell_i) \cdot \mathring{s}(\boldsymbol{x},\ell_i)\mathrm{d}\boldsymbol{x} \right) \cdot \tag{15.221}$$

$$\delta_{n,|\{\ell_1,\cdots,\ell_n\}|} \cdot \omega(\{\ell_1,\cdots,\ell_n\})$$

$$= \sum_{n\geqslant 0} \sum_{L\in\mathfrak{F}_n(\mathfrak{L})} \omega(L) \prod_{\ell\in L} \left(\int \mathring{h}(\boldsymbol{x},\ell) \cdot \mathring{s}(\boldsymbol{x},\ell)\mathrm{d}\boldsymbol{x} \right) \tag{15.222}$$

$$= \sum_{L\subseteq\mathfrak{L}} \omega(L) \prod_{\ell\in L} \left(\int \mathring{h}(\boldsymbol{x},\ell) \cdot \mathring{s}(\boldsymbol{x},\ell)\mathrm{d}\boldsymbol{x} \right) \tag{15.223}$$

15.5.1.1 时间更新的推导路线图

GLMB 分布 (Vo–Vo 先验) 能构成贝叶斯滤波器易于计算的闭式解，主要原因是：

- 式(15.211)卷积形式的标记多目标马尔可夫密度可简化为式(15.214)的简单乘积形式，即

$$\mathring{f}_{k+1|k}(\mathring{X}|\mathring{X}') = \sum_{\mathring{W}\subseteq\mathring{X}} \mathring{b}_{k+1|k}(\mathring{X} - \mathring{W}) \cdot \mathring{f}^{-}_{k+1|k}(\mathring{W}|\mathring{X}') \tag{15.224}$$

$$= \mathring{b}_{k+1|k}(\mathring{X}^{+}) \cdot \mathring{f}^{-}_{k+1|k}(\mathring{X}^{-}|\mathring{X}') \tag{15.225}$$

在代入具体模型后，式(15.225)即可化为式(15.218)，具体如下：

$$\mathring{f}_{k+1|k}(\mathring{X}|\mathring{X}') = \delta_{|\mathring{X}|,|\mathring{X}_{\mathfrak{L}}|} \cdot \omega^{\mathrm{B}}_{k+1|k}(\mathring{X}^{+}_{\mathfrak{L}}) \cdot (s^{\mathrm{B}}_{k+1|k})^{\mathring{X}+} \cdot \beta_{\mathring{X}'_{\mathfrak{L}}}(\mathring{X}^{-}_{\mathfrak{L}}) \cdot \tilde{M}^{\mathring{X}'}_{\mathring{X}-} \tag{15.226}$$

给定上述表示后，令先验分布为如下的 GLMB 分布：

$$\mathring{f}_{k|k}(\mathring{X}) = \delta_{|\mathring{X}|,|\mathring{X}_{\mathfrak{L}}|} \sum_{o\in\mathfrak{O}_{k|k}} \omega^{o}_{k|k}(\mathring{X}_{\mathfrak{L}}) \cdot (\mathring{s}^{o}_{k|k})^{\mathring{X}} \tag{15.227}$$

将式(15.226)和式(15.227)代入预测积分，可得

$$\mathring{f}_{k+1|k}(\mathring{X}) = \int \mathring{f}_{k+1|k}(\mathring{X}|\mathring{X}') \cdot \mathring{f}_{k|k}(\mathring{X}')\delta\mathring{X}' \tag{15.228}$$

$$= \delta_{|\mathring{X}|,|\mathring{X}_{\mathfrak{L}}|} \cdot \omega^{\mathrm{B}}_{k+1|k}(\mathring{X}^{+}_{\mathfrak{L}}) \cdot (\mathring{s}^{\mathrm{B}}_{k+1|k})^{\mathring{X}+} \cdot \tag{15.229}$$

$$\int \beta_{\mathring{X}'_{\mathfrak{L}}}(\mathring{X}^{-}_{\mathfrak{L}}) \cdot \tilde{M}^{\mathring{X}'}_{\mathring{X}-} \cdot \mathring{f}_{k|k}(\mathring{X}')\delta\mathring{X}'$$

将引理1即式(15.219)用于上式右侧的积分，则 (见(15.301)式)

$$\mathring{f}_{k+1|k}(\mathring{X}) = \delta_{|\mathring{X}|,|\mathring{X}_{\mathfrak{L}}|} \cdot \omega^{\mathrm{B}}_{k+1|k}(\mathring{X}^{+}_{\mathfrak{L}}) \sum_{o' \in \mathfrak{O}_{k|k}} \tilde{\omega}^{o'}_{k+1|k}(\mathring{X}^{-}_{\mathfrak{L}}) \cdot (\mathring{s}^{\mathrm{B}}_{k+1|k})^{\mathring{X}+} \cdot (\mathring{s}^{o'})^{\mathring{X}-} \tag{15.230}$$

上式也可重新表示为 (见(15.273)式)

$$\mathring{f}_{k+1|k}(\mathring{X}) = \delta_{|\mathring{X}|,|\mathring{X}_{\mathfrak{L}}|} \sum_{o \in \mathfrak{O}_{k+1|k}} \omega^{o}_{k+1|k}(\mathring{X}_{\mathfrak{L}}) \cdot (\mathring{s}^{o}_{k+1|k})^{\mathring{X}} \tag{15.231}$$

15.5.1.2 观测更新的推导路线图

给定式(15.181)的多目标似然函数：

$$\mathring{f}_{k+1}(Z|\mathring{X}) = e^{-\lambda}\kappa^{Z} \left(1 - \delta_{|\mathring{X}|,|\mathring{X}_{\mathfrak{L}}|} + \delta_{|\mathring{X}|,|\mathring{X}_{\mathfrak{L}}|} \sum_{\mathring{\theta} \in \mathfrak{T}_Z} \mathring{\lambda}^{\mathring{\theta}}_{k+1}(\mathring{X}_{\mathfrak{L}}) \cdot (\mathring{L}^{\mathring{\theta}}_{Z})^{\mathring{X}} \right) \tag{15.232}$$

将上式及式(15.233)的 GLMB 预测分布代入式(15.234)的多目标贝叶斯规则，可得

$$\mathring{f}_{k+1|k}(\mathring{X}) = \delta_{|\mathring{X}|,|\mathring{X}_{\mathfrak{L}}|} \sum_{o \in \mathfrak{O}_{k+1|k}} \omega^{o}_{k+1|k}(\mathring{X}_{\mathfrak{L}}) \cdot (\mathring{s}^{o}_{k+1|k})^{\mathring{X}} \tag{15.233}$$

$$\mathring{f}_{k+1|k+1}(\mathring{X}|Z) = \frac{\mathring{f}_{k+1}(Z_{k+1}|\mathring{X}) \cdot f_{k+1|k}(\mathring{X})}{\mathring{f}_{k+1}(Z)} \tag{15.234}$$

可先将引理1即式(15.219)用于下面的贝叶斯归一化因子

$$\mathring{f}_{k+1}(Z) = \int \mathring{f}_{k+1}(Z_{k+1}|\mathring{X}) \cdot \mathring{f}_{k+1|k}(\mathring{X})\delta\mathring{X} \tag{15.235}$$

从而可得

$$\mathring{f}_{k+1}(Z) = e^{-\lambda}\kappa^{Z} \sum_{L \subseteq \mathfrak{L}} \sum_{\mathring{\theta}} \sum_{o \in \mathfrak{O}} \lambda^{\mathring{\theta}}_{k+1}(L) \cdot \omega^{o}_{k+1|k}(L) \prod_{\ell \in L} \mathring{s}^{o,\ell}_{k+1|k}[\mathring{L}^{\mathring{\theta}}_{Z}] \tag{15.236}$$

从而可将后验分布表示为

$$\mathring{f}_{k+1|k+1}(\mathring{X}|Z) = \frac{\delta_{|\mathring{X}|,|\mathring{X}_{\mathfrak{L}}|} \cdot \sum_{\mathring{\theta}} \sum_{o \in \mathfrak{O}} \mathring{\lambda}^{\mathring{\theta}}_{k+1}(\mathring{X}_{\mathfrak{L}}) \cdot \omega^{o}_{k+1|k}(\mathring{X}_{\mathfrak{L}}) \cdot (\mathring{s}^{o}_{k+1|k} \mathring{L}^{\mathring{\theta}}_{Z})^{\mathring{X}}}{\sum_{L' \subseteq \mathfrak{L}} \sum_{\mathring{\theta}'} \sum_{o' \in \mathfrak{O}} \mathring{\lambda}^{\mathring{\theta}'}_{k+1}(L') \cdot \omega^{o'}_{k+1|k}(L') \prod_{\ell' \in L'} \mathring{s}^{o',\ell'}_{k+1}[\mathring{L}^{\mathring{\theta}'}_{Z}]} \tag{15.237}$$

经适当的代数分组后，最终可得到下述 GLMB 分布：

$$\mathring{f}_{k+1|k+1}(\mathring{X}|Z) = \delta_{|\mathring{X}|,|\mathring{X}_{\mathfrak{L}}|} \sum_{(o,\mathring{\theta}) \in \mathfrak{O}_{k+1|k+1}} \omega^{o,\mathring{\theta}}_{k+1|k+1}(\mathring{X}_{\mathfrak{L}}) \cdot (\mathring{s}^{o,\mathring{\theta}}_{k+1|k+1})^{\mathring{X}} \tag{15.238}$$

15.5.2 Vo-Vo 先验下的观测更新封闭

令新观测集为 Z_{k+1}，B. T. Vo 和 B. N. Vo 证明了下述结论 (文献 [295] 命题 7)。若预测多目标分布为式(15.231)的 GLMB 分布，即

$$\mathring{f}_{k+1|k}(\mathring{X}) = \delta_{|\mathring{X}|,|\mathring{X}_{\mathfrak{L}}|} \sum_{o \in \mathfrak{O}_{k+1|k}} \omega^{o}_{k+1|k}(\mathring{X}_{\mathfrak{L}}) \cdot (\mathring{s}^{o}_{k+1|k})^{\mathring{X}} \tag{15.239}$$

式中的 $\omega^{o}_{k+1|k}(L)$ 仅对有限个有限集 $L \subseteq \mathfrak{L}_{0:k+1}$ 非零。同时令 Z_{k+1} 的标记多目标似然如式(15.181)所示，即

$$\mathring{f}_{k+1}(Z_{k+1}|\mathring{X}) = e^{-\lambda_{\kappa}}\kappa^{Z_{k+1}} \cdot \left(1 - \delta_{|\mathring{X}|,|\mathring{X}_{\mathfrak{L}}|} + \delta_{|\mathring{X}|,|\mathring{X}_{\mathfrak{L}}|} \sum_{\mathring{\theta}\in\mathfrak{T}_{Z_{k+1}}} \mathring{\lambda}^{\mathring{\theta}}_{k+1}(\mathring{X}_{\mathfrak{L}}) \cdot (\mathring{L}^{\mathring{\theta}}_{Z_{k+1}})^{\mathring{X}}\right) \tag{15.240}$$

式中：$\mathfrak{T}_{Z_{k+1}}$ 为满足关系"$\mathring{\theta}(\ell) = \mathring{\theta}(\ell') > 0 \Rightarrow \ell = \ell'$"的所有函数 $\mathring{\theta} : \mathfrak{L}_{0:k+1} \to \{0, 1, \cdots, |Z_{k+1}|\}$ 构成的集合；且

$$\mathring{\lambda}^{\mathring{\theta}}_{k+1}(L) = \prod_{\ell\in\mathfrak{L}_{0:k+1}-L} \delta_{\mathring{\theta}(\ell),0} \tag{15.241}$$

$$\mathring{L}^{\mathring{\theta}}_{Z}(\boldsymbol{x},\ell) = \delta_{0,\mathring{\theta}(\ell)} \cdot (1 - \mathring{p}_{\mathrm{D}}(\boldsymbol{x},\ell)) + (1 - \delta_{0,\mathring{\theta}(\ell)}) \cdot \frac{\mathring{p}_{\mathrm{D}}(\boldsymbol{x},\ell) \cdot \mathring{f}_{k+1}(\boldsymbol{z}_{\mathring{\theta}(\ell)}|\boldsymbol{x},\ell)}{\kappa(\boldsymbol{z}_{\mathring{\theta}(\ell)})} \tag{15.242}$$

由于后验多目标分布为

$$\mathring{f}_{k+1|k+1}(\mathring{X}|Z_{k+1}) = \frac{\mathring{f}_{k+1}(Z_{k+1}|\mathring{X}) \cdot f_{k+1|k}(\mathring{X})}{\mathring{f}_{k+1}(Z_{k+1})} \tag{15.243}$$

且其中的归一化因子为

$$\mathring{f}_{k+1}(Z_{k+1}) = \int \mathring{f}_{k+1}(Z_{k+1}|\mathring{X}) \cdot \mathring{f}_{k+1|k}(\mathring{X})\delta\mathring{X} \tag{15.244}$$

故可将 $\mathring{f}_{k+1|k+1}(\mathring{X}|Z)$ 表示为如下形式的 GLMB 分布：

$$\mathring{f}_{k+1|k+1}(\mathring{X}|Z) = \delta_{|\mathring{X}|,|\mathring{X}_{\mathfrak{L}}|} \sum_{(o,\mathring{\theta})\in\mathfrak{O}_{k+1|k+1}} \omega^{o,\mathring{\theta}}_{k+1|k+1}(\mathring{X}_{\mathfrak{L}}) \cdot \prod_{(\boldsymbol{x},\ell)\in\mathring{X}} \mathring{s}^{o,\mathring{\theta}}_{k+1|k+1}(\boldsymbol{x},\ell) \tag{15.245}$$

$$= \delta_{|\mathring{X}|,|\mathring{X}_{\mathfrak{L}}|} \cdot \sum_{(o,\mathring{\theta})\in\mathfrak{O}_{k+1|k+1}} \omega^{o,\mathring{\theta}}_{k+1|k+1}(\mathring{X}_{\mathfrak{L}}) \cdot (\mathring{s}^{o,\mathring{\theta}}_{k+1|k+1})^{\mathring{X}} \tag{15.246}$$

式中：

- 观测更新的索引集为

$$\mathfrak{O}_{k+1|k+1} = \mathfrak{O}_{k+1|k} \times \mathfrak{T}_{Z_{k+1}} \tag{15.247}$$

- 观测更新的权值函数为

$$\omega^{o,\mathring{\theta}}_{k+1|k+1}(L) = \frac{\mathring{\lambda}^{\mathring{\theta}}_{k+1}(L) \cdot \omega^{o}_{k+1|k}(L) \cdot \prod_{\ell\in L} \mathring{s}^{o,\ell}_{k+1|k}[\mathring{L}^{\mathring{\theta}}_{Z_{k+1}}]}{\left(\begin{array}{c}\sum_{L'\subseteq\mathfrak{L}} \sum_{\mathring{\theta}'} \sum_{o'\in\mathfrak{O}_{k+1|k}} \mathring{\lambda}^{\mathring{\theta}'}_{k+1}(L') \cdot \\ \omega^{o'}_{k+1|k}(L') \prod_{\ell'\in L'} \mathring{s}^{o',\ell'}_{k+1|k}[\mathring{L}^{\mathring{\theta}'}_{Z_{k+1}}]\end{array}\right)} \tag{15.248}$$

式中

$$\mathring{s}^{o,\ell}_{k+1|k}[\mathring{L}^{\mathring{\theta}}_{Z_{k+1}}] = \int \mathring{L}^{\mathring{\theta}}_{Z_{k+1}}(\boldsymbol{x},\ell) \cdot \mathring{s}^{o}_{k+1|k}(\boldsymbol{x},\ell)\mathrm{d}\boldsymbol{x} \tag{15.249}$$

• 观测更新的空间分布为

$$\mathring{s}^{o,\mathring{\theta}}_{k+1|k+1}(\boldsymbol{x},\ell) = \frac{\mathring{s}^{o}_{k+1|k}(\boldsymbol{x},\ell) \cdot \mathring{L}^{\mathring{\theta}}_{Z_{k+1}}(\boldsymbol{x},\ell)}{\mathring{s}^{o,\ell}_{k+1|k}[\mathring{L}^{\mathring{\theta}}_{Z_{k+1}}]} \tag{15.250}$$

$$= \frac{\delta_{0,\mathring{\theta}(\ell)} \cdot (1-\mathring{p}_{\mathrm{D}}(\boldsymbol{x},\ell)) \cdot \mathring{s}^{o}_{k+1|k}(\boldsymbol{x},\ell)}{\delta_{0,\mathring{\theta}(\ell)} \cdot \mathring{s}^{o,\ell}_{k+1|k}[1-\mathring{p}_{\mathrm{D}}] + (1-\delta_{0,\mathring{\theta}(\ell)})\frac{\mathring{s}^{o,\ell}_{k+1|k}[\mathring{p}_{\mathrm{D}}\mathring{L}_{\boldsymbol{z}_{\mathring{\theta}(\ell)}}]}{\kappa(\boldsymbol{z}_{\mathring{\theta}(\ell)})}} + \tag{15.251}$$

$$\frac{(1-\delta_{0,\mathring{\theta}(\ell)}) \cdot \frac{\mathring{p}_{\mathrm{D}}(\boldsymbol{x},\ell)\cdot \mathring{L}_{\boldsymbol{z}_{\mathring{\theta}(\ell)}}(\boldsymbol{x},\ell)\cdot \mathring{s}^{o}_{k+1|k}(\boldsymbol{x},\ell)}{\kappa(\boldsymbol{z}_{\mathring{\theta}(\ell)})}}{\delta_{0,\mathring{\theta}(\ell)} \cdot \mathring{s}^{o,\ell}_{k+1|k}[1-\mathring{p}_{\mathrm{D}}] + (1-\delta_{0,\mathring{\theta}(\ell)})\frac{\mathring{s}^{o,\ell}_{k+1|k}[\mathring{p}_{\mathrm{D}}\mathring{L}_{\boldsymbol{z}_{\mathring{\theta}(\ell)}}]}{\kappa(\boldsymbol{z}_{\mathring{\theta}(\ell)})}}$$

式(15.246)~(15.250)的证明如下：

首先采用简写 $Z = Z_{k+1}$ 并计算 $\mathring{f}_{k+1}(Z)$，即

$$\mathring{f}_{k+1}(Z) = \int \mathring{f}_{k+1}(Z|\mathring{X}) \cdot \mathring{f}_{k+1|k}(\mathring{X})\delta\mathring{X} \tag{15.252}$$

$$= \int e^{-\lambda}\kappa^{Z} \left(\sum_{\mathring{\theta}} \mathring{\lambda}^{\mathring{\theta}}_{k+1}(\mathring{X}_{\mathfrak{L}}) \cdot (\mathring{L}^{\mathring{\theta}}_{Z})^{\mathring{X}} \right) \cdot \tag{15.253}$$

$$\left(\delta_{|\mathring{X}|,|\mathring{X}_{\mathfrak{L}}|} \sum_{o\in\mathfrak{O}} \omega^{o}_{k+1|k}(\mathring{X}_{\mathfrak{L}}) \cdot (\mathring{s}^{o}_{k+1|k})^{\mathring{X}} \right) \delta\mathring{X}$$

$$= e^{-\lambda}\kappa^{Z} \sum_{\mathring{\theta}} \sum_{o\in\mathfrak{O}} \int \left(\mathring{s}_{k+1|k}\mathring{L}^{\mathring{\theta}}_{Z}\right)^{\mathring{X}} \cdot \tag{15.254}$$

$$\delta_{|\mathring{X}|,|\mathring{X}_{\mathfrak{L}}|} \cdot \mathring{\lambda}^{\mathring{\theta}}_{k+1}(\mathring{X}_{\mathfrak{L}}) \cdot \omega^{o}_{k+1|k}(\mathring{X}_{\mathfrak{L}})\delta\mathring{X}$$

然后应用引理1即式(15.219)，从而将式(15.254)化为

$$\mathring{f}_{k+1}(Z) = e^{-\lambda}\kappa^{Z} \sum_{L\subseteq\mathfrak{L}} \sum_{\mathring{\theta}} \sum_{o\in\mathfrak{O}} \lambda^{\mathring{\theta}}_{k+1}(L) \cdot \omega^{o}_{k+1|k}(L) \prod_{\ell\in L} \mathring{s}^{o,\ell}_{k+1|k}[\mathring{L}^{\mathring{\theta}}_{Z}] \tag{15.255}$$

式中

$$\mathring{s}^{o,\ell}_{k+1|k}[\mathring{L}^{\mathring{\theta}}_{Z}] = \int \mathring{L}^{\mathring{\theta}}_{Z}(\boldsymbol{x},\ell) \cdot \mathring{s}^{o}_{k+1|k}(\boldsymbol{x},\ell)\mathrm{d}\boldsymbol{x} \tag{15.256}$$

因此，后验分布可表示为

$$\mathring{f}_{k+1|k+1}(\mathring{X}|Z) = \frac{\begin{pmatrix} \delta_{|\mathring{X}|,|\mathring{X}_{\mathfrak{L}}|} \cdot \sum_{\mathring{\theta}} \sum_{o\in\mathfrak{O}} \mathring{\lambda}^{\mathring{\theta}}_{k+1}(\mathring{X}_{\mathfrak{L}}) \cdot \\ \omega^{o}_{k+1|k}(\mathring{X}_{\mathfrak{L}}) \cdot (\mathring{s}^{o}_{k+1|k} L^{\mathring{\theta}}_{Z})^{\mathring{X}} \end{pmatrix}}{\begin{pmatrix} \sum_{L'\subseteq\mathfrak{L}} \sum_{\mathring{\theta}'} \sum_{o'\in\mathfrak{O}} \mathring{\lambda}^{\mathring{\theta}'}_{k+1}(\mathring{X}_{\mathfrak{L}}) \cdot \\ \omega^{o'}_{k+1|k}(L') \prod_{\ell'\in L'} \mathring{s}^{o',\ell'}_{k+1|k}[\mathring{L}^{\mathring{\theta}'}_{Z}] \end{pmatrix}} \tag{15.257}$$

$$= \delta_{|\mathring{X}|,|\mathring{X}_{\mathfrak{L}}|} \cdot \frac{\begin{pmatrix} \sum_{\mathring{\theta}} \sum_{o\in\mathfrak{O}} \mathring{\lambda}^{\mathring{\theta}}_{k+1}(\mathring{X}_{\mathfrak{L}}) \cdot \omega^{o}_{k+1|k}(\mathring{X}_{\mathfrak{L}}) \cdot \\ \left(\prod_{\ell\in\mathring{X}_{\mathfrak{L}}} \mathring{s}^{o,\ell}_{k+1|k}[L^{\mathring{\theta}}_{Z}]\right) \cdot \frac{(\mathring{s}^{o}_{k+1|k} \mathring{L}^{\mathring{\theta}}_{Z})^{\mathring{X}}}{\prod_{\ell\in\mathring{X}_{\mathfrak{L}}} \mathring{s}^{o,\ell}_{k+1|k}[L^{\mathring{\theta}}_{Z}]} \end{pmatrix}}{\begin{pmatrix} \sum_{L'\subseteq\mathfrak{L}} \sum_{\mathring{\theta}'} \sum_{o'\in\mathfrak{O}} \mathring{\lambda}^{\mathring{\theta}'}_{k+1}(\mathring{X}_{\mathfrak{L}}) \cdot \\ \omega^{o'}_{k+1|k}(L') \prod_{\ell'\in L'} \mathring{s}^{o',\ell'}_{k+1|k}[\mathring{L}^{\mathring{\theta}'}_{Z}] \end{pmatrix}} \tag{15.258}$$

$$= \delta_{|\mathring{X}|,|\mathring{X}_{\mathfrak{L}}|} \sum_{\mathring{\theta}} \sum_{o\in\mathfrak{O}} \omega^{o,\mathring{\theta}}_{k+1|k+1}(\mathring{X}_{\mathfrak{L}}) \cdot \tag{15.259}$$

$$\prod_{(\boldsymbol{x},\ell)\in\mathring{X}} \frac{\mathring{s}^{o}_{k+1|k}(\boldsymbol{x},\ell) \cdot \mathring{L}^{\mathring{\theta}}_{Z}(\boldsymbol{x},\ell)}{\mathring{s}^{o,\ell}_{k+1|k}[\mathring{L}^{\mathring{\theta}}_{Z}]}$$

$$= \delta_{|\mathring{X}|,|\mathring{X}_{\mathfrak{L}}|} \sum_{\mathring{\theta}} \sum_{o\in\mathfrak{O}} \omega^{o,\mathring{\theta}}_{k+1|k+1}(\mathring{X}_{\mathfrak{L}}) \cdot \left(\mathring{s}^{o,\mathring{\theta}}_{k+1|k+1}\right)^{\mathring{X}} \tag{15.260}$$

式中

$$\omega^{o,\mathring{\theta}}_{k+1|k+1}(L) = \frac{\mathring{\lambda}^{\mathring{\theta}}_{k+1}(L) \cdot \omega^{o}_{k+1|k}(L) \cdot \prod_{\ell\in L} \mathring{s}^{o,\ell}_{k+1|k}[\mathring{L}^{\mathring{\theta}}_{Z}]}{\begin{pmatrix} \sum_{L'\subseteq\mathfrak{L}} \sum_{\mathring{\theta}'} \sum_{o'\in\mathfrak{O}} \mathring{\lambda}^{\mathring{\theta}'}_{k+1}(L') \cdot \\ \omega^{o'}_{k+1|k}(L') \cdot \prod_{\ell'\in L'} \mathring{s}^{o',\ell'}_{k+1|k}[\mathring{L}^{\mathring{\theta}'}_{Z}] \end{pmatrix}} \tag{15.261}$$

$$\mathring{s}^{o,\mathring{\theta}}_{k+1|k+1}(\boldsymbol{x},\ell) = \frac{\mathring{s}^{o}_{k+1|k}(\boldsymbol{x},\ell) \cdot \mathring{L}^{\mathring{\theta}}_{Z}(\boldsymbol{x},\ell)}{\mathring{s}^{o,\ell}_{k+1|k}[\mathring{L}^{\mathring{\theta}}_{Z}]} \tag{15.262}$$

15.5.3 Vo–Vo 先验下的时间更新封闭

B. T. Vo 和 B. N. Vo 证明了本节的结论 (文献 [295] 命题 8)。令先验多目标分布为(15.227)式所示的 GLMB 分布，即

$$\mathring{f}_{k|k}(\mathring{X}) = \delta_{|\mathring{X}|,|\mathring{X}_{\mathfrak{L}}|} \sum_{o\in\mathfrak{O}_{k|k}} \omega^{o}_{k|k}(\mathring{X}_{\mathfrak{L}}) \cdot (\mathring{s}^{o}_{k|k})^{\mathring{X}} \tag{15.263}$$

式中：$\omega^{o}_{k|k}(L)$ 仅对有限个有限集 $L \subseteq \mathfrak{L}_{0:k}$ 非零；且

$$\sum_{L\subseteq\mathfrak{L}_{0:k}} \sum_{o\in\mathfrak{O}_{k|k}} \omega^{o}_{k|k}(L) = 1 \tag{15.264}$$

再令标记多目标马尔可夫密度如式(15.218)所示，即

$$\mathring{f}_{k+1|k}(\mathring{X}|\mathring{X}') = \delta_{|\mathring{X}|,|\mathring{X}_{\mathfrak{L}}|} \cdot \omega^{\mathrm{B}}_{k+1|k}(\mathring{X}^{+}_{\mathfrak{L}}) \cdot (s^{\mathrm{B}}_{k+1|k})^{\mathring{X}^{+}} \cdot \beta_{\mathring{X}'_{\mathfrak{L}}}(\mathring{X}^{-}_{\mathfrak{L}}) \cdot \tilde{M}^{\mathring{X}'}_{\mathring{X}^{-}} \tag{15.265}$$

式中

$$\mathring{X}^{-} = \mathring{X} \cap \mathfrak{X}_{0:k} \quad (\mathring{X}\text{中的存活目标}) \tag{15.266}$$

$$\mathring{X}^{+} = \mathring{X} \cap \mathfrak{X}^{\mathrm{B}}_{k+1} \quad (\mathring{X}\text{中的新生目标}) \tag{15.267}$$

$$\omega^{\mathrm{B}}_{k+1|k}(L) = \text{新生目标的 LMB 权值函数} \tag{15.268}$$

$$s^{\mathrm{B}}_{k+1|k}(\boldsymbol{x},\ell) = \text{新生目标的 LMB 空间密度} \tag{15.269}$$

$$\beta_{L'}(L) = \prod_{\ell\in L} \mathbf{1}_{L'}(\ell) \tag{15.270}$$

$$\begin{aligned}\tilde{M}_{\mathring{X}^{-}}(\boldsymbol{x}',\ell') = {} & (1-\mathbf{1}_{\mathring{X}^{-}_{\mathfrak{L}}}(\ell')) \cdot (1-\mathring{p}_{\mathrm{S}}(\boldsymbol{x}',\ell')) + \\ & \sum_{(\boldsymbol{x},\ell)\in\mathring{X}^{-}} \delta_{\ell,\ell'} \cdot \mathring{p}_{\mathrm{S}}(\boldsymbol{x}',\ell') \cdot f_{k+1|k}(\boldsymbol{x}|\boldsymbol{x}',\ell')\end{aligned} \tag{15.271}$$

这里除非 $L \subseteq L'$，否则 $\beta_{L'}(L) = 0$。

由于预测多目标分布由下述预测积分给定：

$$\mathring{f}_{k+1|k}(\mathring{X}) = \int \mathring{f}_{k+1|k}(\mathring{X}|\mathring{X}') \cdot \mathring{f}_{k|k}(\mathring{X}')\delta\mathring{X}' \tag{15.272}$$

因此 $\mathring{f}_{k+1|k}(\mathring{X}|Z)$ 可表示为如下所示的 GLMB 分布：

$$\mathring{f}_{k+1|k}(\mathring{X}) = \delta_{|\mathring{X}|,|\mathring{X}_{\mathfrak{L}}|} \sum_{o\in\mathfrak{O}_{k+1|k}} \omega^{o}_{k+1|k}(\mathring{X}_{\mathfrak{L}}) \cdot (\mathring{s}^{o}_{k+1|k})^{\mathring{X}} \tag{15.273}$$

式中：

- 时间更新的索引集为

$$\mathfrak{O}_{k+1|k} = \mathfrak{O}_{k|k} \tag{15.274}$$

- 时间更新的权值函数为

$$\omega^{o}_{k+1|k}(L) = \omega^{\mathrm{B}}_{k+1|k}(L \cap \mathfrak{L}_{k+1}) \cdot \tilde{\omega}^{o}_{k+1|k}(L \cap \mathfrak{L}_{0:k}) \tag{15.275}$$

其中：对于有限集 $J \subseteq \mathfrak{L}_{0:k}$，有

$$\tilde{\omega}^{o}_{k+1|k}(J) = \left(\prod_{\ell\in J} \mathring{s}^{o}_{\ell}[\mathring{p}_{\mathrm{S}}]\right) \cdot \left(\sum_{L} \beta_{L}(J) \cdot \omega^{o}_{k|k}(L) \prod_{\ell\in L-J} \mathring{s}^{o}_{\ell}[1-\mathring{p}_{\mathrm{S}}]\right) \tag{15.276}$$

$$\mathring{s}^{o}_{\ell}[\mathring{p}_{\mathrm{S}}] = \int \mathring{p}_{\mathrm{S}}(\boldsymbol{x},\ell) \cdot \mathring{s}^{o}_{k|k}(\boldsymbol{x},\ell)\mathrm{d}\boldsymbol{x} \tag{15.277}$$

$$\mathring{s}^{o}_{\ell}[1-\mathring{p}_{\mathrm{S}}] = \int (1-\mathring{p}_{\mathrm{S}}(\boldsymbol{x},\ell)) \cdot \mathring{s}^{o}_{k|k}(\boldsymbol{x},\ell)\mathrm{d}\boldsymbol{x} \tag{15.278}$$

- 时间更新的空间分布为

$$\mathring{s}^{o}_{k+1|k}(\boldsymbol{x},\ell)=\mathbf{1}_{\mathfrak{L}_{0:k}}(\ell)\cdot\hat{s}^{o}(\boldsymbol{x},\ell)+(1-\mathbf{1}_{\mathfrak{L}_{0:k}}(\ell))\cdot\mathring{s}^{\mathrm{B}}_{k+1|k}(\boldsymbol{x},\ell) \tag{15.279}$$

式中

$$\hat{s}^{o}(\boldsymbol{x},\ell)=\frac{\mathring{s}^{o}_{\ell}[\mathring{p}_{\mathrm{S}}\mathring{M}_{\boldsymbol{x}}]}{\mathring{s}^{o}_{\ell}[\mathring{p}_{\mathrm{S}}]} \tag{15.280}$$

$$\mathring{s}^{o}_{\ell}[\mathring{p}_{\mathrm{S}}\mathring{M}_{\boldsymbol{x}}]=\int\mathbf{1}_{\mathring{X}}(\boldsymbol{x},\ell)\cdot\mathring{p}_{\mathrm{S}}(\boldsymbol{x}',\ell)\cdot f_{k+1|k}(\boldsymbol{x}|\boldsymbol{x}',\ell)\cdot\mathring{s}^{o}_{k|k}(\boldsymbol{x}',\ell)\mathrm{d}\boldsymbol{x}' \tag{15.281}$$

(15.281)式中的被积函数

$$\mathbf{1}_{\mathring{X}}(\boldsymbol{x},\ell)\cdot\mathring{p}_{\mathrm{S}}(\boldsymbol{x}',\ell)\cdot f_{k+1|k}(\boldsymbol{x}|\boldsymbol{x}',\ell)\cdot\mathring{s}^{o}_{k|k}(\boldsymbol{x}',\ell)$$

是下式的另一种表示形式：

$$\mathring{p}_{\mathrm{S}}(\boldsymbol{x}',\ell)\cdot f_{k+1|k}(\boldsymbol{x}_i|\boldsymbol{x}',\ell)\cdot\mathring{s}^{o}_{k|k}(\boldsymbol{x}',\ell)$$

上式中的 $\boldsymbol{x}_i$ 由唯一满足 $(\boldsymbol{x}_i,\ell)\in\mathring{X}$ 的 i 给定。

为了证明式(15.273)~(15.281)，首先注意到预测的标记多目标分布由下述预测积分给定：

$$\mathring{f}_{k+1|k}(\mathring{X})=\int\mathring{f}_{k+1|k}(\mathring{X}|\mathring{X}')\cdot\mathring{f}_{k|k}(\mathring{X}')\delta\mathring{X}' \tag{15.282}$$

$$=\delta_{|\mathring{X}|,|\mathring{X}_{\mathfrak{L}}|}\cdot\omega^{\mathrm{B}}_{k+1|k}(\mathring{X}^{+}_{\mathfrak{L}})\cdot(\mathring{s}^{\mathrm{B}}_{k+1|k})^{\mathring{X}+}\cdot\int\beta_{\mathring{X}'_{\mathfrak{L}}}(\mathring{X}^{-}_{\mathfrak{L}})\cdot\tilde{M}^{\mathring{X}'}_{\mathring{X}-}\cdot\left(\delta_{|\mathring{X}'|,|\mathring{X}'_{\mathfrak{L}}|}\sum_{o'\in\mathfrak{O}_{k|k}}\omega^{o'}_{k|k}(\mathring{X}'_{\mathfrak{L}})\cdot(\mathring{s}^{o'}_{k|k})^{\mathring{X}'}\right)\delta\mathring{X}' \tag{15.283}$$

$$=\delta_{|\mathring{X}|,|\mathring{X}_{\mathfrak{L}}|}\cdot\omega^{\mathrm{B}}_{k+1|k}(\mathring{X}^{+}_{\mathfrak{L}})\cdot(\mathring{s}^{\mathrm{B}}_{k+1|k})^{\mathring{X}+}\cdot\sum_{o'\in\mathfrak{O}_{k|k}}\int\delta_{|\mathring{X}'|,|\mathring{X}'_{\mathfrak{L}}|}\cdot\omega^{o'}_{k|k}(\mathring{X}'_{\mathfrak{L}})\cdot\beta_{\mathring{X}'_{\mathfrak{L}}}(\mathring{X}^{-}_{\mathfrak{L}})\cdot(\mathring{s}^{o'}_{k|k}\tilde{M}_{\mathring{X}-})^{\mathring{X}'}\delta\mathring{X}' \tag{15.284}$$

根据引理1即式(15.219)，上述积分可化为[①]

$$\int\delta_{|\mathring{X}'|,|\mathring{X}'_{\mathfrak{L}}|}\cdot\omega^{o'}_{k|k}(\mathring{X}'_{\mathfrak{L}})\cdot\beta_{\mathring{X}'_{\mathfrak{L}}}(\mathring{X}^{-}_{\mathfrak{L}})\cdot(\mathring{s}^{o'}_{k|k}\tilde{M}_{\mathring{X}-})^{\mathring{X}'}\delta\mathring{X}'=\sum_{L\subseteq\mathfrak{L}_{0:k}}\omega^{o'}_{k|k}(L)\cdot\beta_{L}(\mathring{X}^{-}_{\mathfrak{L}})\prod_{\ell'\in L}(\mathring{s}^{o'}_{k|k})_{\ell'}[\tilde{M}_{\mathring{X}-}] \tag{15.285}$$

式中

$$(\mathring{s}^{o'}_{k|k})_{\ell'}[\tilde{M}_{\mathring{X}-}]=\int\tilde{M}_{\mathring{X}-}(\boldsymbol{x}',\ell')\cdot\mathring{s}^{o'}_{k|k}(\boldsymbol{x}',\ell')\mathrm{d}\boldsymbol{x}' \tag{15.286}$$

[①]译者注：原著下式中的求和范围为 $L\subseteq\mathring{X}'_{\mathfrak{L}}$，这里更正为 $L\subseteq\mathfrak{L}_{0:k}$，本节余同。

根据假设，对于无限集 L，由于 $\omega_{k|k}^{o'}(L)$ 为零，故乘积 $\prod_{\ell'\in L}(\mathring{s}_{k|k}^{o'})_{\ell'}[\tilde{M}_{\mathring{X}-}]$ 是有限的。因此可将式(15.285)化为

$$\int \delta_{|\mathring{X}'|,|\mathring{X}'_{\mathfrak{L}}|}\cdot\omega_{k|k}^{o'}(\mathring{X}'_{\mathfrak{L}})\cdot\beta_{\mathring{X}'_{\mathfrak{L}}}(\mathring{X}_{\mathfrak{L}}^{-})\cdot(\mathring{s}_{k|k}^{o'}\tilde{M}_{\mathring{X}-})^{\mathring{X}'}\delta\mathring{X}' \tag{15.287}$$

$$= \sum_{L:\mathfrak{L}_{0:k}\supseteq L\supseteq\mathring{X}_{\mathfrak{L}}^{-}}\omega_{k|k}^{o'}(L)\cdot\left(\prod_{\ell'\in\mathring{X}_{\mathfrak{L}}^{-}}(\mathring{s}_{k|k}^{o'})_{\ell'}[\tilde{M}_{\mathring{X}-}]\right)\left(\prod_{\ell'\in L-\mathring{X}_{\mathfrak{L}}^{-}}(\mathring{s}_{k|k}^{o'})_{\ell'}[\tilde{M}_{\mathring{X}-}]\right)$$

$$= \sum_{L:\mathfrak{L}_{0:k}\supseteq L\supseteq\mathring{X}_{\mathfrak{L}}^{-}}\omega_{k|k}^{o'}(L)\cdot\prod_{\ell'\in\mathring{X}_{\mathfrak{L}}^{-}}\left(\begin{array}{c}\sum_{(\boldsymbol{x},\ell)\in\mathring{X}}\delta_{\ell,\ell'}\cdot\int\mathring{p}_{\mathrm{S}}(\boldsymbol{x}',\ell')\\ \cdot f_{k+1|k}(\boldsymbol{x}|\boldsymbol{x}',\ell')\cdot\mathring{s}_{k|k}^{o'}(\boldsymbol{x}',\ell')\mathrm{d}\boldsymbol{x}'\end{array}\right)\cdot \tag{15.288}$$

$$\left(\prod_{\ell'\in L-\mathring{X}_{\mathfrak{L}}^{-}}\int(1-\mathring{p}_{\mathrm{S}}(\boldsymbol{x}',\ell'))\cdot\mathring{s}_{k|k}^{o'}(\boldsymbol{x}',\ell')\mathrm{d}\boldsymbol{x}'\right)$$

$$= \sum_{L:\mathfrak{L}_{0:k}\supseteq L\supseteq\mathring{X}_{\mathfrak{L}}^{-}}\omega_{k|k}^{o'}(L)\cdot\prod_{\ell'\in\mathring{X}_{\mathfrak{L}}^{-}}\left(\begin{array}{c}\int\sum_{(\boldsymbol{x},\ell')\in\mathring{X}}\mathring{p}_{\mathrm{S}}(\boldsymbol{x}',\ell')\cdot f_{k+1|k}(\boldsymbol{x}|\boldsymbol{x}',\ell')\\ \cdot\mathring{s}_{k|k}^{o'}(\boldsymbol{x}',\ell')\mathrm{d}\boldsymbol{x}'\end{array}\right)\cdot \tag{15.289}$$

$$\left(\prod_{\ell'\in L-\mathring{X}_{\mathfrak{L}}^{-}}\int(1-\mathring{p}_{\mathrm{S}}(\boldsymbol{x}',\ell'))\cdot\mathring{s}_{k|k}^{o'}(\boldsymbol{x}',\ell')\mathrm{d}\boldsymbol{x}'\right)$$

令

$$\mathring{s}_{\ell'}^{o'}[\mathring{p}_{\mathrm{S}}\mathring{M}_{\boldsymbol{x}}] = \int\left(\sum_{(\boldsymbol{x},\ell')\in\mathring{X}}\mathring{p}_{S}(\boldsymbol{x}',\ell')\cdot f_{k+1|k}(\boldsymbol{x}|\boldsymbol{x}',\ell')\cdot\mathring{s}_{k|k}^{o'}(\boldsymbol{x}',\ell')\right)\mathrm{d}\boldsymbol{x}' \tag{15.290}$$

同时令

$$\mathring{s}_{\ell'}^{o'}[\mathring{p}_{\mathrm{S}}] = \int\mathring{p}_{\mathrm{S}}(\boldsymbol{x}',\ell')\cdot\mathring{s}_{k|k}^{o'}(\boldsymbol{x}',\ell')\mathrm{d}\boldsymbol{x}' \tag{15.291}$$

$$\hat{s}^{o'}(\boldsymbol{x},\ell') = \frac{\mathring{s}_{\ell'}^{o'}[\mathring{p}_{\mathrm{S}}\mathring{M}_{\boldsymbol{x}}]}{\mathring{s}_{\ell'}^{o'}[\mathring{p}_{\mathrm{S}}]} \tag{15.292}$$

$$\mathring{s}_{\ell'}^{o'}[1-\mathring{p}_{\mathrm{S}}] = \int(1-\mathring{p}_{\mathrm{S}}(\boldsymbol{x}',\ell'))\cdot\mathring{s}_{k|k}^{o'}(\boldsymbol{x}',\ell')\mathrm{d}\boldsymbol{x}' \tag{15.293}$$

则式(15.289)可表示为

$$\int \delta_{|\mathring{X}'|,|\mathring{X}'_{\mathfrak{L}}|}\cdot\omega_{k|k}^{o'}(\mathring{X}'_{\mathfrak{L}})\cdot\beta_{\mathring{X}'_{\mathfrak{L}}}(\mathring{X}_{\mathfrak{L}}^{-})\cdot(\mathring{s}_{k|k}^{o'}\tilde{M}_{\mathring{X}-})^{\mathring{X}'}\delta\mathring{X}' \tag{15.294}$$

$$= \sum_{L:\mathfrak{L}_{0:k}\supseteq L\supseteq\mathring{X}_{\mathfrak{L}}^{-}}\omega_{k|k}^{o'}(L)\left(\prod_{\ell'\in\mathring{X}_{\mathfrak{L}}^{-}}\mathring{s}_{\ell'}^{o'}[\mathring{p}_{\mathrm{S}}\mathring{M}_{\boldsymbol{x}}]\right)\left(\prod_{\ell'\in L-\mathring{X}_{\mathfrak{L}}^{-}}\mathring{s}_{\ell'}^{o'}[1-\mathring{p}_{\mathrm{S}}]\right)$$

$$= \sum_{L:\mathfrak{L}_{0:k} \supseteq L \supseteq \mathring{X}_{\mathfrak{L}}^-} \omega_{k|k}^{o'}(L) \left(\prod_{(\boldsymbol{x},\ell') \in \mathring{X}_{\mathfrak{L}}^-} \hat{s}^{o'}(\boldsymbol{x},\ell') \mathring{s}_{\ell'}^{o'}[\mathring{p}_{\mathrm{S}}] \right) \cdot \left(\prod_{\ell' \in L - \mathring{X}_{\mathfrak{L}}^-} \mathring{s}_{\ell'}^{o'}[1-\mathring{p}_{\mathrm{S}}] \right) \tag{15.295}$$

$$= \sum_{L \subseteq \mathfrak{L}_{0:k}} \omega_{k|k}^{o'}(L) \cdot \beta_L(\mathring{X}_{\mathfrak{L}}^-) \cdot \left(\prod_{\ell' \in \mathring{X}_{\mathfrak{L}}^-} s_{\ell'}^{o'}[\mathring{p}_{\mathrm{S}}] \right) \cdot \left(\prod_{\ell' \in L - \mathring{X}_{\mathfrak{L}}^-} s_{\ell'}^{o'}[1-\mathring{p}_{\mathrm{S}}] \right) \cdot \tag{15.296}$$

$$\left(\prod_{(\boldsymbol{x},\ell') \in \mathring{X}^-} \hat{s}^{o'}(\boldsymbol{x},\ell') \right)$$

$$= \left(\prod_{\ell' \in \mathring{X}_{\mathfrak{L}}^-} \mathring{s}_{\ell'}^{o'}[\mathring{p}_{\mathrm{S}}] \right) \cdot \left(\sum_{L \subseteq \mathfrak{L}_{0:k}} \omega_{k|k}^{o'}(L) \cdot \beta_L(\mathring{X}_{\mathfrak{L}}^-) \prod_{\ell' \in L - \mathring{X}_{\mathfrak{L}}^-} \mathring{s}_{\ell'}^{o'}[1-\mathring{p}_{\mathrm{S}}] \right) \cdot \tag{15.297}$$

$$\left(\prod_{(\boldsymbol{x},\ell') \in \mathring{X}^-} \hat{s}^{o'}(\boldsymbol{x},\ell') \right)$$

因此

$$\int \delta_{|\mathring{X}'|,|\mathring{X}'_{\mathfrak{L}}|} \cdot \omega_{k|k}^{o'}(\mathring{X}'_{\mathfrak{L}}) \cdot \beta_{\mathring{X}'_{\mathfrak{L}}}(\mathring{X}_{\mathfrak{L}}^-) \cdot (\mathring{s}_{k|k}^{o'} \tilde{M}_{\mathring{X}^-})^{\mathring{X}'} \delta \mathring{X}' = \tilde{\omega}_{k+1|k}^{o'}(\mathring{X}_{\mathfrak{L}}^-) \cdot \left(\hat{s}^{o'}\right)^{\mathring{X}^-} \tag{15.298}$$

式中

$$\tilde{\omega}_{k+1|k}^{o'}(J) = \left(\prod_{\ell' \in J} \mathring{s}_{\ell'}^{o'}[\mathring{p}_{\mathrm{S}}] \right) \left(\sum_{L \subseteq \mathfrak{L}_{0:k}} \beta_L(J) \cdot \omega_{k|k}^{o'}(L) \prod_{\ell' \in L - J} \mathring{s}_{\ell'}^{o'}[1-\mathring{p}_{\mathrm{S}}] \right) \tag{15.299}$$

不难发现，$\tilde{\omega}_{k+1|k}^{o'}(J)$ 仅对有限个有限集 $J \subseteq \mathfrak{L}$ 不为零，$\omega_{k|k}^{o'}(L)$ 同理。因此，式(15.284)的完整预测多目标分布可表示为

$$\mathring{f}_{k+1|k}(\mathring{X}) = \delta_{|\mathring{X}|,|\mathring{X}_{\mathfrak{L}}|} \cdot \omega_{k+1|k}^{\mathrm{B}}(\mathring{X}_{\mathfrak{L}}^+) \cdot (\mathring{s}_{k+1|k}^{\mathrm{B}})^{\mathring{X}^+} \cdot \sum_{o' \in \mathfrak{O}_{k|k}} \tilde{\omega}_{k+1|k}^{o'}(\mathring{X}_{\mathfrak{L}}^-) \cdot (\hat{s}^{o'})^{\mathring{X}^-} \tag{15.300}$$

$$= \delta_{|\mathring{X}|,|\mathring{X}_{\mathfrak{L}}|} \cdot \omega_{k+1|k}^{\mathrm{B}}(\mathring{X}_{\mathfrak{L}}^+) \cdot \sum_{o' \in \mathfrak{O}_{k|k}} \tilde{\omega}_{k+1|k}^{o'}(\mathring{X}_{\mathfrak{L}}^-) \cdot (\mathring{s}_{k+1|k}^{\mathrm{B}})^{\mathring{X}^+} \cdot (\hat{s}^{o'})^{\mathring{X}^-} \tag{15.301}$$

类似式(15.276)，定义

$$\mathring{s}_{k+1|k}^{o}(\boldsymbol{x},\ell) = \mathbf{1}_{\mathfrak{L}_{0:k}}(\ell) \cdot \hat{s}^{o}(\boldsymbol{x},\ell) + (1 - \mathbf{1}_{\mathfrak{L}_{0:k}}(\ell)) \cdot \mathring{s}_{k+1|k}^{\mathrm{B}}(\boldsymbol{x},\ell) \tag{15.302}$$

且

$$\int \mathring{s}_{k+1|k}^{o}(\boldsymbol{x},\ell) \mathrm{d}\boldsymbol{x} = \mathbf{1}_{\mathfrak{L}_{0:k}}(\ell) + 1 - \mathbf{1}_{\mathfrak{L}_{0:k}}(\ell) = 1 \tag{15.303}$$

因此

$$(\mathring{s}^o_{k+1|k})^{\mathring{X}} = \prod_{(\boldsymbol{x},\ell)\in\mathring{X}} \mathring{s}^o_{k+1|k}(\boldsymbol{x},\ell) \tag{15.304}$$

$$= \left(\prod_{(\boldsymbol{x},\ell)\in\mathring{X}-} \mathring{s}^o_{k+1|k}(\boldsymbol{x},\ell)\right)\left(\prod_{(\boldsymbol{x},\ell)\in\mathring{X}+} \mathring{s}^o_{k+1|k}(\boldsymbol{x},\ell)\right) \tag{15.305}$$

$$= \left(\prod_{(\boldsymbol{x},\ell)\in\mathring{X}-} \hat{s}^o(\boldsymbol{x},\ell)\right)\left(\prod_{(\boldsymbol{x},\ell)\in\mathring{X}+} \mathring{s}^{\mathrm{B}}_{k+1|k}(\boldsymbol{x},\ell)\right) \tag{15.306}$$

$$= (\hat{s}^o)^{\mathring{X}-} \cdot (\mathring{s}^{\mathrm{B}}_{k+1|k})^{\mathring{X}+} \tag{15.307}$$

从而可将式(15.301)化为

$$\mathring{f}_{k+1|k}(\mathring{X}) = \delta_{|\mathring{X}|,|\mathring{X}_{\mathfrak{L}}|} \cdot \omega^{\mathrm{B}}_{k|k}(\mathring{X}^+_{\mathfrak{L}}) \sum_{o'\in\mathfrak{O}_{k|k}} \tilde{\omega}^{o'}_{k+1|k}(\mathring{X}^-_{\mathfrak{L}}) \cdot (\mathring{s}^{o'}_{k+1|k})^{\mathring{X}} \tag{15.308}$$

$$= \delta_{|\mathring{X}|,|\mathring{X}_{\mathfrak{L}}|} \sum_{o'\in\mathfrak{O}_{k|k}} \omega^{o'}_{k+1|k}(\mathring{X}_{\mathfrak{L}}) \cdot (\mathring{s}^{o'}_{k+1|k})^{\mathring{X}} \tag{15.309}$$

式中

$$\omega^{o'}_{k+1|k}(L) = \omega^{\mathrm{B}}_{k+1|k}(L\cap\mathfrak{L}_{k+1}) \cdot \tilde{\omega}^{o'}_{k+1|k}(L\cap\mathfrak{L}_{0:k}) \tag{15.310}$$

$$= \omega^{\mathrm{B}}_{k+1|k}(L-\mathfrak{L}_{0:k}) \cdot \tilde{\omega}^{o'}_{k+1|k}(L\cap\mathfrak{L}_{0:k}) \tag{15.311}$$

由构造过程可知，$\int \mathring{f}_{k+1|k}(\mathring{X})\delta\mathring{X} = 1$。因此，根据式(15.113)可得

$$\sum_{L\subseteq\mathfrak{L}_{0:k+1}} \sum_{o'\in\mathfrak{O}_{k|k}} \omega^{o'}_{k+1|k}(L) = 1 \tag{15.312}$$

证明完毕。

15.6 Vo–Vo 滤波实现：概要

虽然可尝试利用15.5.3节和15.5.2节的时间更新步与观测更新步实现多目标贝叶斯滤波器，但 B. N. Vo 和 B. T. Vo 的研究表明：采用“δ–GLMB 分布”代替 GLMB 分布并对这些步骤进行重新表示后，在计算方面将具有更大的优势。有关他们实现方法的详细讨论见文献 [296]，这里仅作简要描述，内容包括：

- 15.6.1节：δ–GLMB 分布。
- 15.6.2节：δ–GLMB 版的 Vo–Vo 滤波器。
- 15.6.3节：δ–GLMB 分量修剪效应的严 L_1 特性。

15.6.1 δ-GLMB 分布

如15.4.2节所述，15.5.3节和15.5.2节的时间更新步和观测更新步在经过 k 次迭代后，将得到如下形式的 GLMB 分布：

$$\mathring{f}_{k|k}(\mathring{X}|Z^{(k)}) = \delta_{|\mathring{X}|,|\mathring{X}_{\mathfrak{L}}|} \sum_{(\mathring{\theta}_1\cdots,\mathring{\theta}_k)} \omega_{k|k}^{\mathring{\theta}_1,\cdots,\mathring{\theta}_k}(\mathring{X}_{\mathfrak{L}}) \cdot (\mathring{s}_{k|k}^{\mathring{\theta}_1,\cdots,\mathring{\theta}_k})^{\mathring{X}} \tag{15.313}$$

式中：对于 $j=1,\cdots,k$，$\mathring{\theta}_j : \mathfrak{L}_{0:j} \to \{0,1,\cdots,|Z_j|\}$ 满足 "$\mathring{\theta}_j(\ell) = \mathring{\theta}(\ell') > 0 \Rightarrow \ell = \ell'$"。

因此，式(15.313)可重新表示为

$$\mathring{f}_{k|k}(\mathring{X}|Z^{(k)}) = \delta_{|\mathring{X}|,|\mathring{X}_{\mathfrak{L}}|} \cdot \sum_{(J,\mathring{\theta}_1,\cdots,\mathring{\theta}_k)\in\mathfrak{F}(\mathfrak{L}_{0:k})\times\mathfrak{A}_{k|k}} \omega_{k|k}^{J,\mathring{\theta}_1,\cdots,\mathring{\theta}_k} \cdot \delta_{J,\mathring{X}_{\mathfrak{L}}} \cdot (\mathring{s}_{k|k}^{\mathring{\theta}_1,\cdots,\mathring{\theta}_k})^{\mathring{X}} \tag{15.314}$$

$$= \delta_{|\mathring{X}|,|\mathring{X}_{\mathfrak{L}}|} \sum_{(J,\alpha_k)\in\mathfrak{F}(\mathfrak{L}_{0:k})\times\mathfrak{A}_{k|k}} \omega_{k|k}^{J,\alpha_k} \cdot \delta_{J,\mathring{X}_{\mathfrak{L}}} \cdot (\mathring{s}_{k|k}^{\alpha_k})^{\mathring{X}} \tag{15.315}$$

式中：$\mathfrak{F}(\mathfrak{L}_{0:k})$ 是 $\mathfrak{L}_{0:k}$ 的所有有限子集类；且

$$\mathfrak{A}_{k|k} = \mathfrak{T}_{Z_1} \times \cdots \times \mathfrak{T}_{Z_k} \tag{15.316}$$

$$\alpha_k = (\mathring{\theta}_1,\cdots,\mathring{\theta}_k) \tag{15.317}$$

$$J \subseteq \mathfrak{L}_{0:k} \tag{15.318}$$

$$\omega_{k|k}^{J,\mathring{\theta}_1,\cdots,\mathring{\theta}_k} = \omega_{k|k}^{\mathring{\theta}_1,\cdots,\mathring{\theta}_k}(J) \tag{15.319}$$

由此可得到下面的定义，其中参数 J 被吸入索引集 $\mathfrak{O}_{k|k}$ 中 (文献 [295] 定义 9)。δ-GLMB RFS 是下述特定形式的 GLMB RFS：

- 索引空间 $\mathfrak{O}$ 形如 $\mathfrak{O} = \mathfrak{F}(\mathfrak{L}) \times \mathfrak{A}$，而 $o = (J,\alpha) \in \mathfrak{O}$，其中的 $\mathfrak{A}$ 为关联序列 α 的集合；
- GLMB 权值 $\omega^o(L)$ 的形式为 $\omega^o(L) = \omega^{J,\alpha}(L) = \omega^{J,\alpha} \cdot \delta_{J,L}$；
- GLMB 密度 $s^o(\boldsymbol{x},\ell) = s^{J,\alpha}(\boldsymbol{x},\ell)$ 独立于 J：$\mathring{s}^{J,\alpha}(\boldsymbol{x},\ell) = s^{\alpha}(\boldsymbol{x},\ell)$。

直观地讲：

- 序对 (J,α_k) 是一条将序列 $Z_1,\cdots,Z_k$ 中的观测相继分配给 $J \subseteq \mathfrak{L}_{0:k}$ 中标签所示航迹的假设；
- $\omega_{k|k}^{J,\alpha_k}$ 的值表示该假设的置信度。

B. N. Vo 和 B. T. Vo 的研究表明，δ-GLMB 分布系 $\mathfrak{D}_{\delta}$ 也可给出多目标贝叶斯滤波器的精确闭式解。这里不再重复证明该结论，详见文献 [295]。

这个貌似很小的改动却导致计算量的大幅下降。在实现15.5.3节和15.5.2节的时间更新步与观测更新步时，需要对每个可能的 $(L,\mathring{\theta}_1,\cdots,\mathring{\theta}_k)$ 构造 $\omega_{k|k}^{\mathring{\theta}_1,\cdots,\mathring{\theta}_k}(L)$ 和 $\mathring{s}_{k|k}^{\mathring{\theta}_1,\cdots,\mathring{\theta}_k}(\boldsymbol{x},\ell)$，二者的存储与计算量均为 $|\mathfrak{F}(\mathfrak{L}_{0:k}) \times \mathfrak{T}_{Z_1} \times \cdots \times \mathfrak{T}_{Z_k}|$ 项；而 δ-GLMB 形式的 Vo-Vo 滤

波器虽然对每个 $(L,\mathring{\theta}_1,\cdots,\mathring{\theta}_k)$ 也必须存储和计算 $\omega_{k|k}^{L,\mathring{\theta}_1,\cdots,\mathring{\theta}_k}$，但 $s_{k+1|k+1}^{\mathring{\theta}_1,\cdots,\mathring{\theta}_k}(\boldsymbol{x},\ell)$ 的存储和计算只需对针对每个可能的 $\mathring{\theta}_1,\cdots,\mathring{\theta}_k$ 即可——仅包含 $|\mathfrak{T}_{Z_1}\times\cdots\times\mathfrak{T}_{Z_k}|$ 项。

15.6.2　δ-GLMB 版的 Vo-Vo 滤波器

δ-GLMB 版的 Vo-Vo 滤波器传递下述形式的标记多伯努利混合分布：

$$\mathring{f}_{k|k}(\mathring{X}|Z^{(k)})=\delta_{|\mathring{X}|,|\mathring{X}_{\mathfrak{L}}|}\sum_{(J,\mathring{\theta}_1,\cdots,\mathring{\theta}_k)}\omega_{k|k}^{J,\mathring{\theta}_1,\cdots,\mathring{\theta}_k}\cdot\delta_{J,\mathring{X}_{\mathfrak{L}}}\cdot(\mathring{s}_{k|k}^{\mathring{\theta}_1,\cdots,\mathring{\theta}_k})^{\mathring{X}}\tag{15.320}$$

由于混合分布的分量数目随时间递增而急剧增长，因此需要作分量修剪从而将计算量控制在一个可行的量级上。在每次观测更新后，保持一定数量 (如 $M_{k|k}$ 个) 的分量并重新归一化权值 $\omega_{k|k}^{J,\mathring{\theta}_1,\cdots,\mathring{\theta}_k}$①。该分量剔除过程可采用 Murty 算法完成，它无需评估整个权值集合就可得到 $M_{k|k}$ 个最显著分量。由于目标新生模型会引入额外的分量，因此在时间更新后也需要进行分量剔除。

多目标状态估计采用的是15.3.4.7节的启发式方法，详见文献 [296]。

15.6.3　有关分量修剪的描述

由于 δ-GLMB 分布中的分量数目随时间呈超指数增长，因此必须剔除小权值分量。虽然类似的修剪技术也常用于 MHT 和 JPDA 等跟踪算法，但假设修剪对多目标状态概率规则的影响却是未知的。与之形成对比的是，δ-GLMB 分布分量修剪的影响不仅可以精确描述，而且还可用简单的式子表示。本节将简要介绍这一 (有点不可思议的) 结论。

对于给定的索引集 $\mathfrak{O}$，定义未归一化的 δ-GLMB 分布：

$$\mathring{f}_{\mathfrak{O}}(\mathring{X})=\delta_{|\mathring{X}|,|\mathring{X}_{\mathfrak{L}}|}\sum_{(J,\alpha)\in\mathfrak{O}}\omega^{J,\alpha}\cdot\delta_{J,\mathring{X}_{\mathfrak{L}}}\cdot(\mathring{s}^{\alpha})^{\mathring{X}}\tag{15.321}$$

假定分量剔除后剩余项的索引子集为 $\mathfrak{O}'\subseteq\mathfrak{O}$②。令

$$\|\mathring{f}\|_1=\int|\mathring{f}(\mathring{X})|\delta\mathring{X}\tag{15.322}$$

表示空间 $\mathfrak{X}^{\infty}$ 上函数 $\mathring{f}(\mathring{X})$ 的 L_1 范数，则因截断造成的误差如下式所示 (文献 [296] 命题 5)：

$$\|\mathring{f}_{\mathfrak{O}}-\mathring{f}_{\mathfrak{O}'}\|_1=\sum_{(J,\alpha)\in\mathfrak{O}-\mathfrak{O}'}\omega^{J,\alpha}\tag{15.323}$$

也就是说，修剪前后分布函数之间的 L_1 范数即被剔除项的权值总和。

相应的归一化分布误差界可进一步表示为

$$\left\|\frac{\mathring{f}_{\mathfrak{O}}}{\|\mathring{f}_{\mathfrak{O}}\|_1}-\frac{\mathring{f}_{\mathfrak{O}'}}{\|\mathring{f}_{\mathfrak{O}'}\|_1}\right\|\leqslant 2\frac{\|\mathring{f}_{\mathfrak{O}}\|_1-\|\mathring{f}_{\mathfrak{O}'}\|_1}{\|\mathring{f}_{\mathfrak{O}}\|_1}\tag{15.324}$$

①译者注：原著舍弃 $M_{k|k}$ 个分量，此处根据上下文做了修正。

②译者注：原著中误将索引子集 $\mathfrak{O}'\subseteq\mathfrak{O}$ 对应分量认为是需剔除的分量，显然与后续描述不符，此处做了更正。

15.7 性能结果

B. N. Vo 和 B. T. Vo 评估了 δ-GLMB 版 Vo-Vo 滤波器的高斯混合 (GM) 及序贯蒙特卡洛 (SMC) 实现的性能，下面分别介绍。

15.7.1 Vo-Vo 滤波器的高斯混合 (GM) 实现

在该高斯混合实现中，单目标的运动模型与观测模型均为线性高斯形式，而空间分布 $s_{k|k}^{\mathring{\theta}_1,\cdots,\mathring{\theta}_k}(\boldsymbol{x},\ell)$ 则采用高斯混合近似[305]。B. T. Vo 和 B. N. Vo 将 δ-GLMB 版 Vo-Vo 滤波器的这种实现称作"准高斯多目标滤波器"。

他们的测试场景包含多达 10 个进出场景的目标，这些目标在边长 2000m 的矩形区域内沿直线轨迹运动；目标观测由检测概率恒为 0.98 的单部线性高斯传感器完成，杂波过程为 $\lambda = 60$ 的均匀泊松杂波。

据 B. T. Vo 和 B. N. Vo 报道：该滤波器具有很小的航迹初始和终止延迟，且能够精确估计目标数与目标状态；在如此高的杂波率下，该滤波器仅造成少量的虚假航迹或航迹丢失。

B. T. Vo 和 B. N. Vo 还比较了新滤波器与 GM-CPHD 滤波器：GM-Vo-Vo 滤波器的目标数估计明显优于 GM-CPHD 滤波器，而目标状态估计性能则稍优于后者。

15.7.2 Vo-Vo 滤波器的粒子实现

在该粒子实现中[275]，单目标运动模型与观测模型均为非线性形式，$s_{k|k}^{\mathring{\theta}_1,\cdots,\mathring{\theta}_k}(\boldsymbol{x},\ell)$ 则采用 Dirac 混合近似并使用粒子方法传递。场景中包括多达 10 个进出场景的目标，它们在半径 2000m 的半圆盘区域作曲线运动；目标观测由位于原点的单部距离-方位传感器完成，杂波为 $\lambda = 20$ 的均匀泊松杂波，检测概率 $p_{\mathrm{D}}(\boldsymbol{x})$ 是状态相关的圆高斯形函数，在原点处取峰值 0.98 并在监视区域边界处降至 0.92；单目标运动模型为非线性协同转弯 (CT) 模型，目标新生过程为标记泊松过程，采用粒子方法近似并传递航迹分布。

据 Stein 和 Winter 报道[275]：该实现在精确估计目标状态的同时具有较小的航迹初始和终止延迟，但同样也存在少量的航迹丢失与虚假航迹；至关重要的是，新滤波器未发现航迹切换现象——这表示它在整个场景中能够一致估计并传递航迹标签。

Stein 和 Winter 还比较了该滤波器与 SMC-CPHD 滤波器：对于目标数估计，SMC-δ-GLMB 滤波器比 SMC-CPHD 滤波器更精确，且估计方差更小；而在 OSPA 度量 (6.2.2节) 方面，100 次的蒙特卡罗实验结果表明，SMC-δ-GLMB 滤波器的 OSPA 误差比 SMC-CPHD 滤波器的一半还小，但这种性能改善是以计算量的成倍增加为代价的。

第 III 篇

未知背景下的 RFS 滤波器

第 16 章　本 篇 导 论

7.2节考虑了如下的多目标观测模型：

$$\overbrace{\Sigma_{k+1}}^{\text{所有观测}} = \overbrace{\Upsilon_{k+1}(\boldsymbol{x}_1) \cup \cdots \cup \Upsilon_{k+1}(\boldsymbol{x}_n)}^{\text{目标观测}} \cup \overbrace{C_{k+1}}^{\text{杂波观测}} \tag{16.1}$$

式中：

- $X = \{\boldsymbol{x}_1, \cdots, \boldsymbol{x}_n\}$ $(|X| = n)$ 为 t_{k+1} 时刻的多目标状态；
- $\Upsilon_{k+1}(\boldsymbol{x})$ 为目标 $\boldsymbol{x}$ 生成的随机有限观测集；
- C_{k+1} 为杂波 RFS；
- $\Upsilon_{k+1}(\boldsymbol{x}_1), \cdots, \Upsilon_{k+1}(\boldsymbol{x}_n), C_{k+1}$ 统计独立。

进一步，通过限定 C_{k+1} 为泊松过程及 $\Upsilon_{k+1}(\boldsymbol{x})$ 为伯努利过程，则可得到“标准”多目标观测模型。此时，$\Upsilon_{k+1}(\boldsymbol{x})$ 的概率生成泛函为

$$G_{\Upsilon_{k+1}(\boldsymbol{x})}[g] = 1 - p_{\mathrm{D}}(\boldsymbol{x}) + p_{\mathrm{D}}(\boldsymbol{x}) \int g(\boldsymbol{z}) \cdot f_{k+1}(\boldsymbol{z}|\boldsymbol{x}) \mathrm{d}\boldsymbol{z} \tag{16.2}$$

式中：$p_{\mathrm{D}}(\boldsymbol{x})$ 为检测概率；$f_{k+1}(\boldsymbol{z}|\boldsymbol{x})$ 为传感器似然函数。

$\Upsilon_{k+1}(\boldsymbol{x})$ 的概率分布可等价表示为

$$f_{\Upsilon_{k+1}(\boldsymbol{x})}(Z) = \begin{cases} 1 - p_{\mathrm{D}}(\boldsymbol{x}), & Z = \emptyset \\ p_{\mathrm{D}}(\boldsymbol{x}) \cdot f_{k+1}(\boldsymbol{z}|\boldsymbol{x}), & Z = \{\boldsymbol{z}\} \\ 0, & \text{其他} \end{cases} \tag{16.3}$$

在下文中，观测背景指代：

- 杂波背景：由 C_{k+1} 或其概率分布 $\kappa_{k+1}(Z)$ 描述。
- 检测包线背景：由状态相关的检测概率 $p_{\mathrm{D}}(\boldsymbol{x})$ 描述。

所有主流的多目标检测跟踪算法均假定这两个模型先验已知，且通常为下面两种形式：

- 显式的杂波及检测包线模型，如前面所有 RFS 多目标跟踪算法 (CPHD 和 PHD 滤波器) 中的假定。
- 隐式的背景模型，如 MHT 等传统多目标跟踪算法中的假定。从纯理论层面看，MHT 通常假定检测概率恒定且杂波过程为空间均匀的泊松 RFS；而从实际实现层面看，MHT 的先验杂波模型和检测包线模型通常隐含于航迹起始和航迹终止规则中。例如：

– 航迹起始：假定检测概率很大。若杂波率很小，则可快速建立新航迹，主要原因是任何新观测几乎都源自于目标。但若杂波率很大，则航迹起始必须更加慎重，通常需要更多时间步后才可建立一条新航迹。

– 航迹终止：假定杂波率很小。如果检测概率也很小，则航迹终止需格外谨慎，原因是目标极有可能漏报 (未获得目标观测)。反之，若检测概率很大，则在未获得某航迹的观测后，可立即终止该航迹。

在实际应用中，经常难以得到先验的背景模型 (不管显式还是隐式)：① 杂波背景通常未知、时变且不可预测；② 检测性能通常随目标姿态和表面特性而变化，因而也是动态变化且更不可预测。

在这些情形下，由于模型假定与实际背景之间的失配，基于先验模型的跟踪器性能往往会退化，那该如何应对未知动态背景呢？传统方法 (即“杂波抑制”) 大概可分为下面两类：

- 背景建模：采用实际环境的物理学模型预测任意时刻期望的杂波背景观测。一般来讲，这是一种代价昂贵且非常耗时的方法，而且对于每一部新传感器都必须重新建模。该方法还需要诸如三维地形图等非常精确的先验环境信息。
- 经验训练：根据训练数据，采用学习算法统计描述背景模型。该方法假定训练数据具备足够的统计多样性，能够覆盖任何时刻可能遇到的所有背景。一种常用方法是神经网络，另一种是“杂波图构建”。在杂波图构建方法中，感兴趣区域被分割为若干互斥单元，采用直方图或其他方法估计每个单元的杂波密度或其倒数[216]。

本篇各章中介绍的 PHD、CPHD 以及多伯努利滤波器不属于上面两类。在如下意义上讲，这些滤波器是“背景未知的”：

- 它们在联合检测跟踪目标 (可能淹没于背景中) 的同时隐式地估计杂波及检测背景。

16.1　简　介

本章属导论性章节，内容安排如下：

- 16.2节：未知背景下多目标贝叶斯滤波器方法概述。
- 16.3节：未知杂波和未知检测概率的一般模型及特殊模型。
- 16.4节：本篇结构。

16.2　方法概述

第 III 篇主要考虑下面三种形式的未知背景：

(1) 建模未知检测包线 (见16.3.1节)：用增广状态 $\mathring{x} = (a, x)$ 替换单目标状态 x，其中：$0 \leqslant a \leqslant 1$，表示状态 x 的检测概率 (未知量)。因此，式(16.1)可表示为

$$\Sigma_{k+1} = \Upsilon_{k+1}(a_1, x_1) \cup \cdots \cup \Upsilon_{k+1}(a_n, x_n) \cup C_{k+1} \tag{16.4}$$

式中：$\Upsilon_{k+1}(a,\boldsymbol{x})$ 是伯努利 RFS，且

$$G_{\Upsilon_{k+1}(a,\boldsymbol{x})}[g] = 1 - a + a \int g(\boldsymbol{z}) \cdot f_{k+1}(\boldsymbol{z}|\boldsymbol{x})\mathrm{d}\boldsymbol{z} \tag{16.5}$$

其中：$f_{k+1}(\boldsymbol{z}|\boldsymbol{x})$ 为一般的传感器似然函数。

(2) 建模未知杂波过程 (见16.3.2节)：假定杂波观测由 ν 个 (ν 未知) 杂波源产生。与目标情形类似，杂波源也可用杂波状态空间 $\mathfrak{C}$ 中的状态 $\boldsymbol{c}$ 来描述；而且，与一个目标 $\boldsymbol{x}$ 对应一个伯努利随机观测集 $\Upsilon(\boldsymbol{x})$ 类似，杂波源 $\boldsymbol{c}$ 同样对应一个随机观测集 $C_{k+1}(\boldsymbol{x})$。因此，式(16.1)可表示为

$$\Sigma_{k+1} = \Upsilon_{k+1}(\boldsymbol{x}_1) \cup \cdots \cup \Upsilon_{k+1}(\boldsymbol{x}_n) \cup C_{k+1}(\mathring{\boldsymbol{c}}_1) \cup \cdots \cup C_{k+1}(\mathring{\boldsymbol{c}}_\nu) \tag{16.6}$$

其中的符号 $\mathring{\boldsymbol{c}}$ 稍后再作解释。

(3) 建模未知检测包线及未知杂波过程：在该一般情形下，式(16.1)可表示为

$$\Sigma_{k+1} = \Upsilon_{k+1}(a_1,\boldsymbol{x}_1) \cup \cdots \cup \Upsilon_{k+1}(a_n,\boldsymbol{x}_n) \cup C_{k+1}(\mathring{\boldsymbol{c}}_1) \cup \cdots \cup C_{k+1}(\mathring{\boldsymbol{c}}_\nu) \tag{16.7}$$

Mahler 在 2009 年提出了一种基于杂波源的观测产生过程[155]，他假定 $C_{k+1}(\mathring{\boldsymbol{c}})$ 为泊松过程且 $\mathring{\boldsymbol{c}} = (c,\boldsymbol{c})$，其中 c ($c > 0$) 为未知泊松参数。此时，式(16.1)可表示为

$$\Sigma_{k+1} = \Upsilon_{k+1}(a_1,\boldsymbol{x}_1) \cup \cdots \cup \Upsilon_{k+1}(a_n,\boldsymbol{x}_n) \cup C_{k+1}(c_1,\boldsymbol{c}_1) \cup \cdots \cup C_{k+1}(c_\nu,\boldsymbol{c}_\nu) \tag{16.8}$$

式中：$C_{k+1}(c,\boldsymbol{c})$ 的 p.g.fl. 形式为

$$G_{C_{k+1}(c,\boldsymbol{c})}[g] = \exp\left(c \int (g(\boldsymbol{z}) - 1) \cdot f^{\kappa}_{k+1}(\boldsymbol{z}|\boldsymbol{c})\mathrm{d}\boldsymbol{z}\right) \tag{16.9}$$

其中：$c > 0$ 为未知的杂波率；$f^{\kappa}_{k+1}(\boldsymbol{z}|\boldsymbol{c})$ 为杂波观测的空间分布①。该方法的介绍见16.3.3节。

Chen Xin 和 R. Kirubarajan 等人[37,39] 于 2009 年、Mahler[189,194,199] 于 2010 年分别独立提出了伯努利杂波观测生成模型 $C_{k+1}(\mathring{\boldsymbol{c}})$，该模型有两种可能的形式：

第一种假定杂波 $(c,\boldsymbol{c})$ 的检测概率 $c = p^{\kappa}_{\mathrm{D}}(\boldsymbol{c})$ 先验已知，即

$$G_{C_{k+1}(\boldsymbol{c})}[g] = 1 - p^{\kappa}_{\mathrm{D}}(\boldsymbol{c}) + p^{\kappa}_{\mathrm{D}}(\boldsymbol{c}) \int g(\boldsymbol{z}) \cdot f^{\kappa}_{k+1}(\boldsymbol{z}|\boldsymbol{c})\mathrm{d}\boldsymbol{z} \tag{16.10}$$

式中：$f^{\kappa}_{k+1}(\boldsymbol{z}|\boldsymbol{c})$ 为杂波似然函数。

更为严格地，可限制 $p^{\kappa}_{\mathrm{D}}(\boldsymbol{c})$ 为常数，从而有

$$G_{C_{k+1}(\boldsymbol{c})}[g] = 1 - p^{\kappa}_{\mathrm{D}} + p^{\kappa}_{\mathrm{D}} \int g(\boldsymbol{z}) \cdot f^{\kappa}_{k+1}(\boldsymbol{z}|\boldsymbol{c})\mathrm{d}\boldsymbol{z} \tag{16.11}$$

16.3.5节将详细介绍后面这种情形。

第二种形式假定杂波 $\boldsymbol{c}$ 的检测概率为未知量 c ($0 \leqslant c \leqslant 1$)。此时杂波状态形如 $\mathring{\boldsymbol{c}} = (c,\boldsymbol{c})$，而式(16.1)则可化为

$$\Sigma_{k+1} = \Upsilon_{k+1}(a_1,\boldsymbol{x}_1) \cup \cdots \cup \Upsilon_{k+1}(a_n,\boldsymbol{x}_n) \cup C_{k+1}(c_1,\boldsymbol{c}_1) \cup \cdots \cup C_{k+1}(c_\nu,\boldsymbol{c}_\nu) \tag{16.12}$$

①译者注：原文此处为"杂波源的空间分布"，严格说法应为杂波观测 (由杂波源 $\boldsymbol{c}$ 产生) 的空间分布。

且

$$G_{C_{k+1}(c,\boldsymbol{c})}[g] = 1 - c + c\int g(\boldsymbol{z}) \cdot f^{\kappa}_{k+1}(\boldsymbol{z}|\boldsymbol{c})\mathrm{d}\boldsymbol{z} \tag{16.13}$$

有关该情形的详细介绍见16.3.4节。

给定上述背景模型后，理论上便有可能检测跟踪未知背景下的多目标。令：$\mathring{\mathfrak{X}}$ 表示目标增广状态 $(a, \boldsymbol{x})$ 构成的空间；$\mathring{\mathfrak{C}}$ 表示杂波源增广状态 $(c, \boldsymbol{c})$ (泊松假定下 $c > 0$，伯努利假定下 $0 \leqslant c \leqslant 1$) 构成的空间。将目标和杂波的联合状态空间定义为

$$\ddot{\mathfrak{X}} = \mathring{\mathfrak{X}} \uplus \mathring{\mathfrak{C}} \tag{16.14}$$

令 $\ddot{X} \subseteq \ddot{\mathfrak{X}}$ 表示联合状态空间的有限子集。给定上述模型后，未知背景问题的最优解即下述推广形式的多目标贝叶斯递归滤波器：

$$\cdots \to \quad f_{k|k}(\ddot{X}|Z^{(k)}) \quad \to \quad f_{k+1|k}(\ddot{X}|Z^{(k)}) \quad \to \quad f_{k+1|k+1}(\ddot{X}|Z^{(k+1)}) \quad \to \cdots$$

其中

$$f_{k+1|k}(\ddot{X}|Z^{(k)}) = \int f_{k+1|k}(\ddot{X}|\ddot{X}') \cdot f_{k|k}(\ddot{X}'|Z^{(k)})\delta\ddot{X}' \tag{16.15}$$

$$f_{k+1|k+1}(\ddot{X}|Z^{(k+1)}) = \frac{f_{k+1}(Z_{k+1}|\ddot{X}) \cdot f_{k+1|k}(\ddot{X}|Z^{(k)})}{f_{k+1}(Z_{k+1}|Z^{(k)})} \tag{16.16}$$

$$f_{k+1}(Z_{k+1}|Z^{(k)}) = \int f_{k+1}(Z_{k+1}|\ddot{X}) \cdot f_{k+1|k}(\ddot{X}|Z^{(k)})\delta\ddot{X} \tag{16.17}$$

16.3　未知背景下的模型

本节将详细介绍前面提到的未知背景模型，具体内容如下：

- 16.3.1节：未知检测包线的一般模型。
- 16.3.2节：未知杂波的一般模型。
- 16.3.3节：未知杂波的泊松混合模型。
- 16.3.4节：未知杂波的一般多伯努利模型。
- 16.3.5节：未知杂波的简化多伯努利模型。

16.3.1　未知检测包线模型

下述简单实例至少从原理上说明了有望递归估计目标 $\boldsymbol{x}$ 的检测概率 $p_{\mathrm{D}}(\boldsymbol{x})$。假定单部传感器观测单个静态目标 $\boldsymbol{x}_0$[①]，且无杂波。经过 k 个时间步后，传感器获得了观测集 $Z_1, \cdots, Z_k$。根据假定，$|Z_l| = 0$ 或 1 $(l = 1, \cdots, k)$。令

$$\nu_k = \sum_{l=1}^{k} |Z_l| \tag{16.18}$$

[①]术语“静态”是指目标状态 $\boldsymbol{x}$ 不随时间变化。

即 ν_k 表示截至 t_k 时刻累积的目标检报数。因此，$\boldsymbol{x}_0$ 的检测概率可近似为

$$p_{\mathrm{D}}(\boldsymbol{x}_0) \cong \frac{\nu_k}{k} \tag{16.19}$$

对在某感兴趣区域内 p_{D} 恒定的动态目标情形，类似结论也成立。在任何时刻均可估计目标的状态矢量 $\boldsymbol{x}_{k|k}$ 以及航迹检测概率 $p_{\mathrm{D}}(\boldsymbol{x}_{k|k})$。进一步，对于非密集分布 (相对传感器分辨率) 的多个目标，相同结论仍成立。换言之，

- 航迹检测概率是一个可用递归滤波器进行统计估计的未知量。

该结论可用更规范的形式表述如下[190]：

首先用下面的增广状态代替目标运动状态 $\boldsymbol{x}$：

$$\mathring{\boldsymbol{x}} = (a, \boldsymbol{x}) \tag{16.20}$$

式中：未知量 a $(0 \leqslant a \leqslant 1)$ 表示 $\boldsymbol{x}$ 的检测概率。

目标的增广状态空间因此可表示为

$$\mathring{\mathfrak{X}} = [0,1] \times \mathfrak{X} \tag{16.21}$$

式中：$[0,1]$ 表示单位区间。该增广状态空间上函数 $\mathring{f}(\mathring{\boldsymbol{x}})$ 的积分可表示为

$$\int \mathring{f}(\mathring{\boldsymbol{x}}) \mathrm{d}\mathring{\boldsymbol{x}} = \int \int_0^1 \mathring{f}(a, \boldsymbol{x}) \mathrm{d}a \mathrm{d}\boldsymbol{x} \tag{16.22}$$

多目标状态空间 $\mathring{\mathfrak{X}}^\infty$ 是 $\mathring{\mathfrak{X}}$ 的所有有限子集构成的超空间，故多目标状态集具有如下形式：

$$\mathring{X} = \{\mathring{\boldsymbol{x}}_1, \cdots, \mathring{\boldsymbol{x}}_n\} = \{(a_1, \boldsymbol{x}_1), \cdots, (a_n, \boldsymbol{x}_n)\} \tag{16.23}$$

相应的集积分形式为

$$\int \mathring{f}(\mathring{X}) \delta \mathring{X} = \sum_{n \geqslant 0} \frac{1}{n!} \int \mathring{f}(\{\mathring{\boldsymbol{x}}_1, \cdots, \mathring{\boldsymbol{x}}_n\}) \mathrm{d}\mathring{\boldsymbol{x}}_1 \cdots \mathrm{d}\mathring{\boldsymbol{x}}_n \tag{16.24}$$

由于状态空间已由 $\mathfrak{X}$ 变为 $\mathring{\mathfrak{X}}$，因此需要对前面所有涉及状态变量的模型公式做适当修改，将一般的检测概率 $p_{\mathrm{D}}(\boldsymbol{x})$ 和单目标似然函数 $L_{\boldsymbol{z}}(\boldsymbol{x})$ 替换为下述增广检测概率和增广似然函数：

$$\mathring{p}_{\mathrm{D}}(\mathring{\boldsymbol{x}}) = \mathring{p}_{\mathrm{D}}(a, \boldsymbol{x}) \stackrel{\text{def.}}{=} a \tag{16.25}$$

$$\mathring{L}_{\boldsymbol{z}}(\mathring{\boldsymbol{x}}) = \mathring{L}_{\boldsymbol{z}}(a, \boldsymbol{x}) \stackrel{\text{def.}}{=} L_{\boldsymbol{z}}(\boldsymbol{x}) \tag{16.26}$$

式(16.26)假定目标生成的观测仅与其状态有关，与检测概率无关。

给定上述模型后，式(16.4)的多目标观测模型可表示为

$$\Sigma_{k+1} = \Upsilon_{k+1}(\mathring{\boldsymbol{x}}_1) \cup \cdots \cup \Upsilon_{k+1}(\mathring{\boldsymbol{x}}_n) \cup C_{k+1} \tag{16.27}$$

式中：C_{k+1} 是先验的杂波过程；$\varUpsilon_{k+1}(\mathring{\boldsymbol{x}})$ 为伯努利 RFS，其 p.g.fl. 为

$$G_{\varUpsilon_{k+1}(a,\boldsymbol{x})}[g] = 1 - a + a\int g(\boldsymbol{z})\cdot f_{k+1}(\boldsymbol{z}|\boldsymbol{x})\mathrm{d}\boldsymbol{z} \tag{16.28}$$

根据式(4.120)，$\varSigma_{k+1}$ 的 p.g.fl. 为

$$G_{k+1}[g|\mathring{X}] = (1 - \mathring{p}_{\mathrm{D}} + \mathring{p}_{\mathrm{D}}\mathring{L}_g)^{\mathring{X}} \cdot G^{\kappa}_{k+1}[g] \tag{16.29}$$

式中：幂泛函 h^X 的定义见式(3.5)；$G^{\kappa}_{k+1}[g]$ 为 C_{k+1} 的 p.g.fl.；且

$$\mathring{L}_g(\mathring{\boldsymbol{x}}) = \mathring{L}_g(a,\boldsymbol{x}) = \int g(\boldsymbol{z})\cdot\mathring{L}_{\boldsymbol{z}}(a,\boldsymbol{x})\mathrm{d}\boldsymbol{z} = \int g(\boldsymbol{z})\cdot L_{\boldsymbol{z}}(\boldsymbol{x})\mathrm{d}\boldsymbol{z} \tag{16.30}$$

16.3.2　未知杂波的一般模型

该模型形如式(16.7)，即

$$\varSigma_{k+1} = \varUpsilon_{k+1}(\mathring{\boldsymbol{x}}_1)\cup\cdots\cup\varUpsilon_{k+1}(\mathring{\boldsymbol{x}}_n)\cup C_{k+1}(\mathring{\boldsymbol{c}}_1)\cup\cdots\cup C_{k+1}(\mathring{\boldsymbol{c}}_\nu) \tag{16.31}$$

式中：$\mathring{\boldsymbol{x}}_i = (a_i, \boldsymbol{x}_i)$ 且 $0 \leqslant a_i \leqslant 1$；$\varUpsilon_{k+1}(\mathring{\boldsymbol{x}})$ 是伯努利 RFS，其 p.g.fl. 为

$$G_{\varUpsilon_{k+1}(a,\boldsymbol{x})}[g] = 1 - a + a\int g(\boldsymbol{z})\cdot f_{k+1}(\boldsymbol{z}|\boldsymbol{x})\mathrm{d}\boldsymbol{z} \tag{16.32}$$

同样，$\mathring{\boldsymbol{c}} = (c_i, \boldsymbol{c}_i)$，其中 $\boldsymbol{c}_i \in \mathfrak{C}$，且有下面四类感兴趣的情形：

- *情形 1*：$C_{k+1}(\mathring{\boldsymbol{c}})$ 为泊松过程且杂波率 c $(c > 0)$ 未知。此时

$$G_{C_{k+1}(c,\boldsymbol{c})}[g] = e^{\mathring{L}^{\kappa}_{g-1}(c,\boldsymbol{c})} \tag{16.33}$$

$$\mathring{L}^{\kappa}_{g-1}(c,\boldsymbol{c}) = c\int (g(\boldsymbol{z}) - 1)\cdot f^{\kappa}_{k+1}(\boldsymbol{z}|\boldsymbol{c})\mathrm{d}\boldsymbol{z} \tag{16.34}$$

- *情形 2*：$C_{k+1}(\mathring{\boldsymbol{c}})$ 为检测概率 c $(0 \leqslant c \leqslant 1)$ 未知的伯努利过程。此时

$$G_{C_{k+1}(c,\boldsymbol{c})}[g] = 1 - c + c\int g(\boldsymbol{z})\cdot f^{\kappa}_{k+1}(\boldsymbol{z}|\boldsymbol{c})\mathrm{d}\boldsymbol{z} \tag{16.35}$$

  杂波检测概率及杂波源的似然函数分别为

$$\mathring{p}^{\kappa}_{\mathrm{D}}(c,\boldsymbol{c}) = c \tag{16.36}$$

$$f^{\kappa}_{k+1}(\boldsymbol{z}|c,\boldsymbol{c}) = \mathring{L}^{\kappa}_{\boldsymbol{z}}(c,\boldsymbol{c}) = L^{\kappa}_{\boldsymbol{z}}(\boldsymbol{c}) = f^{\kappa}_{k+1}(\boldsymbol{z}|\boldsymbol{c}) \tag{16.37}$$

- *情形 3*：$C_{k+1}(\mathring{\boldsymbol{c}}) = C_{k+1}(\boldsymbol{c})$ 为检测概率 $p^{\kappa}_{\mathrm{D}}(\boldsymbol{c})$ 已知的伯努利过程。此时

$$G_{C_{k+1}(\boldsymbol{c})}[g] = 1 - p^{\kappa}_{\mathrm{D}}(\boldsymbol{c}) + p^{\kappa}_{\mathrm{D}}(\boldsymbol{c})\int g(\boldsymbol{z})\cdot f^{\kappa}_{k+1}(\boldsymbol{z}|\boldsymbol{c})\mathrm{d}\boldsymbol{z} \tag{16.38}$$

- *情形 4*：$C_{k+1}(\mathring{\boldsymbol{c}}) = C_{k+1}(\boldsymbol{c})$ 为检测概率恒等于某已知常数 c $(p^{\kappa}_{\mathrm{D}} = c)$ 的伯努利过程，且杂波观测的空间分布先验已知并独立于杂波源状态 $\boldsymbol{c}$：

$$f^{\kappa}_{k+1}(\boldsymbol{z}|\boldsymbol{c}) = c_{k+1}(\boldsymbol{z}) \tag{16.39}$$

此时

$$G_{C_{k+1}(c)}[g] = 1 - p_{\mathrm{D}}^{\kappa} + p_{\mathrm{D}}^{\kappa} \int g(z) \cdot c_{k+1}(z) \mathrm{d}z \tag{16.40}$$

该情形下只有杂波率 λ_{k+1} 是未知的待定参数。

对于所有情形，均可将未知量 (包含目标和杂波源) 打包为如下形式的未知状态集：

$$\ddot{X} = \{\ddot{\boldsymbol{x}}_1, \cdots, \ddot{\boldsymbol{x}}_{n+\nu}\} = \mathring{X} \uplus \mathring{C} \tag{16.41}$$

$$= \{\mathring{\boldsymbol{x}}_1, \cdots, \mathring{\boldsymbol{x}}_n\} \uplus \{\mathring{\boldsymbol{c}}_1, \cdots, \mathring{\boldsymbol{c}}_\nu\} \tag{16.42}$$

$$= \{\mathring{\boldsymbol{x}}_1, \cdots, \mathring{\boldsymbol{x}}_n, \mathring{\boldsymbol{c}}_1, \cdots, \mathring{\boldsymbol{c}}_\nu\} \tag{16.43}$$

其中：$\ddot{\boldsymbol{x}}$ 属于下面的目标–杂波联合状态空间

$$\ddot{\mathfrak{X}} = \mathring{\mathfrak{X}} \uplus \mathring{\mathfrak{C}} \tag{16.44}$$

由于 $\uplus$ 表示互斥并，故 $\ddot{\boldsymbol{x}} = \mathring{\boldsymbol{x}}$ 或 $\mathring{\boldsymbol{c}}$。

注解 68 (符号约定): 这里采用的符号表示不是很严格。若 $a = p_{\mathrm{D}}(\boldsymbol{x})$ 或 $c = p_{\mathrm{D}}^{\kappa}(\boldsymbol{c})$，则不难理解下述表示：

$$\mathring{\boldsymbol{x}} = (p_{\mathrm{D}}(\boldsymbol{x}), \boldsymbol{x}) \hookrightarrow \boldsymbol{x}$$

$$\mathring{\boldsymbol{c}} = (p_{\mathrm{D}}^{\kappa}(\boldsymbol{c}), \boldsymbol{c}) \hookrightarrow \boldsymbol{c}$$

即：可用 $\boldsymbol{x}$ 标识 $\mathring{\boldsymbol{x}}$，用 $\boldsymbol{c}$ 标识 $\mathring{\boldsymbol{c}}$。此时

$$\mathring{p}_{\mathrm{D}}^{\kappa}(c, \boldsymbol{c}) = \begin{cases} c, & \text{检测概率未知} \\ p_{\mathrm{D}}^{\kappa}(\boldsymbol{c}), & \text{检测概率已知} \\ p_{\mathrm{D}}^{\kappa}, & \text{检测概率已知且恒定} \end{cases} \tag{16.45}$$

$$f_{k+1}^{\kappa}(\boldsymbol{z}|c, \boldsymbol{c}) = f_{k+1}^{\kappa}(\boldsymbol{z}|\boldsymbol{c}) \tag{16.46}$$

下面来看目标–杂波联合状态空间 $\ddot{\mathfrak{X}}$ 上函数 $\ddot{f}(\ddot{\boldsymbol{x}})$ 的积分：

$$\int \ddot{f}(\ddot{\boldsymbol{x}}) \mathrm{d}\ddot{\boldsymbol{x}} = \int_{\mathring{\mathfrak{X}}} \ddot{f}(\mathring{\boldsymbol{x}}) \mathrm{d}\mathring{\boldsymbol{x}} + \int_{\mathring{\mathfrak{C}}} \ddot{f}(\mathring{\boldsymbol{c}}) \mathrm{d}\mathring{\boldsymbol{c}}$$

假定目标检测概率 $p_{\mathrm{D}}(\boldsymbol{x})$ 已知，则上式的几种特殊形式如下：

- 泊松杂波：

$$\int \ddot{f}(\ddot{\boldsymbol{x}}) \mathrm{d}\ddot{\boldsymbol{x}} = \int_{\mathfrak{X}} \ddot{f}(\boldsymbol{x}) \mathrm{d}\boldsymbol{x} + \int_{\mathfrak{C}} \int_0^{\infty} \ddot{f}(c, \boldsymbol{c}) \mathrm{d}c \mathrm{d}\boldsymbol{c}$$

- 杂波检测概率未知的伯努利杂波：

$$\int \ddot{f}(\ddot{\boldsymbol{x}}) \mathrm{d}\ddot{\boldsymbol{x}} = \int_{\mathfrak{X}} \ddot{f}(\boldsymbol{x}) \mathrm{d}\boldsymbol{x} + \int_{\mathfrak{C}} \int_0^{1} \ddot{f}(c, \boldsymbol{c}) \mathrm{d}c \mathrm{d}\boldsymbol{c} \tag{16.47}$$

- 杂波检测概率已知的伯努利杂波：

$$\int \ddot{f}(\ddot{x})\mathrm{d}\ddot{x} = \int_{\mathfrak{X}} \ddot{f}(x)\mathrm{d}x + \int_{\mathfrak{C}} \ddot{f}(c)\mathrm{d}c \tag{16.48}$$

相应的集积分形式为

$$\int f(\ddot{X})\delta\ddot{X} = \sum_{n\geqslant 0}\frac{1}{n!}\int f(\{\ddot{x}_1,\cdots,\ddot{x}_n\})\mathrm{d}\ddot{x}_1\cdots\mathrm{d}\ddot{x}_n \tag{16.49}$$

若将联合空间上的随机有限集记作 $\ddot{\Xi}_{k|k}$，则目标和杂波的 RFS 可分别表示为

$$\mathring{\Xi}_{k|k} = \ddot{\Xi}_{k|k} \cap \mathring{\mathfrak{X}} \tag{16.50}$$

$$\mathring{\Psi}_{k|k} = \ddot{\Xi}_{k|k} \cap \mathring{\mathfrak{C}} \tag{16.51}$$

若随机有限集 $\ddot{\Xi}_{k|k}$ 的概率分布为 $f(\ddot{X}|Z^{(k)})$，则根据3.5.3节的讨论，$\mathring{\Xi}_{k|k}$ 和 $\mathring{\Psi}_{k|k}$ 的概率分布为下述边缘分布：

$$f_{k|k}(\mathring{X}|Z^{(k)}) = \int \ddot{f}_{k|k}(\mathring{X}\uplus\mathring{C}|Z^{(k)})\delta\mathring{C} = \int f_{k|k}(\mathring{X},\mathring{C}|Z^{(k)})\delta\mathring{C} \tag{16.52}$$

$$f_{k|k}(\mathring{C}|Z^{(k)}) = \int \ddot{f}_{k|k}(\mathring{X}\uplus\mathring{C}|Z^{(k)})\delta\mathring{X} = \int f_{k|k}(\mathring{X},\mathring{C}|Z^{(k)})\delta\mathring{X} \tag{16.53}$$

对于伯努利杂波[①]，(16.31)式观测模型的概率生成泛函为

$$G_{k+1}[g|\ddot{X}] = (1-\mathring{p}_{\mathrm{D}}+\mathring{p}_{\mathrm{D}}\mathring{L}_g)^{\mathring{X}}\cdot(1-\mathring{p}_{\mathrm{D}}^{\kappa}+\mathring{p}_{\mathrm{D}}^{\kappa}\mathring{L}_g^{\kappa})^{\mathring{C}} \tag{16.54}$$

上式成立主要是因为在给定独立性假设后，$G_{k+1}[g|\ddot{X}]$ 可做如下分解：

$$G_{k+1}[g|\ddot{X}] = G_{k+1}[g|\mathring{X}\uplus\mathring{C}] \tag{16.55}$$

$$= G_{k+1}[g|\mathring{x}_1]\cdots G_{k+1}[g|\mathring{x}_n]\cdot G_{k+1}[g|\mathring{c}_1]\cdots G_{k+1}[g|\mathring{c}_n] \tag{16.56}$$

$$= (1-\mathring{p}_{\mathrm{D}}+\mathring{p}_{\mathrm{D}}\mathring{L}_g)^{\mathring{X}}\cdot(1-\mathring{p}_{\mathrm{D}}^{\kappa}+\mathring{p}_{\mathrm{D}}^{\kappa}\mathring{L}_g^{\kappa})^{\mathring{C}} \tag{16.57}$$

16.3.3 未知杂波模型：泊松混合

本节所述模型是泊松混合未知杂波 PHD 滤波器 (见18.10节) 的杂波观测模型。该模型由 Mahler 提出 (见文献 [179] 第 12.11 节)，可将它视作 Cheeseman 贝叶斯静态数据聚类方法[33,34] 的一种推广。此时，式(16.8)中的杂波 RFS 形式为

$$C_{k+1}(\mathring{C}) = C_{k+1}(c_1, \boldsymbol{c}_1)\cup\cdots\cup C_{k+1}(c_\nu, \boldsymbol{c}_\nu) \tag{16.58}$$

式中：$\mathring{C} = \{(c_1,\boldsymbol{c}_1),\cdots,(c_\nu,\boldsymbol{c}_\nu)\}$。

由于泊松 RFS $C_{k+1}(c_1,\boldsymbol{c}_1),\cdots,C_{k+1}(c_\nu,\boldsymbol{c}_\nu)$ 相互独立，因此 $C_{k+1}(\mathring{C})$ 本身也为泊松 RFS。根据式(16.33)，各杂波源的 PHD (强度函数) 分别为 $c_1\cdot f_{k+1}^{\kappa}(z|\boldsymbol{c}_1),\cdots,c_\nu\cdot f_{k+1}^{\kappa}(z|\boldsymbol{c}_\nu)$，

①译者注：下式的杂波观测过程实际为多伯努利过程，为避免混淆，此处明确指出。

p.g.fl. 分别为 $e^{\mathring{L}^{\kappa}_{g-1}(c_1,\boldsymbol{c}_1)},\cdots,e^{\mathring{L}^{\kappa}_{g-1}(c_\nu,\boldsymbol{c}_\nu)}$，其中 $\mathring{L}^{\kappa}_{g-1}(c,\boldsymbol{c})$ 的定义见式(16.34)。因此，总杂波过程的 PHD (强度函数) 可表示为[①]

$$\kappa_{k+1}(\boldsymbol{z}|\mathring{C}) = c_1\cdot f^{\kappa}_{k+1}(\boldsymbol{z}|\boldsymbol{c}_1)+\cdots+c_\nu\cdot f^{\kappa}_{k+1}(\boldsymbol{z}|\boldsymbol{c}_\nu) \tag{16.59}$$

$$= c_1\cdot \mathring{L}^{\kappa}_{\boldsymbol{z}}(c_1,\boldsymbol{c}_1)+\cdots+c_\nu\cdot \mathring{L}^{\kappa}_{\boldsymbol{z}}(c_\nu,\boldsymbol{c}_\nu) \tag{16.60}$$

式中：$\mathring{L}^{\kappa}_{\boldsymbol{z}}(c,\boldsymbol{c})$ 的定义见式(16.37)。

因此，总观测模型的 p.g.fl. 可表示为

$$G_{k+1}[g|\mathring{X}\uplus\mathring{C}] = G_{k+1}[g|\mathring{X}]\cdot G_{k+1}[g|\mathring{C}] \tag{16.61}$$

$$= \left(1-\mathring{p}_{\mathrm{D}}+\mathring{p}_{\mathrm{D}}\mathring{L}_g\right)^{\mathring{X}}\cdot(e^{\mathring{L}^{\kappa}_{g-1}})^{\mathring{C}} \tag{16.62}$$

式中

$$G_{k+1}[g|\mathring{C}] = (e^{\mathring{L}^{\kappa}_{g-1}})^{\mathring{C}} = \prod_{(c,\boldsymbol{c})\in\mathring{C}} e^{\mathring{L}^{\kappa}_{g-1}(c,\boldsymbol{c})} \tag{16.63}$$

$$\mathring{L}^{\kappa}_{g-1}(c,\boldsymbol{c}) = c\int(g(\boldsymbol{z})-1)\cdot f^{\kappa}_{k+1}(\boldsymbol{z}|\boldsymbol{c})\mathrm{d}\boldsymbol{z} \tag{16.64}$$

注解 69: 值得指出的是 (见18.10节)，很容易将泊松混合模型扩展成下述 p.g.fl. 形式的杂波模型：

$$G^{\kappa}_{k+1}[g|c,\boldsymbol{c}] = G^{\kappa}_{k+1}\left(1-c+c\int g(\boldsymbol{z})\cdot f^{\kappa}_{k+1}(\boldsymbol{z}|\boldsymbol{c})\mathrm{d}\boldsymbol{z}\right)$$

式中：$G^{\kappa}_{k+1}(z)$ 为某 p.g.f. 。

16.3.4 未知杂波模型：一般伯努利

本节来看式(16.35)所示情形，它对应18.5节 κ-CPHD 滤波器的杂波观测模型。与式(16.8)的未知 p_{D} 模型类似，可将杂波源的状态表示为 $\mathring{\boldsymbol{c}}=(c,\boldsymbol{c})$，其中，未知量 c 表示杂波源 $\boldsymbol{c}$ 的检测概率，满足 $0\leqslant c\leqslant 1$。因此

$$\mathring{p}^{\kappa}_{\mathrm{D}}(\mathring{\boldsymbol{c}}) = c \tag{16.65}$$

$$\mathring{L}^{\kappa}_{\boldsymbol{z}}(\mathring{\boldsymbol{c}}) = L^{\kappa}_{\boldsymbol{z}}(\boldsymbol{c}) = f^{\kappa}_{k+1}(\boldsymbol{z}|\boldsymbol{c}) \tag{16.66}$$

总杂波强度函数 $\kappa_{k+1}(\boldsymbol{z})$ 是未知待定的。根据式(16.54)，总观测似然函数的 p.g.fl. 为

$$G_{k+1}[g|\mathring{X}\uplus\mathring{C}] = (1-\mathring{p}_{\mathrm{D}}+\mathring{p}_{\mathrm{D}}\mathring{L}_g)^{\mathring{X}}\cdot(1-\mathring{p}^{\kappa}_{\mathrm{D}}+\mathring{p}^{\kappa}_{\mathrm{D}}\mathring{L}^{\kappa}_g)^{\mathring{C}} \tag{16.67}$$

式中：$\mathring{X}=\{\mathring{\boldsymbol{x}}_1,\cdots,\mathring{\boldsymbol{x}}_n\}=\{(a_1,\boldsymbol{x}_1),\cdots,(a_n,\boldsymbol{x}_n)\}$；$\mathring{C}=\{(c_1,\boldsymbol{c}_1),\cdots,(c_\nu,\boldsymbol{c}_\nu)\}$；多伯努利杂波过程的 p.g.fl. 为

$$G_{k+1}[g|\mathring{C}] = (1-\mathring{p}^{\kappa}_{\mathrm{D}}+\mathring{p}^{\kappa}_{\mathrm{D}}\mathring{L}^{\kappa}_g)^{\mathring{C}} \tag{16.68}$$

[①]译者注：原著(16.60)式中缺少系数 $c_1,\cdots,c_\nu$，这里已更正。

16.3.5　未知杂波模型：简化伯努利

本节来看式(16.40)所示情形，它对应18.4节 λ−CPHD 滤波器的杂波观测模型。根据假设，式(16.12)中的杂波 RFS 可表示为

$$C_{k+1} = C_{k+1}(\boldsymbol{c}_1) \cup \cdots \cup C_{k+1}(\boldsymbol{c}_\nu) \tag{16.69}$$

式中：$C_{k+1}(\boldsymbol{c}_1), \cdots, C_{k+1}(\boldsymbol{c}_\nu)$ 为相互独立的伯努利 RFS，且具有与状态独立的杂波检测概率及杂波似然函数，即

$$p_{\mathrm{D}}^{\kappa}(\boldsymbol{c}) = p_{\mathrm{D}}^{\kappa} \tag{16.70}$$

$$L_{\boldsymbol{z}}^{\kappa}(\boldsymbol{c}) = c_{k+1}(\boldsymbol{z}) \tag{16.71}$$

故 $C_{k+1}(\boldsymbol{c})$ 的 p.g.fl. 也独立于状态 $\boldsymbol{c}$，即

$$G_{k+1}[g|\boldsymbol{c}] = 1 - p_{\mathrm{D}}^{\kappa} + p_{\mathrm{D}}^{\kappa} \cdot c_{k+1}[g] \tag{16.72}$$

$$c_{k+1}[g] = \int g(\boldsymbol{z}) \cdot c_{k+1}(\boldsymbol{z}) \mathrm{d}\boldsymbol{z} \tag{16.73}$$

因此，(16.54)式总观测过程的 p.g.fl. 可化为

$$G_{k+1}[g|\ddot{X}] = (1 - \mathring{p}_{\mathrm{D}} + \mathring{p}_{\mathrm{D}} \mathring{L}_g)^{\mathring{X}} \cdot (1 - p_{\mathrm{D}}^{\kappa} + p_{\mathrm{D}}^{\kappa} c_{k+1}[g])^{|C|} \tag{16.74}$$

式中：$\mathring{X} = \{\mathring{\boldsymbol{x}}_1, \cdots, \mathring{\boldsymbol{x}}_n\} = \{(a_1, \boldsymbol{x}_1), \cdots, (a_n, \boldsymbol{x}_n)\}$；$C = \{\boldsymbol{c}_1, \cdots, \boldsymbol{c}_\nu\}$；$\ddot{X} = \mathring{X} \uplus C$；杂波过程的 p.g.fl. 为

$$G_{k+1}[g|C] = (1 - p_{\mathrm{D}}^{\kappa} + p_{\mathrm{D}}^{\kappa} c_{k+1}[g])^{|C|} \tag{16.75}$$

注意：上式右侧的指数因子为标量 $|C|$ 而非有限集 C。

16.4　本篇结构

第 III 篇的内容安排如下：

- 第17章：未知检测概率下的 PHD 滤波器、CPHD 滤波器以及多伯努利滤波器；
- 第18章：未知杂波下的 PHD 滤波器、CPHD 滤波器以及多伯努利滤波器。

关于本篇介绍的 RFS 滤波器，需要强调以下两点：

- 检测包线的变化相对观测更新率不能太快；
- 杂波统计量的变化相对观测更新率也不能太快。

基于同样的观测流，本篇滤波器可同时完成两项甚至更多的任务：

- 检测目标；
- 跟踪目标；

- 隐式或显式地估计 p_D；
- 隐式或显式地估计杂波率 λ 或杂波强度函数 κ。

尽管存在诸多难点，但仿真结果表明这些滤波器似乎具有相当不错的性能表现 (因为要同时完成多项任务，性能上会有些许下降)。

第 17 章　未知 p_D 下的 RFS 滤波器

17.1　简　介

16.3.1节介绍了未知检测包线模型，如前所述，采用未知检测包线模型，很容易将基于标准观测模型的 RFS 多目标检测跟踪滤波器转换成一个无需先验检测概率知识的滤波器 (17.1.1节)。本章介绍下列滤波器及其实际实现：

- p_D 未知的 *PHD* 滤波器 (简称 p_D–PHD 滤波器)：经典 PHD 滤波器的推广，旨在应对未知检测概率；
- p_D 未知的 *CPHD* 滤波器 (简称 p_D–CPHD 滤波器)：经典 CPHD 滤波器的推广，旨在应对未知检测概率；
- p_D 未知的 *CBMeMBer* 滤波器 (简称 p_D–CBMeMBer 滤波器)：经典 CBMeMBer 滤波器的推广，旨在应对未知检测概率。

本节其余内容安排如下：

- 17.1.1节：方法概述——将 RFS 跟踪滤波器转换为无需先验检测概率的滤波器。
- 17.1.2节：定义检测概率的运动模型——检测概率的马尔可夫转移密度。
- 17.1.3节：本章主要知识点概述。
- 17.1.4节：本章结构。

17.1.1　RFS 滤波器到未知 p_D 滤波器的转换

这种转换只需作简单的变量替换即可，具体讲：

- 将公式中出现的 $\boldsymbol{x}$ 统一替换为 $(a,\boldsymbol{x})$；
- 将公式中出现的 p_D 统一替换为 a；
- 不改变公式中的 $L_{\boldsymbol{z}}(\boldsymbol{x})$；
- 将公式中出现的积分 $\int \cdot \mathrm{d}\boldsymbol{x}$ 替换为 $\int\int_0^1 \cdot \mathrm{d}a\mathrm{d}\boldsymbol{x}$。

下面以经典 PHD 滤波器的观测更新和时间更新 (见式(8.49)~(8.51)、式(8.15)和式(8.16)，具体如下) 为例介绍这种转换过程。

$$\frac{D_{k+1|k+1}(\boldsymbol{x})}{D_{k+1|k}(\boldsymbol{x})} = 1 - p_\mathrm{D}(\boldsymbol{x}) + \sum_{\boldsymbol{z}\in Z_{k+1}} \frac{p_\mathrm{D}(\boldsymbol{x}) \cdot L_{\boldsymbol{z}}(\boldsymbol{x})}{\kappa_{k+1}(\boldsymbol{z}) + \tau_{k+1}(\boldsymbol{z})} \tag{17.1}$$

$$\tau_{k+1}(\boldsymbol{z}) = \int p_\mathrm{D}(\boldsymbol{x}) \cdot L_{\boldsymbol{z}}(\boldsymbol{x}) \cdot D_{k+1|k}(\boldsymbol{x})\mathrm{d}\boldsymbol{x} \tag{17.2}$$

$$D_{k+1|k}(\boldsymbol{x}) = b_{k+1|k}(\boldsymbol{x}) + \int \left(p_\mathrm{S}(\boldsymbol{x}') \cdot f_{k+1|k}(\boldsymbol{x}|\boldsymbol{x}') + b_{k+1|k}(\boldsymbol{x}|\boldsymbol{x}')\right) \cdot D_{k|k}(\boldsymbol{x}')\mathrm{d}\boldsymbol{x}' \tag{17.3}$$

按照上述方法做相应替换即可得到 p_D 未知的 PHD 滤波器：

$$\frac{\mathring{D}_{k+1|k+1}(a,\boldsymbol{x})}{\mathring{D}_{k+1|k}(a,\boldsymbol{x})}=1-a+\sum_{z\in Z_{k+1}}\frac{a\cdot L_{\boldsymbol{z}}(\boldsymbol{x})}{\kappa_{k+1}(\boldsymbol{z})+\tau_{k+1}(\boldsymbol{z})} \tag{17.4}$$

$$\tau_{k+1}(\boldsymbol{z})=\int\int_0^1 a\cdot L_{\boldsymbol{z}}(\boldsymbol{x})\cdot\mathring{D}_{k+1|k}(a,\boldsymbol{x})\mathrm{d}a\mathrm{d}\boldsymbol{x} \tag{17.5}$$

$$\mathring{D}_{k+1|k}(a,\boldsymbol{x})=\mathring{b}_{k+1|k}(a,\boldsymbol{x})+\int\int_0^1\left(\begin{array}{c}\mathring{p}_{\mathrm{S}}(a',\boldsymbol{x}')\cdot\mathring{f}_{k+1|k}(a,\boldsymbol{x}|a',\boldsymbol{x}')+\\ \mathring{b}_{k+1|k}(a,\boldsymbol{x}|a',\boldsymbol{x}')\end{array}\right)\cdot \tag{17.6}$$

$$\mathring{D}_{k|k}(a',\boldsymbol{x}')\mathrm{d}a'\mathrm{d}\boldsymbol{x}'$$

尽管如此，仍有必要对 $\mathring{b}_{k+1|k}(a,\boldsymbol{x})$、$\mathring{p}_{\mathrm{S}}(a',\boldsymbol{x}')$、$\mathring{b}_{k+1|k}(a,\boldsymbol{x}|a,\boldsymbol{x}')$ 等项稍做解释。由于检测概率不影响新目标的出现，故

$$\mathring{b}_{k+1|k}(a,\boldsymbol{x})=b_{k+1|k}(\boldsymbol{x}) \tag{17.7}$$

$$\mathring{b}_{k+1|k}(a,\boldsymbol{x}|a',\boldsymbol{x}')=b_{k+1|k}(\boldsymbol{x}|\boldsymbol{x}') \tag{17.8}$$

检测概率同样也不影响目标消失与否，故

$$\mathring{p}_{\mathrm{S}}(a',\boldsymbol{x}')=p_{\mathrm{S}}(\boldsymbol{x}') \tag{17.9}$$

关于马尔可夫转移密度则假定：

$$\mathring{f}_{k+1|k}(a,\boldsymbol{x}|a',\boldsymbol{x}')=f_{k+1|k}(a|a')\cdot f_{k+1|k}(\boldsymbol{x}|\boldsymbol{x}') \tag{17.10}$$

因为检测概率 a 通常与目标状态 $\boldsymbol{x}$ 相关，所以上式只是一种近似。在完成上述替换后，p_D-PHD 滤波器的时间更新方程即可化为

$$\mathring{D}_{k+1|k}(a,\boldsymbol{x})=b_{k+1|k}(\boldsymbol{x})+ \tag{17.11}$$

$$\int\int_0^1\left(\begin{array}{c}p_{\mathrm{S}}(\boldsymbol{x}')\cdot f_{k+1|k}(a|a')\cdot\\ f_{k+1|k}(\boldsymbol{x}|\boldsymbol{x}')+b_{k+1|k}(\boldsymbol{x}|\boldsymbol{x}')\end{array}\right)\cdot\mathring{D}_{k|k}(a',\boldsymbol{x}')\mathrm{d}a'\mathrm{d}\boldsymbol{x}'$$

17.1.2 检测概率的运动模型

在式(17.11)中，需要定义马尔可夫转移密度 $f_{k+1|k}(a|a')$。附录 F 已证明，它可由下面的隐子式来定义：

$$\beta_{u^{k+1|k},v^{k+1|k}}(a)=\int_0^1 f_{k+1|k}(a|a')\cdot\beta_{u^{k|k},v^{k|k}}(a')\mathrm{d}a' \tag{17.12}$$

式中：$\beta_{u,v}(a)$ 是参数为 u、v 的 β 分布；且

$$u^{k+1|k}=u^{k|k}\cdot\theta_{k|k} \tag{17.13}$$

$$v^{k+1|k}=v^{k|k}\cdot\theta_{k|k} \tag{17.14}$$

$$\theta_{k|k}=\frac{1}{u^{k|k}+v^{k|k}}\cdot\left(\frac{u^{k|k}\cdot v^{k|k}}{(u^{k|k}+v^{k|k})^2}\cdot\frac{1}{\sigma_{k+1|k}^2}-1\right) \tag{17.15}$$

通过选择参数值 $\varepsilon\,(0 \leqslant \varepsilon \leqslant 1)$，可将式(17.15)中检测概率时间更新方程的预定方差设置为

$$\sigma_{k+1|k}^{2} = \left(\frac{1}{u^{k|k} + v^{k|k}} + \varepsilon\right) \cdot \frac{u^{k|k} \cdot v^{k|k}}{(u^{k|k} + v^{k|k})(u^{k|k} + v^{k|k} + 1)} \tag{17.16}$$

关系 $\sigma_{k+1|k}^{2} \geqslant \sigma_{k|k}^{2}$ 总成立，即在时间更新过程中 a 的不确定性不会减少。ε 的下面两种取值分别对应 $\sigma_{k+1|k}^{2}$ 的两种极端情形：

$$\varepsilon = 0: \qquad \sigma_{k+1|k}^{2} = \sigma_{k|k}^{2} \quad (\text{未增加}) \tag{17.17}$$

$$\varepsilon = 1: \qquad \sigma_{k+1|k}^{2} = \frac{u^{k|k} \cdot v^{k|k}}{(u^{k|k} + v^{k|k})^{2}} \quad (\text{最大增量}) \tag{17.18}$$

17.1.3 要点概述

在本章学习过程中，需要掌握的主要概念、结论和公式如下：

- 解决检测概率未知问题的一种简单方法是用增广状态 $\mathring{\boldsymbol{x}} = (a, \boldsymbol{x})$ 替换单目标状态 $\boldsymbol{x}$，其中的未知量 a 满足 $0 \leqslant a \leqslant 1$，表示未知航迹 $\boldsymbol{x}$ 的检测概率 (17.1.1节)。
- 采用恰当的马尔可夫运动模型，可以建模两个相邻时刻 a 的不确定性增量 (17.1.2节)。
- 任何易于计算的 RFS 多目标检测跟踪滤波器均可转换为检测概率未知情形下的滤波器 (17.1.1节)。
- 采用 β-高斯混合 (BGM) 技术 (此时 a 的统计行为由 β 分布 $\beta_{u,v}(a)$ 表示)，未知检测概率的 PHD/CPHD 滤波器可通过闭式形式实现 (17.4节)：

$$\mathring{D}_{k|k}(a, \boldsymbol{x}) = \sum_{i=1}^{\nu_{k|k}} w_{i}^{k|k} \cdot \beta_{u_{i}^{k|k}, v_{i}^{k|k}}(a) \cdot N_{\boldsymbol{P}_{i}^{k|k}}(\boldsymbol{x} - \boldsymbol{x}_{i}^{k|k}) \tag{17.19}$$

- *无用输入无用输出*：为使 p_{D} 未知的 RFS 多目标检测跟踪器具有良好的性能，检测包线相对传感器更新率必须是缓变的。

17.1.4 本章结构

本章剩余部分安排如下：

- 17.2节：p_{D}-CPHD 滤波器——无需先验检测概率的 CPHD 滤波器。
- 17.3节：PHD $D_{k|k}(a, \boldsymbol{x})$ 的 β-高斯混合 (BGM) 近似。
- 17.4节：p_{D}-PHD 滤波器的 BGM 实现。
- 17.5节：p_{D}-CPHD 滤波器的 BGM 实现。
- 17.6节：p_{D}-CBMeMBer 滤波器——无需先验检测概率的 CBMeMBer 滤波器。
- 17.7节：p_{D} 未知的 RFS 滤波器实现。

17.2 $p_{\rm D}$-CPHD 滤波器

按照17.1.1节的程式，可由普通 CPHD 滤波器方程导出 $p_{\rm D}$-CPHD 滤波器。本节内容安排如下：

- 17.2.1节：$p_{\rm D}$-CPHD 滤波器的模型假设。
- 17.2.2节：$p_{\rm D}$-CPHD 滤波器的时间更新方程。
- 17.2.3节：$p_{\rm D}$-CPHD 滤波器的观测更新方程。
- 17.2.4节：$p_{\rm D}$-CPHD 滤波器的多目标状态估计。

17.2.1 $p_{\rm D}$-CPHD 滤波器模型

$p_{\rm D}$-CPHD 滤波器采用下列模型：

- 目标存活概率：$p_{\rm S}(\boldsymbol{x}')$。
- 目标的马尔可夫密度：$f_{k+1|k}(\boldsymbol{x}|\boldsymbol{x}')$。
- 检测概率的马尔可夫密度：$f_{k+1|k}(a|a')$，定义如式(17.12)~(17.16)式所示。
- 新生目标的 *PHD*：$b_{k+1|k}(\boldsymbol{x})$ 且 $N^{\rm B}_{k+1|k} \stackrel{\text{def.}}{=} \int b_{k+1|k}(\boldsymbol{x})\mathrm{d}\boldsymbol{x}$。
- 新生目标的势分布与 *p.g.f.*：$p^{\rm B}_{k+1|k}(n)$ 且 $N^{\rm B}_{k+1|k} = \sum_{n\geqslant 0} n\cdot p^{\rm B}_{k+1|k}(n)$，$G^{\rm B}_{k+1|k}(x) = \sum_{n\geqslant 0} p^{\rm B}_{k+1|k}(n)\cdot x^n$。
- 航迹 $\boldsymbol{x}$ 的检测概率：未知状态变量 $0\leqslant a\leqslant 1$，显式地估计检测概率 (可选)。
- 传感器似然函数：$L_{\boldsymbol{z}}(\boldsymbol{x}) \stackrel{\text{abbr.}}{=} f_{k+1}(\boldsymbol{z}|\boldsymbol{x})$。
- 杂波势分布：$p^{\kappa}_{k+1}(m)$。
- 杂波空间分布：$c_{k+1}(\boldsymbol{z})$。

17.2.2 $p_{\rm D}$-CPHD 滤波器的时间更新

$p_{\rm D}$-CPHD 滤波器的时间更新方程如下：

- 预测空间分布为

$$\mathring{s}_{k+1|k}(a,\boldsymbol{x}) = \frac{\begin{pmatrix} b_{k+1|k}(\boldsymbol{x}) + N_{k|k}\int\int_0^1 p_{\rm S}(\boldsymbol{x}')\cdot f_{k+1|k}(a|a')\cdot \\ f_{k+1|k}(\boldsymbol{x}|\boldsymbol{x}')\cdot \mathring{s}_{k|k}(a',\boldsymbol{x}')\mathrm{d}a'\mathrm{d}\boldsymbol{x}' \end{pmatrix}}{N^{\rm B}_{k+1|k} + N_{k|k}\cdot\psi_k} \tag{17.20}$$

$$\psi_k = \mathring{s}_{k|k}[\mathring{p}_{\rm S}] = \int\int_0^1 p_{\rm S}(\boldsymbol{x})\cdot \mathring{s}_{k|k}(a,\boldsymbol{x})\mathrm{d}a\mathrm{d}\boldsymbol{x} \tag{17.21}$$

式中：$N^{\mathrm{B}}_{k+1|k} = \int b_{k+1|k}(\boldsymbol{x})\mathrm{d}\boldsymbol{x}$。上述结果也可表示为 PHD 形式，即

$$\mathring{D}_{k+1|k}(a,\boldsymbol{x}) = b_{k+1|k}(\boldsymbol{x}) + \int\int_0^1 p_{\mathrm{S}}(\boldsymbol{x}')\cdot f_{k+1|k}(a|a')\cdot f_{k+1|k}(\boldsymbol{x}|\boldsymbol{x}')\cdot \mathring{D}_{k|k}(a',\boldsymbol{x}')\mathrm{d}a'\mathrm{d}\boldsymbol{x}' \tag{17.22}$$

$$\psi_k = \frac{1}{N_{k|k}}\int\int_0^1 p_{\mathrm{S}}(\boldsymbol{x})\cdot \mathring{D}_{k|k}(a,\boldsymbol{x})\mathrm{d}a\mathrm{d}\boldsymbol{x} \tag{17.23}$$

- 预测势分布及 *p.g.f.* 分别为

$$G_{k+1|k}(x) = G^{\mathrm{B}}_{k+1}\cdot G_{k|k}(1-\psi_k+\psi_k\cdot x) \tag{17.24}$$

$$p_{k+1|k}(n) = \sum_{n'\geqslant 0} p_{k+1|k}(n|n')\cdot p_{k|k}(n') \tag{17.25}$$

$$p_{k+1|k}(n|n') = \sum_{i=0}^{n} p^{\mathrm{B}}_{k+1|k}(n-i)\cdot C_{n',i}\cdot \psi_k^i\cdot(1-\psi_k)^{n'-i} \tag{17.26}$$

- 预测目标数的期望值为

$$N_{k+1|k} = N^{\mathrm{B}}_{k+1|k} + N_{k|k}\cdot\psi_k \tag{17.27}$$

17.2.3 p_{D}-CPHD 滤波器的观测更新

在得到新观测集 Z_{k+1} ($|Z_{k+1}| = m$) 后，便可采用下述 p_{D}-CPHD 滤波器观测更新方程：

- 观测更新的势分布和 *p.g.f.* 为

$$p_{k+1|k+1}(n) = \frac{\ell_{Z_{k+1}}(n)\cdot p_{k+1|k}(n)}{\sum_{l\geqslant 0}\ell_{Z_{k+1}}(l)\cdot p_{k+1|k}(l)} \tag{17.28}$$

$$G_{k+1|k+1}(x) = \frac{\sum_{j=0}^{m} x^j\cdot(m-j)!\cdot p^{\kappa}_{k+1}(m-j)\cdot G^{(j)}(x\cdot\phi_k)\cdot\sigma_j(Z_{k+1})}{\sum_{i=0}^{m}(m-i)!\cdot p^{\kappa}_{k+1}(m-i)\cdot G^{(i)}(\phi_k)\cdot\sigma_i(Z_{k+1})} \tag{17.29}$$

式中

$$\ell_{Z_{k+1}}(n) = \frac{\sum_{j=0}^{\min\{m,n\}}(m-j)!\cdot p^{\kappa}_{k+1}(m-j)\cdot j!\cdot C_{n,j}\cdot\phi_k^{n-j}\cdot\sigma_j(Z_{k+1})}{\sum_{l=0}^{m}(m-l)!\cdot p^{\kappa}_{k+1}(m-l)\cdot\sigma_l(Z_{k+1})\cdot G^{(l)}_{k+1|k}(\phi_k)} \tag{17.30}$$

- 观测更新的空间分布和 *PHD* 分别为

$$\mathring{s}_{k+1|k+1}(a,\boldsymbol{x}) = \hat{L}_{Z_{k+1}}(a,\boldsymbol{x})\cdot\mathring{s}_{k+1|k}(a,\boldsymbol{x}) \tag{17.31}$$

$$\mathring{D}_{k+1|k+1}(a,\boldsymbol{x}) = \mathring{L}_{Z_{k+1}}(a,\boldsymbol{x})\cdot\mathring{D}_{k+1|k}(a,\boldsymbol{x}) \tag{17.32}$$

式中

$$\hat{L}_{Z_{k+1}}(a,\boldsymbol{x}) = \frac{1}{N_{k+1|k+1}}\left((1-a)\cdot \overset{\text{ND}}{L}_{Z_{k+1}} + \sum_{j=1}^{m}\frac{a\cdot L_{\boldsymbol{z}_j}(\boldsymbol{x})}{c_{k+1}(\boldsymbol{z}_j)}\cdot \overset{\text{D}}{L}_{Z_{k+1}}(\boldsymbol{z}_j)\right) \tag{17.33}$$

$$\mathring{L}_{Z_{k+1}}(a,\boldsymbol{x}) = \frac{1}{N_{k+1|k}}\left((1-a)\cdot \overset{\text{ND}}{L}_{Z_{k+1}} + \sum_{j=1}^{m}\frac{a\cdot L_{\boldsymbol{z}_j}(\boldsymbol{x})}{c_{k+1}(\boldsymbol{z}_j)}\cdot \overset{\text{D}}{L}_{Z_{k+1}}(\boldsymbol{z}_j)\right) \tag{17.34}$$

$$\overset{\text{ND}}{L}_{Z_{k+1}} = \frac{\sum_{j=0}^{m}(m-j)!\cdot p_{k+1}^{\kappa}(m-j)\cdot\sigma_j(Z_{k+1})\cdot G_{k+1|k}^{(j+1)}(\phi_k)}{\sum_{l=0}^{m}(m-l)!\cdot p_{k+1}^{\kappa}(m-l)\cdot\sigma_l(Z_{k+1})\cdot G_{k+1|k}^{(l)}(\phi_k)} \tag{17.35}$$

$$\overset{\text{D}}{L}_{Z_{k+1}}(\boldsymbol{z}_j) = \frac{\left(\begin{array}{c}\sum_{i=0}^{m-1}(m-i-1)!\cdot p_{k+1}^{\kappa}(m-i-1)\cdot \\ \sigma_i(Z_{k+1}-\{\boldsymbol{z}_j\})\cdot G_{k+1|k}^{(i+1)}(\phi_k)\end{array}\right)}{\sum_{l=0}^{m}(m-l)!\cdot p_{k+1}^{\kappa}(m-l)\cdot\sigma_l(Z_{k+1})\cdot G_{k+1|k}^{(l)}(\phi_k)} \tag{17.36}$$

$$G_{k+1|k}^{(l)}(\phi_k) = \sum_{n\geqslant l} p_{k+1|k}(n)\cdot l!\cdot C_{n,l}\cdot\phi_k^{n-l} \tag{17.37}$$

$$G_{k+1|k}^{(j+1)}(\phi_k) = \sum_{n\geqslant j+1} p_{k+1|k}(n)\cdot(j+1)!\cdot C_{n,j+1}\cdot\phi_k^{n-j-1} \tag{17.38}$$

$$\phi_k = \int\int_0^1 (1-a)\cdot\mathring{s}_{k+1|k}(a,\boldsymbol{x})\mathrm{d}a\mathrm{d}\boldsymbol{x} \tag{17.39}$$

$$\sigma_i(Z_{k+1}) = \sigma_{m,i}\left(\frac{\hat{\tau}_{k+1}(\boldsymbol{z}_1)}{c_{k+1}(\boldsymbol{z}_1)},\cdots,\frac{\hat{\tau}_{k+1}(\boldsymbol{z}_m)}{c_{k+1}(\boldsymbol{z}_m)}\right) \tag{17.40}$$

$$\sigma_i(Z_{k+1}-\{\boldsymbol{z}_j\}) = \sigma_{m-1,i}\left(\frac{\hat{\tau}_{k+1}(\boldsymbol{z}_1)}{c_{k+1}(\boldsymbol{z}_1)},\cdots,\widehat{\frac{\hat{\tau}_{k+1}(\boldsymbol{z}_j)}{c_{k+1}(\boldsymbol{z}_j)}},\cdots,\frac{\hat{\tau}_{k+1}(\boldsymbol{z}_m)}{c_{k+1}(\boldsymbol{z}_m)}\right) \tag{17.41}$$

$$\hat{\tau}_{k+1}(\boldsymbol{z}) = \mathring{s}_{k+1|k}[\mathring{p}_{\mathrm{D}}\mathring{L}_{\boldsymbol{z}}] = \int a\cdot L_{\boldsymbol{z}}(\boldsymbol{x})\cdot\mathring{s}_{k+1|k}(a,\boldsymbol{x})\mathrm{d}a\mathrm{d}\boldsymbol{x} \tag{17.42}$$

- 观测更新的期望目标数为

$$N_{k+1|k+1} = \phi_k\cdot\overset{\text{ND}}{L}_{Z_{k+1}} + \sum_{i=1}^{m}\frac{\hat{\tau}_{k+1}(\boldsymbol{z}_i)}{c_{k+1}(\boldsymbol{z}_i)}\cdot\overset{\text{D}}{L}_{Z_{k+1}}(\boldsymbol{z}_i) \tag{17.43}$$

17.2.4 p_{D}-CPHD 滤波器多目标状态估计

给定 t_{k+1} 时刻观测更新的势分布 $p_{k+1|k+1}(n)$ 和 PHD $D_{k+1|k+1}(a,\boldsymbol{x})$ 或空间分布 $s_{k+1|k+1}(a,\boldsymbol{x})$ 后，便可估计目标的数目和状态。这里考虑两类方法：仅估计目标；目标与 p_{D} 的联合估计。

17.2.4.1 方法 1：仅估计目标

若只需要估计目标状态，而不关心检测概率，则对变量 a 积分可得

$$D_{k+1|k+1}(\boldsymbol{x}) = \int_0^1 \mathring{D}_{k+1|k+1}(a,\boldsymbol{x})\mathrm{d}a \tag{17.44}$$

然后应用8.5.5节的 CPHD 滤波器状态估计程序，即先采用下述 MAP 估计器确定目标数：

$$\hat{n} = \arg\sup_{n \geqslant 0} p_{k+1|k+1}(n) \tag{17.45}$$

再提取 $D_{k+1|k+1}(\boldsymbol{x})$ 的前 $\hat{n}$ 个极大值点，对应处的状态 $\hat{\boldsymbol{x}}_1, \cdots, \hat{\boldsymbol{x}}_{\hat{n}}$ 即多目标状态估计。

类似方法也可用于式(17.4)和式(17.11)的 p_D−PHD 滤波器，只不过由最接近目标数期望值的整数 $N_{k+1|k+1}$ 代替了 $\hat{n}$。

17.2.4.2　方法 2：目标与 p_D 的联合估计

若不仅想得到目标状态，还想得到这些状态的检测概率，此时目标数仍由下述 MAP 估计器得到：

$$\hat{n} = \arg\sup_{n \geqslant 0} p_{k+1|k+1}(n) \tag{17.46}$$

然后提取 $\mathring{D}_{k+1|k+1}(a, \boldsymbol{x})$ 的前 $\hat{n}$ 个极大值，将对应处的增广状态记作 $(\hat{a}_1, \hat{\boldsymbol{x}}_1), \cdots, (\hat{a}_{\hat{n}}, \hat{\boldsymbol{x}}_{\hat{n}})$，则 $\hat{\boldsymbol{x}}_1, \cdots, \hat{\boldsymbol{x}}_{\hat{n}}$ 为多目标状态估计，$\hat{a}_1, \cdots, \hat{a}_{\hat{n}}$ 为这些状态的检测概率。

类似方法也适用于式(17.4)和式(17.11)的 p_D−PHD 滤波器，只不过由最接近目标数期望值的整数 $N_{k+1|k+1}$ 代替了 $\hat{n}$。

17.3　β−高斯混合 (BGM) 近似

由于 PHD 或空间分布现在的形式为 $\mathring{D}_{k|k}(a, \boldsymbol{x})$ 或 $\mathring{s}_{k|k}(a, \boldsymbol{x})$，而非 $D_{k|k}(\boldsymbol{x})$ 或 $s_{k|k}(\boldsymbol{x})$，其中 $\boldsymbol{x}$ 为欧氏空间中的列向量，因此 p_D−PHD 和 p_D−CPHD 滤波器不太可能直接采用高斯混合 (GM) 实现，而需要对 GM 实现作一定的推广。本节介绍一种这样的推广：β−高斯混合 (BGM) 近似。主要内容安排如下：

- 17.3.1节：方法概述。
- 17.3.2节：β−高斯混合 (BGM)。
- 17.3.3节：BGM 修剪。
- 17.3.4节：BGM 合并。

17.3.1　BGM 方法概述

下面两个因子给高斯混合实现应用至 p_D−CPHD 滤波器造成了一定的困难：

- 式(17.4)和式(17.34)中的因子 a 及 $1-a$。

为方便概念的理解，假定目标是静态的 (状态不随时间变化)，则时间更新便毫无必要，此时 p_D−PHD 滤波器及 p_D−CPHD 滤波器便退化为观测更新方程的重复应用。随着时间递增，由于式(17.4)和式(17.34)的缘故，PHD 或空间分布的表达式中将包含形如 $a^i \cdot (1-a)^j$ 的因子，其中的 i、j 为任意整数。

R. Mahler、B. T. Vo 和 B. N. Vo 等人[194] 提出了一种简单的方法来应对 p_D-CPHD 滤波器实现中的困难。他们注意到β 分布具有相似的形式：

$$\beta_{u,v}(a) = \frac{a^{u-1}(1-a)^{v-1}}{\beta(u,v)} \tag{17.47}$$

式中

$$\beta(u,v) = \int_0^1 a^{u-1}(1-a)^{v-1}\mathrm{d}a \tag{17.48}$$

上式即 β 函数 (有关 β 分布及其性质的讨论参见附录E)。高斯混合近似基于"高斯分布关于乘法代数封闭"这一事实，即

$$N_{\boldsymbol{P}_1}(\boldsymbol{x}-\boldsymbol{x}_1)\cdot N_{\boldsymbol{P}_2}(\boldsymbol{x}-\boldsymbol{x}_2) = N_{\boldsymbol{P}_1+\boldsymbol{P}_2}(\boldsymbol{x}_2-\boldsymbol{x}_1)\cdot N_{\boldsymbol{E}}(\boldsymbol{x}-\boldsymbol{e}) \tag{17.49}$$

$$\boldsymbol{E}^{-1} = \boldsymbol{P}_1^{-1} + \boldsymbol{P}_2^{-1} \tag{17.50}$$

$$\boldsymbol{E}^{-1}\boldsymbol{e} = \boldsymbol{P}_1^{-1}\boldsymbol{x}_1 + \boldsymbol{P}_2^{-1}\boldsymbol{x}_2 \tag{17.51}$$

β 分布关于乘法也是代数封闭的：

$$\beta_{u_1,v_1}(a)\cdot\beta_{u_2,v_2}(a) = \frac{\beta(u_1+u_2-1, v_1+v_2-1)}{\beta(u_1,v_1)\cdot\beta(u_2,v_2)}\cdot\beta_{u_1+u_2-1,v_1+v_2-1}(a) \tag{17.52}$$

特别地，根据附录E中的式(E.6)和式(E.7)，可得到下面两种特殊情况：

$$a\cdot\beta_{u,v}(a) = \frac{\beta(u+1,v)}{\beta(u,v)}\cdot\beta_{u+1,v}(a) = \frac{u}{u+v}\cdot\beta_{u+1,v}(a) \tag{17.53}$$

$$(1-a)\cdot\beta_{u,v}(a) = \frac{\beta(u,v+1)}{\beta(u,v)}\cdot\beta_{u,v+1}(a) = \frac{v}{u+v}\cdot\beta_{u,v+1}(a) \tag{17.54}$$

17.3.2 β-高斯混合 (BGM)

令 $\mathring{D}(a,\boldsymbol{x})$ 表示空间 $[0,1]\times\mathbb{R}^N$ 上的 PHD，则它的β-高斯混合近似形式如下：

$$\mathring{D}(a,\boldsymbol{x}) \cong \sum_{i=1}^{\nu} w_i\cdot\beta_{u_i,v_i}(a)\cdot N_{\boldsymbol{P}_i}(\boldsymbol{x}-\boldsymbol{x}_i) \tag{17.55}$$

式中：$w_i \geqslant 0$，$i=1,\cdots,\nu$。

注解 70 (隐含的假设)：式(17.55)中隐含了"$p_D(\boldsymbol{x}_i)$ 统计独立于状态 $\boldsymbol{x}_i$"的假定。该假定一般并不成立，但 p_D-PHD 和 p_D-CPHD 滤波器本身已假定"数据更新率足够快以致 $p_D(\boldsymbol{x}_i)$ 关于空时缓慢变化"。

由式(17.49)和式(17.52)可知，两个 BGM 的乘积仍为 BGM。根据式(17.53)和式(17.54)，若 $\mathring{D}(a,\boldsymbol{x})$ 为 BGM 形式，则下述积分具有精确闭式解：

$$\int_0^1 a\cdot\mathring{D}(a,\boldsymbol{x})\mathrm{d}a,\quad \int_0^1 (1-a)\cdot\mathring{D}(a,\boldsymbol{x})\mathrm{d}a \tag{17.56}$$

若将 PHD 近似为 BGM 形式，则

- 在做一些细微的限定后 (见17.4.1节和17.5.1节)，$p_{\rm D}$-PHD 和 $p_{\rm D}$-CPHD 滤波器的时间更新和观测更新方程具有精确闭式解。

对于 $k \geqslant 0$，采用下述表示：

$$\mathring{D}_{k|k}(a,\boldsymbol{x}) = \sum_{i=1}^{\nu_{k|k}} w_i^{k|k} \cdot \beta_{u_i^{k|k},v_i^{k|k}}(a) \cdot N_{\boldsymbol{P}_i^{k|k}}(\boldsymbol{x} - \boldsymbol{x}_i^{k|k}) \tag{17.57}$$

$$\mathring{D}_{k+1|k}(a,\boldsymbol{x}) = \sum_{i=1}^{\nu_{k+1|k}} w_i^{k+1|k} \cdot \beta_{u_i^{k+1|k},v_i^{k+1|k}}(a) \cdot N_{\boldsymbol{P}_i^{k+1|k}}(\boldsymbol{x} - \boldsymbol{x}_i^{k+1|k}) \tag{17.58}$$

则 PHD 的时间更新方程可等价为下述参数族的时间传递：

$$(\ell_i^{k|k}, w_i^{k|k}, u_i^{k|k}, v_i^{k|k}, \boldsymbol{P}_i^{k|k}, \boldsymbol{x}_i^{k|k})_{i=1}^{\nu_{k|k}}$$

其中，变量 $\ell_i^{k|k}$ 为第 i 个 BGM 分量的航迹标签。

上面即 $p_{\rm D}$-PHD 和 $p_{\rm D}$-CPHD 滤波器 BGM 实现 (稍后将作简要介绍) 的基础。这些滤波器的观测更新方程可直接通过下面的变量替换实现：

$$p_{{\rm D},k}(\boldsymbol{x}_i) \hookrightarrow \frac{u_i^{k|k}}{u_i^{k|k} + v_i^{k|k}} \tag{17.59}$$

$$1 - p_{{\rm D},k}(\boldsymbol{x}_i) \hookrightarrow \frac{v_i^{k|k}}{u_i^{k|k} + v_i^{k|k}} \tag{17.60}$$

17.3.3 BGM 分量修剪

随着时间递增，PHD BGM 近似的分量数将无限增加。与高斯混合类似，可利用多种技术合并相似分量并修剪不重要的分量。考虑到计算方面的因素，先修剪后合并是一种较好的策略，因为这样可避免那些即将修剪分量在合并过程中的计算代价。

BGM 的分量修剪类似于 GM 分量修剪。假定现需对下述观测更新的 BGM 系统做分量修剪：

$$(w_i^{k+1|k+1}, u_i^{k+1|k+1}, v_i^{k+1|k+1}, \boldsymbol{P}_i^{k+1|k+1}, \boldsymbol{x}_i^{k+1|k+1})_{i=1}^{\nu_{k+1|k+1}}$$

式中：$N_{k+1|k+1} = \sum_{i=1}^{\nu_{k+1|k+1}} w_i^{k+1|k+1}$。

首先设置修剪门限 $\tau_{\rm prune}$，找出并剔掉那些权值小于门限 ($w_i^{k+1|k+1} < \tau_{\rm prune}$) 的分量，从而得到修剪后的 BGM 系统：

$$(\check{w}_i^{k+1|k+1}, \check{u}_i^{k+1|k+1}, \check{v}_i^{k+1|k+1}, \check{\boldsymbol{P}}_i^{k+1|k+1}, \check{\boldsymbol{x}}_i^{k+1|k+1})_{i=1}^{\check{\nu}_{k+1|k+1}}$$

其中：$\check{\nu}_{k+1|k+1}$ 为修剪后的分量数。

然后计算剩余分量的权值总和：

$$\check{w}^{k+1|k+1} = \sum_{i=1}^{\check{\nu}_{k+1|k+1}} \check{w}_i^{k+1|k+1} \tag{17.61}$$

并定义新权值为

$$\hat{w}_i^{k+1|k+1} = N_{k+1|k+1} \cdot \frac{\check{w}_i^{k+1|k+1}}{\check{w}^{k+1|k+1}}, \quad i = 1, \cdots, \check{v}_{k+1|k+1} \tag{17.62}$$

最后可得到修剪后的 BGM 系统：

$$(\hat{w}_i^{k+1|k+1}, \check{u}_i^{k+1|k+1}, \check{v}_i^{k+1|k+1}, \check{\boldsymbol{P}}_i^{k+1|k+1}, \check{\boldsymbol{x}}_i^{k+1|k+1})_{i=1}^{\check{v}_{k+1|k+1}}$$

17.3.4 BGM 分量合并

如欲合并两个 BGM 分量，则需要首先定义合并准则。给定如下所示的两个 BGM 分量：

$$\mathring{f}_1(a, \boldsymbol{x}) = w_1 \cdot \beta_{u_1,v_1}(a) \cdot N_{\boldsymbol{P}_1}(\boldsymbol{x} - \boldsymbol{x}_1) \tag{17.63}$$

$$\mathring{f}_2(a, \boldsymbol{x}) = w_2 \cdot \beta_{u_2,v_2}(a) \cdot N_{\boldsymbol{P}_2}(\boldsymbol{x} - \boldsymbol{x}_2) \tag{17.64}$$

从纯数学角度看，需要定义一种度量以便测量两个密度 $\mathring{f}_1(a, \boldsymbol{x})$ 和 $\mathring{f}_2(a, \boldsymbol{x})$ 间的距离。但目标跟踪的目的是检测并定位目标，而不是确定检测概率。因此，实际需要确定的是下面两个边缘分布之间的距离：

$$f_1(\boldsymbol{x}) = w_1 \cdot N_{\boldsymbol{P}_1}(\boldsymbol{x} - \boldsymbol{x}_1), \quad f_2(\boldsymbol{x}) = w_2 \cdot N_{\boldsymbol{P}_2}(\boldsymbol{x} - \boldsymbol{x}_2) \tag{17.65}$$

这样一来，便可采用与高斯混合分量类似的合并准则 (如9.5.3节所述) 进行 BGM 分量合并。

假定要合并下述 n 分量的 BGM 系统：

$$\mathring{f}(a, \boldsymbol{x}) = w_1 \cdot \beta_{u_1,v_1}(a) \cdot N_{\boldsymbol{P}_1}(\boldsymbol{x} - \boldsymbol{x}_1) + \cdots + w_n \cdot \beta_{u_n,v_n}(a) \cdot N_{\boldsymbol{P}_n}(\boldsymbol{x} - \boldsymbol{x}_n)$$

附录 K.22 已证明：下述合并后的分量与 $\mathring{f}(a, \boldsymbol{x})$ 具有相同的均值和方差

$$w_0 \cdot \beta_{u_0,v_0}(a) \cdot N_{\boldsymbol{P}_0}(\boldsymbol{x} - \boldsymbol{x}_0)$$

式中①

$$w_0 = \sum_{i=1}^{n} w_i, \quad \hat{w}_i = \frac{w_i}{w_0} \tag{17.66}$$

$$\boldsymbol{x}_0 = \sum_{i=1}^{n} \hat{w}_i \cdot \boldsymbol{x}_i \tag{17.67}$$

$$\boldsymbol{P}_0 = -\boldsymbol{x}_0 \boldsymbol{x}_0^{\mathrm{T}} + \sum_{i=1}^{n} \hat{w}_i \cdot (\boldsymbol{P}_i + \boldsymbol{x}_i \boldsymbol{x}_i^{\mathrm{T}}) \tag{17.68}$$

$$= \sum_{i=1}^{n} \hat{w}_i \cdot \boldsymbol{P}_i + \sum_{1 \leqslant i \leqslant n} \hat{w}_i \cdot (\boldsymbol{x}_i - \boldsymbol{x}_0)(\boldsymbol{x}_i - \boldsymbol{x}_0)^{\mathrm{T}} \tag{17.69}$$

$$u_0 = \theta_0 \mu_0, \quad v_0 = \theta_0(1 - \mu_0) \tag{17.70}$$

①译者注：原著式(17.69)中第二项为 $\sum_{1 \leqslant i < j \leqslant n} \hat{w}_i \cdot \hat{w}_j \cdot (\boldsymbol{x}_i - \boldsymbol{x}_j)(\boldsymbol{x}_i - \boldsymbol{x}_j)^{\mathrm{T}}$，这里已更正。

且

$$\theta_0 = \frac{\mu_0(1-\mu_0)}{\sigma_0^2} - 1 \tag{17.71}$$

$$\mu_0 = \frac{1}{w_0}\sum_{i=1}^{n} w_i \cdot \mu_i \tag{17.72}$$

$$\sigma_0^2 = -\mu_0^2 + \frac{1}{w_0}\sum_{i=1}^{n} w_i \cdot (\sigma_i^2 + \mu_i^2) \tag{17.73}$$

$$\mu_i = \frac{u_i}{u_i + v_i} \tag{17.74}$$

$$\sigma_i^2 = \frac{\mu_i(1-\mu_i)}{u_i + v_i + 1}, \quad i = 1, \cdots, n \tag{17.75}$$

17.4 p_D-PHD 滤波器的 BGM 实现

本节介绍 p_D-PHD 滤波器的 BGM 实现，内容包括：

- 17.4.1节：BGM-p_D-PHD 滤波器的模型假设。
- 17.4.2节：BGM-p_D-PHD 滤波器的时间更新方程。
- 17.4.3节：BGM-p_D-PHD 滤波器的观测更新方程。
- 17.4.4节：BGM-p_D-PHD 滤波器的多目标状态估计。

17.4.1 BGM-p_D-PHD 滤波器：模型假设

p_D-PHD 滤波器的 BGM 实现需要用到下列模型假设：

- 目标存活概率 $p_S(\boldsymbol{x}) = p_S$，是状态无关的常数。
- 目标马尔可夫密度 $f_{k+1|k}(\boldsymbol{x}|\boldsymbol{x}')$ 是线性高斯的[①]：

$$f_{k+1|k}(\boldsymbol{x}|\boldsymbol{x}') = N_{\boldsymbol{Q}_k}(\boldsymbol{x} - \boldsymbol{F}_k\boldsymbol{x}') \tag{17.76}$$

- 检测概率的马尔可夫密度 $f_{k+1|k}(a|a')$ 由式(17.12)~(17.16)定义。
- 新生目标的 PHD $b_{k+1|k}(\boldsymbol{x})$ 为下述高斯混合形式：

$$b_{k+1|k}(\boldsymbol{x}) = \sum_{i=1}^{\nu_{k+1|k}^{\mathrm{B}}} b_i^{k+1|k} \cdot N_{\boldsymbol{B}_i^{k+1|k}}(\boldsymbol{x} - \boldsymbol{b}_i^{k+1|k}) \tag{17.77}$$

因此，新生目标数的期望值可表示为

$$N_{k+1|k}^{\mathrm{B}} = \sum_{i=1}^{\nu_{k+1|k}^{\mathrm{B}}} b_i^{k+1|k} \tag{17.78}$$

[①]该假设可松弛为高斯混合假设，但会增加计算代价。

- 衍生目标的 PHD $b_{k+1|k}(\boldsymbol{x}|\boldsymbol{x}')$ 为下述高斯混合形式：

$$b_{k+1|k}(\boldsymbol{x}|\boldsymbol{x}') = \sum_{j=1}^{\nu_{k+1|k}^{\mathrm{S}}} e_j^{k+1|k} \cdot N_{\boldsymbol{G}_j^{k+1|k}}(\boldsymbol{x} - \boldsymbol{E}_j^{k+1|k}\boldsymbol{x}') \tag{17.79}$$

故由目标 $\boldsymbol{x}'$ 衍生的期望目标数为

$$N_{k+1|k}^{\mathrm{S}} = \sum_{j=1}^{\nu_{k+1|k}^{\mathrm{S}}} e_j^{k+1|k} \tag{17.80}$$

- 检测概率用未知量 a 表示，为可选的估计量。
- 传感器似然函数是线性高斯的①：

$$L_{\boldsymbol{z}}(\boldsymbol{x}) = f_{k+1}(\boldsymbol{z}|\boldsymbol{x}) = N_{\boldsymbol{R}_{k+1}}(\boldsymbol{z} - \boldsymbol{H}_{k+1}\boldsymbol{x}) \tag{17.81}$$

17.4.2 BGM−p_{D}−PHD 滤波器：时间更新

已知 $(\ell_i^{k|k}, w_i^{k|k}, u_i^{k|k}, v_i^{k|k}, \boldsymbol{P}_i^{k|k}, \boldsymbol{x}_i^{k|k})_{i=1}^{\nu_{k|k}}$，其中 $N_{k|k} = \sum_{i=1}^{\nu_{k|k}} w_i^{k|k}$，现欲确定下述 BGM 系统的计算公式：

$$(\ell_i^{k+1|k}, w_i^{k+1|k}, u_i^{k+1|k}, v_i^{k+1|k}, \boldsymbol{P}_i^{k+1|k}, \boldsymbol{x}_i^{k+1|k})_{i=1}^{\nu_{k+1|k}}$$

主要步骤包括：

- *BGM 分量数的时间更新*：

$$\nu_{k+1|k} = \nu_{k|k} + \nu_{k+1|k}^{\mathrm{B}} + \nu_{k|k} \cdot \nu_{k+1|k}^{\mathrm{S}} \tag{17.82}$$

式中：$\nu_{k|k}$ 个分量表示存活目标；$\nu_{k+1|k}^{\mathrm{B}}$ 个分量表示新生目标；$\nu_{k|k} \cdot \nu_{k+1|k}^{\mathrm{S}}$ 个分量表示衍生目标。时间更新后的分量索引编排如下：

$$i = 1, \cdots, \nu_{k|k}, \quad \text{存活目标} \tag{17.83}$$

$$i = \nu_{k|k} + 1, \cdots, \nu_{k|k} + \nu_{k+1|k}^{\mathrm{B}}, \quad \text{新生目标} \tag{17.84}$$

$$i = 1, \cdots, \nu_{k|k}; j = 1, \cdots, \nu_{k+1|k}^{\mathrm{S}}, \quad \text{衍生目标} \tag{17.85}$$

- *存活目标的 BGM 分量*：对于 $i = 1, \cdots, \nu_{k|k}$，有

$$\ell_i^{k+1|k} = \ell_i^{k|k} \tag{17.86}$$

$$w_i^{k+1|k} = p_{\mathrm{S}} \cdot w_i^{k|k} \tag{17.87}$$

$$\boldsymbol{x}_i^{k+1|k} = \boldsymbol{F}_k \boldsymbol{x}_i^{k|k} \tag{17.88}$$

$$\boldsymbol{P}_i^{k+1|k} = \boldsymbol{F}_k \boldsymbol{P}_i^{k|k} \boldsymbol{F}_k^{\mathrm{T}} + \boldsymbol{Q}_k \tag{17.89}$$

$$u_i^{k+1|k} = u_i^{k|k} \cdot \theta_i^{k|k} \tag{17.90}$$

$$v_i^{k+1|k} = v_i^{k|k} \cdot \theta_i^{k|k} \tag{17.91}$$

①该假设可松弛为高斯混合假设，但代价是计算负担的增加。

式中

$$\theta_i^{k|k} = \frac{1}{u_i^{k|k} + v_i^{k|k}} \cdot \left(\frac{u_i^{k|k} \cdot v_i^{k|k}}{(u_i^{k|k} + v_i^{k|k})^2} \cdot \frac{1}{\sigma_i^2} - 1 \right) \tag{17.92}$$

如17.1.2节所述，β 分布的预测方差 σ_i^2 按照下式设置：

$$\sigma_i^2 = \left(\frac{1}{u_i^{k|k} + v_i^{k|k}} + \varepsilon_i^{k+1|k} \right) \cdot \frac{u_i^{k|k} \cdot v_i^{k|k}}{(u_i^{k|k} + v_i^{k|k})(u_i^{k|k} + v_i^{k|k} + 1)} \tag{17.93}$$

式中

$$0 \leqslant \varepsilon_i^{k+1|k} \leqslant 1 \tag{17.94}$$

- 新生目标的 *BGM* 分量：对于 $i = \nu_{k|k} + 1, \cdots, \nu_{k|k} + \nu_{k+1|k}^{\mathrm{B}}$，有

$$\ell_i^{k+1|k} = \text{新标签} \tag{17.95}$$
$$w_i^{k+1|k} = b_{i-\nu_{k|k}}^{k+1|k} \tag{17.96}$$
$$\boldsymbol{x}_i^{k+1|k} = \boldsymbol{b}_{i-\nu_{k|k}}^{k+1|k} \tag{17.97}$$
$$\boldsymbol{P}_i^{k+1|k} = \boldsymbol{B}_{i-\nu_{k|k}}^{k+1|k} \tag{17.98}$$
$$u_i^{k+1|k} = 1 \tag{17.99}$$
$$v_i^{k+1|k} = 1 \tag{17.100}$$

- 衍生目标的 *BGM* 分量：对于 $i = 1, \cdots, \nu_{k|k}, j = 1, \cdots, \nu_{k+1|k}^{\mathrm{S}}$，有

$$\ell_{i,j}^{k+1|k} = \text{新标签} \tag{17.101}$$
$$w_{i,j}^{k+1|k} = e_j^{k+1|k} \cdot w_i^{k|k} \tag{17.102}$$
$$\boldsymbol{x}_{i,j}^{k+1|k} = \boldsymbol{E}_j^{k+1|k} \boldsymbol{x}_i^{k|k} \tag{17.103}$$
$$\boldsymbol{P}_{i,j}^{k+1|k} = \boldsymbol{E}_j^{k+1|k} \boldsymbol{P}_i^{k|k} (\boldsymbol{E}_j^{k+1|k})^{\mathrm{T}} + \boldsymbol{G}_j^{k+1|k} \tag{17.104}$$
$$u_{i,j}^{k+1|k} = 1 \tag{17.105}$$
$$v_{i,j}^{k+1|k} = 1 \tag{17.106}$$

17.4.3 BGM-p_D-PHD 滤波器：观测更新

已知 $(\ell_i^{k+1|k}, w_i^{k+1|k}, u_i^{k+1|k}, v_i^{k+1|k}, \boldsymbol{P}_i^{k+1|k}, \boldsymbol{x}_i^{k+1|k})_{i=1}^{\nu_{k+1|k}}$，且

$$N_{k+1|k} = \sum_{i=1}^{\nu_{k+1|k}} w_i^{k+1|k} \tag{17.107}$$

在获得 t_{k+1} 时刻的新观测集 $Z_{k+1} = \{\boldsymbol{z}_1, \cdots, \boldsymbol{z}_{m_{k+1}}\}$ $(|Z_{k+1}| = m_{k+1})$ 后，现欲确定下述 BGM 系统的计算公式：

$$(\ell_i^{k+1|k+1}, w_i^{k+1|k+1}, u_i^{k+1|k+1}, v_i^{k+1|k+1}, \boldsymbol{P}_i^{k+1|k+1}, \boldsymbol{x}_i^{k+1|k+1})_{i=1}^{\nu_{k+1|k+1}}$$

主要步骤包括：

- *BGM* 分量数的观测更新：

$$\nu_{k+1|k+1} = \nu_{k+1|k} + m_{k+1} \cdot \nu_{k+1|k} \tag{17.108}$$

式中：$\nu_{k+1|k}$ 个分量表示漏报航迹；$m_{k+1} \cdot \nu_{k+1|k}$ 个分量表示检报航迹。观测更新后的分量索引编排如下：

$$i = 1, \cdots, \nu_{k+1|k}, \quad \text{漏报航迹} \tag{17.109}$$

$$i = 1, \cdots, \nu_{k+1|k}; j = 1, \cdots, m_{k+1}, \quad \text{检报航迹} \tag{17.110}$$

- 漏报航迹 *BGM* 分量的观测更新：对于 $i = 1, \cdots, \nu_{k+1|k}$，有

$$\ell_i^{k+1|k+1} = \ell_i^{k+1|k} \tag{17.111}$$

$$w_i^{k+1|k+1} = \frac{w_i^{k+1|k} \cdot v_i^{k+1|k}}{u_i^{k+1|k} + v_i^{k+1|k}} \tag{17.112}$$

$$\boldsymbol{x}_i^{k+1|k+1} = \boldsymbol{x}_i^{k+1|k} \tag{17.113}$$

$$\boldsymbol{P}_i^{k+1|k+1} = \boldsymbol{P}_i^{k+1|k} \tag{17.114}$$

$$u_i^{k+1|k+1} = u_i^{k+1|k} \tag{17.115}$$

$$v_i^{k+1|k+1} = v_i^{k+1|k} + 1 \tag{17.116}$$

- 检报航迹 *BGM* 分量的观测更新：对于 $i = 1, \cdots, \nu_{k+1|k}, j = 1, \cdots, m_{k+1}$，有

$$\ell_{i,j}^{k+1|k+1} = \ell_i^{k+1|k} \tag{17.117}$$

$$\tau_{k+1}(\boldsymbol{z}_j) = \sum_{i=1}^{\nu_{k+1|k}} \frac{w_i^{k+1|k} \cdot u_i^{k+1|k}}{u_i^{k+1|k} + v_i^{k+1|k}} \cdot N_{\boldsymbol{R}_{k+1} + \boldsymbol{H}_{k+1} \boldsymbol{P}_i^{k+1|k} \boldsymbol{H}_{k+1}^{\mathrm{T}}}(\boldsymbol{z}_j - \boldsymbol{H}_{k+1} \boldsymbol{x}_i^{k+1|k}) \tag{17.118}$$

$$w_{i,j}^{k+1|k+1} = \frac{w_i^{k+1|k} \cdot u_i^{k+1|k}}{u_i^{k+1|k} + v_i^{k+1|k}} \cdot \frac{N_{\boldsymbol{R}_{k+1} + \boldsymbol{H}_{k+1} \boldsymbol{P}_i^{k+1|k} \boldsymbol{H}_{k+1}^{\mathrm{T}}}(\boldsymbol{z}_j - \boldsymbol{H}_{k+1} \boldsymbol{x}_i^{k+1|k})}{\kappa_{k+1}(\boldsymbol{z}_j) + \tau_{k+1}(\boldsymbol{z}_j)} \tag{17.119}$$

$$\boldsymbol{x}_{i,j}^{k+1|k+1} = \boldsymbol{x}_i^{k+1|k} + \boldsymbol{K}_i^{k+1}(\boldsymbol{z}_j - \boldsymbol{H}_{k+1} \boldsymbol{x}_i^{k+1|k}) \tag{17.120}$$

$$\boldsymbol{P}_{i,j}^{k+1|k+1} = (\boldsymbol{I} - \boldsymbol{K}_i^{k+1|k} \boldsymbol{H}_{k+1}) \boldsymbol{P}_i^{k+1|k} \tag{17.121}$$

$$\boldsymbol{K}_i^{k+1} = \boldsymbol{P}_i^{k+1|k} \boldsymbol{H}_{k+1}^{\mathrm{T}} \cdot \left(\boldsymbol{R}_{k+1} + \boldsymbol{H}_{k+1} \boldsymbol{P}_i^{k+1|k} \boldsymbol{H}_{k+1}^{\mathrm{T}} \right)^{-1} \tag{17.122}$$

$$u_{i,j}^{k+1|k+1} = u_i^{k+1|k} + 1 \tag{17.123}$$

$$v_{i,j}^{k+1|k+1} = v_i^{k+1|k} \tag{17.124}$$

17.4.4　BGM-p_D-PHD 滤波器：多目标状态估计

状态估计可用17.2.4节介绍的两种方法：仅估计目标；目标与 p_D 联合估计。

对于仅估计目标的情形，由于式(17.44)的边缘分布为下述高斯混合形式：

$$(\ell_i^{k+1|k+1}, w_i^{k+1|k+1}, \boldsymbol{P}_i^{k+1|k+1}, \boldsymbol{x}_i^{k+1|k+1})_{i=1}^{\nu_{k+1|k+1}}$$

因此

$$N_{k+1|k+1} = \sum_{i=1}^{\nu_{k+1|k+1}} w_i^{k+1|k+1} \tag{17.125}$$

将 $N_{k+1|k+1}$ 舍入至最近的整数 n，则 n 个权值最大的高斯分量即为多目标状态估计。

对于目标与 p_D 联合估计的情形，需要确定 n 个权值最大 β-高斯分量。若这 n 个分量的参数为 $(u_1, v_1, \boldsymbol{x}_1), \cdots, (u_n, v_n, \boldsymbol{x}_n)$，则 $\boldsymbol{x}_1, \cdots, \boldsymbol{x}_n$ 为多目标状态估计。根据附录 E 中的(E.10)式，β 分布的模式值对应各自的检测概率估计：

$$a_1 = \frac{u_1 - 1}{u_1 + v_1 - 2}, \ \cdots, \ a_n = \frac{u_n - 1}{u_n + v_n - 2} \tag{17.126}$$

17.5　p_D-CPHD 滤波器的 BGM 实现

本节介绍 p_D-CPHD 滤波器的 BGM 实现，内容包括：

- 17.5.1节：BGM-p_D-CPHD 滤波器的模型假设。
- 17.5.2节：BGM-p_D-CPHD 滤波器的时间更新方程。
- 17.5.3节：BGM-p_D-CPHD 滤波器的观测更新方程。
- 17.5.4节：BGM-p_D-CPHD 滤波器的多目标状态估计。

17.5.1　BGM-p_D-CPHD 滤波器：模型假设

p_D-CPHD 滤波器的 BGM 实现需假定下列模型：

- 当 n 足够大时，$p_{k|k}(n) = 0$。
- 目标存活概率 $p_S(\boldsymbol{x}) = p_S$，是状态无关的常数。
- 目标马尔可夫密度 $f_{k+1|k}(\boldsymbol{x}|\boldsymbol{x}')$ 是线性高斯的[①]，即

$$f_{k+1|k}(\boldsymbol{x}|\boldsymbol{x}') = N_{\boldsymbol{Q}_k}(\boldsymbol{x} - \boldsymbol{F}_k\boldsymbol{x}') \tag{17.127}$$

- 检测概率的马尔可夫密度 $f_{k+1|k}(a|a')$ 由式(17.12)~(17.16)定义。
- 新生目标的 PHD $b_{k+1|k}(\boldsymbol{x})$ 为下述高斯混合形式：

$$b_{k+1|k}(\boldsymbol{x}) = \sum_{i=1}^{\nu_{k+1|k}^{B}} b_i^{k+1|k} \cdot N_{\boldsymbol{B}_i^{k+1|k}}(\boldsymbol{x} - \boldsymbol{b}_i^{k+1|k}) \tag{17.128}$$

[①]该假设可松弛为高斯混合假设，但会增加计算代价。

故新生目标数目的期望值为

$$N_{k+1|k}^{\mathrm{B}} = \sum_{i=1}^{\nu_{k+1|k}^{\mathrm{B}}} b_i^{k+1|k} \tag{17.129}$$

- 当 n 足够大时，新生目标 RFS 的势分布 $p_{k+1|k}^{\mathrm{B}}(n)$ 为零。
- 检测概率用未知量 a 表示，为可选的估计量。
- 传感器似然函数是线性高斯的[①]，即

$$L_{\boldsymbol{z}}(\boldsymbol{x}) = f_{k+1}(\boldsymbol{z}|\boldsymbol{x}) = N_{\boldsymbol{R}_{k+1}}(\boldsymbol{z} - \boldsymbol{H}_{k+1}\boldsymbol{x}) \tag{17.130}$$

- 杂波空间分布 $c_{k+1}(\boldsymbol{z})$ 任意。

17.5.2 BGM-p_{D}-CPHD 滤波器：时间更新

已知 $p_{k|k}(n)$ 及 $(\ell_i^{k|k}, w_i^{k|k}, u_i^{k|k}, v_i^{k|k}, \boldsymbol{P}_i^{k|k}, \boldsymbol{x}_i^{k|k})_{i=1}^{\nu_{k|k}}$，且

$$N_{k|k} = \sum_{i=1}^{\nu_{k|k}} w_i^{k|k} = \sum_{n=0}^{n_{\max}} n \cdot p_{k|k}(n) \tag{17.131}$$

现欲确定下述系统的计算公式：

$$p_{k+1|k}(n), \quad (\ell_i^{k+1|k}, w_i^{k+1|k}, u_i^{k+1|k}, v_i^{k+1|k}, \boldsymbol{P}_i^{k+1|k}, \boldsymbol{x}_i^{k+1|k})_{i=1}^{\nu_{k+1|k}}$$

主要步骤包括：

- 势分布的时间更新：

$$p_{k+1|k}(n) = \sum_{n'=0}^{n_{\max}} p_{k+1|k}(n|n') \cdot p_{k|k}(n') \tag{17.132}$$

$$p_{k+1|k}(n|n') = \sum_{i=0}^{\min\{n,n'\}} p_{k+1|k}^{\mathrm{B}}(n-i) \cdot C_{n',i} \cdot p_{\mathrm{S},k}^{i} \cdot (1 - p_{\mathrm{S},k})^{n'-i} \tag{17.133}$$

- *BGM* 分量数的时间更新：

$$\nu_{k+1|k} = \nu_{k|k} + \nu_{k+1|k}^{\mathrm{B}} \tag{17.134}$$

式中：$\nu_{k|k}$ 个分量表示存活目标；$\nu_{k+1|k}^{\mathrm{B}}$ 个分量表示新生目标。时间更新后的分量索引编排如下：

$$i = 1, \cdots, \nu_{k|k}, \qquad \text{存活目标} \tag{17.135}$$

$$i = \nu_{k|k} + 1, \cdots, \nu_{k|k} + \nu_{k+1|k}^{\mathrm{B}}, \qquad \text{新生目标} \tag{17.136}$$

[①]该假设可松弛为高斯混合假设，但代价是计算负担的增加。

- 存活目标的 *BGM* 分量：对于 $i=1,\cdots,\nu_{k|k}$，有

$$\ell_i^{k+1|k}=\ell_i^{k|k} \tag{17.137}$$

$$w_i^{k+1|k}=p_S\cdot w_i^{k|k} \tag{17.138}$$

$$\boldsymbol{x}_i^{k+1|k}=\boldsymbol{F}_k\boldsymbol{x}_i^{k|k} \tag{17.139}$$

$$\boldsymbol{P}_i^{k+1|k}=\boldsymbol{F}_k\boldsymbol{P}_i^{k|k}\boldsymbol{F}_k^{\mathrm{T}}+\boldsymbol{Q}_k \tag{17.140}$$

$$u_i^{k+1|k}=u_i^{k|k}\cdot\theta_i^{k|k} \tag{17.141}$$

$$v_i^{k+1|k}=v_i^{k|k}\cdot\theta_i^{k|k} \tag{17.142}$$

式中

$$\theta_i^{k|k}=\frac{1}{u_i^{k|k}+v_i^{k|k}}\cdot\left(\frac{u_i^{k|k}\cdot v_i^{k|k}}{(u_i^{k|k}+v_i^{k|k})^2}\cdot\frac{1}{\sigma_i^2}-1\right) \tag{17.143}$$

如17.1.2节所述，β 分布的预测方差 σ_i^2 按照下式设置：

$$\sigma_i^2=\left(\frac{1}{u_i^{k|k}+v_i^{k|k}}+\varepsilon_i^{k+1|k}\right)\cdot\frac{u_i^{k|k}\cdot v_i^{k|k}}{(u_i^{k|k}+v_i^{k|k})(u_i^{k|k}+v_i^{k|k}+1)} \tag{17.144}$$

式中

$$0\leqslant\varepsilon_i^{k+1|k}\leqslant 1 \tag{17.145}$$

- 新生目标的 *BGM* 分量：对于 $i=\nu_{k|k}+1,\cdots,\nu_{k|k}+\nu_{k+1|k}^{\mathrm{B}}$，

$$\ell_i^{k+1|k}=\text{新标签} \tag{17.146}$$

$$w_i^{k+1|k}=b_{i-\nu_{k|k}}^{k+1|k} \tag{17.147}$$

$$\boldsymbol{x}_i^{k+1|k}=\boldsymbol{b}_{i-\nu_{k|k}}^{k+1|k} \tag{17.148}$$

$$\boldsymbol{P}_i^{k+1|k}=\boldsymbol{B}_{i-\nu_{k|k}}^{k+1|k} \tag{17.149}$$

$$u_i^{k+1|k}=1 \tag{17.150}$$

$$v_i^{k+1|k}=1 \tag{17.151}$$

17.5.3 BGM-p_D-CPHD 滤波器：观测更新

已知 $p_{k+1|k}$ 及 $(\ell_i^{k+1|k},w_i^{k+1|k},u_i^{k+1|k},v_i^{k+1|k},\boldsymbol{P}_i^{k+1|k},\boldsymbol{x}_i^{k+1|k})_{i=1}^{\nu_{k+1|k}}$，且

$$N_{k+1|k}=\sum_{i=1}^{\nu_{k+1|k}}w_i^{k+1|k}=\sum_{n=0}^{n_{\max}}n\cdot p_{k+1|k}(n) \tag{17.152}$$

在获得 t_{k+1} 时刻的新观测集 Z_{k+1} ($|Z_{k+1}|=m_{k+1}$) 后，现欲确定下述系统的计算公式：

$$p_{k+1|k+1}(n),\quad(\ell_i^{k+1|k+1},w_i^{k+1|k+1},u_i^{k+1|k+1},v_i^{k+1|k+1},\boldsymbol{P}_i^{k+1|k+1},\boldsymbol{x}_i^{k+1|k+1})_{i=1}^{\nu_{k+1|k+1}}$$

主要步骤包括：

- *BGM* 分量数的观测更新：

$$\nu_{k+1|k+1} = \nu_{k+1|k} + m_{k+1} \cdot \nu_{k+1|k} \tag{17.153}$$

式中：与 p_D-PHD 滤波器类似，有 $\nu_{k+1|k}$ 个分量表示漏报航迹，另有 $m_{k+1} \cdot \nu_{k+1|k}$ 个分量表示检报航迹。观测更新后的分量索引编排如下：

$$i = 1, \cdots, \nu_{k+1|k}, \quad \text{漏报航迹} \tag{17.154}$$

$$i = 1, \cdots, \nu_{k+1|k}; j = 1, \cdots, m_{k+1}, \quad \text{检报航迹} \tag{17.155}$$

- 势分布的观测更新：

$$p_{k+1|k+1}(n) = \frac{\ell_{Z_{k+1}}(n) \cdot p_{k+1|k}(n)}{\sum_{l \geqslant 0} \ell_{Z_{k+1}}(l) \cdot p_{k+1|k}(l)} \tag{17.156}$$

式中

$$\ell_{Z_{k+1}}(n) = \frac{\left(\begin{array}{c} \sum_{j=0}^{\min\{m_{k+1},n\}} (m_{k+1} - j)! \cdot p_{k+1}^{\kappa}(m_{k+1} - j) \cdot \\ j! \cdot C_{n,j} \cdot \phi_k^{n-j} \cdot \sigma_j(Z_{k+1}) \end{array} \right)}{\left(\begin{array}{c} \sum_{l=0}^{m_{k+1}} (m_{k+1} - l)! \cdot p_{k+1}^{\kappa}(m_{k+1} - l) \cdot \\ \sigma_l(Z_{k+1}) \cdot G_{k+1|k}^{(l)}(\phi_k) \end{array} \right)} \tag{17.157}$$

$$\phi_k = \frac{1}{N_{k+1|k}} \sum_{i=1}^{\nu_{k+1|k}} \frac{w_i^{k+1|k} \cdot v_i^{k+1|k}}{u_i^{k+1|k} + v_i^{k+1|k}} \tag{17.158}$$

$$G_{k+1|k}^{(l)}(\phi_k) = \sum_{n=l}^{n_{\max}} p_{k+1|k}(n) \cdot l! \cdot C_{n,l} \cdot \phi_k^{n-l} \tag{17.159}$$

$$\sigma_i(Z_{k+1}) = \sigma_{m_{k+1},i} \left(\frac{\hat{\tau}_{k+1}(\boldsymbol{z}_1)}{c_{k+1}(\boldsymbol{z}_1)}, \cdots, \frac{\hat{\tau}_{k+1}(\boldsymbol{z}_{m_{k+1}})}{c_{k+1}(\boldsymbol{z}_{m_{k+1}})} \right) \tag{17.160}$$

$$\hat{\tau}_{k+1}(\boldsymbol{z}_j) = \frac{1}{N_{k+1|k}} \sum_{l=1}^{\nu_{k+1|k}} \frac{w_l^{k+1|k} \cdot u_l^{k+1|k}}{u_l^{k+1|k} + v_l^{k+1|k}} \cdot N_{\boldsymbol{R}_{k+1} + \boldsymbol{H}_{k+1} \boldsymbol{P}_l^{k+1|k} \boldsymbol{H}_{k+1}^{\mathrm{T}}} (\boldsymbol{z}_j - \boldsymbol{H}_{k+1} \boldsymbol{x}_l^{k+1|k}) \tag{17.161}$$

- 漏报航迹 *BGM* 分量的观测更新：对于 $i = 1, \cdots, \nu_{k+1|k}$，有

$$\ell_i^{k+1|k+1} = \ell_i^{k+1|k} \tag{17.162}$$

$$w_i^{k+1|k+1} = \frac{1}{N_{k+1|k}} \cdot \frac{w_i^{k+1|k} \cdot v_i^{k+1|k}}{u_i^{k+1|k} + v_i^{k+1|k}} \cdot \overset{\text{ND}}{L}_{Z_{k+1}} \tag{17.163}$$

$$\boldsymbol{x}_i^{k+1|k+1} = \boldsymbol{x}_i^{k+1|k} \tag{17.164}$$

$$\boldsymbol{P}_i^{k+1|k+1} = \boldsymbol{P}_i^{k+1|k} \tag{17.165}$$

$$u_i^{k+1|k+1} = u_i^{k+1|k} \tag{17.166}$$

$$v_i^{k+1|k+1} = v_i^{k+1|k} + 1 \tag{17.167}$$

式中

$$\overset{\mathrm{ND}}{L}_{Z_{k+1}} = \frac{\sum_{j=0}^{m_{k+1}} (m_{k+1}-j)! \cdot p_{k+1}^{\kappa}(m_{k+1}-j) \cdot \sigma_j(Z_{k+1}) \cdot G_{k+1|k}^{(j+1)}(\phi_k)}{\sum_{l=0}^{m_{k+1}} (m_{k+1}-l)! \cdot p_{k+1}^{\kappa}(m_{k+1}-l) \cdot \sigma_l(Z_{k+1}) \cdot G_{k+1|k}^{(l)}(\phi_k)} \tag{17.168}$$

$$G_{k+1|k}^{(j+1)}(\phi_k) = \sum_{n=j+1}^{n_{\max}} p_{k+1|k}(n) \cdot (j+1)! \cdot C_{n,j+1} \cdot \phi_k^{n-j-1} \tag{17.169}$$

- 检报航迹 BGM 分量的观测更新：对于 $i = 1,\cdots,\nu_{k+1|k}, j = 1,\cdots,m_{k+1}$，有

$$\ell_{i,j}^{k+1|k+1} = \ell_i^{k+1|k} \tag{17.170}$$

$$w_{i,j}^{k+1|k+1} = \frac{1}{N_{k+1|k}} \cdot \frac{w_i^{k+1|k} \cdot u_i^{k+1|k}}{u_i^{k+1|k} + v_i^{k+1|k}} \cdot \frac{\overset{\mathrm{D}}{L}_{Z_{k+1}}(\boldsymbol{z}_j)}{c_{k+1}(\boldsymbol{z}_j)} \cdot N_{\boldsymbol{R}_{k+1}+\boldsymbol{H}_{k+1}\boldsymbol{P}_i^{k+1|k}\boldsymbol{H}_{k+1}^{\mathrm{T}}}(\boldsymbol{z}_j - \boldsymbol{H}_{k+1}\boldsymbol{x}_i^{k+1|k}) \tag{17.171}$$

$$\boldsymbol{x}_{i,j}^{k+1|k+1} = \boldsymbol{x}_i^{k+1|k} + \boldsymbol{K}_i^{k+1}(\boldsymbol{z}_j - \boldsymbol{H}_{k+1}\boldsymbol{x}_i^{k+1|k}) \tag{17.172}$$

$$\boldsymbol{P}_{i,j}^{k+1|k+1} = (\boldsymbol{I} - \boldsymbol{K}_i^{k+1|k}\boldsymbol{H}_{k+1})\boldsymbol{P}_i^{k+1|k} \tag{17.173}$$

$$\boldsymbol{K}_i^{k+1} = \boldsymbol{P}_i^{k+1|k}\boldsymbol{H}_{k+1}^{\mathrm{T}} \cdot \left(\boldsymbol{R}_{k+1} + \boldsymbol{H}_{k+1}\boldsymbol{P}_i^{k+1|k}\boldsymbol{H}_{k+1}^{\mathrm{T}}\right)^{-1} \tag{17.174}$$

$$u_{i,j}^{k+1|k} = u_i^{k+1|k} + 1 \tag{17.175}$$

$$v_{i,j}^{k+1|k} = v_i^{k+1|k} \tag{17.176}$$

式中

$$\overset{\mathrm{D}}{L}_{Z_{k+1}}(\boldsymbol{z}_j) = \frac{\left(\begin{array}{c} \sum_{i=0}^{m_{k+1}-1} (m_{k+1}-i-1)! \cdot p_{k+1}^{\kappa}(m_{k+1}-i-1) \cdot \\ \sigma_i(Z_{k+1}-\{\boldsymbol{z}_j\}) \cdot G_{k+1|k}^{(i+1)}(\phi_k) \end{array}\right)}{\left(\begin{array}{c} \sum_{l=0}^{m_{k+1}} (m_{k+1}-l)! \cdot p_{k+1}^{\kappa}(m_{k+1}-l) \cdot \\ \sigma_l(Z_{k+1}) \cdot G_{k+1|k}^{(l)}(\phi_k) \end{array}\right)} \tag{17.177}$$

$$\sigma_i(Z_{k+1}-\{\boldsymbol{z}_j\}) = \sigma_{m_{k+1}-1,i}\left(\begin{array}{c} \frac{\hat{\tau}_{k+1}(\boldsymbol{z}_1)}{c_{k+1}(\boldsymbol{z}_1)},\cdots,\widehat{\frac{\hat{\tau}_{k+1}(\boldsymbol{z}_j)}{c_{k+1}(\boldsymbol{z}_j)}}, \\ \cdots,\frac{\hat{\tau}_{k+1}(\boldsymbol{z}_{m_{k+1}})}{c_{k+1}(\boldsymbol{z}_{m_{k+1}})} \end{array}\right) \tag{17.178}$$

式中：符号 $x_1,\cdots,\hat{x}_j,\cdots,x_m$ 表示从列表 $x_1,\cdots,x_m$ 中删除第 j 项 x_j。

17.5.4 BGM- p_{D}-CPHD 滤波器：多目标状态估计

状态估计可以采用17.4.4节介绍的两种方法，只是目标数的估计有所不同。此时，目标数估计为观测更新势分布函数的 MAP 估计：

$$\hat{n} = \arg\sup_{n \geqslant 0} p_{k+1|k+1}(n) \tag{17.179}$$

17.6 $p_{\rm D}$-CBMeMBer 滤波器

第13章介绍了CBMeMBer滤波器，其时间与观测更新方程分别如式(13.36)~(13.44)以及式(13.47)~(13.58)所示。2011 年，B. T. Vo、B. N. Vo、R. Hoseinnezhad 和 R. Mahler 将其推广至 $p_{\rm D}$ 未知情形[312,313]，所用方法如17.1.1节所述。$p_{\rm D}$-CBMeMBer 滤波器的滤波方程可描述如下：

- *p_D-CBMeMBer 滤波器时间更新方程*：已知下述先验航迹表：

$$\mathcal{T}_{k|k} = \{(\ell_{k|k}^i, q_{k|k}^i, \mathring{s}_{k|k}^i(a, \boldsymbol{x}))\}_{i=1}^{\nu_{k|k}} \tag{17.180}$$

现欲确定下述时间更新的航迹表：

$$\mathcal{T}_{k+1|k} = \mathcal{T}_{k+1|k}^{存活} \cup \mathcal{T}_{k+1|k}^{新生} \tag{17.181}$$

$$\mathcal{T}_{k+1|k}^{存活} = \{(\ell_i, q_i, \mathring{s}_i(a, \boldsymbol{x}))\}_{i=1}^{\nu_{k|k}} \tag{17.182}$$

$$\mathcal{T}_{k+1|k}^{新生} = \{(\ell_i^{\rm B}, q_i^{\rm B}, \mathring{s}_i^{\rm B}(a, \boldsymbol{x}))\}_{i=1}^{b_k} \tag{17.183}$$

存活航迹的时间更新方程如下：对于 $i = 1, \cdots, \nu_{k|k}$，

$$\ell_i = \ell_{k|k}^i \tag{17.184}$$

$$q_i = q_{k|k}^i \cdot \mathring{s}_{k|k}^i[\mathring{p}_{\rm S}] \tag{17.185}$$

$$\mathring{s}_i(a, \boldsymbol{x}) = \frac{\mathring{s}_{k|k}^i[\mathring{p}_{\rm S}\mathring{M}_{a,\boldsymbol{x}}]}{\mathring{s}_{k|k}^i[\mathring{p}_{\rm S}]} \tag{17.186}$$

$$\mathring{s}_{k|k}^i[\mathring{p}_{\rm S}] = \int\int_0^1 p_{\rm S}(\boldsymbol{x}') \cdot s_{k|k}^i(a', \boldsymbol{x}'){\rm d}a'{\rm d}\boldsymbol{x}' \tag{17.187}$$

$$\begin{aligned}\mathring{s}_{k|k}^i[\mathring{p}_{\rm S}\mathring{M}_{a,\boldsymbol{x}}] = &\int\int_0^1 p_{\rm S}(\boldsymbol{x}') \cdot f_{k+1|k}(a|a') \cdot \\ &f_{k+1|k}(\boldsymbol{x}|\boldsymbol{x}') \cdot s_{k|k}^i(a', \boldsymbol{x}'){\rm d}a'{\rm d}\boldsymbol{x}'\end{aligned} \tag{17.188}$$

- *p_D-CBMeMBer 滤波器观测更新方程*：已知下述预测航迹表：

$$\mathcal{T}_{k+1|k} = \{(\ell_{k+1|k}^i, q_{k+1|k}^i, \mathring{s}_{k+1|k}^i(a, \boldsymbol{x}))\}_{i=1}^{\nu_{k+1|k}} \tag{17.189}$$

同时给定新的观测集 $Z_{k+1} = \{\boldsymbol{z}_1, \cdots, \boldsymbol{z}_{m_{k+1}}\}$ ($|Z_{k+1}| = m_{k+1}$)，现欲确定观测更新的航迹表：

$$\mathcal{T}_{k+1|k+1} = \mathcal{T}_{k+1|k+1}^{\rm legacy} \cup \mathcal{T}_{k+1|k+1}^{\rm meas} \tag{17.190}$$

$$\mathcal{T}_{k+1|k+1}^{\rm legacy} = \{(\ell_i^{\rm L}, q_i^{\rm L}, \mathring{s}_i^{\rm L}(a, \boldsymbol{x}))\}_{i=1}^{\nu_{k+1|k}} \tag{17.191}$$

$$\mathcal{T}_{k+1|k+1}^{\rm meas} = \{(\ell_i^{\rm U}, q_i^{\rm U}, \mathring{s}_i^{\rm U}(a, \boldsymbol{x}))\}_{i=1}^{m_{k+1}} \tag{17.192}$$

遗留航迹由下列方程给定：对于 $i = 1, \cdots, \nu_{k+1|k}$，有

$$\ell_i^{L} = \ell_{k+1|k}^i \tag{17.193}$$

$$q_i^{L} = q_{k+1|k}^i \cdot \frac{1 - \mathring{s}_{k+1|k}^i[\mathring{p}_D]}{1 - q_{k+1|k}^i \cdot \mathring{s}_{k+1|k}^i[\mathring{p}_D]} \tag{17.194}$$

$$\mathring{s}_i^{L} = \mathring{s}_{k+1|k}^i(a, \boldsymbol{x}) \cdot \frac{1 - a}{1 - \mathring{s}_{k+1|k}^i[\mathring{p}_D]} \tag{17.195}$$

$$\mathring{s}_{k+1|k}^i[\mathring{p}_D] = \int\int_0^1 a \cdot \mathring{s}_{k+1|k}^i(a, \boldsymbol{x}) \mathrm{d}a \mathrm{d}\boldsymbol{x} \tag{17.196}$$

观测更新航迹由下列方程给定：对于 $j = 1, \cdots, m_{k+1}$，有

$$\ell_j^{U} = \ell_{k+1|k}^* \tag{17.197}$$

$$q_j^{U} = \frac{\sum_{i=1}^{\nu_{k+1|k}} \frac{q_{k+1|k}^i (1-q_{k+1|k}^i) \cdot \mathring{s}_{k+1|k}^i[\mathring{p}_D \mathring{L}_{z_j}]}{(1-q_{k+1|k}^i \cdot \mathring{s}_{k+1|k}^i[\mathring{p}_D])^2}}{\kappa_{k+1}(\boldsymbol{z}_j) + \sum_{i=1}^{\nu_{k+1|k}} \frac{q_{k+1|k}^i \cdot \mathring{s}_{k+1|k}^i[\mathring{p}_D \mathring{L}_{z_j}]}{1-q_{k+1|k}^i \cdot \mathring{s}_{k+1|k}^i[\mathring{p}_D]}} \tag{17.198}$$

$$\mathring{s}_j^{U}(a, \boldsymbol{x}) = \frac{\sum_{i=1}^{\nu_{k+1|k}} \frac{q_{k+1|k}^i}{1-q_{k+1|k}^i} \cdot \mathring{s}_{k+1|k}^i(a, \boldsymbol{x}) \cdot a \cdot L_{z_j}(\boldsymbol{x})}{\sum_{i=1}^{\nu_{k+1|k}} \frac{q_{k+1|k}^i}{1-q_{k+1|k}^i} \cdot \mathring{s}_{k+1|k}^i[\mathring{p}_D \mathring{L}_{z_j}]} \tag{17.199}$$

$$\mathring{s}_{k+1|k}^i[\mathring{p}_D \mathring{L}_{z_j}] = \int\int_0^1 a \cdot L_{z_j}(\boldsymbol{x}) \cdot \mathring{s}_{k+1|k}^i(a, \boldsymbol{x}) \mathrm{d}a \mathrm{d}\boldsymbol{x} \tag{17.200}$$

式中：$\ell_{k+1|k}^*$ 为对(17.198)式存在概率贡献最大的那条预测航迹的标签。

采用17.3节所述的 BGM 近似技术，p_D-CBMeMBer 滤波器的滤波方程可精确闭式实现。此处对具体实现方法不作进一步讨论，详见文献 [312, 313]。

17.7　p_D 未知的 RFS 滤波器实现

大部分 p_D 未知的 CPHD/CBMeMBer 滤波器实现都结合了第18章的未知杂波方法。截至本书出版前，只有一种 p_D 未知的 RFS 滤波器实现，即 p_D-CPHD 和 p_D-PHD 滤波器，这些滤波器的 BGM 实现由 R. Mahler、B. T. Vo 和 B. N. Vo 于 2011 年给出[194,195](其中变量 a 的马尔可夫转移有别于17.2节)。接下来的介绍选自文献 [194] 第 3510–3511 页。

在该实现中，由线性高斯传感器对多达 10 个沿线性路径运动的目标进行观测，且伴有目标出现 / 消失现象。杂波为参数已知的泊松过程，其空间分布为均匀分布且杂波率 $\lambda = 20$。检测概率 $p_D = 0.98$，恒定但却未知，因此 p_D-CPHD 和 p_D-PHD 滤波器必须隐式地估计该检测概率。

在共计 100 次的蒙特卡罗仿真中，p_D-CPHD 滤波器基本上都能收敛至正确的目标数，p_D-PHD 滤波器虽有过冲，但却能缓慢地自行校正。就错误距离 (如6.2.2节定义的 OSPA 度量) 而言，这两个滤波器的表现都比较合理，但 p_D-CPHD 滤波器的性能要优于

p_{D}-PHD 滤波器。通过对结果的观察不难发现，这两个滤波器在处理空间密集分布的目标时均存在一定的困难。

另外，文献 [194] 还将这些滤波器与常规 CPHD 和 PHD 滤波器作了对比。正如预期的那样，p_{D}-CPHD 和 p_{D}-PHD 滤波器的性能逊于常规滤波器，这是因为常规 CPHD 或 PHD 滤波器将实际检测概率 $p_{\mathrm{D}}(\boldsymbol{x})$ 作为已知的先验信息，而这一信息对 p_{D}-CPHD 和 p_{D}-PHD 滤波器却是未知的。

第18章 未知杂波下的RFS滤波器

18.1 简 介

本章旨在介绍 $p_D(\boldsymbol{x})$ 已知而杂波 (部分或完全) 未知情形下的 RFS 多目标检测跟踪方法。传统方法通常在跟踪前独立地估计杂波过程，例如 X. Rong Li 和 Ning Li[263] 以及 Teak Lyul Song 和 D. Musicki[287] 的方法。本章介绍的一般 RFS 方法是由 Mahler 提出的[189]，其不凡之处在于它将杂波估计与多目标检测跟踪集成在一个统一化的统计框架内。R. Mahler、B. T. Vo 和 B. N. Vo 针对几种特殊情形给出了该方法的 CPHD 滤波器版实现[194,195]；B. T. Vo、B. N. Vo、R. Hosseinezhad 和 R. Mahler 则给出了一种 CBMeMBer 滤波器版的实现[312,313]。

本章将采用16.3.2节的未知杂波观测模型，主要考虑以下三种形式的未知杂波：

- *泊松杂波源*，见16.3.3节。基于该模型可得到18.10节的未知泊松杂波 PHD 滤波器，其具有组合复杂度。
- *一般伯努利杂波源*，见16.3.4节。此时的杂波势分布函数 $p_{k+1}^{\kappa}(m)$ 及总杂波强度函数 (杂波 PHD) $\kappa_{k+1}(\boldsymbol{z}) = \lambda_{k+1} \cdot c_{k+1}(\boldsymbol{z})$ 都是未知的。基于该模型可得到伯努利杂波源模型下的一般 CPHD 滤波器 (18.2节)，其中包含了一种非常通用的马尔可夫运动模型。若将该通用运动模型限定为“非交混”模型，则可得到18.5节的 κ-CPHD 滤波器，它能够估计 $p_{k+1}^{\kappa}(m)$ 和 $\kappa_{k+1}(\boldsymbol{z})$，却与经典 PHD 滤波器具有相同的复杂度。
- *简化的伯努利杂波源*，见16.3.5节。此时的杂波势分布函数 $p_{k+1}^{\kappa}(m)$ (也包括杂波率 λ_{k+1}) 是未知的，但杂波空间分布 $c_{k+1}(\boldsymbol{z})$ 是已知的。基于该模型可得到18.4节的 λ-CPHD 滤波器，它能够估计 $p_{k+1}^{\kappa}(m)$ (也包括 λ_{k+1})，却与经典 PHD 滤波器具有相同的复杂度。

本章的首要关注点是 κ-CPHD 滤波器、λ-CPHD 滤波器以及二者的实现。其中：λ-CPHD 滤波器可通过高斯混合技术精确闭式实现 (18.4.7节)；基于 β-高斯混合 (BGM) 技术 (18.5.7节) 或正态-Wishart 混合 (NWM) 技术 (18.5.8节)，κ-CPHD 滤波器同样也能精确闭式实现。这两种滤波器的多传感器版将在18.6节中介绍。

本章的第二个关注点是 κ-CBMeMBer 滤波器，它是基于一般伯努利杂波源模型的 CBMeMBer 滤波器 (18.7节)。

第三个关注点是带有警示性质的“伪滤波器”(18.9节)。这些基于伯努利杂波源模型的 CPHD/PHD 滤波器采用的是一个有问题的*交混运动模型*，它允许目标和杂波源相互转换，因此会造成目标统计量和杂波统计量相互混合，从而加大了目标与杂波的分辨难度，这种方法还会导致病态的算法行为 (18.9.2节)。

18.1.1 要点概述

在本章学习过程中，需要掌握的主要概念、结论和公式如下：

- 可通过如下方式对未知杂波进行建模：将单目标状态空间 $\mathfrak{X}$ 扩展为一般形式的状态空间 $\ddot{\mathfrak{X}} = \mathfrak{X} \uplus \mathfrak{C}$，其中，$\mathfrak{C}$ 为“杂波源” $\boldsymbol{c}$ 的状态空间，“$\uplus$”表示互斥并 (18.2.1节)。
- 一种更通用的方法是假定每个杂波源的观测生成过程都为泊松过程 (16.3.3节)，但这会导致 PHD/CPHD 滤波器呈组合计算复杂度 (18.10节)。
- 假定 $\mathfrak{C}$ 中杂波源的观测生成过程为伯努利过程，则有可能将任何易于计算的 RFS 多目标检测跟踪滤波器转换成一个未知杂波条件下的滤波器，且同时保持计算的可实现性。即假定杂波源观测产生过程的 p.g.fl. 为

$$G_{k+1}[g|\boldsymbol{c}] = 1 - p_{\mathrm{D}}^{\kappa}(\boldsymbol{c}) + p_{\mathrm{D}}^{\kappa}(\boldsymbol{c}) \int g(\boldsymbol{z}) \cdot f_{k+1}^{\kappa}(\boldsymbol{z}|\boldsymbol{c}) \mathrm{d}\boldsymbol{z} \tag{18.1}$$

式中：$p_{\mathrm{D}}^{\kappa}(\boldsymbol{c})$ 为杂波源的检测概率；$f_{k+1}^{\kappa}(\boldsymbol{z}|\boldsymbol{c})$ 为杂波源状态为 $\boldsymbol{c}$ 的条件下观测 $\boldsymbol{z}$ 的似然 (16.3.4节)。

- λ-CPHD 滤波器在这类 RFS 滤波器中最为简单。它假定杂波空间分布 $c(\boldsymbol{z})$ 先验已知，能够估计杂波 RFS 的势分布 $p_{k+1}^{\kappa}(m)$ (因而也包括杂波率 λ)。该滤波器包括下面三个耦合的滤波器：
  - 用于目标 PHD $D_{k|k}(\boldsymbol{x})$ 的滤波器；
  - 用于杂波源期望数 $\mathring{N}_{k|k}$ 的滤波器；
  - 用于联合势分布 $\ddot{p}_{k|k}(\ddot{n})$ ($\ddot{n} = n + \mathring{n}$) 的滤波器，其中，$n$ 为目标数，$\mathring{n}$ 为杂波源的个数 (18.4节)。另外，目标和杂波源的势分布 $p_{k|k}(n)$ 和 $\mathring{p}_{k|k}(\mathring{n})$ 可根据 $\ddot{p}_{k|k}(\ddot{n})$ 计算得到 (18.3.4.2节)。
- κ-CPHD 滤波器是次简单的滤波器 (18.5节)，它可估计杂波势分布 $p_{k+1}^{\kappa}(m)$ 及总杂波强度函数 $\kappa_{k+1}(\boldsymbol{z}) = \lambda_{k+1} \cdot c_{k+1}(\boldsymbol{z})$。该滤波器包括下面三个耦合的滤波器：
  - 用于目标 PHD $D_{k|k}(\boldsymbol{x})$ 的滤波器；
  - 用于杂波 PHD $\mathring{D}_{k|k}(c, \boldsymbol{c})$ 的滤波器；
  - 用于联合势分布 $\ddot{p}_{k|k}(\ddot{n})$ 的滤波器。同样，目标和杂波各自的势分布 $p_{k|k}(n)$ 和 $\mathring{p}_{k|k}(\mathring{n})$ 可由 $\ddot{p}_{k|k}(\ddot{n})$ 计算得到。
- λ-CPHD 和 κ-CPHD 滤波器与经典 PHD 滤波器具有相同的计算复杂度 $O(mn)$，其中，m 为当前观测数，n 为当前航迹数。
- λ-CPHD 滤波器可基于高斯混合近似来实现 (18.4.7节)。
- κ-CPHD 滤波器的实现可采用 β-高斯混合 (BGM) 近似技术 (18.5.7节) 或正态-Wishart 混合 (NWM) 近似 (18.5.8节)。
- 更加复杂的 RFS 滤波器是 κ-CBMeMBer 滤波器，与 κ-CPHD 滤波器相比，它能够适应非线性程度更高的运动和观测模型 (18.7节)。

- 无用输入无用输出：上述所有滤波器都要求杂波背景相对观测速率缓慢变化，否则，不充分的信息将无法确保在检测跟踪目标的同时完成杂波过程估计。
- 曾有人错误地认为，采用类似技术有可能使多目标检测跟踪器不仅能估计杂波率，还能估计目标新生率。如果使用有问题的“交混”运动模型 (允许目标与杂波源相互转换，见18.2.3节)，就会导致这种错误概念。
- 即便是这种交混 CPHD “伪滤波器”中最简单的情形，即 λ-PHD 伪滤波器，也会表现出病态行为，这可直接归咎于交混运动模型的使用 (18.9.2节)。

18.1.2　本章结构

本章结构安排如下：

- 18.2节：未知伯努利杂波源的一般模型，包括非交混模型和有问题的交混模型。
- 18.3节：一般伯努利杂波模型下的 CPHD 滤波器。
- 18.4节：λ-CPHD 滤波器——用于处理杂波空间密度 $c_{k+1}(z)$ 已知但杂波势分布函数 $p^{\kappa}_{k+1}(m)$ (因此也包括杂波率 λ_{k+1}) 未知时的 CPHD 滤波器。
- 18.5节：κ-CPHD 滤波器——用于处理杂波势分布函数 $p^{\kappa}_{k+1}(m)$ 和杂波强度函数 $\kappa_{k+1}(z)=\lambda_{k+1}\cdot c_{k+1}(z)$ 均未知时的 CPHD 滤波器。
- 18.6节：λ-CPHD 滤波器和 κ-CPHD 滤波器的多传感器推广。
- 18.7节：κ-CBMeMBer 滤波器——用于处理总杂波强度函数未知 (也含目标检测概率 $p_{\mathrm{D}}(\boldsymbol{x})$ 未知) 时的 CBMeMBer 滤波器。
- 18.8节：λ-CPHD 滤波器、κ-CPHD 滤波器与 κ-CBMeMBer 滤波器的实现。
- 18.9节：基于交混运动模型的未知杂波“伪滤波器”。
- 18.10节：基于16.3.3节泊松混合杂波模型的未知杂波 PHD 滤波器。
- 18.11节：相关工作。

18.2　未知伯努利杂波的一般模型

本节考虑16.3.4节介绍的一般伯努利杂波源模型。假定动态系统状态空间具有如下形式：

$$\ddot{\mathfrak{X}}=\mathfrak{X}\uplus\mathring{\mathfrak{C}}\tag{18.2}$$

式中：$\mathfrak{X}$ 为目标状态空间；$\mathring{\mathfrak{C}}$ 为伯努利杂波源状态空间。

将 $\mathring{\mathfrak{C}}$ 上的检测概率和似然函数分别记作 $\mathring{p}^{\kappa}_{\mathrm{D}}(\mathring{c})$ 和 $\mathring{L}^{\kappa}_{z}(\mathring{c})=\mathring{f}^{\kappa}_{k+1}(z|\mathring{c})$，并假定 $\mathring{\mathfrak{C}}$ 具有下面两种形式：

$$\mathring{\mathfrak{C}}=\mathfrak{C}\tag{18.3}$$

$$\mathring{\mathfrak{C}}=[0,1]\times\mathfrak{C}\tag{18.4}$$

也就是说，第二种情况下的杂波源为增广状态形式 $\mathring{\boldsymbol{c}} = (c, \boldsymbol{c})$，其中 c 为状态 $\boldsymbol{c}$ 的检测概率，而第一种情况下为非增广形式 $\mathring{\boldsymbol{c}} = \boldsymbol{c}$。因此，空间 $\ddot{\mathfrak{X}}$ 上的积分可表示为

$$\int \ddot{f}(\ddot{\boldsymbol{x}})\mathrm{d}\ddot{\boldsymbol{x}} = \int_{\mathfrak{X}} \ddot{f}(\boldsymbol{x})\mathrm{d}\boldsymbol{x} + \int_{\mathring{\mathfrak{C}}} \ddot{f}(\mathring{\boldsymbol{c}})\mathrm{d}\mathring{\boldsymbol{c}} \overset{\text{abbr.}}{=} \int f(\boldsymbol{x})\mathrm{d}\boldsymbol{x} + \int \mathring{f}(\mathring{\boldsymbol{c}})\mathrm{d}\mathring{\boldsymbol{c}} \tag{18.5}$$

式中

$$\int \mathring{f}(\mathring{\boldsymbol{c}})\mathrm{d}\mathring{\boldsymbol{c}} = \int \mathring{f}(\boldsymbol{c})\mathrm{d}\boldsymbol{c} \tag{18.6}$$

或

$$\int \mathring{f}(\mathring{\boldsymbol{c}})\mathrm{d}\mathring{\boldsymbol{c}} = \int\int_0^1 \mathring{f}(c, \boldsymbol{c})\mathrm{d}c\mathrm{d}\boldsymbol{c} \tag{18.7}$$

在上面两种情形下，杂波源检测概率及似然函数的形式为

$$\mathring{p}_{\mathrm{D}}^{\kappa}(\mathring{\boldsymbol{c}}) = \begin{cases} \mathring{p}_{\mathrm{D}}(\boldsymbol{c}), & \mathring{\boldsymbol{c}} = \boldsymbol{c} \\ c, & \mathring{\boldsymbol{c}} = (c, \boldsymbol{c}) \end{cases} \tag{18.8}$$

$$\mathring{L}_{\boldsymbol{z}}^{\kappa}(\mathring{\boldsymbol{c}}) = \begin{cases} \mathring{L}_{\boldsymbol{z}}(\boldsymbol{c}), & \mathring{\boldsymbol{c}} = \boldsymbol{c} \\ \mathring{L}_{\boldsymbol{z}}(\boldsymbol{c}), & \mathring{\boldsymbol{c}} = (c, \boldsymbol{c}) \end{cases} \tag{18.9}$$

式中：$\mathring{p}_{\mathrm{D}}(\boldsymbol{c})$、$\mathring{L}_{\boldsymbol{z}}(\boldsymbol{c})$ 分别为空间 $\mathfrak{C}$ 上的检测概率和似然函数。

给定上述表示后，便可为目标-杂波联合状态空间 $\ddot{\mathfrak{X}}$ 赋予联合模型，具体见下一小节。

18.2.1 一般的目标-杂波联合模型

该模型主要包括：

- 联合检测概率：

$$\ddot{p}_{\mathrm{D}}(\ddot{\boldsymbol{x}}) = \begin{cases} p_{\mathrm{D}}(\boldsymbol{x}), & \ddot{\boldsymbol{x}} = \boldsymbol{x} \\ \mathring{p}_{\mathrm{D}}(\mathring{\boldsymbol{c}}), & \ddot{\boldsymbol{x}} = \mathring{\boldsymbol{c}} \end{cases} \tag{18.10}$$

- 联合似然函数：

$$\ddot{L}_{\boldsymbol{z}}(\ddot{\boldsymbol{x}}) = \begin{cases} L_{\boldsymbol{z}}(\boldsymbol{x}), & \ddot{\boldsymbol{x}} = \boldsymbol{x} \\ \mathring{L}_{\boldsymbol{z}}(\mathring{\boldsymbol{c}}), & \ddot{\boldsymbol{x}} = \mathring{\boldsymbol{c}} \end{cases} \tag{18.11}$$

- 联合目标的存活概率：

$$\ddot{p}_{\mathrm{S}}(\ddot{\boldsymbol{x}}) = \begin{cases} p_{\mathrm{S}}(\boldsymbol{x}), & \ddot{\boldsymbol{x}} = \boldsymbol{x} \\ \mathring{p}_{\mathrm{S}}(\mathring{\boldsymbol{c}}), & \ddot{\boldsymbol{x}} = \mathring{\boldsymbol{c}} \end{cases} \tag{18.12}$$

- 联合目标的新生 *PHD*：

$$\ddot{b}_{k+1|k}(\ddot{\boldsymbol{x}}) = \begin{cases} b_{k+1|k}(\boldsymbol{x}), & \ddot{\boldsymbol{x}} = \boldsymbol{x} \\ \mathring{b}_{k+1|k}(\mathring{\boldsymbol{c}}), & \ddot{\boldsymbol{x}} = \mathring{\boldsymbol{c}} \end{cases} \tag{18.13}$$

- 联合马尔可夫转移密度：该密度的描述较为复杂，因为对于任何的 $\ddot{\boldsymbol{x}}'$ 而言，必须有下式成立：

$$1=\int \ddot{f}_{k+1|k}(\ddot{\boldsymbol{x}}|\ddot{\boldsymbol{x}}')\mathrm{d}\ddot{\boldsymbol{x}}=\int \ddot{f}_{k+1|k}(\boldsymbol{x}|\ddot{\boldsymbol{x}}')\mathrm{d}\boldsymbol{x}+\int \ddot{f}_{k+1|k}(\mathring{\boldsymbol{c}}|\ddot{\boldsymbol{x}}')\mathrm{d}\mathring{\boldsymbol{c}} \tag{18.14}$$

这里共有四种可能：

$$\ddot{f}_{k+1|k}(\ddot{\boldsymbol{x}}|\ddot{\boldsymbol{x}}')=\begin{cases} p_{\mathrm{T}}(\boldsymbol{x}')\cdot f_{k+1|k}(\boldsymbol{x}|\boldsymbol{x}'), & \ddot{\boldsymbol{x}}=\boldsymbol{x},\ddot{\boldsymbol{x}}'=\boldsymbol{x}' \\ (1-p_{\mathrm{T}}(\boldsymbol{x}'))\cdot f^{\Leftarrow}_{k+1|k}(\mathring{\boldsymbol{c}}|\boldsymbol{x}'), & \ddot{\boldsymbol{x}}=\mathring{\boldsymbol{c}},\ddot{\boldsymbol{x}}'=\boldsymbol{x}' \\ (1-\mathring{p}_{\mathrm{T}}(\mathring{\boldsymbol{c}}'))\cdot f^{\Rightarrow}_{k+1|k}(\boldsymbol{x}|\mathring{\boldsymbol{c}}'), & \ddot{\boldsymbol{x}}=\boldsymbol{x},\ddot{\boldsymbol{x}}'=\mathring{\boldsymbol{c}}' \\ \mathring{p}_{\mathrm{T}}(\mathring{\boldsymbol{c}}')\cdot \mathring{f}_{k+1|k}(\mathring{\boldsymbol{c}}|\mathring{\boldsymbol{c}}'), & \ddot{\boldsymbol{x}}=\mathring{\boldsymbol{c}},\ddot{\boldsymbol{x}}'=\mathring{\boldsymbol{c}}' \end{cases} \tag{18.15}$$

式中：$p_{\mathrm{T}}(\boldsymbol{x}')\overset{\text{abbr.}}{=}p_{\mathrm{T},k+1|k}(\boldsymbol{x}')$；$\mathring{p}_{\mathrm{T}}(\mathring{\boldsymbol{c}}')\overset{\text{abbr.}}{=}\mathring{p}_{\mathrm{T},k+1|k}(\mathring{\boldsymbol{c}}')$；且

- $p_{\mathrm{T}}(\boldsymbol{x}')$ 表示目标 $\boldsymbol{x}'$ 转变为目标的概率；
- $1-p_{\mathrm{T}}(\boldsymbol{x}')$ 表示目标 $\boldsymbol{x}'$ 转变为杂波源的概率；
- $\mathring{p}_{\mathrm{T}}(\mathring{\boldsymbol{c}}')$ 表示杂波源 $\mathring{\boldsymbol{c}}'$ 转变为杂波源的概率；
- $1-\mathring{p}_{\mathrm{T}}(\mathring{\boldsymbol{c}}')$ 表示杂波源 $\mathring{\boldsymbol{c}}'$ 转变为目标的概率；
- $f_{k+1|k}(\boldsymbol{x}|\boldsymbol{x}')$ 表示目标 $\boldsymbol{x}'$ 转移为目标 $\boldsymbol{x}$ 的概率 (密度)；
- $\mathring{f}_{k+1|k}(\mathring{\boldsymbol{c}}|\mathring{\boldsymbol{c}}')$ 表示杂波源 $\mathring{\boldsymbol{c}}'$ 转移为杂波源 $\mathring{\boldsymbol{c}}$ 的概率 (密度)；
- $f^{\Leftarrow}_{k+1|k}(\mathring{\boldsymbol{c}}|\boldsymbol{x}')$ 表示目标 $\boldsymbol{x}'$ 转变为杂波源 $\mathring{\boldsymbol{c}}$ 的概率 (密度)；
- $f^{\Rightarrow}_{k+1|k}(\boldsymbol{x}|\mathring{\boldsymbol{c}}')$ 表示杂波源 $\mathring{\boldsymbol{c}}'$ 转变为目标 $\boldsymbol{x}$ 的概率 (密度)。

与文献 [153] 类似，下面重点介绍目标和杂波源的两种不同的运动模型。

18.2.2　非交混运动模型

该模型是18.4节 λ−CPHD 滤波器与18.5节 κ−CPHD 滤波器动态方程的基础，它可表述为以下两条假设：

- 非交混模型假设 1：杂波源只能转变为杂波源，即

$$\mathring{p}_{\mathrm{T}}(\mathring{\boldsymbol{c}}')=1 \tag{18.16}$$

- 非交混模型假设 2：目标只能转变为目标，即

$$p_{\mathrm{T}}(\boldsymbol{x}')=1 \tag{18.17}$$

上述假设更正规的表示如下：

$$\ddot{f}_{k+1|k}(\ddot{\boldsymbol{x}}|\ddot{\boldsymbol{x}}')=\begin{cases} f_{k+1|k}(\boldsymbol{x}|\boldsymbol{x}'), & \ddot{\boldsymbol{x}}=\boldsymbol{x},\ddot{\boldsymbol{x}}'=\boldsymbol{x}' \\ 0, & \ddot{\boldsymbol{x}}=\mathring{\boldsymbol{c}},\ddot{\boldsymbol{x}}'=\boldsymbol{x}' \\ 0, & \ddot{\boldsymbol{x}}=\boldsymbol{x},\ddot{\boldsymbol{x}}'=\mathring{\boldsymbol{c}}' \\ \mathring{f}_{k+1|k}(\mathring{\boldsymbol{c}}|\mathring{\boldsymbol{c}}'), & \ddot{\boldsymbol{x}}=\mathring{\boldsymbol{c}},\ddot{\boldsymbol{x}}'=\mathring{\boldsymbol{c}}' \end{cases} \tag{18.18}$$

式中：$f_{k+1|k}(\boldsymbol{x}|\boldsymbol{x}')$ 为目标的马尔可夫密度；$\mathring{f}_{k+1|k}(\mathring{\boldsymbol{c}}|\mathring{\boldsymbol{c}}')$ 为杂波源的马尔可夫密度。

18.2.3 交混运动模型

该模型可用下面的一条或两条假设来表述：

- 交混运动模型假设 1：杂波源可以转变为目标，即

$$\mathring{p}_{\mathrm{T}}(\mathring{c}') < 1 \tag{18.19}$$

作为该假设的一部分，杂波源向目标的转移 $\mathring{c} \hookrightarrow \boldsymbol{x}$ 可同时解释为目标新生 (由于杂波源转变为目标而导致新目标出现) 与杂波源消亡 (由于杂波源转变为目标而导致原杂波杂波源消失)。从数学上讲，该假设强行包含了以下的模型假定：

  - $b_{k+1|k}(\boldsymbol{x}) = 0$ (因为目标新生已经由杂波源向目标的转移来表征)；
  - $\mathring{p}_{\mathrm{S}}(\mathring{c}) = 1$ (因为杂波源消亡事件已经由杂波源向目标的转移来表征)。

- 交混运动模型假设 2：目标可转变为杂波源，即

$$p_{\mathrm{T}}(\boldsymbol{x}') < 1 \tag{18.20}$$

作为该假设的一部分，目标向杂波源的转移 $\boldsymbol{x} \hookrightarrow \mathring{c}$ 可同时解释为杂波新生 (由于目标转变为杂波源而导致新杂波出现) 与目标消亡 (由于目标转变为杂波源而导致原目标消失)。从数学上讲，该假设强行包含了以下的模型假定：

  - $\mathring{b}_{k+1|k}(\mathring{c}) = 0$ (因为杂波新生事件已经由目标向杂波源的转移来表征)；
  - $p_{\mathrm{S}}(\boldsymbol{x}) = 1$ (因为目标消亡事件已经由目标向杂波源的转移来表征)。

简言之，空间 $\mathring{\mathfrak{C}}$ 中的参数不仅用来建模杂波，而且用来表示目标的出现与消失。这里突出强调下述观点：

- 从统计学和现象学的双重观点来看，交混运动模型都是令人高度质疑的。

例如，若目标的观测统计量与杂波有着本质的差别，或者杂波的运动不同于目标运动，为了更有效地从杂波中区分出目标，需要极力挖掘它们二者之间的差别。如果允许目标和杂波源相互转换，则二者之间的统计差别将模糊化，从而加大了杂波下目标检测、跟踪与鉴别的难度。对于交混模型所存在的问题，可用更直接的语言描述如下：

- 坦克不会转变成林木，林木也不会转变为坦克。
- 相反的假定将会给林木中坦克的检测造成极大的困难。

在18.9.2节中将通过一个简单的解析实例证明：若18.3节中的未知杂波 CPHD 滤波器采用交混运动模型而不是非交混运动模型，则所得 CPHD/PHD 滤波器会表现出病态行为，病因可直接归咎于交混运动模型的使用。

18.3　一般伯努利杂波下的 CPHD 滤波器

给定18.2.1节的模型假设后，一般多伯努利杂波下的 CPHD 滤波器只不过是联合状态空间 $\ddot{\mathfrak{X}} = \mathfrak{X} \uplus \mathring{\mathfrak{C}}$ 上的一般 CPHD 滤波器而已。它具有如下形式[①]：

$$\begin{array}{ccccccc}
\cdots\to & \ddot{p}_{k|k}(\ddot{n}) & \to & \ddot{p}_{k+1|k}(\ddot{n}) & \to & \ddot{p}_{k+1|k+1}(\ddot{n}) & \to\cdots \\
 & & \uparrow & & \upharpoonleft\downharpoonright & & \\
\cdots\to & \ddot{D}_{k|k}(\ddot{x}) & \to & \ddot{D}_{k+1|k}(\ddot{x}) & \to & \ddot{D}_{k+1|k+1}(\ddot{x}) & \to\cdots
\end{array}$$

式中：$\ddot{D}_{k|k}(\ddot{\boldsymbol{x}})$ 为关于联合状态变量 $\ddot{\boldsymbol{x}} \in \ddot{\mathfrak{X}}$ 的 PHD；$\ddot{p}_{k|k}(\ddot{n})$ 为联合目标数 $\ddot{n} = n + \mathring{n}$ 的概率分布，其中 n 和 $\mathring{n}$ 分别为目标和杂波源的数目。

由于 $\ddot{\mathfrak{X}}$ 是 $\mathfrak{X}$ 和 $\mathring{\mathfrak{C}}$ 的互斥并，因此联合 PHD $\ddot{D}_{k|k}(\ddot{\boldsymbol{x}})$ 可等价表示为两个单独的 PHD，一个定义在目标状态空间上，另一个定义在杂波状态空间上：

$$D_{k|k}(\boldsymbol{x}) = \ddot{D}_{k|k}(\boldsymbol{x}) \tag{18.21}$$

$$\mathring{D}_{k|k}(\mathring{c}) = \ddot{D}_{k|k}(\mathring{c}) \tag{18.22}$$

空间 $\ddot{\mathfrak{X}}$ 上的 CPHD 滤波器因此可表示为下述三耦合滤波器形式：

$$\begin{array}{ccccccc}
\cdots\to & \ddot{p}_{k|k}(\ddot{n}) & \to & \ddot{p}_{k+1|k}(\ddot{n}) & \to & \ddot{p}_{k+1|k+1}(\ddot{n}) & \to\cdots \\
 & & \uparrow & & \upharpoonleft\downharpoonright & & \\
\cdots\to & D_{k|k}(\boldsymbol{x}) & \to & D_{k+1|k}(\boldsymbol{x}) & \to & D_{k+1|k+1}(\boldsymbol{x}) & \to\cdots \\
 & & \uparrow & & \upharpoonleft\downharpoonright & & \\
\cdots\to & \mathring{D}_{k|k}(\mathring{c}) & \to & \mathring{D}_{k+1|k}(\mathring{c}) & \to & \mathring{D}_{k+1|k+1}(\mathring{c}) & \to\cdots
\end{array}$$

目标势分布 $p_{k|k}(n)$ 和杂波源势分布 $\mathring{p}_{k|k}(\mathring{n})$ 皆可由联合势分布 $\ddot{p}_{k|k}(\ddot{n})$ 计算得到(见18.3.4.2节)。

由于现在的杂波观测由杂波源产生，故先验杂波 RFS 的强度函数 $\ddot{\kappa}_{k+1}(\boldsymbol{z}) = 0$。因此，空间 $\ddot{\mathfrak{X}}$ 上的 CPHD 滤波器实际为8.6节的 ZFA-CPHD 滤波器，其滤波方程如下：

- 时间更新 (见(8.85)式、(8.88)式和(8.89)式)：

$$\ddot{D}_{k+1|k}(\ddot{\boldsymbol{x}}) = \ddot{b}_{k+1|k}(\ddot{\boldsymbol{x}}) + \int \ddot{p}_{\mathrm{S}}(\ddot{\boldsymbol{x}}') \cdot \ddot{f}_{k+1|k}(\ddot{\boldsymbol{x}}|\ddot{\boldsymbol{x}}') \cdot \ddot{D}_{k|k}(\ddot{\boldsymbol{x}}')\mathrm{d}\ddot{\boldsymbol{x}}' \tag{18.23}$$

$$\ddot{p}_{k+1|k}(\ddot{n}) = \sum_{\ddot{n}' \geq 0} \ddot{p}_{k+1|k}(\ddot{n}|\ddot{n}') \cdot \ddot{p}_{k|k}(\ddot{n}') \tag{18.24}$$

[①]译者注：原文下式误将 $\ddot{p}$ 写为 p，已更正。

式中[①]

$$\ddot{p}_{k+1|k}(\ddot{n}|\ddot{n}') = \sum_{i=0}^{\min\{\ddot{n},\ddot{n}'\}} \ddot{p}^{\mathrm{B}}_{k+1|k}(\ddot{n}-i)\cdot C_{\ddot{n}',i}\cdot \ddot{\psi}_k^i \cdot (1-\ddot{\psi}_k)^{\ddot{n}'-i} \tag{18.25}$$

$$\ddot{\psi}_k = \frac{1}{\ddot{N}_{k|k}}\int \ddot{p}_{\mathrm{S}}(\ddot{\boldsymbol{x}}')\cdot \ddot{D}_{k|k}(\ddot{\boldsymbol{x}}')\mathrm{d}\ddot{\boldsymbol{x}}' \tag{18.26}$$

$$\ddot{N}_{k|k} = \int \ddot{D}_{k|k}(\ddot{\boldsymbol{x}}')\mathrm{d}\ddot{\boldsymbol{x}}' \tag{18.27}$$

目标–杂波联合新生的势分布为

$$\ddot{p}^{\mathrm{B}}_{k+1|k}(\ddot{n}) = \sum_{n+\mathring{n}=\ddot{n}} p^{\mathrm{B}}_{k+1|k}(n)\cdot \mathring{p}^{\mathrm{B}}_{k+1|k}(\mathring{n}) \tag{18.28}$$

式中：$p^{\mathrm{B}}_{k+1|k}(n)$ 为新生目标 RFS 的势分布；$\mathring{p}^{\mathrm{B}}_{k+1|k}(\mathring{n})$ 为新生杂波源 RFS 的势分布。

- 观测更新 (见(8.133)~(8.140)式)：令新观测集 $Z_{k+1}=\{\boldsymbol{z}_1,\cdots,\boldsymbol{z}_m\}$ 且 $|Z_{k+1}|=m$，则

$$\frac{\ddot{D}_{k+1|k+1}(\ddot{\boldsymbol{x}})}{\ddot{D}_{k+1|k}(\ddot{\boldsymbol{x}})} = \frac{(1-\ddot{p}_{\mathrm{D}}(\ddot{\boldsymbol{x}}))\cdot \frac{\ddot{G}^{(m+1)}_{k+1|k}(\ddot{\phi}_k)}{\ddot{G}^{(m)}_{k+1|k}(\ddot{\phi}_k)} + \sum_{\boldsymbol{z}\in Z_{k+1}} \frac{\ddot{p}_{\mathrm{D}}(\ddot{\boldsymbol{x}})\cdot \ddot{L}_{\boldsymbol{z}}(\ddot{\boldsymbol{x}})}{\ddot{\tau}_{k+1}(\boldsymbol{z})}}{\ddot{N}_{k+1|k}} \tag{18.29}$$

$$\ddot{p}_{k+1|k+1}(\ddot{n}) = \frac{\ddot{\ell}_{Z_{k+1}}(\ddot{n})\cdot \ddot{p}_{k+1|k}(\ddot{n})}{\sum_{l\geqslant 0}\ddot{\ell}_{Z_{k+1}}(l)\cdot \ddot{p}_{k+1|k}(l)} \tag{18.30}$$

式中

$$\ddot{N}_{k+1|k} = \int \ddot{D}_{k+1|k}(\ddot{\boldsymbol{x}})\mathrm{d}\ddot{\boldsymbol{x}} \tag{18.31}$$

$$\ddot{\ell}_{Z_{k+1}}(\ddot{n}) = C_{\ddot{n},m}\cdot \ddot{\phi}_k^{\ddot{n}-m} \tag{18.32}$$

$$\ddot{\phi}_k = \frac{1}{\ddot{N}_{k+1|k}}\int (1-\ddot{p}_{\mathrm{D}}(\ddot{\boldsymbol{x}}))\cdot \ddot{D}_{k+1|k}(\ddot{\boldsymbol{x}})\mathrm{d}\ddot{\boldsymbol{x}} \tag{18.33}$$

$$\ddot{\tau}_{k+1}(\boldsymbol{z}) = \frac{1}{\ddot{N}_{k+1|k}}\int \ddot{p}_{\mathrm{D}}(\ddot{\boldsymbol{x}})\cdot \ddot{L}_{\boldsymbol{z}}(\ddot{\boldsymbol{x}})\cdot \ddot{D}_{k+1|k}(\ddot{\boldsymbol{x}})\mathrm{d}\ddot{\boldsymbol{x}} \tag{18.34}$$

式(18.32)中的 $C_{\ddot{n},m}$ 为二项式系数 (定义见(2.1)式)。

将18.2.1节的模型公式代入上述滤波方程，即可得到一般伯努利杂波模型下 CPHD 滤波器的滤波方程。本节剩余内容安排如下：

- 18.3.1节：一般伯努利模型 CPHD 滤波器的时间更新方程。
- 18.3.2节：一般伯努利模型 CPHD 滤波器的观测更新方程。
- 18.3.3节：一般伯努利模型 CPHD 滤波器的特例——PHD 滤波器。
- 18.3.4节：一般伯努利模型 CPHD 滤波器的多目标状态估计。
- 18.3.5节：一般伯努利模型 CPHD 滤波器的杂波估计。

[①]译者注：原著式(18.25)的求和上界为 $\ddot{n}$，这里更正为 $\min\{\ddot{n},\ddot{n}'\}$。

18.3.1 一般伯努利杂波源模型：CPHD 滤波器时间更新

已知联合势分布 $\ddot{p}_{k|k}(\ddot{n})$、目标 PHD $D_{k|k}(\boldsymbol{x})$ 及杂波 PHD $\mathring{D}_{k|k}(\mathring{\boldsymbol{c}})$，现欲确定时间更新后的联合势分布 $\ddot{p}_{k+1|k}(\ddot{n})$、目标 PHD $D_{k+1|k}(\boldsymbol{x})$ 以及杂波 PHD $\mathring{D}_{k+1|k}(\mathring{\boldsymbol{c}})$。

- 势分布的时间更新：令

$$N_{k|k} = \int D_{k|k}(\boldsymbol{x}')\mathrm{d}\boldsymbol{x}' \tag{18.35}$$

$$\mathring{N}_{k|k} = \int \mathring{D}_{k|k}(\mathring{\boldsymbol{c}}')\mathrm{d}\mathring{\boldsymbol{c}}' \tag{18.36}$$

然后利用式(18.5)的联合积分并对式(18.24)~(18.27)做适当的变量替换，即得

$$\ddot{p}_{k+1|k}(\ddot{n}) = \sum_{\ddot{n}' \geqslant 0} \ddot{p}_{k+1|k}(\ddot{n}|\ddot{n}') \cdot \ddot{p}_{k|k}(\ddot{n}') \tag{18.37}$$

$$\ddot{p}_{k+1|k}(\ddot{n}|\ddot{n}') = \sum_{i=0}^{\min\{\ddot{n},\ddot{n}'\}} \ddot{p}^{\mathrm{B}}_{k+1|k}(\ddot{n}-i) \cdot C_{\ddot{n}',i} \cdot \ddot{\psi}_k^i \cdot (1-\ddot{\psi}_k)^{\ddot{n}'-i} \tag{18.38}$$

$$\ddot{\psi}_k = \frac{\int p_{\mathrm{S}}(\boldsymbol{x}') \cdot D_{k|k}(\boldsymbol{x}')\mathrm{d}\boldsymbol{x}' + \int \mathring{p}_{\mathrm{S}}(\mathring{\boldsymbol{c}}') \cdot \mathring{D}_{k|k}(\mathring{\boldsymbol{c}}')\mathrm{d}\mathring{\boldsymbol{c}}'}{N_{k|k} + \mathring{N}_{k|k}} \tag{18.39}$$

其中：联合新生势分布同式(18.28)，即

$$\ddot{p}^{\mathrm{B}}_{k+1|k}(\ddot{n}) = \sum_{n+\mathring{n}=\ddot{n}} p^{\mathrm{B}}_{k+1|k}(n) \cdot \mathring{p}^{\mathrm{B}}_{k+1|k}(\mathring{n}) \tag{18.40}$$

- 目标 *PHD* 的时间更新：将式(18.15)代入式(18.23)并利用式(18.5)的联合积分式，可得

$$\begin{aligned} D_{k+1|k}(\boldsymbol{x}) = {} & b_{k+1|k}(\boldsymbol{x}) + \int p_{\mathrm{S}}(\boldsymbol{x}') \cdot p_{\mathrm{T}}(\boldsymbol{x}') \cdot f_{k+1|k}(\boldsymbol{x}|\boldsymbol{x}') \cdot D_{k|k}(\boldsymbol{x}')\mathrm{d}\boldsymbol{x}' + \\ & \int \mathring{p}^{\kappa}_{\mathrm{S}}(\mathring{\boldsymbol{c}}') \cdot (1-\mathring{p}_{\mathrm{T}}(\mathring{\boldsymbol{c}}')) \cdot f^{\rightrightarrows}_{k+1|k}(\boldsymbol{x}|\mathring{\boldsymbol{c}}') \cdot \mathring{D}_{k|k}(\mathring{\boldsymbol{c}}')\mathrm{d}\mathring{\boldsymbol{c}}' \end{aligned} \tag{18.41}$$

- 杂波 *PHD* 的时间更新：将式(18.15)代入式(18.23)并利用式(18.5)的联合积分式，可得

$$\begin{aligned} \mathring{D}_{k+1|k}(\mathring{\boldsymbol{c}}) = {} & \mathring{b}_{k+1|k}(\mathring{\boldsymbol{c}}) + \int p_{\mathrm{S}}(\boldsymbol{x}') \cdot (1-p_{\mathrm{T}}(\boldsymbol{x}')) \cdot f^{\leftleftarrows}_{k+1|k}(\mathring{\boldsymbol{c}}|\boldsymbol{x}') \cdot D_{k|k}(\boldsymbol{x}')\mathrm{d}\boldsymbol{x}' + \\ & \int \mathring{p}^{\kappa}_{\mathrm{S}}(\mathring{\boldsymbol{c}}') \cdot \mathring{p}_{\mathrm{T}}(\mathring{\boldsymbol{c}}') \cdot \mathring{f}_{k+1|k}(\mathring{\boldsymbol{c}}|\mathring{\boldsymbol{c}}') \cdot \mathring{D}_{k|k}(\mathring{\boldsymbol{c}}')\mathrm{d}\mathring{\boldsymbol{c}}' \end{aligned} \tag{18.42}$$

18.3.2 一般伯努利杂波源模型：CPHD 滤波器观测更新

已知时间更新的联合势分布 $\ddot{p}_{k+1|k}(\ddot{n})$ 以及目标和杂波的预测 PHD $D_{k+1|k}(\boldsymbol{x})$、$\mathring{D}_{k+1|k}(\mathring{\boldsymbol{c}})$，在得到新观测集 Z_{k+1} ($|Z_{k+1}| = m$) 后，现欲确定观测更新后的联合势分布

$\ddot{p}_{k+1|k+1}(\ddot{n})$，以及目标和杂波的 PHD $D_{k+1|k+1}(\boldsymbol{x})$、$\mathring{D}_{k+1|k+1}(\mathring{c})$。首先令

$$\ddot{G}_{k+1|k}(\ddot{x}) = \sum_{\ddot{n} \geqslant 0} \ddot{p}_{k+1|k}(\ddot{n}) \cdot \ddot{x}^{\ddot{n}} \tag{18.43}$$

$$N_{k+1|k} = \int D_{k+1|k}(\boldsymbol{x})\mathrm{d}\boldsymbol{x} \tag{18.44}$$

$$\mathring{N}_{k+1|k} = \int \mathring{D}_{k+1|k}(\mathring{c})\mathrm{d}\mathring{c} \tag{18.45}$$

$$\tau_{k+1}(z) = \int p_{\mathrm{D}}(\boldsymbol{x}) \cdot L_{z}(\boldsymbol{x}) \cdot D_{k+1|k}(\boldsymbol{x})\mathrm{d}\boldsymbol{x} \tag{18.46}$$

$$\mathring{\tau}^{\kappa}_{k+1}(z) = \int \mathring{p}^{\kappa}_{\mathrm{D}}(\mathring{c}) \cdot \mathring{L}^{\kappa}_{z}(\mathring{c}) \cdot \mathring{D}_{k+1|k}(\mathring{c})\mathrm{d}\mathring{c} \tag{18.47}$$

$$\ddot{\phi}_{k} = \frac{\int (1 - p_{\mathrm{D}}(\boldsymbol{x})) \cdot D_{k+1|k}(\boldsymbol{x})\mathrm{d}\boldsymbol{x} + \int (1 - \mathring{p}^{\kappa}_{\mathrm{D}}(\mathring{c})) \cdot \mathring{D}_{k+1|k}(\mathring{c})\mathrm{d}\mathring{c}}{N_{k+1|k} + \mathring{N}_{k+1|k}} \tag{18.48}$$

则：

- 联合势分布的观测更新：

$$\ddot{p}_{k+1|k+1}(\ddot{n}) = \frac{\ddot{\ell}_{Z_{k+1}}(\ddot{n}) \cdot \ddot{p}_{k+1|k}(\ddot{n})}{\sum_{l \geqslant 0} \ddot{\ell}_{Z_{k+1}}(l) \cdot \ddot{p}_{k+1|k}(l)} \tag{18.49}$$

$$\ddot{\ell}_{Z_{k+1}}(\ddot{n}) = C_{\ddot{n},m} \cdot \ddot{\phi}^{\ddot{n}-m}_{k} \tag{18.50}$$

- 目标 *PHD* 的观测更新：

$$\frac{D_{k+1|k+1}(\boldsymbol{x})}{D_{k+1|k}(\boldsymbol{x})} = \frac{1 - p_{\mathrm{D}}(\boldsymbol{x})}{N_{k+1|k} + \mathring{N}_{k+1|k}} \cdot \frac{\ddot{G}^{(m+1)}_{k+1|k}(\ddot{\phi}_{k})}{\ddot{G}^{(m)}_{k+1|k}(\ddot{\phi}_{k})} + \sum_{z \in Z_{k+1}} \frac{p_{\mathrm{D}}(\boldsymbol{x}) \cdot L_{z}(\boldsymbol{x})}{\tau_{k+1}(z) + \mathring{\tau}^{\kappa}_{k+1}(z)} \tag{18.51}$$

- 杂波 *PHD* 的观测更新：

$$\frac{\mathring{D}_{k+1|k+1}(\mathring{c})}{\mathring{D}_{k+1|k}(\mathring{c})} = \frac{1 - \mathring{p}^{\kappa}_{\mathrm{D}}(\mathring{c})}{N_{k+1|k} + \mathring{N}_{k+1|k}} \cdot \frac{\ddot{G}^{(m+1)}_{k+1|k}(\ddot{\phi}_{k})}{\ddot{G}^{(m)}_{k+1|k}(\ddot{\phi}_{k})} + \sum_{z \in Z_{k+1}} \frac{\mathring{p}^{\kappa}_{\mathrm{D}}(\mathring{c}) \cdot \mathring{L}^{\kappa}_{z}(\mathring{c})}{\tau_{k+1}(z) + \mathring{\tau}^{\kappa}_{k+1}(z)} \tag{18.52}$$

注解 71 (未知杂波 CPHD 滤波器的计算复杂度): 上述 CPHD 滤波器与经典 PHD 滤波器的计算复杂度同为 $O(mn)$，其中，m 为观测个数，n 为当前目标数。

注解 72: 由式(18.51)和式(18.52)可见，当 p_{D} 为接近 1 的常数时，未知杂波 CPHD 滤波器的行为类似于经典 PHD 滤波器。

18.3.3　一般伯努利杂波源模型：PHD 滤波器特例

假定预测的联合 RFS 为下述泊松过程，即

$$f_{k+1|k}(\ddot{X}) = e^{-\ddot{N}_{k+1|k}} \cdot \ddot{D}_{k+1|k}^{\ddot{X}} \tag{18.53}$$

则前面的 CPHD 滤波器便退化为 PHD 滤波器。此时 PHD 预测方程保持不变，分别如式(18.41)和式(18.42)所示，而观测更新方程则简化为

$$\frac{D_{k+1|k+1}(\boldsymbol{x})}{D_{k+1|k}(\boldsymbol{x})} = 1 - p_{\mathrm{D}}(\boldsymbol{x}) + \sum_{\boldsymbol{z}\in Z_{k+1}} \frac{p_{\mathrm{D}}(\boldsymbol{x}) \cdot L_{\boldsymbol{z}}(\boldsymbol{x})}{\tau_{k+1}(\boldsymbol{z}) + \mathring{\tau}_{k+1}^{\kappa}(\boldsymbol{z})} \tag{18.54}$$

$$\frac{\mathring{D}_{k+1|k+1}(\mathring{c})}{\mathring{D}_{k+1|k}(\mathring{c})} = 1 - \mathring{p}_{\mathrm{D}}^{\kappa}(\mathring{c}) + \sum_{\boldsymbol{z}\in Z_{k+1}} \frac{\mathring{p}_{\mathrm{D}}^{\kappa}(\mathring{c}) \cdot \mathring{L}_{\boldsymbol{z}}^{\kappa}(\mathring{c})}{\tau_{k+1}(\boldsymbol{z}) + \mathring{\tau}_{k+1}^{\kappa}(\boldsymbol{z})} \tag{18.55}$$

18.3.4　一般伯努利杂波源模型：多目标状态估计

经典 CPHD 滤波器的状态估计包括两个步骤 (8.5.5节)：首先采用 MAP 估计器由势分布估计目标数，即

$$\ddot{n}_{k+1|k+1} = \arg\sup_{\ddot{n}} \ddot{p}_{k+1|k+1}(\ddot{n}) \tag{18.56}$$

其次提取 $\ddot{D}_{k+1|k+1}(\ddot{\boldsymbol{x}})$ 的前 $\ddot{n}_{k+1|k+1}$ 个极大值处的状态作为多目标状态估计。

但该方法不适用于本章的 CPHD 滤波器，因为此时的势分布 $\ddot{p}_{k+1|k+1}(\ddot{n})$ 是联合目标数 $\ddot{n} = n + \mathring{n}$ 的分布 (n、$\mathring{n}$ 分别为目标与杂波源的个数)，而实际需要估计的是目标数 n 而非 $\ddot{n}$。接下来解释如何达到这一目的。

18.3.4.1　原始的状态估计方法

文献 [189, 194, 195] 中最初提出的状态估计方法：首先对目标 PHD 进行积分以确定期望目标数，即

$$N_{k+1|k+1} = \int D_{k+1|k+1}(\boldsymbol{x})\mathrm{d}\boldsymbol{x} \tag{18.57}$$

然后将 $N_{k+1|k+1}$ 舍入为整数 $\hat{n}$；最后的状态估计即 $D_{k+1|k+1}(\boldsymbol{x})$ 的前 $\hat{n}$ 个极大值处的状态。

该方法的缺点是 $N_{k+1|k+1}$ 不能提供精确的瞬时估计，因而丧失了 CPHD 滤波器相对 PHD 滤波器最主要的优势。

18.3.4.2　改进的状态估计方法

作为替代，Chen、McDonald 和 Kirubarajan[36] 提出了一种目标势分布估计方法 (估计实际目标数的分布)。令

$$r_{k+1} = \frac{N_{k+1|k+1}}{N_{k+1|k+1} + \mathring{N}_{k+1|k+1}} \tag{18.58}$$

可以证明：真实目标的势分布为

$$p_{k+1|k+1}(n) = \frac{r_{k+1}^n}{n!} \cdot \ddot{G}_{k+1|k+1}^{(n)}(1 - r_{k+1}) \tag{18.59}$$

进而可得当前目标数的 MAP 估计：

$$n_{k+1|k+1} = \arg\sup_n p_{k+1|k+1}(n) \tag{18.60}$$

使用 $n_{k+1|k+1}$ 代替 $N_{k+1|k+1}$ 作为目标数的估计。

仿真表明，与18.3.4.1节的方法相比，本节方法可改善目标数的估计性能。特别地，原方法的目标数估计存在一个上偏置，而改进方法则是无偏的，但改进效果并没有预期那样好，原因是未知杂波 CPHD 滤波器的表现更像经典 PHD 滤波器。

采用同样的方法也可得到杂波源的势分布：

$$\mathring{p}_{k+1|k+1}(\mathring{n}) = \frac{\mathring{r}_{k+1}^{\mathring{n}}}{\mathring{n}!} \cdot \ddot{G}_{k+1|k+1}^{(\mathring{n})}(1 - \mathring{r}_{k+1}) \tag{18.61}$$

式中

$$\mathring{r}_{k+1} = \frac{\mathring{N}_{k+1|k+1}}{N_{k+1|k+1} + \mathring{N}_{k+1|k+1}} = 1 - r_{k+1} \tag{18.62}$$

注解 73: 可进一步证明真实目标服从下述 i.i.d.c. 多目标概率分布：

$$f_{k+1|k+1}(X|Z^{(k+1)}) = \ddot{G}_{k+1|k+1}^{(|X|)}(1 - r_{k+1}) \cdot \ddot{s}_{k+1|k+1}^X \tag{18.63}$$

$$= \ddot{G}_{k+1|k+1}^{(|X|)}(1 - r_{k+1}) \cdot r_{k+1}^{|X|} \cdot s_{k+1|k+1}^X \tag{18.64}$$

其 p.g.fl. 可表示为

$$G_{k+1|k+1}[h] = \ddot{G}_{k+1|k+1}(s_{k+1|k+1}[1 - r_{k+1} + r_{k+1} \cdot h]) \tag{18.65}$$

式(18.63)的证明过程同附录 K.21 中式 (K.441) 的证明。

下面证明式(18.59)。令 $\ddot{\Xi}_{k+1|k+1}$ 表示观测更新的目标–杂波联合 RFS，则 $\ddot{\Xi}_{k+1|k+1}$ 中的真实目标数为

$$|\ddot{\Xi}_{k+1|k+1} \cap \mathfrak{X}| \tag{18.66}$$

因而 $\ddot{\Xi}_{k+1|k+1} \cap \mathfrak{X}$ 的势分布即真实目标数的概率分布。根据式(4.131)，$\ddot{\Xi}_{k+1|k+1} \cap \mathfrak{X}$ 的 p.g.f. 为

$$G_{\ddot{\Xi}_{k+1|k+1} \cap \mathfrak{X}}(x) = \ddot{G}_{\ddot{\Xi}_{k+1|k+1}}[1 - \mathbf{1}_{\mathfrak{X}} + x \cdot \mathbf{1}_{\mathfrak{X}}] \tag{18.67}$$

由于 $\ddot{\Xi}_{k+1|k+1}$ 为 i.i.d.c. 过程，故

$$G_{\ddot{\Xi}_{k+1|k+1} \cap \mathfrak{X}}(x) = \ddot{G}_{k+1|k+1}(\ddot{s}_{k+1|k+1}[1 - \mathbf{1}_{\mathfrak{X}} + x \cdot \mathbf{1}_{\mathfrak{X}}]) \tag{18.68}$$

$$= \ddot{G}_{k+1|k+1}(1 - \ddot{s}_{k+1|k+1}[\mathbf{1}_{\mathfrak{X}}] + x \cdot \ddot{s}_{k+1|k+1}[\mathbf{1}_{\mathfrak{X}}]) \tag{18.69}$$

$$= \ddot{G}_{k+1|k+1}(1 - r_{k+1} + x \cdot r_{k+1}) \tag{18.70}$$

上面最后一步成立的原因是

$$\ddot{s}_{k+1|k+1}[\mathbf{1}_{\mathfrak{X}}] = \frac{\ddot{D}_{k+1|k+1}[\mathbf{1}_{\mathfrak{X}}]}{\ddot{N}_{k+1|k+1}} = \frac{\int_{\mathfrak{X}} \ddot{D}_{k+1|k+1}(\ddot{\boldsymbol{x}})\mathrm{d}\ddot{\boldsymbol{x}}}{N_{k+1|k+1} + \mathring{N}_{k+1|k+1}} \tag{18.71}$$

$$= \frac{\int D_{k+1|k+1}(\boldsymbol{x})\mathrm{d}\boldsymbol{x}}{N_{k+1|k+1} + \mathring{N}_{k+1|k+1}} \tag{18.72}$$

$$= \frac{N_{k+1|k+1}}{N_{k+1|k+1} + \mathring{N}_{k+1|k+1}} = r_{k+1} \tag{18.73}$$

因此，真实目标的势分布为

$$p_{k+1|k+1}(n) = \left[\frac{1}{n!}\frac{\mathrm{d}^n}{\mathrm{d}x^n}\ddot{G}_{k+1|k+1}(1 - r_{k+1} + x \cdot r_{k+1})\right]_{x=0} \tag{18.74}$$

$$= \left[\frac{r_{k+1}^n}{n!} \cdot \ddot{G}_{k+1|k+1}^{(n)}(1 - r_{k+1} + x \cdot r_{k+1})\right]_{x=0} \tag{18.75}$$

$$= \frac{r_{k+1}^n}{n!} \cdot \ddot{G}_{k+1|k+1}^{(n)}(1 - r_{k+1}) \tag{18.76}$$

18.3.5　一般伯努利杂波源模型：杂波估计

对照式(18.51)和式(18.52)，不难发现下式必为未知杂波 RFS 的强度函数估计[①]：

$$\mathring{\tau}_{k+1}(\boldsymbol{z}) = \int \mathring{p}_{\mathrm{D}}^{\kappa}(\mathring{\boldsymbol{c}}) \cdot \mathring{L}_{\boldsymbol{z}}^{\kappa}(\mathring{\boldsymbol{c}}) \cdot \mathring{D}_{k+1|k}(\mathring{\boldsymbol{c}})\mathrm{d}\mathring{\boldsymbol{c}} \tag{18.77}$$

只不过该估计在获得观测集 Z_{k+1} 前便已确定。但如8.3.3节注解21所述，这种推论不能是想当然的，必须经过证明方可。

这也正是本节的目的。特别地，本节将证明 $\mathring{\tau}_{k+1}(\boldsymbol{z})$ 是预测平均的杂波强度函数；而且还会证明杂波过程的完整多目标概率分布可由杂波 RFS 的预测平均 p.g.fl. 估计得到。下列公式的推导见附录 K.21：

- 杂波 *RFS* 的强度函数 (*PHD*) 估计：

$$\hat{\kappa}(\boldsymbol{z}|Z^{(k)}) = \int \mathring{p}_{\mathrm{D}}^{\kappa}(\mathring{\boldsymbol{c}}) \cdot \mathring{L}_{\boldsymbol{z}}^{\kappa}(\mathring{\boldsymbol{c}}) \cdot \mathring{D}_{k+1|k}(\mathring{\boldsymbol{c}}|Z^{(k)})\mathrm{d}\mathring{\boldsymbol{c}} \tag{18.78}$$

- 杂波 *RFS* 的杂波率估计：

$$\hat{\lambda}_{k+1|k}(Z^{(k)}) = \int \mathring{p}_{\mathrm{D}}^{\kappa}(\mathring{\boldsymbol{c}}) \cdot \mathring{D}_{k+1|k}(\mathring{\boldsymbol{c}}|Z^{(k)})\mathrm{d}\mathring{\boldsymbol{c}} \tag{18.79}$$

- 杂波 *RFS* 的空间分布估计：

$$\hat{c}_{k+1}(\boldsymbol{z}|Z^{(k)}) = \frac{\hat{\kappa}(\boldsymbol{z}|Z^{(k)})}{\hat{\lambda}_{k+1|k}(Z^{(k)})} \tag{18.80}$$

[①] 译者注：本节“杂波估计”为杂波观测估计而非杂波源估计，杂波观测与杂波源的关系如同目标观测与目标的关系一样。

- 杂波 *RFS* 的 *p.g.fl.* 估计：

$$\hat{G}^{\kappa}_{k+1}[g|Z^{(k)}] = \ddot{G}_{k+1|k}(\mathring{s}_{k+1}[1 + (1 - r_{k+1})\mathring{p}^{\kappa}_{\mathrm{D}}\mathring{L}^{\kappa}_{g-1}]) \tag{18.81}$$

式中

$$r_{k+1} = \frac{N_{k+1|k}}{N_{k+1|k} + \mathring{N}_{k+1|k}} \tag{18.82}$$

$$\mathring{L}^{\kappa}_{g-1} = \int (g(z) - 1) \cdot f^{\kappa}_{k+1}(z|\mathring{c})\mathrm{d}z \tag{18.83}$$

注意：上式中的 r_{k+1} 是目标而非杂波源占联合目标数预测均值的比重。

- 杂波 *RFS* 的多目标概率分布估计：

$$\hat{f}^{\kappa}_{k+1}(Z|Z^{(k)}) = \ddot{G}^{(|Z|)}_{k+1|k}(1 - \tilde{\lambda}_{k+1}) \cdot \tilde{\lambda}_{k+1} \cdot \hat{c}^{Z}_{k+1} \tag{18.84}$$

式中

$$\tilde{\lambda}_{k+1} = \frac{\hat{\lambda}_{k+1}(Z^{(k)})}{N_{k+1|k} + \mathring{N}_{k+1|k}} \tag{18.85}$$

$$\hat{c}^{Z}_{k+1} = \prod_{z \in Z} \hat{c}_{k+1}(z|Z^{(k)}) \tag{18.86}$$

其中：$\tilde{\lambda}_{k+1}$ 可直观解释为杂波观测占联合目标数预测均值的比重 (见(18.122)式)。

- 杂波 *RFS* 的 *p.g.f.* 估计：

$$\hat{G}^{\kappa}_{k+1}(z|Z^{(k)}) = \ddot{G}_{k+1|k}(1 - \tilde{\lambda}_{k+1} + z \cdot \tilde{\lambda}_{k+1}) \tag{18.87}$$

注意：由 $\hat{G}^{\kappa}_{k+1}(z|Z^{(k)})$ 导出的期望值必等于杂波率估计，即

$$\left[\frac{\mathrm{d}}{\mathrm{d}z}\hat{G}^{\kappa}_{k+1}(z|Z^{(k)})\right]_{z=1} = \left[\ddot{G}^{(1)}_{k+1|k}(1 - \tilde{\lambda}_{k+1} + z \cdot \tilde{\lambda}_{k+1}) \cdot \tilde{\lambda}_{k+1}\right]_{z=1} \tag{18.88}$$

$$= \ddot{G}^{(1)}_{k+1|k}(1) \cdot \tilde{\lambda}_{k+1} = \ddot{N}_{k+1|k} \cdot \tilde{\lambda}_{k+1} = \hat{\lambda}_{k+1} \tag{18.89}$$

- 杂波 *RFS* 的势分布估计：

$$\hat{p}^{\kappa}_{k+1}(m|Z^{(k)}) = \frac{\tilde{\lambda}^{m}_{k+1}}{m!} \cdot \ddot{G}^{(m)}_{k+1|k}(1 - \tilde{\lambda}_{k+1}) \tag{18.90}$$

特别地，观察式(18.84)和式(18.90)可发现，估计的杂波过程是空间分布为 $\hat{c}_{k+1}(z)$、势分布为 $\hat{p}^{\kappa}_{k+1}(m|Z^{(k)})$ 的 i.i.d.c. 过程。

18.4 λ-CPHD 滤波器

λ 未知的 CPHD 滤波器 (简称 λ-CPHD 滤波器) 是由 Mahler 等人于 2010 年提出的[189]。它在杂波空间分布 $c_{k+1}(\boldsymbol{x})$ 先验已知的假定下递归地估计杂波率 λ_{k+1}，或者更

一般地讲是在估计杂波势分布 $p^{\kappa}_{k+1}(m)$，其形式如下：

$$\begin{array}{ccccccccc}
\cdots\to & \ddot{p}_{k|k}(\ddot{n}) & \to & \ddot{p}_{k+1|k}(\ddot{n}) & \to & \ddot{p}_{k+1|k+1}(\ddot{n}) & \to\cdots \\
 & & & \uparrow & & \upharpoonleft\downharpoonright & \\
\cdots\to & D_{k|k}(\boldsymbol{x}) & \to & D_{k+1|k}(\boldsymbol{x}) & \to & D_{k+1|k+1}(\boldsymbol{x}) & \to\cdots \\
 & & & \uparrow & & \upharpoonleft\downharpoonright & \\
\cdots\to & \mathring{N}_{k|k} & \to & \mathring{N}_{k+1|k} & \to & \mathring{N}_{k+1|k+1} & \to\cdots
\end{array}$$

上述 λ–CPHD 滤波器由三个互耦的滤波器组成：顶部的滤波器传递目标–杂波联合势分布 $\ddot{p}_{k|k}(\ddot{n})$ ($\ddot{n}=n+\mathring{n}$)；中间的滤波器传递目标 PHD $D_{k|k}(\boldsymbol{x})$；底部的滤波器传递杂波源期望数 $\mathring{N}_{k|k}$。

18.3.4.2节已证明：对于一般伯努利未知杂波 CPHD 滤波器，可由 $\ddot{p}_{k|k}(\ddot{n})$ 导出目标势分布 $p_{k|k}(n)$ 和杂波源势分布 $\mathring{p}_{k|k}(\mathring{n})$。相同结论对 λ–CPHD 滤波器亦成立，见18.4.4节。

本节内容安排如下：

- 18.4.1节：λ–CPHD 滤波器的模型。
- 18.4.2节：λ–CPHD 滤波器的时间更新方程。
- 18.4.3节：λ–CPHD 滤波器的观测更新方程。
- 18.4.4节：λ–CPHD 滤波器的多目标状态估计。
- 18.4.5节：λ–CPHD 滤波器的杂波估计。
- 18.4.6节：λ–PHD 滤波器 (λ–CPHD 滤波器的 PHD 特例)。
- 18.4.7节：λ–CPHD 滤波器的高斯混合 (GM) 实现。

18.4.1　λ–CPHD 滤波器：模型

λ–CPHD 滤波器基于式(18.3)的杂波源空间模型，即 $\mathring{\mathfrak{C}}=\mathfrak{C}$ (杂波检测概率已知)，故 $\mathring{c}=\boldsymbol{c}$。另外，λ–CPHD 滤波器采用的是18.2.2节的非交混运动模型 (目标和杂波源不能相互转换)，即

$$p_{\mathrm{T}}(\boldsymbol{x}')=1,\quad \mathring{p}_{\mathrm{T}}(\boldsymbol{c}')=1 \tag{18.91}$$

因此可将 λ–CPHD 滤波器所需的模型假设描述如下：

- 目标存活概率：$p_{\mathrm{S}}(\boldsymbol{x})\overset{\text{abbr.}}{=}p_{\mathrm{S},k+1}(\boldsymbol{x})$。
- 目标马尔可夫密度：$f_{k+1|k}(\boldsymbol{x}|\boldsymbol{x}')$。
- 新生目标的 PHD：$b_{k+1|k}(\boldsymbol{x})$。
- 新生目标的势分布：$p^{\mathrm{B}}_{k+1|k}(n)$，且

$$N^{\mathrm{B}}_{k+1}=\int b_{k+1|k}(\boldsymbol{x})\mathrm{d}\boldsymbol{x}=\sum_{n\geqslant 0}n\cdot p^{\mathrm{B}}_{k+1|k}(n) \tag{18.92}$$

- 杂波源存活概率恒定：$\mathring{p}_{\mathrm{S}}\overset{\text{abbr.}}{=}\mathring{p}_{\mathrm{S},k+1}$。

- 杂波源的马尔可夫密度：$\mathring{f}_{k+1|k}(\boldsymbol{c}|\boldsymbol{c}')$。
- 新生杂波源的 *PHD*：$\mathring{b}_{k+1|k}(\boldsymbol{c})$。
- 新生杂波源的势分布：$\mathring{p}_{k+1|k}(\mathring{n})$，且

$$\mathring{N}^{\mathrm{B}}_{k+1|k} = \int \mathring{b}_{k+1|k}(\boldsymbol{c})\mathrm{d}\boldsymbol{c} = \sum_{\mathring{n}\geqslant 0} \mathring{n} \cdot \mathring{p}^{\mathrm{B}}_{k+1|k}(\mathring{n}) \tag{18.93}$$

- 目标检测概率：$p_{\mathrm{D}}(\boldsymbol{x}) \overset{\text{abbr.}}{=} p_{\mathrm{D},k+1}(\boldsymbol{x})$。
- 目标似然函数：$L_{\boldsymbol{z}}(\boldsymbol{x}) \overset{\text{abbr.}}{=} f_{k+1}(\boldsymbol{z}|\boldsymbol{x})$。
- 杂波空间分布：$c_{k+1}(\boldsymbol{z})$。
- 杂波源检测概率为已知常数：$\mathring{p}_{\mathrm{D}} \overset{\text{abbr.}}{=} \mathring{p}_{\mathrm{D},k+1}$。
- 杂波源似然函数是状态独立的：$L^{\kappa}_{\boldsymbol{z}}(\boldsymbol{c}) \overset{\text{abbr.}}{=} \mathring{f}_{k+1}(\boldsymbol{z}|\boldsymbol{c}) = c_{k+1}(\boldsymbol{z})$，其中 $c_{k+1}(\boldsymbol{z})$ 先验已知。

考虑到计算方面的原因，有时候还假定不出现新杂波源 (一般无需该假定)：

$$\mathring{b}_{k+1|k}(\boldsymbol{x}) = 0 \tag{18.94}$$

$$\mathring{p}^{\mathrm{B}}_{k+1|k}(\mathring{n}) = \delta_{0,\mathring{n}} \tag{18.95}$$

在此假定下，联合新生 RFS 的势分布便简化为新生目标 RFS 的势分布，即

$$\ddot{p}^{\mathrm{B}}_{k+1|k}(\ddot{n}) = \sum_{n+\mathring{n}=\ddot{n}} p^{\mathrm{B}}_{k+1|k}(n) \cdot \mathring{p}^{\mathrm{B}}_{k+1|k}(\mathring{n}) = p^{\mathrm{B}}_{k+1|k}(\ddot{n}) \tag{18.96}$$

18.4.2 λ-CPHD 滤波器：时间更新

已知联合势分布 $\ddot{p}_{k|k}(\ddot{n})$、目标 PHD $D_{k|k}(\boldsymbol{x})$ 以及杂波源期望数 $\mathring{N}_{k|k}$，现欲确定时间更新的 $\ddot{p}_{k+1|k}(\ddot{n})$、$D_{k+1|k}(\boldsymbol{x})$、$\mathring{N}_{k+1|k}$。将18.4.1节的模型代入式(18.35)~(18.42)，即可得到 λ-CPHD 滤波器的时间更新方程。主要结果如下：

- 目标-杂波联合势分布的时间更新：

$$\ddot{p}_{k+1|k}(\ddot{n}) = \sum_{\ddot{n}'\geqslant 0} \ddot{p}_{k+1|k}(\ddot{n}|\ddot{n}') \cdot \ddot{p}_{k|k}(\ddot{n}') \tag{18.97}$$

$$\ddot{p}_{k+1|k}(\ddot{n}|\ddot{n}') = \sum_{i=0}^{\min\{\ddot{n},\ddot{n}'\}} \ddot{p}^{\mathrm{B}}_{k+1|k}(\ddot{n}-i) \cdot C_{\ddot{n}',i} \cdot \ddot{\psi}^{i}_{k} \cdot (1-\ddot{\psi}_{k})^{\ddot{n}'-i} \tag{18.98}$$

$$\ddot{\psi}_{k} = \frac{\int p_{\mathrm{S}}(\boldsymbol{x}') \cdot D_{k|k}(\boldsymbol{x}')\mathrm{d}\boldsymbol{x}' + \mathring{p}_{\mathrm{S}} \cdot \mathring{N}_{k|k}}{N_{k|k} + \mathring{N}_{k|k}} \tag{18.99}$$

其中：$\ddot{p}^{\mathrm{B}}_{k+1|k}(\ddot{n})$ 如(18.28)式所示，即

$$\ddot{p}^{\mathrm{B}}_{k+1|k}(\ddot{n}) = \sum_{n+\mathring{n}=\ddot{n}} p^{\mathrm{B}}_{k+1|k}(n) \cdot \mathring{p}^{\mathrm{B}}_{k+1|k}(\mathring{n}) \tag{18.100}$$

- 目标 *PHD* 的时间更新：将式(18.15)代入式(18.23)，并利用式(18.5)的积分式，可得

$$D_{k+1|k}(\boldsymbol{x}) = b_{k+1|k}(\boldsymbol{x}) + \int p_{\mathrm{S}}(\boldsymbol{x}') \cdot f_{k+1|k}(\boldsymbol{x}|\boldsymbol{x}') \cdot D_{k|k}(\boldsymbol{x}')\mathrm{d}\boldsymbol{x}' \tag{18.101}$$

- 杂波源期望数的时间更新：

$$\mathring{N}_{k+1|k} = \mathring{N}^{\mathrm{B}}_{k+1|k} + \mathring{p}_{\mathrm{S}} \cdot \mathring{N}_{k|k} \tag{18.102}$$

将式(18.15)代入式(18.23)，并利用式(18.5)的积分式，可得

$$\mathring{D}_{k+1|k}(\boldsymbol{c}) = \mathring{b}_{k+1|k}(\boldsymbol{c}) + \mathring{p}_{\mathrm{S}} \int \mathring{f}_{k+1|k}(\boldsymbol{c}|\boldsymbol{c}') \cdot \mathring{D}_{k|k}(\boldsymbol{c}')\mathrm{d}\boldsymbol{c}' \tag{18.103}$$

对上式两边积分即可得到式(18.102)。

18.4.3　λ−CPHD 滤波器：观测更新

已知联合势分布 $\ddot{p}_{k+1|k}(\ddot{n})$、目标 PHD $D_{k+1|k}(\boldsymbol{x})$ 以及杂波源期望数 $\mathring{N}_{k+1|k}$，在获得新观测集 Z_{k+1} ($|Z_{k+1}| = m$) 后，现欲确定观测更新的 $\ddot{p}_{k+1|k+1}(\ddot{n})$、$D_{k+1|k+1}(\boldsymbol{x})$ 和 $\mathring{N}_{k+1|k+1}$。此外，还可得到杂波率估计 $\hat{\lambda}_{k+1}$，或者更一般地讲，可得到杂波势分布估计 $\hat{p}^{\kappa}_{k+1}(m)$。令

$$N_{k+1|k} = \int D_{k+1|k}(\boldsymbol{x})\mathrm{d}\boldsymbol{x} \tag{18.104}$$

则：

- 联合势分布的观测更新：

$$\ddot{p}_{k+1|k+1}(\ddot{n}) = \frac{\ddot{\ell}_{Z_{k+1}}(\ddot{n}) \cdot \ddot{p}_{k+1|k}(\ddot{n})}{\sum_{l\geqslant 0} \ddot{\ell}_{Z_{k+1}}(l) \cdot \ddot{p}_{k+1|k}(l)} \tag{18.105}$$

$$\ddot{\ell}_{Z_{k+1}}(\ddot{n}) = C_{\ddot{n},m} \cdot \ddot{\phi}_k^{\ddot{n}-m} \tag{18.106}$$

$$\ddot{\phi}_k = \frac{\int (1 - p_{\mathrm{D}}(\boldsymbol{x})) \cdot D_{k+1|k}(\boldsymbol{x})\mathrm{d}\boldsymbol{x} + (1 - \mathring{p}_{\mathrm{D}}) \cdot \mathring{N}_{k+1|k}}{N_{k+1|k} + \mathring{N}_{k+1|k}} \tag{18.107}$$

- 目标 *PHD* 的观测更新：

$$\frac{D_{k+1|k+1}(\boldsymbol{x})}{D_{k+1|k}(\boldsymbol{x})} = \frac{1 - p_{\mathrm{D}}(\boldsymbol{x})}{N_{k+1|k} + \mathring{N}_{k+1|k}} \cdot \frac{\ddot{G}^{(m+1)}_{k+1|k}(\ddot{\phi}_k)}{\ddot{G}^{(m)}_{k+1|k}(\ddot{\phi}_k)} + \sum_{\boldsymbol{z}\in Z_{k+1}} \frac{p_{\mathrm{D}}(\boldsymbol{x}) \cdot L_{\boldsymbol{z}}(\boldsymbol{x})}{\hat{\lambda}_{k+1} \cdot c_{k+1}(\boldsymbol{z}) + \tau_{k+1}(\boldsymbol{z})} \tag{18.108}$$

式中

$$\ddot{G}_{k+1|k}(\ddot{x}) = \sum_{\ddot{n}\geqslant 0} \ddot{p}_{k+1|k}(\ddot{n}) \cdot \ddot{x}^{\ddot{n}} \tag{18.109}$$

$$\hat{\lambda}_{k+1} = \mathring{p}_{\mathrm{D}} \cdot \mathring{N}_{k+1|k} \tag{18.110}$$

$$\tau_{k+1}(\boldsymbol{z}) = \int p_{\mathrm{D}}(\boldsymbol{x}) \cdot L_{\boldsymbol{z}}(\boldsymbol{x}) \cdot D_{k+1|k}(\boldsymbol{x})\mathrm{d}\boldsymbol{x} \tag{18.111}$$

• 杂波源期望数的观测更新：

$$\frac{\mathring{N}_{k+1|k+1}}{\mathring{N}_{k+1|k}} = \frac{1-\mathring{p}_{\mathrm{D}}}{N_{k+1|k}+\mathring{N}_{k+1|k}} \cdot \frac{\ddot{G}^{(m+1)}_{k+1|k}(\ddot{\phi}_k)}{\ddot{G}^{(m)}_{k+1|k}(\ddot{\phi}_k)} + \sum_{z\in Z_{k+1}} \frac{\mathring{p}_{\mathrm{D}}\cdot c_{k+1}(z)}{\hat{\lambda}_{k+1}\cdot c_{k+1}(z)+\tau_{k+1}(z)} \tag{18.112}$$

由式(18.52)可知，杂波源的PHD更新方程为

$$\frac{\mathring{D}_{k+1|k+1}(\boldsymbol{c})}{\mathring{D}_{k+1|k}(\boldsymbol{c})} = \frac{1-\mathring{p}_{\mathrm{D}}}{N_{k+1|k}+\mathring{N}_{k+1|k}} \cdot \frac{\ddot{G}^{(m+1)}_{k+1|k}(\ddot{\phi}_k)}{\ddot{G}^{(m)}_{k+1|k}(\ddot{\phi}_k)} + \sum_{z\in Z_{k+1}} \frac{\mathring{p}_{\mathrm{D}}\cdot c_{k+1}(z)}{\hat{\lambda}_{k+1}\cdot c_{k+1}(z)+\tau_{k+1}(z)} \tag{18.113}$$

因为上式右边与杂波源状态 $\boldsymbol{c}$ 无关，因此对两边积分便可得到式(18.112)。

18.4.4 λ-CPHD 滤波器：多目标状态估计

λ-CPHD 滤波器的状态估计可采用18.3.4节的方法。特别地，18.3.4.2节证明了目标和杂波源的势分布函数分别如式(18.59)和式(18.61)所示，即

$$p_{k+1|k+1}(n) = \frac{r^n_{k+1}}{n!} \cdot \ddot{G}^{(n)}_{k+1|k+1}(1-r_{k+1}) \tag{18.114}$$

$$\mathring{p}_{k+1|k+1}(\mathring{n}) = \frac{(1-r_{k+1})^{\mathring{n}}}{\mathring{n}!} \cdot \ddot{G}^{(\mathring{n})}_{k+1|k+1}(r_{k+1}) \tag{18.115}$$

式中

$$r_{k+1} = \frac{N_{k+1|k+1}}{N_{k+1|k+1}+\mathring{N}_{k+1|k+1}} \tag{18.116}$$

因此，多目标状态估计可采用18.3.4.2节的方法：首先确定下述MAP估计

$$\hat{n}_{k+1|k+1} = \arg\sup_n p_{k+1|k+1}(n) \tag{18.117}$$

然后将 $D_{k+1|k+1}(\boldsymbol{x})$ 的前 $\hat{n}_{k+1|k+1}$ 个极大值处的目标状态作为多目标状态估计。

18.4.5 λ-CPHD 滤波器：杂波估计

• 杂波率的估计：

$$\hat{\lambda}_{k+1} = \mathring{p}_{\mathrm{D}} \cdot \mathring{N}_{k+1|k} \tag{18.118}$$

上式的推导过程为：令式(18.78)中的 $\mathring{p}^{\kappa}_{\mathrm{D}}(\mathring{c}) = \mathring{p}_{\mathrm{D}}$，$\mathring{L}^{\kappa}_{z}(\mathring{c}) = c_{k+1}(z)$，则

$$\hat{\kappa}_{k+1}(z|Z^{(k)}) = \mathring{p}_{\mathrm{D}} \cdot c_{k+1}(z) \cdot \mathring{N}_{k+1|k} \tag{18.119}$$

由此可得式(18.118)。

λ-CPHD 滤波器不仅能估计杂波率 λ，还能估计杂波的势分布。根据式(18.90)，

- 杂波势分布的估计：

$$\hat{p}^{\kappa}_{k+1}(m|Z^{(k)}) = \frac{1}{m!} \cdot \ddot{G}^{(m)}_{k+1|k}(1-\tilde{\lambda}_{k+1}) \cdot \tilde{\lambda}^{m}_{k+1} \tag{18.120}$$

式中：因 $\mathring{p}^{\kappa}_{\mathrm{D}}(\mathring{c}) = \mathring{p}_{\mathrm{D}}$ 为一常数，故

$$\tilde{\lambda}_{k+1} = \frac{\hat{\lambda}_{k+1}(Z^{(k)})}{N_{k+1|k} + \mathring{N}_{k+1|k}} = \frac{\int \mathring{p}^{\kappa}_{\mathrm{D}}(\mathring{c}) \cdot \mathring{D}_{k+1|k}(\mathring{c}|Z^{(k)})\mathrm{d}\mathring{c}}{N_{k+1|k} + \mathring{N}_{k+1|k}} \tag{18.121}$$

$$= \frac{\mathring{p}_{\mathrm{D}} \cdot \mathring{N}_{k+1|k}}{N_{k+1|k} + \mathring{N}_{k+1|k}} \tag{18.122}$$

注解 74: 回想18.3.5节的讨论，选择 $\hat{\lambda}_{k+1} = \mathring{p}_{\mathrm{D}} \cdot \mathring{N}_{k+1|k}$ 作为杂波率估计，不是简单地因为它出现在式(18.108)的特定位置上，而是经过证明它等于预测的平均杂波率，见18.3.5节。

18.4.6　λ-CPHD 滤波器：PHD 特例

λ-PHD 滤波器并无太多实际意义，这是因为 λ-CPHD 滤波器性能更好且二者具有大致相同的计算复杂度。这里介绍 λ-PHD 滤波器，主要为18.9节讨论“伪滤波器”做好铺垫。

假定预测的联合目标 RFS 是泊松的，因而

$$\ddot{G}_{k+1|k}(\ddot{x}) = e^{\ddot{N}_{k+1|k}\cdot(\ddot{x}-1)} = e^{(N_{k+1|k}+\mathring{N}_{k+1|k})\cdot(\ddot{x}-1)} \tag{18.123}$$

此时 λ-CPHD 滤波器便退化为一种特殊情形——λ-PHD 滤波器，主要的滤波方程如下：

- *λ-PHD* 滤波器的时间更新：

$$D_{k+1|k}(\boldsymbol{x}) = b_{k+1|k}(\boldsymbol{x}) + \int p_{\mathrm{S}}(\boldsymbol{x}') \cdot f_{k+1|k}(\boldsymbol{x}|\boldsymbol{x}') \cdot D_{k|k}(\boldsymbol{x}')\mathrm{d}\boldsymbol{x}' \tag{18.124}$$

$$\mathring{N}_{k+1|k} = \mathring{N}^{\mathrm{B}}_{k+1|k} + \mathring{p}_{\mathrm{S}} \cdot \mathring{N}_{k|k} \tag{18.125}$$

- *λ-PHD* 滤波器的观测更新：

$$\frac{D_{k+1|k+1}(\boldsymbol{x})}{D_{k+1|k}(\boldsymbol{x})} = 1 - p_{\mathrm{D}}(\boldsymbol{x}) + \sum_{\boldsymbol{z}\in Z_{k+1}} \frac{p_{\mathrm{D}}(\boldsymbol{x}) \cdot L_{\boldsymbol{z}}(\boldsymbol{x})}{\hat{\lambda}_{k+1} \cdot c_{k+1}(\boldsymbol{z}) + \tau_{k+1}(\boldsymbol{z})} \tag{18.126}$$

$$\frac{\mathring{N}_{k+1|k+1}}{\mathring{N}_{k+1|k}} = 1 - \mathring{p}_{\mathrm{D}} + \sum_{\boldsymbol{z}\in Z_{k+1}} \frac{\mathring{p}_{\mathrm{D}} \cdot c_{k+1}(\boldsymbol{z})}{\hat{\lambda}_{k+1} \cdot c_{k+1}(\boldsymbol{z}) + \tau_{k+1}(\boldsymbol{z})} \tag{18.127}$$

式中

$$\hat{\lambda}_{k+1} = \mathring{p}_{\mathrm{D}} \cdot \mathring{N}_{k+1|k} \tag{18.128}$$

$$\tau_{k+1}(\boldsymbol{z}) = \int p_{\mathrm{D}}(\boldsymbol{x}) \cdot L_{\boldsymbol{z}}(\boldsymbol{x}) \cdot D_{k+1|k}(\boldsymbol{x})\mathrm{d}\boldsymbol{x} \tag{18.129}$$

18.4.7 λ-CPHD 滤波器：高斯混合实现

由于式(18.108)与经典 PHD 滤波器观测更新方程的一般形式类似，因此可像经典 PHD 滤波器那样采用高斯混合技术实现 λ-CPHD 滤波器。也就是说，可将 PHD 近似为下述形式：

$$D_{k|k}(\boldsymbol{x})=\sum_{i=1}^{\nu_{k|k}} w_i^{k|k}\cdot N_{\boldsymbol{P}_i^{k|k}}(\boldsymbol{x}-\boldsymbol{x}_i^{k|k}) \tag{18.130}$$

$$D_{k+1|k}(\boldsymbol{x})=\sum_{i=1}^{\nu_{k+1|k}} w_i^{k+1|k}\cdot N_{\boldsymbol{P}_i^{k+1|k}}(\boldsymbol{x}-\boldsymbol{x}_i^{k+1|k}) \tag{18.131}$$

18.4.7.1 GM-λ-CPHD 滤波器：模型

λ-CPHD 滤波器的 GM 实现基于下述模型假设：

- 目标存活概率为常数：$p_{\mathrm{S}}(\boldsymbol{x})=p_{\mathrm{S}}$。
- 目标的马尔可夫密度 $f_{k+1|k}(\boldsymbol{x}|\boldsymbol{x}')$ 是线性高斯的，即

$$f_{k+1|k}(\boldsymbol{x}|\boldsymbol{x}')=N_{\boldsymbol{Q}_k}(\boldsymbol{x}-\boldsymbol{F}_k\boldsymbol{x}') \tag{18.132}$$

- 新生目标的 *PHD* $b_{k+1|k}(\boldsymbol{x})$ 为高斯混合形式，即

$$b_{k+1|k}(\boldsymbol{x})=\sum_{i=1}^{\nu_{k+1|k}^{\mathrm{B}}} b_i^{k+1|k}\cdot N_{\boldsymbol{B}_i^{k+1|k}}(\boldsymbol{x}-\boldsymbol{b}_i^{k+1|k}) \tag{18.133}$$

$$N_{k+1|k}^{\mathrm{B}}=\sum_{i=1}^{\nu_{k+1|k}^{\mathrm{B}}} b_i^{k+1|k} \tag{18.134}$$

- 新生目标的势分布：$p_{k+1|k}^{\mathrm{B}}$，且

$$N_{k+1|k}^{\mathrm{B}}=\sum_{n\geqslant 0} n\cdot p_{k+1|k}^{\mathrm{B}}(n) \tag{18.135}$$

- 杂波源的存活概率为常数：$\mathring{p}_{\mathrm{S}}\overset{\text{abbr.}}{=}\mathring{p}_{\mathrm{S},k+1}$。
- 新生杂波源的势分布：$\mathring{p}_{k+1|k}(\mathring{n})$，且

$$\mathring{N}_{k+1|k}^{\mathrm{B}}=\sum_{\mathring{n}\geqslant 0}\mathring{n}\cdot\mathring{p}_{k+1|k}^{\mathrm{B}}(\mathring{n}) \tag{18.136}$$

- 目标检测概率恒定：$p_{\mathrm{D}}(\boldsymbol{x})=p_{\mathrm{D}}$ (在9.5.6节近似下一般可删除该假设)。
- 传感器似然函数是线性高斯的，即

$$L_{\boldsymbol{z}}(\boldsymbol{x})=f_{k+1}(\boldsymbol{z}|\boldsymbol{x})=N_{\boldsymbol{R}_{k+1}}(\boldsymbol{z}-\boldsymbol{H}_{k+1}\boldsymbol{x}) \tag{18.137}$$

- 杂波源检测概率恒定：$\mathring{p}_{\mathrm{D}}\overset{\text{abbr.}}{=}\mathring{p}_{\mathrm{D},k+1}$。
- 杂波空间分布：$c_{k+1}(\boldsymbol{z})$。

18.4.7.2 GM−λ−CPHD 滤波器：时间更新

已知 $\ddot{p}_{k|k}(\ddot{n}), \mathring{N}_{k|k}, (\ell_i^{k|k}, w_i^{k|k}, \boldsymbol{P}_i^{k|k}, \boldsymbol{x}_i^{k|k})_{i=1}^{\nu_{k|k}}$，且

$$N_{k|k} = \sum_{i=1}^{\nu_{k|k}} w_i^{k|k} \tag{18.138}$$

现欲确定下述系统的计算公式：

$$\ddot{p}_{k+1|k}(\ddot{n}), \mathring{N}_{k+1|k}, (\ell_i^{k+1|k}, w_i^{k+1|k}, \boldsymbol{P}_i^{k+1|k}, \boldsymbol{x}_i^{k+1|k})_{i=1}^{\nu_{k+1|k}}$$

主要结果如下：

- 联合势分布的时间更新：

$$\ddot{p}_{k+1|k}(\ddot{n}) = \sum_{\ddot{n}' \geqslant 0} \ddot{p}_{k+1|k}(\ddot{n}|\ddot{n}') \cdot \ddot{p}_{k|k}(\ddot{n}') \tag{18.139}$$

$$\ddot{p}_{k+1|k}(\ddot{n}|\ddot{n}') = \sum_{i=0}^{\min\{\ddot{n},\ddot{n}'\}} \ddot{p}_{k+1|k}^{\mathrm{B}}(\ddot{n}-i) \cdot C_{\ddot{n}',i} \cdot \ddot{\psi}_k^i \cdot (1-\ddot{\psi}_k)^{\ddot{n}'-i} \tag{18.140}$$

$$\ddot{\psi}_k = \frac{\int p_{\mathrm{S}}(\boldsymbol{x}') \cdot D_{k|k}(\boldsymbol{x}')\mathrm{d}\boldsymbol{x}' + \mathring{p}_{\mathrm{S}} \cdot \mathring{N}_{k|k}}{N_{k|k} + \mathring{N}_{k|k}} \tag{18.141}$$

式中：$\ddot{p}_{k+1|k}^{\mathrm{B}}(\ddot{n})$ 如(18.28)式所示，即

$$\ddot{p}_{k+1|k}^{\mathrm{B}}(\ddot{n}) = \sum_{n+\mathring{n}=\ddot{n}} p_{k+1|k}^{\mathrm{B}}(n) \cdot \mathring{p}_{k+1|k}^{\mathrm{B}}(\mathring{n}) \tag{18.142}$$

- 杂波源期望数的时间更新：

$$\mathring{N}_{k+1|k} = \mathring{N}_{k+1|k}^{\mathrm{B}} + \mathring{p}_{\mathrm{S}} \cdot \mathring{N}_{k|k} \tag{18.143}$$

- 目标 *PHD* 高斯混合分量数的时间更新：

$$\nu_{k+1|k} = \nu_{k|k} + \nu_{k+1|k}^{\mathrm{B}} \tag{18.144}$$

式中：$\nu_{k|k}$ 个分量对应存活目标；$\nu_{k+1|k}^{\mathrm{B}}$ 个分量对应新生目标。更新后 GM 分量的索引编排如下：

$$i = 1, \cdots, \nu_{k|k}, \qquad \text{存活目标} \tag{18.145}$$

$$i = \nu_{k|k}+1, \cdots, \nu_{k|k} + \nu_{k+1|k}^{\mathrm{B}}, \qquad \text{新生目标} \tag{18.146}$$

- 存活目标 *GM* 分量的时间更新：对于 $i = 1, \cdots, \nu_{k|k}$，有

$$\ell_i^{k+1|k} = \ell_i^{k|k} \tag{18.147}$$

$$w_i^{k+1|k} = p_{\mathrm{S}} \cdot w_i^{k|k} \tag{18.148}$$

$$\boldsymbol{x}_i^{k+1|k} = \boldsymbol{F}_k \boldsymbol{x}_i^{k|k} \tag{18.149}$$

$$\boldsymbol{P}_i^{k+1|k} = \boldsymbol{F}_k \boldsymbol{P}_i^{k|k} \boldsymbol{F}_k^{\mathrm{T}} + \boldsymbol{Q}_k \tag{18.150}$$

- 新生目标 GM 分量的时间更新：对于 $i=\nu_{k|k}+1,\cdots,\nu_{k|k}+\nu^{\mathrm{B}}_{k+1|k}$，有

$$\ell_i^{k+1|k}=\text{新标签} \tag{18.151}$$

$$w_i^{k+1|k}=b_{i-\nu_{k|k}}^{k+1|k} \tag{18.152}$$

$$\boldsymbol{x}_i^{k+1|k}=\boldsymbol{b}_{i-\nu_{k|k}}^{k+1|k} \tag{18.153}$$

$$\boldsymbol{P}_i^{k+1|k}=\boldsymbol{B}_{i-\nu_{k|k}}^{k+1|k} \tag{18.154}$$

18.4.7.3 GM-λ-CPHD 滤波器：观测更新

已知 $\ddot{p}_{k+1|k}(\ddot{n}),\mathring{N}_{k+1|k},(\ell_i^{k+1|k},w_i^{k+1|k},\boldsymbol{P}_i^{k+1|k},\boldsymbol{x}_i^{k+1|k})_{i=1}^{\nu_{k+1|k}}$，且

$$N_{k+1|k}=\sum_{i=1}^{\nu_{k+1|k}}w_i^{k+1|k} \tag{18.155}$$

在得到新观测集 $Z_{k+1}=\{\boldsymbol{z}_1,\cdots,\boldsymbol{z}_{m_{k+1}}\}$ ($|Z_{k+1}|=m_{k+1}$) 后，现欲确定下述系统的计算公式：

$$\ddot{p}_{k+1|k+1}(\ddot{n}),\mathring{N}_{k+1|k+1},(\ell_i^{k+1|k+1},w_i^{k+1|k+1},\boldsymbol{P}_i^{k+1|k+1},\boldsymbol{x}_i^{k+1|k+1})_{i=1}^{\nu_{k+1|k+1}}$$

主要结果如下：

- 联合势分布的观测更新：

$$\ddot{p}_{k+1|k+1}(\ddot{n})=\frac{\ddot{\ell}_{Z_{k+1}}(\ddot{n})\cdot\ddot{p}_{k+1|k}(\ddot{n})}{\sum_{l\geqslant 0}\ddot{\ell}_{Z_{k+1}}(l)\cdot\ddot{p}_{k+1|k}(l)} \tag{18.156}$$

$$\ddot{\ell}_{Z_{k+1}}(\ddot{n})=C_{\ddot{n},m_{k+1}}\cdot\ddot{\phi}_k^{\ddot{n}-m_{k+1}} \tag{18.157}$$

$$\ddot{\phi}_k=\frac{\int(1-p_{\mathrm{D}}(\boldsymbol{x}))\cdot D_{k+1|k}(\boldsymbol{x})\mathrm{d}\boldsymbol{x}+(1-\mathring{p}_{\mathrm{D}})\cdot\mathring{N}_{k+1|k}}{N_{k+1|k}+\mathring{N}_{k+1|k}} \tag{18.158}$$

$$\ddot{G}_{k+1|k}(\ddot{x})=\sum_{\ddot{n}\geqslant 0}\ddot{p}_{k+1|k}(\ddot{n})\cdot\ddot{x}^{\ddot{n}} \tag{18.159}$$

- 杂波源期望数的观测更新：

$$\frac{\mathring{N}_{k+1|k+1}}{\mathring{N}_{k+1|k}}=\frac{1-\mathring{p}_{\mathrm{D}}}{N_{k+1|k}+\mathring{N}_{k+1|k}}\cdot\frac{\ddot{G}_{k+1|k}^{(m_{k+1}+1)}(\ddot{\phi}_k)}{\ddot{G}_{k+1|k}^{(m_{k+1})}(\ddot{\phi}_k)}+\sum_{\boldsymbol{z}\in Z_{k+1}}\frac{\mathring{p}_{\mathrm{D}}\cdot c_{k+1}(\boldsymbol{z})}{\hat{\lambda}_{k+1}\cdot c_{k+1}(\boldsymbol{z})+\tau_{k+1}(\boldsymbol{z})} \tag{18.160}$$

- 杂波率估计：

$$\hat{\lambda}_{k+1}=\mathring{p}_{\mathrm{D}}\cdot\mathring{N}_{k+1|k} \tag{18.161}$$

- 杂波势分布估计：

$$\hat{p}_{k+1}^{\kappa}(m|Z^{(k)})=\frac{\tilde{\lambda}_{k+1}^m}{m!}\cdot\ddot{G}_{k+1|k}^{(m)}(1-\tilde{\lambda}_{k+1}) \tag{18.162}$$

式中

$$\tilde{\lambda}_{k+1}=\frac{\hat{\lambda}_{k+1}}{N_{k+1|k}+\mathring{N}_{k+1|k}} \tag{18.163}$$

- 目标 *PHD* 高斯混合分量数的观测更新：

$$\nu_{k+1|k+1}=\nu_{k+1|k}+m_{k+1}\cdot\nu_{k+1|k} \tag{18.164}$$

式中：$\nu_{k+1|k}$ 个分量对应漏报航迹；$m_{k+1}\cdot\nu_{k+1|k}$ 个分量对应检报航迹。观测更新后 GM 分量的索引编排如下：

$$i=1,\cdots,\nu_{k+1|k},\qquad \text{漏报} \tag{18.165}$$

$$i=1,\cdots,\nu_{k+1|k};\ j=1,\cdots,m_{k+1},\qquad \text{检报} \tag{18.166}$$

- 漏报航迹的观测更新：对于 $i=1,\cdots,\nu_{k+1|k}$，有

$$\ell_i^{k+1|k+1}=\ell_i^{k+1|k} \tag{18.167}$$

$$w_i^{k+1|k+1}=\frac{1-p_{\mathrm{D}}}{N_{k+1|k}+\mathring{N}_{k+1|k}}\cdot\frac{\ddot{G}_{k+1|k}^{(m_{k+1}+1)}(\ddot{\phi}_k)}{\ddot{G}_{k+1|k}^{(m_{k+1})}(\ddot{\phi}_k)}\cdot w_i^{k+1|k} \tag{18.168}$$

$$\boldsymbol{x}_i^{k+1|k+1}=\boldsymbol{x}_i^{k+1|k} \tag{18.169}$$

$$\boldsymbol{P}_i^{k+1|k+1}=\boldsymbol{P}_i^{k+1|k} \tag{18.170}$$

- 检报航迹的观测更新：对于 $i=1,\cdots,\nu_{k+1|k}$ 及 $j=1,\cdots,m_{k+1}$，有

$$\ell_{i,j}^{k+1|k+1}=\ell_i^{k+1|k} \tag{18.171}$$

$$\tau_{k+1}(\boldsymbol{z}_j)=p_{\mathrm{D}}\sum_{i=1}^{\nu_{k+1|k}}w_i^{k+1|k}\cdot N_{\boldsymbol{R}_{k+1}+\boldsymbol{H}_{k+1}\boldsymbol{P}_i^{k+1|k}\boldsymbol{H}_{k+1}^{\mathrm{T}}}(\boldsymbol{z}_j-\boldsymbol{H}_{k+1}\boldsymbol{x}_i^{k+1|k}) \tag{18.172}$$

$$w_{i,j}^{k+1|k+1}=\frac{N_{\boldsymbol{R}_{k+1}+\boldsymbol{H}_{k+1}\boldsymbol{P}_i^{k+1|k}\boldsymbol{H}_{k+1}^{\mathrm{T}}}(\boldsymbol{z}_j-\boldsymbol{H}_{k+1}\boldsymbol{x}_i^{k+1|k})}{\hat{\lambda}\cdot c_{k+1}(\boldsymbol{z}_j)+\tau_{k+1}(\boldsymbol{z}_j)}\cdot p_{\mathrm{D}}\cdot w_i^{k+1|k} \tag{18.173}$$

$$\boldsymbol{x}_{i,j}^{k+1|k+1}=\boldsymbol{x}_{i,j}^{k+1|k}+\boldsymbol{K}_i^{k+1}(\boldsymbol{z}_j-\boldsymbol{H}_{k+1}\boldsymbol{x}_i^{k+1}) \tag{18.174}$$

$$\boldsymbol{P}_{i,j}^{k+1|k+1}=(\boldsymbol{I}-\boldsymbol{K}_i^{k+1}\boldsymbol{H}_{k+1})\boldsymbol{P}_i^{k+1|k} \tag{18.175}$$

$$\boldsymbol{K}_i^{k+1}=\boldsymbol{P}_i^{k+1|k}\boldsymbol{H}_{k+1}^{\mathrm{T}}\left(\boldsymbol{R}_{k+1}+\boldsymbol{H}_{k+1}\boldsymbol{P}_i^{k+1|k}\boldsymbol{H}_{k+1}^{\mathrm{T}}\right)^{-1} \tag{18.176}$$

- 目标势分布的观测更新：

$$p_{k+1|k+1}(n)=\frac{r_{k+1}^n}{n!}\cdot\ddot{G}_{k+1|k+1}^{(n)}(1-r_{k+1}) \tag{18.177}$$

式中

$$r_{k+1}=\frac{N_{k+1|k+1}}{N_{k+1|k+1}+\mathring{N}_{k+1|k+1}} \tag{18.178}$$

$$N_{k+1|k+1}=\sum_{i=1}^{\nu_{k+1|k}} w_i^{k+1|k+1}+\sum_{i=1}^{\nu_{k+1|k}}\sum_{j=1}^{m_{k+1}} w_{i,j}^{k+1|k+1} \tag{18.179}$$

18.5 κ-CPHD 滤波器

κ 未知的 *CPHD* 滤波器 (简称 κ-CPHD 滤波器) 是由 Mahler 等人于 2010 年提出的[189]，它不像 λ-CPHD 滤波器那样只递归估计杂波势分布 $p_{k+1}^{\kappa}(m)$ (当然也包括杂波率 λ_{k+1})，而是对整个杂波强度函数 $\kappa_{k+1}(\boldsymbol{z})$ 进行估计，共包括下面三个耦合的滤波器：

$$\begin{array}{ccccccc}
\cdots\to & \ddot{p}_{k|k}(\ddot{n}) & \to & \ddot{p}_{k+1|k}(\ddot{n}) & \to & \ddot{p}_{k+1|k+1}(\ddot{n}) & \to\cdots \\
 & & \uparrow & & \upharpoonleft\downharpoonright & & \\
\cdots\to & D_{k|k}(\boldsymbol{x}) & \to & D_{k+1|k}(\boldsymbol{x}) & \to & D_{k+1|k+1}(\boldsymbol{x}) & \to\cdots \\
 & & \uparrow & & \upharpoonleft\downharpoonright & & \\
\cdots\to & \mathring{D}_{k|k}(c,\boldsymbol{c}) & \to & \mathring{D}_{k+1|k}(c,\boldsymbol{c}) & \to & \mathring{D}_{k+1|k+1}(c,\boldsymbol{c}) & \to\cdots
\end{array}$$

其中：顶部的滤波器传递目标-杂波联合势分布 $\ddot{p}_{k|k}(\ddot{n})$ ($\ddot{n}=n+\mathring{n}$)；中间的滤波器传递目标的 PHD $D_{k|k}(\boldsymbol{x})$；底部的滤波器传递增广杂波源的 PHD$\mathring{D}_{k|k}(c,\boldsymbol{c})$，$c$ 表示杂波源 $\boldsymbol{c}$ 的检测概率 (未知量)。

与 λ-CPHD 滤波器类似，κ-CPHD 滤波器也可由 $\ddot{p}_{k|k}(\ddot{n})$ 导出目标势分布 $p_{k|k}(n)$ 及杂波源势分布 $\mathring{p}_{k|k}(\mathring{n})$，参见18.5.4节。

本节内容安排如下：

- 18.5.1节：κ-CPHD 滤波器的模型。
- 18.5.2节：κ-CPHD 滤波器的时间更新方程。
- 18.5.3节：κ-CPHD 滤波器的观测更新方程。
- 18.5.4节：κ-CPHD 滤波器的多目标状态估计。
- 18.5.5节：κ-CPHD 滤波器的杂波估计。
- 18.5.6节：κ-CPHD 滤波器的特例 (κ-PHD 滤波器)。
- 18.5.7节：κ-CPHD 滤波器的 β-高斯混合 (BGM) 实现。
- 18.5.8节：κ-CPHD 滤波器的正态-Wishart 混合 (NWM) 实现。

18.5.1 κ-CPHD 滤波器：模型

κ-CPHD 滤波器的杂波源状态空间为 $\mathring{\mathfrak{C}}=[0,1]\times\mathfrak{C}$，相应的杂波源状态为 $\mathring{\boldsymbol{c}}=(c,\boldsymbol{c})$。与 λ-CPHD 滤波器一样，κ-CPHD 滤波器也采用18.2.2节的非交混运动模型：

$$p_{\mathrm{T}}(\boldsymbol{x}')=1,\quad \mathring{p}_{\mathrm{T}}(\boldsymbol{c}')=1 \tag{18.180}$$

也就是说，目标只能转变为目标，杂波也只能转变为杂波。κ−CPHD 滤波器所需的模型假设可描述如下：

- 目标存活概率：$p_S(\boldsymbol{x}) \overset{\text{abbr.}}{=} p_{S,k+1}(\boldsymbol{x})$。
- 目标马尔可夫密度：$f_{k+1|k}(\boldsymbol{x}|\boldsymbol{x}')$。
- 新生目标的 *PHD*：$b_{k+1|k}(\boldsymbol{x})$。
- 新生目标的势分布：$p^{\mathrm{B}}_{k+1|k}(n)$，且

$$N^{\mathrm{B}}_{k+1} = \int b_{k+1|k}(\boldsymbol{x})\mathrm{d}\boldsymbol{x} = \sum_{n\geqslant 0} n \cdot p^{\mathrm{B}}_{k+1|k}(n) \tag{18.181}$$

- 杂波源存活概率与杂波检测概率无关：$\mathring{p}_S(c,\boldsymbol{c}) = \mathring{p}_S(\boldsymbol{c}) \overset{\text{abbr.}}{=} \mathring{p}_{S,k+1}(\boldsymbol{c})$。
- 杂波源的马尔可夫密度：$\mathring{f}_{k+1|k}(\boldsymbol{c}|\boldsymbol{c}')$。
- 杂波检测概率的马尔可夫密度：$\mathring{f}_{k+1|k}(c|c')$，定义见式(17.12)~(17.16)。
- 新生杂波源的 *PHD* 与杂波检测概率无关：$\mathring{b}_{k+1|k}(c,\boldsymbol{c}) = \mathring{b}_{k+1|k}(\boldsymbol{c})$。
- 新生杂波源的势分布：$\mathring{p}_{k+1|k}(\mathring{n})$，且

$$\mathring{N}^{\mathrm{B}}_{k+1|k} = \int \mathring{b}_{k+1|k}(\boldsymbol{c})\mathrm{d}\boldsymbol{c} = \sum_{\mathring{n}\geqslant 0} \mathring{n} \cdot \mathring{p}^{\mathrm{B}}_{k+1|k}(\mathring{n}) \tag{18.182}$$

- 目标检测概率：$p_D(\boldsymbol{x}) \overset{\text{abbr.}}{=} p_{D,k+1}(\boldsymbol{x})$。
- 目标似然函数：$L_{\boldsymbol{z}}(\boldsymbol{x}) \overset{\text{abbr.}}{=} f_{k+1}(\boldsymbol{z}|\boldsymbol{x})$。
- 杂波源的似然函数：$\mathring{L}^{\kappa}_{\boldsymbol{z}}(c,\boldsymbol{c}) = L^{\kappa}_{\boldsymbol{z}}(\boldsymbol{c}) \overset{\text{abbr.}}{=} f^{\kappa}_{k+1}(\boldsymbol{z}|\boldsymbol{c})$，表示已检测到杂波源 $\boldsymbol{c}$ 的条件下其观测为 $\boldsymbol{z}$ 的可能性。

注解 75 (关于杂波似然函数的解释): $L^{\kappa}_{\boldsymbol{z}}(\boldsymbol{c})$ 是由参数 $\boldsymbol{c}$ 指定的一族“子”杂波模型。选择不同的 $\boldsymbol{c}$，即等价于选择不同子模型来描述杂波观测的产生过程。例如，$\boldsymbol{c}$ 可定义成某位置上的一个矩形实体——代表一个简单的建筑物模型，此时 $L^{\kappa}_{\boldsymbol{z}}(\boldsymbol{c})$ 表示该建筑物生成观测的空间分布。或者，$\boldsymbol{c}$ 为三维空间中的一个点——代表由风驱动的一个简单点杂波模型，此时 $L^{\kappa}_{\boldsymbol{z}}(\boldsymbol{c})$ 表示该点杂波源生成观测的空间分布。

与 λ−CPHD 滤波器一样，为便于计算起见，有时可假定不出现新杂波源 (一般无需该假定)：

$$\mathring{b}_{k+1|k}(\boldsymbol{x}) = 0 \tag{18.183}$$

$$\mathring{p}^{\mathrm{B}}_{k+1|k}(\mathring{n}) = \delta_{0,\mathring{n}} \tag{18.184}$$

此时

$$\ddot{p}^{\mathrm{B}}_{k+1|k}(\ddot{n}) = \sum_{n+\mathring{n}=\ddot{n}} p^{\mathrm{B}}_{k+1|k}(n) \cdot \mathring{p}^{\mathrm{B}}_{k+1|k}(\mathring{n}) = p^{\mathrm{B}}_{k+1|k}(\ddot{n}) \tag{18.185}$$

18.5.2 κ-CPHD 滤波器：时间更新

已知联合势分布 $\ddot{p}_{k|k}(\ddot{n})$、目标 PHD $D_{k|k}(\boldsymbol{x})$ 以及杂波源 PHD $\mathring{D}_{k|k}(c,\boldsymbol{c})$，现欲确定时间更新的 $\ddot{p}_{k+1|k}(\ddot{n})$、$D_{k+1|k}(\boldsymbol{x})$ 和 $\mathring{D}_{k+1|k}(c,\boldsymbol{c})$。将18.5.1节中的模型代入式(18.35)~(18.42)，即可得到 κ-CPHD 滤波器的时间更新方程。首先令

$$N_{k|k} = \int D_{k|k}(\boldsymbol{x})\mathrm{d}\boldsymbol{x} \tag{18.186}$$

$$\mathring{N}_{k|k} = \int\int_0^1 \mathring{D}_{k|k}(c,\boldsymbol{c})\mathrm{d}c\mathrm{d}\boldsymbol{c} \tag{18.187}$$

则：

- 联合势分布的时间更新：与 λ-CPHD 滤波器一样，即

$$\ddot{p}_{k+1|k}(\ddot{n}) = \sum_{\ddot{n}'\geqslant 0} \ddot{p}_{k+1|k}(\ddot{n}|\ddot{n}') \cdot \ddot{p}_{k|k}(\ddot{n}') \tag{18.188}$$

$$\ddot{p}_{k+1|k}(\ddot{n}|\ddot{n}') = \sum_{i=0}^{\min\{\ddot{n},\ddot{n}'\}} \ddot{p}^{\mathrm{B}}_{k+1|k}(\ddot{n}-i) \cdot C_{\ddot{n}',i} \cdot \ddot{\psi}_k^i \cdot (1-\ddot{\psi}_k)^{\ddot{n}'-i} \tag{18.189}$$

$$\ddot{\psi}_k = \frac{\int p_{\mathrm{S}}(\boldsymbol{x}') \cdot D_{k|k}(\boldsymbol{x}')\mathrm{d}\boldsymbol{x}' + \int\int_0^1 \mathring{p}_{\mathrm{S}}(\boldsymbol{c}) \cdot \mathring{D}_{k|k}(c,\boldsymbol{c})\mathrm{d}c\mathrm{d}\boldsymbol{c}}{N_{k|k} + \mathring{N}_{k|k}} \tag{18.190}$$

式中：$\ddot{p}^{\mathrm{B}}_{k+1|k}(\ddot{n})$ 同式(18.28)，即

$$\ddot{p}^{\mathrm{B}}_{k+1|k}(\ddot{n}) = \sum_{n+\mathring{n}=\ddot{n}} p^{\mathrm{B}}_{k+1|k}(n) \cdot \mathring{p}^{\mathrm{B}}_{k+1|k}(\mathring{n}) \tag{18.191}$$

- 目标 *PHD* 的时间更新：与 λ-CPHD 滤波器一样，即

$$D_{k+1|k}(\boldsymbol{x}) = b_{k+1|k}(\boldsymbol{x}) + \int p_{\mathrm{S}}(\boldsymbol{x}') \cdot f_{k+1|k}(\boldsymbol{x}|\boldsymbol{x}') \cdot D_{k|k}(\boldsymbol{x}')\mathrm{d}\boldsymbol{x}' \tag{18.192}$$

- 杂波源 *PHD* 的时间更新：将式(18.15)代入式(18.23)，并利用式(18.5)的积分式，可得

$$\mathring{D}_{k+1|k}(c,\boldsymbol{c}) = \mathring{b}_{k+1|k}(\boldsymbol{c}) + \int\int_0^1 \mathring{p}_{\mathrm{S}}(\boldsymbol{c}') \cdot \mathring{f}_{k+1|k}(c|c')\cdot \mathring{f}_{k+1|k}(\boldsymbol{c}|\boldsymbol{c}') \cdot \mathring{D}_{k|k}(c',\boldsymbol{c}')\mathrm{d}c'\mathrm{d}\boldsymbol{c}' \tag{18.193}$$

18.5.3 κ-CPHD 滤波器：观测更新

已知联合势分布 $\ddot{p}_{k+1|k}(\ddot{n})$、目标 PHD $D_{k+1|k}(\boldsymbol{x})$ 以及杂波源 PHD $\mathring{D}_{k+1|k}(c,\boldsymbol{c})$，在获得新观测集 Z_{k+1} ($|Z_{k+1}| = m_{k+1}$) 后，现欲确定观测更新的 $\ddot{p}_{k+1|k+1}(\ddot{n})$、$D_{k+1|k+1}(\boldsymbol{x})$ 和 $\mathring{D}_{k+1|k+1}(c,\boldsymbol{c})$。将18.5.1节的模型代入式(18.43)~(18.52)，即可得到 κ-CPHD 滤波器的观测更新方程。此外，还可得到杂波强度函数估计 $\hat{\kappa}_{k+1}(\boldsymbol{z})$ 及杂波势分布估计 $\hat{p}^{\kappa}_{k+1}(m)$。

令

$$N_{k+1|k} = \int D_{k+1|k}(\boldsymbol{x})\mathrm{d}\boldsymbol{x} \tag{18.194}$$

$$\mathring{N}_{k+1|k} = \int\int_0^1 \mathring{D}_{k+1|k}(c,\boldsymbol{c})\mathrm{d}c\mathrm{d}\boldsymbol{c} \tag{18.195}$$

则:

- 联合势分布的观测更新:

$$\ddot{p}_{k+1|k+1}(\ddot{n}) = \frac{\ddot{\ell}_{Z_{k+1}}(\ddot{n}) \cdot \ddot{p}_{k+1|k}(\ddot{n})}{\sum_{l\geqslant 0} \ddot{\ell}_{Z_{k+1}}(l) \cdot \ddot{p}_{k+1|k}(l)} \tag{18.196}$$

$$\ddot{\ell}_{Z_{k+1}}(\ddot{n}) = C_{\ddot{n},m_{k+1}} \cdot \ddot{\phi}_k^{\ddot{n}-m_{k+1}} \tag{18.197}$$

$$\ddot{\phi}_k = \frac{\int(1-p_{\mathrm{D}}(\boldsymbol{x}))\cdot D_{k+1|k}(\boldsymbol{x})\mathrm{d}\boldsymbol{x} + \int\int_0^1(1-c)\cdot\mathring{D}_{k+1|k}(c,\boldsymbol{c})\mathrm{d}c\mathrm{d}\boldsymbol{c}}{N_{k+1|k}+\mathring{N}_{k+1|k}} \tag{18.198}$$

式中：$C_{\ddot{n},m_{k+1}}$ 的定义见式(2.1)。

- 目标 *PHD* 的观测更新:

$$\frac{D_{k+1|k+1}(\boldsymbol{x})}{D_{k+1|k}(\boldsymbol{x})} = \frac{1-p_{\mathrm{D}}(\boldsymbol{x})}{N_{k+1|k}+\mathring{N}_{k+1|k}} \cdot \frac{\ddot{G}_{k+1|k}^{(m_{k+1}+1)}(\ddot{\phi}_k)}{\ddot{G}_{k+1|k}^{(m_{k+1})}(\ddot{\phi}_k)} + \sum_{\boldsymbol{z}\in Z_{k+1}} \frac{p_{\mathrm{D}}(\boldsymbol{x})\cdot L_{\boldsymbol{z}}(\boldsymbol{x})}{\hat{\kappa}_{k+1}(\boldsymbol{z})+\tau_{k+1}(\boldsymbol{z})} \tag{18.199}$$

式中

$$\ddot{G}_{k+1|k}(\ddot{x}) = \sum_{\ddot{n}\geqslant 0} \ddot{p}_{k+1|k}(\ddot{n})\cdot \ddot{x}^{\ddot{n}} \tag{18.200}$$

$$\hat{\kappa}_{k+1}(\boldsymbol{z}) = \int\int_0^1 c\cdot L_{\boldsymbol{z}}^{\kappa}(\boldsymbol{c})\cdot\mathring{D}_{k+1|k}(c,\boldsymbol{c})\mathrm{d}c\mathrm{d}\boldsymbol{c} \tag{18.201}$$

$$\tau_{k+1}(\boldsymbol{z}) = \int p_{\mathrm{D}}(\boldsymbol{x})\cdot L_{\boldsymbol{z}}(\boldsymbol{x})\cdot D_{k+1|k}(\boldsymbol{x})\mathrm{d}\boldsymbol{x} \tag{18.202}$$

- 杂波源 *PHD* 的观测更新:

$$\frac{\mathring{D}_{k+1|k+1}(c,\boldsymbol{c})}{\mathring{D}_{k+1|k}(c,\boldsymbol{c})} = \frac{1-c}{N_{k+1|k}+\mathring{N}_{k+1|k}} \cdot \frac{\ddot{G}_{k+1|k}^{(m_{k+1}+1)}(\ddot{\phi}_k)}{\ddot{G}_{k+1|k}^{(m_{k+1})}(\ddot{\phi}_k)} + \sum_{\boldsymbol{z}\in Z_{k+1}} \frac{c\cdot L_{\boldsymbol{z}}^{\kappa}(\boldsymbol{c})}{\hat{\kappa}_{k+1}(\boldsymbol{z})+\tau_{k+1}(\boldsymbol{z})} \tag{18.203}$$

注解 76 (计算复杂度): κ−CPHD 滤波器与经典 PHD 滤波器的计算复杂度同为 $O(mn)$，其中，m 为观测数目，n 为当前航迹数。

18.5.4 κ-CPHD 滤波器：多目标状态估计

κ-CPHD 滤波器的状态估计可采用18.3.4节的方法。特别地，目标和杂波源的势分布函数可分别由式(18.59)和式(18.61)给出，即

$$p_{k+1|k+1}(n) = \frac{r_{k+1}^n}{n!} \cdot \ddot{G}_{k+1|k+1}^{(n)}(1 - r_{k+1}) \tag{18.204}$$

$$\mathring{p}_{k+1|k+1}(\mathring{n}) = \frac{(1 - r_{k+1})^{\mathring{n}}}{\mathring{n}!} \cdot \ddot{G}_{k+1|k+1}^{(\mathring{n})}(r_{k+1}) \tag{18.205}$$

式中

$$r_{k+1} = \frac{N_{k+1|k+1}}{N_{k+1|k+1} + \mathring{N}_{k+1|k+1}} \tag{18.206}$$

采用18.3.4.2节的多目标状态估计方法：首先确定下述 MAP 估计

$$\hat{n}_{k+1|k+1} = \arg\sup_n p_{k+1|k+1}(n) \tag{18.207}$$

然后将 $D_{k+1|k+1}(\boldsymbol{x})$ 的前 $\hat{n}_{k+1|k+1}$ 个极大值处的目标状态作为多目标状态估计。

18.5.5 κ-CPHD 滤波器：杂波估计

κ-CPHD 滤波器可同时估计杂波势分布及杂波强度函数，它给出的杂波过程估计其实是预测的杂波观测。由于预测的杂波观测过程为 i.i.d.c. 过程，因此可由势分布与空间分布完全刻划。杂波强度函数估计及其诱导量如下所示：

- 杂波强度函数估计[①]：

$$\hat{\kappa}_{k+1}(\boldsymbol{z}) = \int\int_0^1 c \cdot L_{\boldsymbol{z}}^{\kappa}(\boldsymbol{c}) \cdot \mathring{D}_{k+1|k}(c, \boldsymbol{c})\mathrm{d}c\mathrm{d}\boldsymbol{c} \tag{18.208}$$

- 杂波率估计：

$$\hat{\lambda}_{k+1} = \int\int_0^1 c \cdot \mathring{D}_{k+1|k}(c, \boldsymbol{c})\mathrm{d}c\mathrm{d}\boldsymbol{c} \tag{18.209}$$

- 杂波空间分布估计：

$$\hat{c}_{k+1}(\boldsymbol{z}) = \frac{\hat{\kappa}_{k+1}(\boldsymbol{z})}{\hat{\lambda}_{k+1}} \tag{18.210}$$

式(18.208)是由式(18.78)得到，令其中的 $\mathring{p}_{\mathrm{D}}^{\kappa}(\mathring{c}) = c$，$\mathring{L}_{\boldsymbol{z}}^{\kappa}(\mathring{c}) = L_{\boldsymbol{z}}^{\kappa}(\boldsymbol{c})$，即可得

$$\hat{\kappa}_{k+1}(\boldsymbol{z}|Z^{(k)}) = \int\int_0^1 c \cdot L_{\boldsymbol{z}}^{\kappa}(\boldsymbol{c}) \cdot \mathring{D}_{k+1|k}(c, \boldsymbol{c})\mathrm{d}c\mathrm{d}\boldsymbol{c} \tag{18.211}$$

至于杂波的势分布，根据式(18.90)，

[①] 下式即式(18.201)。

- 杂波势分布估计：

$$\hat{p}^{\kappa}_{k+1}(m|Z^{(k)}) = \frac{\tilde{\lambda}^m_{k+1}}{m!} \cdot \ddot{G}^{(m)}_{k+1|k}(1-\tilde{\lambda}_{k+1}) \tag{18.212}$$

式中，因 $\mathring{p}^{\kappa}_{\mathrm{D}}(\mathring{c}) = c$，故

$$\tilde{\lambda}_{k+1} = \frac{\hat{\lambda}_{k+1}(Z^{(k)})}{N_{k+1|k} + \mathring{N}_{k+1|k}} = \frac{\int \mathring{p}^{\kappa}_{\mathrm{D}}(\mathring{c}) \cdot \mathring{D}_{k+1|k}(\mathring{c}|Z^{(k)})\mathrm{d}\mathring{c}}{N_{k+1|k} + \mathring{N}_{k+1|k}} \tag{18.213}$$

$$= \frac{\int\int_0^1 c \cdot \mathring{D}_{k+1|k}(c, \boldsymbol{c}|Z^{(k)})\mathrm{d}c\mathrm{d}\boldsymbol{c}}{N_{k+1|k} + \mathring{N}_{k+1|k}} \tag{18.214}$$

注解 77: 回想18.3.5节的讨论，选择 $\hat{\kappa}_{k+1}(\boldsymbol{z})$ 作为杂波率估计，不是简单地因为它出现在式(18.199)的“特定”位置上，而是经过证明它等于预测的平均杂波强度函数，见18.3.5节。

注解 78 (“无限混合”释义): 式(18.208)可视作参数化子杂波模型 $\mathring{L}_{\boldsymbol{z}}(\boldsymbol{c})$ 的无限混合形式。为了理解这一点，首先令 $\mathring{D}_{k+1|k}(c, \boldsymbol{c})$ 为如下形式：

$$\mathring{D}_{k+1|k}(c, \boldsymbol{c}) = \delta_{c_1}(c) \cdot \delta_{\boldsymbol{c}_1}(\boldsymbol{c}) + \cdots + \delta_{c_\nu}(c) \cdot \delta_{\boldsymbol{c}_\nu}(\boldsymbol{c}), \quad 0 \leqslant c_1, \cdots, c_\nu \leqslant 1 \tag{18.215}$$

也就是说，杂波源及其检测概率均精确已知，此时的杂波强度函数估计是这些参数化子模型 $\mathring{L}_{\boldsymbol{z}}(\boldsymbol{c})$ 的有限混合：

$$\hat{\kappa}_{k+1}(\boldsymbol{z}) = \int\int_0^1 c \cdot \mathring{L}_{\boldsymbol{z}}(\boldsymbol{c}) \cdot \mathring{D}_{k+1|k}(c, \boldsymbol{c})\mathrm{d}c\mathrm{d}\boldsymbol{c} \tag{18.216}$$

$$= c_1 \cdot \mathring{L}_{\boldsymbol{z}}(\boldsymbol{c}_1) + \cdots + c_\nu \cdot \mathring{L}_{\boldsymbol{z}}(\boldsymbol{c}_\nu) \tag{18.217}$$

因此直观地讲，杂波 RFS 为子杂波模型的无限叠加形式。正是这种无限混合形式的 $\hat{\kappa}_{k+1}(\boldsymbol{z})$，使得 κ-CPHD 滤波器拥有估计复杂杂波过程的潜力。

18.5.6 κ-CPHD 滤波器：PHD 特例

κ-PHD 滤波器并无太多实际意义，这是因为 κ-CPHD 滤波器与其计算复杂度相当却具有更好的性能。假定预测的联合目标 RFS 为泊松的，则预测 p.g.f. 为

$$\ddot{G}_{k+1|k}(\ddot{x}) = e^{(N_{k+1|k} + \mathring{N}_{k+1|k})\cdot(\ddot{x}-1)} \tag{18.218}$$

在上述假定下，κ-CPHD 滤波器的时间更新与观测更新方程便退化为如下形式：

- 目标 *PHD* 的时间更新：

$$D_{k+1|k}(\boldsymbol{x}) = b_{k+1|k}(\boldsymbol{x}) + \int p_{\mathrm{S}}(\boldsymbol{x}') \cdot f_{k+1|k}(\boldsymbol{x}|\boldsymbol{x}') \cdot D_{k|k}(\boldsymbol{x}')\mathrm{d}\boldsymbol{x}' \tag{18.219}$$

- 杂波源 *PHD* 的时间更新：

$$\mathring{D}_{k+1|k}(c, \boldsymbol{c}) = \mathring{b}_{k+1|k}(\boldsymbol{c}) + \int\int_0^1 \mathring{p}_{\mathrm{S}}(\boldsymbol{c}') \cdot \mathring{f}_{k+1|k}(c|c') \cdot \mathring{f}_{k+1|k}(\boldsymbol{c}|\boldsymbol{c}') \cdot \mathring{D}_{k|k}(c', \boldsymbol{c}')\mathrm{d}c'\mathrm{d}\boldsymbol{c}' \tag{18.220}$$

- 目标 *PHD* 的观测更新：

$$\frac{D_{k+1|k+1}(\boldsymbol{x})}{D_{k+1|k}(\boldsymbol{x})} = 1 - p_{\mathrm{D}}(\boldsymbol{x}) + \sum_{\boldsymbol{z}\in Z_{k+1}} \frac{p_{\mathrm{D}}(\boldsymbol{x}) \cdot L_{\boldsymbol{z}}(\boldsymbol{x})}{\hat{\kappa}_{k+1}(\boldsymbol{z}) + \tau_{k+1}(\boldsymbol{z})} \tag{18.221}$$

式中

$$\tau_{k+1}(\boldsymbol{z}) = \int p_{\mathrm{D}}(\boldsymbol{x}) \cdot L_{\boldsymbol{z}}(\boldsymbol{x}) \cdot D_{k+1|k}(\boldsymbol{x})\mathrm{d}\boldsymbol{x} \tag{18.222}$$

$$\hat{\kappa}_{k+1}(\boldsymbol{z}) = \int\int_0^1 c \cdot L_{\boldsymbol{z}}^{\kappa}(\boldsymbol{c}) \cdot \mathring{D}_{k+1|k}(c, \boldsymbol{c})\mathrm{d}c\mathrm{d}\boldsymbol{c} \tag{18.223}$$

- 杂波源 *PHD* 的观测更新：

$$\frac{\mathring{D}_{k+1|k+1}(c, \boldsymbol{c})}{\mathring{D}_{k+1|k}(c, \boldsymbol{c})} = 1 - c + \sum_{\boldsymbol{z}\in Z_{k+1}} \frac{c \cdot L_{\boldsymbol{z}}^{\kappa}(\boldsymbol{c})}{\hat{\kappa}_{k+1}(\boldsymbol{z}) + \tau_{k+1}(\boldsymbol{z})} \tag{18.224}$$

18.5.7 κ-CPHD 滤波器：BGM 实现

与式(17.57)和式(17.58)类似，同样可将 κ-CPHD 滤波器中的杂波 PHD 近似为 β-高斯混合分布：

$$\mathring{D}_{k|k}(c, \boldsymbol{c}) = \sum_{i=1}^{\mathring{\nu}_{k|k}} \mathring{w}_i^{k|k} \cdot \beta_{r_i^{k|k}, s_i^{k|k}}(c) \cdot N_{\boldsymbol{C}_i^{k|k}}(\boldsymbol{c} - \boldsymbol{c}_i^{k|k}) \tag{18.225}$$

$$\mathring{D}_{k+1|k}(c, \boldsymbol{c}) = \sum_{i=1}^{\mathring{\nu}_{k+1|k}} \mathring{w}_i^{k+1|k} \cdot \beta_{r_i^{k+1|k}, s_i^{k+1|k}}(c) \cdot N_{\boldsymbol{C}_i^{k+1|k}}(\boldsymbol{c} - \boldsymbol{c}_i^{k+1|k}) \tag{18.226}$$

目标 PHD 仍采用下述高斯混合近似：

$$D_{k|k}(\boldsymbol{x}) = \sum_{i=1}^{\nu_{k|k}} w_i^{k|k} \cdot N_{\boldsymbol{P}_i^{k|k}}(\boldsymbol{x} - \boldsymbol{x}_i^{k|k}) \tag{18.227}$$

$$D_{k+1|k}(\boldsymbol{x}) = \sum_{i=1}^{\nu_{k+1|k}} w_i^{k+1|k} \cdot N_{\boldsymbol{P}_i^{k+1|k}}(\boldsymbol{x} - \boldsymbol{x}_i^{k+1|k}) \tag{18.228}$$

这样一来，目标和杂波的 PHD 传递即等价于下述参数系统的时间传递：

$$\ddot{p}_{k|k}(\ddot{n}); \quad (\ell_i^{k|k}, w_i^{k|k}, \boldsymbol{P}_i^{k|k}, \boldsymbol{x}_i^{k|k})_{i=1}^{\nu_{k|k}}; \quad (\mathring{w}_i^{k|k}, r_i^{k|k}, s_i^{k|k}, \boldsymbol{C}_i^{k|k}, \boldsymbol{c}_i^{k|k})_{i=1}^{\mathring{\nu}_{k|k}}$$

进而可证明：

- 杂波强度函数估计 $\hat{\kappa}_{k+1}(\boldsymbol{z})$ 具有高斯混合形式，见式(18.272)。

注解 79: 不像目标的高斯混合分量那样，杂波源的 BGM 分量不含标签，这是因为没必要为杂波源引入标签。

本节接下来对 BGM-κ-CPHD 滤波器的滤波公式作简要介绍。

18.5.7.1 BGM-κ-CPHD 滤波器：模型

BGM-κ-CPHD 滤波器需要下列模型假设：

- 目标存活概率为常数：$p_S(\boldsymbol{x}) \stackrel{\text{abbr.}}{=} p_S$。
- 目标的马尔可夫密度 $f_{k+1|k}(\boldsymbol{x}|\boldsymbol{x}')$ 是线性高斯的，即

$$f_{k+1|k}(\boldsymbol{x}|\boldsymbol{x}') = N_{\boldsymbol{Q}_k}(\boldsymbol{x} - \boldsymbol{F}_k\boldsymbol{x}') \tag{18.229}$$

- 新生目标的 *PHD* $b_{k+1|k}(\boldsymbol{x})$ 为高斯混合形式，即

$$b_{k+1|k}(\boldsymbol{x}) = \sum_{i=1}^{\nu_{k+1|k}^{\text{B}}} b_i^{k+1|k} \cdot N_{\boldsymbol{B}_i^{k+1|k}}(\boldsymbol{x} - \boldsymbol{b}_i^{k+1|k}) \tag{18.230}$$

- 新生目标的势分布：$p_{k+1|k}^{\text{B}}$，且

$$N_{k+1|k}^{\text{B}} = \sum_{i=1}^{\nu_{k+1|k}^{\text{B}}} b_i^{k+1|k} = \sum_{n\geqslant 0} n \cdot p_{k+1|k}^{\text{B}}(n) \tag{18.231}$$

- 杂波源的存活概率为常数：$\mathring{p}_{S,k}(c,\boldsymbol{c}) \stackrel{\text{abbr.}}{=} \mathring{p}_S$。
- 杂波源的马尔可夫密度是线性高斯的，即

$$\mathring{f}_{k+1|k}(\boldsymbol{c}|\boldsymbol{c}') = N_{\mathring{\boldsymbol{Q}}_k}(\boldsymbol{c} - \mathring{\boldsymbol{F}}_k\boldsymbol{c}') \tag{18.232}$$

- 杂波检测概率的马尔可夫密度：$\mathring{f}_{k+1|k}(c|c')$，定义见式(17.12)~(17.16)。
- 新生杂波源的 *PHD* 为高斯混合形式，即

$$\mathring{b}_{k+1|k}(\boldsymbol{c}) = \sum_{i=1}^{\mathring{\nu}_{k+1|k}^{\text{B}}} \mathring{b}_i^{k+1|k} \cdot N_{\mathring{\boldsymbol{B}}_i^{k+1|k}}(\boldsymbol{c} - \mathring{\boldsymbol{b}}_i^{k+1|k}) \tag{18.233}$$

- 新生杂波源的势分布：$\mathring{p}_{k+1|k}^{\text{B}}(\mathring{n})$，且

$$\mathring{N}_{k+1|k}^{\text{B}} = \sum_{i=1}^{\mathring{\nu}_{k+1|k}^{\text{B}}} \mathring{b}_i^{k+1|k} = \sum_{\mathring{n}\geqslant 0} \mathring{n} \cdot \mathring{p}_{k+1|k}^{\text{B}}(\mathring{n}) \tag{18.234}$$

- 目标检测概率恒定：$p_D(\boldsymbol{x}) = p_D$。
- 传感器似然函数是线性高斯的，即

$$L_{\boldsymbol{z}}(\boldsymbol{x}) = N_{\boldsymbol{R}_{k+1}}(\boldsymbol{z} - \boldsymbol{H}_{k+1}\boldsymbol{x}) \tag{18.235}$$

- 子杂波产生模型 (杂波似然函数) 为高斯混合形式，即

$$L_{\boldsymbol{z}}^{\kappa}(\boldsymbol{c}) = \sum_{i=1}^{\mathring{\nu}^{k+1}} e_i^{k+1} \cdot N_{\mathring{\boldsymbol{R}}_i^{k+1}}(\boldsymbol{z} - \mathring{\boldsymbol{H}}_i^{k+1}\boldsymbol{c}) \tag{18.236}$$

$$\sum_{i=1}^{\mathring{\nu}^{k+1}} e_i^{k+1} = 1 \tag{18.237}$$

将 $L_{\boldsymbol{z}}^{\kappa}(\boldsymbol{c})$ 设为高斯混合形式，使得 BGM−κ−CPHD 滤波器能够估计更复杂的杂波过程。

18.5.7.2 BGM−κ−CPHD 滤波器：时间更新

已知BGM系统 $\ddot{p}_{k|k}(\ddot{n}), (\ell_i^{k|k}, w_i^{k|k}, \boldsymbol{P}_i^{k|k}, \boldsymbol{x}_i^{k|k})_{i=1}^{\nu_{k|k}}, (\mathring{w}_i^{k|k}, r_i^{k|k}, s_i^{k|k}, \boldsymbol{C}_i^{k|k}, \boldsymbol{c}_i^{k|k})_{i=1}^{\mathring{\nu}_{k|k}}$，现欲确定下述 BGM 系统的计算公式：

$$\ddot{p}_{k+1|k}(\ddot{n})$$
$$(\ell_i^{k+1|k}, w_i^{k+1|k}, \boldsymbol{P}_i^{k+1|k}, \boldsymbol{x}_i^{k+1|k})_{i=1}^{\nu_{k+1|k}}$$
$$(\mathring{w}_i^{k+1|k}, r_i^{k+1|k}, s_i^{k+1|k}, \boldsymbol{C}_i^{k+1|k}, \boldsymbol{c}_i^{k+1|k})_{i=1}^{\mathring{\nu}_{k+1|k}}$$

令

$$N_{k|k} = \sum_{i=1}^{\nu_{k|k}} w_i^{k|k} \tag{18.238}$$

$$\mathring{N}_{k|k} = \sum_{i=1}^{\mathring{\nu}_{k|k}} \mathring{w}_i^{k|k} \tag{18.239}$$

则：

- 联合势分布的时间更新：

$$\ddot{p}_{k+1|k}(\ddot{n}) = \sum_{\ddot{n}' \geqslant 0} \ddot{p}_{k+1|k}(\ddot{n}|\ddot{n}') \cdot \ddot{p}_{k|k}(\ddot{n}') \tag{18.240}$$

$$\ddot{p}_{k+1|k}(\ddot{n}|\ddot{n}') = \sum_{i=0}^{\min\{\ddot{n},\ddot{n}'\}} \ddot{p}_{k+1|k}^{\mathrm{B}}(\ddot{n} - i) \cdot C_{\ddot{n}',i} \cdot \ddot{\psi}_k^i \cdot (1 - \ddot{\psi}_k)^{\ddot{n}'-i} \tag{18.241}$$

$$\ddot{\psi}_k = \frac{p_{\mathrm{S}} \cdot N_{k|k} + \mathring{p}_{\mathrm{S}} \cdot \mathring{N}_{k|k}}{N_{k|k} + \mathring{N}_{k|k}} \tag{18.242}$$

式中：$\ddot{p}_{k+1|k}^{\mathrm{B}}(\ddot{n})$ 同式(18.28)，即

$$\ddot{p}_{k+1|k}^{\mathrm{B}}(\ddot{n}) = \sum_{n+\mathring{n}=\ddot{n}} p_{k+1|k}^{\mathrm{B}}(n) \cdot \mathring{p}_{k+1|k}^{\mathrm{B}}(\mathring{n}) \tag{18.243}$$

时间更新后，目标 PHD 和杂波源 PHD 的分量数分别为 $\nu_{k+1|k} = \nu_{k|k} + \nu_{k+1|k}^{\mathrm{B}}$ 和 $\mathring{\nu}_{k+1|k} = \mathring{\nu}_{k|k} + \mathring{\nu}_{k+1|k}^{\mathrm{B}}$。因此：

- 目标存活分量的时间更新：对于 $i = 1, \cdots, \nu_{k|k}$，有

$$\ell_i^{k+1|k} = \ell_i^{k|k} \tag{18.244}$$

$$w_i^{k+1|k} = p_{\mathrm{S}} \cdot w_i^{k|k} \tag{18.245}$$

$$\boldsymbol{x}_i^{k+1|k} = \boldsymbol{F}_k \boldsymbol{x}_i^{k|k} \tag{18.246}$$

$$\boldsymbol{P}_i^{k+1|k} = \boldsymbol{F}_k \boldsymbol{P}_i^{k|k} \boldsymbol{F}_k^{\mathrm{T}} + \boldsymbol{Q}_k \tag{18.247}$$

- 目标新生分量的时间更新：对于 $i = \nu_{k|k} + 1, \cdots, \nu_{k|k} + \nu_{k+1|k}^{\mathrm{B}}$，有

$$\ell_i^{k+1|k} = \text{新标签} \tag{18.248}$$

$$w_i^{k+1|k} = b_{i-\nu_{k|k}}^{k+1|k} \tag{18.249}$$

$$\boldsymbol{x}_i^{k+1|k} = \boldsymbol{b}_{i-\nu_{k|k}}^{k+1|k} \tag{18.250}$$

$$\boldsymbol{P}_i^{k+1|k} = \boldsymbol{B}_{i-\nu_{k|k}}^{k+1|k} \tag{18.251}$$

- 期望目标数的时间更新：

$$N_{k+1|k} = \sum_{i=1}^{\nu_{k|k}+\nu_{k+1|k}^{\mathrm{B}}} w_i^{k+1|k} \tag{18.252}$$

- 杂波源存活分量的时间更新：对于 $l = 1, \cdots, \mathring{\nu}_{k|k}$，有

$$\mathring{w}_l^{k+1|k} = \mathring{p}_{\mathrm{S}} \cdot \mathring{w}_l^{k|k} \tag{18.253}$$

$$\boldsymbol{c}_l^{k+1|k} = \mathring{\boldsymbol{F}}_k \boldsymbol{c}_l^{k|k} \tag{18.254}$$

$$\boldsymbol{C}_l^{k+1|k} = \mathring{\boldsymbol{F}}_k \boldsymbol{C}_l^{k|k} \mathring{\boldsymbol{F}}_k^{\mathrm{T}} + \mathring{\boldsymbol{Q}}_k \tag{18.255}$$

$$r_l^{k+1|k} = r_l^{k|k} \cdot \mathring{\theta}_l^{k|k} \tag{18.256}$$

$$s_l^{k+1|k} = s_l^{k|k} \cdot \mathring{\theta}_l^{k|k} \tag{18.257}$$

式中

$$\mathring{\theta}_l^{k|k} = \frac{1}{r_l^{k|k} + s_l^{k|k}} \cdot \left(\frac{r_l^{k|k} s_l^{k|k}}{(r_l^{k|k} + s_l^{k|k})^2} \cdot \frac{1}{\mathring{\sigma}_l^2} - 1 \right) \tag{18.258}$$

根据下式设定式(18.258)中的 $\mathring{\sigma}_l^2$：

$$\mathring{\sigma}_l^2 = \left(\frac{1}{r_l^{k|k} + s_l^{k|k}} + \mathring{\varepsilon}_l^{k+1|k} \right) \cdot \frac{r_l^{k|k} s_l^{k|k}}{(r_l^{k|k} + s_l^{k|k}) \cdot (r_l^{k|k} + s_l^{k|k} + 1)} \tag{18.259}$$

式中：$0 \leqslant \mathring{\varepsilon}_l^{k+1|k} \leqslant 1$。

- 杂波源新生分量的时间更新：对于 $l = \mathring{\nu}_{k|k} + 1, \cdots, \mathring{\nu}_{k|k} + \mathring{\nu}_{k+1|k}^{\mathrm{B}}$，有

$$\mathring{w}_l^{k+1|k} = \mathring{b}_{l-\mathring{\nu}_{k|k}}^{k+1|k} \tag{18.260}$$

$$c_l^{k+1|k} = \mathring{b}_{l-\mathring{\nu}_{k|k}}^{k+1|k} \tag{18.261}$$

$$C_l^{k+1|k} = \mathring{B}_{l-\mathring{\nu}_{k|k}}^{k+1|k} \tag{18.262}$$

$$r_l^{k+1|k} = 1 \tag{18.263}$$

$$s_l^{k+1|k} = 1 \tag{18.264}$$

- 杂波源期望数的时间更新：

$$\mathring{N}_{k+1|k} = \sum_{i=1}^{\mathring{\nu}_{k|k}+\mathring{\nu}_{k+1|k}^{\mathrm{B}}} \mathring{w}_i^{k+1|k} \tag{18.265}$$

18.5.7.3 BGM-κ-CPHD 滤波器：观测更新

已知下述预测 BGM 系统：

$$\begin{aligned}
&\ddot{p}_{k+1|k}(\ddot{n})\\
&(\ell_i^{k+1|k}, w_i^{k+1|k}, \boldsymbol{P}_i^{k+1|k}, \boldsymbol{x}_i^{k+1|k})_{i=1}^{\nu_{k+1|k}}\\
&(\mathring{w}_i^{k+1|k}, r_i^{k+1|k}, s_i^{k+1|k}, \boldsymbol{C}_i^{k+1|k}, \boldsymbol{c}_i^{k+1|k})_{i=1}^{\mathring{\nu}_{k+1|k}}
\end{aligned}$$

在得到新观测集 Z_{k+1} ($|Z_{k+1}| = m_{k+1}$) 后，现欲确定下述 BGM 系统的计算公式：

$$\begin{aligned}
&\ddot{p}_{k+1|k+1}(\ddot{n}),\\
&(\ell_i^{k+1|k+1}, w_i^{k+1|k+1}, \boldsymbol{P}_i^{k+1|k+1}, \boldsymbol{x}_i^{k+1|k+1})_{i=1}^{\nu_{k+1|k+1}}\\
&(\mathring{w}_i^{k+1|k+1}, r_i^{k+1|k+1}, s_i^{k+1|k+1}, \boldsymbol{C}_i^{k+1|k+1}, \boldsymbol{c}_i^{k+1|k+1})_{i=1}^{\mathring{\nu}_{k+1|k+1}}
\end{aligned}$$

同时还需要估计观测更新的目标势分布 $p_{k+1|k+1}(n)$、杂波强度函数 $\hat{\kappa}_{k+1}(\boldsymbol{z})$ 以及杂波势分布 $p_{k+1}^{\kappa}(m)$。令

$$N_{k+1|k} = \sum_{i=1}^{\nu_{k+1|k}} w_i^{k+1|k} \tag{18.266}$$

$$\mathring{N}_{k+1|k} = \sum_{i=1}^{\mathring{\nu}_{k+1|k}} \mathring{w}_i^{k+1|k} \tag{18.267}$$

则：

- 联合势分布的观测更新及 *p.g.f.*：

$$\ddot{p}_{k+1|k+1}(\ddot{n}) = \frac{\ddot{\ell}_{Z_{k+1}}(\ddot{n}) \cdot \ddot{p}_{k+1|k}(\ddot{n})}{\sum_{l\geqslant 0} \ddot{\ell}_{Z_{k+1}}(l) \cdot \ddot{p}_{k+1|k}(l)} \tag{18.268}$$

$$\ddot{\ell}_{Z_{k+1}}(\ddot{n}) = C_{\ddot{n},m_{k+1}} \cdot \ddot{\phi}_k^{\ddot{n}-m_{k+1}} \tag{18.269}$$

$$\ddot{\phi}_k = \frac{(1-p_{\mathrm{D}}) \cdot N_{k+1|k} + \sum_{i=1}^{\mathring{\nu}_{k+1|k}} \frac{\mathring{w}_i^{k+1|k} \cdot s_i^{k+1|k}}{r_i^{k+1|k} + s_i^{k+1|k}}}{N_{k+1|k} + \mathring{N}_{k+1|k}} \tag{18.270}$$

$$\ddot{G}_{k+1|k}(\ddot{x}) = \sum_{\ddot{n}\geqslant 0} \ddot{p}_{k+1|k}(\ddot{n}) \cdot \ddot{x}^{\ddot{n}} \tag{18.271}$$

- 杂波强度函数估计：

$$\hat{\kappa}_{k+1}(z) = \sum_{i=1}^{\mathring{\nu}_{k+1|k}} \sum_{l=1}^{\mathring{\nu}^{k+1}} \frac{\mathring{w}_i^{k+1|k} \cdot e_l^{k+1} \cdot r_i^{k+1|k}}{r_i^{k+1|k} + s_i^{k+1|k}} \cdot N_{\mathring{\boldsymbol{R}}_l^{k+1} + \mathring{\boldsymbol{H}}_l^{k+1} \boldsymbol{C}_i^{k+1|k} (\mathring{\boldsymbol{H}}_l^{k+1})^{\mathrm{T}}}(\boldsymbol{z} - \mathring{\boldsymbol{H}}_l^{k+1} \boldsymbol{c}_i^{k+1|k}) \tag{18.272}$$

- 杂波率估计：

$$\hat{\lambda}_{k+1} = \sum_{i=1}^{\mathring{\nu}_{k+1|k}} \sum_{l=1}^{\mathring{\nu}^{k+1}} \frac{\mathring{w}_i^{k+1|k} \cdot e_l^{k+1} \cdot r_i^{k+1|k}}{r_i^{k+1|k} + s_i^{k+1|k}} \tag{18.273}$$

- 杂波势分布估计：

$$\hat{p}_{k+1}^{\kappa}(m) = \frac{\tilde{\lambda}_{k+1}^m}{m!} \cdot \ddot{G}_{k+1|k}^{(m)}(1 - \tilde{\lambda}_{k+1}) \tag{18.274}$$

式中

$$\tilde{\lambda}_{k+1} = \frac{\hat{\lambda}_{k+1}}{N_{k+1|k} + \mathring{N}_{k+1|k}} \tag{18.275}$$

观测更新后，目标的高斯分量数为 $\nu_{k+1|k+1} = \nu_{k+1|k} + m_{k+1} \cdot \nu_{k+1|k}$；杂波源的 BGM 分量数为 $\mathring{\nu}_{k+1|k+1} = \mathring{\nu}_{k+1|k} + m_{k+1} \cdot \mathring{\nu}_{k+1|k} \cdot \mathring{\nu}^{k+1}$，其中 $\mathring{\nu}^{k+1}$ 表示子杂波模型的高斯混合分量数。因此：

- 目标漏报分量的观测更新：对于 $i = 1, \cdots, \nu_{k+1|k}$，有

$$\ell_i^{k+1|k+1} = \ell_i^{k+1|k} \tag{18.276}$$

$$w_i^{k+1|k+1} = \frac{1 - p_{\mathrm{D}}}{N_{k+1|k} + \mathring{N}_{k+1|k}} \cdot \frac{\ddot{G}_{k+1|k}^{(m_{k+1}+1)}(\ddot{\phi}_k)}{\ddot{G}_{k+1|k}^{(m_{k+1})}(\ddot{\phi}_k)} \cdot w_i^{k+1|k} \tag{18.277}$$

$$\boldsymbol{x}_i^{k+1|k+1} = \boldsymbol{x}_i^{k+1|k} \tag{18.278}$$

$$\boldsymbol{P}_i^{k+1|k+1} = \boldsymbol{P}_i^{k+1|k} \tag{18.279}$$

- 目标检报分量的观测更新：对于 $i = 1, \cdots, \nu_{k+1|k}$，$j = 1, \cdots, m_{k+1}$，有

$$\ell_{i,j}^{k+1|k+1} = \ell_i^{k+1|k} \tag{18.280}$$

$$w_{i,j}^{k+1|k+1} = w_i^{k+1|k} \cdot p_{\mathrm{D}} \cdot \frac{N_{\boldsymbol{R}_{k+1} + \boldsymbol{H}_{k+1} \boldsymbol{P}_i^{k+1|k} \boldsymbol{H}_{k+1}^{\mathrm{T}}}(\boldsymbol{z}_j - \boldsymbol{H}_{k+1} \boldsymbol{x}_i^{k+1})}{\hat{\kappa}_{k+1}(\boldsymbol{z}_j) + \tau_{k+1}(\boldsymbol{z}_j)} \tag{18.281}$$

$$\boldsymbol{x}_{i,j}^{k+1|k+1} = \boldsymbol{x}_{i,j}^{k+1|k} + \boldsymbol{K}_i^{k+1}(\boldsymbol{z}_j - \boldsymbol{H}_{k+1} \boldsymbol{x}_i^{k+1|k}) \tag{18.282}$$

$$\boldsymbol{P}_{i,j}^{k+1|k+1} = (\boldsymbol{I} - \boldsymbol{K}_i^{k+1} \boldsymbol{H}_{k+1}) \boldsymbol{P}_i^{k+1|k} \tag{18.283}$$

$$\boldsymbol{K}_i^{k+1} = \boldsymbol{P}_i^{k+1|k} \boldsymbol{H}_{k+1}^{\mathrm{T}} \left(\boldsymbol{R}_{k+1} + \boldsymbol{H}_{k+1} \boldsymbol{P}_i^{k+1|k} \boldsymbol{H}_{k+1}^{\mathrm{T}} \right)^{-1} \tag{18.284}$$

$$\tau_{k+1}(\boldsymbol{z}_j) = p_{\mathrm{D}} \sum_{i=1}^{\nu_{k+1|k}} w_i^{k+1|k} \cdot N_{\boldsymbol{R}_{k+1}+\boldsymbol{H}_{k+1}\boldsymbol{P}_i^{k+1|k}\boldsymbol{H}_{k+1}^{\mathrm{T}}}(\boldsymbol{z}_j - \boldsymbol{H}_{k+1}\boldsymbol{x}_i^{k+1}) \tag{18.285}$$

- 杂波源漏报分量的观测更新：对于 $l = 1, \cdots, \mathring{\nu}_{k+1|k}$，有

$$\mathring{w}_l^{k+1|k+1} = \frac{\mathring{w}_l^{k+1|k}}{N_{k+1|k} + \mathring{N}_{k+1|k}} \cdot \frac{\ddot{G}_{k+1|k}^{(m_{k+1}+1)}(\ddot{\phi}_k)}{\ddot{G}_{k+1|k}^{(m_{k+1})}(\ddot{\phi}_k)} \cdot \frac{s_l^{k+1|k}}{r_l^{k+1|k} + s_l^{k+1|k}} \tag{18.286}$$

$$\boldsymbol{c}_l^{k+1|k+1} = \boldsymbol{c}_l^{k+1|k} \tag{18.287}$$

$$\boldsymbol{C}_l^{k+1|k+1} = \boldsymbol{C}_l^{k+1|k} \tag{18.288}$$

$$r_l^{k+1|k+1} = r_l^{k+1|k} \tag{18.289}$$

$$s_l^{k+1|k+1} = s_l^{k+1|k} + 1 \tag{18.290}$$

- 杂波源检报分量的观测更新：对于 $i = 1, \cdots, \nu_{k+1|k}$，$j = 1, \cdots, m_{k+1}$ 以及 $l = 1, \cdots, \mathring{\nu}^{k+1}$，有

$$\mathring{w}_{i,l,j}^{k+1|k+1} = \frac{\mathring{w}_i^{k+1|k} \cdot e_l^{k+1}}{\hat{\kappa}_{k+1}(\boldsymbol{z}_j) + \tau_{k+1}(\boldsymbol{z}_j)} \cdot \frac{r_i^{k+1|k}}{r_i^{k+1|k} + s_i^{k+1|k}} \cdot N_{\mathring{\boldsymbol{R}}_l^{k+1} + \mathring{\boldsymbol{H}}_l^{k+1}\boldsymbol{C}_i^{k+1|k}(\mathring{\boldsymbol{H}}_l^{k+1})^{\mathrm{T}}}\left(\boldsymbol{z}_j - \mathring{\boldsymbol{H}}_l^{k+1}\boldsymbol{c}_i^{k+1|k}\right) \tag{18.291}$$

$$\boldsymbol{c}_{i,l,j}^{k+1|k+1} = \boldsymbol{c}_i^{k+1|k} + \mathring{\boldsymbol{K}}_{i,l}^{k+1}(\boldsymbol{z}_j - \mathring{\boldsymbol{H}}_l^{k+1}\boldsymbol{c}_i^{k+1}) \tag{18.292}$$

$$\boldsymbol{C}_{i,l,j}^{k+1|k+1} = (\boldsymbol{I} - \mathring{\boldsymbol{K}}_{i,l}^{k+1}\mathring{\boldsymbol{H}}_l^{k+1})\boldsymbol{C}_i^{k+1|k} \tag{18.293}$$

$$r_{i,l,j}^{k+1|k+1} = r_i^{k+1|k} + 1 \tag{18.294}$$

$$s_{i,l,j}^{k+1|k+1} = s_i^{k+1|k} \tag{18.295}$$

式中

$$\mathring{\boldsymbol{K}}_{i,l}^{k+1} = \boldsymbol{C}_i^{k+1|k}(\mathring{\boldsymbol{H}}_l^{k+1})^{\mathrm{T}} \left(\mathring{\boldsymbol{H}}_l^{k+1}\boldsymbol{C}_i^{k+1|k}(\mathring{\boldsymbol{H}}_l^{k+1})^{\mathrm{T}} + \mathring{\boldsymbol{R}}_l^{k+1} \right)^{-1} \tag{18.296}$$

- 目标势分布的观测更新：

$$p_{k+1|k+1}(n) = \frac{r_{k+1}^n}{n!} \cdot \ddot{G}_{k+1|k+1}^{(n)}(1 - r_{k+1}) \tag{18.297}$$

式中：

$$r_{k+1} = \frac{N_{k+1|k+1}}{N_{k+1|k+1} + \mathring{N}_{k+1|k+1}} \tag{18.298}$$

$$N_{k+1|k+1} = \sum_{i=1}^{\nu_{k+1|k}} w_i^{k+1|k+1} + \sum_{i=1}^{\nu_{k+1|k}} \sum_{j=1}^{m_{k+1}} w_{i,j}^{k+1|k+1} \tag{18.299}$$

$$\overset{\circ}{N}_{k+1|k+1} = \sum_{l=1}^{\overset{\circ}{v}_{k+1|k}} \overset{\circ}{w}_l^{k+1|k+1} + \sum_{i=1}^{\overset{\circ}{v}_{k+1|k}} \sum_{l=1}^{\overset{\circ}{v}^{k+1}} \sum_{j=1}^{m_{k+1}} \overset{\circ}{w}_{i,l,j}^{k+1|k+1} \tag{18.300}$$

18.5.8　κ−CPHD 滤波器：正态−Wishart 混合实现

本节的近似方法是 Chen、Kirubarajan、Tharmarasa 和 Pelletier 等人 (文献 [37] 第 3 节) 于 2009 年提出的，并在 2012 年 (文献 [39] 第 IV 节) 作了进一步的精简。从本质上看，他们所述的多目标检测跟踪滤波器就是18.5.6节的 κ−PHD 滤波器，只不过假定杂波检测概率为 1 ($c=1$)。

Chen 等人的实现方法与 BGM−κ−PHD 滤波器基本类似，只不过他们采用*正态−Wishart* 混合 (NWM) 而非 β−高斯混合来近似杂波 PHD。与 BGM 近似相比，NWM 近似的理论和计算更为复杂，但在性能方面却具有一些诱人的潜力。NWM 方法的一个不足之处就是不能得到杂波估计 (假如想要的话)。虽然它能够给出杂波强度函数估计 $\hat{\kappa}_{k+1}(z)$ 的闭式表达式，但该解析式十分复杂，因此不能用来推导杂波势分布 $\hat{p}^{\kappa}_{k+1}(m)$ 的闭式表达式。

本节主要介绍 NWM 近似方法并将它推广至 *κ−CPHD* 滤波器。在 NWM 方法中，假定未知杂波的状态 $\boldsymbol{c}$ 为下述特定的参数形式：

$$\boldsymbol{c} = (\acute{\boldsymbol{c}}, \acute{\boldsymbol{C}}) \tag{18.301}$$

式中：

- $\acute{\boldsymbol{c}} \in \mathfrak{Z} = \mathbb{R}^M$，为 M 维观测空间中的元素；
- $\acute{\boldsymbol{C}} = \boldsymbol{R}^{-1}$，为 $M \times M$ 观测协方差矩阵的逆。

因此，杂波状态空间 $\mathfrak{C}$ 是维数为 $M(M+3)/2$ 的欧氏空间。在此基础上，Chen 等人又对杂波的运动和观测模型作了如下假定：

- 杂波检测概率：杂波源总能被检测到：

$$\overset{\circ}{p}_{\mathrm{D}}(\boldsymbol{c}) = 1 \tag{18.302}$$

后面对该假设稍作推广，允许 $\overset{\circ}{p}_{\mathrm{D}}$ 为 $[0,1]$ 区间上的任意常数，即

$$\overset{\circ}{p}_{\mathrm{D}}(\boldsymbol{c}) = \overset{\circ}{p}_{\mathrm{D}} \tag{18.303}$$

- 杂波似然函数：杂波源产生的观测是高斯分布的，但均值和协方差未知，即

$$L^{\kappa}_{\boldsymbol{z}}(\boldsymbol{c}) = L^{\kappa}_{\boldsymbol{z}}(\acute{\boldsymbol{c}}, \acute{\boldsymbol{C}}) = N_{\acute{\boldsymbol{C}}^{-1}}(\boldsymbol{z} - \acute{\boldsymbol{c}}) \tag{18.304}$$

后面对该假设稍作推广：对于某 $\overset{\circ}{\eta}_{k+1} > 0$，有

$$L^{\kappa}_{\boldsymbol{z}}(\acute{\boldsymbol{c}}, \acute{\boldsymbol{C}}) = N_{(\overset{\circ}{\eta}_{k+1} \cdot \acute{\boldsymbol{C}})^{-1}}(\boldsymbol{z} - \acute{\boldsymbol{c}}) \tag{18.305}$$

- 杂波的马尔可夫转移密度：在由 $(\acute{c}', \acute{C}')$ 到 $(\acute{c}, \acute{C})$ 的转移过程中，矩阵 $\acute{C}'$ 不发生变化，但均值 $\acute{c}'$ 中的不确定性会增加，其协方差与 $(\acute{C}')^{-1}$ 成比例，即

$$\mathring{f}_{k+1|k}(\acute{c}, \acute{C}|\acute{c}', \acute{C}') = N_{(\mathring{\varphi}_k \cdot \acute{C}')^{-1}}(\acute{c} - \acute{c}') \cdot \delta_{\acute{C}'}(\acute{C}) \tag{18.306}$$

式中：$\mathring{\varphi}_k > 0$；$\delta_{\acute{C}'}(\acute{C})$ 表示信息矩阵 $\acute{C}$ 的狄拉克 δ 函数 (位于 $\acute{C}'$ 处)。

文献 [39] 中的方法已用于 NWM-κ-PHD 滤波器的实现，本节的主要贡献是将其推广至 NWM-κ-CPHD 滤波器。

18.5.8.1 正态-Wishart 混合 (NWM) 分布

当杂波似然函数形如式(18.236)时，即

$$L_{\boldsymbol{z}}^{\kappa}(\boldsymbol{c}) = \sum_{i=1}^{\mathring{\nu}^{k+1}} e_i^{k+1} \cdot N_{\mathring{\boldsymbol{R}}_i^{k+1}}(\boldsymbol{z} - \mathring{\boldsymbol{H}}_i^{k+1}\boldsymbol{c}) \tag{18.307}$$

可采用 BMG 近似方法实现 κ-CPHD 滤波器。但当似然函数形如式(18.305)时，BGM 近似便不再适用，而 NWM 近似就是专为这类似然函数设计的。

有关正态-Wishart 分布的简介可参见附录 G，其一般形式如下：

$$NW_{d,o,\boldsymbol{o},\boldsymbol{O}}(\acute{c}, \acute{C}) \tag{18.308}$$

其中：d、o、$\boldsymbol{o}$、$\boldsymbol{O}$ 为分布参数；$o > 0, d > M$，$\boldsymbol{o} \in \mathfrak{Z} = \mathbb{R}^M$；$\boldsymbol{O}$ 为 $M \times M$ 的正定矩阵，与观测协方差矩阵 $\boldsymbol{R}$ 具有相同量纲。

正态-Wishart 分布满足下面两个恒等式：

第一个对文献 [39] 中的 (27) 式稍加推广，即

$$L_{\boldsymbol{z}}^{\kappa}(\acute{c}, \acute{C}) \cdot NW_{d,o,\boldsymbol{o},\boldsymbol{O}}(\acute{c}, \acute{C}) = q_{\boldsymbol{z},d,o,\boldsymbol{o},\boldsymbol{O}} \cdot NW_{d^*,o^*,\boldsymbol{o}_{\boldsymbol{z}}^*,\boldsymbol{O}_{\boldsymbol{z}}^*}(\acute{c}, \acute{C}) \tag{18.309}$$

式中

$$d^* = d + 1 \tag{18.310}$$

$$o^* = \mathring{\eta}_{k+1} + o \tag{18.311}$$

$$\boldsymbol{o}_{\boldsymbol{z}}^* = \frac{\mathring{\eta}_{k+1} \cdot \boldsymbol{z} + o \cdot \boldsymbol{o}}{\mathring{\eta}_{k+1} + o} \tag{18.312}$$

$$\boldsymbol{O}_{\boldsymbol{z}}^* = \boldsymbol{O} + \frac{\mathring{\eta}_{k+1} \cdot o}{\mathring{\eta}_{k+1} + o} \cdot (\boldsymbol{z} - \boldsymbol{o})(\boldsymbol{z} - \boldsymbol{o})^{\mathrm{T}} \tag{18.313}$$

$$q_{\boldsymbol{z},d,o,\boldsymbol{o},\boldsymbol{O}} = \frac{(\mathring{\eta}_{k+1} \cdot o)^{M/2} \cdot \Gamma\left(\frac{d^*}{2}\right) \cdot (\det \boldsymbol{O})^{d/2}}{(\pi \cdot o^*)^{M/2} \cdot \Gamma\left(\frac{d^*-M}{2}\right) \cdot (\det \boldsymbol{O}_{\boldsymbol{z}}^*)^{d^*/2}} \tag{18.314}$$

第二个即文献 [39] 中的 (37) 式，即

$$\int \mathring{f}_{k+1|k}(\acute{c}, \acute{C}|\acute{c}', \acute{C}') \cdot NW_{d,o,\boldsymbol{o},\boldsymbol{O}}(\acute{c}', \acute{C}')\mathrm{d}\acute{c}'\mathrm{d}\acute{C}' = NW_{d,\tilde{o},\boldsymbol{o},\boldsymbol{O}}(\acute{c}, \acute{C}) \tag{18.315}$$

式中

$$\tilde{o} = \frac{\mathring{\varphi}_k \cdot o}{\mathring{\varphi}_k + o} \tag{18.316}$$

出于完整性的考虑，附录 G 中给出了这两个恒等式的证明。

给定上述基本知识后，便可用下面的 NWM 模型来近似杂波 PHD $D_{k|k}(\acute{\boldsymbol{c}}, \acute{\boldsymbol{C}})$：

$$D_{k|k}(\acute{\boldsymbol{c}}, \acute{\boldsymbol{C}}) = \sum_{i=1}^{\nu_{k|k}} w_i^{k|k} \cdot NW_{d_i^{k|k}, o_i^{k|k}, \boldsymbol{o}_i^{k|k}, \boldsymbol{O}_i^{k|k}}(\acute{\boldsymbol{c}}, \acute{\boldsymbol{C}}) \tag{18.317}$$

由于式(18.309)和式(18.315)成立，故 κ−CPHD 滤波器方程可闭式求解。对于 κ−CPHD 滤波器而言，有望去传递下述 NWM 分布参数而非杂波 PHD $D_{k|k}(\acute{\boldsymbol{c}}, \acute{\boldsymbol{C}})$ 本身：

$$(\ell_i^{k|k}, w_i^{k|k}, d_i^{k|k}, o_i^{k|k}, \boldsymbol{o}_i^{k|k}, \boldsymbol{O}_i^{k|k})_{i=1}^{\nu_{k|k}} \tag{18.318}$$

随后几小节将介绍该参数传递过程，为符号清晰起见后面省去标签 ℓ。

18.5.8.2 NWM−κ−CPHD 滤波器：模型

NWM−κ−CPHD 滤波器需要下列模型假设：

- 目标存活概率为常数：$p_S(\boldsymbol{x}) \overset{\text{abbr.}}{=} p_S$。
- 目标的马尔可夫密度 $f_{k+1|k}(\boldsymbol{x}|\boldsymbol{x}')$ 是线性高斯的，即

$$f_{k+1|k}(\boldsymbol{x}|\boldsymbol{x}') = N_{\boldsymbol{Q}_k}(\boldsymbol{x} - \boldsymbol{F}_k \boldsymbol{x}') \tag{18.319}$$

- 新生目标的 *PHD* $b_{k+1|k}(\boldsymbol{x})$ 为高斯混合形式，即

$$b_{k+1|k}(\boldsymbol{x}) = \sum_{i=1}^{\nu_{k+1|k}^{\mathrm{B}}} b_i^{k+1|k} \cdot N_{\boldsymbol{B}_i^{k+1|k}}(\boldsymbol{x} - \boldsymbol{b}_i^{k+1|k}) \tag{18.320}$$

- 新生目标的势分布：$p_{k+1|k}^{\mathrm{B}}$，且

$$N_{k+1|k}^{\mathrm{B}} = \sum_{i=1}^{\nu_{k+1|k}^{\mathrm{B}}} b_i^{k+1|k} = \sum_{n \geqslant 0} n \cdot p_{k+1|k}^{\mathrm{B}}(n) \tag{18.321}$$

- 杂波源的存活概率为常数：$\mathring{p}_S(c, \acute{\boldsymbol{c}}, \acute{\boldsymbol{C}}) = \mathring{p}_S$。
- 杂波源的检测概率为常数：$\mathring{p}_D(c, \acute{\boldsymbol{c}}, \acute{\boldsymbol{C}}) = \mathring{p}_D$。
- 杂波源的马尔可夫密度形式如下：

$$\mathring{f}_{k+1|k}(\acute{\boldsymbol{c}}, \acute{\boldsymbol{C}}|\acute{\boldsymbol{c}}', \acute{\boldsymbol{C}}') = N_{(\mathring{\varphi}_k \cdot \acute{\boldsymbol{C}}')^{-1}}(\acute{\boldsymbol{c}} - \acute{\boldsymbol{c}}') \cdot \delta_{\acute{\boldsymbol{C}}'}(\acute{\boldsymbol{C}}) \tag{18.322}$$

式中：$\mathring{\varphi}_k > 0$；$\delta_{\acute{\boldsymbol{C}}'}(\acute{\boldsymbol{C}})$ 为位于 $\acute{\boldsymbol{C}}'$ 处的狄拉克 δ 函数。由于 $\delta_{\acute{\boldsymbol{C}}'}(\acute{\boldsymbol{C}})$ 不能表示信息矩阵 $\acute{\boldsymbol{C}}$ 不确定性的增加，为弥补这一缺陷，Chen 等人为参数 d 引入了一个时间更新公式：

$$d = \frac{\delta \cdot d'}{\delta + d'} \tag{18.323}$$

式中：衰减因子 δ 可使 d' 中的知识随时间递增而减少 (见文献 [39] 中的 (38) 式)。

- 新生杂波源的 *PHD* 为 NWM 形式，即①

$$\mathring{b}_{k+1|k}(\acute{c},\acute{\boldsymbol{C}}) = \sum_{i=1}^{\mathring{\nu}^{\mathrm{B}}_{k+1|k}} \mathring{b}_i^{k+1|k} \cdot NW_{\delta_i^{k+1|k},u_i^{k+1|k},\boldsymbol{u}_i^{k+1|k},\boldsymbol{U}_i^{k+1|k}}(\acute{c},\acute{\boldsymbol{C}}) \tag{18.324}$$

- 新生杂波源的势分布：$\mathring{p}^{\mathrm{B}}_{k+1|k}(\mathring{n})$，且

$$\mathring{N}^{\mathrm{B}}_{k+1|k} = \sum_{i=1}^{\mathring{\nu}^{\mathrm{B}}_{k+1|k}} \mathring{b}_i^{k+1|k} = \sum_{\mathring{n}\geqslant 0} \mathring{n} \cdot \mathring{p}^{\mathrm{B}}_{k+1|k}(\mathring{n}) \tag{18.325}$$

- 目标检测概率恒定：$p_{\mathrm{D}}(\boldsymbol{x}) = p_{\mathrm{D}}$。
- 传感器似然函数是线性高斯的，即

$$L_{\boldsymbol{z}}(\boldsymbol{x}) = N_{\boldsymbol{R}_{k+1}}(\boldsymbol{z} - \boldsymbol{H}_{k+1}\boldsymbol{x}) \tag{18.326}$$

- 杂波似然函数：

$$L^{\kappa}_{\boldsymbol{z}}(\acute{c},\acute{\boldsymbol{C}}) = N_{(\mathring{\eta}_{k+1}\cdot\acute{\boldsymbol{C}})^{-1}}(\boldsymbol{z} - \acute{\boldsymbol{c}}), \quad \mathring{\eta}_{k+1} > 0 \tag{18.327}$$

18.5.8.3 NWM-κ-CPHD 滤波器：时间更新

已知NWM系统：$\ddot{p}_{k|k}(\ddot{n}), (\ell_i^{k|k}, w_i^{k|k}, \boldsymbol{P}_i^{k|k}, \boldsymbol{x}_i^{k|k})_{i=1}^{\nu_{k|k}}, (\mathring{w}_i^{k|k}, d_i^{k|k}, o_i^{k|k}, \boldsymbol{o}_i^{k|k}, \boldsymbol{O}_i^{k|k})_{i=1}^{\mathring{\nu}_{k|k}}$，现欲计算下述时间更新的 NWM 系统：

$$\begin{aligned}
&\ddot{p}_{k+1|k}(\ddot{n}) \\
&(\ell_i^{k+1|k}, w_i^{k+1|k}, \boldsymbol{P}_i^{k+1|k}, \boldsymbol{x}_i^{k+1|k})_{i=1}^{\nu_{k+1|k}} \\
&(\mathring{w}_i^{k+1|k}, d_i^{k+1|k}, o_i^{k+1|k}, \boldsymbol{o}_i^{k+1|k}, \boldsymbol{O}_i^{k+1|k})_{i=1}^{\mathring{\nu}_{k+1|k}}
\end{aligned}$$

令

$$N_{k|k} = \sum_{i=1}^{\nu_{k|k}} w_i^{k|k} \tag{18.328}$$

$$\mathring{N}_{k|k} = \sum_{i=1}^{\mathring{\nu}_{k|k}} \mathring{w}_i^{k|k} \tag{18.329}$$

则结果如下：

①Chen 等人基于新观测构造该 PHD。令 $\boldsymbol{z}_j$ 为 $k+1$ 时刻的一个观测，σ^2_{k+1} 为观测噪声的方差，Chen 等人一共构造了 m_{k+1} 个 NWM 分量，第 j 个分量的参数设置为 $d_j = 1.5, \boldsymbol{o}_j = \boldsymbol{z}_j, o_j = 0.5$，$\boldsymbol{O}_j = 8d_j^{-1}\cdot\sigma^2_{k+1}\cdot\boldsymbol{I}_{M\times M}$，其中 $\boldsymbol{I}_{M\times M}$ 表示 $M\times M$ 的单位阵。具体见文献 [39] 中的 IV-C-1 节。

- 联合势分布的时间更新 (同 BGM-κ-CPHD 滤波器)：

$$\ddot{p}_{k+1|k}(\ddot{n}) = \sum_{\ddot{n}'\geqslant 0} \ddot{p}_{k+1|k}(\ddot{n}|\ddot{n}') \cdot \ddot{p}_{k|k}(\ddot{n}') \tag{18.330}$$

$$\ddot{p}_{k+1|k}(\ddot{n}|\ddot{n}') = \sum_{i=0}^{\min\{\ddot{n},\ddot{n}'\}} \ddot{p}^{\mathrm{B}}_{k+1|k}(\ddot{n}-i) \cdot C_{\ddot{n}',i} \cdot \ddot{\psi}_k^i (1-\ddot{\psi}_k)^{\ddot{n}'-i} \tag{18.331}$$

$$\ddot{\psi}_k = \frac{p_{\mathrm{S}} \cdot N_{k|k} + \mathring{p}_{\mathrm{S}} \cdot \mathring{N}_{k|k}}{N_{k|k} + \mathring{N}_{k|k}} \tag{18.332}$$

式中：$\ddot{p}^{\mathrm{B}}_{k+1|k}(\ddot{n})$ 同(18.28)式，即

$$\ddot{p}^{\mathrm{B}}_{k+1|k}(\ddot{n}) = \sum_{n+\mathring{n}=\ddot{n}} p^{\mathrm{B}}_{k+1|k}(n) \cdot \mathring{p}^{\mathrm{B}}_{k+1|k}(\mathring{n}) \tag{18.333}$$

时间更新后，目标 PHD 共有 $\nu_{k+1|k} = \nu_{k|k} + \nu^{\mathrm{B}}_{k+1|k}$ 个 GM 分量；杂波源 PHD 共有 $\mathring{\nu}_{k+1|k} = \mathring{\nu}_{k|k} + \mathring{\nu}^{\mathrm{B}}_{k+1|k}$ 个 NWM 分量。因此：

- 目标存活分量的时间更新 (同 BGM-κ-CPHD 滤波器)：对于 $i = 1, \cdots, \nu_{k|k}$，有

$$\ell_i^{k+1|k} = \ell_i^{k|k} \tag{18.334}$$

$$w_i^{k+1|k} = p_{\mathrm{S}} \cdot w_i^{k|k} \tag{18.335}$$

$$\boldsymbol{x}_i^{k+1|k} = \boldsymbol{F}_k \boldsymbol{x}_i^{k|k} \tag{18.336}$$

$$\boldsymbol{P}_i^{k+1|k} = \boldsymbol{F}_k \boldsymbol{P}_i^{k|k} \boldsymbol{F}_k^{\mathrm{T}} + \boldsymbol{Q}_k \tag{18.337}$$

- 目标新生分量的时间更新 (同 BGM-κ-CPHD 滤波器)：对于 $i = \nu_{k|k}+1, \cdots, \nu_{k|k} + \nu^{\mathrm{B}}_{k+1|k}$，有

$$\ell_i^{k+1|k} = \text{新标签} \tag{18.338}$$

$$w_i^{k+1|k} = b_{i-\nu_{k|k}}^{k+1|k} \tag{18.339}$$

$$\boldsymbol{x}_i^{k+1|k} = \boldsymbol{b}_{i-\nu_{k|k}}^{k+1|k} \tag{18.340}$$

$$\boldsymbol{P}_i^{k+1|k} = \boldsymbol{B}_{i-\nu_{k|k}}^{k+1|k} \tag{18.341}$$

- 杂波源存活分量的时间更新：对于 $l = 1, \cdots, \mathring{\nu}_{k|k}$，有

$$\mathring{w}_l^{k+1|k} = \mathring{p}_{\mathrm{S}} \cdot \mathring{w}_l^{k|k} \tag{18.342}$$

$$d_l^{k+1|k} = \frac{\delta_k \cdot d_l^{k|k}}{\delta_k + d_l^{k|k}} \tag{18.343}$$

$$o_l^{k+1|k} = \frac{\mathring{\varphi}_k \cdot o_l^{k|k}}{\mathring{\varphi}_k + o_l^{k|k}} \tag{18.344}$$

$$\boldsymbol{o}_l^{k+1|k} = \boldsymbol{o}_l^{k|k} \tag{18.345}$$

$$\boldsymbol{O}_l^{k+1|k} = \boldsymbol{O}_l^{k|k} \tag{18.346}$$

其中：衰减因子 δ_k 见式(18.323)。

- 杂波源新生分量的时间更新：对于 $l=\mathring{\nu}_{k|k}+1,\cdots,\mathring{\nu}_{k|k}+\mathring{\nu}^{\mathrm{B}}_{k+1|k}$，有

$$\mathring{w}_l^{k+1|k}=\mathring{b}_{l-\mathring{\nu}_{k+1|k}}^{k+1|k} \tag{18.347}$$

$$d_l^{k+1|k}=\delta_{l-\mathring{\nu}_{k+1|k}}^{k+1|k} \tag{18.348}$$

$$o_l^{k+1|k}=u_{l-\mathring{\nu}_{k+1|k}}^{k+1|k} \tag{18.349}$$

$$\boldsymbol{o}_l^{k+1|k}=\boldsymbol{u}_{l-\mathring{\nu}_{k+1|k}}^{k+1|k} \tag{18.350}$$

$$\boldsymbol{O}_l^{k+1|k}=\boldsymbol{U}_{l-\mathring{\nu}_{k+1|k}}^{k+1|k} \tag{18.351}$$

18.5.8.4 NWM-κ-CPHD 滤波器：观测更新

已知下述 NWM 系统：

$$\ddot{p}_{k+1|k}(\ddot{n})$$
$$(\ell_i^{k+1|k},w_i^{k+1|k},\boldsymbol{P}_i^{k+1|k},\boldsymbol{x}_i^{k+1|k})_{i=1}^{\nu_{k+1|k}}$$
$$(\mathring{w}_i^{k+1|k},d_i^{k+1|k},o_i^{k+1|k},\boldsymbol{o}_i^{k+1|k},\boldsymbol{O}_i^{k+1|k})_{i=1}^{\mathring{\nu}_{k+1|k}}$$

在得到新观测集 Z_{k+1} ($|Z_{k+1}|=m_{k+1}$) 后，现欲确定下述观测更新的 NWM 系统：

$$\ddot{p}_{k+1|k+1}(\ddot{n})$$
$$(\ell_i^{k+1|k+1},w_i^{k+1|k+1},\boldsymbol{P}_i^{k+1|k+1},\boldsymbol{x}_i^{k+1|k+1})_{i=1}^{\nu_{k+1|k+1}}$$
$$(\mathring{w}_i^{k+1|k+1},d_i^{k+1|k+1},o_i^{k+1|k+1},\boldsymbol{o}_i^{k+1|k+1},\boldsymbol{O}_i^{k+1|k+1})_{i=1}^{\mathring{\nu}_{k+1|k+1}}$$

令

$$N_{k+1|k}=\sum_{i=1}^{\nu_{k+1|k}}w_i^{k+1|k} \tag{18.352}$$

$$\mathring{N}_{k+1|k}=\sum_{i=1}^{\mathring{\nu}_{k+1|k}}\mathring{w}_i^{k+1|k} \tag{18.353}$$

则结果如下：

- 联合势分布的观测更新：

$$\ddot{p}_{k+1|k+1}(\ddot{n})=\frac{\ddot{\ell}_{Z_{k+1}}(\ddot{n})\cdot\ddot{p}_{k+1|k}(\ddot{n})}{\sum_{l\geqslant 0}\ddot{\ell}_{Z_{k+1}}(l)\cdot\ddot{p}_{k+1|k}(l)} \tag{18.354}$$

$$\ddot{\ell}_{Z_{k+1}}(\ddot{n})=C_{\ddot{n},m_{k+1}}\cdot\ddot{\phi}_k^{\ddot{n}-m_{k+1}} \tag{18.355}$$

$$\ddot{\phi}_k=\frac{(1-p_{\mathrm{D}})\cdot N_{k+1|k}+(1-\mathring{p}_{\mathrm{D}})\cdot\mathring{N}_{k+1|k}}{N_{k+1|k}+\mathring{N}_{k+1|k}} \tag{18.356}$$

观测更新后，目标的高斯分量数为 $\nu_{k+1|k+1}=\nu_{k+1|k}+m_{k+1}\cdot\nu_{k+1|k}$；杂波源的 NWM 分量数为 $\mathring{\nu}_{k+1|k+1}=\mathring{\nu}_{k+1|k}+m_{k+1}\cdot\mathring{\nu}_{k+1|k}$。因此：

- 目标漏报分量的观测更新 (同 BGM-κ-CPHD 滤波器)：对于 $i=1,\cdots,\nu_{k+1|k}$，有

$$\ell_i^{k+1|k+1}=\ell_i^{k+1|k} \tag{18.357}$$

$$w_i^{k+1|k+1}=\frac{1-p_{\mathrm{D}}}{N_{k+1|k}+\mathring{N}_{k+1|k}}\cdot\frac{\ddot{G}_{k+1|k}^{(m_{k+1}+1)}(\ddot{\phi}_k)}{\ddot{G}_{k+1|k}^{(m_{k+1})}(\ddot{\phi}_k)}\cdot w_i^{k+1|k} \tag{18.358}$$

$$\boldsymbol{x}_i^{k+1|k+1}=\boldsymbol{x}_i^{k+1|k} \tag{18.359}$$

$$\boldsymbol{P}_i^{k+1|k+1}=\boldsymbol{P}_i^{k+1|k} \tag{18.360}$$

- 目标检报分量的观测更新 (同 BGM-κ-CPHD 滤波器)：对于 $i=1,\cdots,\nu_{k+1|k}$，$j=1,\cdots,m_{k+1}$，有

$$\ell_{i,j}^{k+1|k+1}=\ell_i^{k+1|k} \tag{18.361}$$

$$w_{i,j}^{k+1|k+1}=w_i^{k+1|k}\cdot p_{\mathrm{D}}\cdot\frac{N_{\boldsymbol{R}_{k+1}+\boldsymbol{H}_{k+1}\boldsymbol{P}_i^{k+1|k}\boldsymbol{H}_{k+1}^{\mathrm{T}}}(\boldsymbol{z}_j-\boldsymbol{H}_{k+1}\boldsymbol{x}_i^{k+1})}{\hat{\kappa}_{k+1}(\boldsymbol{z}_j)+\tau_{k+1}(\boldsymbol{z}_j)} \tag{18.362}$$

$$\boldsymbol{x}_{i,j}^{k+1|k+1}=\boldsymbol{x}_{i,j}^{k+1|k}+\boldsymbol{K}_i^{k+1}(\boldsymbol{z}_j-\boldsymbol{H}_{k+1}\boldsymbol{x}_i^{k+1|k}) \tag{18.363}$$

$$\boldsymbol{P}_{i,j}^{k+1|k+1}=(\boldsymbol{I}-\boldsymbol{K}_i^{k+1}\boldsymbol{H}_{k+1})\boldsymbol{P}_i^{k+1|k} \tag{18.364}$$

式中①

$$\boldsymbol{K}_i^{k+1}=\boldsymbol{P}_i^{k+1|k}\boldsymbol{H}_{k+1}^{\mathrm{T}}\left(\boldsymbol{R}_{k+1}+\boldsymbol{H}_{k+1}\boldsymbol{P}_i^{k+1|k}\boldsymbol{H}_{k+1}^{\mathrm{T}}\right)^{-1} \tag{18.365}$$

$$\tau_{k+1}(\boldsymbol{z}_j)=p_{\mathrm{D}}\sum_{i=1}^{\nu_{k+1|k}}w_i^{k+1|k}\cdot N_{\boldsymbol{R}_{k+1}+\boldsymbol{H}_{k+1}\boldsymbol{P}_i^{k+1|k}\boldsymbol{H}_{k+1}^{\mathrm{T}}}(\boldsymbol{z}_j-\boldsymbol{H}_{k+1}\boldsymbol{x}_i^{k+1}) \tag{18.366}$$

$$\hat{\kappa}_{k+1}(\boldsymbol{z}_j)=\mathring{p}_{\mathrm{D}}\sum_{i=1}^{\mathring{\nu}_{k+1|k}}\mathring{w}_i^{k+1|k}\cdot q_{\boldsymbol{z}_j,d_i^{k+1|k},o_i^{k+1|k},\boldsymbol{o}_i^{k+1|k},\boldsymbol{O}_i^{k+1|k}} \tag{18.367}$$

- 杂波源漏报分量的观测更新：对于 $l=1,\cdots,\mathring{\nu}_{k+1|k}$，有

$$\mathring{w}_l^{k+1|k+1}=\frac{\mathring{w}_l^{k+1|k}\cdot(1-\mathring{p}_{\mathrm{D}})}{N_{k+1|k}+\mathring{N}_{k+1|k}}\cdot\frac{\ddot{G}_{k+1|k}^{(m_{k+1}+1)}(\ddot{\phi}_k)}{\ddot{G}_{k+1|k}^{(m_{k+1})}(\ddot{\phi}_k)} \tag{18.368}$$

$$d_l^{k+1|k+1}=d_l^{k+1|k} \tag{18.369}$$

$$o_l^{k+1|k+1}=o_l^{k+1|k} \tag{18.370}$$

$$\boldsymbol{o}_l^{k+1|k+1}=\boldsymbol{o}_l^{k+1|k} \tag{18.371}$$

$$\boldsymbol{O}_l^{k+1|k+1}=\boldsymbol{O}_l^{k+1|k} \tag{18.372}$$

①译者注：原著漏掉了 $\tau_{k+1}(\boldsymbol{z}_j)$ 和 $\hat{\kappa}_{k+1}(\boldsymbol{z}_j)$ 的表达式，这里补充完整；式(18.367)中 $q_{\boldsymbol{z}_j,\cdots}$ 的定义见式(18.378)。

• 杂波源检报分量的观测更新：对于 $i=1,\cdots,\nu_{k+1|k}$，$j=1,\cdots,m_{k+1}$，有

$$\mathring{w}_{i,j}^{k+1|k+1}=\frac{\mathring{p}_{\mathrm{D}}\cdot\mathring{w}_i^{k+1|k}\cdot q_{z_j,d_i^{k+1|k},o_i^{k+1|k},\boldsymbol{o}_i^{k+1|k},\boldsymbol{O}_i^{k+1|k}}}{\hat{\kappa}_{k+1}(z_j)+\tau_{k+1}(z_j)} \tag{18.373}$$

$$d_{i,j}^{k+1|k+1}=d_i^{k+1|k}+1 \tag{18.374}$$

$$o_{i,j}^{k+1|k+1}=\mathring{\eta}_{k+1}+o_i^{k+1|k} \tag{18.375}$$

$$\boldsymbol{o}_{i,j}^{k+1|k+1}=\frac{\mathring{\eta}_{k+1}\cdot z_j+o_i^{k+1|k}\cdot\boldsymbol{o}_i^{k+1|k}}{\mathring{\eta}_{k+1}+o_i^{k+1|k}} \tag{18.376}$$

$$\boldsymbol{O}_{i,j}^{k+1|k+1}=\boldsymbol{O}_i^{k+1|k}+\frac{\mathring{\eta}_{k+1}\cdot o_i^{k+1|k}}{\mathring{\eta}_{k+1}+o_i^{k+1|k}}\cdot(z_j-\boldsymbol{o}_i^{k+1|k})(z_j-\boldsymbol{o}_i^{k+1|k})^{\mathrm{T}} \tag{18.377}$$

式中

$$\begin{aligned}&q_{z_j,d_i^{k+1|k},o_i^{k+1|k},\boldsymbol{o}_i^{k+1|k},\boldsymbol{O}_i^{k+1|k}}\\&=\frac{(\mathring{\eta}_{k+1}\cdot o_i^{k+1|k})^{M/2}\cdot\Gamma_M\left(\frac{d_{i,j}^{k+1|k+1}}{2}\right)\cdot(\det\boldsymbol{O}_i^{k+1|k})^{d_i^{k+1|k}/2}}{(\pi\cdot o_{i,j}^{k+1|k+1})^{M/2}\cdot\Gamma_M\left(\frac{d_i^{k+1|k}}{2}\right)\cdot(\det\boldsymbol{O}_{i,j}^{k+1|k+1})^{d_{i,j}^{k+1|k+1}/2}}\end{aligned} \tag{18.378}$$

• 目标势分布的观测更新：

$$p_{k+1|k+1}(n)=\frac{r_{k+1}^n}{n!}\cdot\ddot{G}_{k+1|k+1}^{(n)}(1-r_{k+1}) \tag{18.379}$$

式中

$$r_{k+1}=\frac{N_{k+1|k+1}}{N_{k+1|k+1}+\mathring{N}_{k+1|k+1}} \tag{18.380}$$

$$\ddot{G}_{k+1|k+1}(\ddot{x})=\sum_{\ddot{n}\geqslant 0}\ddot{p}_{k+1|k+1}(\ddot{n})\cdot\ddot{x}^{\ddot{n}} \tag{18.381}$$

$$N_{k+1|k+1}=\sum_{i=1}^{\nu_{k+1|k}}w_i^{k+1|k+1}+\sum_{i=1}^{\nu_{k+1|k}}\sum_{j=1}^{m_{k+1}}w_{i,j}^{k+1|k+1} \tag{18.382}$$

$$\mathring{N}_{k+1|k+1}=\sum_{l=1}^{\mathring{\nu}_{k+1|k}}\mathring{w}_l^{k+1|k+1}+\sum_{i=1}^{\mathring{\nu}_{k+1|k}}\sum_{j=1}^{m_{k+1}}\mathring{w}_{i,j}^{k+1|k+1} \tag{18.383}$$

18.5.8.5 NWM-κ-CPHD 滤波器：合并与修剪

NWM 的分量合并与修剪比 GM 情形更加复杂，这里给出两种方法：一种有理论依据但计算量大；另一种为近似方法，遵循 Chen 等人[39] 的近似路线。

• *NWM* 的精确合并——合并准则：已知下面两个 NWM 分量

$$D_1(\acute{c},\acute{C})=w_1^{k|k}\cdot NW_{d_1^{k|k},o_1^{k|k},\boldsymbol{o}_1^{k|k},\boldsymbol{O}_1^{k|k}}(\acute{c},\acute{C}) \tag{18.384}$$

$$D_2(\acute{c},\acute{C})=w_2^{k|k}\cdot NW_{d_2^{k|k},o_2^{k|k},\boldsymbol{o}_2^{k|k},\boldsymbol{O}_2^{k|k}}(\acute{c},\acute{C}) \tag{18.385}$$

现需确定是否要对它们进行合并，这可通过计算下述重叠概率 (密度) 来实现：

$$\begin{aligned}&\int NW_{d_1^{k|k},o_1^{k|k},\boldsymbol{o}_1^{k|k},\boldsymbol{O}_1^{k|k}}(\acute{\boldsymbol{c}},\acute{\boldsymbol{C}})\cdot NW_{d_2^{k|k},o_2^{k|k},\boldsymbol{o}_2^{k|k},\boldsymbol{O}_2^{k|k}}(\acute{\boldsymbol{c}},\acute{\boldsymbol{C}})\mathrm{d}\acute{\boldsymbol{c}}\mathrm{d}\acute{\boldsymbol{C}}\\ =&\frac{(o_1\cdot o_2)^{M/2}\cdot(\det\boldsymbol{O}_1)^{d_1/2}\cdot(\det\boldsymbol{O}_2)^{d_2/2}\cdot\Gamma_M(d/2)}{2^{M(M+1)/2}\cdot(\pi\cdot o)^{M/2}\cdot(\det\boldsymbol{O})^{d/2}\cdot\Gamma_M(d_1/2)\cdot\Gamma_M(d_2/2)}\end{aligned}\tag{18.386}$$

上式根据附录 G 中的式(G.28)得到[①]。对上面的结果应用门限技术，即可判断对应分量是否需要合并。

- *NWM* 的精确合并——合并公式：假设需要将下述多分量 NWM 合并为单分量 NWM，即

$$w_1\cdot NW_{d_1,o_1,\boldsymbol{o}_1,\boldsymbol{O}_1}(\acute{\boldsymbol{c}},\acute{\boldsymbol{C}})+\cdots+w_\nu\cdot NW_{d_\nu,o_\nu,\boldsymbol{o}_\nu,\boldsymbol{O}_\nu}(\acute{\boldsymbol{c}},\acute{\boldsymbol{C}})$$

$$\Downarrow$$

$$w_0\cdot NW_{d_0,o_0,\boldsymbol{o}_0,\boldsymbol{O}_0}(\acute{\boldsymbol{c}},\acute{\boldsymbol{C}})$$

令合并前后的 PHD 相等并求解 $d_0, o_0, \boldsymbol{o}_0, \boldsymbol{O}_0$。首先令

$$w_0=\sum_{i=1}^{\nu}w_i\tag{18.387}$$

$$\hat{w}_i=\frac{w_i}{w_0}\tag{18.388}$$

利用式(G.4)~(G.7)可得[②]

$$o_0=\left(\sum_{i=1}^{\nu}\hat{w}_i\cdot o_i^{-1}\right)^{-1}\tag{18.389}$$

$$\boldsymbol{o}_0=\sum_{i-1}^{\nu}\hat{w}_i\boldsymbol{o}_i\tag{18.390}$$

$$\frac{d_0}{d_0-M-1}=\frac{\sum_{i=1}^{\nu}\hat{w}_i\cdot(d_i-M-1)^{-1}\operatorname{tr}(\boldsymbol{O}_i)}{\operatorname{tr}\left(\left(\sum_{l=1}^{\nu}\hat{w}_l\cdot d_l\cdot\boldsymbol{O}_l^{-1}\right)^{-1}\right)}\tag{18.391}$$

$$\boldsymbol{O}_0=d_0\cdot\left(\sum_{i=1}^{\nu}\hat{w}_i\cdot d_i\cdot\boldsymbol{O}_i^{-1}\right)^{-1}\tag{18.392}$$

其中，式(18.391)由式(G.7)得到，具体过程如下：

$$\sum_{i=1}^{\nu}\hat{w}_i\cdot(d_i-M-1)^{-1}\cdot\operatorname{tr}(\boldsymbol{O}_i)=(d_0-M-1)^{-1}\cdot\operatorname{tr}(\boldsymbol{O}_0)\tag{18.393}$$

$$=\frac{d_0}{d_0-M-1}\cdot\operatorname{tr}\left((d_0\boldsymbol{O}_0^{-1})^{-1}\right)\tag{18.394}$$

①译者注：式(18.386)中，$\boldsymbol{d}$、o、$\boldsymbol{O}$ 的定义分别见式(G.24)、式(G.25)及式(G.27)。

②因原著式(G.7)的分母将 $\boldsymbol{d}-\boldsymbol{M}-1$ 误写为 $\boldsymbol{d}-\frac{\boldsymbol{M}-1}{2}$，因此由式(G.7)得出的式(18.391)、式(18.393)、式(18.394)中的 $\boldsymbol{d}-\frac{\boldsymbol{M}-1}{2}$ 都应统一替换为 $\boldsymbol{d}-\boldsymbol{M}-1$，这里已更正。

然后利用式(G.5)即可得到式(18.391)。

- *NWM* 的近似合并——合并准则：令第一个 NWM 分量为

$$D_1(\acute{c},\acute{C}) = w_1^{k|k}\cdot N_{(o_1\cdot\acute{C})^{-1}}(\acute{c}-\boldsymbol{o}_1)\cdot W_{d_1,\boldsymbol{o}_1}(\acute{C}) \tag{18.395}$$

$W_{d_1,\boldsymbol{o}_1}(\acute{C})$ 的模式量为 $(d_1-M-1)\cdot\boldsymbol{O}_1^{-1}$①。假定 $W_{d_1,\boldsymbol{o}_1}(\acute{C})$ 在该模式处足够紧，由附录 G 中的式(G.9)可知，该假设当下式足够小时才成立：

$$\sqrt{d_1-M-1}\cdot\mathrm{tr}(\boldsymbol{O}_1^{-1}) \tag{18.396}$$

此时可将该 NWM 分量近似为

$$D_1(\acute{c},\acute{C}) \cong w_1^{k|k}\cdot N_{(o_1\cdot(d-M-1))^{-1}\cdot\acute{\boldsymbol{o}}_1}(\acute{c}-\boldsymbol{o}_1)\cdot W_{d_1,\boldsymbol{o}_1}(\acute{C}) \tag{18.397}$$

再令第二个紧分布的 NWM 分量为

$$D_2(\acute{c},\acute{C}) = w_2^{k|k}\cdot N_{(o_2\cdot\acute{C})^{-1}}(\acute{c}-\boldsymbol{o}_2)\cdot W_{d_2,\boldsymbol{o}_2}(\acute{C}) \tag{18.398}$$

则这两个 NWM 分量合并与否可通过下面两个高斯分量是否需合并来确定：

$$\tilde{D}_1(\acute{c}) = w_1^{k|k}\cdot N_{(o_1\cdot(d-M-1))^{-1}\cdot\acute{\boldsymbol{o}}_1}(\acute{c}-\boldsymbol{o}_1) \tag{18.399}$$

$$\tilde{D}_2(\acute{c}) = w_2^{k|k}\cdot N_{(o_2\cdot(d-M-1))^{-1}\cdot\acute{\boldsymbol{o}}_2}(\acute{c}-\boldsymbol{o}_2) \tag{18.400}$$

采用9.5.3节一般高斯分量的合并准则便可解决该问题。

- *NWM* 的近似合并——合并公式：若需要分量合并，不妨设合并后的分量为

$$\tilde{D}_0(\acute{c}) = w_0\cdot N_{\boldsymbol{O}_0}(\acute{c}-\boldsymbol{o}_0) \tag{18.401}$$

则

$$w_0 = w_1 + w_2 \tag{18.402}$$

$$\hat{w}_1 = w_1/w_0 \tag{18.403}$$

$$\hat{w}_2 = w_2/w_0 \tag{18.404}$$

$$\boldsymbol{o}_0 = \hat{w}_1\cdot\boldsymbol{o}_1 + \hat{w}_2\cdot\boldsymbol{o}_2 \tag{18.405}$$

$$\begin{aligned}\boldsymbol{O}_0 = {} & \hat{w}_1\cdot(o_1\cdot(d-M-1))^{-1}\cdot\boldsymbol{O}_1+ \\ & \hat{w}_2\cdot(o_2\cdot(d-M-1))^{-1}\cdot\boldsymbol{O}_2+ \\ & \hat{w}_1\cdot\hat{w}_2\cdot(\boldsymbol{o}_1-\boldsymbol{o}_2)(\boldsymbol{o}_1-\boldsymbol{o}_2)^{\mathrm{T}}\end{aligned} \tag{18.406}$$

最后根据假定，由于 $D_1(\acute{c},\acute{C})$ 和 $D_2(\acute{c},\acute{C})$ 在各自的模式矩阵处紧分布，且两个高斯分量需要合并，故模式矩阵 $(o_1\cdot(d-M-1))^{-1}\cdot\boldsymbol{O}_1$ 和 $(o_2\cdot(d-M-1))^{-1}\cdot\boldsymbol{O}_2$ 必近似相等。因此，合并后的分量具有如下形式：

$$D_0(\acute{c},\acute{C}) = \tilde{D}_0(\acute{c})\cdot W_{d_1,\boldsymbol{o}_1}(\acute{C}) \cong \tilde{D}_0(\acute{c})\cdot W_{d_2,\boldsymbol{o}_2}(\acute{C}) \tag{18.407}$$

①译者注：Wishart 分布的模式量 $(d_1-M-1)\cdot\boldsymbol{O}_1^{-1} = (\mathbb{E}[\acute{C}^{-1}])^{-1}$，见附录式(G.7)。

18.6 多传感器 κ-CPHD 滤波器

前面介绍的 λ-CPHD 和 κ-CPHD 滤波器都为单传感器滤波器，本节采用第10章的方法将它们推广至多传感器情形。

18.6.1 迭代修正式 κ-CPHD 滤波器

一种最简单的方式是采用10.5节的迭代修正方法。此时只需对每个传感器重复使用 λ-CPHD 和 κ-CPHD 滤波器的观测更新方程即可，这种处理显然会秉承迭代修正方法所固有的缺陷。

18.6.2 平行组合式 κ-CPHD 滤波器

另一种是采用10.5节的平行组合近似方法，本节简要介绍如何将其用到 κ-CPHD 滤波器。

令多传感器的目标-杂波联合状态空间如下所示：

$$\ddot{\mathfrak{X}} = \mathfrak{X} \uplus \overset{1}{\mathring{\mathfrak{C}}} \uplus \cdots \uplus \overset{s}{\mathring{\mathfrak{C}}} \tag{18.408}$$

式中：$\overset{j}{\mathring{\mathfrak{C}}} = [0,1] \times \overset{j}{\mathfrak{C}}$ 是第 j 个传感器的杂波源状态空间。

将联合空间上的积分定义为

$$\int \ddot{f}(\ddot{\boldsymbol{x}})\mathrm{d}\ddot{\boldsymbol{x}} = \int_{\mathfrak{X}} \ddot{f}(\boldsymbol{x})\mathrm{d}\boldsymbol{x} + \int_{\overset{1}{\mathring{\mathfrak{C}}}} \ddot{f}(\overset{1}{\mathring{\boldsymbol{c}}})\mathrm{d}\overset{1}{\mathring{\boldsymbol{c}}} + \cdots + \int_{\overset{s}{\mathring{\mathfrak{C}}}} \ddot{f}(\overset{s}{\mathring{\boldsymbol{c}}})\mathrm{d}\overset{s}{\mathring{\boldsymbol{c}}} \tag{18.409}$$

式中

$$\int_{\overset{j}{\mathring{\mathfrak{C}}}} \ddot{f}(\overset{j}{\mathring{\boldsymbol{c}}})\mathrm{d}\overset{j}{\mathring{\boldsymbol{c}}} = \int\int_0^1 \ddot{f}(\overset{j}{c},\overset{j}{\boldsymbol{c}})\mathrm{d}\overset{j}{c}\mathrm{d}\overset{j}{\boldsymbol{c}} \tag{18.410}$$

则 PCAM-κ-CPHD 滤波器的形式如下：

$$\begin{array}{ccccccccc}
\cdots\to & \ddot{p}_{k|k}(\ddot{n}) & \to & \ddot{p}_{k+1|k}(\ddot{n}) & \to & \ddot{p}_{k+1|k+1}(\ddot{n}) & \to\cdots \\
 & & \uparrow & & \uparrow\downarrow & & \\
\cdots\to & s_{k|k}(\boldsymbol{x}) & \to & s_{k+1|k}(\boldsymbol{x}) & \to & s_{k+1|k+1}(\boldsymbol{x}) & \to\cdots \\
 & & \uparrow & & \uparrow\downarrow & & \\
\cdots\to & \overset{1}{\mathring{s}}_{k|k}(\overset{1}{c},\overset{1}{\boldsymbol{c}}) & \to & \overset{1}{\mathring{s}}_{k+1|k}(\overset{1}{c},\overset{1}{\boldsymbol{c}}) & \to & \overset{1}{\mathring{s}}_{k+1|k+1}(\overset{1}{c},\overset{1}{\boldsymbol{c}}) & \to\cdots \\
 & \vdots & \vdots & \vdots & \vdots & \vdots & \\
\cdots\to & \overset{s}{\mathring{s}}_{k|k}(\overset{s}{c},\overset{s}{\boldsymbol{c}}) & \to & \overset{s}{\mathring{s}}_{k+1|k}(\overset{s}{c},\overset{s}{\boldsymbol{c}}) & \to & \overset{s}{\mathring{s}}_{k+1|k+1}(\overset{s}{c},\overset{s}{\boldsymbol{c}}) & \to\cdots
\end{array}$$

其中：最上面的滤波器传递联合目标数 $\ddot{n} = n + \overset{1}{n} + \cdots + \overset{s}{n}$ 的势分布 $\ddot{p}_{k|k}(\ddot{n})$，n 表示目标数，$\overset{j}{n}$ 为传感器 j 的杂波源数目；第二个滤波器传递目标空间分布 $s_{k|k}(\boldsymbol{x})$；再下面各行传递各传感器杂波源的空间分布 $\overset{j}{\mathring{s}}_{k|k}(\overset{j}{c},\overset{j}{\boldsymbol{c}})$。

在 t_{k+1} 时刻，s 个传感器分别获得了观测集 $\overset{1}{Z}_{k+1},\cdots,\overset{s}{Z}_{k+1}$，且 $|\overset{j}{Z}|_{k+1}=\overset{j}{m}$，现需利用这些观测集构造更新的目标–杂波联合空间分布 $\ddot{s}_{k+1|k+1}(\ddot{\boldsymbol{x}})$ 及联合势分布 $\ddot{p}_{k+1|k+1}(\ddot{n})$。

给定上述条件后，观测更新的空间分布和势分布可直接由式(10.94)~(10.103)得到。令

$$\overset{j}{\ddot{\phi}}_{k+1}=\int(1-\overset{j}{p}_{\mathrm{D}}(\ddot{\boldsymbol{x}}))\cdot\ddot{s}_{k+1|k}(\ddot{\boldsymbol{x}})\mathrm{d}\ddot{\boldsymbol{x}} \tag{18.411}$$

$$\overset{j}{\ddot{\tau}}_{k+1}(\overset{j}{\boldsymbol{z}})=\int\overset{j}{p}_{\mathrm{D}}(\ddot{\boldsymbol{x}})\cdot\overset{j}{L}_{\overset{j}{\boldsymbol{z}}}(\ddot{\boldsymbol{x}})\cdot\ddot{s}_{k+1|k}(\ddot{\boldsymbol{x}})\mathrm{d}\ddot{\boldsymbol{x}} \tag{18.412}$$

则

$$\ddot{s}_{k+1|k+1}(\ddot{\boldsymbol{x}})=\frac{1}{\ddot{N}_{k+1|k+1}}\cdot\ddot{L}_{\overset{1}{Z}_{k+1},\cdots,\overset{s}{Z}_{k+1}}(\ddot{\boldsymbol{x}})\cdot\ddot{s}_{k+1|k}(\ddot{\boldsymbol{x}}) \tag{18.413}$$

$$\ddot{p}_{k+1|k+1}(\ddot{n})=\frac{\tilde{p}_{k+1|k+1}(\ddot{n})\cdot\ddot{\theta}_{k+1}^{\ddot{n}}}{\tilde{G}_{k+1|k+1}(\ddot{\theta}_{k+1})} \tag{18.414}$$

其中：

$$\ddot{L}_{\overset{1}{Z}_{k+1},\cdots,\overset{s}{Z}_{k+1}}(\ddot{\boldsymbol{x}})=\frac{\tilde{G}^{(1)}_{k+1|k+1}(\ddot{\theta}_{k+1})}{\tilde{G}_{k+1|k+1}(\ddot{\theta}_{k+1})}\cdot\frac{\overset{1}{\ddot{L}}_{\overset{1}{Z}_{k+1}}(\ddot{\boldsymbol{x}})\cdots\overset{s}{\ddot{L}}_{\overset{s}{Z}_{k+1}}(\ddot{\boldsymbol{x}})}{\overset{1}{\ddot{N}}_{k+1|k+1}\cdots\overset{s}{\ddot{N}}_{k+1|k+1}} \tag{18.415}$$

$$\ddot{N}_{k+1|k+1}=\frac{\tilde{G}^{(1)}_{k+1|k+1}(\ddot{\theta}_{k+1})}{\tilde{G}_{k+1|k+1}(\ddot{\theta}_{k+1})}\cdot\ddot{\theta}_{k+1} \tag{18.416}$$

$$\ddot{\theta}_{k+1}=\frac{\overset{1\cdots s}{\ddot{N}}_{k+1|k+1}}{\overset{1}{\ddot{N}}_{k+1|k+1}\cdots\overset{s}{\ddot{N}}_{k+1|k+1}} \tag{18.417}$$

$$\tilde{p}_{k+1|k+1}(\ddot{n})=\overset{1}{\ddot{\ell}}_{\overset{1}{Z}_{k+1}}(\ddot{n})\cdots\overset{s}{\ddot{\ell}}_{\overset{s}{Z}_{k+1}}(\ddot{n})\cdot\ddot{p}_{k+1|k}(\ddot{n}) \tag{18.418}$$

$$\tilde{G}_{k+1|k+1}(\ddot{x})=\sum_{\ddot{n}\geqslant 0}\tilde{p}_{k+1|k+1}(\ddot{n})\cdot\ddot{x}^{\ddot{n}} \tag{18.419}$$

上面等式中有关变量的定义如下：

$$\overset{1\cdots s}{\ddot{N}}_{k+1|k+1}=\int\overset{1}{\ddot{L}}_{\overset{1}{Z}_{k+1}}(\ddot{\boldsymbol{x}})\cdots\overset{s}{\ddot{L}}_{\overset{s}{Z}_{k+1}}(\ddot{\boldsymbol{x}})\cdot\ddot{s}_{k+1|k}(\ddot{\boldsymbol{x}})\mathrm{d}\ddot{\boldsymbol{x}} \tag{18.420}$$

$$\overset{j}{\ddot{\ell}}_{\overset{j}{Z}_{k+1}}(\ddot{n})=C_{\ddot{n},\overset{j}{m}}\cdot\overset{j}{\ddot{\phi}}{}_{k+1}^{\ddot{n}-\overset{j}{m}} \tag{18.421}$$

$$\overset{j}{\ddot{L}}_{\overset{j}{Z}_{k+1}}(\ddot{\boldsymbol{x}})=\frac{1-\overset{j}{p}_{\mathrm{D}}(\ddot{\boldsymbol{x}})}{\ddot{N}_{k+1|k}}\cdot\frac{\ddot{G}^{(\overset{j}{m}+1)}_{k+1|k}(\overset{j}{\ddot{\phi}}_{k+1})}{\ddot{G}^{(\overset{j}{m})}_{k+1|k}(\overset{j}{\ddot{\phi}}_{k+1})}+\sum_{\overset{j}{\boldsymbol{z}}\in\overset{j}{Z}_{k+1}}\frac{\overset{j}{p}_{\mathrm{D}}(\ddot{\boldsymbol{x}})\cdot\overset{j}{L}_{\overset{j}{\boldsymbol{z}}}(\ddot{\boldsymbol{x}})}{\overset{j}{\ddot{\tau}}_{k+1}(\overset{j}{\boldsymbol{z}})} \tag{18.422}$$

$$\overset{j}{\ddot{N}}_{k+1|k+1} = \frac{\overset{j}{\ddot{\phi}}_{k+1}}{\ddot{N}_{k+1|k}} \cdot \frac{\ddot{G}_{k+1|k}^{(\overset{j}{m}+1)}(\overset{j}{\ddot{\phi}}_{k+1})}{\ddot{G}_{k+1|k}^{(\overset{j}{m})}(\overset{j}{\ddot{\phi}}_{k+1})} + \overset{j}{m} \tag{18.423}$$

对于多传感器 PCAM-κ-CPHD 滤波器，目标和杂波过程的 PHD 或空间分布可分别定义如下：

- 目标过程：

$$D_{k+1|k}(\boldsymbol{x}) = \ddot{D}_{k+1|k}(\boldsymbol{x}) \tag{18.424}$$

$$N_{k+1|k} = \int D_{k+1|k}(\boldsymbol{x})\mathrm{d}\boldsymbol{x} \tag{18.425}$$

$$s_{k+1|k}(\boldsymbol{x}) = \frac{D_{k+1|k}(\boldsymbol{x})}{N_{k+1|k}} \tag{18.426}$$

$$D_{k+1|k+1}(\boldsymbol{x}) = \ddot{D}_{k+1|k+1}(\boldsymbol{x}) \tag{18.427}$$

$$N_{k+1|k+1} = \int D_{k+1|k+1}(\boldsymbol{x})\mathrm{d}\boldsymbol{x} \tag{18.428}$$

$$s_{k+1|k+1}(\boldsymbol{x}) = \frac{D_{k+1|k+1}(\boldsymbol{x})}{N_{k+1|k+1}} \tag{18.429}$$

- 杂波过程：

$$\overset{j}{\mathring{D}}_{k+1|k}(\overset{j}{\mathring{\boldsymbol{c}}}) = \ddot{D}_{k+1|k}(\overset{j}{\mathring{\boldsymbol{c}}}) \tag{18.430}$$

$$\overset{j}{\mathring{N}}_{k+1|k} = \int \overset{j}{\mathring{D}}_{k+1|k}(\overset{j}{\mathring{\boldsymbol{c}}})\mathrm{d}\overset{j}{\mathring{\boldsymbol{c}}} \tag{18.431}$$

$$\overset{j}{\mathring{s}}_{k+1|k}(\overset{j}{\mathring{\boldsymbol{c}}}) = \frac{\overset{j}{\mathring{D}}_{k+1|k}(\overset{j}{\mathring{\boldsymbol{c}}})}{\overset{j}{\mathring{N}}_{k+1|k}} \tag{18.432}$$

$$\overset{j}{\mathring{D}}_{k+1|k+1}(\overset{j}{\mathring{\boldsymbol{c}}}) = \ddot{D}_{k+1|k+1}(\overset{j}{\mathring{\boldsymbol{c}}}) \tag{18.433}$$

$$\overset{j}{\mathring{N}}_{k+1|k+1} = \int \overset{j}{\mathring{D}}_{k+1|k+1}(\overset{j}{\mathring{\boldsymbol{c}}})\mathrm{d}\overset{j}{\mathring{\boldsymbol{c}}} \tag{18.434}$$

$$\overset{j}{\mathring{s}}_{k+1|k+1}(\overset{j}{\mathring{\boldsymbol{c}}}) = \frac{\overset{j}{\mathring{D}}_{k+1|k+1}(\overset{j}{\mathring{\boldsymbol{c}}})}{\overset{j}{\mathring{N}}_{k+1|k+1}} \tag{18.435}$$

给定上述定义后，可按照这些 PHD 或空间分布重新表示 PCAM-CPHD 公式，此处不再赘述。对于多目标状态估计，目标势分布可类比式(18.59)得到：

$$p_{k+1|k+1}(n) = \frac{r_{k+1}^n}{n!} \cdot \ddot{G}_{k+1|k+1}^{(n)}(1 - r_{k+1}) \tag{18.436}$$

$$r_{k+1} = \frac{N_{k+1|k+1}}{N_{k+1|k+1} + \overset{1}{\mathring{N}}_{k+1|k+1} + \cdots + \overset{s}{\mathring{N}}_{k+1|k+1}} \tag{18.437}$$

同理，类比式(18.78)不难得到第 j 个传感器的杂波强度函数估计：

$$\overset{j}{\hat{\kappa}}_{k+1}(\overset{j}{z}) = \int\int_0^1 \overset{j}{c} \cdot \overset{j}{f}{}^{\kappa}_{k+1}(\overset{j}{z}|\overset{j}{\boldsymbol{c}}) \cdot \overset{j}{\mathring{D}}_{k+1|k}(\overset{j}{c}, \overset{j}{\boldsymbol{c}})\mathrm{d}\overset{j}{c}\mathrm{d}\overset{j}{\boldsymbol{c}} \tag{18.438}$$

相应的杂波率估计为

$$\overset{j}{\hat{\lambda}}_{k+1} = \int\int_0^1 \overset{j}{c} \cdot \overset{j}{\mathring{D}}_{k+1|k}(\overset{j}{c}, \overset{j}{\boldsymbol{c}})\mathrm{d}\overset{j}{c}\mathrm{d}\overset{j}{\boldsymbol{c}} \tag{18.439}$$

类比式(18.90)即可得到第 j 个传感器的杂波势分布①：

$$\overset{j}{\hat{p}}_{k+1}(m) = \frac{\overset{j}{\tilde{\lambda}}{}^m_{k+1}}{m!} \cdot \ddot{G}^{(m)}_{k+1|k}(1 - \overset{j}{\tilde{\lambda}}_{k+1}) \tag{18.440}$$

$$\overset{j}{\tilde{\lambda}}_{k+1} = \frac{\overset{j}{\hat{\lambda}}_{k+1}}{N_{k+1|k} + \overset{1}{\mathring{N}}_{k+1|k} + \cdots + \overset{s}{\mathring{N}}_{k+1|k}} \tag{18.441}$$

18.7 κ−CBMeMBer 滤波器

应用本章及上一章介绍的技术，B. T. Vo、B. N. Vo、R. Hoseinnezhad 和 R. Mahler 将 CBMeMBer 滤波器 (见第13章) 推广至杂波及检测包线背景均未知的情形[312,313]。与背景未知的 CPHD 滤波器类似，通过下面两种方法可由 CBMeMBer 滤波器直接构造出未知背景下的 CBMeMBer 滤波器：

- 采用新状态 $(a, \boldsymbol{x})$ 表示未知检测概率的目标，其中，$\boldsymbol{x}$ 是目标状态，$0 \leqslant a \leqslant 1$ 表示未知检测概率。
- 采用形如 $(c, \boldsymbol{c})$ 的杂波源表示杂波，其中，c 为杂波检测概率，它的似然函数为 $\mathring{L}_{\boldsymbol{z}}(\boldsymbol{c})$。

第一种方法较为简单，只要用 a、$\int\int_0^1 \cdot \mathrm{d}a\mathrm{d}\boldsymbol{x}$ 分别替换 CBMeMBer 滤波器公式中的 $p_{\mathrm{D}}(\boldsymbol{x})$ 和 $\int \cdot \mathrm{d}\boldsymbol{x}$ 即可②。下面介绍第二种方法，所得滤波器即“κ−CBMeMBer 滤波器”滤波器。与 CBMeMBer 滤波器一样，当运动 / 观测模型的非线性程度较高时，基于粒子实现的 κ−CBMeMBer 滤波器更为高效。与 κ−CPHD 滤波器类似，当用 $\ddot{\boldsymbol{x}}$ 替换常规状态 $\boldsymbol{x}$ 时，存在两种可能的形式，即 $\ddot{\boldsymbol{x}} = \boldsymbol{x}$ 或 $\ddot{\boldsymbol{x}} = (c, \boldsymbol{c})$；相应的观测和运动模型分别为 $\ddot{p}_{\mathrm{D}}(\ddot{\boldsymbol{x}})$、$\ddot{L}_{\boldsymbol{z}}(\ddot{\boldsymbol{x}}) = f_{k+1}(\boldsymbol{z}|\ddot{\boldsymbol{x}})$、$\ddot{p}_{\mathrm{S}}(\ddot{\boldsymbol{x}})$ 及 $\ddot{M}_{\ddot{\boldsymbol{x}}}(\ddot{\boldsymbol{x}}') = \ddot{f}_{k+1}(\ddot{\boldsymbol{x}}|\ddot{\boldsymbol{x}}')$。

本节内容安排如下：

①译者注：原著式(18.441)分母中各变量的时间下标为“$k+1|k+1$”，这里更正为“$k+1|k$”。

②译者注：见17.6节。

- 18.7.1节：κ−CBMeMBer 滤波器的模型假设。
- 18.7.2节：κ−CBMeMBer 滤波器的时间更新方程。
- 18.7.3节：κ−CBMeMBer 滤波器的观测更新方程。
- 18.7.4节：κ−CBMeMBer 滤波器的状态估计。
- 18.7.5节：κ−CBMeMBer 滤波器的杂波估计。

18.7.1　κ−CBMeMBer 滤波器：模型

κ−CBMeMBer 滤波器的运动模型和观测模型与18.5.1节 κ−CPHD 滤波器基本相同：

- 目标只能转变为目标，杂波源只能转变为杂波源。
- 目标存活概率：$p_{S,k+1}(\boldsymbol{x}) \stackrel{\text{abbr.}}{=} p_S(\boldsymbol{x})$。
- 目标马尔可夫密度：$M_{\boldsymbol{x}}(\boldsymbol{x}') = f_{k+1|k}(\boldsymbol{x}|\boldsymbol{x}')$。
- 杂波源存活概率：$\mathring{p}_{S,k+1}(\boldsymbol{c}) \stackrel{\text{abbr.}}{=} \mathring{p}_S(\boldsymbol{c})$。
- 杂波源的马尔可夫密度：$M_{\boldsymbol{c}}^{\kappa}(\boldsymbol{c}') = \mathring{f}_{k+1|k}^{\kappa}(\boldsymbol{c}|\boldsymbol{c}')$。
- 杂波检测概率的马尔可夫密度：$M_c^{\kappa} = \mathring{f}_{k+1|k}^{\kappa}(c|c')$，定义见式(17.12)~(17.16)。
- 目标检测概率：$p_D(\boldsymbol{x}) \stackrel{\text{abbr.}}{=} p_{D,k+1}(\boldsymbol{x})$。
- 目标似然函数：$L_{\boldsymbol{z}}(\boldsymbol{x}) \stackrel{\text{abbr.}}{=} f_{k+1}(\boldsymbol{z}|\boldsymbol{x})$。
- 杂波源的似然函数：$L_{\boldsymbol{z}}^{\kappa}(\boldsymbol{c}) \stackrel{\text{abbr.}}{=} f_{k+1}^{\kappa}(\boldsymbol{z}|\boldsymbol{c})$。
- 因杂波已由杂波源表征，故先验杂波强度函数 $\kappa_{k+1}(\boldsymbol{z}) = 0$。

给定上述模型假设后，可按下述方式构造 κ−CBMeMBer 滤波器。在 t_k 时刻，滤波器航迹列表共包括 $i = 1, \cdots, \ddot{\nu}_{k|k}$ 条航迹，且每条航迹包括：① 目标−杂波联合航迹分布 $\ddot{s}_{k|k}^{i}(\ddot{\boldsymbol{x}})$，其中 $\ddot{\boldsymbol{x}} = \boldsymbol{x}$ 或 $\ddot{\boldsymbol{x}} = (c, \boldsymbol{c})$；② 目标−杂波联合存在概率 $\ddot{q}_{k|k}^{i}$；③ 目标−杂波联合标签 $\ddot{\ell}_{k|k}^{i}$。定义密度函数如下：

$$s_{k|k}^{i}(\boldsymbol{x}) = \ddot{s}_{k|k}^{i}(\boldsymbol{x}) \tag{18.442}$$

$$\mathring{s}_{k|k}^{i}(c, \boldsymbol{c}) = \ddot{s}_{k|k}^{i}(c, \boldsymbol{c}) \tag{18.443}$$

且

$$1 = \int \ddot{s}_{k|k}^{i}(\ddot{\boldsymbol{x}})\mathrm{d}\ddot{\boldsymbol{x}} = N_{k|k}^{i} + \mathring{N}_{k|k}^{i} \tag{18.444}$$

式中

$$N_{k|k}^{i} = \int s_{k|k}^{i}(\boldsymbol{x})\mathrm{d}\boldsymbol{x}, \quad \mathring{N}_{k|k}^{i} = \int \int_0^1 \mathring{s}_{k|k}^{i}(c, \boldsymbol{c})\mathrm{d}c\mathrm{d}\boldsymbol{c} \tag{18.445}$$

因此，可将目标−杂波联合航迹分布 $\ddot{s}_{k|k}^{1}(\ddot{\boldsymbol{x}}), \cdots, \ddot{s}_{k|k}^{\ddot{\nu}_{k|k}}(\ddot{\boldsymbol{x}})$ 等价替换为目标航迹分布 $s_{k|k}^{1}(\boldsymbol{x}), \cdots, s_{k|k}^{\ddot{\nu}_{k|k}}(\boldsymbol{x})$ 及杂波航迹分布 $\mathring{s}_{k|k}^{1}(c, \boldsymbol{c}), \cdots, \mathring{s}_{k|k}^{\ddot{\nu}_{k|k}}(c, \boldsymbol{c})$。

注意：当 $s^i_{k|k}(\boldsymbol{x})=0$ 或 $\mathring{s}^i_{k|k}(c,\boldsymbol{c})=0$ 时，式(18.444)也成立。另外，标签 $\ddot{\ell}^i_{k|k}$ 的一般形式为 $\ddot{\ell}^i_{k|k}=(\ell^i_{k|k},\mathring{\ell}^i_{k|k})$，包含了目标标签 $\ell^i_{k|k}$ 及杂波源标签 $\mathring{\ell}^i_{k|k}$。由于滤波过程中无需传递杂波源的标签，故可省略 $\mathring{\ell}^i_{k|k}$ 而只传递 $\ell^i_{k|k}$。因此，对于 κ-CBMeMBer 滤波器，多伯努利系统的一般形式如下：

$$\left\{\ell^i_{k|k},\ddot{q}^i_{k|k},s^i_{k|k}(\boldsymbol{x}),\mathring{s}^i_{k|k}(c,\boldsymbol{c})\right\}_{i=1}^{\ddot{\nu}_{k|k}}$$

18.7.2 κ-CBMeMBer 滤波器：时间更新

已知下面的先验多伯努利系统：

$$\ddot{\mathcal{T}}_{k|k}=\left\{\ell^i_{k|k},\ddot{q}^i_{k|k},s^i_{k|k}(\boldsymbol{x}),\mathring{s}^i_{k|k}(c,\boldsymbol{c})\right\}_{i=1}^{\ddot{\nu}_{k|k}} \tag{18.446}$$

现欲确定下述时间更新的多伯努利系统：

$$\ddot{\mathcal{T}}_{k+1|k}=\left\{\ell^i_{k+1|k},\ddot{q}^i_{k+1|k},s^i_{k+1|k}(\boldsymbol{x}),\mathring{s}^i_{k+1|k}(c,\boldsymbol{c})\right\}_{i=1}^{\ddot{\nu}_{k+1|k}} \tag{18.447}$$

上述航迹表的一般形式如下：

$$\ddot{\mathcal{T}}_{k+1|k}=\ddot{\mathcal{T}}^{\text{存活}}_{k+1|k}\cup\ddot{\mathcal{T}}^{\text{新生}}_{k+1|k} \tag{18.448}$$

式中

$$\ddot{\mathcal{T}}^{\text{存活}}_{k+1|k}=\left\{\ell_i,\ddot{q}_i,s_i(\boldsymbol{x}),\mathring{s}_i(c,\boldsymbol{c})\right\}_{i=1}^{\ddot{\nu}_{k|k}} \tag{18.449}$$

$$\ddot{\mathcal{T}}^{\text{新生}}_{k+1|k}=\left\{\ell^{\mathrm{B}}_i,\ddot{q}^{\mathrm{B}}_i,s^{\mathrm{B}}_i(\boldsymbol{x}),\mathring{s}^{\mathrm{B}}_i(c,\boldsymbol{c})\right\}_{i=1}^{\ddot{b}_k} \tag{18.450}$$

存活航迹分量可表示如下：对于 $i=1,\cdots,\ddot{\nu}_{k|k}$，有

$$\ell_i=\ell^i_{k|k} \tag{18.451}$$

$$\ddot{q}_i=\ddot{q}^i_{k|k}\cdot\left(s^i_{k|k}[p_{\mathrm{S}}]+\mathring{s}^i_{k|k}[\mathring{p}_{\mathrm{S}}]\right) \tag{18.452}$$

$$s_i(\boldsymbol{x})=\frac{s^i_{k|k}[p_{\mathrm{S}}M_{\boldsymbol{x}}]}{s^i_{k|k}[p_{\mathrm{S}}]+\mathring{s}^i_{k|k}[\mathring{p}_{\mathrm{S}}]} \tag{18.453}$$

$$\mathring{s}_i(c,\boldsymbol{c})=\frac{\mathring{s}^i_{k|k}[\mathring{p}_{\mathrm{S}}\mathring{M}_{c,\boldsymbol{c}}]}{s^i_{k|k}[p_{\mathrm{S}}]+\mathring{s}^i_{k|k}[\mathring{p}_{\mathrm{S}}]} \tag{18.454}$$

式中

$$s^i_{k|k}[p_{\mathrm{S}}]=\int p_{\mathrm{S}}(\boldsymbol{x})\cdot s^i_{k|k}(\boldsymbol{x})\mathrm{d}\boldsymbol{x} \tag{18.455}$$

$$\mathring{s}^i_{k|k}[\mathring{p}_{\mathrm{S}}]=\int\int_0^1\mathring{p}_{\mathrm{S}}(\boldsymbol{c})\cdot\mathring{s}^i_{k|k}(c,\boldsymbol{c})\mathrm{d}c\mathrm{d}\boldsymbol{c} \tag{18.456}$$

18.7.3 κ-CBMeMBer 滤波器：观测更新

已知下面的预测多伯努利系统：

$$\ddot{\mathcal{T}}_{k+1|k}=\left\{\ell^i_{k+1|k},\ddot{q}^i_{k+1|k},s^i_{k+1|k}(\boldsymbol{x}),\mathring{s}^i_{k+1|k}(c,\boldsymbol{c})\right\}_{i=1}^{\ddot{\nu}_{k+1|k}} \tag{18.457}$$

在得到新观测集 $Z_{k+1}=\{\boldsymbol{z}_1,\cdots,\boldsymbol{z}_{m_{k+1}}\}$ ($|Z_{k+1}|=m_{k+1}$) 后，现欲确定下述观测更新的多伯努利系统：

$$\ddot{\mathcal{T}}_{k+1|k+1}=\left\{\ell^i_{k+1|k+1},\ddot{q}^i_{k+1|k+1},s^i_{k+1|k+1}(\boldsymbol{x}),\mathring{s}^i_{k+1|k+1}(c,\boldsymbol{c})\right\}_{i=1}^{\ddot{\nu}_{k+1|k+1}} \tag{18.458}$$

上式多伯努利系统的一般形式如下：

$$\ddot{\mathcal{T}}_{k+1|k+1}=\ddot{\mathcal{T}}^{\mathrm{Legacy}}_{k+1|k+1}\cup\ddot{\mathcal{T}}^{\mathrm{Meas}}_{k+1|k+1} \tag{18.459}$$

式中

$$\ddot{\mathcal{T}}^{\mathrm{Legacy}}_{k+1|k+1}=\{\ell^{\mathrm{L}}_i,\ddot{q}^{\mathrm{L}}_i,s^{\mathrm{L}}_i(\boldsymbol{x}),\mathring{s}^{\mathrm{L}}_i(c,\boldsymbol{c})\}_{i=1}^{\ddot{\nu}_{k+1|k}} \tag{18.460}$$

$$\ddot{\mathcal{T}}^{\mathrm{Meas}}_{k+1|k+1}=\{\ell^{\mathrm{U}}_j,\ddot{q}^{\mathrm{U}}_j,s^{\mathrm{U}}_j(\boldsymbol{x}),\mathring{s}^{\mathrm{U}}_j(c,\boldsymbol{c})\}_{j=1}^{m_{k+1}} \tag{18.461}$$

遗留分量的观测更新方程可表示如下：对于 $i=1,\cdots,\ddot{\nu}_{k+1|k}$，有

$$\ell^{\mathrm{L}}_i=\ell^i_{k+1|k} \tag{18.462}$$

$$\ddot{q}^{\mathrm{L}}_i=\frac{\ddot{q}^i_{k+1|k}\cdot\left(1-s^i_{k+1|k}[p_{\mathrm{D}}]-\mathring{s}^i_{k+1|k}[\mathring{p}_{\mathrm{D}}]\right)}{1-\ddot{q}^i_{k+1|k}\cdot s^i_{k+1|k}[p_{\mathrm{D}}]-\ddot{q}^i_{k+1|k}\cdot\mathring{s}^i_{k+1|k}[\mathring{p}_{\mathrm{D}}]} \tag{18.463}$$

$$s^{\mathrm{L}}_i(\boldsymbol{x})=s^i_{k+1|k}(\boldsymbol{x})\cdot\frac{1-p_{\mathrm{D}}(\boldsymbol{x})}{1-s^i_{k+1|k}[p_{\mathrm{D}}]-\mathring{s}_{k+1|k}[\mathring{p}_{\mathrm{D}}]} \tag{18.464}$$

$$\mathring{s}^{\mathrm{L}}_i(c,\boldsymbol{c})=\mathring{s}^i_{k+1|k}(c,\boldsymbol{c})\cdot\frac{1-c}{1-s^i_{k+1|k}[p_{\mathrm{D}}]-\mathring{s}_{k+1|k}[\mathring{p}_{\mathrm{D}}]} \tag{18.465}$$

式中

$$s^i_{k+1|k}[p_{\mathrm{D}}]=\int p_{\mathrm{D}}(\boldsymbol{x})\cdot s^i_{k+1|k}(\boldsymbol{x})\mathrm{d}\boldsymbol{x} \tag{18.466}$$

$$\mathring{s}^i_{k+1|k}[\mathring{p}_{\mathrm{D}}]=\int\int_0^1 c\cdot\mathring{s}^i_{k+1|k}(c,\boldsymbol{c})\mathrm{d}c\mathrm{d}\boldsymbol{c} \tag{18.467}$$

更新分量的观测更新方程可表示如下：对于 $j=1,\cdots,m_{k+1}$，有

$$\ell^{\mathrm{U}}_j=\ell^*_{j,k+1|k} \tag{18.468}$$

$$\ddot{q}^{\mathrm{U}}_j=\frac{\sum_i^{\ddot{\nu}_{k+1|k}}\frac{\ddot{q}^i_{k+1|k}(1-\ddot{q}^i_{k+1|k})\cdot(s^i_{k+1|k}[p_{\mathrm{D}}L_{\boldsymbol{z}_j}]+\mathring{s}^i_{k+1|k}[\mathring{p}_{\mathrm{D}}\mathring{L}_{\boldsymbol{z}_j}])}{(1-\ddot{q}^i_{k+1|k}\cdot(s^i_{k+1|k}[p_{\mathrm{D}}]+\mathring{s}^i_{k+1|k}[\mathring{p}_{\mathrm{D}}]))^2}}{\kappa_{k+1}(\boldsymbol{z}_j)+\sum_{i=1}^{\ddot{\nu}_{k+1|k}}\frac{\ddot{q}^i_{k+1|k}\cdot(s^i_{k+1|k}[p_{\mathrm{D}}L_{\boldsymbol{z}_j}]+\mathring{s}^i_{k+1|k}[\mathring{p}_{\mathrm{D}}\mathring{L}_{\boldsymbol{z}_j}])}{1-\ddot{q}^i_{k+1|k}\cdot(s^i_{k+1|k}[p_{\mathrm{D}}]+\mathring{s}^i_{k+1|k}[\mathring{p}_{\mathrm{D}}])}} \tag{18.469}$$

$$s^{\mathrm{U}}_j(\boldsymbol{x})=\frac{\sum_{i=1}^{\ddot{\nu}_{k+1|k}}\frac{\ddot{q}^i_{k+1|k}}{1-\ddot{q}^i_{k+1|k}}\cdot s^i_{k+1|k}(\boldsymbol{x})\cdot p_{\mathrm{D}}(\boldsymbol{x})\cdot L_{\boldsymbol{z}_j}(\boldsymbol{x})}{\sum_{i=1}^{\ddot{\nu}_{k+1|k}}\frac{\ddot{q}^i_{k+1|k}}{1-\ddot{q}^i_{k+1|k}}\cdot\left(s^i_{k+1|k}[p_{\mathrm{D}}L_{\boldsymbol{z}_j}]+\mathring{s}^i_{k+1|k}[\mathring{p}_{\mathrm{D}}\mathring{L}_{\boldsymbol{z}_j}]\right)} \tag{18.470}$$

$$\mathring{s}^{\mathrm{U}}_j(c,\boldsymbol{c})=\frac{\sum_{i=1}^{\ddot{\nu}_{k+1|k}}\frac{\ddot{q}^i_{k+1|k}}{1-\ddot{q}^i_{k+1|k}}\cdot\mathring{s}^i_{k+1|k}(c,\boldsymbol{c})\cdot c\cdot\mathring{L}_{\boldsymbol{z}_j}(\boldsymbol{c})}{\sum_{i=1}^{\ddot{\nu}_{k+1|k}}\frac{\ddot{q}^i_{k+1|k}}{1-\ddot{q}^i_{k+1|k}}\cdot\left(s^i_{k+1|k}[p_{\mathrm{D}}L_{\boldsymbol{z}_j}]+\mathring{s}^i_{k+1|k}[\mathring{p}_{\mathrm{D}}\mathring{L}_{\boldsymbol{z}_j}]\right)} \tag{18.471}$$

式中

$$s^i_{k+1|k}[p_{\mathrm{D}}L_{\boldsymbol{z}_j}] = \int s^i_{k+1|k}(\boldsymbol{x}) \cdot p_{\mathrm{D}}(\boldsymbol{x}) \cdot L_{\boldsymbol{z}_j}(\boldsymbol{x})\mathrm{d}\boldsymbol{x} \tag{18.472}$$

$$\mathring{s}^i_{k+1|k}[\mathring{p}_{\mathrm{D}}\mathring{L}_{\boldsymbol{z}_j}] = \int\int_0^1 c \cdot L_{\boldsymbol{z}_j}(\boldsymbol{c}) \cdot \mathring{s}^i_{k+1|k}(c,\boldsymbol{c})\mathrm{d}c\mathrm{d}\boldsymbol{c} \tag{18.473}$$

$\ddot{\ell}^*_{j,k+1|k}$ 取对(18.469)式存在概率 $\ddot{q}^{\mathrm{U}}_j$ 贡献最大的那条预测航迹的标签。

18.7.4 κ-CBMeMBer 滤波器：多目标状态估计

多目标状态估计可按下述步骤执行。首先定义一些变量，如：第 i 条遗留航迹的存在概率，见式(18.463)；第 i 条预测航迹经观测 $\boldsymbol{z}_j$ 更新后的航迹存在概率 $\ddot{q}^{\mathrm{U}}_{i,j}$，可由式(18.469)得到，即

$$\ddot{q}^{\mathrm{U}}_{i,j} = \frac{\frac{\ddot{q}^i_{k+1|k}(1-\ddot{q}^i_{k+1|k})\cdot(s^i_{k+1|k}[p_{\mathrm{D}}L_{\boldsymbol{z}_j}]+\mathring{s}^i_{k+1|k}[\mathring{p}_{\mathrm{D}}\mathring{L}_{\boldsymbol{z}_j}])}{(1-\ddot{q}^i_{k+1|k}\cdot(s^i_{k+1|k}[p_{\mathrm{D}}]+\mathring{s}^i_{k+1|k}[\mathring{p}_{\mathrm{D}}]))^2}}{\kappa_{k+1}(\boldsymbol{z}_j)+\sum_{i=1}^{\ddot{\nu}_{k+1|k}}\frac{\ddot{q}^i_{k+1|k}\cdot(s^i_{k+1|k}[p_{\mathrm{D}}L_{\boldsymbol{z}_j}]+\mathring{s}^i_{k+1|k}[\mathring{p}_{\mathrm{D}}\mathring{L}_{\boldsymbol{z}_j}])}{1-\ddot{q}^i_{k+1|k}\cdot(s^i_{k+1|k}[p_{\mathrm{D}}]+\mathring{s}^i_{k+1|k}[\mathring{p}_{\mathrm{D}}])}} \tag{18.474}$$

给定上述存在概率后，遗留航迹和观测更新航迹中目标的存在概率分别为

$$q^{\mathrm{L}}_i = s^i_{k+1|k}[1] \cdot \ddot{q}^{\mathrm{L}}_i \tag{18.475}$$

$$q^{\mathrm{U}}_{i,j} = s^i_{k+1|k}[1] \cdot \ddot{q}^{\mathrm{L}}_{i,j} \tag{18.476}$$

因此，目标数的期望值可表示为

$$N_{k+1|k+1} = \sum_{i=1}^{\ddot{\nu}_{k+1|k}} q^{\mathrm{L}}_i + \sum_{i=1}^{\ddot{\nu}_{k+1|k}}\sum_{j=1}^{m_{k+1}} q^{\mathrm{U}}_{i,j} \tag{18.477}$$

然后取最接近 $N_{k+1|k+1}$ 最近的整数 ν，并选出 ν 条存在概率 $q^i_{k+1|k+1}$(或者 $q^{\mathrm{U}}_{i,j}$) 最大的航迹密度 $s^i_{k+1|k+1}(\boldsymbol{x})$；最后对选出的各条航迹密度求取 MAP 估计或者均值。

18.7.5 κ-CBMeMBer 滤波器：杂波估计

令第 i 个杂波分量的存在概率为

$$\mathring{q}^i_{k+1|k} = \mathring{s}_{k+1|k}[1] \cdot \ddot{q}^i_{k+1|k} \tag{18.478}$$

因此，估计的杂波强度函数为

$$\hat{\kappa}_{k+1}(\boldsymbol{z}) = \sum_{i=1}^{\ddot{\nu}_{k+1|k}} \mathring{q}^i_{k+1|k}\int\int_0^1 c \cdot L^{\kappa}_{\boldsymbol{z}}(\boldsymbol{c}) \cdot \frac{\mathring{s}^i_{k+1|k}(c,\boldsymbol{c})}{\mathring{s}_{k+1|k}[1]}\mathrm{d}c\mathrm{d}\boldsymbol{c} \tag{18.479}$$

$$= \sum_{i=1}^{\ddot{\nu}_{k+1|k}} \ddot{q}^i_{k+1|k}\int\int_0^1 c \cdot L^{\kappa}_{\boldsymbol{z}}(\boldsymbol{c}) \cdot \mathring{s}^i_{k+1|k}(c,\boldsymbol{c})\mathrm{d}c\mathrm{d}\boldsymbol{c} \tag{18.480}$$

相应的杂波率及杂波势分布分别为

$$\hat{\lambda}_{k+1} = \sum_{i=1}^{\ddot{\nu}_{k+1|k}} \ddot{q}^i_{k+1|k} \int\int_0^1 c \cdot \mathring{s}^i_{k+1|k}(c, \boldsymbol{c}) \mathrm{d}c\mathrm{d}\boldsymbol{c} \tag{18.481}$$

$$\hat{p}^{\kappa}_{k+1}(m) = \frac{\tilde{\lambda}^m_{k+1}}{m!} \cdot \ddot{G}^{(m)}_{k+1|k}(1 - \tilde{\lambda}_{k+1}) \tag{18.482}$$

式中

$$\tilde{\lambda}_{k+1} = \frac{\hat{\lambda}_{k+1}}{\ddot{N}_{k+1|k}} = \frac{\hat{\lambda}_{k+1}}{\sum_{i=1}^{\ddot{\nu}_{k+1|k}} \ddot{q}^i_{k+1|k}} \tag{18.483}$$

$$\ddot{G}_{k+1|k}(z) = \prod_{i=1}^{\ddot{\nu}_{k+1|k}} (1 - \ddot{q}^i_{k+1|k} + z \cdot \ddot{q}^i_{k+1|k}) \tag{18.484}$$

18.8 已实现的未知杂波 RFS 滤波器

本节介绍四个滤波器实现：两个为 λ-CPHD 滤波器 (18.8.1节和18.8.2节)；一个为 κ-CBMeMBer 滤波器 (18.8.3节)；最后一个为 κ-PHD 滤波器的 NWM 实现。

18.8.1 已实现的 λ-CPHD 滤波器

R. Mahler、B. T. Vo 和 B. N. Vo[194,195] 介绍了 λ-CPHD 滤波器的 β-高斯混合 (BGM) 实现及性能仿真结果。主要的仿真包括：

- *场景 1*：多达 12 个沿直线轨迹运动的目标，并伴有出现和消失现象；传感器为线性高斯型，杂波率等于 50；BGM 实现中采用 EKF。
- *场景 2*：多达 10 个沿曲线轨迹运动的目标，并伴有出现和消失现象；传感器为距离-方位传感器，杂波率等于 10；BGM 实现中采用 UKF。

主要结论如下：

- *场景 1*：λ-CPHD 滤波器具有良好的跟踪性能，优于常规 PHD 滤波器但不如常规 CPHD 滤波器；滤波器可成功估计杂波率 (等于 50)。
- *场景 2*：λ-CPHD 滤波器具有良好的跟踪性能，虽然在跟踪相距较近的目标时存在一定困难；滤波器可成功估计杂波率 (等于 10)。

18.8.2 “自举” λ-CPHD 滤波器

M. Beard、B. T. Vo 和 B. N. Vo[18] 指出了 λ-CPHD 滤波器的一些局限性，并设计了一种启发式的方法来克服这些局限性。他们发现，λ-CPHD 滤波器的平均性能严重弱于“匹配”的 CPHD 滤波器 (已知真实杂波率的 CPHD 滤波器)，他们认为造成这种结果的主要原因是从 λ-CPHD 滤波器的势分布 (真实目标与杂波源总数的势分布) 中不能估计真实目标数①。

①基于目标势分布去估计目标数，有可能会改善 λ-CPHD 滤波器的性能。但在文献 [18] 成文之际，尚不知晓该分布的公式。

作为一种补救措施，Beard 等人提出了一种简单的“自举”程序，包含两个分步运行的平行 λ-CPHD 滤波器：

- 步骤 *1*：用第一个 λ-CPHD 滤波器估计杂波率 λ。
- 步骤 *2*：基于估计的 λ，利用第二个 λ-CPHD 滤波器检测跟踪真实目标。

从理论视角看，该方法多少有些问题，因为它将观测数据重复使用了两次。虽然如此，Beard 等人的结论却表明：自举 λ-CPHD 滤波器具有惊人的表现，其性能直逼匹配的 CPHD 滤波器。

他们的自举 λ-CPHD 滤波器采用 Beard 等人的均匀新生目标模型[16](9.5.7节)，实现方法则基于高斯混合近似。传感器为固定在运动平台上的单个唯角传感器，检测概率 $p_D = 0.95$，平台沿正弦轨迹运动。5 个慢速机动目标伴有出现、消失现象，杂波为数量可变的 (随方位角变化) 均匀泊松杂波。

仿真场景主要有两个：一为固定杂波率 $\lambda = 30$；二为可变杂波率，在中间三分之一的仿真时间段内，λ 从 20 增加到 40。在第一个仿真场景中，自举 λ-CPHD 滤波器的 OSPA 跟踪性能不逊于匹配的 CPHD 滤波器，同时还能给出高精度的杂波率估计。在第二个仿真场景中，自举 λ-CPHD 滤波器的 OSPA 跟踪性能仍不逊于匹配的 CPHD 滤波器，但前三分之一时间段内的杂波估计存在一个微小的 (8%) 上偏置，后三分之一时间段内的杂波估计则存在一个微小的 (5%) 下偏置。

18.8.3 已实现的 λ-CBMeMBer 滤波器

B. T. Vo、B. N. Vo、R. Hoseinnazhad 和 R. Mahler 等人[312,313] 给出了 λ-CBMeMBer 滤波器实现的仿真结果。如17.7节曾提到的那样，该实现中的目标检测概率 p_D 也未知的 (用未知量 a 表示)。

在该实现中，忽略杂波源的速度，故其状态形式为 (c, x, y)；假定杂波源在坐标 (x, y) 处随机行走，转移密度为 $\mathring{M}_c(c')$；杂波源检测概率 c 恒定且已知。仿真场景设置如下：由距离-方位传感器观察多达 10 个沿曲线运动的目标，且伴有目标出现消失现象；杂波观测数服从二项分布，杂波率为 10 个 / 次；杂波空间密度随距原点的距离增加而递减，因此原点附近杂波分布较为密集。真实目标的运动模型采用恒速转弯 (CT) 模型，状态形式为 (x, y, v_x, v_y, ω)，其中 ω 为转弯速率；目标检测概率的马尔可夫模型则选用适当的 β 分布。

据该文报道，λ-CBMeMBer 滤波器的跟踪性能尚可接受，具有较高的定位精度及正确的航迹起始终止能力 (但有一定延迟)。

18.8.4 已实现的 NWM-PHD 滤波器

作为18.5.8节 NWM-CPHD 滤波器的特例，该滤波器最初由 Chen、Kirubarajan、Tharmarasa 和 Pelletier 等人于 2009 年提出[37,39]，他们还提出了将 Wishart 混合分布杂波估计器集成至常规滤波器 (如 MHT) 的实现方案[38]。

Chen 等人通过两个仿真测试了 NWM−PHD 滤波器，一个基于线性高斯传感器，另一个基于唯角传感器。在这两个仿真中，三个目标运动于时变的空间非同构杂波背景中，且伴有出现 / 消失现象。杂波过程包含两种类型的密集子杂波区：类型 I 的杂波均匀分布于一个 L 形区域内，且杂波率等于 10 或 18；类型 II 的杂波空间分布为高斯分布且杂波率等于 9.6。在这些密集杂波区外，杂波空间分布呈均匀分布且杂波率较小。在所有情形下，检测概率均为 0.96。

结果表明：对于线性高斯传感器，"NWM−κ−PHD 滤波器的性能与杂波空间分布完全已知时的性能可相比拟"(文献 [39] 第 1227 页)；对于唯角传感器，"NWM−κ−PHD 滤波器的性能与杂波空间分布完全已知时的性能可相比拟……但新目标航迹起始大约滞后两次扫描间隔"(文献 [39] 第 1227 页)。Chen 等人认为这种滞后的原因主要是唯角传感器的低可观测性增加了杂波与目标的鉴别难度。

18.9 未知杂波下的伪滤波器

在开始本节前，首先回顾一下本章前面的内容。18.2节介绍了一种针对未知杂波 RFS 滤波器的建模方法，该方法基于伯努利杂波源模型及下面的目标−杂波联合状态空间：

$$\ddot{\mathfrak{X}} = \mathfrak{X} \uplus \mathring{\mathfrak{C}} \tag{18.485}$$

18.3节针对一般多伯努利模型给出了未知杂波 CPHD 滤波器的时间更新及观测更新方程。这里有两种可能的目标−杂波联合运动模型：

- 非交混模型：在该模型下，目标只能转变为目标，杂波源也只能转变为杂波源 (18.2.2节)。
- 交混模型：在该模型下，杂波源可转变为目标，目标也可转变成杂波源；后者可解释为目标消失模型，而前者则可视作目标新生模型 (18.2.3节)。

18.4节和18.5节主要介绍基于非交混运动模型的未知杂波 CPHD 滤波器，其中，λ−CPHD 滤波器可估计杂波势分布 $p^{\kappa}_{k+1}(m)$，κ−CPHD 滤波器则可同时估计杂波强度函数 $\kappa_{k+1}(z)$ 与杂波势分布。

但反过来，若采用交混运动模型，所得滤波器又将如何呢？本节就来回答这个问题。

为概念和符号清晰起见，这里只考察 λ−CPHD 滤波器的 PHD 滤波器特例即可。稍后将会看到，λ−CPHD 和 κ−CPHD 滤波器的交混模型版会表现出严重的病态行为，因此本书称之为"伪滤波器"。本节剩余内容安排如下：

- 18.9.1节：λ−PHD 伪滤波器 (交混模型 PHD 伪滤波器)。
- 18.9.2节：λ−PHD 伪滤波器的病态行为。

18.9.1 λ−PHD 伪滤波器

本节介绍 λ−PHD 伪滤波器的时间更新和观测更新方程。

18.9.1.1 λ-PHD 伪滤波器时间更新方程

基于一般伯努利杂波源模型的 CPHD 滤波器时间更新方程由式(18.35)~(18.42)给出。与 λ-PHD 滤波器的运动模型 (18.4.6节) 类似，这里假定：

- 由于目标向杂波的转移已经表示了目标消失现象，因此目标存活概率是冗余的，这里令其为 1：$p_{\mathrm{S}}(\boldsymbol{x}')=1$。
- 由于杂波向目标的转移已经表示了目标新生现象，因此新生目标 PHD 是冗余的，这里令其为 0：$b_{k+1|k}(\boldsymbol{x})=0$。
- 由于目标向杂波的转移同时也表示了杂波出现事件，因此新生杂波源的 PHD 是冗余的，这里令其为 0：$\mathring{b}_{k+1|k}(\boldsymbol{c})=0$。
- 杂波源转移为杂波源的概率恒定：$\mathring{p}_{\mathrm{T}}(\boldsymbol{c}')=\mathring{p}_{\mathrm{T}}$。
- 杂波源向目标的转移密度与杂波源状态无关，即

$$f^{\Rightarrow}_{k+1|k}(\boldsymbol{x}|\boldsymbol{c}')=s^{\mathrm{B}}_{k+1|k}(\boldsymbol{x}) \tag{18.486}$$

式中：$s^{\mathrm{B}}_{k+1|k}(\boldsymbol{x})$ 为新生目标的空间分布，假定先验已知。

给定上述假定后，式(18.35)~(18.42)即可简化为

$$D_{k+1|k}(\boldsymbol{x})=(1-\mathring{p}_{\mathrm{T}})\cdot\mathring{N}_{k|k}\cdot s^{\mathrm{B}}_{k+1|k}(\boldsymbol{x})+\int p_{\mathrm{T}}(\boldsymbol{x}')\cdot f_{k+1|k}(\boldsymbol{x}|\boldsymbol{x}')\cdot D_{k|k}(\boldsymbol{x}')\mathrm{d}\boldsymbol{x}' \tag{18.487}$$

$$\mathring{D}_{k+1|k}(\boldsymbol{c})=\int(1-p_{\mathrm{T}}(\boldsymbol{x}'))\cdot f^{\Leftarrow}_{k+1|k}(\boldsymbol{c}|\boldsymbol{x}')\cdot D_{k|k}(\boldsymbol{x}')\mathrm{d}\boldsymbol{x}'+\mathring{p}_{\mathrm{T}}\int\mathring{f}_{k+1|k}(\boldsymbol{c}|\boldsymbol{c}')\cdot\mathring{D}_{k|k}(\boldsymbol{c}')\mathrm{d}\boldsymbol{c}' \tag{18.488}$$

对式(18.488)两边积分可得

- *λ-PHD 伪滤波器杂波源数目的时间更新*：

$$\mathring{N}_{k+1|k}=\mathring{p}_{\mathrm{T}}\cdot\mathring{N}_{k|k}+\int(1-p_{\mathrm{T}}(\boldsymbol{x}'))\cdot D_{k|k}(\boldsymbol{x}')\mathrm{d}\boldsymbol{x}' \tag{18.489}$$

重新表示式(18.487)，

- *λ-PHD 伪滤波器目标 PHD 的时间更新*：

$$D_{k+1|k}(\boldsymbol{x})=\hat{b}_{k+1|k}(\boldsymbol{x})+\int p_{\mathrm{T}}(\boldsymbol{x}')\cdot f_{k+1|k}(\boldsymbol{x}|\boldsymbol{x}')\cdot D_{k|k}(\boldsymbol{x}')\mathrm{d}\boldsymbol{x}' \tag{18.490}$$

式中

$$\hat{b}_{k+1|k}(\boldsymbol{x})=(1-\mathring{p}_{\mathrm{T}})\cdot\mathring{N}_{k|k}\cdot s^{\mathrm{B}}_{k+1|k}(\boldsymbol{x}) \tag{18.491}$$

上式可视作新生目标的 PHD 估计，其中：$s^{\mathrm{B}}_{k+1|k}(\boldsymbol{x})$ 先验已知；$(1-\mathring{p}_{\mathrm{T}})\cdot\mathring{N}_{k|k}$ 可视作目标新生率估计。

18.9.1.2 λ-PHD 伪滤波器观测更新方程

基于一般伯努利杂波源模型的 CPHD 滤波器观测更新方程由式(18.43)~(18.52)给出。与 λ-PHD 滤波器观测模型 (18.4.6节) 类似，这里假定：

- 预测的目标-杂波联合过程是泊松的，即

$$\ddot{G}_{k+1|k}(x) = e^{\ddot{N}_{k+1|k}\cdot(x-1)} \tag{18.492}$$

- 杂波源检测概率为已知常数：$\mathring{p}_{\mathrm{D}}^{\kappa}(\boldsymbol{c}) = \mathring{p}_{\mathrm{D}}$。
- 杂波空间分布 $c(\boldsymbol{z})$ 已知，且杂波源似然函数是状态无关的：$\mathring{L}_{\boldsymbol{z}}^{\kappa}(\boldsymbol{c}) = c_{k+1}(\boldsymbol{z})$。

给定上述假设后，式(18.52)可简化为

$$\frac{\mathring{D}_{k+1|k+1}(\boldsymbol{c})}{\mathring{D}_{k+1|k}(\boldsymbol{c})} = 1 - \mathring{p}_{\mathrm{D}} + \sum_{\boldsymbol{z}\in Z_{k+1}} \frac{\mathring{p}_{\mathrm{D}}\cdot c_{k+1}(\boldsymbol{z})}{\hat{\lambda}_{k+1}c_{k+1}(\boldsymbol{z}) + \tau_{k+1}(\boldsymbol{z})} \tag{18.493}$$

而式(18.51)可化为

- *λ-PHD 伪滤波器目标 PHD 的观测更新*：

$$\frac{D_{k+1|k+1}(\boldsymbol{x})}{D_{k+1|k}(\boldsymbol{x})} = 1 - p_{\mathrm{D}} + \sum_{\boldsymbol{z}\in Z_{k+1}} \frac{p_{\mathrm{D}}\cdot L_{\boldsymbol{z}}(\boldsymbol{x})}{\hat{\lambda}_{k+1}c_{k+1}(\boldsymbol{z}) + \tau_{k+1}(\boldsymbol{z})} \tag{18.494}$$

式中

$$\hat{\lambda}_{k+1} = \mathring{p}_{\mathrm{D}}\mathring{N}_{k+1|k} \tag{18.495}$$

$$\tau_{k+1}(\boldsymbol{z}) = \int p_{\mathrm{D}}(\boldsymbol{x})\cdot L_{\boldsymbol{z}}(\boldsymbol{x})\cdot D_{k+1|k}(\boldsymbol{x})\mathrm{d}\boldsymbol{x} \tag{18.496}$$

由于式(18.493)右边不含变量 $\boldsymbol{c}$，将该式两边对 $\boldsymbol{c}$ 积分即可得到

- *λ-PHD 伪滤波器杂波源数目的观测更新*：

$$\frac{\mathring{N}_{k+1|k+1}}{\mathring{N}_{k+1|k}} = 1 - \mathring{p}_{\mathrm{D}} + \sum_{\boldsymbol{z}\in Z_{k+1}} \frac{\mathring{p}_{\mathrm{D}}\cdot c_{k+1}(\boldsymbol{z})}{\hat{\lambda}_{k+1}c_{k+1}(\boldsymbol{z}) + \tau_{k+1}(\boldsymbol{z})} \tag{18.497}$$

式(18.494)和式(18.497)与 λ-PHD 滤波器的观测更新方程 (即(18.126)和(18.127)两式) 完全相同。

18.9.2 λ-PHD 伪滤波器的病态行为

λ-PHD 伪滤波器表现出下列行为[153]：

- *λ-PHD 伪滤波器不总能估计目标新生率*。由式(18.491)可知，目标新生率的估计为 $(1-\mathring{p}_{\mathrm{T}})\cdot\mathring{N}_{k|k}$。但若假定无杂波故无杂波源①，则 $\mathring{N}_{k|k}=0$，此时不论真实值如何，

①译者注：因为伪滤波器的目标新生蕴含于杂波源的转变过程中，该假设在禁用杂波源的同时也禁用了目标新生模型，所以伪滤波器给出零新生率估计是非常合理的。为避免该现象，可以再额外引入一个不依赖杂波源的新生模型。

估计的目标新生率总为 0。与之形成对比的是，经典 PHD 滤波器即便在无杂波情况下，其时间更新方程也含有新生目标模型 (见下式)：

$$D_{k+1|k}(\boldsymbol{x}) = b_{k+1|k}(\boldsymbol{x}) + \int p_{\mathrm{S}}(\boldsymbol{x}') \cdot f_{k+1|k}(\boldsymbol{x}|\boldsymbol{x}') \cdot D_{k|k}(\boldsymbol{x}')\mathrm{d}\boldsymbol{x}' \tag{18.498}$$

- *λ-PHD 伪滤波器不总能估计杂波率*。通过一个简单范例便可说明该行为。假定：① 目标和杂波源的检测概率都为 1，即 $p_{\mathrm{D}} = 1$，$\mathring{p}_{\mathrm{D}} = 1$；② $p_{\mathrm{T}}(\boldsymbol{x}) = p_{\mathrm{T}}$ 为常数，即目标以恒定概率转变为目标；③ p_{T} 与 $\mathring{p}_{\mathrm{T}}$ 在下述意义上共轭，即[①]

$$p_{\mathrm{T}} + \mathring{p}_{\mathrm{T}} = 1 \tag{18.499}$$

此时，无论真实情况如何，λ-PHD 伪滤波器估计的杂波率总与当前观测数成固定比例，即

$$\hat{\lambda}_{k+1} = \mathring{p}_{\mathrm{T}} \cdot m_{k+1} \tag{18.500}$$

上述结论可证明如下：首先由式(18.493)和式(18.494)知，$N_{k|k} + \mathring{N}_{k|k} = m_{k+1}$；然后根据(18.489)式及 $\mathring{p}_{\mathrm{D}} = 1$ 的假设，可得

$$\hat{\lambda}_{k+1} = \mathring{p}_{\mathrm{D}} \cdot \mathring{N}_{k+1|k} \tag{18.501}$$

$$= \mathring{p}_{\mathrm{T}} \cdot \mathring{N}_{k|k} + \int (1 - p_{\mathrm{T}}(\boldsymbol{x}')) \cdot D_{k|k}(\boldsymbol{x}')\mathrm{d}\boldsymbol{x}' \tag{18.502}$$

$$= \mathring{p}_{\mathrm{T}} \cdot \mathring{N}_{k|k} + (1 - p_{\mathrm{T}}) \cdot N_{k|k} \tag{18.503}$$

$$= \mathring{p}_{\mathrm{T}} \cdot \mathring{N}_{k|k} + \mathring{p}_{\mathrm{T}} \cdot N_{k|k} \tag{18.504}$$

$$= \mathring{p}_{\mathrm{T}} \cdot (\mathring{N}_{k|k} + N_{k|k}) = \mathring{p}_{\mathrm{T}} \cdot m_{k+1} \tag{18.505}$$

- *若禁用交混运动模型，则 λ-PHD 伪滤波器便简化为 λ-PHD 滤波器*。二者的观测更新方程本身就是相同的，故只需比较时间更新方程即可。令 $p_{\mathrm{T}} = \mathring{p}_{\mathrm{T}} = 1$，即禁用了交混模型。此时，目标只能转变为目标，杂波源也只能转变为杂波源，因此伪滤波器的时间更新方程可简化为

$$D_{k+1|k}(\boldsymbol{x}) = \int f_{k+1|k}(\boldsymbol{x}|\boldsymbol{x}') \cdot D_{k|k}(\boldsymbol{x})\mathrm{d}\boldsymbol{x}' \tag{18.506}$$

$$\mathring{N}_{k+1|k} = \mathring{N}_{k|k} \tag{18.507}$$

这与无目标出现消失时 λ-PHD 滤波器的时间更新方程 (即(18.124)式和(18.125)式) 完全一样。也就是说，当目标出现率与目标消失率都很低时，λ-PHD 滤波器与 λ-PHD 伪滤波器具有大致相近的性能。

[①]译者注：因为 $\mathring{p}_{\mathrm{T}} = 1 - p_{\mathrm{T}}$，故下式的含义是“目标转移成杂波的概率等于杂波转移成杂波的概率”。该假设本身就不合理，由此得出的反面结论很难有说服力。

18.10 泊松混合杂波下的 CPHD/PHD 滤波器

16.3.3节介绍了泊松混合未知杂波模型，本节介绍该模型下的 CPHD 滤波器方程及其 PHD 特例。这些方程最初由 Mahler 于 2009 年提出[155]，后面又采用 Clark 通用链式法则重新推导 (见附录 K.23)。值得指出的是，附录 K.23 中的推导极易推广到 p.g.fl. 为下述形式的杂波源：

$$G^{\kappa}_{k+1}[g|c,\boldsymbol{c}] = G_{k+1}\left(1 - c + c\int g(\boldsymbol{z})\cdot f^{\kappa}_{k+1}(\boldsymbol{z}|\boldsymbol{c})\mathrm{d}\boldsymbol{z}\right) \tag{18.508}$$

式中：$G_{k+1}(z)$ 是任意 p.g.f.。因此，该结果比泊松混合模型更加通用。

由于泊松混合 CPHD 滤波器的观测更新方程涉及组合式求和，因此不易于计算。但这里仍介绍它，以期将来能够开发出适合的近似程序。在泊松混合模型下，观测 RFS 具有如下形式：

$$\Sigma_{k+1} = T_{k+1}(\boldsymbol{x}_1)\cup\cdots\cup T_{k+1}(\boldsymbol{x}_n)\cup C_{k+1}(c_1,\boldsymbol{c}_1)\cup\cdots\cup C_{k+1}(c_\nu,\boldsymbol{c}_\nu) \tag{18.509}$$

式中：$X=\{\boldsymbol{x}_1,\cdots,\boldsymbol{x}_n\}$ ($|X|=n$) 表示目标状态集；$\mathring{C}=\{(c_1,\boldsymbol{c}_1),\cdots,(c_\nu,\boldsymbol{c}_\nu)\}$ ($|\mathring{C}|=\nu$) 表示杂波源状态集；$T_{k+1}(\boldsymbol{x})$ 和 $C_{k+1}(c,\boldsymbol{c})$ 的 p.g.fl. 分别为

$$G_{k+1}[g|\boldsymbol{x}] = 1 - p_{\mathrm{D}}(\boldsymbol{x}) + p_{\mathrm{D}}(\boldsymbol{x})\int g(\boldsymbol{z})\cdot f_{k+1}(\boldsymbol{z}|\boldsymbol{x})\mathrm{d}\boldsymbol{z} \tag{18.510}$$

$$G^{\kappa}_{k+1}[g|c,\boldsymbol{c}] = \exp\left(c\int(g(\boldsymbol{z})-1)\cdot f^{\kappa}_{k+1}(\boldsymbol{z}|\boldsymbol{c})\mathrm{d}\boldsymbol{z}\right) = e^{c\cdot f^{\kappa}_{k+1}[g-1|\boldsymbol{c}]} \tag{18.511}$$

其中，$\kappa_{k+1}(\boldsymbol{z}|c,\boldsymbol{c}) = c\cdot f^{\kappa}_{k+1}(\boldsymbol{z}|\boldsymbol{c})$，表示以 c、$\boldsymbol{c}$ 为参数的一族子杂波强度函数；$c>0$，表示未知杂波率；$f^{\kappa}_{k+1}(\boldsymbol{z}|\boldsymbol{c})$ 为杂波空间分布。

因此，下面的混合过程仍是泊松的

$$C_{k+1}(\mathring{C}) = C_{k+1}(c_1,\boldsymbol{c}_1)\cup\cdots\cup C_{k+1}(c_\nu,\boldsymbol{c}_\nu) \tag{18.512}$$

它的强度函数 (PHD) 为下述混合形式，即

$$\kappa_{k+1}(\boldsymbol{z}|\mathring{C}) = c_1\cdot c_{k+1}(\boldsymbol{z}|\boldsymbol{c}_1)+\cdots+c_\nu\cdot c_{k+1}(\boldsymbol{z}|\boldsymbol{c}_\nu) \tag{18.513}$$

因此，由目标和杂波源共同生成的随机有限观测集的 p.g.fl. 为

$$G_{k+1}[g|X\uplus\mathring{C}] = (1-p_{\mathrm{D}}+p_{\mathrm{D}}\cdot L_g)^X\prod_{(c,\boldsymbol{c})\in\mathring{C}} e^{c\cdot f^{\kappa}_{k+1}[g-1|\boldsymbol{c}]} \tag{18.514}$$

18.10.1 未知泊松混合杂波下的 CPHD 滤波器

16.3.3节介绍了泊松杂波模型，本节介绍该模型下的 CPHD 和 PHD 滤波器。泊松混合杂波下的 CPHD 滤波器形式如下：

$$\begin{array}{ccccccc}
\cdots\to & \ddot{p}_{k|k}(\ddot{n}) & \to & \ddot{p}_{k+1|k}(\ddot{n}) & \to & \ddot{p}_{k+1|k+1}(\ddot{n}) & \to\cdots \\
 & & \uparrow & & \uparrow\downarrow & & \\
\cdots\to & D_{k|k}(\boldsymbol{x}) & \to & D_{k+1|k}(\boldsymbol{x}) & \to & D_{k+1|k+1}(\boldsymbol{x}) & \to\cdots \\
 & & \uparrow & & \uparrow\downarrow & & \\
\cdots\to & \mathring{D}_{k|k}(c,\boldsymbol{c}) & \to & \mathring{D}_{k+1|k}(c,\boldsymbol{c}) & \to & \mathring{D}_{k+1|k+1}(c,\boldsymbol{c}) & \to\cdots
\end{array}$$

其中：中间的滤波器传递目标 PHD；底部的滤波器传递杂波源的 PHD；顶部的滤波器传递联合目标数 $\ddot{n}$ ($\ddot{n}=n+\mathring{n}$) 的势分布，其中，n 为目标数，$\mathring{n}$ 为杂波源的数目。

由于该滤波器的时间更新方程同经典 CPHD 滤波器 (见8.5.2节)，因此下面仅介绍观测更新方程。令

$$N_{k+1|k}=\int D_{k+1|k}(\boldsymbol{x})\mathrm{d}\boldsymbol{x} \tag{18.515}$$

$$\mathring{N}_{k+1|k}=\int\int_0^\infty \mathring{D}_{k+1|k}(c,\boldsymbol{c})\mathrm{d}c\mathrm{d}\boldsymbol{c} \tag{18.516}$$

$$\ddot{\phi}_k=\frac{\int(1-p_{\mathrm{D}}(\boldsymbol{x}))\cdot D_{k+1|k}(\boldsymbol{x})\mathrm{d}\boldsymbol{x}+\int\int_0^\infty e^{-c}\cdot\mathring{D}_{k+1|k}(c,\boldsymbol{c})\mathrm{d}c\mathrm{d}\boldsymbol{c}}{N_{k+1|k}+\mathring{N}_{k+1|k}} \tag{18.517}$$

$$\tau_W=\int p_{\mathrm{D}}(\boldsymbol{x})\cdot L_W(\boldsymbol{x})\cdot D_{k+1|k}(\boldsymbol{x})\mathrm{d}\boldsymbol{x} \tag{18.518}$$

$$\kappa_W=\int\int_0^\infty e^{-c}\cdot c^{|W|}\cdot L_W^\kappa(\boldsymbol{c})\cdot\mathring{D}_{k+1|k}(c,\boldsymbol{c})\mathrm{d}c\mathrm{d}\boldsymbol{c} \tag{18.519}$$

$$L_W(\boldsymbol{x})=\begin{cases}L_{\boldsymbol{z}}(\boldsymbol{x}), & W=\{\boldsymbol{z}\}\\ 0, & \text{其他}\end{cases} \tag{18.520}$$

$$L_W^\kappa(\boldsymbol{c})=\prod_{\boldsymbol{z}\in W}f_{k+1}^\kappa(\boldsymbol{z}|\boldsymbol{c}) \tag{18.521}$$

则：

- 联合 *p.g.f.* 的观测更新：

$$\ddot{G}_{k+1|k+1}(x)=\frac{\sum_{\mathcal{P}\boxminus Z_{k+1}}x^{|\mathcal{P}|}\cdot\ddot{G}_{k+1|k}^{(|\mathcal{P}|)}(x\cdot\ddot{\phi}_k)\cdot\prod_{W\in\mathcal{P}}\frac{\tau_W+\kappa_W}{N_{k+1|k}+\mathring{N}_{k+1|k}}}{\sum_{\mathcal{Q}\boxminus Z_{k+1}}\ddot{G}_{k+1|k}^{(|\mathcal{Q}|)}(\ddot{\phi}_k)\cdot\prod_{V\in\mathcal{Q}}\frac{\tau_V+\kappa_V}{N_{k+1|k}+\mathring{N}_{k+1|k}}} \tag{18.522}$$

- 目标 *PHD* 的观测更新：

$$\frac{D_{k+1|k+1}(\boldsymbol{x})}{D_{k+1|k}(\boldsymbol{x})}=\sum_{\mathcal{P}\boxminus Z_{k+1}}\omega_{\mathcal{P}}\cdot\left(\begin{array}{c}\frac{1-p_{\mathrm{D}}(\boldsymbol{x})}{N_{k+1|k}+\mathring{N}_{k+1|k}}\cdot\frac{\ddot{G}_{k+1|k}^{(|\mathcal{P}|+1)}(\ddot{\phi}_k)}{\ddot{G}_{k+1|k}^{(|\mathcal{P}|)}(\ddot{\phi}_k)}+\\ \sum_{W\in\mathcal{P}}\frac{p_{\mathrm{D}}(\boldsymbol{x})\cdot L_W(\boldsymbol{x})}{\tau_W+\kappa_W}\end{array}\right) \tag{18.523}$$

- 杂波 *PHD* 的观测更新：

$$\frac{\mathring{D}_{k+1|k+1}(c,\boldsymbol{c})}{\mathring{D}_{k+1|k}(c,\boldsymbol{c})}=e^{-c}\sum_{\mathcal{P}\boxminus Z_{k+1}}\omega_{\mathcal{P}}\cdot\left(\frac{\frac{1}{N_{k+1|k}+\mathring{N}_{k+1|k}}\cdot\frac{\ddot{G}_{k+1|k}^{(|\mathcal{P}|+1)}(\ddot{\phi}_k)}{\ddot{G}_{k+1|k}^{(|\mathcal{P}|)}(\ddot{\phi}_k)}+}{\sum_{W\in\mathcal{P}}\frac{c^{|W|}\cdot L_W^{\kappa}(\boldsymbol{c})}{\tau_W+\kappa_W}}\right)\tag{18.524}$$

上述求和操作遍历 Z_{k+1} 的所有分割 $\mathcal{P}$，且

$$\omega_{\mathcal{P}}=\frac{\ddot{G}_{k+1|k}^{(|\mathcal{P}|)}(\ddot{\phi}_k)\cdot\prod_{W\in\mathcal{P}}\frac{\tau_W+\kappa_W}{N_{k+1|k}+\mathring{N}_{k+1|k}}}{\sum_{\mathcal{Q}\boxminus Z_{k+1}}\ddot{G}_{k+1|k}^{(|\mathcal{Q}|)}(\ddot{\phi}_k)\cdot\prod_{V\in\mathcal{Q}}\frac{\tau_V+\kappa_V}{N_{k+1|k}+\mathring{N}_{k+1|k}}}\tag{18.525}$$

- 杂波强度函数估计：

$$\hat{\kappa}_{k+1}(\boldsymbol{z})=\int\int_0^{\infty}c\cdot f_{k+1}^{\kappa}(\boldsymbol{z}|\boldsymbol{c})\cdot\mathring{D}_{k+1|k}(c,\boldsymbol{c})\mathrm{d}c\mathrm{d}\boldsymbol{c}\tag{18.526}$$

式(18.526)的推导过程类同于18.3.5节及附录 K.21 中的分析过程。若 $G_{k+1}[g|\mathring{C}]$ 是给定杂波源 $\mathring{C}$ 后杂波 RFS 的 p.g.fl.，则杂波过程的预测平均 p.g.fl. 为

$$\bar{G}_{k+1}[g]=\int G_{k+1}[g|\mathring{C}]\cdot\mathring{f}_{k+1|k}(\mathring{C}|Z^{(k)})\delta\mathring{C}\tag{18.527}$$

由式(4.72)可知，预测平均的强度函数为

$$\begin{aligned}\bar{\kappa}_{k+1}(\boldsymbol{z})&=\frac{\delta\bar{G}_{k+1}}{\delta\boldsymbol{z}}[1]&(18.528)\\&=\int\frac{\delta G_{k+1}}{\delta\boldsymbol{z}}[1|\mathring{C}]\cdot\mathring{f}_{k+1|k}(\mathring{C}|Z^{(k)})\delta\mathring{C}&(18.529)\\&=\int\kappa_{k+1}(\boldsymbol{z}|\mathring{C})\cdot\mathring{f}_{k+1|k}(\mathring{C}|Z^{(k)})\delta\mathring{C}&(18.530)\end{aligned}$$

式中：$\kappa_{k+1}(\boldsymbol{z}|\mathring{C})$ 如式(18.513)所示。因此

$$\begin{aligned}\bar{\kappa}_{k+1}(\boldsymbol{z})&=\int\left(\sum_{(c,\boldsymbol{c})\in\mathring{C}}c\cdot f_{k+1}^{\kappa}(\boldsymbol{z}|\boldsymbol{c})\right)\cdot\mathring{f}_{k+1|k}(\mathring{C}|Z^{(k)})\delta\mathring{C}&(18.531)\\&=\int\int_0^{\infty}c\cdot f_{k+1}^{\kappa}(\boldsymbol{z}|\boldsymbol{c})\cdot\mathring{D}_{k+1|k}(c,\boldsymbol{c})\mathrm{d}c\mathrm{d}\boldsymbol{c}&(18.532)\end{aligned}$$

上式最后一步由式(4.92)的 Compbell 定理得到。

18.10.2　未知泊松混合杂波下的 PHD 滤波器

若假定上一节中预测的目标–杂波联合 RFS 是泊松的，即

$$\ddot{G}_{k+1}(\ddot{x})=e^{(N_{k+1|k}+\mathring{N}_{k+1|k})\cdot(\ddot{x}-1)}\tag{18.533}$$

则可得到下面的泊松混合杂波 (PMC) PHD 滤波器：

$$\begin{array}{ccccccc}\cdots\rightarrow & D_{k|k}(\boldsymbol{x}) & \rightarrow & D_{k+1|k}(\boldsymbol{x}) & \rightarrow & D_{k+1|k+1}(\boldsymbol{x}) & \rightarrow\cdots\\ & & & & \upharpoonleft\downharpoonright & & \\ \cdots\rightarrow & \mathring{D}_{k|k}(c,\boldsymbol{c}) & \rightarrow & \mathring{D}_{k+1|k}(c,\boldsymbol{c}) & \rightarrow & \mathring{D}_{k+1|k+1}(c,\boldsymbol{c}) & \rightarrow\cdots\end{array}\tag{18.534}$$

其中：上面的滤波器传递目标 PHD；下面的滤波器传递杂波源的 PHD。

PMC–PHD 滤波器的时间更新方程同经典 PHD 滤波器，观测更新方程如下：

- 目标 *PHD* 的观测更新：

$$\frac{D_{k+1|k+1}(\boldsymbol{x})}{D_{k+1|k}(\boldsymbol{x})} = 1 - p_{\mathrm{D}}(\boldsymbol{x}) + \sum_{\mathcal{P} \boxminus Z_{k+1}} \omega_{\mathcal{P}} \sum_{W \in \mathcal{P}} \frac{p_{\mathrm{D}}(\boldsymbol{x}) L_W(\boldsymbol{x})}{\tau_W + \kappa_W} \tag{18.535}$$

- 杂波 *PHD* 的观测更新：

$$\frac{\mathring{D}_{k+1|k+1}(c, \boldsymbol{c})}{\mathring{D}_{k+1|k}(c, \boldsymbol{c})} = e^{-c} \left(1 + \sum_{\mathcal{P} \boxminus Z_{k+1}} \omega_{\mathcal{P}} \sum_{W \in \mathcal{P}} \frac{c^{|W|} \cdot L_W^{\kappa}(\boldsymbol{c})}{\tau_W + \kappa_W} \right) \tag{18.536}$$

与前面一样，上面的求和遍历 Z_{k+1} 的所有分割 $\mathcal{P}$，且

$$\omega_{\mathcal{P}} = \frac{\prod_{W \in \mathcal{P}} (\tau_W + \kappa_W)}{\sum_{\mathcal{Q} \boxminus Z_{k+1}} \prod_{V \in \mathcal{Q}} (\tau_V + \kappa_V)} \tag{18.537}$$

18.11 相关工作

下面介绍与本章内容相关的其他研究。这些研究提出了一种集成杂波估计的类 PHD 滤波器结构，具体包括：

- 18.11.1节：Lian 等人的目标杂波解耦的 PHD 滤波器——该滤波器先独立估计杂波强度函数，而后利用经典 PHD 滤波器。
- 18.11.2节：Jonsson 等人的“双 PHD 滤波器”——18.4.6节 λ–PHD 滤波器的一个独立版本。
- 18.11.3节：“iFilter”——等同于18.9节的 λ–PHD 伪滤波器。

18.11.1 目标杂波解耦的 PHD 滤波器

该滤波器是 Lian Feng, Han Chongzhao 和 Liu Weifeng 等人于 2010 年提出的[84]，与 λ–CPHD 和 κ–CPHD 滤波器不同，其杂波估计和目标跟踪并未集成为单个递归滤波器。相反，它首先将杂波强度函数视作一个参数化的有限混合模型并进行估计，然后将估计的强度函数代入经典 PHD 滤波器。因此，该方法也可用于 CPHD 滤波器或其他经典多目标跟踪算法 (如 MHT)。

杂波强度函数估计是该方法的核心所在。假定：目标生成的观测远少于平均的杂波观测数 (即杂波率)；杂波强度函数是时不变的；杂波 RFS 是泊松 RFS。

首先，恒定杂波率近似等于平均观测数：

$$\lambda_k \cong \frac{1}{k} \sum_{i=1}^{k} |Z_i| \tag{18.538}$$

式中：$Z_1, \cdots, Z_k$ 是观测集序列。

然后，采用下述高斯混合模型近似杂波的空间分布：

$$c(\boldsymbol{z}|\theta,\mu)=\sum_{j=1}^{\mu}c_j\cdot N_{\boldsymbol{C}_j}(\boldsymbol{z}-\boldsymbol{c}_j),\quad \sum_{j=1}^{\mu}c_j=1 \tag{18.539}$$

式中的未知参数 θ 为

$$\theta=(c_1,\boldsymbol{C}_1,\boldsymbol{c}_1,\cdots,c_\mu,\boldsymbol{C}_\mu,\boldsymbol{c}_\mu),\quad \boldsymbol{c}_j\in\mathbb{R}^M \tag{18.540}$$

假定观测关于模型参数条件独立，则观测集 Z 的似然函数为

$$L_\theta(Z)=\prod_{\boldsymbol{z}\in Z}c(\boldsymbol{z}|\theta,\mu) \tag{18.541}$$

假定 θ 的先验分布 $f(\theta)$ 可按如下方式构造：$(c_1,\cdots,c_\mu)$ 服从 Dirichlet 分布 (文献 [83] 第 62 页)；$\boldsymbol{c}_j$ 服从正态分布；$\boldsymbol{C}_j$ 服从 Wishart 分布 (文献 [83] 第 205 页)。给定这些假设后，便可构造后验分布 $f(\theta|Z)$ 并基于期望最大化 (EM) 或马尔可夫链蒙特卡罗 (MCMC) 方法计算 MAP 估计。

Lian 等人给出了 EM 和 MCMC 版的滤波器实现 (EM–PHD 和 MCMC–PHD)，并且通过二维仿真场景对算法做了测试。仿真中假定：线性高斯传感器的检测概率 $p_D=0.95$；5 个目标沿曲线运动并伴有出现消失现象；杂波过程为杂波率 $\lambda_{k+1}=50$ 的泊松过程，空间分布 $c_{k+1}(\boldsymbol{z})$ 是三个高斯分量和一个均匀分布的混合分布。

Lian 等人还比较了 EM–PHD 滤波器、MCMC–PHD 滤波器与经典 PHD 滤波器 (事先假定一个 λ_{k+1} 和 $c_{k+1}(\boldsymbol{z})$) 的性能。结果表明：在目标数估计和定位精度方面，EM–PHD 及 MCMC–PHD 滤波器的性能远优于经典 PHD 滤波器；而前面两个滤波器均可有效地估计 λ_{k+1} 和 $c_{k+1}(\boldsymbol{z})$。

18.11.2 “双 PHD”滤波器

为解决未知杂波下的多目标检测跟踪问题，Jonsson、Degerman、Svensson 和 Wintenby 等人于 2012 年提出了该滤波器[127]①，同时还给出了滤波器的高斯混合实现并将其用于多普勒杂波下的运动目标跟踪。该滤波器的观测更新方程 (文献 [127] 第 IV 节中未编号的方程) 即18.3.3节伯努利杂波模型下的 PHD 滤波器，其中 $\mathring{p}_D^\kappa(\mathring{c})=\mathring{p}_D^\kappa(c)$。但由于 GM 实现中假定 $\mathring{p}_D^\kappa(c)$ 为常数，因此“双 PHD”滤波器等同于18.4.6节 λ–PHD 滤波器的 GM 实现。

Jonsson 等人还通过仿真测试了其算法。在仿真中，传感器为机载雷达，用于监视低空飞行目标。除目标外，雷达观测中还包含大量由地面交通产生的多普勒杂波观测。通过挖掘地面运动目标与空中目标在动力学方面的差异，Jonsson 等人证明了“双 PHD”滤波器能够在交通流杂波背景下 (杂波率为每次扫描 40 个杂波观测) 成功检测并跟踪 6 个出现 / 消失的目标。

①尽管 Jonsson 等人引用了 Mahler 的论文 [194]，但他们并未注意到该滤波器只是文献 [194] 中 λ–CPHD 滤波器的一个特例。

18.11.3 强度滤波器 (iFilter)

“多目标强度滤波器”(MIF) 是由 Streit 和 Stone 于 2008 年提出[281]，而后又更名为“iFilter”。它的观测更新方程同18.4.3节的 λ−PHD 滤波器，而时间更新方程为

$$D_{k+1|k}(\boldsymbol{x}) = \psi_k(\boldsymbol{x}|\phi) \cdot \mathring{N}_{k|k} + \int \psi_k(\boldsymbol{x}|\boldsymbol{x}') \cdot D_{k|k}(\boldsymbol{x}')\mathrm{d}\boldsymbol{x}' \tag{18.542}$$

$$\mathring{N}_{k+1|k} = \psi_k(\phi|\phi) \cdot \mathring{N}_{k|k} + \int \psi_k(\phi|\boldsymbol{x}') \cdot D_{k|k}(\boldsymbol{x}')\mathrm{d}\boldsymbol{x}' \tag{18.543}$$

按照18.4.1节的表示，上式中：$\psi_k(\phi|\phi) = \mathring{p}_{\mathrm{T}}$；$\psi_k(\boldsymbol{x}|\phi) = (1-\mathring{p}_{\mathrm{T}}) \cdot s^{\mathrm{B}}_{k+1|k}(\boldsymbol{x})$；$\psi_k(\phi|\boldsymbol{x}') = 1 - p_{\mathrm{T}}(\boldsymbol{x}')$；$\psi_k(\boldsymbol{x}|\boldsymbol{x}') = p_{\mathrm{T}}(\boldsymbol{x}')$。

Streit 等人宣称[281]：“泊松点过程”(PPP) 推导有助于以一种基本的初等术语 (…… PPP 位于初等层级) 来理解“多目标强度滤波器”(即 MIF 和 PHD 滤波器)。

然而，MIF 和 PHD 滤波器的所谓“PPP”推导本身却存在严重的数学错误及一些隐含的限制性假设 (见文献 [163] 附录 A)，其中的数学错误已在8.4.6.8节脚注中指出，而隐含的假设主要有：无衍生目标；分布 $f_{k|k}(X|Z^{(k)})$ 也是泊松的 (不只预测分布 $f_{k+1|k}(X|Z^{(k)})$ 是泊松的)；新生目标 RFS 的强度函数恒定；状态空间有界。

如18.3节讨论中所述，在任何情形下推导 MIF 滤波器都只需要简单的代数即可，点过程理论完全没必要，无论其是不是初级。实际上，MIF 完全等同于18.9节的 λ−PHD 伪滤波器，因此具有一些病态行为 (见18.9.2节)：它不总能估计杂波率和目标新生率，也不能将经典 PHD 滤波器作为特例包含在内。如18.9.2节所述，当交混运动模型处于非使能状态 (如目标出现率和消失率都很低) 时，MIF 近似等于18.4.6节的 λ−PHD 滤波器。

第 IV 篇

非标观测模型的 RFS 滤波器

第19章　叠加式传感器的RFS滤波器

19.1　简　介

许多传感器不符合“标准”多目标观测模型的假定。比如考虑一部机械扫描雷达或者相控阵雷达，它们产生的都是*连续的实信号*，这些实信号可视作复信号的实部，而复信号则由目标和背景杂波累加（“叠加”）而成。在1次扫描或1帧中，超过(固定或自适应)门限的实信号将产生一个有限“检报”集 Z。如果目标距雷达足够远，则可将每个目标建模成数学上的一个点，且其每次至多生成一个检报（“小目标”假定)[①]。

诸如此类的检测方案往往会损失一些有用信息，从而导致跟踪性能恶化。例如，当目标间距小于雷达的角度和距离分辨单元时，幅度检测方法将生成合并的目标检报，因此不能有效应对这种相伴多目标情形。理论上，利用完整叠加信号模型的跟踪滤波器有望获得更好的性能。本章介绍这些面向叠加式传感器模型的CPHD滤波器，下面统称为Σ-CPHD滤波器。

19.1.1　叠加式传感器模型的例子

为了突出本章内容的潜在应用价值，下面简要介绍五个涉及叠加式传感器的应用实例：

- 19.1.1.1节：警戒雷达；
- 19.1.1.2节：正弦信号的到达时间与到达角 (Time Direction Of Arrival, TDOA)；
- 19.1.1.3节：通信网络中的多用户检测 (Multi-User Detection, MUD)；
- 19.1.1.4节：用于室内监视的射频层析；
- 19.1.1.5节：基于热源定位的热电堆阵列。

19.1.1.1　警戒雷达

假定窄带雷达(载频 ω_c 远大于带宽 ω_w)观测足够远的目标，这时可将目标视作点目标[②]。对于任意的方位和俯仰位置 α、θ，雷达发射信号的形式为

$$s_t = \chi_t \cdot e^{\iota \cdot \omega_\mathrm{c} t} \tag{19.1}$$

式中：$\iota = \sqrt{-1}$ 为虚数单位；复包络 χ_t 描述雷达脉冲的形状，比如当 $\chi_t = \mathbf{1}_{[0,T]}(t)$ 时，雷达发射脉宽为 T 的简单矩形脉冲。

---

①译者注：该假定仅对窄带雷达成立，无论距离多远，宽带雷达目标均表现为高分辨距离像 (HRRP) 形式。这时一个目标一次可生成多个检报，此即21.2节中扩展目标的一种常见形式。

②译者注：这里对窄带雷达的限定还需附加条件 $L_\mathrm{O} < \pi \cdot c/\omega_\mathrm{w}$，即目标尺寸小于雷达距离分辨率，否则不能将目标视作点目标。

当发射信号激励到状态为 $\boldsymbol{x}$ 的点目标时，雷达接收的回波信号可表示为

$$\eta_t(\boldsymbol{x}) = A_t(\boldsymbol{x}) \cdot \chi_{t-\tau_t(\boldsymbol{x})} \cdot e^{\iota \cdot (t-\tau_t(\boldsymbol{x})) \cdot (\omega_c + \omega_t(\boldsymbol{x}))} + V_t \tag{19.2}$$

式中：V_t 为传感器噪声；$\tau_t(\boldsymbol{x})$ 为目标时延；$\omega_t(\boldsymbol{x})$ 为多普勒频移；$A_t(\boldsymbol{x})$ 为信号幅度，与目标雷达截面积 (RCS) 和大气吸收等因素有关。

在多目标 $X = \{\boldsymbol{x}_1, \cdots, \boldsymbol{x}_n\}$ 情形下，雷达接收信号为下述叠加形式：

$$\boldsymbol{Z}_t = \sum_{\boldsymbol{x} \in X} \eta_t(\boldsymbol{x}) + \boldsymbol{V}_t \tag{19.3}$$

19.1.1.2 正弦信号 TDOA

Blakumar、Sinha、Kirubarajan 和 Reilly 等人[14] 考虑了由 M 个相同阵元 (如天线或麦克风，位于 $d_0, \cdots, Md_0$ 处) 构成的均匀线阵的 TDOA 问题。令 $\tau_0 = d_0/c$，其中 c 为信号的传播速度。假定空间中存在未知个状态未知的正弦信号源 (如射频发射机或声源)，且这些源距阵列传感器足够远，从而可将入射波视作平面波。每个源可用幅度 α、中心频率 ω、带宽 β 以及到达角 ϕ 来描述，在所有源都为窄带源 ($\beta \ll \omega$) 的假定下可忽略 β。现在希望确定这些源的个数 n 及每个源的状态

$$\boldsymbol{x}_i = (\alpha_i, \omega_i, \phi_i), \qquad i = 1, \cdots, n \tag{19.4}$$

为此，令 $X = \{\boldsymbol{x}_1, \cdots, \boldsymbol{x}_n\}$ ($|X| = n$)，且

$$\eta_j(\boldsymbol{x}_i) = \alpha_i \cdot e^{-\iota \cdot j \tau_0 \omega_i \cdot \sin \phi_i} \tag{19.5}$$

$$\eta(\boldsymbol{x}_i) = (\eta_1(\boldsymbol{x}_i), \cdots, \eta_M(\boldsymbol{x}_i))^{\mathrm{T}} \tag{19.6}$$

$$\eta(X) = \sum_{i=1}^{n} \eta(\boldsymbol{x}_i) \tag{19.7}$$

式中：$\iota = \sqrt{-1}$ 为虚数单位。

因此，阵元 j 接收的第 i 个源的复信号可表示为 (文献 [14] 中的 (14) 式)①

$$Z_{j,i} = \eta_j(\boldsymbol{x}_i) + V_{j,i} \tag{19.8}$$

式中：$V_{j,i}$ 为零均值复高斯变量 (关于复高斯分布请参见附录H)。

阵元 j 的总接收信号等于所有源激励信号的叠加，即

$$Z_j = \sum_{i=1}^{n} \eta_j(\boldsymbol{x}_i) + V_j \tag{19.9}$$

式中：V_j 为零均值复高斯变量。

因此，阵列的接收信号可表示为如下的矢量形式：

$$\boldsymbol{Z} = \eta(X) + \boldsymbol{V} \tag{19.10}$$

①译者注：为规范起见，译文统一用 V 表示观测噪声 (原文此处为 W)，本章余同。

式中：$\boldsymbol{Z} = (Z_1, \cdots, Z_M)^{\mathrm{T}}$，$\boldsymbol{V} = (V_1, \cdots, V_M)^{\mathrm{T}}$。

式(19.10)是叠加式观测模型的另一个例子。为了利用 PHD 滤波器处理这类跟踪问题，Balakumar 等人根据观测矢量 $\boldsymbol{z} = \{z_1, \cdots, z_M\}$ 构造伪观测集 $\tilde{Z} = \{\tilde{z}_1, \cdots, \tilde{z}_{\tilde{n}}\}$，从而将叠加式观测模型转换为检报型观测模型，然后将伪观测集馈入 PHD 滤波器。他们首先计算观测矢量 $\boldsymbol{z}$ 的离散傅立叶变换 (DFT)：

$$\mathcal{F}_{\boldsymbol{z}}(\omega) = \frac{1}{M}\sum_{j=1}^{M} z_j \cdot e^{-\iota \cdot j\omega\tau_0} \tag{19.11}$$

若 $\mathcal{F}_{\boldsymbol{z}}(\omega)$ 的 $\tilde{n}$ 个峰值 $\omega = \tilde{\omega}_1, \cdots, \tilde{\omega}_{\tilde{n}}$ 处的幅度分别为 $\alpha_1, \cdots, \alpha_{\tilde{n}}$，则提取这 $\tilde{n}$ 个峰值并将每个峰值视作某源伪观测 $\tilde{z}_i$ 的 DFT $\mathcal{F}_{\tilde{z}_i}(\omega)$，接着为 $\tilde{z}_i$ 构造近似似然函数 $L_i(\boldsymbol{x})$(文献 [14] 中的 (11) 式) 并将其用于 PHD 观测更新方程。

这里有个显而易见的问题：*是否存在能够处理原始叠加式数据而非从中提取的检报数据的 PHD/CPHD 滤波器呢?*

19.1.1.3 通信网络中的多用户检测

多用户检测 (MUD) 问题诞生于动态、移动、多接入无线数字通信网络应用，其目的是在系统用户接入或登出时检测、跟踪和识别用户。现有系统大多假定在线用户数已知、恒定且等于最大注册用户数。实际中，在线用户数通常随时间变化且明显小于最大用户数，而且在线用户集对接收机通常是未知的。若能快速识别在线用户，则系统效能和容量都将显著增加 (文献 [19] 第 54 页)。除了蜂窝电话网络，其他的 MUD 应用包括：Ad Hoc 网络 (MUD 有利于传输策略优化)；空间多路复用 (MUD 有利于合理分配系统功率)。

关于利用 FISST 解决 MUD 及相关应用问题，Biglieri、Lops 和 Angelosante 等人撰写了一系列论文[5-8,20,21] 及一部专著[19]。本节简要描述这类应用中的基本要点。

在 MUD 问题中，时变状态矢量 $\boldsymbol{x}_t$ 包含可识别指定用户的各种参数。标签 ℓ 是一个用户相关的参数，用户产生的消息符 d_t (源自某字母表) 是另一个可能的参数。假定存在一个始终在线的“参考用户”，其状态 $\boldsymbol{x}_0$ 已知，则 t 时刻的接收机信号可表示为

$$\boldsymbol{Z}_t = \eta_t(\boldsymbol{x}_0) + \sum_{\boldsymbol{x} \in X_t} \eta_t(\boldsymbol{x}) + \boldsymbol{V}_t \tag{19.12}$$

式中：X_t 为未知用户集；$\boldsymbol{V}_t$ 为接收机噪声。

因此，观测似然函数的形式为

$$f_t(\boldsymbol{z}) = f_{\boldsymbol{V}_t}\left(\boldsymbol{z} - \eta_t(\boldsymbol{x}_0) - \sum_{\boldsymbol{x} \in X_t} \eta_t(\boldsymbol{x})\right) \tag{19.13}$$

Biglieri 等人已经实现了一种直接利用该似然函数的完全多目标递归贝叶斯滤波器，同时还设计了一种用于 MUD 的新型贝叶斯最大后验 (MAP) 多目标状态估计器。但对于实际规模的通信网络，任何基于多目标贝叶斯滤波器的方法无疑都将面临计算上的问题，因此面向叠加式传感器模型的 CPHD 滤波器就凸显出巨大的潜在价值。

19.1.1.4 射频层析

射频层析[236] 是一种用于确定未知封闭区域内 (如封闭的大楼) 未知目标 (如人) 位置和速度的方法。假定沿封闭区域共布设了 ν 个收发单元，每个接收单元可测量任一发射单元的接收信号强度 (Received Signal Strength, RSS)，因此任意时刻的观测数 $m = \nu(\nu-1)/2$。当封闭区内的物体 (无论是否为感兴趣目标) 位于某条收发路径上时，将会造成该路径的信号衰减。

在开始跟踪之前，首先采集观测数据用以估计杂波和噪声背景。如果 ν 足够大，理论上可以检测、定位并跟踪封闭区域内的所有运动目标。近年来，研究人员开发了一些针对该问题的算法，如期望最大化 (EM) 和序贯蒙特卡罗 (SMC) 滤波等技术[326,329]。

由于射频层析不可避免会涉及叠加式传感器，因此有必要开发面向射频层析及相关应用的 PHD/CPHD 滤波器。Thouin、Naunnuru、Coates 等人于 2011 年攻克了这一挑战性课题[290]，下面介绍他们所用的模型。

令 $j = 1, \cdots, m$ 表示收发链路的索引，则 t_{k+1} 时刻第 j 条链路的单目标观测函数可表示为 (文献 [290] 中的 (6) 式)

$$\eta_{k+1}^{j}(\boldsymbol{x}) = \phi \cdot \exp\left(-\frac{\lambda_j^2(\boldsymbol{x})}{2\sigma_\lambda^2}\right) \tag{19.14}$$

式中：$\lambda_j(\boldsymbol{x})$ 表示 $\boldsymbol{x} = (x, y)$ 处的目标到第 j 条链路的垂直距离；ϕ 和 σ_λ 是经验常数。目标 $\boldsymbol{x}$ 距第 j 条链路越远，$\lambda_j(\boldsymbol{x})$ 就越大，则相应的 RSS 衰减就越小①。

由多目标 $X = \{\boldsymbol{x}_1, \cdots, \boldsymbol{x}_n\}$ 引起的 RSS 衰减总量等于单目标衰减量的叠加，因此第 j 条链路的总衰减量 (含噪声) 可表示为 (文献 [290] 中的 (7) 式)

$$z_j = \eta_{k+1}^{j}(X) + V_{k+1} = \sum_{\boldsymbol{x}\in X} \eta_{k+1}^{j}(\boldsymbol{x}) + V_{k+1} \tag{19.15}$$

而所有 m 条链路的联合似然函数可表示为

$$L_{(z_1,\cdots,z_m)}(X) = \prod_{j=1}^{m} N_{R_{k+1}}(z_j - \eta_{k+1}^{j}(X)) \tag{19.16}$$

19.1.1.5 热电堆阵列

热电堆是一种低分辨率的热探测器，它可以测量视场内的目标相对环境的热辐射量。至少从理论上讲，热电堆阵列能够检测、定位并跟踪温度高于周围环境 (如房间内) 的运动目标 (如人)。Hauschildt 等人研究如何采用 FISST 技术解决该问题[104,105,133]。

考虑由 m 个热电堆组成的阵列，每个热电堆可视作热图像中的一个像素。令 $\boldsymbol{x}$ 表示单目标状态，则第 j 个像素的观测函数可近似为 (文献 [104] 中的 (57) 式)

$$\eta_{k+1}^{j}(\boldsymbol{x}) = a_j \cdot \left[\arctan(b_j(\phi_j + \Delta_j\phi + \theta_j)) - \arctan(b_j(\phi_j - \Delta_j\phi + \theta_j))\right] \tag{19.17}$$

①译者注：原著此处误解为 RSS，实为 RSS 衰减，已更正。

式中：ϕ 为该像素处目标的到达角；$\Delta_j\phi$ 为目标张角；θ_j 为像素 j 的姿态角；a_j 和 b_j 为标校常数。

整幅图像的观测函数可表示为

$$\eta_{k+1}(\boldsymbol{x})=(\eta_{k+1}^{1}(\boldsymbol{x}),\cdots,\eta_{k+1}^{m}(\boldsymbol{x}))^{\mathrm{T}} \tag{19.18}$$

因此多目标 $X=\{\boldsymbol{x}_1,\cdots,\boldsymbol{x}_n\}$ 的观测模型为下述叠加形式：

$$\boldsymbol{Z}_{k+1}=\sum_{\boldsymbol{x}\in X}\eta_{k+1}(\boldsymbol{x})+\boldsymbol{V}_{k+1} \tag{19.19}$$

19.1.2 要点概述

在本章学习过程中，需要掌握的主要概念、结论和公式如下：

- 叠加式传感器模型非常普遍，面向叠加式传感器模型的多目标跟踪滤波器相比传统基于检报数据的跟踪方法能够获得明显的性能提升 (19.1.1节)。
- 一般叠加式传感器的精确 CPHD 滤波器表达式是可以推导出来的 (19.2节)，但它通常不易于计算。
- 叠加型精确 CPHD 滤波器的精确闭式高斯混合解也是存在的，但不是完全可操作的 (19.3节)。
- 当采用粒子技术实现时，有望得到一种易于计算的叠加型近似 CPHD 滤波器 (19.4节)。

19.1.3 本章结构

本章结构安排如下：

- 19.2节：叠加型精确 CPHD 滤波器 (不易于计算)，后面称为“精确 Σ−CPHD 滤波器”。
- 19.3节：基于 Hauschildt 近似的不完全可操作的闭式高斯混合叠加型 CPHD 滤波器，后面称为“H 氏 Σ−CPHD 滤波器”。
- 19.4节：最初由 Thouin、Nannuru 和 Coates 等人设计的、基于 Campbell 定理的易于操作的叠加型近似 CPHD 滤波器，后面称为“TNC−Σ−CPHD 滤波器”。

19.2 叠加型精确 CPHD 滤波器

2009 年，Mahler 推导出了一般叠加式 CPHD 滤波器的精确滤波方程[156]，这里称为*叠加型精确 CPHD 滤波器* (简写为精确 Σ−CPHD 滤波器)。本节简要介绍该滤波器的滤波方程，由于时间更新方程同经典 CPHD 滤波器 (8.5.2节)，因此这里只需讨论观测更新步。

假定叠加式单传感器观测模型的似然函数为

$$f_{k+1}(\boldsymbol{z}|X)=f_{\boldsymbol{V}_{k+1}}(\boldsymbol{z}-\eta_{k+1}(X)) \tag{19.20}$$

式中：$\boldsymbol{V}_{k+1}$ 为零均值的随机噪声矢量 (实值或复值)；且

$$\eta_{k+1}(X) = \begin{cases} 0, & X = \emptyset \\ \sum_{\boldsymbol{x}\in X} \eta_{k+1}(\boldsymbol{x}), & X \neq \emptyset \end{cases} \tag{19.21}$$

其中：$\eta_{k+1}(\boldsymbol{x})$ 为单目标生成的信号矢量 (实值或复值)。

假定在获得观测矢量的时间序列 $Z^k : \boldsymbol{z}_1, \cdots, \boldsymbol{z}_k$ 后，在 $k+1$ 时刻传感器又得到了一个新观测 $\boldsymbol{z}_{k+1}$。与第8章中的经典 CPHD 滤波器类似，这里假定预测多目标分布 $f_{k+1|k}(X|Z^k)$ 可近似为下述 i.i.d.c. 形式[①]：

$$f_{k+1|k}(X|Z^k) \cong |X|! \cdot p_{k+1|k}(|X||Z^k) \cdot \prod_{\boldsymbol{x}\in X} s_{k+1|k}(\boldsymbol{x}|Z^k) \tag{19.22}$$

式中：$p_{k+1|k}(n|Z^k)$ 为预测势分布函数，其概率生成函数 (p.g.f.) 为

$$G_{k+1|k}(x|Z^k) = \sum_{n\geqslant 0} p_{k+1|k}(n|Z^k) \cdot x^n \tag{19.23}$$

式(19.22)中的 $s_{k+1|k}$ 表示预测多目标的空间分布，它可表示为

$$s_{k+1|k}(\boldsymbol{x}|Z^k) = N_{k+1|k}^{-1} \cdot D_{k+1|k}(\boldsymbol{x}|Z^k) \tag{19.24}$$

式中

$$N_{k+1|k} = \int D_{k+1|k}(\boldsymbol{x}|Z^k)\mathrm{d}\boldsymbol{x} \tag{19.25}$$

下面采用如下的简写表示：

$$p_n = p_{k+1|k}(n|Z^k) \tag{19.26}$$

$$s(\boldsymbol{x}) = s_{k+1|k}(\boldsymbol{x}|Z^k) \tag{19.27}$$

$$f(\boldsymbol{z}) = f_{\boldsymbol{V}_{k+1}}(\boldsymbol{z}) \tag{19.28}$$

$$\eta\boldsymbol{x} = \eta_{k+1}(\boldsymbol{x}) \tag{19.29}$$

$$\eta_s(\boldsymbol{z}) = \int s(\boldsymbol{x}) \cdot \delta_{\eta\boldsymbol{x}}(\boldsymbol{z})\mathrm{d}\boldsymbol{x} \tag{19.30}$$

式中：$\delta_{\eta\boldsymbol{x}}(\boldsymbol{z})$ 为 $\eta_{k+1}(\boldsymbol{x})$ 处的狄拉克 δ 密度函数。

同时，将函数 $g_1(\boldsymbol{z})$ 和 $g_2(\boldsymbol{z})$ 的卷积记作[②]：

$$(g_1 \star g_2)(\boldsymbol{z}) = \int g_1(\boldsymbol{w}) \cdot g_2(\boldsymbol{w}-\boldsymbol{z})\mathrm{d}\boldsymbol{w} \tag{19.31}$$

[①]译者注：本章为叠加型观测而非检报型观测，故下式中的观测序列应为矢量序列 Z^k 而非集合序列 $Z^{(k)}$，本章余同。

[②]译者注：该卷积定义实为函数相关 $\int g_1(\boldsymbol{w}) \cdot g_2(\boldsymbol{w}-\boldsymbol{z})\mathrm{d}\boldsymbol{w} = \int g_1(\boldsymbol{w}'+\boldsymbol{z}) \cdot g_2(\boldsymbol{w}')\mathrm{d}\boldsymbol{w}'$。

则函数 $g(\boldsymbol{z})$ 的 j 次卷积 $g^{\star j}$ 可递归定义为

$$g^{\star 0} = \delta_0 \tag{19.32}$$

$$g^{\star 1} = g \tag{19.33}$$

$$g^{\star j} = g \star g^{\star(j-1)}, \quad j \geqslant 1 \tag{19.34}$$

在上述假定下，精确 Σ−CPHD 滤波器的观测更新方程可表示如下 (文献 [156] 中的定理 1)：

- 势分布的观测更新

$$p_{k+1|k+1}(n) = \frac{(f \star \eta_s^{\star n})(\boldsymbol{z}_{k+1})}{\sum_{j\geqslant 0} p_j \cdot (f \star \eta_s^{\star j})(\boldsymbol{z}_{k+1})} \cdot p_n \tag{19.35}$$

- 期望目标数的观测更新

$$N_{k+1|k+1} = \frac{\sum_{n\geqslant 1} n \cdot p_n \cdot (f \star \eta_s^{\star n})(\boldsymbol{z}_{k+1})}{\sum_{j\geqslant 0} p_j \cdot (f \star \eta_s^{\star j})(\boldsymbol{z}_{k+1})} \tag{19.36}$$

- 空间分布的观测更新

$$s_{k+1|k+1}(\boldsymbol{x}) = \frac{1}{N_{k+1|k+1}} \cdot \frac{\sum_{n\geqslant 1} n \cdot p_n \cdot (f \star \eta_s^{\star(n-1)})(\boldsymbol{z}_{k+1} - \eta \boldsymbol{x})}{\sum_{j\geqslant 0} p_j \cdot (f \star \eta_s^{\star j})(\boldsymbol{z}_{k+1})} \cdot s(\boldsymbol{x}) \tag{19.37}$$

将 $p_n = e^{-N_{k+1|k}} \cdot N_{k+1|k}^n / n!$ 代入式(19.37)，即可得到特殊情形下的精确 Σ−CPHD 滤波器观测更新方程——精确 Σ−PHD 滤波器：

$$D_{k+1|k+1}(\boldsymbol{x}) = \frac{\sum_{n\geqslant 0} \frac{1}{n!} \cdot (f \star \eta_D^{\star n})(\boldsymbol{z}_{k+1} - \eta \boldsymbol{x})}{\sum_{j\geqslant 0} \frac{1}{j!} \cdot (f \star \eta_D^{\star j})(\boldsymbol{z}_{k+1})} \cdot D_{k+1|k}(\boldsymbol{x}) \tag{19.38}$$

式中

$$\eta_D(\boldsymbol{z}) = \int D_{k+1|k}(\boldsymbol{x}) \cdot \delta_{\eta \boldsymbol{x}}(\boldsymbol{z}) \mathrm{d}\boldsymbol{x} \tag{19.39}$$

19.3 Hauschildt 近似

精确 Σ−CPHD 滤波器的观测更新方程通常不易于计算。2011 年，Hauschildt 提出的一种近似方案能够得到精确 Σ−CPHD 滤波器的一种不完全可操作的闭式解[104]，他将该滤波器称作“叠加传感器 (SPS) CPHD 滤波器”，这里称之为“H 氏 Σ−CPHD 滤波器”①。本节的主要内容安排如下：

- 19.3.1节：Hauschildt 近似概述。
- 19.3.2节：H 氏 Σ−CPHD 滤波器的观测模型。
- 19.3.3节：H 氏 Σ−CPHD 滤波器的观测更新方程。
- 19.3.4节：H 氏 Σ−CPHD 滤波器实现。

①注：由于推导过程中的一些小错误，文献 [104] 中的观测更新方程并不太正确，本节将给出修正后的滤波方程。

19.3.1 H 氏 Σ−CPHD 滤波器：概述

已知叠加式感知模型的多目标似然函数为

$$f_{k+1}(\boldsymbol{z}|X) = f_{\boldsymbol{V}_{k+1}}(\boldsymbol{z} - \eta_{k+1}(X)) \tag{19.40}$$

Hauschildt 注意到观测更新的势分布、PHD 以及期望目标数可分别由下列方程给定：

$$p_{k+1|k+1}(n) = \frac{\int_{|X|=n} f_{\boldsymbol{V}_{k+1}}(\boldsymbol{z}_{k+1} - \eta_{k+1}(X)) \cdot f_{k+1|k}(X)\delta X}{\int f_{\boldsymbol{V}_{k+1}}(\boldsymbol{z}_{k+1} - \eta_{k+1}(Y)) \cdot f_{k+1|k}(Y)\delta Y} \tag{19.41}$$

$$D_{k+1|k+1}(\boldsymbol{x}) = \frac{\int f_{\boldsymbol{V}_{k+1}}(\boldsymbol{z}_{k+1} - \eta_{k+1}(\boldsymbol{x}) - \eta_{k+1}(X)) \cdot f_{k+1|k}(X \cup \{\boldsymbol{x}\})\delta X}{\int f_{\boldsymbol{V}_{k+1}}(\boldsymbol{z}_{k+1} - \eta_{k+1}(Y)) \cdot f_{k+1|k}(Y)\delta Y} \tag{19.42}$$

$$N_{k+1|k+1} = \frac{\int |X| \cdot f_{\boldsymbol{V}_{k+1}}(\boldsymbol{z}_{k+1} - \eta_{k+1}(X)) \cdot f_{k+1|k}(X)\delta X}{\int f_{\boldsymbol{V}_{k+1}}(\boldsymbol{z}_{k+1} - \eta_{k+1}(Y)) \cdot f_{k+1|k}(Y)\delta Y} \tag{19.43}$$

假定预测多目标分布 $f_{k+1|k}(X)$ 为下述 i.i.d.c. 过程 (定义见4.3.2节)：

$$f_{k+1|k}(X) = |X|! \cdot \frac{p_{k+1|k}(|X|)}{N_{k+1|k}^{|X|}} \cdot D_{k+1|k}^{|X|} \tag{19.44}$$

令预测 PHD 为9.5节所述的高斯混合形式，即

$$D_{k+1|k}(\boldsymbol{x}) = \sum_{i=1}^{\nu_{k+1|k}} w_i^{k+1|k} \cdot N_{\boldsymbol{P}_i^{k+1|k}}(\boldsymbol{x} - \boldsymbol{x}_i^{k+1|k}) \tag{19.45}$$

同时，令单目标似然函数 $f_{k+1}(\boldsymbol{z} - \eta_{k+1}(\boldsymbol{x}))$ 为线性高斯形式，即

$$\eta_{k+1}(\boldsymbol{x}) = \boldsymbol{H}_{k+1}\boldsymbol{x} \tag{19.46}$$

$$f_{\boldsymbol{V}_{k+1}}(\boldsymbol{z}) = N_{\boldsymbol{R}_{k+1}}(\boldsymbol{z}) \tag{19.47}$$

在上述假定下，预测多目标分布 $f_{k+1|k}(X)$ 为 (非常复杂的) 高斯混合分布。反复应用式(2.3)的高斯恒等式便可推出式(19.41)~(19.43)中分子分母的精确闭式表达式，进而可证明式(19.42)的分子为高斯混合分布。

与 GM−CPHD 滤波器类似，若假定 n 足够大时势分布函数为零，则 $p_{k+1|k+1}(n)$ 和 $D_{k+1|k+1}(\boldsymbol{x})$ 都具有精确闭式形式，特别地，$D_{k+1|k+1}(\boldsymbol{x})$ 为高斯混合分布。若采用不敏卡尔曼滤波 (UKF) 技术，则有望将该方法扩展至中度非线性观测函数的情形 (文献 [104] 第 V−B 节)。

19.3.2 H 氏 Σ−CPHD 滤波器：模型

H 氏 Σ−CPHD 滤波器采用下列模型假设：

- 目标存活概率恒定：

$$p_{\mathrm{S},k+1|k}(\boldsymbol{x}') = p_{\mathrm{S},k+1|k} \tag{19.48}$$

- 单目标运动模型具有线性高斯形式：

$$f_{k+1|k}(\boldsymbol{x}|\boldsymbol{x}') = N_{\boldsymbol{Q}_k}(\boldsymbol{x} - \boldsymbol{F}_k\boldsymbol{x}') \tag{19.49}$$

- 单目标观测函数是线性的，即

$$\eta_{k+1}(\boldsymbol{x}) = \boldsymbol{H}_{k+1}\boldsymbol{x} \tag{19.50}$$

式中：$\boldsymbol{H}_{k+1}$ 为观测矩阵。定义

$$\boldsymbol{H}_{k+1}X = \begin{cases} 0, & X = \emptyset \\ \sum_{\boldsymbol{x}\in X} \boldsymbol{H}_{k+1}\boldsymbol{x} = \boldsymbol{H}_{k+1}(\sum_{\boldsymbol{x}\in X} \boldsymbol{x}), & X \neq \emptyset \end{cases} \tag{19.51}$$

- 观测噪声是高斯的，即

$$f_{\boldsymbol{V}_{k+1}}(\boldsymbol{z}) = N_{\boldsymbol{R}_{k+1}}(\boldsymbol{z}) \tag{19.52}$$

由于 H 氏 Σ-CPHD 滤波器的时间更新方程同 GM-CPHD 滤波器 (9.5.5.2节)，因此下面只给出它的观测更新方程。

19.3.3 H 氏 Σ-CPHD 滤波器：观测更新

假定预测 PHD 为下述高斯混合形式：

$$D_{k+1|k}(\boldsymbol{x}) = \sum_{i=1}^{\nu_{k+1|k}} w_i^{k+1|k} \cdot N_{\boldsymbol{P}_i^{k+1|k}}(\boldsymbol{x} - \boldsymbol{x}_i^{k+1|k}) \tag{19.53}$$

且

$$N_{k+1|k} = \sum_{i=1}^{\nu_{k+1|k}} w_i^{k+1|k} \tag{19.54}$$

接下来将取值在 $\{1, \cdots, \nu_{k+1|k}\}$ 上的多索引定义为

- 若 $n \geqslant 1$，则多索引为 n 元组 $\boldsymbol{o} = (o_1, \cdots, o_n)$，其中 $o_1, \cdots, o_n \in \{1, \cdots, \nu_{k+1|k}\}$；
- 若 $n = 0$，则将空索引记作 $\boldsymbol{o} = ()$。

并且约定下列符号表示：

$$|\boldsymbol{o}| = \begin{cases} 0, & \boldsymbol{o} = () \\ n, & \boldsymbol{o} = (o_1, \cdots, o_n) \end{cases} \tag{19.55}$$

$$\boldsymbol{o}_1 = \begin{cases} (), & \boldsymbol{o} = () \\ o_1, & \boldsymbol{o} = (o_1, \cdots, o_n) \end{cases} \tag{19.56}$$

$$w_{\boldsymbol{o}}^{k+1|k} = \begin{cases} 1, & \boldsymbol{o} = () \\ w_{o_1}^{k+1|k} \cdots w_{o_n}^{k+1|k}, & \boldsymbol{o} = (o_1, \cdots, o_n) \end{cases} \tag{19.57}$$

$$\boldsymbol{x}_{\boldsymbol{o}}^{k+1|k} = \begin{cases} \boldsymbol{0}, & \boldsymbol{o} = () \\ \boldsymbol{x}_{o_1}^{k+1|k} + \cdots + \boldsymbol{x}_{o_n}^{k+1|k}, & \boldsymbol{o} = (o_1, \cdots, o_n) \end{cases} \tag{19.58}$$

$$\boldsymbol{P}_{\boldsymbol{o}}^{k+1|k} = \begin{cases} \boldsymbol{0}, & \boldsymbol{o} = () \\ \boldsymbol{P}_{o_1}^{k+1|k} + \cdots + \boldsymbol{P}_{o_n}^{k+1|k}, & \boldsymbol{o} = (o_1, \cdots, o_n) \end{cases} \tag{19.59}$$

在上述假设和符号约定下，H 氏 Σ−CPHD 滤波器的观测更新方程可表示如下：

- 观测更新的势分布函数 (文献 [104] 中的 (43) 式)：

$$p_{k+1|k+1}(n)=\frac{\left(\begin{array}{c}\frac{p_{k+1|k}(n)}{N_{k+1|k}^{n}}\sum_{\boldsymbol{o}:|\boldsymbol{o}|=n}w_{\boldsymbol{o}}^{k+1|k}\cdot\\ N_{\boldsymbol{H}_{k+1}\boldsymbol{P}_{\boldsymbol{o}}^{k+1|k}\boldsymbol{H}_{k+1}^{\mathrm{T}}+\boldsymbol{R}_{k+1}}\left(\boldsymbol{z}_{k+1}-\boldsymbol{H}_{k+1}\boldsymbol{x}_{\boldsymbol{o}}^{k+1|k}\right)\end{array}\right)}{\left(\begin{array}{c}\sum_{0\leqslant|\boldsymbol{o}'|\leqslant n_{\max}}\frac{p_{k+1|k}(|\boldsymbol{o}'|)}{N_{k+1|k}^{|\boldsymbol{o}'|}}\cdot w_{\boldsymbol{o}'}^{k+1|k}\cdot\\ N_{\boldsymbol{H}_{k+1}\boldsymbol{P}_{\boldsymbol{o}'}^{k+1|k}\boldsymbol{H}_{k+1}^{\mathrm{T}}+\boldsymbol{R}_{k+1}}\left(\boldsymbol{z}_{k+1}-\boldsymbol{H}_{k+1}\boldsymbol{x}_{\boldsymbol{o}'}^{k+1|k}\right)\end{array}\right)} \tag{19.60}$$

根据式(19.55)~(19.59)，当 $|\boldsymbol{o}|=0$ 时，有

$$w_0\cdot N_{\boldsymbol{H}_{k+1}\boldsymbol{P}_{\boldsymbol{o}}\boldsymbol{H}_{k+1}^{\mathrm{T}}+\boldsymbol{R}_{k+1}}\left(\boldsymbol{z}_{k+1}-\boldsymbol{H}_{k+1}\boldsymbol{x}_{\boldsymbol{o}}\right)=N_{\boldsymbol{R}_{k+1}}(\boldsymbol{z}_{k+1}) \tag{19.61}$$

- 观测更新的 *PHD* (文献 [104] 中的 (30)~(42) 式)：

$$D_{k+1|k+1}(\boldsymbol{x})=\sum_{1\leqslant|\boldsymbol{o}|\leqslant n_{\max}}p_{k+1|k+1}(|\boldsymbol{o}|)\cdot|\boldsymbol{o}|\cdot N_{\tilde{\boldsymbol{P}}_{\boldsymbol{o}}^{k+1|k+1}}(\boldsymbol{x}-\tilde{\boldsymbol{x}}_{\boldsymbol{o}}^{k+1|k+1}) \tag{19.62}$$

式中

$$\tilde{\boldsymbol{x}}_{\boldsymbol{o}}^{k+1|k+1}=\boldsymbol{x}_{\boldsymbol{o}_1}+\boldsymbol{K}_{\boldsymbol{o}}\left(\boldsymbol{z}_{k+1}-\boldsymbol{H}_{k+1}\boldsymbol{x}_{\boldsymbol{o}}^{k+1|k}\right) \tag{19.63}$$

$$\tilde{\boldsymbol{P}}_{\boldsymbol{o}}^{k+1|k+1}=(\boldsymbol{I}-\boldsymbol{K}_{\boldsymbol{o}}\boldsymbol{H}_{k+1})\boldsymbol{P}_{\boldsymbol{o}_1}^{k+1|k} \tag{19.64}$$

$$\boldsymbol{K}_{\boldsymbol{o}}=\boldsymbol{P}_{\boldsymbol{o}_1}^{k+1|k}\boldsymbol{H}_{k+1}^{\mathrm{T}}\left(\boldsymbol{H}_{k+1}\boldsymbol{P}_{\boldsymbol{o}}^{k+1|k}\boldsymbol{H}_{k+1}^{\mathrm{T}}+\boldsymbol{R}_{k+1}\right)^{-1} \tag{19.65}$$

- 观测更新的期望目标数：

$$N_{k+1|k+1}=\sum_{1\leqslant|\boldsymbol{o}|\leqslant n_{\max}}p_{k+1|k+1}(|\boldsymbol{o}|)\cdot|\boldsymbol{o}|=\sum_{n=1}^{n_{\max}}p_{k+1|k+1}(n)\cdot n \tag{19.66}$$

上述结果的推导过程见附录 K.26。作为一种特例，PHD 滤波器由下述方程给定[①]：

$$D_{k+1|k+1}(\boldsymbol{x})=\sum_{1\leqslant|\boldsymbol{o}|\leqslant n_{\max}}p_{k+1|k+1}(|\boldsymbol{o}|)\cdot|\boldsymbol{o}|\cdot N_{\tilde{\boldsymbol{P}}_{\boldsymbol{o}}^{k+1|k+1}}(\boldsymbol{x}-\tilde{\boldsymbol{x}}_{\boldsymbol{o}}) \tag{19.67}$$

式中

$$p_{k+1|k+1}(n)=\frac{\left(\begin{array}{c}\frac{1}{n!}\sum_{\boldsymbol{o}:|\boldsymbol{o}|=n}w_{\boldsymbol{o}}^{k+1|k}\cdot\\ N_{\boldsymbol{H}_{k+1}\boldsymbol{P}_{\boldsymbol{o}}^{k+1|k}\boldsymbol{H}_{k+1}^{\mathrm{T}}+\boldsymbol{R}_{k+1}}\left(\boldsymbol{z}_{k+1}-\boldsymbol{H}_{k+1}\boldsymbol{x}_{\boldsymbol{o}}^{k+1|k}\right)\end{array}\right)}{\left(\begin{array}{c}\sum_{0\leqslant|\boldsymbol{o}'|\leqslant n_{\max}}\frac{1}{|\boldsymbol{o}'|!}\cdot w_{\boldsymbol{o}'}^{k+1|k}\cdot\\ N_{\boldsymbol{H}_{k+1}\boldsymbol{P}_{\boldsymbol{o}'}^{k+1|k}\boldsymbol{H}_{k+1}^{\mathrm{T}}+\boldsymbol{R}_{k+1}}\left(\boldsymbol{z}_{k+1}-\boldsymbol{H}_{k+1}\boldsymbol{x}_{\boldsymbol{o}'}^{k+1|k}\right)\end{array}\right)} \tag{19.68}$$

由于 $w_{\boldsymbol{o}}^{k+1|k}$、$\boldsymbol{x}_{\boldsymbol{o}}^{k+1|k}$ 和 $\boldsymbol{P}_{\boldsymbol{o}}^{k+1|k}$ 关于 $\boldsymbol{o}$ 的分量排列保持不变，因此这些滤波方程的计算复杂度可大幅缩减。

①译者注：令预测势分布函数 $p_{k+1|k}(n)$ 为泊松分布并代入式(19.62)即可得到该结果。

注解 80 (计算复杂度): H 氏 Σ−CPHD 滤波器的计算量较大，或许只能处理少量目标的情形。但需要指出的是，在很多应用中任意给定时刻只有少量目标呈密集分布，仅对这些密集目标才有采用叠加式模型的必要 (否则便可用那些常规方法解决)。在这种情形下，可用 H 氏 Σ−CPHD 滤波器处理密集目标，另外采用 CPHD 或其他非叠加式滤波器处理剩余的非密集目标。

19.3.4 H 氏 Σ−CPHD 滤波器：实现

Hauschildt 已经将 H 氏 Σ−CPHD 滤波器的不敏卡尔曼 (UKF) 实现用于19.1.1.5节的热电堆阵列问题[104]。他采用的热电堆阵列为八元线阵，能够观测沿一维空间恒速运动的目标。

在第一个仿真中，有三个目标沿正方向运动并伴有出现 / 消失现象，其中目标 2 持续时间较长，它首先与目标 1 交错，然后与目标 3 交错①。每个阵元的观测噪声很小，其协方差 $\sigma^2 = (0.05)^2$。

Hauschildt 比较了 GM−Σ−CPHD 滤波器和传统 GM−CPHD 滤波器 (所用观测数据是对原始数据采用门限检测方法得到)。结果表明，GM−CPHD 滤波器无法跟踪两个交错的目标，但 GM−Σ−CPHD 滤波器却能成功跟踪这些目标。

在第二个仿真中，又增加了一个与目标 3 同时出现的目标 4，并将观测噪声增加到一个很有挑战性的量级 ($\sigma^2 = 0.25$)——约为最大信号幅度的 1/4。此时，由于过门限的数据中包含了太多杂波，GM−CPHD 已无法继续工作，因此作者比较了 GM−Σ−CPHD 滤波器的 UKF 实现与 EKF 实现。结果表明，这两种实现方法都能有效地跟踪目标，但 UKF 实现在某些方面要优于 EKF 实现。

19.4 TNC 近似滤波器

Thouin、Nannuru 和 Coates 于 2011 年提出了这个非常巧妙的近似，并将它用于叠加式 PHD 滤波器的推导，他们将所得滤波器称作 “加性似然矩 (ALM) 滤波器” [290]。

本节旨在介绍一种推广的 TNC 近似以及由此得到的叠加式传感器的近似 CPHD 滤波器。该滤波器是由 Nannuru、Coates 和 Mahler 于 2013 年提出的，下面称之为 *TNC−Σ−CPHD* 滤波器[222]②。本节内容安排如下：

- 19.4.1节：广义 TNC 近似概述。
- 19.4.2节：TNC−Σ−CPHD 滤波器的模型假定。
- 19.4.3节：TNC−Σ−CPHD 滤波器的观测更新方程。
- 19.4.4节：TNC−Σ−CPHD 滤波器实现。

①译者注：原著对场景描述有误，已根据文献 [104] 做了修正。

②ALM 滤波器观测更新方程 (文献 [290] 中的 (12) 式) 仅对离散状态空间成立，但 TNC 近似本身仍是有效的。此后，Mahler 对其结果做了推广并得到了叠加式传感器的一种近似 CPHD 滤波器[188]，该滤波器的 PHD 滤波器特例是 ALM 滤波器在连续状态空间的修正形式。据 Thouin、Nannuru 和 Coates 报道，至少在处理射频层析问题时，ALM 滤波器原始形式与修正形式的性能表现出惊人的相似[223]。

19.4.1 广义 TNC 近似：概述

本节首先介绍原始的 TNC 近似 (19.4.1.1 节)，然后介绍其推广形式 (19.4.1.2 节)。

19.4.1.1 原始的 TNC 近似

与 Hauschildt 近似一样，TNC 近似也是从下列观测更新方程入手：

$$p_{k+1|k+1}(n)=\frac{\int_{|X|=n} f_{\boldsymbol{V}_{k+1}}(\boldsymbol{z}_{k+1}-\eta_{k+1}(X))\cdot f_{k+1|k}(X)\delta X}{\int f_{\boldsymbol{V}_{k+1}}(\boldsymbol{z}_{k+1}-\eta_{k+1}(Y))\cdot f_{k+1|k}(Y)\delta Y} \tag{19.69}$$

$$D_{k+1|k+1}(\boldsymbol{x})=\frac{\int f_{\boldsymbol{V}_{k+1}}(\boldsymbol{z}_{k+1}-\eta_{k+1}(\boldsymbol{x})-\eta_{k+1}(X))\cdot f_{k+1|k}(X\cup\{\boldsymbol{x}\})\delta X}{\int f_{\boldsymbol{V}_{k+1}}(\boldsymbol{z}_{k+1}-\eta_{k+1}(Y))\cdot f_{k+1|k}(Y)\delta Y} \tag{19.70}$$

$$N_{k+1|k+1}=\frac{\int |X|\cdot f_{\boldsymbol{V}_{k+1}}(\boldsymbol{z}_{k+1}-\eta_{k+1}(X))\cdot f_{k+1|k}(X)\delta X}{\int f_{\boldsymbol{V}_{k+1}}(\boldsymbol{z}_{k+1}-\eta_{k+1}(Y))\cdot f_{k+1|k}(Y)\delta Y} \tag{19.71}$$

由于当前的目标是推导 PHD 滤波器，因此假定上述方程中的 $f_{k+1|k}(X)$ 是泊松的。TNC 近似的核心是通过下面五个步骤来近似下式的集积分：

$$\int f_{\boldsymbol{V}_{k+1}}(\boldsymbol{z}_{k+1}-\eta_{k+1}(X))\cdot f_{k+1|k}(X)\delta X \tag{19.72}$$

- 步骤 *1*：利用变量替换 $\boldsymbol{z}=\eta(X)$ 可将某些集积分重新表示为普通积分。式(3.44)的变量替换公式为

$$\int T(\eta(X))\cdot f(X)\delta X=\int T(\boldsymbol{z})\cdot P(\boldsymbol{z})\mathrm{d}\boldsymbol{z} \tag{19.73}$$

  式中：$P(\boldsymbol{z})$ 为一般的概率密度；且对于当前的问题，有

$$T(\boldsymbol{z})=f_{\boldsymbol{V}_{k+1}}(\boldsymbol{z}_{k+1}-\boldsymbol{z}) \tag{19.74}$$

$$\eta(X)=\eta_{k+1}(X)=\sum_{\boldsymbol{x}\in X}\eta_{k+1}(\boldsymbol{x}) \tag{19.75}$$

$$f(X)=f_{k+1|k}(X) \tag{19.76}$$

- 步骤 *2*：假定 $f_{k+1|k}(X)$ 是泊松的，且 $\eta(X)$ 为式(19.75)的叠加形式。利用式(4.92)的 Compbell 定理，可以推导出 $P(\boldsymbol{z})$ 的期望值 $\boldsymbol{o}_{k+1|k}$ 和协方差矩阵 $\boldsymbol{O}_{k+1|k}$ 的显式表达式：

$$\boldsymbol{o}=\int \eta_{k+1|k}(\boldsymbol{x})\cdot D(\boldsymbol{x})\mathrm{d}\boldsymbol{x} \tag{19.77}$$

$$\boldsymbol{O}=\int \eta_{k+1|k}(\boldsymbol{x})\eta_{k+1|k}(\boldsymbol{x})^{\mathrm{T}}\cdot D(\boldsymbol{x})\mathrm{d}\boldsymbol{x} \tag{19.78}$$

  式中：$D(\boldsymbol{x})$ 为 $f(X)$ 的 PHD。仅当 $f(X)$ 为泊松过程时，式(19.78)才成立。

- 步骤 *3*：采用下述近似

$$P(\boldsymbol{z})\cong N_{\boldsymbol{O}}(\boldsymbol{z}-\boldsymbol{o}) \tag{19.79}$$

- 步骤 *4*：假定高斯观测噪声：

$$f_{\boldsymbol{V}_{k+1}}(\boldsymbol{z})=N_{\boldsymbol{R}_{k+1}}(\boldsymbol{z}) \tag{19.80}$$

此时，式(19.73)右边的积分可近似为下述闭式形式：

$$\int T(z)\cdot P(z)\mathrm{d}z \cong \int N_{\boldsymbol{R}_{k+1}}(z_{k+1}-z)\cdot N_{\boldsymbol{O}}(z-\boldsymbol{o})\mathrm{d}z \tag{19.81}$$

$$= N_{\boldsymbol{R}_{k+1}+\boldsymbol{O}}(z_{k+1}-\boldsymbol{o}) \tag{19.82}$$

其中，式(19.82)由式(2.3)的高斯恒等式得到。

- 步骤 5：综合使用一些代数方法，不难将式(19.69)~(19.71)中的分子也变换成能够使用上述四步近似的形式。

19.4.1.2 广义 TNC 近似

广义 TNC 近似的关键是利用 Campbell 定理的二次型来推导任意 $f(X)$ 的方差阵 $\boldsymbol{O}$。在一般情况下，式(19.78)可表示为

$$\begin{aligned}\boldsymbol{O} = &\int \eta_{k+1|k}(\boldsymbol{x})\eta_{k+1|k}(\boldsymbol{x})^{\mathrm{T}}\cdot D(\boldsymbol{x})\mathrm{d}\boldsymbol{x}+\\ &\int\int \eta_{k+1|k}(\boldsymbol{x}_1)\eta_{k+1|k}(\boldsymbol{x}_2)^{\mathrm{T}}\big[D^2(\boldsymbol{x}_1,\boldsymbol{x}_2)-D(\boldsymbol{x}_1)\cdot D(\boldsymbol{x}_2)\big]\mathrm{d}\boldsymbol{x}_1\mathrm{d}\boldsymbol{x}_2\end{aligned} \tag{19.83}$$

式中：$D(\boldsymbol{x})$ 为 $f(X)$ 的 PHD；$D^2(\boldsymbol{x}_1,\boldsymbol{x}_2)$ 为 $f(X)$ 的二阶阶乘矩密度 (见(4.80)式)，即

$$D^2(\boldsymbol{x}_1,\boldsymbol{x}_2) = \int f(\{\boldsymbol{x}_1,\boldsymbol{x}_2\}\cup W)\delta W \tag{19.84}$$

式(19.77)和式(19.83)的证明参见附录 K.27。

通过合理定义函数 $\overset{n}{f}_{k+1|k}(X)$ 和 $\overset{\boldsymbol{x}}{f}_{k+1|k}(X)$，不难将式(19.69)和式(19.70)改写为如下形式：

$$p_{k+1|k+1}(n) = \frac{\int f_{\boldsymbol{V}_{k+1}}(\boldsymbol{z}_{k+1}-\eta_{k+1}(X))\cdot \overset{n}{f}_{k+1|k}(X)\delta X}{\int f_{\boldsymbol{V}_{k+1}}(\boldsymbol{z}_{k+1}-\eta_{k+1}(Y))\cdot f_{k+1|k}(Y)\delta Y} \tag{19.85}$$

$$D_{k+1|k+1}(\boldsymbol{x}) = \frac{\int f_{\boldsymbol{V}_{k+1}}(\boldsymbol{z}_{k+1}-\eta_{k+1}(\boldsymbol{x})-\eta_{k+1}(X))\cdot \overset{\boldsymbol{x}}{f}_{k+1|k}(X)\delta X}{\int f_{\boldsymbol{V}_{k+1}}(\boldsymbol{z}_{k+1}-\eta_{k+1}(Y))\cdot f_{k+1|k}(Y)\delta Y} \tag{19.86}$$

根据上一小节中的步骤 1~4 以及式(19.77)和式(19.83)，最终可得到 TNC-Σ-CPHD 滤波器的观测更新方程 (见19.4.3节)。该过程的完整证明参见文献 [188]。

例 7 (简单实例): 这里通过一个简单实例来验证式(19.77)和式(19.83)的正确性。令

$$\varXi = \{\boldsymbol{X}_1,\boldsymbol{X}_2,\boldsymbol{X}_3\} \tag{19.87}$$

式中：$\boldsymbol{X}_1$、$\boldsymbol{X}_2$、$\boldsymbol{X}_3$ 为独立的随机状态矢量，且服从下述线性高斯分布，即[①]

$$f_1(\boldsymbol{x}) = N_{\boldsymbol{P}_1}(\boldsymbol{x}-\bar{\boldsymbol{x}}_1) \tag{19.88}$$

$$f_2(\boldsymbol{x}) = N_{\boldsymbol{P}_2}(\boldsymbol{x}-\bar{\boldsymbol{x}}_2) \tag{19.89}$$

$$f_3(\boldsymbol{x}) = N_{\boldsymbol{P}_3}(\boldsymbol{x}-\bar{\boldsymbol{x}}_3) \tag{19.90}$$

[①]译者注：为了区分均值矢量与式(19.91)~(19.98)中的变量 $\boldsymbol{x}_1$、$\boldsymbol{x}_2$、$\boldsymbol{x}_3$，这里采用 $\bar{\boldsymbol{x}}_1$、$\bar{\boldsymbol{x}}_2$、$\bar{\boldsymbol{x}}_3$ 表示下式的均值矢量。

则 Ξ 的多目标分布为

$$f(X)=\delta_{|X|,3}\cdot\left[\begin{array}{l} f_1(\boldsymbol{x}_1)\cdot f_2(\boldsymbol{x}_2)\cdot f_3(\boldsymbol{x}_3)+f_1(\boldsymbol{x}_3)\cdot f_2(\boldsymbol{x}_1)\cdot f_3(\boldsymbol{x}_2)+\\ f_1(\boldsymbol{x}_2)\cdot f_2(\boldsymbol{x}_3)\cdot f_3(\boldsymbol{x}_1)+f_1(\boldsymbol{x}_1)\cdot f_2(\boldsymbol{x}_3)\cdot f_3(\boldsymbol{x}_2)+\\ f_1(\boldsymbol{x}_2)\cdot f_2(\boldsymbol{x}_1)\cdot f_3(\boldsymbol{x}_3)+f_1(\boldsymbol{x}_3)\cdot f_2(\boldsymbol{x}_2)\cdot f_3(\boldsymbol{x}_1)\end{array}\right] \tag{19.91}$$

其 PHD 和二阶阶乘矩密度可分别表示为

$$D(\boldsymbol{x})=f_1(\boldsymbol{x})+f_2(\boldsymbol{x})+f_3(\boldsymbol{x}) \tag{19.92}$$

$$D^2(\boldsymbol{x}_1,\boldsymbol{x}_2)=f_1(\boldsymbol{x}_1)\cdot f_2(\boldsymbol{x}_2)+f_1(\boldsymbol{x}_2)\cdot f_2(\boldsymbol{x}_1)+f_2(\boldsymbol{x}_1)\cdot f_3(\boldsymbol{x}_2)+ \tag{19.93}$$

$$f_2(\boldsymbol{x}_2)\cdot f_3(\boldsymbol{x}_1)+f_1(\boldsymbol{x}_2)\cdot f_3(\boldsymbol{x}_1)+f_1(\boldsymbol{x}_1)\cdot f_3(\boldsymbol{x}_2) \tag{19.94}$$

假定 $\eta_{k+1}(\boldsymbol{x})=\boldsymbol{x}$，则叠加后的随机矢量为

$$\boldsymbol{Z}=\eta_{k+1}(\Xi)=\boldsymbol{X}_1+\boldsymbol{X}_2+\boldsymbol{X}_3 \tag{19.95}$$

$\boldsymbol{Z}$ 的概率分布为下述卷积形式：

$$f_{\boldsymbol{Z}}(\boldsymbol{x})=(f_1\star f_2\star f_3)(\boldsymbol{x})=N_{\boldsymbol{P}_1+\boldsymbol{P}_2+\boldsymbol{P}_3}(\boldsymbol{x}-\bar{\boldsymbol{x}}_1-\bar{\boldsymbol{x}}_2-\bar{\boldsymbol{x}}_3) \tag{19.96}$$

因此，$\boldsymbol{Z}$ 的期望值和协方差矩阵分别为 $\boldsymbol{o}=\bar{\boldsymbol{x}}_1+\bar{\boldsymbol{x}}_2+\bar{\boldsymbol{x}}_3$、$\boldsymbol{O}=\boldsymbol{P}_1+\boldsymbol{P}_2+\boldsymbol{P}_3$。另采用式(4.92)计算 $\boldsymbol{Z}$ 的期望值：

$$\boldsymbol{o}=\int\boldsymbol{x}\cdot D(\boldsymbol{x})\mathrm{d}\boldsymbol{x}=\boldsymbol{P}_1+\boldsymbol{P}_2+\boldsymbol{P}_3 \tag{19.97}$$

同样也可用式(19.83)计算 $\boldsymbol{Z}$ 的协方差矩阵。为此，首先利用式(19.84)计算如下变量：

$$D^2(\boldsymbol{x}_1,\boldsymbol{x}_2)-D(\boldsymbol{x}_1)\cdot D(\boldsymbol{x}_2)=-f_1(\boldsymbol{x}_1)\cdot f_1(\boldsymbol{x}_2)-f_2(\boldsymbol{x}_1)\cdot f_2(\boldsymbol{x}_2)-f_3(\boldsymbol{x}_1)\cdot f_3(\boldsymbol{x}_2) \tag{19.98}$$

然后利用式(19.83)即可得到 $\boldsymbol{O}=\boldsymbol{P}_1+\boldsymbol{P}_2+\boldsymbol{P}_3$。

19.4.2 TNC-Σ-CPHD 滤波器：模型

TNC-Σ-CPHD 滤波器需要对观测模型作如下假定：

- 叠加型高斯似然函数：

$$f_{k+1}(\boldsymbol{z}|X)=N_{\boldsymbol{R}_{k+1}}(\boldsymbol{z}-\eta_{k+1}(X)) \tag{19.99}$$

式中：$\eta_{k+1}(X)$ 的定义见式(19.21)。

19.4.3 TNC-Σ-CPHD 滤波器：观测更新

TNC-Σ-CPHD 滤波器的预测器与普通 CPHD 滤波器 (8.5.2节) 相同，因此下面只介绍校正器。假定传感器的似然函数形如式(19.99)，继观测序列 $Z^k:\boldsymbol{z}_1,\cdots,\boldsymbol{z}_k$ 后又获得了

新观测 z_{k+1}。下面将预测势分布函数及预测 PHD 分别简写为 $p_{k+1|k}(n)=p_{k+1|k}(n|Z^k)$ 和 $D_{k+1|k}(\boldsymbol{x})=D_{k+1|k}(\boldsymbol{x}|Z^k)$，并作如下定义：

$$N_{k+1|k}=\int D_{k+1|k}(\boldsymbol{x}|Z^k)\mathrm{d}\boldsymbol{x} \tag{19.100}$$

$$s_{k+1|k}(\boldsymbol{x})=N_{k+1|k}^{-1}\cdot D_{k+1|k}(\boldsymbol{x}|Z^k) \tag{19.101}$$

$$G_{k+1|k}(x)=\sum_{n\geqslant 0}p_{k+1|k}(n)\cdot x^n \tag{19.102}$$

$$G_{k+1|k}^{(n)}(x)=\frac{\mathrm{d}^nG_{k+1|k}}{\mathrm{d}x^n}(x) \tag{19.103}$$

令 $\sigma_{k+1|k}^2$、$G_{k+1|k}^{(2)}(1)$ 和 $G_{k+1|k}^{(3)}(1)$ 分别为 $p_{k+1|k}(n)$ 的方差、二阶阶乘矩和三阶阶乘矩，并进一步假定[①]：

- $\exists n_0\geqslant 0$，$\forall n>n_0$，有 $p_{k+1|k}(n)<1/n$ (如当 $n>n_0$ 时，$p_{k+1|k}(n)=0$)。

则 TNC−Σ−CPHD 滤波器的校正器方程可表示为 (文献 [188] 中的定理 1)

$$p_{k+1|k+1}(n)\propto\frac{N_{\boldsymbol{R}_{k+1}+\overset{n}{\boldsymbol{O}}_k}(\boldsymbol{z}_{k+1}-n\hat{\boldsymbol{o}}_k)}{N_{\boldsymbol{R}_{k+1}+\boldsymbol{O}_k}(\boldsymbol{z}_{k+1}-N_{k+1|k}\hat{\boldsymbol{o}}_k)}\cdot p_{k+1|k}(n) \tag{19.104}$$

$$D_{k+1|k+1}(\boldsymbol{x})=\frac{N_{\boldsymbol{R}_{k+1}+\mathring{\boldsymbol{O}}_k}(\boldsymbol{z}_{k+1}-\eta_{k+1}(\boldsymbol{x})-\mathring{\boldsymbol{o}}_k)}{N_{\boldsymbol{R}_{k+1}+\boldsymbol{O}_k}(\boldsymbol{z}_{k+1}-N_{k+1|k}\hat{\boldsymbol{o}}_k)}\cdot D_{k+1|k}(\boldsymbol{x}) \tag{19.105}$$

式中

$$\overset{n}{\boldsymbol{O}}_k=n\cdot\left(\hat{\boldsymbol{O}}_k-\hat{\boldsymbol{o}}_k\hat{\boldsymbol{o}}_k^{\mathrm{T}}\right) \tag{19.106}$$

$$\boldsymbol{O}_k=N_{k+1|k}\cdot\hat{\boldsymbol{O}}_k+(\sigma_{k+1|k}^2-N_{k+1|k})\cdot\hat{\boldsymbol{o}}_k\hat{\boldsymbol{o}}_k^{\mathrm{T}} \tag{19.107}$$

$$\mathring{\boldsymbol{o}}_k=\frac{G_{k+1|k}^{(2)}(1)}{N_{k+1|k}}\cdot\hat{\boldsymbol{o}}_k \tag{19.108}$$

$$\mathring{\boldsymbol{O}}_k=\frac{G_{k+1|k}^{(2)}(1)}{N_{k+1|k}}\cdot\hat{\boldsymbol{O}}_k+\left(\frac{G_{k+1|k}^{(3)}(1)}{N_{k+1|k}}-\frac{G_{k+1|k}^{(2)}(1)^2}{N_{k+1|k}^2}\right)\cdot\hat{\boldsymbol{o}}_k\hat{\boldsymbol{o}}_k^{\mathrm{T}} \tag{19.109}$$

$$\hat{\boldsymbol{o}}_k=\int\eta_{k+1}(\boldsymbol{x})\cdot s_{k+1|k}(\boldsymbol{x})\mathrm{d}\boldsymbol{x} \tag{19.110}$$

$$\hat{\boldsymbol{O}}_k=\int\eta_{k+1}(\boldsymbol{x})\eta_{k+1}(\boldsymbol{x})^{\mathrm{T}}\cdot s_{k+1|k}(\boldsymbol{x})\mathrm{d}\boldsymbol{x} \tag{19.111}$$

相应的 PHD 滤波器观测更新方程 (即修正 ALM 滤波器) 为[②]

$$D_{k+1|k+1}(\boldsymbol{x})=\frac{N_{\boldsymbol{R}_{k+1}+N_{k+1|k}\hat{\boldsymbol{O}}_k}(\boldsymbol{z}_{k+1}-\eta_{k+1}(\boldsymbol{x})-N_{k+1|k}\hat{\boldsymbol{o}}_k)}{N_{\boldsymbol{R}_{k+1}+N_{k+1|k}\hat{\boldsymbol{O}}_k}(\boldsymbol{z}_{k+1}-N_{k+1|k}\hat{\boldsymbol{o}}_k)}\cdot D_{k+1|k}(\boldsymbol{x}) \tag{19.112}$$

令人有些诧异的是，原始 ALM 和修正 ALM 的性能并未表现出太大的差异[223]。

[①] 译者注：这里删掉了一条重复的假定，即前面刚提到的式(19.99)的叠加型高斯似然。

[②] 该方程的推导无需假设“当 $n>n_0$ 时 $p_{k+1|k}(n)<1/n$”。

19.4.4 TNC Σ−CPHD 滤波器：实现

由于观测更新方程的非线性非高斯特性，TNC−Σ−CPHD 滤波器和 TNC−Σ−PHD 滤波器都必须采用序贯蒙特卡罗 (SMC) 技术来实现。Nannuru、Coates 和 Mahler 在文献 [222] 中基于辅助粒子滤波方法实现了这两种滤波器。

与 TNC−Σ−PHD 滤波器相比，TNC−Σ−CPHD 滤波器的 SMC 实现运算速度更快。这是因为前者的复杂度为 $O(\nu M^2+M^3+n_{\max}^2\nu^2)$，而后者的复杂度为 $O(\nu M^2+n_{\max}M^3+n_{\max}\nu)$。其中：$\nu$ 代表粒子数；$n_{\max}$ 代表最大可能的目标数；M 为观测空间的维数 (被动声学应用中 M 等于传感器阵元数，射频层析应用中 $M=\nu(\nu-1)/2$，ν 为收发结点个数)。

Nannuru、Coates 和 Mahler[222] 基于 Septier、Pang、Carmi 和 Godsill 等人[268] 的方法，实现了一种常规马尔可夫链蒙特卡罗 (MCMC) 算法并将它作为比较基准，其计算需求远大于 TNC−Σ−CPHD 滤波器。他们通过两个应用评估了 MCMC、TNC−Σ−CPHD 及 TNC−Σ−PHD 这三种滤波器的性能：被动声学传感器的多目标跟踪；射频层析传感器阵列的多目标检测跟踪。下面介绍相应的试验结果。

19.4.4.1 TNC−Σ−CPHD 滤波器：被动声学传感器应用

在仿真中，由位于矩形网格结点上的 25 个全向被动声学幅度传感器对目标进行观测，四个声源目标沿着一定间距且略微弯曲的路径运动。Nannuru、Coates 和 Mahler 采用6.2.2节的 OSPA 距离评估这三种滤波器在 100 次蒙特卡罗仿真中的性能。

结果表明：TNC−Σ−CPHD 滤波器的性能超过了 MCMC 算法 (其 OSPA 误差约为 TNC−Σ−CPHD 的 2 倍) 和 TNC−Σ−PHD 滤波器 (其 OSPA 误差约为 TNC−Σ−CPHD 的 3 倍)；而在运算速度方面，TNC−Σ−CPHD 滤波器大约比 MCMC 滤波器快 87 倍，比 TNC−Σ−PHD 滤波器快 27 倍。

19.4.4.2 TNC−Σ−CPHD 滤波器：射频层析传感器应用

有关射频层析的介绍见19.1.1.4节。在仿真中：沿监视区域一周共布设了 24 个收发结点，因此共有 276 条独立的双向链路；两对目标沿着略微弯曲的路径运动，它们都是先靠近后分离。

与被动声学阵列应用一样，TNC−Σ−CPHD 滤波器的性能超过了 MCMC 算法 (其 OSPA 误差约为 TNC−Σ−CPHD 的 2 倍) 和 TNC−Σ−PHD 滤波器 (其 OSPA 误差约为 TNC−Σ−CPHD 的 3 倍)。但由于观测维度和信噪比的提升，所有情形下的 OSPA 误差仅为被动声学应用的一半左右。在该应用中，TNC−Σ−CPHD 滤波器大约比 MCMC 滤波器快 30 倍，比 TNC−Σ−PHD 滤波器快 14 倍。

第 20 章 像素化图像的 RFS 滤波器

20.1 简 介

本章介绍像素化图像序列中多目标的检测跟踪问题，这类传感器的典型例子有光电 (EO) 传感器、红外相机、合成孔径雷达 (SAR) 以及逆合成孔径雷达 (ISAR) 等。

对于这类数据，常规的处理方法大都基于检测范式：首先利用门限技术 (识别高亮像素) 或者边沿检测技术 (标识轮廓) 从图像中提取“斑点”，然后提取特征 (如斑点的质心) 并将其作为多目标算法的输入。这样做势必会浪费大量有潜在价值的信息，当信噪比 (SNR) 较低时，特征检测算法常常会剔除目标像素而误将杂波像素作为目标。对于更低的 SNR，当任意时刻图像中的目标均无法识别时，特征提取就会失效。

因此，若能基于整幅图像而非从中提取的特征，采用一个统一的非线性算法进行联合的目标检测与跟踪，则性能必有所改善。

本章旨在介绍由 B. N. Vo 和 B. T. Vo 提出的这类新型 RFS 滤波器，其中最为著名的当数图像观测多目标多伯努利 (*IO−MeMBer*) 滤波器 (20.5节) 是。业已表明，IO−MeMBer 滤波器的性能已超过了之前该应用下最好的 TBD 滤波器，现已成功应用于复杂快变多目标场景 (如曲棍球比赛) 下的灰度和彩色视频处理 (20.6节)。本章的讨论仅限于一个较高的层次，有关技术细节请参考所引的原始文献。

20.1.1 要点概述

在本章学习过程中，需要掌握的主要概念、结论和公式如下：

- 本章所有滤波器都基于 Vo 的图像观测模型 (20.2节)，该模型将目标区域建模为参数自适应的区域填充模板；
- 这类滤波器既可用于灰度图像，也可用于彩色图像；
- 这些 RFS 滤波器均假定二维尺度的目标，特别地，它假定目标互不重叠且不可相互穿越；
- 这些 RFS 滤波器均为多目标贝叶斯滤波器的精确闭式解，可无需建模及预测多目标 RFS 方面的其他假设 (多伯努利、i.i.d.c. 或者泊松)；
- 由于 IO 观测模型高度非线性，这些 RFS 滤波器通常需采用序贯蒙特卡罗 (SMC) 技术实现；
- IO−MeMBer 滤波器的性能已经超过之前公认最好的 TBD 滤波器——直方图 PMHT (20.6.1节)；
- 由于多目标 SMC 滤波器状态提取方面的复杂性，IO−PHD 和 IO−CPHD 滤波器的计算需求远高于 IO−MeMBer 滤波器，因此前两个滤波器基本上没什么实用价值。

20.1.2 本章结构

本章内容安排如下：

- 20.2节：Vo 的图像观测 (Image Observation, IO) 多目标观测模型。
- 20.3节：IO 模型的近似多目标运动模型。
- 20.4节：IO−CPHD 滤波器。
- 20.5节：IO−MeMBer 滤波器。
- 20.6节：IO−MeMBer 滤波器实现。

20.2 IO 多目标观测模型

本节所述的观测模型由 B. N. Vo 提出[315,316]。假定图像传感器的观测为 $m_1 \times m_2$ 的像素矩阵，单个像素既可以是实数形式的灰度值，也可以是三维 RGB 矢量 $(R, G, B)^{\mathrm{T}}$。无论哪种形式，均可将像素观测封装为下述 $M = m_1 m_2$ 维的图像矢量：

$$z = (z_{1,1}, \cdots, z_{m_1,m_2})^{\mathrm{T}} = (z^1, \cdots, z^M)^{\mathrm{T}} \tag{20.1}$$

假定：

- 目标具有一定的物理尺度，状态矢量 $\boldsymbol{x}$ 除包括位置和速度变量外，还可包含目标形状、尺寸、姿态以及身份类型等变量；
- 一些像素由目标“点亮”，其他所有像素皆为“背景”，将由目标 $\boldsymbol{x}$ 点亮的像素索引集 (或称下标集) 记作 $J_{k+1}(\boldsymbol{x})$；
- 目标都在一个面上运动，由于假定其具有一定的物理尺度，因此它们不能重叠或相互穿越 (见图20.1)，也就是说，如果 $\boldsymbol{x}_1$ 和 $\boldsymbol{x}_2$ 为两个不同的目标，则

$$J_{k+1}(\boldsymbol{x}_1) \cap J_{k+1}(\boldsymbol{x}_2) = \emptyset \tag{20.2}$$

- 由目标 $\boldsymbol{x}$ 照亮的像素 j 的概率密度 $f^j_{k+1|k}(z|\boldsymbol{x})$ 先验已知；
- 背景 (非目标) 像素 j 的概率密度 $f^j_{k+1|k}(z)$ 同样先验已知；
- 像素关于目标状态条件独立。

给定上述假定后，单目标 $\boldsymbol{x}$ 的图像似然函数为

$$L_{\boldsymbol{Z}}(\boldsymbol{x}) = f_{k+1}(\boldsymbol{z}|\boldsymbol{x}) = \left(\prod_{j \notin J_{k+1}(\boldsymbol{x})} f^j_{k+1}(z^j)\right) \cdot \left(\prod_{j \in J_{k+1}(\boldsymbol{x})} f^j_{k+1}(z^j|\boldsymbol{x})\right) \tag{20.3}$$

而无目标的图像似然函数为

$$\ell_{\boldsymbol{z}} = \prod_{j=1}^{M} f^j_{k+1}(z^j) \tag{20.4}$$

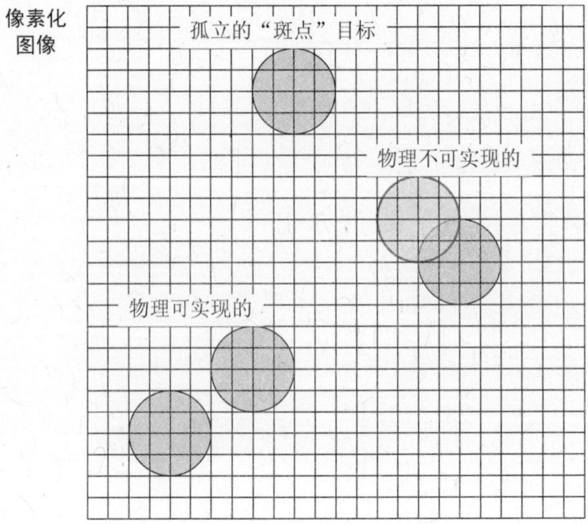

图 20.1 IO 观测模型的原理示意图：图中的“斑点”包括目标和地标，这里假定目标 (斑点) 不能相互重叠。

假定 $|X| = n$ 的多目标状态 $X = \{\boldsymbol{x}_1, \cdots, \boldsymbol{x}_n\}$ 是“物理可实现的”，即对于任意的 $i, l = 1, \cdots, n$，当 $i \neq l$ 时，有

$$J_{k+1}(\boldsymbol{x}_i) \cap J_{k+1}(\boldsymbol{x}_l) = \emptyset \tag{20.5}$$

则多目标似然函数为 (文献 [316] 中的 (3) 式)

$$f_{k+1}(\boldsymbol{z}|X) = \ell_{\boldsymbol{z}} \cdot \chi_{\boldsymbol{z}}^X \tag{20.6}$$

式中：幂函数 χ^X 的定义见(3.5)式；而

$$\chi_{\boldsymbol{z}}(\boldsymbol{x}) = \prod_{j \in J_{k+1}(\boldsymbol{x})} \frac{f_{k+1}^j(z^j|\boldsymbol{x})}{f_{k+1}^j(z^j)} \tag{20.7}$$

上述多目标似然的简单推导如下：当 $X = \emptyset$ 时，显然 $f_{k+1}(\boldsymbol{z}|X) = \ell_{\boldsymbol{z}}$；否则，令所有目标像素的索引集为

$$J_{k+1}(X) = J_{k+1}(\boldsymbol{x}_1) \uplus \cdots \uplus J_{k+1}(\boldsymbol{x}_n) \tag{20.8}$$

由于式(20.5)成立，则

$$f_{k+1}(\boldsymbol{z}|X) = \left(\prod_{j \notin J_{k+1}(X)} f_{k+1}^j(z^j)\right) \cdot \left(\prod_{j \in J_{k+1}(\boldsymbol{x}_1)} f_{k+1}^j(z^j|\boldsymbol{x}_1)\right) \cdots \left(\prod_{j \in J_{k+1}(\boldsymbol{x}_n)} f_{k+1}^j(z^j|\boldsymbol{x}_n)\right) \tag{20.9}$$

$$= \left(\prod_{j=1}^{M} f_{k+1}^j(z^j)\right) \cdot \left(\prod_{i=1}^{n} \prod_{j \in J_{k+1}(\boldsymbol{x}_i)} \frac{f_{k+1}^j(z^j|\boldsymbol{x}_i)}{f_{k+1}^j(z^j)}\right) \tag{20.10}$$

$$= \ell_z \cdot \prod_{i=1}^{n} \chi_z(\boldsymbol{x}_i) = \ell_z \cdot \chi_z^X \tag{20.11}$$

注解 81: 该模型有点类似于 20 世纪 90 年代 DARPA MSTAR 项目中的 SAR 图像处理模型[118]。MSTAR 开发的算法主要解决单个地面静止目标的自动识别 (ATR) 问题，与这里讨论的问题不尽相同，但 MSTAR 算法也基于类似假定：① 已知任何目标像素的概率分布 (可通过目标 CAD 模型预估)；②像素统计独立。

20.3 IO 运动模型

由于目标不能重叠，故其运动不再统计独立，即7.4节的标准多目标运动模型不能严格适用。但是，若假定每个目标足够小从而不会占据图像中的大片区域，则仍可用13.4.2节的传统多目标运动模型作为近似。这样一来，IO-CPHD 滤波器的时间更新步便与经典 CPHD 完全相同 (8.5.2节)，因此下面只需讨论观测更新方程。

20.4 IO-CPHD 滤波器

给定预测 PHD $D_{k+1|k}(\boldsymbol{x})$、预测势分布函数 $p_{k+1|k}(n)$ 或者预测 p.g.f. $G_{k+1|k}(x)$，并记 $N_{k+1|k} = \int D_{k+1|k}(\boldsymbol{x})\mathrm{d}\boldsymbol{x}$，在得到新观测 $\boldsymbol{z}_{k+1}$ 后，精确的闭式观测更新方程即可表示如下 (文献 [316] 中的 (10) 式和 (11) 式)：

- *p.g.f.* 与势分布的观测更新：

$$G_{k+1|k+1}(x) = \frac{G_{k+1|k}(x \cdot \phi_k)}{G_{k+1|k}(\phi_k)} \tag{20.12}$$

$$p_{k+1|k+1}(n) = \frac{\phi_k^n \cdot p_{k+1|k}(n)}{\sum_{l \geqslant 0} \phi_k^l \cdot p_{k+1|k}(l)} \tag{20.13}$$

式中

$$\phi_k = \frac{1}{N_{k+1|k}} \int \chi_{\boldsymbol{z}_{k+1}}(\boldsymbol{x}) \cdot D_{k+1|k}(\boldsymbol{x})\mathrm{d}\boldsymbol{x} \tag{20.14}$$

- 期望目标数的观测更新：

$$N_{k+1|k+1} = \frac{G_{k+1|k}^{(1)}(\phi_k)}{G_{k+1|k}(\phi_k)} \cdot \phi_k \tag{20.15}$$

- *PHD* 的观测更新：

$$D_{k+1|k+1}(\boldsymbol{x}) = \frac{1}{N_{k+1|k}} \cdot \frac{G_{k+1|k}^{(1)}(\phi_k)}{G_{k+1|k}(\phi_k)} \cdot \chi_{\boldsymbol{z}_{k+1}}(\boldsymbol{x}) \cdot D_{k+1|k}(\boldsymbol{x}) \tag{20.16}$$

作为 CPHD 滤波器的特殊情况，PHD 滤波器由下式给出 (文献 [316] 中的推论 1)：

$$D_{k+1|k+1}(\boldsymbol{x}) = \chi_{\boldsymbol{z}_{k+1}}(\boldsymbol{x}) \cdot D_{k+1|k}(\boldsymbol{x}) \tag{20.17}$$

上述方程的证明见附录 K.28。由于伪似然 $\chi_{\boldsymbol{z}_{k+1}}(\boldsymbol{x})$ 通常高度非线性，因此上述滤波器需要采用 SMC 技术实现。

20.5 IO−MeMBer 滤波器

虽然名字一样，但 IO−MeMBer 滤波器并非第13章经典 MeMBer 滤波器 (基于标准观测模型) 的变形：其一，IO−MeMBer 滤波器是专为 Vo 的 IO 多目标观测模型设计的；其二，经典多伯努利滤波器需要在模型假定之外做额外的近似，而 IO−MeMBer 滤波器则是精确闭式解，无需模型之外的其他假设。

IO−MeMBer 滤波器的时间更新步同第13章的经典多伯努利滤波器，因此下面只需介绍其观测更新方程。

20.5.1 IO−MeMBer 滤波器：观测更新

给定预测航迹数 $\nu_{k+1|k}$、预测的目标存在概率 $q_i^{k+1|k}$ 及航迹分布 $s_i^{k+1|k}(\boldsymbol{x})$，在得到新观测 $\boldsymbol{z}_{k+1}$ 后，则共有 $\nu_{k+1|k+1}=\nu_{k+1|k}$ 条观测更新航迹，其更新方程如下 (文献 [316] 中的 (13) 式)：

- 目标存在概率的观测更新：

$$q_i^{k+1|k+1}=\frac{q_i^{k+1|k}\cdot\phi_{k,i}}{1-q_i^{k+1|k}+q_i^{k+1|k}\cdot\phi_{k,i}} \tag{20.18}$$

式中

$$\phi_{k,i}=\int\chi_{\boldsymbol{z}_{k+1}}(\boldsymbol{x})\cdot s_{k+1|k}^{i}(\boldsymbol{x})\mathrm{d}\boldsymbol{x} \tag{20.19}$$

- 航迹分布的观测更新：

$$s_{k+1|k+1}^{i}(\boldsymbol{x})=\frac{\chi_{\boldsymbol{z}_{k+1}}(\boldsymbol{x})\cdot s_{k+1|k}^{i}(\boldsymbol{x})}{\phi_{k,i}} \tag{20.20}$$

上述方程的证明见附录 K.29。同样由于伪似然的高度非线性，实现中通常需采用 SMC 技术。

20.5.2 IO−MeMBer 滤波器：航迹合并

在滤波过程中，两条航迹有可能会足够靠近以致重叠，从而违背 IO 模型的基本假定。当出现这种情况时，必须对这样的航迹进行合并。

假定需要合并第 i 条和第 l 条航迹，合并后航迹的存在概率和航迹分布分别由下面两式给出：

$$q_{i,l}^{k+1|k+1}=q_i^{k+1|k+1}+q_l^{k+1|k+1}-q_i^{k+1|k+1}\cdot q_l^{k+1|k+1} \tag{20.21}$$

$$s_{i,l}^{k+1|k+1}=\frac{s_i^{k+1|k+1}(\boldsymbol{x})\cdot s_l^{k+1|k+1}(\boldsymbol{x})}{\int s_i^{k+1|k+1}(\boldsymbol{y})\cdot s_l^{k+1|k+1}(\boldsymbol{y})\mathrm{d}\boldsymbol{y}} \tag{20.22}$$

关于式(20.21)的简单解释如下：由于航迹 i、l 不存在的概率分别为 $1-q_i^{k+1|k+1}$ 和 $1-q_l^{k+1|k+1}$，而两条航迹都不存在的概率为 $(1-q_i^{k+1|k+1})\cdot(1-q_l^{k+1|k+1})$，因此两条

航迹中至少存在 1 条的概率由式(20.21)给出。式(20.22)是在均匀先验 (尽管不太合适) 假定下对 i、l 这两条航迹分布做贝叶斯平行组合 (见(22.139)式或(10.71)式) 的结果。

20.5.3 IO−MeMBer 滤波器：多目标状态估计

多目标状态估计过程同 CBMeMBer 滤波器 (13.4.5节)。

20.5.4 IO−MeMBer 滤波器：航迹管理

航迹管理的实现参见13.4.6节的 CBMeMBer 滤波器。

20.6 IO−MeMBer 滤波器的实现

虽然采用 SMC 方法可以实现 IO−CPHD 滤波器，但其多目标估计 (与经典 CPHD 一样) 的概念和计算都较为复杂，而 IO−MeMBer 滤波器的多目标状态估计 (类似多伯努利滤波器) 却非常简单。因此，目前已实现的所有 IO−RFS 滤波器都仅限于 IO−MeMBer 滤波器，且均是由 B. N. Vo、B. T. Vo 及其合作者完成的。本节简要介绍这些滤波器实现方面的工作。

20.6.1 图像数据 TBD

TBD 算法采用"原始"图像数据，即未经任何预处理的像素化图像本身[58,60]。采用20.2节的符号表示，TBD 研究中一个常见的观测模型可表示为 (文献 [316] 中的 (24) 式)

$$f^j_{k+1}(z|\boldsymbol{x}) = N_{\sigma^2_{k+1}}(z - \eta^j_{k+1}(\boldsymbol{x})), \qquad j \in J_{k+1}(\boldsymbol{x}) \tag{20.23}$$

$$f^j_{k+1}(z) = N_{\sigma^2_{k+1}}(z), \qquad j \notin J_{k+1}(\boldsymbol{x}) \tag{20.24}$$

式中：$\eta^j_{k+1}(\boldsymbol{x})$ 为第 j 个像素的观测函数；σ^2_{k+1} 为背景噪声的方差 (假定所有像素相同)。

B. N. Vo、B. T. Vo 和 N. T. Plam 等人将 IO−CPHD 滤波器与之前最好的 TBD 滤波器 (根据文献 [58] 中的最新评估结果)——"直方图概率多假设跟踪器" (H−PMHT)①——做了对比。

所用图像来自于边长为 L 的固定方形监视区域，观测函数选用如下所示的点传播函数 (文献 [316] 中的 (25) 式)：

$$\eta^j_{k+1}(x, y, v_x, v_y) = \frac{\Delta_x \Delta_y I_{k+1}}{2\pi\sigma^2_h} \cdot \exp\left(-\frac{(\Delta_x a - x)^2 + (\Delta_y b - y)^2}{2\sigma^2_h}\right) \tag{20.25}$$

式中：Δ_x、Δ_y 分别为水平和垂直像素的尺寸；I_{k+1} 为源的亮度；σ^2_h 为模糊因子；目标模板 $J_{k+1}(x, y)$ 是中心为 (x, y)、面积为 4×4 像素的方形区域。

文献 [316] 考虑了两个仿真场景。由于 H−PHMT 需要已知目标数，因此仿真一中涉及 4 个机动目标，数目固定且已知。由于 IO−MeMBer 滤波器无需该先验信息，因此仿真二中的 4 个目标允许出现和消失，任意时刻的目标数对跟踪器是未知的。仿真中的有关参数假定：$L = 45\text{m}$，$\Delta_x = \Delta_y = 1\text{m}$，$I_{k+1} = 30$、$1 \leqslant a, b \leqslant 45$，$\sigma^2 = 1\text{m}^2$，$\sigma^2_h = 1$。

①不同于 RFS 和常规 MHT，H−PMHT 假定目标数先验已知，因此在使用 H−PMHT 前必须先估计目标数。给定目标数后，PMHT 使用 Dempster 期望最大化 (EM) 算法进行观测−航迹关联。

在仿真一(已知目标数)中，IO-MeMBer 滤波器假定无目标出现/消失，但初始目标数未知，每条航迹采用1000个粒子。由于H-PHMT将初始目标数作为先验，因此起始跟踪性能优于IO-MeMBer 滤波器。但之后，H-PHMT的性能表现较差，特别是其位置误差随时间迅速增加，而IO-MeMBer 滤波器的位置误差则保持恒定。而且，H-PHMT的处理时间也大于IO-MeMBer 滤波器，且随图像分辨率的提高(即增加单位长度内的像素个数①)而迅速增加，而IO-MeMBer 滤波器的处理时间随分辨率提高基本保持不变。

仿真二(未知目标数)中只测试了IO-MeMBer 滤波器，共进行了1000次蒙特卡罗试验。B. N. Vo 等人宣称IO-MeMBer 滤波器的"航迹起始、维护、终止和估计性能令人满意，尽管航迹起始和终止有时会存在些许延迟。"

B. N. Vo 等人还验证了模型不匹配时的性能，发现当违背其基本建模假定(即目标具有一定物理尺度因而不会重叠)时，IO-MeMBer 滤波器的性能表现会很差。

20.6.2 彩色视频跟踪

R. Hoseinnezhad、B. N. Vo 和 B. T. Vo 等人已将IO-MeMBer 滤波器用于实际中的彩色视频跟踪。他们的第一个算法在曲棍球和足球比赛等快变多目标场景下表现良好，但需要将目标外貌特征作为先验信息[112]。随后，R. Hoseinnezhad、B. N. Vo 和 B. T. Vo 使用核密度估计来学习背景模型，然后通过减背景方法提取前景目标[113,115]，从而取消了前面的限制条件。本节介绍后一种方法。

将IO-MeMBer 滤波器用于实测数据的最大困难就是如何确定背景因子 ℓ_z 和目标因子 $\chi_z(\boldsymbol{x})$ 的具体形式。Hoseinnezhad 等人设计了一种可逐渐学习并更新背景函数 ℓ_z 的算法，在此基础上然后利用减背景方法便可得到场景中目标的灰度前景图像 $\chi_z(\boldsymbol{x})$。

首先，将RGB 矢量 $(R^j_{k+1}, G^j_{k+1}, B^j_{k+1})^{\mathrm{T}}$ 转换为色度矢量 $(r^j_{k+1}, g^j_{k+1}, I^j_{k+1})^{\mathrm{T}}$ $(0 \leqslant r^j_{k+1}, g^j_{k+1}, I^j_{k+1} \leqslant 1$②)，具体公式如下：

$$I^j_{k+1} = \frac{1}{256}\left(R^j_{k+1} + G^j_{k+1} + B^j_{k+1}\right) \tag{20.26}$$

$$r^j_{k+1} = \frac{R^j_{k+1}}{256 I^j_{k+1}} \tag{20.27}$$

$$g^j_{k+1} = \frac{G^j_{k+1}}{256 I^j_{k+1}} \tag{20.28}$$

上述表达式分母中的256与采用8比特彩色值有关。转化到色度矢量空间的主要原因是rgI表示对环境光线的波动(如影子的影响)更为鲁棒。背景估计采用时间滑窗(下推栈)方式，窗长度固定为 N_0，初始栈的形式如下：

$$0, K_0, 2K_0, \cdots, (N_0-1)K_0 \tag{20.29}$$

①译者注：图像分辨率改善，应为增加单位长度内的像素而非减少，原文有误，已更正。

②译者注：此处有误，根据式(20.26)，I^j_{k+1} 的取值范围应为 $0 \leqslant I^j_{k+1} < 3$。

其中：K_0 由运动目标的最大逗留时间决定[①]。在每个时间步，将新图像增加到栈顶，同时删掉栈底的旧图像[②]。

然后，将 rgI 矢量代入核估计器以生成像素的归一化灰度值 (文献 [115] 中的 (10) 式)：

$$z_{k+1}^j = \frac{1}{N_0}\sum_{l=1}^{N_0}\prod_{o=r,g,I}\exp\left(-\frac{\left(o_{k+1}^j - o_{k+1-K_0 l}^j\right)^2}{2\sigma_{o,k+1}^2}\right) \tag{20.30}$$

式中：$\sigma_{r,k+1}$、$\sigma_{g,k+1}$、$\sigma_{I,k+1}$ 为核估计器带宽，取 rgI 矢量的 MAD (绝对偏差的中位数) 值，即[③]

$$\sigma_{o,k+1}^j = \underset{1\leqslant l\leqslant N_0}{\text{median}}\left|o_{k+1}^j - o_{k+1-K_0 l}^j\right| \tag{20.31}$$

此外，式(20.30)中还采用了下述表示：

$$o_{k+1}^j = \begin{cases} r_{k+1}^j, & o = r \\ g_{k+1}^j, & o = g \\ I_{k+1}^j, & o = I \end{cases} \tag{20.32}$$

最后，令 $X = \{\boldsymbol{x}_1, \cdots, \boldsymbol{x}_n\}$ $(|X| = n)$ 表示场景中的多目标，同时将第 i 个目标的平均灰度值定义为

$$\bar{z}_{i,k+1} = \frac{1}{M_i}\sum_{j\in T_{k+1}(\boldsymbol{x}_i)} z_{k+1}^j, \qquad M_i = |T_{k+1}(\boldsymbol{x}_i)| \tag{20.33}$$

在上述条件下，Hoseinnezhad 等人证明有下列表达式成立 (文献 [115] 中的 (20) 式)：

$$\ell_{z_{k+1}} = \zeta_{\mathrm{B}}\cdot\exp\left(\frac{1}{M\cdot\delta_{\mathrm{B}}}\sum_{j=1}^{M} z_{k+1}^j\right) \tag{20.34}$$

$$\chi_{z_{k+1}}(\boldsymbol{x}_i) = \exp\left(\frac{M_i\cdot(1-\bar{z}_{i,k+1})}{M\cdot\delta_{\mathrm{B}}}\right)\cdot\zeta_{\mathrm{F}}\cdot\exp\left(-\frac{\bar{z}_{i,k+1}}{\delta_{\mathrm{F}}}\right) \tag{20.35}$$

式中：δ_{B}、δ_{F} 为控制参数；ζ_{B}、ζ_{F} 为归一化因子。

Hoseinnezhad 等人从 CAVIAR 基准数据集中选择了 3 个视频进行测试。试验中的目标状态矢量为 $(x, y, l_x, l_y, v_x, v_y)^{\mathrm{T}}$，其中，$x, y$ 为质心位置，l_x, l_y 为目标宽度和高度，v_x, v_y 为目标速度分量。第一个视频为两个人进入后又离开图书馆；第二个视频为商店购物的顾客，进入后又离开商店；第三个视频为四个人进入后又离开大厅。

Hoseinnezhad 等人称，“在同等计算代价下，他们的算法在跟踪精度方面超越了同类算法，尤其是当目标数相对较多时” (见文献 [113] 第 V 节)。

[①]译者注：如果超过此时间即认为是静止背景。

[②]译者注：此处与原始文献 [113, 115] 略有不同。在文献 [113, 115] 中，栈每 K_0 步更新 1 次；而此处及(20.30)式 (注意该式下标与文献 [115] 中 (10) 式的区别) 中均为每步更新。若如此，则式(20.29)中栈的存储深度应为 $N_0\cdot K_0$，即初始栈为 $0, 1, 2, \cdots, N_0K_0-1$。当栈堆满后启动更新，更新过程中按式(20.30)从栈中抽取 N_0 幅图像。

[③]译者注：原文要求 $0 < \sigma_{r,k+1}, \sigma_{g,k+1}, \sigma_{I,k+1} \leqslant 1$，是冗余约束。对于 $\sigma_{r,k+1}$、$\sigma_{g,k+1}$，根据下式自然满足该约束；而根据下式，参数 $\sigma_{I,k+1}$ 未必满足也无需满足该条件。

20.6.3 道路约束下的目标跟踪

J. Wong、B. N. Vo 和 B. T. Vo 将 IO-MeMBer 滤波器用于公路上运动目标的跟踪问题[325]，他们采用 B. T. Vo、C. See 和 N. Ma 等人提出的梯形道路模型[303]。

仿真测试设置如下：场景为两纵两横共四个交叉口的公路模型；目标运动模型采用道路约束下的恒转速 (CT) 模型；观测图像为 500 × 500 像素，每个像素对应道路上边长为 8m 的方形区域；四个先出现后消失的目标分别沿两条纵向道路和上面一条横向道路运动。在不违背目标不能重叠的模型假定下，IO-MeMBer 滤波器的性能表现尚可。

第 21 章　集群目标的 RFS 滤波器

21.1　简　介

回顾式(5.21)的多目标观测模型：

$$\overbrace{\Sigma}^{\text{所有观测}} = \overbrace{\Upsilon(\boldsymbol{x}_1)}^{\text{源自目标}} \cup \cdots \cup \overbrace{\Upsilon(\boldsymbol{x}_n)}^{\text{源自目标}} \cup \overbrace{C}^{\text{非目标}} \tag{21.1}$$

当时将扩展目标和群目标定义为可产生多个观测的目标，即源自 (群或扩展) 目标 $\boldsymbol{x}$ 的观测数 $|\Upsilon(\boldsymbol{x})|$ 是任意的。下面是更详细的解释：

- *扩展目标*：每个观测都源自单个物理目标，但每个目标却可生成多个观测。例如，当目标距传感器足够近时，其表面上的多散射中心就会生成多个观测。
  - 扩展目标状态 (记作 $\mathring{\boldsymbol{x}}$) 包括质心位置、质心速度、目标类型及形状参数等；
  - 由于扩展目标具有连续的物理外形，因此它们不会发生物理上的重叠但却可相互遮挡；
  - 扩展目标观测 $\Upsilon(\mathring{\boldsymbol{x}})$ 与状态 $\mathring{\boldsymbol{x}}$ 有关，故可从观测中直接估计 $\mathring{\boldsymbol{x}}$。
- *群目标*：该情形下的观测源自一些自主或半自主的点目标，而这些点目标则隶属于一个协同目标群。从整体上看，这些目标一起构成了一个战术意义上的集成“超目标”，如飞机编队或航母编队；而且，这些点目标间还可能存在多个嵌套的“层级”，比如一个连队包括若干排，每个排又包括若干班。
  - 群目标状态 (也记作 $\mathring{\boldsymbol{x}}$) 包括质心位置、质心速度、编队类型、群内目标数以及群的形状参数等；
  - 但群目标的完整描述还需要确定其组成部分 (群内的每个常规目标) 的状态。
- *群目标和扩展目标的对比*[274,283,318]：与扩展目标不同，群目标可相互穿插而不发生遮挡，其观测不直接由状态 $\mathring{\boldsymbol{x}}$ 决定，而是取决于 $\boldsymbol{x} \in \Xi_{\mathring{\boldsymbol{x}}}$ ($\boldsymbol{x}$ 为群内个体目标的状态)。因此，群目标状态估计比扩展目标状态估计更加晦涩和困难。
  - 例如，$\mathring{\boldsymbol{x}}$ 是一个排还是一个班在很大程度上取决于群的尺寸 $|\Xi(\mathring{\boldsymbol{x}})|$ 及形状 (空间分布)。
  - 判断 $\mathring{\boldsymbol{x}}$ 是一个旅还是一个团的难度更大，需要鉴别更多的模糊特征，比如特定类型目标 (如指挥控制车) 的存在性，或是群内子群间协同关系的存在性等。由于群的形状 (如人字形车阵) 中含有战术意图信息，也可作为重要的信息源。
- *未分辨目标*：5.5节的标准多目标观测模型是建立在“没有未分辨目标”的假设之上——它假定所有目标距传感器足够近以致不存在源自多个目标的观测，但对于目标足够远的情形，该假设将不再有效。

– 比如考虑一部机械扫描雷达：对于任何指定的方位角 α 及俯仰角 θ，雷达发射脉冲信号并接收目标反射的回波信号，通过收发时延便可确定目标距离 r。若存在一个足够“强”的目标，则回波信号对应距离单元处将出现一个峰值，由此便会在坐标 α, θ, r 处生成一个目标检报。

– 但如果相同距离附近有许多密集分布的目标，则信号峰值是由这些目标共同而非由某个目标单独产生，这就是所谓的*未分辨目标*。本章将未分辨目标建模为一类非常简单的群目标：*点群目标*。

除扩展目标、群目标和未分辨目标外，本章还考虑另一类相关的目标：

- *簇目标*：由于其观测生成过程的机理完全未知，因此可将簇目标视作状态 $\mathring{x}$ 未知且*不可知*的扩展目标，即簇目标仅因其观测表现为观测簇的形式而得名。
  – 尽管簇目标的观测表现为动态持续且时间相关的“观测云”，但其存在性只有通过间接方式推断。
  – 簇目标检测跟踪是静态“聚类”问题的动态推广，也就是说，它通过分析观测集时间序列来判断观测是否具有动态演变的簇结构。

本章主要介绍扩展目标、簇目标及群目标的 RFS 检测跟踪滤波器[①]，下面依次展开。

21.1.1　要点概述

在本章学习过程中，需要掌握的主要概念、结论和公式如下：

对于*扩展目标*：

- 存在一个通用的多扩展目标 PHD 跟踪滤波器——但该滤波器具有组合复杂度 (21.4.1节)。
- 扩展目标建模主要有三种方式：严格刚体 (Exact Rigid-Body, ERB) 模型 (21.2.2节)、近似刚体 (Approximate Rigid-Body, ARB) 模型 (21.2.3节) 以及近似泊松体 (Approximate Poisson-Body, APB) 模型 (21.2.4节)。
- 由 APB 模型得到的 PHD 滤波器具有相对简单的形式，但其同样具有组合复杂度 (21.4.3节)。
- 为了使扩展目标 PHD 跟踪滤波器易于计算，研究人员设计了各种近似方案，如 GLO (Granström–Lundquist–Orguner) 近似 (21.4.3节)。
- 采用 GLO 近似后，APB-PHD 滤波器可通过高斯混合 (21.4.3.4节) 或高斯–逆 Wishart 混合 (21.4.3.8节) 来实现。

对于*簇目标*：

[①]注：第20章介绍的 IO-MeMBer 滤波器假定目标具有一定的物理尺度因而可照亮图像中的多个像素，因此可将其视作是一种扩展目标滤波器——但不像本章是针对标准多目标观测模型而言。

- 可将动态簇目标建模为强度函数 $x \cdot \theta_{k+1}(\boldsymbol{z}|\boldsymbol{x})$ 未知的泊松簇，其中，$\boldsymbol{x}$ 为未知参数，$x > 0$ 为泊松簇内的期望目标数。因此，多个动态簇目标的多目标似然函数具有如下形式 (21.6.1节)：

$$f_{k+1}(Z|\mathring{X}) = e^{-(x_1+\cdots+x_n)} \prod_{z \in Z} (x_1 \cdot \theta_{k+1}(\boldsymbol{z}|\boldsymbol{x}_1) + \cdots + x_n \cdot \theta_{k+1}(\boldsymbol{z}|\boldsymbol{x}_n)) \tag{21.2}$$

式中

$$\mathring{X} = \{(x_1, \boldsymbol{x}_1), \cdots, (x_n, \boldsymbol{x}_n)\}, \quad |\mathring{X}| = n \tag{21.3}$$

- 在上述模型假定下可设计出用于动态观测集中簇目标检测跟踪的 CPHD/PHD 滤波器，但这些滤波器具有组合复杂度 (21.7.1节及21.7.2节)。

对于群目标：

- 单层群的目标状态由两部分组成：用于描述群特性的群态 $\mathring{\boldsymbol{x}}$ 以及群内目标的有限集 $X = \{\boldsymbol{x}_1, \cdots, \boldsymbol{x}_n\}$ (21.8节)。
- 单层多群目标系统的一种“朴素”状态表示 (21.8.2节)：

$$\mathbb{X} = \{(\mathring{\boldsymbol{x}}_1, X_1), \cdots, (\mathring{\boldsymbol{x}}_n, X_n)\} \tag{21.4}$$

式中：$X_i \neq \emptyset$ 是与群目标 $\mathring{\boldsymbol{x}}_i$ 有关的非空目标集；$\mathring{\boldsymbol{x}}_1, \cdots, \mathring{\boldsymbol{x}}_n$ 互异。

- 群目标的朴素状态表示不便于数学处理，因此需采用下述简化表示作为替代：

$$\overset{\bullet}{X} = \{(\mathring{\boldsymbol{x}}_1, \boldsymbol{x}_1), \cdots, (\mathring{\boldsymbol{x}}_\nu, \boldsymbol{x}_\nu)\} \tag{21.5}$$

式中：与群目标 $\mathring{\boldsymbol{x}}_i$ 有关的目标 $\boldsymbol{x}_j$ 需满足 $(\mathring{\boldsymbol{x}}_i, \boldsymbol{x}_j) \in \overset{\bullet}{X}$ (见21.8.3.1节)。

- 在该简化表示下可设计出易于计算的单层多群目标 PHD/CPHD 跟踪滤波器 (21.9.1节及21.9.2节)。
- 单个 (而非多个) 群目标跟踪要求 CPHD/PHD 滤波器具有特定的双滤波器形式 (21.9.4节及21.9.3节)。
- 与单层群目标类似，一般的 ℓ 层群目标也具有简化状态表示 (21.10.1节)。
- 在该简化状态表示下，理论上可构造出易于计算的 CPHD/PHD 滤波器 (21.11节)。

对于未分辨目标：

- 将目标数的概念推广到连续情形是有可能的。
- 这时相应的多目标似然函数关于目标数连续：

$$\lim_{a \searrow 0} f_{k+1}(Z|a, \boldsymbol{x}) = f_{k+1}(Z|\emptyset) \tag{21.6}$$

$$\lim_{a \searrow 0} f_{k+1}(Z|\mathring{X} \cup (a, \boldsymbol{x})) = f_{k+1}(Z|\mathring{X}) \tag{21.7}$$

式中：“$\lim_{a \searrow 0}$” 表示右极限。

- 上述假定下的未分辨目标可建模为*点群* $(a, \boldsymbol{x})$，即位于 $\boldsymbol{x}$ 处平均数目为 a 的一簇目标。
- 在该观测模型下可推导出精确的 PHD 滤波器 (见21.14节)，但由于要对当前观测集的所有分割求和，故其具有组合复杂度。
- 假定点群彼此间隔较大且杂波密度不是很大，此时上述精确 PHD 滤波器便退化为一种近似滤波器——该滤波器与经典 PHD 滤波器具有相同的计算复杂度。

21.1.2 本章结构

本章的内容安排如下：

- *扩展目标部分*：
  - 21.2节：扩展目标观测模型。
  - 21.3节：扩展目标伯努利滤波器。
  - 21.4节：扩展目标 PHD 滤波器。
  - 21.5节：扩展目标 CPHD 滤波器。
- *簇目标部分*：
  - 21.6节：簇目标观测模型。
  - 21.7节：簇目标 PHD 滤波器。
- *群目标部分*：
  - 21.8节：单层群目标的观测模型。
  - 21.9节：单层群目标的 PHD/CPHD 滤波器。
  - 21.10节：ℓ 层群目标的观测模型。
  - 21.11节：ℓ 层群目标的 PHD/CPHD 滤波器。
- *未分辨目标部分*：
  - 21.12节：未分辨目标的连续势观测模型。
  - 21.13节：未分辨目标的运动模型。
  - 21.14节：未分辨目标的精确 PHD 滤波器——连续势模型下的 PHD 滤波器。
  - 21.15节：未分辨目标的近似 PHD 滤波器——与经典 PHD 滤波器具有相同的计算复杂度。
  - 21.16节：未分辨目标的 CPHD/PHD 滤波器实现。

21.2 扩展目标观测模型

本节主要介绍推导扩展目标 RFS 滤波器时所需的统计模型，主要内容安排如下：

- 21.2.1节：扩展目标的统计表示。

- 21.2.2节：扩展目标的严格刚体 (ERB) 模型——有限个点散射中心。
- 21.2.3节：扩展目标的近似刚体 (ARB) 模型——ERB 模型的一种近似，认为各散射中心良好可分。
- 21.2.4节：扩展目标的近似泊松体 (APB) 模型——连续分布的散射中心。

21.2.1 扩展目标统计学

与群目标相比，扩展目标的建模相对简单。它可像点目标那样直接采用单个状态矢量 $\mathring{\boldsymbol{x}}$ 来表示，但与点目标不同的是，其观测集 $\Upsilon(\mathring{\boldsymbol{x}})$ 包含多个观测。扩展目标状态估计主要有以下三种情形：

- *唯状态*：有时感兴趣的只是扩展目标状态 $\mathring{\boldsymbol{x}}$，如目标质心、质心速度、目标形状、姿态参数以及目标身份等。在这种情形下，$\mathring{\boldsymbol{x}}$ 即扩展目标的完全描述。
- *状态和形状*：有时除估计状态 $\mathring{\boldsymbol{x}}$ 外，还对扩展目标的形状 (或空间分布) 感兴趣，通常可通过随机观测集 $\Upsilon(\mathring{\boldsymbol{x}})$ 的 PHD (强度函数) $D_{\Upsilon(\mathring{\boldsymbol{x}})}(\boldsymbol{z})$ 来确定。
- *状态和散射中心*：假定除 $\mathring{\boldsymbol{x}}$ 外，还希望得到扩展目标上各散射中心的状态，此时的完整状态描述形如 $(\mathring{\boldsymbol{x}}, X)$，这里 X 是特定姿态角下的散射中心集。对于这种类型的扩展目标，更适合将其作为群目标进行检测跟踪与状态估计，具体见21.8节和21.9节。

21.2.2 严格刚体 (ERB) 模型

文献 [179] 第 12.7.1～12.7.2 节介绍了一种扩展目标模型：该模型由固定在实体目标上的一组“散射中心”构成，与点目标类似，每个散射中心最多产生一个观测，每个观测最多源自一个散射中心。从数学上看，一个扩展目标的观测和一簇点目标的观测没什么两样。这类扩展目标的一般状态形式为

$$\mathring{\boldsymbol{x}} = (x, y, z, v_x, v_y, v_z, \theta, \varphi, \psi, c) \tag{21.8}$$

式中：x, y, z 为扩展目标质心 $\boldsymbol{c}$ 的坐标；v_x, v_y, v_z 为速度 $\boldsymbol{v}$ 的坐标；θ, φ, ψ 为姿态角；c 为目标类型。

若已知扩展目标表面上有 L 个散射中心，且其状态分别为

$$\check{\boldsymbol{x}}^1 + \boldsymbol{c}, \cdots, \check{\boldsymbol{x}}^L + \boldsymbol{c} \tag{21.9}$$

也就是说，各散射中心相对扩展目标质心 $\boldsymbol{c}$ 具有固定的偏移，且这些偏移与目标类型 c 密切相关。

对于任意给定的传感器状态 $\overset{*}{\boldsymbol{x}}$，各散射中心是否可见由下述可见函数来描述：

$$e^{\ell}(\mathring{\boldsymbol{x}}, \overset{*}{\boldsymbol{x}}) = \begin{cases} 1, & \check{\boldsymbol{x}}^{\ell} + \boldsymbol{c}\text{对传感器可见} \\ 0, & \text{其他} \end{cases} \tag{21.10}$$

这里略作解释：对于给定的传感器姿态，特定类型目标的可见函数可通过目标 CAD 模型来构造。

因此，散射中心 $\check{\boldsymbol{x}}^\ell+\boldsymbol{c}$ 的检测概率可表示为

$$p_{\mathrm{D}}^\ell(\mathring{\boldsymbol{x}},\overset{*}{\boldsymbol{x}})=e^\ell(\mathring{\boldsymbol{x}},\overset{*}{\boldsymbol{x}})\cdot p_{\mathrm{D}}(\check{\boldsymbol{x}}^\ell+\boldsymbol{c},\overset{*}{\boldsymbol{x}}) \tag{21.11}$$

式中：$p_{\mathrm{D}}(\boldsymbol{x},\overset{*}{\boldsymbol{x}})$ 是传感器状态为 $\overset{*}{\boldsymbol{x}}$ 时点 $\boldsymbol{x}$ 的常规检测概率。

同理，可将散射中心 $\check{\boldsymbol{x}}^\ell+\boldsymbol{c}$ 的似然函数表示为

$$f_{k+1}^\ell(\boldsymbol{z}|\mathring{\boldsymbol{x}},\overset{*}{\boldsymbol{x}})=f_{k+1}(\boldsymbol{z}|\check{\boldsymbol{x}}^\ell+\boldsymbol{c},\overset{*}{\boldsymbol{x}}) \tag{21.12}$$

式中：$f_{k+1}(\boldsymbol{z}|\boldsymbol{x},\overset{*}{\boldsymbol{x}})$ 为一般的单目标似然函数。

若将散射中心 $\check{\boldsymbol{x}}^\ell+\boldsymbol{c}$ 视作一个点目标，则单扩展目标的观测模型即为标准多目标观测模型，因此由式(7.21)可得到单扩展目标的似然函数①：

$$f_{k+1}(Z|\mathring{\boldsymbol{x}})=f_{k+1}^0(Z)\cdot\sum_\theta\prod_{\ell:\theta(\ell)>0}\frac{p_{\mathrm{D}}^\ell(\mathring{\boldsymbol{x}})\cdot f_{k+1}^\ell(\boldsymbol{z}_{\theta(\ell)}|\mathring{\boldsymbol{x}})}{(1-p_{\mathrm{D}}^\ell(\mathring{\boldsymbol{x}}))\cdot\kappa_{k+1}(\boldsymbol{z}_{\theta(\ell)})} \tag{21.13}$$

式中

$$f_{k+1}^0(Z)=\kappa_{k+1}(Z)\prod_{\ell=1}^L(1-p_{\mathrm{D}}^\ell(\mathring{\boldsymbol{x}})) \tag{21.14}$$

$$\kappa_{k+1}(Z)=e^{-\lambda_{k+1}}\cdot\kappa_{k+1}^Z \tag{21.15}$$

式(21.13)中的求和运算遍历满足“$\theta(\ell)=\theta(\ell')>0\Rightarrow\ell=\ell'$”的所有关联 $\theta:\{1,\cdots,L\}\to\{0,1,\cdots,m\}$ $(m=|Z|)$。为表示简洁起见，式(21.13)~(21.15)中略去了传感器状态 $\overset{*}{\boldsymbol{x}}$。

如果观测集中不含杂波，式(21.13)便退化为如下形式 (式(7.24)的变形)：

$$\tilde{f}_{k+1}(Z|\mathring{\boldsymbol{x}})=\tilde{f}_{k+1}^0(Z)\cdot\sum_\tau\prod_{j=1}^m\frac{p_{\mathrm{D}}^{\tau(j)}(\mathring{\boldsymbol{x}})\cdot f_{k+1}^{\tau(j)}(\boldsymbol{z}|\mathring{\boldsymbol{x}})}{1-p_{\mathrm{D}}^{\tau(j)}(\mathring{\boldsymbol{x}})} \tag{21.16}$$

$$\tilde{f}^0(Z|\emptyset)=\prod_{\ell=1}^L(1-p_{\mathrm{D}}^\ell(\mathring{\boldsymbol{x}})) \tag{21.17}$$

上式中的求和遍历所有单射函数 $\tau:\{1,\cdots,m\}\to\{1,\cdots,L\}$。

考虑状态集 $\mathring{X}=\{\mathring{\boldsymbol{x}}_1,\cdots,\mathring{\boldsymbol{x}}_n\}$ $(|\mathring{X}|=n)$，利用式(4.15)便可将 ERB 扩展目标模型下的多目标似然函数表示为

$$f_{k+1}(Z|\mathring{X})=\sum_{W_0\uplus W_1\uplus\cdots\uplus W_n=Z}\kappa_{k+1}(W_0)\cdot\tilde{f}_{k+1}(W_1|\mathring{\boldsymbol{x}}_1)\cdots\tilde{f}_{k+1}(W_n|\mathring{\boldsymbol{x}}_n) \tag{21.18}$$

上式中的求和运算遍历 $W_0\uplus W_1\uplus\cdots\uplus W_n=Z$ 的所有可能的互斥子集 $W_0,W_1,\cdots,W_n$ (允许 W_i 为空，$i=0,1,\cdots,n$)。

①译者注：原著式(21.13)中遗漏了 $\sum_\theta$ 求和算子，这里已更正。

21.2.3 近似刚体 (ARB) 模型

该模型是刚体散射中心模型的近似，由于散射中心的观测生成过程与点目标类似，若它们彼此间隔不是很近，则可由式(7.50)的近似多目标似然函数得到当前假设下的似然函数：

$$f_{k+1}(Z|\mathring{x}) \cong \kappa_{k+1}(Z) \prod_{\ell=1}^{L_{\mathring{x}}} \left(1 - p_{\mathrm{D}}^{\ell}(\mathring{x}) + \sum_{z\in Z} \frac{p_{\mathrm{D}}^{\ell}(\mathring{x}) \cdot f_{k+1}^{\ell}(z|\mathring{x})}{\kappa_{k+1}(z)}\right) \tag{21.19}$$

式中：$\kappa_{k+1}(z)$ 为泊松杂波 RFS 的强度函数；$L_{\mathring{x}}$ 为扩展目标 $\mathring{x}$ 的散射中心个数；而

$$\kappa_{k+1}(Z) = e^{-\lambda_{k+1}} \prod_{z\in Z} \kappa_{k+1}(z) \tag{21.20}$$

21.2.4 近似泊松体 (APB) 模型

APB 模型最早由 Gilholm、Godsill、Maskell 和 Salmond 等人[93] 提出，并见于文献 [179] 第 12.7.3 节。该模型主要基于如下假设：

- 扩展目标距传感器足够远，因而其观测集表现为连续分布的簇而非 ERB 和 ARB 模型那样的结构化空间点模式。

在该假设下，假定源自目标 $\mathring{x}$ 的观测服从如下空间分布：

$$\phi_z(\mathring{x}) \overset{\text{abbr.}}{=} s_{k+1}(z|\mathring{x}) \tag{21.21}$$

而观测数则假定为泊松分布，其分布参数为

$$\gamma(\mathring{x}) \overset{\text{abbr.}}{=} \gamma_{k+1}(\mathring{x}) > 0 \tag{21.22}$$

因此，根据 $s_{k+1}(z|\mathring{x})$ 便可近似确定扩展目标的形状、尺寸及姿态等。该随机有限观测集的 PHD 为

$$\mu(z|\mathring{x}) = \gamma(\mathring{x}) \cdot \phi_z(\mathring{x}) \tag{21.23}$$

21.2.4.1 单扩展目标的 APB 模型

在上述模型下，单扩展目标的多目标似然函数可表示为

$$f_{k+1}(Z|\mathring{x}) = e^{-\gamma(\mathring{x})} \cdot \gamma(\mathring{x})^{|Z|} \prod_{z\in Z} \phi_z(\mathring{x}) \tag{21.24}$$

现考虑泊松杂波下的扩展目标。假定杂波密度及空间分布函数分别为 λ_{k+1} 和 $c_{k+1}(z)$，并令

$$\tilde{\gamma}(\mathring{x}) = \lambda_{k+1} + \gamma(\mathring{x}) \tag{21.25}$$

$$\tilde{\mu}(z|\mathring{x}) = \lambda_{k+1}c_{k+1}(z) + \gamma(\mathring{x}) \cdot \phi_z(\mathring{x}) \tag{21.26}$$

则泊松杂波下单扩展目标的多目标似然函数为 (文献 [179] 中的 (12.221)~(12.224) 式)

$$\tilde{f}_{k+1}(Z|\mathring{x}) = e^{-\tilde{\gamma}(\mathring{x})} \cdot \prod_{z\in Z} \tilde{\mu}(z|\mathring{x}) \tag{21.27}$$

21.2.4.2 多扩展目标的 APB 模型

假定多扩展目标的状态集为 $\mathring{X} = \{\mathring{x}_1, \cdots, \mathring{x}_n\}$ ($|\mathring{X}| = n$)，若各目标的观测生成过程相互独立，则多目标似然函数为

$$f_{k+1}(Z|\mathring{X}) = e^{-\tilde{\gamma}(\mathring{X})} \prod_{z\in Z} \tilde{\mu}(z|\mathring{X}) \tag{21.28}$$

式中

$$\tilde{\gamma}(\mathring{X}) = \lambda_{k+1} + \sum_{\mathring{x}\in\mathring{X}} \gamma(\mathring{x}) \tag{21.29}$$

$$\tilde{\mu}(z|\mathring{X}) = \lambda_{k+1}c_{k+1}(z) + \sum_{\mathring{x}\in\mathring{X}} \gamma(\mathring{x}) \cdot \phi_z(\mathring{x}) \tag{21.30}$$

上面结果可由杂波下多个独立扩展目标的 p.g.fl. (下式) 得到：

$$G_{k+1}[g|\mathring{X}] = G^{\kappa}_{k+1}[g] \cdot G_{k+1}[g|\mathring{x}_1] \cdots G_{k+1}[g|\mathring{x}_n] \tag{21.31}$$

$$= \exp\left(\int (g(z)-1) \cdot \tilde{\mu}_{k+1}(z|\mathring{X})\mathrm{d}z\right) \tag{21.32}$$

式中

$$G_{k+1}[g|\mathring{x}] = \exp\left(\gamma(\mathring{x}) \int (g(z)-1) \cdot \phi_z(\mathring{x})\mathrm{d}z\right) \tag{21.33}$$

$$G^{\kappa}_{k+1}[g] = \exp\left(\lambda_{k+1} \int (g(x)-1) \cdot c_{k+1}(z)\mathrm{d}z\right) \tag{21.34}$$

21.3 扩展目标伯努利滤波器

B. Ristic 和 J. Sherrah[258] 以及 B. Ristic、B. T. Vo 和 B. N. Vo 等人[262] 采用伯努利滤波器解决形状未知的单扩展目标检测跟踪问题①。与21.2.4节的 APB 模型相比，他们使用了更通用的扩展目标模型，即下述 i.i.d.c. 形式：

$$f_{k+1}(Z|\mathring{x}) = |Z|! \cdot p_{\mathring{x}}(|Z|) \prod_{z\in Z} f_{k+1}(z|\mathring{x}) \tag{21.35}$$

$$= |Z|! \cdot p_{\mathring{x}}(|Z|) \cdot f_{\mathring{x}}^{Z} \tag{21.36}$$

式中：$f_{\mathring{x}}(z) \overset{\text{abbr.}}{=} f_{k+1}(z|\mathring{x})$ 为扩展目标观测的空间分布 (状态相关)；$p_{\mathring{x}}(m)$ 为扩展目标 $\mathring{x}$ 产生 m 个观测的概率。

①Zhu Hongyan 和 Han Chongzhao 等人采用 PHD 滤波器而非伯努利滤波器解决空间分布未知的单扩展目标跟踪问题，见文献 [111]。

若杂波过程的概率分布为 $\kappa_{k+1}(Z)$，则不难得到扩展目标的多目标似然函数：当 $\mathring{X}=\emptyset$ 时，$f_{k+1}(Z|\mathring{X})=\kappa_{k+1}(Z)$；当 $\mathring{X}=\{\mathring{\boldsymbol{x}}\}$ 时，有

$$f_{k+1}(Z|\{\mathring{\boldsymbol{x}}\})=\kappa_{k+1}(Z)\cdot \left(p_{\mathring{\boldsymbol{x}}}(0)+\sum_{\emptyset\neq W\subseteq Z}\frac{\kappa_{k+1}(Z-W)}{\kappa_{k+1}(Z)}\cdot|W|!\cdot p_{\mathring{\boldsymbol{x}}}(|W|)\cdot f_{\mathring{\boldsymbol{x}}}^{W}\right) \tag{21.37}$$

因此，观测更新方程可表示为

$$1-p_{k+1|k+1}=\frac{1-p_{k+1|k}}{1-p_{k+1|k}+p_{k+1|k}\sum_{\emptyset\neq W\subseteq Z}\frac{\kappa_{k+1}(Z-W)}{\kappa_{k+1}(Z)}\cdot|W|!\cdot p_{\mathring{\boldsymbol{x}}}(|W|)\cdot\tau_W} \tag{21.38}$$

$$f_{k+1|k+1}(\mathring{\boldsymbol{x}})=\frac{p_{k+1|k}\cdot f_{k+1|k}(\mathring{\boldsymbol{x}})}{p_{k+1|k+1}}\cdot \frac{p_{\mathring{\boldsymbol{x}}}(0)+\sum_{\emptyset\neq W\subseteq Z}\frac{\kappa_{k+1}(Z-W)}{\kappa_{k+1}(Z)}\cdot|W|!\cdot p_{\mathring{\boldsymbol{x}}}(|W|)\cdot f_{\mathring{\boldsymbol{x}}}^{W}}{1-p_{k+1|k}+p_{k+1|k}\sum_{\emptyset\neq W\subseteq Z}\frac{\kappa_{k+1}(Z-W)}{\kappa_{k+1}(Z)}\cdot|W|!\cdot p_{\mathring{\boldsymbol{x}}}(|W|)\cdot\tau_W} \tag{21.39}$$

式中

$$\tau_W=\int f_{\mathring{\boldsymbol{x}}}^{W}\cdot f_{k+1|k}(\mathring{\boldsymbol{x}})\mathrm{d}\mathring{\boldsymbol{x}} \tag{21.40}$$

21.3.1 扩展目标伯努利滤波器：性能

B. Ristic 和 J. Sherrah[258] 以及 B. Ristic, B. T. Vo 和 B. N. Vo 等人[262] 已采用粒子滤波技术实现了扩展目标伯努利滤波器，并称之为“BPF−X 滤波器”。他们假定观测势分布 $p_{\mathring{\boldsymbol{x}}}(m)$ 为二项分布，即

$$p_{\mathring{\boldsymbol{x}}}(m)=C_{L_{k+1},m}\cdot p_{\mathrm{D}}^{m}(\mathring{\boldsymbol{x}})\cdot(1-p_{\mathrm{D}}(\mathring{\boldsymbol{x}}))^{L_{k+1}-m} \tag{21.41}$$

式中：$p_{\mathrm{D}}(\mathring{\boldsymbol{x}})\overset{\text{abbr.}}{=}p_{\mathrm{D},k+1}(\mathring{\boldsymbol{x}})$ 为扩展目标表面散射中心的检测概率 (设为固定值)；$C_{L,m}$ 为式(2.1)定义的二项式系数；L_{k+1} 为 t_{k+1} 时刻扩展目标预期的最大观测数，且每个时间步都需要在递归滤波之外单独估计 L_{k+1} (见文献 [258] 中的 (27) 式)。至于空间分布函数 $f_{\mathring{\boldsymbol{x}}}(\boldsymbol{z})\overset{\text{abbr.}}{=}f_{k+1}(\boldsymbol{z}|\mathring{\boldsymbol{x}})$，他们选用的是椭圆形的扩展目标分布函数。

Ristic 等人通过二维仿真场景对其滤波器进行了测试，试验中的检测概率 $p_{\mathrm{D}}=0.6$，杂波率 $\lambda=5$。据他们报道，该滤波器可准确地判断目标有无，在目标存在时能够精确地估计目标航迹、椭圆形目标大小、形状以及姿态等。他们还发现滤波器除形状估计外的其他性能基本不受 L_{k+1} 估计误差的影响，因此他们断定：若不关心形状估计，则一般伯努利滤波器与扩展目标伯努利滤波器具有大致相当的性能。

Ristic 等人还利用实测的视频图像测试了他们的滤波器[258]。该试验主要是检测并跟踪从场景中出入的汽车，为适应汽车速度、形状及姿态的较大变化范围，他们采用较大的过程噪声设置。据 Ristic 等人报道，扩展目标伯努利滤波器可准确判定汽车有无并能给出汽车航迹的精确估计。

21.4 扩展目标 PHD 滤波器

本节介绍几种扩展目标 PHD 检测跟踪滤波器，主要内容如下：

- 21.4.1节：扩展目标的一般型 PHD 滤波器。
- 21.4.2节：严格刚体模型下的扩展目标 PHD 滤波器。
- 21.4.3节：近似泊松体模型下的扩展目标 PHD 滤波器。

21.4.1 一般型扩展目标 PHD 滤波器

本节内容与 Swain 和 Clark 在文献 [285] 中的报道基本相同。8.2节给出了一种适用于任意杂波及任意目标观测生成过程的一般型 PHD 滤波器，由于它的目标观测生成过程并未限制每个目标的观测数，因此也涵盖了扩展目标。

令 $f_{k+1}(Z|\mathring{x})$ 表示扩展目标 $\mathring{x}$ 存在时获得观测集 Z 的可能性，特别令

$$\mathring{p}_{\mathrm{D}}(\mathring{x}) = 1 - f_{k+1}(\emptyset|\mathring{x}) \tag{21.42}$$

表示广义检测概率 ($\mathring{x}$ 至少生成一个观测的概率)。假定杂波是强度函数为 $\kappa_{k+1}(z)$ 的泊松杂波，则式(8.29)~(8.32)便退化为下述泊松杂波下的一般扩展目标 PHD 滤波器：

$$\frac{\mathring{D}_{k+1|k+1}(\mathring{x})}{\mathring{D}_{k+1|k}(\mathring{x})} = 1 - \mathring{p}_{\mathrm{D}}(\mathring{x}) + \sum_{\mathcal{P}\boxminus Z_{k+1}} \omega_{\mathcal{P}} \sum_{W\in\mathcal{P}} \frac{\mathring{L}_W(\mathring{x})}{\kappa_W + \tau_W} \tag{21.43}$$

式中

$$\tau_W = \int f_{k+1}(W|\mathring{x}) \cdot \mathring{D}_{k+1|k}(\mathring{x})\mathrm{d}\mathring{x} \tag{21.44}$$

$$\omega_{\mathcal{P}} = \frac{\prod_{W\in\mathcal{P}}(\kappa_W + \tau_W)}{\sum_{\mathcal{Q}\boxminus Z_{k+1}} \prod_{V\in\mathcal{Q}}(\kappa_V + \tau_V)} \tag{21.45}$$

$$\kappa_W = \begin{cases} \kappa_{k+1}(z), & W = \{z\} \\ 0, & \text{其他} \end{cases} \tag{21.46}$$

只要注意到当前杂波过程的 p.g.fl. 为 $G^{\kappa}_{k+1}[g] = e^{\kappa_{k+1}[g-1]}$，则由式(8.29)~(8.32)可直接得到上述结论。

21.4.2 严格刚体模型下的扩展目标 PHD 滤波器

21.2.2节介绍了严格刚体 (ERB) 扩展目标模型，式(21.13)和式(21.18)分别给出了单个及多个 ERB 扩展目标的似然函数①：

$$f_{k+1}(Z|\mathring{x}) = f^0_{k+1}(Z) \sum_{\theta} \prod_{\ell:\theta(\ell)>0} \frac{p^{\ell}_{\mathrm{D}}(\mathring{x}) \cdot f^{\ell}_{k+1}(z_{\theta(\ell)}|\mathring{x})}{(1 - p^{\ell}_{\mathrm{D}}(\mathring{x})) \cdot \kappa_{k+1}(z_{\theta(\ell)})} \tag{21.47}$$

①译者注：原著式(21.47)为 $\tilde{f}_{k+1}(Z|\mathring{x})$ 而非式(21.13)的单 ERB 扩展目标，这里已更正；另外，式(21.48)中的 $\tilde{f}_{k+1}(W_i|\mathring{x}_i)$ 为式(21.16)的无杂波单扩展目标似然函数而非式(21.47)。

$$f_{k+1}(Z|\mathring{X}) = \sum_{W_0 \uplus W_1 \uplus \cdots \uplus W_n = Z} \kappa_{k+1}(W_0) \cdot \tilde{f}_{k+1}(W_1|\mathring{x}_1) \cdots \tilde{f}_{k+1}(W_n|\mathring{x}_n) \tag{21.48}$$

理论上可直接由式(21.43)得到 ERB 模型下的 PHD 滤波器，但实际中的主要困难在于式(21.44)的巨大计算量，类似结论也适用于式(21.19)的 ARB 模型。

对于 ERB 模型下的扩展目标检测跟踪，也可采用启发式近似方法。首先将 ERB 模型的每个散射中心视作一个点目标，采用标准 PHD 滤波器来处理；对于单个扩展目标情形，将 PHD 的形状视作扩展目标的强度图，从中提取目标质心及质心速度等参数；对于多个扩展目标情形，则先利用聚类算法从总 PHD 中提取每个扩展目标。

21.4.3 近似泊松体模型下的扩展目标 PHD 滤波器

21.2.4节介绍了近似泊松体 (APB) 模型，该模型下的 PHD 滤波器 (APB−PHD 滤波器) 由 Mahler 于 2009 年提出[174]。本节介绍 “APB−PHD 滤波器”，主要内容安排如下：

- 21.4.3.1节：APB−PHD 滤波器的时间更新。
- 21.4.3.2节：APB−PHD 滤波器的观测更新——具有组合复杂度。
- 21.4.3.3节：APB−PHD 滤波器计算复杂度缩减。
- 21.4.3.4节：APB−PHD 滤波器的高斯混合实现。
- 21.4.3.5节：高斯混合 APB−PHD 滤波器的性能。
- 21.4.3.6节：APB−PHD 滤波器的高斯−逆 Wishart (GIW) 混合实现。
- 21.4.3.7节：GIW−APB−PHD 滤波器的性能。
- 21.4.3.8节：APB−PHD 滤波器的 γ−高斯−逆 Wishat (GGIW) 混合实现。
- 21.4.3.9节：GGIW−APB−PHD 滤波器的性能。

21.4.3.1 APB−PHD 滤波器：时间更新

只要多个扩展目标不靠得太近从而不会相互重叠，这时便可用普通 PHD 滤波器的时间更新方程作为近似：

$$\mathring{D}_{k+1|k}(\mathring{x}|Z^{(k)}) = \mathring{b}_{k+1|k}(\mathring{x}) + \int \mathring{p}_S(\mathring{x}') \cdot f_{k+1|k}(\mathring{x}|\mathring{x}') \cdot \mathring{D}_{k|k}(\mathring{x}'|Z^{(k)}) \mathrm{d}\mathring{x}' \tag{21.49}$$

21.4.3.2 APB−PHD 滤波器：观测更新

对于观测更新过程，采用下述模型假设：

- $\phi_z(\mathring{x}) \stackrel{\text{abbr.}}{=} \mu_{k+1}(z|\mathring{x})$：扩展目标 $\mathring{x}$ 的观测空间分布函数。
- $\mathring{p}_D(\mathring{x}) \stackrel{\text{abbr.}}{=} \mathring{p}_{D,k+1}(\mathring{x})$：扩展目标 $\mathring{x}$ 的检测概率。
- $\kappa(z) \stackrel{\text{abbr.}}{=} \lambda_{k+1}c_{k+1}(z)$：泊松杂波过程的强度函数。

下面对 $\mathring{p}_D(\mathring{x})$ 做进一步讨论。根据式(21.24)可知，扩展目标不生成任何观测的概率为

$$f_{k+1}(\emptyset|\mathring{x}) = e^{-\gamma(\mathring{x})} \tag{21.50}$$

所以扩展目标至少生成一个观测的概率为 $1-e^{-\gamma(\mathring{x})}$。既然 APB 模型中已经包含了检测概率，那为什么还需要 $\mathring{p}_{\mathrm{D}}(\mathring{x})$ 呢？原因是 $1-e^{-\gamma(\mathring{x})}>0$，不能表示扩展目标完全被遮挡的情形，但 $\mathring{p}_{\mathrm{D}}(\mathring{x})$ 却能。因此扩展目标的有效检测概率可表示为

$$\mathring{p}_{\mathrm{D}}^{\mathrm{eff}}(\mathring{x})=\mathring{p}_{\mathrm{D}}(\mathring{x})\cdot(1-e^{-\gamma(\mathring{x})}) \tag{21.51}$$

当 $\mathring{p}_{\mathrm{D}}(\mathring{x})=1$ 时，上式便退化为 $\mathring{p}_{\mathrm{D}}^{\mathrm{eff}}(\mathring{x})=1-e^{\gamma(\mathring{x})}$。

假定获取的新观测集为 Z_{k+1}，且预测的多扩展目标过程 $f_{k+1|k}(\mathring{X}|Z^{(k)})$ 是泊松的，则 APB−PHD 滤波器的观测更新方程可表示如下 (见文献 [174] 定理 1)：

$$\mathring{D}_{k+1|k+1}(\mathring{x}|Z^{(k+1)})=\mathring{L}_{Z_{k+1}}(\mathring{x}|Z^{(k)})\cdot\mathring{D}_{k+1|k}(\mathring{x}|Z^{(k)}) \tag{21.52}$$

式中的 PHD 伪似然函数为

$$\mathring{L}_{Z_{k+1}}(\mathring{x}|Z^{(k)})=1-\mathring{p}_{\mathrm{D}}^{\mathrm{eff}}(\mathring{x})+\sum_{\mathcal{P}\boxminus Z_{k+1}}\omega_{\mathcal{P}}\sum_{W\in\mathcal{P}}\frac{e^{-\gamma(\mathring{x})}\cdot\mathring{p}_{\mathrm{D}}(\mathring{x})\cdot\gamma(\mathring{x})^{|W|}}{d_W}\prod_{z\in W}\phi_z(\mathring{x}) \tag{21.53}$$

当 $Z_{k+1}=\emptyset$ 时，上式中的求和项为零；否则求和操作将遍历观测集 Z_{k+1} 的所有分割 $\mathcal{P}$ (关于分割的讨论见附录 D)。式(21.53)中[①]

$$\omega_{\mathcal{P}}=\frac{\prod_{W\in\mathcal{P}}d_W}{\sum_{\mathcal{Q}\boxminus Z_{k+1}}\prod_{V\in\mathcal{Q}}d_V} \tag{21.54}$$

$$d_W=\delta_{|W|,1}\cdot\kappa^W+\mathring{D}_{k+1|k}\left[e^{-\gamma}\,\mathring{p}_{\mathrm{D}}\cdot\gamma^{|W|}\prod_{z\in W}\phi_z\right] \tag{21.55}$$

$$=\delta_{|W|,1}\cdot\kappa^W+\int\begin{pmatrix}e^{-\gamma(\mathring{x})}\cdot\mathring{p}_{\mathrm{D}}(\mathring{x})\cdot\gamma(\mathring{x})^{|W|}\cdot\\ \left(\prod_{z\in W}\phi_z(\mathring{x})\right)\cdot\mathring{D}_{k+1|k}(\mathring{x}|Z^{(k)})\end{pmatrix}\mathrm{d}\mathring{x} \tag{21.56}$$

扩展目标期望目标数的观测更新方程为[②]

$$N_{k+1|k+1}=\mathring{D}_{k+1|k}[1-\mathring{p}_{\mathrm{D}}^{\mathrm{eff}}]+\sum_{\mathcal{P}\boxminus Z_{k+1}}\omega_{\mathcal{P}}\cdot|\mathcal{P}| \tag{21.57}$$

式中：求和项是对 Z_{k+1} 所有分割的单元数求加权平均；且

$$\mathring{D}_{k+1|k}[1-\mathring{p}_{\mathrm{D}}^{\mathrm{eff}}]=\int\left(1-\mathring{p}_{\mathrm{D}}^{\mathrm{eff}}\right)\cdot\mathring{D}_{k+1|k}(\mathring{x}|Z^{(k)})\mathrm{d}\mathring{x} \tag{21.58}$$

---

① 译者注：原著(21.56)式中的 $\frac{\phi_z(\mathring{x})}{\kappa z}$ 应为 $\phi_z(\mathring{x})$，这里已更正。

② 译者注：由于当 $|W|=1$ 时，d_W 第一项并不为零，故下式应是近似相等。

注解 82: 式(21.52)~(21.55)与文献 [174] 的结果略有区别但却等价。对式(21.52)~(21.55)做如下变量替换：

$$\phi_z(\mathring{x}) \hookrightarrow \frac{\phi_z(\mathring{x})}{\kappa(z)} \tag{21.59}$$

$$d_W \hookrightarrow \delta_{|W|,1} + \mathring{D}_{k+1|k}\left[e^{-\gamma}\mathring{p}_{\mathrm{D}} \cdot \gamma^{|W|}\prod_{z\in W}\frac{\phi_z}{\kappa(z)}\right] \tag{21.60}$$

结果便是文献 [174] 中的形式。

例 8 (良好可分的多扩展目标且无杂波): 为概念清晰起见，假定 $\mathring{p}_{\mathrm{D}}(\mathring{x}) = 1$，$\kappa(z) = 0$，$\gamma(\mathring{x}) = \gamma_0$，此时式(21.52)和式(21.55)便退化为

$$d_W = e^{-\gamma_0} \cdot \gamma_0^{|W|} \cdot \mathring{D}_{k+1|k}\left[\prod_{z\in W}\phi_z\right] \tag{21.61}$$

$$\frac{\mathring{D}_{k+1|k+1}(\mathring{x}|Z^{(k+1)})}{\mathring{D}_{k+1|k}(\mathring{x}|Z^{(k)})} = e^{-\gamma_0} + e^{-\gamma_0}\sum_{\mathcal{P}\boxminus Z_{k+1}}\omega_{\mathcal{P}}\sum_{W\in\mathcal{P}}\frac{\gamma_0^{|W|}}{d_W}\left(\prod_{z\in W}\phi_z(\mathring{x})\right) \tag{21.62}$$

上式可进一步简化为

$$\frac{\mathring{D}_{k+1|k+1}(\mathring{x}|Z^{(k+1)})}{\mathring{D}_{k+1|k}(\mathring{x}|Z^{(k)})} = e^{-\gamma_0} + \sum_{\mathcal{P}\boxminus Z_{k+1}}\tilde{\omega}_{\mathcal{P}}\sum_{W\in\mathcal{P}}\frac{\prod_{z\in W}\phi_z(\mathring{x})}{\mathring{D}_{k+1|k}\left[\prod_{z'\in W}\phi_{z'}\right]} \tag{21.63}$$

式中

$$\tilde{\omega}_{\mathcal{P}} = \frac{\prod_{W\in\mathcal{P}}\mathring{D}_{k+1|k}\left[\prod_{z\in W}\phi_z\right]}{\sum_{\mathcal{Q}\boxminus Z_{k+1}}\prod_{V\in\mathcal{Q}}\mathring{D}_{k+1|k}\left[\prod_{z'\in V}\phi_{z'}\right]} \tag{21.64}$$

若再假定 n 个扩展目标在空间上良好可分，则 Z_{k+1} 中的观测将“自然分割”为

$$\hat{\mathcal{P}} = \{\hat{W}_1, \cdots, \hat{W}_n\} \tag{21.65}$$

式中：单元 $\hat{W}_i$ 包含源自第 i 个扩展目标的观测。由于下述乘积项的缘故，

$$\prod_{W\in\mathcal{P}}\mathring{D}_{k+1|k}\left[\prod_{z\in W}\phi_z\right]$$

权值 $\tilde{\omega}_{\hat{\mathcal{P}}}$ 将在 $\mathring{D}_{k+1|k+1}(\mathring{x}|Z^{(k+1)})$ 的总权值中占绝对比重，即 $\tilde{\omega}_{\hat{\mathcal{P}}} \cong 1$，故

$$\frac{\mathring{D}_{k+1|k+1}(\mathring{x}|Z^{(k+1)})}{\mathring{D}_{k+1|k}(\mathring{x}|Z^{(k)})} \cong e^{-\gamma_0} + \sum_{i=1}^{n}\frac{\prod_{z\in\hat{W}_i}\phi_z(\mathring{x})}{\mathring{D}_{k+1|k}\left[\prod_{z'\in\hat{W}_i}\phi_{z'}\right]} \tag{21.66}$$

由此可得出结论：若分割的每个单元 W 中的观测都紧凑分布时 (即 $\prod_{z\in W}\phi_z(\mathring{x})$ 较大)，则该分割将对 $\mathring{D}_{k+1|k+1}(\mathring{x}|Z^{(k+1)})$ 具有更大的贡献；反之，若任何分割中含有观测松散分布的单元，则该分割不能准确反映多扩展目标的观测生成过程。

21.4.3.3 APB−PHD 滤波器：GLO 近似

由于涉及对所有分割求和，因此式(21.52)的计算复杂度是组合级的。Granström、Lundquist 和 Orguner 研究表明，大幅缩减计算复杂度是完全有可能的[95,96,97]。下面介绍 GLO (Granström−Lundquist−Orguner) 近似的基本要点 (见文献 [95] 第 3273−3275 页)。

GLO 近似背后的基本概念源自上一小节中的例8。如该例所述，对于 Z_{k+1} 的某分割 $\mathcal{P}$，若其每一单元均对应一个实际目标生成的观测簇，则该分割对 PHD 的贡献将最大，即 $\mathcal{P}$ 的信息量最大。从理论上讲，可忽略掉式(21.54)中信息量较小的那些分割，在 Z_{k+1} 中设法寻找那些不重叠的簇以降低计算复杂度。但 Granströ m 等人并未采用传统的聚类算法，而是提出了一种所谓的“n 度分割”方法。具体步骤如下：

(1) 定义“固有的”分割门限。令 $d(\boldsymbol{z},\boldsymbol{z}')$ 表示观测空间上的马氏距离，对于 $i \neq j$，令 $d_{i,j} = d(\boldsymbol{z}_i,\boldsymbol{z}_j)$，将 $d_{i,j}$ 按从小到大排序并将排序后的列表记作 $\delta_0 < \delta_1 < \cdots < \delta_M$，其中 $\delta_0 = 0$ 而 $M = \frac{1}{2}m(m-1)$。

(2) 选取统计上的最佳门限。若 $\boldsymbol{z}$、$\boldsymbol{z}'$ 是源自同一目标的观测，则马氏距离 $d(\boldsymbol{z}_i,\boldsymbol{z}_j)$ 服从多自由度 χ^2 分布。对于给定的概率值 P，令 $\delta(P) = \text{INVCHI}(P)$ 表示与 P 对应的门限值，这里 INVCHI 为 χ^2 分布的逆累积概率函数。对于 $i = 0,\cdots,M$，保留满足关系 $\delta(P_\text{L}) < \delta_i < \delta(P_\text{U})$ 的门限值，这里 $P_\text{L} \leqslant 0.3$，$P_\text{U} \geqslant 0.8$ (依据经验确定这两个值以保证良好的跟踪性能)。最后将得到的新门限列表记作 $\tilde{\delta}_1 > \cdots > \tilde{\delta}_{\tilde{M}}$。

(3) 为每个 $\tilde{\delta}_i$ 构造相应的富信息分割①。对于 $\boldsymbol{z},\boldsymbol{z}' \in Z_{k+1}$，若存在某 $a \geqslant 1$ 及序列 $\boldsymbol{w}_1,\cdots,\boldsymbol{w}_a \in Z_{k+1}$，使得 $\boldsymbol{w}_1 = \boldsymbol{z}, \boldsymbol{w}_a = \boldsymbol{z}'$ 且对于所有的 $i = 1,\cdots,a-1$ 满足 $d(\boldsymbol{w}_i,\boldsymbol{w}_{i+1}) \leqslant \delta$，则称 $\boldsymbol{z},\boldsymbol{z}'$ 是“δ 等价的”，记作 $\boldsymbol{z} \overset{\delta}{\sim} \boldsymbol{z}'$。显然，“$\overset{\delta}{\sim}$”为集合 Z_{k+1} 上的等价关系，且其等价类 $W_1,\cdots,W_b$ 构成 Z_{k+1} 的一个分割。该分割可按如下方式构造：首先，选取某 $\boldsymbol{v}_1 \in Z_{k+1}$ 并令 $S_1 = \{\boldsymbol{v}_1\}$，将所有满足 $d(\boldsymbol{v}_1,\boldsymbol{v}) \leqslant \delta$ 的观测 $\boldsymbol{v} \in Z_{k+1}$ 添加到 S_1 中从而得到集合 $S_2 \supseteq S_1$；若不存在这样的观测 $\boldsymbol{v}$，则停止搜索并令 $W_\delta(\boldsymbol{v}_1) = S_1 = \{\boldsymbol{v}_1\}$，否则继续将到 S_2 中元素距离小于 δ 的所有观测 $\boldsymbol{v} \in Z_{k+1}$ 添加至 S_2 中从而得到 $S_3 \supseteq S_2$；重复上述过程直至获得无法再扩充的集合 S_c，并记 $W_\delta(\boldsymbol{v}_1) = S_c$，此即包含 $\boldsymbol{v}_1$ 的观测簇；然后，令 $\boldsymbol{v}_2 \notin W_\delta(\boldsymbol{v}_1)$ 并按上述流程构造 $W_\delta(\boldsymbol{v}_2)$；重复上述步骤，直至获得满足关系 $W_\delta(\boldsymbol{v}_1) \cup W_\delta(\boldsymbol{v}_2) \cup \cdots \cup W_\delta(\boldsymbol{v}_b) = Z_{k+1}$ 的互斥集合 $W_\delta(\boldsymbol{v}_1), W_\delta(\boldsymbol{v}_2),\cdots,W_\delta(\boldsymbol{v}_b)$②。也就是说，最终可得到与门限 δ 对应的富信息分割。

(4) 剔除冗余的分割。令 $\mathcal{P}_1,\cdots,\mathcal{P}_{\tilde{M}}$ 分别为门限 $\tilde{\delta}_1,\cdots,\tilde{\delta}_{\tilde{M}}$ 对应的富信息分割，剔除其中相同的副本。

通过上述步骤，可大幅缩减式(21.54)中需要计算的分割数目。

---

①译者注：原文此处为 d_i 而非 $\tilde{\delta}_i$，译者根据上下文对此做了更正。

②若 $\delta = 0$，则 $b = m$ 而分割 $\mathcal{P} = \{\{\boldsymbol{z}_1\},\cdots,\{\boldsymbol{z}_m\}\}$；作为另一极端情形，若 δ 大于任一 $d_{i,j}$，则 $b = 1$，此时的分割 $\mathcal{P} = \{Z_{k+1}\}$。

例 9 (文献 [95] 第 3273 页): 假设有四个目标，每个目标的期望观测数均为 $\gamma = 20$，并令杂波率 $\lambda = 50$，则每帧的期望观测数 $\bar{m} = 4 \times 20 + 50 = 130$。若 $Z_{k+1} = \bar{m}$，则 Z_{k+1} 将近有 10^{161} 个分割，而利用上述步骤 (1)~(4) 则可将分割数降至 27。

Granström 等人将上述方法与 "K 均值 ++" 聚类算法作了对比，结果表明在富信息分割确定方面上述方法更为有效。但他们同时指出，当存在一个或多个相互靠近的扩展目标簇时，基于上述算法的 PHD 滤波器在扩展目标数估计方面往往存在一定的下偏置。造成这种结果的原因是：若源自两个扩展目标的两团观测簇充分接近以致它们至少共享一个相同的观测，则上述步骤易将这两团观测簇合二为一，进而认为其源自一个扩展目标。

作为一种部分的补救措施，Granström 等人在步骤 (1)~(4) 的基础上增加了一个 "亚分割" 程序以增强分割的多样性。假定 $\gamma(\mathring{x}) = \gamma$，即每个目标平均产生 γ 个观测，因此 n 个目标的平均观测数为 $n\gamma$。若某个分割单元 W 中含有 γn 个观测，则可断定其约有 n 个目标。更为正规地，由于扩展目标的观测生成过程为独立泊松过程，因此 n 个目标产生 i 个观测的概率为

$$p(i|n) = e^{-n\gamma} \cdot \frac{n^i \gamma^i}{i!} \tag{21.67}$$

上式即存在 n 个目标时观测集元素个数为 i 这一事件的似然函数。Granström 等人额外增加的步骤如下：

(5) "亚分割"。假设 $\gamma(\mathring{x}) = \gamma$ 为常数，对于由步骤 (1)~(4) 得到的分割 $\mathcal{P}$，若 $W \in \mathcal{P}$ 的空间分布足够紧密以致其中不含杂波观测，则生成 W 的扩展目标个数的最大似然估计为

$$\hat{n}_W = \arg\max_n p(|W| \mid n) \tag{21.68}$$

若 $\hat{n}_W > 1$，则表示单元 W 过大而需要切分为 $\hat{n}_W$ 个更小的单元，该切分过程可采用前面提到的 "K 均值 ++" 算法来完成。

Granström 等人指出，在目标相互靠近特别是当 γ 很大时 (文献 [95] 第 3277 页中 $\gamma = 20$)，亚分割可显著改善势估计的性能。Granström 和 Orguner(文献 [101] 第 5664 页) 还提出了另外两种近似分割方法，分别称作 "预测分割" 和 "EM 分割"：预测方法利用运动模型 (文献 [101] 中采用 CV 模型) 来构造分割；EM 方法采用期望最大化 (EM) 算法来构造分割。

21.4.3.4 APB−PHD 滤波器：高斯混合实现

Granström、Lundquist 和 Orguner 提出了一种高斯混合实现的 APB−PHD 滤波器[95]。除前一小节的 GLO 近似外，他们还像式(9.176)和式(9.177)那样假定：

$$p_D(\mathring{x}) \cdot N_{P_i^{k+1|k}}(\mathring{x} - \mathring{x}_i^{k+1|k}) \cong p_D(\mathring{x}_i^{k+1|k}) \cdot N_{P_i^{k+1|k}}(\mathring{x} - \mathring{x}_i^{k+1|k}) \tag{21.69}$$

$$(1 - p_D(\mathring{x})) \cdot N_{P_i^{k+1|k}}(\mathring{x} - \mathring{x}_i^{k+1|k}) \cong (1 - p_D(\mathring{x}_i^{k+1|k})) \cdot N_{P_i^{k+1|k}}(\mathring{x} - \mathring{x}_i^{k+1|k}) \tag{21.70}$$

更一般地 (文献 [95] 中的 (9) 式)，有

$$\begin{aligned} & e^{-\gamma(\mathring{x})} \cdot \gamma(\mathring{x})^n \cdot \mathring{p}_{\mathrm{D}}(\mathring{x}) \cdot N_{\boldsymbol{P}_i^{k+1|k}}(\mathring{x} - \mathring{x}_i^{k+1|k}) \\ \cong\ & e^{-\gamma(\mathring{x}_i^{k+1|k})} \cdot \gamma(\mathring{x}_i^{k+1|k})^n \cdot \mathring{p}_{\mathrm{D}}(\mathring{x}_i^{k+1|k}) \cdot N_{\boldsymbol{P}_i^{k+1|k}}(\mathring{x} - \mathring{x}_i^{k+1|k}) \end{aligned} \tag{21.71}$$

他们还假定线性高斯的扩展目标似然函数:

$$\phi_{\boldsymbol{z}}(\mathring{x}) = N_{\boldsymbol{R}_{k+1}}(\boldsymbol{z} - \boldsymbol{H}_{k+1}\mathring{x}) \tag{21.72}$$

在此假定下，式(21.55)中的乘积可表示为

$$\prod_{\boldsymbol{z}\in W} \phi_{\boldsymbol{z}}(\mathring{x}) = \prod_{\boldsymbol{z}\in W} N_{\boldsymbol{R}_{k+1}}(\boldsymbol{z} - \boldsymbol{H}_{k+1}\mathring{x}) \tag{21.73}$$

上式可进一步表示为扩展观测空间 $\mathfrak{Z}^{|W|}$ 上的线性高斯似然函数。例如，若 $W = \{\boldsymbol{w}_1, \cdots, \boldsymbol{w}_{|W|}\}$ 且观测矢量为列矢量形式，则定义

$$\boldsymbol{z}_W = (\boldsymbol{w}_1^{\mathrm{T}}, \cdots, \boldsymbol{w}_{|W|}^{\mathrm{T}})^{\mathrm{T}} \tag{21.74}$$

$$\boldsymbol{H}_W = (\underbrace{\boldsymbol{H}_{k+1}^{\mathrm{T}}, \cdots, \boldsymbol{H}_{k+1}^{\mathrm{T}}}_{|W|\text{个}})^{\mathrm{T}} \tag{21.75}$$

$$\boldsymbol{R}_W = \mathrm{blkdiag}(\underbrace{\boldsymbol{R}_{k+1}, \cdots, \boldsymbol{R}_{k+1}}_{|W|\text{个}}) \tag{21.76}$$

从而可得

$$N_{\boldsymbol{R}_W}(\boldsymbol{z}_W - \boldsymbol{H}_W\mathring{x}) = \prod_{\boldsymbol{z}\in W} N_{\boldsymbol{R}_{k+1}}(\boldsymbol{z} - \boldsymbol{H}_{k+1}\mathring{x}) \tag{21.77}$$

在上述假定下，式(21.52)和式(21.53)可化为

$$\mathring{D}_{k+1|k+1}(\mathring{x}|Z^{(k+1)}) = \mathring{D}_{k+1|k+1}^{\mathrm{ND}}(\mathring{x}) + \sum_{\mathcal{P}\boxminus Z_{k+1}} \sum_{W\in\mathcal{P}} \mathring{D}_{k+1|k}(\mathring{x}, \mathcal{P}, W) \tag{21.78}$$

式中

$$\mathring{D}_{k+1|k+1}^{\mathrm{ND}}(\mathring{x}) = (1 - \mathring{p}_{\mathrm{D}}^{\mathrm{eff}}(\mathring{x})) \cdot \mathring{D}_{k+1|k}(\mathring{x}|Z^{(k)}) \tag{21.79}$$

$$\mathring{D}_{k+1|k}(\mathring{x}, \mathcal{P}, W) = \omega_{\mathcal{P}} \cdot \frac{e^{-\gamma(\mathring{x})} \cdot \mathring{p}_{\mathrm{D}}(\mathring{x}) \cdot \gamma(\mathring{x})^{|W|}}{d_W} \cdot \left(\prod_{\boldsymbol{z}\in W} \phi_{\boldsymbol{z}}(\mathring{x})\right) \cdot \mathring{D}_{k+1|k}(\mathring{x}|Z^{(k)}) \tag{21.80}$$

假定扩展目标的预测 PHD 为下述高斯混合形式:

$$\mathring{D}_{k+1|k}(\mathring{x}|Z^{(k)}) = \sum_{i=1}^{\nu_{k+1|k}} w_i^{k+1|k} \cdot N_{\boldsymbol{P}_i^{k+1|k}}(\mathring{x} - \mathring{x}_i^{k+1|k}) \tag{21.81}$$

则:

- 未检报部分的 *PHD*:

$$\mathring{D}^{\mathrm{ND}}_{k+1|k+1}(\mathring{x}) = \sum_{i=1}^{\nu_{k+1|k}} (1 - \mathring{p}^{\mathrm{eff}}_{\mathrm{D}}(\mathring{x})) \cdot w_i^{k+1|k} \cdot N_{P_i^{k+1|k}}(\mathring{x} - \mathring{x}_i^{k+1|k}) \tag{21.82}$$

- 检报部分的 *PHD*:

$$\mathring{D}_{k+1|k+1}(\mathring{x}, \mathcal{P}, W) = \sum_{i=1}^{\nu_{k+1|k}} w_i^{k+1|k+1} \cdot N_{P_i^{k+1|k+1}}(\mathring{x} - \mathring{x}_i^{k+1|k+1}) \tag{21.83}$$

式中 (见附录 K.30):

$$w_i^{k+1|k+1} = \frac{\begin{pmatrix} \omega_{\mathcal{P}} \cdot w_i^{k+1|k} \cdot e^{-\gamma(\mathring{x}_i^{k+1|k})} \cdot \mathring{p}_{\mathrm{D}}(\mathring{x}_i^{k+1|k}) \cdot \\ \gamma(\mathring{x}_i^{k+1|k})^{|W|} \cdot N_{R_W}(z_W - H_W \mathring{x}) \end{pmatrix}}{d_W} \tag{21.84}$$

$$(P_i^{k+1|k+1})^{-1} = (P_i^{k+1|k})^{-1} + H_W^{\mathrm{T}} R_W^{-1} H_W \tag{21.85}$$

$$(P_i^{k+1|k+1})^{-1} \mathring{x}_i^{k+1|k+1} = (P_i^{k+1|k})^{-1} \mathring{x}_i^{k+1|k} + H_W^{\mathrm{T}} R_W^{-1} z_W \tag{21.86}$$

21.4.3.5 GM-APB-PHD 滤波器: 性能

Granström 等人采用高斯混合与 GLO 近似技术实现了 APB-PHD 滤波器, 并通过仿真和实测数据测试了其性能。在他们的基准仿真中, 检测概率、杂波率以及目标观测率分别设为 $p_{\mathrm{D}} = 0.99$, $\lambda = 10$, $\gamma = 10$, 共考虑了以下三个场景:

- 两个扩展目标分别从正对角处进入并以很近的间隔保持平行运动;
- 两个扩展目标分别从正对角处进入并在中途作交叉运动;
- 两个扩展目标分别从正对角处进入并作交叉运动, 随后其中一个目标衍生出第三个扩展目标, 与此同时场景中出现第四个扩展目标。

Granström 等人采用 OSPA 距离 (6.2.2节) 比较了 APB-PHD 滤波器与一般 GM-PHD 滤波器 (认为每个观测源自杂波或单目标)。不出所料, APB-PHD 滤波器要明显优于一般 GM-PHD 滤波器, 它基本上总能正确估计出扩展目标个数, 而一般 GM-PHD 滤波器的估计性能则非常差。

Granström 等人还开展了一项 "同类" 比较试验, 其中每个扩展目标仅生成单个观测 ($\gamma = 1$)。在这种情形下, 由于 APB-PHD 滤波器的内部观测生成模型 (泊松) 与实际的观测生成过程 (伯努利) 区别很大, 因此不出所料, 其性能表现不如标准的 GM-PHD 滤波器 (文献 [95] 第 3278 页)。

接下来, 他们还考虑了目标观测率 γ 未知的情形, 并给出了经验判据: 令 $\hat{\gamma}$ 为设定的目标观测率, 若真实的 γ 满足 (见文献 [95] 中的 (32) 式)

$$\hat{\gamma} - \sqrt{\hat{\gamma}} \leqslant \gamma \leqslant \hat{\gamma} + \sqrt{\hat{\gamma}} \tag{21.87}$$

则滤波器的势估计性能基本不受影响。

另外，Granström 等人还考虑了两个扩展目标具有不同目标观测率的情形 ($\gamma_1 = 10$, $\gamma_2 = 20$)。从结果来看，将目标观测率设定为 $\hat{\gamma} = \frac{1}{2}(\gamma_1 + \gamma_2)$ 时滤波器具有更好的性能表现 (文献 [95] 第 3281 页)。

最后，他们利用激光雷达对四个运动行人的实测数据测试了 APB−PHD 滤波器。由于目标可能会移动到其他目标前面从而形成遮挡，所以他们采用了非恒定的检测概率 $p_D(\mathring{x})$，结果表明 APB−PHD 滤波器在 6 次遮挡中有 4 次能很好地跟踪目标 (文献 [95] 第 3282 页)。

21.4.3.6 APB−PHD 滤波器：GIW 混合实现

Granström 和 Orguner 给出了高斯混合 APB−PHD 滤波器的一种推广形式，他们假定目标形状为椭圆形 (二维) 或椭球形 (三维) 且形状参数未知[99,101,147]，所用方法则基于 Koch[86,137] 提出的单扩展目标“随机矩阵”模型。下面介绍该方法的基本思想。

扩展目标状态：假定单个扩展目标状态具有如下形式：

$$\mathring{\boldsymbol{x}} = (\boldsymbol{x}, \boldsymbol{E}) \tag{21.88}$$

式中：$\boldsymbol{x}$ 为目标的运动学状态；$\boldsymbol{E}$ 为目标的“展布状态”。这里的 $\boldsymbol{x}$ 是形如下式的 sd 维矢量：

$$\boldsymbol{x} = (\underbrace{\boldsymbol{p}^{\mathrm{T}}, \dot{\boldsymbol{p}}^{\mathrm{T}}, \ddot{\boldsymbol{p}}^{\mathrm{T}}, \cdots}_{s})^{\mathrm{T}} \tag{21.89}$$

式中：$\boldsymbol{p}$ 表示 d 维欧氏空间中的位置；$\dot{\boldsymbol{p}}$ 为速度；$\ddot{\boldsymbol{p}}$ 为加速度；依此类推。此外，$\boldsymbol{E}$ 为 $d \times d$ 的正定对称矩阵，用于表示椭圆或椭球形扩展目标的轮廓。

扩展目标的动力学：假定单目标马尔可夫转移密度可分解如下 (文献 [137] 中的 (4) 式)：

$$f_{k+1|k}(\boldsymbol{x}, \boldsymbol{E}|\boldsymbol{x}', \boldsymbol{E}') = f_{k+1|k}(\boldsymbol{x}|\boldsymbol{x}', \boldsymbol{E}') \cdot f_{k+1|k}(\boldsymbol{E}|\boldsymbol{E}') \tag{21.90}$$

式中 (文献 [137] 中的 (24) 式和 (30) 式，文献 [101] 中的 (2.3a) 式和 (2.3b) 式)

$$f_{k+1|k}(\boldsymbol{x}|\boldsymbol{x}', \boldsymbol{E}') = N_{\boldsymbol{Q}_k \otimes \boldsymbol{E}'}(\boldsymbol{x} - (\boldsymbol{F}_k \otimes \boldsymbol{I}_d)\boldsymbol{x}') \tag{21.91}$$

$$f_{k+1|k}(\boldsymbol{E}|\boldsymbol{E}') = W_{\delta_k, \boldsymbol{E}'/\delta_k}(\boldsymbol{E}) \tag{21.92}$$

式中：$W_{\delta_k, \boldsymbol{E}'/\delta_k}(\boldsymbol{E})$ 为 Wishart 分布 (见附录 G)；$\boldsymbol{F}_k = \{\phi_{i,j}\}$ 为 $s \times s$ 的矩阵；$\boldsymbol{I}_d$ 为 $d \times d$ 的单位矩阵；且

$$\boldsymbol{F}_k \otimes \boldsymbol{I}_d = \begin{pmatrix} \phi_{11}\boldsymbol{I}_d & \cdots & \phi_{1s}\boldsymbol{I}_d \\ \vdots & & \vdots \\ \phi_{s1}\boldsymbol{I}_d & \cdots & \phi_{ss}\boldsymbol{I}_d \end{pmatrix} \tag{21.93}$$

上式即 $\boldsymbol{F}_k$ 与 $\boldsymbol{I}_d$ 的 Kronecker 积①，结果为 $sd \times sd$ 的矩阵②。按照 Koch 的假定 (文献 [137] 第 1045 页)，该动力学模型下扩展目标的加速度沿椭圆的主轴方向。

APB 扩展目标的观测模型：假定位置量观测 $\boldsymbol{z} = \boldsymbol{p}$，Granström 和 Orguner 在 APB 观测模型基础上假定式(21.21)的观测空间分布 $\phi_{\boldsymbol{z}}(\mathring{\boldsymbol{x}}) = s_{k+1}(\boldsymbol{z}|\mathring{\boldsymbol{x}})$ 具有如下形式 (文献 [101] 中的 (11) 式)：

$$\phi_{\boldsymbol{z}}(\boldsymbol{x}, \boldsymbol{E}) = N_{\boldsymbol{E}}(\boldsymbol{z} - (\boldsymbol{H}_{k+1} \otimes \boldsymbol{I}_d)\boldsymbol{x}) \tag{21.94}$$

式中：$\boldsymbol{H}_{k+1} = (h_1, h_2, h_3)^{\mathrm{T}} = (1, 0, 0)^{\mathrm{T}}$，故 $\boldsymbol{H}_{k+1} \otimes \boldsymbol{I}_d$ 为 $d \times 3d$ 的矩阵，其形式为

$$\boldsymbol{H}_{k+1} \otimes \boldsymbol{I}_d = (h_1\boldsymbol{I}_d, h_2\boldsymbol{I}_d, h_3\boldsymbol{I}_d) \tag{21.95}$$

或等价地讲，$\boldsymbol{H}_{k+1} \otimes \boldsymbol{I}_d$ 为下述意义上的投影算子：

$$(\boldsymbol{H}_{k+1} \otimes \boldsymbol{I}_d)(\boldsymbol{p}^{\mathrm{T}}, \dot{\boldsymbol{p}}^{\mathrm{T}}, \ddot{\boldsymbol{p}}^{\mathrm{T}}, \cdots)^{\mathrm{T}} = \boldsymbol{p} \tag{21.96}$$

现在的 PHD 形式为 $\mathring{D}_{k|k}(\boldsymbol{x}, \boldsymbol{E}|Z^{(k)})$，不可能再用式(21.81)那样的高斯混合近似方法，取而代之的是下述的高斯–逆 Wishart (GIW) 混合形式：

$$\mathring{D}_{k+1|k}(\boldsymbol{x}, \boldsymbol{E}|Z^{(k)}) = \sum_{i=1}^{\nu_{k+1|k}} w_i^{k+1|k} \cdot N_{\boldsymbol{P}_i^{k+1|k}}(\boldsymbol{x} - \boldsymbol{x}_i^{k+1|k}) \cdot \mathrm{IW}_{\boldsymbol{C}_i^{k+1|k}, \nu_i^{k+1|k}}(\boldsymbol{E}) \tag{21.97}$$

上式中逆 Wishart 分布函数的定义为③

$$\mathrm{IW}_{\boldsymbol{C},\nu}(\boldsymbol{E}) = \frac{\det(\boldsymbol{C})^{\nu/2}}{2^{\nu d/2} \cdot \Gamma_d(\nu/2)} (\det \boldsymbol{E})^{-(\nu+d+1)/2} \cdot e^{-\frac{1}{2}\operatorname{tr}(\boldsymbol{C}\boldsymbol{E}^{-1})} \tag{21.98}$$

采用 GIW 混合近似主要是因为：当 $\boldsymbol{E}$ 为随机矩阵时，上式的逆 Wishart 分布为式(21.94)似然函数 $N_{\boldsymbol{E}}(\boldsymbol{z} - (\boldsymbol{H}_{k+1} \otimes \boldsymbol{I}_d)\boldsymbol{x})$ 的共轭先验分布。

除上述假设外，类似于式(21.69)~(21.71)，这里还需附加如下假设 (文献 [101] 第 5560、5661 页)：

①令 $\boldsymbol{A} = \{a_{i,j}\}$ 为 $m \times n$ 的矩阵，$\boldsymbol{B} = \{b_{i,j}\}$ 为 $p \times q$ 的矩阵，则 Kronecker 积 (也称张量积) $\boldsymbol{A} \otimes \boldsymbol{B}$ 为 $mp \times nq$ 的矩阵，其定义如下：

$$\boldsymbol{A} \otimes \boldsymbol{B} = \begin{pmatrix} a_{11}\boldsymbol{B} & \cdots & a_{1n}\boldsymbol{B} \\ \vdots & & \vdots \\ a_{m1}\boldsymbol{B} & \cdots & a_{mn}\boldsymbol{B} \end{pmatrix}$$

②例如 $s = 3$ (文献 [137] 中的 (18) 式)：

$$\boldsymbol{F}_{k|k-1} = \begin{pmatrix} 1 & t_k - t_{k-1} & \frac{1}{2}(t_k - t_{k_1})^2 \\ 0 & 1 & t_k - t_{k-1} \\ 0 & 0 & e^{-(t_k - t_{k-1})/\theta} \end{pmatrix}$$

$$\boldsymbol{Q}_{k|k-1} = \Sigma^2 \cdot (1 - e^{-2(t_k - t_{k-1})/\theta}) \cdot \begin{pmatrix} 0 & 0 & 0 \\ 0 & 0 & 0 \\ 0 & 0 & 1 \end{pmatrix}$$

③这里：$\nu > d - 1$ 为自由度；$\boldsymbol{C}$ 为正定的 "尺度矩阵"；$\Gamma_d(\nu/2) = \pi^{d(d-1)/4} \cdot \prod_{i=1}^{d} \Gamma(\frac{\nu-i+1}{2})$ 为多变量 γ 分布。若 $\boldsymbol{E}$ 服从逆 Wishart 分布，则 $\boldsymbol{E}^{-1}$ 为式(G.2)的 Wishart 分布，详见附录 G。

- 目标存活概率恒定：$p_S(\boldsymbol{x},\boldsymbol{E}) = p_S$。
- 泊松杂波过程：杂波率为 λ_{k+1}，空间分布为 $c_{k+1}(\boldsymbol{z})$。
- 新生目标的 PHD 具有 GIW 混合形式。
- 检测概率 $\mathring{p}_D(\boldsymbol{x},\boldsymbol{E}) \stackrel{\text{abbr.}}{=} \mathring{p}_{D,k+1}(\boldsymbol{x},\boldsymbol{E})$，且有如下近似：

$$\begin{aligned}&\mathring{p}_D(\boldsymbol{x},\boldsymbol{E}) \cdot N_{\boldsymbol{P}_i^{k+1|k}}(\boldsymbol{x}-\boldsymbol{x}_i^{k+1|k}) \cdot \mathrm{IW}_{\boldsymbol{C}_i^{k+1|k},\nu_i^{k+1|k}}(\boldsymbol{E}) \\ \cong\ &\mathring{p}_D(\boldsymbol{x}_i^{k+1|k},\boldsymbol{C}_i^{k+1|k}) \cdot N_{\boldsymbol{P}_i^{k+1|k}}(\boldsymbol{x}-\boldsymbol{x}_i^{k+1|k}) \cdot \mathrm{IW}_{\boldsymbol{C}_i^{k+1|k},\nu_i^{k+1|k}}(\boldsymbol{E})\end{aligned} \tag{21.99}$$

$$\begin{aligned}&(1-\mathring{p}_D(\boldsymbol{x},\boldsymbol{E})) \cdot N_{\boldsymbol{P}_i^{k+1|k}}(\boldsymbol{x}-\boldsymbol{x}_i^{k+1|k}) \cdot \mathrm{IW}_{\boldsymbol{C}_i^{k+1|k},\nu_i^{k+1|k}}(\boldsymbol{E}) \\ \cong\ &(1-\mathring{p}_D(\boldsymbol{x}_i^{k+1|k},\boldsymbol{C}_i^{k+1|k})) \cdot N_{\boldsymbol{P}_i^{k+1|k}}(\boldsymbol{x}-\boldsymbol{x}_i^{k+1|k}) \cdot \mathrm{IW}_{\boldsymbol{C}_i^{k+1|k},\nu_i^{k+1|k}}(\boldsymbol{E})\end{aligned} \tag{21.100}$$

- 乘积 $e^{-\gamma(\boldsymbol{x},E)} \cdot \gamma(\boldsymbol{x},E)^n$ 可按 GIW 分量做如下近似：

$$\begin{aligned}&e^{-\gamma(\boldsymbol{x},\boldsymbol{E})} \cdot \gamma(\boldsymbol{x},\boldsymbol{E})^n \cdot N_{\boldsymbol{P}_i^{k+1|k}}(\boldsymbol{x}-\boldsymbol{x}_i^{k+1|k}) \cdot \mathrm{IW}_{\boldsymbol{C}_i^{k+1|k},\nu_i^{k+1|k}}(\boldsymbol{E}) \\ \cong\ &e^{-\gamma(\boldsymbol{x}_i^{k+1|k},\boldsymbol{C}_i^{k+1|k})} \cdot \gamma(\boldsymbol{x}_i^{k+1|k},\boldsymbol{C}_i^{k+1|k})^n \cdot N_{\boldsymbol{P}_i^{k+1|k}}(\boldsymbol{x}-\boldsymbol{x}_i^{k+1|k}) \cdot \\ &\mathrm{IW}_{\boldsymbol{C}_i^{k+1|k},\nu_i^{k+1|k}}(\boldsymbol{E})\end{aligned} \tag{21.101}$$

在上述假设下结合 GLO 近似及其扩展后，便可用 GIW 近似来实现21.4.3.1节和21.4.3.2节的 APB-PHD 滤波器。由于该滤波器方程相当复杂，此处不再赘述，感兴趣者请参见文献 [101] 第 5661–5663 页。

21.4.3.7 GIW–APB–PHD 滤波器：性能

Granström 等人通过双扩展目标的仿真数据评测了 ET–GIW–PHD 滤波器的性能。他们采用杂波率 $\lambda = 10$ 的均匀泊松杂波模型，而传感器观测模型和目标运动模型均为线性高斯形式。主要的测试结论如下：

- 双目标轨迹交叉：根据 OSPA 度量 (见6.2.2节)，ET–GIW–PHD 滤波器可有效估计扩展目标的数目及其轨迹。
- 双目标轨迹合并后保持平行运动继而分离：滤波器可正确估计目标数，但在目标平行运动期间 OSPA 性能有些恶化。
- 双目标平行运动而后分离：在初始的平行运动阶段，滤波器的目标数估计为 1，而在目标分离后滤波器即可正确估计出目标数。Granström 等人认为 GIW 混合分量中逆 Wishart 部分的特殊时间更新形式是导致起始段目标数估计偏少的原因。
- 双目标轨迹合并后保持平行运动的同时做右转弯继而分离：在目标间距较大且转弯速率较低时，滤波器能够正确估计目标数，反之则性能会有所恶化。当平行运动时的目标间距越小或者转弯速率越大时，这种性能恶化就越严重。该文认为其算法的 IMM 版应该能有效应对目标机动问题。

Granström 等人[95] 对比了 ET–GIW–PHD 滤波器与21.4.3.4节的 ET–GM–PHD 滤波器。在第一个测试中，由一部激光雷达观测两个穿过观测区的行人，扫描高度约在腰部上下，两个行人来回地作相向和背向运动。ET-GIW-PHD 滤波器的性能稍优于 ET-GM-PHD 滤波器，它可全程正确地估计目标数。

第二个测试中包括四个目标：第一个人在大部分时间内保持静止，第二个人在第一个人身后走动，因此会被第一个人遮挡。据称，ET-GIW-PHD 滤波器的性能明显优于 ET-GM-PHD 滤波器，后者在目标间距较小或遮挡时有两次未能正确估计出目标数 (偏少)。因此，他们认为该实验结果充分说明了增加目标外形估计有助于改善扩展目标数目及航迹的估计性能。

注解 83: 在本书写作过程中，Zhang Yong Quan 和 Ji Hong Bing 两位研究人员发表了一篇论文，宣称可进一步改善 Granström 的结果[334]。但因出版时间较晚，故此处未能涉及。

21.4.3.8 APB-PHD 滤波器：GGIW 混合实现

基于 γ-高斯-逆 Wishart (Gamma Gaussian Inverse Wishart, GGIW) 分布，Granström 和 Orguner 给出了 GIW-APB-PHD 滤波器的一种推广形式。在该处理过程中，他们还设计了群目标合并与分裂的建模方法。本节简要介绍他们的工作。

在 GGIW 混合近似方法中，状态矢量的形式由 $\mathring{\boldsymbol{x}} = (\boldsymbol{x}, \boldsymbol{E})$ 替换为

$$\mathring{\boldsymbol{x}} = (\gamma, \boldsymbol{x}, \boldsymbol{E}) \tag{21.102}$$

式中：未知参数 γ 表示式(21.22) APB 目标的观测率。

将 γ 视作未知参数包含进来的主要原因是式(21.22)的先验观测率 $\gamma(\mathring{\boldsymbol{x}})$ 通常是未知的，若 $\gamma(\mathring{\boldsymbol{x}})$ 描述得不合适，则滤波器性能就会有所恶化，而将 γ 视作额外的未知状态变量便可避开此问题，但为此付出的代价是 PHD 滤波器必须以同样的信息去估计额外的状态变量。

由于加入了新状态变量 γ，因此需要将式(21.54)中的因子 $e^{-\gamma(\mathring{\boldsymbol{x}})}$ 替换为 $e^{-\gamma}$，而式(21.97)的 GIW 混合近似也需要替换为下面的混合形式 (文献 [100] 中的 (57a) 式)：

$$\begin{aligned}\mathring{D}_{k+1|k}(\gamma, \boldsymbol{x}, \boldsymbol{E}|Z^{(k)}) = & \sum_{i=1}^{\nu_{k+1|k}} w_i^{k+1|k} \cdot \mathrm{G}_{\alpha_i^{k+1|k}, \beta_i^{k+1|k}}(\gamma) \cdot \\ & N_{\boldsymbol{P}_i^{k+1|k}}\left(\boldsymbol{x} - \boldsymbol{x}_i^{k+1|k}\right) \cdot \mathrm{IW}_{\boldsymbol{C}_i^{k+1|k}, \nu_i^{k+1|k}}(\boldsymbol{E})\end{aligned} \tag{21.103}$$

式中的 γ 分布函数 $\mathrm{G}_{\alpha,\beta}(\gamma)$ 定义为

$$\mathrm{G}_{\alpha,\beta}(\gamma) = \frac{\beta^\alpha}{\Gamma(\alpha)} \cdot \gamma^{\alpha-1} \cdot e^{-\beta\gamma} \tag{21.104}$$

式中：$\alpha > 0$ 为形状参数；$\beta > 0$ 为逆尺度参数；$\Gamma(x)$ 为 γ 函数。

由于 γ 分布满足下述性质：

$$\begin{aligned}\mathrm{G}_{\alpha_1,\beta_1}(\gamma) \cdot \mathrm{G}_{\alpha_2,\beta_2}(\gamma) = & \frac{\beta_1^{\alpha_1}\beta_2^{\alpha_2}}{(\beta_1+\beta_2)^{\alpha_1+\alpha_2-1}} \cdot \frac{\Gamma(\alpha_1+\alpha_2-1)}{\Gamma(\alpha_1)\cdot\Gamma(\alpha_2)} \cdot \\ & \mathrm{G}_{\alpha_1+\alpha_2-1, \beta_1+\beta_2}(\gamma)\end{aligned} \tag{21.105}$$

因此它关于乘法封闭。

Granström 等人通过不同近似方法演示了如何用 GGIW 混合技术实现 APB-PHD 滤波器。此外的两个创新点分别为预测步中的分裂 / 衍生模型以及校正步后的合并模型。

21.4.3.9 GGIW-APB-PHD 滤波器：性能

Granström 等人通过仿真评测了 ET-GGIW-PHD 滤波器的性能，测试重点在于扩展目标的合并及分裂。仿真采用杂波率为 $\lambda = 10$ 的均匀泊松杂波模型，两个目标的运动模型及传感器观测模型均为线性高斯形式。他们主要考虑了以下几个仿真：

- 目标合并：两个间隔很近的扩展目标沿相同方向运动，随后合并为一个更大的扩展目标。
- 多目标分裂或单目标衍生出新目标：在包含衍生模型的条件下可及早地检测目标衍生或分裂事件，但以增加计算复杂度为代价。
- 一个目标被另一个目标遮挡：在遮挡期间两个目标被估计为一个目标，在遮挡结束后则估计为两个目标。

21.5 扩展目标 CPHD 滤波器

两组研究人员同时独立地将21.4.3节中的 APB-PHD 滤波器推广到 CPHD 滤波器情形：一组为 Orguner、Lundquist 和 Granström[146,226,227]；另一组为 Lian Feng、Han Chongzhao、Liu Weifeng、Liu Jing 和 Sun Jian[85]。

这里将这些滤波器统称为“APB-CPHD 滤波器”，以强调它们与扩展目标 APB 模型的相关性。在文献 [85] 中，Lian Feng 等人假定杂波率很小且扩展目标良好可分。Orguner 等人采用 GM 混合[226,227] 和 GGIW 混合[147] 这两种实现方法得到了精确闭式 CPHD 滤波器，其实现中用到了21.4.3.3节中的 GLO 近似。

本节简要介绍这些实现，主要内容包括：

- 21.5.1节：扩展目标 APB-CPHD 滤波器理论。
- 21.5.2节：Orguner 等人的 GM-APB-CPHD 滤波器性能结果。
- 21.5.3节：Orguner 等人的 GGIW-APB-CPHD 滤波器性能结果。
- 21.5.4节：Lian 等人的粒子 APB-CPHD 滤波器性能结果。

21.5.1 APB-CPHD 滤波器：理论

采用5.10.3节 (也见于文献 [85]、文献 [226] 第三节及文献 [227]) 的有限集统计学方法，可以推导出 APB-CPHD 滤波器的观测更新方程。

首先假定扩展目标的目标观测生成过程为 i.i.d.c. 过程 (泊松过程是其特例)，则相应的 p.g.fl. 为

$$T_g(\mathring{x}) \stackrel{\text{abbr.}}{=} G_{k+1}[g|\mathring{x}] = G_{\mathring{x}}(f_{\mathring{x}}[g]) \tag{21.106}$$

式中：$f_{\mathring{x}}(z) \overset{\text{abbr.}}{=} f_{k+1}(z|\mathring{x})$ 为观测的空间分布；$G_{\mathring{x}}(z) \overset{\text{abbr.}}{=} G_{k+1}(z|\mathring{x})$ 为目标观测数的 p.g.f.。

同样，假定杂波过程为 i.i.d.c. 过程：

$$\kappa_g \overset{\text{abbr.}}{=} G^{\kappa}_{k+1}[g] = G^{\kappa}_{k+1}(c_{k+1}[g]) \tag{21.107}$$

式中：$c_{k+1}(z)$ 为杂波的空间分布；$G^{\kappa}_{k+1}(z)$ 为杂波观测数的 p.g.f.。

因此，总观测过程的 p.g.fl. 为

$$G_{k+1}[g|\mathring{X}] = \kappa_g \cdot T_g^{\mathring{X}} \tag{21.108}$$

在上述假定下，由式(5.57)即可确定后验 p.g.fl. $G_{k+1|k+1}[\mathring{h}]$：

$$G_{k+1|k+1}[\mathring{h}] = \frac{\frac{\delta F}{\delta Z_{k+1}}[0, \mathring{h}]}{\frac{\delta F}{\delta Z_{k+1}}[0, 1]} \tag{21.109}$$

式中

$$F[g, \mathring{h}] = \int \mathring{h}^{\mathring{X}} \cdot G_{k+1}[g|\mathring{X}] \cdot \mathring{f}_{k+1|k}(\mathring{X})\delta\mathring{X} \tag{21.110}$$

$$= \kappa_g \cdot \mathring{G}_{k+1|k}\left(\mathring{s}_{k+1|k}[\mathring{h}T_g]\right) \tag{21.111}$$

式中：$\mathring{f}_{k+1|k}(\mathring{X})$ 为 i.i.d.c. 过程，即 $\mathring{f}_{k+1|k}(\mathring{X}) = |\mathring{X}|! \cdot \mathring{p}_{k+1|k}(|\mathring{X}|) \cdot \mathring{s}^{\mathring{X}}_{k+1|k}$。

然后利用泛函导数的乘积法则和 Clark 通用链式法则 (见(3.67)式及(3.88)式) 便可推导出 $G_{k+1|k+1}[\mathring{h}]$ 的表达式。该表达式包括两次组合式求和：一次是对 Z_{k+1} 的所有子集，另一次是对 Z_{k+1} 的所有分割。可进一步利用式(4.63)、式(4.64)及式(4.72)推导出后验势分布与后验 PHD 的表达式，推导过程与8.2节中的泛 PHD 滤波器推导基本相同。

21.5.2 高斯混合 APB-CPHD 滤波器：性能

Orguner 等人采用高斯混合技术及21.4.3.3节的 GLO 近似实现了 APB-CPHD 滤波器，并通过激光雷达实测数据测试并比较了它与 APB-PHD 滤波器的性能[226]。

试验中，由一部激光雷达观测两个人体目标，扫描高度大约在腰部上下。第一个人在进入监视区后一直走到场景中心，然后保持静止；第二个人随后进入监视区并走到第一个人的后面 (此时会遮挡)，最后离开监视区。

虽然无法知晓该过程的真值，但目标数可由观测确定。据 Orguner 等人称，尽管 APB-PHD 滤波器估计的期望目标数 $N_{k|k}$ 有些起伏，尤其是在遮挡期间，但这两个滤波器均可全程正确地估计目标数。

在第二个试验中，将有效检测概率由 0.99 降为 0.7。在这种情形下，APB-CPHD 滤波器仍能正确估计目标数，但 APB-PHD 滤波器却在遮挡期间误将目标数由 2 估计成 3，且当第二个目标进入后其 $N_{k|k}$ 明显偏大。当有效检测概率进一步降低时，APB-CPHD 滤波器的性能也开始恶化，但恶化程度小于 APB-PHD 滤波器。

21.5.3 GGIW-APB-CPHD 滤波器：性能

Lundquist、Granström 和 Orguner[226] 采用21.4.3.8节所述的 GGIW 混合技术实现了 APB-CPHD 滤波器，并通过仿真测试比较了它与 GGIW-APB-PHD 滤波器的性能。

- 四个目标于不同时刻出现／消失：检测概率 p_D 设置为 0.8 和 0.99，杂波率 λ 设置为 5 和 30。在四种设置下，GGIW-APB-CPHD 滤波器均可正确估计目标数，但 GGIW-APB-PHD 滤波器的性能随 p_D 变小和 λ 增大而逐步下降。
- 两个目标合并后平行运动继而分离：此时 $p_D = 0.99$，$\lambda = 10$，在目标平行运动期间，GGIW-APB-CPHD 的性能表现良好，而 GGIW-APB-PHD 滤波器随时间增加性能逐渐变差。

21.5.4 Lian 等人的 APB-CPHD 滤波器：性能

Lian 等人采用粒子方法实现了 APB-PHD 滤波器与 APB-CPHD 滤波器。在他们的二维仿真中：由一部距离-方位传感器观测四个沿曲线运动的扩展目标，且伴有目标出现和消失现象；传感器检测概率为 0.95，杂波模型为杂波率 $\lambda = 50$ 的均匀泊松杂波。

据 Lian 等人报道：在 300 次蒙特卡罗仿真中，两种滤波器均能正确估计扩展目标数，但 CPHD 滤波器的势估计方差更小；同时，CPHD 滤波器的 OSPA 误差也远小于 PHD 滤波器，但计算时间约为后者的 4 倍。

21.6 簇目标观测模型

簇目标已在21.1节中作了定义，本节及下一节主要介绍这类目标的统计学及其滤波。

假定单传感器可周期性地获取由某未知时变随机过程生成的观测矢量 $z \in \mathfrak{Z}$，则传感器输出为一观测集序列 $Z^{(k)} : Z_1, \cdots, Z_k$。若这些观测是由未知个未知状态的随机实体 (例如扩展目标) 产生，则可得到一个时变的观测簇序列。虽然对背后的观测生成过程一无所知，但我们希望能够递归地检测并描述这些簇的形状。此时可将簇目标检测跟踪视作一种形式的扩展目标检测跟踪，只不过这里的观测模型完全未知故而需要从观测中在线推断。

考虑 $k = 1$，即静态情形，则上述问题通常称作“数据聚类”“数据分类”或者“数据归类”。在“硬聚类”情形下，依据某种相似性或邻近准则将 Z_1 分割为 γ 个 (未知参数) 互斥“类”(“簇”或“属”) $C_1, \cdots, C_\gamma$，即 $Z_1 = C_1 \uplus \cdots \uplus C_\gamma$；对于“软聚类”情形，类 $C_1, \cdots, C_\gamma$ 则具有“模糊的”重叠边界。

对于 $k = 1$ 的聚类问题，当前已有无数的方法，但大都假定 Z_1 中类别数 γ 先验已知。1989 年，Cheeseman 提出了一种贝叶斯最优的软数据聚类方法——在估计类别数的同时还可估计类的形状与相对密度[33,34]。2003 年，Mahler 提出了一种扩展形式的 Cheeseman 方法，可用于动态聚类情形[152,179]，随后于 2009 年又提出了用于数据聚类的 PHD 和 CPHD 滤波器。本节简要介绍这方面的工作。

21.6.1 簇目标的似然函数

由于簇目标的状态变量是不可知的，因此必须同时对其状态和似然函数作出某些假设。特别地，假定观测集 Z 的概率密度函数为泊松混合分布：

$$f_{k+1}(Z|\mathring{X}) = e^{-(x_1+\cdots+x_n)} \prod_{z\in Z} \theta_{k+1}(\boldsymbol{z}|\mathring{X}) \tag{21.112}$$

式中：混合过程的强度函数 (PHD) 为

$$\theta_{k+1}(\boldsymbol{z}|\mathring{X}) = x_1 \cdot \theta_{k+1}(\boldsymbol{z}|\boldsymbol{x}_1) + \cdots + x_n \cdot \theta_{k+1}(\boldsymbol{z}|\boldsymbol{x}_n) \tag{21.113}$$

其中：$\theta_{k+1}(\boldsymbol{z}|\boldsymbol{x})$ 为一族参数化的概率密度函数，参数 $\boldsymbol{x}$ 属于参数空间 $\mathfrak{X}$；$\mathring{X}$ 为序对 $\mathring{x} = (x, \boldsymbol{x})$ 组成的集合，即

$$\mathring{X} = \{(x_1, \boldsymbol{x}_1), \cdots, (x_n, \boldsymbol{x}_n)\}, \quad |\mathring{X}| = n \text{ 且 } x_i > 0,\ i = 1, \cdots, n \tag{21.114}$$

上述似然函数的 p.g.fl. 为 (文献 [179] 中的 (12.371) 式)

$$G_{k+1}[g|\mathring{X}] = e^{\theta_{k+1}[g-1|\mathring{X}]} \tag{21.115}$$

$$= e^{x_1\cdot\theta_{k+1}[g-1|\boldsymbol{x}_1]} \cdots e^{x_n\cdot\theta_{k+1}[g-1|\boldsymbol{x}_n]} \tag{21.116}$$

式中

$$\theta_{k+1}[g-1|\mathring{X}] = \int (g(\boldsymbol{z})-1)\cdot\theta_{k+1}(\boldsymbol{z}|\mathring{X})\mathrm{d}\boldsymbol{z} \tag{21.117}$$

$$\theta_{k+1}[g-1|\boldsymbol{x}] = \int (g(\boldsymbol{z})-1)\cdot\theta_{k+1}(\boldsymbol{z}|\boldsymbol{x})\mathrm{d}\boldsymbol{z} \tag{21.118}$$

再假定这些参数的马尔可夫转移密度为

$$f_{k+1|k}(x, \boldsymbol{x}|x', \boldsymbol{x}') \tag{21.119}$$

则动态数据聚类问题的贝叶斯最优解即下述多目标贝叶斯滤波器：

$$\cdots \to \quad \mathring{f}_{k|k}(\mathring{X}|Z^{(k)}) \quad \to \quad \mathring{f}_{k+1|k}(\mathring{X}|Z^{(k)}) \quad \to \quad \mathring{f}_{k+1|k+1}(\mathring{X}|Z^{(k+1)}) \quad \to \cdots$$

21.6.2 软簇估计

下面是 Cheeseman 提出的软簇估计方法。将贝叶斯最优多目标状态估计器应用于 $\mathring{f}_{k|k}(\mathring{X}|Z^{(k)})$，从而可得

$$\mathring{X}_{k|k} = \{(\hat{x}_1, \hat{\boldsymbol{x}}_1), \cdots, (\hat{x}_{\hat{n}}, \hat{\boldsymbol{x}}_{\hat{n}})\}, \quad |\mathring{X}_{k|k}| = \hat{n} \tag{21.120}$$

对于 $j = 1, 2, \cdots, \hat{n}$，令 $\phi_j(\boldsymbol{z})$ 表示观测 $\boldsymbol{z}$ 源自第 j 簇数据的可能性。$\phi_j(\boldsymbol{z})$ 可由下述模糊隶属函数给定 (文献 [179] 中的 (12.365) 式)：

$$\phi_j(\boldsymbol{z}) = \frac{\hat{x}_j \cdot \theta_{k+1}(\boldsymbol{z}|\hat{\boldsymbol{x}}_j)}{\hat{x}_1 \cdot \theta_{k+1}(\boldsymbol{z}|\hat{\boldsymbol{x}}_1) + \cdots + \hat{x}_{\hat{n}} \cdot \theta_{k+1}(\boldsymbol{z}|\hat{\boldsymbol{x}}_{\hat{n}})} \tag{21.121}$$

也就是说，第 j 个簇实际上是观测空间 $\mathfrak{Z}$ 的一个模糊子集。若 $\phi_j(\boldsymbol{z})$ 很小，则说明 $\boldsymbol{z}$ 不大可能源自第 j 个簇；相反，当 $\phi_j(\boldsymbol{z})$ 很大时，则说明 $\boldsymbol{z}$ 极有可能属于第 j 个簇。

21.7 簇目标的 PHD/CPHD 滤波器

由于簇目标的多目标贝叶斯滤波器通常不易于计算，因此需要作原则近似。本节介绍两种近似滤波器：簇目标 CPHD 滤波器 (21.7.1节) 及其特例——簇目标 PHD 滤波器 (21.7.2节)。

21.7.1 簇目标 CPHD 滤波器

假定预测多目标过程 $\mathring{f}_{k+1|k}(\mathring{X}|Z^{(k)})$ 是 i.i.d.c. 过程：

$$\mathring{f}_{k+1|k}(\mathring{X}|Z^{(k)}) = |\mathring{X}|! \cdot \mathring{p}_{k+1|k}(|\mathring{X}|) \prod_{(x,\boldsymbol{x})\in\mathring{X}} \mathring{s}_{k+1|k}(x,\boldsymbol{x}) \tag{21.122}$$

令 $\mathring{G}_{k+1|k}(x|Z^{(k)})$ 和 $\mathring{s}_{k+1|k}(x,\boldsymbol{x}|Z^{(k)})$ 分别表示预测 p.g.f. 和预测空间分布，假定新观测集为 Z_{k+1}，则簇目标 CPHD 滤波器的观测更新方程为 (文献 [154] 定理 1)：

- *p.g.f.* 的观测更新：

$$\mathring{G}_{k+1|k+1}(x|Z^{(k+1)}) = \frac{\sum_{\mathcal{P}\boxminus Z_{k+1}} x^{|\mathcal{P}|} \cdot \mathring{G}^{(|\mathcal{P}|)}_{k+1|k}(x\cdot\phi_k) \cdot \prod_{W\in\mathcal{P}} \tau_W}{\sum_{\mathcal{P}'\boxminus Z_{k+1}} \mathring{G}^{(|\mathcal{P}'|)}_{k+1|k}(\phi_k) \cdot \prod_{W'\in\mathcal{P}'} \tau_{W'}} \tag{21.123}$$

式中：求和操作遍历 Z_{k+1} 的所有分割 $\mathcal{P}$；且

$$\phi_k = \int\int_0^\infty e^{-x}\cdot x\cdot \mathring{s}_{k+1|k}(x,\boldsymbol{x})\mathrm{d}x\mathrm{d}\boldsymbol{x} \tag{21.124}$$

$$\tau_W = \int\int_0^\infty e^{-x}\cdot x^{|W|}\cdot\left(\prod_{z\in W}\theta_{k+1}(z|\boldsymbol{x})\right)\cdot \mathring{s}_{k+1|k}(x,\boldsymbol{x})\mathrm{d}x\mathrm{d}\boldsymbol{x} \tag{21.125}$$

- 空间分布的观测更新：

$$\frac{\mathring{s}_{k+1|k+1}(x,\boldsymbol{x}|Z^{(k+1)})}{\mathring{s}_{k+1|k}(x,\boldsymbol{x}|Z^{(k)})} = \frac{e^{-x}\cdot N_{k+1|k}}{N_{k+1|k+1}}\cdot\sum_{\mathcal{P}\boxminus Z_{k+1}}\omega_{\mathcal{P}}\cdot \left(\frac{\mathring{G}^{(|\mathcal{P}|+1)}_{k+1|k}(\phi_k)}{\mathring{G}^{(|\mathcal{P}|)}_{k+1|k}(\phi_k)} + \sum_{W\in\mathcal{P}}\frac{x^{|W|}\cdot\prod_{z\in W}\theta_{k+1}(z|\boldsymbol{x})}{\tau_W}\right) \tag{21.126}$$

式中

$$\omega_{\mathcal{P}} = \frac{\mathring{G}^{(|\mathcal{P}|)}_{k+1|k}(\phi_k)\cdot\prod_{W\in\mathcal{P}}\tau_W}{\sum_{\mathcal{P}'\boxminus Z_{k+1}}\mathring{G}^{(|\mathcal{P}'|)}_{k+1|k}(\phi_k)\cdot\prod_{W'\in\mathcal{P}'}\tau_{W'}} \tag{21.127}$$

$$N_{k+1|k+1} = N_{k+1|k}\cdot\int\int_0^\infty e^{-x}\cdot\mathring{s}_{k+1|k}(x,\boldsymbol{x}|Z^{(k)})\cdot\sum_{\mathcal{P}\boxminus Z_{k+1}}\omega_{\mathcal{P}}\cdot \left(\frac{\mathring{G}^{(|\mathcal{P}|+1)}_{k+1|k}(\phi_k)}{\mathring{G}^{(|\mathcal{P}|)}_{k+1|k}(\phi_k)} + \sum_{W\in\mathcal{P}}\frac{x^{|W|}\cdot\prod_{z\in W}\theta_{k+1}(z|\boldsymbol{x})}{\tau_W}\right)\mathrm{d}x\mathrm{d}\boldsymbol{x} \tag{21.128}$$

注解 84: 尽管这些公式是在文献 [154] 中推导的，但若令

$$F[h]=\mathring{G}_{k+1|k}(\mathring{s}_{k+1|k}[h]) \tag{21.129}$$

$$T_{\mathring{h}}[g](x,\boldsymbol{x})=\mathring{h}(x,\boldsymbol{x})\cdot\exp\left(x\int(g(\boldsymbol{z})-1)\cdot\theta_{k+1}(\boldsymbol{z}|\boldsymbol{x})\mathrm{d}\boldsymbol{z}\right) \tag{21.130}$$

则它们可由式(3.88)的 Clark 通用链式法则直接得到。

21.7.2 簇目标 PHD 滤波器

若假定泊松的预测 p.g.f.，即 $G_{k+1|k}(x)=e^{N_{k+1|k}(x-1)}$，则可得到相应的 PHD 滤波器。此时，簇目标 PHD 滤波器的观测更新方程为 (文献 [154] 推论 1)

$$\frac{\mathring{D}_{k+1|k+1}(x,\boldsymbol{x}|Z^{(k+1)})}{\mathring{D}_{k+1|k}(x,\boldsymbol{x}|Z^{(k)})}=e^{-x}\sum_{\mathcal{P}\boxminus Z_{k+1}}\omega_{\mathcal{P}}\left(1+\sum_{W\in\mathcal{P}}\frac{x^{|W|}\prod_{\boldsymbol{z}\in W}\theta_{k+1}(\boldsymbol{z}|\boldsymbol{x})}{\tilde{\tau}_W}\right) \tag{21.131}$$

式中

$$\tilde{\tau}_W=\int\int_0^\infty e^{-x}\cdot x^{|W|}\cdot\left(\prod_{\boldsymbol{z}\in W}\theta_{k+1}(\boldsymbol{z}|\boldsymbol{x})\right)\cdot\mathring{D}_{k+1|k}(x,\boldsymbol{x})\mathrm{d}x\mathrm{d}\boldsymbol{x} \tag{21.132}$$

$$\omega_{\mathcal{P}}=\frac{\prod_{W\in\mathcal{P}}\tilde{\tau}_W}{\sum_{\mathcal{P}'\boxminus Z_{k+1}}\prod_{W'\in P'}\tilde{\tau}_{W'}} \tag{21.133}$$

21.8 单层群目标的观测模型

群目标已在21.1节中作了定义，本节及21.9~21.11节将介绍群目标统计学及其滤波。

群目标的显著特征是它们通常包含*多层嵌套的子群*，这方面的一个典型例子是美军指挥链下的*军力层级 (军力结构)*：火力点、班、排、连、营、旅 / 团、师、军等各种层级的“武力”。*单层群目标*是指仅包含单个层级的群目标，例如：多个火力点构成的班；多个班组成的排；多个排组成的连；等等。多层群目标稍后将在21.10节中讨论。

通常的多目标检测跟踪问题包括两个“层”：

- *隐藏的目标层*——目标状态 $\boldsymbol{x}$ 构成的空间 $\mathfrak{X}$;
- *可见的观测层*——由目标及背景的观测 $\boldsymbol{z}$ 构成的空间 $\mathfrak{Z}$。

现在考虑最简单的*多群检测跟踪*场景，其中每个群目标 $\mathring{\boldsymbol{x}}$ (如一个步兵班) 自身都是常规点目标 (如该班中的个体) 的集合 X。下面称这类群目标为*单层*群目标，它的检测跟踪问题共包括三个层：

- *群目标所在的第二隐藏层*——群状态 $\mathring{\boldsymbol{x}}$ 构成的空间 $\mathring{\mathfrak{X}}$;
- *目标所在的第一隐藏层*——目标状态空间 $\mathfrak{X}$;
- *可见的观测层*——观测空间 $\mathfrak{Z}$。

单层群目标更正规的描述包括下面两部分:

- 群状态矢量 $\mathring{\boldsymbol{x}} \in \mathring{\mathfrak{X}}$，主要包括群的质心、质心速度、群内目标数、群的形状及身份 (如"班""排""连""营""航母群"等) 等参数；
- 群内个体目标的非空状态集 $X \subseteq \mathfrak{X}$。

本节的主要内容包括：

- 21.8.1节：单层独群目标的朴素状态表示。
- 21.8.2节：单层多群目标的朴素状态表示。
- 21.8.3节：单层多群目标的简化状态表示。
- 21.8.4节：单层多群目标的标准观测模型。

21.8.1 单层独群目标的朴素状态表示

单层群目标的完整状态表示是形如 $(\mathring{\boldsymbol{x}}, X)$ 的序对形式且 $X \neq \emptyset$，它的函数 $f(\mathring{\boldsymbol{x}}, X)$ 满足

$$f(\mathring{\boldsymbol{x}}, \emptyset) = 0 \tag{21.134}$$

且相应的积分为

$$\int f(\mathring{\boldsymbol{x}}, X)\mathrm{d}\mathring{\boldsymbol{x}}\delta X = \sum_{n \geqslant 1} \frac{1}{n!} \int f(\mathring{\boldsymbol{x}}, \{\boldsymbol{x}_1, \cdots, \boldsymbol{x}_n\})\mathrm{d}\mathring{\boldsymbol{x}}\mathrm{d}\boldsymbol{x}_1 \cdots \mathrm{d}\boldsymbol{x}_n \tag{21.135}$$

由于 $f(\mathring{\boldsymbol{x}}, \emptyset) = 0$，因此上式的求和是对所有的 $n \geqslant 1$ 进行的。

单层独群目标检测跟踪问题的最优解是如下形式的贝叶斯滤波器：

$$\cdots \to \quad f_{k|k}(\mathring{\boldsymbol{x}}, X|Z^{(k)}) \quad \to \quad f_{k+1|k}(\mathring{\boldsymbol{x}}, X|Z^{(k)}) \quad \to \quad f_{k+1|k+1}(\mathring{\boldsymbol{x}}, X|Z^{(k+1)}) \quad \to \cdots$$

其中

$$f_{k+1|k}(\mathring{\boldsymbol{x}}, X|Z^{(k)}) = \int f_{k+1|k}(\mathring{\boldsymbol{x}}, X|\mathring{\boldsymbol{x}}', X') \cdot f_{k|k}(\mathring{\boldsymbol{x}}', X'|Z^{(k)})\mathrm{d}\mathring{\boldsymbol{x}}'\delta X' \tag{21.136}$$

$$f_{k+1|k+1}(\mathring{\boldsymbol{x}}, X|Z^{(k)}) = \frac{f_{k+1}(Z_{k+1}|\mathring{\boldsymbol{x}}, X) \cdot f_{k+1|k}(\mathring{\boldsymbol{x}}, X|Z^{(k)})}{f_{k+1}(Z_{k+1}|Z^{(k)})} \tag{21.137}$$

$$f_{k+1}(Z|Z^{(k)}) = \int f_{k+1}(Z|\mathring{\boldsymbol{x}}, X) \cdot f_{k+1|k}(\mathring{\boldsymbol{x}}, X|Z^{(k)})\mathrm{d}\mathring{\boldsymbol{x}}\delta X \tag{21.138}$$

式中：$f_{k+1|k}(\mathring{\boldsymbol{x}}, X|\mathring{\boldsymbol{x}}', X')$ 为马尔可夫密度；$f_{k+1}(Z_{k+1}|\mathring{\boldsymbol{x}}, X)$ 为似然函数。

对于任意的 k，式(5.9)的 JoM 估计为

$$(\mathring{\boldsymbol{x}}_{k|k}, X_{k|k}) = \arg\sup_{\mathring{\boldsymbol{x}}, X} \frac{c^{|X|} \cdot f_{k|k}(\mathring{\boldsymbol{x}}, X|Z^{(k)})}{|X|!} \tag{21.139}$$

也就是说，$\mathring{\boldsymbol{x}}_{k|k}$ 为群状态的最优估计，$X_{k|k}$ 为该群内个体目标的最优估计。

21.8.2 单层多群目标的朴素状态表示

如 Swain 和 Clark 所述[286]，多群目标系统是一个*簇群 RFS* (见4.4.2节)。令 $\Xi_{\mathring{x}} \subseteq \mathfrak{X}$ 表示与群状态 $\mathring{x}$ 对应的目标 RFS，同时令 $\mathring{\Xi} \subseteq \mathring{\mathfrak{X}}$ 表示群状态的 RFS，则群内所有常规目标的 RFS 可表示为

$$\Xi = \bigcup_{\mathring{x} \in \mathring{\Xi}} \Xi_{\mathring{x}} \tag{21.140}$$

联合过程的一个具体样本应包括 $\mathring{\Xi}$ 的样本 $\{\mathring{x}_1, \cdots, \mathring{x}_n\}$ 及每个 $\Xi_{\mathring{x}_i}$ 的样本 X_i。因此，单层多群目标系统的完整状态应具有如下形式[158,159]：

$$\mathbb{X} = \{(\mathring{x}_1, X_1), \cdots, (\mathring{x}_n, X_n)\} \tag{21.141}$$

式中：$X_i \neq \emptyset$ 表示群状态 $\mathring{x}_i$ 对应的目标集。

由于 $X_1 \neq X_2$ 的两个序对 $(\mathring{x}, X_1)$ 和 $(\mathring{x}, X_2)$ 是物理不可实现的，此时相当于同一个群 $\mathring{x}$ 由两组不同的目标 X_1 和 X_2 构成，因此 $\mathring{x}_1, \cdots, \mathring{x}_n$ 必须是互异的。

在该状态表示下，密度函数必须满足：若存在某个 i 使得 $X_i = \emptyset$，或者对于任意的 $i \neq j$ 有 $\mathring{x}_i = \mathring{x}_j$，则

$$\breve{f}(\{(\mathring{x}_1, X_1), \cdots, (\mathring{x}_n, X_n)\}) = 0 \tag{21.142}$$

相应的集积分形式如下：

$$\int \breve{f}(\mathbb{X})\delta\mathbb{X} = \sum_{n \geqslant 0} \frac{1}{n!} \int \breve{f}(\{(\mathring{x}_1, X_1), \cdots, (\mathring{x}_n, X_n)\}) \mathrm{d}\mathring{x}_1 \cdots \mathrm{d}\mathring{x}_n \delta X_1 \cdots \delta X_n \tag{21.143}$$

单层多群目标检测跟踪问题的最优解是下述形式的贝叶斯滤波器：

$$\cdots \to \quad \breve{f}_{k|k}(\mathbb{X}|Z^{(k)}) \quad \to \quad \breve{f}_{k+1|k}(\mathbb{X}|Z^{(k)}) \quad \to \quad \breve{f}_{k+1|k+1}(\mathbb{X}|Z^{(k+1)}) \quad \to \cdots$$

其中

$$\breve{f}_{k+1|k}(\mathbb{X}|Z^{(k)}) = \int \breve{f}_{k+1|k}(\mathbb{X}|\mathbb{X}') \cdot \breve{f}_{k|k}(\mathbb{X}'|Z^{(k)})\delta\mathbb{X}' \tag{21.144}$$

$$\breve{f}_{k+1|k+1}(\mathbb{X}|Z^{(k+1)}) = \frac{f_{k+1}(Z_{k+1}|\mathbb{X}) \cdot \breve{f}_{k+1|k}(\mathbb{X}|Z^{(k)})}{f_{k+1}(Z_{k+1}|Z^{(k)})} \tag{21.145}$$

$$f_{k+1}(Z|Z^{(k)}) = \int f_{k+1}(Z|\mathbb{X}) \cdot \breve{f}_{k+1|k}(\mathbb{X}|Z^{(k)})\delta\mathbb{X} \tag{21.146}$$

式中：$\breve{f}_{k+1|k}(\mathbb{X}|\mathbb{X}')$ 为马尔可夫转移密度；$f_{k+1}(Z|\mathbb{X})$ 为似然函数。

对于任意的 k，式(5.9)JoM 估计器的多群目标形式为

$$\mathbb{X}_{k|k} = \left\{(\mathring{x}_1^{k|k}, X_1^{k|k}), \cdots, (\mathring{x}_{n_{k|k}}^{k|k}, X_{n_{k|k}}^{k|k})\right\} \tag{21.147}$$

$$= \underset{n, \mathring{x}_1, X_1, \cdots, \mathring{x}_n, X_n}{\arg\sup} \frac{\mathring{c}^n \cdot c^{|X_1| + \cdots + |X_n|} \cdot \breve{f}_{k|k}(\{(\mathring{x}_1, X_1), \cdots, (\mathring{x}_n, X_n)\})}{n! \cdot |X_1|! \cdots |X_n|!} \tag{21.148}$$

式中：$\mathring{c}$ 和 c 均为常量，观测量纲分别同 $\mathring{\boldsymbol{x}}$ 和 $\boldsymbol{x}$；$\mathring{\boldsymbol{x}}_1^{k|k},\cdots,\mathring{\boldsymbol{x}}_{n_{k|k}}^{k|k}$ 为群状态的估计；$X_1^{k|k},\cdots,X_{n_{k|k}}^{k|k}$ 为各个群的目标集估计。

21.8.3 单层多群目标的简化状态表示

式(21.141)的单层多群目标表示是一种“朴素”的表示形式，计算复杂且难以实现。例如，该表示下单层多群目标的 p.g.fl. 具有如下形式：

$$\breve{G}[\breve{h}]=\int \breve{h}^{\mathbb{X}}\cdot\breve{f}(\mathbb{X})\delta\mathbb{X} \tag{21.149}$$

式中：检验函数的形式为 $\breve{h}(\mathring{\boldsymbol{x}},X)$。

由于 X 本身已经是有限集了，因此序对 $(\mathring{\boldsymbol{x}},X)$ 的有限集空间就显得格外抽象，而且从实用角度看其数学处理太过复杂。例如，朴素表示下的 PHD 具有如下形式：

$$\breve{D}(\mathring{\boldsymbol{x}},X)=\int\breve{f}(\{(\mathring{\boldsymbol{x}},X)\}\cup\mathbb{Y})\delta\mathbb{Y}=\frac{\delta\breve{G}}{\delta(\mathring{\boldsymbol{x}},X)}[1] \tag{21.150}$$

基于该定义的任何 PHD 滤波器必将涉及复杂的集积分运算，故这种 PHD 定义在实际中毫无用处。

因此，下面希望寻求一种更加实用的状态表示，而这样的表示的确也是存在的。本节就来介绍这一表示，主要内容安排如下：

- 21.8.3.1节：单层多群目标问题的简化状态表示、集积分及贝叶斯滤波器。
- 21.8.3.2节：简化状态表示与朴素状态表示之间的统计关系。

21.8.3.1 简化状态表示：状态与集积分

单层群目标系统 $\{(\mathring{\boldsymbol{x}}_1,X_1),\cdots,(\mathring{\boldsymbol{x}}_n,X_n)\}$ 可等价表示为下述有限序对集形式：

$$\overset{\bullet}{X}=\{(\mathring{\boldsymbol{x}}_1,\boldsymbol{x}_1),\cdots,(\mathring{\boldsymbol{x}}_\nu,\boldsymbol{x}_\nu)\} \tag{21.151}$$

式中：$\nu=|X_1|+\cdots+|X_n|$；可将 $\mathring{\boldsymbol{x}}_1,\cdots,\mathring{\boldsymbol{x}}_\nu$ 视作 $\overset{\bullet}{X}$ 的“纵坐标”，将 $\boldsymbol{x}_1,\cdots,\boldsymbol{x}_\nu$ 视作 $\overset{\bullet}{X}$ 的“横坐标”。

为了理解式(21.151)与朴素表示之间的等价关系，这里首先在给定简化表示 $\overset{\bullet}{X}$ 的条件下构造对应的朴素表示 $\mathbb{X}$：

- 令 $\mathring{\boldsymbol{x}}_1,\cdots,\mathring{\boldsymbol{x}}_n$ 为 $\overset{\bullet}{X}$ 的纵坐标 (互异)，同时令 X_i 表示满足 $(\mathring{\boldsymbol{x}}_i,\boldsymbol{x})\in\overset{\bullet}{X}$ 的所有 $\boldsymbol{x}$ 构成的集合，则 $\mathbb{X}=\{(\mathring{\boldsymbol{x}}_1,X_1),\cdots,(\mathring{\boldsymbol{x}}_n,X_n)\}$ 为朴素表示下群目标的正确数学形式。

反过来，也可在给定朴素表示 $\mathbb{X}$ 后构造对应的简化表示 $\overset{\bullet}{X}$：

- 对于任意的 $\mathbb{X}$，构造序对 $(\mathring{\boldsymbol{x}},\boldsymbol{x})$，其中 $\boldsymbol{x}$ 为群 $\mathring{\boldsymbol{x}}$ 的成员，即存在某个 $(\mathring{\boldsymbol{x}},X)\in\mathbb{X}$ 使得 $\boldsymbol{x}\in X$，将所有这样的序对组成的集合记作 $\overset{\bullet}{X}$，则 $\overset{\bullet}{X}$ 为 $\mathbb{X}$ 的一种简化表示。

上面两个构造过程显然是可逆的，因此式(21.151)是式(21.141)的一种等价表示。例如，$\{(\mathring{x}, x_1), \cdots, (\mathring{x}, x_n)\}$ 就是 $(\mathring{x}, \{x_1, \cdots, x_n\})$ 的一种等价表示。

因此，在贝叶斯表示体系下，未知的单层多群目标系统状态是下述序对空间的随机有限子集 $\mathring{\Xi}$：

$$\dot{x} = \{\mathring{x}, x\} \in \dot{\mathfrak{X}} = \mathring{\mathfrak{X}} \times \mathfrak{X} \tag{21.152}$$

为了适应这种新的状态表示方式，需要对集积分定义做如下修正：

$$\int \dot{f}(\dot{X})\delta\dot{X} = \sum_{\nu \geqslant 0} \frac{1}{\nu!} \int \dot{f}(\{(\mathring{x}_1, x_1), \cdots, (\mathring{x}_\nu, x_\nu)\})\mathrm{d}\mathring{x}_1 \cdots \mathrm{d}\mathring{x}_\nu \mathrm{d}x_1 \cdots \mathrm{d}x_\nu \tag{21.153}$$

修正后 p.g.fl. 和 PHD 可表示为

$$\dot{G}[\dot{h}] = \int \dot{h}^{\dot{X}} \cdot \dot{f}(\dot{X})\delta\dot{X} \tag{21.154}$$

$$\dot{D}(\mathring{x}, x) = \int \dot{f}(\{(\mathring{x}, x)\} \cup \dot{Y})\delta\dot{Y} = \frac{\delta \dot{G}_{\dot{\Xi}}}{\delta(\mathring{x}, x)}[1] \tag{21.155}$$

式中：检验函数现在的形式为 $\dot{h}(\mathring{x}, x)$；$\dot{D}(\mathring{x}, x)$ 表示群状态为 $\mathring{x}$ 且群中某目标状态为 x 的密度 (强度)。与朴素表示下的 PHD $\breve{D}(\mathring{x}, X)$ 相比，$\dot{D}(\mathring{x}, x)$ 更为友好。

简化表示下的多群目标最优贝叶斯滤波器具有如下形式：

$$\cdots \rightarrow \quad \dot{f}_{k|k}(\dot{X}|Z^{(k)}) \quad \rightarrow \quad \dot{f}_{k+1|k}(\dot{X}|Z^{(k)}) \quad \rightarrow \quad \dot{f}_{k+1|k+1}(\dot{X}|Z^{(k+1)}) \quad \rightarrow \cdots$$

其中

$$\dot{f}_{k+1|k}(\dot{X}|Z^{(k)}) = \int \dot{f}_{k+1|k}(\dot{X}|\dot{X}') \cdot \dot{f}_{k|k}(\dot{X}'|Z^{(k)})\delta\dot{X}' \tag{21.156}$$

$$\dot{f}_{k+1|k+1}(\dot{X}|Z^{(k+1)}) = \frac{f_{k+1}(Z_{k+1}|\dot{X})\dot{f}_{k+1|k}(\dot{X}|Z^{(k)})}{f_{k+1}(Z_{k+1}|Z^{(k)})} \tag{21.157}$$

$$f_{k+1}(Z|Z^{(k)}) = \int f_{k+1}(Z|\dot{X}) \cdot \dot{f}_{k+1|k}(\dot{X}|Z^{(k)})\delta\dot{X} \tag{21.158}$$

式中：$\dot{f}_{k+1|k}(\dot{X}|\dot{X}')$ 为马尔可夫转移密度；$f_{k+1}(Z_{k+1}|\dot{X})$ 为似然函数。

21.8.3.2 不同表示间的数学关系

为完整性起见，附录 I 给出了单层群目标朴素表示与简化表示之间的数学关系。简言之，给定朴素状态表示下的 p.g.fl. $\breve{G}[\breve{h}]$ 后，简化表示下的 p.g.fl. 可定义为

$$\dot{G}[\dot{h}] = \breve{G}[\breve{T}_{\dot{h}}] \tag{21.159}$$

式中：泛函变换 $\dot{h} \mapsto \breve{T}_{\dot{h}}$ 定义为

$$\breve{T}_{\dot{h}}(\mathring{x}, X) = \prod_{x \in X} \dot{h}(\mathring{x}, x) \tag{21.160}$$

因此

$$\overset{\bullet}{G}[\overset{\bullet}{h}] = \int \overset{\bullet}{h}^{\mathbb{X}} \cdot \breve{f}(\mathbb{X})\delta\mathbb{X} \tag{21.161}$$

其中：当 $\mathbb{X} = \emptyset$ 时，$\overset{\bullet}{h}^{\mathbb{X}} = 1$；否则，

$$\overset{\bullet}{h}^{\mathbb{X}} = \prod_{(\mathring{\boldsymbol{x}}, X)\in\mathbb{X}} \prod_{\boldsymbol{x}\in X} \overset{\bullet}{h}(\mathring{\boldsymbol{x}}, \boldsymbol{x}) \tag{21.162}$$

有了上述关系后，便可根据朴素表示来定义简化表示下的多群分布：

$$\overset{\bullet}{f}(\overset{\bullet}{X}) = \left[\frac{\delta}{\delta\overset{\bullet}{X}}\breve{G}[\breve{T}_{\overset{\bullet}{h}}]\right]_{\overset{\bullet}{h}=0} \tag{21.163}$$

同理，可根据朴素表示将简化表示下的 PHD 定义为

$$\overset{\bullet}{D}(\mathring{\boldsymbol{x}}, \boldsymbol{x}) = \frac{\delta\overset{\bullet}{G}}{\delta(\mathring{\boldsymbol{x}}, \boldsymbol{x})}[1] = \int\int \breve{f}(\mathbb{Y} \cup \{(\mathring{\boldsymbol{x}}, \{\boldsymbol{x}\} \cup Y)\})\delta\mathbb{Y}\delta Y \tag{21.164}$$

令 $S \subseteq \mathfrak{X}$ 和 $\mathring{S} \subseteq \mathring{\mathfrak{X}}$ 均为可测子集，则 $\mathring{S}$ 内所有群中属于 S 的个体目标数目的期望值为

$$\int_{\mathring{S}}\int_{S} \overset{\bullet}{D}(\mathring{\boldsymbol{x}}, \boldsymbol{x})\mathrm{d}\boldsymbol{x}\mathrm{d}\mathring{\boldsymbol{x}} \tag{21.165}$$

特别地，所有群的个体目标总数的期望值为

$$\overset{\bullet}{N} = \int \overset{\bullet}{D}(\mathring{\boldsymbol{x}}, \boldsymbol{x})\mathrm{d}\mathring{\boldsymbol{x}}\mathrm{d}\boldsymbol{x} \tag{21.166}$$

21.8.4 单层多群目标的标准观测模型

在单层群目标简化状态表示的基础上附加适当的独立性假设后，即可得到单层群目标的简化观测模型。这里假定观测场景内所有群的个体目标具有独立的观测生成过程，则简化表示下多目标似然函数的 p.g.fl. (式(21.167)) 可分解为式(21.168)的形式：

$$G_{k+1}[g|\overset{\bullet}{X}] = \int g^{Z} \cdot f_{k+1}(Z|\overset{\bullet}{X})\delta Z \tag{21.167}$$

$$G_{k+1|k}[g|\overset{\bullet}{X}] = \prod_{(\mathring{\boldsymbol{x}}, \boldsymbol{x})\in\overset{\bullet}{X}} G_{k+1}[g|\mathring{\boldsymbol{x}}, \boldsymbol{x}] \tag{21.168}$$

在7.2节的标准观测模型下，因子 $G_{k+1}[g|\mathring{\boldsymbol{x}}, \boldsymbol{x}]$ 具有如下形式：

$$G_{k+1}[g|\mathring{\boldsymbol{x}}, \boldsymbol{x}] = 1 - \overset{\bullet}{p}_{\mathrm{D}}(\mathring{\boldsymbol{x}}, \boldsymbol{x}) + \overset{\bullet}{p}_{\mathrm{D}}(\mathring{\boldsymbol{x}}, \boldsymbol{x}) \cdot \overset{\bullet}{L}_{g}(\mathring{\boldsymbol{x}}, \boldsymbol{x}) \tag{21.169}$$

式中

$$\overset{\bullet}{L}_{g}(\mathring{\boldsymbol{x}}, \boldsymbol{x}) = \int g(\boldsymbol{z}) \cdot f_{k+1}(\boldsymbol{z}|\mathring{\boldsymbol{x}}, \boldsymbol{x})\mathrm{d}\boldsymbol{z} \tag{21.170}$$

且：

- 检测概率——单层群 $\mathring{x}$ 内的目标 x 产生观测的概率：

$$\overset{\bullet}{p}_{\mathrm{D}}(\mathring{x}, x) \overset{\text{abbr.}}{=} \overset{\bullet}{p}_{\mathrm{D},k+1}(\mathring{x}, x) \tag{21.171}$$

- 似然函数——单层群 $\mathring{x}$ 内的目标 x 产生的观测为 z 的可能性：

$$\overset{\bullet}{L}_{z}(\mathring{x}, x) \overset{\text{abbr.}}{=} f_{k+1}(z|\mathring{x}, x) \tag{21.172}$$

需要指出的是，$\overset{\bullet}{p}_{\mathrm{D}}(\mathring{x}, x)$ 可重新表示为下述形式：

$$\overset{\bullet}{p}_{\mathrm{D}}(\mathring{x}, x) = p_{\mathrm{D}}(x) \cdot \mathring{p}(\mathring{x}|x) \tag{21.173}$$

式中：$p_{\mathrm{D}}(x)$ 是目标 x 通常意义上的检测概率；“相对检测概率” $\mathring{p}(\mathring{x}|x)$ 则可解释为群 $\mathring{x}$ 内包含目标 x 的概率 (见注解85)。概率 $\mathring{p}(\mathring{x}|x)$ 可用来描述群目标所包含的成员目标，例如，若群 $\mathring{x}$ 中从未有状态为 x 的目标，则 $\mathring{p}(\mathring{x}|x) = 0$；或者若群 $\mathring{x}$ 中偶然会出现状态为 x 的目标，则 $\mathring{p}(\mathring{x}|x)$ 的值将很小。

同理，似然函数 $f_{k+1}(z|\mathring{x}, x)$ 可用于描述与群相关的不同观测生成方式。比如：状态为 x 的目标属于群 $\mathring{x}_1$ 时会产生某一特定观测，而属于另一群 $\mathring{x}_2$ 时则会产生完全不同的观测。这方面的例子如信号情报 (SIGINT) 传感器对指挥控制车的侦查，当指挥控制车属于不同战术属性群时将会以不同的方式产生观测。

注解 85 (相对检测概率): $\mathring{p}(\mathring{x}|x)$ 表示在检测到目标 x 的条件下检测到群目标 $\mathring{x}$ 的概率。为了理解这一点，只需注意到检测概率可表示为 $p_{\mathrm{D}}(x) = \Pr(x \in \Theta) = \mathbb{E}[\mathbf{1}_{\Theta}(x)]$，其中 Θ 为 $\mathfrak{X}$ 上的随机闭子集。或者将 Θ 视作一个“随机视场”，它的每个样本 $\Theta = S$ 对应一个“锐截止”的视场函数 $p_{\mathrm{D}}(x) = \mathbf{1}_{S}(x)$。若 $\mathring{\Theta} \subseteq \mathring{\mathfrak{X}}$ 为群目标的随机视场，则

$$\overset{\bullet}{p}_{\mathrm{D}}(\mathring{x}, x) = \Pr(\mathring{x} \in \mathring{\Theta}, x \in \Theta) \tag{21.174}$$

$$= \frac{\Pr(\mathring{x} \in \mathring{\Theta}, x \in \Theta)}{\Pr(x \in \Theta)} \cdot \Pr(x \in \Theta) \tag{21.175}$$

$$= \mathring{p}(\mathring{x}|x) \cdot p_{\mathrm{D}}(x) \tag{21.176}$$

除标准观测模型外，还需要假定下面的标准多目标运动模型：

- 存活概率——t_k 时刻群 $\mathring{x}'$ 内的目标 x' 存活到 t_{k+1} 时刻的概率：

$$\overset{\bullet}{p}_{\mathrm{S}}(\mathring{x}', x') \tag{21.177}$$

- 马尔可夫转移密度——t_k 时刻群 $\mathring{x}'$ 内的目标 x' 在 t_{k+1} 时刻转变成群 $\mathring{x}$ 内目标 x 的概率 (或密度)：

$$\overset{\bullet}{f}_{k+1|k}(\mathring{x}, x|\mathring{x}', x') \tag{21.178}$$

如果认为目标始终隶属于某个群内而不会发生从一个群转移至另一个群的情况，则

$$\overset{\bullet}{f}_{k+1|k}(\mathring{x}, x|\mathring{x}', x') = f_{k+1|k}(x|\mathring{x}', x') \cdot \delta_{\mathring{x}'}(\mathring{x}) \tag{21.179}$$

21.9 单层群目标的 PHD/CPHD 滤波器

本节讨论单层群目标检测跟踪的 PHD/CPHD 滤波器设计问题。由于一个单层群的检测跟踪是一个相对独立的问题，因此这里单独给出。本节的具体内容安排如下：

- 21.9.1节：标准多目标观测模型下单层多群目标的 PHD 滤波器。
- 21.9.2节：标准多目标观测模型下单层多群目标的 CPHD 滤波器。
- 21.9.3节：标准多目标观测模型下单层独群目标的 PHD 滤波器。
- 21.9.4节：标准多目标观测模型下单层独群目标的 CPHD 滤波器。

21.9.1 标准模型下单层群目标的 PHD 滤波器

单层群目标的标准多目标观测模型已在21.8.4节作了定义。由当时的讨论不难看出，单层群目标的 PHD/CPHD 滤波器与8.4节和8.5节的普通形式并无差异，要做的只是将原来的 $p_D(\boldsymbol{x})$ 和 $f_{k+1}(\boldsymbol{z}|\boldsymbol{x})$ 分别替换为 $p(\mathring{\boldsymbol{x}}|\boldsymbol{x}) \cdot p_D(\boldsymbol{x})$ 及 $f_{k+1}(\boldsymbol{z}|\mathring{\boldsymbol{x}}, \boldsymbol{x}) = \mathring{L}_{\boldsymbol{z}}(\mathring{\boldsymbol{x}}, \boldsymbol{x})$，同时还需要指定如下的马尔可夫转移密度：

$$\dot{f}_{k+1|k}(\mathring{\boldsymbol{x}}, \boldsymbol{x}|\mathring{\boldsymbol{x}}', \boldsymbol{x}') = \mathring{f}_{k+1|k}(\mathring{\boldsymbol{x}}|\mathring{\boldsymbol{x}}') \cdot f_{k+1|k}(\boldsymbol{x}|\mathring{\boldsymbol{x}}', \boldsymbol{x}') \tag{21.180}$$

21.9.1.1 单层多群目标 PHD 滤波器：预测器和校正器方程

该 PHD 滤波器的时间更新方程和观测更新方程分别为

$$\begin{aligned}\dot{D}_{k+1|k}(\mathring{\boldsymbol{x}}, \boldsymbol{x}) = \dot{b}_{k+1|k}(\mathring{\boldsymbol{x}}, \boldsymbol{x}) + \int \dot{p}_S(\mathring{\boldsymbol{x}}', \boldsymbol{x}') \cdot \dot{f}_{k+1|k}(\mathring{\boldsymbol{x}}, \boldsymbol{x}|\mathring{\boldsymbol{x}}', \boldsymbol{x}') \cdot \\ \dot{D}_{k|k}(\mathring{\boldsymbol{x}}', \boldsymbol{x}')\mathrm{d}\mathring{\boldsymbol{x}}'\mathrm{d}\boldsymbol{x}'\end{aligned} \tag{21.181}$$

$$\frac{\dot{D}_{k+1|k+1}(\mathring{\boldsymbol{x}}, \boldsymbol{x})}{\dot{D}_{k+1|k}(\mathring{\boldsymbol{x}}, \boldsymbol{x})} = 1 - \mathring{p}(\mathring{\boldsymbol{x}}|\boldsymbol{x}) \cdot p_D(\boldsymbol{x}) + \sum_{\boldsymbol{z} \in Z_{k+1}} \frac{\mathring{p}(\mathring{\boldsymbol{x}}|\boldsymbol{x}) \cdot p_D(\boldsymbol{x}) \cdot \dot{L}_{\boldsymbol{z}}(\mathring{\boldsymbol{x}}, \boldsymbol{x})}{\kappa_{k+1}(\boldsymbol{z}) + \tau_{k+1}(\boldsymbol{z})} \tag{21.182}$$

式中

$$\tau_{k+1}(\boldsymbol{z}) = \int \mathring{p}(\mathring{\boldsymbol{x}}|\boldsymbol{x}) \cdot p_D(\boldsymbol{x}) \cdot \dot{L}_{\boldsymbol{z}}(\mathring{\boldsymbol{x}}, \boldsymbol{x}) \cdot \dot{D}_{k+1|k}(\mathring{\boldsymbol{x}}, \boldsymbol{x})\mathrm{d}\mathring{\boldsymbol{x}}\mathrm{d}\boldsymbol{x} \tag{21.183}$$

依惯例，式(21.182)假定预测随机有限集是近似泊松的，即

$$\dot{f}_{k+1|k}(\dot{X}|Z^{(k)}) \cong e^{-\dot{N}_{k+1|k}} \cdot \dot{D}_{k+1|k}^{\dot{X}} \tag{21.184}$$

21.9.1.2 单层多群目标 PHD 滤波器：状态估计

可按如下方式进行状态估计：首先计算目标总数的期望值

$$N_{k+1|k+1} = \int \dot{D}_{k+1|k+1}(\mathring{\boldsymbol{x}}, \boldsymbol{x})\mathrm{d}\mathring{\boldsymbol{x}}\mathrm{d}\boldsymbol{x} \tag{21.185}$$

并将其舍入至最近的整数 ν；然后确定 $\overset{\bullet}{D}_{k+1|k+1}(\mathring{x}, x)$ 的前 ν 个极大值处的状态 $(\mathring{x}_1, x_1), \cdots, (\mathring{x}_\nu, x_\nu)$；接着按相近性准则将 $\mathring{x}_1, \cdots, \mathring{x}_\nu$ 分割为若干簇 $\mathring{C}_1, \cdots, \mathring{C}_n$，每个簇 $\mathring{C}_i \subseteq \mathring{\mathfrak{X}}$ 中的元素彼此足够接近；最后将所有与 $\mathring{C}_i$ 中元素对应的 x_j 构成的集合定义为 X_i。

21.9.2 标准模型下单层群目标的 CPHD 滤波器

按照类似方式对8.5节中的方程作适当替换后，即可得到该模型下的 CPHD 滤波器。该过程相对比较简单，具体推导留给读者。

21.9.3 标准观测模型下单层独群目标的 PHD 滤波器

单个群 (独群) 目标的跟踪问题本身也是有意义的。式(21.136)~(21.138)已经给出了该问题的最优贝叶斯滤波器，但由于 PHD 滤波器观测更新过程所需的泊松假定与单个群目标这一先验假定不相容，因此21.9.1节的 PHD 滤波器不能用于该问题。

本节介绍可用于单层独群目标问题的 PHD 滤波器。该滤波器需要用到5.9节的“混合”或“分解”形式的多目标滤波器，其核心是基于贝叶斯规则的分解：

$$f_{k|k}(\mathring{x}, X|Z^{(k)}) = \mathring{f}_{k|k}(\mathring{x}|Z^{(k)}) \cdot f_{k|k}(X|\mathring{x}, Z^{(k)}) \tag{21.186}$$

式中：$\mathring{f}_{k|k}(\mathring{x}|Z^{(k)})$ 为群状态 $\mathring{x}$ 的概率分布；$f_{k|k}(X|\mathring{x}, Z^{(k)})$ 为给定群状态 $\mathring{x}$ 后群内目标状态集 X 的概率分布。

由于马尔可夫转移密度 $f_{k+1|k}(\mathring{x}, X|\mathring{x}', X')$ 满足下面的恒等式：

$$f_{k+1|k}(\mathring{x}, X|\mathring{x}', X') = \mathring{f}_{k+1|k}(\mathring{x}|\mathring{x}', X') \cdot f_{k+1|k}(X|\mathring{x}, \mathring{x}', X') \tag{21.187}$$

假定

$$\mathring{f}_{k+1|k}(\mathring{x}|\mathring{x}', X') = \mathring{f}_{k+1|k}(\mathring{x}|\mathring{x}') \tag{21.188}$$

$$f_{k+1|k}(X|\mathring{x}, \mathring{x}', X') = f_{k+1|k}(X|\mathring{x}', X') \tag{21.189}$$

第一个等式成立的条件：群目标的将来状态 $\mathring{x}$ 仅由上一时刻的状态 $\mathring{x}'$ 决定，而与先前该群的个体目标状态集 X' 无关。第二个等式成立的条件：群目标的个体目标集 X 与当前的群状态 $\mathring{x}$ 无关，而是由先前群 $\mathring{x}'$ 的目标集 X' 转移得到。因此

$$f_{k+1|k}(\mathring{x}, X|\mathring{x}', X') = \mathring{f}_{k+1|k}(\mathring{x}|\mathring{x}') \cdot f_{k+1|k}(X|\mathring{x}', X') \tag{21.190}$$

在上述假设下，附录 K.31 表明单层独群目标的最优贝叶斯滤波器形式为

$$\begin{array}{ccccccc}
\cdots \to & \mathring{f}_{k|k}(\mathring{x}|Z^{(k)}) & \to & \mathring{f}_{k+1|k}(\mathring{x}|Z^{(k)}) & \to & \mathring{f}_{k+1|k+1}(\mathring{x}|Z^{(k+1)}) & \to \cdots \\
& \upharpoonleft\!\downharpoonright & & \upharpoonleft\!\downharpoonright & & \upharpoonleft\!\downharpoonright & \\
\cdots \to & f_{k|k}(X|\mathring{x}, Z^{(k)}) & \to & f_{k+1|k}(X|\mathring{x}, Z^{(k)}) & \to & f_{k+1|k+1}(X|\mathring{x}, Z^{(k+1)}) & \to \cdots
\end{array}$$

该滤波器的上面一行为群状态 $\mathring{x}$ 的贝叶斯滤波器，下面一行为群 $\mathring{x}$ 内目标集 X 的多目标贝叶斯滤波器。上述滤波器的时间更新方程可表示为

$$\mathring{f}_{k+1|k}(\mathring{x}|Z^{(k)}) = \int \mathring{f}_{k+1|k}(\mathring{x}|\mathring{x}') \cdot \mathring{f}_{k|k}(\mathring{x}'|Z^{(k)})\mathrm{d}\mathring{x}' \tag{21.191}$$

$$f_{k+1|k}(X|\mathring{x}, Z^{(k)}) = \frac{\int \mathring{f}_{k+1|k}(\mathring{x}|\mathring{x}') \cdot \mathring{f}_{k|k}(\mathring{x}'|Z^{(k)}) \cdot \tilde{f}_{k+1|k}(X|\mathring{x}', Z^{(k)})\mathrm{d}\mathring{x}'}{\mathring{f}_{k+1|k}(\mathring{x}|Z^{(k)})} \tag{21.192}$$

式中

$$\tilde{f}_{k+1|k}(X|\mathring{x}', Z^{(k)}) = \int f_{k+1|k}(X|\mathring{x}', X') \cdot f_{k|k}(X'|\mathring{x}', Z^{(k)})\delta X' \tag{21.193}$$

对于每个固定的 $\mathring{x}'$，上式即一般的多目标预测积分。滤波器的观测更新方程可表示为

$$\mathring{f}_{k+1|k+1}(\mathring{x}|Z^{(k+1)}) = \frac{\mathring{f}_{k+1|k}(\mathring{x}|Z^{(k)}) \cdot f_{k+1}(Z_{k+1}|\mathring{x}, Z^{(k)})}{f_{k+1}(Z_{k+1}|Z^{(k)})} \tag{21.194}$$

$$f_{k+1|k+1}(X|\mathring{x}, Z^{(k+1)}) = \frac{f_{k+1}(Z_{k+1}|\mathring{x}, X) \cdot f_{k+1|k}(X|\mathring{x}, Z^{(k)})}{f_{k+1}(Z_{k+1}|\mathring{x}, Z^{(k)})} \tag{21.195}$$

式中

$$f_{k+1}(Z_{k+1}|Z^{(k)}) = \int f_{k+1|k}(\mathring{x}|Z^{(k)}) \cdot f_{k+1}(Z_{k+1}|\mathring{x}, Z^{(k)})\mathrm{d}\mathring{x} \tag{21.196}$$

$$f_{k+1}(Z_{k+1}|\mathring{x}, Z^{(k)}) = \int f_{k+1}(Z_{k+1}|\mathring{x}, X) \cdot f_{k+1|k}(X|\mathring{x}, Z^{(k)})\delta X \tag{21.197}$$

对于每个固定的 $\mathring{x}$，式(21.197)即一般的多目标贝叶斯归一化因子。

假定 $f_{k+1|k}(X|\mathring{x}, Z^{(k)})$ 为 (近似) 泊松的，则可进一步构造底部多目标贝叶斯滤波器的 PHD 滤波器，从而得到下面的单层独群目标 PHD 滤波器：

$$\begin{array}{ccccccc}
\cdots \to & \mathring{f}_{k|k}(\mathring{x}|Z^{(k)}) & \to & \mathring{f}_{k+1|k}(\mathring{x}|Z^{(k)}) & \to & \mathring{f}_{k+1|k+1}(\mathring{x}|Z^{(k+1)}) & \to \cdots \\
 & \upharpoonleft\downharpoonright & & \upharpoonleft\downharpoonright & & \upharpoonleft\downharpoonright & \\
\cdots \to & D_{k|k}(x|\mathring{x}, Z^{(k)}) & \to & D_{k+1|k}(x|\mathring{x}, Z^{(k)}) & \to & D_{k+1|k+1}(x|\mathring{x}, Z^{(k+1)}) & \to \cdots
\end{array}$$

接下来的几小节将介绍该滤波器。

21.9.3.1 单层独群目标 PHD 滤波器：模型

该 PHD 滤波器需要下列模型假定：

- 目标存活概率：

$$p_{S,\mathring{x}'}(x') \overset{\text{abbr.}}{=} \mathring{p}_{S,k+1}(\mathring{x}', x') \tag{21.198}$$

- 群 $\mathring{x}'$ 中存活目标的马尔可夫转移密度：

$$f_{k+1|k}(x|\mathring{x}', x') \tag{21.199}$$

- 群状态的马尔可夫转移密度：

$$\mathring{f}_{k+1|k}(\mathring{x}|\mathring{x}') \tag{21.200}$$

- 群 $\mathring{x}'$ 中新生目标的 *PHD*：

$$b_{k+1|k}(x|\mathring{x}') \tag{21.201}$$

- 检测概率：

$$p_{\mathrm{D},\mathring{x}}(x) \overset{\text{abbr.}}{=} \overset{\bullet}{p}_{\mathrm{D},k+1}(\mathring{x},x) \tag{21.202}$$

- 似然函数：

$$L_{z,\mathring{x}}(x) \overset{\text{abbr.}}{=} f_{k+1}(z|\mathring{x},x) \tag{21.203}$$

21.9.3.2 单层独群目标 PHD 滤波器：时间和观测更新

附录 K.32 推导并得到了下列方程：

- 时间更新方程：

$$\mathring{f}_{k+1|k}(\mathring{x}|Z^{(k)}) = \int \mathring{f}_{k+1|k}(\mathring{x}|\mathring{x}') \cdot \mathring{f}_{k|k}(\mathring{x}'|Z^{(k)})\mathrm{d}\mathring{x}' \tag{21.204}$$

$$D_{k+1|k}(x|\mathring{x},Z^{(k)}) = \frac{\int \mathring{f}_{k+1|k}(\mathring{x}|\mathring{x}') \cdot \mathring{f}_{k|k}(\mathring{x}'|Z^{(k)}) \cdot \tilde{D}(x|\mathring{x}',Z^{(k)})\mathrm{d}\mathring{x}'}{\mathring{f}_{k+1|k}(\mathring{x}|Z^{(k)})} \tag{21.205}$$

式中

$$\tilde{D}_{k+1|k}(x|\mathring{x},Z^{(k)}) = b_{k+1|k}(x|\mathring{x}') + \int p_{\mathrm{S},\mathring{x}'}(x') \cdot f_{k+1|k}(x|\mathring{x}',x') \cdot D_{k|k}(x'|\mathring{x}',Z^{(k)})\mathrm{d}x' \tag{21.206}$$

上式即一般的 PHD 滤波器时间更新方程 (为概念清晰起见忽略了衍生目标部分)。

- 观测更新方程：

$$\mathring{f}_{k+1|k+1}(\mathring{x}|Z^{(k+1)}) = \frac{f_{k+1}(Z_{k+1}|\mathring{x}) \cdot \mathring{f}_{k+1|k}(\mathring{x}|Z^{(k)})}{\int f_{k+1}(Z_{k+1}|\mathring{y}) \cdot \mathring{f}_{k+1|k}(\mathring{y}|Z^{(k)})\mathrm{d}\mathring{y}} \tag{21.207}$$

$$\frac{D_{k+1|k+1}(x|\mathring{x},Z^{(k+1)})}{D_{k+1|k}(x|\mathring{x},Z^{(k)})} = 1 - p_{\mathrm{D},\mathring{x}}(x) + \sum_{z\in Z_{k+1}} \frac{p_{\mathrm{D},\mathring{x}}(x) \cdot f_{k+1}(z|\mathring{x},x)}{\kappa_{k+1}(z) + \tau_{\mathring{x}}(z)} \tag{21.208}$$

式中：对于每个固定的 $\mathring{x}$，式(21.208)即一般的 PHD 校正器方程；且

$$f_{k+1}(Z|\mathring{x}) = e^{-\lambda_{k+1} - D_{\mathring{x}}[p_{\mathrm{D},\mathring{x}}]} \cdot (\kappa_{k+1} + \tau_{\mathring{x}})^Z \tag{21.209}$$

$$\tau_{\mathring{x}}(z) = \int p_{\mathrm{D},\mathring{x}}(x) \cdot L_{z,\mathring{x}}(x) \cdot D_{k+1|k}(x|\mathring{x},Z^{(k)})\mathrm{d}x \tag{21.210}$$

$$D_{\mathring{x}}[p_{\mathrm{D},\mathring{x}}] = \int p_{\mathrm{D},\mathring{x}}(x) \cdot D_{k+1|k}(x|\mathring{x},Z^{(k)})\mathrm{d}x \tag{21.211}$$

幂泛函 g^Z 的定义见式(3.5)。

注解 86: 式(21.209)的多目标密度 $f_{k+1}(Z|\mathring{x})$ 实际上是一个多目标似然函数，因为很容易验证 (见附录 K.32 中的 (K.790) 式)：

$$\int f_{k+1}(Z|\mathring{x})\delta Z = 1 \tag{21.212}$$

21.9.3.3 单层独群目标 PHD 滤波器：状态估计

群状态估计可采用标准的贝叶斯最优状态估计器——例如最大后验概率 (MAP) 估计器：

$$\mathring{x}_{k|k} = \arg\sup_{\mathring{x}} \mathring{f}_{k|k}(\mathring{x}|Z^{(k)}) \tag{21.213}$$

在获得群状态估计 $\mathring{x}_{k|k}$ 后，群内目标估计便可采用一般的 PHD 滤波器估计流程 (8.4.4节)。也就是说，先计算

$$N_{k|k} = \int D_{k|k}(x|\mathring{x}_{k|k}, Z^{(k)})\mathrm{d}x \tag{21.214}$$

并将其舍入至最近的整数 ν；然后确定 $D_{k|k}(x|\mathring{x}_{k|k}, Z^{(k)})$ 的前 ν 个极大值处的状态 $x_1, \cdots, x_\nu$，则 $X = \{x_1, \cdots, x_\nu\}$ 即群内目标的状态估计。

21.9.3.4 单层独群目标 PHD 滤波器：实现

式(21.205)中的分母 $\mathring{f}_{k+1|k}(\mathring{x}|Z^{(k)})$ 是该 PHD 滤波器实现中的一个最大障碍。由于式(21.209)的似然函数 (如下所示) 对 $\mathring{x}$ 是高度非线性的：

$$f_{k+1}(Z|\mathring{x}) = e^{-\lambda_{k+1} - D_{k+1|k}[p_{\mathrm{D},\mathring{x}}]} \cdot (\kappa_{k+1} + \tau_{\mathring{x}})^Z \tag{21.215}$$

因此，必须采用粒子技术 (SMC) 来近似 $f_{k+1|k}(\mathring{x}|Z^{(k)})$：

$$\mathring{f}_{k+1|k}(\mathring{x}|Z^{(k)}) \cong \sum_{i=1}^{\nu_{k+1|k}} w_i^{k+1|k} \cdot \delta_{\mathring{x}_i^{k+1|k}}(\mathring{x}) \tag{21.216}$$

此时，$\mathring{f}_{k+1|k}(\mathring{x}|Z^{(k)})$ 将无法用于式(21.205)的分母。但如果 $\mathring{f}_{k+1|k}(\mathring{x}|Z^{(k)})$ 为近似单峰的，则一个可行的途径便是用高斯分布来近似 $\mathring{f}_{k+1|k}(\mathring{x}|Z^{(k)})$ 的粒子表示：

$$\sum_{i=1}^{\nu_{k+1|k}} w_i^{k+1|k} \theta(\mathring{x}_i^{k+1|k}) \cong \int N_{\mathring{P}_{k+1|k}}(\mathring{x} - \mathring{x}_{k+1|k}) \cdot \theta(\mathring{x})\mathrm{d}\mathring{x} \tag{21.217}$$

式中

$$\mathring{x}_{k+1|k} = \sum_{i=1}^{\nu_{k+1|k}} w_i^{k+1|k} \cdot \mathring{x}_i^{k+1|k} \tag{21.218}$$

$$\mathring{P}_{k+1|k} = \sum_{i=1}^{\nu_{k+1|k}} w_i^{k+1|k} \cdot (\mathring{x}_i^{k+1|k} - \mathring{x}_{k+1|k}) \cdot (\mathring{x}_i^{k+1|k} - \mathring{x}_{k+1|k})^{\mathrm{T}} \tag{21.219}$$

之后便可用高斯混合或者粒子方法来近似 $D_{k+1|k}(x|\mathring{x}, Z^{(k)})$。

21.9.4 标准模型下单层独群目标的 CPHD 滤波器

可对上一小节的 PHD 滤波器进行扩展，从而推导出单层独群目标的 CPHD 检测跟踪滤波器。下面是相应的滤波器方程：

- 时间更新方程：

$$\mathring{f}_{k+1|k}(\mathring{\boldsymbol{x}}|Z^{(k)}) = \mathring{f}_{k+1|k}(\mathring{\boldsymbol{x}}|\mathring{\boldsymbol{x}}') \cdot \mathring{f}_{k|k}(\mathring{\boldsymbol{x}}'|Z^{(k)})\mathrm{d}\mathring{\boldsymbol{x}}' \tag{21.220}$$

$$D_{k+1|k}(\boldsymbol{x}|\mathring{\boldsymbol{x}}, Z^{(k)}) = \frac{\left(\begin{array}{c}\int \mathring{f}_{k+1|k}(\mathring{\boldsymbol{x}}|\mathring{\boldsymbol{x}}') \cdot \mathring{f}_{k|k}(\mathring{\boldsymbol{x}}'|Z^{(k)}) \cdot \\ \tilde{D}_{k+1|k}(\boldsymbol{x}|\mathring{\boldsymbol{x}}', Z^{(k)})\mathrm{d}\mathring{\boldsymbol{x}}'\end{array}\right)}{\mathring{f}_{k+1|k}(\mathring{\boldsymbol{x}}|Z^{(k)})} \tag{21.221}$$

$$G_{k+1|k}(x|\mathring{\boldsymbol{x}}) = \frac{\int \mathring{f}_{k+1|k}(\mathring{\boldsymbol{x}}|\mathring{\boldsymbol{x}}') \cdot \mathring{f}_{k|k}(\mathring{\boldsymbol{x}}'|Z^{(k)}) \cdot \tilde{G}_{k+1|k}(x|\mathring{\boldsymbol{x}}')\mathrm{d}\mathring{\boldsymbol{x}}'}{\mathring{f}_{k+1|k}(\mathring{\boldsymbol{x}}|Z^{(k)})} \tag{21.222}$$

式中

$$\tilde{D}_{k+1|k}(\boldsymbol{x}|\mathring{\boldsymbol{x}}', Z^{(k)}) = b_{k+1|k}(\boldsymbol{x}|\mathring{\boldsymbol{x}}') + \int p_{\mathrm{S},\mathring{\boldsymbol{x}}'}(\boldsymbol{x}') \cdot f_{k+1|k}(\boldsymbol{x}|\mathring{\boldsymbol{x}}', \boldsymbol{x}') \cdot D_{k|k}(\boldsymbol{x}'|\mathring{\boldsymbol{x}}', Z^{(k)})\mathrm{d}\boldsymbol{x}' \tag{21.223}$$

$$\tilde{G}_{k+1|k}(x|\mathring{\boldsymbol{x}}') = \text{普通 p.g.f. 预测器} \tag{21.224}$$

在普通 p.g.f. 预测方程中，采用21.9.3.1节中给定的模型。

- 观测更新方程：

$$\mathring{f}_{k+1|k+1}(\mathring{\boldsymbol{x}}|Z^{(k+1)}) = \frac{f_{k+1}(Z_{k+1}|\mathring{\boldsymbol{x}}) \cdot \mathring{f}_{k+1|k}(\mathring{\boldsymbol{x}}|Z^{(k)})}{\int f_{k+1}(Z_{k+1}|\mathring{\boldsymbol{y}}) \cdot \mathring{f}_{k+1|k}(\mathring{\boldsymbol{y}}|Z^{(k)})\mathrm{d}\mathring{\boldsymbol{y}}} \tag{21.225}$$

$$D_{k+1|k+1}(\boldsymbol{x}|\mathring{\boldsymbol{x}}, Z^{(k+1)}) = \text{普通 PHD 校正器} \tag{21.226}$$

$$G_{k+1|k+1}(x|\mathring{\boldsymbol{x}}) = \text{普通 p.g.f. 校正器} \tag{21.227}$$

式中

$$f_{k+1}(Z|\mathring{\boldsymbol{x}}) = c_{k+1}^{Z} \sum_{j=1}^{m} (m-j)! \cdot p_{k+1}^{\kappa}(m-j) \cdot G_{k+1|k}^{(j)}\left(s_{k+1|k}[1-p_{\mathrm{D},\mathring{\boldsymbol{x}}}]|\mathring{\boldsymbol{x}}\right) \cdot \sigma_j(Z_{k+1}|\mathring{\boldsymbol{x}}) \tag{21.228}$$

$$\sigma_i(Z_{k+1}|\mathring{\boldsymbol{x}}) = \sigma_{m,i}\left(\frac{\mathring{s}_{k+1|k}\left[p_{\mathrm{D},\mathring{\boldsymbol{x}}} L_{\mathring{\boldsymbol{x}},\boldsymbol{z}_1}\right]}{c_{k+1}(\boldsymbol{z}_1)}, \cdots, \frac{\mathring{s}_{k+1|k}\left[p_{\mathrm{D},\mathring{\boldsymbol{x}}} L_{\mathring{\boldsymbol{x}},\boldsymbol{z}_m}\right]}{c_{k+1}(\boldsymbol{z}_m)}\right) \tag{21.229}$$

在普通 PHD 及 p.g.f. 的校正器方程中，采用21.9.3.1节中给定的模型。

除用文献 [176] 中的式 (126) 取代本书的式(8.55)外，上述方程的推导与附录 K.32 中的推导完全类似。

21.10 一般群目标的观测模型

21.8节介绍了单层多群目标的“朴素”状态表示与“简化”状态表示。本节旨在将简化状态表示扩展到任意的 ℓ 层群目标：首先，21.10.1节讨论相应的简化状态表示；随后，21.10.2节介绍该表示下的标准多目标观测模型。

21.10.1 ℓ 层群目标状态的简化表示

考虑双层群目标场景。第 2 层群目标 $\overset{\circ 2}{\boldsymbol{x}}$ (如由多个班构成的排) 是第 1 层群目标 $\overset{\circ 1}{\boldsymbol{x}} = \mathring{\boldsymbol{x}}$ (如各个班) 的集合，而每个第 1 层群目标又是个体目标 $\overset{\circ 0}{\boldsymbol{x}} = \boldsymbol{x}$ (班里的单兵) 的集合。因此，双层多群检测跟踪问题共包含下面四个层次：

- *第 2 层群目标所在的第三隐藏层*——第 2 层群状态 $\overset{\circ 2}{\boldsymbol{x}}$ 构成的空间 $\overset{\circ 2}{\mathfrak{X}}$；
- *第 1 层群目标所在的第二隐藏层*——第 1 层群状态 $\mathring{\boldsymbol{x}}$ 构成的空间 $\mathring{\mathfrak{X}}$；
- 个体目标所在的*第一隐藏层* $\mathfrak{X}$；
- 可见的观测层 $\mathfrak{Z}$。

对于一般的 ℓ 层多群检测跟踪场景，每个 ℓ 层群目标 $\overset{\circ \ell}{\boldsymbol{x}}$ 是由若干 $\ell-1$ 层群目标组成，而每个 $\ell-1$ 层群目标又是由若干 $\ell-2$ 层群目标组成，依此类推。

考虑一个双层群目标 $\overset{\circ 2}{\boldsymbol{x}}$，其完整的状态表示形式为序对 $(\overset{\circ 2}{\boldsymbol{x}}, \overset{\circ 1}{X})$，其中

$$\overset{\circ 1}{X} = \{(\mathring{\boldsymbol{x}}_1, X_1), \cdots, (\mathring{\boldsymbol{x}}_n, X_n)\} \tag{21.230}$$

式中：X_i 为组成第 1 层群目标 $\mathring{\boldsymbol{x}}_i$ 的个体点目标集。

因此，双层多群目标的“朴素”状态表示是如下的复杂形式：

$$\begin{aligned}\{(\overset{\circ 2}{\boldsymbol{x}}_1, \overset{\circ 1}{X}_1), \cdots, (\overset{\circ 2}{\boldsymbol{x}}_\nu, \overset{\circ 1}{X}_\nu)\} = \{&(\overset{\circ 2}{\boldsymbol{x}}_1, \{(\mathring{\boldsymbol{x}}_{1,1}, X_{1,1}), \cdots, (\mathring{\boldsymbol{x}}_{1,n_1}, X_{1,n_1})\}), \cdots, \\ &(\overset{\circ 2}{\boldsymbol{x}}_\nu, \{(\mathring{\boldsymbol{x}}_{\nu,1}, X_{\nu,1}), \cdots, (\mathring{\boldsymbol{x}}_{\nu,n_\nu}, X_{\nu,n_\nu})\})\}\end{aligned} \tag{21.231}$$

显然，我们希望采用更简单的双层群目标状态表示。为了实现这一点，可注意到 $\overset{\circ 2}{\boldsymbol{x}}_1, \cdots, \overset{\circ 2}{\boldsymbol{x}}_\nu$ 必须互异，否则同一双层群目标将有可能由两套不同的单层群目标集构成。同理，$\mathring{\boldsymbol{x}}_{1,1}, \cdots \mathring{\boldsymbol{x}}_{1,n_1}, \cdots, \mathring{\boldsymbol{x}}_{\nu,1}, \cdots, \mathring{\boldsymbol{x}}_{\nu,n_\nu}$ 也必须互异。因此采用类似21.8.3节的方法便可将双层多群目标等价表示为下述集合形式：

$$\overset{\bullet 2}{X} = \{(\overset{\circ 2}{\boldsymbol{x}}_1, \mathring{\boldsymbol{x}}_1, \boldsymbol{x}_1), \cdots, (\overset{\circ 2}{\boldsymbol{x}}_\nu, \mathring{\boldsymbol{x}}_\nu, \boldsymbol{x}_\nu)\} \tag{21.232}$$

式中的三元组形式为

$$\overset{\bullet 2}{\boldsymbol{x}} = (\overset{\circ 2}{\boldsymbol{x}}, \mathring{\boldsymbol{x}}, \boldsymbol{x}) \in \overset{\bullet 2}{\mathfrak{X}} = \overset{\circ 2}{\mathfrak{X}} \times \mathring{\mathfrak{X}} \times \mathfrak{X} \tag{21.233}$$

一般地，定义如下形式的 $\ell+1$ 元组：

$$\overset{\bullet \ell}{\boldsymbol{x}} = (\overset{\circ \ell}{\boldsymbol{x}}, \cdots, \overset{\circ 2}{\boldsymbol{x}}, \mathring{\boldsymbol{x}}, \boldsymbol{x}) \in \overset{\bullet \ell}{\mathfrak{X}} = \overset{\circ \ell}{\mathfrak{X}} \times \cdots \times \overset{\circ 2}{\mathfrak{X}} \times \mathring{\mathfrak{X}} \times \mathfrak{X} \tag{21.234}$$

则多个 ℓ 层群目标可表示为

$$\overset{\bullet\ell}{X} = \{(\overset{\circ\ell}{\boldsymbol{x}}_1, \cdots, \mathring{\boldsymbol{x}}_1, \boldsymbol{x}_1), \cdots, (\overset{\circ\ell}{\boldsymbol{x}}_\nu, \cdots, \mathring{\boldsymbol{x}}_\nu, \boldsymbol{x}_\nu)\} \tag{21.235}$$

相应的集积分形式为

$$\int f(\overset{\bullet\ell}{X})\delta\overset{\bullet\ell}{X} = \sum_{\nu\geqslant 0}\frac{1}{\nu!}\int f(\{(\overset{\circ\ell}{\boldsymbol{x}}_1, \cdots, \mathring{\boldsymbol{x}}_1, \boldsymbol{x}_1), \cdots, (\overset{\circ\ell}{\boldsymbol{x}}_\nu, \cdots, \mathring{\boldsymbol{x}}_\nu, \boldsymbol{x}_\nu)\})\cdot \tag{21.236}$$
$$\mathrm{d}\overset{\circ\ell}{\boldsymbol{x}}_1 \cdots \mathrm{d}\overset{\circ\ell}{\boldsymbol{x}}_\nu \cdots \mathrm{d}\mathring{\boldsymbol{x}}_1 \cdots \mathrm{d}\mathring{\boldsymbol{x}}_\nu \cdot \mathrm{d}\boldsymbol{x}_1 \cdots \mathrm{d}\boldsymbol{x}_\nu$$

而 ℓ 层群目标检测跟踪问题的最优解为如下的贝叶斯滤波器：

$$\cdots \to \overset{\bullet\ell}{f}_{k|k}(\overset{\bullet\ell}{X}|Z^{(k)}) \to \overset{\bullet\ell}{f}_{k+1|k}(\overset{\bullet\ell}{X}|Z^{(k)}) \to \overset{\bullet\ell}{f}_{k+1|k+1}(\overset{\bullet\ell}{X}|Z^{(k+1)}) \to \cdots$$

其中

$$\overset{\bullet\ell}{f}_{k+1|k}(\overset{\bullet\ell}{X}|Z^{(k)}) = \int \overset{\bullet\ell}{f}_{k+1|k}(\overset{\bullet\ell}{X}|\overset{\bullet\ell}{X}{}') \cdot \overset{\bullet\ell}{f}_{k|k}(\overset{\bullet\ell}{X}{}'|Z^{(k)})\delta\overset{\bullet\ell}{X}{}' \tag{21.237}$$

$$\overset{\bullet\ell}{f}_{k+1|k+1}(\overset{\bullet\ell}{X}|Z^{(k+1)}) = \frac{f_{k+1}(Z_{k+1}|\overset{\bullet\ell}{X}) \cdot \overset{\bullet\ell}{f}_{k+1|k}(\overset{\bullet\ell}{X}|Z^{(k)})}{f_{k+1}(Z_{k+1}|Z^{(k)})} \tag{21.238}$$

$$f_{k+1}(Z|Z^{(k)}) = \int f_{k+1}(Z|\overset{\bullet\ell}{X}) \cdot \overset{\bullet\ell}{f}_{k+1|k}(\overset{\bullet\ell}{X}|Z^{(k)})\delta\overset{\bullet\ell}{X} \tag{21.239}$$

式中：$\overset{\bullet\ell}{f}_{k+1|k}(\overset{\bullet\ell}{X}|\overset{\bullet\ell}{X}{}')$ 为马尔可夫转移密度；$f_{k+1}(Z_{k+1}|\overset{\bullet\ell}{X})$ 为似然函数。

21.10.2 ℓ 层群目标的标准观测模型

该模型是21.8.4节单层群目标模型的直接扩展，这里需要假定下列基本模型：

- 检测概率——元组 $\overset{\bullet\ell}{\boldsymbol{x}}$ 产生观测的概率：

$$\overset{\bullet\ell}{p}_{\mathrm{D}}(\overset{\circ\ell}{\boldsymbol{x}}, \cdots, \mathring{\boldsymbol{x}}, \boldsymbol{x}) \overset{\text{abbr.}}{=} \overset{\bullet\ell}{p}_{\mathrm{D},k+1}(\overset{\circ\ell}{\boldsymbol{x}}, \cdots, \mathring{\boldsymbol{x}}, \boldsymbol{x}) \tag{21.240}$$

  上式表示状态为 $\boldsymbol{x}$ 的目标产生观测的概率，而目标 $\boldsymbol{x}$ 本身属于 1 层群 $\mathring{\boldsymbol{x}}$，$\mathring{\boldsymbol{x}}$ 又属于 2 层群 $\overset{\circ 2}{\boldsymbol{x}}$，$\overset{\circ 2}{\boldsymbol{x}}$ 又属于 3 层群 $\overset{\circ 3}{\boldsymbol{x}}$，如此类推。

- 似然函数——元组 $\overset{\bullet\ell}{\boldsymbol{x}}$ 生成的观测为 $\boldsymbol{z}$ 的可能性：

$$\overset{\bullet\ell}{L}_{\boldsymbol{z}}(\overset{\circ\ell}{\boldsymbol{x}}, \cdots, \mathring{\boldsymbol{x}}, \boldsymbol{x}) \overset{\text{abbr.}}{=} f_{k+1}(\boldsymbol{z}|\overset{\circ\ell}{\boldsymbol{x}}, \cdots, \mathring{\boldsymbol{x}}, \boldsymbol{x}) \tag{21.241}$$

与之相关的运动模型如下：

- 存活概率——元组 $\overset{\bullet\ell}{\boldsymbol{x}}{}'$ 对应的目标 $\boldsymbol{x}'$ 从 t_k 时刻存活至 t_{k+1} 时刻的概率：

$$\overset{\bullet\ell}{p}_{\mathrm{S}}(\overset{\circ\ell}{\boldsymbol{x}}{}', \cdots, \mathring{\boldsymbol{x}}', \boldsymbol{x}')$$

- 新生目标的强度函数：

$$\overset{\bullet\ell}{b}_{k+1|k}(\overset{\circ\ell}{\boldsymbol{x}}, \cdots, \mathring{\boldsymbol{x}}, \boldsymbol{x})$$

- 马尔可夫转移密度——t_k 时刻的元组 $\overset{\bullet\ell}{\boldsymbol{x}}'$ 在 t_{k+1} 时刻转变为 $\overset{\bullet\ell}{\boldsymbol{x}}$ 的概率 (或密度)：

$$\overset{\bullet\ell}{f}_{k+1|k}(\overset{\circ\ell}{\boldsymbol{x}},\cdots,\mathring{\boldsymbol{x}},\boldsymbol{x}|\overset{\circ\ell}{\boldsymbol{x}}',\cdots,\mathring{\boldsymbol{x}}',\boldsymbol{x}')$$

若认为群目标不会发生跨群跳变，则

$$\overset{\bullet\ell}{f}_{k+1|k}(\overset{\circ\ell}{\boldsymbol{x}},\cdots,\mathring{\boldsymbol{x}},\boldsymbol{x}|\overset{\circ\ell}{\boldsymbol{x}}',\cdots,\mathring{\boldsymbol{x}}',\boldsymbol{x}')=f_{k+1|k}(\boldsymbol{x}|\overset{\circ\ell}{\boldsymbol{x}}',\cdots,\mathring{\boldsymbol{x}}',\boldsymbol{x}')\cdot\delta_{\overset{\circ\ell}{\boldsymbol{x}}'}(\overset{\circ\ell}{\boldsymbol{x}})\cdots\delta_{\mathring{\boldsymbol{x}}'}(\mathring{\boldsymbol{x}}) \tag{21.242}$$

21.11 ℓ 层群目标的 PHD/CPHD 滤波器

ℓ 层多群目标的 PHD 滤波器方程为

$$\begin{aligned}\overset{\bullet\ell}{D}_{k+1|k}(\overset{\circ\ell}{\boldsymbol{x}},\cdots,\mathring{\boldsymbol{x}},\boldsymbol{x})=\overset{\bullet\ell}{b}_{k+1|k}(\overset{\circ\ell}{\boldsymbol{x}},\cdots,\mathring{\boldsymbol{x}},\boldsymbol{x})+\int&\overset{\bullet\ell}{p}_{\mathrm{S}}(\overset{\circ\ell}{\boldsymbol{x}}',\cdots,\mathring{\boldsymbol{x}}',\boldsymbol{x}')\cdot\\&\overset{\bullet}{f}_{k+1|k}(\overset{\circ\ell}{\boldsymbol{x}},\cdots,\mathring{\boldsymbol{x}},\boldsymbol{x}|\overset{\circ\ell}{\boldsymbol{x}}',\cdots,\mathring{\boldsymbol{x}}',\boldsymbol{x}')\cdot\\&\overset{\bullet\ell}{D}_{k|k}(\overset{\circ\ell}{\boldsymbol{x}}',\cdots,\mathring{\boldsymbol{x}}',\boldsymbol{x}')\mathrm{d}\overset{\circ\ell}{\boldsymbol{x}}'\cdots\mathrm{d}\mathring{\boldsymbol{x}}'\mathrm{d}\boldsymbol{x}'\end{aligned} \tag{21.243}$$

$$\begin{aligned}\frac{\overset{\bullet\ell}{D}_{k+1|k+1}(\overset{\circ\ell}{\boldsymbol{x}},\cdots,\mathring{\boldsymbol{x}},\boldsymbol{x})}{\overset{\bullet\ell}{D}_{k+1|k}(\overset{\circ\ell}{\boldsymbol{x}},\cdots,\mathring{\boldsymbol{x}},\boldsymbol{x})}=1-\overset{\bullet\ell}{p}_{\mathrm{D}}(\overset{\circ\ell}{\boldsymbol{x}},\cdots,\mathring{\boldsymbol{x}},\boldsymbol{x})+&\\\sum_{z\in Z_{k+1}}&\frac{\overset{\bullet\ell}{p}_{\mathrm{D}}(\overset{\circ\ell}{\boldsymbol{x}},\cdots,\mathring{\boldsymbol{x}},\boldsymbol{x})\cdot\overset{\bullet\ell}{L}(\overset{\circ\ell}{\boldsymbol{x}},\cdots,\mathring{\boldsymbol{x}},\boldsymbol{x})}{\kappa_{k+1}(z)+\tau_{k+1}(z)}\end{aligned} \tag{21.244}$$

式中

$$\begin{aligned}\tau_{k+1}(z)=\int&\overset{\bullet\ell}{p}_{\mathrm{D}}(\overset{\circ\ell}{\boldsymbol{x}},\cdots,\mathring{\boldsymbol{x}},\boldsymbol{x})\cdot\overset{\bullet\ell}{L}_{z}(\overset{\circ\ell}{\boldsymbol{x}},\cdots,\mathring{\boldsymbol{x}},\boldsymbol{x})\cdot\\&\overset{\bullet\ell}{D}_{k+1|k}(\overset{\circ\ell}{\boldsymbol{x}},\cdots,\mathring{\boldsymbol{x}},\boldsymbol{x})\mathrm{d}\overset{\bullet\ell}{\boldsymbol{x}}\cdots\mathrm{d}\mathring{\boldsymbol{x}}\mathrm{d}\boldsymbol{x}\end{aligned} \tag{21.245}$$

式(21.244)假定预测过程可近似为下述泊松形式：

$$\overset{\bullet\ell}{f}_{k+1|k}(\overset{\bullet\ell}{X}|Z^{(k)})\cong e^{-\overset{\bullet\ell}{N}_{k+1|k}}\cdot\overset{\bullet\ell}{D}{}_{k+1|k}^{\overset{\bullet\ell}{X}} \tag{21.246}$$

状态估计可由21.9.1.2节的方法推广得到。特别地，先求目标总数的期望值：

$$N_{k+1|k+1}=\int\overset{\bullet}{D}_{k+1|k+1}(\overset{\circ\ell}{\boldsymbol{x}},\cdots,\mathring{\boldsymbol{x}},\boldsymbol{x})\mathrm{d}\overset{\circ\ell}{\boldsymbol{x}}\cdots\mathrm{d}\mathring{\boldsymbol{x}}\mathrm{d}\boldsymbol{x} \tag{21.247}$$

并将其舍入至最近的整数 ν。然后确定 $\overset{\bullet}{D}_{k+1|k+1}(\overset{\circ\ell}{\boldsymbol{x}},\cdots,\mathring{\boldsymbol{x}},\boldsymbol{x})$ 的前 ν 个极大值处的状态：

$$(\overset{\circ\ell}{\boldsymbol{x}}_1,\cdots,\mathring{\boldsymbol{x}}_1,\boldsymbol{x}_1),\cdots,(\overset{\circ\ell}{\boldsymbol{x}}_\nu,\cdots,\mathring{\boldsymbol{x}}_\nu,\boldsymbol{x}_\nu)$$

最后基于相近性准则自顶向下逐层聚类，直至聚完 $\mathring{\boldsymbol{x}}_1,\cdots,\mathring{\boldsymbol{x}}_\nu$[①]。

①译者注：原文描述的是一种自底向上的逐层平行聚类，不太符合21.9.1.2节方法的基本思想，且不适合多层情形，这里予以更正。

21.12 未分辨目标模型

本章剩余部分将介绍未分辨目标的 PHD 检测跟踪滤波器。文献 [179] 第 432–444 页最早给出了该问题的多目标观测模型，相应的 PHD 滤波器见文献 [175]，文献 [85] 则将它推广为 CPHD 滤波器。

未分辨目标的观测模型基于*点群形式*的状态表示。点目标的一般状态表示为 $\boldsymbol{x}$，而点群目标则是下述增广形式：

$$\mathring{\boldsymbol{x}} = (\nu, \boldsymbol{x}) \tag{21.248}$$

式中：整数 $\nu > 0$ 表示点群内的目标数。

点群目标的观测集 Z 即 $\boldsymbol{x}_1 \to \boldsymbol{x}, \cdots, \boldsymbol{x}_\nu \to \boldsymbol{x}$ 时多目标 $X = \{\boldsymbol{x}_1, \cdots, \boldsymbol{x}_\nu\}$ 的普通观测集，也即位于 $\boldsymbol{x}$ 处的所有普通目标生成的观测。因此，点群目标的似然函数为

$$f_{k+1}(Z|\mathring{\boldsymbol{x}}) = f_{k+1}(Z|\nu, \boldsymbol{x}) = \lim_{\boldsymbol{x}_1 \to \boldsymbol{x}, \cdots, \boldsymbol{x}_\nu \to \boldsymbol{x}} f_{k+1}(Z|\{\boldsymbol{x}_1, \cdots, \boldsymbol{x}_\nu\}) \tag{21.249}$$

给定上述表示后，希望得到增广状态 $(\nu, \boldsymbol{x})$ 的*多目标滤波器*，但由于 ν 是离散的，故不太可能得到这样的滤波器。因此，必须找到一种方法可将 $(\nu, \boldsymbol{x})$ 推广为下述形式：

$$\mathring{\boldsymbol{x}} = (a, \boldsymbol{x}) \tag{21.250}$$

式中：$a > 0$ 为任意实数，即该推广模型允许*连续的目标数* (势)。

同理，还需将式(21.249)推广为形如下式的似然函数：

$$f_{k+1}(Z|\mathring{\boldsymbol{x}}) = f_{k+1}(Z|a, \boldsymbol{x}) \tag{21.251}$$

这时可将实数 a 理解为点群的*期望目标数*。假定多个未分辨目标的状态集为 $\mathring{X} = \{\mathring{\boldsymbol{x}}_1, \cdots, \mathring{\boldsymbol{x}}_n\}$ 且其观测条件独立，则杂波下这些未分辨目标的多目标似然函数可由式(4.15)的基本卷积定理给定：

$$f_{k+1}(Z|\mathring{X}) = \sum_{W_0 \uplus W_1 \uplus \cdots \uplus W_n = Z} \kappa_{k+1}(W_0) \cdot f_{k+1}(W_1|\mathring{\boldsymbol{x}}_1) \cdots f_{k+1}(W_n|\mathring{\boldsymbol{x}}_n) \tag{21.252}$$

此即连续势的未分辨目标模型，下面给出详细定义。

首先来看 $a = \nu$ 为整数的情形。此时，标准模型下 ν 个共状态目标的多目标似然函数为 (文献 [179] 中的 (12.231) 式和 (12.232) 式)

$$f_{k+1}(Z|\nu, \boldsymbol{x}) = \begin{cases} B_{\nu, p_D(\boldsymbol{x})}(0), & Z = \emptyset \\ |Z|! \cdot B_{\nu, p_D(\boldsymbol{x})}(|Z|) \prod_{\boldsymbol{z} \in Z} f(\boldsymbol{z}|\boldsymbol{x}), & Z \neq \emptyset \end{cases} \tag{21.253}$$

式中

$$B_{\nu,p}(m) = C_{\nu,m} \cdot p^m (1-p)^{\nu-m} \tag{21.254}$$

上式即二项分布，$C_{v,m}$ 为式(2.1)定义的二项式系数。

类比上述整数情形便可得到一般情形下的定义 (文献 [179] 中的 (12.263) 式)：

$$f_{k+1}(Z|a,\boldsymbol{x}) = \begin{cases} B_{a,p_{\mathrm{D}}(\boldsymbol{x})}(0), & Z=\emptyset \\ |Z|!\cdot B_{a,p_{\mathrm{D}}(\boldsymbol{x})}(|Z|)\prod_{\boldsymbol{z}\in Z} f(\boldsymbol{z}|\boldsymbol{x}), & Z\neq\emptyset \end{cases} \tag{21.255}$$

式中的广义二项分布 $B_{a,p}(m)$ 定义为

$$B_{a,p}(m) = \frac{1}{m!}\frac{\mathrm{d}^m G_{a,p}}{\mathrm{d}z^m}(0) \tag{21.256}$$

相应的 p.g.f. 为 (文献 [179] 中的 (12.247) 式)

$$G_{a,p}(z) = \prod_{i=0}^{\infty}(1-\sigma_i(a)\cdot p + \sigma_i(a)\cdot p\cdot z) \tag{21.257}$$

式中：$\sigma_i(a)=\sigma(a-i)$。$\sigma(a)$ 为 S 形函数——无穷可微且满足：当 $a\leqslant 0$ 时，$\sigma(a)=0$；当 $0<a<1$ 时，$\sigma(a)\cong a$；当 $a\geqslant 1$ 时，$\sigma(a)\cong 1$。这些性质可确保式(21.257)实际为有限乘积形式，故是确切定义的。

下面来看一个例子：文献 [179] 中的 (12.248)~(12.257) 式[①]。当 $0<a<1$ 时，有

$$G_{a,p}(z) \cong 1-a\cdot p+a\cdot p\cdot z \tag{21.258}$$

当 $1<a<2$ 时，有

$$G_{a,p}(z) \cong (1-p+p\cdot z)\cdot\big(1-(a-1)\cdot p+(a-1)\cdot p\cdot z\big) \tag{21.259}$$

当 $2<a<3$ 时，有

$$G_{a,p}(z) \cong (1-p+p\cdot z)^2\cdot\big(1-(a-2)\cdot p+(a-2)\cdot p\cdot z\big) \tag{21.260}$$

一般地，令 $\breve{a}$ 表示小于 a 的最大整数，则当 $n<a<n+1$ 时，有 $\breve{a}=n$ 且 (文献 [179] 中的 (12.258) 式)

$$G_{a,p}(z) \cong (1-p+p\cdot z)^{\breve{a}}\cdot\big(1-(a-\breve{a})\cdot p+(a-\breve{a})\cdot p\cdot z\big) \tag{21.261}$$

$$= G_{\breve{a},p}(z)\cdot\big(1-(a-\breve{a})\cdot p+(a-\breve{a})\cdot p\cdot z\big) \tag{21.262}$$

也就是说，a 个未分辨目标可解释为下面两部分：

- $\breve{a}$ 个普通目标；
- 存在概率为 $a-\breve{a}$ 的一个部分存在目标。

注解 87 (连续性质)：为表示清晰起见，这里考虑无杂波情形。对于 $m=|Z|$，由于

$$\lim_{a\searrow 0} G_{a,p}(z) = 1 \tag{21.263}$$

$$\lim_{a\searrow 0} B_{a,p_{\mathrm{D}}(\boldsymbol{x})}(0)=1, \qquad \lim_{a\searrow 0} B_{a,p_{\mathrm{D}}(\boldsymbol{x})}(m)=0 \tag{21.264}$$

[①]译者注：见文献 [180] 12.8.2.3 节中的例 70。

因此

$$\lim_{a\searrow 0} f_{k+1}(Z|a,\boldsymbol{x}) = f_{k+1}(Z|\emptyset) \tag{21.265}$$

$$= \begin{cases} 1, & Z=\emptyset \\ 0, & |Z|\geqslant 1 \end{cases} \tag{21.266}$$

类似地，若 $\mathring{X}=\{\mathring{\boldsymbol{x}}_1,\cdots,\mathring{\boldsymbol{x}}_n\}$ 且 $|\mathring{X}|=n$，则由式(21.252)可得

$$\lim_{a\searrow 0} f_{k+1}(Z|(a,\boldsymbol{x})\cup\mathring{X})$$

$$= \sum_{W_0\uplus W_1\uplus\cdots\uplus W_n=Z} \lim_{a\searrow 0} f_{k+1}(W_0|a,\boldsymbol{x})\cdot f_{k+1}(W_1|\mathring{\boldsymbol{x}}_1)\cdots f_{k+1}(W_n|\mathring{\boldsymbol{x}}_n) \tag{21.267}$$

$$= \sum_{W_0\uplus W_1\uplus\cdots\uplus W_n=Z} f_{k+1}(W_0|\emptyset)\cdot f_{k+1}(W_1|\mathring{\boldsymbol{x}}_1)\cdots f_{k+1}(W_n|\mathring{\boldsymbol{x}}_n) \tag{21.268}$$

因此

$$\lim_{a\searrow 0} f_{k+1}(Z|(a,\boldsymbol{x})\cup\mathring{X}) = \sum_{W_1\uplus W_2\uplus\cdots\uplus W_n=Z} f_{k+1}(W_1|\mathring{\boldsymbol{x}}_1)\cdots f_{k+1}(W_n|\mathring{\boldsymbol{x}}_n) \tag{21.269}$$

$$= f_{k+1}(Z|\mathring{X}) \tag{21.270}$$

因此，多点群的似然函数关于目标数连续。但需要注意的是，它关于目标状态并不连续，即

$$\lim_{\boldsymbol{x}'\to\boldsymbol{x}} f_{k+1}(Z|\{(a,\boldsymbol{x}),(a',\boldsymbol{x}')\}) \neq f_{k+1}(Z|\{(a+a',\boldsymbol{x})\}) \tag{21.271}$$

有了上述基本知识后，假定有下述模型：

- 单目标检测概率：$p_{\mathrm{D}}(\boldsymbol{x})$。
- 单目标似然函数：$L_{\boldsymbol{z}}(\boldsymbol{x}) = f_{k+1}(\boldsymbol{z}|\boldsymbol{x})$。
- 点群目标的似然函数：

$$L_Z(a,\boldsymbol{x}) = f_{k+1}(Z|a,\boldsymbol{x}) = |Z|!\cdot\mathring{\beta}_{|Z|}(a,\boldsymbol{x})\prod_{\boldsymbol{z}\in Z} L_{\boldsymbol{z}}(\boldsymbol{x}) \tag{21.272}$$

式中

$$\mathring{\beta}_m(a,\boldsymbol{x}) \stackrel{\text{def.}}{=} B_{a,p_{\mathrm{D}}(\boldsymbol{x})}(m) \tag{21.273}$$

对应的 p.g.f. 为

$$\mathring{G}_z(a,\boldsymbol{x}) = \sum_{m\geqslant 0}\mathring{\beta}_m(a,\boldsymbol{x})\cdot z^m \tag{21.274}$$

21.13 未分辨目标的运动模型

如文献 [179] 第 13.4 节所述，点群目标的运动过程十分复杂。一个点群可分解为几个更小的点群 (所含目标数更少)，最终有可能分解为若干个独立目标；或者若干个独立目标可聚合为一个或多个点群。这里考虑文献 [179] 中的简化模型，采用下述形式的马尔可夫转移密度来描述一个点群到另一点群的转移：

$$\mathring{f}_{k+1|k}(a,\boldsymbol{x}|a',\boldsymbol{x}') = f_{k+1|k}(a|a',\boldsymbol{x}') \cdot f_{k+1|k}(\boldsymbol{x}|\boldsymbol{x}') \tag{21.275}$$

式中：$f_{k+1|k}(\boldsymbol{x}|\boldsymbol{x}')$ 为一般点目标的马尔可夫密度；$f_{k+1|k}(a|a',\boldsymbol{x}')$ 为目标数的马尔可夫转移密度。由于 $a, a' > 0$，因此 $f_{k+1|k}(a|a',\boldsymbol{x}')$ 不会是简单的线性高斯形式。

21.14 未分辨目标 PHD 滤波器

未分辨目标贝叶斯滤波器的一般解为如下形式的多目标滤波器：

$$\cdots \to \quad \mathring{f}_{k|k}(\mathring{X}|Z^{(k)}) \quad \to \quad \mathring{f}_{k+1|k}(\mathring{X}|Z^{(k)}) \quad \to \quad \mathring{f}_{k+1|k+1}(\mathring{X}|Z^{(k+1)}) \quad \to \cdots$$

上述滤波器一般不易于计算，因此必须设计原则近似。本节介绍这样一种近似——未分辨目标 PHD 滤波器。

已知未分辨目标的预测 PHD $\mathring{D}_{k+1|k}(\mathring{x}) = \mathring{D}_{k+1|k}(a,\boldsymbol{x})$，且

$$\mathring{N}_{k+1|k} = \int\int_0^\infty \mathring{D}_{k+1|k}(a,\boldsymbol{x})\mathrm{d}a\mathrm{d}\boldsymbol{x} \tag{21.276}$$

假定预测多目标过程 $\mathring{f}_{k+1|k}(\mathring{X}|Z^{(k)})$ 为泊松的：

$$\mathring{f}_{k+1|k}(\mathring{X}|Z^{(k)}) = e^{-\mathring{N}_{k+1|k}} \cdot \mathring{D}_{k+1|k}^{\mathring{X}} = e^{-\mathring{N}_{k+1|k}} \prod_{\mathring{x}\in\mathring{X}} \mathring{D}_{k+1|k}(\mathring{x}) \tag{21.277}$$

在获得新观测集 Z_{k+1} 后，未分辨目标 PHD 滤波器的精确校正器方程可表示为 (见文献 [175] 中的 (1)~(5) 式)

$$\mathring{D}_{k+1|k+1}(a,\boldsymbol{x}) = \mathring{L}_{Z_{k+1}}(a,\boldsymbol{x}) \cdot \mathring{D}_{k+1|k}(a,\boldsymbol{x}) \tag{21.278}$$

式中的 PHD 伪似然函数为

$$\mathring{L}_{Z_{k+1}}(a,\boldsymbol{x}) = \mathring{\beta}_0(a,\boldsymbol{x}) + \sum_{\mathcal{P}\boxminus Z_{k+1}} \omega_{\mathcal{P}} \sum_{W\in\mathcal{P}} \frac{\mathring{G}_0^{(|W|)}(a,\boldsymbol{x}) \cdot \mathring{L}_W}{\delta_{1,|W|} \cdot \kappa_{k+1}^W + \tau_W} \tag{21.279}$$

式中：求和操作遍历 Z_{k+1} 的所有分割 $\mathcal{P}$；$\delta_{i,j}$ 为 Kronecker δ 函数；且

$$\kappa_{k+1}^W = \prod_{z\in W} \kappa_{k+1}(z) = \prod_{z\in W} \lambda_{k+1} c_{k+1}(z) \tag{21.280}$$

$$\tau_W = \int\int_0^\infty \mathring{G}_0^{(|W|)}(a,\boldsymbol{x}) \cdot \mathring{L}_W(a,\boldsymbol{x}) \cdot \mathring{D}_{k+1|k}(a,\boldsymbol{x})\mathrm{d}a\mathrm{d}\boldsymbol{x} \tag{21.281}$$

$$\mathring{L}_W(a,\boldsymbol{x}) = \prod_{z\in W} L_z(\boldsymbol{x}) \tag{21.282}$$

$$\mathring{G}_0^{(i)}(a,\boldsymbol{x}) = \left[\frac{\mathrm{d}^i}{\mathrm{d}z^i}\mathring{G}_z(a,\boldsymbol{x})\right]_{z=0} \tag{21.283}$$

$$\omega_{\mathcal{P}} = \frac{\prod_{W\in\mathcal{P}}\left(\delta_{1,|W|}\cdot\kappa_{k+1}^{W}+\tau_W\right)}{\sum_{\mathcal{Q}\boxminus Z_{k+1}}\prod_{V\in\mathcal{Q}}\left(\delta_{1,|V|}\cdot\kappa_{k+1}^{V}+\tau_V\right)} \tag{21.284}$$

注意到因式(21.262)成立，故可将 $\mathring{G}_0^{(i)}(a,\boldsymbol{x})$ 近似为 (文献 [175] 中的 (16) 式)①②

$$\mathring{G}_0^{(i)}(a,\boldsymbol{x}) \cong G_{n,p_{\mathrm{D}}(\boldsymbol{x})}^{(i)}(0)\cdot\left\{1-d_a+d_a\cdot(1-p_{\mathrm{D}}(\boldsymbol{x}))\cdot\prod_{j=1}^{i}\left(1+\frac{1}{n-i+j}\right)\right\} \tag{21.285}$$

式中

$$d_a = a-\breve{a} \tag{21.286}$$

上式中的 $\breve{a}$ 为小于 a 的最大整数；而

$$G_{n,q}^{(i)}(x) = i!\cdot C_{n,i}\cdot q^i\cdot(1-q+qx)^{n-i} \tag{21.287}$$

上式即二项分布 p.g.f. 的 i 阶导数。

21.15 未分辨目标的近似 PHD 滤波器

假定未分辨目标群的间距相对传感器分辨力来讲不是太近，且虚警密度也不很大，则式(21.279)可简化为与经典 PHD 滤波器观测更新方程具有相同复杂度的形式 (文献 [175] 中的 (11) 式③)：

$$\mathring{L}_{Z_{k+1}}(a,\boldsymbol{x}) \cong \mathring{\beta}_0(a,\boldsymbol{x}) + \sum_{\boldsymbol{z}\in Z_{k+1}}\frac{\mathring{\beta}_1(a,\boldsymbol{x})\cdot L_{\boldsymbol{z}}(\boldsymbol{x})}{\kappa_{k+1}(\boldsymbol{z})+\tau_{k+1}(\boldsymbol{z})} \tag{21.288}$$

式中

$$\tau_{k+1}(\boldsymbol{z}) = \mathring{D}_{k+1|k}[\mathring{\beta}_1\cdot\mathring{L}_{\boldsymbol{z}}] \tag{21.289}$$

$$= \int\int_0^{\infty}\mathring{\beta}_1(a,\boldsymbol{x})\cdot\mathring{L}_{\boldsymbol{z}}(a,\boldsymbol{x})\cdot\mathring{D}_{k+1|k}(a,\boldsymbol{x})\mathrm{d}a\mathrm{d}\boldsymbol{x} \tag{21.290}$$

21.16 未分辨目标的近似 CPHD 滤波器

2012 年，Lian Feng、Han Chongzhao、Liu Weifeng、Liu Jing 及 Sun Jian 等人首先 (也是目前唯一) 将未分辨目标 PHD 滤波器推广至 CPHD 滤波器情形[85]，所用理论方法

①译者著：原著误为 [175] 中的 (13) 式，这里根据实际做了更正。

②译者注：式(21.285)可进一步简化为

$$G_{n,p_{\mathrm{D}}(\boldsymbol{x})}^{(i)}(0)\cdot\left(1-d_a p_{\mathrm{D}}(\boldsymbol{x})+d_a(1-p_{\mathrm{D}}(\boldsymbol{x}))\frac{i}{n-i+1}\right)$$

③译者著：原著误为 [175] 中的 (9) 式，这里根据实际做了更正。

与21.5节中的扩展目标情形类似。事实上，他们同时推导并给出了未分辨目标与扩展目标的 CPHD 滤波器表达式。

未分辨目标 CPHD 滤波器的观测更新表达式相当复杂——涉及新观测集 Z_{k+1} 的所有子集与所有分割上的组合式求和，因此本节不再列出这些公式，而是将重点放在实现与仿真结论的介绍上。

Lian 等人采用粒子方法实现了未分辨目标的 PHD 滤波器与 CPHD 滤波器。在他们的二维仿真场景中：由一部距离–方位传感器观测 4 个沿曲线轨迹运动的目标 (伴有出现和消失现象)；传感器的检测概率为 0.95；所用杂波模型为杂波率 $\lambda = 50$ 的均匀泊松杂波。

据 Lian 等人报道：在 300 次蒙特卡罗仿真中，两种滤波器均能较好地估计未分辨目标的个数，但 CPHD 滤波器的方差明显更小；当采用6.2.2节的 OSPA 度量时，CPHD 滤波器同样有着更小的 OSPA 误差，但却需花费大约 4 倍于 PHD 滤波器的计算时间。

第 22 章　模糊观测的 RFS 滤波器

22.1　简　介

在文献 [179] 第 3 章及本书的1.1.5节和1.2.8节中，已介绍了非常规观测的概念。这类观测包括：

- 量化观测——如通信网络中所用的数据压缩观测；
- 属性——如操作员从相机图像中提取的目标观测；
- 特征——如通过数字信号处理 (DSP) 算法从传感器中提取的特征信号；
- 自然语言陈述——如由侦察员或以文本形式给出的观测；
- 推理规则——如从知识库中抽取的观测。

本章旨在解释如何将常规观测的贝叶斯处理严格扩展至非常规观测。

对于那些最熟悉的观测类型，如雷达检报，其数学表示中的模糊性相对较小：通常表示为矢量 $\boldsymbol{z}$，观测中唯一的不确定性便是观测产生过程中的随机性。对于这类不确定性，最常见的描述方式是采用下面的非线性–加性观测模型及相应的似然函数：

$$\boldsymbol{Z} = \eta(\boldsymbol{x}) + \boldsymbol{V} \tag{22.1}$$

$$f(\boldsymbol{z}|\boldsymbol{x}) = f_{\boldsymbol{V}}(\boldsymbol{z} - \eta(\boldsymbol{x})) \tag{22.2}$$

通常将 $f(\boldsymbol{z}|\boldsymbol{x})$ 中的 $\boldsymbol{z}$ 视作实际的“观测”，同时认为 $f(\boldsymbol{z}|\boldsymbol{x})$ 是其不确定性模型的完全表示。但实际上，$\boldsymbol{z}$ 只不过是现实世界中某些观测 ζ 的数学模型 $\boldsymbol{z}_\zeta$ 而已，似然函数的实际形式应为

$$f(\zeta|\boldsymbol{x}) = f(\boldsymbol{z}_\zeta|\boldsymbol{x}) \tag{22.3}$$

换言之，

- 现实世界中的观测 ζ 被它们的数学表示所替代。

当考虑非常规类型的观测时，上述观点就更显而易见了。为了理解本章的出发点，本节先从量化观测这一最简单也是最熟悉的非常规观测入手。

22.1.1　动机：量化观测

量化观测为降低通信网络带宽占用提供了一种可用的方法[102]。令 $\boldsymbol{z}$ 表示某观测空间 $\mathfrak{Z}$ 中的观测矢量，将 $\mathfrak{Z}$ 分割（“量化”）为若干互斥单元 $T_1, \cdots, T_m$，且 $T_1 \uplus \cdots \uplus T_m = \mathfrak{Z}$。给定这些表示后，随机观测 $\boldsymbol{Z}$ 的任何样本 $\boldsymbol{Z} = \boldsymbol{z}$ 均可替换为（“被压缩成”）满足 $\boldsymbol{z} \in T_i$ 的索引 i。

有时将索引 i 称作 $\boldsymbol{z}$ 的“量化观测”或“量化”，这实属谬称。另外，有时也用特定的 $\boldsymbol{z}_i \in T_i$ (如 T_i 的中心) 而非索引 i 来表示 T_i，此时 $\boldsymbol{z}_i$ 称为 $\boldsymbol{z}$ 的“量化观测”，这同属称谓不当。量化观测既非索引 i 也非 $\boldsymbol{z}_i$，而是

- 整个子集 T_i[54]。

将 T_i 作为最终的观测，从而可得到实际观测 $\boldsymbol{z}$ 的一种最为精确的表述：

$$\boldsymbol{z} \in T_i \tag{22.4}$$

换言之，

- 量化观测 T_i 是不精确的——它是一个不精确测量。

量化观测中的模糊性不仅源于不精确性，还来自随机性。量化观测 T_i 取决于随机观测 $\boldsymbol{Z}$ 的值，即哪个 T_i 包含 $\boldsymbol{z}$，因此随机量化观测实际为 $\mathfrak{Z}$ 的离散随机子集 Ω ($\Omega = T_1, \cdots, T_m$)，其定义如下：

$$\Omega = T_i, \qquad \text{当且仅当 } \boldsymbol{Z} \in T_i \tag{22.5}$$

即

- 量化观测 T_i 是对底层随机观测 $\boldsymbol{Z}$ 可能取值的一种约束。

因此，随机量化观测 T_i 的概率可定义为

$$p_\Omega(T_i) = \Pr(\Omega = T_i) = \Pr(\boldsymbol{Z} \in T_i) \tag{22.6}$$

在非线性-加性观测模型假定下，$\Pr(\boldsymbol{Z} \in T_i)$ 可按下述方式计算：

$$\Pr(\eta(\boldsymbol{x}) + \boldsymbol{V} \in T_i) = \int_{T_i - \eta(\boldsymbol{x})} f_{\boldsymbol{V}}(\boldsymbol{z})\mathrm{d}\boldsymbol{z} = \int_{T_i} f_{\boldsymbol{V}}(\boldsymbol{z} - \eta(\boldsymbol{x}))\mathrm{d}\boldsymbol{z} \tag{22.7}$$

$$= \int_{T_i} f(\boldsymbol{z}|\boldsymbol{x})\mathrm{d}\boldsymbol{z} \tag{22.8}$$

式中

$$T_i - \eta(\boldsymbol{x}) \stackrel{\text{def.}}{=} \{\boldsymbol{z} - \eta(\boldsymbol{x}) | \boldsymbol{z} \in T_i\} \tag{22.9}$$

22.1.2 广义观测、观测模型与似然

本章的目的是将上述推理过程直接推广到任意形式的非常规观测，将形成以下结论：

- $\mathfrak{Z}$ 的任何随机闭子集均是一个广义观测。
- 某些类型的非常规观测——属性、特征、自然语言陈述、推理规则——在数学上可表示为广义观测。
- 令 Θ 为广义观测，给定非线性-加性观测模型 $\boldsymbol{Z} = \eta(\boldsymbol{x}) + \boldsymbol{V}$，则广义观测模型为

$$\boldsymbol{Z} \in \Theta \tag{22.10}$$

- 广义观测可视作对底层随机观测 $\boldsymbol{Z}$ 可能取值的某种“随机约束”。
- 广义似然函数 (Generalized Likelihood Function, GLF) 可定义为

$$\rho(\Theta|\boldsymbol{x}) \stackrel{\text{def.}}{=} \Pr(\boldsymbol{Z} \in \Theta|\boldsymbol{x}) = \Pr(\eta(\boldsymbol{x}) + \boldsymbol{V} \in \Theta) \tag{22.11}$$

- 类似地，若 $\Theta_1, \cdots, \Theta_m$ 为广义观测，$\boldsymbol{V}_1, \cdots, \boldsymbol{V}_m$ 为 $\boldsymbol{V}$ 的独立同分布副本，则 $\Theta_1, \cdots, \Theta_m$ 的联合广义似然函数可定义为

$$\rho(\Theta_1, \cdots, \Theta_m|\boldsymbol{x}) \stackrel{\text{def.}}{=} \Pr(\eta(\boldsymbol{x}, \boldsymbol{V}_1) \in \Theta_1, \cdots, \eta(\boldsymbol{x}, \boldsymbol{V}_m) \in \Theta_m) \tag{22.12}$$

至此便产生了如下问题：

- 从严格的贝叶斯视角看，式(22.11)的 GLF 定义在数学上是否严格？

乍一看，上述问题的答案似乎是否定的。考虑量化观测，其广义观测 T_i 的严格贝叶斯似然函数为 $\Pr(\Omega = T_i|\boldsymbol{x})$，而所能获得的广义观测样本 $\Omega = T_1, \cdots, T_m$，因此由式(22.8)可知，似然函数之和应为 1：

$$\sum_{i=1}^{m} \Pr(\Omega = T_i|\boldsymbol{x}) = \sum_{i=1}^{m} \Pr(\eta(\boldsymbol{x}) + \boldsymbol{V} \in T_i) = \sum_{i=1}^{m} \int_{T_i} f(\boldsymbol{z}|\boldsymbol{x}) \mathrm{d}\boldsymbol{z} = 1 \tag{22.13}$$

但一般来讲，任意的不精确观测 T 未必是某种量化策略 Ω 下的量化项，此时凭什么断言 $\rho(T|\boldsymbol{x})$ 就是所有 T 的合法似然函数呢？下面两个因素导致 $\rho(T|\boldsymbol{x})$ 至少不是密度函数：

- 它无观测量纲；
- 即便定义了形如下式的测度论积分

$$\int \rho(T|\boldsymbol{x}) \mathrm{d}T \tag{22.14}$$

  但积分结果也极有可能是无穷大，而不是像常规似然函数那样等于 1。

对于非恒定的广义观测 Θ 及其广义似然 $\rho(\Theta|\boldsymbol{x})$，上述两点为真的可能性更大。

然而，如文献 [161] 及本章22.3.4节所述：

- 从严格的贝叶斯视角看，式(22.11)定义的 *GLF* $\rho(\Theta|\boldsymbol{x})$ 在数学上的确是严格的。特别地

$$\rho(\Theta|\boldsymbol{x}) = \Pr(\boldsymbol{Z} \in \Theta|\boldsymbol{X} = \boldsymbol{x}) \tag{22.15}$$

  也就是说，GLF 是严格定义的条件概率，表示事件 $\boldsymbol{X} = \boldsymbol{x}$ 为真时发生事件 $\boldsymbol{Z} \in \Theta$ 的概率。

事实上，常规似然函数 $f(\boldsymbol{z}|\boldsymbol{x})$ 表示 $\boldsymbol{X} = \boldsymbol{x}$ 为真时发生事件 $\boldsymbol{Z} = \boldsymbol{z}$ 的概率 (密度)，因此

- 可将 $f(z|\boldsymbol{x})$ 具有量纲且积分值为 1 视作精确观测 z 的一种特性，这是因为：
  - 由于 $\boldsymbol{Z}=z$ 为零概率事件，故 $f(z|\boldsymbol{x})$ 为密度函数，因此具有量纲；
  - 由于 z 遍历 $\mathfrak{Z}$ 且互斥，故 $f(z|\boldsymbol{x})$ 的积分必为 1。

将类似分析用于量化观测，此时的观测空间是 $\{T_1,\cdots,T_m\}$ 而非 $\mathfrak{Z}$ 本身，因此 $\sum_{i=1}^{m}\rho(T_i|\boldsymbol{x})=1$ 是量化观测的一种特性。

22.1.3 要点概述

在本章学习过程中，需要掌握的主要概念、结论和公式如下：

- 非常规观测——属性、特征、自然语言陈述与规则——可表示为广义观测，即某观测空间 $\mathfrak{Z}$ 的随机闭子集 (22.2节)。
- 非常规观测可视作是对底层非线性加性观测过程 (下式) 的一种 (可能为随机) 约束

$$\boldsymbol{Z}=\eta(\boldsymbol{x})+\boldsymbol{V} \tag{22.16}$$

  换言之，其服从如下形式的广义观测模型：

$$\eta(\boldsymbol{x})+\boldsymbol{V}\in\Theta \tag{22.17}$$

- 非常规观测的处理可采用下面的广义似然函数 (22.3.3节和22.5.5节)：

$$\rho(\Theta|\boldsymbol{x})=\Pr(\eta(\boldsymbol{x})+\boldsymbol{V}\in\Theta) \tag{22.18}$$

- 如果目标是可精确建模的——对于每个 $\boldsymbol{x}$，观测函数 $\eta(\boldsymbol{x})$ 的值都精确给定，则可证明条件后验分布 $f(\boldsymbol{x}|\boldsymbol{Z}\in\Theta)$ 由下式给定：

$$f(\boldsymbol{x}|\boldsymbol{Z}\in\Theta)=\frac{\rho(\Theta|\boldsymbol{x})\cdot f_0(\boldsymbol{x})}{\int\rho(\Theta|\boldsymbol{y})\cdot f_0(\boldsymbol{y})\mathrm{d}\boldsymbol{y}} \tag{22.19}$$

  也就是说，在贝叶斯规则中可像常规似然那样对待 GLF，且该处理是一种可证的贝叶斯最优程式 (22.3.4节)。这是因为 GLF 的本质是如下所示的条件概率：

$$\rho(\Theta|\boldsymbol{x})=\Pr(\boldsymbol{Z}\in\Theta|\boldsymbol{X}=\boldsymbol{x}) \tag{22.20}$$

  因而

$$\Pr(\boldsymbol{Z}\in\Theta)=\int\rho(\Theta|\boldsymbol{x})\cdot f_0(\boldsymbol{x})\mathrm{d}\boldsymbol{x} \tag{22.21}$$

- 进一步，GLF 方法似乎是目前非常规观测处理中唯一可保证贝叶斯最优性的方法。
- 在采用 GLF 方法后，专家系统理论的某些方面——贝叶斯推理、模糊逻辑、DS 证据理论以及基于规则的推理等——可严格统一到单个贝叶斯范式下 (22.4.1节)。
- 因此，各种不确定性表示间的转换也可用一种可证的贝叶斯最优方式进行 (22.4.3节)。

- 可对 GLF 方法进行扩展以处理非完美描述的目标——对于所有的 $\boldsymbol{x}$，观测函数 $\eta(\boldsymbol{x})$ 不能精确已知，此时 $\eta(\boldsymbol{x}) = \Sigma_{\boldsymbol{x}}$ 为随机集值 (22.5节)，而 GLF 则假定为下面的形式：

$$\rho(\Theta|\boldsymbol{x}) = \Pr(\Sigma_{\boldsymbol{x}} \cap \Theta \neq \emptyset) \tag{22.22}$$

- 从严格的贝叶斯视角看，目前尚不清楚这些更一般的 GLF 在理论方面的合理性。
- 此外，还可扩展式(22.18)和式(22.22)的 GLF 以处理那些完全未建模的目标——目标模型库中未包含的目标 (22.6节)。
- 由式(22.18)和式(22.22)的 GLF 方法可以得到一种启发式方法，用以对信息源之间的未知相关性进行建模 (22.7节)。
- 它还可导出一种严格的方法，用以考虑各信息源的不可靠性 (22.8节)。
- GLF 方法可扩展用于随机有限集多目标检测跟踪滤波器，如伯努利滤波器、PHD 滤波器、CPHD 滤波器以及 CBMeMBer 滤波器 (22.10节)。
- 当 $\eta(\boldsymbol{x})$ 可精确建模时，上述扩展的贝叶斯最优性是可证明的 (即便随机有限集滤波器本身的贝叶斯最优性不是可证的)。
- Bishop 和 Ristic 等人给出的单目标伯努利滤波器实现具有特别的意义，他们采用模糊的自然语言陈述作为观测数据 (22.10.5.3节)。
- GLF 方法还可进一步扩展用于传统的观测–航迹关联 (Measurement-to-Track Association, MTA) 技术 (22.11节)。

22.1.4 本章结构

本章剩余部分安排如下：

- 22.2节：非常规观测的随机集表示。
- 22.3节：非常规观测的广义似然函数 (GLF)，包括 GLF 方法的贝叶斯最优性。
- 22.4节：模糊逻辑、DS 证据理论及规则推理的贝叶斯最优统一化。
- 22.5节：非完美描述目标的 GLF。
- 22.6节：未建模目标 (None-Of-The-Above, NOTA) 的 GLF。
- 22.7节：未知相关信源的 GLF。
- 22.8节：不可靠信源的 GLF。
- 22.9节：GLF 在多目标检测跟踪滤波器中的应用。
- 22.10节：GLF 在 RFS 多目标检测跟踪滤波器中的应用。
- 22.11节：GLF 在传统多目标检测跟踪滤波器中的应用。

22.2 模糊观测的随机集模型

由于随机集 (广义观测) 非常抽象，有人可能会问：

- 如何构造现实世界中诸如属性、特征、自然语言陈述、推理规则等特定非常规观测的随机集表示呢?

该过程可利用传统专家系统不确定性表示的相关工具来完成，具体如随后几小节所述:

- 22.2.1节：不精确观测。
- 22.2.2节：模糊 (Vague 或 Fuzzy) 观测。
- 22.2.3节：不确定 (DS 或模糊 DS) 观测。
- 22.2.4节：偶发观测 (针对模糊观测的推理规则)。

22.2.1 不精确观测

当 $\Theta = T_0$ 为 $\mathfrak{Z}$ 的常 (非随机) 子集时，即可得到最简单广义观测，此时称 T_0 为不精确观测。它的语义如下:

- 传感器获取了常规点观测 $z_0 \in \mathfrak{Z}$，但能获知的唯一信息即该观测属于 T_0，其语义为 $z_0 \in T_0$。

如前面所述，量化观测是实际应用中最常见的不精确观测。

22.2.2 模糊观测

令 $g(z)$ 为 $\mathfrak{Z}$ 上的模糊隶属函数——z 的实值函数且对于所有的 $z \in \mathfrak{Z}$ 满足 $0 \leqslant g(z) \leqslant 1$。此时，$g(z)$ 为一模糊观测，其值表示元素 z 在 g 所定义的模糊集中的隶属度。扎德模糊逻辑的定义如下:

$$(g \wedge g')(z) = \min\{g(z), g'(z)\} \tag{22.23}$$

$$(g \vee g')(z) = \max\{g(z), g'(z)\} \tag{22.24}$$

$$g^{c}(z) = 1 - g(z) \tag{22.25}$$

另一个常用的逻辑是乘和模糊逻辑，定义如下:

$$(g \overset{\bullet}{\wedge} g')(z) = g(z) \cdot g'(z) \tag{22.26}$$

$$(g \overset{\bullet}{\vee} g')(z) = 1 - (1 - g(z)) \cdot (1 - g'(z)) \tag{22.27}$$

上面两个逻辑均为“联项”模糊逻辑——源于概率的模糊逻辑 (见文献 [179] 第 4.3.4 节)。

一般来讲，若模糊隶属函数的模糊合取算子“$\wedge$”可表示成如下形式 (文献 [179] 中的 (4.43) 式):

$$(g \wedge_{A,A'} g')(z) = \Pr(A \leqslant g(z), A' \leqslant g'(z)) \tag{22.28}$$

则该合取算子为联项模糊合取。式(22.28)中，A, A' 为区间 $[0, 1]$ 上均匀分布的随机数。相应的析取算子由下式给出:

$$(g \vee_{A,A'} g') = 1 - (1 - g) \wedge_{A,A'} (1 - g') \tag{22.29}$$

“联项”建模了随机数之间的统计相关性[224]，如式(22.115)所示，它是模糊逻辑与贝叶斯逻辑统一化的核心。

如何判断一个模糊合取是否为一联项合取呢？对于所有的 $a, a', b, b' \in [0,1]$ 且 $a \leqslant a', b \leqslant b'$，当且仅当不等式

$$a \wedge b + a' \wedge b' \geqslant a \wedge b' + a' \wedge b \tag{22.30}$$

成立时，模糊合取“∧”同时也是联项合取 (见文献 [179] 第 130 页)。

对于量化区间 T 的集合示性函数 $\mathbf{1}_T(z)$，注意到 $g(z) = \mathbf{1}_T(z)$ 也为一模糊隶属函数，因此模糊观测概念推广了不精确观测的概念。另一个有趣的例子是当 $g(z)$ 仅取有限个互异值 $\ell_1 < \cdots < \ell_M$ 时。令

$$T_\ell = \{z | \ell \leqslant g(z)\} \tag{22.31}$$

表示 $g(z)$ 的 ℓ 的水平集。当 $\ell = 0$ 时，$T_0 = \mathfrak{Z}$；当 $\ell > 1$ 时，$T_\ell = \emptyset$。令 $T_i \overset{\text{abbr.}}{=} T_{\ell_i}$，则 $T_M \subset \cdots \subset T_1$，而 $g(z)$ 则可写作 (文献 [179] 第 126–129 页①)：

$$g(z) = \ell_M \cdot \mathbf{1}_{T_M}(z) + \ell_{M-1} \cdot \mathbf{1}_{T_{M-1}-T_M}(z) + \cdots + \ell_1 \cdot \mathbf{1}_{T_1 - T_2}(z) \tag{22.32}$$

$$= (\ell_M - \ell_{M-1}) \cdot \mathbf{1}_{T_M}(z) + \cdots + (\ell_2 - \ell_1) \cdot \mathbf{1}_{T_2}(z) + \ell_1 \cdot \mathbf{1}_{T_1}(z) \tag{22.33}$$

有限水平模糊观测 $g(z)$ 的语义如下：

- 获取常规点观测 $z_0 \in \mathfrak{Z}$；
- 首先猜测，z_0 隶属于 T_M (即 $z_0 \in T_M$) 的置信度为 ℓ_M；
- 然后采用稍宽松点的猜测，$z_0 \in T_{M-1}$ 的置信度为 ℓ_{M-1}；
- 如此继续。

下面的例子详细阐释了该概念。

22.2.2.1　模糊观测的例子

考虑由观察员给出的自然语言报告 (见文献 [179] 第 3.4.3 节)：

$$\zeta = \text{“Gustav 在塔楼附近”}$$

假定 Gustav 的状态 $\boldsymbol{x}$ 包括位置 x, y、速度 v_x, v_y 以及身份 c，即 $\boldsymbol{x} = (x, y, v_x, v_y, c)^{\mathrm{T}}$，则报告 ζ 提供了 Gustav 的状态信息。具体来讲，它告诉目标的身份 $c =$ “Gustav”，且其位置 $\eta_{k+1}(\boldsymbol{x}) = (x, y)^{\mathrm{T}}$ 不可能任意，而是被限定在一个特定的“锚点”(或称作地标，即塔楼) 附近。两种形式的模糊性会妨碍该“观测”的建模：

- 随机性导致的模糊：观察员在评估其所见内容时会存在未知的随机误差。
- 知识所限导致的模糊：与 ζ 数学模型构造有关的模糊性。

①译者注：原著式(22.32)为 $\ell_M \cdot \mathbf{1}_{T_M - T_{M-1}}(z) + \ell_{M-1} \cdot \mathbf{1}_{T_{M-1}-T_{M-2}}(z) + \cdots + \ell_2 \cdot \mathbf{2}_{T_2 - T_1}(z) + \ell_1 \cdot \mathbf{1}_{T_0 - T_1}(z)$，这里已更正。

应该如何建模像“附近”这种“模糊”且上下文相关的概念呢？首先，可将 ζ 建模成以塔楼为中心的封闭圆盘 $T_1 \subseteq \mathfrak{Z}$，盘内任意点均可视作“附近”，而盘外则被视作“远处”。换言之，观察员评估了其所见内容——描述自己认为的 $\boldsymbol{z} = \eta_{k+1}(\boldsymbol{x})$，但也只能推测 $\eta_{k+1}(\boldsymbol{x}) \in T_1$，因此，与 Gustav 状态信息有关的实际“观测”只不过是对 $\eta_{k+1}(\boldsymbol{x})$ 的一个约束 T_1 而已。

但 T_1 只是对观察员脑中“附近”概念的一种猜测，为防止知识上的局限性，可指定一个约束渐宽的嵌套序列 $T_1 \subseteq \cdots \subseteq T_e$，并赋予约束 T_i 一个信度 $\tau_i > 0$ 以表示其为正确约束的可能性，且 $\tau_1 + \cdots + \tau_e = 1$。也就是说，以权值 τ_1 猜测 $\eta(\boldsymbol{x}) \in T_1$ (对“附近”最严的解释)，以权值 τ_2 猜测 $\eta(\boldsymbol{x}) \in T_2$ (对“附近”稍宽松的解释)，等等。若 $T_e = \mathbb{R}^2$，则该“空假设”表示观察员对自己的所见完全不确定，相应的权值为 τ_e。

嵌套约束 $T_1 \subseteq \cdots \subseteq T_e$ 及其相应权值构成的“观测”可用来对自然语言陈述 ζ 进行建模，它也可表示为观测空间上的随机闭子集 Θ_ζ。对于所有的 $i = 1, \cdots, e$，定义

$$\Pr(\Theta_\zeta = T_i) = \tau_i \tag{22.34}$$

则 $\eta_{k+1}(\boldsymbol{x})$ 的嵌套约束 $\eta_{k+1}(\boldsymbol{x}) \in T_i$ 可等价表示为随机约束 $\eta_{k+1}(\boldsymbol{x}) \in \Theta_\zeta$。

该例子实际上是模糊观测的一个特例。令 $g(\boldsymbol{z})$ 为观测 $\boldsymbol{z}$ 的模糊隶属函数，其水平集为

$$T_a = \{\boldsymbol{z} | a \leqslant g(\boldsymbol{z})\} \tag{22.35}$$

式中：$0 \leqslant a \leqslant 1$。

在 $a \geqslant a'$ 时，$T_a \subseteq T_{a'}$，因此 T_a 是嵌套的。如果所有的 T_a 都以塔楼为中心，则 g 是采用无穷嵌套约束来表示观测 ζ，因此模糊观测 $g(\boldsymbol{z})$ 即实际所得的观测。

定义随机子集 (文献 [179] 中的 (4.21) 式)：

$$\Theta_\zeta = \{\boldsymbol{z} | A \leqslant g(\boldsymbol{z})\} \tag{22.36}$$

式中：A 为 $[0,1]$ 上均匀分布的随机数，则 Θ_ζ 为 g 的随机集表示——自然语言陈述 ζ 的随机集表示，但这样的表示并不唯一。

22.2.2.2 模糊观测的随机集表示

$\mathfrak{Z}$ 上的每一个随机闭子集都定义了一个模糊隶属函数 (文献 [179] 中的 (4.20) 式)：

$$\mu_\Theta(\boldsymbol{z}) = \Pr(\boldsymbol{z} \in \Theta) \tag{22.37}$$

上式即 Θ 的 Goodman“点覆盖函数”。

反过来，若已知某模糊隶属函数 $g(\boldsymbol{z})$，则有可能定义一族随机闭子集，它们的点覆盖函数为 $g(\boldsymbol{z})$。特别地，令 $\alpha_{\boldsymbol{z}}$ 为 $\mathfrak{Z}$ 上的均匀随机标量场，即对于每个 $\boldsymbol{z} \in \mathfrak{Z}$，$\alpha_{\boldsymbol{z}}$ 为 $[0,1]$ 上均匀分布的随机数，则式(22.36)的下述推广形式定义了 $\mathfrak{Z}$ 的一个随机闭子集 (文献 [179] 中的 (4.59) 式)：

$$\Sigma_\alpha(g) \triangleq \{\boldsymbol{z} | \alpha_{\boldsymbol{z}} \leqslant g(\boldsymbol{z})\} \tag{22.38}$$

$\Sigma_\alpha(g)$ 的点覆盖函数为

$$\mu_{\Sigma_\alpha(g)}(z) = \Pr(z \in \Sigma_\alpha(g)) = \Pr(\alpha_z \leqslant g(z)) = g(z) \tag{22.39}$$

上式最后一步利用了 α_z 在 $[0,1]$ 上均匀分布这一条件。

当 α_z 恒等于 A 时，式(22.38)便退化为式(22.36)，即

$$\Sigma_A(g) = \{z | A \leqslant g(z)\} \tag{22.40}$$

此时，样本 $\Sigma_a(g)$ ($a \in [0,1]$) 依集合包含关系线性有序。也就是说，对于任意 $a \neq a'$，要么 $\Sigma_a(g) \subseteq \Sigma_{a'}(g)$，要么 $\Sigma_{a'}(g) \subseteq \Sigma_a(g)$，或者二者都满足。这与上一小节中“Gustav 在塔楼附近”的例子是一致的。

不难证明：扎德合取及析取分别与集合论中的交及并相容 (文献 [179] 中的 (4.61) 式和 (4.62) 式)：

$$\Sigma_\alpha(g) \cap \Sigma_\alpha(g') = \Sigma_\alpha(g \wedge g') \tag{22.41}$$

$$\Sigma_\alpha(g) \cup \Sigma_\alpha(g') = \Sigma_\alpha(g \vee g') \tag{22.42}$$

但模糊取余与集合论中的补是不相容的：

$$\Sigma_\alpha(g)^{\mathrm{c}} \neq \Sigma_\alpha(g^{\mathrm{c}}) \tag{22.43}$$

22.2.3 不确定观测

空间 $\mathfrak{Z}$ 上的一个 DS 基本质量赋值 (b.m.a.) $o(T)$ 满足：

- $o(T)$ 为定义在所有闭子集 $T \subseteq \mathfrak{Z}$ 上的函数；
- 对于所有的 T，$o(T) \geqslant 0$；
- $o(T) \neq 0$ 仅对有限个 T (称作 o 的焦集) 才成立；
- 下式成立

$$\sum_{T \subseteq \mathfrak{Z}} o(T) = 1 \tag{22.44}$$

其中，第三条性质保证了这里的求和定义是确切的。

在上述条件下，函数 $o(T)$ 为一*不确定或 DS 观测*，其语义如下：每个 T 均是对观测 z 的一个假设，令 $T_1, \cdots, T_m$ 为 o 的焦集，则假设 $z \in T_1$ 将 z 限制在集合 T_1 内，其权值为 $o(T_1)$；假设 $z \in T_2$ 将 z 限制在集合 T_2 内，其权值为 $o(T_2)$；依此类推。$o(\mathfrak{Z})$ 为“空假设”(对观测 z 一无所知) 的权值。因此，可将模糊观测视作焦集嵌套 (依集合包含关系线性有序) 的不确定观测。

不确定观测的概念可推广为模糊 DS (FDS) 基本质量赋值 (f.b.m.a.)，它由下列性质给定：

- $o(g)$ 是定义在 $\mathfrak{Z}$ 的所有模糊隶属函数 $g(z)$ 上函数；

- 对于所有的 g，$o(g) \geq 0$；
- $o(g) \neq 0$ 仅对有限个 g (称作 o 的模糊焦集) 才成立；
- 下式成立

$$\sum_{g} o(g) = 1 \tag{22.45}$$

$o(g)$ 的语义可解释如下：每个 g 均为 z 的一个模糊假设，令 $g_1, \cdots, g_m$ 为 o 的模糊焦集，且其均为有限水平的；由于并不清楚 z 是否被限定在某个特定子集 $T_{1,1}$ 上，因此需要将 $T_{1,1}$ 视作对模糊假设 g_1 的初始猜测，故可像22.2.2.1节那样选择嵌套的子集序列 $T_{1,1} \subseteq \cdots \subseteq T_{1,m_1}$ 来进一步表示假设 g_1 涉及的不确定性；与式(22.32)和式(22.33)类似，$T_{1,1} \subseteq \cdots \subseteq T_{1,m_1}$ 定义了有限水平模糊隶属函数 g_1，但一般并不要求 g_1 是有限水平的；其余的模糊焦集 $g_2, \cdots, g_m$ 也可按类似方式解释。

假设已知 FDS 观测 o、o'，则 *FDS* 组合可定义为 (文献 [179] 中的 (4.129) 式)：当 $g'' = 0$ 时，$(o * o')(g'') = 0$；当 $g'' \neq 0$ 时，有

$$(o * o')(g'') = \alpha_{\text{FDS}}(o, o')^{-1} \sum_{g \cdot g' = g''} o(g) \cdot o'(g') \tag{22.46}$$

上式假定 o、o' 的 *FDS* 一致性 $\alpha_{\text{FDS}}(o, o') \neq 0$，其定义如下：

$$\alpha_{\text{FDS}}(o, o') = \sum_{g \cdot g' \neq 0} o(g) \cdot o'(g') \tag{22.47}$$

这里的 $(g \cdot g')(z) \overset{\text{def.}}{=} g(z) \cdot g'(z)$，而事件 $g \neq 0$ 表示至少有一个观测 z 使得 $g(z) \neq 0$ 成立。

若焦集均为真实子集 (“清晰集”)，则 FDS 组合便退化为 *Dempster* 组合：

$$(o * o')(T'') = \alpha_{\text{DS}}(o, o')^{-1} \sum_{T \cap T' = T''} o(T) \cdot o'(T') \tag{22.48}$$

其中的 DS 一致性定义为

$$\alpha_{\text{DS}}(o, o') = \sum_{T \cap T' \neq \emptyset} o(T) \cdot o'(T') \tag{22.49}$$

而 $1 - \alpha_{\text{DS}}(o, o')$ 则表示 o 和 o' 的冲突性。

22.2.3.1 不确定观测的例子

下面是观察员提供的更为复杂的自然语言报告 (见文献 [179] 第 103–106 页)：

$$\zeta = \text{“Gustav 很可能在塔楼附近，但也可能是在烟囱附近，雾太大了我不能肯定。”} \tag{22.50}$$

该情形下面临的不只是模糊性，还包括对三个假设的不确定性。这些备选的假设为

- “Gustav 在塔楼附近。”

- “Gustav 在烟囱附近。”
- “我对自己的所见不十分肯定。”

如22.2.2.1节所述，首先用以塔楼为中心的封闭圆盘 T_1 表示第一个假设，用以烟囱为中心的封闭圆盘 T_2 表示第二个假设，而第三个假设则建模为“空假设” $T_0=\mathbb{R}^2$——对 Gustav 的位置不做任何约束。

如果知道附近还有其他地标容易与塔楼或烟囱混淆，则可在这些地标周围放置圆盘 $T_3,\cdots,T_d$。通过为这些假设分配相应的权值 $\tau_d\geqslant\cdots\geqslant\tau_2>\tau_1>\tau_0$ $(\sum_{j=0}^{d}\tau_j=1)$，即可表示观察员的不确定性。

此外，如22.2.2.1节所述，由于“附近”这个概念的模糊性，上面的模型未能充分描述实际情形，也即 T_i 并非地标 i 附近区域的充分精细化表示。与22.2.2.1节的推理过程类似，这里采用模糊隶属函数 $g_j(z)$ 而非 T_j 来表示第 j 个假设，而 τ_j 则表示其为真的概率。$g_1,\cdots,g_d$ 及其权值 $\tau_1,\cdots,\tau_d$ 一起构成了 (已知构造过程的不确定性) 最终的“观测”。

定义随机子集如下：

$$\Theta_\zeta=\{z|A\leqslant g_J(z)\} \tag{22.51}$$

式中：$1\leqslant J\leqslant d$ 为随机整数，且 $\Pr(J=j)=\tau_j$；A,J 相互独立。式(22.51)的 Θ_ζ 即自然语言陈述 ζ 的随机集表示。

22.2.3.2 不确定观测的随机集表示

给定 b.m.a. $o(T)$ 后，令 $T_1,\cdots,T_m$ 表示 o 的不同焦集，若 $\mathfrak{Z}$ 的离散随机闭子集 Θ_o 满足

$$\Pr(\Theta_o=T)=o(T) \tag{22.52}$$

则 Θ_o 称为不确定观测 o 的随机集表示。

更一般地，对于给定的 f.b.m.a. $o(g)$，令 $g_1,\cdots,g_m$ 表示 o 的不同模糊焦集，同时令 $J\in\{1,\cdots,m\}$ 为满足下述关系的随机正整数：

$$\Pr(J=j)=o(g_j) \tag{22.53}$$

则 $\mathfrak{Z}$ 的随机闭子集可定义为

$$\Sigma_{A,J}(o)=\Sigma_A(g_J)=\{z|A\leqslant g_J(z)\} \tag{22.54}$$

式中：J、A 统计独立；$\Sigma_A(g)$ 的定义见式(22.40)[①]。式(22.54)的 $\Sigma_{A,J}(o)$ 即不确定观测 o 的随机集表示。

[①]式(22.54)的定义与文献 [179] 第 145–147 页中的定义等价，但形式上更为简洁。

22.2.4 条件观测 (推理规则)

令 $g(z)$ 和 $g'(z)$ 为 $\mathfrak{Z}$ 上的两个模糊观测，则 (一阶) 模糊规则的形式如下 (文献 [179] 第 147−150 页)：

$$g \Rightarrow g'$$

上式的语义为：若观测到模糊观测 g，则会有模糊观测 g'。

比如，若 g、g' 分别为下面的语言陈述：

$$g : \text{“Gustav 在大橡树附近。”} \tag{22.55}$$

$$g' : \text{“Gustav 在塔楼附近。”} \tag{22.56}$$

则规则 $g \Rightarrow g'$ 表明：如果发现 Gustav 在大橡树附近，则可断定他在塔楼附近，即 Gustav 在大橡树与塔楼的附近。

22.2.4.1 条件观测的随机集表示

模糊规则 $g \Rightarrow g'$ 的随机集表示 $\Sigma_{\Phi}(g \Rightarrow g')$ 仅在有限观测空间 $\mathfrak{Z}$ 上有定义 (文献 [179] 中的 (4.162) 式)：

$$\Sigma_{\Phi,A,A'}(g \Rightarrow g') \stackrel{\text{def.}}{=} (\Sigma_A(g') \cap \Sigma_{A'}(g)) \cup (\Sigma_{A'}(g)^c \cap \Phi) \tag{22.57}$$

式中：Φ 为空间 $\mathfrak{Z}$ 上均匀分布的随机子集①；$\Sigma_A(g)$ 的定义见(22.40)式。

22.2.5 广义模糊观测

Li Y. 提出的广义模糊集概念[144,179] 是最一般形式的不确定性表示。特别地，它包含了前面考虑的不精确、模糊、模糊 DS 以及模糊规则等所有不确定性类型，而且也能包含 Gau 和 Buehrer[90] 给出的“模糊 (Vague) 集”概念。

记观测空间为 $\mathfrak{Z}$，单位区间为 [0, 1]，定义

$$\mathfrak{Z}^* = \mathfrak{Z} \times [0,1] \tag{22.58}$$

则称任意子集 $W \subseteq \mathfrak{Z}^*$ 为一个广义模糊观测。广义模糊观测类是一般集合论运算法则下的一个布尔代数。特别强调的是，不同于模糊观测情形，

- 排中律对广义模糊观测是成立的。

若 $g(z)$ 是 $\mathfrak{Z}$ 上的模糊隶属函数，定义

$$W_g = \{(z,a) | a \leqslant g(z)\} \tag{22.59}$$

则 W_g 为广义模糊集。若‘∧’和‘∨’分别表示普通的扎德合取与析取算子，则 (文献 [179] 中的 (4.71) 式及 (4.72) 式)：

$$W_g \cap W_{g'} = W_{g \wedge g'}, \qquad W_g \cup W_{g'} = W_{g \vee g'} \tag{22.60}$$

① Φ 为均匀分布意味着对于每个 $T \subseteq \mathfrak{Z}$，均有 $\Pr(\Phi = T) = 2^{-M}$，其中 M 为 $\mathfrak{Z}$ 的元素数目。

但一般来讲，$W_g^c \neq W_{g^c}$。

如果下述积分

$$\mu_W(z) = \int_0^1 \mathbf{1}_W(z, a)\mathrm{d}a \tag{22.61}$$

是可积的，则每个广义模糊观测均可提升为一模糊观测 (文献 [179] 中的 (4.73) 式)。当 $W = W_g$ 时，则

$$\mu_{W_g}(z) = g(z) \tag{22.62}$$

22.2.5.1 广义模糊观测的随机集表示

广义模糊观测的随机表示与模糊观测情形类似。令 α_z 为 $\mathfrak{Z}$ 上的均匀随机标量场 (定义见22.2.2.2节)，则广义模糊观测 $W \subseteq \mathfrak{Z}^*$ 的随机集表示为

$$\Sigma_\alpha(W) = \{z|(z, \alpha_z) \in W\} \tag{22.63}$$

若 $\alpha_z = A$ 为区间 $[0, 1]$ 上均匀分布的一个固定随机数 (不随 z 变化)，则上式可化为 (文献 [179] 中的 (4.75) 式)

$$\Sigma_A(W) = \{z|(z, A) \in W\} \tag{22.64}$$

可以证明：

$$\Sigma_\alpha(V \cap W) = \Sigma_\alpha(V) \cap \Sigma_\alpha(W) \tag{22.65}$$

$$\Sigma_\alpha(V \cup W) = \Sigma_\alpha(V) \cup \Sigma_\alpha(W) \tag{22.66}$$

$$\Sigma_\alpha(W^c) = \Sigma_\alpha(W)^c \tag{22.67}$$

$$\Sigma_\alpha(\emptyset) = \emptyset, \quad \Sigma_\alpha(\mathfrak{Z}^*) = \mathfrak{Z} \tag{22.68}$$

这说明：

- 广义模糊观测的随机集表示与布尔代数完全兼容。

可以发现，(22.38)式模糊观测 $g(z)$ 的随机集表示是(22.63)式的一个特例：

$$\Sigma_\alpha(W_g) = \Sigma_\alpha(g) \tag{22.69}$$

22.3 广义似然函数 (GLF)

22.2节所述非常规观测的随机集表示虽名为“随机集”，实际却是确定性的。为了理解该结论，考虑下面的例子。一条自然语言陈述 ζ 是确定的，它只不过是假想随机变量 (取值范围为所有可能的自然语言陈述) 的一个可能的抽样而已。因此，ζ 的随机集表示 Θ_ζ 也应该是确定性的，即 Θ_ζ 的随机性只是由建模过程所致。但一般来讲，ζ 会通过某种方式随机产生，这种随机性源自非常规观测给底层随机观测过程 $\boldsymbol{Z}$ 附加的某些约束。

令 Θ 为非常规观测("广义观测")的随机集表示，并令底层的非线性加性观测模型为

$$Z = \eta(x) + V \tag{22.70}$$

则 Θ 的广义似然可定义为

$$\rho(\Theta|x) = \Pr(Z \in \Theta) = \Pr(\eta(x) + V \in \Theta) \tag{22.71}$$

若观测模型不含噪声，即 $V = 0$，则确定性广义观测 Θ 的广义似然便退化为下述形式：

$$\rho(\Theta|x) = \Pr(\eta(x) \in \Theta) = \mu_\Theta(\eta(x)) \tag{22.72}$$

式中：$\mu_\Theta(z)$ 为 Θ 的点覆盖函数，其定义见式(22.37)。

本节将对广义似然作更深入的讨论，具体内容包括：

- 22.3.1节：22.2节非常规观测的"无噪版"GLF。
- 22.3.2节：22.2节非常规观测的"含噪版"GLF。
- 22.3.3节：采用 GLF 的广义观测贝叶斯处理方法。
- 22.3.4节：GLF 方法的贝叶斯最优性。

22.3.1 非常规无噪观测的 GLF

假定底层的传感器模型是无噪的，即广义观测 Θ 为某非常规观测的确定性表示，应该如何导出相应的广义似然 $\rho(\Theta|x)$ 的表达式呢？由式(22.72)可知

$$\rho(\Theta|x) = \mu_\Theta(\eta(x)) \tag{22.73}$$

因此下面只需确定点覆盖函数 $\mu_\Theta(z)$ 的形式即可。

文献 [179] 中的表 5.1 给出了22.2节无噪版非常规观测 Θ 在不同特殊情况下的广义似然函数，这里摘选如下：

- 模糊观测 g 的广义似然函数：

$$\rho(g|x) = g(\eta(x)) \tag{22.74}$$

- 广义模糊观测 W 的广义似然函数：

$$\rho(W|x) = \mu_W(\eta(x)) = \int_0^1 \mathbf{1}_W(\eta(x), a)\mathrm{d}a \tag{22.75}$$

- DS 观测 o 的广义似然函数：

$$\rho(o|x) = \sum_{T \ni \eta(x)} o(T) \tag{22.76}$$

其中求和遍历所有包含 $\eta(x)$ 的子集 $T \subseteq \mathfrak{Z}$。

- 模糊 DS 观测 o 的广义似然函数：

$$\rho(o|\boldsymbol{x}) = \sum_{g} o(g) \cdot g(\eta(\boldsymbol{x})) \tag{22.77}$$

- 模糊规则 $g \Rightarrow g'$ 的广义似然函数[①]：

$$\rho(g \Rightarrow g'|\boldsymbol{x}) = (g \wedge_{A,A'} g')(\eta(\boldsymbol{x})) + \frac{1}{2}(1 - g(\eta(\boldsymbol{x}))) \tag{22.78}$$

式中：模糊观测 g、g' 的随机集表示分别为 $\Sigma_A(g)$ 和 $\Sigma_{A'}(g')$；联项模糊合取算子“$\wedge_{A,A'}$”的定义见式(22.28)。

22.3.2　非常规含噪观测的 GLF

假定底层传感器模型是含噪的，即广义观测 Θ (某非常规观测的确定性表示) 受底层观测模型 $\boldsymbol{Z} = \eta(\boldsymbol{x}) + \boldsymbol{V}$ 的噪声污染。进一步假定 $\Theta, \boldsymbol{V}$ 相互独立，则对应的 GLF $\rho(\Theta|\boldsymbol{x})$ 可由 $\boldsymbol{Z}$ 的似然函数 $f(\boldsymbol{z}|\boldsymbol{x})$ 及 Θ 的点覆盖函数 (见(22.37)式) 构造得到：

$$\rho(\Theta|\boldsymbol{x}) = \int \mu_{\Theta}(\boldsymbol{z}) \cdot f(\boldsymbol{z}|\boldsymbol{x})\mathrm{d}\boldsymbol{z} \tag{22.79}$$

作为含噪非常规观测 GLF 的例子，考虑22.2.3节的模糊 DS 观测 o，其点覆盖函数如式(22.77)，故含噪 GLF 可表示为

$$\rho(o|\boldsymbol{x}) \stackrel{\text{def.}}{=} \rho(\Theta_o|\boldsymbol{x}) = \sum_{g} o(g) \int g(\boldsymbol{z}) \cdot f(\boldsymbol{z}|\boldsymbol{x})\mathrm{d}\boldsymbol{z} \tag{22.80}$$

特别地，含噪模糊观测 g 的 GLF 为

$$\rho(g|\boldsymbol{x}) \stackrel{\text{def.}}{=} \rho(\Theta_g|\boldsymbol{x}) = \int g(\boldsymbol{z}) \cdot f(\boldsymbol{x}|\boldsymbol{z})\mathrm{d}\boldsymbol{z} \tag{22.81}$$

22.3.3　广义观测的贝叶斯处理

给定式(22.72)后，可将式(2.26)常规观测 $\boldsymbol{z}$ 的贝叶斯规则推广至广义观测 Θ：

$$f_{k+1|k+1}(\boldsymbol{x}|Z^{k+1}) = \frac{\rho_{k+1}(\Theta_{k+1}|\boldsymbol{x}) \cdot f_{k+1|k}(\boldsymbol{x}|Z^k)}{\rho_{k+1}(\Theta_{k+1}|Z^k)} \tag{22.82}$$

式中：分母上的贝叶斯归一化因子为

$$\rho_{k+1}(\Theta_{k+1}|Z^k) = \int \rho_{k+1}(\Theta_{k+1}|\boldsymbol{x}) \cdot f_{k+1|k}(\boldsymbol{x}|Z^k)\mathrm{d}\boldsymbol{x} \tag{22.83}$$

也就是说，可利用递归贝叶斯滤波器处理广义似然观测。

由于式(22.82)以直观方式将广义似然函数 $\rho_{k+1}(\Theta|\boldsymbol{x})$ 作为常规似然函数使用，因此它似乎是一种启发式的定义。人们不禁会问：式(22.82)果真能得到数学上的严格贝叶斯最优结果吗？22.3.4节将对该问题做出肯定的答复：

[①]式(22.78)的推导中需假定 $\mathfrak{Z}$ 是有限维的，但由于 $\rho(g \Rightarrow g'|\boldsymbol{x})$ 并不需要该假定，因此式(22.78)的定义对所有观测空间均有效。

- 2.2.7节的单传感器单目标贝叶斯滤波器可直接严格扩展至非常规观测。

此外，还有如下结论：

- 像 PHD/CPHD 滤波器等多传感器多目标 RFS 滤波器也可严格扩展至非常规观测（见22.10节）。

例 10: 令 Θ_{k+1} 为 DS b.m.a. $o(T)$ 的随机集表示，其焦集为 $T_1, \cdots, T_m$；假定观测空间与状态空间相同，且观测为无噪观测——$f_{k+1}(z|x) = \delta_z(x)$，其中的 $\delta_z(x)$ 是 z 处的狄拉克 δ 函数；最后假定 $\mathfrak{X} = \mathfrak{Z}$ 是有限的，且 $f_{k+1|k}(x|Z^k)$ 为均匀分布。此时，式(22.82)可化为

$$f_{k+1|k+1}(x|Z^{k+1}) = \frac{\mu_{\Theta_{k+1}}(x) \cdot f_{k+1|k}(x|Z^k)}{\int \mu_{\Theta_{k+1}}(y) \cdot f_{k+1|k}(y|Z^k)\mathrm{d}y} \tag{22.84}$$

$$= \frac{\sum_{j=1}^m o(T_j) \cdot \mathbf{1}_{T_j}(x)}{\sum_{j=1}^m o(T_j) \cdot \int \mathbf{1}_{T_j}(y)\mathrm{d}y} \tag{22.85}$$

$$= \frac{\sum_{j=1}^m o(T_j) \cdot \mathbf{1}_{T_j}(x)}{\sum_{j=1}^m o(T_j) \cdot |T_j|} \tag{22.86}$$

上式即 b.m.a. $o(T)$ 的 Voorbraak 概率分布 (见文献 [179] 中的 (4.115) 式)。

22.3.4 GLF 方法的贝叶斯最优性

本节总结由文献 [161] 提出并在文献 [191] 中完成的证明：从严格的贝叶斯视角看，GLF 方法在理论上是严格的。与文献 [191] 相比，本节内容更为一般且过程更加精简。

令 $\Theta \subseteq \mathfrak{Z}$ 表示22.2节所述非常规观测的广义观测，则可将 Θ 视作对底层随机观测过程 $\boldsymbol{Z}$ 的一个约束。令底层随机过程的观测模型为 $\boldsymbol{Z} = \eta(x) + \boldsymbol{V}$，由于 Θ (非常规观测的模型) 的构造与 $\boldsymbol{Z}$ 的随机性无关，因此可假定 $\Theta, \boldsymbol{Z}$ (或 $\Theta, \boldsymbol{V}$) 统计独立。

由随机 (闭) 子集 $\Theta \subseteq \mathfrak{Z}$ 与随机矢量 $\boldsymbol{Z} \in \mathfrak{Z}$ 的统计独立性可得出如下结论：定义测度

$$p_{\boldsymbol{Z},\Theta}(T) = \Pr(\boldsymbol{Z} \in T \cap \Theta)$$

则 Radon–Nikodým 定理表明，存在一个几乎处处唯一的密度函数 $f_{\boldsymbol{Z},\Theta}(z)$，使得

$$p_{\boldsymbol{Z},\Theta}(T) = \int_T f_{\boldsymbol{Z},\Theta}(z)\mathrm{d}z$$

由于 Θ 和 $\boldsymbol{Z}$ 独立，因此可将联合密度函数分解为 (文献 [191] 中的 (74) 式)

$$f_{\boldsymbol{Z},\Theta}(z) = f_{\boldsymbol{Z}}(z) \cdot \Pr(z \in \Theta) = f_{\boldsymbol{Z}}(z) \cdot \mu_\Theta(z) \tag{22.87}$$

给定上述基本表示后，令 GLF 为

$$\rho(\Theta|x) = \Pr(\boldsymbol{Z} \in \Theta|x) = \Pr(\eta(x) + \boldsymbol{V} \in \Theta) \tag{22.88}$$

套用式(22.82)的贝叶斯规则，便可构造条件 Θ (受 $\boldsymbol{V}$ 影响) 下基于 GLF 的后验分布：

$$f(x|\Theta) = \frac{\rho(\Theta|x) \cdot f_0(x)}{\rho(\Theta)} \tag{22.89}$$

式中

$$\rho(\Theta) = \int \rho(\Theta|\boldsymbol{x}) \cdot f_0(\boldsymbol{x})\mathrm{d}\boldsymbol{x} \tag{22.90}$$

如文献 [191] 所述，尽管算式中采用的是非常规似然函数 $\rho(\Theta|\boldsymbol{x})$，但式(22.89)仍是理论严格的贝叶斯后验分布。特别地，下面给出一些可验证的结论：

- *GLF 方法的贝叶斯最优性*：

$$\overbrace{f(\boldsymbol{x}|\Theta)}^{\text{GLF 方法}} = \overbrace{f(\boldsymbol{x}|\boldsymbol{Z} \in \Theta)}^{\text{测度论方法}} \tag{22.91}$$

  上式右边是事件 $\boldsymbol{Z} \in \Theta$ 条件下的一般后验分布，由测度论方法构造得到。

- *GLF 是条件概率*：$\rho(\Theta|\boldsymbol{x})$ 是事件 $\boldsymbol{X} = \boldsymbol{x}$ 下 $\boldsymbol{Z} \in \Theta$ 的条件概率：

$$\rho(\Theta|\boldsymbol{x}) = \Pr(\boldsymbol{Z} \in \Theta|\boldsymbol{X} = \boldsymbol{x}) \tag{22.92}$$

- *GLF 的积分公式*：$\rho(\Theta|\boldsymbol{x})$ 可由 $\boldsymbol{Z}$ 的似然函数及 Θ 的点覆盖函数 (见(22.37)式) 构造得到：

$$\rho(\Theta|\boldsymbol{x}) = \int \mu_\Theta(\boldsymbol{z}) \cdot f(\boldsymbol{z}|\boldsymbol{x})\mathrm{d}\boldsymbol{z} \tag{22.93}$$

下面简单介绍下这些结论的证明思路 (完整的证明参见附录 K.33)。首先令 $h(\boldsymbol{x})$ 表示状态的检验函数，利用 Θ 的 GLF 构造如下的后验期望：

$$\mathbb{E}[h|\Theta] = \int h(\boldsymbol{x}) \cdot f(\boldsymbol{x}|\Theta)\mathrm{d}\boldsymbol{x} \tag{22.94}$$

在文献 [54] 中，Curry、vander Velde 和 Potter 等人采用了下述测度论恒等式：

$$\mathbb{E}[h|\mathcal{E}] = \mathbb{E}[\mathbb{E}[h|\cdot]|\mathcal{E}] \tag{22.95}$$

式中：$\mathcal{E}$ 为某概率事件；$\mathbb{E}[h|\cdot]$ 为函数 $\boldsymbol{z} \mapsto \mathbb{E}[h|\boldsymbol{z}]$ 的缩写，定义为

$$\mathbb{E}[h|\boldsymbol{z}] = \int h(\boldsymbol{x}) \cdot f(\boldsymbol{x}|\boldsymbol{z})\mathrm{d}\boldsymbol{x} = \frac{\int h(\boldsymbol{x}) \cdot f(\boldsymbol{z}|\boldsymbol{x}) \cdot f_0(\boldsymbol{x})\mathrm{d}\boldsymbol{x}}{f_{\boldsymbol{Z}}(\boldsymbol{z})} \tag{22.96}$$

上式即 h 关于常规观测 $\boldsymbol{z}$ 的后验期望，其中的贝叶斯归一化因子为

$$f_{\boldsymbol{Z}}(\boldsymbol{z}) = \int f(\boldsymbol{z}|\boldsymbol{x}) \cdot f_0(\boldsymbol{x})\mathrm{d}\boldsymbol{x} \tag{22.97}$$

对于观测的任意检验函数 $g(\boldsymbol{z})$ (特别地，对于检验函数 $g(\boldsymbol{z}) = \mathbb{E}(h|\boldsymbol{z})$)，定义

$$\mathbb{E}(g|\mathcal{E}) = \int g(\boldsymbol{z}) \cdot f(\boldsymbol{z}|\mathcal{E})\mathrm{d}\boldsymbol{z} \tag{22.98}$$

上式即 g 关于条件分布 $f(\boldsymbol{z}|\mathcal{E})$ 的后验期望。

对于当前的问题，$\mathcal{E}$ 即事件 $\boldsymbol{Z} \in \Theta$，因此

$$\mathbb{E}[h|\boldsymbol{Z} \in \Theta] = \mathbb{E}[\mathbb{E}[h|\cdot]|\boldsymbol{Z} \in \Theta] \tag{22.99}$$

如附录 K.33 所示，

$$\mathbb{E}[g|\boldsymbol{Z} \in \Theta] = \frac{\int g(\boldsymbol{z}) \cdot \mu_\Theta(\boldsymbol{z}) \cdot f_{\boldsymbol{Z}}(\boldsymbol{z})\mathrm{d}\boldsymbol{z}}{\int \mu_\Theta(\boldsymbol{w}) \cdot f_{\boldsymbol{Z}}(\boldsymbol{w})\mathrm{d}\boldsymbol{w}} \tag{22.100}$$

将式(22.96)及式(22.100)代入式(22.99)，可得

$$\mathbb{E}[h|\boldsymbol{Z} \in \Theta] = \int h(\boldsymbol{x}) \cdot \frac{\int \mu_\Theta(\boldsymbol{z}) \cdot f(\boldsymbol{z}|\boldsymbol{x})\mathrm{d}\boldsymbol{z}}{\int \mu_\Theta(\boldsymbol{w}) \cdot f_{\boldsymbol{Z}}(\boldsymbol{w})\mathrm{d}\boldsymbol{w}} \cdot f_0(\boldsymbol{x})\mathrm{d}\boldsymbol{x} \tag{22.101}$$

$$= \int h(\boldsymbol{x}) \cdot f(\boldsymbol{x}|\Theta)\mathrm{d}\boldsymbol{x} \tag{22.102}$$

由于上式对所有检验函数 $h(\boldsymbol{x})$ 均成立，故测度论后验分布的形式为

$$f(\boldsymbol{x}|\boldsymbol{Z} \in \Theta) = \frac{\tilde{\rho}(\Theta|\boldsymbol{x}) \cdot f_0(\boldsymbol{x})}{\int \tilde{\rho}(\Theta|\boldsymbol{y}) \cdot f_0(\boldsymbol{y})\mathrm{d}\boldsymbol{y}} \tag{22.103}$$

式中

$$\tilde{\rho}(\Theta|\boldsymbol{x}) = \int \mu_\Theta(\boldsymbol{z}) \cdot f(\boldsymbol{z}|\boldsymbol{x})\mathrm{d}\boldsymbol{z} \tag{22.104}$$

这表明 $\rho(\Theta|\boldsymbol{x}) = \tilde{\rho}(\Theta|\boldsymbol{x})$，故

$$f(\boldsymbol{x}|\boldsymbol{Z} \in \Theta) = f(\boldsymbol{x}|\Theta) \tag{22.105}$$

最后，由于

$$f(\boldsymbol{x}|\boldsymbol{Z} \in \Theta) \cdot \Pr(\boldsymbol{Z} \in \Theta) = \Pr(\boldsymbol{Z} \in \Theta|\boldsymbol{x}) \cdot f_0(\boldsymbol{x}) \tag{22.106}$$

故 GLF 为严格定义的条件概率：

$$\rho(\Theta|\boldsymbol{x}) = \Pr(\boldsymbol{Z} \in \Theta|\boldsymbol{X} = \boldsymbol{x}) \tag{22.107}$$

22.4 专家系统理论的统一化

给定下面的 GLF 定义

$$\rho(\Theta|\boldsymbol{x}) = \Pr(\boldsymbol{Z} \in \Theta|\boldsymbol{x}) = \Pr(\eta(\boldsymbol{x}) + \boldsymbol{V} \in \Theta) \tag{22.108}$$

则可证明随机集方法能够在单个贝叶斯范式下将专家系统理论的下述方面有机统一起来：

- 贝叶斯规则；
- 模糊逻辑；
- DS 理论；
- 基于规则的推理。

本节简要介绍这种统一化，内容包括：

- 22.4.1节：观测融合的统一化随机集方法。

- 22.4.2节：Dempster 组合规则——贝叶斯规则的特例。
- 22.4.3节：随机集方法为不同类型观测 (不确定性表示) 间的转换——如从模糊到概率、从概率到模糊等——提供了一种贝叶斯最优方法。

22.4.1 观测融合的贝叶斯统一化

观测融合是指将来自不同信源的多个观测合成一个复合观测的过程，该复合观测在某种意义上应与原始观测包含等量的信息。由本章前面小节所述的随机集观测理论可以得出：

- 统一化的贝叶斯观测理论；
- 统一化的贝叶斯观测融合理论；
- 统一化专家系统理论——与模糊合取、Dempster 组合规则、规则触发等观测融合算子有关。

本节简要介绍该理论，主要的出发点是：在贝叶斯范式中，

- 所有的观测均以后验概率分布作为媒介；
- 因此任何类型的观测融合都必须表示为后验分布形式。

特别地，给定常规观测 $\boldsymbol{z}_1,\cdots,\boldsymbol{z}_m$，则所有的贝叶斯相关信息均包含在下述后验分布中：

$$f(\boldsymbol{x}|\boldsymbol{z}_1,\cdots,\boldsymbol{z}_m)=\frac{f(\boldsymbol{z}_1,\cdots,\boldsymbol{z}_m|\boldsymbol{x})\cdot f_0(\boldsymbol{x})}{\int f(\boldsymbol{z}_1,\cdots,\boldsymbol{z}_m|\boldsymbol{y})\cdot f_0(\boldsymbol{y})\mathrm{d}\boldsymbol{y}} \tag{22.109}$$

式中：$f(\boldsymbol{z}_1,\cdots,\boldsymbol{z}_m|\boldsymbol{x})$ 为 $\boldsymbol{z}_1,\cdots,\boldsymbol{z}_m$ 的联合似然；$f_0(\boldsymbol{x})$ 为先验分布。对于观测 $\boldsymbol{z}_1,\cdots,\boldsymbol{z}_m$，这里只对它们如何约束 $\boldsymbol{x}$ 的可能取值感兴趣。

假定现有一个组合算子 (某种“融合规则”)“$\odot$”，它可将 $\boldsymbol{z}_1,\cdots,\boldsymbol{z}_m$ 融合为单个观测 $\boldsymbol{z}_1\odot\cdots\odot\boldsymbol{z}_m$。作为融合规则，“$\odot$”必须满足交换律，即 $\boldsymbol{z}_1\odot\boldsymbol{z}_2=\boldsymbol{z}_2\odot\boldsymbol{z}_1$，否则融合后的观测将与融合次序有关。出于同样的原因，“$\odot$”还必须满足结合律，即 $(\boldsymbol{z}_1\odot\boldsymbol{z}_2)\odot\boldsymbol{z}_3=\boldsymbol{z}_1\odot(\boldsymbol{z}_2\odot\boldsymbol{z}_3)$。

一个融合规则要成为贝叶斯组合算子或贝叶斯最优融合规则，则它不能损失任何的贝叶斯相关信息，即后验分布满足 (文献 [179] 第 111、112 和 182 页)：对于所有的 $\boldsymbol{z}_1,\cdots,\boldsymbol{z}_m$ 及任意 m，有

$$f(\boldsymbol{x}|\boldsymbol{z}_1\odot\cdots\odot\boldsymbol{z}_m)=f(\boldsymbol{x}|\boldsymbol{z}_1,\cdots,\boldsymbol{z}_m) \tag{22.110}$$

式中

$$f(\boldsymbol{x}|\boldsymbol{z}_1\odot\cdots\odot\boldsymbol{z}_m)=\frac{f(\boldsymbol{z}_1\odot\cdots\odot\boldsymbol{z}_m|\boldsymbol{x})\cdot f_0(\boldsymbol{x})}{\int f(\boldsymbol{z}_1\odot\cdots\odot\boldsymbol{z}_m|\boldsymbol{y})\cdot f_0(\boldsymbol{y})\mathrm{d}\boldsymbol{y}} \tag{22.111}$$

等价地讲，“$\odot$”为贝叶斯组合算子的条件是 $\boldsymbol{z}_1\odot\cdots\odot\boldsymbol{z}_m$ 为充分统计量，即对于所有的 $\boldsymbol{z}_1,\cdots,\boldsymbol{z}_m$ 及任意 m，有

$$f(\boldsymbol{z}_1\odot\cdots\odot\boldsymbol{z}_m|\boldsymbol{x})=K_{\boldsymbol{z}_1,\cdots,\boldsymbol{z}_m}\cdot f(\boldsymbol{z}_1,\cdots,\boldsymbol{z}_m|\boldsymbol{x}) \tag{22.112}$$

式中：$K_{z_1,\cdots,z_m}$ 与 x 无关。换言之，

- 若采用“$\odot$”的观测融合与仅利用贝叶斯规则的观测融合等价，则“$\odot$”为贝叶斯最优融合规则。

下面举几个贝叶斯最优融合规则的例子。这里假定无噪的传感器模型 (即 $V = 0$)，因此下面的广义观测是确定性的。

- 广义观测的贝叶斯最优观测融合：广义观测的集合论交运算“$\cap$”是贝叶斯最优融合规则。对于联合广义似然函数的定义式(22.12)，可以得出下面的关系：

$$\rho(\Theta_1, \cdots, \Theta_m|\boldsymbol{x}) = \rho(\Theta_1 \cap \cdots \cap \Theta_m|\boldsymbol{x}) \tag{22.113}$$

  上述关系因广义观测类型不同而表现出不同的特殊形式。

- 22.2.2节模糊观测的贝叶斯最优观测融合：定义联项合取为

$$(g \wedge g')(\boldsymbol{z}) = \Pr(A \leqslant g(\boldsymbol{z}), A' \leqslant g'(\boldsymbol{z})) \tag{22.114}$$

  式中：A, A' 为 $[0, 1]$ 上均匀分布的随机变量。因为

$$\rho(g_1 \wedge \cdots \wedge g_m|\boldsymbol{x}) = \rho(g_1, \cdots, g_m|\boldsymbol{x}) \tag{22.115}$$

  因此“$\wedge$”为贝叶斯最优融合规则。特别地，令“$\wedge$”和“$\dot{\wedge}$”分别为式(22.23)的扎德模糊合取及式(22.26)的乘和模糊合取，同时令 $g_1, \cdots, g_m$ 为模糊观测，由于[①]

$$\rho(g_1 \wedge \cdots \wedge g_m|\boldsymbol{x}) = \rho(g_1, \cdots, g_m|\boldsymbol{x}) \tag{22.116}$$

$$\rho(g_1 \dot{\wedge} \cdots \dot{\wedge} g_m|\boldsymbol{x}) = \rho(g_1, \cdots, g_m|\boldsymbol{x}) \tag{22.117}$$

  故“$\wedge$”和“$\dot{\wedge}$”均为贝叶斯最优观测融合规则。

- 22.2.5节广义模糊观测的贝叶斯最优观测融合：令 $W_1, \cdots, W_m$ 为广义模糊观测，相应的随机集表示为 $\Sigma_A(W_1), \cdots, \Sigma_A(W_m)$，则

$$\rho(W_1 \cap \cdots \cap W_m|\boldsymbol{x}) = \rho(W_1, \cdots, W_m|\boldsymbol{x}) \tag{22.118}$$

  因此‘$\cap$’为贝叶斯最优观测融合规则。

- 22.2.3节 *FDS* 观测的贝叶斯最优观测融合：令“$*$”表示式(22.46)定义的 FDS 组合，若 $o_1, \cdots, o_m$ 为 FDS 观测，则存在某 $K_{o_1,\cdots,o_m}$，使得 (文献 [179] 中的 (5.119) 式)

$$\rho(o_1 * \cdots * o_m|\boldsymbol{x}) = K_{o_1,\cdots,o_m} \cdot \rho(o_1, \cdots, o_m|\boldsymbol{x}) \tag{22.119}$$

  因此模糊 DS 观测的 FDS 组合“$*$”是贝叶斯最优观测融合规则。

[①] 注意：由于底层模型的差异，下式并不表示 $\rho(g_1 \wedge \cdots \wedge g_m|\boldsymbol{x}) = \rho(g_1 \dot{\wedge} \cdots \dot{\wedge} g_m|\boldsymbol{x})$。

- 22.2.4节模糊规则的贝叶斯最优触发：令 g、g' 为模糊观测，相应的随机集表示分别为 $\Sigma_A(g)$、$\Sigma_{A'}(g')$，同时令 $g \Rightarrow g'$ 表示前件为 g 后件为 g' 的模糊规则，则 (文献 [179] 中的 (5.135) 式)

$$\rho(g, g \Rightarrow g'|\boldsymbol{x}) = \rho(g \wedge_{A,A'} g'|\boldsymbol{x}) \tag{22.120}$$

这说明由前件 g 触发规则 $g \Rightarrow g'$ 等价于同时知道 g, g'。换言之，逻辑规则的假言推理是贝叶斯最优的。

- 模糊规则的贝叶斯最优局部触发：考虑前件 g''“局部触发”规则 $g \Rightarrow g'$，该一般情形也满足贝叶斯最优性 (文献 [179] 中的 (5.134) 式)，即

$$\rho(g'', g \Rightarrow g'|\boldsymbol{x}) = \rho(g'' \wedge (g \Rightarrow g')|\boldsymbol{x}) \tag{22.121}$$

式中：“$\wedge$”为规则 *GNW* 条件事件代数中的合取算子[①]。

22.4.2 Dempster 规则——贝叶斯规则的特例

众所周知，卡尔曼滤波器是单传感器单目标递归贝叶斯滤波器的特例 (文献 [179] 第 33−41 页)。具体来讲，若传感器的似然函数为线性高斯的：

$$f_{k+1}(\boldsymbol{z}|\boldsymbol{x}) = N_{\boldsymbol{R}_{k+1}}(\boldsymbol{z} - \boldsymbol{H}_{k+1}\boldsymbol{x}) \tag{22.122}$$

试问：如欲得到闭式贝叶斯滤波器，还需要附加什么样的假定？答案是仅需假定线性高斯的马尔可夫转移密度与初始分布：

$$f_{k+1|k}(\boldsymbol{x}|\boldsymbol{x}') = N_{\boldsymbol{Q}_k}(\boldsymbol{x} - \boldsymbol{F}_k\boldsymbol{x}'), \quad f_{0|0}(\boldsymbol{x}|Z^0) = N_{\boldsymbol{P}_{0|0}}(\boldsymbol{x} - \boldsymbol{x}_{0|0}) \tag{22.123}$$

此时所有的预测分布及后验分布均为线性高斯形式：

$$f_{k+1|k+1}(\boldsymbol{x}|Z^{k+1}) = N_{\boldsymbol{P}_{k+1|k+1}}(\boldsymbol{x} - \boldsymbol{x}_{k+1|k+1}) \tag{22.124}$$

$$f_{k+1|k}(\boldsymbol{x}|Z^k) = N_{\boldsymbol{P}_{k+1|k}}(\boldsymbol{x} - \boldsymbol{x}_{k+1|k}) \tag{22.125}$$

式中：$\boldsymbol{x}_{k|k}$、$\boldsymbol{P}_{k|k}$ 及 $\boldsymbol{x}_{k+1|k}$、$\boldsymbol{P}_{k+1|k}$ 分别由卡尔曼滤波器的预测器和校正器方程给出。特别地

$$\boldsymbol{P}_{k+1|k+1}^{-1} = \boldsymbol{P}_{k+1|k}^{-1} + \boldsymbol{H}_{k+1}^{\mathrm{T}}\boldsymbol{R}_{k+1}^{-1}\boldsymbol{H}_{k+1} \tag{22.126}$$

$$\boldsymbol{P}_{k+1|k+1}^{-1}\boldsymbol{x}_{k+1|k+1} = \boldsymbol{P}_{k+1|k}^{-1}\boldsymbol{x}_{k+1|k} + \boldsymbol{H}_{k+1}^{\mathrm{T}}\boldsymbol{R}_{k+1}^{-1}\boldsymbol{z}_{k+1} \tag{22.127}$$

上述信息形式的卡尔曼校正器是贝叶斯规则的一个特例，尽管它看上去一点儿都不像贝叶斯规则。

正如文献 [157] 中指出的：

- 类似结论也适于 *Dempster* 组合规则及其模糊推广形式，二者均为贝叶斯规则的特例。

[①]译者注：此处 GNW 为 Goodman-Nguyen-Walker 的缩写。

具体来讲，如果似然函数不是式(22.122)而是式(22.77)的形式：

$$\rho(o|\boldsymbol{x}) = \sum_{g} o(g) \cdot g(\eta(\boldsymbol{x})) \tag{22.128}$$

令 $Z^k: o_1, \cdots, o_k$ 为 FDS 观测的时间序列，则有同样的问题：为了得到闭式的贝叶斯滤波器，还需要附加哪些假定呢？该问题的答案如下：

- 初始分布必须具有如下形式：

$$f_{0|0}(\boldsymbol{x}|Z^0) = f(\boldsymbol{x}|\xi_{0|0}) \tag{22.129}$$

式中：$\xi_{0|0}$ 为一"FDS 状态"；$f(\boldsymbol{x}|\xi)$ 为由 FDS 状态 ξ 限定的概率密度[①]。

在此基础上，假定

$$f_{k+1|k+1}(\boldsymbol{x}|Z^{k+1}) = \frac{\rho(o_{k+1}|\boldsymbol{x}) \cdot f_{k+1|k}(\boldsymbol{x}|Z^k)}{\int \rho(o_{k+1}|\boldsymbol{y}) \cdot f_{k+1|k}(\boldsymbol{y}|Z^k)\mathrm{d}\boldsymbol{y}} \tag{22.130}$$

上式即获得新 FDS 观测 o_{k+1} 后的条件后验分布。可以证明

$$f_{k+1|k+1}(\boldsymbol{x}|Z^{k+1}) = f(\boldsymbol{x}|\xi_{k+1|k+1}) \tag{22.131}$$

其中观测更新的 *FDS* 状态为

$$\xi_{k+1|k+1} = \eta_{k+1}^{-1} o_{k+1} * \xi_{k+1|k} \tag{22.132}$$

式中：算子"$*$"即式(22.46)定义的 FDS 组合；而

$$(\eta_{k+1}^{-1} o)(h) = \sum_{g \circ \eta_{k+1} = h} o(g) \tag{22.133}$$

其中：$(g \circ \eta_{k+1})(\boldsymbol{x}) = g(\eta_{k+1}(\boldsymbol{x}))$，而求和则遍历所有满足 $g(\eta_{k+1}(\boldsymbol{x})) = h(\boldsymbol{x})$ 的 g。

特别地，若 $\mathfrak{X} = \mathfrak{Z}$ 且对所有 $\boldsymbol{x}$ 均有 $h(\boldsymbol{x}) = \boldsymbol{x}$，则式(22.128)便退化为 FDS 组合：

$$\xi_{k+1|k+1} = o_{k+1} * \xi_{k+1|k} \tag{22.134}$$

由于 $f_{k+1|k+1}(\boldsymbol{x}|Z^{k+1})$ 是贝叶斯规则给出的结果，因此可得出下面结论：

- 式(22.132)只不过是似然函数为式(22.128)时贝叶斯规则的变形而已；

[①] *FDS* 状态是关于状态空间 $\mathfrak{X}$ 上模糊隶属函数 $h(\boldsymbol{x})$ 的一个模糊 b.m.a，且其模糊焦集均可积。此时可将 $f(\boldsymbol{x}|\xi)$ 定义如下：

$$f(\boldsymbol{x}|\xi) = \frac{\sum_h \xi(h) \cdot h(\boldsymbol{x})}{\sum_{h'} \xi(h') \cdot |h'|}$$

式中 $|h'| = \int h'(\boldsymbol{x})\mathrm{d}\boldsymbol{x}$。需要指出的是，$f(\boldsymbol{x}|\xi)$ 不能唯一确定 ξ。给定 ξ 后，令

$$h_\xi(\boldsymbol{x}) = \sum_h \xi(h) \cdot h(\boldsymbol{x})$$

定义 ξ' 满足 $\xi'(h_\xi) = 1$，且当 $h \neq h_\xi$ 时 $\xi'(h) = 0$，则 ξ' 为一 FDS 状态且有 $f(\boldsymbol{x}|\xi) = f(\boldsymbol{x}|\xi')$。

- 换言之，FDS 组合“$*$”是贝叶斯规则的特例，详见文献 [157]。

上述推理是卡尔曼证据滤波器 (Kalman Evidential Filter, KEF) 的基础，作为卡尔曼滤波器的推广，它可以处理常规观测与 FDS 观测 (文献 [179] 第 5.6 节)。

22.4.3 贝叶斯最优观测转换

专家系统文献中对下面的问题一直存在争议：

- 如何将一种不确定表示正确地转换为另外一种表示呢——如模糊到概率、DS 到概率、DS 到模糊等？

这种转换原则上一般是不太可能的。例如由 b.m.a. $o(T)$ 向概率分布 $f_o(\boldsymbol{z})$ 的任何转换都将 (或有可能) 造成相当大且无法接受的信息损失 (文献 [179] 第 189、190 页)。比如当考虑 M 个元素构成的观测空间 $\mathfrak{Z}$ 时，描述所有非空子集 $T \subseteq \mathfrak{Z}$ 的 b.m.a. 一共需要 $2^M - 1$ 个数，而描述一个概率分布 $f_o(\boldsymbol{z})$ 仅需 $M - 1$ 个数。因此，任何由 o 到 f_o 的转换势必会造成巨大的信息损失。

第二个问题与融合规则的兼容性有关。FDS 观测融合采用的是 FDS 组合，而模糊观测融合则采用模糊合取。如欲使 FDS 融合与模糊逻辑融合相容，则必须满足下述关系：

$$\mu_{o*o'} = \mu_o \wedge \mu_{o'} \tag{22.135}$$

式中：$o \mapsto \mu_o$ 表示 FDS 观测 o 到模糊观测 μ_o 的转换。也就是说，两个观测先融合再转换与先转换再融合必须具有相同的结果。

如果采用本章力推的贝叶斯视角，则这些难题便会迎刃而解。换言之，若始终由后验分布 $f(\boldsymbol{x}|\Theta)$ 来调和各类广义观测 Θ，则不难解决上述问题 (见文献 [179] 第 5.4.6 节)。

具体来讲，考虑一种观测类型 ζ 到另一种观测类型 c_ζ 的转换 $\zeta \mapsto c_\zeta$，如果对于所有的 $\zeta_1, \cdots, \zeta_m$ 及所有的 $m \geqslant 1$，

$$f(\boldsymbol{x}|c_{\zeta_1}, \cdots, c_{\zeta_m}) = f(\boldsymbol{x}|\zeta_1, \cdots, \zeta_m) \tag{22.136}$$

则该转换不损失贝叶斯相关信息。

类似地，若“$\odot$”为观测 ζ 的融合规则，“$\hat{\odot}$”为观测 c_ζ 的融合规则，如果

$$f(\boldsymbol{x}|c_{\zeta_1 \odot \cdots \odot \zeta_m}) = f(\boldsymbol{x}|c_{\zeta_1} \hat{\odot} \cdots \hat{\odot} c_{\zeta_m}) \tag{22.137}$$

则称转换 $\zeta \mapsto c_\zeta$ 是贝叶斯不变的。对于所有的 $\zeta_1, \cdots, \zeta_m$ 及所有 m，若

$$c_{\zeta_1 \odot \cdots \odot \zeta_m} = c_{\zeta_1} \hat{\odot} \cdots \hat{\odot} c_{\zeta_m} \tag{22.138}$$

则式(22.137)显然成立。

下面总结了各种贝叶斯最优观测转换规则，其中假设底层的传感器模型不含噪 ($\boldsymbol{V} = 0$)，故所有广义观测均为确定性的。下面的表示中采用如下形式 (文献 [179] 第

191–193 页)：

融合规则 (转换前)	转换规则	融合规则 (转换后)
“$\odot$”	$\zeta \mapsto c_\zeta =$ 公式	“$\hat{\odot}$”

其中：左边为转换前的融合规则；中间是转换规则的表达式；右边为转换后的融合规则。

(1) *模糊观测向 FDS 观测的转换*：令 g 为一模糊观测，现欲将其转换为 FDS 观测 o_g，则转换规则可表示为

融合规则 (转换前)	转换规则	融合规则 (转换后)
乘和合取 “$\dot{\wedge}$”	$g \mapsto o_g = \begin{cases} 1, & g' = g \\ 0, & \text{其他} \end{cases}$	FDS 组合 “$*$”

其中：乘和合取算子的定义见式(22.26)，FDS 组合的定义见式(22.46)。

(2) *FDS 观测向模糊观测的转换*：令 o 为一 FDS 观测，现欲将其转换为模糊观测 μ_o，则转换规则可表示为

融合规则 (转换前)	转换规则	融合规则 (转换后)
FDS 组合 “$*$”	$o \mapsto \mu_o(\boldsymbol{z}) = \sum_g o(g) \cdot g(\boldsymbol{z})$	乘和合取 “$\dot{\wedge}$”

(3) *模糊观测向广义模糊观测的转换*：令 g 为一模糊观测，现欲将其转换为广义模糊观测 W_g，则转换规则可表示为

融合规则 (转换前)	转换规则	融合规则 (转换后)
扎德合取 “$\wedge$”	$g \mapsto W_g = \{(\boldsymbol{z}, a) \mid a \leqslant g(\boldsymbol{z})\}$	交集 “$\cap$”

其中：扎德合取的定义见式(22.23)，广义模糊观测的集合论交集定义见式(22.65)。

(4) *FDS 观测向概率观测的转换*：令 o 表示为一 FDS 观测，现欲将其转换为概率分布 φ_o，则转换规则可表示为

融合规则 (转换前)	转换规则	融合规则 (转换后)
FDS 组合 “$*$”	$o \mapsto \varphi_o(\boldsymbol{z}) = \dfrac{\sum_g o(g) \cdot g(\boldsymbol{z})}{\sum_g o(g) \int g(\boldsymbol{w}) d\boldsymbol{w}}$	平行组合 “$\dot{*}$”

其中：两个概率分布 $f_1(\boldsymbol{x})$ 与 $f_2(\boldsymbol{x})$ 的贝叶斯平行组合定义为 (文献 [179] 第 137、186 和 272 页)[①]

$$(f_1 \dot{*} f_2)(\boldsymbol{x}) = \frac{f_1(\boldsymbol{x}) \cdot f_2(\boldsymbol{x})}{\int f_1(\boldsymbol{y}) \cdot f_2(\boldsymbol{y}) \mathrm{d}\boldsymbol{y}} \tag{22.139}$$

[①]该式实际上是在不恰当均匀先验假设下得到的平行组合。

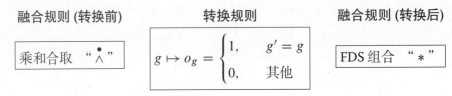

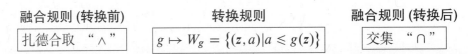

(5) 概率观测向模糊观测的转换：令 φ 为一概率分布，欲将其转换为模糊观测 μ_φ，则转换规则可表示为

融合规则 (转换前)	转换规则	融合规则 (转换后)
平行组合 "$\overset{\bullet}{*}$"	$\varphi \mapsto \mu_\varphi(z) = \dfrac{\varphi(z)}{\sup_{\boldsymbol{w}} \varphi(\boldsymbol{w})}$	乘和合取 "$\overset{\bullet}{\wedge}$"

22.5　非完美描述目标的 GLF

本章前面小节均隐含了下述假定：

- 观测函数 $\eta(\boldsymbol{x})$ 已知且对所有 $\boldsymbol{x}$ 其取值是完全精确的。

也就是说，对于给定的目标状态 $\boldsymbol{x}$，在确知无噪时生成的观测为 $\eta(\boldsymbol{x})$。但在实际应用中，该假设一般不成立，稍后会通过一个简单的例子说明这一点。

此外，还会面临另一方面的困难：由于一些目标并不在已知的目标知识库里面，它们有可能完全未被建模，即这些目标属于 NOTA (None Of The Above) 类型。前面介绍的广义似然函数 (GLF) 方法可扩展至这类情形，但这种扩展是有代价的，即：

- 该扩展在22.3.4节意义下是否为严格贝叶斯最优的，目前尚未可知；
- 22.4.1节的专家系统统一化结果也只存在朴素形式。

本节主要总结在目标非完美描述时非常规观测的随机集 GLF 方法 (文献 [179] 第 213–222 页)，主要内容包括：

- 22.5.1节：目标类型非完美描述时的一个启发示例。
- 22.5.2节：涉及接收信号强度 (Received Signal Strength, RSS) 应用的一个启发示例。
- 22.5.3节：非完美描述目标的随机集建模。
- 22.5.4节：非完美描述目标的广义似然函数。
- 22.5.5节：非完美描述目标的贝叶斯滤波。

22.5.1　例子：非完美描述的目标类型

令目标状态 $\boldsymbol{x} = c$，表示地面车辆 (如卡车、坦克等) 的类别标识，又令 $\eta(c)$ 表示不同类型目标的属性 (如车辆的轮胎数或轮毂数)。理想情况下通常可事先预知特定类型卡车的轮胎数，如类型 c_0 的轮胎数 $\eta(c_0) = 6$，其他类型目标也有类似描述。

但在实际中，一些目标可能得不到确切地描述。例如，可确信 c_0 型目标有 6 个轮胎，但也可能只有 4 个轮胎，只不过信任度较低，或者以更低的信任度认为它有 8 个轮胎。

22.5.2　例子：接收信号强度 (RSS)

Ristic 在基于 RSS 的辐射源定位应用中给出了一个非精确观测函数的例子[248,249]。假设某参考信号源位于 (x, y) 处，在距 (x, y) 较近 (参考距离为 d_0) 的某处测量其

RSS，则未知状态可表示为 $\boldsymbol{x}=(x,y,A)^{\mathrm{T}}$。假定 RSS 测量传感器的位置 $\boldsymbol{x}_j=(x_j,y_j)^{\mathrm{T}}$ $(j=1,\cdots,m)$ 不精确已知，即 $x_j\in[\hat{x}_j-\varepsilon_x,\hat{x}_j+\varepsilon_x], y_j\in[\hat{y}_j-\varepsilon_y,\hat{y}_j+\varepsilon_y]$，其中，$(\hat{x}_j,\hat{y}_j)$ 为传感器的名义位置，$\varepsilon_x,\varepsilon_y$ 为置信区间半径。

在上述假定下，传感器 j 的 RSS 观测 z_j (单位为分贝) 可建模为

$$z_j=\eta_j(\boldsymbol{x},V_j)=\eta_j(\boldsymbol{x})+V_j \tag{22.140}$$

式中：V_j 为标准差已知的零均值高斯白噪声；观测函数形如

$$\eta_j(x,y,A)=A-10\cdot\theta_j\cdot\log\left(\frac{d_j(x,y)}{d_0}\right) \tag{22.141}$$

其中：θ_j 为源与传感器 j 间的传输损耗；$d_j(x,y)$ 为源与传感器 j 间的距离，且有

$$d_j(x,y)=\sqrt{(x_j-x)^2+(y_j-y)^2},\quad j=1,\cdots,m \tag{22.142}$$

由于受多路径与遮挡效应影响，试验表明 θ_j 在区间 $[2,4]$ 内任意取值，因此传感器 j 的观测值实际为随机集，即式(22.140)具有如下形式：

$$\eta_j(x,y,A)=\Sigma^j_{(x,y,A)}\overset{\text{abbr.}}{=}\left\{A-10\cdot\theta\cdot\log\left(\frac{d_j(x,y)}{d_0}\right)+V_j\,\middle|\,\theta\in[2,4]\right\} \tag{22.143}$$

式中：对于每个 x、y、A，$\eta_j(x,y,A)$ 为一随机集而非随机函数。

此时的广义观测模型形式为

$$z_j\in\Sigma^j_{(x,y,A)} \tag{22.144}$$

22.5.3 非完美描述目标的建模

本节介绍如何将随机集建模方法扩展至观测函数 $\eta(\boldsymbol{x})$ 不能精确描述的那些目标。

首先，假定已知观测 $\eta(\boldsymbol{x})$ 位于某子集 $H_{0,\boldsymbol{x}}\subseteq\mathfrak{Z}$ 内，即

$$\eta(\boldsymbol{x})\in H_{0,\boldsymbol{x}} \tag{22.145}$$

式中：$H_{0,\boldsymbol{x}}$ 是对 $\eta(\boldsymbol{x})$ 可能取值的初始猜测，此时可认为 $\eta(\boldsymbol{x})$ 与集值函数等价，即

$$\eta(\boldsymbol{x})=H_{0,\boldsymbol{x}} \tag{22.146}$$

由于 $H_{0,\boldsymbol{x}}$ 仅为一个猜测，因此可指定一系列嵌套子集以消除猜测的不确定性：

$$\eta(\boldsymbol{x})\in H_{0,\boldsymbol{x}}\subseteq H_{1,\boldsymbol{x}}\subseteq\cdots\subseteq H_{n,\boldsymbol{x}} \tag{22.147}$$

并为每个子集指定概率 $\eta_{i,\boldsymbol{x}}$ 以表示 $H_{i,\boldsymbol{x}}$ 为正确假设的可能性，且 $\sum_{i=0}^{n}\eta_{i,\boldsymbol{x}}=1$。此时可将 $\eta(\boldsymbol{x})$ 视作是嵌套集值的：

$$\eta(\boldsymbol{x})=\{H_{i,\boldsymbol{x}}\}_{0\leqslant i\leqslant n} \tag{22.148}$$

更一般地，可不必要求 $H_{i,\boldsymbol{x}}$ 为嵌套的。换个角度，可将 $\{H_{i,\boldsymbol{x}}\}_{0\leqslant i\leqslant n}$ 视作空间 $\mathfrak{Z}$ 内离散随机子集 $\Sigma_{\boldsymbol{x}}$ 可能的取值，且

$$\Pr(\Sigma_{\boldsymbol{x}} = H_{i,\boldsymbol{x}}) = \eta_{i,\boldsymbol{x}} \tag{22.149}$$

此时 $\eta(\boldsymbol{x})$ 是随机集值的，即

$$\eta(\boldsymbol{x}) = \Sigma_{\boldsymbol{x}} \tag{22.150}$$

最为一般地，

- 对于每个 $\boldsymbol{x}$，目标模型 $\eta(\boldsymbol{x}) = \Sigma_{\boldsymbol{x}}$ 可以是 $\mathfrak{Z}$ 的任意非空随机 (闭) 子集 $\Sigma_{\boldsymbol{x}}$，即任意的 $\Sigma_{\boldsymbol{x}}$ 均满足

$$\Pr(\Sigma_{\boldsymbol{x}} \neq \emptyset) = 1 \tag{22.151}$$

随机集 $\Sigma_{\boldsymbol{x}}$ 是考虑与 $\eta(\boldsymbol{x})$ 描述有关的所有不确定性后目标 $\boldsymbol{x}$ 的模型，若底层观测模型还包含噪声 ($\boldsymbol{V} \neq 0$)，则广义观测模型的形式为

$$\Sigma_{\boldsymbol{x}} + \boldsymbol{V} = \{\boldsymbol{z} + \boldsymbol{V} | \boldsymbol{z} \in \Sigma_{\boldsymbol{x}}\} \tag{22.152}$$

22.5.4　非完美描述目标的 GLF

当观测函数 $\eta(\boldsymbol{x})$ 精确已知且 Θ 为不含噪的非常规观测时，相应的观测模型为 $\eta(\boldsymbol{x}) \in \Theta$。如果将 $\eta(\boldsymbol{x})$ 换为 $\Sigma_{\boldsymbol{x}}$，观测模型应为何种形式呢？答案是下面的启发式公式：

$$\Theta \cap \Sigma_{\boldsymbol{x}} \neq \emptyset \tag{22.153}$$

上式即：

- 广义观测 Θ “匹配” 目标模型 $\Sigma_{\boldsymbol{x}}$，除非二者完全冲突。

可以发现，若 $\Theta = \{\boldsymbol{z}\}$ 为常规观测，则表达式 $\Theta \cap \Sigma_{\boldsymbol{x}} \neq \emptyset$ 可化为

$$\boldsymbol{z} \in \Sigma_{\boldsymbol{x}} \tag{22.154}$$

进一步假定 $\Sigma_{\boldsymbol{x}} = \{\eta(\boldsymbol{x}) + \boldsymbol{V}\}$ 为常规观测函数，则观测模型为

$$\boldsymbol{z} = \eta(\boldsymbol{x}) + \boldsymbol{V} \tag{22.155}$$

如果底层的观测过程不是确定性的 ($\boldsymbol{V} \neq 0$)，则广义观测模型的形式为

$$\Theta \cap (\Sigma_{\boldsymbol{x}} + \boldsymbol{V}) \neq \emptyset \tag{22.156}$$

为概念清晰起见，接下来假定 $\boldsymbol{V} = 0$。

给定上述表示后，非完美描述目标的广义似然函数 (GLF) 可定义为

$$\rho(\Theta|\boldsymbol{x}) = \Pr(\Theta \cap \Sigma_{\boldsymbol{x}} \neq \emptyset) \tag{22.157}$$

上式即观测与目标模型相匹配的概率。

显然，联合 GLF 可定义为

$$\rho(\Theta_1,\cdots,\Theta_m|\boldsymbol{x})=\Pr(\Theta_1\cap\Sigma_{\boldsymbol{x}}^1\neq\emptyset,\cdots,\Theta_m\cap\Sigma_{\boldsymbol{x}}^m\neq\emptyset) \tag{22.158}$$

式中：$\Sigma_{\boldsymbol{x}}^1,\cdots,\Sigma_{\boldsymbol{x}}^m$ 为独立同分布 (i.i.d.) 的 $\Sigma_{\boldsymbol{x}}$。

当 $\Theta_1\cap\Sigma_{\boldsymbol{x}}^1$ 独立于 $\Theta_2\cap\Sigma_{\boldsymbol{x}}^2$ 时，有

$$\rho(\Theta_1,\Theta_2|\boldsymbol{x})=\Pr(\Theta_1\cap\Sigma_{\boldsymbol{x}}^1\neq\emptyset)\cdot\Pr(\Theta_2\cap\Sigma_{\boldsymbol{x}}^2\neq\emptyset) \tag{22.159}$$

$$=\rho(\Theta_1|\boldsymbol{x})\cdot\rho(\Theta_2|\boldsymbol{x}) \tag{22.160}$$

在下面的一些特殊情形下可得到式(22.157)的显式表达式：

(1) 模糊观测与模糊模型下的广义似然函数：令 $\Theta=\Sigma_A(g)$，$\Sigma_{\boldsymbol{x}}=\Sigma_A(\eta_{\boldsymbol{x}})$，其中 $g(\boldsymbol{z})$ 和 $\eta_{\boldsymbol{x}}(\boldsymbol{z})$ 均为空间 $\mathfrak{Z}$ 上的模糊隶属函数，相关符号的定义见式(22.40)，则 g 的 GLF 为 (文献 [179] 中的 (6.11) 式)

$$\rho(g|\boldsymbol{x})\overset{\text{def.}}{=}\rho(\Sigma_A(g)|\boldsymbol{x})=\sup_{\boldsymbol{z}}\min\{g(\boldsymbol{z}),\eta_{\boldsymbol{x}}(\boldsymbol{z})\} \tag{22.161}$$

(2) *FDS* 观测和 *FDS* 模型下的广义似然函数：令 Θ_o 表示 FDS 观测 $o(g)$ 对应的随机集，同时令 $\Sigma_{\boldsymbol{x}}$ 表示 FDS 观测 $\sigma_{\boldsymbol{x}}(g)$ 对应的随机集，则 o 的 GLF 为 (文献 [179] 中的 (6.24) 式)

$$\rho(o|\boldsymbol{x})\overset{\text{def.}}{=}\rho(\Theta_o|\boldsymbol{x})=\alpha_{\text{FDS}}(o,\sigma_{\boldsymbol{x}}) \tag{22.162}$$

式中：FDS 一致性因子 $\alpha_{\text{FDS}}(o,o')$ 的定义见式(22.47)。当 o 是 DS 观测时，即 o 的所有模糊焦集均为清晰集，则

$$\rho(o|\boldsymbol{x})=\alpha_{\text{DS}}(o,\sigma_{\boldsymbol{x}}) \tag{22.163}$$

式中：$\alpha_{\text{DS}}(o,o')$ 为 DS 一致性因子，即 $\alpha_{\text{DS}}(o,o')=1-K_{o,o'}$，$K_{o,o'}$ 为 o 与 o' 的 DS 冲突性。

(3) 广义模糊观测和广义模糊模型下的广义似然函数：令 $\Theta=\Sigma_A(W)$，$\Sigma_{\boldsymbol{x}}=\Sigma_A(W_{\boldsymbol{x}})$，其中 W、$W_{\boldsymbol{x}}$ 均为 $\mathfrak{Z}$ 的广义模糊子集，$\Sigma_A(W)$ 的定义见式(22.64)，则 W 的 GLF 为 (文献 [179] 中的 (6.17) 式)

$$\rho(W|\boldsymbol{x})=\rho(\Sigma_A(W)|\boldsymbol{x}) \tag{22.164}$$

$$=\sup_{\boldsymbol{z}}\int_0^1\mathbf{1}_W(\boldsymbol{z},a)\cdot\mathbf{1}_{W_{\boldsymbol{x}}}(\boldsymbol{z},a)\mathrm{d}a \tag{22.165}$$

$$=\sup_{\boldsymbol{z}}\int_0^1\mathbf{1}_{W\cap W_{\boldsymbol{x}}}(\boldsymbol{z},a)\mathrm{d}a \tag{22.166}$$

例 11：考察式(22.143)的 RSS 广义观测模型：

$$z\in\Sigma_{(x,y,A)} \tag{22.167}$$

式中

$$\Sigma_{(x,y,A)} = \left\{ A - 10 \cdot \theta \cdot \log\left(\frac{d(x,y)}{d_0}\right) + V \middle| \theta \in [2,4] \right\} \tag{22.168}$$

上式为表示简洁起见省去了传感器索引 j。与之对应的 GLF 为[248,249]

$$\rho(z|x,y,A) = \Pr(z \in \Sigma_{(x,y,A)}) \tag{22.169}$$

$$= \int_{z-A+20\log\left(\frac{d(x,y)}{d_0}\right)}^{z-A+40\log\left(\frac{d(x,y)}{d_0}\right)} f_V(w)\mathrm{d}w \tag{22.170}$$

式中：$f_V(z)$ 为 V 的概率分布。

22.5.5 非完美描述目标的贝叶斯滤波

贝叶斯滤波器可处理非完美描述目标的广义观测，见式(22.82)。仿真表明 (文献 [179] 第 221–232 页)，贝叶斯滤波器对形如式(22.157)的 GLF 表现良好。

22.6 未知类型目标的 GLF

正如前面指出的那样，一些目标 (NOTA 型目标) 可能不在已知类型目标构成的知识库中。GLF 方法为处理该问题提供了一种朴素的启发式方法，这里考虑已建模目标可完全描述 (即观测函数 $\eta(\boldsymbol{x})$ 精确已知) 或者不能完全描述这两种情况。

22.6.1 未建模的目标类型——观测函数精确已知

令 $c_1,\cdots,c_M$ 为已建模的目标类型，引入一个新的目标类型 c_0 (NOTA 类型) 并将其 GLF 定义为 (文献 [179] 第 196–199 页)

$$\rho(\Theta|c_0) = \Pr(\eta(c_1) \notin \Theta, \cdots, \eta(c_M) \notin \Theta) \tag{22.171}$$

这表明：

- 如果广义观测 Θ 与所有已建模的目标类型都不相容，那它就和 *NOTA* 目标类型相容。

作为例子，假设 Θ_o 为 FDS 观测 $o(g)$ 的随机集模型，则 NOTA 目标类型的 GLF 为 (文献 [179] 中的 (5.193) 式)

$$\rho(\Theta|c_0) = \sum_g o(g) \cdot \min\{1 - g(\eta(c_1)), \cdots, 1 - g(\eta(c_M))\} \tag{22.172}$$

22.6.2 未建模的目标类型——非完美描述的观测函数

这种情况要更复杂些 (见文献 [179] 第 6.6~6.9 节)。类比式(22.171)可得 (文献 [179] 中的 (6.41) 式)

$$\rho(\Theta|c_0) = \Pr(\Theta \cap \Sigma_{c_1} = \emptyset, \cdots, \Theta \cap \Sigma_{c_M} = \emptyset) \tag{22.173}$$

$$= \Pr(\Theta \subseteq \Sigma_{c_0})$$

式中

$$\Sigma_{c_0} \overset{\text{def.}}{=} \Sigma_{c_1}^c \cap \cdots \cap \Sigma_{c_M}^c \tag{22.174}$$

上式为 NOTA 类型的布尔代数定义，即“NOTA=(非 c_1) 且 (非 c_2) 且 $\cdots$ 且 (非 c_M)”。

另外，类比式(22.157)则可得到如下定义：

$$\rho(\Theta|c_0) = \Pr(\Theta \cap \Sigma_{c_0} \neq \emptyset) \tag{22.175}$$

式(22.173)和式(22.175)分别为 NOTA 类型的“强”定义与“弱”定义。文献 [179] 给出了一个利用弱定义进行贝叶斯滤波的例子①。

22.7 未知相关信息的 GLF

当两个或多个信源独立时，联合 GLF 可表示为下述乘积形式：

$$\overset{1,\cdots,s}{\rho}(\overset{1}{\Theta},\cdots,\overset{s}{\Theta}|\boldsymbol{x}) = \overset{1}{\rho}(\overset{1}{\Theta}|\boldsymbol{x})\cdots\overset{s}{\rho}(\overset{s}{\Theta}|\boldsymbol{x}) \tag{22.176}$$

式中：$\overset{j}{\Theta}$ 为第 j 个信源的广义观测；$\overset{j}{\rho}(\overset{j}{\Theta}|\boldsymbol{x})$ 为其广义似然函数。

但信息源通常并不独立，比如考虑从同一相机图像中抽取的不同类型特征 $\overset{1}{\Theta},\cdots,\overset{s}{\Theta}$，它们以某种未知的方式相关。随机集 GLF 方法为处理这种相关性提供了一种启发式方法 (见文献 [179] 第 195、196 页)。

下面来看一种最简单的情形。令 $\overset{1}{\Theta} = \Sigma_{A_1}(\overset{1}{g}), \overset{2}{\Theta} = \Sigma_{A_2}(\overset{2}{g})$，其中，$\overset{1}{g}$、$\overset{2}{g}$ 为不同观测空间上的模糊隶属函数，A_1、A_2 为区间 $[0,1]$ 上均匀分布的随机数，$\Sigma_A(g)$ 的定义见式(22.40)。对于该情形，可按如下方式计算联合 GLF：

$$\overset{1,2}{\rho}\left(\overset{1}{\Theta},\overset{2}{\Theta}|\boldsymbol{x}\right) = \Pr\left(\overset{1}{\eta}(\boldsymbol{x}) \in \overset{1}{\Theta}, \overset{2}{\eta}(\boldsymbol{x}) \in \overset{2}{\Theta}\right) \tag{22.177}$$

$$= \Pr\left(A_1 \leqslant \overset{1}{g}(\overset{1}{\eta}(\boldsymbol{x})), A_2 \leqslant \overset{2}{g}(\overset{2}{\eta}(\boldsymbol{x}))\right) \tag{22.178}$$

$$= \overset{1}{g}\left(\overset{1}{\eta}(\boldsymbol{x})\right) \wedge_{A_1,A_2} \overset{2}{g}\left(\overset{2}{\eta}(\boldsymbol{x})\right) \tag{22.179}$$

$$= \overset{1}{\rho}\left(\overset{1}{\Theta}|\boldsymbol{x}\right) \wedge_{A_1,A_2} \overset{2}{\rho}\left(\overset{2}{\Theta}|\boldsymbol{x}\right) \tag{22.180}$$

式中：联项符号“$\wedge_{A_1,A_2}$”的定义见式(22.28)。因此，将联合似然表示为联项形式，可以反映信源间的统计相关性。

对于任意的广义观测，类推可得

$$\overset{1,\cdots,s}{\rho}\left(\overset{1}{\Theta},\cdots,\overset{s}{\Theta}|\boldsymbol{x}\right) = \overset{1}{\rho}\left(\overset{1}{\Theta}|\boldsymbol{x}\right) \wedge \cdots \wedge \overset{s}{\rho}\left(\overset{s}{\Theta}|\boldsymbol{x}\right) \tag{22.181}$$

式中：“$\wedge$”为某模糊合取算子，它启发式地表征了信源间的相关性。

一个简单的例子即 Hamacher 模糊合取 (文献 [179] 第 131 页)：

$$a \wedge a' \triangleq \frac{aa'}{a + a' - aa'} \tag{22.182}$$

①译者注：见文献 [180] 第 6.8 节。

上式用于表示两个近乎统计独立的随机变量间的相关性。

文献 [179] 第 238–244 页给出了一个利用该方法进行贝叶斯滤波的例子[①]。

22.8 不可靠信源的 GLF

假定通过某种处理可获知一个信源是否可靠，并进一步用数字 $\alpha(0 \leqslant \alpha \leqslant 1)$ 来描述该信息源的可靠性，其中，$\alpha = 0$ 表示信源完全不可靠，$\alpha = 1$ 表示信源完全可靠。若该信源的 GLF 为 $\rho(\Theta|\boldsymbol{x})$，则应如何修改 $\rho(\Theta|\boldsymbol{x})$ 从而将可靠性评估考虑进来？进一步，该如何做才能尽可能严格地完成这一修正？

答案是可靠性折损的 GLF[②]：

$$\rho(\Theta|\boldsymbol{x},\alpha) = 1 - \alpha + \alpha \cdot \rho(\Theta|\boldsymbol{x}) \tag{22.183}$$

上式对 GLF $\rho(\Theta|\boldsymbol{x})$ 有着“扁平化”的效果，因此增加了变量 $\boldsymbol{x}$ 的不确定性。若 $\alpha = 1$，则 $\rho(\Theta|\boldsymbol{x},1) = \rho(\Theta|\boldsymbol{x})$；若 α 很小，则对于所有的 $\boldsymbol{x}$ 均有 $\rho(\Theta|\boldsymbol{x},\alpha) \cong 1$。以这种方式折损 GLF 在策略上与通过增大常规传感器噪声方差来应对观测中更大的不确定性极为类似。

上面方法适用于整体不可靠的信源，但有时候信源在某些方面可靠，在某些方面不可靠，如信源有偏。如果观测函数 $\eta(\boldsymbol{x})$ 是精确描述的，则这种情况不难处理。假定集合 $B \subseteq \mathfrak{Z}$ 内任何观测的可靠性因子均为 α，令 Θ 为一广义观测，则 $\Theta \cap B$ 中的任何观测都是不可靠的，而 $\Theta \cap B^c$ 中的观测都均可视作可靠观测。此时，GLF $\rho(\Theta|\boldsymbol{x})$ 具有如下形式：

$$\rho(\Theta|\boldsymbol{x}) = \Pr(\boldsymbol{Z} \in \Theta|\boldsymbol{x}) \tag{22.184}$$

$$= \Pr(\boldsymbol{Z} \in \Theta \cap B|\boldsymbol{x}) + \Pr(\boldsymbol{Z} \in \Theta \cap B^c|\boldsymbol{x}) \tag{22.185}$$

$$= \rho(\Theta \cap B|\boldsymbol{x}) + \rho(\Theta \cap B^c|\boldsymbol{x}) \tag{22.186}$$

对上式第一项进行折损便可得到折损后的 GLF：

$$\rho(\Theta|\boldsymbol{x},\alpha,B) = 1 - \alpha + \alpha \cdot \rho(\Theta \cap B|\boldsymbol{x}) + \rho(\Theta \cap B^c|\boldsymbol{x}) \tag{22.187}$$

将上述精确描述的约束 B 替换为随机集约束 Ω，上述推理过程依然成立。

式(22.183)的推理过程如下：首先假定 Θ_o 为22.2.3节所述的 DS 观测 $o(T)$ 的随机集表示，$o(T)$ 的焦集为 $T_1,\cdots,T_m$，且

$$\Pr(\Theta_o = T_j) = o(T_j) \tag{22.188}$$

若 o 不可靠且其可靠性因子为 α，则有可能折损 o 以反映这种附加的不确定性 (见文献 [200] 中的 (2) 式)。由于非空假设 $T_j \neq \mathfrak{Z}$ 的权值 $o(T_j)$ 是对集合 T_j 置信度的一种度量，故将其折损 α 倍：

$$o^\alpha(T_j) = \alpha \cdot o(T_j) \tag{22.189}$$

[①]译者注：见文献 [180] 第 6.7 节。

[②]该模型由 Bishop 和 Ristic 在文献 [22] 中作为定义而非定理提出。

并将损失的权值总和转移至空假设 (表示完全不确定):

$$o^{\alpha}(\mathfrak{Z}) = 1 - \alpha \cdot (1 - o(\mathfrak{Z})) \tag{22.190}$$

令 o 的信任质量函数为

$$\beta_o(T) = \sum_{W \subseteq T} o(W) = \Pr(\Theta_o \subseteq T) \tag{22.191}$$

则不难得到 o^{α} 的信任质量函数:

$$\beta_{o^{\alpha}}(T) = \sum_{W \subseteq T} o^{\alpha}(W) = \begin{cases} \alpha \cdot \beta_o(T), & T \neq \mathfrak{Z} \\ 1, & \text{其他} \end{cases} \tag{22.192}$$

假定 Θ 为任意类型的广义观测，其信任质量函数为 $\beta_{\Theta}(T) = \Pr(\Theta \subseteq T)$，下面需确定何种形式的广义观测 Θ^{α} 满足下述性质:

$$\beta_{\Theta^{\alpha}}(T) = \Pr(\Theta^{\alpha} \subseteq T) = \begin{cases} \alpha \cdot \beta_{\Theta}(T), & T \neq \mathfrak{Z} \\ 1, & \text{其他} \end{cases} \tag{22.193}$$

答案:

$$\Theta^{\alpha} = \Theta \cup \mathfrak{Z}^{\alpha} \tag{22.194}$$

式中: $\mathfrak{Z}^{\alpha}$ 是 $\mathfrak{Z}$ 的离散随机子集，其定义为

$$\Pr(\mathfrak{Z}^{\alpha} = T) = \begin{cases} 1-\alpha, & T = \mathfrak{Z} \\ \alpha, & T = \emptyset \\ 0, & \text{其他} \end{cases} \tag{22.195}$$

这里假定 Θ、$\Sigma_{\boldsymbol{x}}$、$\mathfrak{Z}^{\alpha}$ 相互独立，即 $\Theta^{\alpha} = \Theta$ 的概率为 α，$\Theta^{\alpha} = \mathfrak{Z}$ 的概率为 $1-\alpha$。

若式(22.194)成立，则可靠性折损的 *GLF* 便等于 Θ^{α}(折损的广义观测) 的 GLF，即

$$\rho(\Theta|\boldsymbol{x}, \alpha) \stackrel{\text{def.}}{=} \rho(\Theta^{\alpha}|\boldsymbol{x}) \tag{22.196}$$

采用简写表示 $\Sigma_{\boldsymbol{x},\alpha} = \Sigma_{\boldsymbol{x}} \cap \Theta^{\alpha}$，则

$$\rho(\Theta^{\alpha}|\boldsymbol{x}) = \Pr(\Sigma_{\boldsymbol{x},\alpha} \neq \emptyset) \tag{22.197}$$

$$= \Pr(\Sigma_{\boldsymbol{x},\alpha} \neq \emptyset, \mathfrak{Z}^{\alpha} = \mathfrak{Z}) + \Pr(\Sigma_{\boldsymbol{x},\alpha} \neq \emptyset, \mathfrak{Z}^{\alpha} \neq \mathfrak{Z}) \tag{22.198}$$

式中

$$\Pr(\Sigma_{\boldsymbol{x},\alpha} \neq \emptyset, \mathfrak{Z}^{\alpha} = \mathfrak{Z}) = \Pr(\Sigma_{\boldsymbol{x}} \neq \emptyset) \cdot (1-\alpha) = 1 - \alpha \tag{22.199}$$

$$\Pr(\Sigma_{\boldsymbol{x},\alpha} \neq \emptyset, \mathfrak{Z}^{\alpha} \neq \mathfrak{Z}) = \Pr(\Sigma_{\boldsymbol{x}} \cap \Theta \neq \emptyset) \cdot \alpha \tag{22.200}$$

由式(22.151)可知，式(22.199)中的 $\Pr(\Sigma_{\boldsymbol{x}} \neq \emptyset = 1$。最后由式(22.198)即可得到式(22.183)。

为了证明式(22.194)，注意到

$$\Pr(\Theta^\alpha \subseteq T) = \Pr(\Theta \cup \mathfrak{Z}^\alpha \subseteq T) \tag{22.201}$$

$$= \Pr(\Theta \cup \mathfrak{Z}^\alpha \subseteq T, \mathfrak{Z}^\alpha = \mathfrak{Z}) + \Pr(\Theta \cup \mathfrak{Z}^\alpha \subseteq T, \mathfrak{Z}^\alpha = \emptyset) \tag{22.202}$$

$$= \Pr(\mathfrak{Z} \subseteq T) \cdot (1-\alpha) + \Pr(\Theta \subseteq T) \cdot \alpha \tag{22.203}$$

显然，当 $T = \mathfrak{Z}$ 时，$\Pr(\Theta^\alpha \subseteq T) = 1$；反之，则为 $\alpha \cdot \beta_\Theta(T)$。

22.9 多目标滤波器中的 GLF

到目前为止，本章的讨论主要面向单个非常规信源下的单目标跟踪问题。但如果观测函数 $\eta(\boldsymbol{x})$ 精确已知，则单目标方法很容易扩展到多源多目标检测跟踪问题，且这种扩展在理论上是严格的。这是因为根据式(22.92)，若要在贝叶斯规则中像常规似然函数一样使用 GLF，即

$$\rho(\Theta|\boldsymbol{x}) = \Pr(\boldsymbol{Z} \in \Theta) = \Pr(\eta(\boldsymbol{x}) + \boldsymbol{V} \in \Theta) \tag{22.204}$$

$$f(\boldsymbol{x}|\boldsymbol{Z} \in \Theta) = \frac{\Pr(\boldsymbol{Z} \in \Theta|\boldsymbol{x}) \cdot f_0(\boldsymbol{x})}{\Pr(\boldsymbol{Z} \in \Theta)} \tag{22.205}$$

则 GLF 应该是严格定义的条件概率，它的表现应和贝叶斯规则中的似然函数一样：

$$\Pr(\eta(\boldsymbol{x}) + \boldsymbol{V} \in \Theta) = \Pr(\boldsymbol{Z} \in \Theta|\boldsymbol{X} = \boldsymbol{x}) \tag{22.206}$$

本书中几乎所有的多目标滤波器都需要对多目标观测模型作独立性简化假设，由此得到的多目标滤波公式便可用单传感器似然函数 $L_{\boldsymbol{z}}(\boldsymbol{x}) = f_{k+1}(\boldsymbol{z}|\boldsymbol{x})$ 来构造，杂波强度函数 $\kappa_{k+1}(\boldsymbol{z})$ 也是如此。因此，下面假定：

- 观测函数 $\eta(\boldsymbol{x})$ 精确已知；
- 单目标似然函数为下面的非线性加性形式：

$$f_{k+1}(\boldsymbol{z}|\boldsymbol{x}) = f_{\boldsymbol{V}_{k+1}}(\boldsymbol{z} - \eta_{k+1}(\boldsymbol{x})) \tag{22.207}$$

- 任何广义观测 Θ 均独立于底层的随机观测 $\boldsymbol{Z} = \eta_{k+1}(\boldsymbol{x}) + \boldsymbol{V}_{k+1}$。

有了这些假设及式(22.79)后，相应的 GLF 可表示为

$$L_\Theta(\boldsymbol{x}) = \rho_{k+1}(\Theta|\boldsymbol{x}) = \int \mu_\Theta(\boldsymbol{z}) \cdot f_{k+1}(\boldsymbol{z}|\boldsymbol{x})\mathrm{d}\boldsymbol{z} \tag{22.208}$$

式中：$\mu_\Theta(\boldsymbol{z})$ 为式(22.37)定义的 Θ 的点覆盖函数。

按照同样的方式，将 $\kappa_{k+1}(\boldsymbol{z})$ 视作形如 $\kappa_{k+1}(\boldsymbol{z}|\boldsymbol{c})$ 的似然函数，其中 $\boldsymbol{c}$ 为杂波源的状态，只不过 $\kappa_{k+1}(\boldsymbol{z}|\boldsymbol{c}) = \kappa_{k+1}(\boldsymbol{z})$——其取值并不依赖 $\boldsymbol{c}$。因此，通过下面方式很容易将 $\kappa_{k+1}(\boldsymbol{z})$ 扩展为广义观测：

$$\kappa_{k+1}(\Theta) = \int \mu_\Theta(\boldsymbol{z}) \cdot \kappa_{k+1}(\boldsymbol{z})\mathrm{d}\boldsymbol{z} \tag{22.209}$$

更一般地，假设 $f_{k+1}(Z|X)$ 为多目标似然函数，$\kappa_{k+1}(Z)$ 为杂波 RFS 的分布，则可将它们扩展为下面的广义观测：

$$f_{k+1}(\{\Theta_1,\cdots,\Theta_m\}|X) = \int \mu_{\Theta_1}(z_1)\cdots\mu_{\Theta_m}(z_m)\cdot f_{k+1}(\{z_1,\cdots,z_m\}|X)\mathrm{d}z_1\cdots\mathrm{d}z_m \tag{22.210}$$

$$\kappa_{k+1}(\{\Theta_1,\cdots,\Theta_m\}) = \int \mu_{\Theta_1}(z_1)\cdots\mu_{\Theta_m}(z_m)\cdot \kappa_{k+1}(\{z_1,\cdots,z_m\})\mathrm{d}z_1\cdots\mathrm{d}z_m \tag{22.211}$$

最后，为了将本章前面介绍的技术用于多目标场景，只需要执行：

- 在出现 $L_{\boldsymbol{z}}(\boldsymbol{x})$ 的地方用 $L_{\Theta}(\boldsymbol{x})$ 替换 $L_{\boldsymbol{z}}(\boldsymbol{x})$；
- 在出现 $\kappa_{k+1}(\boldsymbol{z})$ 的地方用 $\kappa_{k+1}(\Theta)$ 替换 $\kappa_{k+1}(\boldsymbol{z})$。

接下来考虑下面两种情况：

- 基于 *RFS* 多目标滤波器处理广义观测 (22.10节)；
- 基于 传统多目标滤波器处理广义观测 (22.11节)。

22.10 RFS 多目标滤波器中的 GLF

本节的内容安排如下：

- 22.10.1节：在 PHD 滤波器中采用 GLF。
- 22.10.2节：在 CPHD 滤波器中采用 GLF。
- 22.10.3节：在 CBMeMBer 滤波器中采用 GLF。
- 22.10.4节：在 Bernoulli 滤波器中采用 GLF。
- 22.10.5节：广义观测 RFS 多目标滤波器的实现。

22.10.1 在 PHD 滤波器中采用 GLF

8.4.3节介绍了经典 PHD 滤波器的观测更新方程。令 $Z_{k+1}=\{\boldsymbol{z}_1,\cdots,\boldsymbol{z}_m\}$ 为常规观测集，则经典 PHD 滤波器的观测更新式可表示为

$$\frac{D_{k+1|k+1}(\boldsymbol{x})}{D_{k+1|k}(\boldsymbol{x})} = 1 - p_{\mathrm{D}}(\boldsymbol{x}) + \sum_{\boldsymbol{z}\in Z_{k+1}} \frac{p_{\mathrm{D}}(\boldsymbol{x})\cdot L_{\boldsymbol{z}}(\boldsymbol{x})}{\kappa_{k+1}(\boldsymbol{z}) + \tau_{k+1}(\boldsymbol{z})} \tag{22.212}$$

式中：$\kappa_{k+1}(\boldsymbol{z})$ 为杂波强度函数；且

$$\tau_{k+1}(\boldsymbol{z}) = \int p_{\mathrm{D}}(\boldsymbol{x})\cdot L_{\boldsymbol{z}}(\boldsymbol{x})\cdot D_{k+1|k}(\boldsymbol{x})\mathrm{d}\boldsymbol{x} \tag{22.213}$$

现在换为广义观测集 $Z_{k+1}=\{\Theta_1,\cdots,\Theta_m\}$ ($|Z_{k+1}|=m$)，则式(22.212)的观测更新式可化为

$$\frac{D_{k+1|k+1}(\boldsymbol{x})}{D_{k+1|k}(\boldsymbol{x})} = 1 - p_{\mathrm{D}}(\boldsymbol{x}) + \sum_{\Theta\in Z_{k+1}} \frac{p_{\mathrm{D}}(\boldsymbol{x})\cdot L_{\Theta}(\boldsymbol{x})}{\kappa_{k+1}(\Theta) + \tau_{k+1}(\Theta)} \tag{22.214}$$

式中：$L_{\Theta}(\boldsymbol{x})$ 的定义见式(22.208)；$\kappa_{k+1}(\Theta)$ 的定义见式(22.209)；且

$$\tau_{k+1}(\Theta)=\int p_{\mathrm{D}}(\boldsymbol{x})\cdot L_{\Theta}(\boldsymbol{x})\cdot D_{k+1|k}(\boldsymbol{x})\mathrm{d}\boldsymbol{x} \tag{22.215}$$

22.10.1.1 模糊观测的 PHD 滤波器

特别地，下面来看模糊观测 $g_j(\boldsymbol{z})$ 的广义观测 $\Theta_j=\Sigma_A(g_j)$。如果 $|Z_{k+1}|=m$，则式(22.214)可化为

$$\frac{D_{k+1|k+1}(\boldsymbol{x})}{D_{k+1|k}(\boldsymbol{x})}=1-p_{\mathrm{D}}(\boldsymbol{x})+\sum_{j=1}^{m}\frac{p_{\mathrm{D}}(\boldsymbol{x})\cdot L_{g_j}(\boldsymbol{x})}{\kappa_{k+1}(g_j)+\tau_{k+1}(g_j)} \tag{22.216}$$

根据式(22.208)和式(22.209)，上式中：

$$L_g(\boldsymbol{x})=\int g(\boldsymbol{z})\cdot L_{\boldsymbol{z}}(\boldsymbol{x})\mathrm{d}\boldsymbol{z} \tag{22.217}$$

$$\kappa_{k+1}(g)=\int g(\boldsymbol{z})\cdot \kappa_{k+1}(\boldsymbol{x})\mathrm{d}\boldsymbol{z} \tag{22.218}$$

例 12 (经典 PHD 滤波器是一种极限情形)：对于所有的 $j=1,\cdots,m$，假设 $g_j(\boldsymbol{z})=\mathbf{1}_{E_j}(\boldsymbol{z})$，其中，$E_j$ 为 $\boldsymbol{z}_j$ 的一个极小邻域且其超体积 $|E_j|=V$，则

$$L_{g_j}(\boldsymbol{x})\cong V\cdot L_{\boldsymbol{z}_j}(\boldsymbol{x}) \tag{22.219}$$

同理，可得

$$\kappa_{k+1}(g_j)\cong V\cdot \kappa_{k+1}(\boldsymbol{z}_j) \tag{22.220}$$

对于 $|E_j|\searrow 0$ 的极限情形，式(22.216)便退化为式(22.212)的常规 PHD 滤波器观测更新方程，即

$$D_{k+1|k+1}(\boldsymbol{x})\longrightarrow\left(1-p_{\mathrm{D}}(\boldsymbol{x})+\sum_{j=1}^{m}\frac{p_{\mathrm{D}}(\boldsymbol{x})\cdot L_{\boldsymbol{z}_j}(\boldsymbol{x})}{\kappa_{k+1}(\boldsymbol{z}_j)+\tau_{k+1}(\boldsymbol{z}_j)}\right)\cdot D_{k+1|k}(\boldsymbol{x}) \tag{22.221}$$

因此，广义观测 PHD 滤波器与常规观测 PHD 滤波器是相容的。

22.10.2 在 CPHD 滤波器中采用 GLF

首先回顾式(8.104)~(8.114)的经典 CPHD 滤波器观测更新方程：

$$p_{k+1|k+1}(n)=\frac{\ell_{Z_{k+1}}(n)\cdot p_{k+1|k}(n)}{\sum_{l\geqslant 0}\ell_{Z_{k+1}}(l)\cdot p_{k+1|k}(l)} \tag{22.222}$$

$$D_{k+1|k+1}(\boldsymbol{x})=L_{Z_{k+1}}(\boldsymbol{x})\cdot D_{k+1|k}(\boldsymbol{x}) \tag{22.223}$$

式中

$$\ell_{Z_{k+1}}(n)=\frac{\begin{pmatrix}\sum_{j=0}^{\min\{m,n\}}(m-j)!\cdot p_{k+1}^{\kappa}(m-j)\cdot\\ j!\cdot C_{n,j}\cdot\phi_k^{n-j}\cdot\sigma_j(Z_{k+1})\end{pmatrix}}{\begin{pmatrix}\sum_{l=0}^{m}(m-l)!\cdot p_{k+1}^{\kappa}(m-l)\cdot\\ \sigma_l(Z_{k+1})\cdot G_{k+1|k}^{(l)}(\phi_k)\end{pmatrix}} \tag{22.224}$$

$$L_{Z_{k+1}}(\boldsymbol{x})=\frac{1}{N_{k+1|k}}\begin{pmatrix}(1-p_{\mathrm{D}}(\boldsymbol{x}))\cdot\overset{\mathrm{ND}}{L}_{Z_{k+1}}+\\ \sum_{j=1}^{m}\frac{p_{\mathrm{D}}(\boldsymbol{x})\cdot L_{\boldsymbol{z}_j}(\boldsymbol{x})}{c_{k+1}(\boldsymbol{z}_j)}\cdot\overset{\mathrm{D}}{L}_{Z_{k+1}}(\boldsymbol{z}_j)\end{pmatrix} \tag{22.225}$$

$$\overset{\mathrm{ND}}{L}_{Z_{k+1}}=\frac{\begin{pmatrix}\sum_{j=0}^{m}(m-j)!\cdot p_{k+1}^{\kappa}(m-j)\cdot\\ \sigma_j(Z_{k+1})\cdot G_{k+1|k}^{(j+1)}(\phi_k)\end{pmatrix}}{\begin{pmatrix}\sum_{l=0}^{m}(m-l)!\cdot p_{k+1}^{\kappa}(m-l)\cdot\\ \sigma_l(Z_{k+1})\cdot G_{k+1|k}^{(l)}(\phi_k)\end{pmatrix}} \tag{22.226}$$

$$\overset{\mathrm{D}}{L}_{Z_{k+1}}(\boldsymbol{z}_j)=\frac{\begin{pmatrix}\sum_{i=0}^{m-1}(m-i-1)!\cdot p_{k+1}^{\kappa}(m-i-1)\cdot\\ \sigma_i(Z_{k+1}-\{\boldsymbol{z}_j\})\cdot G_{k+1|k}^{(i+1)}(\phi_k)\end{pmatrix}}{\begin{pmatrix}\sum_{l=0}^{m}(m-l)!\cdot p_{k+1}^{\kappa}(m-l)\cdot\\ \sigma_l(Z_{k+1})\cdot G_{k+1|k}^{(l)}(\phi_k)\end{pmatrix}} \tag{22.227}$$

$$\sigma_i(\{\boldsymbol{z}_1,\cdots,\boldsymbol{z}_m\})=\sigma_{m,i}\left(\frac{\hat{\tau}_{k+1}(\boldsymbol{z}_1)}{c_{k+1}(\boldsymbol{z}_1)},\cdots,\frac{\hat{\tau}_{k+1}(\boldsymbol{z}_m)}{c_{k+1}(\boldsymbol{z}_m)}\right) \tag{22.228}$$

$$\phi_k=\int(1-p_{\mathrm{D}}(\boldsymbol{x}))\cdot s_{k+1|k}(\boldsymbol{x})\mathrm{d}\boldsymbol{x} \tag{22.229}$$

$$\hat{\tau}_{k+1}(\boldsymbol{z})=\int p_{\mathrm{D}}(\boldsymbol{x})\cdot L_{\boldsymbol{z}}(\boldsymbol{x})\cdot s_{k+1|k}(\boldsymbol{x})\mathrm{d}\boldsymbol{x} \tag{22.230}$$

换成广义观测集 $Z_{k+1}=\{\Theta_1,\cdots,\Theta_m\}$ ($|Z_{k+1}|=m$) 后，只需用下式替换 $L_{\boldsymbol{z}}(\boldsymbol{x})$ 和 $c_{k+1}(\boldsymbol{z})$ 即可得到相应的 CPHD 滤波器更新方程：

$$L_{\Theta}(\boldsymbol{x})=\int\mu_{\Theta}(\boldsymbol{z})\cdot f_{k+1}(\boldsymbol{z}|\boldsymbol{x})\mathrm{d}\boldsymbol{z} \tag{22.231}$$

$$c_{k+1}(\Theta)=\int\mu_{\Theta}(\boldsymbol{z})\cdot c_{k+1}(\boldsymbol{z})\mathrm{d}\boldsymbol{z} \tag{22.232}$$

注解 88 (经典 CPHD 滤波器是一种极限情形)：对于所有的 $j=1,\cdots,m$，假设模糊观测 $\Theta_j=\Sigma_A(g_j)$ 满足 $g_j(\boldsymbol{z})=\mathbf{1}_{E_j}(\boldsymbol{z})$，其中，$E_j$ 为 $\boldsymbol{z}_j$ 的极小邻域且其超体积 $|E_j|=V$。不难发现：在 CPHD 滤波器观测更新方程中 $L_{g_j}(\boldsymbol{x})$ 和 $c_{k+1}(g_j)$ 总以比值形式成对出现；且当 $|E_j|\searrow 0$ 时，由于

$$L_{g_j}(\boldsymbol{x})\cong V\cdot L_{\boldsymbol{z}_j}(\boldsymbol{x}) \tag{22.233}$$

$$c_{k+1}(g_j)\cong V\cdot c_{k+1}(\boldsymbol{z}_j) \tag{22.234}$$

因此

$$\frac{s_{k+1|k}[p_{\mathrm{D}} L_{g_j}]}{c_{k+1}(g_j)} \longrightarrow \frac{s_{k+1|k}[p_{\mathrm{D}} L_{\boldsymbol{z}_j}]}{c_{k+1}(\boldsymbol{z}_j)} \tag{22.235}$$

也就是说，模糊观测的 CPHD 滤波器观测更新方程在极限情形下将退化为常规观测下的形式。

22.10.3　在 CBMeMBer 滤波器中采用 GLF

重新回顾13.4.3节式(13.51)~(13.58)的 CBMeMBer 滤波器观测更新方程：

$$q_i^{\mathrm{L}} = q_{k+1|k}^i \cdot \frac{1 - s_{k+1|k}^i[p_{\mathrm{D}}]}{1 - q_{k+1|k}^i \cdot s_{k+1|k}^i[p_{\mathrm{D}}]} \tag{22.236}$$

$$s_i^{\mathrm{L}}(\boldsymbol{x}) = s_{k+1|k}^i(\boldsymbol{x}) \cdot \frac{1 - p_{\mathrm{D}}(\boldsymbol{x})}{1 - s_{k+1|k}^i[p_{\mathrm{D}}]} \tag{22.237}$$

$$q_j^{\mathrm{U}} = \frac{\sum_{i=1}^{\nu_{k+1|k}} \frac{q_{k+1|k}^i (1-q_{k+1|k}^i) \cdot s_{k+1|k}^i[p_{\mathrm{D}} L_{\boldsymbol{z}_j}]}{(1-q_{k+1|k}^i \cdot s_{k+1|k}^i[p_{\mathrm{D}}])^2}}{\kappa_{k+1}(\boldsymbol{z}_j) + \sum_{i=1}^{\nu_{k+1|k}} \frac{q_{k+1|k}^i \cdot s_{k+1|k}^i[p_{\mathrm{D}} L_{\boldsymbol{z}_j}]}{1-q_{k+1|k}^i \cdot s_{k+1|k}^i[p_{\mathrm{D}}]}} \tag{22.238}$$

$$s_j^{\mathrm{U}}(\boldsymbol{x}) = \frac{\sum_{i=1}^{\nu_{k+1|k}} \frac{q_{k+1|k}^i}{1-q_{k+1|k}^i} \cdot s_{k+1|k}^i(\boldsymbol{x}) \cdot p_{\mathrm{D}}(\boldsymbol{x}) \cdot L_{\boldsymbol{z}_j}(\boldsymbol{x})}{\sum_{i=1}^{\nu_{k+1|k}} \frac{q_{k+1|k}^i}{1-q_{k+1|k}^i} \cdot s_{k+1|k}^i[p_{\mathrm{D}} L_{\boldsymbol{z}_j}]} \tag{22.239}$$

式中

$$s_{k+1|k}^i[p_{\mathrm{D}}] = \int p_{\mathrm{D}}(\boldsymbol{x}) \cdot s_{k+1|k}^i(\boldsymbol{x}) \mathrm{d}\boldsymbol{x} \tag{22.240}$$

$$s_{k+1|k}^i[p_{\mathrm{D}} L_{\boldsymbol{z}_j}] = \int p_{\mathrm{D}}(\boldsymbol{x}) \cdot L_{\boldsymbol{z}_j}(\boldsymbol{x}) \cdot s_{k+1|k}^i(\boldsymbol{x}) \mathrm{d}\boldsymbol{x} \tag{22.241}$$

换成广义观测 $Z_{k+1} = \{\Theta_1, \cdots, \Theta_m\}$ ($|Z_{k+1}| = m$) 后，仅需用下式替换 $L_{\boldsymbol{z}}(\boldsymbol{x})$ 和 $\kappa_{k+1}(\boldsymbol{z})$ 即可得到相应的 CBMeMBer 滤波器方程：

$$L_{\Theta}(\boldsymbol{x}) = \int \mu_{\Theta}(\boldsymbol{z}) \cdot f_{k+1}(\boldsymbol{z}|\boldsymbol{x}) \mathrm{d}\boldsymbol{z} \tag{22.242}$$

$$\kappa_{k+1}(\Theta) = \int \mu_{\Theta}(\boldsymbol{z}) \cdot \kappa_{k+1}(\boldsymbol{z}) \mathrm{d}\boldsymbol{z} \tag{22.243}$$

注解 89 (CBMeMBer 滤波器是一种极限情形)：对于所有的 $j = 1, \cdots, m$，假设模糊观测 $\Theta_j = \Sigma_A(g_j)$ 满足 $g_j(\boldsymbol{z}) = \mathbf{1}_{E_j}(\boldsymbol{z})$，其中，$E_j$ 是 $\boldsymbol{z}_j$ 的极小邻域且其超体积 $|E_j| = V$。与 CPHD 滤波器情形类似，CBMeMBer 滤波器观测更新方程中的 $L_{g_j}(\boldsymbol{x})$ 和 $c_{k+1}(g_j)$ 也总以比值形式成对出现，而且当 $|E_j| \searrow 0$，由于

$$L_{g_j}(\boldsymbol{x}) \cong V \cdot L_{\boldsymbol{z}_j}(\boldsymbol{x}), \quad \kappa_{k+1}(g_j) \cong V \cdot \kappa_{k+1}(\boldsymbol{z}_j) \tag{22.244}$$

因此，模糊观测的 CBMeMBer 滤波器观测更新方程在极限情形下将退化为常规观测下的形式。

22.10.4 在伯努利滤波器中采用 GLF

伯努利滤波器的滤波方程如式(13.7)和式(13.8)所示。若将杂波过程扩展为式(22.211)的广义观测，同理可将滤波方程扩展为

$$p_{k+1|k+1} = \frac{1 - s_{k+1|k}[p_{\mathrm{D}}] + \sum_{\Theta \in Z_{k+1}} s_{k+1|k}[p_{\mathrm{D}} L_{\Theta}] \cdot \frac{\kappa_{k+1}(Z_{k+1} - \{\Theta\})}{\kappa_{k+1}(Z_{k+1})}}{p_{k+1|k}^{-1} - s_{k+1|k}[p_{\mathrm{D}}] + \sum_{\Theta \in Z_{k+1}} s_{k+1|k}[p_{\mathrm{D}} L_{\Theta}] \cdot \frac{\kappa_{k+1}(Z_{k+1} - \{\Theta\})}{\kappa_{k+1}(Z_{k+1})}} \tag{22.245}$$

$$\frac{s_{k+1|k+1}(\boldsymbol{x})}{s_{k+1|k}(\boldsymbol{x})} = \frac{1 - p_{\mathrm{D}}(\boldsymbol{x}) + p_{\mathrm{D}}(\boldsymbol{x}) \sum_{\Theta \in Z_{k+1}} L_{\Theta}(\boldsymbol{x}) \cdot \frac{\kappa_{k+1}(Z_{k+1} - \{\Theta\})}{\kappa_{k+1}(Z_{k+1})}}{1 - s_{k+1|k}[p_{\mathrm{D}}] + \sum_{\Theta \in Z_{k+1}} s_{k+1|k}[p_{\mathrm{D}} L_{\Theta}] \cdot \frac{\kappa_{k+1}(Z_{k+1} - \{\Theta\})}{\kappa_{k+1}(Z_{k+1})}} \tag{22.246}$$

式中：$\kappa_{k+1}(Z_{k+1})$ 见式(22.211)；且

$$s_{k+1|k}[p_{\mathrm{D}}] = \int p_{\mathrm{D}}(\boldsymbol{x}) \cdot s_{k+1|k}(\boldsymbol{x}) \mathrm{d}\boldsymbol{x} \tag{22.247}$$

$$s_{k+1|k}[p_{\mathrm{D}} L_{\Theta}] = \int p_{\mathrm{D}}(\boldsymbol{x}) \cdot L_{\Theta}(\boldsymbol{x}) \cdot s_{k+1|k}(\boldsymbol{x}) \mathrm{d}\boldsymbol{x} \tag{22.248}$$

22.10.5 非常规观测 RFS 滤波器的实现

下面介绍本章 GLF 方法不同实现的性能结果，这里考虑下面几种实现：

- 22.10.5.1节：基于不精确属性数据的射频发射机鉴别。
- 22.10.5.2节：基于格式化消息数据的目标分类。
- 22.10.5.3节：不精确自然语言陈述的伯努利滤波。
- 22.10.5.4节：静态 RSS 源的参数估计。

22.10.5.1 基于不精确属性数据的射频发射机鉴别

1999 年，Mahler、Leavitt、Warner 和 Myre 等人将 GLF 方法应用到非完美描述的无线电跳频发射机鉴别问题中，所用观测为不精确的频率测量值[179,193]。

由于发射机是非完美描述的，因此他们采用22.5节的方法设计模糊目标模型，并构建了相应的贝叶斯分类器。他们共考虑了 5 种发射机类型，同时将观测建模为中心时变、宽度固定的频率区间。

直观的感觉是分类器理应在不精确性与随机性较小时具有更好的性能，但结果却表现出相反的行为。当区间的宽度与区间中心的方差均减小时，发射机类型鉴别变得越发困难，实际上完全无法区分第 4 类和第 5 类发射机。

这种行为是由于不精确与随机这两类不确定性的特殊交互作用所致。第 4 类与第 5 类发射机的中心频率相对更为接近，由于观测的不精确性，只有靠统计意义上的野值才能将这两类发射机区分开。当中心频率的随机性较大时，出现野值的可能性增大，故此时分类器表现出更好的性能。

22.10.5.2 基于格式化消息数据的目标分类

在 2001 年，Sorensen、Brundage 和 Mahler 将 GLF 技术用于非完美描述的 75 类地面与空中目标的分类问题[179,273]。所用数据是由操作员从不同类型传感器观察得出的格式化字符串。

一个名为“孤狼 98”的仿真场景中包含 16 种不同类型的地面目标，所用传感器包括动目标指示 (MTI) 雷达、电子情报 (ELINT)、信号情报 (SIGINT) 以及成像传感器等。他们采用贝叶斯分类处理了 100 条格式化消息，据称，对于所有的样本，该分类器可以极高的置信度正确识别目标。

通过加入数据库中没有的目标类型，他们还测试了“弱 NOTA”版的分类器。据称，该分类器可成功判断未知类型目标的存在性。

22.10.5.3 不精确自然语言陈述的伯努利滤波

A. Bishop 和 B. Ristic[22] 以及 B. Ristic、B. T. Vo 和 B. N. Vo 等人[262] 将 GLF 方法用于不超过一个目标的检测跟踪问题 (文献 [262] 第 VII 节)，他们采用的是伯努利滤波器的粒子滤波实现。文献 [262] 第 IX–E 节还通过简单的二维仿真场景测试了基于 GLF 的伯努利滤波器。

在文献 [22] 中，Bishop 和 Ristic 等人给出了详细的分析。在他们的场景设置中，一个感兴趣的人在指定区域内移动，该区域包括这几个地标：一面墙、一栋 L 形的建筑，一个矩形游泳池，一座塔以及一个方形车库。下面是 5 个不同观察员给出的自然语言陈述报告：

$$\zeta_1 = \text{“目标在场景内。”} \tag{22.249}$$

$$\zeta_2 = \text{“如果太阳明媚，那么目标会靠近游泳池或者车库。”} \tag{22.250}$$

$$\zeta_3 = \text{“我没有看见目标。”} \tag{22.251}$$

$$\zeta_4 = \text{“目标在塔前面。”} \tag{22.252}$$

$$\zeta_5 = \text{“目标在 1 点钟方向。”} \tag{22.253}$$

这些陈述都需要观察员当前位置的先验知识，同时可注意到 ζ_2 为推理规则形式。据称，该滤波器在目标定位方面达到了极高的精度，而“已知的只是关于目标可能位置的模糊描述”[22,939]。

在 B. Ristic、B. T. Vo 和 B. N. Vo 等人的仿真中：首先在布满行人的走廊中标识出若干“锚点”(地标点)；然后由多名观察员发现并跟踪在走廊中穿行的感兴趣的行人，一旦发现目标，便会提供形如“目标在锚点 A 附近”的报告；再通过语音识别系统及语言解析系统从观察员的报告中提取语义内容并形成关于目标的非精确观测；最后将上述预处理结果馈入粒子实现的伯努利滤波器，他们假定检测概率 $p_D = 0.9$，泊松杂波率 $\lambda = 0.15$。据报道，该滤波器可在这种不精确观测下检测到目标，并能以满意的精度跟踪目标。

22.10.5.4 RSS 估计

Ristic 等人基于 RSS 观测通过 GLF 方法来估计信源位置，见式(22.143)和式(22.169)式。这里重新给出 GLF 的形式：

$$z_j \in \Sigma^j_{(x,y,A)}, \quad j = 1, \cdots, m \tag{22.254}$$

式中：m 个 RSS 测量传感器的位置 (x_j, y_j) 是非精确已知的。

Ristic 假定 RSS 信源静止且 $m = 12$ 个传感器近似分布在绕信源的圆周上。他采用粒子实现的贝叶斯滤波器 (由于信源静止，该滤波器实为贝叶斯规则的多次迭代)，先验分布则假定为某区域上的均匀分布。他还对比了 GLF 滤波器与常规似然粒子贝叶斯滤波器，仿真中所用的 RSS 观测序列长度 M 均为 5000 点[248,249]。

Ristic 发现：在仿真结束时，GLF 滤波器的位置粒子云及 A 的直方图都具有较好的聚集度，由此得出的位置估计和幅度估计虽然都是有偏的，但却包含于粒子云和直方图的支撑域内；采用常规似然函数的滤波器，虽然其位置粒子云与幅度直方图更为紧致，但二者都未覆盖信源的正确参数，因此可断定为不精确的估计。

最后，Ristic 通过 1000 次蒙特卡罗试验来确定 GLF 后验概率的支撑域包含真实参数的百分比。结果表明，该比例随观测数 M 的增加而稳步递增，当 $M \geqslant 1000$ 时，该比例达到了 100%。

22.11 传统多目标滤波器中的 GLF

7.2.4节回顾了观测–航迹关联 (MTA) 这一传统多目标检测跟踪方法的基本概念，有可能推广 MTA 方法使之可以同样方式处理非常规与常规观测。本节旨在介绍这些推广方法，所述内容首见于文献 [164]，具体内容包括：

- 22.11.1节：非常规观测的观测–航迹关联。
- 22.11.2节：模糊观测下的精确闭式 MTA。
- 22.11.3节：运动学–非运动学联合量测的 MTA。

22.11.1 非常规观测的观测–航迹关联 (MTA)

假定 t_{k+1} 时刻有 n 条预测航迹，相应的航迹分布为 $f_{k+1|k}(\boldsymbol{x}|1), \cdots, f_{k+1|k}(\boldsymbol{x}|n)$，同时假定传感器在 t_{k+1} 时刻获得了广义观测集 $Z_{k+1} = \{\Theta_1, \cdots, \Theta_m\}$ $(|Z_{k+1}| = m)$。如7.2节所述，观测–航迹关联 (或称作关联假设) 是 $\{1, \cdots, n\} \to \{0, 1, \cdots, m\}$ 的一个函数 θ，且满足关系“$\theta(i) = \theta(i') > 0 \Rightarrow i = i'$”。将源自目标的广义观测集记作

$$Z_\theta = \{\Theta_{\theta(i)} | \theta(i) > 0\} \tag{22.255}$$

并记 $m_\theta = |Z_\theta|$。

在上述假设下，可将7.2.4节的 MTA 表达式扩展至广义观测。与那一节类似，假设检测概率 $p_{\mathrm{D}}(\boldsymbol{x})=p_{\mathrm{D}}$。按照式(22.208)及式(22.209)，目标观测与泊松杂波的 GLF 分别为

$$\rho_{k+1}(\Theta|\boldsymbol{x})=\int \mu_{\Theta}(\boldsymbol{z})\cdot f_{k+1}(\boldsymbol{z}|\boldsymbol{x})\mathrm{d}\boldsymbol{z} \tag{22.256}$$

$$\kappa_{k+1}(\Theta)=\int \mu_{\Theta}(\boldsymbol{z})\cdot \kappa_{k+1}(\boldsymbol{z})\mathrm{d}\boldsymbol{z} \tag{22.257}$$

式中：$\mu_{\Theta}(\boldsymbol{z})$ 为 Θ 的点覆盖函数，定义见式(22.37)。

将式(7.37)与式(7.35)推广为

$$\kappa_{k+1}(\theta)=e^{-\lambda_{k+1}}\prod_{\Theta\in Z_{k+1}-Z_{\theta}}\kappa_{k+1}(\Theta) \tag{22.258}$$

$$\tilde{\ell}(\Theta|i)=\int \rho_{k+1}(\Theta|\boldsymbol{x})\cdot f_{k+1|k}(\boldsymbol{x}|i)\mathrm{d}\boldsymbol{x} \tag{22.259}$$

最后可得到：

- 广义观测的全局关联似然：式(7.36)可推广为

$$\ell_{Z_{k+1}|X_{k+1|k}}(\theta)=\kappa_{k+1}(\theta)\cdot p_{\mathrm{D}}^{m_\theta}(1-p_{\mathrm{D}})^{n-m_\theta}\prod_{i:\theta(i)>0}\tilde{\ell}_{k+1}(\Theta_{\theta(i)}|i) \tag{22.260}$$

- 广义观测的全局关联概率：式(7.38)可推广为

$$p_{Z_{k+1}|X_{k+1|k}}(\theta)=\frac{\ell_{Z_{k+1}|X_{k+1|k}}(\theta)}{\sum_{\theta'}\ell_{Z_{k+1}|X_{k+1|k}}(\theta')} \tag{22.261}$$

22.11.2 模糊观测下的闭式实例

本节旨在说明模糊观测下的 MTA 在合理的简化假设下可以得到精确闭式表达式，因此对实际应用而言具有潜在的意义。本节内容选自文献 [164] 第 6.1 节，所述方法也可扩展到模糊 DS (FDS) 观测，但以计算复杂度的增加为代价 (见文献 [164] 中的 6.2 节)。

22.2.2.2节介绍了模糊观测的概念，含噪模糊观测 $g(\boldsymbol{z})$ 的 GLF 由式(22.81)给出：

$$\rho_{k+1}(g|\boldsymbol{x})=\int g(\boldsymbol{z})\cdot f_{k+1}(\boldsymbol{z}|\boldsymbol{x})\mathrm{d}\boldsymbol{z} \tag{22.262}$$

假定在 t_{k+1} 时刻，

- 预测航迹分布为线性高斯形式：

$$f_{k+1|k}(\boldsymbol{x}|i)=N_{\boldsymbol{P}_i}(\boldsymbol{x}-\boldsymbol{x}_i) \tag{22.263}$$

- 信源获取的 m 个模糊观测 $Z=\{g_1,\cdots,g_m\}$ 具有线性高斯形式：

$$g_j(\boldsymbol{z})=\sqrt{\det 2\pi\boldsymbol{G}_j}\cdot N_{\boldsymbol{G}_j}(\boldsymbol{z}-\boldsymbol{g}_j) \tag{22.264}$$

- 常规似然函数是线性高斯的：

$$f_{k+1}(\boldsymbol{z}|\boldsymbol{x})=N_{\boldsymbol{R}_{k+1}}(\boldsymbol{z}-\boldsymbol{H}_{k+1}\boldsymbol{x}) \tag{22.265}$$

- 常规泊松杂波强度函数也是线性高斯的:

$$\kappa_{k+1}(\boldsymbol{z}) = \lambda_{k+1} \cdot N_{\boldsymbol{C}_{k+1}}(\boldsymbol{z} - \boldsymbol{c}_{k+1}) \tag{22.266}$$

(特别地，若 $\|C_{k+1}\|$ 很大，则选用均匀分布表示 $\kappa_{k+1}(\boldsymbol{z})$ 更为有效。)

不难证明:

- 模糊观测 $g_1, \cdots, g_m$ 的目标广义似然为

$$\rho_{k+1}(g_j|\boldsymbol{x}) = \sqrt{\det 2\pi \boldsymbol{G}_j} \cdot N_{\boldsymbol{R}_{k+1}+\boldsymbol{G}_j}(\boldsymbol{g}_j - \boldsymbol{H}_{k+1}\boldsymbol{x}) \tag{22.267}$$

- $g_1, \cdots, g_m$ 的杂波广义似然为[①]

$$\kappa_{k+1}(g_j) = \lambda_{k+1} \cdot \sqrt{\det 2\pi \boldsymbol{G}_j} \cdot N_{\boldsymbol{C}_{k+1}+\boldsymbol{G}_j}(\boldsymbol{g}_j - \boldsymbol{c}_{k+1}) \tag{22.268}$$

- 式(22.259)的局部关联似然可化为

$$\tilde{\ell}_{k+1}(g_j|i) = \sqrt{\det 2\pi \boldsymbol{G}_j} \cdot N_{\boldsymbol{R}_{k+1}+\boldsymbol{G}_j+\boldsymbol{H}_{k+1}\boldsymbol{P}_i\boldsymbol{H}_{k+1}^{\mathrm{T}}}(\boldsymbol{g}_j - \boldsymbol{H}_{k+1}\boldsymbol{x}_i) \tag{22.269}$$

令 $J_\theta \subseteq \{1, \cdots, m\}$ 表示非目标观测的索引集，即这些 j 满足 $g_j \in Z_{k+1} - Z_\theta$，则式(22.260)的全局关联似然可表示为[②]

$$\begin{aligned}\ell_{Z_{k+1}|X_{k+1|k}}(\theta) = {} & e^{-\lambda_{k+1}}\lambda_{k+1}^{m-m_\theta} \cdot p_{\mathrm{D}}^{m_\theta}(1-p_{\mathrm{D}})^{n-m_\theta} \cdot \boldsymbol{Q}_{k+1|k}^{\kappa}(\theta) \cdot \boldsymbol{Q}_{k+1|k}(\theta) \cdot \\ & \exp\left(-\frac{1}{2}d_{Z_{k+1}|X_{k+1|k}}^{\kappa}(\theta)^2 - \frac{1}{2}d_{Z_{k+1}|X_{k+1|k}}(\theta)^2\right) \cdot \\ & \prod_{j=1}^{m}\sqrt{\det 2\pi \boldsymbol{G}_j}\end{aligned} \tag{22.270}$$

式中

$$d_{Z_{k+1}|X_{k+1|k}}^{\kappa}(\theta)^2 = \sum_{j \in J_\theta}(\boldsymbol{g}_j - \boldsymbol{c}_{k+1})^{\mathrm{T}}(\boldsymbol{C}_{k+1} + \boldsymbol{G}_j)^{-1}(\boldsymbol{g}_j - \boldsymbol{c}_{k+1}) \tag{22.271}$$

$$d_{Z_{k+1}|X_{k+1|k}}(\theta)^2 = \sum_{i:\theta(i)>0}\begin{pmatrix}(\boldsymbol{g}_{\theta(i)} - \boldsymbol{H}_{k+1}\boldsymbol{x}_i)^{\mathrm{T}} \cdot \\ (\boldsymbol{R}_{k+1} + \boldsymbol{G}_{\theta(i)} + \boldsymbol{H}_{k+1}\boldsymbol{P}_i\boldsymbol{H}_{k+1}^{\mathrm{T}})^{-1} \cdot \\ (\boldsymbol{g}_{\theta(i)} - \boldsymbol{H}_{k+1}\boldsymbol{x}_i)\end{pmatrix} \tag{22.272}$$

$$Q_{k+1|k}^{\kappa}(\theta) = \frac{1}{\prod_{j \in J_\theta}\sqrt{\det 2\pi(\boldsymbol{C}_{k+1}) + \boldsymbol{G}_j}} \tag{22.273}$$

$$Q_{k+1|k}(\theta) = \frac{1}{\prod_{i:\theta(i)>0}\sqrt{\det 2\pi(\boldsymbol{R}_{k+1} + \boldsymbol{G}_{\theta(i)} + \boldsymbol{H}_{k+1}\boldsymbol{P}_i\boldsymbol{H}_{k+1}^{\mathrm{T}})}} \tag{22.274}$$

[①]译者注：原著下式中遗漏了因子 $\sqrt{\det 2\pi \boldsymbol{G}_j}\cdot$，这里已更正。

[②]译者注：原著下式中遗漏了最后一项的连乘因子，这里已更正。

式(22.270)的简单证明过程如下：首先观察到式(22.258)可化为

$$\kappa_{k+1}(\theta) = e^{-\lambda_{k+1}}\kappa_{k+1}^{Z_{k+1}-Z_\theta} \tag{22.275}$$

$$= e^{-\lambda_{k+1}} \cdot \lambda_{k+1}^{m-m_\theta} \cdot \prod_{j\in J_\theta} \frac{\sqrt{\det 2\pi \boldsymbol{G}_j}}{\sqrt{\det 2\pi(\boldsymbol{C}_{k+1}+\boldsymbol{G}_j)}} \cdot \tag{22.276}$$

$$\exp\left(-\frac{1}{2}\sum_{j\in J_\theta}\left(\begin{array}{c}(\boldsymbol{g}_j-\boldsymbol{c}_{k+1})^{\mathrm{T}}\cdot\\ (\boldsymbol{C}_{k+1}+\boldsymbol{G}_j)^{-1}\cdot\\ (\boldsymbol{g}_j-\boldsymbol{c}_{k+1})\end{array}\right)\right)$$

因此，式(22.260)可化为[①]

$$\ell_{Z_{k+1}|X_{k+1|k}}(\theta) = \kappa_{k+1}(\theta)\cdot p_{\mathrm{D}}^{m_\theta}(1-p_{\mathrm{D}})^{n-m_\theta}\cdot \prod_{i:\theta(i)>0}\tilde{\ell}_{k+1}(\boldsymbol{g}_{\theta(i)}|i) \tag{22.277}$$

$$= \kappa_{k+1}(\theta)\cdot p_{\mathrm{D}}^{m_\theta}(1-p_{\mathrm{D}})^{n-m_\theta}\cdot \tag{22.278}$$

$$\prod_{i:\theta(i)>0}\frac{\sqrt{\det 2\pi \boldsymbol{G}_{\theta(i)}}}{\sqrt{\det 2\pi(\boldsymbol{R}_{k+1}+\boldsymbol{G}_{\theta(i)}+\boldsymbol{H}_{k+1}\boldsymbol{P}_i\boldsymbol{H}_{k+1}^{\mathrm{T}})}}\cdot$$

$$\exp\left(\begin{array}{c}-\frac{1}{2}\sum_{i:\theta(i)>0}(\boldsymbol{g}_{\theta(i)}-\boldsymbol{H}_{k+1}\boldsymbol{x}_i)^{\mathrm{T}}\cdot\\ (\boldsymbol{R}_{k+1}+\boldsymbol{G}_{\theta(i)}+\boldsymbol{H}_{k+1}\boldsymbol{P}_i\boldsymbol{H}_{k+1}^{\mathrm{T}})^{-1}\cdot\\ (\boldsymbol{g}_{\theta(i)}-\boldsymbol{H}_{k+1}\boldsymbol{x}_i)\end{array}\right)$$

$$= e^{-\lambda_{k+1}}\lambda_{k+1}^{m-m_\theta}\cdot p_{\mathrm{D}}^{m_\theta}(1-p_{\mathrm{D}})^{n-m_\theta}\cdot \boldsymbol{Q}_{k+1|k}^{\kappa}(\theta)\cdot \boldsymbol{Q}_{k+1|k}(\theta)\cdot \tag{22.279}$$

$$\exp\left(-\frac{1}{2}d_{Z_{k+1}|X_{k+1|k}}^{\kappa}(\theta)^2-\frac{1}{2}d_{Z_{k+1}|X_{k+1|k}}(\theta)^2\right)\cdot$$

$$\prod_{j=1}^{m}\sqrt{\det 2\pi \boldsymbol{G}_j}$$

22.11.3 运动学–非运动学联合量测的 MTA

在涉及非常规观测的实际应用中，目标状态的典型形式为 $(c,\boldsymbol{x})$，其中：

- $\boldsymbol{x}$ 为运动学状态矢量；
- $c\in C$ 为离散身份状态变量 (如目标的型号、种类等)。

而这些应用中观测的典型形式为 $(\phi,\boldsymbol{z})$，其中：

- $\boldsymbol{z}$ 为 $\boldsymbol{x}$ 的运动学观测 (如位置)；
- ϕ 为 c 的非运动学观测 (如目标特征)。

本节旨在将前面的结论扩展到这种情形，主要内容选自文献 [164] 第 7 节。

①译者注：原著式(22.278)和式(22.279)中分别遗漏了乘积因子 $\sqrt{\det 2\pi\boldsymbol{G}_{\theta(i)}}$ 和 $\prod_{j=1}^{m}\sqrt{\det 2\pi\boldsymbol{G}_j}$，这里已更正。

假设检测概率 $p_{\mathrm{D}}(\boldsymbol{x}) = p_{\mathrm{D}}$，则式(22.259)的局部关联似然可化为

$$\tilde{\ell}(\Theta, \boldsymbol{z}|i) = \sum_{c\in C}\int \rho_{k+1}(\Theta_\phi, \boldsymbol{z}|c, \boldsymbol{x})\cdot f_{k+1|k}(c, \boldsymbol{x}|i)\mathrm{d}\boldsymbol{x} \tag{22.280}$$

式中：Θ_ϕ 为特征 ϕ 的随机集表示。

假定运动学观测 $\boldsymbol{z}$ 与非运动学特征 ϕ 至少在下述意义上近似统计独立①

$$\rho_{k+1}(\Theta_\phi, \boldsymbol{z}|c, \boldsymbol{x}) = \rho_{k+1}(\Theta_\phi|c)\cdot f_{k+1}(\boldsymbol{z}|\boldsymbol{x}) \tag{22.281}$$

$$\kappa_{k+1}(\Theta_\phi, \boldsymbol{z}) = c^{\mathrm{fea}}_{k+1}(\Theta_\phi)\cdot \kappa^{\mathrm{kin}}_{k+1}(\boldsymbol{z}) \tag{22.282}$$

$$f_{k+1|k}(c, \boldsymbol{x}|i) = f_{k+1|k}(c|i)\cdot f_{k+1|k}(\boldsymbol{x}|i) \tag{22.283}$$

式中

$$c^{\mathrm{fea}}_{k+1}(\Theta_\phi) = \int \mu_{\Theta_\phi}(\boldsymbol{z})\cdot c^{\mathrm{fea}}_{k+1}(\boldsymbol{z})\mathrm{d}\boldsymbol{z} \tag{22.284}$$

$$\kappa^{\mathrm{kin}}_{k+1}(\boldsymbol{z}) = \lambda_{k+1}\cdot c^{\mathrm{kin}}_{k+1}(\boldsymbol{z}) \tag{22.285}$$

本节主要内容安排如下：

- 22.11.3.1节：运动学–非运动学联合观测的局部关联似然。
- 22.11.3.2节：运动学–非运动学联合观测的全局关联概率。
- 22.11.3.3节：运动学–非运动学联合观测的处理。

22.11.3.1 运动学–非运动学联合观测的局部关联似然

令

$$Z_{k+1} = \{(\Theta_{\phi_1}, \boldsymbol{z}_1), \cdots, (\Theta_{\phi_m}, \boldsymbol{z}_m)\} \tag{22.286}$$

$$Z^{\mathrm{kin}}_{k+1} = \{\boldsymbol{z}_1, \cdots, \boldsymbol{z}_m\} \tag{22.287}$$

$$Z^{\mathrm{fea}}_{k+1} = \{\Theta_{\phi_1}, \cdots, \Theta_{\phi_m}\} \tag{22.288}$$

此时可将式(22.258)化为

$$\kappa_{k+1}(\theta) = e^{-\lambda_{k+1}}\prod_{(\Theta,\boldsymbol{z})\in Z_{k+1}-Z_\theta}\kappa_{k+1}(\Theta, \boldsymbol{z}) \tag{22.289}$$

$$= e^{-\lambda_{k+1}}\lambda^{m-m_\theta}_{k+1}\cdot\left(\prod_{(\Theta,\boldsymbol{z})\in Z_{k+1}-Z_\theta}c^{\mathrm{fea}}_{k+1}(\Theta)\right)\cdot\left(\prod_{(\Theta,\boldsymbol{z})\in Z_{k+1}-Z_\theta}c^{\mathrm{kin}}_{k+1}(\boldsymbol{z})\right) \tag{22.290}$$

$$= \left(\prod_{\Theta\in Z^{\mathrm{fea}}_{k+1}-Z^{\mathrm{fea}}_\theta}c^{\mathrm{fea}}_{k+1}(\Theta)\right)\cdot\left(e^{-\lambda_{k+1}}\lambda^{m-m_\theta}_{k+1}\prod_{\boldsymbol{z}\in Z^{\mathrm{kin}}_{k+1}-Z^{\mathrm{kin}}_\theta}c^{\mathrm{kin}}_{k+1}(\boldsymbol{z})\right) \tag{22.291}$$

---

①译者注：原著式(22.282)中为 $\kappa^{\mathrm{fea}}_{k+1}(\Theta_\phi)$，这里根据上下文更正为 $c^{\mathrm{fea}}_{k+1}(\Theta_\phi)$，本小节对应处做同样修改，恕不一一指出。

因此

$$\kappa(\theta) = c_{k+1}^{\text{fea}}(\theta) \cdot \kappa_{k+1}^{\text{kin}}(\theta)$$

式中

$$c_{k+1}^{\text{fea}}(\theta) = \prod_{\Theta \in Z_{k+1}^{\text{fea}} - Z_{\theta}^{\text{fea}}} c_{k+1}^{\text{fea}}(\Theta) \tag{22.292}$$

$$\kappa_{k+1}^{\text{kin}}(\theta) = e^{-\lambda_{k+1}} \prod_{z \in Z_{k+1}^{\text{kin}} - Z_{\theta}^{\text{kin}}} \kappa_{k+1}^{\text{kin}}(z) \tag{22.293}$$

另外，式(22.259)可化简为

$$\tilde{\ell}_{k+1}(\Theta_{\phi}, z|i) = \sum_{c \in C} \int \rho_{k+1}(\Theta_{\phi}|c) \cdot f_{k+1}(z|x) \cdot f_{k+1|k}(c|i) \cdot f_{k+1|k}(x|i) \mathrm{d}x \tag{22.294}$$

$$= \left(\sum_{c \in C} \rho_{k+1}(\Theta_{\phi}|c) \cdot f_{k+1|k}(c|i) \right) \cdot \tag{22.295}$$

$$\left(\int f_{k+1}(z|x) \cdot f_{k+1|k}(x|i) \mathrm{d}x \right)$$

$$= \breve{\ell}_{k+1}(\Theta_{\phi}|i) \cdot \tilde{\ell}_{k+1}(z|i) \tag{22.296}$$

式中

$$\breve{\ell}_{k+1}(\Theta_{\phi}|i) = \sum_{c \in C} \rho_{k+1}(\Theta_{\phi}|c) \cdot f_{k+1|k}(c|i) \tag{22.297}$$

$$\tilde{\ell}_{k+1}(z|i) = \int f_{k+1}(z|x) \cdot f_{k+1|k}(x|i) \mathrm{d}x \tag{22.298}$$

因此，该问题的运动学与非运动学部分可分开处理。

22.11.3.2 运动学–非运动学联合观测的全局关联概率

基于前面的结论，式(22.261)的全局关联概率可化为

$$p_{Z_{k+1}|X_{k+1|k}}(\theta) = \frac{p_{Z_{k+1}|X_{k+1|k}}^{\text{fea}}(\theta) \cdot p_{Z_{k+1}|X_{k+1|k}}^{\text{kin}}(\theta)}{\sum_{\theta'} p_{Z_{k+1}|X_{k+1|k}}^{\text{fea}}(\theta') \cdot p_{Z_{k+1}|X_{k+1|k}}^{\text{kin}}(\theta')} \tag{22.299}$$

式中

$$p_{Z_{k+1}|X_{k+1|k}}^{\text{fea}}(\theta) = \frac{\ell_{Z_{k+1}|X_{k+1|k}}^{\text{fea}}(\theta)}{\sum_{\theta''} \ell_{Z_{k+1}|X_{k+1|k}}^{\text{fea}}(\theta'')} \tag{22.300}$$

$$p_{Z_{k+1}|X_{k+1|k}}^{\text{kin}}(\theta) = \frac{\ell_{Z_{k+1}|X_{k+1|k}}^{\text{kin}}(\theta)}{\sum_{\theta''} \ell_{Z_{k+1}|X_{k+1|k}}^{\text{kin}}(\theta'')} \tag{22.301}$$

由于式(22.260)的全局关联似然可分解成运动学与非运动学部分，即

$$\ell_{Z_{k+1}|X_{k+1|k}}(\theta) = \kappa_{k+1}(\theta) \cdot p_{\mathrm{D}}^{m_\theta}(1-p_{\mathrm{D}})^{n-m_\theta} \cdot \prod_{i:\theta(i)>0} \tilde{\ell}_{k+1}(\Theta_{\theta(i)}, z_{\theta(i)}|i) \tag{22.302}$$

$$= c_{k+1}^{\mathrm{fea}}(\theta) \cdot \kappa_{k+1}^{\mathrm{kin}}(\theta) \cdot p_{\mathrm{D}}^{m_\theta}(1-p_{\mathrm{D}})^{n-m_\theta} \cdot \left(\prod_{i:\theta(i)>0} \breve{\ell}_{k+1}(\Theta_{\theta(i)}|i)\right) \cdot \left(\prod_{i:\theta(i)>0} \tilde{\ell}_{k+1}(z_{\theta(i)}|i)\right) \tag{22.303}$$

$$= c_{k+1}^{\mathrm{fea}}(\theta) \cdot \prod_{i:\theta(i)>0} \breve{\ell}_{k+1}(\Theta_{\theta(i)}|i) \cdot p_{\mathrm{D}}^{m_\theta}(1-p_{\mathrm{D}})^{n-m_\theta} \cdot \kappa_{k+1}^{\mathrm{kin}}(\theta) \cdot \prod_{i:\theta(i)>0} \tilde{\ell}_{k+1}(z_{\theta(i)}|i) \tag{22.304}$$

$$= \ell_{Z_{k+1}|X_{k+1|k}}^{\mathrm{fea}}(\theta) \cdot \ell_{Z_{k+1}|X_{k+1|k}}^{\mathrm{kin}}(\theta) \tag{22.305}$$

式中

$$\ell_{Z_{k+1}|X_{k+1|k}}^{\mathrm{fea}}(\theta) = c_{k+1}^{\mathrm{fea}}(\theta) \cdot \prod_{i:\theta(i)>0} \breve{\ell}_{k+1}(\Theta_{\theta(i)}|i) \tag{22.306}$$

$$\ell_{Z_{k+1}|X_{k+1|k}}^{\mathrm{kin}}(\theta) = p_{\mathrm{D}}^{m_\theta}(1-p_{\mathrm{D}})^{n-m_\theta} \cdot \kappa_{k+1}^{\mathrm{kin}}(\theta) \cdot \prod_{i:\theta(i)>0} \tilde{\ell}_{k+1}(z_{\theta(i)}|i) \tag{22.307}$$

因此

$$p_{Z_{k+1}|X_{k+1|k}}(\theta) = \frac{\ell_{Z_{k+1}|X_{k+1|k}}(\theta)}{\sum_{\theta'} \ell_{Z_{k+1}|X_{k+1|k}}(\theta')} \tag{22.308}$$

$$= \frac{\ell_{Z_{k+1}|X_{k+1|k}}^{\mathrm{fea}}(\theta) \cdot \ell_{Z_{k+1}|X_{k+1|k}}^{\mathrm{kin}}(\theta)}{\sum_{\theta'} \ell_{Z_{k+1}|X_{k+1|k}}^{\mathrm{fea}}(\theta') \cdot \ell_{Z_{k+1}|X_{k+1|k}}^{\mathrm{kin}}(\theta')} \tag{22.309}$$

$$= \frac{p_{Z_{k+1}|X_{k+1|k}}^{\mathrm{fea}}(\theta) \cdot p_{Z_{k+1}|X_{k+1|k}}^{\mathrm{kin}}(\theta)}{\sum_{\theta'} p_{Z_{k+1}|X_{k+1|k}}^{\mathrm{fea}}(\theta') \cdot p_{Z_{k+1}|X_{k+1|k}}^{\mathrm{kin}}(\theta')} \tag{22.310}$$

22.11.3.3 运动学–非运动学联合观测的处理

本节解释如何用前面导出的公式来传递 MTA 跟踪算法中的运动学–非运动学联合航迹：

- 运动学部分的时间更新：与一般情形类似，可由扩展卡尔曼滤波器 (EKF) 的时间更新方程完成。
- 非运动学部分的时间更新：采用离散贝叶斯滤波器的预测步完成[①]：

$$p_{k+1|k}(c) = \sum_{c' \in C} p_{k+1|k}(c|c') \cdot p_{k|k}(c') \tag{22.311}$$

式中：$p_{k+1|k}(c|c')$ 为马尔可夫转移矩阵。

[①] 如9.5.8.1节注解 33 所指出的，这里未必需要假定目标身份不随时间变化。

- 运动学部分的观测更新：与一般情形类似，可由扩展卡尔曼滤波器 (EKF) 的观测更新方程完成。
- 非运动学部分的观测更新：采用离散贝叶斯滤波器的观测更新步完成：

$$p_{k+1|k+1}(c) = \frac{\rho_{k+1}(\Theta_{\phi_{k+1}}|c) \cdot p_{k+1|k}(c)}{\sum_{c' \in C} \rho_{k+1}(\Theta_{\phi_{k+1}}|c') \cdot p_{k+1|k}(c')} \tag{22.312}$$

第Ⅴ篇

传感器、平台与武器的管理

第23章　本篇导论

自动化传感器管理是指"将适合的传感器适时地指向适当目标"的过程。由于传感器经常搭载在运动平台上，因此传感器管理在本质上也包括自动化平台管理——"将适当平台上适合的传感器适时地指向适当的目标"。此外，许多现代化的"智能"武器本身就是携带传感器的平台，在末段通常由上面的"导引头"传感器引导其飞向目标，因此传感器管理本质上也包含了自动化武器管理。考虑到这种通用性，通常将传感器管理称作"资源管理"或"第4层数据融合"。

本章旨在介绍一种统计的统一化资源管理方法——可视作一种广义形式的传感器管理。该方法的核心概念，如闭环多目标贝叶斯滤波器、多目标控制论、多目标信息论目标函数、单样本对冲优化等，最早提出于1996年[162]，深入解释见于2005年[169]，而最近的总结则见于2011年[184]。在过去的这15年中，针对该方法的细化和扩展见诸于各类文献，但都较为分散且目的性不强，本书第V篇是对该方法的首次系统性介绍。

下面首先回顾传感器管理问题特有的一些挑战。为了完成其目标，一个传感器管理系统必须同时考虑影响性能的诸多不同因素：

- 传感器及平台的优缺点，例如：
  - 平台的可用性、位置和姿态；
  - 平台的气动力学约束及燃料 / 功率等级；
  - 平台的环境约束 (地形、气象等)；
  - 传感器稳定平台的指向、旋转速率、行程；
  - 传感器分辨率、虚警和 (或) 杂波特性；
  - 传感器视场 (FoV) 的物理尺度及形状。
- 目标当前及将来预期的行为特性，例如：
  - 目标动力学限制引入的运动约束；
  - 环境对目标运动的约束 (地形及遮挡)；
  - 目标的燃料 / 电源电量估计；
  - 目标出现或消失 (以多少数量出现于什么位置) 的可能性。
- 与通信网络有关的约束，例如：
  - 带宽；
  - 信号衰落；
  - 时间延迟。
- 不可预知的动态变化场景，包括操作员优先级和指挥员战术目标的演变。

- 所有这些因素之间高度复杂、不确定且非线性的交互。

这最终意味着资源管理需要无缝集成下面几个相关功能：

- 细致且精确的多传感器多目标统计建模；
- 多传感器多目标信息融合；
- 平面区域或立体空域多目标搜索；
- 多目标检测、定位、跟踪与识别；
- 多传感器多目标传感器管理；
- 多传感器多目标平台管理；
- 基于态势意义的目标战术优先级估计；
- 操作员上下文引导，包括指挥员的优先级演变。

本章所述方法基于下面三个观点：

- 资源管理本质上是一个非线性最优控制问题。
- 但与标准控制问题不同，其本质是一个随机组合多目标问题，涉及：
  - 随机变化的有限目标集；
  - 随机变化的有限观测集；
  - 随机变化的有限传感器 / 平台集。
- 因此，实际中资源管理的实现需要极度但却原则性的近似。事实上，原则可计算性正是第 V 篇首要的重点。

对于上述问题，本章所述方法采用的是下面自顶向下的系统级贝叶斯范式：

(1) 将所有平台、传感器和目标建模为一个动态演变的联合多目标随机系统；

(2) 以多传感器多目标似然函数的形式封装所有传感器的特性；

(3) 以多目标马尔可夫转移密度的形式封装所有目标的动态特性；

(4) 以战术重要性函数 (TIF) 的形式封装那些任务相关的主观紧迫性；

(5) 在前四项基础上采用多传感器–多平台–多目标贝叶斯滤波器传递联合系统的状态；

(6) 使用信息论目标函数描述传感器管理的全局目标，但要求该目标函数具备物理上及任务上的直观性；

(7) 采用传感器 / 平台优化策略对冲将来观测集中固有的不可知性；

(8) 设计这种通用 (但一般不易于处理) 表示下的原则近似，包括：

   - 近似的多传感器–多平台–多目标滤波器；
   - 近似的传感器管理目标函数；
   - 近似的传感器管理对冲及优化策略。

本导论将简要介绍该方法的全貌，内容包括：

- 23.1节：传感器管理中的一些基本问题概述。
- 23.2节：一种实际可操作的统一化信息论方法简介，包括目标数后验期望 (PENT)、感兴趣目标数后验期望 (PENTI) 以及势方差。
- 23.3节：一般方法及其近似的概述。
- 23.4节：第 V 篇的结构安排。

23.1 传感器管理中的基本问题

在传感器管理的研究中，下面三个二元观点一直备受关注，即传感器管理应该是：

- 自顶向下 (控制论的) 还是自底向上 (基于规则的)？
- 单步前瞻 (“时间短视的”) 还是多步前瞻 (“模型短视的”)？
- 信息论型 (原则理论化的) 还是面向任务型 (主观的 / 启发式的 / 直觉的)？

下面依次讨论这几个二元观点。

23.1.1 自顶向下还是自底向上？

自底向上 (*Bottom-Up, BU*) 传感器管理方法基于下述范式：① 将资源管理问题划分为层次化的子任务；② 采用数学和启发式混合方法决定子任务的切换。这些切换可以完全基于规则 (“如果某条件出现，则执行某行动”)，也可以采用子任务级效用函数进行优化。

一般而言，自顶向下 (*Top-Down, TD*) 传感器管理方法基于控制论范式。它的基本思想是：① 确定最优或近似最优的传感器 / 平台资源分配；② 最大化 / 最小化某种整体上的全局目标函数。

BU 和 TD 方法的优缺点正好互补：

- 启发式与数学的严密性；
- 确定性与随机性；
- 快速性与计算密集性；
- 稳定性与潜在的不稳定性 (例如传感器之间的竞争)。

一方面，BU 系统中局部最优决策的不断积累未必能达到期望的全局最优传感器 / 平台行为；相反，TD 系统却能够获得全局近似最优的决策。类似地，BU 系统受限于有限规则库的刚性而不能应对实际中的无限种可能性；与之形成对比的是，TD 系统能够应对无限种可能性，因此具备更强的稳健性。

基于上述原因，本章及整个第 V 篇将把重点放在自顶向下——更确切地说应是控制论——资源管理上。

23.1.2 单步还是多步

单步前瞻（“短视的”）TD 系统只是确定下一时间步传感器和平台资源的最优分配，而多步前瞻 TD 系统则试图确定将来整段时间窗内的最优传感器资源分配。

通常认为多步 TD 传感器管理具有内在的优势——术语“非短视”实际意味着尽量多的时间步，但这种描述既不精确又容易让人产生误解。仅当整个时间窗口内所有目标运动都能足够精确地预测时，多步前瞻方法才是可行的。此时，多步前瞻方法通常会生成光滑、精确的传感器 / 平台分配，而单步前瞻通常是不太好的“锯齿状”解。

但如果某些目标运动是不可预知的，如目标作逃逸机动或在十字路口转弯，则多步系统将是模型短视而非时间短视的。由于盲目采用不精确运动模型将会导致错误的目标预测，因此多步系统将得到不精确传感器 / 平台设置。相反，单步系统在适应不可预知行为方面却更加灵活。

最后一个问题：多步系统的计算需求远甚于单步系统，尤其是在多传感器多目标应用背景下。

正是由于上述原因，第 V 篇将把重点放在单步 TD 系统上。但如23.3.6节所述，本篇介绍的方法都可扩展至多步前瞻系统。

23.1.3 信息论型还是面向任务型

TD 传感器管理系统基于某种“全局”目标函数的最优化，这里考虑两类极端情形：

- “信息”的某种正规数学定义下的目标函数，例如：
  - 香农熵；
  - K−L (Kullback−Leibler) 互熵 (包括熵)；
  - Rényi α 散度系 (包括 K−L 互熵)；
  - 庞大的 Csiszár 散度系 (包括 α 散度)，见6.3节。
- “面向任务”的目标函数——此类目标函数试图通过数学公式 (至少近似地) 反映主观战术目标背后的意图。它们通常具有加性结构，适合用“动态规划”方法求解[①]。

面向任务的目标函数往往是启发式的，即便如此，仍然经常不能充分表示实际的任务目标。相反，信息论目标函数虽然在理论上是严格的，但与作战需求之间没有明显的关系。事实上，信息论目标函数甚至连一个清晰而直观的物理解释都没有，那凭什么相信最大化某种抽象的香农型信息泛函将会得到最优的任务相关信息呢？

定义面向任务的信息通常与操作员的优先级和指挥员的意图等一些主观因素有关，这也许是最大的挑战。更进一步的困难在于存在无穷多个信息论目标函数。例如，每给定一个 α，便定义了一个 α−散度目标函数；同理，每个凸权值函数 $c(\boldsymbol{x})$ 即对应一个不同的 Csiszár 散度目标函数。由此便陷入了“巴比伦塔”困境：应该选择哪个信息泛函、在那些条件下以及为什么选择此泛函？

[①] 关于动态规划方法比较好的描述，可参见文献 [107] 第 18−23 页及文献 [240] 第 369−378 页。

支持 α 散度系的一种观点认为：可依据经验确定一个最优的 α 值，以此来摆脱该困境。但这最终又导致了另一个问题①：为什么不选择一个更好的目标函数并去确定最优的 $c(\boldsymbol{x})$———一件似乎是不可能的事？此外，这种最优性的“最优”准则是什么？即便这种最优选择存在且能够确定，但它与任务需求之间又有何关系呢？

正如著者在此前论著中的观点一样[160,184]，本章持如下观点：

- 必须在下面两种似乎不相通的机制间建立密切的联系：
  - 抽象的信息论；
  - 主观但却直观可操作。
- 基础的多传感器–多平台–多目标统计学为达此目标提供了一个很好的起点。

23.2 信息论与直觉：实例

本节旨在介绍这样一种概念，它能够在抽象信息论与物理直觉之间建立起共同点。在最基本的监视应用中，资源管理的一个“朴素”或“内在”目标就是：在任意时刻，

- 最大化可分辨的目标数；
- 或者更一般地讲，最大化可分辨的感兴趣目标数。

上述资源管理实际可视作一种最小的任务目标。它们显然具有直接且直观的物理含义，而随后将会看到，它们二者：

- 可用严格的数学方式来表示 (25.9.4节)；
- 是近似的信息论目标函数——特别地，它们是 K–L 互熵、α 散度和其他信息论泛函的极端近似 (25.9.4节)。

这些近似目标函数是：

- t_k 时刻的目标数后验期望 (PENT) $N_{k|k}$；
- $N_{k|k}$ 的一种推广形式——给定战术重要性函数 (TIF) $\iota_{k|k}(\boldsymbol{x})$ 后，t_k 时刻的感兴趣目标数后验期望 (PENTI) $N^{\iota}_{k|k}$；
- $N_{k|k}$ 的变种——势方差 ($N_{k|k}$ 的方差)；
- 柯西–施瓦茨散度——当与 PHD 滤波器结合使用时便退化为一个简单表达式。

本节剩余内容安排如下：

- 23.2.1节：“锐截止”传感器视场 (FoV) 的 PENT。
- 23.2.2节：一般传感器视场的 PENT。
- 23.2.3节：PENT 的行为特性。
- 23.2.4节：势方差目标函数。
- 23.2.5节：柯西–施瓦茨散度目标函数。

①对 α–熵方法的一些批判见文献 [3, 4]，仿真对比可参见 Aughenbaugh 和 La Cour[12] 及 Chun、Kadar、Blasch 和 Bakich 等人[27] 的论文。

23.2.1　“锐截止”传感器视场的 PENT

考虑如图23.1所示的理想实验。已知：

- 四个定位精度不高的地面目标；
- 单个高分辨传感器；
- 传感器具有盘状“锐截止”视场 (FoV)，即盘内 $p_D = 1$，盘外 $p_D = 0$；
- 传感器无漏报和杂波，因此所有观测均源自目标。

现在的问题是：随着时间推移，如何以一种信息量最大化的方式控制传感器的视场位置？

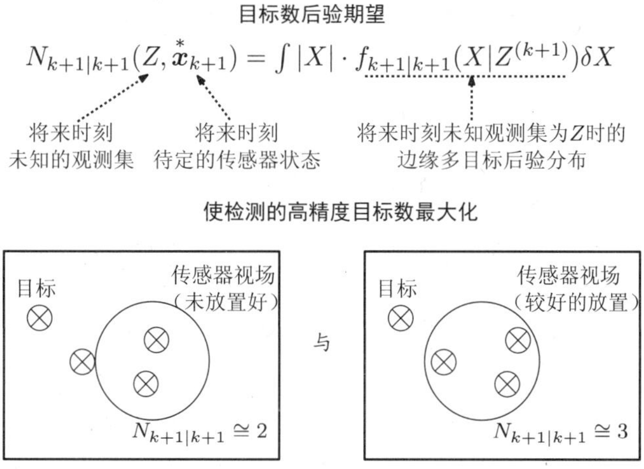

图 23.1　传感器管理的 PENT 目标函数示意图

假定将传感器视场 (FoV) 置于某位置时可覆盖三个目标 ($N_{k|k} = 3$) 而非两个 ($N_{k|k} = 2$)，这显然是一个较好的选择。此时可得到三个目标观测，利用这些观测能够改善目标的定位精度。如果不存在覆盖更多目标的 FoV 位置，则这便是最优的 FoV 位置。

但在下一时间步，由于这三个目标的定位精度已经足够高，而另一个目标的定位精度仍很差，若 FoV 仍覆盖这三个目标，则不会进一步增加信息。这时一个更好的选择就是将 FoV 置于某个能覆盖那个低精度目标的位置，从而使 PENT 从 $N_{k|k} = 3$ 增加到 $N_{k+1|k+1} = 4$。

最后，由于这时未能获得先前那三个目标的观测，故这些目标的误差椭圆将增大且存在丢失目标的风险，因此再下一个时间步较好的选择是将 FoV 重新置于那三个目标处并获取其观测。随着时间递推，最大化 $N_{k|k}$ 将导致 FoV 的“往复”移动，也即 FoV 在两组目标间“来回切换”。

在26.3.1.4节和26.3.2.5节中，将对该“锐截止”传感器管理实例作更详细的讨论。

23.2.2　一般传感器视场的 PENT

一般情形下的传感器视场 (FoV) 并非是“锐截止的”，而是下面状态的相关检测概率：

$$p_D(\boldsymbol{x},\overset{*}{\boldsymbol{x}}) \overset{\text{abbr.}}{=} p_{D,k+1}(\boldsymbol{x},\overset{*}{\boldsymbol{x}}) \tag{23.1}$$

式中：$\boldsymbol{x}$ 为目标状态；$\overset{*}{\boldsymbol{x}}$ 为传感器状态 (见图23.2)。

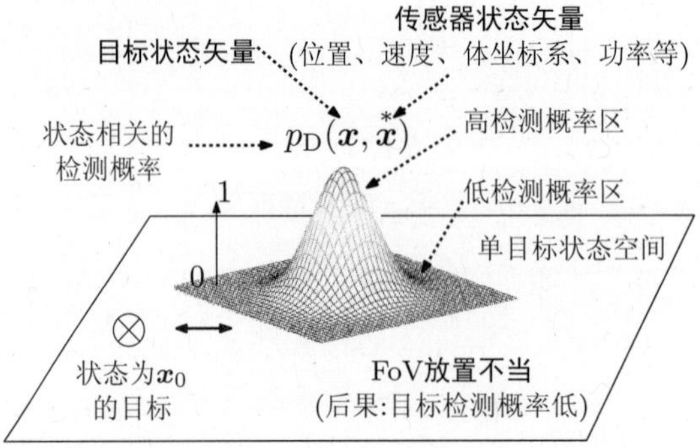

图 23.2 传感器视场 (FoV) 示意图：FoV 是与目标状态 $\boldsymbol{x}$ 和当前传感器状态 $\overset{*}{\boldsymbol{x}}$ 有关的检测概率。

在理想情形下，当状态 $\overset{*}{\boldsymbol{x}}$ 对应的传感器视场精确位于目标 $\boldsymbol{x}$ 所在位置时，$p_D(\boldsymbol{x},\overset{*}{\boldsymbol{x}})=1$；反之，当传感器视场远离目标位置时，$p_D(\boldsymbol{x},\overset{*}{\boldsymbol{x}})=0$。因此，$N_{k|k}$ 的大小取决于传感器视场与目标位置的相对关系。

如果检测概率与目标状态无关，即 $p_D(\boldsymbol{x},\overset{*}{\boldsymbol{x}})=p_D(\overset{*}{\boldsymbol{x}})$，则传感器管理将比较困难。这是因为无论传感器状态 $\overset{*}{\boldsymbol{x}}$ 如何，所有目标均具有同样的概率，因此无需重置传感器的视场位置。但即便 $p_D(\boldsymbol{x},\overset{*}{\boldsymbol{x}})=p_D(\overset{*}{\boldsymbol{x}})$，至少从原理上仍有可能进行传感器管理。比如，可选择适当的 $\overset{*}{\boldsymbol{x}}$ 以使传感器分辨率——观测密度 $f_{k+1}(\boldsymbol{z}|\boldsymbol{x},\overset{*}{\boldsymbol{x}})$ 的协方差——尽可能小。

如果 $p_D(\boldsymbol{x},\overset{*}{\boldsymbol{x}})$ 在一个或多个维度上保持恒定——比如唯角或唯距传感器，则传感器管理同样会比较困难。此时至少需要两个传感器以进行三角测量，PENT 目标函数在这种情形下不可能表现出良好的性能。

鉴于上述原因，在第 V 篇中一般假定：

- 若要 PENT 或 PENTI 目标函数有效，则传感器视场 $p_D(\boldsymbol{x},\overset{*}{\boldsymbol{x}})$ 必须“聚焦”在目标状态空间的某有界区域内[①]。

若上述假设不成立，则 PENT 的表现将很差。

23.2.3 PENT 的特性

关于“朴素的”“面向任务型”目标函数 $N_{k|k}$，这里需特别强调以下五点：

(1) 根据多目标系统的多目标统计学，可通过严格的数学方式来定义 $N_{k|k}$；

(2) $N_{k|k}$ 是抽象信息论目标函数 (如 K−L 区分度和 Rényi α 散度) 在计算上的一种近似；

(3) 比起这些信息论目标函数，$N_{k|k}$ 更易于计算；

(4) 可对 $N_{k|k}$ 做适当的修正以便在感兴趣目标 (ToI) 处获得更长的驻留时间，将此时的目标函数称作感兴趣目标数后验期望 (PENTI)；

(5) PENT 和 PENTI 是下面两类资源管理目标函数的具体实例：

[①]注意：此时允许 $p_D(\boldsymbol{x},\overset{*}{\boldsymbol{x}})$ 具有多个峰值。

- 抽象信息论型；
- 主观/直觉且面向任务型。

23.2.4　势方差目标函数

PENT 和 PENTI 目标函数的两个主要设计目标是易计算性与物理直观性。从点过程角度看，由于仅利用了一阶信息，因此它们主要结合 PHD 滤波器使用，同时也便于修改以集成传感器和平台的动力学。

但如果像 CPHD 和 CBMeMBer 滤波器那样，假定能够得到非平凡的势分布函数，则有望采用一些类似但可能更为有效的方法。在本书即将完稿之际，Hung Gia Hoang 和 B. T. Vo [108] 提出了这样一种目标函数：*势方差*——PENT 的方差而非 PENT 本身。在该方法下，传感器管理的目标是使目标数估计误差最小化而不是让目标数估计最大化，在特定环境下其表现相当不错 (见文献 [108] 和26.6.4.2节)。

与 PENT 一样，势方差也具有一定的局限性。最为明显的是，当目标数 n_0 先验已知时，势分布 $p_{k|k}(n) = \delta_{n,n_0}$。此时 $p_{k|k}(n)$ 的方差恒为 0，因此没有最小化的必要。此外，目前尚不清楚如何将传感器和平台的动力学集成到势方差中。更多细节，请参见25.9.3节。

23.2.5　柯西-施瓦茨目标函数

在本书即将完稿之际，Hung Gia Hoang、B. T. Vo、B. N. Vo 和 R. Mahler[108] 提出了一种新的直观且易于处理的目标函数：*柯西-施瓦茨信息泛函*，见式(6.73)。该目标函数可直观解释为两个多目标分布夹角的负对数余弦。当这些多目标分布为泊松分布时，它甚至具有更直观的物理解释——此时它退化为 PHD 之差的 L_2 范数。这时若将 PHD 近似为高斯混合形式，则该目标函数具有精确闭式解——式(25.99)。由于这些工作成于本书收尾期间，因此这里只能给出有限的介绍——25.9.1节和26.6.3.5 节。

23.3　RFS 传感器控制概述

本节给出整个第 V 篇的“路线图”，内容包括：

- 23.3.1节：基于闭环多传感器多目标贝叶斯滤波器的 RFS 单步前瞻控制的一般方法。
- 23.3.2节：“理想”传感器动力学下的一个简单特例，所谓“理想”是指在两个时间步之间传感器的状态可任意切换。
- 23.3.3节：非理想传感器动力学下 RFS 传感器控制的简化形式。
- 23.3.4节：基于 PHD 滤波器和 CPHD 滤波器的多传感器多目标控制。
- 23.3.5节：PHD/CPHD 滤波器多传感器控制的“伪传感器”近似。
- 23.3.6节：RFS 多步前瞻控制的一般方法 (第 V 篇中仅这部分考虑多步前瞻控制)。

23.3.1　RFS 控制概述：一般方法 (单步)

本小节是第 25 章的概述。假定：

- 共有 s 个传感器，其状态分别记作 $\overset{*1}{\boldsymbol{x}},\cdots,\overset{*s}{\boldsymbol{x}}$，可以选择并改变这些传感器的状态以实现某种预期的目标；
- t_k 到 t_{k+1} 时刻第 j 个传感器的动力学服从马尔可夫密度 $\overset{*}{f}_{k+1|k}(\overset{*j}{\boldsymbol{x}}|\overset{*j}{\boldsymbol{x}}',\boldsymbol{u}_k)$，它给出了 t_k 时刻状态为 $\overset{*j}{\boldsymbol{x}}'$ 的传感器在 t_{k+1} 时刻的"可达"状态 $\overset{*j}{\boldsymbol{x}}$，其中：
  - $\boldsymbol{u}_k$ 是 t_k 时刻的"控制动作"(或称作"控制")，选择 $\boldsymbol{u}_k$ 以便马尔可夫密度产生最有效的 t_{k+1} 时刻传感器位置。
- 第 j 个传感器的状态 $\overset{*j}{\boldsymbol{x}}$ 可由其"执行机构传感器"观测得到，将每个时刻的执行机构观测记作 $\overset{*j}{\boldsymbol{z}}$。

令：

- $Z^{(k)}: Z_1,\cdots,Z_k$ 表示 t_k 时刻的观测集序列，其中 Z_j 包括 t_j 时刻所有传感器的所有观测；
- $\overset{*}{Z}{}^{(k)}: \overset{*}{Z}_1,\cdots,\overset{*}{Z}_k$ 表示 t_k 时刻的执行机构观测集序列，其中 $\overset{*}{Z}_j$ 包括 t_j 时刻所有执行机构传感器的所有观测；
- $U^{(k)}: U_0,\cdots,U_k$ 表示 t_k 时刻的控制集序列，其中 U_j 在 t_j 时刻选定，包括该时刻所有传感器的所有控制。

给定上述表示后，多传感器多目标传感器管理的一般方法即闭环版的多传感器多目标贝叶斯滤波器，其通用结构如下面的框图所示。

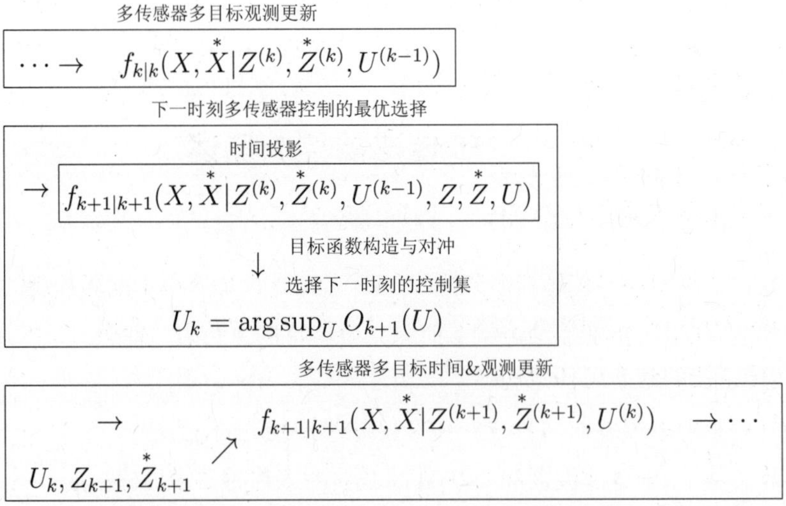

其中：$f_{k|k}(X,\overset{*}{X}|Z^{(k)},\overset{*}{Z}{}^{(k)},U^{(k-1)})$ 是在给定目标观测集序列 $Z^{(k)}$、执行机构传感器观测集序列 $\overset{*}{Z}{}^{(k)}$ 以及控制集序列 $U^{(k-1)}$ 后，t_k 时刻目标状态集 X 和传感器状态集 $\overset{*}{X}$ 的概率 (密度)。

传感器管理则采用下述步骤 (原理如图23.3所示)：

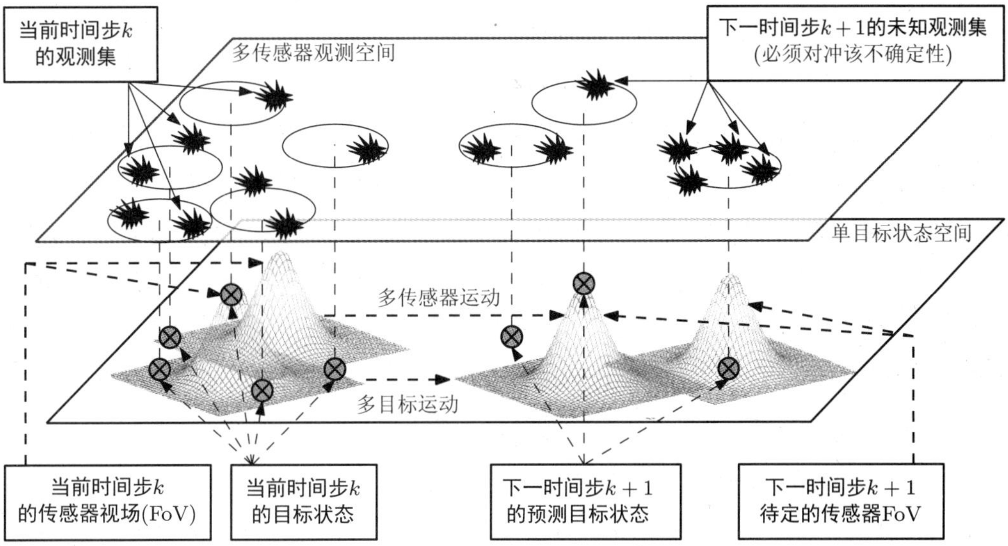

图 23.3　多传感器管理的单步前瞻控制示意图。在下一个观测步，两个传感器的视场 (FoV) 将按可能的信息量最大的方式放置，而且必须对冲预期观测的不可知性。

(1) 时间投影：先利用多目标滤波器的预测器方程将 $f_{k|k}(X,\overset{*}{X}|Z^{(k)},\overset{*}{Z}^{(k)},U^{(k-1)})$ 外推为 $f_{k+1|k}(X,\overset{*}{X}|Z^{(k)},\overset{*}{Z}^{(k)},U^{(k-1)},U)$，其中 U 是 t_k 时刻待定的传感器控制集。然后利用多目标滤波器的校正器方程对结果作观测更新，从而得到 $f_{k+1|k+1}(X,\overset{*}{X}|Z^{(k)},\overset{*}{Z}^{(k)},U^{(k-1)},Z,\overset{*}{Z},U)$，其中，$Z$ 和 $\overset{*}{Z}$ 分别代表将来 t_{k+1} 时刻 (在 t_k 时刻是不可知的) 的传感器观测集和执行机构观测集。

(2) 目标函数构造：根据下述边缘分布构造目标函数 $O_{k+1}(U,Z,\overset{*}{Z})$，

$$f_{k+1|k+1}(X|Z^{(k)},\overset{*}{Z}^{(k)},U^{(k-1)},Z,\overset{*}{Z},U),\quad \text{边缘后验}$$

$$f_{k+1|k}(X|Z^{(k)},\overset{*}{Z}^{(k)},U^{(k-1)},U),\quad \text{边缘先验}$$

以度量边缘后验密度相对边缘先验密度的目标信息增量。

(3) 对冲：因为 t_{k+1} 时刻的观测集 Z 和 $\overset{*}{Z}$ 尚不可知，因此需要设计一种方法以便将它们从 $O_{k+1}(U,Z,\overset{*}{Z})$ 中消掉，从而得到“对冲后”的目标函数 $O_{k+1}(U)$。

(4) 最优化：如果较大的 $O_{k+1}(U)$ 值表示更好的观测，则求解下述最优化问题以获得 t_k 时刻的最优控制集 U_k：

$$U_k=\arg\sup_U O_{k+1}(U) \tag{23.2}$$

反之则求解下述优化问题来得到最优控制集 U_k：

$$U_k=\arg\inf_U O_{k+1}(U) \tag{23.3}$$

(5) 预测：给定 U_k 后，利用多目标滤波器的预测器方程对 $f_{k|k}(X,\overset{*}{X}|Z^{(k)},\overset{*}{Z}^{(k)},U^{(k-1)})$ 做时间更新，从而得到 $f_{k+1|k}(X,\overset{*}{X}|Z^{(k)},\overset{*}{Z}^{(k)},U^{(k)})$。

(6) 校正：在获得 t_{k+1} 时刻的观测集 $Z_{k+1},\overset{*}{Z}_{k+1}$ 后，利用多目标滤波器的校正器方程将 $f_{k+1|k}(X,\overset{*}{X}|Z^{(k)},\overset{*}{Z}^{(k)},U^{(k)})$ 更新为 $f_{k+1|k+1}(X,\overset{*}{X}|Z^{(k+1)},\overset{*}{Z}^{(k+1)},U^{(k)})$。

注解 90 ("分离控制"近似)：需要注意的是，上述步骤一开始便采用了近似。即便是对于单传感器单目标情形，可证明的最优控制系统一般都是非线性的。此时"分离原理"不成立 (文献 [89] 第 363 页)，也就是说不能采用"先滤波后最优控制"这类递归结构。这里假定分离原理成立，其实是一种近似。

除分离控制近似外，这里还面临下述实际困难：

- 上述六个传感器管理步骤一般都不易于计算；
- 为了使之具备可操作性，需要对每个步骤做大量近似，而设计这些近似正是第 V 篇的主要目标之一。

本节将要介绍下列近似：

- 对于时间投影步：采用近似滤波器 (如 PHD、CPHD 或 CBMeMBer 滤波器) 的预测器替换贝叶斯滤波器的预测器，此外利用伪传感器近似将多传感器管理问题重新表示为一个单传感器管理问题。23.3.5节将简单介绍该近似方法，更详细的介绍则参见26.3.2.3节。
- 对于目标函数构造步：将传统信息论目标函数 (如 K–L 互熵) 替换为具有直观物理含义的近似信息论目标函数，如目标数后验期望 (PENT)、感兴趣目标数后验期望 (PENTI)、势方差以及柯西–施瓦茨散度。
- 对于对冲步：采用近似策略替换通常的对冲策略——如期望值对冲 ("对冲平均观测")

$$O_{k+1}(U)=\mathbb{E}_{Z,\overset{*}{Z}}[O_{k+1}(U,Z,\overset{*}{Z})]$$

或最小值对冲 ("对冲最差情形下的观测")

$$O_{k+1}(U)=\inf_{Z,\overset{*}{Z}}[O_{k+1}(U,Z,\overset{*}{Z})]$$

这里考虑两种近似对冲策略：

  - 多样本近似：按照该近似策略，需要从分布 $f_{k+1}(Z|Z^{(k)})$ 中抽取多个代表性的样本 $Z_{1,k+1},\cdots,Z_{\nu,k+1}$，同时从分布 $f_{k+1}(\overset{*}{Z}|\overset{*}{Z}^{(k)})$ 中抽取多个代表性样本 $\overset{*}{Z}_{1,k+1},\cdots,\overset{*}{Z}_{\overset{*}{\nu},k+1}$，然后利用这些抽取的样本近似下述期望值：

$$\mathbb{E}_{Z,\overset{*}{Z}}[O_{k+1}(U,Z,\overset{*}{Z})]\cong\frac{1}{\nu\overset{*}{\nu}}\sum_{j=1}^{\nu}\sum_{j'=1}^{\overset{*}{\nu}}O_{k+1}(U,Z_{j,k+1},\overset{*}{Z}_{j',k+1})\tag{23.4}$$

– 单样本近似：按照该近似策略，需要从分布 $f_{k+1}(Z|Z^{(K)})$ 和 $f_{k+1}(\overset{*}{Z}|\overset{*}{Z}^{(k)})$ 中各抽取一个代表性样本 $Z^!_{k+1}$ 和 $\overset{*}{Z}^!_{k+1}$：

$$\mathbb{E}_{Z,\overset{*}{Z}}[O_{k+1}(U,Z,\overset{*}{Z})] \cong O_{k+1}(U,Z^!_{k+1},\overset{*}{Z}^!_{k+1}) \tag{23.5}$$

对于目标观测而言，单个样本可以取预测的理想观测集 $Z^!_{k+1}=Z^{\text{PIMS}}_{k+1}$，则

$$O_{k+1}(U)=O_{k+1}(U,Z^{\text{PIMS}}_{k+1}) \tag{23.6}$$

PIMS Z^{PIMS}_{k+1} 是预测观测值在多目标情形下的推广，它考虑了观测的可获取性 (见25.10.2节)。

- 对于最优化步：对下面的一般优化问题进行近似[①]，将 U 的可能值限制在少量“可采纳”(有足够代表性) 的控制上 (见25.11节)：

$$U_k=\arg\sup_U O_{k+1}(U) \tag{23.7}$$

- 对于预测步：采用 PHD、CPHD 或 CBMeMBer 等近似滤波器的预测器代替多目标贝叶斯滤波器的预测器。
- 对于校正步：采用 PHD、CPHD 或 CBMeMBer 等近似滤波器的校正器代替多目标贝叶斯滤波器的校正器。

不幸的是，经上述近似后仍不足以满足计算上的易操作性。下面两个更进一步的近似 (实际为两个特例) 对于计算和概念而言都非常有用：

- 理想传感器动力学下的控制 (25.12节)：该内容将在23.3.2节作简短的介绍，其主要假设如下：
  - 控制量即传感器状态；
  - 无论 t_k 时刻的传感器状态 $\overset{*}{x}'$ 如何，t_{k+1} 时刻都可直接切换到任意状态 $\overset{*}{x}$；
  - 在时间区间 $[t_k,t_{k+1}]$ 内，下一时刻任何传感器状态均是可达的。
- 简化的非理想传感器动力学下的控制 (25.13节)：该内容将在23.3.3节作简短的介绍，其主要假设如下：
  - 控制量即传感器状态；
  - t_k 到 t_{k+1} 时刻的传感器动力学由一个先验的马尔可夫密度 $\overset{*}{f}_{k+1|k}(\overset{*j}{x}|\overset{*j}{x}')$ 描述，而非受控的马尔可夫密度 $\overset{*}{f}_{k+1|k}(\overset{*j}{x}|\overset{*j}{x}',u_k)$。

23.3.2 RFS 控制概述：理想传感器动力学

本小节是第25.12节的概述。对于大多数实际情形，23.3.1节一般近似方法的计算量仍然太大。作为第一个基本简化假设，这里假定：

[①] 若采用势方差等目标函数，则下面的优化算子应为“arg inf”而非“arg sup”。

- 在 t_k 到 t_{k+1} 期间，所有传感器都可重新指向任何预定位置。

由于相控阵雷达波束是电控的，可迅速改变指向，故从该意义上讲，它是近似理想的。

给定理想传感器动力学假设后，t_k 时刻第 j 个传感器的控制矢量 $\overset{j}{\boldsymbol{u}}_k$ 便与 t_{k+1} 时刻该传感器的状态 $\overset{*j}{\boldsymbol{x}}_{k+1}$ 完全等同，即

$$\overset{j}{\boldsymbol{u}}_k = \overset{*j}{\boldsymbol{x}}_{k+1} \tag{23.8}$$

这时23.3.1节单步前瞻传感器管理方案的形式如下：

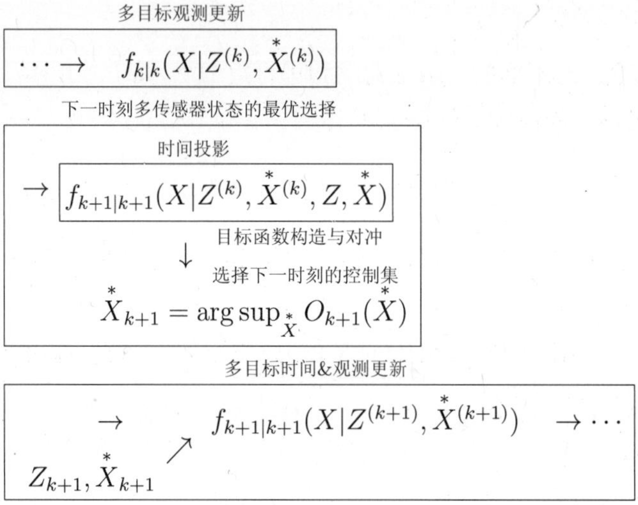

上述控制方案包括下列步骤：

(1) 目标预测：利用多目标滤波器的预测器方程对 $f_{k|k}(X|Z^{(k)}, \overset{*}{X}^{(k)})$ 进行时间更新，从而得到 $f_{k+1|k}(X|Z^{(k)}, \overset{*}{X}^{(k)})$。

(2) 时间投影：利用多目标滤波器的校正器方程对 $f_{k+1|k}(X|Z^{(k)}, \overset{*}{X}^{(k)})$ 进行观测更新，从而得到 $f_{k+1|k+1}(X|Z^{(k)}, \overset{*}{X}^{(k)}, Z, \overset{*}{X})$，其中，$Z$ 为 t_{k+1} 时刻目标的未知观测集，$\overset{*}{X} = \{\overset{*1}{\boldsymbol{x}}, \cdots, \overset{*s}{\boldsymbol{x}}\}$ 为 t_{k+1} 时刻待定的传感器状态集。

(3) 目标函数构造：根据 $f_{k+1|k+1}(X|Z^{(k)}, \overset{*}{X}^{(k)}, Z, \overset{*}{X})$ 构造 PENT (或 PENTI) 目标函数 $N_{k+1|k+1}(\overset{*}{X}, Z)$、势方差目标函数 $\sigma^2_{k+1|k+1}(\overset{*}{X}, Z)$ 或是柯西–施瓦茨散度 $CS_{k+1|k+1}(\overset{*}{X}, Z)$。

(4) 对冲：利用式(23.4)的多样本近似或25.10.2节行将介绍的预测理想观测集 (PIMS) 单样本近似消掉目标函数中的 Z：

$$\overset{\text{ideal}}{N}_{k+1|k+1}(\overset{*}{X}) = N_{k+1|k+1}(\overset{*}{X}, Z^{\text{PIMS}}_{k+1}) \tag{23.9}$$

$$\overset{\text{ideal}}{\sigma^2}_{k+1|k+1}(\overset{*}{X}) = \sigma^2_{k+1|k+1}(\overset{*}{X}, Z^{\text{PIMS}}_{k+1}) \tag{23.10}$$

(5) 最优化：基于可采纳的多传感器状态有限集求解下述近似版优化问题：

$$\overset{*}{X}_{k+1} = \arg\sup_{\overset{*}{X}} \overset{\text{ideal}}{N}_{k+1|k+1}(\overset{*}{X}) \tag{23.11}$$

$$\overset{*}{X}_{k+1} = \arg\inf_{\overset{*}{X}} \overset{\text{ideal}}{\sigma^2}_{k+1|k+1}(\overset{*}{X}) \tag{23.12}$$

$$\overset{*}{X}_{k+1} = \arg\sup_{\overset{*}{X}} \overset{\text{ideal}}{CS}_{k+1|k+1}(\overset{*}{X}) \tag{23.13}$$

(6) 目标校正：给定 $\overset{*}{X}_{k+1}$，在获得下一时刻的目标观测集 Z_{k+1} 后，利用多传感器多目标贝叶斯滤波器的校正器将 $f_{k+1|k}(X|Z^{(k)}, \overset{*}{X}^{(k)})$ 更新为 $f_{k+1|k+1}(X|Z^{(k+1)}, \overset{*}{X}^{(k+1)})$。

23.3.3 RFS 控制概述：简化的非理想传感器动力学

作为25.13节的概述，本节的控制方案是23.3.2节理想传感器方法的修正。它既考虑了非理想的传感器动力学，又保持了理想传感器情形在概念和计算方面的简化结构。与理想动力学情形类似，在非理想情形下仍把将来的传感器状态作为当前控制量，即

$$\mathbf{u}_k = \overset{*j}{\mathbf{x}}_{k+1} \tag{23.14}$$

与理想传感器情形不同的是，在非理想情形下假定第 j 个传感器的动力学服从先验的马尔可夫密度 $\overset{*j}{f}_{k+1|k}(\overset{*j}{\mathbf{x}}|\overset{*j}{\mathbf{x}}')$，该密度从数学上封装了从 $\overset{*j}{\mathbf{x}}'$ 到 $\overset{*j}{\mathbf{x}}$ 的可达性假设。此时，23.3.1节的单步传感管理方案表现为下面框图所示的双滤波器形式：

多传感器多目标的观测更新

$$\cdots \rightarrow \quad \overset{*}{f}_{k|k}(\overset{*}{X}|\overset{*}{Z}^{(k)})$$
$$\cdots \rightarrow \quad f_{k|k}(X|Z^{(k)}, \overset{*}{X}^{(k)})$$

下一时刻传感器状态的最优选择

$$\rightarrow \quad \overset{*}{f}_{k+1|k}(\overset{*}{X}|\overset{*}{Z}^{(k)})$$
$$\downarrow \text{时间投影}$$
$$\rightarrow \quad \boxed{f_{k+1|k+1}(X|Z^{(k)}, \overset{*}{X}^{(k)}, Z, \overset{*}{X})}$$
$$\downarrow \text{对冲}$$
$$\downarrow \text{选择下一时刻的传感器状态集}$$
$$\overset{*}{X}_{k+1} = \arg\sup_{\overset{*}{X}} O_{k+1}(\overset{*}{X})$$

多传感器多目标的时间&观测更新

$$\overset{*}{Z}_{k+1} \nearrow \quad\quad \overset{*}{f}_{k+1|k+1}(\overset{*}{X}|\overset{*}{Z}^{(k+1)}) \quad\quad \rightarrow \cdots$$
$$\rightarrow \quad f_{k+1|k+1}(X|Z^{(k+1)}, \overset{*}{X}^{(k+1)}) \quad \rightarrow \cdots$$
$$\overset{*}{X}_{k+1}, Z_{k+1} \nearrow$$

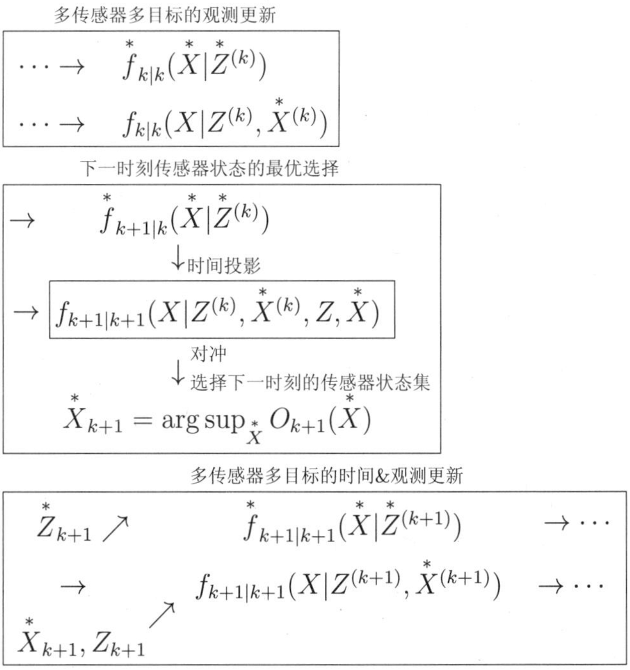

在该框图的三个方框中，底部滤波器是关于多目标状态 X 的多目标贝叶斯滤波器；顶部滤波器则描述了所有传感器的时间演变。如果假定 s 个固定数目的传感器，则 $\overset{*}{X}=\{\overset{*1}{\boldsymbol{x}},\cdots,\overset{*s}{\boldsymbol{x}}\}$ ($|\overset{*}{X}|=s$)，此时 $\overset{*}{f}_{k|k}(\overset{*}{X}|\overset{*}{Z}^{(k)})$ 具有如下形式：

$$\overset{*}{f}_{k|k}(\overset{*}{X}|\overset{*}{Z}^{(k)})=s!\cdot\delta_{s,|\overset{*}{X}|}\cdot\overset{*1}{f}_{k|k}(\overset{*1}{\boldsymbol{x}}|\overset{*1}{Z}^{k})\cdots\overset{*s}{f}_{k|k}(\overset{*s}{\boldsymbol{x}}|\overset{*s}{Z}^{k}) \tag{23.15}$$

式中：概率分布 $\overset{*j}{f}_{k|k}(\overset{*j}{\boldsymbol{x}}|\overset{*j}{Z}^{k})$ 描述 t_k 时刻第 j 个传感器的状态。

上述控制方案包括下列步骤：

(1) 传感器预测：利用单目标贝叶斯滤波器的预测器将每个 $\overset{*j}{f}_{k|k}(\overset{*j}{\boldsymbol{x}}|\overset{*j}{Z}^{k})$ 更新为 $\overset{*j}{f}_{k+1|k}(\overset{*j}{\boldsymbol{x}}|\overset{*j}{Z}^{k})$，进而可将 $\overset{*}{f}_{k|k}(\overset{*}{X}|\overset{*}{Z}^{(k)})$ 更新为 $\overset{*}{f}_{k+1|k}(\overset{*}{X}|\overset{*}{Z}^{(k)})$。

(2) 目标预测：使用多传感器多目标贝叶斯滤波器对 $f_{k|k}(X|Z^{(k)},\overset{*}{X}^{(k)})$ 做时间更新，从而得到 $f_{k+1|k}(X|Z^{(k)},\overset{*}{X}^{(k)})$。

(3) 时间投影：对 $f_{k+1|k}(X|Z^{(k)},\overset{*}{X}^{(k)})$ 作观测更新，得到 $f_{k+1|k+1}(X|Z^{(k)},\overset{*}{X}^{(k)},Z,\overset{*}{X})$，其中，$Z$ 为 t_{k+1} 时刻未知的目标观测集，$\overset{*}{X}=\{\overset{*1}{\boldsymbol{x}},\cdots,\overset{*s}{\boldsymbol{x}}\}$ 为 t_{k+1} 时刻待定的传感器状态集。

(4) 目标函数构造：根据 $f_{k+1|k+1}(X|Z^{(k)},\overset{*}{X}^{(k)},Z,\overset{*}{X})$ 构造 PENT/PENTI 目标函数 $N_{k+1|k+1}(\overset{*}{X},Z)$ 或者柯西–施瓦茨散度 $\mathrm{CS}_{k+1|k+1}(\overset{*}{X},Z)$。

(5) 对冲：利用式(23.4)的多样本近似或者单样本 PIMS 近似 (将于25.10.2节介绍) 消掉未知观测集 Z：

$$\overset{\text{ideal}}{N}_{k+1|k+1}(\overset{*}{X})=N_{k+1|k+1}(\overset{*}{X},Z_{k+1}^{\text{PIMS}}) \tag{23.16}$$

(6) 动态化：考虑传感器和平台的动力学[①]：

$$\overset{\text{nonideal}}{N}_{k+1|k+1}(\overset{*}{X})=\overset{\text{ideal}}{N}_{k+1|k+1}(\overset{*}{X})\cdot\overset{*}{f}_{k+1|k}(\overset{*}{X}|\overset{*}{Z}^{(k)}) \tag{23.17}$$

也就是说，优化 PENT 时必须考虑最优多传感器状态的可达性 (目前势方差目标函数下尚无类似方程)。

(7) 最优化：基于若干代表性多传感器状态组成的有限集，求解下述近似版优化问题：

$$\overset{*}{X}_{k+1}=\arg\sup_{\overset{*}{X}}\overset{\text{nonideal}}{N}_{k+1|k+1}(\overset{*}{X}) \tag{23.18}$$

$$\overset{*}{X}_{k+1}=\arg\sup_{\overset{*}{X}}\overset{\text{nonideal}}{\mathrm{CS}}_{k+1|k+1}(\overset{*}{X}) \tag{23.19}$$

[①]译者著：原著下式中将 $\overset{*}{f}_{k+1|k}(\overset{*}{X}|\overset{*}{Z}^{(k)})$ 误写为 $\overset{*}{f}_{k|k}(\overset{*}{X}|\overset{*}{Z}^{(k)})$，这里已更正。

(8) 传感器校正：在获得下一时刻各个传感器的执行机构观测集 $\overset{*j}{Z}_{k+1}$ ($|\overset{*j}{Z}_{k+1}| \leqslant 1$) 后[①]，将 $\overset{*j}{f}_{k+1|k}(\overset{*j}{\boldsymbol{x}}|\overset{*j}{Z}^{(k)})$ 更新为 $\overset{*j}{f}_{k+1|k+1}(\overset{*j}{\boldsymbol{x}}|\overset{*j}{Z}^{(k+1)})$。

(9) 目标校正：给定 $\overset{*}{X}_{k+1}$，在获得下一时刻的目标观测集 Z_{k+1} 后，采用多传感器多目标贝叶斯校正器将 $f_{k+1|k}(X|Z^{(k)}, \overset{*}{X}^{(k)})$ 更新为 $f_{k+1|k+1}(X|Z^{(k+1)}, \overset{*}{X}^{(k+1)})$。

23.3.4　RFS 控制概述：基于 PHD/CPHD 滤波器的控制

本小节是第 26 章的概述。基于 PHD 滤波器的传感器控制与23.3.3节的唯一区别是用多传感器 PHD 滤波器 (或基于伪传感器近似的单传感器 PHD 滤波器) 代替了其中的多传感器多目标贝叶斯滤波器，其结构如下：

多传感器多目标的观测更新

$$\cdots \to \quad \overset{*}{f}_{k|k}(\overset{*}{X}|\overset{*}{Z}^{(k)})$$
$$\cdots \to \quad D_{k|k}(\boldsymbol{x}|Z^{(k)}, \overset{*}{X}^{(k)})$$

多传感器状态的最优选择

$$\to \quad \overset{*}{f}_{k+1|k}(\overset{*}{X}|\overset{*}{Z}^{(k)})$$

↓ 时间投影

$$\to \quad \boxed{D_{k+1|k+1}(\boldsymbol{x}|Z^{(k)}, \overset{*}{X}^{(k)}, Z, \overset{*}{X})}$$

↓ 对冲；选择下一时刻的传感器状态集

$$\overset{*}{X}_{k+1} = \arg\sup_{\overset{*}{X}} \overset{\text{nonideal}}{N}_{k+1|k+1}(\overset{*}{X})$$

多传感器多目标的时间&观测更新

$$\overset{*}{Z}_{k+1} \nearrow \qquad \overset{*}{f}_{k+1|k+1}(\overset{*}{X}|\overset{*}{Z}^{(k+1)}) \qquad \to \cdots$$
$$\to \qquad D_{k+1|k+1}(\boldsymbol{x}|Z^{(k+1)}, \overset{*}{X}^{(k+1)}) \qquad \to \cdots$$
$$\overset{*}{X}_{k+1}, Z_{k+1} \nearrow$$

同理，基于 CPHD 滤波器的传感器控制与23.3.3节唯一的区别是用多传感器 CPHD 滤波器 (或基于伪传感器近似的单传感器 CPHD 滤波器) 代替了其中的多传感器多目标贝叶斯滤波器；在第26章中还将考虑基于伯努利滤波器和 CBMeMBer 滤波器的传感器控制 (见26.2节和26.5节)。

23.3.5　RFS 控制概述："伪传感器"近似

对于多传感器问题，跟踪滤波器可采用第 10 章的多传感器 PHD/CPHD 滤波器。从理论上讲，传感器管理的"时间投影步"也可采用相同的滤波器，但这里需要一种在计算上更诱人的近似，本节便来介绍一种这样的近似——"伪传感器近似"。更详细的描述参见26.3.2.2节和26.3.2.3节。

[①] 如25.6.4节所述，考虑到传输涨落模型，执行机构传感器的观测可以为空集。

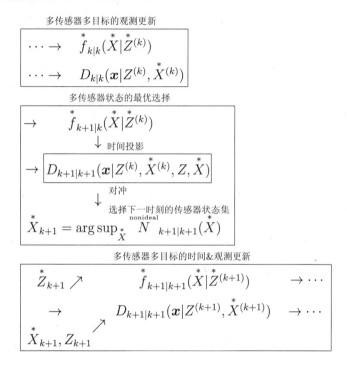

通过一个最简单的例子，不难解释伪传感器近似的概念。假设采用两个传感器观测一个目标，相应的传感器的模型如下：

- 检测概率分别为 $\overset{1}{p}_D(\boldsymbol{x},\overset{*1}{\boldsymbol{x}})$ 和 $\overset{2}{p}_D(\boldsymbol{x},\overset{*2}{\boldsymbol{x}})$；
- 传感器似然函数分别为 $\overset{1}{L}_{\overset{1}{\boldsymbol{z}}}(\boldsymbol{x},\overset{*1}{\boldsymbol{x}})$ 和 $\overset{2}{L}_{\overset{2}{\boldsymbol{z}}}(\boldsymbol{x},\overset{*2}{\boldsymbol{x}})$；
- 两个传感器都无杂波。

在 t_{k+1} 时刻，两个传感器从目标处获得的联合观测集 $\overset{12}{Z}$ 共有四种可能：

- $\overset{12}{Z}=\emptyset$ (两个传感器均未检测到目标)；
- $\overset{12}{Z}=\{\overset{1}{\boldsymbol{z}}\}$ (传感器 1 检测到目标而传感器 2 未检测到目标)；
- $\overset{12}{Z}=\{\overset{2}{\boldsymbol{z}}\}$ (传感器 2 检测到目标而传感器 1 未检测到目标)；
- $\overset{12}{Z}=\{(\overset{1}{\boldsymbol{z}},\overset{2}{\boldsymbol{z}})\}$ (两个传感器均检测到目标)。

由于无杂波且仅有一个目标，两个传感器可等效为一个传感器 (称作"伪传感器")。该伪传感器的检测概率为

$$\overset{12}{p}_D(\boldsymbol{x},\overset{*1}{\boldsymbol{x}},\overset{*2}{\boldsymbol{x}})=1-(1-\overset{1}{p}_D(\boldsymbol{x},\overset{*1}{\boldsymbol{x}}))\cdot(1-\overset{2}{p}_D(\boldsymbol{x},\overset{*2}{\boldsymbol{x}})) \tag{23.20}$$

式中：$\overset{12}{p}_D(\boldsymbol{x},\overset{*1}{\boldsymbol{x}},\overset{*2}{\boldsymbol{x}})$ 表示两个传感器中至少有一个检测到目标的概率。

若伪传感器得到了一个观测，则该观测具有三种可能的形式：$\overset{12}{\boldsymbol{z}}=\overset{1}{\boldsymbol{z}}$、$\overset{12}{\boldsymbol{z}}=\overset{2}{\boldsymbol{z}}$、$\overset{12}{\boldsymbol{z}}=(\overset{1}{\boldsymbol{z}},\overset{2}{\boldsymbol{z}})$。对应的伪传感器似然函数 $\overset{12}{L}_{\overset{12}{\boldsymbol{z}}}(\boldsymbol{x},\overset{*1}{\boldsymbol{x}},\overset{*2}{\boldsymbol{x}})$ 由下述公式给定：

$$\begin{aligned}&\overset{12}{p}_D(\boldsymbol{x},\overset{*1}{\boldsymbol{x}},\overset{*2}{\boldsymbol{x}})\cdot\overset{12}{L}_{\overset{12}{\boldsymbol{z}}}(\boldsymbol{x},\overset{*1}{\boldsymbol{x}},\overset{*2}{\boldsymbol{x}}) \\ =&\left\{\begin{array}{ll}\overset{1}{p}_D(\boldsymbol{x},\overset{*1}{\boldsymbol{x}})\cdot(1-\overset{2}{p}_D(\boldsymbol{x},\overset{*2}{\boldsymbol{x}}))\cdot\overset{1}{L}_{\overset{1}{\boldsymbol{z}}}(\boldsymbol{x},\overset{*1}{\boldsymbol{x}}) & \overset{12}{\boldsymbol{z}}=\overset{1}{\boldsymbol{z}}\\ (1-\overset{1}{p}_D(\boldsymbol{x},\overset{*1}{\boldsymbol{x}}))\cdot\overset{2}{p}_D(\boldsymbol{x},\overset{*2}{\boldsymbol{x}})\cdot\overset{2}{L}_{\overset{2}{\boldsymbol{z}}}(\boldsymbol{x},\overset{*2}{\boldsymbol{x}}) & \overset{12}{\boldsymbol{z}}=\overset{2}{\boldsymbol{z}}\\ \overset{1}{p}_D(\boldsymbol{x},\overset{*1}{\boldsymbol{x}})\cdot\overset{2}{p}_D(\boldsymbol{x},\overset{*2}{\boldsymbol{x}})\cdot\overset{1}{L}_{\overset{1}{\boldsymbol{z}}}(\boldsymbol{x},\overset{*1}{\boldsymbol{x}})\cdot\overset{2}{L}_{\overset{2}{\boldsymbol{z}}}(\boldsymbol{x},\overset{*2}{\boldsymbol{x}}) & \overset{12}{\boldsymbol{z}}=(\overset{1}{\boldsymbol{z}},\overset{2}{\boldsymbol{z}})\end{array}\right.\end{aligned} \tag{23.21}$$

给定上述基本表示后，便有可能将多传感器管理问题转化为单传感器的管理，然后对伪传感器应用单传感器管理技术。现在将模型假定修改如下：

- 传感器具有良好的分辨率；
- 多目标完全可分；
- 传感器杂波密度较小。

在上述假定下，目标观测表现得仍像 (至少可近似为) 单个伪传感器的观测一样。这一点其实不难理解，假定观测为目标位置，若两个传感器都获得了同一个目标的观测，则这些观测通常成对出现在目标附近并与之具有明确的关联。

随着目标数目和杂波密度的增加，伪传感器近似将逐步失效。但从减少传感器管理"时间投影步"的计算复杂度来看，伪传感器近似已经足够了。26.3.2.3节将把伪传感器近似推广至任意个目标的情形。

23.3.6 RFS 控制概述：一般方法 (多步)

对于大部分多目标情形，多步前瞻控制的计算量非常巨大，因此第 V 篇将不再对其进行探讨。但为了完整性起见，本小节简要介绍一下23.3.1节方法向多步控制的扩展。

在多步前瞻控制中，欲确定将来某时间窗口 (t_{k+1} 至 $t_{k+k'}$，$k' \geqslant 1$) 内所有传感器的所有控制。多步前瞻控制方法通常建立在下述假设之上：

- 将来时间窗口 $t_k, \cdots, t_{k+k'-1}$ 内的目标状态演变可由下述马尔可夫密度精确预测：

$$f_{k+i+1|k+i}(X|X'), \quad i = 0, 1, \cdots, k'-1$$

若 $k' = 1$，对应的控制策略即单步前瞻控制；若 $k' = 2$，对应控制策略即双步前瞻控制；依次类推。令：

- $Z^{(k)} : Z_1, \cdots, Z_k$ 为 t_k 时刻的多传感器目标观测集序列；
- $\overset{*}{Z}^{(k)} : \overset{*}{Z}_1, \cdots, \overset{*}{Z}_k$ 为 t_k 时刻的多传感器执行机构观测集序列；
- $\overset{*}{U}^{(k)} : U_0, \cdots, U_k$ 为 t_k 时刻的多传感器控制集序列。

在 t_k 时刻，控制策略 $U_0, \cdots, U_{k-1}$ 已经确定。在得到 t_{k+1} 时刻目标观测集 Z_{k+1} 之前，必须选择 t_k 时刻的控制 U_k。对于多步控制，U_k 是最优预测控制策略 $U_k, \cdots, U_{k+k'-1}$ 中必须确定的初始控制集，这样可得到更精确和更平滑的控制轨线。此外，任意给定时刻 t_k 的预测控制策略 $U_k, \cdots, U_{k+k'-1}$ 也是当前最优的资源管理规划，因此，多步控制在很大程度上包含了任务规划的基本要素。

多步前瞻控制传感器管理方案的一般形式如下面的框图所示，基本操作步骤包括：

多传感器多目标观测更新

$$\cdots \rightarrow \quad f_{k|k}(X, \overset{*}{X} | Z^{(k)}, \overset{*}{Z}^{(k)}, U^{(k-1)})$$

时间窗内多传感器控制的最优选择

时间投影

$$\rightarrow \; f_{k+k'|k+k'}(X, \overset{*}{X} | Z^{(k)}, \overset{*}{Z}^{(k)}, U^{(k-1)}, Z_{k+1}, \cdots, Z_{k+k'}, \overset{*}{Z}_{k+1}, \cdots, \overset{*}{Z}_{k+k'}, V_k, \cdots, V_{k+k'-1})$$

目标函数构造与对冲

$\downarrow$

选择将来时间窗口内的多传感控制集

$$(U_k, \cdots, U_{k+k'-1} = \arg\sup_{V_k, \cdots, V_{k+k'-1}} O_{k+k'}(V_k, \cdots, V_{k+k'-1})$$

多传感器多目标的时间&观测更新

$$\rightarrow \quad f_{k+1|k+1}(X, \overset{*}{X} | Z^{(k+1)}, \overset{*}{Z}^{(k+1)}, U^{(k)}) \quad \rightarrow \cdots$$

$$U_k, Z_{k+1}, \overset{*}{Z}_{k+1} \nearrow$$

(1) 时间投影：连续使用多目标滤波器的预测器方程和校正器方程迭代地更新密度 $f_{k|k}(X,\overset{*}{X}|Z^{(k)},\overset{*}{Z}^{(k)},U^{(k-1)})$，直至得到：

$$f_{k+k'|k+k'}(X,\overset{*}{X}|Z^{(k)},\overset{*}{Z}^{(k)},U^{(k-1)},\\ Z_{k+1},\cdots,Z_{k+k'},\overset{*}{Z}_{k+1},\cdots,\overset{*}{Z}_{k+k'},V_k,\cdots,V_{k+k'-1})$$

其中：$Z_{k+1},\cdots,Z_{k+k'}$ 和 $\overset{*}{Z}_{k+1},\cdots,\overset{*}{Z}_{k+k'}$ 分别为时间窗口内的传感器观测集序列和执行机构观测集序列 (皆未可知)；$V_k,\cdots,V_{k+k'-1}$ 为整个时间窗口内待定的传感器控制序列。

(2) 目标函数构造：根据边缘分布

$$f_{k+k'|k+k'}(X|Z^{(k)},\overset{*}{Z}^{(k)},U^{(k-1)},\\ Z_{k+1},\cdots,Z_{k+k'},\overset{*}{Z}_{k+1},\cdots,\overset{*}{Z}_{k+k'},V_k,\cdots,V_{k+k'-1})$$

和 $f_{k+1|k}(X|Z^{(k)},\overset{*}{Z}^{(k)},U^{(k-1)},V_k)$ 构造目标函数：

$$O_{k+k'}(V_k,\cdots,V_{k+k'-1},Z_{k+1},\cdots,Z_{k+k'},\overset{*}{Z}_{k+1},\cdots,\overset{*}{Z}_{k+k'})$$

用以度量目标的信息增量。

(3) 对冲：设计一种方法以消掉上述目标函数中的未知观测集 $Z_{k+1},\cdots,Z_{k+k'}$ 及 $\overset{*}{Z}_{k+1},\cdots,\overset{*}{Z}_{k+k'}$，从而得到“对冲”后的目标函数 $O_{k+k'}(V_k,\cdots,V_{k+k'-1})$。多样本对冲和单样本 PIMS 对冲是两种近似的期望值对冲方法。

(4) 最优化：通过求解下述最优化问题来确定将来的最优控制策略 $U_k,\cdots,U_{k+k'-1}$：

$$(U_k,\cdots,U_{k+k'-1})=\arg\sup_{V_k,\cdots,V_{k+k'-1}} O_{k+k'}(V_k,\cdots,V_{k+k'-1}) \tag{23.22}$$

(5) 预测：给定 U_k 后，使用多目标预测器方程对 $f_{k|k}(X,\overset{*}{X}|Z^{(k)},\overset{*}{Z}^{(k)},U^{(k-1)})$ 进行时间更新，从而得到 $f_{k+1|k}(X,\overset{*}{X}|Z^{(k)},\overset{*}{Z}^{(k)},U^{(k)})$。

(6) 校正：在得到 t_{k+1} 时刻的观测集 Z_{k+1} 和 $\overset{*}{Z}_{k+1}$ 后，使用多目标校正器方程更新 $f_{k+1|k}(X,\overset{*}{X}|Z^{(k)},\overset{*}{Z}^{(k)},U^{(k)})$，从而得到 $f_{k+1|k+1}(X,\overset{*}{X}|Z^{(k+1)},\overset{*}{Z}^{(k+1)},U^{(k)})$。

23.4 本篇结构

第 V 篇的结构安排如下：

- 第24章：在最简单的情形下解释相关概念，该章考虑单传感器单目标的传感器管理，包括一个简单的代数闭式实例 (24.9节)。
- 第25章：一般多传感器多目标的传感器管理，包括集成战术优先级的传感器管理。
- 第26章：基于伯努利滤波器、PHD 滤波器、CPHD 滤波器、CBMeMBer 滤波器等近似滤波器的传感器管理，包括它们的实现及应用。

第24章　单目标传感器管理

24.1　简　介

本章通过一个可能是最简单的非平凡实例来阐释 RFS 传感器管理的基本概念。假定：

- 已检测到单个目标并处于待跟踪状态；
- 目标观测来自单个传感器，该传感器无杂波 / 虚警，但具有由状态相关检测概率 $p_{\mathrm{D}}(\boldsymbol{x},\overset{*}{\boldsymbol{x}})$ 描述的已知视场 (FoV)；
- 传感器在控制指令序列 $U^k:\boldsymbol{u}_1,\cdots,\boldsymbol{u}_k$ 的作用下随时间不断地改变位置；
- 传感器重定位的目的是使目标信息量相对之前状态达到最大化。

24.1.1　要点概述

在本章学习中，需要掌握的主要概念、结论和公式如下：

- 这里所述的传感器管理方法主要是优化传感器的视场位置 (24.2节和24.4节)，而很少考虑传感器分辨率的最优化；
- 目标和传感器应视作一个联合演变的随机系统 $(\boldsymbol{x},\overset{*}{\boldsymbol{x}})$，其时间演变过程可由一个联合的递归贝叶斯滤波器给定，该滤波器传递目标和传感器的联合概率分布 $f_{k|k}(\boldsymbol{x},\overset{*}{\boldsymbol{x}}|Z^{(k)},\overset{*}{Z}{}^{(k)},U^{k-1})$，其中 $U^{k-1}:\boldsymbol{u}_0,\cdots,\boldsymbol{u}_{k-1}$ 为控制动作序列——“控制策略”(见24.2节和24.4节)；
- 在贝叶斯方法中，传感器将来状态的选择应当使后验航迹分布相对先验航迹分布的目标信息增量最大化 (24.5节)；
- 在理想传感器动力学假定下 (即传感器状态切换不受任何约束)，单传感器单目标的传感器管理可极大地简化 (24.8节)；
- 对理想传感器动力学做适当修正后，可允许非理想的传感器动力学 (24.10节)；
- 通过一个基于线性高斯模型的简单闭式解析实例，便可解释贝叶斯单传感器单目标传感器管理方法的基本概念 (24.9节)。

24.1.2　本章结构

本章内容安排如下：

- 24.2节：单传感器单目标传感器管理的一个典型实例——导弹跟踪相机。
- 24.3节：非线性单传感器单目标传感器管理的目标与传感器建模。
- 24.4节：单步前瞻版单传感器单目标传感器管理。
- 24.5节：单传感器单目标传感器管理的目标函数。

- 24.6节：使用多样本或单样本 (确切说应是预测观测 (PM)) 对冲将来的未知观测。
- 24.7节：传感器管理目标函数的最优化。
- 24.8节：理想传感器动力学特例，即从 t_k 到 t_{k+1} 时刻传感器的状态可由 $\overset{*}{\boldsymbol{x}}$ 无约束地切换至任意可能的状态 $\overset{*}{\boldsymbol{x}}_{k+1}$。
- 24.9节：一个简单的闭式实例——理想传感器动力学与线性高斯模型。
- 24.10节：理想传感器情形的一种推广，可容许考虑传感器的非理想动力学特性。

24.2 例子：导弹跟踪相机

对于控制论传感器管理基本概念的理解，导弹跟踪相机是一个浅显易懂的例子。这里分别考虑单相机跟踪 (24.2.1节) 与双相机跟踪 (24.2.2节) 两种情形。

24.2.1 基于单相机的导弹跟踪

在导弹发射后，固定于云台上的跟踪相机必须最优地调整自己的指向以保证导弹始终位于自己的光学视场中心——包括距离中心 (焦距) 和角度中心 (方位中心)。为了实现该目标，相机控制系统必须根据目标图像周期性地估计目标当前位置 (方位、俯仰和距离)，并预测下一时刻目标在图像中的位置，因此要求控制系统必须集成两部分功能：目标跟踪器——预测导弹将来的位置；传感器管理目标函数——最小化目标位置预测与 FoV 中心的距离。

上述过程的复杂性不仅源自导弹，更因为相机本身也是一个动态演变的物理对象，其运动受到转速、回转行程等物理约束的限制。在任意给定时刻 t_k，传感器方位和距离的改变由执行机构电机完成，而这些执行机构的状态可由内部的执行机构传感器进行测量，如电压传感器。相机的状态 (方位、距离和角速率) 并非先验的已知量，必须由执行机构传感器的观测估计得到，也就是说，控制系统需要第二个平行的跟踪算法来跟踪和预测相机自身的状态。

综上所述，导弹和相机一起组成了一个联合演变的动态控制系统。该系统通常被建模为一个线性控制系统 (文献 [140] 第 257–259、402–404 页)，随后的讨论中也采用该假定。24.9节将重新回到该形式的一个具体实例上来。

考虑目标状态 $\boldsymbol{x}$ 和传感器状态 $\overset{*}{\boldsymbol{x}}$ 构成的联合状态 $(\boldsymbol{x}, \overset{*}{\boldsymbol{x}})$，假定线性高斯的运动模型：

$$\boldsymbol{X}_{k+1|k} = \boldsymbol{F}_k \boldsymbol{x} + \boldsymbol{W}_k \tag{24.1}$$

$$\overset{*}{\boldsymbol{X}}_{k+1|k} = \overset{*}{\boldsymbol{F}}_k \overset{*}{\boldsymbol{x}} + \overset{*}{\boldsymbol{D}}_k \boldsymbol{u} + \overset{*}{\boldsymbol{W}}_k = \overset{*}{\boldsymbol{F}}_k (\overset{*}{\boldsymbol{x}} + \overset{*}{\boldsymbol{F}}{}_k^{-1} \overset{*}{\boldsymbol{D}}_k \boldsymbol{u}) + \overset{*}{\boldsymbol{W}}_k \tag{24.2}$$

式中：

- $\boldsymbol{F}_k$ 为目标状态转移矩阵；
- $\overset{*}{\boldsymbol{F}}_k$ 为传感器状态转移矩阵；
- $\boldsymbol{u}$ 为控制输入，表示 t_k 时刻作用在传感器执行机构上的信号，用以调整 t_{k+1} 时刻的传感器位置；

- $\overset{*}{\boldsymbol{F}}_k^{-1}\overset{*}{\boldsymbol{D}}_k\boldsymbol{u}$ 的作用是改变传感器状态转移的起始点。

在 t_{k+1} 时刻，传感器获取当前状态 $\boldsymbol{x}_{k+1}$ 的观测 $\boldsymbol{z}_{k+1}$，而执行机构传感器则获取当前传感器状态 $\overset{*}{\boldsymbol{x}}_{k+1}$ 的观测 $\overset{*}{\boldsymbol{z}}_{k+1}$，它们一起组成了联合观测 $(\boldsymbol{z}_{k+1}, \overset{*}{\boldsymbol{z}}_{k+1})$。假定相机和执行机构传感器的观测都为线性高斯形式：

$$\boldsymbol{Z}_{k+1} = \boldsymbol{H}_{k+1}\boldsymbol{x} + \overset{*}{\boldsymbol{J}}_{k+1}\overset{*}{\boldsymbol{x}} + \boldsymbol{V}_{k+1} \tag{24.3}$$

$$\overset{*}{\boldsymbol{Z}}_{k+1} = \overset{*}{\boldsymbol{H}}_{k+1}\overset{*}{\boldsymbol{x}} + \overset{*}{\boldsymbol{V}}_{k+1} \tag{24.4}$$

式中：

- $\boldsymbol{H}_{k+1}$ 为传感器的观测矩阵；
- $\overset{*}{\boldsymbol{H}}_{k+1}$ 为执行机构传感器的观测矩阵；
- $\overset{*}{\boldsymbol{J}}_{k+1}\overset{*}{\boldsymbol{x}}$ 用以表征传感器状态对目标观测的影响。

定义如下的“参考矢量”以表示目标状态估计 $\boldsymbol{x}_{k|k}$ 对应的目标位置：

$$\boldsymbol{r}_k = \boldsymbol{A}_k\boldsymbol{x}_{k|k} \tag{24.5}$$

式中：$\boldsymbol{A}_k$ 为目标状态矢量到位置矢量的转换矩阵。

同理，定义下述“控制矢量”以表示相机状态估计 $\overset{*}{\boldsymbol{x}}_{k|k}$ 对应的 FoV 中心：

$$\overset{*}{\boldsymbol{r}}_k = \overset{*}{\boldsymbol{A}}_k\overset{*}{\boldsymbol{x}}_{k|k} \tag{24.6}$$

式中：$\overset{*}{\boldsymbol{A}}_k$ 为传感器状态矢量到位置矢量 (FoV 中心) 的转换矩阵。

给定上述表示后，最优传感器控制系统应始终让 $\overset{*}{\boldsymbol{r}}_k$ 尽可能地接近 $\boldsymbol{r}_k$，且控制量不能超出相机的动力学约束——用数学方式表示，即下述马氏距离不能太大：

$$\|\boldsymbol{u}\|_k^2 = \boldsymbol{u}^{\mathrm{T}}\boldsymbol{C}_k^{-1}\boldsymbol{u} \tag{24.7}$$

为概念清晰起见，先来看单步前瞻控制情形。此时的线性控制系统包括下列步骤：

(1) 目标预测：采用卡尔曼滤波器的预测器方程将目标状态 $\boldsymbol{x}_{k|k}$ 更新为 $\boldsymbol{x}_{k+1|k}$。

(2) 基于未知控制的传感器预测：利用卡尔曼滤波器的预测器方程对当前传感器状态 $\overset{*}{\boldsymbol{x}}_{k|k}$ 作时间更新，从而得到下一时刻的状态 $\overset{*}{\boldsymbol{x}}(\boldsymbol{u})$。由式(24.2)可知，该预测状态与当前待定的未知控制 $\boldsymbol{u}$ 有关。

(3) 基于随机观测的目标观测更新：若 $\boldsymbol{Z}_{k+1}$ 表示下一时刻目标的随机观测，利用卡尔曼滤波器的校正器方程将 $\boldsymbol{x}_{k+1|k}$ 更新为 $\boldsymbol{x}_{k+1|k+1}(\boldsymbol{Z}_{k+1})$。由于 $\boldsymbol{x}_{k+1|k+1}(\boldsymbol{Z}_{k+1})$ 为一随机矢量，因此参考矢量 $\boldsymbol{R}_{k+1}(\boldsymbol{Z}_{k+1}) = \boldsymbol{A}_{k+1}\boldsymbol{x}_{k+1|k+1}(\boldsymbol{Z}_{k+1})$ 也是随机的。

(4) 传感器观测更新：若 $\overset{*}{\boldsymbol{Z}}_{k+1}$ 为下一时刻的执行机构观测，利用卡尔曼滤波器的校正器方程对 $\overset{*}{\boldsymbol{x}}_{k+1|k}(\boldsymbol{u})$ 作观测更新，从而得到 $\overset{*}{\boldsymbol{x}}_{k+1|k+1}(\boldsymbol{u}, \overset{*}{\boldsymbol{Z}}_{k+1})$，因此控制矢量 $\overset{*}{\boldsymbol{R}}_{k+1}(\boldsymbol{u}, \overset{*}{\boldsymbol{Z}}_{k+1}) = \overset{*}{\boldsymbol{A}}_{k+1}\overset{*}{\boldsymbol{x}}_{k+1|k+1}(\boldsymbol{u}, \overset{*}{\boldsymbol{Z}}_{k+1})$ 也是随机的。

(5) 目标函数构造：定义目标函数。通常采用下面的马氏平方距离[①]：

$$O_{k+1}(\boldsymbol{u}, \boldsymbol{Z}_{k+1}, \overset{*}{\boldsymbol{Z}}_{k+1}) = \left(\overset{*}{\boldsymbol{R}}_{k+1}(\boldsymbol{u}, \overset{*}{\boldsymbol{Z}}_{k+1}) - \boldsymbol{R}_{k+1}(\boldsymbol{Z}_{k+1})\right)^{\mathrm{T}} \overset{*}{\boldsymbol{E}}{}_{k+1}^{-1} \cdot \\ \left(\overset{*}{\boldsymbol{R}}_{k+1}(\boldsymbol{u}, \overset{*}{\boldsymbol{Z}}_{k+1}) - \boldsymbol{R}_{k+1}(\boldsymbol{Z}_{k+1})\right) + \boldsymbol{u}^{\mathrm{T}} \boldsymbol{C}_k^{-1} \boldsymbol{u} \tag{24.8}$$

(6) 对冲：消除未知观测 $\boldsymbol{Z}_{k+1}, \overset{*}{\boldsymbol{Z}}_{k+1}$。最常用的方法即下述期望值对冲法：

$$O_{k+1}(\boldsymbol{u}) = \mathbb{E}[O_{k+1}(\boldsymbol{u}, \boldsymbol{Z}_{k+1}, \overset{*}{\boldsymbol{Z}}_{k+1})] \tag{24.9}$$

(7) 最优化：最小化目标函数

$$\boldsymbol{u}_k = \arg\inf_{\boldsymbol{u}} O_{k+1}(\boldsymbol{u}) \tag{24.10}$$

在当前的线性高斯假定下，可以证明最优控制 $\boldsymbol{u}_k$ 具有精确闭式解。

(8) 观测更新：在得到 t_{k+1} 时刻的联合观测 $(\boldsymbol{z}_{k+1}, \overset{*}{\boldsymbol{z}}_{k+1})$ 后更新目标与传感器的状态，并重复上述步骤。

对于多步前瞻控制，需要将式(24.9)替换为控制时间窗口内所有单步目标函数之和：

$$O_{k+1}(\boldsymbol{u}_k, \cdots, \boldsymbol{u}_{k+k'-1}) = \mathbb{E}\left[\sum_{i=k+1}^{k+k'} (\overset{*}{\boldsymbol{R}}_i - \boldsymbol{R}_i)^{\mathrm{T}} \boldsymbol{E}_i^{-1} (\overset{*}{\boldsymbol{R}}_i - \boldsymbol{R}_i) + \boldsymbol{u}_{i-1}^{\mathrm{T}} \boldsymbol{C}_{i-1}^{-1} \boldsymbol{u}_{i-1}\right] \tag{24.11}$$

24.2.2 基于双相机的导弹跟踪

在本例中，由两个相互协作的相机共同跟踪导弹。在单相机情形下，相机与目标之间的距离必须通过焦距来推断，而在双相机情形下则可通过三角测量得到更加精确的距离估计，但这要求两个相机不仅要分别跟踪导弹，而且要进行信息的共享与协调。

此时，目标–传感器联合系统的状态形如 $(\boldsymbol{x}, \overset{*1}{\boldsymbol{x}}, \overset{*2}{\boldsymbol{x}})$，其中 $\overset{*1}{\boldsymbol{x}}$、$\overset{*2}{\boldsymbol{x}}$ 分别为两个传感器的状态。同理，联合观测形如 $(\overset{1}{\boldsymbol{z}}、\overset{2}{\boldsymbol{z}}, \overset{*1}{\boldsymbol{z}}, \overset{*2}{\boldsymbol{z}})$，其中，$\overset{1}{\boldsymbol{z}}$、$\overset{2}{\boldsymbol{z}}$ 分别为两个相机的目标观测，$\overset{*1}{\boldsymbol{z}}$、$\overset{*2}{\boldsymbol{z}}$ 分别为各自的执行机构传感器观测。给定上述表示后，可将单相机单步前瞻控制推广如下：

- 目标预测：利用卡尔曼滤波器的预测器方程将目标状态 $\boldsymbol{x}_{k|k}$ 更新为 $\boldsymbol{x}_{k+1|k}$。
- 传感器 1 的预测：利用卡尔曼滤波器的预测器方程对当前传感器状态 $\overset{*1}{\boldsymbol{x}}_{k|k}$ 做时间更新，从而得到下一时刻的状态 $\overset{*1}{\boldsymbol{x}}(\overset{1}{\boldsymbol{u}})$，其中 $\overset{1}{\boldsymbol{u}}$ 为传感器 1 待定的未知控制量。
- 传感器 2 的预测：利用卡尔曼滤波器的预测器方程对当前传感器状态 $\overset{*2}{\boldsymbol{x}}_{k|k}$ 做时间更新，从而得到下一时刻的状态 $\overset{*2}{\boldsymbol{x}}(\overset{2}{\boldsymbol{u}})$，其中 $\overset{2}{\boldsymbol{u}}$ 为传感器 2 待定的未知控制量。
- 目标观测更新：令 $\overset{1}{\boldsymbol{Z}}_{k+1}, \overset{2}{\boldsymbol{Z}}_{k+1}$ 分别表示下一时刻两个相机的随机目标观测，利用双传感器卡尔曼滤波器的校正器方程将 $\boldsymbol{x}_{k+1|k}$ 更新为 $\boldsymbol{x}_{k+1|k+1}(\overset{1}{\boldsymbol{Z}}_{k+1}, \overset{2}{\boldsymbol{Z}}_{k+1})$。令随机参考矢量为

$$\boldsymbol{R}_{k+1}(\overset{1}{\boldsymbol{Z}}_{k+1}, \overset{2}{\boldsymbol{Z}}_{k+1}) = \boldsymbol{A}_{k+1} \boldsymbol{x}_{k+1|k+1}(\overset{1}{\boldsymbol{Z}}_{k+1}, \overset{2}{\boldsymbol{Z}}_{k+1}) \tag{24.12}$$

①注意：$\boldsymbol{u}^{\mathrm{T}} \boldsymbol{C}_k^{-1} \boldsymbol{u}$ 旨在确保控制幅度尽可能小。

- *传感器 1 的观测更新*：若 $\overset{*1}{\boldsymbol{Z}}_{k+1}$ 为下一时刻的执行机构观测，利用卡尔曼滤波器的校正器方程对 $\overset{*1}{\boldsymbol{x}}_{k+1|k}(\overset{1}{\boldsymbol{u}})$ 做观测更新，从而得到 $\overset{*1}{\boldsymbol{x}}_{k+1|k+1}(\overset{1}{\boldsymbol{u}}, \overset{*1}{\boldsymbol{Z}}_{k+1})$。令传感器 1 的随机控制矢量为

$$\overset{*1}{\boldsymbol{R}}_{k+1}(\overset{1}{\boldsymbol{u}}, \overset{*1}{\boldsymbol{Z}}_{k+1}) = \overset{*1}{\boldsymbol{A}}_{k+1} \overset{*1}{\boldsymbol{x}}_{k+1|k+1}(\overset{1}{\boldsymbol{u}}, \overset{*1}{\boldsymbol{Z}}_{k+1}) \tag{24.13}$$

- *传感器 2 的观测更新*：若 $\overset{*2}{\boldsymbol{Z}}_{k+1}$ 为下一时刻的执行机构观测，利用卡尔曼滤波器的校正器方程对 $\overset{*2}{\boldsymbol{x}}_{k+1|k}(\overset{2}{\boldsymbol{u}})$ 做观测更新，从而得到 $\overset{*2}{\boldsymbol{x}}_{k+1|k+1}(\overset{2}{\boldsymbol{u}}, \overset{*2}{\boldsymbol{Z}}_{k+1})$。令传感器 2 的随机控制矢量为

$$\overset{*2}{\boldsymbol{R}}_{k+1}(\overset{2}{\boldsymbol{u}}, \overset{*2}{\boldsymbol{Z}}_{k+1}) = \overset{*2}{\boldsymbol{A}}_{k+1} \overset{*2}{\boldsymbol{x}}_{k+1|k+1}(\overset{2}{\boldsymbol{u}}, \overset{*2}{\boldsymbol{Z}}_{k+1}) \tag{24.14}$$

- *目标函数构造*：根据 $\boldsymbol{R}_{k+1}, \overset{*1}{\boldsymbol{R}}_{k+1}, \overset{*2}{\boldsymbol{R}}_{k+1}$ 定义基于距离的目标函数，例如

$$\begin{aligned} O_{k+1}(\overset{1}{\boldsymbol{u}}, \overset{2}{\boldsymbol{u}}, \overset{1}{\boldsymbol{Z}}_{k+1}, \overset{*1}{\boldsymbol{Z}}_{k+1}, \overset{2}{\boldsymbol{Z}}_{k+1}, \overset{*2}{\boldsymbol{Z}}_{k+1}) = {} & \overset{1}{O}_{k+1}(\overset{1}{\boldsymbol{u}}, \overset{1}{\boldsymbol{Z}}_{k+1}, \overset{*1}{\boldsymbol{Z}}_{k+1}, \overset{2}{\boldsymbol{Z}}_{k+1}) + \\ & \overset{2}{O}_{k+1}(\overset{2}{\boldsymbol{u}}, \overset{1}{\boldsymbol{Z}}_{k+1}, \overset{2}{\boldsymbol{Z}}_{k+1}, \overset{*2}{\boldsymbol{Z}}_{k+1}) \end{aligned} \tag{24.15}$$

式中：$\overset{1}{O}_{k+1}$ 和 $\overset{2}{O}_{k+1}$ 的定义见式(24.8)。

- *对冲*：消除未知观测 $\overset{1}{\boldsymbol{Z}}_{k+1}$、$\overset{*1}{\boldsymbol{Z}}_{k+1}$、$\overset{2}{\boldsymbol{Z}}_{k+1}$、$\overset{*2}{\boldsymbol{Z}}_{k+1}$。最常用的方法即下述期望值对冲法：

$$O_{k+1}(\overset{1}{\boldsymbol{u}}, \overset{2}{\boldsymbol{u}}) = \mathbb{E}\left[O_{k+1}(\overset{1}{\boldsymbol{u}}, \overset{2}{\boldsymbol{u}}, \overset{1}{\boldsymbol{Z}}_{k+1}, \overset{*1}{\boldsymbol{Z}}_{k+1}, \overset{2}{\boldsymbol{Z}}_{k+1}, \overset{*2}{\boldsymbol{Z}}_{k+1})\right] \tag{24.16}$$

- *最优化*：最小化下述目标函数以确定两个传感器的最优控制

$$(\overset{1}{\boldsymbol{u}}_k, \overset{2}{\boldsymbol{u}}_k) = \arg\inf_{\overset{1}{\boldsymbol{u}}, \overset{2}{\boldsymbol{u}}} O_{k+1}(\overset{1}{\boldsymbol{u}}, \overset{2}{\boldsymbol{u}}) \tag{24.17}$$

- *观测更新*：重复上述步骤[①]。

24.3　单传感器单目标控制：建模

下面来看一般的单传感器单目标单步控制问题 (不含杂波)。这里假定：

- 事先已知目标存在；
- 零杂波过程，即 $\kappa_{k+1}(Z) = \delta_{0,|Z|}$，其中 $\kappa_{k+1}(Z)$ 为多目标杂波概率分布；
- 传感器的 FoV (传感器检测概率) 为

$$p_{\mathrm{D}}(\boldsymbol{x}, \overset{*}{\boldsymbol{x}}) \overset{\text{abbr.}}{=} p_{\mathrm{D},k+1}(\boldsymbol{x}, \overset{*}{\boldsymbol{x}}) \tag{24.18}$$

- 没有目标出现和消失；

[①]译者注：和单相机情形类似，此处应有观测更新步。

- 目标–传感器联合系统的马尔可夫密度可分解为

$$f_{k+1|k}(\boldsymbol{x},\overset{*}{\boldsymbol{x}}|\boldsymbol{u},\boldsymbol{x}',\overset{*}{\boldsymbol{x}}') = f_{k+1|k}(\boldsymbol{x}|\boldsymbol{x}')\cdot \overset{*}{f}_{k+1|k}(\overset{*}{\boldsymbol{x}}|\overset{*}{\boldsymbol{x}}',\boldsymbol{u}) \tag{24.19}$$

也就是说，目标动力学与传感器动力学相互独立，而传感器动力学与控制变量 $\boldsymbol{u}$ 有关。$\boldsymbol{u}$ 确定了一族描述传感器运动的参数化马尔可夫密度 $\overset{*}{f}_{k+1|k}(\overset{*}{\boldsymbol{x}}|\overset{*}{\boldsymbol{x}}',\boldsymbol{u})$，$t_k$ 时刻所选的控制量 $\boldsymbol{u}$ 会对 t_{k+1} 时刻传感器的状态施加某种可能的约束。

- 在获得观测的条件下，联合系统的似然函数可分解为

$$f_{k+1}(\boldsymbol{z},\overset{*}{\boldsymbol{z}}|\boldsymbol{x},\overset{*}{\boldsymbol{x}}) = f_{k+1}(\boldsymbol{z}|\boldsymbol{x},\overset{*}{\boldsymbol{x}})\cdot \overset{*}{f}_{k+1}(\overset{*}{\boldsymbol{z}}|\overset{*}{\boldsymbol{x}}) \tag{24.20}$$

也就是说，传感器的目标观测 $\boldsymbol{z}$ 与目标状态 $\boldsymbol{x}$ 和传感器状态 $\overset{*}{\boldsymbol{x}}$ 有关，但执行机构观测 $\overset{*}{\boldsymbol{z}}$ 仅与 $\overset{*}{\boldsymbol{x}}$ 有关。

- 考虑漏报时目标观测的全似然函数可表示为

$$f_{k+1}(Z|\boldsymbol{x},\overset{*}{\boldsymbol{x}}) = \begin{cases} 1-p_{\mathrm{D}}(\boldsymbol{x},\overset{*}{\boldsymbol{x}}), & Z=\emptyset \\ p_{\mathrm{D}}(\boldsymbol{x},\overset{*}{\boldsymbol{x}})\cdot f_{k+1}(\boldsymbol{z}|\boldsymbol{x},\overset{*}{\boldsymbol{x}}), & Z=\{\boldsymbol{z}\} \\ 0, & \text{其他} \end{cases} \tag{24.21}$$

令：

- $Z^{(k)}: Z_1,\cdots,Z_k$ 表示 t_k 时刻的目标观测集序列，其中 Z_i 为孤元集或空集；
- $\overset{*}{Z}^k: \overset{*}{\boldsymbol{z}}_1,\cdots,\overset{*}{\boldsymbol{z}}_k$ 表示 t_k 时刻的执行机构观测序列；
- $U^k: \boldsymbol{u}_0,\cdots,\boldsymbol{u}_k$ 表示 t_k 时刻的控制序列，其中 $\boldsymbol{u}_i$ 为 t_i 时刻选定的控制量。

$\boldsymbol{u}_0$ 为初始 t_0 时刻的控制量，通过它来设定传感器的首个马尔可夫密度 $\overset{*}{f}_{1|0}(\overset{*}{\boldsymbol{x}}|\overset{*}{\boldsymbol{x}}',\boldsymbol{u}_0)$。13.2节的伯努利滤波器是单传感器单目标检测跟踪问题的通解 (含杂波和漏报)，它在当前假设下可简化为如下的单目标贝叶斯滤波器：

$$\begin{aligned}\cdots\to f_{k|k}(\boldsymbol{x},\overset{*}{\boldsymbol{x}}|Z^{(k)},\overset{*}{Z}^k,U^{k-1}) &\to f_{k+1|k}(\boldsymbol{x},\overset{*}{\boldsymbol{x}}|Z^{(k)},\overset{*}{Z}^k,U^k)\\ &\to f_{k+1|k+1}(\boldsymbol{x},\overset{*}{\boldsymbol{x}}|Z^{(k+1)},\overset{*}{Z}^{k+1},U^k)\to\cdots\end{aligned}$$

其中：

- 时间更新：

$$\begin{aligned} f_{k+1|k}(\boldsymbol{x},\overset{*}{\boldsymbol{x}}|Z^{(k)},\overset{*}{Z}^k,U^{k-1},\boldsymbol{u}_k) = \int & f_{k+1|k}(\boldsymbol{x}|\boldsymbol{x}')\cdot f_{k+1|k}(\overset{*}{\boldsymbol{x}}|\overset{*}{\boldsymbol{x}}',\boldsymbol{u}_k)\cdot \\ & f_{k|k}(\boldsymbol{x}',\overset{*}{\boldsymbol{x}}'|Z^{(k)},\overset{*}{Z}^k,U^{k-1})\mathrm{d}\boldsymbol{x}'\mathrm{d}\overset{*}{\boldsymbol{x}}' \end{aligned} \tag{24.22}$$

- $Z_{k+1}=\{z_{k+1}\}$ 时的观测更新：

$$f_{k+1|k+1}(x,\overset{*}{x}|Z^{(k+1)},\overset{*}{Z}^{k+1},U^{k-1},u_k) \tag{24.23}$$
$$=\frac{\begin{pmatrix} p_D(x,\overset{*}{x})\cdot f_{k+1}(z_{k+1}|x,\overset{*}{x})\cdot \overset{*}{f}_{k+1}(\overset{*}{z}_{k+1}|\overset{*}{x})\cdot \\ f_{k+1|k}(x,\overset{*}{x}|Z^{(k)},\overset{*}{Z}^{k},U^{k-1},u_k) \end{pmatrix}}{f_{k+1}(\{z_{k+1}\},\overset{*}{z}_{k+1}|Z^{(k)},\overset{*}{Z}^{k},U^{k-1},u_k)}$$

- $Z_{k+1}=\emptyset$ 时的观测更新：

$$f_{k+1|k+1}(x,\overset{*}{x}|Z^{(k+1)},\overset{*}{Z}^{k+1},U^{k-1},u_k) \tag{24.24}$$
$$=\frac{\begin{pmatrix} (1-p_D(x,\overset{*}{x}))\cdot \overset{*}{f}_{k+1}(\overset{*}{z}_{k+1}|\overset{*}{x})\cdot \\ f_{k+1|k}(x,\overset{*}{x}|Z^{(k)},\overset{*}{Z}^{k},U^{k-1},u_k) \end{pmatrix}}{f_{k+1}(\emptyset,\overset{*}{z}_{k+1}|Z^{(k)},\overset{*}{Z}^{k},U^{k-1},u_k)}$$

在式(24.23)和式(24.24)中：

$$f_{k+1}(\{z_{k+1}\},\overset{*}{z}_{k+1}|Z^{(k)},\overset{*}{Z}^{k},U^{k-1},u_k) \tag{24.25}$$
$$=\int p_D(x,\overset{*}{x})\cdot f_{k+1}(z_{k+1}|x,\overset{*}{x})\cdot \overset{*}{f}_{k+1}(\overset{*}{z}_{k+1}|\overset{*}{x})\cdot$$
$$f_{k+1|k}(x,\overset{*}{x}|Z^{(k)},\overset{*}{Z}^{k},U^{k-1},u_k)\mathrm{d}x\mathrm{d}\overset{*}{x}$$

$$f_{k+1}(\emptyset,\overset{*}{z}_{k+1}|Z^{(k)},\overset{*}{Z}^{k},U^{k-1},u_k) \tag{24.26}$$
$$=\int(1-p_D(x,\overset{*}{x}))\cdot \overset{*}{f}_{k+1}(\overset{*}{z}_{k+1}|\overset{*}{x})\cdot f_{k+1|k}(x,\overset{*}{x}|Z^{(k)},\overset{*}{Z}^{k},U^{k-1},u_k)\mathrm{d}x\mathrm{d}\overset{*}{x}$$

在 t_k $(k\geqslant 1)$ 时刻，控制序列 $U^{k-1}:u_0,\cdots,u_{k-1}$ 已经选定，需要确定的是 u_k。但根据贝叶斯方法，

- u_k 必须使下一时刻后验分布 $f_{k+1|k+1}(x,\overset{*}{x}|Z^{(k+1)},\overset{*}{Z}^{k+1},U^{k-1},u_k)$ (其中包含将来的未知观测) 相对先验分布 $f_{k+1|k}(x,\overset{*}{x}|Z^{(k)},\overset{*}{Z}^{k},U^{k-1},u_k)$ 的目标信息增量最大化。

24.4　单传感器单目标控制：单步

已知先前的控制 U^{k-1}，现欲确定下一控制 u_k。假定传感器噪声 (和分辨率) 的影响可由似然函数 $f_{k+1}(z|x,\overset{*}{x})$ 表征，则 u_k 的选择应使 FoV 函数 $p_D(x,\overset{*}{x})$ 尽量高效。此时，闭环贝叶斯滤波器形式的控制方案如下面的框图所示。其中：Z 为 t_{k+1} 时刻传感器的未知观测集；$\overset{*}{z}$ 为 t_{k+1} 时刻执行机构的未知观测集；$O_{k+1}(u)$ 为确定 t_k 时刻控制 u_k 所用的目标函数。

随后几小节将详细介绍该控制方案。

单传感器单目标观测更新

$$\cdots \rightarrow \quad f_{k|k}(\boldsymbol{x}, \overset{*}{\boldsymbol{x}}|Z^{(k)}, \overset{*}{Z}{}^{k}, U^{k-1})$$

下一时刻单传感器控制的最优选择

时间投影

$$\rightarrow \quad f_{k+1|k+1}(\boldsymbol{x}, \overset{*}{\boldsymbol{x}}|Z^{(k)}, \overset{*}{Z}{}^{k}, U^{k-1}, Z, \overset{*}{\boldsymbol{z}}, \boldsymbol{u})$$

对冲

选择下一时刻的控制

$$\boldsymbol{u}_k = \arg\sup\nolimits_{\boldsymbol{u}} O_{k+1}(\boldsymbol{u})$$

单传感器单目标时间&观测更新

$$\rightarrow \quad \nearrow \quad f_{k+1|k+1}(\boldsymbol{x}, \overset{*}{\boldsymbol{x}}|Z^{(k+1)}, \overset{*}{Z}{}^{k+1}, U^{k}) \quad \rightarrow \cdots$$

$$\boldsymbol{u}_k, Z_{k+1}, \overset{*}{\boldsymbol{z}}_{k+1}$$

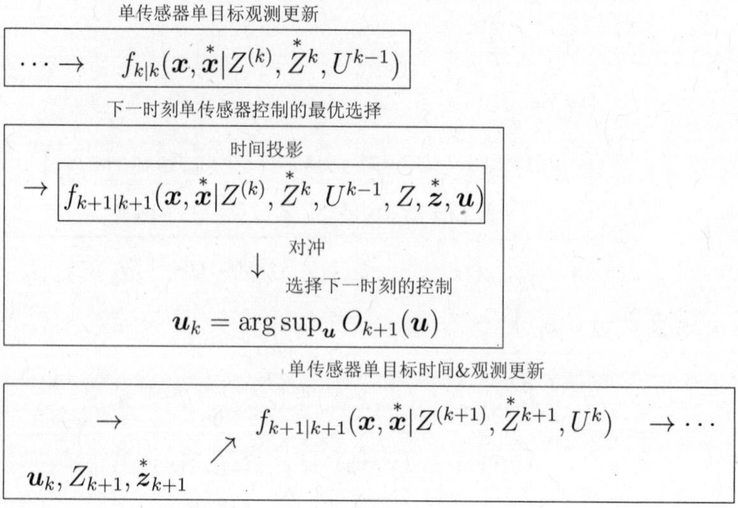

24.5　单传感器单目标控制：目标函数

t_k 时刻的最优传感器控制 $\boldsymbol{u}$ 旨在最大化 t_{k+1} 时刻目标状态 $\boldsymbol{x}$ 的信息增量。在贝叶斯框架下有两种可能的方式达此目的。在第一种方式下，需要：

- 度量施加控制后边缘后验分布 $f_{k+1|k+1}(\boldsymbol{x}|Z^{(k)}, \overset{*}{Z}{}^{k}, U^{k-1}, Z, \overset{*}{\boldsymbol{z}}, \boldsymbol{u})$ 中的信息量；
- 与施加控制前边缘分布 $f_{k|\cdot}(\boldsymbol{x}|Z^{(k)}, \overset{*}{Z}{}^{k}, U^{k-1})$ 中所含的信息量进行比较。

上述信息增益度量方法包含两个不同的效应，即时间更新效应和观测更新效应。我们的目的是度量新观测引入的信息增量，因此便有第二种方式：

- 度量施加控制后边缘后验分布 $f_{k+1|k+1}(\boldsymbol{x}|Z^{(k)}, \overset{*}{Z}{}^{k}, U^{k-1}, Z, \overset{*}{\boldsymbol{z}}, \boldsymbol{u})$ 中的信息量；
- 与预测边缘分布 $f_{k+1|k}(\boldsymbol{x}|Z^{(k)}, \overset{*}{Z}{}^{k}, U^{k-1}, \boldsymbol{u})$ 中所含的信息量进行比较。

在第 V 篇后续章节中，将采用第二种方式。下面先来看一个基本常识：虽然将来的观测 Z、$\overset{*}{\boldsymbol{z}}$ 尚不可知，但下述事实是显而易见的。

- 除非传感器成功地获取到目标观测，否则都不能算是好的控制。也就是说，在时间投影时可假定 $Z \neq \emptyset$，即 $Z = \{\boldsymbol{z}\}$。

下面介绍三类目标函数：K-L 信息增益、$Csisz\acute{a}r$ 信息增益、柯西-施瓦茨信息增益。

24.5.1　K-L 信息增益

目标状态的预测边缘分布和后验边缘分布可分别表示为

$$f_{k+1|k}(\boldsymbol{x}|Z^{(k)}, \overset{*}{Z}{}^{k}, U^{k-1}, \boldsymbol{u}) = \int f_{k+1|k}(\boldsymbol{x}, \overset{*}{\boldsymbol{x}}|Z^{(k)}, \overset{*}{Z}{}^{k}, U^{k-1}, \boldsymbol{u})\mathrm{d}\overset{*}{\boldsymbol{x}} \tag{24.27}$$

$$f_{k+1|k+1}(\boldsymbol{x}|Z^{(k)},\overset{*}{Z}{}^k,U^{k-1},\{z\},\overset{*}{z},\boldsymbol{u}) = \int f_{k+1|k+1}(\boldsymbol{x},\overset{*}{\boldsymbol{x}}|Z^{(k)},\overset{*}{Z}{}^k,U^{k-1},\{z\},\overset{*}{z},\boldsymbol{u})\mathrm{d}\overset{*}{\boldsymbol{x}} \tag{24.28}$$

K–L 信息增益即这两个边缘分布的互熵 (见6.3节)：

$$O_{k+1}(\boldsymbol{u},\{z\},\overset{*}{z}) = \int f_{k+1|k+1}(\boldsymbol{x}|Z^{(k)},\overset{*}{Z}{}^k,U^{k-1},\{z\},\overset{*}{z},\boldsymbol{u})\cdot \log\left(\frac{f_{k+1|k+1}(\boldsymbol{x}|Z^{(k)},\overset{*}{Z}{}^k,U^{k-1},\{z\},\overset{*}{z},\boldsymbol{u})}{f_{k+1|k}(\boldsymbol{x}|Z^{(k)},\overset{*}{Z}{}^k,U^{k-1},\boldsymbol{u})}\right)\mathrm{d}\boldsymbol{x} \tag{24.29}$$

24.5.2　Csiszár 信息增益

更一般地，可采用任意的 Csiszár 区分度：

$$O_{k+1}(\boldsymbol{u},\{z\},\overset{*}{z}) = \int c_{k+1}\left(\frac{f_{k+1|k+1}(\boldsymbol{x}|Z^{(k)},\overset{*}{Z}{}^k,U^{k-1},\{z\},\overset{*}{z},\boldsymbol{u})}{f_{k+1|k}(\boldsymbol{x}|Z^{(k)},\overset{*}{Z}{}^k,U^{k-1},\boldsymbol{u})}\right)\cdot f_{k+1|k}(\boldsymbol{x}|Z^{(k)},\overset{*}{Z}{}^k,U^{k-1},\boldsymbol{u})\mathrm{d}\boldsymbol{x} \tag{24.30}$$

式中：$c_{k+1}(x)$ 为一凸核，见式(6.62)。

24.5.3　柯西–施瓦茨信息增益

该信息泛函的多目标版见式(6.67)，下面是单目标版：

$$O_{k+1}(\boldsymbol{u},\{z\},\overset{*}{z}) = -\log\frac{\left(\int f_{k+1|k+1}(\boldsymbol{x}|Z^{(k)},\overset{*}{Z}{}^k,U^{k-1},\{z\},\overset{*}{z},\boldsymbol{u})\cdot f_{k+1|k}(\boldsymbol{x}|Z^{(k)},\overset{*}{Z}{}^k,U^{k-1},\boldsymbol{u})\mathrm{d}\boldsymbol{x}\right)}{\left(\sqrt{\int f_{k+1|k+1}(\boldsymbol{x}|Z^{(k)},\overset{*}{Z}{}^k,U^{k-1},\{z\},\overset{*}{z},\boldsymbol{u})^2\mathrm{d}\boldsymbol{x}}\cdot\sqrt{\int f_{k+1|k}(\boldsymbol{x}|Z^{(k)},\overset{*}{Z}{}^k,U^{k-1},\boldsymbol{u})^2\mathrm{d}\boldsymbol{x}}\right)} \tag{24.31}$$

该目标函数是否具有良好的传感器管理行为，尚有待进一步的研究。

24.6　单传感器单目标控制：对冲

无论何种目标函数 $O_{k+1}(\boldsymbol{u},z,\overset{*}{z})$，都与将来的观测 $z,\overset{*}{z}$ 有关，因此必须设法“对冲”(消掉) 这些尚不可知的观测。这里考虑下面几种方法：

- 期望值对冲；
- 最小值对冲；
- 多样本近似期望值对冲；
- 单样本近似期望值对冲，表现为“最大预测观测”(PM) 形式的对冲；
- 期望值和 PM 单样本组合对冲。

24.6.1 期望值对冲

该方法是控制论中最常用的方法，即直观理解的“平均观测”对冲：

$$O_{k+1}(\boldsymbol{u}) = \mathbb{E}[O_{k+1}(\boldsymbol{u}, \boldsymbol{Z}_{k+1}, \overset{*}{\boldsymbol{Z}}_{k+1})] \tag{24.32}$$

24.6.2 最小值对冲

该方法采用最差观测进行对冲：

$$O_{k+1}(\boldsymbol{u}) = \inf_{\boldsymbol{z},\overset{*}{\boldsymbol{z}}} O_{k+1}(\boldsymbol{u}, \boldsymbol{z}, \overset{*}{\boldsymbol{z}}) \tag{24.33}$$

24.6.3 多样本近似对冲

由于期望值对冲和最小值对冲的计算量都非常大，因此需要一种近似对冲方法。一种可能的方法是：从分布 $f_{k+1}(\boldsymbol{z}|Z^k)$ 和 $f_{k+1}(\overset{*}{\boldsymbol{z}}|\overset{*}{Z}{}^k)$ 中分别抽取多个代表性的样本 $\boldsymbol{z}_{1,k+1},\cdots,\boldsymbol{z}_{\nu,k+1}$ 和 $\overset{*}{\boldsymbol{z}}_{1,k+1},\cdots,\overset{*}{\boldsymbol{z}}_{\overset{*}{\nu},k+1}$，然后利用它们来近似式(24.32)的期望值：

$$\mathbb{E}[O_{k+1}(\boldsymbol{u}, \boldsymbol{Z}, \overset{*}{\boldsymbol{Z}})] \cong \frac{1}{\nu\overset{*}{\nu}} \sum_{j=1}^{\nu} \sum_{j'=1}^{\overset{*}{\nu}} O_{k+1}(\boldsymbol{u}, \boldsymbol{z}_{j,k+1}, \overset{*}{\boldsymbol{z}}_{j',k+1}) \tag{24.34}$$

24.6.4 单样本近似对冲

如果多样本方法的计算仍非常困难，此时可以只抽取某种“最具代表性”的单样本 $\boldsymbol{z}^{!}_{k+1}$ 作为替代。一个最直接的方法就是采用“预测理想观测集”(Predicted Ideal Measurement Set, PIMS，见25.10.2节)，这里简单介绍如下。

假定马尔可夫密度为下述加性形式：

$$f_{k+1|k}(\boldsymbol{x}|\boldsymbol{x}') = f_{\boldsymbol{W}_k}(\boldsymbol{x} - \varphi_k(\boldsymbol{x}')) \tag{24.35}$$

$$\overset{*}{f}_{k+1|k}(\overset{*}{\boldsymbol{x}}|\overset{*}{\boldsymbol{x}}{}') = \overset{*}{f}_{\overset{*}{\boldsymbol{W}}_k}(\overset{*}{\boldsymbol{x}} - \overset{*}{\varphi}_k(\overset{*}{\boldsymbol{x}}{}')) \tag{24.36}$$

若目标预测模型足够精确，则传感器和执行机构在 t_{k+1} 时刻最可能得到的观测即下述预测观测 (PM)①：

$$\boldsymbol{z}^{\mathrm{PM}}_{k+1} = \eta_{k+1}(\boldsymbol{x}_{k+1|k}) \tag{24.37}$$

$$\overset{*}{\boldsymbol{z}}{}^{\mathrm{PM}}_{k+1} = \overset{*}{\eta}_{k+1}(\overset{*}{\boldsymbol{x}}_{k+1|k}) \tag{24.38}$$

式中：$\boldsymbol{x}_{k+1|k}$、$\overset{*}{\boldsymbol{x}}_{k+1|k}$ 分别为 t_{k+1} 时刻目标状态和传感器状态的预测值。作为一种计算上的近似，采用“PM 对冲”代替期望值对冲：

$$O_{k+1}(\boldsymbol{u}) = O_{k+1}(\boldsymbol{u}, \boldsymbol{z}^{\mathrm{PM}}_{k+1}, \overset{*}{\boldsymbol{z}}{}^{\mathrm{PM}}_{k+1}) \tag{24.39}$$

①译者注：原著下式的非线性函数为状态转移函数 φ_k 和 $\overset{*}{\varphi}_k$，此处根据上下文更正为观测函数 η_{k+1} 和 $\overset{*}{\eta}_{k+1}$。

但上述处理忽视了一个细小的问题。假定检测概率是“锐截止”的，即

$$p_D(\boldsymbol{x},\overset{*}{\boldsymbol{x}}) = \mathbf{1}_{S(\overset{*}{\boldsymbol{x}})}(\boldsymbol{x}) \tag{24.40}$$

式中：$S(\overset{*}{\boldsymbol{x}})$ 为目标状态空间的有界子集。

如果 $\boldsymbol{x}_{k+1|k} \notin S(\overset{*}{\boldsymbol{x}})$，则传感器检测不到预测航迹 $\boldsymbol{x}_{k+1|k}$，因此不可能获得预测观测 $\boldsymbol{z}_{k+1}^{\mathrm{PM}}$。让传感器去获取它根本不可能得到的观测，这应该不是什么好主意。更一般地讲：

- 获取 $\boldsymbol{z}_{k+1}^{\mathrm{PM}}$ 的可能性越小，传感器为之付出的代价就应该越小；
- 获取 $\boldsymbol{z}_{k+1}^{\mathrm{PM}}$ 的可能性越大，传感器为之付出的代价就应该越大。

在设计方法时必须做这方面的考虑。该问题将在25.10.2节深入探讨，而伯努利滤波器特例参见26.2.3节。这里先暂时搁置该问题，待建立起足以处理它的数学机制后再行讨论。

24.6.5　期望值和 PM 混合对冲

对采用 K-L 目标函数 (或其近似形式，如 PENT 和 PENTI) 的传感器管理而言，组合对冲方法使用起来非常方便 (见24.10.3节和25.13.3节)：

- 采用期望值方法对冲执行机构观测；
- 采用单样本 PM 方法对冲传感器观测。

也就是说，若原始目标函数为 $O_{k+1}(\boldsymbol{u},\boldsymbol{z},\overset{*}{\boldsymbol{z}})$，则采用 PM 对冲消掉 $\boldsymbol{z}$，采用期望值对冲消掉 $\overset{*}{\boldsymbol{z}}$：

$$O_{k+1}(\boldsymbol{u}) = \mathbb{E}[O_{k+1}(\boldsymbol{u},\boldsymbol{z}_{k+1}^{\mathrm{PM}},\overset{*}{\boldsymbol{Z}}_{k+1})] \tag{24.41}$$

24.7　单传感器单目标控制：最优化

最优控制 $\boldsymbol{u}$ 的确定需要在所有控制组成的无限解空间 $\mathfrak{U}$ 上求解下述优化问题：

$$\boldsymbol{u}_k = \arg\sup_{\boldsymbol{u}} O_{k+1}(\boldsymbol{u}) \tag{24.42}$$

该问题求解通常需要很大的计算量。一般的解决方法是将 $\boldsymbol{u}$ 限定在一个小的有限集 $\mathfrak{U}_0 \subseteq \mathfrak{U}$ 上 (即一些代表性的控制动作，也称“可采纳的控制”)：

$$\boldsymbol{u}_k = \arg\sup_{\boldsymbol{u}\in\mathfrak{U}_0} O_{k+1}(\boldsymbol{u}) \tag{24.43}$$

对于多传感器多目标下的传感器管理，这种近似处理尤为必要 (见25.11节)。

24.8　特殊情形 I：理想传感器动力学

在下列假定下可得到一种特殊情形：

- 控制空间即传感器状态空间：

$$\mathfrak{U} = \overset{*}{\mathfrak{X}} \tag{24.44}$$

- 传感器马尔可夫密度的形式为

$$\overset{*}{f}_{k+1|k}(\overset{*}{\boldsymbol{x}}|\boldsymbol{u},\overset{*}{\boldsymbol{x}}') = \overset{*}{f}_{k+1|k}(\overset{*}{\boldsymbol{x}}|\boldsymbol{u}) = \overset{*}{f}_{k+1|k}(\overset{*}{\boldsymbol{x}}|\overset{*}{\boldsymbol{x}}_k) \tag{24.45}$$

  式中：控制 $\boldsymbol{u} = \overset{*}{\boldsymbol{x}}_k$。

这里的 $\overset{*}{f}_{k+1|k}(\overset{*}{\boldsymbol{x}}|\overset{*}{\boldsymbol{x}}_k)$ 表示在 t_k 时刻传感器控制为 $\overset{*}{\boldsymbol{x}}_k$ 的条件下 t_{k+1} 时刻状态为 $\overset{*}{\boldsymbol{x}}$ 的可能性。若进一步假定：

$$\overset{*}{f}_{k+1|k}(\overset{*}{\boldsymbol{x}}|\boldsymbol{u}) = \delta_{\boldsymbol{u}}(\overset{*}{\boldsymbol{x}}) \tag{24.46}$$

即 t_{k+1} 时刻的传感器状态 $\overset{*}{\boldsymbol{x}}_{k+1}$ 满足：

- 与 t_k 时刻的传感器状态完全解耦；
- 等于 t_k 时刻的控制量，即 $\overset{*}{\boldsymbol{x}}_{k+1} = \boldsymbol{u}_k$。

这时称传感器具有理想的动态行为，也就是说，从 t_k 到 t_{k+1} 时刻传感器可不受任何约束地从之前状态指向任何预定状态，因此选择控制量 $\boldsymbol{u}_k$ 就等价于选择 t_{k+1} 时刻的传感器状态 $\overset{*}{\boldsymbol{x}}_{k+1}$。如附录 K.34 所述，此时变量 $\overset{*}{\boldsymbol{x}}$ 是确定性的，而预测及观测更新的联合分布则可表示为

$$f_{k+1|k}(\boldsymbol{x},\overset{*}{\boldsymbol{x}}|Z^{(k)},\overset{*}{Z}^k,U^{k-1},\boldsymbol{u}) = \delta_{\boldsymbol{u}}(\overset{*}{\boldsymbol{x}}) \cdot f_{k+1|k}(\boldsymbol{x}|Z^{(k)},U^{k-1}) \tag{24.47}$$

$$f_{k+1|k+1}(\boldsymbol{x},\overset{*}{\boldsymbol{x}}|Z^{(k+1)},\overset{*}{Z}^{k+1},U^{k-1},\boldsymbol{u}) = \delta_{\boldsymbol{u}}(\overset{*}{\boldsymbol{x}}) \cdot f_{k+1|k+1}(\boldsymbol{x}|Z^{(k+1)},U^{k-1},\boldsymbol{u}) \tag{24.48}$$

这时的控制序列 $U^{k-1}:\boldsymbol{u}_0,\cdots,\boldsymbol{u}_{k-1}$ 即传感器状态序列 $\overset{*}{X}^k:\overset{*}{\boldsymbol{x}}_1,\cdots,\overset{*}{\boldsymbol{x}}_k$，故单步前瞻控制方案可简化为下述形式：

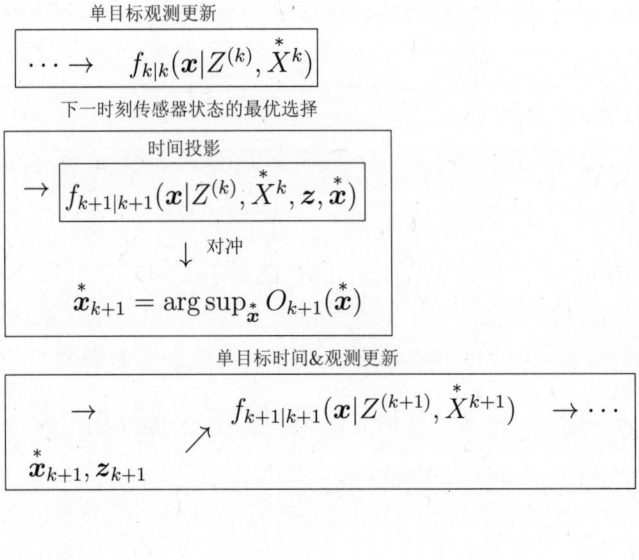

根据式(24.22)~(24.26)，有

$$f_{k+1|k}(\boldsymbol{x}|Z^{(k)},\overset{*}{X}{}^k)=\int f_{k+1|k}(\boldsymbol{x}|\boldsymbol{x}')\cdot f_{k|k}(\boldsymbol{x}'|Z^{(k)},\overset{*}{X}{}^k)\mathrm{d}\boldsymbol{x}' \tag{24.49}$$

$$f_{k+1|k+1}(\boldsymbol{x}|Z^{(k)},\overset{*}{X}{}^k,\{\boldsymbol{z}\},\overset{*}{\boldsymbol{x}})=\frac{p_{\mathrm{D}}(\boldsymbol{x},\overset{*}{\boldsymbol{x}})\cdot f_{k+1}(\boldsymbol{z}|\boldsymbol{x},\overset{*}{\boldsymbol{x}})\cdot f_{k+1|k}(\boldsymbol{x}|Z^{(k)},\overset{*}{X}{}^k)}{f_{k+1}(\{\boldsymbol{z}\}|Z^{(k)},\overset{*}{X}{}^k,\overset{*}{\boldsymbol{x}})} \tag{24.50}$$

$$f_{k+1}(\{\boldsymbol{z}\}|Z^{(k)},\overset{*}{X}{}^k,\overset{*}{\boldsymbol{x}})=\int p_{\mathrm{D}}(\boldsymbol{x},\overset{*}{\boldsymbol{x}})\cdot f_{k+1}(\boldsymbol{z}|\boldsymbol{x},\overset{*}{\boldsymbol{x}})\cdot f_{k+1|k}(\boldsymbol{x}|Z^{(k)},\overset{*}{X}{}^k)\mathrm{d}\boldsymbol{x} \tag{24.51}$$

故式(24.29)的 K–L 目标函数可表示为

$$O_{k+1}(\overset{*}{\boldsymbol{x}},\boldsymbol{z})=\int\log\left(\frac{f_{k+1|k+1}(\boldsymbol{x}|Z^{(k)},\overset{*}{X}{}^k,\{\boldsymbol{z}\},\overset{*}{\boldsymbol{x}})}{f_{k+1|k}(\boldsymbol{x}|Z^{(k)},\overset{*}{X}{}^k)}\right)\cdot f_{k+1|k+1}(\boldsymbol{x}|Z^{(k)},\overset{*}{X}{}^k,\{\boldsymbol{z}\},\overset{*}{\boldsymbol{x}})\mathrm{d}\boldsymbol{x} \tag{24.52}$$

24.9　线性高斯情形下的简单实例

本节通过一个具体的闭式解析实例来解释前面几节中的传感器管理概念。这里考虑理想传感器动力学情形——式(24.49)~(24.51)，并假定传感器模型和运动模型都是线性高斯的，即

- 目标马尔可夫密度：

$$f_{k+1|k}(\boldsymbol{x}|\boldsymbol{x}')=f_{\boldsymbol{Q}_k}(\boldsymbol{x}-\boldsymbol{F}_k\boldsymbol{x}') \tag{24.53}$$

- 传感器检测概率：

$$p_{\mathrm{D}}(\boldsymbol{x},\overset{*}{\boldsymbol{x}})=\sqrt{\det 2\pi\boldsymbol{E}_{k+1}}\cdot N_{\boldsymbol{E}_{k+1}}(\boldsymbol{A}_{k+1}\boldsymbol{x}-\overset{*}{A}_{k+1}\overset{*}{\boldsymbol{x}}) \tag{24.54}$$

  式中：$\boldsymbol{A}_{k+1}\boldsymbol{x}$ 为参考矢量；$\overset{*}{A}_{k+1}\overset{*}{\boldsymbol{x}}$ 为控制矢量；$\boldsymbol{E}_{k+1}$ 为传感器 FoV 的空间展布(见24.2.1节)。

- 传感器似然函数：

$$f_{k+1}(\boldsymbol{z}|\boldsymbol{x},\overset{*}{\boldsymbol{x}})=N_{\boldsymbol{V}_{k+1}}(\boldsymbol{z}-\boldsymbol{H}_{k+1}\boldsymbol{x}-\overset{*}{J}_{k+1}\overset{*}{\boldsymbol{x}}) \tag{24.55}$$

  传感器状态 $\overset{*}{\boldsymbol{x}}$ 给目标观测引入了一个平移偏置，但不影响分辨率 (始终保持不变)。

这里强调几点：

- 式(24.54)中的 $\boldsymbol{A}_{k+1}\boldsymbol{x}$ 同式(24.5)，表示目标 $\boldsymbol{x}$ 所处的位置；
- 式(24.54)中的 $\overset{*}{A}_{k+1}\overset{*}{\boldsymbol{x}}$ 同式(24.6)，表示传感器的视场中心；
- 当传感器 FoV 中心位于目标处时，$p_{\mathrm{D}}(\boldsymbol{x},\overset{*}{\boldsymbol{x}})=1$，FoV 一般为超椭球状，具体形状由协方差矩阵 $\boldsymbol{E}_{k+1}$ 决定；

- 式(24.55)中的 $\overset{*}{J}_{k+1}\overset{*}{x}$ 为非必要项，假定坐标系为绝对坐标系而非传感器坐标系，则无论 FoV 置于何处，目标观测都将保持一致，此时 $\overset{*}{x}$ 不影响似然 $f_{k+1}(z|x,\overset{*}{x})$，因此可设 $\overset{*}{J}_{k+1}=0$。

同时，假定线性高斯形式的先验分布：

$$f_{k|k}(x|Z^{(k)},\overset{*}{X}{}^k)=N_{P_{k|k}}(x-x_{k|k}) \tag{24.56}$$

则有下列结论成立 (证明见附录 K.35)：

- 时间及观测更新方程：式(24.49)~(24.51)可化为[①]

$$f_{k+1|k}(x|Z^{(k)},\overset{*}{X}{}^k)=N_{P_{k+1|k}}(x-x_{k+1|k}) \tag{24.57}$$

$$=N_{Q_k+F_kP_{k|k}F_k^{\mathrm{T}}}(x-F_kx_{k|k}) \tag{24.58}$$

$$f_{k+1|k+1}(x|Z^{(k)},\overset{*}{X}{}^k,\{z\},\overset{*}{x})=N_{P_{k+1|k+1}}(x-x_{k+1|k+1}(z,\overset{*}{x})) \tag{24.59}$$

$$\begin{aligned}f_{k+1}(\{z\}|Z^{(k)},\overset{*}{X}{}^k,\overset{*}{x})=&\sqrt{\det 2\pi E_{k+1}}\cdot\\&N_{R_{k+1}+H_{k+1}P_{k+1|k}H_{k+1}^{\mathrm{T}}}(z-H_{k+1}x_{k+1|k}-\overset{*}{J}_{k+1}\overset{*}{x})\cdot\\&N_{E_{k+1}+A_{k+1}C_{k+1}A_{k+1}^{\mathrm{T}}}(A_{k+1}c_{k+1}(z,\overset{*}{x})-\overset{*}{A}_{k+1}\overset{*}{x})\end{aligned} \tag{24.60}$$

式中：

$$P_{k+1|k+1}^{-1}=P_{k+1|k}^{-1}+H_{k+1}^{\mathrm{T}}R_{k+1}^{-1}H_{k+1}+A_{k+1}^{\mathrm{T}}E_{k+1}^{-1}A_{k+1} \tag{24.61}$$

$$\begin{aligned}P_{k+1|k+1}^{-1}x_{k+1|k+1}(z,\overset{*}{x})=&P_{k+1|k}^{-1}x_{k+1|k}+H_{k+1}^{\mathrm{T}}R_{k+1}^{-1}(z-\overset{*}{J}_{k+1}\overset{*}{x})+\\&A_{k+1}^{\mathrm{T}}E_{k+1}^{-1}\overset{*}{A}_{k+1}\overset{*}{x}\end{aligned} \tag{24.62}$$

$$C_{k+1}^{-1}=P_{k+1|k}^{-1}+H_{k+1}^{\mathrm{T}}R_{k+1}^{-1}H_{k+1} \tag{24.63}$$

$$C_{k+1}^{-1}c_{k+1}(z,\overset{*}{x})=P_{k+1|k}^{-1}x_{k+1|k}+H_{k+1}^{\mathrm{T}}R_{k+1}^{-1}(z-\overset{*}{J}_{k+1}\overset{*}{x}) \tag{24.64}$$

- K–L 传感器管理目标函数：式(24.52)可化为[②]

$$\begin{aligned}2\cdot O_{k+1}(\overset{*}{x},z)=&\operatorname{tr}(P_{k+1|k}^{-1}P_{k+1|k+1})+\\&(x_{k+1|k+1}(z,\overset{*}{x})-x_{k+1|k})^{\mathrm{T}}P_{k+1|k}^{-1}(x_{k+1|k+1}(z,\overset{*}{x})-x_{k+1|k})-\\&\log\left(\frac{\det P_{k+1|k+1}}{\det P_{k+1|k}}\right)-N\end{aligned} \tag{24.65}$$

式中：N 为目标状态空间的维数。

---

①译者注：原著式(24.60)和式(24.62)中遗失了因子 $\overset{*}{J}_{k+1}\overset{*}{x}$，这里已更正。

②译者注：原著式(24.65)等号后第一项为 $\operatorname{tr}(P_{k+1|k+1}^{-1}P_{k+1|k})$，这里已更正。

- 传感器管理的最优解：对于 t_{k+1} 时刻的任意观测 z，目标函数 $O_{k+1}(\overset{*}{x}, z)$ 取最大值的充要条件是 t_{k+1} 时刻的传感器状态 $\overset{*}{x}$ 满足下式[①]：

$$\begin{aligned} & A_{k+1}^{\mathrm{T}} E_{k+1}^{-1}(A_{k+1} x_{k+1|k} - \overset{*}{A}_{k+1} \overset{*}{x}) \\ = & H_{k+1}^{\mathrm{T}} R_{k+1}^{-1}(z - H_{k+1} x_{k+1|k} - \overset{*}{J}_{k+1} \overset{*}{x}) \end{aligned} \tag{24.66}$$

- 采用 PM 单样本对冲的传感器管理最优解：假定 $z = H_{k+1} x_{k+1|k}$ 为式(24.37)的预测观测，则目标函数最大化的充要条件[②]：

$$A_{k+1}^{\mathrm{T}} E_{k+1}^{-1}(A_{k+1} x_{k+1|k} - \overset{*}{A}_{k+1} \overset{*}{x}) + H_{k+1}^{\mathrm{T}} R_{k+1}^{-1} \overset{*}{J}_{k+1} \overset{*}{x} = 0 \tag{24.67}$$

  因此单样本 PM 最优化：

  - 直接导致传感器分辨率 (由 R_{k+1} 定义) 对传感器状态选择毫无影响[③]；
  - 若 $\overset{*}{J}_{k+1} \overset{*}{x} = 0$，则直接将传感器视场中心置于目标预测位置处即可。

24.10 特殊情形 II：简化的非理想动力学

本节旨在介绍24.4节一般传感器管理方法的一种简化近似版本。作为24.8节理想传感器动力学情形的推广，它容许集成传感器的动力学特性，因此能够实现非理想传感器的控制，但同时具有与理想传感器控制类似的简化结构。

从计算方面看，严格来讲，该近似方法对单传感器单目标控制问题并非是必须的，但该近似方法的推广形式 (见25.13节) 对多传感器多目标问题则十分必要。为了辅助概念的理解，这里先对该方法作简单的介绍。本节内容安排如下：

- 24.10.1节：简化的非理想传感器动力学模型假定。
- 24.10.2节：简化的非理想传感器动力学下的滤波方程。
- 24.10.3节：简化的非理想传感器动力学下的最优化方法。

24.10.1 简化的非理想单传感器动力学：建模

假定传感器动力学是非理想的，即传感器或携带传感器的平台从一个状态切换到另一个状态时必须服从一些时间和 (或) 空间约束。根据贝叶斯规则，传感器–目标联合状态 $(x, \overset{*}{x})$ 可分解为 (见5.9节)

$$f_{k|k}(x, \overset{*}{x}|Z^{(k)}, \overset{*}{Z}^{k}, U^{k-1}) = \overset{*}{f}(\overset{*}{x}|Z^{(k)}, \overset{*}{Z}^{k}, U^{k-1}) \cdot f_{k|k}(x|Z^{(k)}, \overset{*}{Z}^{k}, U^{k-1}, \overset{*}{x}) \tag{24.68}$$

假定：

[①]译者注：原著中误将 $\overset{*}{J}_{k+1} \overset{*}{x}$ 置于左边的括号内，这里已更正；式(24.66)成立时，式(24.65)中第二项将为 $\mathbf{0}$，此时 $O_{k+1}(\overset{*}{x}, z)$ 最小而非最大，因此这里的目标函数是有问题的。

[②]译者注：因式(24.66)已更正，故式(24.67)有别于原著。

[③]译者注：由修正后的式(24.67)看，$\overset{*}{x}$ 与 R_{k+1} 是有关的，除非 $\overset{*}{J}_{k+1} = 0$。

- 与24.8节类似，这里的控制空间也为传感器状态空间：

$$\mathfrak{U} = \overset{*}{\mathfrak{X}} \tag{24.69}$$

- t_k 时刻的传感器控制即 t_{k+1} 时刻的传感器状态 ($\boldsymbol{u}_k = \overset{*}{\boldsymbol{x}}_{k+1}$)，因此控制序列 $U^{k-1} = \overset{*}{X}{}^k : \overset{*}{\boldsymbol{x}}_1, \cdots, \overset{*}{\boldsymbol{x}}_k$。
- 传感器的马尔可夫密度并非由控制矢量选定，而是先验已知：

$$\overset{*}{f}_{k+1|k}(\overset{*}{\boldsymbol{x}}|\overset{*}{\boldsymbol{x}}{}', \boldsymbol{u}_{k-1}) = \overset{*}{f}_{k+1|k}(\overset{*}{\boldsymbol{x}}|\overset{*}{\boldsymbol{x}}{}') \tag{24.70}$$

即 $\overset{*}{f}_{k+1|k}(\overset{*}{\boldsymbol{x}}|\overset{*}{\boldsymbol{x}}{}')$ 表示传感器 t_k 时刻状态为 $\overset{*}{\boldsymbol{x}}{}'$ 而 t_{k+1} 时刻状态为 $\overset{*}{\boldsymbol{x}}$ 的可能性。
- 传感器状态估计与执行机构观测有关：

$$\overset{*}{f}_{k|k}(\overset{*}{\boldsymbol{x}}|Z^{(k)}, \overset{*}{Z}{}^k, \overset{*}{X}{}^k) = \overset{*}{f}_{k|k}(\overset{*}{\boldsymbol{x}}|\overset{*}{Z}{}^k) \tag{24.71}$$

$$\overset{*}{f}_{k+1|k}(\overset{*}{\boldsymbol{x}}|Z^{(k)}, \overset{*}{Z}{}^k, \overset{*}{X}{}^k) = \overset{*}{f}_{k+1|k}(\overset{*}{\boldsymbol{x}}|\overset{*}{Z}{}^k) \tag{24.72}$$

也就是说：传感器状态不仅与目标观测无关，而且与控制历程无关。这是因为这里将传感器视作一个非协作目标来估计其轨迹，而控制历程就如同加于该轨迹上的未知扰动序列。
- 目标状态估计仅与目标观测和传感器控制序列有关：

$$f_{k|k}(\boldsymbol{x}|Z^{(k)}, \overset{*}{Z}{}^k, \overset{*}{X}{}^k, \overset{*}{\boldsymbol{x}}) = f_{k|k}(\boldsymbol{x}|Z^{(k)}, \overset{*}{X}{}^k) \tag{24.73}$$

$$f_{k+1|k}(\boldsymbol{x}|Z^{(k)}, \overset{*}{Z}{}^k, \overset{*}{X}{}^k, \overset{*}{\boldsymbol{x}}) = f_{k+1|k}(\boldsymbol{x}|Z^{(k)}, \overset{*}{X}{}^k) \tag{24.74}$$

由于目标状态预测与传感器状态预测无关，因此式(24.74)成立；式(24.73)成立则是因为 $\overset{*}{\boldsymbol{x}}_k$ 已经选定，此时 $f_{k|k}(\boldsymbol{x}|Z^{(k)}, \overset{*}{Z}{}^k, \overset{*}{X}{}^k, \overset{*}{\boldsymbol{x}})$ 与 $\overset{*}{\boldsymbol{x}}$ 无关。
- 下一控制 (传感器状态) $\overset{*}{\boldsymbol{x}}_{k+1}$ 在 t_{k+1} 时刻的目标观测更新前选定即可。

在上述假定下，传感器的状态演变可由常规贝叶斯滤波器描述：

$$\cdots \to \overset{*}{f}_{k|k}(\overset{*}{\boldsymbol{x}}|\overset{*}{Z}{}^k) \to \overset{*}{f}_{k+1|k}(\overset{*}{\boldsymbol{x}}|\overset{*}{Z}{}^k) \to \overset{*}{f}_{k+1|k+1}(\overset{*}{\boldsymbol{x}}|\overset{*}{Z}{}^{k+1}) \to \cdots$$

而目标的状态演变也可由常规贝叶斯滤波器描述：

$$\cdots \to f_{k|k}(\boldsymbol{x}|Z^{(k)}, \overset{*}{X}{}^k) \to f_{k+1|k}(\boldsymbol{x}|Z^{(k)}, \overset{*}{X}{}^k) \to f_{k+1|k+1}(\boldsymbol{x}|Z^{(k+1)}, \overset{*}{X}{}^{k+1}) \to \cdots$$

24.10.2 简化的非理想单传感器动力学：滤波方程

令：

- $Z^{(k)} : Z_1, \cdots, Z_k$ 为 t_k 时刻的目标观测集序列，其中 $Z_i = \emptyset$ 或 $Z_i = \{\boldsymbol{z}_i\}$；
- $\overset{*}{Z}{}^k : \overset{*}{\boldsymbol{z}}_1, \cdots, \overset{*}{\boldsymbol{z}}_k$ 为 t_k 时刻的执行机构观测序列；
- $\overset{*}{X}{}^k : \overset{*}{\boldsymbol{x}}_1, \cdots, \overset{*}{\boldsymbol{x}}_k$ 为 t_k 时刻的传感器状态序列，其中 $\overset{*}{\boldsymbol{x}}_i$ 在 t_i 时刻选定 (具体方式稍后再叙)。

在上一小节的假设下，附录 K.36 证明了24.4节单滤波器控制方案可等价替换为下述双滤波器控制方案：

单传感器/单目标观测更新

$$\cdots \rightarrow \quad \overset{*}{f}_{k|k}(\overset{*}{\boldsymbol{x}}|\overset{*}{Z}^k)$$
$$\cdots \rightarrow \quad f_{k|k}(\boldsymbol{x}|Z^{(k)}, \overset{*}{X}^k)$$

下一时刻传感器状态的最优选择

$$\rightarrow \quad \overset{*}{f}_{k+1|k}(\overset{*}{\boldsymbol{x}}|\overset{*}{Z}^k)$$
$$\downarrow \text{时间投影}$$
$$\rightarrow \quad \boxed{f_{k+1|k+1}(\boldsymbol{x}|Z^{(k)}, \overset{*}{X}^k, \boldsymbol{z}, \overset{*}{\boldsymbol{x}})}$$
$$\downarrow \text{对冲}$$
$$\text{选择下一时刻的传感器状态}$$
$$\overset{*}{\boldsymbol{x}}_{k+1} = \arg\sup_{\overset{*}{\boldsymbol{y}}} O_{k+1}(\overset{*}{\boldsymbol{y}})$$

单传感器/单目标时间&观测更新

$$\overset{*}{\boldsymbol{z}}_{k+1} \nearrow \quad \overset{*}{f}_{k+1|k+1}(\overset{*}{\boldsymbol{x}}|\overset{*}{Z}^{k+1}) \quad \rightarrow \cdots$$
$$\rightarrow \quad f_{k+1|k+1}(\boldsymbol{x}|Z^{(k+1)}, \overset{*}{X}^{k+1}) \quad \rightarrow \cdots$$
$$\overset{*}{\boldsymbol{x}}_{k+1}, \boldsymbol{z}_{k+1} \nearrow$$

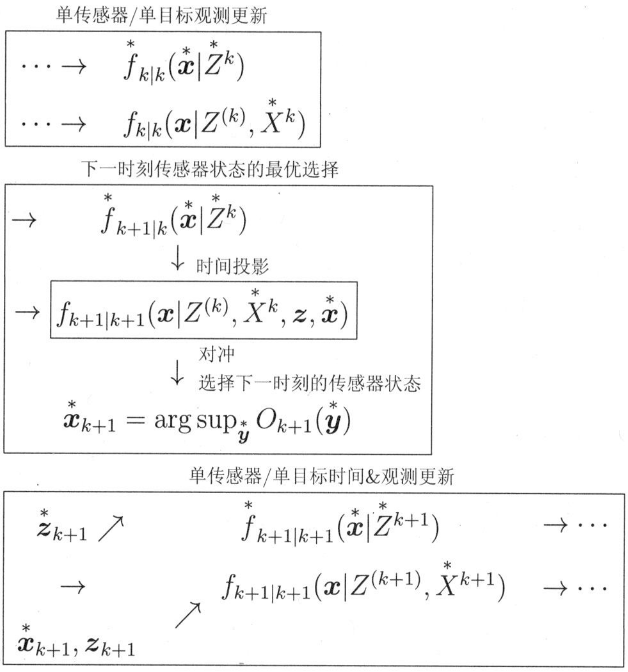

　　在上述方案中，$\boldsymbol{x}_{k+1}$ 为待定控制 (见下一小节)；三个方框中下面的滤波器为目标状态 $\boldsymbol{x}$ 的贝叶斯滤波器，上面的则为传感器状态 $\overset{*}{\boldsymbol{x}}$ 的贝叶斯滤波器。这些滤波器的滤波方程如下：

- 传感器和目标状态的时间更新：

$$\overset{*}{f}_{k+1|k}(\overset{*}{\boldsymbol{x}}|\overset{*}{Z}^k) = \int \overset{*}{f}_{k+1|k}(\overset{*}{\boldsymbol{x}}|\overset{*}{\boldsymbol{x}}') \cdot \overset{*}{f}_{k+1|k}(\overset{*}{\boldsymbol{x}}'|\overset{*}{Z}^k) \mathrm{d}\overset{*}{\boldsymbol{x}}' \tag{24.75}$$

$$f_{k+1|k}(\boldsymbol{x}|Z^{(k)}, \overset{*}{X}^k) = \int f_{k+1|k}(\boldsymbol{x}|\boldsymbol{x}') \cdot f_{k|k}(\boldsymbol{x}'|Z^{(k)}, \overset{*}{X}^k) \mathrm{d}\boldsymbol{x}' \tag{24.76}$$

- 传感器观测更新：

$$\overset{*}{f}_{k+1|k+1}(\overset{*}{\boldsymbol{x}}|\overset{*}{Z}^{k+1}) \propto \overset{*}{f}_{k+1}(\overset{*}{\boldsymbol{z}}_{k+1}|\overset{*}{\boldsymbol{x}}) \cdot \overset{*}{f}_{k+1|k}(\overset{*}{\boldsymbol{x}}|\overset{*}{Z}^k) \tag{24.77}$$

- $Z_{k+1} = \{\boldsymbol{z}_{k+1}\}$ 时的目标观测更新：

$$f_{k+1|k+1}(\boldsymbol{x}|Z^{(k+1)}, \overset{*}{X}^{k+1}) \propto p_{\mathrm{D}}(\boldsymbol{x}, \overset{*}{\boldsymbol{x}}_{k+1}) \cdot f_{k+1}(\boldsymbol{z}_{k+1}|\boldsymbol{x}, \overset{*}{\boldsymbol{x}}_{k+1}) \cdot$$
$$f_{k+1|k}(\boldsymbol{x}|Z^{(k)}, \overset{*}{X}^k) \tag{24.78}$$

- $Z_{k+1} = \emptyset$ 时的目标观测更新：

$$f_{k+1|k+1}(\boldsymbol{x}|Z^{(k+1)}, \overset{*}{X}^{k+1}) \propto (1 - p_{\mathrm{D}}(\boldsymbol{x}, \overset{*}{\boldsymbol{x}}_{k+1})) \cdot f_{k+1|k}(\boldsymbol{x}|Z^{(k)}, \overset{*}{X}^k) \tag{24.79}$$

24.10.3 简化的非理想单传感器动力学：最优化

一个良好的控制量不应该生成空观测 $Z_{k+1}=\emptyset$，因为这时不能得到任何目标信息。因此，在下面优化中我们假定下一时刻观测集 $Z_{k+1}=\{z\}$。根据贝叶斯规则和24.10.1节的假设，传感器-目标的联合观测更新可分解为

$$f_{k+1|k+1}(\boldsymbol{x},\overset{*}{\boldsymbol{x}}|Z^{(k)},\overset{*}{Z}^{k},\overset{*}{X}^{k},\{\boldsymbol{z}\},\overset{*}{\boldsymbol{z}})=\overset{*}{f}_{k+1|k+1}(\overset{*}{\boldsymbol{x}}|\overset{*}{Z}^{k},\overset{*}{\boldsymbol{z}})\cdot \\ f_{k+1|k+1}(\boldsymbol{x}|Z^{(k)},\overset{*}{X}^{k},\{\boldsymbol{z}\},\overset{*}{\boldsymbol{x}}) \tag{24.80}$$

式中：$\overset{*}{X}^{k}:\overset{*}{\boldsymbol{x}}_1,\cdots,\overset{*}{\boldsymbol{x}}_k$ 是 t_k 时刻的控制序列；$\overset{*}{X}^{k+1}:\overset{*}{\boldsymbol{x}}_1,\cdots,\overset{*}{\boldsymbol{x}}_k,\overset{*}{\boldsymbol{x}}$ 是 t_{k+1} 时刻的控制序列，但 $\overset{*}{\boldsymbol{x}}=\overset{*}{\boldsymbol{x}}_{k+1}$ 未知待定。

将 K-L 互熵用于后验分布的目标部分，可得

$$O_{k+1}(\overset{*}{\boldsymbol{x}},\boldsymbol{z},\overset{*}{\boldsymbol{z}})=\overset{*}{f}_{k+1|k+1}(\overset{*}{\boldsymbol{x}}|\overset{*}{Z}^{k},\overset{*}{\boldsymbol{z}})\cdot\tilde{O}_{k+1}(\overset{*}{\boldsymbol{x}},\boldsymbol{z}) \tag{24.81}$$

式中

$$\tilde{O}_{k+1}(\overset{*}{\boldsymbol{x}},\boldsymbol{z})=\int f_{k+1|k+1}(\boldsymbol{x}|Z^{(k)},\overset{*}{X}^{k},\{\boldsymbol{z}\},\overset{*}{\boldsymbol{x}})\cdot \\ \log\left(\frac{f_{k+1|k+1}(\boldsymbol{x}|Z^{(k)},\overset{*}{X}^{k},\{\boldsymbol{z}\},\overset{*}{\boldsymbol{x}})}{f_{k+1|k}(\boldsymbol{x}|Z^{(k)},\overset{*}{X}^{k})}\right)\mathrm{d}\boldsymbol{x} \tag{24.82}$$

上式即式(24.52)的理想传感器目标函数。应用24.6.5节的期望值和 PM 单样本混合对冲方法：

$$O_{k+1}(\overset{*}{\boldsymbol{x}})=\int O_{k+1}(\overset{*}{\boldsymbol{x}},\boldsymbol{z}_{k+1}^{\mathrm{PM}},\overset{*}{\boldsymbol{z}})\cdot\overset{*}{f}_{k+1}(\overset{*}{\boldsymbol{z}}|\overset{*}{Z}^{k})\mathrm{d}\overset{*}{\boldsymbol{z}} \tag{24.83}$$

$$=\overset{*}{f}_{k+1|k}(\overset{*}{\boldsymbol{x}}|\overset{*}{Z}^{k})\cdot\tilde{O}_{k+1}(\overset{*}{\boldsymbol{x}},\boldsymbol{z}_{k+1}^{\mathrm{PM}}) \tag{24.84}$$

故最大化 $O_{k+1}(\overset{*}{\boldsymbol{x}})$ 即等价于：

- 最大化理想传感器目标函数 $\tilde{O}_{k+1}(\overset{*}{\boldsymbol{x}},\boldsymbol{z}_{k+1}^{\mathrm{PM}})$；
- 但必须保证状态 $\overset{*}{\boldsymbol{x}}$ 从 t_k 到 t_{k+1} 时刻是可达的。

因此，下一时刻的传感器状态为

$$\overset{*}{\boldsymbol{x}}_{k+1}=\arg\sup_{\overset{*}{\boldsymbol{y}}} O_{k+1}(\overset{*}{\boldsymbol{y}}) \tag{24.85}$$

第25章 多目标传感器管理

25.1 简 介

在介绍完单传感器单目标传感器管理的基本概念后，现在重新来看多传感器多目标情形。该问题的基本方法已在23.3.1节作过简要介绍，本章将给出更详细的介绍。

因为只有在建立传感器管理问题的完整数学表示后才有可能正确地解决它，因此本章许多内容都将致力于一些定义、符号以及模型的描述。

25.2~25.4节将介绍目标和传感器的状态空间及集积分、目标–传感器联合状态空间、多传感器观测空间、多传感器执行机构观测空间以及多传感器控制空间。

25.5~25.6节主要介绍用于多传感器多目标控制的多传感器多目标运动模型与多传感器多目标观测模型。由于符号表示相当繁琐，25.7节专门给出了一个符号简表。

本章其余章节则聚焦于多传感器多目标的传感器管理方法本身：25.8节为单步前瞻多传感器多目标控制；25.9节和25.10节分别介绍传感器管理的目标函数和对冲优化策略。

25.12节和25.13节专门介绍计算方面的简化方法，包括理想传感器情形下的传感器管理方法及其在非理想传感器情形下的推广。

传感器管理的终极目的不是获取所有目标的信息，而是获取感兴趣目标的信息。这正是25.14节的主题，该节展示了如何使传感器信息获取过程在统计上偏向那些感兴趣目标 (ToI)。

25.1.1 要点概述

在本章学习过程中，需要掌握的主要概念、结论和公式如下：

- 多传感器多目标的传感器管理需要仔细描述状态和观测空间以及目标与传感器的运动和观测模型。
- 多传感器–多目标联合系统的状态空间 (最多包含 s 个传感器) 是下述互斥并形式：

$$\breve{\mathfrak{X}} = \mathfrak{X} \uplus \overset{*1}{\mathfrak{X}} \cdots \uplus \overset{*s}{\mathfrak{X}} \tag{25.1}$$

  式中：$\mathfrak{X}$ 为目标状态空间；$\overset{*j}{\mathfrak{X}}$ 为第 j 个传感器的状态空间。因此，系统在任意时刻的联合状态即联合状态空间 $\breve{\mathfrak{X}}$ 的有限子集 $\breve{X}$(25.2.3节)。
- 多传感器多目标的传感器管理是单传感器单目标传感器管理的直接推广。
- 可定义多传感器多目标情形下的信息论目标函数，但它们几乎都不易于计算 (25.9.1节)。
- 23.2节介绍的 PENT 目标函数不但易于计算，而且还是 K–L 互熵、Rényi α 散度等不同信息论目标函数的直观近似 (25.9.4节)。

- 由于 PHD 滤波器是点过程意义上的一阶近似，因此必须与一阶目标函数配合使用，如 PENT 或者柯西–施瓦茨信息泛函。
- 另一个相关的高阶目标函数即势方差 (PENT 的方差)，它同样易于计算且具有直观的物理意义，在特定的情形下，势方差目标函数可能具有更好的性能，但目前尚不清楚如何将传感器和平台动力学集成进势方差目标函数中 (25.9.3节)。
- 在多传感器多目标情形下可以对冲将来的未知观测，但一般的方法几乎都不易于计算 (25.10节)。
- 23.3.1节和24.6.3节介绍的多样本对冲方法也可用于多传感器多目标情形。
- 23.3.1节和24.6.4节介绍了单样本对冲方法，而作为一种特殊的单样本对冲方法，预测理想观测集 (PIMS) 是预测的观测集，它从数学上反映了元素的可获取性 (25.10.1～25.10.3节)。
- 若假定传感器具有理想动力学，即在指定时间区间内传感器可迅速指向任何预定位置，则计算复杂度可大幅缩减 (25.12节)。
- 可修正理想传感器方法以考虑非理想的传感器动力学 (25.13节)。
- 为了提升对高价值感兴趣目标 (ToI) 的探测性能，在传感器管理时可让传感器在统计意义上偏向这些目标 (25.14节)：
  - 战术重要性函数 (TIF) 是达此目的的主要方式，它对 ToI 的优先级进行建模；
  - TIF 为态势感知问题 (亦称“第 2/3 层数据融合”) 提供了一个数学基础。

25.1.2 本章结构

本章内容安排如下：

- 25.2节：多传感器多目标控制的目标状态空间和传感器状态空间。
- 25.3节：多传感器多目标控制空间。
- 25.4节：多传感器多目标控制的观测空间。
- 25.5节：多传感多目标控制的运动模型。
- 25.6节：多传感器多目标控制的观测模型。
- 25.7节：符号简表。
- 25.8节：多传感器多目标单步前瞻控制。
- 25.9节：多传感器多目标传感器管理的目标函数。
- 25.10节：多传感器多目标传感器管理的对冲方法。
- 25.11节：多传感多目标传感器管理的最优化步。
- 25.12节：理想传感器动力学特例。
- 25.13节：理想传感器方法的推广——可适应非理想传感器动力学。

- 25.14节：目标优先级——传感器管理的统计偏置，旨在令传感器偏向于态势敏感目标。

25.2 多目标控制：目标与传感器的状态空间

本节主要描述目标状态和传感器状态的有关知识，主要依据文献 [169] 第 245–249 页，具体内容安排如下：

- 25.2.1节：目标状态空间。
- 25.2.2节：传感器状态空间。
- 25.2.3节：多传感器–多目标联合状态空间。
- 25.2.4节：传感器–目标联合状态空间上的积分与集积分。
- 25.2.5节：传感器–目标联合状态空间上的概率生成泛函 (p.g.fl.)。

25.2.1 目标状态空间

依惯例，令 $\mathfrak{X}$ 表示单目标状态空间，多目标状态空间 $\mathfrak{X}^\infty$ 为 $\mathfrak{X}$ 的所有有限子集构成的超空间。

25.2.2 传感器状态空间

假定每个传感器都有一个“传感器标签” $j=1,\cdots,s$，它可唯一标识该传感器及其控制与观测。传感器 j 的状态空间为 $\overset{*j}{\mathfrak{X}}$，其中的传感器状态记作 $\overset{*j}{\boldsymbol{x}} \in \overset{*j}{\mathfrak{X}}$。假定最多有 s 个不同的传感器，它们的状态空间分别为 $\overset{*1}{\mathfrak{X}},\cdots,\overset{*s}{\mathfrak{X}}$，则所有传感器的联合状态空间为下述互斥并集（“拓扑和”）：

$$\overset{*}{\mathfrak{X}} = \overset{*1}{\mathfrak{X}} \uplus \cdots \uplus \overset{*s}{\mathfrak{X}} \tag{25.2}$$

若将未明确标签的传感器状态记作 $\overset{*}{\boldsymbol{x}} \in \overset{*}{\mathfrak{X}}$，则多传感器系统可表示为下述形式的状态集：

$$\overset{*}{X} = \{\overset{*}{\boldsymbol{x}}_1,\cdots,\overset{*}{\boldsymbol{x}}_{\overset{*}{n}}\} \tag{25.3}$$

式中：$\overset{*}{n}$ 为系统当前的传感器数。

下面将所有多传感器状态构成的超空间记作 $\overset{*}{\mathfrak{X}}^\infty$。若存在 $\overset{*j}{\boldsymbol{x}},\overset{*j}{\boldsymbol{y}} \in \overset{*}{X}$ 且 $\overset{*j}{\boldsymbol{x}} \neq \overset{*j}{\boldsymbol{y}}$，则有限子集 $\overset{*}{X}$ 是物理不可实现的，即传感器 j 不可能具有两个不同的物理状态。因此，所有可实现的 $\overset{*}{X}$ 必具有如下形式：

$$\overset{*}{X} = \{\overset{*j_1}{\boldsymbol{x}},\cdots,\overset{*j_e}{\boldsymbol{x}}\} \tag{25.4}$$

式中：$1 \leqslant j_1 \neq \cdots \neq j_e \leqslant s$ 为互异的索引。从15.2.2节的意义上讲，多传感器状态 $\overset{*}{X}$ 本身就已经集成了标签。

25.2.3 多传感器–多目标联合状态空间

当一起考虑时，传感器和目标便构成了一个联合随机系统。该随机系统的目标数和传感器数一般都是时变的，联合系统的状态是一个有限子集，其元素为目标状态或传感器状态，这里将其记作

$$\breve{X} = \{\boldsymbol{x}_1, \cdots, \boldsymbol{x}_n, \overset{*}{\boldsymbol{x}}_1, \cdots, \overset{*}{\boldsymbol{x}}_{\overset{*}{n}}\} = X \cup \overset{*}{X} \tag{25.5}$$

式中：$|X| = n$ 且 $|\overset{*}{X}| = \overset{*}{n}$，表示场景中有 n 个目标和 $\overset{*}{n}$ 个传感器。

多传感器–多目标联合系统是下述空间的有限子集：

$$\breve{\mathfrak{X}} = \mathfrak{X} \uplus \overset{*}{\mathfrak{X}} = \mathfrak{X} \uplus \overset{*1}{\mathfrak{X}} \uplus \cdots \uplus \overset{*s}{\mathfrak{X}} \tag{25.6}$$

将 $\breve{\mathfrak{X}}$ 的所有有限子集构成的超空间记作 $\breve{\mathfrak{X}}^{\infty}$，并将 $\breve{\mathfrak{X}}$ 中的元素记作 $\breve{\boldsymbol{x}} \in \breve{\mathfrak{X}}$，则 $\breve{\mathfrak{X}}$ 的有限子集形式为

$$\breve{X} = \{\breve{\boldsymbol{x}}_1, \cdots, \breve{\boldsymbol{x}}_{\breve{n}}\} \tag{25.7}$$

式中：$\breve{n} = n + \overset{*}{n}$。

25.2.4 状态空间上的积分与集积分

目标–传感器联合状态空间 $\breve{\mathfrak{X}}$ 上的函数可表示为

$$\breve{h}(\breve{\boldsymbol{x}}) = \begin{cases} \breve{h}(\boldsymbol{x}), & \breve{\boldsymbol{x}} = \boldsymbol{x} \\ \breve{h}(\overset{*j}{\boldsymbol{x}}), & \breve{\boldsymbol{x}} = \overset{*j}{\boldsymbol{x}} \end{cases} \tag{25.8}$$

空间 $\breve{\mathfrak{X}}$ 上的积分可定义为

$$\int \breve{h}(\breve{\boldsymbol{x}}) \mathrm{d}\breve{\boldsymbol{x}} = \int_{\mathfrak{X}} \breve{h}(\boldsymbol{x}) \mathrm{d}\boldsymbol{x} + \int_{\overset{*}{\mathfrak{X}}} \breve{h}(\overset{*}{\boldsymbol{x}}) \mathrm{d}\overset{*}{\boldsymbol{x}} \tag{25.9}$$

式中：联合传感器空间 $\overset{*}{\mathfrak{X}}$ 上的积分 $\int \cdot \mathrm{d}\breve{\boldsymbol{x}}$ 定义为

$$\int \overset{*}{h}(\overset{*}{\boldsymbol{x}}) \mathrm{d}\overset{*}{\boldsymbol{x}} = \int_{\overset{*1}{\mathfrak{X}}} \overset{*}{h}(\overset{*1}{\boldsymbol{x}}) \mathrm{d}\overset{*1}{\boldsymbol{x}} + \cdots + \int_{\overset{*s}{\mathfrak{X}}} \overset{*}{h}(\overset{*s}{\boldsymbol{x}}) \mathrm{d}\overset{*s}{\boldsymbol{x}} \tag{25.10}$$

因此，空间 $\breve{\mathfrak{X}}$ 上的集积分可定义为

$$\int \breve{f}(\breve{X}) \delta \breve{X} = \sum_{\breve{n} \geqslant 0} \frac{1}{\breve{n}!} \int \breve{f}(\{\breve{\boldsymbol{x}}_1, \cdots, \breve{\boldsymbol{x}}_{\breve{n}}\}) \mathrm{d}\breve{\boldsymbol{x}}_1 \cdots \mathrm{d}\breve{\boldsymbol{x}}_{\breve{n}} \tag{25.11}$$

式(25.11)还具有另一种更简单直观的表示方式。简记：

$$\breve{f}(\breve{X}) = \breve{f}(X \cup \overset{*}{X}) \overset{\text{abbr.}}{=} f(X, \overset{*}{X}) \tag{25.12}$$

由式(3.51)可知，联合空间 $\breve{X}$ 上的单重集积分可表示为目标子空间及传感器子空间上的双重集积分：

$$\int \breve{f}(\breve{X}) \delta \breve{X} = \int f(X, \overset{*}{X}) \delta X \delta \overset{*}{X} \tag{25.13}$$

25.2.5　目标 / 传感器状态空间上的概率生成泛函

根据定义，联合空间上多目标概率分布 $\breve{f}(\breve{X})$ 的 p.g.fl. 可表示为

$$\breve{G}[\breve{h}] = \int \breve{h}^{\breve{X}} \cdot \breve{f}(\breve{X})\delta\breve{X} \tag{25.14}$$

定义下面的双变量 p.g.fl.：

$$G[h,\overset{*}{h}] = \int h^{X} \cdot \overset{*}{h}^{\overset{*}{X}} \cdot f(X,\overset{*}{X})\delta X\delta\overset{*}{X} \tag{25.15}$$

若将 $\breve{h}(\breve{\boldsymbol{x}})$ 的定义限制为 $h(\boldsymbol{x}) = \breve{h}(\boldsymbol{x})$ 和 $\overset{*}{h}(\overset{*}{\boldsymbol{x}}) = \breve{h}(\overset{*}{\boldsymbol{x}})$，则

$$\breve{G}[\breve{h}] = G[h,\overset{*}{h}] \tag{25.16}$$

也就是说，

- 可以将单变量 p.g.fl. $\breve{G}[\breve{h}]$ 等价替换为双变量 p.g.fl. $G[h,\overset{*}{h}]$。

式(25.16)可证明如下：

$$\breve{G}[\breve{h}] = \int \breve{h}^{\breve{X}} \cdot \breve{f}(\breve{X})\delta\breve{X} = \int \breve{h}^{X\uplus\overset{*}{X}} \cdot f(X,\overset{*}{X})\delta X\delta\overset{*}{X} \tag{25.17}$$

$$= \int \breve{h}^{X} \cdot \breve{h}^{\overset{*}{X}} \cdot f(X,\overset{*}{X})\delta X\delta\overset{*}{X} \tag{25.18}$$

$$= \int h^{X} \cdot \overset{*}{h}^{\overset{*}{X}} \cdot f(X,\overset{*}{X})\delta X\delta\overset{*}{X} \tag{25.19}$$

$$= G[h,\overset{*}{h}] \tag{25.20}$$

25.3　多目标控制：控制空间

令 $\overset{j}{\mathfrak{U}}$ 表示第 j 个传感器的控制空间，则传感器 j 的控制 $\overset{j}{\boldsymbol{u}} \in \overset{j}{\mathfrak{U}}$，而所有传感器的控制空间可表示为

$$\mathfrak{U} = \overset{1}{\mathfrak{U}} \uplus \cdots \uplus \overset{s}{\mathfrak{U}} \tag{25.21}$$

将 $\overset{j}{\mathfrak{U}}$ 和 $\mathfrak{U}$ 的所有有限子集构成的超空间分别记作 $\overset{j}{\mathfrak{U}}^{\infty}$、$\mathfrak{U}^{\infty}$。

25.4　多目标控制：观测空间

本节主要描述与观测相关的概念，主要依据文献 [169] 第 245–249 页，具体内容包括：

- 25.4.1节：目标观测空间。
- 25.4.2节：执行机构传感器观测空间。
- 25.4.3节：联合观测空间。
- 25.4.4节：观测空间上的积分与集积分。
- 25.4.5节：观测空间上的概率生成泛函 (p.g.fl.)。

25.4.1 传感器观测

将传感器 j 的观测空间表示为 $\overset{j}{\mathfrak{Z}}$，其中单个观测 $\overset{j}{z} \in \overset{j}{\mathfrak{Z}}$，也即将传感标签绑定在其观测上。因此，所有传感器的观测空间可表示为

$$\mathfrak{Z} = \overset{1}{\mathfrak{Z}} \uplus \cdots \uplus \overset{s}{\mathfrak{Z}} \tag{25.22}$$

所有传感器的联合观测集是 $\mathfrak{Z}$ 的有限子集，其形式如下：

$$Z = \overset{1}{Z} \cup \cdots \cup \overset{s}{Z} \tag{25.23}$$

其中 $\overset{j}{Z}$ 可以为空，这一点十分重要。将 $\mathfrak{Z}$ 的所有有限子集构成的超空间记作 $\mathfrak{Z}^{\infty}$，而将未明确标签的观测记作 $z \in \mathfrak{Z}$，则这种观测构成的有限子集形如

$$Z = \{z_1, \cdots, z_m\} \tag{25.24}$$

式中：$m = \overset{j_1}{m} + \cdots + \overset{j_e}{m}$；$j_1, \cdots, j_e$ 是 e 个当前有效传感器的标签；$\overset{j_i}{m}$ 是传感器 j_i 的观测个数。

25.4.2 执行机构传感器观测

与第 24 章单传感器单目标情形类似，假定传感器状态由其内部的执行机构传感器进行观测。将第 j 个传感器的执行机构传感器观测空间记作 $\overset{*j}{\mathfrak{Z}}$，其中单个观测 $\overset{*j}{z} \in \overset{*j}{\mathfrak{Z}}$，则所有执行机构传感器的观测空间可表示为

$$\overset{*}{\mathfrak{Z}} = \overset{*1}{\mathfrak{Z}} \uplus \cdots \uplus \overset{*s}{\mathfrak{Z}} \tag{25.25}$$

若将未明确标签的执行机构传感器观测记作 $\overset{*}{z} \in \overset{*}{\mathfrak{Z}}$，则这类观测的有限子集形如

$$\overset{*}{Z} = \{\overset{*}{z}_1, \cdots, \overset{*}{z}_m\} \tag{25.26}$$

将所有这样的观测集构成的超空间记作 $\overset{*}{\mathfrak{Z}}^{\infty}$。

25.4.3 多传感器-多目标联合观测

传感器 j 联合观测的一般形式为 $(\overset{*j}{z}, \overset{j}{Z})$，其中，$\overset{*j}{z}$ 是执行机构传感器观测，$\overset{j}{Z}$ 是传感器自身的观测集。因此，所有传感器总观测 $\{(\overset{*1}{z}, \overset{1}{Z}), \cdots, (\overset{*s}{z}, \overset{s}{Z})\}$ 的形式相当复杂，但与21.8.2节和21.8.3节中关于单层群目标状态的“朴素表示”和“简化表示”类似，可对多传感器观测采用类似的简化方法。

也就是说，从传感器-目标联合系统获取的任何观测都可表示为如下形式的有限集：

$$\breve{Z} = \{z_1, \cdots, z_m, \overset{*}{z}_1, \cdots, \overset{*}{z}_{\overset{*}{m}}\} = Z \cup \overset{*}{Z} \tag{25.27}$$

式中：共有 $m \geqslant 0$ 个目标观测和 $\overset{*}{m} \geqslant 0$ 个传感器状态观测。考虑标签为 j 的传感器状态观测 $\overset{*}{z} \in \breve{Z}$，与之对应的目标观测集是 $\breve{Z}$ 中具有同样传感器标签的所有 z 组成的集合。若 $\breve{Z}$ 中无这样的观测，则说明传感器 j 未获得任何观测。

因此，多传感器-多目标联合观测是下述空间的有限子集：

$$\breve{\mathfrak{Z}} = \mathfrak{Z} \uplus \overset{*}{\mathfrak{Z}} = \overset{1}{\mathfrak{Z}} \uplus \cdots \uplus \overset{s}{\mathfrak{Z}} \uplus \overset{*1}{\mathfrak{Z}} \uplus \cdots \uplus \overset{*s}{\mathfrak{Z}} \tag{25.28}$$

将传感器和执行机构传感器的观测统一记为 $\breve{z} \in \breve{\mathfrak{Z}}$，则

$$\breve{Z} = \{\breve{z}_1, \cdots, \breve{z}_{\breve{m}}\} \tag{25.29}$$

式中：$\breve{m} = m + \overset{*}{m}$。将所有这样的观测集构成的超空间记作 $\breve{\mathfrak{Z}}^{\infty}$。

25.4.4 观测空间上的积分与集积分

目标-传感器联合观测空间 $\breve{\mathfrak{Z}}$ 上的函数形如

$$\breve{g}(\breve{z}) = \begin{cases} \breve{g}(\overset{j}{z}), & \breve{z} = \overset{j}{z} \\ \breve{g}(\overset{*j}{z}), & \breve{z} = \overset{*j}{z} \end{cases} \tag{25.30}$$

因此，联合观测空间 $\breve{\mathfrak{Z}}$ 上的积分可定义为

$$\int \breve{g}(\breve{z})\mathrm{d}\breve{z} = \int_{\mathfrak{Z}} \breve{g}(z)\mathrm{d}z + \int_{\overset{*}{\mathfrak{Z}}} \breve{g}(\overset{*}{z})\mathrm{d}\overset{*}{z} \tag{25.31}$$

式中：观测空间 $\mathfrak{Z}$ 和 $\overset{*}{\mathfrak{Z}}$ 上的积分分别定义为

$$\int g(z)\mathrm{d}z = \int_{\overset{1}{\mathfrak{Z}}} g(\overset{1}{z})\mathrm{d}\overset{1}{z} + \cdots + \int_{\overset{s}{\mathfrak{Z}}} g(\overset{s}{z})\mathrm{d}\overset{s}{z} \tag{25.32}$$

$$\int \overset{*}{g}(\overset{*}{z})\mathrm{d}\overset{*}{z} = \int_{\overset{*1}{\mathfrak{Z}}} g(\overset{*1}{z})\mathrm{d}\overset{*1}{z} + \cdots + \int_{\overset{*s}{\mathfrak{Z}}} g(\overset{*s}{z})\mathrm{d}\overset{*s}{z} \tag{25.33}$$

$\breve{\mathfrak{Z}}$ 上的集积分定义为

$$\int \breve{f}(\breve{Z})\delta\breve{Z} = \sum_{\breve{m}\geqslant 0} \frac{1}{\breve{m}!} \int \breve{f}(\{\breve{z}_1, \cdots, \breve{z}_{\breve{m}}\})\mathrm{d}\breve{z}_1 \cdots \mathrm{d}\breve{z}_{\breve{m}} \tag{25.34}$$

假定共有 s 个传感器，与式(25.13)类似，根据式(3.51)可得

$$\breve{f}(\breve{Z}) = \breve{f}(Z \cup \overset{*}{Z}) = f(Z, \overset{*}{Z}) = f(\overset{1}{Z}, \overset{*1}{Z}, \cdots, \overset{s}{Z}, \overset{*s}{Z}) \tag{25.35}$$

因此

$$\int \breve{f}(\breve{Z})\delta\breve{Z} = \int f(Z, \overset{*}{Z})\delta Z\delta\overset{*}{Z} \tag{25.36}$$

$$= \int f(\overset{1}{Z}, \overset{*1}{Z}, \cdots, \overset{s}{Z}, \overset{*s}{Z})\delta\overset{1}{Z}\delta\overset{*1}{Z} \cdots \delta\overset{s}{Z}\delta\overset{*s}{Z} \tag{25.37}$$

25.4.5 观测空间上的概率生成泛函

多传感器-多目标联合似然函数的单变量 p.g.fl. 为

$$\breve{G}_{k+1}[\breve{g}|X, \overset{*}{X}] = \int \breve{g}^{\breve{Z}} \cdot \breve{f}_{k+1}(\breve{Z}|X, \overset{*}{X})\delta\breve{Z} \tag{25.38}$$

与式(25.17)类似，根据式(25.36)可知，上述单变量 p.g.fl. 可等价表示为 s 个变量的 p.g.fl.(如4.2.5.2节所述)：

$$\breve{G}_{k+1}[\breve{g}|X,\overset{*}{X}] = G_{k+1}[\overset{1}{g},\cdots,\overset{s}{g}|X,\overset{*}{X}] \tag{25.39}$$

式中

$$\overset{j}{g} = \breve{g}|_{\overset{j}{\mathfrak{Z}} \uplus \overset{*j}{\mathfrak{Z}}} \tag{25.40}$$

上式表示 $\breve{g}$ 在 $\overset{j}{\mathfrak{Z}} \uplus \overset{*j}{\mathfrak{Z}}$ 上的限制。

式(25.39)的证明过程如下：首先根据(25.36)式可得

$$G_{k+1}[\breve{g}|X,\overset{*}{X}] = \int \breve{g}^{\breve{Z}} \cdot \breve{f}_{k+1}(\breve{Z}|X,\overset{*}{X})\delta\breve{Z} \tag{25.41}$$

$$= \int \breve{g}^{\overset{1}{Z}}\breve{g}^{\overset{*1}{Z}}\cdots\breve{g}^{\overset{s}{Z}}\breve{g}^{\overset{*s}{Z}} \cdot f_{k+1}(\overset{1}{Z},\overset{*1}{Z},\cdots,\overset{s}{Z},\overset{*s}{Z}|X,\overset{*}{X})\delta\overset{1}{Z}\delta\overset{*1}{Z}\cdots\delta\overset{s}{Z}\delta\overset{*s}{Z} \tag{25.42}$$

由于 $\overset{j}{Z},\overset{*j}{Z}$ 仅与传感器 j 有关，故

$$\overset{j}{f}_{k+1}(\overset{j}{Z},\overset{*j}{Z}|X,\overset{*}{X}) = \overset{j}{f}_{k+1}(\overset{j}{Z},\overset{*j}{Z}|X,\overset{*j}{\boldsymbol{x}}) \tag{25.43}$$

利用条件独立性可得

$$G_{k+1}[\breve{g}|X,\overset{*}{X}] \tag{25.44}$$

$$= \int \breve{g}^{\overset{1}{Z}}\breve{g}^{\overset{*1}{Z}}\cdots\breve{g}^{\overset{s}{Z}}\breve{g}^{\overset{*s}{Z}} \cdot \overset{1}{f}_{k+1}(\overset{1}{Z},\overset{*1}{Z}|X,\overset{*1}{\boldsymbol{x}})\cdots\overset{s}{f}_{k+1}(\overset{s}{Z},\overset{*s}{Z}|X,\overset{*s}{\boldsymbol{x}})\delta\overset{1}{Z}\delta\overset{*1}{Z}\cdots\delta\overset{s}{Z}\delta\overset{*s}{Z}$$

$$= \int \breve{g}^{\overset{1}{Z}}\breve{g}^{\overset{*1}{Z}} \cdot \overset{1}{f}_{k+1}(\overset{1}{Z},\overset{*1}{Z}|X,\overset{*1}{\boldsymbol{x}})\cdots\breve{g}^{\overset{s}{Z}}\breve{g}^{\overset{*s}{Z}} \cdot \overset{s}{f}_{k+1}(\overset{s}{Z},\overset{*s}{Z}|X,\overset{*s}{\boldsymbol{x}})\delta\overset{1}{Z}\delta\overset{*1}{Z}\cdots\delta\overset{s}{Z}\delta\overset{*s}{Z} \tag{25.45}$$

$$= \left(\int \breve{g}^{\overset{1}{Z}}\breve{g}^{\overset{*1}{Z}}\overset{1}{f}_{k+1}(\overset{1}{Z},\overset{*1}{Z}|X,\overset{*1}{\boldsymbol{x}})\delta\overset{1}{Z}\delta\overset{*1}{Z}\right)\cdots\left(\int \breve{g}^{\overset{s}{Z}}\breve{g}^{\overset{*s}{Z}}\overset{s}{f}_{k+1}(\overset{s}{Z},\overset{*s}{Z}|X,\overset{*s}{\boldsymbol{x}})\delta\overset{s}{Z}\delta\overset{*s}{Z}\right) \tag{25.46}$$

$$= \overset{1}{G}_{k+1}[\breve{g}|X,\overset{*1}{\boldsymbol{x}}]\cdots\overset{s}{G}_{k+1}[\breve{g}|X,\overset{*s}{\boldsymbol{x}}] \tag{25.47}$$

式中

$$\overset{j}{G}_{k+1}[\breve{g}|X,\overset{*j}{\boldsymbol{x}}] = \int \breve{g}^{\overset{j}{Z}}\breve{g}^{\overset{*j}{Z}} \cdot \overset{j}{f}_{k+1}(\overset{j}{Z},\overset{*j}{Z}|X,\overset{*j}{\boldsymbol{x}})\delta\overset{j}{Z}\delta\overset{*j}{Z} \tag{25.48}$$

因此可得到预期的结果：

$$G_{k+1}[\breve{g}|X,\overset{*}{X}] = \overset{1}{G}_{k+1}[\breve{g}|_{\overset{1}{\mathfrak{Z}} \uplus \overset{*1}{\mathfrak{Z}}}|X,\overset{*1}{\boldsymbol{x}}]\cdots\overset{s}{G}_{k+1}[\breve{g}|_{\overset{s}{\mathfrak{Z}} \uplus \overset{*s}{\mathfrak{Z}}}|X,\overset{*s}{\boldsymbol{x}}] \tag{25.49}$$

$$= \overset{1}{G}_{k+1}[\overset{1}{g}|X,\overset{*1}{\boldsymbol{x}}]\cdots\overset{s}{G}_{k+1}[\overset{s}{g}|X,\overset{*s}{\boldsymbol{x}}] \tag{25.50}$$

$$= \overset{1}{G}_{k+1}[\overset{1}{g}|X,\overset{*}{X}]\cdots\overset{s}{G}_{k+1}[\overset{s}{g}|X,\overset{*}{X}] \tag{25.51}$$

$$= G_{k+1}[\overset{1}{g},\cdots,\overset{s}{g}|X,\overset{*}{X}] \tag{25.52}$$

25.5　多目标控制：运动模型

本节介绍目标和传感器的动力学模型。假定：

- 所有目标和所有传感器彼此独立演变；
- 目标可以出现与消失，分别由目标出现和目标消失模型描述；
- 任意时刻的传感器运动由上一时刻所选的控制决定；
- 尽管实际中传感器也会出现和消失，但不在运动建模中反映该现象，即传感器个数不随时间变化。在该假定下无需使用第 15 章的标记 RFS 来表示传感器状态集。

本节内容安排如下：

- 25.5.1节：单目标和多目标的运动模型。
- 25.5.2节：含控制输入的单传感器和多传感器运动模型。
- 25.5.3节：多传感器–多目标联合运动模型。

25.5.1　单目标和多目标的运动模型

依惯例，采用单目标马尔可夫转移密度 $f_{k+1|k}(\boldsymbol{x}|\boldsymbol{x}')$ 描述单目标的时间演变。由于目标状态可包含离散身份变量，因此可为不同类型目标选用不同的运动模型。单个目标的消失模型则用存活概率 $p_{\mathrm{S}}(\boldsymbol{x}') \overset{\text{abbr.}}{=} p_{\mathrm{S},k+1|k}(\boldsymbol{x}')$ 描述。同样依据惯例，采用多目标马尔可夫转移密度 $f_{k+1|k}(X|X')$ 描述多目标的时间演变。

25.5.2　含控制输入的单 / 多传感器运动模型

单传感器的时间演变由该传感器的马尔可夫密度描述：

$$\overset{*j}{f}_{k+1|k}(\overset{*j}{\boldsymbol{x}}|\overset{*j}{\boldsymbol{x}}{}',\overset{j}{\boldsymbol{u}}),\quad j=1,\cdots,s \tag{25.53}$$

式中：$\overset{j}{\boldsymbol{u}}$ 为 t_k 时刻传感器 j 的控制。

与24.8节类似，下面假定这些马尔可夫模型为非线性加性形式，即

$$\overset{*j}{f}_{k+1|k}(\overset{*j}{\boldsymbol{x}}|\overset{*j}{\boldsymbol{x}}{}',\overset{j}{\boldsymbol{u}}) = f_{\overset{*j}{\boldsymbol{W}}_k}(\overset{*j}{\boldsymbol{x}} - \overset{*j}{\varphi}_k(\overset{*j}{\boldsymbol{x}}{}',\overset{j}{\boldsymbol{u}})) \tag{25.54}$$

式中：$\overset{*j}{\boldsymbol{W}}_k$ 是零均值噪声矢量；$\overset{*j}{\varphi}_k(\overset{*j}{\boldsymbol{x}}{}',\overset{j}{\boldsymbol{u}})$ 是状态转移函数；控制 $\overset{j}{\boldsymbol{u}}$ 则用来选择不同的转移函数。

整个多传感器系统的马尔可夫状态转移密度形式为 $\overset{*}{f}_{k+1|k}(\overset{*}{X}|\overset{*}{X}{}',U)$，其中 U 为所有传感器的控制集。由于控制 $\overset{j}{\boldsymbol{u}}_k \in U$ 自带传感器标签 j，因此用 $\overset{j}{\boldsymbol{u}}_k$ 表示作用于状态 $\overset{*j}{\boldsymbol{x}}{}' \in \overset{*}{X}{}'$ 上的控制不会有任何歧义[①]。

[①]按照文献 [169] 注解 1 中的方法，传感器状态与控制应配对使用，其实没有太大的必要。

25.5.3 多传感器–多目标联合运动模型

假定：

- 目标动力学和传感器动力学相互独立，因此多传感器–多目标联合状态 $\breve{X} = X \cup \overset{*}{X}$ 的马尔可夫密度可分解为

$$\breve{f}_{k+1|k}(\breve{X}|\breve{X}', U) = f_{k+1|k}(X \uplus \overset{*}{X}|X' \uplus \overset{*}{X}', U) \tag{25.55}$$

$$= f_{k+1|k}(X, \overset{*}{X}|X', \overset{*}{X}', U) \tag{25.56}$$

$$= f_{k+1|k}(X|X') \cdot \overset{*}{f}_{k+1|k}(\overset{*}{X}|\overset{*}{X}', U) \tag{25.57}$$

- $f_{k+1|k}(X|X')$ 为7.4节标准多目标运动模型下的多目标马尔可夫密度。
- 每个传感器只有一个控制量，也就是说，若 j 是 $\overset{*}{X}'$ 中某传感器的标签，则它也是 U 中某控制量的标签；进一步，令 U 的子集 U' 包含 U 中所有可在 $\overset{*}{X}'$ 中找到与之具有相同标签的那些元素 (即 $U - U'$ 中的控制不对应 $\overset{*}{X}'$ 中的任何传感器)，则

$$\overset{*}{f}_{k+1|k}(\overset{*}{X}|\overset{*}{X}', U) = \overset{*}{f}_{k+1|k}(\overset{*}{X}|\overset{*}{X}', U') \tag{25.58}$$

- 不建模传感器的出现和消失，且各传感器状态独立转移至下一时刻，即若 $\overset{*}{X} = \{\overset{*j_1}{\boldsymbol{x}}, \cdots, \overset{*j_e}{\boldsymbol{x}}\}$ ($|\overset{*}{X}| = e$)，$\overset{*}{X}' = \{\overset{*j_1}{\boldsymbol{x}}{}', \cdots, \overset{*j_e}{\boldsymbol{x}}{}'\}$ ($|\overset{*}{X}'| = e$)，$U = \{\overset{j_1}{\boldsymbol{u}}, \cdots, \overset{j_e}{\boldsymbol{u}}\}$ ($|U| = e$)，则

$$\overset{*}{f}_{k+1|k}(\overset{*}{X}|\overset{*}{X}', U) = \delta_{|\overset{*}{X}|, |\overset{*}{X}'|} \sum_{\pi} \overset{*j_1}{f}_{k+1|k}(\overset{*j_1}{\boldsymbol{x}}|\overset{*j_{\pi 1}}{\boldsymbol{x}}{}', \overset{j_{\pi 1}}{\boldsymbol{u}}) \cdots \tag{25.59}$$
$$\overset{*j_e}{f}_{k+1|k}(\overset{*j_e}{\boldsymbol{x}}|\overset{*j_{\pi e}}{\boldsymbol{x}}{}', \overset{j_{\pi e}}{\boldsymbol{u}})$$

上式中的求和操作遍历 $1, \cdots, e$ 的所有排列 π；或者表示为下面的矢量形式：

$$\overset{*}{f}_{k+1|k}(\overset{*j_1}{\boldsymbol{x}}, \cdots, \overset{*j_e}{\boldsymbol{x}}|\overset{*j_1}{\boldsymbol{x}}{}', \cdots, \overset{*j_e}{\boldsymbol{x}}{}', \overset{j_1}{\boldsymbol{u}}, \cdots, \overset{j_e}{\boldsymbol{u}}) \tag{25.60}$$
$$= \overset{*j_1}{f}_{k+1|k}(\overset{*j_1}{\boldsymbol{x}}|\overset{*j_1}{\boldsymbol{x}}{}', \overset{j_1}{\boldsymbol{u}}) \cdots \overset{*j_e}{f}_{k+1|k}(\overset{*j_e}{\boldsymbol{x}}|\overset{*j_e}{\boldsymbol{x}}{}', \overset{j_e}{\boldsymbol{u}})$$

在上述假设下还需要应对下面两种退化的控制情形：

- U 中不包含 $\overset{*}{X}'$ 中任何传感器的控制：由于第 j ($1 \leqslant j \leqslant e$) 个传感器未指定明确的控制量，因而状态集 $\overset{*}{X}'$ 不可能演变为 $\overset{*}{X}$。如若没有新生传感器，则 $\overset{*}{X}'$ 只能演变为空状态 $\overset{*}{X} = \emptyset$，即

$$\overset{*}{f}_{k+1|k}(\overset{*}{X}|\overset{*}{X}', U) = \delta_{0, |\overset{*}{X}|} \tag{25.61}$$

  如果有新生传感器，则 $\overset{*}{X}$ 为新生传感器的分布。
- U 中含有不属于 $\overset{*}{X}'$ 的传感器的控制：比如当某传感器临时从场景中消失时便会发生这种情形，此时该传感器的控制对它本周期的状态演变没有影响。

25.6 多目标控制：观测模型

本节介绍目标和传感器的的观测模型，内容包括：

- 25.6.1节：与观测有关的基本假设。
- 25.6.2节：传感器噪声模型。
- 25.6.3节：传感器视场 (FoV) 模型及杂波模型。
- 25.6.4节：执行机构传感器模型及通信传输失效模型。
- 25.6.5节：多目标似然函数。
- 25.6.6节：多传感器–多目标联合似然函数。

25.6.1 观测：假设

有关传感器观测及执行机构传感器观测的基本假设如下：

- 不失一般性，每个平台仅携带一部传感器 (从数学上意义讲，同一平台携带多部传感器可等价为多个相同平台各携带一部传感器)；
- 对每部传感器而言，一个目标至多生成一个观测，一个观测至多源自一个目标；
- 每部传感器的目标观测均伴有传感器噪声；
- 对每部传感器而言，不同目标的观测关于目标状态条件独立；
- 每部传感器的任何多目标观测均伴有杂波 / 虚警过程，通常与传感器状态有关，但独立于目标观测产生过程；
- 每部传感器的状态由它内部的执行机构传感器观测得到；
- 每部传感器的执行机构传感器观测均伴有观测噪声；
- 每部传感器的观测及其执行机构传感器观测都会传送至信息融合站，但由于传输信道涨落 (地形或气象遮挡等)、通信延迟或其他方面的原因，信息传输可能会失败；
- 不同传感器的观测关于目标状态条件独立。

随后几小节将对这些假设作更详细的解释。

25.6.2 观测：传感器噪声

假定传感器的噪声特性可由下述似然函数表示：

$$\overset{j}{L}_{\overset{j}{\boldsymbol{z}}}(\boldsymbol{x}) \overset{\text{abbr.}}{=} \overset{j}{L}_{\overset{j}{\boldsymbol{z}},\overset{*j}{\boldsymbol{x}}}(\boldsymbol{x}) \overset{\text{abbr.}}{=} \overset{j}{L}_{\overset{j}{\boldsymbol{z}}}(\boldsymbol{x},\overset{*j}{\boldsymbol{x}}) \overset{\text{abbr.}}{=} \overset{j}{f}_k(\overset{j}{\boldsymbol{z}}|\boldsymbol{x},\overset{*j}{\boldsymbol{x}}), \quad j=1,\cdots,s \tag{25.62}$$

下面假定这些似然函数为非线性加性形式，即

$$\overset{j}{f}_k(\overset{j}{\boldsymbol{z}}|\boldsymbol{x},\overset{*j}{\boldsymbol{x}}) = f_{\overset{j}{\boldsymbol{V}}_k}(\overset{j}{\boldsymbol{z}} - \eta_k(\boldsymbol{x},\overset{*j}{\boldsymbol{x}})) \tag{25.63}$$

式中：$\overset{j}{V}_k$ 为零均值噪声矢量；且

$$\overset{j}{\eta}_k(\boldsymbol{x}) \overset{\text{abbr.}}{=} \eta_k(\boldsymbol{x}, \overset{*j}{\boldsymbol{x}}) \tag{25.64}$$

表示确定性观测函数。

25.6.3 观测：视场与杂波

t_k 时刻的传感器视场可建模为状态相关的检测概率：

$$\overset{j}{p}_{\mathrm{D}}(\boldsymbol{x}) \overset{\text{abbr.}}{=} p_{\mathrm{D}}(\boldsymbol{x}, \overset{*j}{\boldsymbol{x}}) \overset{\text{abbr.}}{=} p_{\mathrm{D},k}(\boldsymbol{x}, \overset{*j}{\boldsymbol{x}}) \tag{25.65}$$

即若 t_k 时刻传感器 j 的状态为 $\overset{*j}{\boldsymbol{x}}$，则它从目标 $\boldsymbol{x}$ 处获得观测的概率为 $p_{\mathrm{D}}(\boldsymbol{x}, \overset{*j}{\boldsymbol{x}})$。

每个传感器的目标观测一般都会伴有杂波，这里采用下述多目标概率分布来描述杂波过程：

$$\overset{j}{\kappa}_{k+1}(\overset{j}{Z}) \overset{\text{abbr.}}{=} \kappa_{k+1}(\overset{j}{Z}|\overset{*j}{\boldsymbol{x}}) \tag{25.66}$$

如上式所示，杂波观测通常与传感器状态有关。例如，传感器 FoV 边沿处 (这些区域的检测概率最小) 的杂波密度通常比中心处大。为符号简洁起见，下面表示中省去杂波过程 $\kappa_{k+1}(Z|\overset{*}{\boldsymbol{x}})$ 与传感状态 $\overset{*}{\boldsymbol{x}}$ 的相关性。

25.6.4 观测：执行机构传感器及传输失效

执行机构传感器的观测可用下述似然函数表示：

$$\overset{*j}{L}_{\overset{*j}{\boldsymbol{z}}}(\overset{*j}{\boldsymbol{x}}) \overset{\text{abbr.}}{=} \overset{*j}{f}_k(\overset{*j}{\boldsymbol{z}}|\overset{*j}{\boldsymbol{x}}) \tag{25.67}$$

通常假定执行机构传感器的检测概率恒为 1 且无杂波。假定多传感器状态为 $\overset{*}{X} = \{\overset{*j_1}{\boldsymbol{x}}, \cdots, \overset{*j_e}{\boldsymbol{x}}\}$ $(|\overset{*}{X}| = e)$，对应的执行机构传感器观测集为 $\overset{*}{Z} = \{\overset{*j_1}{\boldsymbol{z}}, \cdots, \overset{*j_e}{\boldsymbol{z}}\}$，则执行机构传感器的联合似然函数可表示为

$$\overset{*}{f}_{k+1}(\overset{*}{Z}|\overset{*}{X}) = \delta_{|\overset{*}{Z}|,|\overset{*}{X}|} \sum_{\pi} \overset{*j_1}{f}_{k+1}(\overset{*j_1}{\boldsymbol{z}}|\overset{*j_{\pi 1}}{\boldsymbol{x}}) \cdots \overset{*j_e}{f}_{k+1}(\overset{*j_e}{\boldsymbol{z}}|\overset{*j_{\pi e}}{\boldsymbol{x}}) \tag{25.68}$$

上式中的求和操作遍历 $1, \cdots, n$ 的所有排列 π。式(25.68)的矢量形式为

$$\overset{*}{f}_{k+1}(\overset{*j_1}{\boldsymbol{z}}, \cdots, \overset{*j_e}{\boldsymbol{z}}|\overset{*j_1}{\boldsymbol{x}}, \cdots, \overset{*j_e}{\boldsymbol{x}}) = \overset{*j_1}{f}_{k+1}(\overset{*j_1}{\boldsymbol{z}}|\overset{*j_1}{\boldsymbol{x}}) \cdots \overset{*j_e}{f}_{k+1}(\overset{*j_e}{\boldsymbol{z}}|\overset{*j_e}{\boldsymbol{x}}) \tag{25.69}$$

在实际中，受大气扰动引起的传输信号衰落、地形遮挡、延迟等因素影响，传感器观测及执行机构传感器观测并不一定能成功传送至信息融合站。假定有 s 个传感器，每个传感器都能访问当前可用的传输路径并且会附加相应的传输延迟，传感器 j 的状态 $\overset{*j}{\boldsymbol{x}}$ 中包含它所选的传输路径参数。从最抽象的意义上讲，“传感器”是指位于特定站点或移动平台上、可通过指定传输路径与地面站通信且工作于特定感知模式下的特定物理传感器。

给定上述假设后，便可用执行机构传感器的检测概率来表示非理想传输过程：

$$\overset{*j}{p}_{\mathrm{D}}(\overset{*j}{\boldsymbol{x}}) \overset{\text{abbr.}}{=} \overset{*j}{p}_{\mathrm{D},k}(\overset{*j}{\boldsymbol{x}}), \quad j = 1, \cdots, s \tag{25.70}$$

$\overset{*j}{p}_{\mathrm{D}}(\overset{*j}{\boldsymbol{x}})$ 只是为了数学描述的方便，并非执行机构传感器自身的检测概率，它实际表示的是状态为 $\overset{*j}{\boldsymbol{x}}$ 的传感器观测成功到达中心站的概率。这样一来，传感器 j 的执行机构观测便具有下述虚拟但简洁的数学形式：

$$\overset{*j}{Z}=\begin{cases}\emptyset, & 传输失败\\ \{\overset{*j}{\boldsymbol{z}}\}, & 其他\end{cases} \tag{25.71}$$

同理，可用传感器的马尔可夫转移密度 $\overset{*j}{f}_{k+1|k}(\overset{*j}{\boldsymbol{x}}|\overset{*j}{\boldsymbol{x}}{}')$ 来表示通信延迟，这是因为前面已假定 t_k 时刻的传感器状态矢量 $\overset{*j}{\boldsymbol{x}}{}'$ 中包含选定的传输路径参数。由于 $\overset{*j}{f}_{k+1|k}(\overset{*j}{\boldsymbol{x}}|\overset{*j}{\boldsymbol{x}}{}')$ 表示了 t_k 时刻状态为 $\overset{*j}{\boldsymbol{x}}{}'$ 的传感器在 t_{k+1} 时刻状态为 $\overset{*j}{\boldsymbol{x}}$ 的概率，因此若 $\overset{*j}{f}_{k+1|k}(\overset{*j}{\boldsymbol{x}}|\overset{*j}{\boldsymbol{x}}{}')$ 的传输路径延迟较大，则沿该路径传输的传感器信息在 k 到 $k+1$ 时间段内不可能到达信息融合站。

25.6.5　观测：多目标似然函数

t_{k+1} 时刻传感器 j 的多目标似然函数具有如下形式：

$$\overset{j}{f}_{k+1}(\overset{j}{Z}|X,\overset{*j}{\boldsymbol{x}}),\quad j=1,\cdots,s \tag{25.72}$$

若 $X=\{\boldsymbol{x}_1,\cdots,\boldsymbol{x}_n\}$ $(|X|=n)$，则在条件独立性假设下上述似然函数的一般形式为

$$\begin{aligned}\overset{j}{f}_{k+1}(\overset{j}{Z}|X,\overset{*j}{\boldsymbol{x}})=&\sum_{\overset{j}{W}_0\uplus\overset{j}{W}_1\uplus\cdots\uplus\overset{j}{W}_n=\overset{j}{Z}}\overset{j}{\kappa}_{k+1}(\overset{j}{W}_0)\cdot\\ &\overset{j}{f}_{k+1}(\overset{j}{W}_1|\boldsymbol{x}_1,\overset{*j}{\boldsymbol{x}})\cdots\overset{j}{f}_{k+1}(\overset{j}{W}_n|\boldsymbol{x}_n,\overset{*j}{\boldsymbol{x}})\end{aligned} \tag{25.73}$$

式中

$$\overset{j}{\kappa}_{k+1}(\overset{j}{Z})\overset{\text{abbr.}}{=}\kappa_{k+1}(\overset{j}{Z}|\overset{*j}{\boldsymbol{x}}) \tag{25.74}$$

为传感器 j 的杂波分布①；且

$$\overset{j}{f}_{k+1}(\overset{j}{Z}|\boldsymbol{x},\overset{*j}{\boldsymbol{x}})=\begin{cases}1-p_{\mathrm{D}}(\boldsymbol{x},\overset{*j}{\boldsymbol{x}}), & \overset{j}{Z}=\emptyset\\ p_{\mathrm{D}}(\boldsymbol{x},\overset{*j}{\boldsymbol{x}})\cdot L_{\overset{j}{\boldsymbol{z}}}(\boldsymbol{x},\overset{*j}{\boldsymbol{x}}), & \overset{j}{Z}=\{\overset{j}{\boldsymbol{z}}\}\\ 0, & 其他\end{cases} \tag{25.75}$$

更一般地，传感器 j 及其执行机构传感器的联合似然函数可表示为

$$\overset{j}{f}_{k+1}(\overset{j}{Z},\overset{*j}{Z}|X,\overset{*j}{\boldsymbol{x}})=\begin{cases}1-\overset{*j}{p}_{\mathrm{D}}(\overset{*j}{\boldsymbol{x}}), & \overset{*j}{Z}=\emptyset\\ \overset{*j}{p}_{\mathrm{D}}(\overset{*j}{\boldsymbol{x}})\cdot L_{\overset{*j}{\boldsymbol{z}}}(\overset{*j}{\boldsymbol{x}})\cdot\overset{j}{f}_{k+1}(\overset{j}{Z}|X,\overset{*j}{\boldsymbol{x}}), & \overset{*j}{Z}=\{\overset{*j}{\boldsymbol{z}}\}\\ 0, & |\overset{*j}{Z}|\geqslant 2\end{cases} \tag{25.76}$$

①注意：文献 [169] 中的式 (63) 存在笔误，这里用式(25.72)代替了其中的式 (63)～(65)。

25.6.6 观测：联合多目标似然函数

假定各传感器带有互不相同的标签 $j_1, \cdots, j_e$，它们的状态集为 $\overset{*}{X} = \{\overset{*j_1}{\boldsymbol{x}}, \cdots, \overset{*j_e}{\boldsymbol{x}}\}$。在条件独立性假设下，这些传感器的联合似然函数可表示为

$$f_{k+1}(\overset{j_1}{Z}, \overset{*j_1}{Z}, \cdots, \overset{j_e}{Z}, \overset{*j_e}{Z}|X, \overset{*}{X}) = \overset{j}{f}_{k+1}(\overset{j_1}{Z}, \overset{*j_1}{Z}|X, \overset{*j_1}{\boldsymbol{x}}) \cdots \overset{j}{f}_{k+1}(\overset{j_e}{Z}, \overset{*j_e}{Z}|X, \overset{*j_e}{\boldsymbol{x}}) \tag{25.77}$$

根据式(25.36)，上式还可表示为

$$f_{k+1}(\overset{j_1}{Z}, \overset{*j_1}{Z}, \cdots, \overset{j_e}{Z}, \overset{*j_e}{Z}|X, \overset{*}{X}) = f_{k+1}(\overset{j_1}{Z}, \cdots, \overset{j_e}{Z}, \overset{*j_1}{Z}, \cdots, \overset{*j_e}{Z}|X, \overset{*}{X}) \tag{25.78}$$

$$= f_{k+1}(Z, \overset{*}{Z}|X, \overset{*}{X}) \tag{25.79}$$

式中

$$Z = \overset{j_1}{Z} \uplus \cdots \uplus \overset{j_e}{Z}, \quad \overset{*}{Z} = \overset{*j_1}{Z} \uplus \cdots \uplus \overset{*j_e}{Z} \tag{25.80}$$

25.7 多目标控制：符号表示

前面几节中的符号表示非常繁杂，为便于引用，这里进行统一的梳理。

25.7.1 空间表示

- $\boldsymbol{x} \in \mathfrak{X}$：目标状态与目标状态空间。
- $X \subseteq \mathfrak{X}$：目标状态集。
- $\overset{*j}{\boldsymbol{x}} \in \overset{*j}{\mathfrak{X}}$：传感器 j 的状态和状态空间。
- $\overset{*}{\boldsymbol{x}} \in \overset{*}{\mathfrak{X}}$：所有传感器的状态和状态空间，其中 $\overset{*}{\mathfrak{X}} = \overset{*1}{\mathfrak{X}} \uplus \cdots \uplus \overset{*s}{\mathfrak{X}}$。
- $\overset{*}{X} \subseteq \overset{*}{\mathfrak{X}}$：多传感器状态集。
- $\overset{*}{X}{}^{(k)} : \overset{*}{X}_1, \cdots, \overset{*}{X}_k$：多传感器状态集序列。
- $\breve{\boldsymbol{x}} \in \breve{\mathfrak{X}}$：目标–传感器联合状态及联合状态空间，其中 $\breve{\mathfrak{X}} = \mathfrak{X} \uplus \overset{*}{\mathfrak{X}}$。
- $\breve{X} \subseteq \breve{\mathfrak{X}}$：目标–传感器联合状态集。
- $\overset{j}{\boldsymbol{z}} \in \overset{j}{\mathfrak{Z}}$：传感器 j 的观测和观测空间。
- $\overset{j}{Z} \in \overset{j}{\mathfrak{Z}}$：传感器 j 的观测集。
- $\overset{j}{Z}{}^{(k)} : \overset{j}{Z}_1, \cdots, \overset{j}{Z}_k$：传感器 j 的观测集序列。
- $\boldsymbol{z} \in \mathfrak{Z}$：目标观测及所有传感器的观测空间，其中 $\mathfrak{Z} = \overset{1}{\mathfrak{Z}} \uplus \cdots \uplus \overset{s}{\mathfrak{Z}}$。
- $Z \subseteq \mathfrak{Z}$：所有传感器的观测集。
- $Z^{(k)} : Z_1, \cdots, Z_k$：所有传感器的观测集序列。
- $\overset{*j}{\boldsymbol{z}} \in \overset{*j}{\mathfrak{Z}}$：传感器 j 的执行机构传感器观测及其观测空间。
- $\overset{*j}{Z} \subseteq \overset{*j}{\mathfrak{Z}}$：传感器 j 的执行机构传感器观测集，其中 $\overset{*j}{Z} = \emptyset$ 或 $\overset{*j}{Z} = \{\overset{*j}{\boldsymbol{z}}\}$。

- $\overset{*j}{Z}^{(k)}:\overset{*j}{Z}_1,\cdots,\overset{*j}{Z}_k$：传感器 j 的执行机构传感器观测集序列。
- $\overset{*}{z}\in\overset{*}{\mathfrak{Z}}$：所有传感器的执行机构观测及其观测空间，其中 $\overset{*}{\mathfrak{Z}}=\overset{*1}{\mathfrak{Z}}\uplus\cdots\uplus\overset{*s}{\mathfrak{Z}}$。
- $\breve{z}\in\breve{\mathfrak{Z}}$：传感器或执行机构传感器的观测及其观测空间，其中 $\breve{\mathfrak{Z}}=\mathfrak{Z}\uplus\overset{*}{\mathfrak{Z}}$。
- $\breve{Z}\subseteq\breve{\mathfrak{Z}}$：所有传感器的联合观测集。
- $\overset{j}{\boldsymbol{u}}\in\overset{j}{\mathfrak{U}}$：传感器 j 的控制和控制空间。
- $\overset{j}{U}^{(k)}:\overset{j}{\boldsymbol{u}}_0,\cdots,\overset{j}{\boldsymbol{u}}_k$：传感器 j 的控制序列。
- $\boldsymbol{u}\in\mathfrak{U}$：所有传感器的控制及其控制空间，其中 $\mathfrak{U}=\overset{1}{\mathfrak{U}}\uplus\cdots\uplus\overset{s}{\mathfrak{U}}$。
- $U\subseteq\mathfrak{U}$：所有传感器的控制集。
- $U^{(k)}:U_0,\cdots,U_k$：所有传感器的控制集序列 (多传感器控制策略)。

25.7.2　运动模型表示

- $f_{k+1|k}(\boldsymbol{x}|\boldsymbol{x}')$：单目标马尔可夫转移密度。
- $f_{k+1|k}(X|X')$：多目标马尔可夫转移密度。
- $\overset{*}{f}_{k+1|k}(\overset{*}{\boldsymbol{x}}|\overset{*}{\boldsymbol{x}}',\boldsymbol{u})$：单传感器马尔可夫密度。
- $\overset{*j}{f}_{k+1|k}(\overset{*j}{\boldsymbol{x}}|\overset{*j}{\boldsymbol{x}}',\overset{j}{\boldsymbol{u}})=f_{\overset{*j}{\boldsymbol{W}}_k}(\overset{*j}{\boldsymbol{x}}-\overset{*j}{\varphi}_k(\overset{*j}{\boldsymbol{x}}',\overset{j}{\boldsymbol{u}}))$：加性噪声版的单传感器状态转移密度，其中 $\overset{*j}{\varphi}_k(\overset{*j}{\boldsymbol{x}}',\overset{j}{\boldsymbol{u}})$ 为状态转移函数。
- $f_{k+1|k}(X,\overset{*}{X}|X',\overset{*}{X}',U)=f_{k+1|k}(X|X')\cdot\overset{*}{f}_{k+1|k}(\overset{*}{X}|\overset{*}{X}',U)$：多传感器−多目标联合马尔可夫转移密度。

25.7.3　观测模型表示

- $\overset{j}{f}_{k+1}(\overset{j}{z}|\boldsymbol{x},\overset{*j}{\boldsymbol{x}})=L_{\overset{j}{z}}(\boldsymbol{x},\overset{*j}{\boldsymbol{x}})=L_{\overset{j}{z}}(\boldsymbol{x})$：传感器 j 的似然函数。
- $\overset{j}{f}_{k+1}(\overset{j}{z}|\boldsymbol{x},\overset{*j}{\boldsymbol{x}})=f_{\overset{*j}{\boldsymbol{W}}_{k+1}}(\overset{j}{z}-\eta_{k+1}(\boldsymbol{x},\overset{*j}{\boldsymbol{x}}))$：加性噪声版的似然函数，其中 $\eta_{k+1}(\boldsymbol{x},\overset{*j}{\boldsymbol{x}})$ 为观测函数。
- $p_{\mathrm{D},k+1}(\boldsymbol{x},\overset{*j}{\boldsymbol{x}})=p_{\mathrm{D}}(\boldsymbol{x},\overset{*j}{\boldsymbol{x}})=\overset{j}{p}_{\mathrm{D}}(\boldsymbol{x})$：传感器 j 的检测概率 (视场)。
- $\overset{*j}{f}_{k+1}(\overset{*j}{z}|\overset{*j}{\boldsymbol{x}})=\overset{*j}{L}_{\overset{*j}{z}}(\overset{*j}{\boldsymbol{x}})$：传感器 j 的执行机构传感器似然函数。
- $\overset{*j}{p}_{\mathrm{D},k+1}(\overset{*j}{\boldsymbol{x}})=\overset{*j}{p}_{\mathrm{D}}(\overset{*j}{\boldsymbol{x}})$：传感器 j 及其执行机构传感器的观测被成功传输的概率。
- $\overset{j}{\kappa}_{k+1}(\overset{j}{Z})$：传感器 j 杂波过程的概率分布。
- $\overset{j}{f}_{k+1}(\overset{j}{Z}|\boldsymbol{x},\overset{*j}{\boldsymbol{x}})$：传感器 j 的单目标似然函数，且

$$\overset{j}{f}_{k+1}(\overset{j}{Z}|\boldsymbol{x},\overset{*j}{\boldsymbol{x}})=\begin{cases}1-p_{\mathrm{D}}(\boldsymbol{x},\overset{*j}{\boldsymbol{x}}), & \overset{j}{Z}=\emptyset\\ p_{\mathrm{D}}(\boldsymbol{x},\overset{*j}{\boldsymbol{x}})\cdot L_{\overset{j}{z}}(\boldsymbol{x},\overset{*j}{\boldsymbol{x}}), & \overset{j}{Z}=\{\overset{j}{z}\}\\ 0, & \text{其他}\end{cases}\tag{25.81}$$

- $\overset{j}{f}_{k+1}(\overset{j}{Z}|X,\overset{*j}{\boldsymbol{x}})$：传感器 j 的多目标似然函数，且

$$\overset{j}{f}_{k+1}(\overset{j}{Z}|X,\overset{*j}{\boldsymbol{x}}) = \sum_{\overset{j}{W}_0 \uplus \overset{j}{W}_1 \uplus \cdots \uplus \overset{j}{W}_n = \overset{j}{Z}} \overset{j}{\kappa}_{k+1}(\overset{j}{W}_0|\overset{*j}{\boldsymbol{x}}) \cdot \overset{j}{f}_{k+1}(\overset{j}{W}_1|\boldsymbol{x}_1,\overset{*j}{\boldsymbol{x}}) \cdots \overset{j}{f}_{k+1}(\overset{j}{W}_n|\boldsymbol{x}_n,\overset{*j}{\boldsymbol{x}}) \tag{25.82}$$

- $\overset{j}{f}_{k+1}(\overset{j}{Z},\overset{*j}{Z}|X,\overset{*j}{\boldsymbol{x}})$：传感器 j 及其执行机构传感器的联合多目标似然函数，且

$$\overset{j}{f}_{k+1}(\overset{j}{Z},\overset{*j}{Z}|X,\overset{*j}{\boldsymbol{x}}) = \begin{cases} 1-\overset{*j}{p}_{\mathrm{D}}(\overset{*j}{\boldsymbol{x}}), & \overset{*j}{Z}=\emptyset \\ \overset{*j}{p}_{\mathrm{D}}(\overset{*j}{\boldsymbol{x}}) \cdot \overset{*j}{L}_{\overset{*j}{\boldsymbol{z}}}(\overset{*j}{\boldsymbol{x}}) \cdot \overset{j}{f}_{k+1}(\overset{j}{Z}|X,\overset{*j}{\boldsymbol{x}}), & \overset{*j}{Z}=\{\overset{*j}{\boldsymbol{z}}\} \\ 0, & |\overset{*j}{Z}| \geqslant 2 \end{cases} \tag{25.83}$$

- $f_{k+1}(Z,\overset{*}{Z}|X,\overset{*}{X})$：所有传感器及其执行机构传感器的联合多目标似然函数，且

$$f_{k+1}(Z,\overset{*}{Z}|X,\overset{*}{X}) = \overset{j_1}{f}_{k+1}(\overset{j_1}{Z},\overset{*j_1}{Z}|X,\overset{*j_1}{\boldsymbol{x}}) \cdots \overset{j_e}{f}_{k+1}(\overset{j_e}{Z},\overset{*j_e}{Z}|X,\overset{*j_e}{\boldsymbol{x}}) \tag{25.84}$$

25.8 多目标控制：单步

本节的内容简介见23.3.1节。令：

- $Z^{(k)}: Z_1,\cdots,Z_k$ 表示 t_k 时刻所有传感器的目标观测集序列；
- $\overset{*}{Z}^{(k)}: \overset{*}{Z}_1,\cdots,\overset{*}{Z}_k$ 表示 t_k 时刻所有执行机构传感器的观测集序列，其中 $|\overset{*}{Z}_j| \leqslant 1$ $(j=1,\cdots,k)$；
- $U^{(k)}: U_0,\cdots,U_k$ 表示 t_k 时刻所有传感器的控制集序列，其中 U_j 为 t_j 时刻的控制。

给定上述表示后，含控制输入的多传感器多目标贝叶斯滤波器是式(24.22)~(24.25)集成控制单传感器单目标贝叶斯滤波器的直接推广：

$$\begin{aligned} \cdots &\to f_{k|k}(X,\overset{*}{X}|Z^{(k)},\overset{*}{Z}^{(k)},U^{(k-1)}) \\ &\to f_{k+1|k}(X,\overset{*}{X}|Z^{(k)},\overset{*}{Z}^{(k)},U^{(k)}) \\ &\to f_{k+1|k+1}(X,\overset{*}{X}|Z^{(k+1)},\overset{*}{Z}^{(k+1)},U^{(k)}) \to \cdots \end{aligned}$$

主要的滤波步骤如下：

- 时间更新：

$$f_{k+1|k}(X,\overset{*}{X}|Z^{(k)},\overset{*}{Z}^{(k)},U^{(k)}) = \int f_{k+1|k}(X|X') \cdot \overset{*}{f}_{k+1|k}(\overset{*}{X}|\overset{*}{X}',U_k) \cdot f_{k|k}(X',\overset{*}{X}'|Z^{(k)},\overset{*}{Z}^{(k)},U^{(k-1)})\delta X'\delta\overset{*}{X}' \tag{25.85}$$

- 观测更新：

$$
\begin{aligned}
&f_{k+1|k+1}(X,\overset{*}{X}|Z^{(k+1)},\overset{*}{Z}^{(k+1)},U^{(k)}) \\
&=\frac{\left(\begin{array}{c} f_{k+1}(Z_{k+1}|X,\overset{*}{X})\cdot f_{k+1}(\overset{*}{Z}_{k+1}|\overset{*}{X})\cdot \\ f_{k+1|k}(X,\overset{*}{X}|Z^{(k)},\overset{*}{Z}^{(k)},U^{(k)}) \end{array}\right)}{f_{k+1}(Z_{k+1},\overset{*}{Z}_{k+1}|Z^{(k)},\overset{*}{Z}^{(k)},U^{(k)})}
\end{aligned} \tag{25.86}
$$

式中

$$
\begin{aligned}
&f_{k+1}(Z_{k+1},\overset{*}{Z}_{k+1}|Z^{(k)},\overset{*}{Z}^{(k)},U^{(k)}) \\
&=\int f_{k+1}(Z_{k+1}|X,\overset{*}{X})\cdot f_{k+1}(\overset{*}{Z}_{k+1}|\overset{*}{X})\cdot f_{k+1|k}(X,\overset{*}{X}|Z^{(k)},\overset{*}{Z}^{(k)},U^{(k)})\delta X\delta\overset{*}{X}
\end{aligned} \tag{25.87}
$$

下面考虑单步前瞻控制。由于先前的多传感器控制 $U^{(k-1)}$ 已经确定，现需确定的是下一步的多传感器控制集 U_k。在给定传感器分辨率后，传感器视场 (FoV) 调整应当尽量高效。此时，基于闭环滤波器的控制方案如下所示：

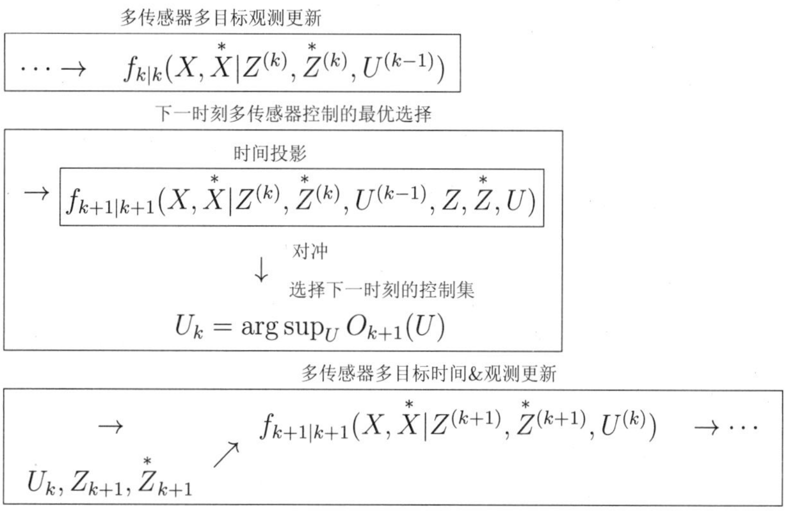

有关该方案的详细描述，参见随后几小节。

25.9 多目标控制：目标函数

本节讨论几种可能的传感器管理目标函数，具体包括：

- 25.9.1节：信息论目标函数。
- 25.9.2节：PENT (目标数后验期望) 目标函数。
- 25.9.3节：势方差 (PENT 的方差) 目标函数。
- 25.9.4节：PENT 与信息论目标函数的近似关系。

25.9.1 信息论目标函数

与24.5节类似，这里给出多目标版的K–L互熵以及更具一般性的Csiszár区分度：

$$O_{k+1}(U,Z,\overset{*}{Z}) = \int f_{k+1|k+1}(X|Z^{(k)},\overset{*}{Z}{}^{(k)},U^{(k-1)},Z,\overset{*}{Z},U)\cdot \log\left(\frac{f_{k+1|k+1}(X|Z^{(k)},\overset{*}{Z}{}^{(k)},U^{(k-1)},Z,\overset{*}{Z},U)}{f_{k+1|k}(X|Z^{(k)},\overset{*}{Z}{}^{(k)},U^{(k-1)},U)}\right)\delta X \tag{25.88}$$

$$O_{k+1}(U,Z,\overset{*}{Z}) = \int c_{k+1}\left(\frac{f_{k+1|k+1}(X|Z^{(k)},\overset{*}{Z}{}^{(k)},U^{(k-1)},Z,\overset{*}{Z},U)}{f_{k+1|k}(X|Z^{(k)},\overset{*}{Z}{}^{(k)},U^{(k-1)},U)}\right)\cdot f_{k+1|k}(X|Z^{(k)},\overset{*}{Z}{}^{(k)},U^{(k-1)},U)\delta X \tag{25.89}$$

式中的边缘分布定义为

$$\begin{aligned} & f_{k+1|k+1}(X|Z^{(k)},\overset{*}{Z}{}^{(k)},U^{(k-1)},Z,\overset{*}{Z},U) \\ &= \int f_{k+1|k+1}(X,\overset{*}{X}|Z^{(k)},\overset{*}{Z}{}^{(k)},U^{(k-1)},Z,\overset{*}{Z},U)\delta\overset{*}{X} \end{aligned} \tag{25.90}$$

$$f_{k+1|k}(X|Z^{(k)},\overset{*}{Z}{}^{(k)},U^{(k-1)},U) = \int f_{k+1|k}(X,\overset{*}{X}|Z^{(k)},\overset{*}{Z}{}^{(k)},U^{(k-1)},U)\delta\overset{*}{X} \tag{25.91}$$

上面两个目标函数几乎总不易于计算，因此需要极度但却原则性的近似。

B. Ristic 和 B. N. Vo[259] 给出了一种这样的近似：假定底层的多目标滤波器是多目标贝叶斯滤波器的SMC实现，且目标函数为Rényi α 散度 (见6.3节)。针对单传感器情形下的理想传感器管理方法 (见25.12节)，B. Ristic 和 B. N. Vo 提出了一种SMC近似版的目标函数。

在SMC近似方法中，多目标预测分布可近似为下面的多目标狄拉克混合形式：

$$f_{k+1|k}(X|Z^{(k)}) \cong \sum_{i=1}^{\nu_{k+1|k}} w_i^{k+1|k}\cdot \delta_{X_i^{k+1|k}}(X) \tag{25.92}$$

式中：$\delta_{X'}(X)$ 为多目标状态 X' 处的多目标狄拉克分布 (见(4.13)式)。

此时，Rényi 散度可近似为 (文献 [259] 中的 (15) 式)

$$R_\alpha(Z|\boldsymbol{u}) = \frac{1}{1-\alpha}\log\int f_{k+1|k+1}(X|Z^{(k)},U^{k-1},Z,\boldsymbol{u})^\alpha\cdot f_{k+1|k}(X|Z^{(k)},U^{k-1})^{1-\alpha}\delta X \tag{25.93}$$

$$= \frac{1}{1-\alpha}\log\int \frac{f_{k+1}(Z|X,\boldsymbol{u})^\alpha\cdot f_{k+1|k}(X|Z^{(k)},U^{k-1})^\alpha}{f_{k+1}(Z|Z^{(k)},U^k)^\alpha}\cdot f_{k+1|k}(X|Z^{(k)},U^{k-1})^{1-\alpha}\delta X \tag{25.94}$$

$$= \frac{1}{1-\alpha}\log\frac{\int f_{k+1}(Z|X,\boldsymbol{u})^\alpha\cdot f_{k+1|k}(X|Z^{(k)},U^{k-1})\delta X}{\left(\int f_{k+1}(Z|Y,\boldsymbol{u})\cdot f_{k+1|k}(Y|Z^{(k)},U^{k-1})\delta Y\right)^\alpha} \tag{25.95}$$

$$\cong \frac{1}{1-\alpha} \log \frac{\sum_{i=1}^{\nu_{k+1|k}} w_i^{k+1|k} \cdot f_{k+1}(Z|X_i^{k+1|k}, \boldsymbol{u})^\alpha}{\left(\sum_{i=1}^{\nu_{k+1|k}} w_i^{k+1|k} \cdot f_{k+1}(Z|X_i^{k+1|k}, \boldsymbol{u})\right)^\alpha} \tag{25.96}$$

$$= \frac{1}{1-\alpha} \log \frac{\gamma_\alpha(Z|\boldsymbol{u})}{\gamma_1(Z|\boldsymbol{u})^\alpha} \tag{25.97}$$

式中

$$\gamma_\alpha(Z|\boldsymbol{u}) = \sum_{i=1}^{\nu_{k+1|k}} w_i^{k+1|k} \cdot f_{k+1}(Z|X_i^{k+1|k}, \boldsymbol{u})^\alpha \tag{25.98}$$

另一个值得一提的目标函数是柯西–施瓦茨散度。当预测及后验多目标分布都是泊松分布时，式(6.86)便退化为下面的 L_2 平方范数[108]：

$$O_{k+1}(U, Z, \overset{*}{Z}) = \frac{c}{2} \int \begin{pmatrix} D_{k+1|k+1}(\boldsymbol{x}|Z^{(k)}, \overset{*}{Z}{}^{(k)}, U^{(k-1)}, Z, \overset{*}{Z}, U) - \\ D_{k+1|k}(\boldsymbol{x}|Z^{(k)}, \overset{*}{Z}{}^{(k)}, U^{(k-1)}, U) \end{pmatrix}^2 \mathrm{d}\boldsymbol{x} \tag{25.99}$$

当 PHD 采用高斯混合近似时，该范数具有精确闭式解。初步的研究表明，上述目标函数具有良好的传感器管理行为，见文献 [108] 及26.6.3.5节。

25.9.2 PENT 目标函数

当采用 PHD 滤波器来近似多目标滤波器时，目标函数也需要按照一阶信息定义。具体来讲，就是根据 PHD 定义目标函数。23.2节在直观层面上介绍了这样一个目标函数——目标数后验期望 (PENT)：

$$N_{k+1|k+1}(U, Z, \overset{*}{Z}) = \int |X| \cdot f_{k+1|k+1}(X|Z^{(k)}, \overset{*}{Z}{}^{(k)}, U^{(k-1)}, Z, \overset{*}{Z}, U)\delta X \tag{25.100}$$

上式即下一时刻未知观测集 Z、$\overset{*}{Z}$ 及待定控制集 U 给定后的期望目标数。

PENT 具有下面两种不同的表示方式：

- 后验势分布的期望值：

$$N_{k+1|k+1}(U, Z, \overset{*}{Z}) = \sum_{n \geqslant 0} n \cdot p_{k+1|k+1}(n|Z^{(k)}, \overset{*}{Z}{}^{(k)}, U^{(k-1)}, Z, \overset{*}{Z}, U) \tag{25.101}$$

- 后验 PHD 的积分：

$$N_{k+1|k+1}(U, Z, \overset{*}{Z}) = \int D_{k+1|k+1}(\boldsymbol{x}|Z^k, \overset{*}{Z}{}^{(k)}, U^{(k-1)}, Z, \overset{*}{Z}, U)\mathrm{d}\boldsymbol{x} \tag{25.102}$$

25.9.3 势方差目标函数

PENT 目标函数便于计算，但由于它是点过程意义上的一阶统计信息，因此主要配合 PHD 滤波器使用。假定除 PHD 之外还可得到势分布 (如 CPHD 和 CBMeMBer 滤波器情形)，则理论上可设计出易于计算且具有直观物理意义的目标函数，而且比 PENT 更为有效。

Hung Gia Huong 和 B. T. Vo[108] 提出了这样一种目标函数：势方差目标函数，即 PENT 的方差。若后验势分布为

$$p_{k+1|k+1}(n|U,Z,\overset{*}{Z}) = \int_{|X|=n} f_{k+1|k+1}(X|Z^{(k)},\overset{*}{Z}^{(k)},U^{(k-1)},Z,\overset{*}{Z},U)\delta X \tag{25.103}$$

则势分布的方差为

$$\sigma^2_{k+1|k+1}(U,Z,\overset{*}{Z}) = -N_{k+1|k+1}(U,Z,\overset{*}{Z})^2 + \sum_{n\geqslant 0} n^2 \cdot p_{k+1|k+1}(n|U,Z,\overset{*}{Z}) \tag{25.104}$$

Hung Gia Huong 和 B. T. Vo 提出的传感器管理方法基于上述目标函数的最小化，验证结果表明：对于高分辨传感器，势方差目标函数比 Rényi 信息泛函具有更好的表现 (见文献 [108] 和26.6.4.2节)。

25.9.4 PENT：一种近似的信息论目标函数

可将 PENT 视作多目标 K−L 互熵和其他 Csiszár 区分度泛函的一种近似。例如，假定多目标预测及后验分布都为泊松分布 (4.3.1节)：

$$f_{k+1|k}(X|Z^{(k)},\overset{*}{Z}^{(k)},U^{(k-1)},U) = e^{-N_{k+1|k}} \cdot D^X_{k+1|k} \tag{25.105}$$

$$f_{k+1|k+1}(X|Z^{(k)},\overset{*}{Z}^{(k)},U^{(k-1)},Z,\overset{*}{Z},U) = e^{-N_{k+1|k+1}} \cdot D^X_{k+1|k+1} \tag{25.106}$$

为表示简单起见，上式中 $N_{k+1|k+1}$ 和 $D_{k+1|k+1}$ 的表示中均省略了与 Z、$\overset{*}{Z}$、U 的相关性。同时，采用下述简写表示：

$$c(x) = c_{k+1}(x) = 1 - x + x\log x \tag{25.107}$$

当 $x \geqslant 1$ 时，$c(x)$ 严格递增。根据式(6.78)，K−L 互熵可表示为

$$\frac{O_{k+1}(U,Z,\overset{*}{Z})}{N_{k+1|k}} = c\left(\frac{N_{k+1|k+1}}{N_{k+1|k}}\right) + \frac{N_{k+1|k+1}}{N_{k+1|k}} \int s_{k+1|k+1}(\boldsymbol{x}) \cdot c\left(\frac{s_{k+1|k+1}(\boldsymbol{x})}{s_{k+1|k}(\boldsymbol{x})}\right) \mathrm{d}\boldsymbol{x} \tag{25.108}$$

因此，当 $N_{k+1|k+1} \geqslant N_{k+1|k}$ 时，K−L 互熵的最大化可通过同时最大化 $N_{k+1|k+1}$ 及下式的归一化 PHD 互熵来实现：

$$I_c(s_{k+1|k+1};s_{k+1|k}) = \int s_{k+1|k+1}(\boldsymbol{x}) \cdot c\left(\frac{s_{k+1|k+1}(\boldsymbol{x})}{s_{k+1|k}(\boldsymbol{x})}\right) \mathrm{d}\boldsymbol{x} \tag{25.109}$$

如果想避免式(25.109)最大化过程中的复杂计算，则可将 *PENT* 作为 *K−L* 互熵的近似，即忽略式(25.108)右边的归一化 PHD 互熵——式(25.109)：

$$O_{k+1}(U,Z,\overset{*}{Z}) \cong N_{k+1|k} \cdot c\left(\frac{N_{k+1|k+1}}{N_{k+1|k}}\right) \tag{25.110}$$

当 $N_{k+1|k+1} \geqslant N_{k+1|k}$ 时，最大化 $N_{k+1|k+1}$ 就近似等价于最大化 $O_{k+1}(U,Z,\overset{*}{Z})$。

如果 $f_{k+1|k}(X|Z^{(k)},\overset{*}{Z}^{(k)},U^{(k-1)},U)$ 和 $f_{k+1|k+1}(X|Z^{(k)},\overset{*}{Z}^{(k)},U^{(k-1)},Z,\overset{*}{Z},U)$ 都为 i.i.d.c. 分布 (见4.3.2节)，则式(6.88)的互熵可表示为

$$I_c(f_{k+1|k+1};f_{k+1|k})=I_c(p_{k+1|k+1};p_{k+1|k})+N_{k+1|k+1}\cdot I_c(s_{k+1|k+1};s_{k+1|k}) \quad (25.111)$$

若分别使 $N_{k+|k+1}$、$I_c(p_{k+1|k+1};p_{k+1|k})$ 和 $I_c(s_{k+1|k+1};s_{k+1|k})$ 最大化，则互熵便可最大化。但考虑到计算方面的原因而忽略后面两项，则互熵最大化近似等价于 $N_{k+|k+1}$ 最大化。

PENT(至少) 还是另外两个 Csiszár 区分度泛函的近似：

- χ^2 区分度的近似：根据式(6.80)，泊松过程的 χ^2 区分度可表示为

$$N_{k+1|k}\cdot I_c(f_{k+1|k+1};f_{k+1|k})=N^2_{k+1|k+1}\cdot\begin{pmatrix}c\left(\frac{N_{k+1|k}}{N_{k+1|k+1}}\right)+\\I_c(s_{k+1|k+1};s_{k+1|k})\end{pmatrix} \quad (25.112)$$

式中：$c(x)=(x-1)^2$。若忽略与归一化 PHD 有关的项，则

$$N_{k+1|k}\cdot I_c(f_{k+1|k+1};f_{k+1|k})\cong N^2_{k+1|k+1}\cdot c\left(\frac{N_{k+1|k}}{N_{k+1|k+1}}\right) \quad (25.113)$$

$$=(N_{k+1|k+1}-N_{k+1|k})^2 \quad (25.114)$$

因此，通过最大化 PENT 便可使 χ^2 互熵近似最大化。

- *Rányi* α 散度的近似：根据式(6.85)，泊松过程的 Rényi α 散度可表示为

$$R_\alpha(f_{k+1|k+1};f_{k+1|k})=\alpha\cdot N_{k+1|k}\cdot c\left(\frac{N_{k+1|k+1}}{N_{k+1|k}}\right)+ \quad (25.115)$$
$$\alpha\cdot N^\alpha_{k+1|k+1}N^{1-\alpha}_{k+1|k}\cdot I_c(s_{k+1|k+1};s_{k+1|k})$$

式中：$c(x)=\alpha^{-1}(1-\alpha)^{-1}\cdot(\alpha x+1-\alpha-x^\alpha)$。忽略与归一化 PHD 有关的项，则

$$R_\alpha(f_{k+1|k+1};f_{k+1|k})\cong\alpha\cdot N_{k+1|k}\cdot c\left(\frac{N_{k+1|k+1}}{N_{k+1|k}}\right) \quad (25.116)$$

通过最大化 PENT 便可使 α 散度近似最大化。

25.10　多传感器多目标控制：对冲

类似于24.6节的单传感器单目标情形，多目标情形下同样也需要解决目标函数 $O_{k+1}(U,Z,\overset{*}{Z})$ 对将来未知观测 Z、$\overset{*}{Z}$ 的依赖性问题。多目标期望值与最小值是两种最直接的对冲方法，它们可分别表示为

$$O_{k+1}(U)=\int O_{k+1}(U,Z,\overset{*}{Z})\cdot f_{k+1}(Z,\overset{*}{Z}|Z^{(k)},\overset{*}{Z}^{(k)},U^{(k-1)},U)\delta Z\delta\overset{*}{Z} \quad (25.117)$$

$$O_{k+1}(U)=\inf_{Z,\overset{*}{Z}}O_{k+1}(U,Z,\overset{*}{Z}) \quad (25.118)$$

上面这两种可能的对冲方法几乎总不易于计算，故需寻找一种易于计算的替代方法。

一种替代方法就是式(23.4)给出的多目标版多样本近似对冲，但单样本近似更为简单，它仅选择单个“最具代表性”的观测集[①]。文献 [169] 第 269–270 页介绍了一种名为最大–PIMS 对冲 (简称 PIMS 对冲) 的单样本方法。它基于所谓的预测理想观测集 (PIMS)，是24.6.4节单传感器单目标 PM 方法的推广。本节就来介绍该方法，主要内容包括：

- 25.10.1节：预测观测集 (PMS) 及其用于对冲的困难所在。
- 25.10.2节：采用预测理想观测集 (PIMS) 的一般对冲方法。
- 25.10.3节：最大–PIMS 对冲的几个重要特例，分别用于 CPHD 滤波器、PHD 滤波器、伯努利滤波器以及 CBMeMBer 滤波器。
- 25.10.4节：PIMS 单样本对冲方法的推导。

25.10.1 预测观测集 (PMS) 对冲

一种直接的对冲方法就是将24.6.4节的 PM 方法推广至多传感器多目标情形[②]。假定在 t_{k+1} 时刻：

- 已知 n 条预测目标航迹 $X_{k+1|k} = \{\boldsymbol{x}_1, \cdots, \boldsymbol{x}_n\}$ ($|X_{k+1|k}|$)；
- $\overset{*j}{\boldsymbol{x}}$ $(j = 1, \cdots, e)$ 表示当前的传感器状态；
- 单传感器似然函数为下述加性形式：

$$\overset{j}{L}_{\overset{j}{z}}(\boldsymbol{x}, \overset{*j}{\boldsymbol{x}}) = \overset{j}{f}_{k+1}(\overset{j}{z}|\boldsymbol{x}, \overset{*j}{\boldsymbol{x}}) = f_{\overset{j}{\boldsymbol{V}}_{k+1}}(\overset{j}{z} - \eta_{k+1}(\boldsymbol{x}, \overset{*j}{\boldsymbol{x}})) \tag{25.119}$$

给定第 j 个传感器的预测状态后，将 t_{k+1} 时刻“理想的”无杂噪观测集称作预测目标观测集，即

$$\overset{j}{Z}{}_{k+1}^{\text{PMS}} = \overset{j}{\eta}_{k+1}(X_{k+1|k}) \overset{\text{def.}}{=} \{\eta_{k+1}(\boldsymbol{x}_1, \overset{*j}{\boldsymbol{x}}), \cdots, \eta_{k+1}(\boldsymbol{x}_n, \overset{*j}{\boldsymbol{x}})\} \tag{25.120}$$

当杂波密度不是很大且传感器的分辨率足够好时，PMS 即最有可能得到的观测集 (假定 $\boldsymbol{x}_1, \cdots, \boldsymbol{x}_n$ 实际都能检测到)。对于标签为 $j_1, \cdots, j_e$ 的传感器集，对应的理想无杂噪观测集可表示为

$$Z_{k+1}^{\text{PMS}} = \overset{j_1}{Z}{}_{k+1}^{\text{PMS}} \uplus \cdots \uplus \overset{j_e}{Z}{}_{k+1}^{\text{PMS}} \tag{25.121}$$

这里暂且忽略执行机构传感器观测，假定目标函数为 $O_{k+1}(U, Z)$。与24.6.4节类似，对冲公式可表示为

$$O_{k+1}(U) = O_{k+1}(U, Z_{k+1}^{\text{PMS}}) \tag{25.122}$$

但上述方法是有问题的。正如26.3.1.4节注解96中所述，该方法不是总能获得直观正确的传感器管理行为。通过下面的简单分析，读者便不难明白其中的原因。

[①] 文献 [162] 中的方法更早但却欠考虑，它允许用空集 $Z = \emptyset$ 作为单样本 (误认为在某种意义上反映没有信息量)，因此导致很差的传感器管理性能。

[②] 作为 PIMS 方法的一种简化版，该方法已被若干研究者使用，在所假定的特定条件下，其表现似乎相当不错。

假定 t_{k+1} 时刻的传感器视场是“锐截止的”:

$$p_{\mathrm{D},k+1}(\boldsymbol{x},\overset{*j}{\boldsymbol{x}})=\mathbf{1}_{\overset{j}{S}}(\boldsymbol{x}),\quad \overset{j}{S}\subseteq\mathfrak{X} \tag{25.123}$$

如24.6.4节所述，若 $\boldsymbol{x}_i\notin\overset{j}{S}$，则传感器不可能从 $\boldsymbol{x}_i$ 获得任何观测，具体讲，预测观测 $\eta_{k+1}(\boldsymbol{x}_i,\overset{*j}{\boldsymbol{x}})$ 是不可能得到的。由此便产生了一个固有的难题：

- 显然不宜强迫传感器去采集它根本不可能得到的观测；
- 引导传感器采集它最有可能获取的观测应该是一种比较好的选择。

该问题可采用下述方法解决：将传感器 j 可获取的预测观测集表示为

$$\overset{j}{Z}{}_{k+1}^{\mathrm{PIMS}}=\bigcup_{i:\boldsymbol{x}_i\in\overset{j}{S}}\{\overset{j}{\eta}_{k+1}(\boldsymbol{x}_i,\overset{*j}{\boldsymbol{x}})\} \tag{25.124}$$

上式即检测概率为 $\mathbf{1}_{\overset{j}{S}}(\boldsymbol{x})$ 时的预测理想观测集 (PIMS)。若共有 e 个标签为 $j_1,\cdots,j_e$ 的传感器，则所有传感器的 PIMS 可表示为

$$Z_{k+1}^{\mathrm{PIMS}}=\overset{j_1}{Z}{}_{k+1}^{\mathrm{PIMS}}\uplus\cdots\uplus\overset{j_e}{Z}{}_{k+1}^{\mathrm{PIMS}} \tag{25.125}$$

25.10.2　预测理想观测集 (PIMS)：一般方法

传感器视场 (FoV) 一般并非是锐截止的，那如何将 PIMS 的概念推广至任意的 FoV 呢？本节就来介绍这样一种方法，它比文献 [169] 第 268−271 页的原始方法 (仅当预测多目标为泊松时适用) 更具通用性，但同时也存在下面的局限性：

- 它隐含了假定——观测中需包含一些杂波 (见本节末的注解92)。

为概念清晰起见，下面以单传感器为例。将预测航迹估计和式(25.120)的 PMS 分别记作

$$\hat{X}\overset{\text{abbr.}}{=}X_{k+1|k}=\{\boldsymbol{x}_1,\cdots,\boldsymbol{x}_n\} \tag{25.126}$$

$$\hat{Z}=\eta(\hat{X})\overset{\text{abbr.}}{=}\eta_{k+1}(\hat{X}) \tag{25.127}$$

对于任意的子集 $I\subseteq\{1,\cdots,n\}$，定义

$$\hat{X}_I=\bigcup_{i\in I}\{\boldsymbol{x}_i\} \tag{25.128}$$

$$\hat{Z}_I=\eta(\hat{X}_I)=\bigcup_{i\in I}\{\eta_{k+1}(\boldsymbol{x})\} \tag{25.129}$$

接下来，对于任意的子集 $V\subseteq\hat{X}$，将 V 的联合检测概率定义为

$$p_{\mathrm{D}}(V)=p_{\mathrm{D}}^{V}=\prod_{\boldsymbol{x}\in V}p_{\mathrm{D}}(\boldsymbol{x}) \tag{25.130}$$

也就是说，p_D^V 表示 V 中所有元素都被检测到的概率。

给定上述表示后，可根据“对冲的”后验 p.g.fl. 定义 PIMS 对冲方法。由5.10.3节可知，标准多目标观测模型下的实际后验 p.g.fl. 为

$$G_{k+1|k+1}[h] = \frac{\frac{\delta F}{\delta Z_{k+1}}[0,h]}{\frac{\delta F}{\delta Z_{k+1}}[0,1]} \tag{25.131}$$

式中

$$\frac{\delta F}{\delta Z_{k+1}}[g,h] = \sum_{W\subseteq Z_{k+1}} \frac{\delta G_{k+1}^{\kappa}}{\delta(Z-W)}[g]\cdot \frac{\delta}{\delta W}G_{k+1|k}[h(1+p_D L_{g-1})] \tag{25.132}$$

$$L_g(\boldsymbol{x}) = \int g(\boldsymbol{z})\cdot f_{k+1}(\boldsymbol{z}|\boldsymbol{x})\mathrm{d}\boldsymbol{z} \tag{25.133}$$

式(25.132)中的 $G_{k+1}^{\kappa}[g]$ 为杂波过程的 p.g.fl.。因此，单样本对冲的后验 p.g.fl. 可定义为(见25.10.4节)

$$G_{k+1|k+1}^{\mathrm{PIMS}}[h] = \frac{\frac{\delta F^{\mathrm{PIMS}}}{\delta \hat{Z}}[0,h]}{\frac{\delta F^{\mathrm{PIMS}}}{\delta \hat{Z}}[0,1]} \tag{25.134}$$

式中

$$\begin{aligned}\frac{\delta F^{\mathrm{PIMS}}}{\delta \hat{Z}}[g,h] = \sum_{I\subseteq\{1,\cdots,n\}} &\frac{\delta G_{k+1}^{\kappa}}{\delta(\hat{Z}-\hat{Z}_I)}[g]\cdot p_D(\hat{X}_I)\cdot \\ &\frac{\delta}{\delta \hat{Z}_I}G_{k+1|k}[h(1-p_D+p_D L_g)]\end{aligned} \tag{25.135}$$

关于上式的推理过程，稍后将在25.10.4节作出解释。

为了使式(25.135)具有确切的数学定义，还需对其略加修改。不难发现，应该存在一个最大子集 $I_{\max}\subseteq\{1,\cdots,n\}$，满足 $p_D(\hat{X}_{I_{\max}})\neq 0$，即当 $i\in I_{\max}$ 时，$p_D(\boldsymbol{x}_i,\overset{*}{\boldsymbol{x}})\neq 0$；当 $i\in \hat{X}-\hat{X}_{I_{\max}}$ 时，$p_D(\boldsymbol{x}_i,\overset{*}{\boldsymbol{x}})=0$。因此，式(25.135)简化后的最终形式为

$$\begin{aligned}\frac{\delta F^{\mathrm{PIMS}}}{\delta \hat{Z}}[g,h] = \sum_{I\subseteq I_{\max}} &\frac{\delta G_{k+1}^{\kappa}}{\delta(\hat{Z}-\hat{Z}_I)}[g]\cdot p_D(\hat{X}_I)\cdot \\ &\frac{\delta}{\delta \hat{Z}_I}G_{k+1|k}[h(1-p_D+p_D L_g)]\end{aligned} \tag{25.136}$$

注解 91: 对于后面讨论的情形，只要将出现 $L_{\eta_{k+1}(\boldsymbol{x}_i)}$ 的地方统一替换为 $p_D(\boldsymbol{x}_i)\cdot L_{\eta_{k+1}(\boldsymbol{x}_i)}$ 即可。

由对冲的 p.g.fl. 可推导出各种感兴趣的量，如：

- 对冲的后验 PHD：

$$D_{k+1|k+1}^{\mathrm{PIMS}}(\boldsymbol{x}) = \frac{\delta G^{\mathrm{PIMS}}}{\delta \boldsymbol{x}}[1] \tag{25.137}$$

- 对冲的 PENT (目标数后验期望):

$$N_{k+1|k+1}^{\text{PIMS}} = \left[\frac{\mathrm{d}}{\mathrm{d}x} G_{k+1|k+1}^{\text{PIMS}}[x]\right]_{x=1} \tag{25.138}$$

- 对冲的后验 p.g.f.:

$$G_{k+1|k+1}^{\text{PIMS}}(x) = G_{k+1|k+1}^{\text{PIMS}}[x] \tag{25.139}$$

- 对冲的势分布:

$$p_{k+1|k+1}^{\text{PIMS}}(n) = \left[\frac{1}{n!}\frac{\mathrm{d}^n}{\mathrm{d}x^n} G_{k+1|k+1}^{\text{PIMS}}(x)\right]_{x=0} \tag{25.140}$$

- 对冲的势方差:

$$\sigma_{k+1|k+1}^{2,\text{PIMS}} = -(N_{k+1|k+1}^{\text{PIMS}})^2 + \sum_{n \geqslant 0} n^2 \cdot p_{k+1|k+1}^{\text{PIMS}}(n) \tag{25.141}$$

对于传感器管理问题，$N_{k+1|k+1}^{\text{PIMS}}$ 是控制集 U 的函数，因此可将 PIMS 单样本对冲简写为 (省略 PIMS 变量):

$$N_{k+1|k+1}(U) = N_{k+1|k+1}(U, Z_{k+1}^{\text{PIMS}}) \tag{25.142}$$

注解 92 (PIMS 对冲方法需要有杂波): 本节介绍的对冲方法隐含了这样的假设：观测集必含杂波。考虑不含杂波的反例，令 $\kappa_{k+1}(Z) = \delta_{0,|Z|}$。此时，式(25.136)中若 $\hat{Z} \neq \hat{Z}_I$，则

$$\frac{\delta G_{k+1}^{\kappa}}{\delta(\hat{Z} - \hat{Z}_I)}[g] = 0 \tag{25.143}$$

仅当 $\hat{Z} = \hat{Z}_I$ (即 $I = \{1, \cdots, n\}$) 时，上式才不为零，因此式(25.136)中的求和仅余下 $I = \{1, \cdots, n\}$ 的那一项。由此可知 $I \subseteq I_{\max}$，故 $I_{\max} = \{1, \cdots, n\}$ 且 $p_{\mathrm{D}}(\hat{X}) \neq 0$。式(25.135)因此可简化为

$$\frac{\delta F^{\text{PIMS}}}{\delta \hat{Z}}[g, h] = p_{\mathrm{D}}(\hat{X}) \cdot \frac{\delta}{\delta \hat{Z}} G_{k+1|k}[h(1 - p_{\mathrm{D}} + p_{\mathrm{D}} L_g)] \tag{25.144}$$

根据式(25.131)可知

$$G_{k+1|k+1}^{\text{PIMS}}[h] = \frac{\frac{\delta F^{\text{PIMS}}}{\delta \hat{Z}}[0, h]}{\frac{\delta F^{\text{PIMS}}}{\delta \hat{Z}}[0, 1]} \tag{25.145}$$

$$= \frac{p_{\mathrm{D}}(\hat{X}) \cdot \left[\frac{\delta}{\delta \hat{Z}} G_{k+1|k}[h(1 - p_{\mathrm{D}} + p_{\mathrm{D}} L_g)]\right]_{g=0}}{p_{\mathrm{D}}(\hat{X}) \cdot \left[\frac{\delta}{\delta \hat{Z}} G_{k+1|k}[(1 - p_{\mathrm{D}} + p_{\mathrm{D}} L_g)]\right]_{g=0}} \tag{25.146}$$

$$= \frac{\left[\frac{\delta}{\delta \hat{Z}} G_{k+1|k}[h(1 - p_{\mathrm{D}} + p_{\mathrm{D}} L_g)]\right]_{g=0}}{\left[\frac{\delta}{\delta \hat{Z}} G_{k+1|k}[(1 - p_{\mathrm{D}} + p_{\mathrm{D}} L_g)]\right]_{g=0}} \tag{25.147}$$

因此，在无杂波情形下 PIMS 对冲的后验 p.g.fl. 与 $p_D(\hat{X})$ 无关，此时不存在 PIMS 对冲。为了使 PIMS 对冲方法有效，必须假定观测集至少包含一个杂波观测。在特定情形下也可以避免该限制条件，见26.3.1.3节中的注解93。

25.10.3 预测理想观测集 (PIMS)：特殊情形

本节给出式(25.134)及式(25.135)的四个重要特例，它们在本章后面的 CPHD、PHD、伯努利及 CBMeMBer 滤波器的 PIMS 单样本对冲方法中将会用到。附录 K.37 中证明有以下结果：

- *CPHD* 滤波器的 *PIMS* 单样本对冲：假定 $G^{\kappa}_{k+1}[g]$ 和 $G_{k+1|k}[h]$ 为4.3.2节中定义的 i.i.d.c. 过程，即：

$$G^{\kappa}_{k+1}[g] = G^{\kappa}_{k+1}(c_{k+1}[g]) \tag{25.148}$$

$$G_{k+1|k}[h] = G_{k+1|k}(s_{k+1|k}[h]) \tag{25.149}$$

则 PIMS 对冲的后验 p.g.fl. 为

$$G^{\text{PIMS}}_{k+1|k+1}[h] = \frac{\sum_{l=0}^{n}(n-l)! \cdot p^{\kappa}_{k+1}(n-l) \cdot G^{(l)}_{k+1|k}(\phi_k[h]) \cdot \sigma^{\text{PIMS}}_{n,l}[h]}{\sum_{i=0}^{n}(n-i)! \cdot p^{\kappa}_{k+1}(n-i) \cdot G^{(i)}_{k+1|k}(\phi_k[1]) \cdot \sigma^{\text{PIMS}}_{n,i}[1]} \tag{25.150}$$

式中

$$\phi_k[h] = s_{k+1|k}[h(1-p_D)] \tag{25.151}$$

$$\sigma^{\text{PIMS}}_{n,l}[h] = \sigma_{n,l}\left(\begin{array}{c} \frac{p_D(\boldsymbol{x}_1)\cdot s_{k+1|k}[hp_D L_{\eta_{k+1}(\boldsymbol{x}_1)}]}{c_{k+1}(\eta_{k+1}(\boldsymbol{x}_1))}, \cdots, \\ \frac{p_D(\boldsymbol{x}_n)\cdot s_{k+1|k}[hp_D L_{\eta_{k+1}(\boldsymbol{x}_n)}]}{c_{k+1}(\eta_{k+1}(\boldsymbol{x}_n))} \end{array}\right) \tag{25.152}$$

式中：$\sigma_{n,l}(x_1, \cdots, x_n)$ 是 n 个变量的 l 次初等同构对称函数。

- *PHD* 滤波器的 *PIMS* 单样本对冲：假定 $G^{\kappa}_{k+1}[g]$ 和 $G_{k+1|k}[h]$ 为4.3.1节中定义的泊松过程，即

$$G^{\kappa}_{k+1}[g] = e^{\kappa_{k+1}[g-1]} \tag{25.153}$$

$$G_{k+1|k}[h] = e^{D_{k+1|k}[h-1]} \tag{25.154}$$

则 PIMS 对冲的后验 p.g.fl. 为

$$G^{\text{PIMS}}_{k+1|k+1}[h] = e^{\tau_0[h-1]} \prod_{i=1}^{n} \frac{\kappa_{k+1}(\eta_{k+1}(\boldsymbol{x}_i)) + p_D(\boldsymbol{x}_i)\cdot\tau_i[h]}{\kappa_{k+1}(\eta_{k+1}(\boldsymbol{x}_i)) + p_D(\boldsymbol{x}_i)\cdot\tau_i[1]} \tag{25.155}$$

式中

$$\tau_0[h] = \int h(\boldsymbol{x})\cdot(1-p_D(\boldsymbol{x}))\cdot D_{k+1|k}(\boldsymbol{x})\mathrm{d}\boldsymbol{x} \tag{25.156}$$

$$\tau_i[h] = \int h(\boldsymbol{x})\cdot p_D(\boldsymbol{x})\cdot L_{\eta_{k+1}(\boldsymbol{x}_i)}(\boldsymbol{x})\cdot D_{k+1|k}(\boldsymbol{x})\mathrm{d}\boldsymbol{x}, \quad i=1,\cdots,n \tag{25.157}$$

• *伯努利滤波器的 PIMS 单样本对冲*：假定 $G_{k+1|k}[h]$ 为4.3.3节中定义的伯努利过程，即

$$G_{k+1|k}[h] = 1 - p_{k+1|k} + p_{k+1|k} \cdot s_{k+1|k}[h] \tag{25.158}$$

则 PIMS 对冲的后验 p.g.fl. 为

$$G^{\text{PIMS}}_{k+1|k+1}[h] = \frac{\left(\begin{array}{c} 1 - p_{k+1|k} + p_{k+1|k} \cdot \tau_0[h] + \\ p_{k+1|k} \sum_{i=1}^{n} \frac{\kappa_{k+1}(\hat{Z}-\{\eta_{k+1}(\boldsymbol{x}_i)\})}{\kappa_{k+1}(\hat{Z})} \cdot p_{\text{D}}(\boldsymbol{x}_i) \cdot \tau_i[h] \end{array}\right)}{\left(\begin{array}{c} 1 - p_{k+1|k} + p_{k+1|k} \cdot \tau_0[1] + \\ p_{k+1|k} \sum_{l=1}^{n} \frac{\kappa_{k+1}(\hat{Z}-\{\eta_{k+1}(\boldsymbol{x}_l)\})}{\kappa_{k+1}(\hat{Z})} \cdot p_{\text{D}}(\boldsymbol{x}_l) \cdot \tau_l[1] \end{array}\right)} \tag{25.159}$$

式中

$$\tau_0[h] = \int h(\boldsymbol{x}) \cdot (1 - p_{\text{D}}(\boldsymbol{x})) \cdot s_{k+1|k}(\boldsymbol{x}) \text{d}\boldsymbol{x} \tag{25.160}$$

$$\tau_i[h] = \int h(\boldsymbol{x}) \cdot p_{\text{D}}(\boldsymbol{x}) \cdot L_{\eta_{k+1}(\boldsymbol{x}_i)}(\boldsymbol{x}) \cdot s_{k+1|k}(\boldsymbol{x}) \text{d}\boldsymbol{x}, \quad i = 1, \cdots, n \tag{25.161}$$

• *CBMeMBer 滤波器的 PIMS 单样本对冲*：假定 $G_{k+1|k}[h]$ 为4.3.4节中定义的多伯努利过程，采用13.4节的 CBMeMBer 近似，则 PIMS 对冲的后验 p.g.fl. 为[①]

$$G^{\text{PIMS}}_{k+1|k+1}[h] = \left(\prod_{i=1}^{\nu_{k+1|k}} (1 - q_i^L + q_i^{\text{L}} \cdot s_i^{\text{L}}[h])\right) \cdot \left(\prod_{j=1}^{n} (1 - \tilde{q}_j^{\text{U}} + \tilde{q}_j^{\text{U}} \cdot \tilde{s}_j^{\text{U}}[h])\right) \tag{25.162}$$

根据式(13.52)~(13.56)，上式中的有关变量可表示为

$$q_i^{\text{L}} = q^i_{k+1|k} \cdot \frac{1 - s^i_{k+1|k}[p_{\text{D}}]}{1 - q^i_{k+1|k} \cdot s^i_{k+1|k}[p_{\text{D}}]} \tag{25.163}$$

$$s_i^{\text{L}}(\boldsymbol{x}) = s^i_{k+1|k}(\boldsymbol{x}) \cdot \frac{1 - p_{\text{D}}(\boldsymbol{x})}{1 - s^i_{k+1|k}[p_{\text{D}}]} \tag{25.164}$$

$$\tilde{q}_j^{\text{U}} = \frac{p_{\text{D}}(\boldsymbol{x}_j) \cdot \sum_{i=1}^{\nu_{k+1|k}} \frac{q^i_{k+1|k}(1-q^i_{k+1|k}) \cdot s^i_{k+1|k}[p_{\text{D}} L_{\eta_{k+1}(\boldsymbol{x}_j)}]}{(1-q^i_{k+1|k} \cdot s^i_{k+1|k}[p_{\text{D}}])^2}}{\kappa_{k+1}(\eta_{k+1}(\boldsymbol{x}_j)) + p_{\text{D}}(\boldsymbol{x}_j) \cdot \sum_{i=1}^{\nu_{k+1|k}} \frac{q^i_{k+1|k} \cdot s^i_{k+1|k}[p_{\text{D}} L_{\eta_{k+1}(\boldsymbol{x}_j)}]}{1-q^i_{k+1|k} \cdot s^i_{k+1|k}[p_{\text{D}}]}} \tag{25.165}$$

$$\tilde{s}_j^{\text{U}}(\boldsymbol{x}) = \frac{\sum_{i=1}^{\nu_{k+1|k}} \frac{q^i_{k+1|k}}{1-q^i_{k+1|k}} \cdot s^i_{k+1|k}(\boldsymbol{x}) \cdot p_{\text{D}}(\boldsymbol{x}) \cdot L_{\eta_{k+1}(\boldsymbol{x}_j)}(\boldsymbol{x})}{\sum_{i=1}^{\nu_{k+1|k}} \frac{q^i_{k+1|k}}{1-q^i_{k+1|k}} \cdot s^i_{k+1|k}[p_{\text{D}} L_{\eta_{k+1}(\boldsymbol{x}_j)}]} \tag{25.166}$$

[①]译者注：式(25.162)前面部分的乘积对应“遗留航迹”，因此求积时应为 $\nu_{k+1|k}$ 项 (原著为 $\boldsymbol{n}$ 项)，另外原著式(25.165)有同样错误，此处一并更正。

25.10.4 预测理想观测集 (PIMS)：一般方法的推导

本节介绍式(25.135)背后的推理过程。假定传感器的 FoV 为锐截止的，即

$$p_{\mathrm{D}}(\boldsymbol{x}) = \mathbf{1}_S(\boldsymbol{x}) \tag{25.167}$$

令式(25.132)中的 Z_{k+1} 取预测观测集 (PMS)，即 $Z_{k+1} = \hat{Z} = \{\eta_{k+1}(\boldsymbol{x}_1), \cdots, \eta_{k+1}(\boldsymbol{x}_n)\}$，则

$$\frac{\delta F}{\delta \hat{Z}}[g,h] = \sum_{W \subseteq \hat{Z}} \frac{\delta G_{k+1}^{\kappa}}{\delta(\hat{Z} - W)}[g] \cdot \frac{\delta}{\delta W} G_{k+1|k}[h(1 + \mathbf{1}_S L_{g-1})] \tag{25.168}$$

$$= \sum_{I \subseteq \{1,\cdots,n\}} \frac{\delta G_{k+1}^{\kappa}}{\delta(\hat{Z} - \hat{Z}_I)}[g] \cdot \frac{\delta}{\delta \hat{Z}_I} G_{k+1|k}[h(1 + \mathbf{1}_S L_{g-1})] \tag{25.169}$$

上面求和式中的各项分别对应观测属性的不同假设。对于每个 I，子集 $\hat{Z} - \hat{Z}_I$ 包含杂波观测，$\hat{Z}_I$ 包含目标观测。

但若有目标 $\boldsymbol{x} \in \hat{Z}_I$ 且 $\boldsymbol{x} \notin S$，则 $\hat{Z}_I$ 不可能是一个有效的目标观测集 (因为 $\boldsymbol{x}$ 不可能被观测到)。因此，可消去求和式中包含这类 $\hat{Z}_I$ 的项，从而可得

$$\frac{\delta F^{\mathrm{PIMS}}}{\delta \hat{Z}}[g,h] = \sum_{I \subseteq \{1,\cdots,n\}} \frac{\delta G_{k+1}^{\kappa}}{\delta(\hat{Z} - \hat{Z}_I)}[g] \cdot \mathbf{1}_S(\hat{X}_I) \frac{\delta}{\delta \hat{Z}_I} G_{k+1|k}[h(1 + \mathbf{1}_S L_{g-1})] \tag{25.170}$$

式中

$$\mathbf{1}_S(\hat{X}_I) = \prod_{\boldsymbol{x} \in \hat{X}_I} \mathbf{1}_S(\boldsymbol{x}) = \prod_{i \in I} \mathbf{1}_S(\boldsymbol{x}_i) \tag{25.171}$$

下面将上述结果推广至任意的 $p_{\mathrm{D}}(\boldsymbol{x})$。从直观上看，当 $p_{\mathrm{D}}(\boldsymbol{x}_i)$ 很小时，$\hat{X}$ 的任何包含 $\boldsymbol{x}_i$ 的子集都不太可能得到；当子集中所有元素均具有很小的 p_{D} 时，该子集更不可能得到。因此，式(25.170)合乎直观的推广形式为

$$\frac{\delta F^{\mathrm{PIMS}}}{\delta \hat{Z}}[g,h] = \sum_{I \subseteq \{1,\cdots,n\}} \frac{\delta G_{k+1}^{\kappa}}{\delta(\hat{Z} - \hat{Z}_I)}[g] \cdot p_{\mathrm{D}}(\hat{X}_I) \frac{\delta}{\delta \hat{Z}_I} G_{k+1|k}[h(1 + p_{\mathrm{D}} L_{g-1})] \tag{25.172}$$

上式即式(25.135)。

25.11 多传感器多目标控制：最优化

确定 t_k 时刻的多传感器控制集 U 需要在无限解空间上求解下面的最优化问题：

$$U_k = \arg\sup_U O_{k+1}(U) \tag{25.173}$$

该优化问题一般很难求解。与单传感器单目标情形类似 (24.7节)，一种常用的近似方式是将 U_k 的取值限定在少数“可采纳的”控制量 $\overset{j}{\boldsymbol{u}}_i$ $(i = 1, \cdots, a_j, j = 1, \cdots, j_e)$ 上。此时需要最大化形如 $O_{k+1}(S)$ 的目标函数，其中 S 为某有限集的所有可能的子集。

即便采用了这样的近似方法，通常仍需要巨大的计算量。Witkoskie、Kuklinski、Stein、Theophanis、Otero 和 Winters 等人[276,277,324] 提出了一种附加近似。首先对 $O_{k+1}(S)$ 做逆 Möbius 变换①：

$$\tilde{O}_{k+1}(T) = \sum_{S \subseteq T} (-1)^{|T-S|} \cdot O_{k+1}(S) \tag{25.174}$$

然后用门限 τ 截断变换结果：

$$\tilde{O}^{\tau}_{k+1}(T) = \begin{cases} \tilde{O}_{k+1}(T), & |T| \leqslant \tau \\ 0, & \text{其他} \end{cases} \tag{25.175}$$

最后采用 Möbius 变换：

$$O^{\tau}_{k+1}(S) = \sum_{T \subseteq S} \tilde{O}^{\tau}_{k+1}(T) \tag{25.176}$$

对于 $|S| \leqslant \tau$，令 $O^{\tau}_{k+1}(S) = 0$ 以限制子集 S 的数量。

25.12　理想传感器动力学下的传感器管理

本节介绍24.8节方法的多传感器情形。与24.8节类似，假定控制空间为传感器状态空间：

$$\overset{j}{\mathfrak{U}} = \overset{*j}{\mathfrak{X}} \tag{25.177}$$

与式(24.46)类似，假定传感器的马尔可夫密度与状态完全解耦：

$$\overset{*j}{f}_{k+1|k}(\overset{*j}{\boldsymbol{x}}|\overset{j}{\boldsymbol{u}}, \overset{*j}{\boldsymbol{x}}{}') = \delta_{\overset{j}{\boldsymbol{u}}}(\overset{*j}{\boldsymbol{x}}) \tag{25.178}$$

在25.5.3节的假设下，有

$$\overset{*}{f}_{k+1|k}(\overset{*}{X}|\overset{*}{X}{}', U) = \delta_U(\overset{*}{X}) \tag{25.179}$$

式中：$\delta_U(\overset{*}{X})$ 为多目标狄拉克 δ 函数 (见(4.13)式)。

上式可简单推导如下：根据式(25.59)可得

$$\overset{*}{f}_{k+1|k}(\overset{*}{X}|\overset{*}{X}{}', U) = \delta_{|\overset{*}{X}|,|\overset{*}{X}{}'|} \sum_{\pi} \overset{*j_1}{f}_{k+1|k}(\overset{*j_1}{\boldsymbol{x}}|\overset{j_{\pi 1}}{\boldsymbol{u}}, \overset{*j_{\pi 1}}{\boldsymbol{x}}{}') \cdots \overset{*j_e}{f}_{k+1|k}(\overset{*j_e}{\boldsymbol{x}}|\overset{j_{\pi e}}{\boldsymbol{u}}, \overset{*j_{\pi e}}{\boldsymbol{x}}{}') \tag{25.180}$$

$$= \delta_{|\overset{*}{X}|,|\overset{*}{X}{}'|} \sum_{\pi} \delta_{\overset{j_{\pi 1}}{\boldsymbol{u}}}(\overset{*j_1}{\boldsymbol{x}}) \cdots \delta_{\overset{j_{\pi e}}{\boldsymbol{u}}}(\overset{*j_e}{\boldsymbol{x}}) \tag{25.181}$$

$$= \delta_U(\overset{*}{X}) \tag{25.182}$$

①译者注：许多文献中将下式称作 Möbius 变换。

上式中的求和操作遍历 $1,\cdots,e$ 的所有排列 π。直接与附录 K.34 类比，不难证明下述结论：

$$f_{k+1|k}(X,\overset{*}{X}|Z^{(k)},\overset{*}{Z}^{(k)}U^{(k-1)},U) = \delta_U(\overset{*}{X}) \cdot f_{k+1|k}(X|Z^{(k)},U^{(k-1)}) \quad (25.183)$$

$$f_{k+1|k+1}(X,\overset{*}{X}|Z^{(k+1)},\overset{*}{Z}^{(k+1)},U^{(k-1)},U) = \delta_U(\overset{*}{X})\cdot \quad (25.184)$$

$$f_{k+1|k+1}(X|Z^{(k+1)},U^{(k-1)},U)$$

故选择 t_k 时刻的控制集 U_k 也就是选择 t_{k+1} 时刻的传感器状态集 $\overset{*}{X}_{k+1}$，即控制集序列 $U^{(k-1)}:U_0,\cdots,U_{k-1}$ 可等价为传感器状态集序列 $\overset{*}{X}^{(k)}:\overset{*}{X}_1,\cdots,\overset{*}{X}_k$。

此时，单步前瞻多传感器多目标控制方案可简化为下述形式：

多传感器多目标观测更新
$$\cdots \rightarrow \quad f_{k|k}(X|Z^{(k)},\overset{*}{X}^{(k)})$$

时间投影
$$\rightarrow \boxed{f_{k+1|k+1}(X|Z^{(k)},\overset{*}{X}^{(k)},Z,\overset{*}{X})}$$

对冲
$$\downarrow$$

选择下一时刻的状态集
$$\overset{*}{X}_{k+1} = \arg\sup_{\overset{*}{X}} O_{k+1}(\overset{*}{X})$$

多传感器多目标时间&观测更新
$$\rightarrow \quad f_{k+1|k+1}(X|Z^{(k+1)},\overset{*}{X}^{(k+1)}) \quad \rightarrow \cdots$$
$$Z_{k+1},\overset{*}{X}_{k+1} \nearrow$$

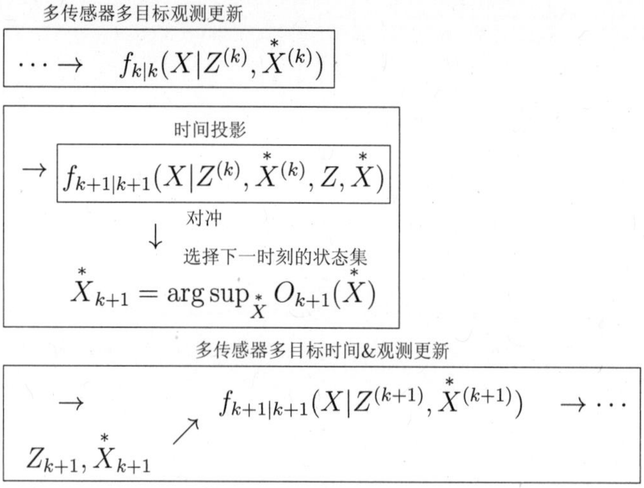

其中：

$$f_{k+1|k}(X|Z^{(k)},\overset{*}{X}^{(k)}) = \int f_{k+1|k}(X|X') \cdot f_{k|k}(X'|Z^{(k)},\overset{*}{X}^{(k)})\delta X' \quad (25.185)$$

$$f_{k+1|k+1}(X|Z^k,\overset{*}{X}^{(k)},Z,\overset{*}{X}) = \frac{f_{k+1}(Z|X,\overset{*}{X}) \cdot f_{k+1|k}(X|Z^{(k)},\overset{*}{X}^{(k)})}{f_{k+1}(Z|Z^{(k)},\overset{*}{X}^{(k)},\overset{*}{X})} \quad (25.186)$$

$$f_{k+1}(Z|Z^{(k)},\overset{*}{X}^{(k)},\overset{*}{X}) = \int f_{k+1}(Z|X,\overset{*}{X}) \cdot f_{k+1|k}(X|Z^{(k)},\overset{*}{X}^{(k)})\delta X \quad (25.187)$$

因此，式(24.52)的理想传感器动力学 K–L 目标函数的多目标版可表示为

$$O_{k+1}(\overset{*}{X},Z) = \int \left(\frac{f_{k+1|k+1}(X|Z^{(k)},\overset{*}{X}^{(k)},Z,\overset{*}{X})}{f_{k+1|k}(X|Z^{(k)},\overset{*}{X}^{(k)})} \right) \cdot \quad (25.188)$$
$$f_{k+1|k+1}(X|Z^{(k)},\overset{*}{X}^{(k)},Z,\overset{*}{X})\delta X$$

目标数后验期望 (PENT) 可表示为

$$N_{k+1|k+1}(\overset{*}{X},Z) = \int |X| \cdot f_{k+1|k+1}(X|Z^{(k)},\overset{*}{X}^{(k)},Z,\overset{*}{X})\delta X \quad (25.189)$$

根据式(25.104)可将势方差表示为

$$\sigma^2_{k+1|k+1}(\overset{*}{X}, Z) = -N_{k+1|k+1}(\overset{*}{X}, Z)^2 + \int |X|^2 \cdot f_{k+1|k+1}(X|Z^{(k)}, \overset{*}{X}^{(k)}, Z, \overset{*}{X})\delta X \tag{25.190}$$

采用25.10.2节的 PIMS 单样本对冲方法，则对冲后的目标函数为

$$N_{k+1|k+1}(\overset{*}{X}) = N_{k+1|k+1}(\overset{*}{X}, Z^{\text{PIMS}}_{k+1}) \tag{25.191}$$

$$\sigma^2_{k+1|k+1}(\overset{*}{X}) = \sigma^2_{k+1|k+1}(\overset{*}{X}, Z^{\text{PIMS}}_{k+1}) \tag{25.192}$$

求解下述最优化问题便可解决传感器管理问题：

$$\overset{*}{X}_{k+1} = \arg\sup_{\overset{*}{X}} N_{k+1|k+1}(\overset{*}{X}) \tag{25.193}$$

$$\overset{*}{X}_{k+1} = \arg\inf_{\overset{*}{X}} \sigma^2_{k+1|k+1}(\overset{*}{X}) \tag{25.194}$$

25.13 简化的非理想多传感器动力学

本节介绍24.10节的多目标推广形式，主要内容包括：

- 25.13.1节：简化的非理想传感器方法中的基本假定。
- 25.13.2节：简化的非理想传感器方法的多目标滤波方程。
- 25.13.3节：简化的非理想传感器管理中的对冲优化。

25.13.1 简化的非理想多传感器动力学：假设

根据贝叶斯规则，多传感器-多目标联合状态分布可分解为

$$f_{k|k}(X, \overset{*}{X}|Z^{(k)}, \overset{*}{Z}^{(k)}, U^{(k-1)}) = f_{k|k}(\overset{*}{X}|Z^{(k)}, \overset{*}{Z}^{(k)}, U^{(k-1)}) \cdot f_{k|k}(X|Z^{(k)}, \overset{*}{Z}^{(k)}, U^{(k-1)}, \overset{*}{X}) \tag{25.195}$$

本节的假设与24.10.1节类似，这里假定：

- 与24.8节类似，传感器控制空间即传感器状态空间：

$$\overset{j}{\mathfrak{U}} = \overset{*j}{\mathfrak{X}} \tag{25.196}$$

- 传感器 j 的控制为 t_{k+1} 时刻的传感器状态，即 $\overset{j}{\boldsymbol{u}}_k = \overset{*j}{\boldsymbol{x}}_{k+1}$，因此：
  - 多传感器控制集的形式为 $U_k = \overset{*}{X}_{k+1}$；
  - 控制序列的形式为 $U^{(k-1)} : \overset{*}{X}^{(k)} : \overset{*}{X}_1, \cdots, \overset{*}{X}_k$。
- 传感器的马尔可夫密度事先给定：

$$\overset{*j}{f}_{k+1|k}(\overset{*j}{\boldsymbol{x}}|\overset{*j}{\boldsymbol{x}}', \overset{j}{\boldsymbol{u}}_{k-1}) = \overset{*j}{f}_{k+1|k}(\overset{*j}{\boldsymbol{x}}|\overset{*j}{\boldsymbol{x}}') \tag{25.197}$$

即 $\overset{*j}{f}_{k+1|k}(\overset{*j}{\boldsymbol{x}}|\overset{*j}{\boldsymbol{x}}')$ 表示 t_k 时刻传感器状态 $\overset{*j}{\boldsymbol{x}}'$ 与 t_{k+1} 时刻状态 $\overset{*j}{\boldsymbol{x}}$ 之间的可达性。

- 传感器状态分布仅与其执行机构传感器观测有关：

$$\overset{*j}{f}_{k|k}(\overset{*j}{\boldsymbol{x}}|Z^{(k)},\overset{*j}{Z}^k,\overset{*j}{X}^{(k)}) = \overset{*j}{f}_{k|k}(\overset{*j}{\boldsymbol{x}}|\overset{*j}{Z}^k) \tag{25.198}$$

$$\overset{*j}{f}_{k+1|k}(\overset{*j}{\boldsymbol{x}}|Z^{(k)},\overset{*j}{Z}^k,\overset{*j}{X}^{(k)}) = \overset{*j}{f}_{k+1|k}(\overset{*j}{\boldsymbol{x}}|\overset{*j}{Z}^k) \tag{25.199}$$

- 多目标分布仅与目标观测和多传感器控制序列有关：

$$f_{k|k}(X|Z^{(k)},\overset{*}{Z}^{(k)},\overset{*}{X}^{(k)},\overset{*}{X}) = f_{k|k}(X|Z^{(k)},\overset{*}{X}^{(k)}) \tag{25.200}$$

$$f_{k+1|k}(X|Z^{(k)},\overset{*}{Z}^{(k)},\overset{*}{X}^{(k)},\overset{*}{X}) = f_{k+1|k}(X|Z^{(k)},\overset{*}{X}^{(k)}) \tag{25.201}$$

由于多目标状态预测与传感器状态预测无关，因此式(25.201)成立；由于 t_k 时刻传感器状态集 $\overset{*}{X} = \overset{*}{X}_k$ 已经选定，因此 $f_{k|k}(X|Z^{(k)},\overset{*}{Z}^{(k)},\overset{*}{X}^{(k)},\overset{*}{X})$ 与 $\overset{*}{X}$ 无关。

- 下一控制集 (传感器状态集) $\overset{*}{X}_{k+1}$ 在 t_{k+1} 时刻多目标观测更新之前确定。

给定上述假设后，若共有 s 个带标签的传感器，则多传感器分布可分解为

$$\overset{*}{f}_{k|k}(\overset{*}{X}|\overset{*}{Z}^{(k)}) = |\overset{*}{X}|!\cdot\delta_{s,|\overset{*}{X}|}\prod_{\overset{*j}{\boldsymbol{x}}\in\overset{*}{X}}\overset{*j}{f}_{k|k}(\overset{*j}{\boldsymbol{x}}|\overset{*j}{Z}^k) \tag{25.202}$$

$$\overset{*}{f}_{k+1|k}(\overset{*}{X}|\overset{*}{Z}^{(k)}) = |\overset{*}{X}|!\cdot\delta_{s,|\overset{*}{X}|}\prod_{\overset{*j}{\boldsymbol{x}}\in\overset{*}{X}}\overset{*j}{f}_{k+1|k}(\overset{*j}{\boldsymbol{x}}|\overset{*j}{Z}^k) \tag{25.203}$$

因此可将多传感器联合滤波器分解为若干平行的单目标贝叶斯滤波器：

$$\cdots\to\ \overset{*j}{f}_{k|k}(\overset{*j}{\boldsymbol{x}}|\overset{*j}{Z}^k)\ \to\ \overset{*j}{f}_{k+1|k}(\overset{*j}{\boldsymbol{x}}|\overset{*j}{Z}^k)\ \to\ \overset{*j}{f}_{k+1|k+1}(\overset{*j}{\boldsymbol{x}}|\overset{*j}{Z}^{k+1})\ \to\cdots$$

而目标的演变则可用一般多目标贝叶斯滤波器描述：

$$\begin{aligned}\cdots &\to f_{k|k}(X|Z^{(k)},\overset{*}{X}^{(k)})\\ &\to f_{k+1|k}(X|Z^{(k)},\overset{*}{X}^{(k)})\\ &\to f_{k+1|k+1}(X|Z^{(k+1)},\overset{*}{X}^{(k+1)})\to\cdots\end{aligned}$$

25.13.2 简化的非理想多传感器动力学：滤波方程

给定上述假设后，令：

- $Z^{(k)}: Z_1,\cdots,Z_k$ 为 t_k 时刻的目标观测集序列；
- $\overset{*}{Z}^{(k)}: \overset{*}{Z}_1,\cdots,\overset{*}{Z}_k$ 为 t_k 时刻的多传感器执行机构观测集序列；
- $\overset{*}{X}^{(k)}: \overset{*}{X}_1,\cdots,\overset{*}{X}_k$ 为 t_k 时刻的多传感器状态集序列，且 $\overset{*}{X}_i$ 在 t_i 时刻确定。

选择 PENT 或 PENTI 作为传感器管理的目标函数 (见25.9.2节和25.9.4节)[①]。与单传感器情形类似，25.8节的单滤波器控制方案可等价替换为下面的控制方案：

多传感器多目标观测更新

$\cdots \rightarrow \quad \overset{*}{f}_{k|k}(\overset{*}{X}|\overset{*}{Z}^{(k)})$

$\cdots \rightarrow \quad f_{k|k}(X|Z^{(k)}, \overset{*}{X}^{(k)})$

$\rightarrow \quad \overset{*}{f}_{k+1|k}(\overset{*}{X}|\overset{*}{Z}^{(k)})$

↓ 时间投影

$\rightarrow \quad f_{k+1|k+1}(X|Z^{(k)}, \overset{*}{X}^{(k)}, Z, \overset{*}{X})$

↓ 对冲 选择下一时刻的多传感器状态集

$\overset{*}{X}_{k+1} = \arg\sup_{\overset{*}{Y}} \overset{\text{nonideal}}{N}_{k+1}(\overset{*}{Y})$

多传感器多目标时间&观测更新

$\overset{*}{Z}_{k+1} \nearrow \quad \overset{*}{f}_{k+1|k+1}(\overset{*}{X}|\overset{*}{Z}^{(k+1)}) \rightarrow \cdots$

$\rightarrow \quad f_{k+1|k+1}(X|Z^{(k+1)}, \overset{*}{X}^{(k+1)}) \rightarrow \cdots$

$Z_{k+1}, \overset{*}{X}_{k+1} \nearrow$

其中的时间更新和观测更新方程如下所示：

$$\overset{*}{f}_{k+1|k}(\overset{*}{X}|\overset{*}{Z}^{(k)}) = \int \overset{*}{f}_{k+1|k}(\overset{*}{X}|\overset{*}{X}') \cdot \overset{*}{f}_{k|k}(\overset{*}{X}'|\overset{*}{Z}^{(k)})\delta\overset{*}{X}' \tag{25.204}$$

$$f_{k+1|k}(X|Z^{(k)}, \overset{*}{X}^{(k)}) = \int f_{k+1|k}(X|X') \cdot f_{k|k}(X'|Z^{(k)}, \overset{*}{X}^{(k)})\delta X' \tag{25.205}$$

$$\overset{*}{f}_{k+1|k+1}(\overset{*}{X}|\overset{*}{Z}^{(k+1)}) \propto \overset{*}{f}_{k+1}(\overset{*}{Z}_{k+1}|\overset{*}{X}) \cdot \overset{*}{f}_{k+1|k}(\overset{*}{X}|\overset{*}{Z}^{(k)}) \tag{25.206}$$

$$f_{k+1|k+1}(X|Z^{(k+1)}, \overset{*}{X}^{(k+1)}) \propto f_{k+1}(Z_{k+1}|X, \overset{*}{X}_{k+1}) \cdot f_{k+1|k}(X|Z^{(k)}, \overset{*}{X}^{(k)}) \tag{25.207}$$

25.13.3　简化的非理想多传感器动力学：对冲与最优化

作为24.6.5节的推广，本小节介绍如何将期望值和 PIMS 组合对冲用于 K−L 目标函数及 PENT 目标函数。根据贝叶斯规则，多传感器−多目标联合分布可分解为

$$\begin{aligned} f_{k+1|k+1}(X, \overset{*}{X}|Z^{(k)}, \overset{*}{Z}^{(k)}, \overset{*}{X}^{(k)}, Z, \overset{*}{Z}, \overset{*}{X}) = {} & \overset{*}{f}_{k+1|k+1}(\overset{*}{X}|\overset{*}{Z}^{(k)}, \overset{*}{Z}) \cdot \\ & f_{k+1|k+1}(X|Z^{(k)}, \overset{*}{X}^{(k)}, Z, \overset{*}{X}) \end{aligned} \tag{25.208}$$

式中：$\overset{*}{X}^{(k)} : \overset{*}{X}_1, \cdots, \overset{*}{X}_k$ 为 t_k 时刻的多传感器控制序列；$\overset{*}{X}^{(k+1)} : \overset{*}{X}_1, \cdots, \overset{*}{X}_k, \overset{*}{X}$ 为 t_{k+1} 时刻的控制序列，只不过 $\overset{*}{X} = \overset{*}{X}_{k+1}$ 待定。

将多目标版的 K−L 互熵用于目标概率分布部分，可得

$$O_{k+1}(\overset{*}{X}, Z, \overset{*}{Z}) = \overset{*}{f}_{k+1|k+1}(\overset{*}{X}|\overset{*}{Z}^{(k)}, \overset{*}{Z}) \cdot \tilde{O}_{k+1}(\overset{*}{X}, Z) \tag{25.209}$$

[①] 由于当前尚不知晓如何将25.9.3节的势方差目标函数与这里假定的传感器 / 平台动力学进行集成，因此这里的传感器管理没有选择势方差目标函数。

式中

$$\tilde{O}_{k+1}(\overset{*}{X},Z)=\int f_{k+1|k+1}(X|Z^{(k)},\overset{*}{X}{}^{(k)},Z,\overset{*}{X})\cdot \log\left(\frac{f_{k+1|k+1}(X|Z^{(k)},\overset{*}{X}{}^{(k)},Z,\overset{*}{X})}{f_{k+1|k}(X|Z^{(k)},\overset{*}{X}{}^{(k)})}\right)\delta X \tag{25.210}$$

上式即理想传感器情形下的目标函数。与24.6.5节类似，接下来利用期望值和 PIMS 混合对冲方法，则

$$O_{k+1}(\overset{*}{X})=\int O_{k+1}(\overset{*}{X},Z^{\mathrm{PIMS}}_{k+1},\overset{*}{Z})\cdot \overset{*}{f}_{k+1}(\overset{*}{Z}|\overset{*}{Z}{}^{(k)})\delta\overset{*}{Z} \tag{25.211}$$

$$=\overset{*}{f}_{k+1|k}(\overset{*}{X}|\overset{*}{Z}{}^{(k)})\cdot\tilde{O}_{k+1}(\overset{*}{X},Z^{\mathrm{PIMS}}_{k+1}) \tag{25.212}$$

因此，若下一时刻的传感器状态是可达的，则最大化非理想传感器目标函数与最大化理想传感器目标函数是一回事。

同样的推理过程也适用于 PENT (它毕竟是 K-L 目标函数的一种近似)：

$$\overset{\mathrm{nonideal}}{N}_{k+1|k+1}(\overset{*}{X})=\int N_{k+1|k+1}(\overset{*}{X},Z^{\mathrm{PIMS}}_{k+1},\overset{*}{Z})\cdot\overset{*}{f}_{k+1}(\overset{*}{Z}|\overset{*}{Z}{}^{(k)})\delta\overset{*}{Z} \tag{25.213}$$

$$=\overset{*}{f}_{k+1|k}(\overset{*}{X}|\overset{*}{Z}{}^{(k)})\cdot\tilde{N}_{k+1|k+1}(\overset{*}{X},Z^{\mathrm{PIMS}}_{k+1}) \tag{25.214}$$

$$=\overset{*}{f}_{k+1|k}(\overset{*}{X}|\overset{*}{Z}{}^{(k)})\cdot\overset{\mathrm{ideal}}{N}_{k+1|k+1}(\overset{*}{X}) \tag{25.215}$$

式中

$$\overset{\mathrm{ideal}}{N}_{k+1|k+1}(\overset{*}{X})=\tilde{N}_{k+1|k+1}(\overset{*}{X},Z^{\mathrm{PIMS}}_{k+1}) \tag{25.216}$$

上式即25.12节理想传感器情形下的 PENT 目标函数。若 $\overset{*}{X}=\{\overset{*j_1}{\boldsymbol{x}},\cdots,\overset{*j_e}{\boldsymbol{x}}\}$ $(|\overset{*}{X}|=e)$，则 PENT 的表达式可化为

$$\overset{\mathrm{nonideal}}{N}_{k+1|k+1}(\overset{*}{X},Z)=\tilde{N}_{k+1|k+1}(\{\overset{*j_1}{\boldsymbol{x}},\cdots,\overset{*j_e}{\boldsymbol{x}}\},Z)\cdot \overset{*j_1}{f}_{k+1|k}(\overset{*j_1}{\boldsymbol{x}}|\overset{*j_1}{Z}{}^{(k)})\cdots\overset{*j_e}{f}_{k+1|k}(\overset{*j_e}{\boldsymbol{x}}|\overset{*j_e}{Z}{}^{(k)}) \tag{25.217}$$

最后，利用 PIMS 单样本方法对冲 Z，则

$$\overset{\mathrm{nonideal}}{N}_{k+1|k+1}(\overset{*}{X})=\overset{\mathrm{ideal}}{N}_{k+1|k+1}(\{\overset{*j_1}{\boldsymbol{x}},\cdots,\overset{*j_e}{\boldsymbol{x}}\})\cdot \overset{*j_1}{f}_{k+1|k}(\overset{*j_1}{\boldsymbol{x}}|\overset{*j_1}{Z}{}^{(k)})\cdots\overset{*j_e}{f}_{k+1|k}(\overset{*j_e}{\boldsymbol{x}}|\overset{*j_e}{Z}{}^{(k)}) \tag{25.218}$$

也就是说，在所有传感器状态都可达的假定下，最大化 $\overset{\mathrm{nonideal}}{N}_{k+1|k+1}(\overset{*}{X})$ 与最大化 $\overset{\mathrm{ideal}}{N}_{k+1|k+1}(\overset{*}{X})$ 是一回事。因此，下一时刻的多传感状态为

$$\overset{*}{X}_{k+1}=\arg\sup_{\overset{*}{Y}}\overset{\mathrm{nonideal}}{N}_{k+1|k+1}(\overset{*}{Y}) \tag{25.219}$$

25.14　目标优先级

传感器管理的目的通常并不是将传感器和平台指向任何可能的目标，而是将它们指向那些高价值的*感兴趣目标* (ToI)。例如，坦克比卡车的优先级高，导弹发射车的优先级又高于坦克。

从理论上讲，可以等待积累的信息足以确定那些高价值目标后再将传感器偏向这些目标。这种方法虽然可以解决态势意义问题，但不幸的是，这类确定性的启发式技术具有一些固有的弱点。例如：

- 目标类型信息的积累是一个渐变而非突变过程，因此传感器的优先趋向也应该随累积证据的支撑力度而逐渐变化；
- 确定性决策往往忽略一些航迹，这一点极为不妥，因为目标类型信息可能会发生错误，当随后有更好的数据时应能够及时纠正；
- 因此，需要一种更好的原则化方式来将战术价值集成进多传感器-多平台-多目标问题的基本统计表示中。

这正是本节的目的所在。本节主要基于文献 [179] 第 13.9 节中的概念，具体包括：

- 25.14.1节：态势意义的概念。
- 25.14.2节：采用*战术重要性函数* (TIF) 的态势意义数学建模。
- 25.14.3节：TIF 的特性及例子：面向任务的 TIF、TIF 的时间演变、TIF 的预测。
- 25.14.4节：TIF 的多目标统计学。
- 25.14.5节：PENTI 目标函数，即 ToI 偏向的 PENT 目标函数。
- 25.14.6节：ToI 偏向的势方差目标函数。

25.14.1　态势意义的概念

目标的态势意义取决于多个因素，其中一些是*固有的* (如目标本身就很重要)，另一些则是*关系型的* (目标的重要性取决于它与友方设施或其他目标的关系)。

第一个影响因素是目标类型 / 类别 c。任何拥有巨大破坏或毁伤力的目标，如坦克或可移动的导弹发射车，无论态势的上下文如何，均具有重要的态势意义。第二个影响因素是威胁状态 w，如火控雷达开机。第三个影响因素是位置 $\boldsymbol{p}$，任何指定类型目标的态势意义重要与否，与它距友方设施的距离及其武器的射程有关。同样，目标速度 $\boldsymbol{v}$ 的大小和方向也是一个很重要的因素，任何朝友方设施高速运动的不明目标无疑具有重要的态势意义。

又如，一群协同运动的目标要比一个孤立目标具有更为重要的态势意义。当然也存在其他一些因素，如指挥员的偏好和优先级演变，或是操作员对当前态势的评判。

最后，既然场景是动态变化的，那么态势意义也应该是动态的。例如，当目标逼近一个设施时，它的重要性将会增加。因此，目标的态势意义应该是状态矢量 $\boldsymbol{x} = (\boldsymbol{p}, \boldsymbol{v}, c, w, \cdots)$ 的函数，但其重要程度还与场景中其他固定或运动目标的状态有关。

25.14.2 战术重要性函数 (TIF) 与高层融合

在任意时刻 t_k，目标的重要性可用战术重要性函数 (TIF) 来表示，可将 TIF 视作：

- 任意时刻战术态势的数学表示；
- 态势感知 (“第 2/3 层数据融合”) 的数学基础；
- 一种能给出操作员上下文信息的数学接口。

TIF $\iota_{k|k}(\boldsymbol{x})$ 是在 [0, 1] 上取值的关于目标状态 $\boldsymbol{x}$ 的函数。若 $\iota_{k|k}(\boldsymbol{x}) = 0$，则 t_k 时刻该目标没有任何态势意义；若 $\iota_{k|k}(\boldsymbol{x}) = 1$，则其具有最重要的态势意义。TIF 可以半自动方式更新，从而反映变化的优先级或操作员的上下文信息。

图25.1给出了“明确型”和“模糊型”TIF 的示意图。TIF 的结构通常要比图示结构复杂得多，它一般具有多个不规则形状的峰值，每个峰值对应场景中的一个战术“热点”。

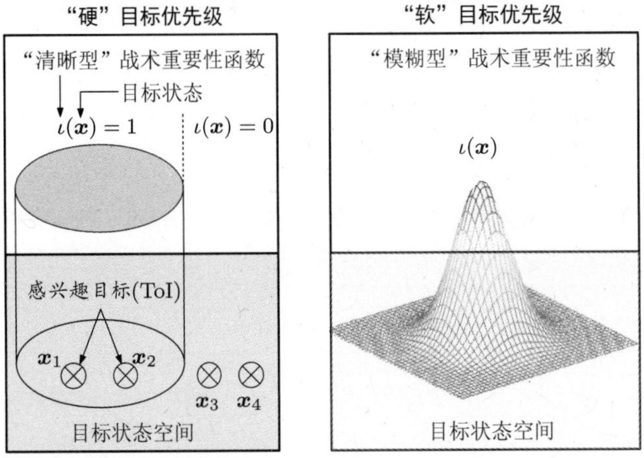

图 25.1 TIF 和 ToI 的概念示意。在左侧的“明确型”或“硬”TIF 中，目标要么为 ToI，要么不是 ToI；在右侧的“模糊型”或“软”TIF 中，目标被赋予了间接的战术重要程度。

本节内容安排如下：

- 25.14.2.1节：TIF 的一般数学表示。
- 25.14.2.2节：仅考虑相对距离的 TIF。
- 25.14.2.3节：仅考虑速度的 TIF。

25.14.2.1 TIF 的一般数学表示

对于任意给定的场景，假定在 t_k 时刻得到了一个由 $\nu_{k|k}$ 个静止 / 运动目标组成的感兴趣设施 (AoI) 列表，这些 AoI 的状态分别为 $\mathring{\boldsymbol{x}}^1_{k|k}, \cdots, \mathring{\boldsymbol{x}}^{\nu_{k|k}}_{k|k}$。一般而言，AoI 可以是友方或中立方目标，也可以是敌方目标。在该假设下，场景 TIF 的一般形式如下：

$$\iota_{k|k}(\boldsymbol{x}) = \mathring{I}^0_{k|k} \cdot \mathring{\iota}^0_{k|k}(\boldsymbol{x}) + \mathring{I}^1_{k|k} \cdot \mathring{\iota}^1_{k|k}(\boldsymbol{x}) + \cdots + \mathring{I}^{\nu_{k|k}}_{k|k} \cdot \mathring{\iota}^{\nu_{k|k}}_{k|k}(\boldsymbol{x}) \tag{25.220}$$

式中

- $\mathring{\iota}^{0}_{k|k}(\boldsymbol{x})$ 为与 *AoI* 无关的 TIF[①]；
- $\mathring{\iota}^{i}_{k|k}(\boldsymbol{x})$ $(i \geqslant 1)$ 为面向第 i 个 AoI 的 TIF。

式(25.220)中，权值 $\mathring{I}^{i}_{k|k}$ 表示各 AoI 的相对重要程度，满足 $0 \leqslant \mathring{I}^{i}_{k|k} \leqslant 1$ 且

$$\sum_{i=0}^{\nu_{k|k}} \mathring{I}^{i}_{k|k} = 1 \tag{25.221}$$

下面两小节将举几个面向 AoI 的 TIF 实例。

25.14.2.2 TIF 实例：仅考虑相对距离

假定 $\mathring{\iota}^{1}_{k|k}(\boldsymbol{x})$ 是仅与相对距离有关的 TIF，即目标距某设施越近，其重要性就越大。这类 TIF 的一种简单形式为

$$\mathring{\iota}^{1,\mathrm{pos}}_{k|k}(\boldsymbol{x}) = \hat{N}_{\mathring{\boldsymbol{E}}^{1,\mathrm{pos}}_{k|k}}(\mathring{\boldsymbol{A}}^{1,\mathrm{pos}}_{k|k}\boldsymbol{x} - \mathring{\boldsymbol{B}}^{1,\mathrm{pos}}_{k|k}\mathring{\boldsymbol{x}}^{1}_{k|k}) \tag{25.222}$$

式中：矩阵 $\mathring{\boldsymbol{A}}^{1,\mathrm{pos}}_{k|k}, \mathring{\boldsymbol{B}}^{1,\mathrm{pos}}_{k|k}$ 将目标状态 $\boldsymbol{x}$ 投影为目标位置矢量 $\boldsymbol{p}$；协方差矩阵 $\mathring{\boldsymbol{E}}^{1,\mathrm{pos}}_{k|k}$ 决定第一个设施周围“重要区域”的形状 (椭圆形) 和范围；$\hat{N}_{\mathring{\boldsymbol{E}}^{1,\mathrm{pos}}_{k|k}}(\boldsymbol{p})$ 为归一化的零均值高斯分布，即

$$\hat{N}_{\mathring{\boldsymbol{E}}^{1,\mathrm{pos}}_{k|k}}(\boldsymbol{p}) = \sqrt{\det 2\pi \mathring{\boldsymbol{E}}^{1,\mathrm{pos}}_{k|k}} \cdot N_{\mathring{\boldsymbol{E}}^{1,\mathrm{pos}}_{k|k}}(\boldsymbol{p}) \tag{25.223}$$

25.14.2.3 TIF 实例：仅考虑速度

假定 $\mathring{\iota}^{1}_{k|k}(\boldsymbol{x})$ 是仅与相对速度有关的 TIF，即目标接近某设施的速度越快，其重要性就越大。这类 TIF 具有如下形式：

$$\mathring{\iota}^{1,\mathrm{pos,vel}}_{k|k}(\boldsymbol{x}) = \sup_{\boldsymbol{y}} \hat{N}_{\mathring{\boldsymbol{E}}^{1,\mathrm{vel}}_{k|k}}\left(\frac{\mathring{\boldsymbol{A}}^{1,\mathrm{pos}}_{k|k}\boldsymbol{y} - \mathring{\boldsymbol{B}}^{1,\mathrm{pos}}_{k|k}\mathring{\boldsymbol{x}}^{1}_{k|k}}{\|\mathring{\boldsymbol{A}}^{1,\mathrm{pos}}_{k|k}\boldsymbol{y} - \mathring{\boldsymbol{B}}^{1,\mathrm{pos}}_{k|k}\mathring{\boldsymbol{x}}^{1}_{k|k}\|} - \frac{\mathring{\boldsymbol{B}}^{1,\mathrm{vel}}_{k|k}\boldsymbol{x}}{\|\mathring{\boldsymbol{B}}^{1,\mathrm{vel}}_{k|k}\boldsymbol{x}\|}\right) \cdot \mathbf{1}_{s \geqslant s_{\mathrm{thresh}}}(\mathring{s}_{k|k}) \tag{25.224}$$

式中：$\mathring{\boldsymbol{B}}^{1,\mathrm{vel}}_{k|k}$ 为速度投影矩阵；s_{thresh} 为速度门限，大于该门限的目标被认为具有潜在的威胁；$\mathring{\boldsymbol{E}}^{1,\mathrm{vel}}_{k|k}$ 决定第一个设施周围“速度区域”的形状 (椭圆形)。

25.14.3 TIF 的特性

本节介绍 TIF 的一些要点及用法。

25.14.3.1 面向任务的 TIF

作为一个概念，“态势意义”主要基于定义且是确定性的，而非基于物理学或是统计性的。一方面，确定意图和特定目标的威胁程度需要根据证据作统计推断；另一方面，这种推断依赖于特定且任务相关的“战术重要性”定义。

正如刚才介绍的那个浅显的例子一样，在一个任务中具有核心重要性的目标类型对于另一个任务可能毫无意义。其次，一个具体任务中的态势意义与特定指挥员的偏好及优先级有关。再者，瞬时态势意义取决于操作员对场景上下文的理解。

[①] 例如：无论可移动导弹发射车与 AoI 或目标的相对关系如何，它都是重要的。

可以构造 TIF 以反映上述任何方面的影响，特别地，可随时改变 TIF 以反映系统操作员的偏好。

25.14.3.2 TIF 的时间演变

由于态势意义随时间变化，因而 TIF 也必须连续更新。在许多情形下，这种更新可自动执行。例如，当目标移向某个 AoI 且较上一时刻更近时，由于与相对距离有关的重要性已经表示在 TIF 的定义中，因此没有必要手动更新这部分 (这部分更新是自动进行的)。

另一方面，许多 TIF 的更新则需要人工介入。例如，指挥员 / 操作员可能会指定某个 AoI 较上一时刻更为重要，此时需要对 TIF 的定义做相应的修正。

25.14.3.3 TIF 的时间预测

推断将来意图需要将当前 TIF $\iota_{k|k}(\boldsymbol{x})$ 外推为将来某时刻 $t_{k+k'}$ 的预测 TIF $\iota_{k+k'|k}(\boldsymbol{x})$，据此评估将来的威胁态势。基于常规运动预测方法即可实现该目的，例如：给定目标的位置和速度后，假设用 TIF $\iota_{k|k}(\boldsymbol{x})$ 表示当前的战术价值，对 AoI 和目标分别采用适当的运动模型便可将 $\iota_{k|k}(\boldsymbol{x})$ 外推为 $\iota_{k+k'|k}(\boldsymbol{x})$。

25.14.4 TIF 的多目标统计学

只有将 TIF 集成进多目标统计学，才能正确使用 TIF。本节介绍如何实现这一目的，涉及的基本概念首见于文献 [179] 第 14.9.1 节。

假定 t_k 时刻多目标分布 $f_{k|k}(X) \overset{\text{abbr.}}{=} f_{k|k}(X|Z^{(k)})$ 的 p.g.fl. 为

$$G_{k|k}[h] \overset{\text{abbr.}}{=} G_{k|k}[h|Z^{(k)}] \tag{25.225}$$

为概念清晰起见，首先来看一个简单的例子。假定 $\iota_{k|k}(\boldsymbol{x}) = \mathbf{1}_S(\boldsymbol{x})$ 是图25.1中的“明确型” TIF，即对于状态为 $\boldsymbol{x}$ 的目标，要么 $\iota_{k|k}(\boldsymbol{x}) = 1$ (目标具有最高的战术价值)，要么 $\iota_{k|k}(\boldsymbol{x}) = 0$ (目标无任何战术价值)。令 $\varXi_{k|k}$ 表示多目标 RFS，则下述“钳位” RFS 仅包含战术重要目标：

$$\varXi_{k|k}^{\rightarrow\iota} = \varXi_{k|k} \cap S \tag{25.226}$$

根据文献 [179] 中的式 (14.295) 或本书第 4 章中的式(4.129)，$\varXi_{k|k}^{\rightarrow\iota}$ 的 p.g.fl. 可表示为

$$G_{k|k}^{\rightarrow\iota}[h] = G_{\varXi_{k|k}^{\rightarrow\iota}}[h] = G_{\varXi_{k|k}}[1 - \mathbf{1}_S + \mathbf{1}_S \cdot h] \tag{25.227}$$

$$= G_{k|k}[1 - \mathbf{1}_S + \mathbf{1}_S \cdot h] \tag{25.228}$$

下面考虑一般情形下的 $\iota_{k|k}(\boldsymbol{x})$。根据文献 [179] 中的式 (14.296) 可得

$$G_{k|k}^{\rightarrow\iota}[h] = G_{k|k}[1 - \iota_{k|k} + \iota_{k|k} \cdot h] \tag{25.229}$$

不难证明，相应的 ToI 偏向 PHD 可表示为

$$D_{k|k}^{\rightarrow\iota}(\boldsymbol{x}) = \iota_{k|k}(\boldsymbol{x}) \cdot D_{k|k}(\boldsymbol{x}) \tag{25.230}$$

因此，可将感兴趣目标数后验期望 (PENTI) 表示为

$$N_{k|k}^{\to\iota} = \int \iota_{k|k}(\boldsymbol{x}) \cdot D_{k|k}(\boldsymbol{x})\mathrm{d}\boldsymbol{x} \tag{25.231}$$

类似地，对于 $G_{k|k}[h] = G_{k|k}(s_{k|k}[h])$，即 i.i.d.c. 过程，相应的 ToI 偏向势方差为[①]

$$(\sigma_{k|k}^{\to\iota})^2 = \frac{G_{k|k}^{(2)}(1)}{\left(G_{k|k}^{(1)}(1)\right)^2} \cdot D_{k|k}[\iota_{k|k}]^2 - D_{k|k}[\iota_{k|k}]^2 + D_{k|k}[\iota_{k|k}] \tag{25.232}$$

式(25.230)的推导过程如下：令式(3.82)第四链式法则中的 $T[h] = 1 - \iota_{k|k} + \iota_{k|k} \cdot h$，则

$$\frac{\delta G_{k|k}^{\to\iota}}{\delta \boldsymbol{x}} = \int \frac{\delta T}{\delta \boldsymbol{x}}[h](\boldsymbol{w}) \cdot \frac{\delta G_{k|k}}{\delta \boldsymbol{w}}[1 - \iota_{k|k} + \iota_{k|k} \cdot h]\mathrm{d}\boldsymbol{w} \tag{25.233}$$

$$= \int \iota_{k|k}(\boldsymbol{w}) \cdot \delta_{\boldsymbol{x}}(\boldsymbol{w}) \cdot \frac{\delta G_{k|k}}{\delta \boldsymbol{w}}[1 - \iota_{k|k} + \iota_{k|k} \cdot h]\mathrm{d}\boldsymbol{w} \tag{25.234}$$

$$= \iota_{k|k}(\boldsymbol{x}) \cdot \frac{\delta G_{k|k}}{\delta \boldsymbol{x}}[1 - \iota_{k|k} + \iota_{k|k} \cdot h] \tag{25.235}$$

再利用(4.72)式，可得

$$D_{k|k}^{\to\iota}(\boldsymbol{x}) = \frac{\delta G_{k|k}^{\to\iota}}{\delta \boldsymbol{x}}[1] = \iota_{k|k}(\boldsymbol{x}) \cdot \frac{\delta G_{k|k}}{\delta \boldsymbol{x}}[1] = \iota_{k|k}(\boldsymbol{x}) \cdot D_{k|k}(\boldsymbol{x}) \tag{25.236}$$

根据式(4.67)及下列结果：

$$\frac{\mathrm{d}}{\mathrm{d}x} G_{k|k}^{\to\iota}(x) = G_{k|k}^{(1)}(s_{k|k}[1 - \iota_{k|k} + \iota_{k|k} \cdot x]) \cdot s_{k|k}[\iota_{k|k}] \tag{25.237}$$

$$\frac{\mathrm{d}^2}{\mathrm{d}x^2} G_{k|k}^{\to\iota}(x) = G_{k|k}^{(2)}(s_{k|k}[1 - \iota_{k|k} + \iota_{k|k} \cdot x]) \cdot s_{k|k}[\iota_{k|k}]^2 \tag{25.238}$$

不难得到式(25.232)。

25.14.5　感兴趣目标数后验期望 (PENTI)

从传感器管理的角度出发，需要将 TIF 集成进 PENT 目标函数中。这样一来，新目标函数便可使传感器优先获取那些高价值目标 (基于各个目标的相对重要性) 的观测。下面介绍如何实现这一点。

令 $\overset{*}{X} = \{\overset{*1}{\boldsymbol{x}}, \cdots, \overset{*s}{\boldsymbol{x}}\}$ ($|\overset{*}{X}| = s$) 表示待定的传感器状态，将25.10.2节 PIMS 对冲的 p.g.fl. 记作

$$G_{k+1|k+1}^{\mathrm{PIMS}}[h|\overset{*}{X}] \overset{\mathrm{abbr.}}{=} G_{k+1|k+1}^{\mathrm{PIMS}}[h|Z^{(k)}, \overset{*}{X}^{(k)}, Z_{k+1}^{\mathrm{PIMS}}, \overset{*}{X}] \tag{25.239}$$

则相应的 ToI 偏向 p.g.fl. 为

$$\overset{\mathrm{PIMS}}{G}{}_{k+1|k+1}^{\to\iota}[h|\overset{*}{X}] = G_{k+1|k+1}^{\mathrm{PIMS}}[1 - \iota_{k|k} + \iota_{k|k} h|\overset{*}{X}] \tag{25.240}$$

[①]译者注：原著式(25.232)右边第一项的分母为 $G_{k|k}^{(1)}(1)$，这里已更正。

根据式(25.230)，PIMS 对冲的 ToI 偏向 PHD 可表示为

$$\overset{\text{PIMS}}{D}{}^{\to\iota}_{k+1|k+1}(\boldsymbol{x}|\overset{*}{X}) = \iota_{k|k}(\boldsymbol{x}) \cdot D^{\text{PIMS}}_{k+1|k+1}(\boldsymbol{x}|\overset{*}{X}) \tag{25.241}$$

式中

$$D^{\text{PIMS}}_{k+1|k+1}(\boldsymbol{x}|\overset{*}{X}) = \frac{\delta G^{\text{PIMS}}_{k+1|k+1}}{\delta \boldsymbol{x}}[1|\overset{*}{X}] \tag{25.242}$$

上式即 PIMS 对冲的 PHD。因此，根据式(25.231)，PIMS 对冲的感兴趣目标数后验期望 (PENTI) 可表示为

$$\overset{\text{ideal}}{N}{}^{\to\iota}_{k+1|k+1}(\overset{*}{X}) \overset{\text{def.}}{=} \overset{\text{PIMS}}{N}{}^{\to\iota}_{k+1|k+1}(\overset{*}{X}) = \int \iota_{k|k}(\boldsymbol{x}) \cdot D^{\text{PIMS}}_{k+1|k+1}(\boldsymbol{x}|\overset{*}{X})\mathrm{d}\boldsymbol{x} \tag{25.243}$$

25.14.6 ToI 偏向势方差

根据式(4.63)，PIMS 对冲的 ToI 偏向势分布函数可表示为

$$\overset{\text{PIMS}}{G}{}^{\to\iota}_{k+1|k+1}(x|\overset{*}{X}) = G^{\text{PIMS}}_{k+1|k+1}[1 - \iota_{k|k} + x \cdot \iota_{k|k}|\overset{*}{X}] \tag{25.244}$$

因此可让势方差目标函数偏向那些感兴趣目标，根据式(4.67)和式(25.244)可得到 PIMS 对冲的 ToI 偏向势方差：

$$\overset{\text{ideal}}{\sigma^2}{}_{k+1|k+1}(\overset{*}{X}) = \overset{\text{ideal}}{N}{}^{\to\iota}_{k+1|k+1}(\overset{*}{X}) - \overset{\text{ideal}}{N}{}^{\to\iota}_{k+1|k+1}(\overset{*}{X})^2 + \frac{\mathrm{d}^2 \overset{\text{PIMS}}{G}{}^{\to\iota}_{k+1|k+1}}{\mathrm{d}x^2}(1|\overset{*}{X}) \tag{25.245}$$

第 26 章　近似的传感器管理

26.1　简　介

上一章介绍了 RFS 传感器和平台管理的一般方法，但因为基于的是多目标贝叶斯滤波器，因此一般不太容易计算。本章将介绍一些易于计算的近似传感器管理算法，它们主要基于伯努利、PHD、CPHD 以及 CBMeMBer 等 RFS 近似滤波器。

26.1.1　要点概述

在本章学习过程中，需要掌握的主要概念、结论和公式如下：

- 第 25 章中的理想传感器与近似的非理想传感器近似可扩展用于伯努利、PHD、CPHD 以及 CBMeMBer 滤波器；
- PIMS 单样本近似对冲策略 (25.10.2节) 可扩展用于伯努利、PHD、CPHD 以及 CBMeMBer 滤波器；
- 对于 PHD 滤波器情形，采用 PIMS 对冲的 PENT 目标函数表现出合乎直观的行为 (26.3.1.4节和26.3.2.5节)，但采用 PMS 对冲则未必如此 (26.3.1.4节)；
- 当结合伯努利、PHD、CPHD 和 CBMeMBer 等滤波器使用时，“伪传感器” 近似可使多传感器管理更容易操作；
- 当结合伯努利、PHD、CPHD 和 CBMeMBer 等滤波器使用时，可推导出 PENT、PENTI 以及势方差目标函数的显式表达式。

26.1.2　本章结构

本章主要内容安排如下：

- 26.2节：基于伯努利滤波器的传感器管理。
- 26.3节：基于 PHD 滤波器的近似传感器管理。
- 26.4节：基于 CPHD 滤波器的近似传感器管理。
- 26.5节：基于 CBMeMBer 滤波器的近似传感器管理。
- 26.6节：RFS 传感器管理算法的实现。

26.2　基于伯努利滤波器的传感器管理

13.2节的伯努利滤波器是最优的单目标检测跟踪方法，本节介绍基于该滤波器的单传感器单目标传感器管理方法。Ristic 和 Arulampalam 等人于 2012 年[251] 最先给出了一种这样的传感器管理方法，本节则将第 24 章的单传感器管理方法推广至任意杂波过程。

与24.4节类似，基于伯努利滤波器的单步前瞻传感器管理方案如下：

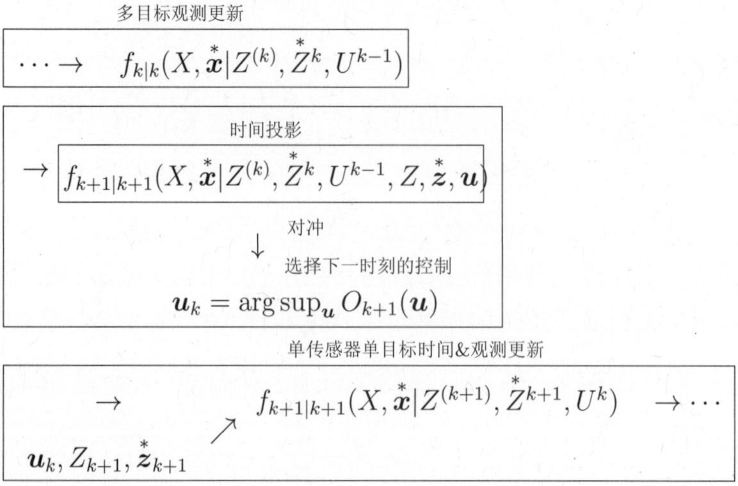

其中：目标状态为有限集 X，且 $X = \emptyset$ (无目标) 或 $X = \{\boldsymbol{x}\}$ (单目标 $\boldsymbol{x}$)；观测集序列 $Z^{(k)}: Z_1, \cdots, Z_k$ 中的各观测集均包含源自杂波和目标 (若存在) 的观测，而非单个观测。

下面采用25.13节中简化的非理想传感器方法。令：

- $Z^{(k)}: Z_1, \cdots, Z_k$ 是 t_k 时刻的传感器观测集序列；
- $\overset{*}{Z}{}^k: \overset{*}{z}_1, \cdots, \overset{*}{z}_k$ 是 t_k 时刻的执行机构传感器观测序列；
- $\overset{*}{X}{}^k: \overset{*}{\boldsymbol{x}}_1, \cdots, \overset{*}{\boldsymbol{x}}_k$ 是 t_k 时刻的传感器状态序列，其中 $\overset{*}{\boldsymbol{x}}_i$ 在 t_i 时刻选定。

此时的控制方案具有图26.1所示的双滤波器形式，共包括以下步骤：

- 传感器时间更新：使用预测积分将当前的 $\overset{*}{f}_{k|k}(\overset{*}{\boldsymbol{x}}|\overset{*}{Z}{}^k)$ 外推为 $\overset{*}{f}_{k+1|k}(\overset{*}{\boldsymbol{x}}|\overset{*}{Z}{}^k)$。
- 目标时间更新：使用伯努利滤波器的预测方程将 $p_{k|k}(Z^{(k)}, \overset{*}{X}{}^k)$、$s_{k|k}(\boldsymbol{x}|Z^{(k)}, \overset{*}{X}{}^k)$ 外推为 $p_{k+1|k}(Z^{(k)}, \overset{*}{X}{}^k)$、$s_{k+1|k}(\boldsymbol{x}|Z^{(k)}, \overset{*}{X}{}^k)$。
- 时间投影：设 t_{k+1} 时刻的待定传感器状态和未知观测集分别为 $\overset{*}{\boldsymbol{x}}$ 和 Z，采用伯努利滤波器的校正器方程将 $p_{k+1|k}(Z^{(k)}, \overset{*}{X}{}^k)$、$s_{k+1|k}(\boldsymbol{x}|Z^{(k)}, \overset{*}{X}{}^k)$ 分别更新为 $p_{k+1|k+1}(Z^{(k)}, \overset{*}{X}{}^k, Z, \overset{*}{\boldsymbol{x}})$ 和 $s_{k+1|k+1}(\boldsymbol{x}|Z^{(k)}, \overset{*}{X}{}^k, Z, \overset{*}{\boldsymbol{x}})$。
- 目标函数构造：给定 $\overset{*}{\boldsymbol{x}}$ 和 Z，确定目标函数 $O_{k+1}(\overset{*}{\boldsymbol{x}}, Z)$。
- 对冲：利用多样本或 PIMS 单样本对冲方法消掉 Z，即

$$\overset{\text{ideal}}{O}_{k+1}(\overset{*}{\boldsymbol{x}}) = N_{k+1|k+1}(\overset{*}{\boldsymbol{x}}, Z_{k+1}^{\text{PIMS}}) \tag{26.1}$$

- 动态化：修正 PENT 以考虑传感器动力学 (t_{k+1} 时刻传感器状态的可达性)，即

$$\overset{\text{nonideal}}{N}_{k+1|k+1}(\overset{*}{\boldsymbol{x}}) = \overset{\text{ideal}}{N}_{k+1|k+1}(\overset{*}{\boldsymbol{x}}) \cdot \overset{*}{f}_{k+1|k}(\overset{*}{\boldsymbol{x}}|\overset{*}{Z}{}^k) \tag{26.2}$$

- 最优化：确定下一时刻的最优传感器状态，即

$$\overset{*}{\boldsymbol{x}}_{k+1} = \arg\sup_{\overset{*}{\boldsymbol{x}}} \overset{\text{nonideal}}{N}_{k+1|k+1}(\overset{*}{\boldsymbol{x}}) \tag{26.3}$$

单传感器多目标观测更新

$$\cdots \rightarrow \quad \overset{*}{f}_{k|k}(\overset{*}{\boldsymbol{x}}|\overset{*}{Z}^k)$$

$$\cdots \rightarrow \begin{cases} s_{k|k}(\boldsymbol{x}|Z^{(k)}, \overset{*}{X}^k) \\ p_{k|k}(Z^{(k)}, \overset{*}{X}^k) \end{cases}$$

$$\rightarrow \quad \overset{*}{f}_{k+1|k}(\overset{*}{\boldsymbol{x}}|\overset{*}{Z}^k)$$

$\downarrow$ 时间投影

$$\rightarrow \begin{cases} s_{k+1|k+1}(\boldsymbol{x}|Z^{(k)}, \overset{*}{X}^k, Z, \overset{*}{\boldsymbol{x}}) \\ p_{k+1|k+1}(Z^{(k)}, \overset{*}{X}^k, Z, \overset{*}{\boldsymbol{x}}) \end{cases}$$

$\downarrow$ 对冲

选择下一时刻的传感器状态

$$\overset{*}{\boldsymbol{x}}_{k+1} = \arg\sup_{\overset{*}{\boldsymbol{x}}} O_{k+1}(\overset{*}{\boldsymbol{x}})$$

单传感器多目标时间&观测更新

$$\overset{*}{\boldsymbol{z}}_{k+1} \nearrow \quad \overset{*}{f}_{k+1|k+1}(\overset{*}{\boldsymbol{x}}|\overset{*}{Z}^{k+1}) \quad \rightarrow \cdots$$

$$\rightarrow \begin{cases} s_{k+1|k+1}(\boldsymbol{x}|Z^{(k+1)}, \overset{*}{X}^{k+1}) \\ p_{k+1|k+1}(Z^{(k+1)}, \overset{*}{X}^{k+1}) \end{cases} \rightarrow \cdots$$

$$\overset{*}{\boldsymbol{x}}_{k+1}, Z_{k+1} \nearrow$$

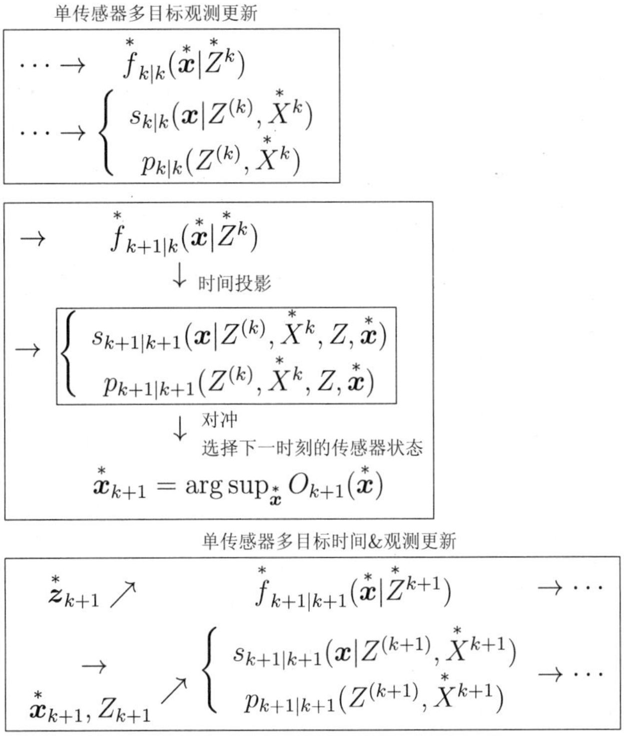

图 26.1　简化的非理想传感器下的传感器管理控制方案

- 传感器观测更新：使用贝叶斯规则将 $\overset{*}{f}_{k+1|k}(\overset{*}{\boldsymbol{x}}|\overset{*}{Z}^k)$ 更新为 $\overset{*}{f}_{k+1|k+1}(\overset{*}{\boldsymbol{x}}|\overset{*}{Z}^{k+1})$。

- 目标观测更新：以 $\overset{*}{\boldsymbol{x}}_{k+1}$ 作为 t_{k+1} 时刻的传感器状态，采用伯努利滤波器的校正器方程将 $p_{k+1|k}(Z^{(k)}, \overset{*}{X}^k)$、$s_{k+1|k}(\boldsymbol{x}|Z^{(k)}, \overset{*}{X}^k)$ 观测更新为 $p_{k+1|k+1}(Z^{(k+1)}, \overset{*}{X}^{k+1})$、$s_{k+1|k+1}(\boldsymbol{x}|Z^{(k+1)}, \overset{*}{X}^{k+1})$。

- 重复上述步骤。

本节内容安排如下：

- 26.2.1 节：基于伯努利滤波器的单传感器单目标单步控制方案——滤波方程。

- 26.2.2 节：基于伯努利滤波器的单传感器单目标单步控制方案——目标函数。

- 26.2.3 节：PIMS 单样本对冲与 PENT 目标函数 (或其变形)。

- 26.2.4 节：基于伯努利滤波器的多传感器单步前瞻控制。

26.2.1　基于伯努利滤波器的传感器管理：滤波方程

根据式 (13.3)~(13.8)，该方法的滤波方程可表示如下：

- 传感器时间更新：

$$\overset{*}{f}_{k+1|k}(\overset{*}{\boldsymbol{x}}|\overset{*}{Z}^k) = \int \overset{*}{f}_{k+1|k}(\overset{*}{\boldsymbol{x}}|\overset{*}{\boldsymbol{x}}') \cdot \overset{*}{f}_{k|k}(\overset{*}{\boldsymbol{x}}'|\overset{*}{Z}^k)\mathrm{d}\overset{*}{\boldsymbol{x}}' \tag{26.4}$$

- 目标时间更新：

$$p_{k+1|k}(Z^{(k)}, \overset{*}{X}^k) = p_{\mathrm{B}} \cdot (1 - p_{k|k}) + p_{k|k} \cdot s_{k|k}[p_{\mathrm{S}}] \tag{26.5}$$

$$s_{k+1|k}(\boldsymbol{x}|Z^{(k)}, \overset{*}{X}^k) = \frac{p_{\mathrm{B}} \cdot (1 - p_{k|k}) \cdot \hat{b}_{k+1|k}(\boldsymbol{x}) + p_{k|k} \cdot s_{k|k}[p_{\mathrm{S}} M_{\boldsymbol{x}}]}{p_{k+1|k}} \tag{26.6}$$

式中

$$s_{k|k}[p_{\mathrm{S}}] = \int p_{\mathrm{S}}(\boldsymbol{x}') \cdot s_{k|k}(\boldsymbol{x}'|Z^{(k)}, \overset{*}{X}^k)\mathrm{d}\boldsymbol{x}' \tag{26.7}$$

$$s_{k|k}[p_{\mathrm{S}} M_{\boldsymbol{x}}] = \int p_{\mathrm{S}}(\boldsymbol{x}') \cdot f_{k+1|k}(\boldsymbol{x}|\boldsymbol{x}') \cdot s_{k|k}(\boldsymbol{x}'|Z^{(k)}, \overset{*}{X}^k)\mathrm{d}\boldsymbol{x}' \tag{26.8}$$

- 传感器观测更新：

$$\overset{*}{f}_{k+1|k+1}(\overset{*}{\boldsymbol{x}}|\overset{*}{Z}^{k+1}) \propto \overset{*}{f}_{k+1}(\overset{*}{\boldsymbol{z}}|\overset{*}{\boldsymbol{x}}) \cdot \overset{*}{f}_{k+1|k}(\overset{*}{\boldsymbol{x}}|\overset{*}{Z}^k) \tag{26.9}$$

- 目标观测更新：

$$\begin{aligned} & p_{k+1|k+1}(Z^{(k+1)}, \overset{*}{X}^k, \overset{*}{\boldsymbol{x}}) \\ = & \frac{\left(\begin{array}{c} 1 - s_{k+1|k}[p_{\mathrm{D}}|\overset{*}{\boldsymbol{x}}] + \\ \sum_{\boldsymbol{z} \in Z_{k+1}} s_{k+1|k}[p_{\mathrm{D}} L_{\boldsymbol{z}}|\overset{*}{\boldsymbol{x}}] \cdot \frac{\kappa_{k+1}(Z_{k+1} - \{\boldsymbol{z}\})}{\kappa_{k+1}(Z_{k+1})} \end{array}\right)}{\left(\begin{array}{c} p_{k+1|k}(Z^{(k)}, \overset{*}{X}^k)^{-1} - s_{k+1|k}[p_{\mathrm{D}}|\overset{*}{\boldsymbol{x}}] + \\ \sum_{\boldsymbol{z} \in Z_{k+1}} s_{k+1|k}[p_{\mathrm{D}} L_{\boldsymbol{z}}|\overset{*}{\boldsymbol{x}}] \cdot \frac{\kappa_{k+1}(Z_{k+1} - \{\boldsymbol{z}\})}{\kappa_{k+1}(Z_{k+1})} \end{array}\right)} \end{aligned} \tag{26.10}$$

$$\begin{aligned} & s_{k+1|k+1}(\boldsymbol{x}|Z^{(k+1)}, \overset{*}{X}^k, \overset{*}{\boldsymbol{x}}) \\ = & \frac{\left(\begin{array}{c} 1 - p_{\mathrm{D}}(\boldsymbol{x}, \overset{*}{\boldsymbol{x}}) + \\ p_{\mathrm{D}}(\boldsymbol{x}, \overset{*}{\boldsymbol{x}}) \sum_{\boldsymbol{z} \in Z_{k+1}} L_{\boldsymbol{z}}(\boldsymbol{x}) \cdot \frac{\kappa_{k+1}(Z_{k+1} - \{\boldsymbol{z}\})}{\kappa_{k+1}(Z_{k+1})} \end{array}\right)}{\left(\begin{array}{c} 1 - s_{k+1|k}[p_{\mathrm{D}}|\overset{*}{\boldsymbol{x}}] + \\ \sum_{\boldsymbol{z} \in Z_{k+1}} s_{k+1|k}[p_{\mathrm{D}} L_{\boldsymbol{z}}|\overset{*}{\boldsymbol{x}}] \cdot \frac{\kappa_{k+1}(Z_{k+1} - \{\boldsymbol{z}\})}{\kappa_{k+1}(Z_{k+1})} \end{array}\right)} \cdot s_{k+1|k}(\boldsymbol{x}|Z^{(k)}, \overset{*}{X}^k) \end{aligned} \tag{26.11}$$

式中

$$s_{k+1|k}[p_{\mathrm{D}}|\overset{*}{\boldsymbol{x}}] = \int p_{\mathrm{D}}(\boldsymbol{x}, \overset{*}{\boldsymbol{x}}) \cdot s_{k+1|k}(\boldsymbol{x}|Z^{(k)}, \overset{*}{\boldsymbol{x}})\mathrm{d}\boldsymbol{x} \tag{26.12}$$

$$s_{k+1|k}[p_{\mathrm{D}} L_{\boldsymbol{z}}|\overset{*}{\boldsymbol{x}}] = \int p_{\mathrm{D}}(\boldsymbol{x}, \overset{*}{\boldsymbol{x}}) \cdot L_{\boldsymbol{z}}(\boldsymbol{x}, \overset{*}{\boldsymbol{x}}) \cdot s_{k+1|k}(\boldsymbol{x}|Z^{(k)}, \overset{*}{\boldsymbol{x}})\mathrm{d}\boldsymbol{x} \tag{26.13}$$

根据约定，当 $Z_{k+1} = \emptyset$ 时，式(26.10)和式(26.11)中的求和项为零。

26.2.2 基于伯努利滤波器的传感器管理：目标函数

根据25.9节的讨论，任何 Csiszár 信息泛函都可作为传感器管理的目标函数。本节只考虑这几种目标函数：Rényi α 散度 (26.2.2.1节)、目标数后验期望 (PENT) 及其势方差 (26.2.2.2节)。

26.2.2.1　基于伯努利滤波器的传感器管理：Rényi α 散度

Ristic 和 Arulampalam 在文献 [251] 中考虑了 Rényi α 散度目标函数。根据式(6.71)，该目标函数可表示为

$$R_\alpha(\overset{*}{x}, Z) = \frac{1}{\alpha-1}\log\int f_{k+1|k+1}(X|Z^{(k)}, \overset{*}{X}{}^k, Z, \overset{*}{x})^\alpha \cdot f_{k+1|k}(X|Z^{(k)}, \overset{*}{X}{}^k)^{1-\alpha}\delta X \quad (26.14)$$

或者根据文献 [251] 中的 (19) 式将其表示为下述形式：

$$\begin{aligned} e^{(\alpha-1)\cdot R_\alpha(\overset{*}{x}, Z)} &= f_{k+1|k+1}(\emptyset|Z^{(k)}, \overset{*}{X}{}^k, Z, \overset{*}{x})^\alpha \cdot f_{k+1|k}(\emptyset|Z^{(k)}, \overset{*}{X}{}^k)^{1-\alpha} + \quad (26.15)\\ &\quad \int f_{k+1|k+1}(\{x\}|Z^{(k)}, \overset{*}{X}{}^k, Z, \overset{*}{x})^\alpha \cdot f_{k+1|k}(\{x\}|Z^{(k)}, \overset{*}{X}{}^k)^{1-\alpha}\mathrm{d}x \\ &= (1-p_{k+1|k+1}(Z^{(k)}, \overset{*}{X}{}^k, Z, \overset{*}{x}))^\alpha \cdot (1-p_{k+1|k}(Z^{(k)}, \overset{*}{X}{}^k))^{1-\alpha} + \quad (26.16)\\ &\quad p_{k+1|k+1}(Z^{(k)}, \overset{*}{X}{}^k, Z, \overset{*}{x})^\alpha \cdot p_{k+1|k}(Z^{(k)}, \overset{*}{X}{}^k)^{1-\alpha} \cdot \\ &\quad \int s_{k+1|k+1}(x|Z^{(k)}, \overset{*}{X}{}^k, Z, \overset{*}{x})^\alpha \cdot s_{k+1|k}(x|Z^{(k)}, \overset{*}{X}{}^k)^{1-\alpha}\mathrm{d}x \end{aligned}$$

下面的启发式推导表明[①]：对于伯努利滤波器，Rényi 散度特别适合采用 SMC 方法来近似。令

$$s_{k+1|k}(x) \cong \sum_{i=1}^{\nu} v_i \cdot \delta_{x_i}(x), \quad s_{k+1|k+1}(x) \cong \sum_{i=1}^{\nu} u_i \cdot \delta_{x_i}(x) \quad (26.17)$$

则

$$\int s_{k+1|k+1}(x)^\alpha \cdot s_{k+1|k}(x)^{1-\alpha}\mathrm{d}x = \sum_{i=1}^{\nu} u_i^\alpha \cdot v_i^{1-\alpha} \quad (26.18)$$

上式的推导过程如下：

$$\begin{aligned} &\int s_{k+1|k+1}(x)^\alpha \cdot s_{k+1|k}(x)^{1-\alpha}\mathrm{d}x \quad (26.19)\\ &= \int \left(\sum_{i=1}^{\nu} u_i \cdot \delta_{x_i}(x)\right)^\alpha \left(\sum_{i=1}^{\nu} v_i \cdot \delta_{x_i}(x)\right)^{1-\alpha}\mathrm{d}x \\ &= \int \left(\sum_{i=1}^{\nu} u_i^\alpha \cdot \delta_{x_i}(x)^\alpha\right)\left(\sum_{i=1}^{\nu} v_i^{1-\alpha} \cdot \delta_{x_i}(x)^{1-\alpha}\right)\mathrm{d}x \quad (26.20)\\ &= \int \left(\sum_{i=1}^{\nu} u_i^\alpha \cdot v_i^{1-\alpha} \cdot \delta_{x_i}(x)\right)\mathrm{d}x \quad (26.21)\\ &= \sum_{i=1}^{\nu} u_i^\alpha \cdot v_i^{1-\alpha} \quad (26.22) \end{aligned}$$

---

① 由于狄拉克 δ 函数的分数幂似乎是没有定义的，所以下述推导是启发式的。

26.2.2.2 基于伯努利滤波器的传感器管理：PENT 及势方差

式(26.16)的计算量通常很大，如25.9.2节所述，可用 PENT 来近似 α 散度：

$$N_{k+1|k+1}(\overset{*}{x}, Z) = \int |X| \cdot f_{k+1|k+1}(X|Z^{(k)}, \overset{*}{X}^k, Z, \overset{*}{x})\delta X \tag{26.23}$$

$$= p_{k+1|k+1}(Z^{(k)}, \overset{*}{X}^k, Z, \overset{*}{x}) \tag{26.24}$$

也就是说，伯努利滤波器的 $N_{k+1|k+1}(\overset{*}{x}, Z)$ 等于目标后验存在概率 $p_{k+1|k+1}(Z, \overset{*}{x})$，传感器管理就是让该概率最大化。

同理，也可用23.2.4节的势方差目标函数来近似：

$$\sigma^2_{k+1|k+1}(Z, \overset{*}{x}) = (1 - p_{k+1|k+1}(Z, \overset{*}{x})) \cdot p_{k+1|k+1}(Z, \overset{*}{x}) \tag{26.25}$$

此时的传感器管理旨在使该方差最小化，即让 $p_{k+1|k+1}(Z, \overset{*}{x})$ 最大化或最小化。

26.2.3 伯努利滤波器控制：对冲

式(26.16)和式(26.23)都与下一时刻的未知观测集 Z 有关，由于典型的对冲策略 (对 Z 取平均) 不易于计算，这里采用25.10.2节的 PIMS 单样本对冲策略。

对于伯努利过程，由式(25.159)可知 PIMS 对冲的 p.g.fl. 为

$$G^{\text{PIMS}}_{k+1|k+1}[h] = \frac{\left(\begin{array}{c} 1 - p_{k+1|k} + p_{k+1|k} \cdot \tau_0[h] + \\ p_{k+1|k} \sum_{i=1}^n \frac{\kappa_{k+1}(\hat{Z} - \{\eta_{k+1}(\boldsymbol{x}_i)\})}{\kappa_{k+1}(\hat{Z})} \cdot p_{\text{D}}(\boldsymbol{x}_i) \cdot \tau_i[h] \end{array}\right)}{\left(\begin{array}{c} 1 - p_{k+1|k} + p_{k+1|k} \cdot \tau_0[1] + \\ p_{k+1|k} \sum_{l=1}^n \frac{\kappa_{k+1}(\hat{Z} - \{\eta_{k+1}(\boldsymbol{x}_l)\})}{\kappa_{k+1}(\hat{Z})} \cdot p_{\text{D}}(\boldsymbol{x}_l) \cdot \tau_l[1] \end{array}\right)} \tag{26.26}$$

式中

$$\tau_0[h] = \int h(\boldsymbol{x}) \cdot (1 - p_{\text{D}}(\boldsymbol{x})) \cdot s_{k+1|k}(\boldsymbol{x}) \text{d}\boldsymbol{x} \tag{26.27}$$

$$\tau_i[h] = \int h(\boldsymbol{x}) \cdot p_{\text{D}}(\boldsymbol{x}) \cdot L_{\eta_{k+1}(\boldsymbol{x}_i)}(\boldsymbol{x}) \cdot s_{k+1|k}(\boldsymbol{x}) \text{d}\boldsymbol{x} \tag{26.28}$$

对应的 p.g.f. 为

$$G^{\text{PIMS}}_{k+1|k+1}(x) = \frac{\left(\begin{array}{c} 1 - p_{k+1|k} + x \cdot p_{k+1|k} \cdot \tau_0[1] + \\ x \cdot p_{k+1|k} \sum_{i=1}^n \frac{\kappa_{k+1}(\hat{Z} - \{\eta_{k+1}(\boldsymbol{x}_i)\})}{\kappa_{k+1}(\hat{Z})} \cdot p_{\text{D}}(\boldsymbol{x}_i) \cdot \tau_i[1] \end{array}\right)}{\left(\begin{array}{c} 1 - p_{k+1|k} + p_{k+1|k} \cdot \tau_0[1] + \\ p_{k+1|k} \sum_{l=1}^n \frac{\kappa_{k+1}(\hat{Z} - \{\eta_{k+1}(\boldsymbol{x}_l)\})}{\kappa_{k+1}(\hat{Z})} \cdot p_{\text{D}}(\boldsymbol{x}_l) \cdot \tau_l[1] \end{array}\right)} \tag{26.29}$$

因此，PIMS 对冲的 PENT 可表示为

$$N_{k+1|k+1}^{\text{PIMS}} = \overset{\text{PIMS}}{G}{}^{(1)}_{k+1|k+1}(1) \tag{26.30}$$

$$= \frac{\left(\begin{array}{c} p_{k+1|k}\cdot\tau_0[1]+ \\ p_{k+1|k}\sum_{i=1}^{n}\frac{\kappa_{k+1}(\hat{Z}-\{\eta_{k+1}(\boldsymbol{x}_i)\})}{\kappa_{k+1}(\hat{Z})}\cdot p_{\mathrm{D}}(\boldsymbol{x}_i)\cdot\tau_i[1]\end{array}\right)}{\left(\begin{array}{c} 1-p_{k+1|k}+p_{k+1|k}\cdot\tau_0[1]+ \\ p_{k+1|k}\sum_{l=1}^{n}\frac{\kappa_{k+1}(\hat{Z}-\{\eta_{k+1}(\boldsymbol{x}_l)\})}{\kappa_{k+1}(\hat{Z})}\cdot p_{\mathrm{D}}(\boldsymbol{x}_l)\cdot\tau_l[1]\end{array}\right)} \tag{26.31}$$

$$= 1-\frac{1-p_{k+1|k}}{\left(\begin{array}{c} 1-p_{k+1|k}+p_{k+1|k}\cdot\tau_0[1]+ \\ p_{k+1|k}\sum_{l=1}^{n}\frac{\kappa_{k+1}(\hat{Z}-\{\eta_{k+1}(\boldsymbol{x}_l)\})}{\kappa_{k+1}(\hat{Z})}\cdot p_{\mathrm{D}}(\boldsymbol{x}_l)\cdot\tau_l[1]\end{array}\right)} \tag{26.32}$$

当且仅当式(26.32)中的分母取最大值时，PENT 最大，因此可得到下面的“PENT 替代式”：

$$N_{k+1|k+1}^{\text{APIMS}} = 1-p_{k+1|k+1}+p_{k+1|k+1}\cdot\tau_0[1]+ p_{k+1|k}\sum_{l=1}^{n}\frac{\kappa_{k+1}(\hat{Z}-\{\eta_{k+1}(\boldsymbol{x}_l)\})}{\kappa_{k+1}(\hat{Z})}\cdot p_{\mathrm{D}}(\boldsymbol{x}_l)\cdot\tau_l[1] \tag{26.33}$$

因此，按照当前表示可得：

- 理想传感器动力学下单传感器单步前瞻 *PENT* 替代式 (伯努利滤波器)

$$\overset{\text{ideal}}{N}_{k+1|k+1}(\overset{*}{\boldsymbol{x}}) = 1-p_{k+1|k}(Z^{(k)},\overset{*}{X}{}^{k})\cdot\tilde{\tau}_0(\overset{*}{\boldsymbol{x}})+ p_{k+1|k}(Z^{(k)},\overset{*}{X}{}^{k})\sum_{l=1}^{n}\frac{\kappa_{k+1}(\hat{Z}-\{\eta_{k+1}(\boldsymbol{x}_l)\})}{\kappa_{k+1}(\hat{Z})}\cdot p_{\mathrm{D}}(\boldsymbol{x}_l,\overset{*}{\boldsymbol{x}})\cdot\tilde{\tau}_l(\overset{*}{\boldsymbol{x}}) \tag{26.34}$$

式中

$$\tilde{\tau}_0(\overset{*}{\boldsymbol{x}}) = \int p_{\mathrm{D}}(\boldsymbol{x}_l,\overset{*}{\boldsymbol{x}})\cdot s_{k+1|k}(\boldsymbol{x}|Z^{(k)},\overset{*}{X}{}^{k})\mathrm{d}\boldsymbol{x} \tag{26.35}$$

$$\tilde{\tau}_l(\overset{*}{\boldsymbol{x}}) = \int p_{\mathrm{D}}(\boldsymbol{x}_l,\overset{*}{\boldsymbol{x}})\cdot L_{\eta_{k+1}(\boldsymbol{x}_l)}(\boldsymbol{x},\overset{*}{\boldsymbol{x}})\cdot s_{k+1|k}(\boldsymbol{x}|Z^{(k)},\overset{*}{X}{}^{k})\mathrm{d}\boldsymbol{x} \tag{26.36}$$

再看非理想传感器情形。根据式(25.217)可得：

- 非理想传感器动力学下单传感器单步前瞻 *PENT* 替代式 (伯努利滤波器)

$$\overset{\text{nonideal}}{N}_{k+1|k+1}(\overset{*}{\boldsymbol{x}}) = \overset{\text{ideal}}{N}_{k+1|k+1}(\overset{*}{\boldsymbol{x}})\cdot\overset{*}{f}_{k+1|k}(\overset{*}{\boldsymbol{x}}|\overset{*}{Z}{}^{k}) \tag{26.37}$$

26.2.4 伯努利滤波器控制：多传感器

多传感伯努利滤波器已在13.3节作了介绍，它通过迭代使用伯努利滤波器的观测更新方程实现多传感器观测更新 (每次一个传感器)。多传感器下的伯努利滤波器单步前瞻控制可以采用第24章的一般方式，此处不作进一步的探讨。

26.3 基于 PHD 滤波器的传感器管理

截至目前，第 V 篇已介绍的主题可简单归纳如下：

- 单步前瞻多传感器多目标传感器管理的一般方法 (25.8节)。
- 特殊情形：理想传感器动力学 (25.12节)。
- 简化的非理想传感器动力学，可将其视作理想传感器表示的推广 (25.13节)。

这些方法一般不易于计算，很大程度上是因为它们基于一般形式的多传感器多目标贝叶斯滤波器，本节及后续章节将设计基于近似多目标滤波器的传感器管理方法。本节重点关注基于 PHD 滤波器的传感器管理，随后两节将分别讨论基于 CPHD 和 CBMeMBer 滤波器的传感器管理。

基于 PHD/CPHD 滤波器的传感器管理方法主要基于：

- 非理想动力学传感器的简化方法 (25.13节)；
- PIMS 近似的单样本对冲方法 (25.10.2节)。

本节内容包括：

- 26.3.1节：基于 PHD 滤波器的单传感器单步前瞻控制。
- 26.3.2节：基于 PHD 滤波器的多传感器单步前瞻控制。

26.3.1 单传感器单步 PHD 滤波器控制

本节旨在修正25.13节的非理想传感器简化方法以便结合 PHD 滤波器使用。首先从单传感器单步前瞻控制开始，随后在26.3.2节介绍多传感器单步前瞻控制情形。令：

- $Z^{(k)}: Z_1, \cdots, Z_k$ 是 t_k 时刻的传感器观测集序列；
- $\overset{*}{Z}{}^k: \overset{*}{z}_1, \cdots, \overset{*}{z}_k$ 是 t_k 时刻的执行机构传感器观测序列；
- $\overset{*}{X}{}^k: \overset{*}{x}_1, \cdots, \overset{*}{x}_k$ 是 t_k 时刻的传感器状态序列，其中 $\overset{*}{x}_i$ 在 t_i 时刻选定。

对于25.13节简化的非理想传感器情形，相应的 PHD 滤波器近似控制方案如图26.2所示。该方案共包括下列步骤：

- 传感器时间更新：使用预测积分将当前的 $\overset{*}{f}_{k|k}(\overset{*}{x}|\overset{*}{Z}{}^k)$ 时间外推为 $\overset{*}{f}_{k+1|k}(\overset{*}{x}|\overset{*}{Z}{}^k)$。
- 目标时间更新：使用 PHD 滤波器的预测器方程将 $D_{k|k}(\boldsymbol{x}|Z^{(k)}, \overset{*}{X}{}^k)$ 时间外推为 $D_{k+1|k}(\boldsymbol{x}|Z^{(k)}, \overset{*}{X}{}^k)$。
- 时间投影：设 t_{k+1} 时刻的待定传感器状态和未知观测集分别为 $\overset{*}{x}$ 和 Z，采用 PHD 滤波器的校正器方程将 $D_{k+1|k}(\boldsymbol{x}|Z^{(k)}, \overset{*}{X}{}^k)$ 更新为 $D_{k+1|k+1}(\boldsymbol{x}|Z^{(k)}, \overset{*}{X}{}^k, Z, \overset{*}{x})$。
- 目标函数构造：给定 Z 和 $\overset{*}{x}$ 后，确定 PENT 目标函数，即

$$N_{k+1|k+1}(\overset{*}{x}, Z) = \int D_{k+1|k+1}(\boldsymbol{x}|Z^{(k)}, \overset{*}{X}{}^k, Z, \overset{*}{x})\mathrm{d}\boldsymbol{x} \tag{26.38}$$

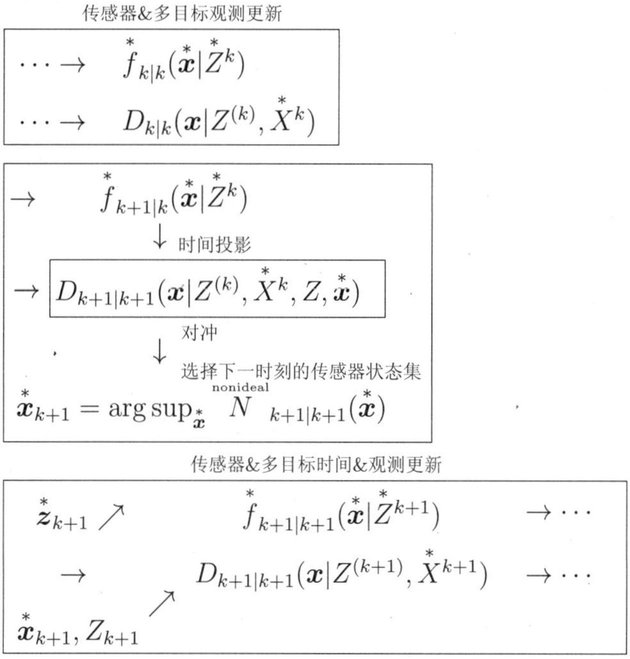

图 26.2 单个简化的非理想传感器情形下的 PHD 滤波器近似控制结构

- 对冲：利用多样本或 PIMS 单样本对冲方法消掉 Z，即

$$\overset{\text{ideal.}}{N}_{k+1|k+1}(\overset{*}{\boldsymbol{x}}) = N_{k+1|k+1}(\overset{*}{\boldsymbol{x}}, Z_{k+1}^{\text{PIMS}}) \tag{26.39}$$

- 动态化：修正 PENT 以考虑传感器的动力学 (t_{k+1} 时刻传感器状态的可达性)，即

$$\overset{\text{nonideal.}}{N}_{k+1|k+1}(\overset{*}{\boldsymbol{x}}) = \overset{\text{ideal.}}{N}_{k+1|k+1}(\overset{*}{\boldsymbol{x}}) \cdot \overset{*}{f}_{k+1|k}(\overset{*}{\boldsymbol{x}}|\overset{*}{Z}^k) \tag{26.40}$$

- 最优化：确定下一时刻的最优传感器状态，即

$$\overset{*}{\boldsymbol{x}}_{k+1} = \arg\sup_{\overset{*}{\boldsymbol{x}}} \overset{\text{nonideal.}}{N}_{k+1|k+1}(\overset{*}{\boldsymbol{x}}) \tag{26.41}$$

- 传感器观测更新：使用贝叶斯规则将 $\overset{*}{f}_{k+1|k}(\overset{*}{\boldsymbol{x}}|\overset{*}{Z}^k)$ 更新为 $\overset{*}{f}_{k+1|k+1}(\overset{*}{\boldsymbol{x}}|\overset{*}{Z}^{k+1})$。
- 目标观测更新：以 $\overset{*}{\boldsymbol{x}}_{k+1}$ 作为 t_{k+1} 时刻的传感器状态，采用 PHD 滤波器的校正器方程将 $D_{k+1|k}(\boldsymbol{x}|Z^{(k)},\overset{*}{X}^k)$ 观测更新为 $D_{k+1|k+1}(\boldsymbol{x}|Z^{(k+1)},\overset{*}{X}^{k+1})$。
- 重复上述步骤。

本节内容安排如下：

- 26.3.1.1节：基于 PHD 滤波器的单传感器单步控制方案——滤波方程。
- 26.3.1.2节：多样本或 PIMS 单样本对冲方法与 PENT 目标函数。
- 26.3.1.3节：基于 PHD 滤波器的单传感器单步控制方案——理想 / 非理想传感器动力学下的 PENT 目标函数表达式。

- 26.3.1.4节：传感器管理的简单实例——“锐截止”FoV且无杂波。
- 26.3.1.5节：传感器管理的简单实例——理想分辨力、“锐截止”FoV且有杂波。
- 26.3.1.6节：基于PHD滤波器的单传感器单步控制方案——PENTI目标函数。

26.3.1.1 单传感器单步PHD滤波器控制：滤波方程

根据式(8.15)和式(8.49)，该方法的滤波方程可表示如下：

- 传感器时间更新：

$$\overset{*}{f}_{k+1|k}(\overset{*}{x}|\overset{*}{Z}^k)=\int \overset{*}{f}_{k+1|k}(\overset{*}{x}|\overset{*}{x}')\cdot \overset{*}{f}_{k|k}(\overset{*}{x}'|\overset{*}{Z}^k)\mathrm{d}\overset{*}{x}' \tag{26.42}$$

- 目标时间更新(忽略目标衍生过程)：

$$\begin{aligned}D_{k+1|k}(\boldsymbol{x}|Z^{(k)},\overset{*}{X}^k)=&\,b_{k+1|k}(\boldsymbol{x})+\\&\int p_{\mathrm{S}}(\boldsymbol{x}')\cdot f_{k+1|k}(\boldsymbol{x}|\boldsymbol{x}')\cdot D_{k|k}(\boldsymbol{x}'|Z^{(k)},\overset{*}{X}^k)\mathrm{d}\boldsymbol{x}'\end{aligned} \tag{26.43}$$

- 传感器观测更新：

$$\overset{*}{f}_{k+1|k+1}(\overset{*}{x}|\overset{*}{Z}^{k+1})\propto \overset{*}{f}_{k+1}(\overset{*}{z}|\overset{*}{x})\cdot \overset{*}{f}_{k+1|k}(\overset{*}{x}|\overset{*}{Z}^k) \tag{26.44}$$

- 目标观测更新：

$$D_{k+1|k+1}(\boldsymbol{x}|Z^{(k)},\overset{*}{X}^k,Z_{k+1},\overset{*}{\boldsymbol{x}}_{k+1})=L_{Z_{k+1}}(\boldsymbol{x},\overset{*}{\boldsymbol{x}}_{k+1})\cdot D_{k+1|k}(\boldsymbol{x}|Z^{(k)},\overset{*}{X}^k) \tag{26.45}$$

式中

$$L_{Z_{k+1}}(\boldsymbol{x},\overset{*}{\boldsymbol{x}}_{k+1})=1-p_{\mathrm{D}}(\boldsymbol{x},\overset{*}{\boldsymbol{x}}_{k+1})+\sum_{\boldsymbol{z}\in Z_{k+1}}\frac{p_{\mathrm{D}}(\boldsymbol{x},\overset{*}{\boldsymbol{x}}_{k+1})\cdot L_{\boldsymbol{z}}(\boldsymbol{x},\overset{*}{\boldsymbol{x}}_{k+1})}{\kappa_{k+1}(\boldsymbol{z}|\overset{*}{\boldsymbol{x}}_{k+1})+\tau_{k+1}(\boldsymbol{z}|\overset{*}{\boldsymbol{x}}_{k+1})} \tag{26.46}$$

$$\tau_{k+1}(\boldsymbol{z}|\overset{*}{\boldsymbol{x}}_{k+1})=\int p_{\mathrm{D}}(\boldsymbol{x},\overset{*}{\boldsymbol{x}}_{k+1})\cdot L_{\boldsymbol{z}}(\boldsymbol{x},\overset{*}{\boldsymbol{x}}_{k+1})\cdot D_{k+1|k}(\boldsymbol{x}|Z^{(k)},\overset{*}{\boldsymbol{x}}_{k+1})\mathrm{d}\boldsymbol{x} \tag{26.47}$$

$$L_{\boldsymbol{z}}(\boldsymbol{x},\overset{*}{\boldsymbol{x}}_{k+1})\overset{\text{abbr.}}{=}f_{k+1}(\boldsymbol{z}|\boldsymbol{x},\overset{*}{\boldsymbol{x}}_{k+1}) \tag{26.48}$$

26.3.1.2 单传感器单步PHD滤波器控制：对冲

将 $D_{k+1|k+1}(\boldsymbol{x}|Z^{(k)},\overset{*}{X}^k,Z_{k+1},\overset{*}{\boldsymbol{x}})$ 对 $\boldsymbol{x}$ 积分，即可得到目标数后验期望(PENT)：

$$N_{k+1|k+1}(\overset{*}{\boldsymbol{x}},Z)=N_{k+1|k}(\overset{*}{\boldsymbol{x}})+\sum_{\boldsymbol{z}\in Z}\frac{\tau_{k+1}(\boldsymbol{z}|\overset{*}{\boldsymbol{x}})}{\kappa_{k+1}(\boldsymbol{z}|\overset{*}{\boldsymbol{x}})+\tau_{k+1}(\boldsymbol{z}|\overset{*}{\boldsymbol{x}})} \tag{26.49}$$

式中

$$N_{k+1|k}(\overset{*}{\boldsymbol{x}})=\int(1-p_{\mathrm{D}}(\boldsymbol{x},\overset{*}{\boldsymbol{x}}))\cdot D_{k+1|k}(\boldsymbol{x}|Z^{(k)},\overset{*}{X}^k)\mathrm{d}\boldsymbol{x} \tag{26.50}$$

在式(26.49)中，需采用对冲方法消去下一时刻的未知观测集。虽然可用式(23.4)的多样本对冲法，但25.10.2节的PIMS单样本对冲法更适合这里的假设。

令预测的目标状态集 $\hat{X} = \{\boldsymbol{x}_1, \cdots, \boldsymbol{x}_n\}$，下面需要确定式(25.134)和式(25.135)的 PIMS 对冲后验 p.g.fl. $G^{\text{PIMS}}_{k+1|k+1}[h]$。由式(25.155)可知，

$$G^{\text{PIMS}}_{k+1|k+1}[h] = e^{\tau_0[h-1]} \prod_{i=1}^{n} \frac{\kappa_{k+1}(\eta_{k+1}(\boldsymbol{x}_i)) + p_{\text{D}}(\boldsymbol{x}_i) \cdot \tau_i[h]}{\kappa_{k+1}(\eta_{k+1}(\boldsymbol{x}_i)) + p_{\text{D}}(\boldsymbol{x}_i) \cdot \tau_i[1]} \tag{26.51}$$

式中

$$\tau_0[h] = \int h(\boldsymbol{x}) \cdot (1 - p_{\text{D}}(\boldsymbol{x})) \cdot D_{k+1|k}(\boldsymbol{x}) \text{d}\boldsymbol{x} \tag{26.52}$$

$$\tau_i[h] = \int h(\boldsymbol{x}) \cdot p_{\text{D}}(\boldsymbol{x}) \cdot L_{\eta_{k+1}(\boldsymbol{x}_i)}(\boldsymbol{x}) \cdot D_{k+1|k}(\boldsymbol{x}) \text{d}\boldsymbol{x} \tag{26.53}$$

相应的 p.g.f. 为

$$G^{\text{PIMS}}_{k+1|k+1}(x) = e^{(x-1) \cdot \tau_0[1]} \prod_{i=1}^{n} \frac{\kappa_{k+1}(\eta_{k+1}(\boldsymbol{x}_i)) + x \cdot p_{\text{D}}(\boldsymbol{x}_i) \cdot \tau_i[1]}{\kappa_{k+1}(\eta_{k+1}(\boldsymbol{x}_i)) + p_{\text{D}}(\boldsymbol{x}_i) \cdot \tau_i[1]} \tag{26.54}$$

因此，PIMS 对冲的目标数后验期望 (PENT) 为

$$N^{\text{PIMS}}_{k+1|k+1} = \overset{\text{PIMS}}{G}{}^{(1)}_{k+1|k+1}(1) \tag{26.55}$$

$$= \tau_0[1] + \sum_{i=1}^{n} \frac{p_{\text{D}}(\boldsymbol{x}_i) \cdot \tau_i[1]}{\kappa_{k+1}(\eta_{k+1}(\boldsymbol{x}_i)) + p_{\text{D}}(\boldsymbol{x}_i) \cdot \tau_i[1]} \tag{26.56}$$

26.3.1.3 单传感器单步 PHD 滤波器控制：PENT

按照当前的表示，预测观测 $\eta_{k+1}(\boldsymbol{x}_i)$ 的实际形式为 $\eta_{k+1}(\boldsymbol{x}_i|\overset{*}{\boldsymbol{x}})$，故式(26.56)可化为

- *理想传感器动力学下单传感器单步前瞻 PENT (PHD 滤波器)*：

$$\overset{\text{ideal}}{N}_{k+1|k+1}(\overset{*}{\boldsymbol{x}}) = N_{k+1|k}(\overset{*}{\boldsymbol{x}}) + \sum_{i=1}^{n} \frac{p_{\text{D}}(\boldsymbol{x}_i, \overset{*}{\boldsymbol{x}}) \cdot \tau_i(\overset{*}{\boldsymbol{x}})}{\kappa_i(\overset{*}{\boldsymbol{x}}) + p_{\text{D}}(\boldsymbol{x}_i, \overset{*}{\boldsymbol{x}}) \cdot \tau_i(\overset{*}{\boldsymbol{x}})} \tag{26.57}$$

式中

$$N_{k+1|k}(\overset{*}{\boldsymbol{x}}) = \int (1 - p_{\text{D}}(\boldsymbol{x}, \overset{*}{\boldsymbol{x}})) \cdot D_{k+1|k}(\boldsymbol{x}|Z^{(k)}, \overset{*}{X}{}^k) \text{d}\boldsymbol{x} \tag{26.58}$$

$$\tau_i(\overset{*}{\boldsymbol{x}}) = \int p_{\text{D}}(\boldsymbol{x}, \overset{*}{\boldsymbol{x}}) \cdot L_{\eta_{k+1}(\boldsymbol{x}_i, \overset{*}{\boldsymbol{x}})}(\boldsymbol{x}, \overset{*}{\boldsymbol{x}}) \cdot D_{k+1|k}(\boldsymbol{x}|Z^{(k)}, \overset{*}{X}{}^k) \text{d}\boldsymbol{x} \tag{26.59}$$

$$\kappa_i(\overset{*}{\boldsymbol{x}}) = \kappa_{k+1}(\eta_{k+1}(\boldsymbol{x}_i, \overset{*}{\boldsymbol{x}})|\overset{*}{\boldsymbol{x}}) \tag{26.60}$$

不难发现，式(26.57)是理想传感器动力学假设下的 PENT 表达式。因此由式(25.217)可知，相应的非理想传感器动力学下的 PENT 为

- *非理想传感器动力学下单传感器单步前瞻 PENT (PHD 滤波器)*：

$$\overset{\text{nonideal}}{N}_{k+1|k+1}(\overset{*}{\boldsymbol{x}}) = \overset{\text{ideal}}{N}_{k+1|k+1}(\overset{*}{\boldsymbol{x}}) \cdot \overset{*}{f}_{k+1|k}(\overset{*}{\boldsymbol{x}}|\overset{*}{\boldsymbol{Z}}{}^k) \tag{26.61}$$

也就是说，最大化 $\overset{\text{nonideal}}{N}_{k+1|k+1}(\overset{*}{x})$ 应使下一时刻的传感器状态 $\overset{*}{x}$ 满足可达性约束。

注解 93 (锐截止 FoV 且无杂波时的 PENT)：假定传感器的 FoV 是锐截止的，即 $p_D(x,\overset{*}{x})=\mathbf{1}_S(x)$，其中 $S\subseteq\mathfrak{X}$。同时假定几乎不存在什么杂波，即 $\kappa_{k+1}(z)>0$，但 $\kappa_{k+1}(z)\cong 0$。尽管有注解92的结论，但仍可将式(26.57)表示为

$$N^{\text{PIMS}}_{k+1|k+1}(\overset{*}{x})=N_{k+1|k+1}(\overset{*}{x})+\sum_{i=1}\mathbf{1}_S(x_i) \tag{26.62}$$

原因解释如下：假定

$$p_D(x_i,\overset{*}{x})=\mathbf{1}_S(\overset{*}{x}_i)\cdot(1-\varepsilon)+(1-\mathbf{1}_S(\overset{*}{x}_i))\cdot\varepsilon \tag{26.63}$$

式中：ε 为一任意小的数。如果 $x_i\notin S$，则 $p_D(x_i,\overset{*}{x})=\varepsilon$，当 $\varepsilon\to 0$ 时，有

$$\frac{p_D(x_i,\overset{*}{x})\cdot\tau_i(\overset{*}{x})}{\kappa_i(\overset{*}{x})+p_D(x_i,\overset{*}{x})\cdot\tau_i(\overset{*}{x})}\cong\frac{\varepsilon\cdot\tau_i(\overset{*}{x})}{\kappa_i(\overset{*}{x})}\cong 0=\mathbf{1}_S(\overset{*}{x}_i) \tag{26.64}$$

反之，如果 $x_i\in S$，则当 $\varepsilon\to 0$ 时，有

$$\frac{p_D(x_i,\overset{*}{x})\cdot\tau_i(\overset{*}{x})}{\kappa_i(\overset{*}{x})+p_D(x_i,\overset{*}{x})\cdot\tau_i(\overset{*}{x})}\cong\frac{p_D(x_i,\overset{*}{x})\cdot\tau_i(\overset{*}{x})}{p_D(x_i,\overset{*}{x})\cdot\tau_i(\overset{*}{x})}=1=\mathbf{1}_S(\overset{*}{x}_i) \tag{26.65}$$

注解 94 (PENT 的新旧表达式对比)：文献 [169] 采用不同方法得到了如下的 PENT 表达式 (文献 [169] 第 277 页底部的无编号公式)：

$$N^{\text{PIMS}}_{k+1|k+1}(\overset{*}{x})=N_{k+1|k}(\overset{*}{x})+\sum_{i=1}^{n}\frac{p_D(x_i,\overset{*}{x})\cdot\tau_i(\overset{*}{x})}{\kappa_i(\overset{*}{x})+\tau_i(\overset{*}{x})} \tag{26.66}$$

式(26.57)是根据25.10.2节的一般分析得到的，与式(26.66)相比，它采用了更少的启发式。但对于锐截止的传感器 FoV，即 $p_D(x_i,\overset{*}{x})=\mathbf{1}_{S(\overset{*}{x})}(x_i)$，二者是等价的。

注解 95 (PENT 与信息论)：虽然在25.9.4节中已解释过这一点，但考虑到其重要性，有必要再次强调。对于 $c(x)=1-x+x\log x$ 的情形 (K–L 互熵)，由式(6.78)可知

$$I_c(f_{k+1|k+1};f_{k+1|k})=N_{k+1|k}\cdot\left(\begin{array}{c} c\left(\frac{N_{k+1|k+1}}{N_{k+1|k}}\right)+\\ \frac{N_{k+1|k+1}}{N_{k+1|k}}\cdot I_c(s_{k+1|k+1};s_{k+1|k})\end{array}\right) \tag{26.67}$$

$$\cong N_{k+1|k}\cdot c\left(\frac{N_{k+1|k+1}}{N_{k+1|k}}\right) \tag{26.68}$$

同理，由式(6.85)可知，Rényi α 散度具有如下形式：

$$R_\alpha(f_{k+1|k+1};f_{k+1|k})=\alpha N_{k+1|k}\cdot c\left(\frac{N_{k+1|k+1}}{N_{k+1|k}}\right)+ \tag{26.69}$$

$$\alpha N^{\alpha}_{k+1|k+1}N^{1-\alpha}_{k+1|k}\cdot I_c(s_{k+1|k+1};s_{k+1|k})$$

$$\cong\alpha\cdot N_{k+1|k}\cdot c\left(\frac{N_{k+1|k+1}}{N_{k+1|k}}\right) \tag{26.70}$$

式中：$c(x)=\alpha^{-1}(1-\alpha)^{-1}\cdot(\alpha x+1-\alpha-x^{\alpha})$。

26.3.1.4　基于 PENT 的单传感器单步 PHD 滤波器控制：简单实例

该例子出自文献 [169] 第 278–279 页，用以说明 PIMS 单样本对冲的 PENT 具有合乎直观的表现。假定：

- 观测空间为状态空间 ($\mathfrak{Z} = \mathfrak{X}$)，且观测函数 $\eta(\boldsymbol{x}) = \boldsymbol{x}$。
- 几乎不存在杂波，即 $\kappa_{k+1}(\boldsymbol{z}) \cong 0$ 恒成立。
- 传感器 FoV 是锐截止的，即

$$p_{\mathrm{D}}(\boldsymbol{x}, \overset{*}{\boldsymbol{x}}) = \mathbf{1}_S(\boldsymbol{x}) \tag{26.71}$$

  式中：$S \subseteq \mathfrak{X}$ 为状态空间中的 (超) 球，可移动至任何位置。
- 预测 PHD 具有下述形式：

$$D_{k+1|k}(\boldsymbol{x}) = \sum_{i=1}^{n} w_i \cdot s_i(\boldsymbol{x}) \tag{26.72}$$

$$N_{k+1|k} = \int D_{k+1|k}(\boldsymbol{x})\mathrm{d}\boldsymbol{x} = \sum_{i=1}^{n} w_i \overset{\text{def.}}{=} w \tag{26.73}$$

  式中：$s_i(\boldsymbol{x})$ 为航迹 i 的空间密度，其 MAP 估计为 $\boldsymbol{x}_i$；$0 \leqslant w_i \leqslant 1$，表示航迹的存在概率 (“稳健性”)。
- 所有的航迹均具有足够好的局部性，从而可被 FoV 完全覆盖。也就是说，对于每个 $i = 1, \cdots, n$，存在 S 满足 $\int_S s_i(\boldsymbol{x})\mathrm{d}\boldsymbol{x} = 1$。

首先，可注意到

$$\int p_{\mathrm{D}}(\boldsymbol{x}, \overset{*}{\boldsymbol{x}}) \cdot s_i(\boldsymbol{x})\mathrm{d}\boldsymbol{x} = \int \mathbf{1}_S(\boldsymbol{x}) \cdot s_i(\boldsymbol{x})\mathrm{d}\boldsymbol{x} = p_i(S) \tag{26.74}$$

上式表示 S 内第 i 条预测航迹的概率质量。$p_i(S)$ 可视作航迹 i 在传感器 FoV 内分布情况的一种测度：若航迹 i 具有良好的局部分布，则 $p_i(S) = 1$；反之，$p_i(S)$ 则很小。

其次，可发现式(26.58)可化为

$$N_{k+1|k}(S) \overset{\text{abbr.}}{=} N_{k+1|k}(\overset{*}{\boldsymbol{x}}) = w - \sum_{i=1}^{n} w_i \cdot p_i(S) \tag{26.75}$$

再者，若26.3.1.3节注解93的讨论成立，则式(26.57)可化为

$$N_{k+1|k+1} = N_{k+1|k}(\overset{*}{\boldsymbol{x}}) + \sum_{i=1}^{n} \frac{p_{\mathrm{D}}(\boldsymbol{x}_i, \overset{*}{\boldsymbol{x}}) \cdot \tau_{k+1}(\boldsymbol{x}_i|\overset{*}{\boldsymbol{x}})}{\kappa_{k+1}(\boldsymbol{x}_i) + p_{\mathrm{D}}(\boldsymbol{x}_i, \overset{*}{\boldsymbol{x}}) \cdot \tau_{k+1}(\boldsymbol{x}_i|\overset{*}{\boldsymbol{x}})} \tag{26.76}$$

$$= w - \sum_{i=1}^{n} w_i \cdot p_i(S) + \sum_{i=1}^{n} \frac{\mathbf{1}_S(\boldsymbol{x}_i) \cdot \tau_{k+1}(\boldsymbol{x}_i|S)}{\kappa_{k+1}(\boldsymbol{x}_i) + \mathbf{1}_S(\boldsymbol{x}_i) \cdot \tau_{k+1}(\boldsymbol{x}_i|S)} \tag{26.77}$$

$$= w - \sum_{i=1}^{n} w_i \cdot p_i(S) + \sum_{i=1}^{n} \mathbf{1}_S(\boldsymbol{x}_i) \cdot \frac{\tau_{k+1}(\boldsymbol{x}_i|S)}{\kappa_{k+1}(\boldsymbol{x}_i) + \tau_{k+1}(\boldsymbol{x}_i|S)} \tag{26.78}$$

$$= w - \sum_{i=1}^{n} w_i \cdot p_i(S) + \sum_{i=1}^{n} \mathbf{1}_S(\boldsymbol{x}_i) \tag{26.79}$$

下面讨论传感器视场 S 的几种可能的放置：

- 将 S 置于自由空间：此时对于所有的 $i=1,\cdots,n$，$\boldsymbol{x}_i \notin S$ 且 $p_i(S)=0$，故相应的 PENT 为

$$N_{k+1|k+1} = w \tag{26.80}$$

- S 仅覆盖航迹 $\boldsymbol{x}_1$：此时对于所有 $i \neq 1$ 的航迹，$\mathbf{1}_S(\boldsymbol{x}_i)=0$ 且 $p_i(S)=0$，但 $\mathbf{1}_1(S)=1$，故相应的 PENT 为

$$N_{k+1|k+1} = w - w_1 \cdot p_1(S) + 1 \geqslant w \tag{26.81}$$

故将 S 置于某航迹处而非自由空间内，可使 $N_{k+1|k+1}$ 增加。进一步，若所选航迹 $\boldsymbol{x}_1$ 的 $w_1 \cdot p_1(S)$ 最小，则 $N_{k+1|k+1}$ 最大。换言之：

  - 应该忽略那些高度稳健且局部性较好的航迹 (w_1 和 $p_1(S)$ 较大)，让 FoV 去覆盖那些稳健性和局部性较差的航迹；
  - 这正是我们所希望的，因为若将传感器 FoV 置于那些已有足够信息量的航迹处，则信息总量不会增加；
  - 但 FoV 的位置选择需要兼顾航迹稳健性 w_1 与局部性 $p_1(S)$，当局部性极差时 ($p_1(S) \cong 0$) 可将 FoV 置于相对较稳健的航迹处 ($w_1 \cong 1$)，反之亦然。笼统地讲，应将 FoV 置于那些稳健性和局部性都很差的航迹处。

- S 仅覆盖两条航迹 $\boldsymbol{x}_1$ 和 $\boldsymbol{x}_2$：此时 PENT 可表示为

$$N_{k+1|k+1} = w - w_1 \cdot p_1(S) - w_2 \cdot p_2(S) + 2 \geqslant w - w_1 \cdot p_1(S) + 1 \tag{26.82}$$

也就是说，当传感器 FoV 覆盖两条航迹时，$N_{k+1|k+1}$ 要比仅覆盖一条航迹时大。更一般地，若使传感器 FoV 覆盖尽可能多的航迹，则可使 $N_{k+1|k+1}$ 最大化。

注解 96 (PIMS 对冲与 PMS 对冲)：这里比较 PMS (预测观测集，见25.10.1节) 和 PIMS 两种对冲方法的结果。PMS 对冲的 PENT 具有如下形式：

$$N_{k+1|k+1} = D_{k+1|k+1}[1-p_{\mathrm{D}}] + \sum_{i=1}^{n} \frac{\tau_{k+1}(\boldsymbol{x}_i|S)}{\kappa_{k+1}(\boldsymbol{x}_i) + \tau_{k+1}(\boldsymbol{x}_i|S)} \tag{26.83}$$

$$= D_{k+1|k+1}[1-p_{\mathrm{D}}] + \sum_{i=1}^{n} \frac{\tau_{k+1}(\boldsymbol{x}_i|S)}{\tau_{k+1}(\boldsymbol{x}_i|S)} \tag{26.84}$$

$$= w - \sum_{i=1}^{n} w_i \cdot p_i(S) + n \tag{26.85}$$

因此，若 S 位于自由空间内，则

$$N_{k+1|k+1} = w + n \tag{26.86}$$

当 S 仅覆盖 $\boldsymbol{x}_i$ 时，所得的 $N_{k+1|k+1}$ 更小而非更大：

$$N_{k+1|k+1} = w - w_1 \cdot p_1(S) + n \leqslant w + n \tag{26.87}$$

类似地，若 S 同时覆盖 $\boldsymbol{x}_1$ 和 $\boldsymbol{x}_2$，则得到的值更小：

$$N_{k+1|k+1} = w - w_1 \cdot p_1(S) - w_2 \cdot p_2(S) + n \leqslant w - w_1 \cdot p_1(S) + n \tag{26.88}$$

因此，不像 PIMS 对冲那样，PMS 对冲的 PENT 不具有良好的传感器管理行为。但对于高分辨传感器，该结论不再成立——见下一小节的例子。

26.3.1.5 基于 PENT 的单传感器单步 PHD 滤波器控制：简单例子 (续)

下面对上一节的例子略作修改。假定：

- 存在强杂波且杂波强度函数独立于传感器状态，即 $\kappa_{k+1}(\boldsymbol{x}|S) = \kappa_{k+1}(\boldsymbol{x})$；
- 似然函数形如 $L_{\boldsymbol{z}}(\boldsymbol{x}) = \delta_{\boldsymbol{z}}(\boldsymbol{x})$，即传感器具有理想分辨率。

此时，式(26.79)可化为

$$N_{k+1|k+1} = w - \sum_{i=1}^{n} w_i \cdot p_i(S) + \sum_{i=1}^{n} \mathbf{1}_S(\boldsymbol{x}_i) \cdot \frac{\tau(\boldsymbol{x}_i|S)}{\kappa_{k+1}(\boldsymbol{x}_i) + \tau(\boldsymbol{x}_i|S)} \tag{26.89}$$

式中

$$\tau(\boldsymbol{x}_i|S) = \int p_{\mathrm{D}}(\boldsymbol{x}) \cdot L_{\boldsymbol{x}_i}(\boldsymbol{x}) \cdot D_{k+1|k}(\boldsymbol{x})\mathrm{d}\boldsymbol{x} \tag{26.90}$$

$$= \sum_{l=1}^{n} w_l \int \mathbf{1}_S(\boldsymbol{x}) \cdot \delta_{\boldsymbol{x}_i}(\boldsymbol{x}) \cdot s_l(\boldsymbol{x})\mathrm{d}\boldsymbol{x} \tag{26.91}$$

$$= \mathbf{1}_S(\boldsymbol{x}_i) \sum_{l=1}^{n} w_l \cdot s_l(\boldsymbol{x}_i) = \mathbf{1}_S(\boldsymbol{x}_i) \cdot D_{k+1|k}(\boldsymbol{x}_i) \tag{26.92}$$

令

$$\rho_i = \frac{D_{k+1|k}(\boldsymbol{x}_i)}{\kappa_{k+1}(\boldsymbol{x}_i)} \tag{26.93}$$

上式可度量观测 $\boldsymbol{x}_i$ 更像目标还是更像杂波。因此

$$N_{k+1|k+1} = w - \sum_{i=1}^{n} w_i \cdot p_i(S) + \sum_{i=1}^{n} \mathbf{1}_S(\boldsymbol{x}_i) \cdot \frac{\rho_i}{1+\rho_i} \tag{26.94}$$

若 S 位于自由空间内，则与无杂波情形类似，$N_{k+1|k+1} = w$。若 S 仅覆盖 $\boldsymbol{x}_1$，则

$$N_{k+1|k+1} = w - w_1 \cdot p_1(S) + \frac{\rho_1}{1+\rho_1} \tag{26.95}$$

仅当满足下述条件时 $N_{k+1|k+1}$ 才会超过 w：

$$\frac{\rho_1}{1+\rho_1} > w_1 \cdot p_1(S) \tag{26.96}$$

因此

- 按照下述方式置 S 于某航迹处可使 $N_{k+1|k+1}$ 最大化：
  - 稳健性和局部性都较差的航迹处 ($w_1 \cdot p_1(S)$ 很小)；
  - 弱杂波区 (ρ_i 较大)；
  - 可将强杂波区视作信息贫乏区。
- 若强杂波区内的所有航迹都具有足够好的稳健性和局部性，则为了使 $N_{k+1|k+1}$ 最大化，可将 S 置于自由空间内。

26.3.1.6 单传感器单步 PHD 滤波器控制：PENTI

令 $\iota_{k+1|k+1}(\boldsymbol{x})$ 为 t_{k+1} 时刻的战术重要性函数 (TIF，定义见25.14.2节)。对于给定的TIF，PENTI 目标函数的一般表达式如式(25.243)所示。本节旨在证明：PHD 滤波器传感器管理的 PENTI 表达式为

$$\overset{\text{ideal}}{N}{}^{\to\iota}_{k+1|k+1}(\overset{*}{\boldsymbol{x}}) = N^{\to\iota}_{k+1|k}(\overset{*}{\boldsymbol{x}}) + \sum_{i=1}^{n} \frac{p_{\mathrm{D}}(\boldsymbol{x}_i, \overset{*}{\boldsymbol{x}}) \cdot \tau_i^{\to\iota}(\overset{*}{\boldsymbol{x}})}{\kappa_i(\overset{*}{\boldsymbol{x}}) + p_{\mathrm{D}}(\boldsymbol{x}_i, \overset{*}{\boldsymbol{x}}) \cdot \tau_i(\overset{*}{\boldsymbol{x}})} \tag{26.97}$$

式中

$$N^{\to\iota}_{k+1|k}(\overset{*}{\boldsymbol{x}}) = \int \iota_{k|k}(\boldsymbol{x}) \cdot (1 - p_{\mathrm{D}}(\boldsymbol{x}, \overset{*}{\boldsymbol{x}})) \cdot D_{k+1|k}(\boldsymbol{x}|Z^{(k)}, \overset{*}{X}{}^k)\mathrm{d}\boldsymbol{x} \tag{26.98}$$

$$\tau_i^{\to\iota}(\overset{*}{\boldsymbol{x}}) = \int \iota_{k|k}(\boldsymbol{x}) \cdot p_{\mathrm{D}}(\boldsymbol{x}, \overset{*}{\boldsymbol{x}}) \cdot L_{\eta_{k+1}(\boldsymbol{x}_i, \overset{*}{\boldsymbol{x}})}(\boldsymbol{x}, \overset{*}{\boldsymbol{x}}) \cdot D_{k+1|k}(\boldsymbol{x}|Z^{(k)}, \overset{*}{X}{}^k)\mathrm{d}\boldsymbol{x} \tag{26.99}$$

$$\tau_i(\overset{*}{\boldsymbol{x}}) = \int p_{\mathrm{D}}(\boldsymbol{x}, \overset{*}{\boldsymbol{x}}) \cdot L_{\eta_{k+1}(\boldsymbol{x}_i, \overset{*}{\boldsymbol{x}})}(\boldsymbol{x}, \overset{*}{\boldsymbol{x}}) \cdot D_{k+1|k}(\boldsymbol{x}|Z^{(k)}, \overset{*}{X}{}^k)\mathrm{d}\boldsymbol{x} \tag{26.100}$$

$$\kappa_i(\overset{*}{\boldsymbol{x}}) = \kappa_{k+1}(\eta_{k+1}(\boldsymbol{x}_i, \overset{*}{\boldsymbol{x}})|\overset{*}{\boldsymbol{x}}) \tag{26.101}$$

根据式(25.243)，PENTI 可表示为

$$\overset{\text{ideal}}{N}{}^{\to\iota}_{k+1|k+1}(\overset{*}{\boldsymbol{x}}) = \int \iota_{k|k}(\boldsymbol{x}) \cdot D^{\text{PIMS}}_{k+1|k+1}(\boldsymbol{x}|\overset{*}{\boldsymbol{x}})\mathrm{d}\boldsymbol{x} \tag{26.102}$$

而根据式(4.72)可得

$$D^{\text{PIMS}}_{k+1|k+1}(\boldsymbol{x}|\overset{*}{\boldsymbol{x}}) = \frac{\delta \log G^{\text{PIMS}}_{k+1|k+1}}{\delta \boldsymbol{x}}[1] \tag{26.103}$$

根据式(3.29)，泛函导数的积分可表示为 Gâteaux 导数：

$$\overset{\text{ideal}}{N}\,^{\to\iota}_{k+1|k+1}(\overset{*}{x}) = \int \iota_{k|k}(\boldsymbol{x}) \cdot \frac{\delta \log G^{\text{PIMS}}_{k+1|k+1}}{\delta \boldsymbol{x}}[1]\mathrm{d}\boldsymbol{x} \tag{26.104}$$

$$= \frac{\partial \log G^{\text{PIMS}}_{k+1|k+1}}{\partial \iota_{k|k}}[1] \tag{26.105}$$

式中：$G^{\text{PIMS}}_{k+1|k+1}[h]$ 已由(26.51)式给出，故

$$\log G^{\text{PIMS}}_{k+1|k+1}[h] = \tau_0[h-1] + \sum_{i=1}^{n} \log \frac{\kappa_{k+1}(\eta_{k+1}(\boldsymbol{x}_i)) + p_{\text{D}}(\boldsymbol{x}_i) \cdot \tau_i[h]}{\kappa_{k+1}(\eta_{k+1}(\boldsymbol{x}_i)) + p_{\text{D}}(\boldsymbol{x}_i) \cdot \tau_i[1]} \tag{26.106}$$

根据式(26.52)和式(26.53)可得

$$\frac{\partial \log G^{\text{PIMS}}_{k+1|k+1}}{\partial \iota_{k|k}}[h] = \tau_0[\iota_{k|k}] + \sum_{i=1}^{n} \frac{p_{\text{D}}(\boldsymbol{x}_i) \cdot \tau_i[\iota_{k|k}]}{\kappa_{k+1}(\eta_{k+1}(\boldsymbol{x}_i)) + p_{\text{D}}(\boldsymbol{x}_i) \cdot \tau_i[h]} \tag{26.107}$$

因此

$$\overset{\text{ideal}}{N}\,^{\to\iota}_{k+1|k+1}(\overset{*}{x}) = \tau_0[\iota_{k|k}] + \sum_{i=1}^{n} \frac{p_{\text{D}}(\boldsymbol{x}_i) \cdot \tau_i[\iota_{k|k}]}{\kappa_{k+1}(\eta_{k+1}(\boldsymbol{x}_i)) + p_{\text{D}}(\boldsymbol{x}_i) \cdot \tau_i[1]} \tag{26.108}$$

由上式不难得到式(26.97)。

26.3.2 基于 PHD 滤波器的传感器管理：多传感器单步控制

本节介绍多传感器情形下的单步前瞻控制，所述方法是文献 [169] 第 279–280 页方法的精炼与推广，主要思想是将多传感器近似为单个“伪传感器”。下面仍采用25.13节非理想传感器管理方法中的基本假设。令：

- $Z^{(k)}: Z_1, \cdots, Z_k$ 表示 t_k 时刻的观测集序列；
- $\overset{*j}{Z}{}^k : \overset{*j}{z}{}_1, \cdots, \overset{*j}{z}{}_k$ 表示 t_k 时刻传感器 j 的执行机构观测序列；
- $\overset{*j}{X}{}^k : \overset{*j}{\boldsymbol{x}}{}_1, \cdots, \overset{*j}{\boldsymbol{x}}{}_k$ 表示 t_k 时刻传感器 j 的传感器状态序列，其中 $\overset{*j}{\boldsymbol{x}}{}_i$ 在 t_i 时刻选定；
- $\overset{*}{X}{}^{(k)} : \overset{*}{X}{}_1, \cdots, \overset{*}{X}{}_k$ 表示 t_k 时刻所有传感器的状态集序列，其中 $\overset{*}{X}{}_i = \{\overset{*1}{\boldsymbol{x}}{}_i, \cdots, \overset{*s}{\boldsymbol{x}}{}_i\}$。

对于简化的非理想传感器情形，25.13节控制方法的 PHD 滤波器近似方案如下图所示，其中包括以下步骤：

- 传感器时间更新：使用预测积分将每个传感器的当前状态分布 $\overset{*j}{f}{}_{k|k}(\overset{*j}{\boldsymbol{x}}|\overset{*j}{Z}{}^k)$ 外推为 $\overset{*j}{f}{}_{k+1|k}(\overset{*j}{\boldsymbol{x}}|\overset{*j}{Z}{}^k)$。
- 目标时间更新：使用 PHD 滤波器的预测器方程将 $D_{k|k}(\boldsymbol{x}|Z^{(k)}, \overset{*}{X}{}^{(k)})$ 外推为 $D_{k+1|k}(\boldsymbol{x}|Z^{(k)}, \overset{*}{X}{}^{(k)})$。
- 伪传感器近似：为了选择下一时刻的传感器状态集 $\overset{*}{X}{}_{k+1}$，将当前可用的传感器近似为一个“伪传感器”(见26.3.2.2节和26.3.2.3节)。

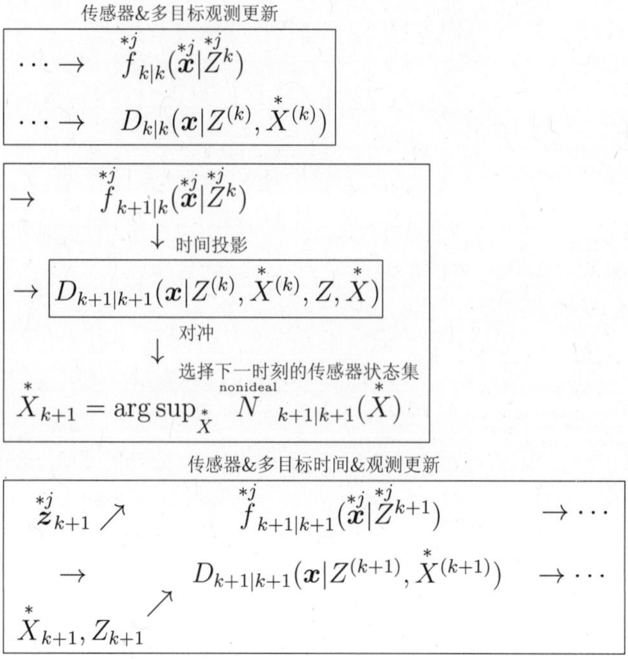

- 时间投影：给定上述近似后，假定 t_{k+1} 时刻的待定传感器状态集和未知观测集分别为 $\overset{*}{X}$ 和 Z，使用 PHD 滤波器的校正器方程将 $D_{k+1|k}(\mathbf{x}|Z^{(k)},\overset{*}{X}{}^{(k)})$ 观测更新为 $D_{k+1|k+1}(\mathbf{x}|Z^{(k)},\overset{*}{X}{}^{(k)},Z,\overset{*}{X})$。
- 目标函数构造：给定 Z 和 $\overset{*}{X}$ 后确定 PENT 目标函数，即

$$N_{k+1|k+1}(\overset{*}{X},Z)=\int D_{k+1|k+1}(\mathbf{x}|Z^{(k)},\overset{*}{X}{}^{(k)},Z,\overset{*}{X})\mathrm{d}\mathbf{x} \tag{26.109}$$

- 对冲：利用多样本或 PIMS 单样本对冲方法消掉 Z，即

$$\overset{\text{ideal}}{N}_{k+1|k+1}(\overset{*}{X})=N_{k+1|k+1}(\overset{*}{X},Z_{k+1}^{\text{PIMS}}) \tag{26.110}$$

- 动态化：修正 PENT 以考虑传感器的动力学，即

$$\overset{\text{nonideal}}{N}_{k+1|k+1}(\overset{*}{X})=\overset{\text{ideal}}{N}_{k+1|k+1}(\overset{*}{X})\cdot\overset{*}{f}_{k+1|k}(\overset{*}{X}|\overset{*}{Z}{}^{(k)}) \tag{26.111}$$

式中：若 $\overset{*}{X}=\{\overset{*1}{\mathbf{x}},\cdots,\overset{*s}{\mathbf{x}}\}$ ($|\overset{*}{X}|=s$)，则

$$\overset{*}{f}_{k+1|k}(\overset{*}{X}|\overset{*}{Z}{}^{(k)})=s!\cdot\delta_{s,|\overset{*}{X}|}\prod_{j=1}^{s}\overset{*j}{f}_{k+1|k}(\overset{*j}{\mathbf{x}}|\overset{*j}{Z}{}^{k}) \tag{26.112}$$

- 最优化：确定下一时刻的最优传感器状态，即

$$\overset{*}{X}_{k+1}=\arg\sup_{\overset{*}{X}}\overset{\text{nonideal}}{N}_{k+1|k+1}(\overset{*}{X}) \tag{26.113}$$

- 传感器观测更新：使用贝叶斯规则将 $\overset{*j}{f}_{k+1|k}(\overset{*j}{\mathbf{x}}|\overset{*j}{Z}{}^{k})$ 更新为 $\overset{*j}{f}_{k+1|k+1}(\overset{*j}{\mathbf{x}}|\overset{*j}{Z}{}^{k+1})$。

- 目标观测更新：将 $\overset{*}{X}_{k+1}$ 作为 t_{k+1} 时刻的多传感器状态集，采用第10章多传感器 PHD 滤波器的任何一种校正器方程将 $D_{k+1|k}(\boldsymbol{x}|Z^{(k)},\overset{*}{X}^{(k)})$ 观测更新为 $D_{k+1|k+1}(\boldsymbol{x}|Z^{(k+1)},\overset{*}{X}^{(k+1)})$。
- 重复上述步骤。

本节内容安排如下：

- 26.3.2.1节：该方法的滤波方程。
- 26.3.2.2节：两个传感器的伪传感器近似。
- 26.3.2.3节：任意个传感器的伪传感器近似。
- 26.3.2.4节：采用 PIMS 对冲 PENT 目标函数时的优化对冲方法。
- 26.3.2.5节：一个简单实例——基于 PENT 的 PHD 滤波器控制。
- 26.3.2.6节：采用 PIMS 对冲 PENTI 目标函数时的优化方法。

26.3.2.1 多传感器单步 PHD 滤波器控制：滤波方程

该方法的滤波方程如下：

- 传感器时间更新：

$$\overset{*j}{f}_{k+1|k}(\overset{*j}{\boldsymbol{x}}|\overset{*j}{Z}^{k})=\int\overset{*j}{f}_{k+1|k}(\overset{*j}{\boldsymbol{x}}|\overset{*j}{\boldsymbol{x}}{}')\cdot\overset{*j}{f}_{k|k}(\overset{*j}{\boldsymbol{x}}{}'|\overset{*j}{Z}^{k})\mathrm{d}\overset{*j}{\boldsymbol{x}}{}' \tag{26.114}$$

- 目标时间更新 (忽略目标衍生过程)：

$$\begin{aligned}D_{k+1|k}(\boldsymbol{x}|Z^{(k)},\overset{*}{X}^{(k)})&=b_{k+1|k}(\boldsymbol{x})+\\&\int p_{\mathrm{S}}(\boldsymbol{x}')\cdot f_{k+1|k}(\boldsymbol{x}|\boldsymbol{x}')\cdot D_{k|k}(\boldsymbol{x}'|Z^{(k)},\overset{*}{X}^{(k)})\mathrm{d}\boldsymbol{x}'\end{aligned} \tag{26.115}$$

- 传感器观测更新：

$$\overset{*j}{f}_{k+1|k+1}(\overset{*j}{\boldsymbol{x}}|\overset{*j}{Z}^{k+1})\propto\overset{*j}{f}_{k+1}(\overset{*j}{\boldsymbol{z}}_{k+1}|\overset{*j}{\boldsymbol{x}})\cdot\overset{*j}{f}_{k+1|k}(\overset{*j}{\boldsymbol{x}}|\overset{*j}{Z}^{k}) \tag{26.116}$$

- 目标观测更新：可以采用第10章中任何一种多传感器 PHD 滤波器的观测更新方程，或者采用伪传感器近似。

26.3.2.2 多传感器单步 PHD 滤波器控制：伪传感器

前面曾在10.4和10.3节中提到，严格的多传感器 PHD 滤波器公式具有组合复杂性。10.6节的“平行组合”方法虽然容易处理，但对于传感器管理而言却太过复杂；10.5节的迭代修正方法简单且容易处理，但要求传感器检测概率的差异不能太大。

因此需要一种适用于传感器管理的近似方法 (不要求其用于传感器管理的目标检测跟踪部分)。这种方法的基本要点首见于文献 [169] 第 271−276 页，本书23.3.5节也曾有过介绍，这里给出更详细的描述。它的基本概念如下：

- 采用一个合适的检测概率和似然函数定义，从而将多传感器建模为一个虚拟的“伪传感器”；
- 直接将26.3.1节的单传感器管理方法用于多传感器情形。

为概念清晰起见，首先来看两个传感器的情形。假定：

- 单个目标；
- 两个传感器的观测空间分别为 $\overset{1}{\mathfrak{Z}}$、$\overset{2}{\mathfrak{Z}}$，传感器状态空间分别为 $\overset{*1}{\mathfrak{X}}$、$\overset{*2}{\mathfrak{X}}$；
- 两个传感器的检测概率分别为 $p_{\mathrm{D}}(\boldsymbol{x}、\overset{*1}{\boldsymbol{x}})$ 和 $p_{\mathrm{D}}(\boldsymbol{x}、\overset{*2}{\boldsymbol{x}})$；
- 两个传感器的似然函数分别为

$$\overset{1}{f}_{k+1}(\overset{1}{\boldsymbol{z}}|\boldsymbol{x},\overset{*1}{\boldsymbol{x}})=L_{\overset{1}{\boldsymbol{z}}}(\boldsymbol{x},\overset{*1}{\boldsymbol{x}}) \tag{26.117}$$

$$\overset{2}{f}_{k+1}(\overset{2}{\boldsymbol{z}}|\boldsymbol{x},\overset{*2}{\boldsymbol{x}})=L_{\overset{2}{\boldsymbol{z}}}(\boldsymbol{x},\overset{*2}{\boldsymbol{x}}) \tag{26.118}$$

- 两个传感器都无杂波。

在 t_{k+1} 时刻，两个传感器从目标处获得的联合观测集 $\overset{12}{Z}$ 共有四种可能：

- $\overset{12}{Z}=\emptyset$ (两个传感器都没有检测到目标)；
- $\overset{12}{Z}=\{\overset{1}{\boldsymbol{z}}\}$ (第一个传感器检测到目标而第二个传感器没有检测到目标)；
- $\overset{12}{Z}=\{\overset{2}{\boldsymbol{z}}\}$ (第二个传感器检测到目标而第一个传感器没有检测到目标)；
- $\overset{12}{Z}=\{(\overset{1}{\boldsymbol{z}},\overset{2}{\boldsymbol{z}})\}$ (两个传感器都检测到目标)。

在只有一个目标且无杂波的假定下，两个传感器的表现就如同一个传感器——“伪传感器”。该伪传感器可由下述模型描述：

- 伪传感器观测空间：

$$\overset{12}{\mathfrak{Z}}=\overset{1}{\mathfrak{Z}}\uplus\overset{2}{\mathfrak{Z}}\uplus(\overset{1}{\mathfrak{Z}}\times\overset{2}{\mathfrak{Z}}) \tag{26.119}$$

该空间上的集积分定义为

$$\int\overset{12}{g}(\overset{12}{\boldsymbol{z}})\mathrm{d}\overset{12}{\boldsymbol{z}}=\int_{\overset{1}{\mathfrak{Z}}}\overset{12}{g}(\overset{1}{\boldsymbol{z}})\mathrm{d}\overset{1}{\boldsymbol{z}}+\int_{\overset{2}{\mathfrak{Z}}}\overset{12}{g}(\overset{2}{\boldsymbol{z}})\mathrm{d}\overset{2}{\boldsymbol{z}}+\int_{\overset{1}{\mathfrak{Z}}\times\overset{2}{\mathfrak{Z}}}\overset{12}{g}(\overset{1}{\boldsymbol{z}},\overset{2}{\boldsymbol{z}})\mathrm{d}\overset{1}{\boldsymbol{z}}\mathrm{d}\overset{2}{\boldsymbol{z}} \tag{26.120}$$

- 伪传感器检测概率 (两个传感器至少有一个检测到目标)：

$$\overset{12}{p}_{\mathrm{D}}(\boldsymbol{x},\overset{*1}{\boldsymbol{x}},\overset{*2}{\boldsymbol{x}})=1-(1-p_{\mathrm{D}}(\boldsymbol{x},\overset{*1}{\boldsymbol{x}}))(1-p_{\mathrm{D}}(\boldsymbol{x},\overset{*2}{\boldsymbol{x}})) \tag{26.121}$$

$$=p_{\mathrm{D}}(\boldsymbol{x},\overset{*1}{\boldsymbol{x}})+p_{\mathrm{D}}(\boldsymbol{x},\overset{*2}{\boldsymbol{x}})-p_{\mathrm{D}}(\boldsymbol{x},\overset{*1}{\boldsymbol{x}})\cdot p_{\mathrm{D}}(\boldsymbol{x},\overset{*2}{\boldsymbol{x}}) \tag{26.122}$$

- 伪传感器似然函数：

$$\overset{12}{L}_{\overset{1}{z}}(\boldsymbol{x}, \overset{*1}{\boldsymbol{x}}, \overset{*2}{\boldsymbol{x}}) = \frac{p_{\mathrm{D}}(\boldsymbol{x}, \overset{*1}{\boldsymbol{x}}) \cdot (1 - p_{\mathrm{D}}(\boldsymbol{x}, \overset{*2}{\boldsymbol{x}}))}{\overset{12}{p}_{\mathrm{D}}(\boldsymbol{x}, \overset{*1}{\boldsymbol{x}}, \overset{*2}{\boldsymbol{x}})} \cdot \overset{1}{L}_{\overset{1}{z}}(\boldsymbol{x}, \overset{*1}{\boldsymbol{x}}) \tag{26.123}$$

$$\overset{12}{L}_{\overset{2}{z}}(\boldsymbol{x}, \overset{*1}{\boldsymbol{x}}, \overset{*2}{\boldsymbol{x}}) = \frac{(1 - p_{\mathrm{D}}(\boldsymbol{x}, \overset{*1}{\boldsymbol{x}})) \cdot p_{\mathrm{D}}(\boldsymbol{x}, \overset{*2}{\boldsymbol{x}})}{\overset{12}{p}_{\mathrm{D}}(\boldsymbol{x}, \overset{*1}{\boldsymbol{x}}, \overset{*2}{\boldsymbol{x}})} \cdot \overset{2}{L}_{\overset{2}{z}}(\boldsymbol{x}, \overset{*2}{\boldsymbol{x}}) \tag{26.124}$$

$$\overset{12}{L}_{(\overset{1}{z}, \overset{2}{z})}(\boldsymbol{x}, \overset{*1}{\boldsymbol{x}}, \overset{*2}{\boldsymbol{x}}) = \frac{p_{\mathrm{D}}(\boldsymbol{x}, \overset{*1}{\boldsymbol{x}}) \cdot p_{\mathrm{D}}(\boldsymbol{x}, \overset{*2}{\boldsymbol{x}})}{\overset{12}{p}_{\mathrm{D}}(\boldsymbol{x}, \overset{*1}{\boldsymbol{x}}, \overset{*2}{\boldsymbol{x}})} \cdot \overset{1}{L}_{\overset{1}{z}}(\boldsymbol{x}, \overset{*1}{\boldsymbol{x}}) \cdot \overset{2}{L}_{\overset{2}{z}}(\boldsymbol{x}, \overset{*2}{\boldsymbol{x}}) \tag{26.125}$$

不难验证：上述似然函数定义是确切的，即对于任意的 $\boldsymbol{x}$、$\overset{*1}{\boldsymbol{x}}$、$\overset{*2}{\boldsymbol{x}}$，有

$$\int \overset{12}{L}_{\overset{12}{z}}(\boldsymbol{x}, \overset{*1}{\boldsymbol{x}}, \overset{*2}{\boldsymbol{x}}) \mathrm{d}\overset{12}{z} = 1 \tag{26.126}$$

现假定：

- 传感器具有良好的分辨率；
- 多个目标完全可分；
- 传感器杂波较为稀疏。

此时，源自目标的观测仍然像伪传感器观测一样。例如，若传感器观测量为目标位置且两个传感器都获得了目标观测，则这些观测通常在目标周围成对出现，且彼此之间具有明显的关联。

因此，当目标分布不是很密集且杂波较为稀疏时，伪传感器模型可作为多传感器–多目标系统的一种合理近似，这正是“伪传感器近似”一词的由来。从多目标跟踪的角度看，这种近似显然不太合适；但从降低传感器管理计算复杂度的角度看，该近似足够了。但是，由于该近似的计算复杂度随传感器数目增加呈组合式增长，因此仍需要附加其他的近似。

26.3.2.3 多传感器单步 PHD 滤波器控制：一般的伪传感器近似

上一节中的伪传感器定义可直接推广至两个以上的传感器。令传感器 j 的 FoV 为 $p_{\mathrm{D}}(\boldsymbol{x}, \overset{*j}{\boldsymbol{x}})$，其似然函数为

$$\overset{j}{L}_{\overset{j}{z}}(\boldsymbol{x}, \overset{*j}{\boldsymbol{x}}) = \overset{j}{f}_{k+1}(\overset{j}{z}|\boldsymbol{x}, \overset{*j}{\boldsymbol{x}}) \tag{26.127}$$

则：

- 一般伪传感器观测空间：

$$\overset{1..s}{\mathfrak{Z}} = \left(\biguplus_{1 \leqslant j \leqslant s} \overset{j}{\mathfrak{Z}} \right) \uplus \left(\biguplus_{1 \leqslant j_1 < j_2 \leqslant s} (\overset{j_1}{\mathfrak{Z}} \times \overset{j_2}{\mathfrak{Z}}) \right) \uplus \left(\biguplus_{1 \leqslant j_1 < j_2 < j_3 \leqslant s} (\overset{j_1}{\mathfrak{Z}} \times \overset{j_2}{\mathfrak{Z}} \times \overset{j_3}{\mathfrak{Z}}) \right) \uplus \cdots \uplus (\overset{1}{\mathfrak{Z}} \times \cdots \times \overset{s}{\mathfrak{Z}}) \tag{26.128}$$

- 一般伪传感器检测概率：

$$\overset{1..s}{p}_{\mathrm{D}}(\boldsymbol{x},\overset{*1}{\boldsymbol{x}},\cdots,\overset{*s}{\boldsymbol{x}})=1-\prod_{j=1}^{s}(1-p_{\mathrm{D}}(\boldsymbol{x},\overset{*j}{\boldsymbol{x}}))\tag{26.129}$$

- 一般伪传感器似然函数：对于当前有效的 s 个传感器和任意的 $1\leqslant e\leqslant s$，有

$$\overset{1..s}{L}_{(\overset{j_1}{\boldsymbol{z}},\cdots,\overset{j_e}{\boldsymbol{z}})}(\boldsymbol{x}|\overset{*1}{\boldsymbol{x}},\cdots,\overset{*s}{\boldsymbol{x}})=\frac{p_{\mathrm{D}}(\boldsymbol{x},\overset{*j_1}{\boldsymbol{x}})\cdots p_{\mathrm{D}}(\boldsymbol{x},\overset{*j_e}{\boldsymbol{x}})}{(1-p_{\mathrm{D}}(\boldsymbol{x},\overset{*j_1}{\boldsymbol{x}}))\cdots(1-p_{\mathrm{D}}(\boldsymbol{x},\overset{*j_e}{\boldsymbol{x}}))}\cdot\frac{\prod_{j=1}^{s}(1-p_{\mathrm{D}}(\boldsymbol{x},\overset{*j}{\boldsymbol{x}}))}{\overset{1..s}{p}_{\mathrm{D}}(\boldsymbol{x},\overset{*1}{\boldsymbol{x}},\cdots,\overset{*s}{\boldsymbol{x}})}\cdot\overset{j_1}{L}_{\overset{j_1}{\boldsymbol{z}}}(\boldsymbol{x},\overset{*j_1}{\boldsymbol{x}})\cdots\overset{j_e}{L}_{\overset{j_e}{\boldsymbol{z}}}(\boldsymbol{x},\overset{*j_e}{\boldsymbol{x}})\tag{26.130}$$

下面来看泊松杂波过程的形式。因为实际传感器的联合杂波过程是各自杂波过程的叠加，而叠加杂波过程的强度函数可表示为

$$\overset{1..s}{\lambda}_{k+1}=\overset{1}{\lambda}_{k+1}+\cdots+\overset{s}{\lambda}_{k+1}\tag{26.131}$$

$$\overset{1..s}{\kappa}_{k+1}(\overset{j}{\boldsymbol{z}})=\overset{j}{\kappa}_{k+1}(\overset{j}{\boldsymbol{z}})\tag{26.132}$$

$$\overset{1..s}{\kappa}_{k+1}(\overset{j_1}{\boldsymbol{z}},\cdots,\overset{j_e}{\boldsymbol{z}})=0\tag{26.133}$$

式中

$$\overset{j}{\kappa}_{k+1}(\overset{j}{\boldsymbol{z}})\overset{\text{abbr.}}{=}\overset{j}{\kappa}_{k+1}(\overset{j}{\boldsymbol{z}}|\overset{*j}{\boldsymbol{x}})\tag{26.134}$$

上式即传感器 j 的杂波强度函数。但上述杂波模型并非伪传感器杂波模型的一种合乎直观的形式，原因是上述模型限定杂波观测只能是孤元观测 $\overset{j}{\boldsymbol{z}}$。

下面举例说明其不合理性。假定有一个目标和两个检测概率为 1 的传感器，每个传感器除获取目标观测 $\overset{1}{\boldsymbol{z}}$、$\overset{2}{\boldsymbol{z}}$ 外，还能获取单个杂波观测 $\overset{1}{\boldsymbol{z}}_c$、$\overset{2}{\boldsymbol{z}}_c$，则可能的伪传感器观测为 $(\overset{1}{\boldsymbol{z}},\overset{2}{\boldsymbol{z}})$、$(\overset{1}{\boldsymbol{z}},\overset{2}{\boldsymbol{z}}_c)$、$(\overset{1}{\boldsymbol{z}}_c,\overset{2}{\boldsymbol{z}})$、$(\overset{1}{\boldsymbol{z}}_c,\overset{2}{\boldsymbol{z}}_c)$。当两个传感器都没有杂波时，后面三个观测将消失，因此它们都是杂波观测。现在看检测概率不为 1 的情形，此时可能的伪传感器观测为 $\overset{1}{\boldsymbol{z}}$、$\overset{2}{\boldsymbol{z}}$、$(\overset{1}{\boldsymbol{z}},\overset{2}{\boldsymbol{z}})$、$\overset{1}{\boldsymbol{z}}_c$、$\overset{2}{\boldsymbol{z}}_c$、$(\overset{1}{\boldsymbol{z}},\overset{2}{\boldsymbol{z}}_c)$、$(\overset{1}{\boldsymbol{z}}_c,\overset{2}{\boldsymbol{z}})$、$(\overset{1}{\boldsymbol{z}}_c,\overset{2}{\boldsymbol{z}}_c)$，后面的五个观测都为杂波观测。因此，若传感器的检测概率不为 1，则伪传感器杂波观测的一般形式为 $(\overset{j_1}{\boldsymbol{z}},\cdots,\overset{j_e}{\boldsymbol{z}})$，其中 e 和 $j_1,\cdots,j_e$ 皆任意。

由于 $(\overset{j_1}{\boldsymbol{z}},\cdots,\overset{j_e}{\boldsymbol{z}})$ 的统计特性由乘积 $\overset{j_1}{\kappa}_{k+1}(\overset{j_1}{\boldsymbol{z}})\cdots\overset{j_1}{\kappa}_{k+1}(\overset{j_e}{\boldsymbol{z}})$ 决定，因此：

- 当所有传感器的检测概率都不为 1 时，伪传感器杂波强度函数的一般形式为

$$\overset{1..s}{\kappa}_{k+1}(\overset{j_1}{\boldsymbol{z}},\cdots,\overset{j_e}{\boldsymbol{z}})=\overset{j_1}{\kappa}_{k+1}(\overset{j_1}{\boldsymbol{z}})\cdots\overset{j_1}{\kappa}_{k+1}(\overset{j_e}{\boldsymbol{z}})\tag{26.135}$$

与上述强度函数对应的杂波率为

$$\overset{1..s}{\lambda}_{k+1}=-1+\prod_{j=1}^{s}\left(1+\overset{j}{\lambda}_{k+1}\right)\tag{26.136}$$

例如，当 $s=2$ 时，有

$$\overset{12}{\lambda}_{k+1}=\overset{1}{\lambda}_{k+1}+\overset{2}{\lambda}_{k+1}+\overset{1}{\lambda}_{k+1}\overset{2}{\lambda}_{k+1} \tag{26.137}$$

式(26.136)的证明过程如下：

$$\overset{1..s}{\lambda}_{k+1}=\int \overset{1..s}{\kappa}_{k+1}(\overset{1..s}{z})\mathrm{d}\overset{1..s}{z} \tag{26.138}$$

$$=\sum_{e=1}^{s}\sum_{1\leqslant j_1<\cdots<j_e\leqslant s}\int \overset{1..s}{\kappa}_{k+1}(\overset{j_1}{z},\cdots,\overset{j_e}{z})\mathrm{d}\overset{j_1}{z}\cdots\mathrm{d}\overset{j_e}{z} \tag{26.139}$$

$$=\sum_{e=1}^{s}\sum_{1\leqslant j_1<\cdots<j_e\leqslant s}\int \overset{j_1}{\kappa}_{k+1}(\overset{j_1}{z})\cdots\overset{j_1}{\kappa}_{k+1}(\overset{j_e}{z})\mathrm{d}\overset{j_1}{z}\cdots\mathrm{d}\overset{j_e}{z} \tag{26.140}$$

$$=\sum_{e=1}^{s}\sum_{1\leqslant j_1<\cdots<j_e\leqslant s}\overset{j_1}{\lambda}_{k+1}\cdots\overset{j_e}{\lambda}_{k+1} \tag{26.141}$$

$$=-1+\sum_{e=0}^{s}\sigma_{s,e}(\overset{j_1}{\lambda}_{k+1},\cdots,\overset{j_e}{\lambda}_{k+1}) \tag{26.142}$$

$$=-1+\prod_{j=1}^{s}\left(1+\overset{j}{\lambda}_{k+1}\right) \tag{26.143}$$

式中：$\sigma_{s,e}(x_1,\cdots,x_s)$ 为 s 个变量的 e 次初等同构对称函数。

26.3.2.4　多传感器单步 PHD 滤波器控制：PENT 目标函数

采用伪传感器近似后，26.3.1.3节的单传感器优化对冲方法便可直接用于多传感器问题。定义

- 伪传感器的预测观测：

$$\overset{1..s}{\eta}_{k+1}(\boldsymbol{x}_i)=(\eta_{k+1}(\boldsymbol{x}_i,\overset{*1}{\boldsymbol{x}}),\cdots,\eta_{k+1}(\boldsymbol{x}_i,\overset{*s}{\boldsymbol{x}})) \tag{26.144}$$

上式即最有望获得的观测集合：所有传感器都从目标 $\boldsymbol{x}_i$ 处得到一个观测。此时，式(26.57)可化为

- 理想传感器动力学下多传感器单步前瞻 *PENT* (基于伪传感器近似的 PHD 滤波器)：

$$\overset{\text{ideal}}{N}_{k+1|k+1}(\overset{*1}{\boldsymbol{x}},\cdots,\overset{*s}{\boldsymbol{x}})=N_{k+1|k}(\overset{*1}{\boldsymbol{x}},\cdots,\overset{*s}{\boldsymbol{x}})+ \tag{26.145}$$

$$\sum_{i=1}^{n}\frac{\overset{1..s}{p}_{\mathrm{D}}(\boldsymbol{x}_i,\overset{*1}{\boldsymbol{x}},\cdots,\overset{*s}{\boldsymbol{x}})\cdot\overset{1..s}{\tau}_i(\overset{*1}{\boldsymbol{x}},\cdots,\overset{*s}{\boldsymbol{x}})}{\overset{1..s}{\kappa}_i(\overset{*1}{\boldsymbol{x}},\cdots,\overset{*s}{\boldsymbol{x}})+\overset{1..s}{p}_{\mathrm{D}}(\boldsymbol{x}_i,\overset{*1}{\boldsymbol{x}},\cdots,\overset{*s}{\boldsymbol{x}})\cdot\overset{1..s}{\tau}_i(\overset{*1}{\boldsymbol{x}},\cdots,\overset{*s}{\boldsymbol{x}})}$$

式中

$$N_{k+1|k}(\overset{*1}{x},\cdots,\overset{*s}{x}) = \int \left(1-\overset{1..s}{p}_{\mathrm{D}}(x,\overset{*1}{x},\cdots,\overset{*s}{x})\right)\cdot D_{k+1|k}(x|Z^{(k)},\overset{*}{X}^{(k)})\mathrm{d}x \tag{26.146}$$

$$\overset{1..s}{\tau}_i(\overset{*1}{x},\cdots,\overset{*s}{x}) = \int p_{\mathrm{D}}(x,\overset{*1}{x})\cdots p_{\mathrm{D}}(x,\overset{*s}{x})\cdot \overset{1}{L}_{\eta_{k+1}(x_i,\overset{*1}{x})}(x,\overset{*1}{x})\cdots \overset{s}{L}_{\eta_{k+1}(x_i,\overset{*s}{x})}(x,\overset{*s}{x})\cdot D_{k+1|k}(x|Z^{(k)},\overset{*}{X}^{(k)})\mathrm{d}x \tag{26.147}$$

$$\overset{1..s}{\kappa}_i(\overset{*1}{x},\cdots,\overset{*s}{x}) = \overset{1}{\kappa}_{k+1}(\eta_{k+1}(x_i,\overset{*1}{x}))\cdots\overset{s}{\kappa}_{k+1}(\eta_{k+1}(x_i,\overset{*s}{x})) \tag{26.148}$$

式(26.145)为理想传感器动力学下的 PENT 表达式，因此，根据式(25.217)可得

- 非理想传感器动力学下多传感器单步前瞻 *PENT* (基于伪传感器近似的 PHD 滤波器)：

$$\overset{\text{nonideal}}{N}_{k+1|k+1}(\overset{*1}{x},\cdots,\overset{*s}{x}) = \overset{\text{ideal}}{N}_{k+1|k+1}(\overset{*1}{x},\cdots,\overset{*s}{x})\cdot \overset{*1}{f}_{k+1|k}(\overset{*1}{x}|\overset{*1}{Z}^{k})\cdots\overset{*s}{f}_{k+1|k}(\overset{*s}{x}|\overset{*s}{Z}^{k}) \tag{26.149}$$

26.3.2.5 多传感器单步 PHD 滤波器控制：简单实例

本例将26.3.1.4节例子中的单传感器推广至两个传感器的情形。通过本例可以说明：当与伪传感器近似和 PIMS 对冲方法结合使用时，PENT 目标函数可表现出直观上的合理行为。假定：

- 两个传感器的观测空间均为状态空间 ($\overset{1}{\mathfrak{Z}}=\overset{2}{\mathfrak{Z}}=\mathfrak{X}$)，且观测函数 $\overset{1}{\eta}(x)=\overset{2}{\eta}(x)=x$。
- 两个传感器都无杂波，即 $\overset{1}{\kappa}_{k+1}(\overset{1}{z})=\overset{2}{\kappa}_{k+1}(\overset{2}{z})=0$ 恒成立。
- 两个传感器的 FoV 都是锐截止的：

$$p_{\mathrm{D}}(x,\overset{*1}{x}) = \mathbf{1}_{S_1}(x) \tag{26.150}$$

$$p_{\mathrm{D}}(x,\overset{*2}{x}) = \mathbf{1}_{S_2}(x) \tag{26.151}$$

式中：$S_1,S_2\subseteq\mathfrak{X}$ 表示状态空间中可任意移动的 (超) 球。

- 与26.3.1.4节类似，预测 PHD 的形式为

$$D_{k+1|k}(x) = \sum_{i=1}^{n} w_i\cdot s_i(x) \tag{26.152}$$

$$w = N_{k+1|k} = \sum_{i=1}^{n} w_i \tag{26.153}$$

式中：$s_i(x)$ 的 MAP 估计为 x_i。

- 对于任意的 $i=1,\cdots,n$，存在 S_1,S_2，满足 $\int_{S_1}s_i(x)\mathrm{d}x=1$ 且 $\int_{S_2}s_i(x)\mathrm{d}x=1$。

首先，将伪传感器检测概率表示为

$$\overset{12}{p}_{\mathrm{D}}(\boldsymbol{x}, \overset{*1}{\boldsymbol{x}}, \overset{*2}{\boldsymbol{x}}) = p_{\mathrm{D}}(\boldsymbol{x}, \overset{*1}{\boldsymbol{x}}) + p_{\mathrm{D}}(\boldsymbol{x}, \overset{*2}{\boldsymbol{x}}) - p_{\mathrm{D}}(\boldsymbol{x}, \overset{*1}{\boldsymbol{x}}) \cdot p_{\mathrm{D}}(\boldsymbol{x}, \overset{*2}{\boldsymbol{x}}) \tag{26.154}$$

$$= \mathbf{1}_{S_1}(\boldsymbol{x}) + \mathbf{1}_{S_2}(\boldsymbol{x}) - \mathbf{1}_{S_1 \cap S_2}(\boldsymbol{x}) \tag{26.155}$$

$$= \mathbf{1}_{S_1 \cup S_2}(\boldsymbol{x}) \tag{26.156}$$

因此，式(26.146)可化为

$$N_{k+1|k}(\overset{*1}{\boldsymbol{x}}, \overset{*2}{\boldsymbol{x}}) = N_{k+1|k} - \int \overset{12}{p}_{\mathrm{D}}(\boldsymbol{x}, \overset{*1}{\boldsymbol{x}}, \overset{*2}{\boldsymbol{x}}) \cdot D_{k+1|k}(\boldsymbol{x}|Z^{(k)}, \overset{*}{X}^{(k)})\mathrm{d}\boldsymbol{x} \tag{26.157}$$

$$= w - \sum_{i=1}^{n} w_i \int \overset{12}{p}_{\mathrm{D}}(\boldsymbol{x}, \overset{*1}{\boldsymbol{x}}, \overset{*2}{\boldsymbol{x}}) \cdot s_i(\boldsymbol{x})\mathrm{d}\boldsymbol{x} \tag{26.158}$$

$$= w - \sum_{i=1}^{n} w_i \cdot p_i(S_1 \cup S_2) \tag{26.159}$$

式中

$$p_i(S) = \int_S s_i(\boldsymbol{x})\mathrm{d}\boldsymbol{x}, \quad S \subseteq \mathfrak{X} \tag{26.160}$$

其次，注意到式(26.145)可化为

$$N_{k+1|k+1} = N^{\mathrm{PIMS}}_{k+1|k+1}(\overset{*1}{\boldsymbol{x}}, \overset{*2}{\boldsymbol{x}}) \tag{26.161}$$

$$= N_{k+1|k}(\overset{*1}{\boldsymbol{x}}, \overset{*2}{\boldsymbol{x}}) + \sum_{i=1}^{n} \frac{\overset{12}{p}_{\mathrm{D}}(\boldsymbol{x}_i, \overset{*1}{\boldsymbol{x}}, \overset{*2}{\boldsymbol{x}}) \cdot \tau_{k+1}(\overset{12}{\eta}_{k+1}(\boldsymbol{x}_i)|\overset{*1}{\boldsymbol{x}}, \overset{*2}{\boldsymbol{x}})}{\left(\begin{array}{c} \overset{12}{\kappa}_{k+1}(\overset{12}{\eta}_{k+1}(\boldsymbol{x}_i))+ \\ \overset{12}{p}_{\mathrm{D}}(\boldsymbol{x}_i, \overset{*1}{\boldsymbol{x}}, \overset{*2}{\boldsymbol{x}}) \cdot \tau_{k+1}(\overset{12}{\eta}_{k+1}(\boldsymbol{x}_i)|\overset{*1}{\boldsymbol{x}}, \overset{*2}{\boldsymbol{x}}) \end{array}\right)} \tag{26.162}$$

$$= N_{k+1|k}(\overset{*1}{\boldsymbol{x}}, \overset{*2}{\boldsymbol{x}}) + \sum_{i=1}^{n} \frac{\overset{12}{p}_{\mathrm{D}}(\boldsymbol{x}_i, \overset{*1}{\boldsymbol{x}}, \overset{*2}{\boldsymbol{x}}) \cdot \overset{12}{\tau}_{k+1}(\boldsymbol{x}_i, \boldsymbol{x}_i|\overset{*1}{\boldsymbol{x}}, \overset{*2}{\boldsymbol{x}})}{\left(\begin{array}{c} \overset{12}{\kappa}_{k+1}(\overset{12}{\eta}_{k+1}(\boldsymbol{x}_i))+ \\ \overset{12}{p}_{\mathrm{D}}(\boldsymbol{x}_i, \overset{*1}{\boldsymbol{x}}, \overset{*2}{\boldsymbol{x}}) \cdot \overset{12}{\tau}_{k+1}(\boldsymbol{x}_i, \boldsymbol{x}_i|\overset{*1}{\boldsymbol{x}}, \overset{*2}{\boldsymbol{x}}) \end{array}\right)} \tag{26.163}$$

$$= N_{k+1|k}(\overset{*1}{\boldsymbol{x}}, \overset{*2}{\boldsymbol{x}}) + \sum_{i=1}^{n} \frac{\mathbf{1}_{S_1 \cup S_2}(\boldsymbol{x}_i) \cdot \overset{12}{\tau}_{k+1}(\boldsymbol{x}_i, \boldsymbol{x}_i|\overset{*1}{\boldsymbol{x}}, \overset{*2}{\boldsymbol{x}})}{\left(\begin{array}{c} \overset{12}{\kappa}_{k+1}(\overset{12}{\eta}_{k+1}(\boldsymbol{x}_i))+ \\ \mathbf{1}_{S_1 \cup S_2}(\boldsymbol{x}_i) \cdot \overset{12}{\tau}_{k+1}(\boldsymbol{x}_i, \boldsymbol{x}_i|\overset{*1}{\boldsymbol{x}}, \overset{*2}{\boldsymbol{x}}) \end{array}\right)} \tag{26.164}$$

$$= w - \sum_{i=1}^{n} w_i \cdot p_i(S_1 \cup S_2) + \sum_{i=1}^{n} \mathbf{1}_{S_1 \cup S_2}(\boldsymbol{x}_i) \tag{26.165}$$

现在来看传感器视场 S_1 和 S_2 的几种可能的放置：

- S_1, S_2 都置于自由空间：此时的 PENT 值为

$$N_{k+1|k+1} = w \tag{26.166}$$

- S_1 仅覆盖 $\boldsymbol{x}_1$，S_2 置于自由空间且 $S_1 \cap S_2 = \emptyset$：此时

$$N_{k+1|k+1} = w - w_1 \cdot p_1(S_1) + 1 \geqslant w \tag{26.167}$$

与两个传感器都覆盖自由空间时相比，让其中一个传感器覆盖某条航迹有利于 $N_{k+1|k+1}$ 的最大化。

- S_1, S_2 都只覆盖 $\boldsymbol{x}_i$：此时

$$N_{k+1|k+1} = w - w_1 \cdot p_1(S_1 \cup S_2) + 1 \tag{26.168}$$

$$= w - w_1 \cdot p_1(S_1) - w_1 \cdot p_1(S_2) + w_1 \cdot p_1(S_1 \cap S_2) + 1 \tag{26.169}$$

$$\leqslant w - w_1 \cdot p_1(S_1) + 1 \tag{26.170}$$

与两个传感器的 FoV 都覆盖同一目标相比，让一个覆盖目标、另一个指向自由空间，将更有利于 $N_{k+1|k+1}$ 的最大化。原因可解释如下：

  - 将两个传感器置于同一目标处，几乎不会增加任何额外信息；相反，若让其中一个传感器覆盖自由空间，则有利于发现那些未检测到的目标。

- S_1, S_2 分别只覆盖 $\boldsymbol{x}_1$ 和 $\boldsymbol{x}_2$：此时

$$N_{k+1|k+1} = w - w_1 \cdot p_1(S_1) - w_2 \cdot p_2(S_2) + 2 \tag{26.171}$$

$$\geqslant w - w_1 \cdot p_1(S_1) + 1 \tag{26.172}$$

让两个传感器的 FoV 分别覆盖不同的航迹有利于 $N_{k+1|k+1}$ 的最大化。

- S_1 仅覆盖航迹 $\boldsymbol{x}_1$ 和 $\boldsymbol{x}_2$，S_2 位于自由空间且 $S_1 \cap S_2 = \emptyset$：若 $p_2(S_1) \leqslant p_2(S_2)$，则

$$N_{k+1|k+1} = w - w_1 \cdot p_1(S_1) - w_2 \cdot p_2(S_1) + 2 \tag{26.173}$$

$$\geqslant w - w_1 \cdot p_1(S_1) - w_2 \cdot p_2(S_2) + 2 \tag{26.174}$$

原因可解释如下：

  - 由于 S_1 小于等于 S_2，因此与采用 S_2 覆盖两条航迹相比，用 S_1 覆盖更有利于 $N_{k+1|k+1}$ 的最大化；
  - 同时由于 S_2 大于 S_1，用 S_2 来检测尚未发现的目标，显然是一个更好的选择。

- S_1 和 S_2 都只覆盖 $\boldsymbol{x}_1$ 和 $\boldsymbol{x}_2$：此时

$$N_{k+1|k+1} = w - w_1 \cdot p_1(S_1 \cup S_2) - w_2(S_1 \cup S_2) + 2 \tag{26.175}$$

$$= w - w_1 \cdot p_1(S_1) - w_1 \cdot p_1(S_2) + w_1 \cdot p_1(S_1 \cap S_2) - \tag{26.176}$$

$$w_2 \cdot p_2(S_1) - w_2 \cdot p_2(S_2) + w_2 \cdot p_2(S_1 \cap S_2) + 2$$

该情形下的 $N_{k+1|k+1}$ 大于 w (S_1 和 S_2 都位于自由空间)，但小于 $w - w_1 \cdot p_1(S_1) - w_2 \cdot p_2(S_1) + 2$ (S_1 覆盖 $\boldsymbol{x}_1$ 和 $\boldsymbol{x}_2$，S_2 位于自由空间) 和 $w - w_1 \cdot p_1(S_1) - w_2 \cdot p_2(S_2) + 2$

(S_1、S_2 分别覆盖 $\boldsymbol{x}_1$ 和 $\boldsymbol{x}_2$)，与 $w - w_1 \cdot p_1(S_1) + 1$ 的大小关系则取决于具体的参数值。该结果可作如下解释：

- 将两个传感器当作一个更大视场 ($S_1 \cup S_2$) 的传感器来用，并不能很有效地利用传感器，这是因为在目标定位方面，$S_1 \cup S_2$ 的有效性显然不如两个独立的 S_1 和 S_2。

26.3.2.6 多传感器单步 PHD 滤波器控制：PENTI 目标函数

令 $\iota_{k|k}(\boldsymbol{x})$ 为 t_k 时刻的战术重要性函数 (TIF，定义见25.14.2节)，则当前情形下的 PENTI (一般定义式见(25.243)式) 可表示为

$$\overset{\text{ideal}}{N}{}^{\to\iota}_{k+1|k+1}(\overset{*1}{\boldsymbol{x}},\cdots,\overset{*s}{\boldsymbol{x}}) = N^{\to\iota}_{k+1|k}(\overset{*1}{\boldsymbol{x}},\cdots,\overset{*s}{\boldsymbol{x}}) + \sum_{i=1}^{n} \frac{\overset{1..s}{p}_{\mathrm{D}}(\boldsymbol{x}_i,\overset{*1}{\boldsymbol{x}},\cdots,\overset{*s}{\boldsymbol{x}}) \cdot \tau_i^{\to\iota}(\overset{*1}{\boldsymbol{x}},\cdots,\overset{*s}{\boldsymbol{x}})}{\overset{1..s}{\kappa}_i(\overset{*1}{\boldsymbol{x}},\cdots,\overset{*s}{\boldsymbol{x}}) + \overset{1..s}{p}_{\mathrm{D}}(\boldsymbol{x}_i,\overset{*1}{\boldsymbol{x}},\cdots,\overset{*s}{\boldsymbol{x}}) \cdot \overset{1..s}{\tau}_i(\overset{*1}{\boldsymbol{x}},\cdots,\overset{*s}{\boldsymbol{x}})} \tag{26.177}$$

式中：$\overset{1..s}{\tau}_i(\overset{*1}{\boldsymbol{x}},\cdots,\overset{*s}{\boldsymbol{x}})$ 的定义见式(26.147)；而

$$N^{\to\iota}_{k+1|k}(\overset{*1}{\boldsymbol{x}},\cdots,\overset{*s}{\boldsymbol{x}}) = \int \iota_{k|k}(\boldsymbol{x}) \cdot (1 - \overset{1..s}{p}_{\mathrm{D}}(\boldsymbol{x},\overset{*1}{\boldsymbol{x}},\cdots,\overset{*s}{\boldsymbol{x}})) \cdot D_{k+1|k}(\boldsymbol{x}|Z^{(k)},\overset{*}{X}{}^{(k)})\mathrm{d}\boldsymbol{x} \tag{26.178}$$

$$\tau_i^{\to\iota}(\overset{*1}{\boldsymbol{x}},\cdots,\overset{*s}{\boldsymbol{x}}) = \int \iota_{k|k}(\boldsymbol{x}) \cdot p_{\mathrm{D}}(\boldsymbol{x},\overset{*1}{\boldsymbol{x}}) \cdots p_{\mathrm{D}}(\boldsymbol{x},\overset{*1}{\boldsymbol{x}}) \cdot \overset{1}{L}_{\eta_{k+1}(\boldsymbol{x}_i,\overset{*1}{\boldsymbol{x}})}(\boldsymbol{x},\overset{*1}{\boldsymbol{x}}) \cdots \overset{s}{L}_{\eta_{k+1}(\boldsymbol{x}_i,\overset{*s}{\boldsymbol{x}})}(\boldsymbol{x},\overset{*s}{\boldsymbol{x}}) \cdot D_{k+1|k}(\boldsymbol{x}|Z^{(k)},\overset{*}{X}{}^{(k)})\mathrm{d}\boldsymbol{x} \tag{26.179}$$

上述公式的推导过程与26.3.1.6节中的推导基本类似。

26.4 基于 CPHD 滤波器的传感器管理

本节介绍基于 CPHD 滤波器的传感器管理。该方法主要基于：

- 25.13节的非理想传感器简化方法；
- 25.10.2节的 PIMS 单样本近似对冲方法。

此外，与基于 PHD 滤波器的传感器管理方案不同，这里可用23.2.4节的势方差目标函数来代替 PENT 目标函数。但由于至今尚没有合适的表达式，因此势方差目标函数不能用于非理想传感器动力学情形。本节内容包括：

- 26.4.1节：基于 CPHD 滤波器的单传感器单步控制。
- 26.4.2节：基于 CPHD 滤波器的多传感器单步控制。

26.4.1 单传感器单步 CPHD 滤波器控制

本节旨在修正25.13节的非理想传感器简化方法以便结合 CPHD 滤波器使用。令：

- $Z^{(k)}: Z_1, \cdots, Z_k$ 是 t_k 时刻的传感器观测集序列；
- $\overset{*}{Z}{}^k: \overset{*}{z}_1, \cdots, \overset{*}{z}_k$ 是 t_k 时刻的执行机构传感器观测序列；
- $\overset{*}{X}{}^k: \overset{*}{\boldsymbol{x}}_1, \cdots, \overset{*}{\boldsymbol{x}}_k$ 是 t_k 时刻的传感器状态序列，其中 $\overset{*}{\boldsymbol{x}}_i$ 在 t_i 时刻选定。

对于25.13节简化的非理想传感器情形，相应的 CPHD 滤波器近似控制方法案具有如下结构：

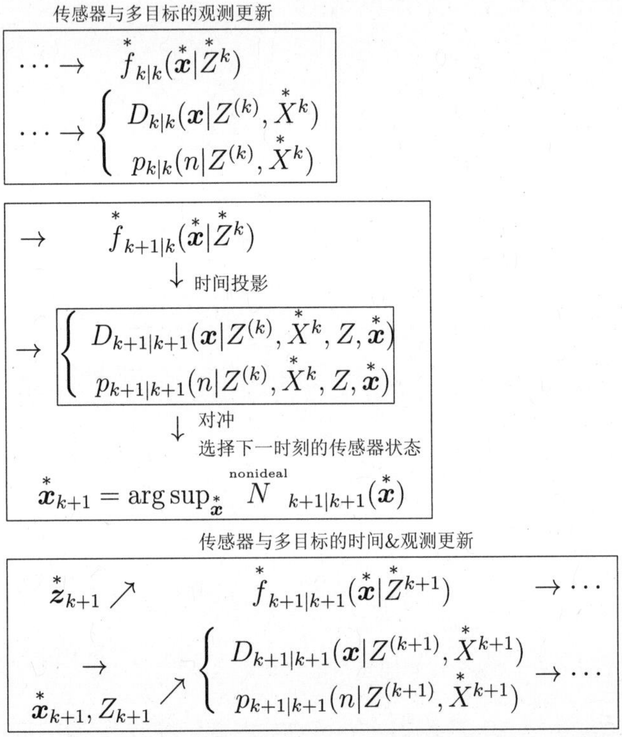

图 26.3 简化的非理想传感器情形下的 CPHD 滤波器近似控制结构

图26.3的控制方案共包括下列步骤：

- 传感器时间更新：使用预测积分将当前的传感器状态分布 $\overset{*}{f}_{k|k}(\overset{*}{\boldsymbol{x}}|\overset{*}{Z}{}^k)$ 外推为 $\overset{*}{f}_{k+1|k}(\overset{*}{\boldsymbol{x}}|\overset{*}{Z}{}^k)$。
- 目标时间更新：使用 CPHD 滤波器的预测器方程将当前 PHD $D_{k|k}(\boldsymbol{x}|Z^{(k)}, \overset{*}{X}{}^k)$ 和势分布 $p_{k|k}(n|Z^{(k)}, \overset{*}{X}{}^k)$ 外推为 $D_{k+1|k}(\boldsymbol{x}|Z^{(k)}, \overset{*}{X}{}^k)$ 和 $p_{k+1|k}(n|Z^{(k)}, \overset{*}{X}{}^k)$。
- 时间投影：设 t_{k+1} 时刻的待定传感器状态和未知观测集分别为 $\overset{*}{\boldsymbol{x}}$ 和 Z，使用 CPHD 滤波器的校正器方程将 $D_{k+1|k}(\boldsymbol{x}|Z^{(k)}, \overset{*}{X}{}^k)$、$p_{k+1|k}(n|Z^{(k)}, \overset{*}{X}{}^k)$ 观测更新为 $D_{k+1|k+1}(\boldsymbol{x}|Z^{(k)}, \overset{*}{X}{}^k, Z, \overset{*}{\boldsymbol{x}})$、$p_{k+1|k+1}(n|Z^{(k)}, \overset{*}{X}{}^k, Z, \overset{*}{\boldsymbol{x}})$。

- 目标函数构造：给定 $\overset{*}{\boldsymbol{x}}$ 和 Z 后，确定 PENT 目标函数，即

$$N_{k+1|k+1}(\overset{*}{\boldsymbol{x}}, Z) = \sum_{n\geqslant 0} n \cdot p_{k+1|k+1}(n|Z^{(k)}, \overset{*}{X}{}^k, Z, \overset{*}{\boldsymbol{x}}) \tag{26.180}$$

或势方差目标函数，即

$$\sigma^2_{k+1|k+1}(\overset{*}{\boldsymbol{x}}, Z) = -N_{k+1|k+1}(\overset{*}{\boldsymbol{x}}, Z)^2 + \sum_{n\geqslant 0} n^2 \cdot p_{k+1|k+1}(n|Z^{(k)}, \overset{*}{X}{}^k, Z, \overset{*}{\boldsymbol{x}}) \tag{26.181}$$

- 对冲：利用 PIMS 单样本对冲方法消掉 Z，即

$$\overset{\text{ideal}}{N}_{k+1|k+1}(\overset{*}{\boldsymbol{x}}) = N_{k+1|k+1}(\overset{*}{\boldsymbol{x}}, Z^{\text{PIMS}}_{k+1}) \tag{26.182}$$

$$\overset{\text{ideal}}{\sigma^2}_{k+1|k+1}(\overset{*}{\boldsymbol{x}}) = \sigma^2_{k+1|k+1}(\overset{*}{\boldsymbol{x}}, Z^{\text{PIMS}}_{k+1}) \tag{26.183}$$

- 动态化：修正 PENT 以考虑传感器的动力学 (t_{k+1} 时刻传感器状态的可达性)，即

$$\overset{\text{nonideal}}{N}_{k+1|k+1}(\overset{*}{\boldsymbol{x}}) = \overset{\text{ideal}}{N}_{k+1|k+1}(\overset{*}{\boldsymbol{x}}) \cdot \overset{*}{f}_{k+1|k}(\overset{*}{\boldsymbol{x}}|\overset{*}{Z}{}^k) \tag{26.184}$$

- 最优化：确定下一时刻的最优传感器状态，即

$$\overset{*}{\boldsymbol{x}}_{k+1} = \arg\sup_{\overset{*}{\boldsymbol{x}}} \overset{\text{nonideal}}{N}_{k+1|k+1}(\overset{*}{\boldsymbol{x}}) \tag{26.185}$$

$$\overset{*}{\boldsymbol{x}}_{k+1} = \arg\inf_{\overset{*}{\boldsymbol{x}}} \overset{\text{ideal}}{\sigma^2}_{k+1|k+1}(\overset{*}{\boldsymbol{x}}) \tag{26.186}$$

- 传感器观测更新：使用贝叶斯规则将 $\overset{*}{f}_{k+1|k}(\overset{*}{\boldsymbol{x}}|\overset{*}{Z}{}^k)$ 更新为 $\overset{*}{f}_{k+1|k+1}(\overset{*}{\boldsymbol{x}}|\overset{*}{Z}{}^{k+1})$。
- 目标观测更新：将 $\overset{*}{\boldsymbol{x}}_{k+1}$ 作为 t_{k+1} 时刻的传感器状态，采用 CPHD 滤波器的校正器方程将 $D_{k+1|k}(\boldsymbol{x}|Z^{(k)}, \overset{*}{X}{}^k)$、$p_{k+1|k}(n|Z^{(k)}, \overset{*}{X}{}^k)$ 更新为 $D_{k+1|k+1}(\boldsymbol{x}|Z^{(k+1)}, \overset{*}{X}{}^{k+1})$、$p_{k+1|k+1}(n|Z^{(k+1)}, \overset{*}{X}{}^{k+1})$。
- 重复上述步骤。

本节内容安排如下：

- 26.4.1.1节：单传感器单步 CPHD 滤波器控制——滤波方程。
- 26.4.1.2节：单传感器单步 CPHD 滤波器控制——多样本或 PIMS 单样本对冲。
- 26.4.1.3节：单传感器单步 CPHD 滤波器控制——PIMS 对冲的 PENT 目标函数。
- 26.4.1.4节：PENT 的近似表达式。
- 26.4.1.5节：PIMS 对冲的 PENTI 目标函数及其近似。

26.4.1.1 单传感器单步 CPHD 滤波器控制：滤波方程

该方法的滤波方程可表示如下：

- 传感器时间更新：

$$\overset{*}{f}_{k+1|k}(\overset{*}{x}|\overset{*}{Z}^k) = \int \overset{*}{f}_{k+1|k}(\overset{*}{x}|\overset{*}{x}') \cdot \overset{*}{f}_{k|k}(\overset{*}{x}'|\overset{*}{Z}^k)\mathrm{d}\overset{*}{x}' \tag{26.187}$$

- 目标时间更新：一般 CPHD 滤波器的时间更新方程 (见8.5.2节)。
- 传感器观测更新：

$$\overset{*}{f}_{k+1|k+1}(\overset{*}{x}|\overset{*}{Z}^{k+1}) \propto \overset{*}{f}_{k+1}(\overset{*}{z}_{k+1}|\overset{*}{x}) \cdot \overset{*}{f}_{k+1|k}(\overset{*}{x}|\overset{*}{Z}^k) \tag{26.188}$$

- 目标观测更新：一般 CPHD 滤波器的观测更新方程 (见8.5.4节)，但需要做一些替换，即用 $p_\mathrm{D}(\boldsymbol{x},\overset{*}{\boldsymbol{x}}_{k+1})$ 代替 $p_\mathrm{D}(\boldsymbol{x})$、用 $L_{\boldsymbol{z}}(\boldsymbol{x},\overset{*}{\boldsymbol{x}}_{k+1})$ 代替 $L_{\boldsymbol{z}}(\boldsymbol{x})$、用 $c_{k+1}(\boldsymbol{z}|\overset{*}{\boldsymbol{x}}_{k+1})$ 代替 $c_{k+1}(\boldsymbol{z})$、用 $p^\kappa_{k+1}(m|\overset{*}{\boldsymbol{x}}_{k+1})$ 代替 $p^\kappa_{k+1}(m)$。

26.4.1.2 单传感器单步 CPHD 滤波器控制：PIMS 对冲

本节将修正25.10.2节的 PIMS 单样本对冲方法，使之合乎当前的假设。令 $\hat{X} = \{\boldsymbol{x}_1,\cdots,\boldsymbol{x}_n\}$ 表示预测目标状态集，$\eta_{k+1}(\boldsymbol{x}_i)$ 表示源自 $\boldsymbol{x}_i$ 的预测观测，下面需确定式(25.134)和式(25.135)的 PIMS 对冲后验 p.g.fl. $G^\mathrm{PIMS}_{k+1|k+1}[h]$。根据式(25.150)可得

$$G^\mathrm{PIMS}_{k+1|k+1}[h] = \frac{\sum_{l=0}^n (n-l)!\cdot p^\kappa_{k+1}(n-l)\cdot G^{(l)}_{k+1|k}(\phi_k[h])\cdot \sigma^\mathrm{PIMS}_{n,l}[h]}{\sum_{i=0}^n (n-i)!\cdot p^\kappa_{k+1}(n-i)\cdot G^{(i)}_{k+1|k}(\phi_k[1])\cdot \sigma^\mathrm{PIMS}_{n,i}[1]} \tag{26.189}$$

式中

$$\phi_k[h] = s_{k+1|k}[h(1-p_\mathrm{D})] \tag{26.190}$$

$$\sigma^\mathrm{PIMS}_{n,l}[h] = \sigma_{n,l}\begin{pmatrix} \frac{p_\mathrm{D}(\boldsymbol{x}_1)\cdot s_{k+1|k}[hp_\mathrm{D}L_{\eta_{k+1}(\boldsymbol{x}_1)}]}{c_{k+1}(\eta_{k+1}(\boldsymbol{x}_1))},\cdots, \\ \frac{p_\mathrm{D}(\boldsymbol{x}_n)\cdot s_{k+1|k}[hp_\mathrm{D}L_{\eta_{k+1}(\boldsymbol{x}_n)}]}{c_{k+1}(\eta_{k+1}(\boldsymbol{x}_n))} \end{pmatrix} \tag{26.191}$$

其中：$\sigma_{n,l}(x_1,\cdots,x_n)$ 是 n 个变量的 l 次初等同构对称函数。

因此，PIMS 对冲的后验 p.g.f. 可表示为

$$G^\mathrm{PIMS}_{k+1|k+1}(x) = \frac{\sum_{l=0}^n (n-l)!\cdot p^\kappa_{k+1}(n-l)\cdot G^{(l)}_{k+1|k}(x\cdot\phi_k[1])\cdot x^l\cdot \sigma^\mathrm{PIMS}_{n,l}[1]}{\sum_{i=0}^n (n-i)!\cdot p^\kappa_{k+1}(n-i)\cdot G^{(i)}_{k+1|k}(\phi_k[1])\cdot \sigma^\mathrm{PIMS}_{n,i}[1]} \tag{26.192}$$

从而可得 PIMS 对冲的 PENT 表达式：

$$N^\mathrm{PIMS}_{k+1|k+1} = \overset{\mathrm{PIMS}}{G}{}^{(1)}_{k+1|k+1}(1) \tag{26.193}$$

$$= \frac{\begin{pmatrix} \sum_{l=0}^n (n-l)!\cdot p^\kappa_{k+1}(n-l)\cdot \\ \left(G^{(l+1)}_{k+1|k}(\phi_k[1])\cdot\phi_k[1] + G^{(l)}_{k+1|k}(\phi_k[1])\cdot l\right)\cdot \sigma^\mathrm{PIMS}_{n,l}[1] \end{pmatrix}}{\sum_{i=0}^n (n-i)!\cdot p^\kappa_{k+1}(n-i)\cdot G^{(i)}_{k+1|k}(\phi_k[1])\cdot \sigma^\mathrm{PIMS}_{n,i}[1]} \tag{26.194}$$

类似地，根据式(4.67)可将势方差表示为

$$\sigma^{2,\mathrm{PIMS}}_{k+1|k+1} = \overset{\mathrm{PIMS}}{G}{}^{(2)}_{k+1|k+1}(1) - \overset{\mathrm{PIMS}}{G}{}^{(1)}_{k+1|k+1}(1)^2 + \overset{\mathrm{PIMS}}{G}{}^{(1)}_{k+1|k+1}(1) \tag{26.195}$$

式中

$$\overset{\text{PIMS}}{G}{}^{(2)}_{k+1|k+1}(1)=\frac{\left(\begin{array}{c}\sum_{l=0}^{n}(n-l)!\cdot p_{k+1}^{\kappa}(n-l)\cdot\sigma_{n,l}^{\text{PIMS}}[1]\cdot\\ \left(\begin{array}{c}G_{k+1|k}^{(l+2)}(\phi_k[1])\cdot\phi_k[1]^2+\\ 2G_{k+1|k}^{(l+1)}(\phi_k[1])\cdot\phi_k[1]\cdot l+\\ G_{k+1|k}^{(l)}(\phi_k[1])\cdot l(l-1)\end{array}\right)\end{array}\right)}{\sum_{i=0}^{n}(n-i)!\cdot p_{k+1}^{\kappa}(n-i)\cdot G_{k+1|k}^{(i)}(\phi_k[1])\cdot\sigma_{n,i}^{\text{PIMS}}[1]} \tag{26.196}$$

26.4.1.3 单传感器单步 CPHD 滤波器控制：PENT

在当前表示下可以得到：

- 理想传感器动力学下单传感器单步前瞻 *PENT* (*CPHD* 滤波器)：

$$\overset{\text{ideal}}{N}{}_{k+1|k+1}(\overset{*}{\boldsymbol{x}})=\frac{\left(\begin{array}{c}\sum_{l=0}^{n}(n-l)!\cdot p_{k+1}^{\kappa}(n-l|\overset{*}{\boldsymbol{x}})\cdot\sigma_{n,l}^{\text{PIMS}}(\overset{*}{\boldsymbol{x}})\cdot\\ (G_{k+1|k}^{(l+1)}(\phi_k(\overset{*}{\boldsymbol{x}}))\cdot\phi_k(\overset{*}{\boldsymbol{x}})+G_{k+1|k}^{(l)}(\phi_k(\overset{*}{\boldsymbol{x}}))\cdot l)\end{array}\right)}{\sum_{i=0}^{n}(n-i)!\cdot p_{k+1}^{\kappa}(n-i|\overset{*}{\boldsymbol{x}})\cdot G_{k+1|k}^{(i)}(\phi_k(\overset{*}{\boldsymbol{x}}))\cdot\sigma_{n,i}^{\text{PIMS}}(\overset{*}{\boldsymbol{x}})} \tag{26.197}$$

式中

$$\phi_k(\overset{*}{\boldsymbol{x}})=\int(1-p_{\text{D}}(\boldsymbol{x},\overset{*}{\boldsymbol{x}}))\cdot s_{k+1|k}(\boldsymbol{x})\mathrm{d}\boldsymbol{x} \tag{26.198}$$

$$s_{k+1}[p_{\text{D}}L_{\boldsymbol{z}}]=\int p_{\text{D}}(\boldsymbol{x},\overset{*}{\boldsymbol{x}})\cdot L_{\boldsymbol{z}}(\boldsymbol{x},\overset{*}{\boldsymbol{x}})\cdot s_{k+1|k}(\boldsymbol{x})\mathrm{d}\boldsymbol{x} \tag{26.199}$$

$$\sigma_{n,l}^{\text{PIMS}}(\overset{*}{\boldsymbol{x}})=\sigma_{n,l}\left(\begin{array}{c}\frac{p_{\text{D}}(\boldsymbol{x}_1)\cdot s_{k+1|k}[p_{\text{D}}L_{\eta_{k+1}(\boldsymbol{x}_1)}]}{c_{k+1}(\eta_{k+1}(\boldsymbol{x}_1))},\cdots,\\ \frac{p_{\text{D}}(\boldsymbol{x}_n)\cdot s_{k+1|k}[p_{\text{D}}L_{\eta_{k+1}(\boldsymbol{x}_n)}]}{c_{k+1}(\eta_{k+1}(\boldsymbol{x}_n))}\end{array}\right) \tag{26.200}$$

- 理想传感器动力学下单传感器单步前瞻势方差 (*CPHD* 滤波器)：

$$\overset{\text{PIMS}}{\sigma}{}^{2}_{k+1|k+1}(\overset{*}{\boldsymbol{x}})=\overset{\text{PIMS}}{G}{}^{(2)}_{k+1|k+1}(1|\overset{*}{\boldsymbol{x}})-\overset{\text{ideal}}{N}{}_{k+1|k+1}(\overset{*}{\boldsymbol{x}})^2+\overset{\text{ideal}}{N}{}_{k+1|k+1}(\overset{*}{\boldsymbol{x}}) \tag{26.201}$$

式中

$$\overset{\text{PIMS}}{G}{}^{(2)}_{k+1|k+1}(1|\overset{*}{\boldsymbol{x}})=\frac{\left(\begin{array}{c}\sum_{l=0}^{n}(n-l)!\cdot p_{k+1}^{\kappa}(n-l|\overset{*}{\boldsymbol{x}})\cdot\sigma_{n,l}^{\text{PIMS}}(\overset{*}{\boldsymbol{x}})\cdot\\ \left(\begin{array}{c}G_{k+1|k}^{(l+2)}(\phi_k(\overset{*}{\boldsymbol{x}}))\cdot\phi_k(\overset{*}{\boldsymbol{x}})^2+\\ 2G_{k+1|k}^{(l+1)}(\phi_k(\overset{*}{\boldsymbol{x}}))\cdot\phi_k(\overset{*}{\boldsymbol{x}})\cdot l+\\ G_{k+1|k}^{(l)}(\phi_k(\overset{*}{\boldsymbol{x}}))\cdot l(l-1)\end{array}\right)\end{array}\right)}{\sum_{i=0}^{n}(n-i)!\cdot p_{k+1}^{\kappa}(n-i|\overset{*}{\boldsymbol{x}})\cdot G_{k+1|k}^{(i)}(\phi_k(\overset{*}{\boldsymbol{x}}))\cdot\sigma_{n,i}^{\text{PIMS}}(\overset{*}{\boldsymbol{x}})} \tag{26.202}$$

式(26.197)是理想传感器动力学下的 PENT。与单传感器单步 PHD 滤波器控制类似，非理想传感器下对应的 PENT 可表示为

$$\overset{\text{nonideal}}{N}{}_{k+1|k+1}(\overset{*}{\boldsymbol{x}})=\overset{\text{ideal}}{N}{}_{k+1|k+1}(\overset{*}{\boldsymbol{x}})\cdot\overset{*}{f}_{k+1|k}(\overset{*}{\boldsymbol{x}}|\overset{*}{Z}{}^{(k)}) \tag{26.203}$$

但关于势方差，当前尚无类似公式。

26.4.1.4 单传感器单步 CPHD 滤波器控制：近似的 PENT

式(26.197)的计算复杂度为 $O(n^3)$，直接将其用于传感器管理会存在一定的问题，因此需要做进一步近似。下面给出一种启发式的近似[①]：

$$\overset{\text{ideal}}{N}_{k+1|k+1}(\overset{*}{x}) \cong \frac{G^{(1+n_{\mathrm{D}}(\overset{*}{x}))}_{k+1|k}(\phi_k(\overset{*}{x}))}{G^{(n_{\mathrm{D}}(\overset{*}{x}))}_{k+1|k}(\phi_k(\overset{*}{x}))} \cdot \phi_k(\overset{*}{x}) + \sum_{i=1}^{n} \frac{p_{\mathrm{D}}(\boldsymbol{x}_i, \overset{*}{x}) \cdot \tau_i(\overset{*}{x})}{\kappa_i(\overset{*}{x}) + p_{\mathrm{D}}(\boldsymbol{x}_i, \overset{*}{x}) \cdot \tau_i(\overset{*}{x})} \tag{26.204}$$

式中：n_{D} 是最接近 $\sum_{i=1}^{n} p_{\mathrm{D}}(\boldsymbol{x}_i, \overset{*}{x})$ 的整数；且

$$\phi_k(\overset{*}{x}) = \int (1 - p_{\mathrm{D}}(\boldsymbol{x}_i, \overset{*}{x})) \cdot s_{k+1|k}(\boldsymbol{x}) \mathrm{d}\boldsymbol{x} \tag{26.205}$$

$$\tau_i(\overset{*}{x}) = \int p_{\mathrm{D}}(\boldsymbol{x}_i, \overset{*}{x}) \cdot L_{\eta_{k+1}(\boldsymbol{x}_i, \overset{*}{x})}(\boldsymbol{x}) \cdot D_{k+1|k}(\boldsymbol{x}) \mathrm{d}\boldsymbol{x} \tag{26.206}$$

$$\kappa_i(\overset{*}{x}) = \kappa_{k+1}(\eta_{k+1}(\boldsymbol{x}_i, \overset{*}{x}) | \overset{*}{x}) \tag{26.207}$$

该启发式近似的基本思想如下：首先，根据式(26.189)可得

$$G^{\mathrm{PIMS}}_{k+1|k+1}(x) = \frac{\sum_{l=0}^{n} (n-l)! \cdot p^{\kappa}_{k+1}(n-l) \cdot G^{(l)}_{k+1|k}(x \cdot \phi_k[1]) \cdot x^l \cdot \sigma^{\mathrm{PIMS}}_{n,l}[1]}{\sum_{i=0}^{n} (n-i)! \cdot p^{\kappa}_{k+1}(n-i) \cdot G^{(i)}_{k+1|k}(\phi_k[1]) \cdot \sigma^{\mathrm{PIMS}}_{n,i}[1]} \tag{26.208}$$

假设传感器 FoV 是锐截止的，即 $p_{\mathrm{D}}(\boldsymbol{x}) = \mathbf{1}_S(\boldsymbol{x})$，将 S 中包含的预测航迹数记作

$$n_{\mathrm{D}} \overset{\text{abbr.}}{=} n_{\mathrm{D}}(S) = \sum_{i=1}^{n} \mathbf{1}_S(\boldsymbol{x}_i) \tag{26.209}$$

由(26.191)式可知：当 $l > n_{\mathrm{D}}$ 时，$\sigma^{\mathrm{PIMS}}_{n,l}[1] = 0$。因此

$$G^{\mathrm{PIMS}}_{k+1|k+1}(x) = \frac{\sum_{l=0}^{n_{\mathrm{D}}} (n-l)! \cdot p^{\kappa}_{k+1}(n-l) \cdot G^{(l)}_{k+1|k}(x \cdot \phi_k[1]) \cdot x^l \cdot \sigma^{\mathrm{PIMS}}_{n,l}[1]}{\sum_{i=0}^{n_{\mathrm{D}}} (n-i)! \cdot p^{\kappa}_{k+1}(n-i) \cdot G^{(i)}_{k+1|k}(\phi_k[1]) \cdot \sigma^{\mathrm{PIMS}}_{n,i}[1]} \tag{26.210}$$

假定杂波在下述意义上是有限的：对于任意的 $i \geqslant 0$，获取 $i+1$ 个杂波观测比获取 i 个杂波观测的可能性小很多。也就是说

$$p^{\kappa}_{k+1}(0) \gg p^{\kappa}_{k+1}(1) \gg p^{\kappa}_{k+1}(2) \gg \cdots \gg p^{\kappa}_{k+1}(i) \gg \cdots \tag{26.211}$$

则

$$G^{\mathrm{PIMS}}_{k+1|k+1}(x) \cong \frac{(n-n_{\mathrm{D}})! \cdot p^{\kappa}_{k+1}(n-n_{\mathrm{D}}) \cdot G^{(n_{\mathrm{D}})}_{k+1|k}(x \cdot \phi_k[1]) \cdot x^{n_{\mathrm{D}}} \cdot \sigma^{\mathrm{PIMS}}_{n,n_{\mathrm{D}}}[1]}{C^{(n-n_{\mathrm{D}})}_{k+1}(0) \cdot G^{(n_{\mathrm{D}})}_{k+1|k}(\phi_k[1]) \cdot \sigma^{\mathrm{PIMS}}_{n,n_{\mathrm{D}}}[1]} \tag{26.212}$$

$$= \frac{G^{(n_{\mathrm{D}})}_{k+1|k}(x \cdot \phi_k[1]) \cdot x^{n_{\mathrm{D}}}}{G^{(n_{\mathrm{D}})}_{k+1|k}(\phi_k[1])} \tag{26.213}$$

[①]该式是文献 [186] 中 (28) 式的推广。

故

$$\overset{\text{PIMS}}{G}{}^{(1)}_{k+1|k+1}(x) \cong \frac{G^{(n_\text{D}+1)}_{k+1|k}(x \cdot \phi_k[1]) \cdot \phi_k[1] \cdot x^{n_\text{D}} + G^{(n_\text{D})}_{k+1|k}(x \cdot \phi_k[1]) \cdot n_\text{D} \cdot x^{n_\text{D}-1}}{G^{(n_\text{D})}_{k+1|k}(\phi_k[1])} \tag{26.214}$$

因此

$$N^{\text{PIMS}}_{k+1|k+1} = \overset{\text{PIMS}}{G}{}^{(1)}_{k+1|k+1}(1) \cong \frac{G^{(n_\text{D}+1)}_{k+1|k}(\phi_k[1]) \cdot \phi_k[1]}{G^{(n_\text{D})}_{k+1|k}(\phi_k[1])} + n_\text{D} \tag{26.215}$$

$$= \frac{G^{(n_\text{D}+1)}_{k+1|k}(\phi_k[1]) \cdot \phi_k[1]}{G^{(n_\text{D})}_{k+1|k}(\phi_k[1])} + \sum_{i=1}^{n} \mathbf{1}_S(\boldsymbol{x}_i) \tag{26.216}$$

作为一种近似，用式(26.57)的 PHD 滤波器 PENT 表达式中的相应求和项替换上式最右边的求和项，则可得到前面的启发式近似：

$$\overset{\text{approx.}}{N}_{k+1|k+1} = \frac{G^{(n_\text{D}+1)}_{k+1|k}(\phi_k[1]) \cdot \phi_k[1]}{G^{(n_\text{D})}_{k+1|k}(\phi_k[1])} + \sum_{i=1}^{n} \frac{p_\text{D}(\boldsymbol{x}_i, \overset{*}{\boldsymbol{x}}) \cdot \tau_i(\overset{*}{\boldsymbol{x}})}{\kappa_{k+1}(\eta_{k+1}(\boldsymbol{x}_i, \overset{*}{\boldsymbol{x}})|\overset{*}{\boldsymbol{x}}) + p_\text{D}(\boldsymbol{x}_i, \overset{*}{\boldsymbol{x}}) \cdot \tau_i(\overset{*}{\boldsymbol{x}})} \tag{26.217}$$

26.4.1.5 单传感器单步 CPHD 滤波器控制：PENTI

本节推导单传感单步 CPHD 滤波器控制方案下 PENTI 目标函数的表达式。根据式(8.105)和式(8.107)可知，CPHD 滤波器的 PHD 观测更新方程为

$$\frac{D_{k+1|k+1}(\boldsymbol{x})}{s_{k+1|k}(\boldsymbol{x})} = (1 - p_\text{D}(\boldsymbol{x})) \cdot \overset{\text{ND}}{L}_{Z_{k+1}} + \sum_{j=1}^{m} \frac{p_\text{D}(\boldsymbol{x}) \cdot L_{\boldsymbol{z}_j}(\boldsymbol{x})}{c_{k+1}(\boldsymbol{z}_j)} \cdot \overset{\text{D}}{L}_{Z_{k+1}}(\boldsymbol{z}_j) \tag{26.218}$$

采用 PIMS 对冲方法，则

$$\frac{D^{\text{PIMS}}_{k+1|k+1}(\boldsymbol{x})}{s_{k+1|k}(\boldsymbol{x})} = (1 - p_\text{D}(\boldsymbol{x})) \cdot \overset{\text{ND}}{L}_{Z_{k+1}} + \sum_{i=1}^{n} \frac{p_\text{D}(\boldsymbol{x}_i) \cdot p_\text{D}(\boldsymbol{x}) \cdot L_{\eta_{k+1}(\boldsymbol{x}_i)}(\boldsymbol{x})}{c_{k+1}(\eta_{k+1}(\boldsymbol{x}_i))} \cdot \overset{\text{D}}{L}_{Z_{k+1}}(\eta_{k+1}(\boldsymbol{x}_i)) \tag{26.219}$$

式中

$$\overset{\text{ND}}{L}_{Z_{k+1}} = \frac{\sum_{j=0}^{m} (m-j)! \cdot p^{\kappa}_{k+1}(m-j) \cdot \sigma_j(Z^{\text{PIMS}}_{k+1}) \cdot G^{(j+1)}_{k+1|k}(\phi_k)}{\sum_{l=0}^{m} (m-l)! \cdot p^{\kappa}_{k+1}(m-l) \cdot \sigma_l(Z^{\text{PIMS}}_{k+1}) \cdot G^{(l)}_{k+1|k}(\phi_k)} \tag{26.220}$$

$$\overset{\text{D}}{L}_{Z_{k+1}}(\boldsymbol{z}_j) = \frac{\left(\begin{array}{c} \sum_{i=0}^{m-1} (m-i-1)! \cdot p^{\kappa}_{k+1}(m-i-1) \cdot \\ \sigma_i(Z^{\text{PIMS}}_{k+1} - \{\boldsymbol{z}_j\}) \cdot G^{(i+1)}_{k+1|k}(\phi_k) \end{array}\right)}{\sum_{l=0}^{m} (m-l)! \cdot p^{\kappa}_{k+1}(m-l) \cdot \sigma_l(Z^{\text{PIMS}}_{k+1}) \cdot G^{(l)}_{k+1|k}(\phi_k)} \tag{26.221}$$

式中

$$\phi_k = \int (1 - p_D(\boldsymbol{x})) \cdot s_{k+1|k}(\boldsymbol{x}) \mathrm{d}\boldsymbol{x} \tag{26.222}$$

$$\sigma_i(Z_{k+1}^{\text{PIMS}}) = \sigma_{n,i}\left(\begin{array}{c}\frac{p_D(\boldsymbol{x}_1)\cdot\tau_{k+1}(\eta_{k+1}(\boldsymbol{x}_1))}{c_{k+1}(\eta_{k+1}(\boldsymbol{x}_1))},\cdots,\\ \frac{p_D(\boldsymbol{x}_n)\cdot\tau_{k+1}(\eta_{k+1}(\boldsymbol{x}_n))}{c_{k+1}(\eta_{k+1}(\boldsymbol{x}_n))}\end{array}\right) \tag{26.223}$$

$$\tau_{k+1}(\eta_{k+1}(\boldsymbol{x}_i)) = \int p_D(\boldsymbol{x}) \cdot L_{\eta_{k+1}(\boldsymbol{x}_i)}(\boldsymbol{x}) \cdot s_{k+1|k}(\boldsymbol{x}) \mathrm{d}\boldsymbol{x} \tag{26.224}$$

现在令 $\iota_{k|k}(\boldsymbol{x})$ 为 t_k 时刻的 TIF (定义见25.14.2节)，则在当前条件下 PENTI (一般表达式见(25.243)式) 的表达式为

$$N_{k+1|k+1}^{\text{PIMS}} = \int \iota_{k|k}(\boldsymbol{x}) \cdot D_{k+1|k+1}^{\text{PIMS}}(\boldsymbol{x}) \mathrm{d}\boldsymbol{x} \tag{26.225}$$

$$= \phi_k^{\to\iota} \cdot \overset{\text{ND}}{L}_{Z_{k+1}} + \sum_{i=1}^{n} \frac{p_D(\boldsymbol{x}_i) \cdot \tau_{k+1}^{\to\iota}(\eta_{k+1}(\boldsymbol{x}_i))}{c_{k+1}(\eta_{k+1}(\boldsymbol{x}_i))} \cdot \overset{\text{D}}{L}_{Z_{k+1}}(\eta_{k+1}(\boldsymbol{x}_i)) \tag{26.226}$$

式中

$$\phi_k^{\to\iota} = \int \iota_{k|k}(\boldsymbol{x}) \cdot (1 - p_D(\boldsymbol{x})) \cdot s_{k+1|k}(\boldsymbol{x}) \mathrm{d}\boldsymbol{x} \tag{26.227}$$

$$\tau_{k+1}^{\to\iota}(\eta_{k+1}(\boldsymbol{x}_i)) = \int \iota_{k|k}(\boldsymbol{x}) \cdot p_D(\boldsymbol{x}) \cdot L_{\eta_{k+1}(\boldsymbol{x}_i)}(\boldsymbol{x}) \cdot s_{k+1|k}(\boldsymbol{x}) \mathrm{d}\boldsymbol{x} \tag{26.228}$$

对于传感器管理来讲，式(26.226)一般不易于计算。因此

- *与 PENT 近似式(26.204)对应的 PENTI 的近似表达式为*

$$\overset{\text{ideal}}{N}_{k+1|k+1}(\overset{*}{\boldsymbol{x}}) \cong \frac{G_{k+1|k}^{(1+n_D(\overset{*}{\boldsymbol{x}}))}(\phi_k(\overset{*}{\boldsymbol{x}}))}{G_{k+1|k}^{(n_D(\overset{*}{\boldsymbol{x}}))}(\phi_k(\overset{*}{\boldsymbol{x}}))} \cdot \phi_k^{\to\iota}(\overset{*}{\boldsymbol{x}}) + \sum_{i=1}^{n} \frac{p_D(\boldsymbol{x}_i, \overset{*}{\boldsymbol{x}}) \cdot \tau_i^{\to\iota}(\overset{*}{\boldsymbol{x}})}{\kappa_i(\overset{*}{\boldsymbol{x}}) + p_D(\boldsymbol{x}_i, \overset{*}{\boldsymbol{x}}) \cdot \tau_i(\overset{*}{\boldsymbol{x}})} \tag{26.229}$$

式中

$$\phi_k^{\to\iota}(\overset{*}{\boldsymbol{x}}) = \int \iota_{k|k}(\boldsymbol{x}) \cdot (1 - p_D(\boldsymbol{x}, \overset{*}{\boldsymbol{x}})) \cdot s_{k+1|k}(\boldsymbol{x}) \mathrm{d}\boldsymbol{x} \tag{26.230}$$

$$\tau_i^{\to\iota}(\overset{*}{\boldsymbol{x}}) = \int \iota_{k|k}(\boldsymbol{x}) \cdot p_D(\boldsymbol{x}, \overset{*}{\boldsymbol{x}}) \cdot L_{\eta_{k+1}(\boldsymbol{x}_i, \overset{*}{\boldsymbol{x}})}(\boldsymbol{x}) \cdot D_{k+1|k}(\boldsymbol{x}) \mathrm{d}\boldsymbol{x} \tag{26.231}$$

$$\tau_i(\overset{*}{\boldsymbol{x}}) = \int p_D(\boldsymbol{x}, \overset{*}{\boldsymbol{x}}) \cdot L_{\eta_{k+1}(\boldsymbol{x}_i, \overset{*}{\boldsymbol{x}})}(\boldsymbol{x}) \cdot D_{k+1|k}(\boldsymbol{x}) \mathrm{d}\boldsymbol{x} \tag{26.232}$$

$$\kappa_i(\overset{*}{\boldsymbol{x}}) = \kappa_{k+1}(\eta_{k+1}(\boldsymbol{x}_i, \overset{*}{\boldsymbol{x}})|\overset{*}{\boldsymbol{x}}) \tag{26.233}$$

26.4.2 多传感器单步 CPHD 滤波器控制

本节旨在修正26.3.2.3节的伪传感器近似方法以便结合 CPHD 滤波器使用，这里仍然基于25.13节的非理想传感器简化方法。令：

- $Z^{(k)}: Z_1, \cdots, Z_k$ 为 t_k 时刻的传感器观测集序列；

- $\overset{*j}{Z}{}^k:\overset{*j}{z}{}_1,\cdots,\overset{*j}{z}{}_k$ 为 t_k 时刻第 j 个传感器的执行机构传感器观测序列；
- $\overset{*j}{X}{}^k:\overset{*j}{\boldsymbol{x}}{}_1,\cdots,\overset{*j}{\boldsymbol{x}}{}_k$ 为 t_k 时刻第 j 个传感器的状态序列，其中 $\overset{*j}{\boldsymbol{x}}{}_i$ 在 t_i 时刻选定；
- $\overset{*}{X}{}^{(k)}:\overset{*}{X}_1,\cdots,\overset{*}{X}_k$ 为 t_k 时刻所有传感器的多传感器状态集序列，其中 $\overset{*}{X}_i=\{\overset{*1}{\boldsymbol{x}}{}_i,\cdots,\overset{*s}{\boldsymbol{x}}{}_i\}$。

对于25.13节简化的非理想传感器情形，相应的 CPHD 滤波器近似控制方案具有如下结构：

多传感器与多目标的观测更新

$$\cdots\rightarrow\ \overset{*j}{f}{}_{k|k}(\overset{*j}{\boldsymbol{x}}|\overset{*j}{Z}{}^k)$$

$$\cdots\rightarrow\left\{\begin{array}{l} s_{k|k}(\boldsymbol{x}|Z^{(k)},\overset{*}{X}{}^{(k)})\\ p_{k|k}(n|Z^{(k)},\overset{*}{X}{}^{(k)})\end{array}\right.$$

$$\rightarrow\ \overset{*j}{f}{}_{k+1|k}(\overset{*j}{\boldsymbol{x}}|\overset{*j}{Z}{}^k)$$

$\downarrow$ 时间投影

$$\rightarrow\left\{\begin{array}{l} s_{k+1|k+1}(\boldsymbol{x}|Z^{(k)},\overset{*}{X}{}^{(k)},Z,\overset{*}{X})\\ p_{k+1|k+1}(n|Z^{(k)},\overset{*}{X}{}^{(k)},Z,\overset{*}{X})\end{array}\right.$$

$\downarrow$ 对冲

选择下一时刻的传感器状态

$$\overset{*}{X}_{k+1}=\arg\sup_{\overset{*}{X}}\ \overset{\text{nonideal}}{N}{}_{k+1|k+1}(\overset{*}{X})$$

多传感器与多目标的时间&观测更新

$$\overset{*j}{z}{}_{k+1}\nearrow\quad \overset{*j}{f}{}_{k+1|k+1}(\overset{*j}{\boldsymbol{x}}|\overset{*j}{Z}{}^{k+1})\rightarrow\cdots$$

$$\rightarrow\quad \overset{*}{X}_{k+1},Z_{k+1}\nearrow\left\{\begin{array}{l} s_{k+1|k+1}(\boldsymbol{x}|Z^{(k+1)},\overset{*}{X}{}^{(k+1)})\\ p_{k+1|k+1}(n|Z^{(k+1)},\overset{*}{X}{}^{(k+1)})\end{array}\right.\rightarrow\cdots$$

上述控制方案共包括以下步骤：

- 传感器时间更新：使用预测积分将当前传感器状态分布 $\overset{*j}{f}{}_{k|k}(\overset{*j}{\boldsymbol{x}}|\overset{*j}{Z}{}^k)$ 外推为 $\overset{*j}{f}{}_{k+1|k}(\overset{*j}{\boldsymbol{x}}|\overset{*j}{Z}{}^k)$。
- 目标时间更新：使用 CPHD 滤波器的预测器方程将当前空间分布 $s_{k|k}(\boldsymbol{x}|Z^{(k)},\overset{*}{X}{}^{(k)})$ 和势分布 $p_{k|k}(n|Z^{(k)},\overset{*}{X}{}^{(k)})$ 外推为 $s_{k+1|k}(\boldsymbol{x}|Z^{(k)},\overset{*}{X}{}^k)$ 和 $p_{k+1|k}(n|Z^{(k)},\overset{*}{X}{}^{(k)})$。
- 伪传感器近似：为了选择下一时刻的传感器状态集 $\overset{*}{X}_{k+1}$，将当前可用的传感器近似为一个"伪传感器"。
- 时间投影：给定伪传感器近似后，设 t_{k+1} 时刻的待定传感器状态集和未知观测集分别为 $\overset{*}{X}$ 和 Z，使用 CPHD 滤波器的校正器方程对 $s_{k+1|k}(\boldsymbol{x}|Z^{(k)},\overset{*}{X}{}^{(k)})$

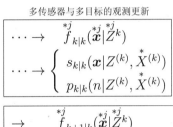

和 $p_{k+1|k}(n|Z^{(k)},\overset{*}{X}^{(k)})$ 进行观测更新，从而得到 $s_{k+1|k+1}(\boldsymbol{x}|Z^{(k)},\overset{*}{X}^{(k)},Z,\overset{*}{X})$ 和 $p_{k+1|k+1}(n|Z^{(k)},\overset{*}{X}^{(k)},Z,\overset{*}{X})$。

- 目标函数构造：给定 Z 和 $\overset{*}{X}$ 后，确定 PENT 目标函数，即

$$N_{k+1|k+1}(\overset{*}{X},Z)=\sum_{n\geqslant 0}n\cdot p_{k+1|k+1}(n|Z^{(k)},\overset{*}{X}^{(k)},Z,\overset{*}{X}) \tag{26.234}$$

或势方差目标函数，即

$$\sigma^2_{k+1|k+1}(\overset{*}{X},Z)=-N_{k+1|k+1}(\overset{*}{X},Z)^2+\sum_{n\geqslant 0}n^2\cdot p_{k+1|k+1}(n|Z^{(k)},\overset{*}{X}^{(k)},Z,\overset{*}{X}) \tag{26.235}$$

- 对冲：采用多样本或 PIMS 单样本对冲方法消掉 Z，即

$$\overset{\text{ideal}}{N}_{k+1|k+1}(\overset{*}{X})=N_{k+1|k+1}(\overset{*}{X},Z^{\text{PIMS}}_{k+1}) \tag{26.236}$$

$$\overset{\text{ideal}}{\sigma^2}_{k+1|k+1}(\overset{*}{X})=\sigma^2_{k+1|k+1}(\overset{*}{X},Z^{\text{PIMS}}_{k+1}) \tag{26.237}$$

- 动态化：修正 PENT 以考虑传感器的动力学，即

$$\overset{\text{nonideal}}{N}_{k+1|k+1}(\overset{*}{X})=\overset{\text{ideal}}{N}_{k+1|k+1}(\overset{*}{X})\cdot\overset{*}{f}_{k+1|k}(\overset{*}{X}|\overset{*}{Z}^{(k)}) \tag{26.238}$$

式中：若 $\overset{*}{X}=\{\overset{*1}{\boldsymbol{x}},\cdots,\overset{*s}{\boldsymbol{x}}\}$，则

$$\overset{*}{f}_{k+1|k}(\overset{*}{X}|\overset{*}{Z}^{(k)})=s!\cdot\delta_{s,|\overset{*}{X}|}\prod_{j=1}^{s}\overset{*j}{f}_{k+1|k}(\overset{*j}{\boldsymbol{x}}|\overset{*j}{Z}^{k}) \tag{26.239}$$

- 最优化：确定下一时刻的最优传感器状态，即

$$\overset{*}{X}_{k+1}=\arg\sup_{\overset{*}{X}}\overset{\text{nonideal}}{N}_{k+1|k+1}(\overset{*}{X}) \tag{26.240}$$

$$\overset{*}{X}_{k+1}=\arg\inf_{\overset{*}{X}}\overset{\text{ideal}}{\sigma^2}_{k+1|k+1}(\overset{*}{X}) \tag{26.241}$$

- 传感器观测更新：使用贝叶斯规则将 $\overset{*j}{f}_{k+1|k}(\overset{*j}{\boldsymbol{x}}|\overset{*j}{Z}^{k})$ 更新为 $\overset{*j}{f}_{k+1|k+1}(\overset{*j}{\boldsymbol{x}}|\overset{*j}{Z}^{k+1})$。
- 目标观测更新：将 $\overset{*}{X}_{k+1}$ 作为 t_{k+1} 时刻的传感器状态集，采用第10章多传感器 CPHD 滤波器的任何一种校正器方程将 $s_{k+1|k}(\boldsymbol{x}|Z^{(k)},\overset{*}{X}^{(k)})$ 和 $p_{k+1|k}(n|Z^{(k)},\overset{*}{X}^{k})$ 分别更新为 $s_{k+1|k+1}(\boldsymbol{x}|Z^{(k+1)},\overset{*}{X}^{(k+1)})$ 和 $p_{k+1|k+1}(n|Z^{(k+1)},\overset{*}{X}^{(k+1)})$。
- 重复上述步骤。

本节内容包括：

- 26.4.2.1节：多单传感器单步 CPHD 滤波器控制——滤波方程。

- 26.4.2.2节：多单传感器单步 CPHD 滤波器控制——PENT 和 PENTI 目标函数的近似形式。

26.4.2.1 多单传感器单步 CPHD 滤波器控制：滤波方程

该方法的滤波方程如下：

- 传感器时间更新：

$$\overset{*j}{f}_{k+1|k}(\overset{*j}{x}|\overset{*j}{Z}^k) = \int \overset{*j}{f}_{k+1|k}(\overset{*j}{x}|\overset{*k}{x}{}') \cdot \overset{*j}{f}_{k|k}(\overset{*j}{x}{}'|\overset{*j}{Z}^k)\mathrm{d}\overset{*j}{x}{}' \tag{26.242}$$

- 目标时间更新：一般 CPHD 滤波器的时间更新方程 (见8.5.2节)，具体为

$$D_{k+1|k}(x|Z^{(k)}, \overset{*}{X}^{(k)}) = b_{k+1|k}(x) + \int p_S(x') \cdot f_{k+1|k}(x|x') \cdot D_{k|k}(x'|Z^{(k)}, \overset{*}{X}^{(k)})\mathrm{d}x' \tag{26.243}$$

- 传感器观测更新：

$$\overset{*j}{f}_{k+1|k+1}(\overset{*j}{x}|\overset{*j}{Z}^{k+1}) \propto \overset{*j}{f}_{k+1}(\overset{*j}{z}_{k+1}|\overset{*j}{x}) \cdot \overset{*j}{f}_{k+1|k}(\overset{*j}{x}|\overset{*j}{Z}^k) \tag{26.244}$$

- 目标观测更新：采用第10章多传感器 CPHD 滤波器的任何一种观测更新方程或者伪传感器近似，但需要进行适当的替换，即用 $p_D(x,\overset{*}{x}_{k+1})$ 替换 $p_D(x)$、用 $L_z(x,\overset{*}{x}_{k+1})$ 替换 $L_z(x)$、用 $c_{k+1}(z|\overset{*}{x}_{k+1})$ 替换 $c_{k+1}(z)$。

26.4.2.2 多单传感器单步 CPHD 滤波器控制：PENT 和 PENTI

采用伪传感器近似后，26.4.1.3节的单传感器优化对冲方法便可直接用于多传感器情形。定义

- 伪传感器的预测观测：

$$\overset{1..s}{\eta}_{k+1}(x) = (\overset{1}{\eta}_{k+1}(x), \cdots, \overset{s}{\eta}_{k+1}(x)) \overset{\text{abbr.}}{=} (\eta_{k+1}(x,\overset{*1}{x}), \cdots, \eta_{k+1}(x,\overset{*s}{x})) \tag{26.245}$$

此时，式(26.204)的 PENT 近似式可化为

- 理想传感器动力学下多传感器单步前瞻 *PENT* (*CPHD* 滤波器)：

$$\overset{\text{ideal}}{N}_{k+1|k+1}(\overset{*1}{x}, \cdots, \overset{*s}{x}) = N_{k+1|k}(\overset{*1}{x}, \cdots, \overset{*s}{x}) + \sum_{i=1}^{n} \frac{\left(\begin{array}{c} \overset{1..s}{p}_D(x_i, \overset{*1}{x}, \cdots, \overset{*s}{x}) \cdot \\ \overset{1..s}{\tau}_{k+1}(\overset{1..s}{\eta}_{k+1}(x_i)|\overset{*1}{x}, \cdots, \overset{*s}{x}) \end{array}\right)}{\left(\begin{array}{c} \overset{1..s}{\kappa}_{k+1}(\overset{1..s}{\eta}_{k+1}(x_i)) + \overset{1..s}{p}_D(x_i, \overset{*1}{x}, \cdots, \overset{*s}{x}) \cdot \\ \overset{1..s}{\tau}_{k+1}(\overset{1..s}{\eta}_{k+1}(x_i)|\overset{*1}{x}, \cdots, \overset{*s}{x}) \end{array}\right)} \tag{26.246}$$

式中

$$N_{k+1|k}(\overset{*1}{\boldsymbol{x}},\cdots,\overset{*s}{\boldsymbol{x}})=\frac{G_{k+1|k}^{(1+n_{\mathrm{D}}(\overset{*}{\boldsymbol{x}}))}(\phi_k(\overset{*1}{\boldsymbol{x}},\cdots,\overset{*s}{\boldsymbol{x}}))}{G_{k+1|k}^{(n_{\mathrm{D}}(\overset{*}{\boldsymbol{x}}))}(\phi_k(\overset{*1}{\boldsymbol{x}},\cdots,\overset{*s}{\boldsymbol{x}}))}\cdot\phi_k(\overset{*1}{\boldsymbol{x}},\cdots,\overset{*s}{\boldsymbol{x}}) \tag{26.247}$$

$$\phi_k(\overset{*1}{\boldsymbol{x}},\cdots,\overset{*s}{\boldsymbol{x}})=\int(1-\overset{1..s}{p}_{\mathrm{D}}(\boldsymbol{x},\overset{*1}{\boldsymbol{x}},\cdots,\overset{*s}{\boldsymbol{x}}))\cdot s_{k+1|k}(\boldsymbol{x})\mathrm{d}\boldsymbol{x} \tag{26.248}$$

$$\overset{1..s}{\tau}_{k+1}(\overset{1}{z},\cdots,\overset{s}{z}|\overset{*1}{\boldsymbol{x}},\cdots,\overset{*s}{\boldsymbol{x}})=\int\overset{1..s}{p}_{\mathrm{D}}(\boldsymbol{x},\overset{*1}{\boldsymbol{x}},\cdots,\overset{*s}{\boldsymbol{x}})\cdot\overset{1..s}{L}_{(\overset{1}{z},\cdots,\overset{s}{z})}(\boldsymbol{x}|\overset{*1}{\boldsymbol{x}},\cdots,\overset{*s}{\boldsymbol{x}})\cdot D_{k+1|k}(\boldsymbol{x}|Z^{(k)},\overset{*}{X}^{(k)})\mathrm{d}\boldsymbol{x} \tag{26.249}$$

$$\overset{1..s}{L}_{(\overset{1}{z},\cdots,\overset{1}{z})}(\boldsymbol{x}|\overset{*1}{\boldsymbol{x}},\cdots,\overset{*s}{\boldsymbol{x}})=\frac{p_{\mathrm{D}}(\boldsymbol{x},\overset{*1}{\boldsymbol{x}})\cdots p_{\mathrm{D}}(\boldsymbol{x},\overset{*s}{\boldsymbol{x}})}{\overset{1..s}{p}_{\mathrm{D}}(\boldsymbol{x},\overset{*1}{\boldsymbol{x}},\cdots,\overset{*s}{\boldsymbol{x}})}\cdot\overset{1}{L}_{\overset{1}{z}}(\boldsymbol{x},\overset{*1}{\boldsymbol{x}})\cdots\overset{s}{L}_{\overset{s}{z}}(\boldsymbol{x},\overset{*s}{\boldsymbol{x}}) \tag{26.250}$$

$$\overset{1..s}{\kappa}_{k+1}(\overset{1..s}{\eta}_{k+1}(\boldsymbol{x}_i))=\overset{1}{\kappa}_{k+1}(\overset{1}{\eta}_{k+1}(\boldsymbol{x}_i))\cdots\overset{s}{\kappa}_{k+1}(\overset{s}{\eta}_{k+1}(\boldsymbol{x}_i)) \tag{26.251}$$

$$=\overset{1}{\kappa}_{k+1}(\eta_{k+1}(\boldsymbol{x}_i,\overset{*1}{\boldsymbol{x}})|\overset{*1}{\boldsymbol{x}})\cdots\overset{s}{\kappa}_{k+1}(\eta_{k+1}(\boldsymbol{x}_i,\overset{*s}{\boldsymbol{x}})|\overset{*s}{\boldsymbol{x}}) \tag{26.252}$$

在上述等式中，$n_{\mathrm{D}}(\overset{*}{\boldsymbol{x}})$ 为最接近 $\sum_{i=1}^{n}p_{\mathrm{D}}(\boldsymbol{x}_i,\overset{*}{\boldsymbol{x}})$ 的整数。而由式(25.217)可得

- 非理想传感器动力学下多传感器单步前瞻 *PENT* (*CPHD* 滤波器)：

$$\overset{\text{nonideal}}{N}_{k+1|k+1}(\overset{*1}{\boldsymbol{x}},\cdots,\overset{*s}{\boldsymbol{x}})=\overset{\text{ideal}}{N}_{k+1|k+1}(\overset{*1}{\boldsymbol{x}},\cdots,\overset{*s}{\boldsymbol{x}})\cdot\overset{*1}{f}_{k+1|k}(\overset{*1}{\boldsymbol{x}}|\overset{*1}{Z}^k)\cdots\overset{*s}{f}_{k+1|k}(\overset{*s}{\boldsymbol{x}}|\overset{*s}{Z}^k) \tag{26.253}$$

与式(26.246)对应的 PENTI 目标函数为

$$\overset{\text{ideal}}{N}{}^{\to\iota}_{k+1|k+1}(\overset{*1}{\boldsymbol{x}},\cdots,\overset{*s}{\boldsymbol{x}})=N^{\to\iota}_{k+1|k}(\overset{*1}{\boldsymbol{x}},\cdots,\overset{*s}{\boldsymbol{x}})+\sum_{i=1}^{n}\frac{\left(\begin{array}{c}\overset{1..s}{p}_{\mathrm{D}}(\boldsymbol{x}_i,\overset{*1}{\boldsymbol{x}},\cdots,\overset{*s}{\boldsymbol{x}})\cdot\\ \tau^{\to\iota}_{k+1}(\overset{1..s}{\eta}_{k+1}(\boldsymbol{x}_i)|\overset{*1}{\boldsymbol{x}},\cdots,\overset{*s}{\boldsymbol{x}})\end{array}\right)}{\left(\begin{array}{c}\overset{1..s}{\kappa}_{k+1}(\overset{1..s}{\eta}_{k+1}(\boldsymbol{x}_i))+\overset{1..s}{p}_{\mathrm{D}}(\boldsymbol{x}_i,\overset{*1}{\boldsymbol{x}},\cdots,\overset{*s}{\boldsymbol{x}})\cdot\\ \overset{1..s}{\tau}_{k+1}(\overset{1..s}{\eta}_{k+1}(\boldsymbol{x}_i)|\overset{*1}{\boldsymbol{x}},\cdots,\overset{*s}{\boldsymbol{x}})\end{array}\right)} \tag{26.254}$$

式中

$$N^{\to\iota}_{k+1|k}(\overset{*1}{\boldsymbol{x}},\cdots,\overset{*s}{\boldsymbol{x}})=\frac{G_{k+1|k}^{(1+n_{\mathrm{D}}(\overset{*}{\boldsymbol{x}}))}(\phi_k(\overset{*1}{\boldsymbol{x}},\cdots,\overset{*s}{\boldsymbol{x}}))}{G_{k+1|k}^{(n_{\mathrm{D}}(\overset{*}{\boldsymbol{x}}))}(\phi_k(\overset{*1}{\boldsymbol{x}},\cdots,\overset{*s}{\boldsymbol{x}}))}\cdot\phi_k^{\to\iota}(\overset{*1}{\boldsymbol{x}},\cdots,\overset{*s}{\boldsymbol{x}}) \tag{26.255}$$

$$\phi_k^{\to\iota}(\overset{*1}{\boldsymbol{x}},\cdots,\overset{*s}{\boldsymbol{x}})=\int\iota_{k|k}(\boldsymbol{x})\cdot(1-\overset{1..s}{p}_{\mathrm{D}}(\boldsymbol{x},\overset{*1}{\boldsymbol{x}},\cdots,\overset{*s}{\boldsymbol{x}}))\cdot s_{k+1|k}(\boldsymbol{x})\mathrm{d}\boldsymbol{x} \tag{26.256}$$

$$\tau^{\to\iota}_{k+1}(\overset{1..s}{\eta}_{k+1}(\boldsymbol{x}_i)|\overset{*1}{\boldsymbol{x}},\cdots,\overset{*s}{\boldsymbol{x}})=\int\iota_{k|k}(\boldsymbol{x})\cdot\overset{1..s}{p}_{\mathrm{D}}(\boldsymbol{x},\overset{*1}{\boldsymbol{x}},\cdots,\overset{*s}{\boldsymbol{x}})\cdot\overset{1..s}{L}_{(\overset{1}{z},\cdots,\overset{1}{z})}(\boldsymbol{x}|\overset{*1}{\boldsymbol{x}},\cdots,\overset{*s}{\boldsymbol{x}})\cdot D_{k+1|k}(\boldsymbol{x}|Z^{(k)},\overset{*}{X}^{(k)})\mathrm{d}\boldsymbol{x} \tag{26.257}$$

26.5　基于 CBMeMBer 滤波器的传感器管理

13.4节介绍了 CBMeMBer 滤波器，本节介绍基于该滤波器的传感器管理的基本要点，该方法最初由 Wei 和 Zhang 于 2010 年提出[121–124]。本节内容包括：

- 26.5.1节：基于 CBMeMBer 滤波器的单传感器单步控制。
- 26.5.2节：基于 CBMeMBer 滤波器的多传感器单步控制。

26.5.1　单传感器单步 CBMeMBer 滤波器控制

本节旨在修正25.13节的非理想传感器简化方法以便结合 CBMeMBer 滤波器使用。令：

- $Z^{(k)}: Z_1, \cdots, Z_k$ 为 t_k 时刻的传感器观测集序列；
- $\overset{*}{Z}{}^k: \overset{*}{z}_1, \cdots, \overset{*}{z}_k$ 为 t_k 时刻的执行机构传感器观测序列；
- $\overset{*}{X}{}^k: \overset{*}{\boldsymbol{x}}_1, \cdots, \overset{*}{\boldsymbol{x}}_k$ 为 t_k 时刻的传感器状态序列，其中 $\overset{*}{\boldsymbol{x}}_i$ 在 t_i 时刻选定。

对于25.13节简化的非理想传感器情形，相应的 CBMeMBer 滤波器近似控制方案如图26.4所示。

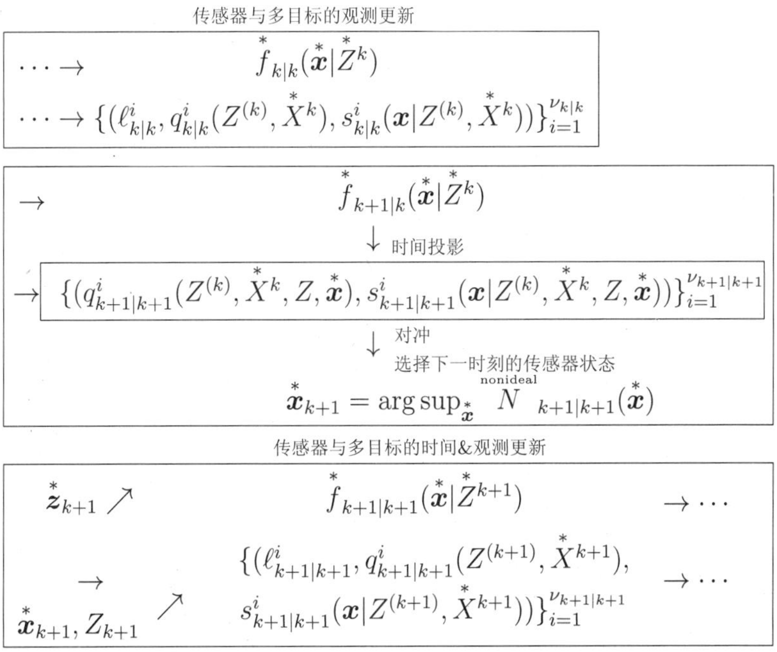

图 26.4　简化的非理想传感器情形下的 CBMeMBer 滤波器近似控制结构

为简洁起见，下文表示中省去 $q, s(\boldsymbol{x})$ 对 $Z^{(k)}, \overset{*}{X}{}^k$ 的依赖性。图26.4所示的控制方案共包括以下步骤：

- 传感器时间更新：使用预测积分将当前的传感器状态分布 $\overset{*}{f}_{k|k}(\overset{*}{\boldsymbol{x}}|\overset{*}{Z}^k)$ 外推为 $\overset{*}{f}_{k+1|k}(\overset{*}{\boldsymbol{x}}|\overset{*}{Z}^k)$。
- 目标时间更新：使用 CBMeMBer 滤波器的预测器方程 (见13.4.2节) 将当前航迹集 $\{(\ell^i_{k|k}, q^i_{k|k}, s^i_{k|k}(\boldsymbol{x}))\}_{i=1}^{\nu_{k|k}}$ 外推为 $\{(\ell^i_{k+1|k}, q^i_{k+1|k}, s^i_{k+1|k}(\boldsymbol{x}))\}_{i=1}^{\nu_{k+1|k}}$。
- 时间投影：设 t_{k+1} 时刻的待定传感器状态和未知观测集分别为 $\overset{*}{\boldsymbol{x}}$ 和 Z，使用 CBMeMBer 滤波器的校正器方程 (见13.4.2节) 将 $\{(\ell^i_{k+1|k}, q^i_{k+1|k}, s^i_{k+1|k}(\boldsymbol{x}))\}_{i=1}^{\nu_{k+1|k}}$ 更新为 $\{(q^i_{k+1|k+1}(Z,\overset{*}{\boldsymbol{x}}), s^i_{k+1|k+1}(\boldsymbol{x}|Z,\overset{*}{\boldsymbol{x}}))\}_{i=1}^{\nu_{k+1|k+1}}$。
- 目标函数构造：给定 Z 和 $\overset{*}{\boldsymbol{x}}$ 后，确定 PENT 目标函数，即

$$N_{k+1|k+1}(\overset{*}{\boldsymbol{x}}, Z) = \sum_{i=1}^{\nu_{k+1|k+1}} q^i_{k+1|k+1}(Z,\overset{*}{\boldsymbol{x}}) \tag{26.258}$$

或势方差目标函数，即

$$\sigma^2_{k+1|k+1}(\overset{*}{\boldsymbol{x}}, Z) = \sum_{i=1}^{\nu_{k+1|k+1}} q^i_{k+1|k+1}(Z,\overset{*}{\boldsymbol{x}}) \cdot \left(1 - q^i_{k+1|k+1}(Z,\overset{*}{\boldsymbol{x}})\right) \tag{26.259}$$

- 对冲：利用多样本或 PIMS 单样本对冲方法消掉 Z，即

$$\overset{\text{ideal}}{N}_{k+1|k+1}(\overset{*}{\boldsymbol{x}}) = N_{k+1|k+1}(\overset{*}{\boldsymbol{x}}, Z^{\text{PIMS}}_{k+1}) \tag{26.260}$$

$$\overset{\text{ideal}}{\sigma^2}_{k+1|k+1}(\overset{*}{\boldsymbol{x}}) = \sigma^2_{k+1|k+1}(\overset{*}{\boldsymbol{x}}, Z^{\text{PIMS}}_{k+1}) \tag{26.261}$$

- 动态化：修正 PENT 以考虑传感器的动力学，即

$$\overset{\text{nonideal}}{N}_{k+1|k+1}(\overset{*}{\boldsymbol{x}}) = \overset{\text{ideal}}{N}_{k+1|k+1}(\overset{*}{\boldsymbol{x}}) \cdot \overset{*}{f}_{k+1|k}(\overset{*}{\boldsymbol{x}}|\overset{*}{Z}^k) \tag{26.262}$$

- 最优化：确定下一时刻的最优传感器状态，即

$$\overset{*}{\boldsymbol{x}}_{k+1} = \arg\sup_{\overset{*}{\boldsymbol{x}}} \overset{\text{nonideal}}{N}_{k+1|k+1}(\overset{*}{\boldsymbol{x}}) \tag{26.263}$$

$$\overset{*}{\boldsymbol{x}}_{k+1} = \arg\inf_{\overset{*}{\boldsymbol{x}}} \overset{\text{ideal}}{\sigma^2}_{k+1|k+1}(\overset{*}{\boldsymbol{x}}) \tag{26.264}$$

- 传感器观测更新：使用贝叶斯规则将 $\overset{*}{f}_{k+1|k}(\overset{*}{\boldsymbol{x}}|\overset{*}{Z}^k)$ 更新为 $\overset{*}{f}_{k+1|k+1}(\overset{*}{\boldsymbol{x}}|\overset{*}{Z}^{k+1})$。
- 目标观测更新：将 $\overset{*}{\boldsymbol{x}}_{k+1}$ 作为 t_{k+1} 时刻的传感器状态，采用 CBMeMBer 滤波器的校正器方程对 $\{(\ell^i_{k+1|k}, q^i_{k+1|k}, s^i_{k+1|k}(\boldsymbol{x}))\}_{i=1}^{\nu_{k+1|k}}$ 进行观测更新，从而得到 $\{(\ell^i_{k+1|k+1}, q^i_{k+1|k+1}, s^i_{k+1|k+1}(\boldsymbol{x}))\}_{i=1}^{\nu_{k+1|k+1}}$。
- 重复上述步骤。

本节内容安排如下：

- 26.5.1.1节：该方法的滤波方程。

- 26.5.1.2节：PENT 目标函数及其变形。
- 26.5.1.3节：该方法的 PENTI 目标函数。

26.5.1.1 单传感器单步 CBMeMBer 滤波器控制：滤波方程

该方法的滤波方程可表示如下：

- 传感器时间更新：

$$\overset{*}{f}_{k+1|k}(\overset{*}{x}|\overset{*}{Z}^k) = \int \overset{*}{f}_{k+1|k}(\overset{*}{x}|\overset{*}{x}') \cdot \overset{*}{f}_{k|k}(\overset{*}{x}'|\overset{*}{Z}^k)\mathrm{d}\overset{*}{x}' \tag{26.265}$$

- 目标时间更新 (忽略目标衍生过程)：一般 CBMeMBer 滤波器的时间更新方程 (见13.4.2节)。
- 传感器观测更新：

$$\overset{*}{f}_{k+1|k+1}(\overset{*}{x}|\overset{*}{Z}^{k+1}) \propto \overset{*}{f}_{k+1}(\overset{*}{z}_{k+1}|\overset{*}{x}) \cdot \overset{*}{f}_{k+1|k}(\overset{*}{x}|\overset{*}{Z}^k) \tag{26.266}$$

- 目标观测更新：一般 CBMeMBer 滤波器的观测更新方程 (见13.4.2节)，但需要做一些替换，即用 $p_D(\boldsymbol{x},\overset{*}{x}_{k+1})$ 代替 $p_D(\boldsymbol{x})$、用 $L_{\boldsymbol{z}}(\boldsymbol{x},\overset{*}{x}_{k+1})$ 代替 $L_{\boldsymbol{z}}(\boldsymbol{x})$、用 $\kappa_{k+1}(\boldsymbol{z}|\overset{*}{x}_{k+1})$ 代替 $\kappa_{k+1}(\boldsymbol{z})$。

26.5.1.2 单传感器单步 CBMeMBer 滤波器控制：PENT

根据式(25.162)，CBMeMBer 滤波器 PIMS 对冲的 p.g.fl. 可表示为[①]

$$G^{\mathrm{PIMS}}_{k+1|k+1}[h] = \left(\prod_{i=1}^{\nu_{k+1|k}} (1 - q_i^{\mathrm{L}} + q_i^{\mathrm{L}} \cdot s_i^{\mathrm{L}}[h])\right) \cdot \left(\prod_{j=1}^{n} (1 - \tilde{q}_j^{\mathrm{U}} + \tilde{q}_j^{\mathrm{U}} \cdot \tilde{s}_j^{\mathrm{U}}[h])\right) \tag{26.267}$$

式中

$$q_i^{\mathrm{L}} = q^i_{k+1|k} \cdot \frac{1 - s^i_{k+1|k}[p_D]}{1 - q^i_{k+1|k} \cdot s^i_{k+1|k}[p_D]} \tag{26.268}$$

$$s_i^{\mathrm{L}}(\boldsymbol{x}) = \frac{1 - p_D(\boldsymbol{x})}{1 - s^i_{k+1|k}[p_D]} \cdot s^i_{k+1|k}(\boldsymbol{x}) \tag{26.269}$$

$$\tilde{q}_j^{\mathrm{U}} = \frac{p_D(\boldsymbol{x}_j) \cdot \sum_{i=1}^{\nu_{k+1|k}} \frac{q^i_{k+1|k}(1-q^i_{k+1|k}) \cdot s^i_{k+1|k}[p_D L_{\eta_{k+1}(\boldsymbol{x}_j)}]}{(1-q^i_{k+1|k} \cdot s^i_{k+1|k}[p_D])^2}}{\kappa_{k+1}(\eta_{k+1}(\boldsymbol{x}_j)) + p_D(\boldsymbol{x}_j) \cdot \sum_{i=1}^{\nu_{k+1|k}} \frac{q^i_{k+1|k} \cdot s^i_{k+1|k}[p_D L_{\eta_{k+1}(\boldsymbol{x}_j)}]}{1-q^i_{k+1|k} \cdot s^i_{k+1|k}[p_D]}} \tag{26.270}$$

$$\tilde{s}_j^{\mathrm{U}}(\boldsymbol{x}) = \frac{\sum_{i=1}^{\nu_{k+1|k}} \frac{q^i_{k+1|k}}{1-q^i_{k+1|k}} \cdot p_D(\boldsymbol{x}) \cdot L_{\eta_{k+1}(\boldsymbol{x}_j)}(\boldsymbol{x}) \cdot s^i_{k+1|k}(\boldsymbol{x})}{\sum_{i=1}^{\nu_{k+1|k}} \frac{q^i_{k+1|k}}{1-q^i_{k+1|k}} \cdot s^i_{k+1|k}[p_D L_{\eta_{k+1}(\boldsymbol{x}_j)}]} \tag{26.271}$$

[①]译者注：下式中的遗留航迹应有 $\nu_{k+1|k}$ 项而非原著中的 $\boldsymbol{n}$ 项，这里已更正，本节余同。

根据式(4.125)，多伯努利分布的目标数后验期望可表示为

$$N_{k+1|k+1} = \sum_{i=1}^{\nu_{k+1|k}} q_i^{\mathrm{L}} + \sum_{j=1}^{n} \tilde{q}_j^{\mathrm{U}} \tag{26.272}$$

因此，CBMeMBer 滤波器 PIMS 对冲的 PENT 可表示为

$$\begin{aligned} N_{k+1|k+1}^{\mathrm{PIMS}} = & \sum_{i=1}^{\nu_{k+1|k}} \frac{q_{k+1|k}^i \cdot (1 - s_{k+1|k}^i[p_{\mathrm{D}}])}{1 - q_{k+1|k}^i \cdot s_{k+1|k}^i[p_{\mathrm{D}}]} + \\ & \sum_{j=1}^{n} \frac{p_{\mathrm{D}}(\boldsymbol{x}_j) \cdot \sum_{i=1}^{\nu_{k+1|k}} \frac{q_{k+1|k}^i (1-q_{k+1|k}^i) \cdot s_{k+1|k}^i [p_{\mathrm{D}} L_{\eta_{k+1}(\boldsymbol{x}_j)}]}{(1-q_{k+1|k}^i \cdot s_{k+1|k}^i[p_{\mathrm{D}}])^2}}{\kappa_{k+1}(\eta_{k+1}(\boldsymbol{x}_j)) + p_{\mathrm{D}}(\boldsymbol{x}_j) \cdot \sum_{i=1}^{\nu_{k+1|k}} \frac{q_{k+1|k}^i \cdot s_{k+1|k}^i [p_{\mathrm{D}} L_{\eta_{k+1}(\boldsymbol{x}_j)}]}{1-q_{k+1|k}^i \cdot s_{k+1|k}^i[p_{\mathrm{D}}]}} \end{aligned} \tag{26.273}$$

按照当前的符号表示，则：

- 理想传感器动力学下单传感器单步前瞻 *PENT* (*CBMeMBer* 滤波器)：

$$\overset{\text{ideal}}{N}_{k+1|k+1}(\overset{*}{\boldsymbol{x}}) = \sum_{i=1}^{\nu_{k+1|k}} \left(\frac{q_{k+1|k}^i \cdot (1 - \tau_0^i(\overset{*}{\boldsymbol{x}}))}{1 - q_{k+1|k}^i \cdot \tau_0^i(\overset{*}{\boldsymbol{x}})} + \sum_{j=1}^{n} \frac{\frac{q_{k+1|k}^i (1-q_{k+1|k}^i) \cdot p_{\mathrm{D}}(\boldsymbol{x}_j, \overset{*}{\boldsymbol{x}}) \cdot \tau_j^i(\overset{*}{\boldsymbol{x}})}{(1-q_{k+1|k}^i \cdot \tau_0^i(\overset{*}{\boldsymbol{x}}))^2}}{\kappa_j(\overset{*}{\boldsymbol{x}}) + \sum_{l=1}^{\nu_{k+1|k}} \frac{q_{k+1|k}^l \cdot p_{\mathrm{D}}(\boldsymbol{x}_j, \overset{*}{\boldsymbol{x}}) \cdot \tau_j^l(\overset{*}{\boldsymbol{x}})}{1-q_{k+1|k}^l \cdot \tau_0^l(\boldsymbol{x})}} \right) \tag{26.274}$$

式中

$$\tau_0^i(\overset{*}{\boldsymbol{x}}) = \int p_{\mathrm{D}}(\boldsymbol{x}, \overset{*}{\boldsymbol{x}}) \cdot s_{k+1|k}^i(\boldsymbol{x}) \mathrm{d}\boldsymbol{x} \tag{26.275}$$

$$\tau_j^i(\overset{*}{\boldsymbol{x}}) = \int p_{\mathrm{D}}(\boldsymbol{x}, \overset{*}{\boldsymbol{x}}) \cdot L_{\eta_{k+1}(\boldsymbol{x}_j, \overset{*}{\boldsymbol{x}})}(\boldsymbol{x}, \overset{*}{\boldsymbol{x}}) \cdot s_{k+1|k}^i(\boldsymbol{x}) \mathrm{d}\boldsymbol{x} \tag{26.276}$$

$$\kappa_j(\overset{*}{\boldsymbol{x}}) = \kappa_{k+1}(\eta_{k+1}(\boldsymbol{x}_j, \overset{*}{\boldsymbol{x}}) | \overset{*}{\boldsymbol{x}}) \tag{26.277}$$

式(26.274)为理想传感器动力学下的 PENT 表达式。对于非理想传感器情形，有

- 非理想传感器动力学下单传感器单步前瞻 *PENT* (*CBMeMBer* 滤波器)：

$$\overset{\text{nonideal}}{N}_{k+1|k+1}(\overset{*}{\boldsymbol{x}}) = \overset{\text{ideal}}{N}_{k+1|k+1}(\overset{*}{\boldsymbol{x}}) \cdot \overset{*}{f}_{k+1|k}(\overset{*}{\boldsymbol{x}} | \overset{*}{Z}{}^k) \tag{26.278}$$

下面来看多伯努利分布后验目标数的方差。根据式(4.126)，有

$$\sigma_{k+1|k+1}^2 = \sum_{i=1}^{\nu_{k+1|k}} q_i^{\mathrm{L}}(1 - q_i^{\mathrm{L}}) + \sum_{j=1}^{n} \tilde{q}_j^{\mathrm{U}}(1 - \tilde{q}_j^{\mathrm{U}}) \tag{26.279}$$

故 CBMeMBer 滤波器 PIMS 对冲的势方差可表示为

$$
\begin{aligned}
&\overset{\text{PIMS}_2}{\sigma}{}_{k+1|k+1} \\
=& \sum_{i=1}^{\nu_{k+1|k}} \frac{q^i_{k+1|k}\cdot(1-s^i_{k+1|k}[p_{\mathrm{D}}])}{1-q^i_{k+1|k}\cdot s^i_{k+1|k}[p_{\mathrm{D}}]}\cdot\left(1-\frac{q^i_{k+1|k}\cdot(1-s^i_{k+1|k}[p_{\mathrm{D}}])}{1-q^i_{k+1|k}\cdot s^i_{k+1|k}[p_{\mathrm{D}}]}\right)+ \\
&\sum_{j=1}^{n}\frac{p_{\mathrm{D}}(\boldsymbol{x}_j)\cdot\sum_{i=1}^{\nu_{k+1|k}}\frac{q^i_{k+1|k}(1-q^i_{k+1|k})\cdot s^i_{k+1|k}[p_{\mathrm{D}}L_{\eta_{k+1}(\boldsymbol{x}_j)}]}{(1-q^i_{k+1|k}\cdot s^i_{k+1|k}[p_{\mathrm{D}}])^2}}{\kappa_{k+1}(\eta_{k+1}(\boldsymbol{x}_j))+p_{\mathrm{D}}(\boldsymbol{x}_j)\cdot\sum_{i=1}^{\nu_{k+1|k}}\frac{q^i_{k+1|k}\cdot s^i_{k+1|k}[p_{\mathrm{D}}L_{\eta_{k+1}(\boldsymbol{x}_j)}]}{1-q^i_{k+1|k}\cdot s^i_{k+1|k}[p_{\mathrm{D}}]}}\cdot \\
&\left(1-\frac{p_{\mathrm{D}}(\boldsymbol{x}_j)\cdot\sum_{i=1}^{\nu_{k+1|k}}\frac{q^i_{k+1|k}(1-q^i_{k+1|k})\cdot s^i_{k+1|k}[p_{\mathrm{D}}L_{\eta_{k+1}(\boldsymbol{x}_j)}]}{(1-q^i_{k+1|k}\cdot s^i_{k+1|k}[p_{\mathrm{D}}])^2}}{\kappa_{k+1}(\eta_{k+1}(\boldsymbol{x}_j))+p_{\mathrm{D}}(\boldsymbol{x}_j)\cdot\sum_{i=1}^{\nu_{k+1|k}}\frac{q^i_{k+1|k}\cdot s^i_{k+1|k}[p_{\mathrm{D}}L_{\eta_{k+1}(\boldsymbol{x}_j)}]}{1-q^i_{k+1|k}\cdot s^i_{k+1|k}[p_{\mathrm{D}}]}}\right)
\end{aligned}
\tag{26.280}
$$

根据上式不难写出当前符号表示下的表达式。

26.5.1.3 单传感器单步 CBMeMBer 滤波器控制：PENTI

令 $\iota_{k|k}(\boldsymbol{x})$ 为 t_k 时刻的 TIF (定义见25.14.2节)。对于给定的 TIF，PENTI 目标函数的一般表达式由式(25.243)给出。通过观察对比式(26.274)和式(25.243)，不难得到 CBMeMBer 滤波器的 PENTI 表达式：

$$
\overset{\text{ideal}}{N}{}^{\to\iota}_{k+1|k+1}(\overset{*}{\boldsymbol{x}})=\sum_{i=1}^{\nu_{k+1|k}}\left(\frac{q^i_{k+1|k}\cdot\overset{\to\iota_i}{\tau}{}_0(\overset{*}{\boldsymbol{x}})}{1-q^i_{k+1|k}\cdot\tau^i_0(\overset{*}{\boldsymbol{x}})}+\sum_{j=1}^{n}\frac{\frac{q^i_{k+1|k}(1-q^i_{k+1|k})\cdot p_{\mathrm{D}}(\boldsymbol{x}_j,\overset{*}{\boldsymbol{x}})\cdot\overset{\to\iota_i}{\tau}{}_j(\overset{*}{\boldsymbol{x}})}{(1-q^i_{k+1|k}\cdot\tau^i_0(\overset{*}{\boldsymbol{x}}))^2}}{\kappa_j(\overset{*}{\boldsymbol{x}})+\sum_{l=1}^{\nu_{k+1|k}}\frac{q^l_{k+1|k}\cdot p_{\mathrm{D}}(\boldsymbol{x}_j,\overset{*}{\boldsymbol{x}})\cdot\tau^l_j(\overset{*}{\boldsymbol{x}})}{1-q^l_{k+1|k}\cdot\tau^l_0(\boldsymbol{x})}}\right)
\tag{26.281}
$$

式中

$$
\overset{\to\iota_i}{\tau}{}_0=\int\iota_{k|k}(\boldsymbol{x})\cdot(1-p_{\mathrm{D}}(\boldsymbol{x},\overset{*}{\boldsymbol{x}}))\cdot s^i_{k+1|k}(\boldsymbol{x})\mathrm{d}\boldsymbol{x}
\tag{26.282}
$$

$$
\tau^i_0=\int p_{\mathrm{D}}(\boldsymbol{x},\overset{*}{\boldsymbol{x}})\cdot s^i_{k+1|k}(\boldsymbol{x})\mathrm{d}\boldsymbol{x}
\tag{26.283}
$$

$$
\overset{\to\iota_i}{\tau}{}_j=\int\iota_{k|k}(\boldsymbol{x})\cdot p_{\mathrm{D}}(\boldsymbol{x},\overset{*}{\boldsymbol{x}})\cdot L_{\eta_{k+1}(\boldsymbol{x}_j,\overset{*}{\boldsymbol{x}})}(\boldsymbol{x},\overset{*}{\boldsymbol{x}})\cdot s^i_{k+1|k}(\boldsymbol{x})\mathrm{d}\boldsymbol{x}
\tag{26.284}
$$

$$
\tau^i_j=\int p_{\mathrm{D}}(\boldsymbol{x},\overset{*}{\boldsymbol{x}})\cdot L_{\eta_{k+1}(\boldsymbol{x}_j,\overset{*}{\boldsymbol{x}})}(\boldsymbol{x},\overset{*}{\boldsymbol{x}})\cdot s^i_{k+1|k}(\boldsymbol{x})\mathrm{d}\boldsymbol{x}
\tag{26.285}
$$

$$
\kappa_j(\overset{*}{\boldsymbol{x}})=\kappa_{k+1}(\eta_{k+1}(\boldsymbol{x}_j,\overset{*}{\boldsymbol{x}})|\overset{*}{\boldsymbol{x}})
\tag{26.286}
$$

26.5.2 多传感器单步 CBMeMBer 滤波器控制

本节仍然基于25.13节的非理想传感器简化方法。令：

- $Z^{(k)}: Z_1,\cdots,Z_k$ 为 t_k 时刻的传感器观测集序列；
- $\overset{*j}{Z}{}^k:\overset{*j}{\boldsymbol{z}}{}_1,\cdots,\overset{*j}{\boldsymbol{z}}{}_k$ 为 t_k 时刻第 j 个传感器的执行机构传感器观测序列；
- $\overset{*j}{X}{}^k:\overset{*j}{\boldsymbol{x}}{}_1,\cdots,\overset{*j}{\boldsymbol{x}}{}_k$ 为 t_k 时刻第 j 个传感器的状态序列，其中 $\overset{*j}{\boldsymbol{x}}{}_i$ 在 t_i 时刻选定；

- $\overset{*}{X}^{(k)}:\overset{*}{X}_1,\cdots,\overset{*}{X}_k$ 表示 t_k 时刻所有传感器的多传感器状态集序列，其中 $\overset{*}{X}_i=\{\overset{*1}{\boldsymbol{x}}_i,\cdots,\overset{*s}{\boldsymbol{x}}_i\}$。

对于25.13节简化的非理想传感器情形，相应的 CBMeMBer 滤波器近似控制方案具有如下结构：

多传感器与多目标的观测更新

$$\cdots\to\quad \overset{*j}{f}_{k|k}(\overset{*j}{\boldsymbol{x}}|\overset{*j}{Z}{}^{k})$$

$$\cdots\to\{(\ell^i_{k|k},q^i_{k|k}(Z^{(k)},\overset{*}{X}^{(k)}),s^i_{k|k}(\boldsymbol{x}|Z^{(k)},\overset{*}{X}^{(k)}))\}_{i=1}^{\nu_{k|k}}$$

$$\to\quad \overset{*j}{f}_{k+1|k}(\overset{*j}{\boldsymbol{x}}|\overset{*j}{Z}{}^{k})$$

$\downarrow$ 时间投影

$$\to\{(q^i_{k+1|k+1}(Z^{(k)},\overset{*}{X}^{(k)},Z,\overset{*}{X}),s^i_{k+1|k+1}(\boldsymbol{x}|Z^{(k)},\overset{*}{X}^{(k)},Z,\overset{*}{X}))\}_{i=1}^{\nu_{k+1|k+1}}$$

$\downarrow$ 对冲

选择下一时刻的传感器状态

$$\overset{*}{X}_{k+1}=\arg\sup_{\overset{*}{X}}\overset{\text{nonideal}}{N}{}_{k+1|k+1}(\overset{*}{X})$$

多传感器与多目标的时间&观测更新

$$\overset{*j}{\boldsymbol{z}}_{k+1}\nearrow\quad \overset{*j}{f}_{k+1|k+1}(\overset{*j}{\boldsymbol{x}}|\overset{*j}{Z}{}^{k+1})\quad\to\cdots$$

$$\overset{*}{X}_{k+1},Z_{k+1}\nearrow\ \to\ \{(\ell^i_{k+1|k+1},q^i_{k+1|k+1}(Z^{(k+1)},\overset{*}{X}^{(k+1)}),\ s^i_{k+1|k+1}(\boldsymbol{x}|Z^{(k+1)},\overset{*}{X}^{(k+1)}))\}_{i=1}^{\nu_{k+1|k+1}}\quad\to\cdots$$

为简洁起见，下文表示中省去 $q,s(\boldsymbol{x})$ 对 $Z^{(k)},\overset{*}{X}{}^k$ 的依赖性。上述控制方案包括以下步骤：

- 传感器时间更新：使用预测积分将当前的传感器状态分布 $\overset{*j}{f}_{k|k}(\overset{*j}{\boldsymbol{x}}|\overset{*j}{Z}{}^k)$ 外推为 $\overset{*j}{f}_{k+1|k}(\overset{*j}{\boldsymbol{x}}|\overset{*j}{Z}{}^k)$。
- 目标时间更新：使用 CBMeMBer 滤波器的预测器方程将 $\{(\ell^i_{k|k},q^i_{k|k},s^i_{k|k}(\boldsymbol{x}))\}_{i=1}^{\nu_{k|k}}$ 外推为 $\{(\ell^i_{k+1|k},q^i_{k+1|k},s^i_{k+1|k}(\boldsymbol{x}))\}_{i=1}^{\nu_{k+1|k}}$。
- 伪传感器近似：为了选择下一时刻的传感器状态集 $\overset{*}{X}_{k+1}$，将当前可用的传感器近似为一个“伪传感器”[①]。
- 时间投影：在伪传感器近似下，设 t_{k+1} 时刻的待定传感器状态集和未知观测集分别为 $\overset{*}{X}$ 和 Z，使用 CBMeMBer 滤波器校正方程将 $\{(\ell^i_{k+1|k},q^i_{k+1|k},s^i_{k+1|k}(\boldsymbol{x}))\}_{i=1}^{\nu_{k+1|k}}$ 更新为 $\{(q^i_{k+1|k+1}(Z,\overset{*}{X}),s^i_{k+1|k+1}(\boldsymbol{x}|Z,\overset{*}{X}))\}_{i=1}^{\nu_{k+1|k+1}}$。

①译者注：原著此处为“对每个传感器应用 CBMeMBer 观测更新方程”，属明显错误，这里依上下文做了更正。

- 目标函数构造：给定 $\overset{*}{X}$ 和 Z 后，确定 PENT 目标函数，即

$$N_{k+1|k+1}(\overset{*}{X},Z)=\sum_{i=1}^{\nu_{k+1|k+1}} q^i_{k+1|k+1}(Z,\overset{*}{X}) \tag{26.287}$$

或势方差目标函数，即

$$\sigma^2_{k+1|k+1}(\overset{*}{X},Z)=\sum_{i=1}^{\nu_{k+1|k+1}} q^i_{k+1|k+1}(Z,\overset{*}{X})\cdot\left(1-q^i_{k+1|k+1}(Z,\overset{*}{X})\right) \tag{26.288}$$

- 对冲：利用多样本或 PIMS 单样本对冲方法消掉 Z，即

$$\overset{\text{ideal}}{N}_{k+1|k+1}(\overset{*}{X})=N_{k+1|k+1}(\overset{*}{X},Z^{\text{PIMS}}_{k+1}) \tag{26.289}$$

$$\overset{\text{ideal}}{\sigma^2}_{k+1|k+1}(\overset{*}{X})=\sigma^2_{k+1|k+1}(\overset{*}{X},Z^{\text{PIMS}}_{k+1}) \tag{26.290}$$

- 动态化：修正 PENT 以考虑传感器的动力学，即

$$\overset{\text{nonideal}}{N}_{k+1|k+1}(\overset{*}{X})=\overset{\text{ideal}}{N}_{k+1|k+1}(\overset{*}{X})\cdot\overset{*}{f}_{k+1|k}(\overset{*}{X}|\overset{*}{Z}^{(k)}) \tag{26.291}$$

式中：若 $\overset{*}{X}=\{\overset{*1}{\boldsymbol{x}},\cdots,\overset{*s}{\boldsymbol{x}}\}$，则

$$\overset{*}{f}_{k+1|k}(\overset{*}{X}|\overset{*}{Z}^{(k)})=s!\cdot\delta_{s,|\overset{*}{X}|}\prod_{j=1}^{s}\overset{*j}{f}_{k+1|k}(\overset{*j}{\boldsymbol{x}}|\overset{*j}{Z}^{k}) \tag{26.292}$$

- 最优化：确定下一时刻的最优传感器状态，即

$$\overset{*}{X}_{k+1}=\arg\sup_{\overset{*}{X}}\overset{\text{nonideal}}{N}_{k+1|k+1}(\overset{*}{X}) \tag{26.293}$$

$$\overset{*}{X}_{k+1}=\arg\inf_{\overset{*}{X}}\overset{\text{ideal}}{\sigma^2}_{k+1|k+1}(\overset{*}{X}) \tag{26.294}$$

- 传感器观测更新：使用贝叶斯规则将 $\overset{*j}{f}_{k+1|k}(\overset{*j}{\boldsymbol{x}}|\overset{*j}{Z}^{k})$ 更新为 $\overset{*j}{f}_{k+1|k+1}(\overset{*j}{\boldsymbol{x}}|\overset{*j}{Z}^{k+1})$。
- 目标观测更新：将 $\overset{*}{X}_{k+1}$ 作为 t_{k+1} 时刻的传感器状态，使用 CBMeMBer 滤波器观测更新方程迭代更新 $\{(\ell^i_{k+1|k},q^i_{k+1|k}(Z^{(k)},\overset{*}{X}^{(k)}),s^i_{k+1|k}(\boldsymbol{x}|Z^{(k)},\overset{*}{X}^{(k)}))\}_{i=1}^{\nu_{k+1|k}}$，从而得到 $\{(\ell^i_{k+1|k+1},q^i_{k+1|k+1}(Z^{(k+1)},\overset{*}{X}^{(k+1)}),s^i_{k+1|k+1}(\boldsymbol{x}|Z^{(k+1)},\overset{*}{X}^{(k+1)}))\}_{i=1}^{\nu_{k+1|k+1}}$。
- 重复上述步骤。

本节结构安排如下：

- 26.5.2.1节：该方法的滤波方程。
- 26.5.2.2节：该方法的 PENT 和 PENTI 目标函数。

26.5.2.1 多单传感器单步 CBMeMBer 滤波器控制：滤波方程

该方法的滤波方程如下：

- 传感器时间更新：

$$\overset{*j}{f}_{k+1|k}(\overset{*j}{\boldsymbol{x}}|\overset{*j}{Z}^{k}) = \int \overset{*j}{f}_{k+1|k}(\overset{*j}{\boldsymbol{x}}|\overset{*j}{\boldsymbol{x}}') \cdot \overset{*j}{f}_{k|k}(\overset{*j}{\boldsymbol{x}}'|\overset{*j}{Z}^{k})\mathrm{d}\overset{*j}{\boldsymbol{x}}' \tag{26.295}$$

- 目标时间更新 (忽略衍生)：一般 CBMeMBer 滤波器的时间更新方程 (见13.4.2节)。
- 传感器观测更新：

$$\overset{*j}{f}_{k+1|k+1}(\overset{*j}{\boldsymbol{x}}|\overset{*j}{Z}^{k+1}) \propto \overset{*j}{f}_{k+1}(\overset{*j}{\boldsymbol{z}}_{k+1}|\overset{*j}{\boldsymbol{x}}) \cdot \overset{*j}{f}_{k+1|k}(\overset{*j}{\boldsymbol{x}}|\overset{*j}{Z}^{k}) \tag{26.296}$$

- 目标观测更新：迭代使用 CBMeMBer 滤波器的观测更新方程 (见13.4.3节)，但需要作一些替换，即用 $p_{\mathrm{D}}(\boldsymbol{x}, \overset{*j}{\boldsymbol{x}}_{k+1})$ 代替 $p_{\mathrm{D}}(\boldsymbol{x})$、用 $\overset{j}{L}_{\overset{j}{\boldsymbol{z}}}(\boldsymbol{x}, \overset{*j}{\boldsymbol{x}}_{k+1})$ 代替 $L_{\boldsymbol{z}}(\boldsymbol{x})$、用 $\kappa_{k+1}(\overset{j}{\boldsymbol{z}}|\overset{*j}{\boldsymbol{x}}_{k+1})$ 代替 $\kappa_{k+1}(\boldsymbol{z})$。

26.5.2.2 多单传感器单步 CBMeMBer 滤波器控制：PENT

采用26.3.2.3节的伪传感器近似，则式(26.274)的单传感器 PENT 可化为

- 理想传感器动力学下多传感器单步前瞻 *PENT* (*CBMeMBer* 滤波器)：

$$\begin{aligned}\overset{\text{ideal}}{N}_{k+1|k+1}(\overset{*}{\boldsymbol{x}}) = & \sum_{i=1}^{\nu_{k+1|k}} \frac{q^{i}_{k+1|k} \cdot (1-\tau^{i}_{0}(\overset{*1}{\boldsymbol{x}},\cdots,\overset{*s}{\boldsymbol{x}}))}{1-q^{i}_{k+1|k} \cdot \tau^{i}_{0}(\overset{*1}{\boldsymbol{x}},\cdots,\overset{*s}{\boldsymbol{x}})} + \\ & \sum_{j=1}^{n} \frac{\left(\begin{array}{c}\overset{1..s}{p}_{\mathrm{D}}(\boldsymbol{x}_j,\overset{*1}{\boldsymbol{x}},\cdots,\overset{*s}{\boldsymbol{x}})\cdot \\ \sum_{i=1}^{\nu_{k+1|k}} \frac{q^{i}_{k+1|k}(1-q^{i}_{k+1|k})\cdot\tau^{i}_{j}(\overset{*1}{\boldsymbol{x}},\cdots,\overset{*s}{\boldsymbol{x}})}{(1-q^{i}_{k+1|k}\cdot\tau^{i}_{0}(\overset{*1}{\boldsymbol{x}},\cdots,\overset{*s}{\boldsymbol{x}}))^2}\end{array}\right)}{\left(\begin{array}{c}\kappa_{k+1}(\eta_{k+1}(\boldsymbol{x}_j|\overset{*1}{\boldsymbol{x}},\cdots,\overset{*s}{\boldsymbol{x}}))+ \\ \overset{1..s}{p}_{\mathrm{D}}(\boldsymbol{x}_j,\overset{*1}{\boldsymbol{x}},\cdots,\overset{*s}{\boldsymbol{x}})\cdot\sum_{i=1}^{\nu_{k+1|k}} \frac{q^{i}_{k+1|k}\cdot\tau^{i}_{j}(\overset{*1}{\boldsymbol{x}},\cdots,\overset{*s}{\boldsymbol{x}})}{1-q^{i}_{k+1|k}\cdot\tau^{i}_{0}(\overset{*1}{\boldsymbol{x}},\cdots,\overset{*s}{\boldsymbol{x}})}\end{array}\right)}\end{aligned} \tag{26.297}$$

式中

$$\tau^{i}_{0}(\overset{*1}{\boldsymbol{x}},\cdots,\overset{*s}{\boldsymbol{x}}) = \int \overset{1..s}{p}_{\mathrm{D}}(\boldsymbol{x},\overset{*1}{\boldsymbol{x}},\cdots,\overset{*s}{\boldsymbol{x}}) \cdot s^{i}_{k+1|k}(\boldsymbol{x})\mathrm{d}\boldsymbol{x} \tag{26.298}$$

$$\begin{aligned}\tau^{i}_{j}(\overset{*1}{\boldsymbol{x}},\cdots,\overset{*s}{\boldsymbol{x}}) = & \int \overset{1..s}{L}_{\eta_{k+1}(\boldsymbol{x}_j,\overset{*1}{\boldsymbol{x}}),\cdots,\eta_{k+1}(\boldsymbol{x}_j,\overset{*s}{\boldsymbol{x}})}(\boldsymbol{x},\overset{*1}{\boldsymbol{x}},\cdots,\overset{*s}{\boldsymbol{x}})\cdot \\ & \overset{1..s}{p}_{\mathrm{D}}(\boldsymbol{x},\overset{*1}{\boldsymbol{x}},\cdots,\overset{*s}{\boldsymbol{x}}) \cdot s^{i}_{k+1|k}(\boldsymbol{x})\mathrm{d}\boldsymbol{x}\end{aligned} \tag{26.299}$$

上面即理想传感器动力学下的 PENT 表达式 (这里不再给出相应的势方差表达式)。对于非理想动力学情形，有

- 非理想传感器动力学下多传感器单步前瞻 *PENT* (*CBMeMBer* 滤波器):

$$\overset{\text{nonideal}}{N}_{k+1|k+1}(\overset{*1}{\boldsymbol{x}},\cdots,\overset{*s}{\boldsymbol{x}}) = \overset{\text{ideal}}{N}_{k+1|k+1}(\overset{*1}{\boldsymbol{x}},\cdots,\overset{*s}{\boldsymbol{x}})\cdot \overset{*1}{f}_{k+1|k}(\overset{*1}{\boldsymbol{x}}|\overset{*1}{Z}{}^k)\cdots\overset{*s}{f}_{k+1|k}(\overset{*s}{\boldsymbol{x}}|\overset{*s}{Z}{}^k) \tag{26.300}$$

采用26.5.1.3节的符号表示，相应的 PENTI 目标函数可表示为

$$\overset{\text{ideal}}{N}{}^{\vec{\iota}}_{k+1|k+1}(\overset{*1}{\boldsymbol{x}},\cdots,\overset{*s}{\boldsymbol{x}}) = \sum_{i=1}^{\nu_{k+1|k}} \frac{q^i_{k+1|k}\cdot \overset{\rightarrow\iota_i}{\tau}_0(\overset{*1}{\boldsymbol{x}},\cdots,\overset{*s}{\boldsymbol{x}})}{1-q^i_{k+1|k}\cdot\tau^i_0(\overset{*1}{\boldsymbol{x}},\cdots,\overset{*s}{\boldsymbol{x}})} + \sum_{j=1}^{n}\frac{\left(\begin{array}{c}\overset{1..s}{p}_{\mathrm{D}}(\boldsymbol{x}_j,\overset{*1}{\boldsymbol{x}},\cdots,\overset{*s}{\boldsymbol{x}})\cdot \\ \sum_{i=1}^{\nu_{k+1|k}}\frac{q^i_{k+1|k}(1-q^i_{k+1|k})\cdot\overset{\rightarrow\iota_i}{\tau}_j(\overset{*1}{\boldsymbol{x}},\cdots,\overset{*s}{\boldsymbol{x}})}{(1-q^i_{k+1|k}\cdot\tau^i_0(\overset{*1}{\boldsymbol{x}},\cdots,\overset{*s}{\boldsymbol{x}}))^2}\end{array}\right)}{\left(\begin{array}{c}\kappa_j(\overset{*1}{\boldsymbol{x}},\cdots,\overset{*s}{\boldsymbol{x}})+\overset{1..s}{p}_{\mathrm{D}}(\boldsymbol{x}_j,\overset{*1}{\boldsymbol{x}},\cdots,\overset{*s}{\boldsymbol{x}})\cdot \\ \sum_{i=1}^{\nu_{k+1|k}}\frac{q^i_{k+1|k}\cdot\tau^i_j(\overset{*1}{\boldsymbol{x}},\cdots,\overset{*s}{\boldsymbol{x}})}{1-q^i_{k+1|k}\cdot\tau^i_0(\overset{*1}{\boldsymbol{x}},\cdots,\overset{*s}{\boldsymbol{x}})}\end{array}\right)} \tag{26.301}$$

式中

$$\overset{\rightarrow\iota_i}{\tau}_0(\overset{*1}{\boldsymbol{x}},\cdots,\overset{*s}{\boldsymbol{x}}) = \int \iota_{k|k}(\boldsymbol{x})\cdot(1-\overset{1..s}{p}_{\mathrm{D}}(\boldsymbol{x},\overset{*1}{\boldsymbol{x}},\cdots,\overset{*s}{\boldsymbol{x}}))\cdot s^i_{k+1|k}(\boldsymbol{x})\mathrm{d}\boldsymbol{x} \tag{26.302}$$

$$\tau^i_0(\overset{*1}{\boldsymbol{x}},\cdots,\overset{*s}{\boldsymbol{x}}) = \int \overset{1..s}{p}_{\mathrm{D}}(\boldsymbol{x},\overset{*1}{\boldsymbol{x}},\cdots,\overset{*s}{\boldsymbol{x}})\cdot s^i_{k+1|k}(\boldsymbol{x})\mathrm{d}\boldsymbol{x} \tag{26.303}$$

$$\overset{\rightarrow\iota_i}{\tau}_j(\overset{*1}{\boldsymbol{x}},\cdots,\overset{*s}{\boldsymbol{x}}) = \int \iota_{k|k}(\boldsymbol{x})\cdot p_{\mathrm{D}}(\boldsymbol{x},\overset{*1}{\boldsymbol{x}})\cdots p_{\mathrm{D}}(\boldsymbol{x},\overset{*s}{\boldsymbol{x}})\cdot \overset{1}{L}_{\eta_{k+1}(\boldsymbol{x}_j,\overset{*1}{\boldsymbol{x}})}(\boldsymbol{x},\overset{*1}{\boldsymbol{x}})\cdots\overset{s}{L}_{\eta_{k+1}(\boldsymbol{x}_j,\overset{*s}{\boldsymbol{x}})}(\boldsymbol{x},\overset{*s}{\boldsymbol{x}})\cdot s^i_{k+1|k}(\boldsymbol{x})\mathrm{d}\boldsymbol{x} \tag{26.304}$$

$$\tau^i_j(\overset{*1}{\boldsymbol{x}},\cdots,\overset{*s}{\boldsymbol{x}}) = \int p_{\mathrm{D}}(\boldsymbol{x},\overset{*1}{\boldsymbol{x}})\cdots p_{\mathrm{D}}(\boldsymbol{x},\overset{*s}{\boldsymbol{x}})\cdot \overset{1}{L}_{\eta_{k+1}(\boldsymbol{x}_j,\overset{*1}{\boldsymbol{x}})}(\boldsymbol{x},\overset{*1}{\boldsymbol{x}})\cdots\overset{s}{L}_{\eta_{k+1}(\boldsymbol{x}_j,\overset{*s}{\boldsymbol{x}})}(\boldsymbol{x},\overset{*s}{\boldsymbol{x}})\cdot s^i_{k+1|k}(\boldsymbol{x})\mathrm{d}\boldsymbol{x} \tag{26.305}$$

$$\kappa_j(\overset{*1}{\boldsymbol{x}},\cdots,\overset{*s}{\boldsymbol{x}}) = \kappa_{k+1}(\eta_{k+1}(\boldsymbol{x}_j,\overset{*1}{\boldsymbol{x}})|\overset{*1}{\boldsymbol{x}})\cdots\kappa_{k+1}(\eta_{k+1}(\boldsymbol{x}_j,\overset{*s}{\boldsymbol{x}})|\overset{*s}{\boldsymbol{x}}) \tag{26.306}$$

26.6　RFS 传感器管理的实现

本节介绍前面各节传感器管理方法的一些实现，内容包括:

- 26.6.1节：基于多目标贝叶斯滤波器的 RFS 控制。
- 26.6.2节：基于伯努利滤波器的 RFS 控制。
- 26.6.3节：基于 PHD 滤波器的 RFS 控制。
- 26.6.4节：基于 CBMeMBer 滤波器的 RFS 控制。

26.6.1　RFS 控制实现：多目标贝叶斯滤波器

本节介绍两个基于完全多目标贝叶斯滤波器的 RFS 控制应用:

- 26.6.1.1节：单个唯距传感器的单步控制。
- 26.6.1.2节：面向道路网监视应用的雷达与声学传感器控制。

26.6.1.1 唯距传感器的单步控制

为了有效地检测和跟踪多目标，B. Ristic 和 B. N. Vo[259] 采用完全多目标贝叶斯滤波器解决唯距传感器的自适应控制问题。有关传感器的假定：理想传感器动力学，即控制 $\boldsymbol{u}$ 为下一时刻的传感器位置；均匀泊松杂波；无限视场 (检测概率恒定)①。传感器管理的目标函数为 Rényi α 散度形式 ($\alpha = 1/2$) 的 Hellinger 距离 (见6.3节)，此外还假定目标是静止的。他们的方法主要包括：

- 多目标 *SMC* 滤波：该方法采用文献 [179] 第 15 章所述的多目标 SMC 近似，并基于标准多目标观测模型下的多目标似然函数 $f_{k+1}(Z|X,\boldsymbol{u})$。此时，多目标分布被近似为下述形式的多目标狄拉克混合分布：

$$f_{k+1|k}(X|Z^{(k)}) \cong \sum_{i=1}^{\nu_{k+1|k}} w_i^{k+1|k} \cdot \delta_{X_i^{k+1|k}}(X) \tag{26.307}$$

  式中：$\delta_{X'}(X)$ 为多目标状态 X' 处的多目标狄拉克分布 (定义见(4.13)式)。为了改善粒子的多样性[259]，在对多目标粒子 $X_i^{k|k}$ 做完系统化重采样后，对其空间位置和集势均做正则化 (抖动) 处理。

- 目标函数的近似：基于 SMC 技术的 Rényi α 散度近似如25.9.1节所述：

$$R_\alpha(Z|\boldsymbol{u}) \cong \frac{1}{1-\alpha} \log \frac{\gamma_\alpha(Z|\boldsymbol{u})}{\gamma_1(Z|\boldsymbol{u})^\alpha} \tag{26.308}$$

  式中

$$\gamma_\alpha(Z|\boldsymbol{u}) = \sum_{i=1}^{\nu_{k+1|k}} w_i^{k+1|k} \cdot f_{k+1}(Z|X_i^{k+1|k},\boldsymbol{u})^\alpha \tag{26.309}$$

- 近似对冲方法：期望值 $R_\alpha(\boldsymbol{u}) = \mathbb{E}[R_\alpha(\Sigma|\boldsymbol{u})]$ 可近似为 (文献 [259] 中的 (17) 式和 (18) 式)

$$R_\alpha(\boldsymbol{u}) \cong \sum_{j=1}^{M} \gamma_1(Z_{k+1}^j|\boldsymbol{u}) \cdot R_\alpha(Z_{k+1}^j|\boldsymbol{u}) \tag{26.310}$$

$$= \sum_{j=1}^{M} \gamma_1(Z_{k+1}^j|\boldsymbol{u}) \cdot \log \frac{\gamma_\alpha(Z_{k+1}^j|\boldsymbol{u})}{\gamma_1(Z_{k+1}^j|\boldsymbol{u})^\alpha} \tag{26.311}$$

  式中

$$Z_{k+1}^1, \cdots, Z_{k+1}^M \sim f_{k+1}(\cdot|Z^{(k)}, U^k) \tag{26.312}$$

  上式表示从 $f_{k+1}(\cdot|Z^{(k)}, U^k)$ 抽取有限集样本。与 PIMS 方法类似，Z_{k+1}^j 不含杂波观测且所有目标均可检测到。当 $M, \nu_{k+1|k} \to \infty$ 时，式(26.310)便收敛于 $\mathbb{E}[R_\alpha(\Sigma|\boldsymbol{u})]$。

①由于 p_D 是均等的，也就没必要改变传感器的 FoV 方向，故 PENT 目标函数不适合该应用。

- 限定控制选项：将 $\boldsymbol{u}$ 限定在有限个可能的值上，然后求解 $R_\alpha(\boldsymbol{u})$ 的最优化问题。

B. Ristic 和 B. N. Vo 通过二维仿真测试了他们的方法。仿真中：一个受控的唯距传感器面向两个静止目标；轻度杂波 ($\lambda = 0.8$) 且检测概率均等 ($p_D = 0.9$)；传感器控制限定在 2 个可能的平移和 8 个可能的方向上，因此共有 16 个可能的控制选项 (含零控应有 17 个选项)。

据 B. Ristic 等人报道，传感器表现出如下的控制行为[259]：刚开始传感器移向两个目标的中点；然后移向一个目标并绕其一周；最后在另一个目标周围作同样的运动。另外，他们还比较了 Hellinger 目标函数与 Fisher 信息、随机控制及 PENT (如前面注解所述，PENT 不适合该应用) 等其他三个目标函数，将结果按照性能降序排列，依次为 Hellinger、Fisher、随机、PENT。

26.6.1.2 面向公路网监视应用的雷达与声学传感器控制

Witkoskie、KUKlinski、Stein、Theophanis、Otero 和 Winters 等人[276,277,324] 将 RFS 控制技术用于公路网中基于声学与雷达传感器的车辆跟踪问题。本节简要介绍他们的工作。

他们基于的是闭环版多目标贝叶斯滤波器，其中最不寻常之处就是用高斯混合分布来近似多目标分布。也就是说，对于每个 n，采用 n 个矢量的高斯混合分布来近似下述多目标分布：

$$f_{k|k}(\boldsymbol{x}_1, \cdots, \boldsymbol{x}_n) = \frac{1}{n!} \cdot f_{k|k}(\{\boldsymbol{x}_1, \cdots, \boldsymbol{x}_n\}|Z^{(k)}) \tag{26.313}$$

为了具备可行性，必须用台劳级数对多目标似然函数 $L_{Z_{k+1}}(X) = f_{k+1}(Z_{k+1}|X)$ 做线性化近似。在此基础上，他们通过最小化多目标熵来选择传感器的控制①：

$$O_{k+1}(\overset{*}{X}) = -\int \log f_{k+1|k+1}(X|Z^{(k)}, Z, \overset{*}{X}) \cdot f_{k+1|k+1}(X|Z^{(k)}, Z, \overset{*}{X})\delta Z \tag{26.314}$$

Witkoskie 等人通过实测数据测试了他们的方法。试验中：真实车辆在传感器附近的三角形公路网中运动；所用传感器包括两部雷达和四部声学传感器，每部声学传感器是由四个麦克风组成的方形平板阵列；所监视的公路网中一共有六个路段。为了减少传感器的使用，每次只选择一部分传感器工作。据报道，采用他们的传感器管理方法后可使系统寿命延长 3 倍[276]。

26.6.2 RFS 控制的实现：伯努利滤波器

Ristic 和 Arulampalam[251] 将 RFS 控制用于可自适应机动的无源唯角传感器管理问题，其中，唯角传感器伴有漏报及均匀泊松杂波，用于检测跟踪平面内的单目标。为便于计算，Ristic 等人采用下述近似 (文献 [251] 第 2408–2410 页)：

- 伯努利滤波器的 SMC 实现；
- Rényi α 散度 (传感器管理的目标函数) 的 SMC 近似；

①译者注：原著遗漏了熵定义中的负号，这里已更正。

- 在场景中间才开始控制，且控制步长 $k' = 30$ (即确定 $k + k'$ 时的控制)；
- 假定传感器的检测概率为 1 并采用 PIMS 单样本对冲方法 (这时 PIMS 对冲等同于 PMS 对冲，见25.10.1节)。

在他们的仿真中：单个目标沿直线轨迹以恒定速度运动；刚开始传感器也是沿直线恒速运动，但为了更有效的跟踪目标，在中途它可在 11 个可能的线性轨迹中进行选择。经验证，他们的传感器管理方法可适应 $p_{\mathrm{D}} = 0.9$ 和 $\lambda = 1.0$ 的情形。此外，他们还发现传感器管理结果似乎不太受 Rényi α 散度中 α 值的影响。

26.6.3 RFS 控制的实现：PHD 滤波器

本节介绍五个基于 PHD 滤波器的 RFS 控制应用[①]：

- 26.6.3.1节：无线传感器网络的分布式控制。
- 26.6.3.2节：天基传感器管理。
- 26.6.3.3节：天–地和空–地传感器联合管理。
- 26.6.3.4节：用于地面态势感知的传感器管理。
- 26.6.3.5节：基于柯西–施瓦茨散度的传感器管理。

26.6.3.1 基于 PHD 滤波器的无线传感器网络分布式控制

Zhang 和 Wei 等人[120,327,328] 使用 PHD 滤波器控制来解决无线分布式传感器网络中的目标检测跟踪问题。文献 [328, 120] 采用 PENT 目标函数，而文献 [327] 则采用互信息。本节简要介绍他们的工作。

无线分布式传感器网络架构共包括三层：第一层由许多预先布设且视场 (FoV) 有限的同构传感器组成，这些传感器以被动方式测量信号的方位及强度，它们要么激活 (消耗功耗) 要么不激活。为了获得足够高的局部检测概率，假定这些传感器分布足够密集。第二层由可移动的“簇头”(CH) 组成，它们的功能是激活在其通信范围内的传感器并收集源自目标的观测。第三层是融合中心，它从簇头处获取目标检报并构建目标数目及状态的最终估计。在每个时间步，簇头通过改变自己的位置从而确保下一时刻可最大限度地获取目标信息 (由某种目标函数决定)，目标函数必须考虑诸如能耗 (传感器和簇头)、传输连接损耗、覆盖范围损耗等因素。

他们采用与25.10.2节 PIMS 单样本对冲技术类似的方法，其中：每个簇头只能移动到有限个新位置，且已知每次移动所需的功耗[②]；对于每个可能的新位置，簇头可预测 t_{k+1} 时刻在其通信范围内的传感器，以及激活每个传感器所需的功耗。

根据他们的描述，簇头采用类似于26.3.2.3节的伪传感器近似方法来表示其通信范围内的传感器 (见文献 [328] 中的 (10) 式和 (11) 式)。簇头可以预测 t_{k+1} 时刻哪些预测航迹

[①]译者注：26.6.3.5节在原文中为 26.6.4.3 节，但因其基于 PHD 滤波器而非 CBMeMBer 滤波器，故提到本节；本节前面四小节均采用 PENT 目标函数，26.6.3.5节的目标函数则为柯西–施瓦茨散度。

[②]具体来讲，即将整个监视区域分为许多网格单元，每个簇头只能移向与它当前所在单元相邻的单元。

在传感器的 FoV 内，而在给定其范围内各传感器的 FoV 后，簇头还可进一步预测由这些预测航迹生成的观测。在评估每种可能的移动时，预测观测就同 t_{k+1} 时刻的真实观测一样，用来确定可能达到的目标定位精度。给定上述假定后，便可计算簇头在每种可能的移动下的 PENT 目标函数。

各簇头移至新位置后便激活其范围内的传感器 (当前的传感器簇群)，同时尽可能地减小能耗。各个簇的传感器负责采集新观测、编码并将结果传输至各自的簇头。各簇头采用 PHD 滤波器处理这些观测，对结果进行编码并传输至融合中心。采用编码主要是为了提高传输时的杂波抑制能力。

文献 [327] 中的仿真试验设置如下：两到三个目标相继进入监视区域并离开；共有 10 个静止的传感器和 5 个簇头；检测概率 $p_{\mathrm{D}} = 0.95$ 且杂波率 $\lambda = 50$；目标函数为互信息，而非 PENT。Zhang 等人给出的结论如下：

> "……当检测概率很低时，通过增加静态传感器的密度即可保证最终的状态估计精度。特别地，当静态传感器个数超过 20 时，即使检测概率小于 0.5，我们方案的错误距离仍非常得小" (文献 [327] 第 2443 页)。
>
> "……尽管一些目标会相互交错，但我们的方案仍能以较高的精度检测并区分它们" (文献 [327] 第 2442 页)。

当采用 PENT 目标函数时也有类似结论，见文献 [120, 328]。

26.6.3.2 天基传感器管理

在一系列论文中，SSCI 公司的研究人员将 PHD 滤波器和26.3.1节的 PENT 多传感器单步方法用在几个天基应用中[73,74,77,78,332,333]。作为一个代表性的例子，这里简要介绍 El-Fallah 等人在文献 [77] 中的工作。特别地，SSCI 的工作包括：

- 仿真真实的卫星轨迹；
- 重新表示 PENT，使之适用于中段天基试验 (Midcourse Space Experiment, MSX) 卫星搭载的 SBV CCD 光学阵列传感器；
- 使用 PHD 滤波器和聚类方法评估传感器管理的 PENT/PENTI 目标函数；
- 基于一个传感器平台 (MSX) 和两颗地球同步轨道目标星 (THOR 2A 和 INTELSAT 511) 测试和评估传感器管理算法。

算法旨在自适应地分配 SBV 传感器在目标星 THOR 2A 和 INTELSAT 511 上的驻留时间。

SSCI 首先通过简单试验验证了 PENT 的性能。试验中假定已捕获 THOR 2A，但尚未检测到 INTELSAT 511。搜索功能要求传感器管理算法忽略 THOR 2A 以便快速捕获 INTELSAT 511，但为了恢复在搜索 INTELSAT 511 期间对 THOR 2A 造成的信息损耗，之后又需要将 SBV 传感器驻留在 THOR 2A 处，从而导致传感器 FoV 在两个卫星之间连续“乒乓”切换。造成这种往复式行为的原因是传感器在一颗星驻留期间将导致另一颗星的信息损失，因此在下一个迭代周期传感器会将驻留函数 $f(u)$ (定义在某论域 U 上) 切回至先前忽略的那颗星上。

随后，SSCI 又通过一个简单试验验证了 PENTI 的性能。在该试验中，人为地为两颗星赋予不同的重要性取值，其中 THOR 2A 的重要性是 INTELSAT 511 的 2 倍。也就是说，INTELSAT 511 的 TIF (见25.14节) $\iota_{k|k}(\boldsymbol{x}) = 1/3$，THOR 2A 的 TIF $\iota_{k|k}(\boldsymbol{x}) = 2/3$。然后应用 PENTI 目标函数进行传感器管理。

结果导致 SBV 在非重要星 (INTELSAT 511) 上驻留了 73 个周期，而在重要星 (THOR 2A) 上的驻留时间是其 226 倍。不出所料，THOR 2A 角误差的标准差要小于 INTELSAT 511：俯仰误差为 4.4469×10^{-6} 对 6.1804×10^{-6}；方位误差为 1.013×10^{-5} 对 1.0584×10^{-5}。

26.6.3.3 天-地和空-地传感器联合管理

本节简要介绍 SSCI 公司 Zatezalo 等人[76] 的工作。问题可描述如下：几辆感兴趣的地面车辆沿公路逼近一个感兴趣的位置，现在想通过 PENT/PENTI 传感器管理算法配合粒子 PHD 滤波器以便更好地估计这些感兴趣目标的位置及速度。需要说明的是，这些车辆是在正常的交通环境中行使 (双向车道且伴有其他车辆)，算法的输入是空中平台对实际区域的监视图像。对于该问题，SSCI 的假定如下：

- EO/IR 传感器由低轨道 (LEO) 卫星携带，工作于 GMTI (地面动目标指示) 模式下的相控阵雷达则搭载于高空平台上，且该平台正朝着感兴趣的位置飞行；
- LEO 卫星为星座形式，在任意时刻星座内至少有一颗卫星的 FoV 可覆盖感兴趣区域；
- 气象条件良好，因而 LEO 卫星的 EO/IR 传感器具有良好的可观测性；
- LEO 星座的各卫星之间、每颗卫星与雷达平台之间均设有通信链路。

为了成功检测并定位那些朝感兴趣地点运动的车辆，需要解决目标跟踪和传感器资源优化管理问题。SSCI 首先采用 PENT 目标函数，即假定所有公路目标具有相同的战术价值，仿真中分别由 0、1、2、5 颗卫星来增强 GMTI 雷达的观测。不出所料，跟踪精度随着卫星数量的增加而增加。

这些结果还说明了雷达平台与 LEO 卫星之间通信链路的重要性。不妨认为“1 颗卫星”对应很差的通信条件，“5 颗卫星”对应极好的通信条件，“2 颗卫星”则对应一般通信条件。因此，该试验实际等效地仿真了雷达平台与 LEO 卫星之间的通信条件。

随后，SSCI 采用 PENTI 目标函数。他们给 6 号车辆赋予了最高的重要性，其他仿真条件则与 PENT 试验完全相同。SSCI 发现：车辆重要性越高，其位置估计误差就越小。

26.6.3.4 用于地面态势感知的传感器管理

在一系列论文中，SSCI 的研究人员将 PHD 滤波器和26.3.1节的 PENT 多传感器单步方法用于地面态势感知等应用中[71,72,75]。作为一个代表性的例子，这里简要介绍文献 [71] 中的工作。

问题可描述为：蓝方的地面车现在要去某特定区域执行任务，车上配有雷达和 ELINT 传感器，后者可提供一些特征信息；但蓝方车辆一开始并不知道该区域内有红方的两辆巡逻车，且其中一辆为非杀伤性的，另一辆为杀伤性的；蓝方车辆必须到达指定地点并最大化自己的生存概率，即让自己与红方杀伤性车辆之间的距离最大化。对于该问题，基于 PENTI 目标函数进行传感器管理，可使区域内感兴趣目标 (ToI) 的信息最大化，本例中的感兴趣目标即两个红方车辆。

假定共有四种可能的红方目标类型和两种威胁状态 (有威胁或无威胁)，同时假定 ELINT 传感器可提供频带 (共 4 种) 和发射机类型 (共 10 种) 这两项特征观测。他们分别采用粒子 PHD 滤波器和贝叶斯网络来处理雷达观测与 ELINT 传感器的特征观测，结果是：基于 PENTI 的传感器管理方法可使蓝方传感器更多地驻留在红方的杀伤性车辆上，因此可获得该车辆的高精度位置信息，从而与其保持更远的距离。

26.6.3.5 基于柯西–施瓦茨散度的传感器管理

Hung Gia Hoang、B. T. Vo、B. N. Vo 和 Mahler[108] 介绍了一种精确的闭式传感器管理方法，该方法基于 PHD 滤波器的高斯混合实现及式(25.99)的柯西–施瓦茨信息泛函。

在仿真中：一个移动机器人使用线性高斯视场的线性高斯传感器跟踪可变数目的目标；杂波为 $\lambda = 20$ 的均匀泊松杂波；机器人可采纳的控制限定为 17 个可能的控制动作。他们分别采用高斯混合与 SMC 技术进行 PHD 滤波器和柯西–施瓦茨算法的实现，并与 PHD 滤波器和 Rényi α 散度的 SMC 实现做了对比。

据他们报道：高斯混合实现比两种 SMC 方法的运行速度快了一个数量级，且 OSPA 性能也远优于两种 SMC 方法；两种 SMC 方法则具有大致相同的性能①。

26.6.4 RFS 控制的实现：CBMeMBer 滤波器

本节介绍 CBMeMBer 滤波器传感器管理的两个应用例子：一个是 Wei 和 Zhang 的无线传感器网络应用；另一个是基于势方差目标函数的传感器管理，来自 Hung Gia Hoang 和 B. T. Vo 等人的工作。

26.6.4.1 基于 CBMeMBer 滤波器的无线传感器网络分布式控制

在一系列论文中，Wei 和 Zhang 将 CBMeMBer 滤波器版的 PENT 用于无线传感器网络的控制问题[121–124]。问题描述可参见26.3.1节，此处不再重复。与26.3.1节的主要区别是这里采用 CBMeMBer 滤波器代替了 PHD 滤波器，因而 PENT 目标函数的表达式也有所区别——见式(26.274)和文献 [123] 中的 (6) 式。所报道的结果与26.3.1节类似。

26.6.4.2 基于势方差的传感器管理

Hung Gia Hoang 和 B. T. Vo[108] 通过试验比较了势方差 (23.2.4节) 和 Rényi α 散度信息泛函这两种传感器管理目标函数。

①译者注：原著将本小节编入 26.6.4 节基于 CBMeMBer 滤波器的 RFS 控制实现，这里根据实际内容将其移至此处。

在试验中：由一个可移动的距离–方位传感器跟踪五个出现后又消失的运动目标；杂波为 $\lambda = 5$ 的均匀泊松杂波；检测概率随目标距离变化而变化。

他们首先基于 Rényi α 散度目标函数比较了 CBMeMBer 滤波器、无聚类 PHD 滤波器、K 均值聚类 PHD 滤波器这三种跟踪算法的性能。结果表明：无聚类 PHD 滤波器的性能接近 CBMeMBer 滤波器，但 CBMeMBer 滤波器的运行速度要比 PHD 滤波器快 2 倍。

随后，他们比较了 Rényi α 散度方法与两种版本的势方差方法：一个采用多样本对冲，另一个采用 PIMS 单样本对冲。他们发现：两种势方差方法的性能几乎相当，对于前半段场景，它们的性能远超过 Rényi α 散度方法；而 PIMS 单样本方法比多样本方法大约快 80 倍。

Hung Gia Hoang 等人是如此评价其算法的 (文献 [108] 第 8 页)：

> "……基于势方差的控制策略可使传感器更快地指向那些本已存在的目标，且对新生目标的响应也更为灵敏。与之形成对比的是，基于 Rényi α 散度的控制策略似乎更有利于已有目标……"

附 录

附录A 符号和术语

这部分内容是由文献 [179] 附录 A 略加修改而来。

A.1 透明符号系统

本书采用一套“透明”符号系统，读者一看就能知道各种数学符号的含义。透明符号系统的一个最常见的例子就是用 i、j、k 表示整数变量。本书采用 i、j、l 表示整数变量 (当上下文比较清晰不至于将 e 误认为欧拉数时，也会用 e 表示整数)，但 k 总用来表示整数时间下标。

本书所用符号系统是 Bar-Shalom 学派符号系统的扩展。字母 x 及其变形总用来表示目标状态，而 z 及其变形则总用于表示观测，即：

- Fractur 体 $\mathfrak{X}$ (一般状态空间)；ξ (一般状态空间中的状态)；$\boldsymbol{x}$、$\boldsymbol{x}'$ (状态矢量)；x (标量，为状态矢量的某分量)；$\boldsymbol{X}$ (随机状态矢量)；X、X' (状态矢量的有限集，可以为空集)；Ξ (随机有限状态集)；也常用符号 Y 和 V 表示有限状态集；常用 n 和 n' 表示有限状态集的元素个数；N 通常表示欧氏状态空间 $\mathfrak{X}_0 = \mathbb{R}^N$ 的维数；$\mathfrak{X}_0$ 的非有限子集常用 S、S' 表示。
- Fractur 体 $\mathfrak{Z}$ (一般观测空间)；ζ (一般观测空间中的观测)；$\boldsymbol{z}$、$\boldsymbol{z}'$ (观测矢量)；z (标量，观测矢量的某分量)；$\boldsymbol{Z}$ (随机观测矢量)；Z^k (观测矢量的时间序列 $\boldsymbol{z}_1, \cdots, \boldsymbol{z}_k$)；$Z$、$Z'$ (观测矢量的有限集，可以为空集)；$Z^{(k)}$ (观测集的时间序列 $Z_1, \cdots, Z_k$)；Σ (随机有限观测集)；也常用符号 W 表示观测集；常用 m、m' 表示随机观测集的元素个数；M 通常表示欧氏观测空间 $\mathfrak{Z}_0 = \mathbb{R}^M$ 的维数；$\mathfrak{Z}_0$ 的非有限子集常用 T、T' 表示，而随机非有限子集常用 Θ 表示。
- 本书遵循确定量和随机量的表示惯例：用小写字母表示确定量，用大写字母表示相应的随机量。因此，a、a' 为实数，A、A' 为随机实数，$\boldsymbol{y}$、$\boldsymbol{y}'$ 为 $\mathfrak{Y}$ 中的矢量，$\boldsymbol{Y}$、$\boldsymbol{Y}'$ 为其中的随机矢量。

大写希腊字母总用来表示某基本空间的随机 (有限或无限) 子集，小写希腊字母 ν 常用来表示某固定整数。沃尔泰拉 (Volterra) 泛函导数的表示取自量子电动力学，主要基于本科微积分中熟知的牛顿符号体系。本书另外还提供了一个单独的面向传感器管理的符号列表，参见25.7节。

A.2 一般的数学表示

下面是一些基本数学概念的符号表示：

- $A \overset{\text{def.}}{=} B$：将 A 定义为 B。
- $A \overset{\text{abbr.}}{=} B$：$A$ 为 B 的缩略表示。

- $A \cong B$：A 近似等于 B。
- $A \stackrel{?}{=} B$：A 和 B 是否相等。
- $f(u) \equiv a$：函数 $f(u)$ 恒等于常数 a。
- $n!$：n 的阶乘。
- $[0,1]$：单位区间，表示 $0 \sim 1$ 之间的实数。
- $C_{n,k} = \frac{n!}{k!(n-k)!}$：二项式系数 (也称作组合系数)，若 $n < k$，则 $C_{n,k} = 0$。
- $\mathbb{R}^n$：n 维欧氏空间。
- $\boldsymbol{y} = (y_1, \cdots, y_n, a_1, \cdots, a_{n'})$：由连续分量 $y_1, \cdots, y_n$ 和离散分量 $a_1, \cdots, a_{n'}$ 构成的矢量。
- $[f(\boldsymbol{y})]_{\boldsymbol{y}=\boldsymbol{a}} = f(\boldsymbol{a})$：将 $\boldsymbol{y} = \boldsymbol{a}$ 代入到函数 $f(\boldsymbol{y})$ 中。
- $\langle \boldsymbol{y}_1, \boldsymbol{y}_2 \rangle$：矢量 $\boldsymbol{y}_1$、$\boldsymbol{y}_2$ 的点 (标量) 积。
- $\|\boldsymbol{y}_1 - \boldsymbol{y}_2\|$：矢量 $\boldsymbol{y}_1$、$\boldsymbol{y}_2$ 之间的欧氏距离。
- $\boldsymbol{C}^{\mathrm{T}}$：矩阵 $\boldsymbol{C}$ 的转置。
- $\int f(\boldsymbol{y}) \mathrm{d}\boldsymbol{y}$：空间 $\mathfrak{Y}$ 上的积分。
- $\frac{\partial f}{\partial g}(\boldsymbol{y})$：矢量函数 $f(\boldsymbol{y})$ 的梯度导数 (见文献 [179] 的附录 C)。
- $\frac{\delta p}{\delta \boldsymbol{y}}$：概率质量函数 $p(S)$ 在 $\boldsymbol{y}$ 处的 Radon−Nikodým 导数。
- $\lim_{a \searrow 0} f(a)$：$f(a)$ 的右极限，即 a 从大于 0 一侧趋近于 0 时的极限。
- $\sup_{\boldsymbol{y}} f(\boldsymbol{y})$：函数 $f(\boldsymbol{y})$ 的极大值。
- $\arg\sup_{\boldsymbol{y}} f(\boldsymbol{y})$：使 $f(\boldsymbol{y})$ 取极大值的 $\boldsymbol{y}$ 值。
- $\min\{a_1, \cdots, a_n\}$：序列 $a_1, \cdots, a_n$ 的最小值。
- $\max\{a_1, \cdots, a_n\}$：序列 $a_1, \cdots, a_n$ 的最大值。
- $O(n)$：计算复杂度等级为 n。
- $\log x$：x 的自然对数 (以 e 为底)。

A.3 集合论

下面是集合论中的一些基本符号表示：

- $\emptyset$：空集。
- $\{a, b, c, d\}$：元素为 a、b、c、d (通常是互异的) 的有限集。
- $\{a | P(a)\}$：某论域中满足逻辑命题 $P(a)$ 的所有元素 a 组成的集合。
- X, Y, Z, W：有限集。
- S, T, U：一般集合 (不一定是有限集)。
- $\mathbf{1}_S(\boldsymbol{y})$：集合 S 的示性函数，若 $\boldsymbol{y} \in S$，则 $\mathbf{1}_S(\boldsymbol{y}) = 1$，否则 $\mathbf{1}_S(\boldsymbol{y}) = 0$。
- $|X|$：有限集 X 中的元素个数。

- $|S|$：某基本测度下可测集 S 的超体积 (Lebesgue 测度)。
- $\mathfrak{Z}$：一般观测空间。
- $\mathfrak{X}$：一般状态空间。
- $S \cap T$：集合 S、T 的交集。
- $S \cup T$：集合 S、T 的并集。
- $S \uplus T$：集合 S、T 的互斥并集。
- $S \times T$：集合 S、T 的笛卡儿积。
- $S - T = S \cap T^c$：集合 S、T 的差集。
- $S \subseteq T$：集合 S 包含于 (含等于) 集合 T。
- $S \subset T$：集合 S 真包含于 (不含等于) 集合 T。
- $S \supseteq T$：集合 S 包含 (含等于) 集合 T。
- S^c：集合 S 的补 (余) 集。
- $a \in S$：元素 a 属于集合 S。
- $a \notin S$：元素 a 不属于集合 S。
- $\delta_{\boldsymbol{x},\boldsymbol{y}}$：Kronecker−$\delta$ 函数。
- $\delta_{\boldsymbol{x}}(\boldsymbol{y})$：$\boldsymbol{y} = \boldsymbol{x}$ 处的狄拉克 δ 密度。
- $\Delta_{\boldsymbol{x}}(S)$：$\boldsymbol{x}$ 处的狄拉克测度。
- $E_{\boldsymbol{z}}$：矢量 $\boldsymbol{z}$ 的极小邻域。
- $B_{\varepsilon,\boldsymbol{z}}$：以矢量 $\boldsymbol{z}$ 为中心半径为 ε 的 (超) 球。

A.4 模糊逻辑与 DS 理论

下面是专家系统中的一些基本符号表示：

- $f \wedge f'$：模糊隶属函数 f、f' 的模糊与 (AND)。
- $f \vee f'$：模糊隶属函数 f、f' 的模糊或 (OR)。
- $f^c = 1 - f$：模糊隶属函数 f 的模糊否。
- $f \wedge_{A,A'} f'$：模糊隶属函数 f、f' 的联项模糊与 (AND)，见22.2.2节。
- $f \vee_{A,A'} f'$：模糊隶属函数 f、f' 的联项模糊或 (OR)，见22.2.2节。
- $m : f_1, \cdots, f_b \mapsto m_1, \cdots, m_b$：模糊 DS 基本质量赋值 (b.m.a.)，见22.2.3节。
- $m * m'$：两个基本质量赋值 m、m' 的 Dempster 组合，见22.2.3节。

A.5 概率与统计

下面是多目标检测跟踪中常用的一些基本概率论符号表示：

- p_{D}：检测概率。

- p_{FA}：虚警概率。
- λ：泊松 RFS 的杂波率，即平均虚警次数。
- $\boldsymbol{y}_1, \cdots, \boldsymbol{y}_m \sim f(\boldsymbol{y})$：从概率分布 $f(\boldsymbol{y})$ 中抽取出的 m 个样本 $\boldsymbol{y}_1, \cdots, \boldsymbol{y}_m$。
- $N_{\boldsymbol{C}}(\boldsymbol{x}-\hat{\boldsymbol{x}})$：均值为 $\hat{\boldsymbol{x}}$、协方差矩阵为 $\boldsymbol{C}$ 的高斯分布。
- $\hat{N}_{\boldsymbol{C}}(\boldsymbol{x}-\hat{\boldsymbol{x}}) = N_{\boldsymbol{C}}(\boldsymbol{x}-\hat{\boldsymbol{x}}) / \sup_{\boldsymbol{x}} N_{\boldsymbol{C}}(\boldsymbol{x}-\hat{\boldsymbol{x}})$：均值为 $\hat{\boldsymbol{x}}$、协方差矩阵为 $\boldsymbol{C}$ 的归一化高斯分布。
- $N_{\sigma^2}(x-\hat{x})$：均值为 $\hat{x}$、方差为 σ^2 的一维高斯分布。
- $\boldsymbol{x} = (x_1, \cdots, x_n, c_1, \cdots, c_{n'})$：由连续分量 $x_1, \cdots, x_n$ 和离散分量 $c_1, \cdots, c_{n'}$ 构成的状态矢量。
- $\boldsymbol{z} = (z_1, \cdots, z_m, u_1, \cdots, u_{m'})$：由连续分量 $z_1, \cdots, z_m$ 和离散分量 $u_1, \cdots, u_{m'}$ 构成的观测矢量。
- $\overset{j}{\boldsymbol{z}}$：由标签 (或标记) 为 j 的传感器获得的观测矢量。
- $\overset{j}{\mathfrak{Z}}$：传感器 j 的观测空间。
- $\overset{j}{T}$：传感器 j 观测空间的子集。
- $Z^k : \boldsymbol{z}_1, \cdots, \boldsymbol{z}_k$：$k$ 时刻的观测序列。
- $\boldsymbol{X}, \boldsymbol{Y}, \boldsymbol{Z}, \boldsymbol{V}, \boldsymbol{W}$：随机矢量。
- $\boldsymbol{Z} = \eta(\boldsymbol{x}, \boldsymbol{W})$：一般的非线性传感器观测函数。
- $\boldsymbol{X}_{k+1} = \varphi_k(\boldsymbol{X}_k, \boldsymbol{V}_k)$：一般的 (离散时间) 非线性目标状态转移函数。
- $\Pr(\boldsymbol{Z} = \boldsymbol{z})$：(离散) 随机矢量 $\boldsymbol{Z}$ 的值为 $\boldsymbol{z}$ 的概率。
- $p_{\boldsymbol{Z}}(S) = \Pr(\boldsymbol{Z} \in S)$：随机矢量 $\boldsymbol{Z}$ 的概率质量函数 (也称作概率测度)。
- $p_{\boldsymbol{Z}|\boldsymbol{X}}(S|\boldsymbol{x}) = \Pr(\boldsymbol{Z} \in S | \boldsymbol{X} = \boldsymbol{x})$：$\boldsymbol{X} = \boldsymbol{x}$ 时随机矢量 $\boldsymbol{Z}$ 的条件概率质量函数。
- $\mathbb{E}[\boldsymbol{X}]$：随机矢量 $\boldsymbol{X}$ 的期望值。
- $f(\boldsymbol{z}|\boldsymbol{x}) = f_{\boldsymbol{Z}|\boldsymbol{X}}(\boldsymbol{z}|\boldsymbol{x})$：传感器似然函数。
- $f_{\boldsymbol{Z}}(\boldsymbol{z})$：概率质量函数 $p_{\boldsymbol{Z}}(S)$ 对应的密度函数。
- $\overset{j}{f}(\overset{j}{\boldsymbol{z}}|\boldsymbol{x})$：传感器 j 的似然函数。
- $f(\overset{1}{\boldsymbol{z}}, \cdots, \overset{s}{\boldsymbol{z}}|\boldsymbol{x})$：多传感器的联合似然函数。
- $f_{k+1|k}(\boldsymbol{x}|\boldsymbol{x}')$：$t_k$ 到 t_{k+1} 时刻的马尔可夫转移密度。
- $f_{k|k}(\boldsymbol{x}|Z^k)$：$k$ 时刻观测序列为 $Z^k : \boldsymbol{z}_1, \cdots, \boldsymbol{z}_k$ 时状态的后验密度。
- $f_{k+1|k}(\boldsymbol{x}|Z^k)$：$t_{k+1}$ 时刻的预测密度。
- $f_0(\boldsymbol{x}) = f_{0|0}(\boldsymbol{x})$：初始分布 ($k=0$ 时的后验密度)。
- $\hat{\boldsymbol{x}}(\boldsymbol{z}_1, \cdots, \boldsymbol{z}_m)$：基于观测 $\boldsymbol{z}_1, \cdots, \boldsymbol{z}_m$ 的状态估计器。
- $\hat{\boldsymbol{x}}_{k|k}^{\mathrm{MAP}}$：最大后验 (MAP) 状态估计器。

- $\hat{x}_{k|k}^{\text{EAP}}$：期望后验 (EAP) 状态估计器 (也称作后验期望估计器)。

A.6 随机集

下面是随机集理论中的一些基本符号表示：

- $\emptyset^q$：随机子集，$\emptyset^q = \emptyset$ 的概率为 $1-q$，$\emptyset^q$ 等于整个观测 (或状态) 空间的概率为 q。
- A：单位区间 $[0,1]$ 上均匀分布的随机数。
- $\Sigma_A(f) = \{u|A \leqslant f(u)\}$：论域 U 上的模糊隶属函数 $f(u)$ 的同步随机集模型，见22.2.2.2节。
- $\Sigma_\alpha(f) = \{u|\alpha(u) \leqslant f(u)\}$：论域 U 上的模糊隶属函数 $f(u)$ 的异步随机集模型，见22.2.2.2节。
- $\Sigma_A(W)$：$\mathfrak{Z} \times [0,1]$ 的子集 W 的同步随机集模型，见22.2.5.1节。
- $\Sigma_\Phi(X \Rightarrow S)$：规则 $X \Rightarrow S$ 的同步随机集模型，见22.2.4.1节。
- $\mu_\Sigma(a) = \Pr(a \in \Sigma)$：随机集 Σ 的点覆盖函数 (模糊隶属函数)。
- $\beta_\Sigma(S) = \Pr(\Sigma \subseteq S)$：随机集 Σ 的信任质量函数。
- $\beta_{\Sigma|\Xi}(S|X) = \Pr(\Sigma \subseteq S|X)$：当 $\Xi = X$ 时随机集 Σ 的条件信任质量函数。

A.7 多目标微积分

下面是多目标微积分中的一些基本符号表示：

- $\int f(Y)\delta Y$：多目标密度函数 $f(Y)$ 的集积分，见3.3节。
- $f_{k|k}(n)$：多目标密度 $f_{k|k}(X)$ 的势分布，见式(4.59)。
- $\frac{\delta\beta}{\delta \boldsymbol{y}}(S)$：(非有限) 集变量 S 的函数 $\beta(S)$ 关于矢量 $\boldsymbol{y}$ 的集导数，见3.4.3节。
- $\frac{\delta\beta}{\delta Y}(S)$：(非有限) 集变量 S 的函数 $\beta(S)$ 关于有限集变量 Y 的集导数，见3.4.3节。
- $\frac{\delta\beta}{\delta\emptyset}(S) = \beta(S)$：(非有限) 集变量 S 的函数 $\beta(S)$ 关于空集 $\emptyset$ 的集导数，见3.4.3节。
- $\frac{\delta F}{\delta \boldsymbol{y}}[h]$：泛函 $F[h]$ 关于矢量 $\boldsymbol{y}$ 的泛函导数，见3.4.2节。
- $\frac{\delta F}{\delta Y}[h]$：泛函 $F[h]$ 关于有限矢量集 Y 的泛函导数，见3.4.2节。
- $\frac{\delta F}{\delta\emptyset}[h] = F[h]$：泛函 $F[h]$ 关于空集 $\emptyset$ 的泛函导数，见3.4.2节。

A.8 有限集统计学

下面是有限集统计学中的一些基本符号表示：

- $\mathfrak{Z}$：基本观测空间。
- $\mathfrak{X}$：基本状态空间。
- $\mathfrak{Z}^\infty$：$\mathfrak{Z}$ 所有有限子集构成的空间。
- $\mathfrak{X}^\infty$：$\mathfrak{X}$ 所有有限子集构成的空间。

- $f(Y) = f(\{\boldsymbol{y}_1, \cdots, \boldsymbol{y}_n\}) = n! f(\boldsymbol{y}_1, \cdots, \boldsymbol{y}_n)$：有限集变量 $Y = \{\boldsymbol{y}_1, \cdots, \boldsymbol{x}_n\}$ ($|Y| = n \geqslant 0$) 的函数 f 的三种不同形式。
- $X = \{\boldsymbol{x}_1, \cdots, \boldsymbol{x}_n\}$：多目标状态 (一般状态的有限集)。
- Θ：多传感器观测空间的随机子集 (表示一个“广义观测”)。
- $\overset{j}{\Theta}$：由标签 (或标记) 为 j 的源获得的广义观测。
- $Z = \{\boldsymbol{z}_1, \cdots, \boldsymbol{z}_m, \Theta_1, \cdots, \Theta_{m'}\}$：多目标观测集 (常规观测与广义观测组成的有限集)。
- $\overset{j}{Z}$：传感器 j 获得的多目标观测集。
- $\overset{j}{\Sigma}$：传感器 j 的随机多目标观测集。
- Σ：多源多目标随机观测集。
- $\Xi_{k|k}$：t_k 时刻目标状态的随机有限集。
- $Z^{(k)} : Z_1, \cdots, Z_m$：$t_k$ 时刻的观测集序列。
- $f_{k+1}(Z|X)$：一般的多源多目标似然函数。
- $\overset{j}{f}(\overset{j}{Z}|X)$：传感器 j 的一般多目标似然函数。
- $f(\overset{1}{Z}, \cdots, \overset{s}{Z}|X)$：多源多目标联合似然函数。
- $f_{k+1|k}(X|X')$：一般的多目标马尔可夫转移密度。
- $f_{k|k}(X|Z^{(k)})$：t_k 时刻观测集序列为 $Z^{(k)}$ 时的多目标后验分布。
- $f_{k+1|k}(X|Z^{(k)})$：时间外推 (预测) 的 t_{k+1} 时刻多目标后验分布。
- $f_0(X) = f_{0|0}(X)$：初始多目标分布 (t_0 时刻的多目标后验分布)。

A.9 广义观测

下面是广义观测和广义似然函数 (GLF) 的一些基本符号表示：

- $\rho(\Theta|\boldsymbol{x})$：广义观测 Θ 的广义似然函数，见22.3节。
- $\rho(\Theta_1, \cdots, \Theta_m|\boldsymbol{x})$：广义观测 $\Theta_1, \cdots, \Theta_m$ 的联合广义似然函数，见22.3节。
- $\overset{j}{\rho}(\overset{j}{\Theta}|\boldsymbol{x})$：广义观测 $\overset{j}{\Theta}$ (来自传感器 j) 的广义似然函数。
- $\rho(\overset{1}{\boldsymbol{z}}, \cdots, \overset{s}{\boldsymbol{z}}, \overset{1}{\Theta}, \cdots, \overset{t}{\Theta}|\boldsymbol{x})$：所有源的联合广义似然函数。

附录B　动态系统的贝叶斯分析

本附录旨在介绍一般物理系统的贝叶斯分析方法。这部分内容最早见于文献 [179] 的 3.5.1 节和 3.5.2 节，这里的内容包括：

- B.1节：形式化贝叶斯建模。
- B.2节：一般观测空间和状态空间上的递归贝叶斯滤波器。

B.1　通用的形式化贝叶斯建模

形式化贝叶斯滤波基于离散时间动态状态空间模型 (见文献 [138] 第 2592 页)，本书的形式化贝叶斯建模共包括下面七个步骤：

- 状态空间：定义状态空间 $\mathfrak{X}$，使之可唯一且完备地描述物理系统可能的状态 ξ。术语“状态”是指我们关心且欲进一步了解的物理对象的那些描述性参数。
- 观测空间：为每个传感器定义观测空间 $\mathfrak{Z}$，使之可唯一且完备地描述传感器所能观察到的信息 ζ。
- 积分：对于状态变量的实值函数 $f(\xi)$ 及观测变量的实值函数 $g(\zeta)$，分别定义积分 $\int_S f(\xi)\mathrm{d}\xi$ 和 $\int_T g(\zeta)\mathrm{d}\zeta$。
- 马尔可夫状态转移模型：由于观测是在称作“时间步”的离散时刻 $t_0, t_1, \cdots, t_k, \cdots$ 得到，因此需要构造状态转移模型 (运动模型是一种典型情形) $\xi_{k|k} \to \xi_{k+1|k}$ 以描述目标从 t_k 时刻状态 $\xi_{k|k}$ 到 t_{k+1} 时刻状态 $\xi_{k+1|k}$ 的变化。在贝叶斯框架下，$\xi_{k|k}$ 和 $\xi_{k+1|k}$ 都是随机变量的样本，而形式化运动模型通常为如下形式：

$$\xi_{k+1|k} = \varphi_{k+1|k}(\xi, \omega_{k+1}) \tag{B.1}$$

  式中：ω_{k+1} 表示随机噪声过程。更常见的形式是 $\xi_{k+1|k} = \varphi_k(\xi)$，其中 $\varphi_k(\xi)$ 为 ξ 的随机函数。
- 马尔可夫状态转移密度：根据系统状态转移模型构造归一化的状态转移密度 $f_{k+1|k}(\xi|\xi', Z^k)$ 且

$$\int f_{k+1|k}(\xi|\xi', Z^k)\mathrm{d}\xi = 1, \quad \forall \xi', Z^k \tag{B.2}$$

  用以描述 t_k 时刻状态为 ξ' 且前 k 步观测序列为 $Z^k: \zeta_1, \cdots, \zeta_k$ 时 t_{k+1} 时刻目标状态为 ξ 的可能性。
- 观测模型：构造观测模型 $\xi_{k+1} \to \zeta_{k+1}$ 以描述目标状态 ξ_{k+1} 是如何产生观测 ζ_{k+1} 的。在贝叶斯框架下，ζ_{k+1} 和 ξ_{k+1} 都是随机变量的样本，而形式化观测模型通常

为如下形式：

$$\zeta_{k+1} = \eta_{k+1}(\xi, \varpi_{k+1}) \tag{B.3}$$

式中：ϖ_{k+1} 为随机噪声过程。更常见的形式是 $\zeta_{k+1} = \eta_{k+1}(\xi)$，其中 $\eta_{k+1}(\xi)$ 为 ξ 的随机函数。

- 似然函数：根据观测模型构造归一化的似然函数

$$L_\zeta(\xi) \overset{\text{abbr.}}{=} f_{k+1}(\zeta|\xi, Z^k) \tag{B.4}$$

且

$$\int f_{k+1}(\zeta|\xi, Z^k)\mathrm{d}\zeta = 1, \quad \forall \xi, Z^k \tag{B.5}$$

用以描述目标当前状态为 ξ 且先前观测序列为 Z^k 时观测为 ζ 的可能性。

B.2 通用贝叶斯滤波器

贝叶斯滤波器 (文献 [94] 第 238 页) 随时间 $t_k = t_0, t_1, \cdots$ 传递时变的贝叶斯后验密度 $f_{k|k}(\xi|Z^k)$：

$$\cdots \to \quad f_{k|k}(\xi|Z^k) \quad \to \quad f_{k+1|k}(\xi|Z^k) \quad \to \quad f_{k+1|k+1}(\xi|Z^{k+1}) \quad \to \cdots$$

它由以下几个步骤组成：

- 初始化：选择初始的密度函数 $f_{0|0}(\xi|Z^0) = f_{0|0}(\xi)$。
- 预测器 (时间更新)：利用预测器方程处理由状态转移引入的模糊性：

$$f_{k+1|k}(\xi|Z^k) = \int f_{k+1|k}(\xi|\xi', Z^k) f_{k|k}(\xi'|Z^k)\mathrm{d}\xi' \tag{B.6}$$

$$f_{k+1|k}(\xi|Z^k) = \int f_{k+1|k}(\xi|\xi') f_{k|k}(\xi'|Z^k)\mathrm{d}\xi' \tag{B.7}$$

式(B.6)只是全概率公式的一个应用，式(B.7)是假定 $f_{k+1|k}(\xi|\xi', Z^k) = f_{k+1|k}(\xi|\xi')$ (目标将来的状态仅与其当前状态有关) 下的直接结果。

- 校正器 (观测更新)：利用校正器方程融合当前信息 ζ_{k+1} 与先前的所有信息 Z^k：

$$f_{k+1|k+1}(\xi|Z^{k+1}) \propto f_{k+1}(\zeta_{k+1}|\xi, Z^k) f_{k+1|k}(\xi|Z^k) \tag{B.8}$$

$$f_{k+1|k+1}(\xi|Z^{k+1}) \propto f_{k+1}(\zeta_{k+1}|\xi) f_{k+1|k}(\xi|Z^k) \tag{B.9}$$

式(B.8)即贝叶斯规则，对应的贝叶斯归一化因子为

$$f_{k+1}(\zeta_{k+1}|Z^k) = \int f_{k+1}(\zeta_{k+1}|\xi, Z^k) \cdot f_{k+1|k}(\xi|Z^k)\mathrm{d}\xi \tag{B.10}$$

式(B.9)是假定 $f_{k+1}(\zeta|\xi, Z^k) = f_{k+1}(\zeta|\xi)$ (即当前观测仅与当前状态有关) 下的直接结果。

- 数据融合：可按下述方式对多传感器数据进行融合。为概念清晰起见，假定两个传感器在 t_{k+1} 时刻分别获得观测 $\overset{1}{\zeta}_{k+1}$ 和 $\overset{2}{\zeta}_{k+1}$，在贝叶斯规则中使用联合似然 $\overset{12}{f}_{k+1}(\overset{1}{\zeta}_{k+1},\overset{2}{\zeta}_{k+1}|\xi)$ (假设可以得到) 即可融合这两个观测：

$$f_{k+1|k+1}(\xi|\overset{1}{Z}^{k+1},\overset{2}{Z}^{k+1}) \propto \overset{12}{f}_{k+1}(\overset{1}{\zeta}_{k+1},\overset{2}{\zeta}_{k+1}|\xi,\overset{1}{Z}^{k},\overset{2}{Z}^{k})\cdot f_{k+1|k}(\xi|\overset{1}{Z}^{k},\overset{2}{Z}^{k}) \tag{B.11}$$

若传感器相互独立，则

$$\overset{12}{f}_{k+1}(\overset{1}{\zeta}_{k+1},\overset{2}{\zeta}_{k+1}|\xi) = \overset{1}{f}_{k+1}(\overset{1}{\zeta}_{k+1}|\xi)\cdot\overset{2}{f}_{k+1}(\overset{2}{\zeta}_{k+1}|\xi) \tag{B.12}$$

- 状态估计：使用贝叶斯最优状态估计器估计目标的当前状态，如最大后验 (MAP) 估计器

$$\hat{\xi}_{k+1|k+1} = \arg\sup_{\xi} f_{k+1|k+1}(\xi|Z^{k+1}) \tag{B.13}$$

必须注意的是，在某些应用中标准状态估计器可能没有定义，多目标统计学即属于此类应用。术语“贝叶斯最优性”是指贝叶斯最优状态估计器的存在性。

- 误差估计：采用后验密度 $f_{k+1|k+1}(\xi|Z^{k+1})$ 的某种统计离差测度 (如协方差和熵等) 来描述状态估计的不确定性。

附录C　严格的泛函导数

本附录旨在通过一种严格的数学方式来定义式(3.27)的泛函导数并证明式(3.29)，主要内容类似于文献 [181] 的 VI–A 节。

本附录给出两种定义：不可构的和可构的泛函导数。不可构定义基于 Radon–Nikodým 定理，它仅指出泛函导数的存在性，却未提供任何显式方法来确定泛函导数。可构定义基于集导数，它提供了一种构造泛函导数的方法。本附录的内容包括：

- 附录C.1：泛函导数的不可构定义。
- 附录C.2：集导数 (又称可构的 Radon–Nikodým 导数)。
- 附录C.3：泛函导数的可构定义。

C.1　泛函导数的不可构定义

假定泛函 $G[h]$ 具有以下性质：若 g 的支撑[①]是基本测度下的零测集，则对于所有的 h，有

$$G[h+g]=G[h] \tag{C.1}$$

由 Gâteaux 导数或 Frechét 导数的定义可知，下式的集函数对于每个 h 都满足可加性：

$$\phi(T)=\frac{\partial G}{\partial \mathbf{1}_T}[h] \tag{C.2}$$

也就是说，若 $T_1\cap T_2=\emptyset$，则

$$\phi(T_1\cup T_2)=\frac{\partial G}{\partial \mathbf{1}_{T_1\cup T_2}}[h]=\frac{\partial G}{\partial \mathbf{1}_{T_1}}[h]+\frac{\partial G}{\partial \mathbf{1}_{T_2}}[h]=\phi(T_1)+\phi(T_2) \tag{C.3}$$

此外，根据 Gâteaux 导数或 Frechét 导数的定义，对每个固定的 h，$g\mapsto\frac{\partial G}{\partial g}[h]$ 关于 g 连续。因此，$\phi(T)$ 不仅可加，而且可数可加。由于式(C.1)成立，$\phi(T)$ 还关于基本测度绝对连续，即对于零测集 T，有

$$\phi(T)=\frac{\partial G}{\partial \mathbf{1}_T}[h]=\lim_{\varepsilon\to 0}\frac{G[h+\varepsilon\mathbf{1}_T]-G[h]}{\varepsilon}=\lim_{\varepsilon\to 0}\frac{G[h]-G[h]}{\varepsilon}=0 \tag{C.4}$$

因此，由 Radon–Nikodým 定理可知，对于所有的可测集 T，存在一个几乎处处唯一的函数 $\boldsymbol{y}\mapsto\frac{\delta G}{\delta \boldsymbol{y}}[h]$，满足

$$\phi(T)=\frac{\partial G}{\partial \mathbf{1}_T}[h]=\int_T\frac{\delta G}{\delta \boldsymbol{y}}[h]\mathrm{d}\boldsymbol{y} \tag{C.5}$$

式(C.5)即泛函导数的严格 (不可构) 定义。

[①] 函数 $g(\boldsymbol{y})$ 的支撑 $\mathrm{Supp}(g)$ 是指 $g(\boldsymbol{y})\neq 0$ 的所有 $\boldsymbol{y}$ 构成的集合。

下面证明式(3.29)，即

$$\int g(\boldsymbol{y}) \cdot \frac{\delta G}{\delta \boldsymbol{y}}[h]\mathrm{d}\boldsymbol{y} = \frac{\partial G}{\partial g}[h] \tag{C.6}$$

由式(C.5)可知，对于所有的可测集 T，有

$$\frac{\partial G}{\partial \mathbf{1}_T}[h] = \int \mathbf{1}_T(\boldsymbol{y}) \cdot \frac{\partial G}{\partial \delta_{\boldsymbol{y}}}[h]\mathrm{d}\boldsymbol{y} \tag{C.7}$$

因此，式(C.6)对于所有的集合示性函数 $g(\boldsymbol{y}) = \mathbf{1}_T(\boldsymbol{y})$ 成立。考虑如下的简单函数柯西序列 $g_i(\boldsymbol{y})$：

$$g_i(\boldsymbol{y}) = \sum_{j=1}^{N_i} w_{j,i} \cdot \mathbf{1}_{T_{j,i}}(\boldsymbol{y}) \tag{C.8}$$

当 $i \to \infty$ 时，$g_i \to g$。由于 $g \mapsto \frac{\partial G}{\partial g}[h]$ 关于 g 线性且连续，因此

$$\frac{\partial G}{\partial g}[h] = \lim_{i\to\infty} \frac{\partial G}{\partial g_i}[h] = \lim_{i\to\infty} \sum_{j=1}^{N_i} w_{j,i} \cdot \frac{\partial G}{\partial \mathbf{1}_{T_{j,i}}}[h] \tag{C.9}$$

$$= \lim_{i\to\infty} \sum_{j=1}^{N_i} w_{j,i} \int \mathbf{1}_{T_{j,i}}(\boldsymbol{y}) \cdot \frac{\delta G}{\delta \boldsymbol{y}}[h]\mathrm{d}\boldsymbol{y} \tag{C.10}$$

$$= \int \left(\lim_{i\to\infty} g_i(\boldsymbol{y})\right) \cdot \frac{\delta G}{\delta \boldsymbol{y}}[h]\mathrm{d}\boldsymbol{y} = \int g(\boldsymbol{y}) \cdot \frac{\delta G}{\delta \boldsymbol{y}}[h]\mathrm{d}\boldsymbol{y} \tag{C.11}$$

C.2 可构的 Radon–Nikodým 导数

令 $\boldsymbol{Y}$ 为欧氏空间 $\mathfrak{Y}$ 中的一个随机元素，其概率质量函数为 $p_{\boldsymbol{Y}}(T) = \Pr(\boldsymbol{Y} \in T)$，令 $E_{\boldsymbol{y}}$ 表示 $\boldsymbol{y} \in \mathfrak{Y}$ 处大小为 $|E_{\boldsymbol{y}}|$ 的极小邻域，则

$$p_{\boldsymbol{Y}}(E_{\boldsymbol{y}}) = \int_{E_{\boldsymbol{y}}} f_{\boldsymbol{Y}}(\boldsymbol{w})\mathrm{d}\boldsymbol{w} \cong f_{\boldsymbol{Y}}(\boldsymbol{y}) \cdot |E_{\boldsymbol{y}}| \tag{C.12}$$

因此

$$f_{\boldsymbol{Y}}(\boldsymbol{y}) = \lim_{|E_{\boldsymbol{y}}|\searrow 0} \frac{p_{\boldsymbol{Y}}(E_{\boldsymbol{y}})}{|E_{\boldsymbol{y}}|} \tag{C.13}$$

此即 *Lebesgue 微分定理* (文献 [319] 第 100 页)。它利用可构 Radon–Nikodým 导数 (文献 [94] 第 144–150 页) 提供了一种 (但不唯一) 根据 $p_{\boldsymbol{Y}}(T)$ 推导 $f_{\boldsymbol{Y}}(\boldsymbol{y})$ 的方法。

现令 $E_{\boldsymbol{y}}$ 和 $E'_{\boldsymbol{y}}$ 均为 $\boldsymbol{y}$ 的极小邻域，对于任意的闭子集 $T \subseteq \mathfrak{Y}$，令

$$T_{E'_{\boldsymbol{y}}} \overset{\text{def.}}{=} T - E'_{\boldsymbol{y}} \tag{C.14}$$

因此 $T_{E'_{\boldsymbol{y}}}$ 与 $E_{\boldsymbol{y}}$ 互斥，且

$$p_{\boldsymbol{Y}}(T_{E'_{\boldsymbol{y}}} \cup E_{\boldsymbol{y}}) - p_{\boldsymbol{Y}}(T_{E'_{\boldsymbol{y}}}) = p_{\boldsymbol{Y}}(E_{\boldsymbol{y}}) \tag{C.15}$$

因此，由(C.13)式可知

$$f_{\boldsymbol{Y}}(\boldsymbol{y}) = \lim_{|E'_{\boldsymbol{y}}|\searrow 0} \lim_{|E_{\boldsymbol{y}}|\searrow 0} \frac{p_{\boldsymbol{Y}}(T_{E'_{\boldsymbol{y}}} \cup E_{\boldsymbol{y}}) - p_{\boldsymbol{Y}}(T_{E'_{\boldsymbol{y}}})}{|E_{\boldsymbol{y}}|} \tag{C.16}$$

一般地，考虑集函数 $\beta(T)$，则 $\beta(T)$ 关于 $\boldsymbol{y}$ 的集导数可定义为 (文献 [94] 第 144−151 页)

$$\frac{\delta\beta}{\delta\boldsymbol{y}}(T) = \lim_{|E'_{\boldsymbol{y}}|\searrow 0} \lim_{|E_{\boldsymbol{y}}|\searrow 0} \frac{\beta(T_{E'_{\boldsymbol{y}}} \cup E_{\boldsymbol{y}}) - \beta(T_{E'_{\boldsymbol{y}}})}{|E_{\boldsymbol{y}}|} \tag{C.17}$$

C.3 泛函导数的可构定义

令 $F[h]$ 为 $h(\boldsymbol{y})$ 的泛函，则 $F[h]$ 关于 $\boldsymbol{y}$ 的泛函导数可定义为

$$\frac{\delta F}{\delta\boldsymbol{y}}[h] = \left[\frac{\delta}{\delta\boldsymbol{y}} F_h(T)\right]_{T=\emptyset} \tag{C.18}$$

上式右边的导数定义见式(C.17)；其中的集函数 $F_h(T)$ 定义为

$$F_h(T) = \lim_{\varepsilon\searrow 0} \frac{F[h+\varepsilon\cdot\mathbf{1}_T] - F[h]}{\varepsilon} = \lim_{\varepsilon\searrow 0} \frac{\mathrm{d}}{\mathrm{d}\varepsilon} F[h+\varepsilon\cdot\mathbf{1}_T] \tag{C.19}$$

附录D　有限集的分割

非空有限集 Z 的分割 $\mathcal{P}$ 是由 Z 的非空互斥子集 $W_1, \cdots, W_n$ 组成的集合，即 $\mathcal{P} = \{W_1, \cdots, W_n\}$ 且 $W_1 \cup \cdots \cup W_n = Z$，通常将子集 $W_1, \cdots, W_n$ 称作 $\mathcal{P}$ 的“单元”或“块”。本书采用符号“$\mathcal{P} \boxminus Z$”表示“$\mathcal{P}$ 是 Z 的分割”或“$\mathcal{P}$ 分割 Z”。

例如，集合 $Z = \{z_1, z_2, z_3\}$ ($|Z| = 3$) 共有 5 个分割：

$$\mathcal{P}_1 = \{\{z_1, z_2, z_3\}\}, \qquad \mathcal{P}_2 = \{\{z_1\}, \{z_2\}, \{z_3\}\} \tag{D.1}$$

$$\mathcal{P}_3 = \{\{z_3\}, \{z_1, z_2\}\}, \qquad \mathcal{P}_4 = \{\{z_2\}, \{z_1, z_3\}\} \tag{D.2}$$

$$\mathcal{P}_5 = \{\{z_1\}, \{z_2, z_3\}\} \tag{D.3}$$

本附录简要介绍分割理论，内容包括：

- 附录D.1：集合分割的计数。
- 附录D.2：集合分割的递归构造。

D.1　分割的计数

集合 Y 的分割数即贝尔数 $B_{|Y|}$，它服从下述递归方程：

$$B_{n+1} = \sum_{i=0}^{n} C_{n,i} \cdot B_i \tag{D.4}$$

式中：$C_{n,i}$ 为式(2.1)定义的二项式系数。

B_n 也可表示为

$$B_n = \sum_{i=1}^{n} S_{n,i} \tag{D.5}$$

式中：$S_{n,i}$ 为第二类斯特林数，表示将 n 个元素分成 i 个单元的所有可能的分割数。斯特林数满足下面的递归方程：

$$S_{n+1,i} = S_{n,i-1} + i \cdot S_{n,i} \tag{D.6}$$

因此，贝尔数满足下述递归方程：

$$B_{n+1} = B_n + \sum_{i=1}^{n} i \cdot S_{n,i} \tag{D.7}$$

上式的推导过程如下：

$$B_{n+1} = \sum_{i=1}^{n+1} S_{n+1,i} = \sum_{i=1}^{n+1}(S_{n,i-1} + i \cdot S_{n,i}) \tag{D.8}$$

$$= \sum_{i=1}^{n+1} S_{n,i-1} + \sum_{i=1}^{n+1} i \cdot S_{n,i} \tag{D.9}$$

$$= \sum_{i=2}^{n+1} S_{n,i-1} + \sum_{i=1}^{n} i \cdot S_{n,i} = \sum_{j=1}^{n} S_{n,j} + \sum_{i=1}^{n} i \cdot S_{n,i} \tag{D.10}$$

$$= B_n + \sum_{i=1}^{n} i \cdot S_{n,i} \tag{D.11}$$

D.2 分割的递归构造

假设已知集合 $Z_n = \{z_1, \cdots, z_n\}$ ($|Z|_n = n$) 的分割，令 $z_{n+1} \notin Z_n$，则由 Z_n 的分割便可构造出 $Z_{n+1} = \{z_1, \cdots, z_n, z_{n+1}\}$ 的分割。具体步骤如下：

- 给 Z_n 的每个分割 $\mathcal{P}$ 添加单元 $\{z_{n+1}\}$，从而得到一个新的分割：

$$\mathcal{P}_{z_{n+1}} = \mathcal{P} \cup \{\{z_{n+1}\}\} \tag{D.12}$$

- 对于 Z_n 的每个分割 $\mathcal{P}$ 及 $\mathcal{P}$ 中的每一单元 W，用单元 $W \cup \{z_{n+1}\}$ 替换 W，从而得到一个新分割：

$$\mathcal{P}_{W,z_{n+1}} = (\mathcal{P} - W) \cup \{W \cup \{z_{n+1}\}\} \tag{D.13}$$

按照上述方法构造的 $\mathcal{P}_{z_{n+1}}$ 和 $\mathcal{P}_{W,z_{n+1}}$ 显然都是 Z_{n+1} 的分割。但不太明确的是，按此程序构造的分割是否遍历了 Z_{n+1} 的所有分割。事实上，该结论可由式(D.7)得出。首先，第一步将得到 Z_{n+1} 的 B_n 个分割。第二步，按 $\mathcal{P}$ 中的单元数 $|\mathcal{P}|$ 分别讨论。先看 $|\mathcal{P}| = n$ 的情形，此时 $\mathcal{P}$ 是 Z_n 的唯一 n 元分割，且 $\mathcal{P}$ 中单元都是孤元集，将任一孤元集 W 替换为 $W \cup \{z_{n+1}\}$。由于存在 $S_{n,n}$ 个这样的分割且每个分割有 n 个单元，因此一共构造了 $S_{n,n} \cdot n$ 个分割。接下来看 $|\mathcal{P}| = n-1$ 的情形，仍将每个单元 W 替换为单元 $W \cup \{z_{n+1}\}$。由于存在 $S_{n,n-1}$ 个这样的分割且每个分割有 $n-1$ 个单元，因此一共构造了 $S_{n,n-1} \cdot (n-1)$ 个分割。继续该过程，直至最终得到如下个数的分割：

$$B_n + S_{n,n} \cdot n + S_{n,n-1} \cdot (n-1) + \cdots + S_{n,1} \cdot 1 = B_n + \sum_{i=1}^{n} i \cdot S_{n,i} = B_{n+1} \tag{D.14}$$

上式最后一步利用了式(D.7)。

下面看一个例子：根据 $Z_3 = \{z_1, z_2, z_3\}$ 的 5 个分割构造 $Z_4 = \{z_1, z_2, z_3, z_4\}$ 的 15 个分割。首先，通过步骤 1 可得到下面 5 个分割：

$\{\{z_1, z_2, z_3\}, \{z_4\}\}$, $\{\{z_1\}, \{z_2\}, \{z_3\}, \{z_4\}\}$, $\{\{z_3\}, \{z_1, z_2\}, \{z_4\}\}$,

$\{\{z_2\}, \{z_1, z_3\}, \{z_4\}\}$, $\{\{z_1\}, \{z_2, z_3\}, \{z_4\}\}$

通过步骤 2 将得到下面的 10 个分割：

$$\{\{z_1, z_2, z_3, z_4\}\}, \quad \{\{z_1, z_4\}, \{z_2\}, \{z_3\}\}, \quad \{\{z_1\}, \{z_2, z_4\}, \{z_3\}\},$$

$$\{\{z_1\}, \{z_2\}, \{z_3, z_4\}\}, \quad \{\{z_3, z_4\}, \{z_1, z_2\}\}, \quad \{\{z_3\}, \{z_1, z_2, z_4\}\},$$

$$\{\{z_2, z_4\}, \{z_1, z_3\}\}, \quad \{\{z_2\}, \{z_1, z_3, z_4\}\}, \quad \{\{z_1, z_4\}, \{z_2, z_3\}\},$$

$$\{\{z_1\}, \{z_2, z_3, z_4\}\}$$

附录E　β 分布

本附录总结了 β 分布的一些有用的性质。变量 a $(0 \leqslant a \leqslant 1)$ 的 β 分布形如下式：

$$\beta_{u,v}(a) = \frac{a^{u-1}(1-a)^{v-1}}{\beta(u,v)} \tag{E.1}$$

式中：$u, v > 0$ 为 β 分布的形状参数；β 函数 $\beta(u,v)$ 定义为

$$\beta(u,v) = \int_0^1 a^{u-1}(1-a)^{v-1}\mathrm{d}a \tag{E.2}$$

β 分布的均值和方差分别为

$$\mu = \int_0^1 a \cdot \beta_{u,v}(a)\mathrm{d}a = \frac{u}{u+v} \tag{E.3}$$

$$\sigma^2 = \frac{uv}{(u+v)^2(u+v+1)} = \frac{\mu(1-\mu)}{u+v+1} \tag{E.4}$$

因此

$$\int (1-a)\beta_{u,v}(a)\mathrm{d}a = \frac{v}{u+v} \tag{E.5}$$

$$\frac{\beta(u+1,v)}{\beta(u,v)} = \frac{u}{u+v} \tag{E.6}$$

$$\frac{\beta(u,v+1)}{\beta(u,v)} = \frac{v}{u+v} \tag{E.7}$$

式(E.6)的推导过程如下：

$$\frac{u}{u+v} = \int_0^1 a\beta_{u,v}(a)\mathrm{d}a = \frac{\beta(u+1,v)}{\beta(u,v)}\int_0^1 \beta_{u+1,v}(a)\mathrm{d}a = \frac{\beta(u+1,v)}{\beta(u,v)} \tag{E.8}$$

式(E.7)的推导过程同上。

由式(E.3)和式(E.4)可知，σ^2 不能任意选择，它们必须满足下面的不等式：

$$\sigma^2 \leqslant \mu(1-\mu) \tag{E.9}$$

若 $u, v > 1$，相应 β 分布为单模式 (单峰)，且模式量为

$$\hat{\mu} = \frac{u-1}{u+v-2} \tag{E.10}$$

若 $u = v = 1$，则 β 分布便退化为均匀分布。在第 18 章中总假定 $u, v \geqslant 1$。

β 分布的参数可依均值和方差表示为

$$u = \theta\mu \tag{E.11}$$

$$v = \theta(1-\mu) \tag{E.12}$$

式中

$$\theta = \frac{\mu(1-\mu)}{\sigma^2} - 1 = u + v \tag{E.13}$$

附录F　β 分布的马尔可夫时间更新

本附录旨在定义17.1.2节的马尔可夫转移函数 $f_{k+1|k}(a|a')$，它可由下述隐子式给定：

$$\beta_{u^{k+1|k},v^{k+1|k}}(a) = \int_0^1 f_{k+1|k}(a|a') \cdot \beta_{u^{k|k},v^{k|k}}(a')\mathrm{d}a' \tag{F.1}$$

式中：$\beta_{u^{k+1|k},v^{k+1|k}}(a)$ 为 a 的预测 β 分布；$u^{k+1|k}, v^{k+1|k}$ 为待定参数，可按照下述方式确定。

首先通过选择合适的参数 $0 \leqslant \varepsilon \leqslant 1$ 来确定预测方差：

$$\sigma_{k+1|k}^2 = \left(\frac{1}{u^{k|k}+v^{k|k}} + \varepsilon\right) \cdot \frac{u^{k|k} \cdot v^{k|k}}{(u^{k|k}+v^{k|k})(u^{k|k}+v^{k|k}+1)} \tag{F.2}$$

当 $\varepsilon = 0$ 时，方差不变，即 $\sigma_{k+1|k}^2 = \sigma_{k|k}^2$；当 $\varepsilon = 1$ 时，预测方差 $\sigma_{k+1|k}^2$ 最大。因此可得

$$u^{k+1|k} = u^{k|k} \cdot \theta_{k|k} \tag{F.3}$$

$$v^{k+1|k} = v^{k|k} \cdot \theta_{k|k} \tag{F.4}$$

式中

$$\theta_{k|k} = \frac{1}{u^{k|k}+v^{k|k}} \cdot \left(\frac{u^{k|k} \cdot v^{k|k}}{(u^{k|k}+v^{k|k})^2} \cdot \frac{1}{\sigma_{k+1|k}^2} - 1\right) \tag{F.5}$$

式(F.2)~(F.5)的推导主要基于以下两个步骤：

- 令 $\beta_{u^{k+1|k},v^{k+1|k}}(a)$ 的均值 $\mu_{k+1|k}$ 等于 $\beta_{u^{k|k},v^{k|k}}(a)$ 的均值 $\mu_{k|k}$。该假设主要考虑到检测概率不随时间突变，因此下一时间步的值大致位于 $\mu_{k|k}$ 的1倍 σ 范围内。
- 令 $\beta_{u^{k+1|k},v^{k+1|k}}(a)$ 的方差 $\sigma_{k+1|k}^2$ 大于等于 $\beta_{u^{k|k},v^{k|k}}(a)$ 的方差 $\sigma_{k|k}^2$，以反映两个观测时刻之间的不确定性增加。

若 $\mu_{k+1} = \mu_k$，则根据式(E.3)，有

$$\mu_{k+1|k} = \mu_{k|k} = \frac{u^{k|k}}{u^{k|k}+v^{k|k}} \tag{F.6}$$

因此，根据式(E.11)和式(E.12)，令

$$u^{k+1|k} = \theta \cdot \mu_{k|k} \tag{F.7}$$

$$v^{k+1|k} = \theta \cdot (1 - \mu_{k|k}) \tag{F.8}$$

式中：未知待定参数 $\theta > 0$。

下面选择预测方差 $\sigma_{k+1|k}^2$ 的值。根据式(E.13)，参数 θ 可表示为

$$\theta = \frac{\mu_{k+1|k}(1-\mu_{k+1|k})}{\sigma_{k+1|k}^2} - 1 = \frac{\mu_{k|k}(1-\mu_{k|k})}{\sigma_{k+1|k}^2} - 1 \tag{F.9}$$

欲使 θ 具有确切的定义，则它必须满足不等式：

$$\frac{\mu_{k|k}(1-\mu_{k|k})}{\sigma_{k+1|k}^2}-1\geqslant 0 \tag{F.10}$$

或

$$\frac{u^{k|k}v^{k|k}}{(u^{k|k}+v^{k|k})^2}=\mu_{k|k}(1-\mu_{k|k})\geqslant\sigma_{k+1|k}^2 \tag{F.11}$$

由于方差应当增加，故

$$\sigma_{k+1|k}^2\geqslant\sigma_{k|k}^2=\frac{u^{k|k}v^{k|k}}{(u^{k|k}+v^{k|k})^2(u^{k|k}+v^{k|k}+1)} \tag{F.12}$$

因此 $\sigma_{k+1|k}^2$ 的取值区间由如下不等式给定：

$$\frac{u^{k|k}v^{k|k}}{(u^{k|k}+v^{k|k})^2(u^{k|k}+v^{k|k}+1)}\leqslant\sigma_{k+1|k}^2\leqslant\frac{u^{k|k}v^{k|k}}{(u^{k|k}+v^{k|k})^2} \tag{F.13}$$

在确定 $\sigma_{k+1|k}^2$ 后，即可确定 $u^{k+1|k}$：

$$u^{k+1|k}=\frac{u^{k|k}}{u^{k|k}+v^{k|k}}\cdot\left(\frac{\mu_{k|k}(1-\mu_{k|k})}{\sigma_{k+1|k}^2}-1\right) \tag{F.14}$$

$$=\frac{u^{k|k}}{u^{k|k}+v^{k|k}}\cdot\left(\frac{u^{k|k}v^{k|k}}{(u^{k|k}+v^{k|k})^2}\cdot\frac{1}{\sigma_{k+1|k}^2}-1\right) \tag{F.15}$$

$$=u^{k|k}\cdot\theta_{k|k} \tag{F.16}$$

式中

$$\theta_{k|k}=\frac{1}{u^{k|k}+v^{k|k}}\cdot\left(\frac{u^{k|k}v^{k|k}}{(u^{k|k}+v^{k|k})^2}\cdot\frac{1}{\sigma_{k+1|k}^2}-1\right) \tag{F.17}$$

同理可得

$$v^{k+1|k}=v^{k|k}\cdot\theta_{k|k} \tag{F.18}$$

上述结果也可换种方式表示。首先注意到：

$$\frac{u^{k|k}v^{k|k}}{(u^{k|k}+v^{k|k})^2}-\frac{u^{k|k}v^{k|k}}{(u^{k|k}+v^{k|k})^2(u^{k|k}+v^{k|k}+1)} \tag{F.19}$$

$$=\frac{u^{k|k}v^{k|k}}{(u^{k|k}+v^{k|k})^2}\cdot\left(1-\frac{1}{u^{k|k}+v^{k|k}+1}\right)$$

$$=\frac{u^{k|k}v^{k|k}}{(u^{k|k}+v^{k|k})^2}\cdot\frac{u^{k|k}+v^{k|k}}{u^{k|k}+v^{k|k}+1} \tag{F.20}$$

$$=\frac{u^{k|k}v^{k|k}}{(u^{k|k}+v^{k|k})(u^{k|k}+v^{k|k}+1)} \tag{F.21}$$

因此，$\sigma_{k+1|k}^2$ 可表示为

$$\sigma_{k+1|k}^2 = \frac{u^{k|k} v^{k|k}}{(u^{k|k} + v^{k|k})^2 (u^{k|k} + v^{k|k} + 1)} + \varepsilon \cdot \frac{u^{k|k} v^{k|k}}{(u^{k|k} + v^{k|k})(u^{k|k} + v^{k|k} + 1)} \tag{F.22}$$

$$= \left(\frac{1}{u^{k|k} + v^{k|k}} + \varepsilon \right) \cdot \frac{u^{k|k} \cdot v^{k|k}}{(u^{k|k} + v^{k|k})(u^{k|k} + v^{k|k} + 1)} \tag{F.23}$$

式中：$0 \leqslant \varepsilon \leqslant 1$。当 $\varepsilon = 0$ 时，$\sigma_{k+1|k}^2 = \sigma_{k|k}^2$；当 $\varepsilon = 1$ 时，$\sigma_{k+1|k}^2$ 最大。

附录G　正态–Wishart 分布

令 $\acute{\boldsymbol{c}} \in \mathbb{R}^M$ 而 $\acute{\boldsymbol{C}}$ 为 $M \times M$ 的正定矩阵；再令 $\boldsymbol{o} \in \mathbb{R}^M$ 而 $\boldsymbol{O}$ 为另一个 $M \times M$ 的正定矩阵；最后令 $d > M$，$o > 0$。联合状态 $(\acute{\boldsymbol{c}}, \acute{\boldsymbol{C}})$ 的参变量为 d、o、$\boldsymbol{o}$、$\boldsymbol{O}$ 的正态–*Wishart* 分布为

$$NW_{d,o,\boldsymbol{o},\boldsymbol{O}}(\acute{\boldsymbol{c}}, \acute{\boldsymbol{C}}) = N_{(o \cdot \acute{\boldsymbol{C}})^{-1}}(\acute{\boldsymbol{c}} - \boldsymbol{o}) \cdot W_{d,\boldsymbol{O}}(\acute{\boldsymbol{C}}) \tag{G.1}$$

上式右边第一项为高斯分布；第二项为 *Wishart* 分布，其形式为

$$W_{d,\boldsymbol{O}}(\acute{\boldsymbol{C}}) = \frac{(\det \boldsymbol{O})^{d/2}}{2^{dM/2} \cdot \Gamma_M(d/2)} \cdot (\det \acute{\boldsymbol{C}})^{(d-M-1)/2} \cdot e^{-\frac{1}{2}\operatorname{tr}(\boldsymbol{O}\acute{\boldsymbol{C}})} \tag{G.2}$$

式中

$$\Gamma_M(d/2) = \pi^{M(M-1)/4} \prod_{i=1}^{M} \Gamma\left(\frac{d-i+1}{2}\right) \tag{G.3}$$

上式即 $d/2$ 处的多变量 Γ 函数，其中的 $\Gamma(x)$ 为 Γ 函数[59]。

对于正态–Wishart 分布，下列恒等式成立①：

$$\int \acute{\boldsymbol{c}} \cdot NW_{d,o,\boldsymbol{o},\boldsymbol{O}}(\acute{\boldsymbol{c}}, \acute{\boldsymbol{C}}) \mathrm{d}\acute{\boldsymbol{c}} \mathrm{d}\acute{\boldsymbol{C}} = \boldsymbol{o} \tag{G.4}$$

$$\int \acute{\boldsymbol{C}} \cdot NW_{d,o,\boldsymbol{o},\boldsymbol{O}}(\acute{\boldsymbol{c}}, \acute{\boldsymbol{C}}) \mathrm{d}\acute{\boldsymbol{c}} \mathrm{d}\acute{\boldsymbol{C}} = d \cdot \boldsymbol{O}^{-1} \tag{G.5}$$

$$\int (\acute{\boldsymbol{c}} - \boldsymbol{o})(\acute{\boldsymbol{c}} - \boldsymbol{o})^{\mathrm{T}} \cdot \acute{\boldsymbol{C}} \cdot NW_{d,o,\boldsymbol{o},\boldsymbol{O}}(\acute{\boldsymbol{c}}, \acute{\boldsymbol{C}}) \mathrm{d}\acute{\boldsymbol{c}} \mathrm{d}\acute{\boldsymbol{C}} = o^{-1} \boldsymbol{I} \tag{G.6}$$

$$\int \acute{\boldsymbol{C}}^{-1} \cdot NW_{d,o,\boldsymbol{o},\boldsymbol{O}}(\acute{\boldsymbol{c}}, \acute{\boldsymbol{C}}) \mathrm{d}\acute{\boldsymbol{c}} \mathrm{d}\acute{\boldsymbol{C}} = \frac{\boldsymbol{O}}{d-M-1} \tag{G.7}$$

$$\int \det \acute{\boldsymbol{C}} \cdot NW_{d,o,\boldsymbol{o},\boldsymbol{O}}(\acute{\boldsymbol{c}}, \acute{\boldsymbol{C}}) \mathrm{d}\acute{\boldsymbol{c}} \mathrm{d}\acute{\boldsymbol{C}} = \det \boldsymbol{O}^{-1} \cdot \frac{\Gamma(d+1)}{\Gamma(d-M+1)} \tag{G.8}$$

式(G.4)和式(G.6)显然成立，而式(G.5)和式(G.8)可参见文献 [142]。随后在附录 G.1 中也将给出式(G.8)的证明。

式(G.5)表明 Wishart 分布的均值为 $d \cdot \boldsymbol{O}^{-1}$。根据文献 [142] 第 16 页中 $\mathbb{E}[U^2]$ 的表达式，则可得到 Wishart 分布的方差②：

$$\int \|\acute{\boldsymbol{C}} - d \cdot \boldsymbol{O}^{-1}\|^2 \cdot W_{d,\boldsymbol{O}}(\acute{\boldsymbol{C}}) \mathrm{d}\acute{\boldsymbol{C}} = d \cdot \operatorname{tr}^2(\boldsymbol{O}^{-1}) + d \cdot \operatorname{tr}(\boldsymbol{O}^{-2}) \tag{G.9}$$

---

①译者注：原著式(G.6)右边为 $\boldsymbol{o}^{-1}$，式(G.7)右边的分母为 $d - \frac{M-1}{2}$，这里已更正。

②译者注：① 原著下式的两个系数为 $\frac{d}{2}$，但因文献 [142] 中 $\mathbb{E}[U^2]$ 表达式所用参数与这里的 Wishart 分布参数存在等价替换关系，故不能直接照搬其结果，这里做了更正；② 下式中的矩阵范数为 Frobenius 范数。

因此正态–Wishart 分布的方差可计算如下[①]：

$$\int \|(\acute{c},\acute{C})-(o,d\,\boldsymbol{O}^{-1})\|^2\cdot NW_{d,o,\boldsymbol{o},\boldsymbol{O}}(\acute{c},\acute{C})\mathrm{d}\acute{c}\mathrm{d}\acute{C} \tag{G.10}$$

$$= \int \|\acute{c}-\boldsymbol{o}\|^2\cdot N_{(o\cdot\acute{C})^{-1}}(\acute{c}-\boldsymbol{o})\cdot W_{d,\boldsymbol{O}}(\acute{C})\mathrm{d}\acute{c}\mathrm{d}\acute{C}+$$

$$\int \|\acute{C}-d\cdot\boldsymbol{O}^{-1}\|^2\cdot N_{(o\cdot\acute{C})^{-1}}(\acute{c}-\boldsymbol{o})\cdot W_{d,\boldsymbol{O}}(\acute{C})\mathrm{d}\acute{c}\mathrm{d}\acute{C}$$

$$= \int o^{-1}\cdot\mathrm{tr}(\acute{C}^{-1})\cdot W_{d,\boldsymbol{O}}(\acute{C})\mathrm{d}\acute{C}+\int \|\acute{C}-d\cdot\boldsymbol{O}^{-1}\|^2\cdot W_{d,\boldsymbol{O}}(\acute{C})\mathrm{d}\acute{C} \tag{G.11}$$

$$= \frac{\mathrm{tr}(\boldsymbol{O})}{o\cdot(d-M-1)}+d\cdot\mathrm{tr}^2(\boldsymbol{O}^{-1})+d\cdot\mathrm{tr}(\boldsymbol{O}^{-2}) \tag{G.12}$$

式(G.9)和式(G.10)表明，正态–Wishart 分布在均值 $(\boldsymbol{o},d\,\boldsymbol{O}^{-1})$ 处紧分布的条件是：① $d^{1/2}\cdot\mathrm{tr}(\boldsymbol{O}^{-1})$ 足够小以致 Wishart 边缘分布聚集于均值 $d\,\boldsymbol{O}^{-1}$ 处；② $(d-M-1)\cdot o$ 足够大以致正态边缘分布聚集于均值 $\boldsymbol{o}$ 处。

正态–Wishart 分布是式(18.305)似然函数的共轭先验。也就是说，对于下述似然函数：

$$\mathring{L}_{\boldsymbol{z}}(\acute{c},\acute{C})=N_{(a\cdot\acute{C})^{-1}}(\boldsymbol{z}-\acute{c}) \tag{G.13}$$

若先验为正态–Wishart 分布，则下述后验分布也为正态–Wishart 分布：

$$f(\acute{c},\acute{C}|\boldsymbol{z})=\frac{\mathring{L}_{\boldsymbol{z}}(\acute{c},\acute{C})\cdot NW_{d,o,\boldsymbol{o},\boldsymbol{O}}(\acute{c},\acute{C})}{f(\boldsymbol{z})} \tag{G.14}$$

$$f(\boldsymbol{z})=\int \mathring{L}_{\boldsymbol{z}}(\acute{c},\acute{C})\cdot NW_{d,o,\boldsymbol{o},\boldsymbol{O}}(\acute{c},\acute{C})\mathrm{d}\acute{c}\mathrm{d}\acute{C} \tag{G.15}$$

特别地

$$f(\acute{c},\acute{C}|\boldsymbol{z})=NW_{d^*,o^*,\boldsymbol{o}_{\boldsymbol{z}}^*,\boldsymbol{O}_{\boldsymbol{z}}^*}(\acute{c},\acute{C}) \tag{G.16}$$

式中

$$d^*=d+1 \tag{G.17}$$

$$o^*=a+o \tag{G.18}$$

$$\boldsymbol{o}_{\boldsymbol{z}}^*=\frac{a\cdot\boldsymbol{z}+o\cdot\boldsymbol{o}}{a+o} \tag{G.19}$$

$$\boldsymbol{O}_{\boldsymbol{z}}^*=\boldsymbol{O}+\frac{a\cdot o}{a+o}\cdot(\boldsymbol{z}-\boldsymbol{o})(\boldsymbol{z}-\boldsymbol{o})^{\mathrm{T}} \tag{G.20}$$

上面结果可根据下述恒等式得到 (文献 [39] 中 (27) 式的推广形式)：

$$\mathring{L}_{\boldsymbol{z}}(\acute{c},\acute{C})\cdot NW_{d,o,\boldsymbol{o},\boldsymbol{O}}(\acute{c},\acute{C})=q_{\boldsymbol{z},d,o,\boldsymbol{O}}\cdot NW_{d^*,o^*,\boldsymbol{o}_{\boldsymbol{z}}^*,\boldsymbol{O}_{\boldsymbol{z}}^*}(\acute{c},\acute{C}) \tag{G.21}$$

式中

$$q_{\boldsymbol{z},d,o,\boldsymbol{O}}=\frac{(a\cdot o)^{M/2}\cdot\Gamma\left(\frac{d^*}{2}\right)\cdot(\det\boldsymbol{O})^{d/2}}{(\pi\cdot o^*)^{M/2}\cdot\Gamma\left(\frac{d^*-M}{2}\right)\cdot(\det\boldsymbol{O}_{\boldsymbol{z}}^*)^{d^*/2}} \tag{G.22}$$

[①]译者注：原著结果的第一项为 $o^{-1}\cdot\mathrm{tr}(O^{-1})$，这里已更正。

该结论的证明过程参见附录G.2。

下面更通用的关系式表明正态-Wishart 分布关于乘法是代数封闭的：

$$NW_{d_1,o_1,\boldsymbol{o}_1,\boldsymbol{O}_1}(\acute{\boldsymbol{c}},\acute{\boldsymbol{C}})\cdot NW_{d_2,o_2,\boldsymbol{o}_2,\boldsymbol{O}_2}(\acute{\boldsymbol{c}},\acute{\boldsymbol{C}}) \tag{G.23}$$
$$=\tilde{q}_{d_1,d_2,o_1,o_2,\boldsymbol{o}_1,\boldsymbol{o}_2,\boldsymbol{O}_1,\boldsymbol{O}_2}\cdot NW_{d,o,\boldsymbol{o},\boldsymbol{O}}(\acute{\boldsymbol{c}},\acute{\boldsymbol{C}})$$

式中①

$$d=d_1+d_2-M \tag{G.24}$$

$$o=o_1+o_2 \tag{G.25}$$

$$\boldsymbol{o}=\frac{o_1\cdot\boldsymbol{o}_1+o_2\cdot\boldsymbol{o}_2}{o_1+o_2} \tag{G.26}$$

$$\boldsymbol{O}=\boldsymbol{O}_1+\boldsymbol{O}_2+\frac{o_1\cdot o_2}{o_1+o_2}(\boldsymbol{o}_1-\boldsymbol{o}_2)(\boldsymbol{o}_1-\boldsymbol{o}_2)^{\mathrm{T}} \tag{G.27}$$

$$\tilde{q}_{d_1,d_2,o_1,o_2,\boldsymbol{o}_1,\boldsymbol{o}_2,\boldsymbol{O}_1,\boldsymbol{O}_2}=\frac{(o_1\cdot o_2)^{M/2}\cdot(\det\boldsymbol{O}_1)^{d_1/2}\cdot(\det\boldsymbol{O}_2)^{d_2/2}\cdot\Gamma_M(\frac{d}{2})}{2^{M(M+1)/2}\cdot(\pi\cdot o)^{M/2}\cdot(\det\boldsymbol{O})^{d/2}\cdot\Gamma_M(\frac{d_1}{2})\cdot\Gamma_M(\frac{d_2}{2})} \tag{G.28}$$

上述结论的证明过程参见附录G.3。

最后有如下恒等式成立 (文献 [39] 中的 (37) 式)：

$$\int\mathring{f}_{k+1|k}(\acute{\boldsymbol{c}},\acute{\boldsymbol{C}}|\acute{\boldsymbol{c}}',\acute{\boldsymbol{C}}')\cdot NW_{d,o,\boldsymbol{o},\boldsymbol{O}}(\acute{\boldsymbol{c}}',\acute{\boldsymbol{C}}')\mathrm{d}\acute{\boldsymbol{c}}'\mathrm{d}\acute{\boldsymbol{C}}'=NW_{d,\frac{o\cdot a}{o+a},\boldsymbol{o},\boldsymbol{O}}(\acute{\boldsymbol{c}},\acute{\boldsymbol{C}}) \tag{G.29}$$

式中：$\mathring{f}_{k+1|k}(\acute{\boldsymbol{c}},\acute{\boldsymbol{C}}|\acute{\boldsymbol{c}}',\acute{\boldsymbol{C}}')$ 定义为②

$$\mathring{f}_{k+1|k}(\acute{\boldsymbol{c}},\acute{\boldsymbol{C}}|\acute{\boldsymbol{c}}',\acute{\boldsymbol{C}}')=N_{(a\cdot\acute{\boldsymbol{C}})^{-1}}(\acute{\boldsymbol{c}}-\acute{\boldsymbol{c}}')\cdot\delta_{\acute{\boldsymbol{C}}'}(\acute{\boldsymbol{C}}) \tag{G.30}$$

式(G.29)的证明见附录G.4。

G.1 式(G.8)的证明

欲证式(G.8)，只需证明 $\int\det\acute{\boldsymbol{C}}\cdot W_{d,\boldsymbol{O}}(\acute{\boldsymbol{C}})\mathrm{d}\acute{\boldsymbol{C}}$ 等于右边结果即可：

$$\int\det\acute{\boldsymbol{C}}\cdot W_{d,\boldsymbol{O}}(\acute{\boldsymbol{C}})\mathrm{d}\acute{\boldsymbol{C}} \tag{G.31}$$
$$=\int\det\acute{\boldsymbol{C}}\cdot\frac{(\det\boldsymbol{O})^{d/2}}{2^{dM/2}\cdot\Gamma_M(d/2)}\cdot(\det\acute{\boldsymbol{C}})^{(d-M-1)/2}\cdot e^{-\frac{1}{2}\mathrm{tr}(\boldsymbol{O}\acute{\boldsymbol{C}})}\mathrm{d}\acute{\boldsymbol{C}}$$

$$=\int\frac{(\det\boldsymbol{O})^{d/2}}{2^{dM/2}\cdot\Gamma_M(d/2)}\cdot(\det\acute{\boldsymbol{C}})^{(d+2-M-1)/2}\cdot e^{-\frac{1}{2}\mathrm{tr}(\boldsymbol{O}\acute{\boldsymbol{C}})}\mathrm{d}\acute{\boldsymbol{C}} \tag{G.32}$$

$$=\frac{(\det\boldsymbol{O})^{d/2}}{2^{dM/2}\cdot\Gamma_M(d/2)}\cdot\frac{2^{(d+2)M/2}\cdot\Gamma_M((d+2)/2)}{(\det\boldsymbol{O})^{(d+2)/2}}\cdot \tag{G.33}$$
$$\int\frac{(\det\boldsymbol{O})^{(d+2)/2}}{2^{(d+2)M/2}\cdot\Gamma_M((d+2)/2)}\cdot(\det\acute{\boldsymbol{C}})^{(d+2-M-1)/2}\cdot e^{-\frac{1}{2}\mathrm{tr}(\boldsymbol{O}\acute{\boldsymbol{C}})}\mathrm{d}\acute{\boldsymbol{C}}$$

①译者注：原著式(G.27)证明过程中丢失了因子 $\frac{o_1\cdot o_2}{o_1+o_2}$，这里已更正。

②译者注：原著下式缺少后面的因子 $\delta_{\acute{\boldsymbol{C}}'}(\acute{\boldsymbol{C}})$，这里根据上下文做了更正。

$$= \frac{2^{(d+2)M/2}}{2^{dM/2}} \cdot \frac{(\det \boldsymbol{O})^{d/2}}{(\det \boldsymbol{O})^{(d+2)/2}} \cdot \frac{\Gamma_M((d+2)/2)}{\Gamma_M(d/2)} \tag{G.34}$$

$$= \frac{2^M}{\det \boldsymbol{O}} \cdot \frac{\Gamma_M((d+2)/2)}{\Gamma_M(d/2)} \tag{G.35}$$

由式(G.3)可知

$$\frac{\Gamma_M((d+2)/2)}{\Gamma_M(d/2)} = \frac{\prod_{i=1}^M \Gamma(\frac{d+2-i+1}{2})}{\prod_{i=1}^M \Gamma(\frac{d-i+1}{2})} \tag{G.36}$$

$$= \prod_{i=1}^{M} \frac{\Gamma(\frac{d-i+1}{2}+1)}{\Gamma(\frac{d-i+1}{2})} \tag{G.37}$$

$$= \prod_{i=1}^{M} \frac{\frac{d-i+1}{2} \cdot \Gamma(\frac{d-i+1}{2})}{\Gamma(\frac{d-i+1}{2})} \tag{G.38}$$

$$= \frac{1}{2^M} \cdot d(d-1)\cdots(d-M+1) \tag{G.39}$$

$$= \frac{1}{2^M} \cdot \frac{\Gamma(d+1)}{\Gamma(d-M+1)} \tag{G.40}$$

因此

$$\int \det \acute{\boldsymbol{C}} \cdot W_{d,\boldsymbol{O}}(\acute{\boldsymbol{C}})\mathrm{d}\acute{\boldsymbol{C}} = \frac{2^M}{\det \boldsymbol{O}} \cdot \frac{1}{2^M} \cdot \frac{\Gamma(d+1)}{\Gamma(d-M+1)} = \det \boldsymbol{O}^{-1} \cdot \frac{\Gamma(d+1)}{\Gamma(d-M+1)} \tag{G.41}$$

G.2 式(G.21)的证明

首先

$$\mathring{L}_{\boldsymbol{z}}(\acute{\boldsymbol{c}}, \acute{\boldsymbol{C}}) \cdot NW_{d,o,\boldsymbol{o},\boldsymbol{O}}(\acute{\boldsymbol{c}}, \acute{\boldsymbol{C}}) \tag{G.42}$$

$$= N_{(a\cdot\acute{\boldsymbol{C}})^{-1}}(\boldsymbol{z}-\acute{\boldsymbol{c}}) \cdot N_{(o\cdot\acute{\boldsymbol{C}})^{-1}}(\acute{\boldsymbol{c}}-\boldsymbol{o}) \cdot W_{d,\boldsymbol{O}}(\acute{\boldsymbol{C}})$$

$$= N_{(a\cdot\acute{\boldsymbol{C}})^{-1}+(o\cdot\acute{\boldsymbol{C}})^{-1}}(\boldsymbol{z}-\boldsymbol{o}) \cdot N_{((a+o)\cdot\acute{\boldsymbol{C}})^{-1}}\left(\acute{\boldsymbol{c}} - \frac{a\cdot\boldsymbol{z}+o\cdot\boldsymbol{o}}{a+o}\right) \cdot W_{d,\boldsymbol{O}}(\acute{\boldsymbol{C}}) \tag{G.43}$$

$$= N_{((a+o)\cdot\acute{\boldsymbol{C}})^{-1}}\left(\acute{\boldsymbol{c}}-\boldsymbol{o}_{\boldsymbol{z}}^*\right) \cdot N_{(\frac{a\cdot o}{a+o}\cdot\acute{\boldsymbol{C}})^{-1}}(\boldsymbol{z}-\boldsymbol{o}) \cdot W_{d,\boldsymbol{O}}(\acute{\boldsymbol{C}}) \tag{G.44}$$

根据高斯分布和Wishart分布的定义并利用下述结论：

$$(\boldsymbol{z}-\boldsymbol{o})^{\mathrm{T}}\acute{\boldsymbol{C}}(\boldsymbol{z}-\boldsymbol{o}) = \mathrm{tr}((\boldsymbol{z}-\boldsymbol{o})(\boldsymbol{z}-\boldsymbol{o})^{\mathrm{T}}\acute{\boldsymbol{C}}) \tag{G.45}$$

则前面结果可化为

$$= N_{((a+o)\cdot\acute{\boldsymbol{C}})^{-1}}\left(\acute{\boldsymbol{c}}-\boldsymbol{o}_{\boldsymbol{z}}^*\right) \cdot \frac{1}{2^{M/2}\cdot\pi^{M/2}\cdot\sqrt{\det\left(\frac{a\cdot o}{a+o}\cdot\acute{\boldsymbol{C}}\right)^{-1}}} \cdot \tag{G.46}$$

$$e^{-\frac{1}{2}(a^{-1}+o^{-1})^{-1}\cdot\mathrm{tr}((\boldsymbol{z}-\boldsymbol{o})(\boldsymbol{z}-\boldsymbol{o})^{\mathrm{T}}\acute{\boldsymbol{C}})}.$$

$$\frac{(\det \boldsymbol{O})^{d/2}}{2^{dM/2}\cdot\Gamma_M(d/2)} \cdot (\det \acute{\boldsymbol{C}})^{(d-M-1)/2} \cdot e^{-\frac{1}{2}\mathrm{tr}(\boldsymbol{O}\acute{\boldsymbol{C}})}$$

$$= N_{((a+o)\cdot\acute{C})^{-1}}\left(\acute{c}-o_z^*\right)\cdot\frac{\frac{a^{M/2}\cdot o^{M/2}}{(a+o)^{M/2}}\cdot\det(\acute{C})^{1/2}}{2^{M/2}\cdot\pi^{M/2}}\cdot\frac{(\det O)^{d/2}}{2^{dM/2}\cdot\Gamma_M(d/2)}\cdot \tag{G.47}$$
$$e^{-\frac{1}{2}(a^{-1}+o^{-1})^{-1}\cdot\mathrm{tr}((z-o)(z-o)^{\mathrm{T}}\acute{C})}\cdot(\det\acute{C})^{(d-M-1)/2}\cdot e^{-\frac{1}{2}\mathrm{tr}(O\acute{C})}$$

$$= N_{((a+o)\cdot\acute{C})^{-1}}\left(\acute{c}-o_z^*\right)\cdot\frac{a^{M/2}\cdot o^{M/2}}{(a+o)^{M/2}\cdot 2^{M/2}\cdot\pi^{M/2}}\cdot\frac{(\det O)^{d/2}}{2^{dM/2}\cdot\Gamma_M(d/2)}\cdot \tag{G.48}$$
$$(\det\acute{C})^{(d^*-M-1)/2}\cdot e^{-\frac{1}{2}\mathrm{tr}(O_z^*\acute{C})}$$

$$= N_{((a+o)\cdot\acute{C})^{-1}}\left(\acute{c}-o_z^*\right)\cdot\frac{a^{M/2}\cdot o^{M/2}}{(a+o)^{M/2}\cdot 2^{M/2}\cdot\pi^{M/2}}\cdot\frac{(\det O)^{d/2}}{2^{dM/2}\cdot\Gamma_M(d/2)}\cdot \tag{G.49}$$
$$\frac{2^{d^*M/2}\cdot\Gamma_M(d^*/2)}{(\det O_z^*)^{d^*/2}}\cdot\frac{(\det O_z^*)^{d^*/2}}{2^{d^*M/2}\cdot\Gamma_M(d^*/2)}\cdot(\det\acute{C})^{(d^*-M-1)/2}\cdot e^{-\frac{1}{2}\mathrm{tr}(O_z^*\acute{C})}$$

$$= \frac{a^{M/2}\cdot o^{M/2}}{(a+o)^{M/2}\cdot 2^{M/2}\cdot\pi^{M/2}}\cdot\frac{(\det O)^{d/2}}{2^{dM/2}\cdot\Gamma_M(d/2)}\cdot\frac{2^{d^*M/2}\cdot\Gamma_M(d^*/2)}{(\det O_z^*)^{d^*/2}}\cdot \tag{G.50}$$
$$N_{((a+o)\cdot\acute{C})^{-1}}\left(\acute{c}-o_z^*\right)\cdot\frac{(\det O_z^*)^{d^*/2}}{2^{d^*M/2}\cdot\Gamma_M(d^*/2)}\cdot(\det\acute{C})^{(d^*-M-1)/2}\cdot e^{-\frac{1}{2}\mathrm{tr}(O_z^*\acute{C})}$$

$$= \frac{a^{M/2}\cdot o^{M/2}}{(a+o)^{M/2}\cdot 2^{M/2}\cdot\pi^{M/2}}\cdot\frac{(\det O)^{d/2}}{2^{dM/2}\cdot\Gamma_M(d/2)}\cdot\frac{2^{d^*M/2}\cdot\Gamma_M(d^*/2)}{(\det O_z^*)^{d^*/2}}\cdot \tag{G.51}$$
$$NW_{d^*,o^*,o_z^*,O_z^*}(\acute{c},\acute{C})$$

$$= \frac{(a\cdot o)^{M/2}\cdot\Gamma_M(d^*/2)\cdot(\det O)^{d/2}}{(\pi\cdot o^*)^{M/2}\cdot\Gamma_M(d/2)\cdot(\det O_z^*)^{d^*/2}}\cdot NW_{d^*,o^*,o_z^*,O_z^*}(\acute{c},\acute{C}) \tag{G.52}$$

而由式(G.3)可知

$$\frac{\Gamma_M(d^*/2)}{\Gamma_M(d/2)} = \frac{\Gamma\left(\frac{d+1}{2}\right)\cdot\Gamma\left(\frac{d}{2}\right)\cdots\Gamma\left(\frac{d-M+2}{2}\right)}{\Gamma\left(\frac{d}{2}\right)\cdots\Gamma\left(\frac{d-M+2}{2}\right)\cdot\Gamma\left(\frac{d-M+1}{2}\right)} \tag{G.53}$$

$$= \frac{\Gamma\left(\frac{d+1}{2}\right)}{\Gamma\left(\frac{d-M+1}{2}\right)} = \frac{\Gamma\left(\frac{d^*}{2}\right)}{\Gamma\left(\frac{d^*-M}{2}\right)} \tag{G.54}$$

G.3 式(G.23)的证明

首先

$$NW_{d_1,o_1,o_1,O_1}(\acute{c},\acute{C})\cdot NW_{d_2,o_2,o_2,O_2}(\acute{c},\acute{C}) \tag{G.55}$$
$$= N_{(o_1\cdot\acute{C})^{-1}}(\acute{c}-o_1)\cdot W_{d_1,O_1}(\acute{C})\cdot N_{(o_2\cdot\acute{C})^{-1}}(\acute{c}-o_2)\cdot W_{d_2,O_2}(\acute{C})$$

$$= N_{(o_1\cdot\acute{C})^{-1}}(\acute{c}-o_1)\cdot N_{(o_2\cdot\acute{C})^{-1}}(\acute{c}-o_2)\cdot W_{d_1,O_1}(\acute{C})\cdot W_{d_2,O_2}(\acute{C}) \tag{G.56}$$

$$= N_{((o_1^{-1}+o_2^{-1})^{-1}\cdot\acute{C})^{-1}}(o_2-o_1)\cdot N_{((o_1+o_2)\cdot\acute{C})^{-1}}\left(\acute{c}-\frac{o_1\cdot o_1+o_2\cdot o_2}{o_1+o_2}\right)\cdot \tag{G.57}$$
$$W_{d_1,O_1}(\acute{C})\cdot W_{d_2,O_2}(\acute{C})$$

$$= N_{((o_1^{-1}+o_2^{-1})^{-1}\cdot\acute{C})^{-1}}(o_2-o_1)\cdot N_{(o\cdot\acute{C})^{-1}}(\acute{c}-o)\cdot W_{d_1,O_1}(\acute{C})\cdot W_{d_2,O_2}(\acute{C}) \tag{G.58}$$

而

$$N_{((o_1^{-1}+o_2^{-1})^{-1}\cdot\acute{C})^{-1}}(\boldsymbol{o}_2-\boldsymbol{o}_1)\cdot W_{d_1,\boldsymbol{O}_1}(\acute{\boldsymbol{C}})\cdot W_{d_2,\boldsymbol{O}_2}(\acute{\boldsymbol{C}}) \tag{G.59}$$

$$=\frac{1}{2^{\frac{M}{2}}\cdot\pi^{\frac{M}{2}}\cdot\sqrt{\det((o_1^{-1}+o_2^{-1})^{-1}\cdot\acute{\boldsymbol{C}})^{-1}}}\cdot e^{-\frac{1}{2}(o_1^{-1}+o_2^{-1})^{-1}\cdot\operatorname{tr}((\boldsymbol{o}_2-\boldsymbol{o}_1)(\boldsymbol{o}_2-\boldsymbol{o}_1)^{\mathrm{T}}\acute{\boldsymbol{C}})}\cdot$$

$$\frac{(\det\boldsymbol{O}_1)^{d_1/2}}{2^{d_1M/2}\cdot\Gamma_M(d_1/2)}\cdot(\det\acute{\boldsymbol{C}})^{(d_1-M-1)/2}\cdot e^{-\frac{1}{2}\operatorname{tr}(\boldsymbol{O}_1\acute{\boldsymbol{C}})}\cdot$$

$$\frac{(\det\boldsymbol{O}_2)^{d_2/2}}{2^{d_2M/2}\cdot\Gamma_M(d_2/2)}\cdot(\det\acute{\boldsymbol{C}})^{(d_2-M-1)/2}\cdot e^{-\frac{1}{2}\operatorname{tr}(\boldsymbol{O}_2\acute{\boldsymbol{C}})}$$

$$=\left(\frac{1}{2\pi}\cdot\frac{o_1\cdot o_2}{o_1+o_2}\right)^{M/2}\cdot\frac{(\det\boldsymbol{O}_1)^{d_1/2}}{2^{d_1M/2}\cdot\Gamma_M(d_1/2)}\cdot\frac{(\det\boldsymbol{O}_2)^{d_2/2}}{2^{d_2M/2}\cdot\Gamma_M(d_2/2)}\cdot \tag{G.60}$$

$$(\det\acute{\boldsymbol{C}})^{((d_1+d_2-M)-M-1)/2}\cdot e^{-\frac{1}{2}\operatorname{tr}(((o_1^{-1}+o_2^{-1})^{-1}(\boldsymbol{o}_2-\boldsymbol{o}_1)(\boldsymbol{o}_2-\boldsymbol{o}_1)^{\mathrm{T}}+\boldsymbol{O}_1+\boldsymbol{O}_2)\acute{\boldsymbol{C}})}$$

$$=\left(\frac{1}{2\pi}\cdot\frac{o_1\cdot o_2}{o_1+o_2}\right)^{M/2}\cdot\frac{(\det\boldsymbol{O}_1)^{d_1/2}}{2^{d_1M/2}\cdot\Gamma_M(d_1/2)}\cdot\frac{(\det\boldsymbol{O}_2)^{d_2/2}}{2^{d_2M/2}\cdot\Gamma_M(d_2/2)}\cdot \tag{G.61}$$

$$(\det\acute{\boldsymbol{C}})^{(d-M-1)/2}\cdot e^{-\frac{1}{2}\operatorname{tr}(\boldsymbol{O}\acute{\boldsymbol{C}})}$$

$$=\left(\frac{1}{2\pi}\cdot\frac{o_1\cdot o_2}{o_1+o_2}\right)^{M/2}\cdot\frac{(\det\boldsymbol{O}_1)^{d_1/2}}{2^{d_1M/2}\cdot\Gamma_M(d_1/2)}\cdot\frac{(\det\boldsymbol{O}_2)^{d_2/2}}{2^{d_2M/2}\cdot\Gamma_M(d_2/2)}\cdot \tag{G.62}$$

$$\frac{2^{dM/2}\cdot\Gamma_M(d/2)}{(\det\boldsymbol{O})^{d/2}}\cdot\frac{(\det\boldsymbol{O})^{d/2}}{2^{dM/2}\cdot\Gamma_M(d/2)}\cdot(\det\acute{\boldsymbol{C}})^{(d-M-1)/2}\cdot e^{-\frac{1}{2}\operatorname{tr}(\boldsymbol{O}\acute{\boldsymbol{C}})}$$

$$=\left(\frac{1}{2\pi}\cdot\frac{o_1\cdot o_2}{o_1+o_2}\right)^{M/2}\cdot\frac{(\det\boldsymbol{O}_1)^{d_1/2}}{2^{d_1M/2}\cdot\Gamma_M(d_1/2)}\cdot\frac{(\det\boldsymbol{O}_2)^{d_2/2}}{2^{d_2M/2}\cdot\Gamma_M(d_2/2)}\cdot \tag{G.63}$$

$$\frac{2^{dM/2}\cdot\Gamma_M(d/2)}{(\det\boldsymbol{O})^{d/2}}\cdot W_{d,\boldsymbol{O}}(\acute{\boldsymbol{C}})$$

$$=\left(\frac{1}{\pi}\cdot\frac{o_1\cdot o_2}{o_1+o_2}\right)^{M/2}\cdot\frac{2^{dM/2}}{2^{M/2}\cdot2^{d_1M/2}\cdot2^{d_2M/2}}\cdot\frac{(\det\boldsymbol{O}_1)^{d_1/2}\cdot(\det\boldsymbol{O}_2)^{d_2/2}}{(\det\boldsymbol{O})^{d/2}}\cdot \tag{G.64}$$

$$\frac{\cdot\Gamma_M(d/2)}{\Gamma_M(d_1/2)\cdot\Gamma_M(d_2/2)}\cdot W_{d,\boldsymbol{O}}(\acute{\boldsymbol{C}})$$

$$=\left(\frac{o_1\cdot o_2}{\pi\cdot o}\right)^{M/2}\cdot\frac{1}{2^{M(M+1)/2}}\cdot\frac{(\det\boldsymbol{O}_1)^{d_1/2}\cdot(\det\boldsymbol{O}_2)^{d_2/2}}{(\det\boldsymbol{O})^{d/2}}\cdot \tag{G.65}$$

$$\frac{\cdot\Gamma_M(d/2)}{\Gamma_M(d_1/2)\cdot\Gamma_M(d_2/2)}\cdot W_{d,\boldsymbol{O}}(\acute{\boldsymbol{C}})$$

因此

$$NW_{d_1,o_1,\boldsymbol{o}_1,\boldsymbol{O}_1}(\acute{\boldsymbol{c}},\acute{\boldsymbol{C}})\cdot NW_{d_2,o_2,\boldsymbol{o}_2,\boldsymbol{O}_2}(\acute{\boldsymbol{c}},\acute{\boldsymbol{C}}) \tag{G.66}$$

$$=\tilde{q}_{d_1,d_2,o_1,o_2,\boldsymbol{o}_1,\boldsymbol{o}_2,\boldsymbol{O}_1,\boldsymbol{O}_2}\cdot NW_{d,o,\boldsymbol{o},\boldsymbol{O}}(\acute{\boldsymbol{c}},\acute{\boldsymbol{C}})$$

式中

$$d=d_1+d_2-M \tag{G.67}$$

$$o = o_1 + o_2 \tag{G.68}$$

$$\boldsymbol{o} = \frac{o_1 \cdot \boldsymbol{o}_1 + o_2 \cdot \boldsymbol{o}_2}{o_1 + o_2} \tag{G.69}$$

$$\boldsymbol{O} = \boldsymbol{O}_1 + \boldsymbol{C}_2 + \frac{o_1 \cdot o_2}{o_1 + o_2}(\boldsymbol{o}_1 - \boldsymbol{o}_2)(\boldsymbol{o}_1 - \boldsymbol{o}_2)^{\mathrm{T}} \tag{G.70}$$

G.4 式(G.29)的证明

式(G.29)证明如下：

$$\int \mathring{f}_{k+1|k}(\acute{\boldsymbol{c}}, \acute{\boldsymbol{C}}|\acute{\boldsymbol{c}}', \acute{\boldsymbol{C}}') \cdot NW_{d,o,\boldsymbol{o},\boldsymbol{O}}(\acute{\boldsymbol{c}}', \acute{\boldsymbol{C}}')\mathrm{d}\acute{\boldsymbol{c}}'\mathrm{d}\acute{\boldsymbol{C}}' \tag{G.71}$$

$$= \int N_{(a\cdot\acute{\boldsymbol{C}})^{-1}}(\acute{\boldsymbol{c}} - \acute{\boldsymbol{c}}') \cdot \delta_{\acute{\boldsymbol{C}}'}(\acute{\boldsymbol{C}}) \cdot NW_{d,o,\boldsymbol{o},\boldsymbol{O}}(\acute{\boldsymbol{c}}', \acute{\boldsymbol{C}}')\mathrm{d}\acute{\boldsymbol{c}}'\mathrm{d}\acute{\boldsymbol{C}}'$$

$$= \int N_{(a\cdot\acute{\boldsymbol{C}})^{-1}}(\acute{\boldsymbol{c}} - \acute{\boldsymbol{c}}') \cdot NW_{d,o,\boldsymbol{o},\boldsymbol{O}}(\acute{\boldsymbol{c}}', \acute{\boldsymbol{C}})\mathrm{d}\acute{\boldsymbol{c}}' \tag{G.72}$$

$$= \int N_{(a\cdot\acute{\boldsymbol{C}})^{-1}}(\acute{\boldsymbol{c}} - \acute{\boldsymbol{c}}') \cdot N_{(o\cdot\acute{\boldsymbol{C}})^{-1}}(\acute{\boldsymbol{c}}' - \acute{\boldsymbol{o}}) \cdot W_{d,\acute{\boldsymbol{O}}}(\acute{\boldsymbol{C}})\mathrm{d}\acute{\boldsymbol{c}}' \tag{G.73}$$

$$= N_{((a^{-1}+o^{-1})^{-1}\cdot\acute{\boldsymbol{C}})^{-1}}(\acute{\boldsymbol{c}} - \boldsymbol{o}) \cdot W_{d,\acute{\boldsymbol{O}}}(\acute{\boldsymbol{C}}) \cdot \int N_{((a+o)\cdot\acute{\boldsymbol{C}})^{-1}}\left(\acute{\boldsymbol{c}}' - \frac{a \cdot \acute{\boldsymbol{c}} + o \cdot \boldsymbol{o}}{a + o}\right) \cdot \mathrm{d}\acute{\boldsymbol{c}}' \tag{G.74}$$

$$= N_{((a^{-1}+o^{-1})^{-1}\cdot\acute{\boldsymbol{C}})^{-1}}(\acute{\boldsymbol{c}} - \boldsymbol{o}) \cdot W_{d,\acute{\boldsymbol{O}}}(\acute{\boldsymbol{C}}) \tag{G.75}$$

$$= NW_{d,(a^{-1}+o^{-1})^{-1},\boldsymbol{o},\boldsymbol{O}}(\acute{\boldsymbol{c}}, \acute{\boldsymbol{C}}) \tag{G.76}$$

$$= NW_{d,\frac{o\cdot a}{o+a},\boldsymbol{o},\boldsymbol{O}}(\acute{\boldsymbol{c}}, \acute{\boldsymbol{C}}) \tag{G.77}$$

附录H　复高斯分布

多元高斯分布的复数形式如下 (文献 [239] 中的 (19) 式):

$$N_{\boldsymbol{R}}(z)=\frac{1}{\det 2\pi\boldsymbol{R}}\cdot\exp\left(-\frac{1}{2}z^{\mathrm{H}}\boldsymbol{R}^{-1}z\right) \tag{H.1}$$

式中：$\boldsymbol{R}$ 为正定的厄米特矩阵；$\boldsymbol{z}^{\mathrm{H}}=(\boldsymbol{z}^*)^{\mathrm{T}}$，表示矢量 $\boldsymbol{z}$ 的厄米特转置；对于任意复矢量 $\boldsymbol{z}$，$\boldsymbol{z}^{\mathrm{H}}\boldsymbol{R}^{-1}\boldsymbol{z}$ 为实数[①]。

式(H.1)也称作圆形复正态分布。最简单的情形即 $\boldsymbol{R}$ 为对角阵时，此时 $\boldsymbol{R}$ 为一实矩阵，其对角元素为实随机噪声过程的方差。

圆形复正态分布是一般复正态分布的特例。一般复正态分布的形式如下 (文献 [239] 中的 (17) 式和 (18) 式):

$$N_{\boldsymbol{R},\boldsymbol{C}}(\boldsymbol{z})=\frac{1}{\sqrt{\det\pi\boldsymbol{R}}\cdot\sqrt{\det\pi\Delta\boldsymbol{R}}}\cdot\exp\left(-\frac{1}{2}(\boldsymbol{z}^{\mathrm{H}},\boldsymbol{z}^{\mathrm{T}})\begin{pmatrix}\boldsymbol{R} & \boldsymbol{C}\\ \boldsymbol{C}^{\mathrm{H}} & \boldsymbol{R}^*\end{pmatrix}^{-1}\begin{pmatrix}\boldsymbol{z}\\ \boldsymbol{z}^*\end{pmatrix}\right) \tag{H.2}$$

式中：$\boldsymbol{R}$ (协方差矩阵) 为正定厄米特矩阵；$\boldsymbol{C}$ (相关矩阵) 为对称矩阵；且 $\boldsymbol{R}$、$\boldsymbol{C}$ 满足

$$\Delta\boldsymbol{R}=\boldsymbol{R}^*-\boldsymbol{C}^{\mathrm{H}}\boldsymbol{R}^{-1}\boldsymbol{C} \tag{H.3}$$

其中：矩阵 $\Delta\boldsymbol{R}$ 正定。

若将 $\boldsymbol{z}$ 分解为实部和虚部的形式 $\boldsymbol{z}=\boldsymbol{a}+\iota\cdot\boldsymbol{b}$，则 $N_{\boldsymbol{R},\boldsymbol{C}}(\boldsymbol{z})$ 只不过是实变量多元高斯分布 $N_{\tilde{\boldsymbol{R}}}(\boldsymbol{a},\boldsymbol{b})$ 的另一种写法而已，其中协方差矩阵 $\tilde{\boldsymbol{R}}$ 定义为 (文献 [239] 中的 (8) 式和 (9) 式)

$$\tilde{\boldsymbol{R}}=\frac{1}{2}\begin{pmatrix}\Re(\boldsymbol{R}+\boldsymbol{C}) & \Im(-\boldsymbol{R}+\boldsymbol{C})\\ \Im(\boldsymbol{R}+\boldsymbol{C}) & \Re(\boldsymbol{R}-\boldsymbol{C})\end{pmatrix} \tag{H.4}$$

[①] 由于复矢量观测空间的维数是实数形式的 2 倍，因此(H.1)式中为 $\det 2\pi\boldsymbol{R}$ 而非 $\sqrt{\det 2\pi\boldsymbol{R}}$。

附录I　单层群目标的统计学

21.8.1节和21.8.3节分别给出了单层群目标系统的朴素表示与简化表示，这里给出它们二者之间的基本数学关系：

$$\mathbb{X} = \{(\mathring{x}_1, X_1), \cdots, (\mathring{x}_n, X_n)\} \qquad \text{(朴素状态表示)} \tag{I.1}$$

$$\dot{X} = \{(\mathring{x}_1, x_1), \cdots, (\mathring{x}_\nu, x_\nu)\} \qquad \text{(简化状态表示)} \tag{I.2}$$

特别地，下面来证明式(21.164)和式(21.165)。

首先看式(21.164)，即

$$\dot{D}(\mathring{x}, x) = \frac{\delta \dot{G}}{\delta(\mathring{x}, x)}[1] = \int\int \breve{f}(\mathbb{Y} \cup \{(\mathring{x}, \{x\} \cup Y)\})\delta\mathbb{Y}\delta Y \tag{I.3}$$

由式(21.161)和式(21.162)可知，简化状态表示的 p.g.fl. 为

$$\dot{G}[\dot{h}] = \int \dot{h}^{\mathbb{X}} \cdot \breve{f}(\mathbb{X})\delta\mathbb{X} \tag{I.4}$$

$$= \sum_{n\geqslant 0} \frac{1}{n!} \int \left(\prod_{i=1}^{n} \prod_{x\in X_i} \dot{h}(\mathring{x}_1, x)\right) \cdot \breve{f}(\{(\mathring{x}_1, X_1), \cdots, (\mathring{x}_n, X_n)\}) \cdot \tag{I.5}$$
$$\mathrm{d}\mathring{x}_1 \delta X_1 \cdots \mathrm{d}\mathring{x}_n \delta X_n$$

因此

$$\frac{\delta \dot{G}}{\delta(\mathring{x}, x)}[\dot{h}] = \int \left(\frac{\delta}{\delta(\mathring{x}, x)} \dot{h}^{\mathbb{X}}\right) \cdot \breve{f}(\mathbb{X})\delta\mathbb{X} \tag{I.6}$$

式中

$$\frac{\delta}{\delta(\mathring{x}, x)} \dot{h}^{\mathbb{X}} = \frac{\delta}{\delta(\mathring{x}, x)} \prod_{i=1}^{n} \prod_{y\in X_i} \dot{h}(\mathring{x}_i, y) \tag{I.7}$$

$$= \left(\prod_{i=1}^{n} \prod_{y\in X_i} \dot{h}(\mathring{x}_i, y)\right) \sum_{i=1}^{n} \sum_{y\in X_i} \frac{1}{\dot{h}(\mathring{x}_i, y)} \frac{\delta}{\delta(\mathring{x}, x)} \dot{h}(\mathring{x}_i, y) \tag{I.8}$$

$$= \left(\prod_{i=1}^{n} \prod_{y\in X_i} \dot{h}(\mathring{x}_i, y)\right) \sum_{i=1}^{n} \sum_{y\in X_i} \frac{\delta_{(\mathring{x},x)}(\mathring{x}_i, y)}{\dot{h}(\mathring{x}_i, y)} \tag{I.9}$$

$$= \left(\prod_{i=1}^{n} \prod_{y\in X_i} \dot{h}(\mathring{x}_i, y)\right) \sum_{i=1}^{n} \sum_{y\in X_i} \frac{\delta_{\mathring{x}}(\mathring{x}_i) \cdot \delta_{x}(y)}{\dot{h}(\mathring{x}, x)} \tag{I.10}$$

故

$$\left[\frac{\delta}{\delta(\mathring{x},x)}\dot{h}^{\mathbb{X}}\right]_{\dot{h}=1}=\sum_{i=1}^{n}\delta_{\mathring{x}}(\mathring{x}_i)\sum_{y\in X_i}\delta_{x}(y) \tag{I.11}$$

因此，简化表示的 PHD 可表示为

$$\dot{D}(\mathring{x},x)=\left[\frac{\delta\dot{G}}{\delta(\mathring{x},x)}[\dot{h}]\right]_{\dot{h}=1} \tag{I.12}$$

$$=\sum_{n\geqslant 0}\frac{1}{n!}\int\left(\sum_{i=1}^{n}\delta_{\mathring{x}}(\mathring{x}_i)\sum_{y\in X_i}\delta_{x}(y)\right)\cdot\breve{f}(\{(\mathring{x}_1,X_1),\cdots,(\mathring{x}_n,X_n)\})\cdot \mathrm{d}\mathring{x}_1\delta X_1\cdots \mathrm{d}\mathring{x}_n\delta X_n \tag{I.13}$$

$$=\sum_{n\geqslant 0}\frac{1}{n!}\int\delta_{\mathring{x}}(\mathring{x}_1)\left(\sum_{y\in X_1}\delta_{x}(y)\right)\cdot\breve{f}(\{(\mathring{x}_1,X_1),\cdots,(\mathring{x}_n,X_n)\})\cdot \mathrm{d}\mathring{x}_1\delta X_1\cdots \mathrm{d}\mathring{x}_n\delta X_n+ \tag{I.14}$$

$$\vdots$$

$$+\sum_{n\geqslant 0}\frac{1}{n!}\int\delta_{\mathring{x}}(\mathring{x}_n)\left(\sum_{y\in X_n}\delta_{x}(y)\right)\cdot\breve{f}(\{(\mathring{x}_1,X_1),\cdots,(\mathring{x}_n,X_n)\})\cdot \mathrm{d}\mathring{x}_1\delta X_1\cdots \mathrm{d}\mathring{x}_n\delta X_n$$

利用如下关系：

$$\int\left(\sum_{y\in X}\delta_{x}(y)\right)\cdot f(X)\delta X=\int f(\{x\}\cup Y)\delta Y \tag{I.15}$$

则有

$$\dot{D}(\mathring{x},x)=\sum_{n\geqslant 0}\frac{1}{n!}\int\breve{f}(\{(\mathring{x},\{x\}\cup Y_1),(\mathring{x}_2,X_2),\cdots,(\mathring{x}_n,X_n)\})\cdot \delta Y_1\mathrm{d}x_2\delta X_2\cdots \mathrm{d}\mathring{x}_n\delta_n+ \tag{I.16}$$

$$\vdots$$

$$+\sum_{n\geqslant 0}\frac{1}{n!}\int\breve{f}(\{(\mathring{x}_1,X_1),\cdots,(\mathring{x}_{n-1},X_{n-1}),(\mathring{x},\{x\}\cup Y_n)\})\cdot \mathrm{d}\mathring{x}_1\delta X_1\cdots \mathrm{d}\mathring{x}_{n-1}\delta X_{n-1}\delta Y_n$$

$$=\sum_{n\geqslant 1}\frac{1}{(n-1)!}\int\breve{f}(\{(\mathring{x}_1,X_1),\cdots,(\mathring{x}_{n-1},X_{n-1}),(\mathring{x},\{x\}\cup Y)\})\cdot \mathrm{d}\mathring{x}_1\delta X_1\cdots \mathrm{d}\mathring{x}_{n-1}\delta X_{n-1}\delta Y \tag{I.17}$$

$$= \int \breve{f}(\mathbb{Y} \cup \{(\mathring{\boldsymbol{x}}, \{\boldsymbol{x}\} \cup Y)\})\delta\mathbb{Y}\delta Y \tag{I.18}$$

下面来看式(21.165)，需要证明下式是 S 中双亲位于 $\mathring{S}$ 内的子目标数的期望值：

$$\int_{\mathring{S}} \int_{S} \overset{\bullet}{D}(\mathring{\boldsymbol{x}}, \boldsymbol{x}) \mathrm{d}\boldsymbol{x} \, \mathrm{d}\mathring{\boldsymbol{x}} \tag{I.19}$$

对于给定的 $\mathbb{X} = \{(\mathring{\boldsymbol{x}}_1, X_1), \cdots, (\mathring{\boldsymbol{x}}_n, X_n)\}$，定义如下的整数：

$$\mathbf{1}_{\mathring{S},S}(\mathbb{X}) = \sum_{(\mathring{\boldsymbol{x}},X)\in\mathbb{X}} \mathbf{1}_{\mathring{S}}(\mathring{\boldsymbol{x}}) \sum_{\boldsymbol{x}\in X} \mathbf{1}_S(\boldsymbol{x}) = \sum_{(\mathring{\boldsymbol{x}},X)\in\mathbb{X}} \mathbf{1}_{\mathring{S}}(\mathring{\boldsymbol{x}}) \cdot |S \cap X| \tag{I.20}$$

上式即 S 中双亲位于 $\mathring{S}$ 内的所有子目标的个数。它的数学期望为

$$\int \mathbf{1}_{\mathring{S},S}(\mathbb{X}) \cdot \breve{f}(\mathbb{X})\delta\mathbb{X}$$

因为式(I.20)与式(I.11)形式相同，因此由式(I.11)后面的推导可知

$$\int \mathbf{1}_{\mathring{S},S}(\mathbb{X}) \cdot \breve{f}(\mathbb{X})\delta\mathbb{X} = \sum_{n\geqslant 0} \frac{1}{n!} \int \left(\sum_{i=1}^{n} \mathbf{1}_{\mathring{S}}(\mathring{\boldsymbol{x}}_i) \sum_{\boldsymbol{y}\in X_i} \mathbf{1}_S(\boldsymbol{y}) \right) \cdot \tag{I.21}$$

$$\breve{f}(\{(\mathring{\boldsymbol{x}}, X_1), \cdots, (\mathring{\boldsymbol{x}}_n, X_n)\}) \mathrm{d}\mathring{\boldsymbol{x}}_1 \delta X_1 \cdots \mathrm{d}\mathring{\boldsymbol{x}}_n \delta X_n$$

$$= \left(\int \mathbf{1}_{\mathring{S}}(\mathring{\boldsymbol{x}}) \cdot \mathbf{1}_S(\boldsymbol{x}) \cdot \breve{f}(\mathbb{Y} \cup \{(\mathring{\boldsymbol{x}}, \{\boldsymbol{x}\} \cup Y)\})\delta\mathbb{Y}\delta Y \right) \mathrm{d}\mathring{\boldsymbol{x}} \mathrm{d}\boldsymbol{x} \tag{I.22}$$

$$= \int \mathbf{1}_{\mathring{S}}(\mathring{\boldsymbol{x}}) \cdot \mathbf{1}_S(\boldsymbol{x}) \cdot \overset{\bullet}{D}(\mathring{\boldsymbol{x}}, \boldsymbol{x}) \mathrm{d}\mathring{\boldsymbol{x}} \mathrm{d}\boldsymbol{x} \tag{I.23}$$

$$= \int_{\mathring{S}} \int_{S} \overset{\bullet}{D}(\mathring{\boldsymbol{x}}, \boldsymbol{x}) \mathrm{d}\boldsymbol{x} \, \mathrm{d}\mathring{\boldsymbol{x}} \tag{I.24}$$

上面到式(I.23)的那一步利用了式(21.164)。证明完毕。

附录J　FISST 微积分与 Moyal 微积分

本附录旨在对1.1.1节末及2.3.1节提出的问题进行更详细的解释。这些问题与下列进展相伴而生：FISST 的 p.g.fl./ 泛函导数扩展；1.1.1节 FISST 方法步骤 2 和 3 中的基本要素，它们最早出现在 2001 年的文献 [168] 中，且在随后的许多出版物中均有更深入的描述。但 10 年后，Streit 在文献 [279, 282] 及后续文献中宣称提出了一种“点过程”替代品，其观点可简单概括如下：

A. 文献 [282] 中式 (1) 的 p.g.fl. 定义不是出自有限集统计学，而是由 Moyal 论文[207] 中的式 (4.11) 得到 ($k = 0$)；

B. 文献 [282] 中的式 (2) 及式 (4) 和式 (5) 中间无标号方程给出的 p.g.fl. 的泛函导数定义也不是出自有限集统计学，而是由文献 [207] 中的式 (4.11) 得到 ($k \geqslant 1$)；

C. p.g.fl. 的 FISST 泛函导数与文献 [207] 中的式 (4.11) 并无差别；

D. FISST 泛函微积分因此只是文献 [207] 的“推论”而已 (文献 [279] 第 87 页)；

E. 文献 [282] 中对 FISST 方法步骤 2 和 3 的仿制品是将文献 [207] 用于多目标跟踪的独立构想。

下面先来审查观点 D 和 E 的合法性：

- 文献 [207] 中没有像本书3.5节和4.2节那样，给出利用式 (4.11) 计算具体问题的密度函数表达式。特别地，它未能包括 Clark 链式法则这一 FISST 的新结果，FISST 方法的步骤 1~3 也未在其中。
- 一整套详细的数学工程方法，以及数以百计的公式和流程，不可能只是一两个 (或者三个) 数学方程的“推论”。
- Streit 的表示[279,282] 是在有限集统计学 p.g.fl./ 微积分法则公开出版 (Streit 本人应看到过) 10 年后才出现的。
- 工程与逆向工程之间存在着一个本质的差别：如果之前有人做过完整的过程演示，则很容易知道正确的方法 (甚至会觉得这些方法是显而易见的)。
- 稍后会证明，除符号和术语外，文献 [282] 的方法实际上是对 FISST 的断章取义，而且存在一些数学错误。例如文献 [282] 中缺少系统性的多目标微积分公式以及系统性的多目标运动和观测建模公式。

本附录其余部分将着力说明观点 A、B、C 也是错误的：

- 反驳观点 A 和 B：文献 [282] 中的 p.g.fl. 表示和泛函微积分并非像所说的那样源自文献 [207]：

– 文献 [282] 中“冲击函数处的泛函导数”存在数学错误，因此不可能出自文献 [207]；
– 文献 [282] 中的泛函导数实际等同于 FISST(理论严格的) 中所用的工程启发式泛函导数 (狄拉克 δ 函数版)。

- *反驳观点 C*：FISST 采用构造性方法 (可构 Radon−Nikodým 导数) 来处理 p.g.fl. 及其泛函导数，这与文献 [207] 中的抽象测度论方法具有本质区别。

本附录其余内容包括：

- J.1节：Streit 论文[282] 中的 p.g.fl. 及其微积分。
- J.2节：Volterra 泛函导数。
- J.3节：Moyal 论文[207] 中的测度论 p.g.fl. 及其微积分。

J.1 一种“点过程版的”泛函导数

为后面引述之便，这里按照本书的符号将文献 [282] 中的有关公式重新表示如下：

- 点过程 $\mathcal{P}$ 的 p.g.fl. 定义——文献 [282] 中的式 (1)：

$$G_{\mathcal{P}}[h] = \sum_{n=0}^{n} p_{\mathcal{N}}(n) \int \left(\prod_{i=1}^{n} h(\boldsymbol{y}_i) \right) \cdot f_{\mathcal{P}|\mathcal{N}}(\boldsymbol{y}_1, \cdots, \boldsymbol{y}_n | n) \mathrm{d}\boldsymbol{y}_1 \cdots \mathrm{d}\boldsymbol{y}_n \tag{J.1}$$

式中：实值函数 $h(\boldsymbol{y})$ 恒满足 $|h(\boldsymbol{y})| \leqslant 1$。

- 泛函导数定义——文献 [282] 中的式 (2)：

$$\frac{\partial G_{\mathcal{P}}}{\partial g}[h] = \lim_{\varepsilon \to 0^+} \frac{\mathrm{d}}{\mathrm{d}\varepsilon} G_{\mathcal{P}}[h + \varepsilon \cdot g] \tag{J.2}$$

式中：g 为空间 $\mathfrak{Y}$ 上的“特殊实值函数”①。

- “冲击函数处的泛函导数”——文献 [282] 中式 (4) 和式 (5) 中间的无标号方程：

$$\frac{\partial G_{\mathcal{P}}}{\partial \boldsymbol{y}}[h] = \frac{\partial G_{\mathcal{P}}}{\partial \delta_{\boldsymbol{y}}}[h] \tag{J.3}$$

文献 [282] 误将它作为“集导数”。

在随后的部分将会用到以下注解：

- *注解 1*：式(J.1)假定存在 Janossy 密度

$$p_{\mathcal{N}}(n) \cdot f_{\mathcal{P}|\mathcal{N}}(\boldsymbol{y}_1, \cdots, \boldsymbol{y}_n | n) = f_{\mathcal{N},\mathcal{P}}(n, \boldsymbol{y}_1, \cdots, \boldsymbol{y}_n) \tag{J.4}$$

因此 $\mathcal{P}$ 实际上是一个随机有限集 (见2.3.1节)，且

$$f_{\mathcal{N},\mathcal{P}}(n, \boldsymbol{y}_1, \cdots, \boldsymbol{y}_n) = \frac{1}{n!} \cdot f_{\mathcal{P}}(\{\boldsymbol{y}_1, \cdots, \boldsymbol{y}_n\}) \tag{J.5}$$

①需指出的是：在“维基百科”和《数学百科全书》中，“泛函导数”皆是指 Volterra 导数。

故式(J.1)可化为

$$G_{\mathcal{P}}[h] = \sum_{n=0}^{\infty} \frac{1}{n!} \int \left(\prod_{i=1}^{n} h(\boldsymbol{y}_i) \right) \cdot f_{\mathcal{P}}(\{\boldsymbol{y}_1, \cdots, \boldsymbol{y}_n\}) \mathrm{d}\boldsymbol{y}_1 \cdots \mathrm{d}\boldsymbol{y}_n \tag{J.6}$$

$$= \int h^Y \cdot f_{\mathcal{P}}(Y) \delta Y \tag{J.7}$$

因此，文献 [282] 中 p.g.fl. 的“点过程”定义等同于本书式(4.19)的 *FISST* 定义。

- 注解 2：根据式(J.1)的定义，式(J.2)中函数 $h + \varepsilon \cdot g$ 的绝对值不超过 1。特别地，$g(\boldsymbol{y})$ 恒满足 $|g(\boldsymbol{y})| \leqslant 1$。
- 注解 3：由于 $\delta_{\boldsymbol{y}}$ 不恒满足条件 $|\delta_{\boldsymbol{y}}(\boldsymbol{y})| \leqslant 1$，因此式(J.3)的定义存在数学错误。实际上，$\delta_{\boldsymbol{y}}$ 是无限大的。
- 注解 4：式(J.3)实际等同于 FISST 中所用的工程启发式泛函导数定义——式(3.27)。

J.2　Volterra 泛函导数

泛函导数是 Volterra 在文献 [317] 中提出的。它对泛函而言有着明确的数学意义，而不只是将 Gâteaux 导数应用于泛函，见 Engel 和 Dreizler 的著作[79]。

Volterra 在文献 [371] 第 22 页中定义了泛函 F 在点 ξ 处的一阶导数——泛函导数 (记作 $F'[y(t);\xi]$)。根据本书符号约定将其表示为

$$F'[h(\boldsymbol{x}); \boldsymbol{y}] = \frac{\delta F}{\delta \boldsymbol{y}}[h] \tag{J.8}$$

根据附录C.3中的式(C.18)，有

$$\frac{\delta F}{\delta \boldsymbol{y}}[h] = \left[\frac{\delta}{\delta \boldsymbol{y}} \lim_{\varepsilon \searrow 0} \frac{\mathrm{d}}{\mathrm{d}\varepsilon} F[h + \varepsilon \cdot \mathbf{1}_T] \right]_{T=\emptyset} \tag{J.9}$$

式中：右边的 $\frac{\delta}{\delta \boldsymbol{y}}$ 表示集导数。

Volterra 还指出，泛函导数对于所有 g 均满足下述恒等式 (文献 [371] 第 24 页中的 (3) 式，这里采用本书的符号约定)：

$$\left[\frac{\mathrm{d}}{\mathrm{d}\varepsilon} F[h + \varepsilon \cdot g] \right]_{\varepsilon=0} = \int \frac{\delta F}{\delta \boldsymbol{y}}[h] \cdot g(\boldsymbol{y}) \mathrm{d}\boldsymbol{y} \tag{J.10}$$

上式可等价表示为

$$\left[\frac{\mathrm{d}}{\mathrm{d}\varepsilon} F[h + \varepsilon \cdot g] \right]_{\varepsilon=0} = \lim_{\varepsilon \to 0} \frac{F[h + \varepsilon \cdot g] - F[h]}{\varepsilon} = \frac{\partial F}{\partial g}[h] \tag{J.11}$$

上式即式(3.23)的 Gâteaux 导数。

这里需要指出的是：

- 式(J.9)为 $\frac{\delta F}{\delta \boldsymbol{y}}[h]$ 的显式定义，由于式(J.10)中线性泛函的核函数 $K_h(\boldsymbol{y}) = \frac{\delta F}{\delta \boldsymbol{y}}[h]$ 是未知的，因此式(J.10)只是一种隐式定义。

- 若映射 $T \mapsto \frac{\partial F}{\partial \mathbf{1}_T}[h]$ 绝对连续可测，则由 Radon–Nikodým 定理可知，$\frac{\delta F}{\delta \boldsymbol{y}}[h]$ 对所有 $\boldsymbol{y}$ 皆存在。但此时式(J.10)并未给出未知核 $\frac{\delta F}{\delta \boldsymbol{y}}[h]$ 本身的表达式。
- 寻找未知核 $K_h[\boldsymbol{y}]$ 需要求解线性算子方程 $L_h[g]=0$，其中

$$L_h[g] = -\frac{\partial F}{\partial g}[h] + \int g(\boldsymbol{y}) \cdot K_h(\boldsymbol{y}) \mathrm{d}\boldsymbol{y} \tag{J.12}$$

像文献 [282] 中的式 (6) 那样，将 $g=\delta_{\boldsymbol{w}}$ 代入式(J.10)便可直接得到未知核的表达式：

$$K_h(\boldsymbol{w}) = \frac{\partial F}{\partial \delta_{\boldsymbol{w}}}[h] = \left[\frac{\mathrm{d}}{\mathrm{d}\varepsilon} F[h+\varepsilon \cdot \delta_{\boldsymbol{w}}]\right]_{\varepsilon=0} \tag{J.13}$$

但因为狄拉克 δ 函数并非有界可测的 (与文献 [207] 中的测度论假设矛盾)——不是一个实际的函数，因此上述过程不是一种合法的数学程序，故其仅见于文献 [207]，而非文献 [282] 宣称的那样。而且，尝试通过下述极限形式来定义泛函导数同样也是错误的：

$$\frac{\partial G_{\Xi}}{\partial \delta_{\boldsymbol{y}}}[h] \stackrel{\text{def.}}{=} \lim_{n\to\infty} \frac{\partial G_{\Xi}}{\partial h_n}[h] \tag{J.14}$$

式中：$h_n \to \delta_{\boldsymbol{y}}$。极限 $h_n \to \delta_{\boldsymbol{y}}$ 意味着，当 $n\to\infty$ 时，$\|h_n-\delta_{\boldsymbol{y}}\|=0$。但 Moyal 的范数定义为 (见文献 [207] 中的 (4.1) 式)

$$\|h\| = \sup_{\boldsymbol{x}} |h(\boldsymbol{x})| \tag{J.15}$$

在 Moyal 表示中并未从数学上定义 $h_n-\delta_{\boldsymbol{y}}$，而且 $\|h_n-\delta_{\boldsymbol{y}}\|=\infty$ (即便实际并非如此)，因此 Moyal 表示中的 $h_n \to \delta_{\boldsymbol{y}}$ 在数学上是错误的。

J.3 p.g.fl. 的 Moyal 泛函微积分

2.3.1节简要介绍了 Moyal 的点过程方法，本节仍采用其中的符号表示。特别地，2.3.1节的要点：若点过程的密度函数 (实际应用中需要) 存在，则点过程实际上是一个随机有限集。本节旨在介绍 Moyal 关于 p.g.fl. 的泛函微积分方法。

J.3.1 Moyal 概率生成泛函

Moyal 对点过程 $\mathcal{P}$ 的 p.g.fl. 定义基于抽象的测度理论。按照本书的符号约定，它可表示为

$$G_{\mathcal{P}}[h] = \sum_{n\geqslant 0} \int h(\boldsymbol{y}_1)\cdots h(\boldsymbol{y}_n) \cdot P_S^{(n)}(\mathrm{d}\boldsymbol{y}_1 \cdots \mathrm{d}\boldsymbol{y}_n) \tag{J.16}$$

式中：$\mathcal{P}$ 的对称概率测度 $P_S(O)$ 定义在空间 $\tilde{\mathfrak{Y}}^{\infty} = \uplus_{n\geqslant 0}\mathfrak{Y}^n$(超空间) 的对称可测子集上；$P_S^{(n)}$ 表示 P_S 在 $\mathfrak{Y}^n$ 上的限制 (见文献 [207] 第 4 页)。

但实际困难在于：式(J.16)是按照超空间 $\tilde{\mathfrak{Y}}^{\infty}$ 上的抽象概率测度 P_S 定义的。在实际应用中，应如何定义超空间 $\tilde{\mathfrak{Y}}^{\infty}$ 上的随机变量？对于任意的 $n\geqslant 0$，Janossy 密度 $j_{n,\mathcal{P}}(\boldsymbol{y}_1,\cdots,\boldsymbol{y}_n)$ 又为何物？如何判断其存在性 (为确保这一点需要证明 P_S 的绝对连续性)？倘若它存在，又该如何得到具体的表达式呢？

首先可注意到：若 $j_{n,\mathcal{P}}(\boldsymbol{y}_1,\cdots,\boldsymbol{y}_n)$ 存在，则 $\mathcal{P}$ 实际上是一个随机有限集 (记作 Ψ)，且 (见2.3.1节)

$$j_{n,\mathcal{P}}(\boldsymbol{y}_1,\cdots,\boldsymbol{y}_n)=\frac{1}{n!}\cdot f_{\mathcal{P}}([\boldsymbol{y}_1\cdots\boldsymbol{y}_n])=\frac{1}{n!}\cdot f_{\mathcal{P}}(\{\boldsymbol{y}_1\cdots\boldsymbol{y}_n\}) \tag{J.17}$$

此时式(J.16)可化为

$$G_{\Psi}[h]=\sum_{n\geqslant 0}\frac{1}{n!}\int h(\boldsymbol{y}_1)\cdots h(\boldsymbol{y}_n)\cdot f_{\Psi}(\{\boldsymbol{y}_1,\cdots,\boldsymbol{y}_n\})\mathrm{d}\boldsymbol{y}_1\cdots\mathrm{d}\boldsymbol{y}_n \tag{J.18}$$

$$=\int h^{Y}\cdot f_{\Psi}(Y)\delta Y \tag{J.19}$$

上式即 p.g.fl. 的 FISST 定义，见式(4.19)。因此，“点过程”表示相对 RFS 表示并未增加任何新的实质内容，而从实用观点看，它只不过在数学上更加晦涩难懂而已。

由于密度 $f_{\Psi}(\{\boldsymbol{y}_1,\cdots,\boldsymbol{y}_n\})$ 仍是未知的，应该如何确定它的具体表达式呢？在 FISST 方法中可根据下式确定其具体表达式：

$$f_{\Psi}(Y)=\frac{\delta\beta_{\Psi}}{\delta Y}(\emptyset) \tag{J.20}$$

式中：信任质量函数 $\beta_{\Psi}(S)$ 定义为

$$\beta_{\Psi}(S)=\Pr(\Psi\subseteq S) \tag{J.21}$$

而 $\frac{\delta\beta_{\Psi}}{\delta Y}(\emptyset)$ 为集导数。式(J.19)因此可化为

$$G_{\Psi}[h]=\int h^{Y}\cdot\frac{\delta\beta_{\Psi}}{\delta Y}(\emptyset)\delta Y \tag{J.22}$$

由于集函数 $\beta_{\Psi}(S)$ 定义在普通空间 $\mathfrak{Y}$ 的子集而非超空间 $\tilde{\mathfrak{Y}}^{\infty}$ 的子集上，因此从实用角度看，这是一种巨大的简化，而且对于集导数的计算，在有限集框架下还存在像 Clark 通用链式法则这样的微分公式。

给定上述基本知识后，下面评估观点 A 的合法性：

- 观点 A ：Streit 论文[282] 中的 p.g.fl. 定义并非出自有限集统计学，而是由文献 [207] 中的式 (4.11) 得到。该观点是错误的：
  - Streit 的 p.g.fl. 定义 (见(J.1)式) 假定点过程的 Janossy 密度存在，此时的点过程实际上是一个 RFS。因此，“点过程”表示只是一种更加晦涩的表示而已，并未给 RFS 表示增加任何新的实质内容。
  - 如J.1节中的注解 1 所述，p.g.fl. 的 Streit 定义等同于 FISST 定义，它一点都不像式(J.16)的 Moyal 抽象测度论定义。

J.3.2　Moyal 泛函微积分

Moyal 既未采用泛函导数，也未使用“泛函导数”这一术语。相反，Moyal 泛函微分是基于“k 阶变分”——式(J.10)的多变量推广形式 (文献 [207] 中的 (4.11) 式)，按照本书

符号的约定可表示为

$$\delta^k_{g_1,\cdots,g_k} G_{\mathcal{P}}[h] = \left[\frac{\partial^k}{\partial \varepsilon_1, \cdots, \partial \varepsilon_k} G \left[h + \sum_{i=1}^{k} \varepsilon_i \cdot g_i \right] \right]_{\varepsilon_1=\cdots=\varepsilon_k=0} \tag{J.23}$$

上式实际上是迭代的 Gâteaux 导数：

$$\delta_{g_1,\cdots,g_k} G_{\mathcal{P}}[h] = \frac{\partial^k G_{\mathcal{P}}}{\partial g_1 \cdots \partial g_k}[k] \tag{J.24}$$

令 $h = 0$，则

$$\delta_{g_1,\cdots,g_k} G_{\mathcal{P}}[0] = \frac{\partial^k G_{\mathcal{P}}}{\partial g_1 \cdots \partial g_k}[0] \tag{J.25}$$

从而可将点过程的概率测度与 p.g.fl. 通过下式联系起来 (文献 [207] 中的 (4.13) 式)：

$$P_S^{(k)}(T_1 \times \cdots \times T_k) = \frac{1}{k!} \cdot \delta^k_{\mathbf{1}_{T_1},\cdots,\mathbf{1}_{T_k}} G_{\mathcal{P}}[0] \tag{J.26}$$

式中：$\mathbf{1}_T(y)$ 为可测子集 T 的示性函数。

但式(J.26)存在两方面的实际困难。首先，$\delta^k_{\mathbf{1}_{T_1},\cdots,\mathbf{1}_{T_k}} G_{\mathcal{P}}[0]$ 是按照抽象概率测度 $P_S(O)$ 定义的。该如何使用复杂的 Gâteaux 导数 (定义它需已知 $P_S(O)$ 的表达式) 来推导泛函导数的具体表达式呢？其次，即便得到了 $\delta^k_{\mathbf{1}_{T_1},\cdots,\mathbf{1}_{T_k}} G_{\mathcal{P}}[0]$ 的表达式，它也只是乘积空间上的概率测度，而非实际需要的密度函数。那么，应该如何判断密度函数的存在性呢？当其存在时又如何获得该密度函数呢？

FISST 专为解决这些问题而生：Volterra 泛函导数避免了抽象测度，如附录C和式(J.9)所述，它采用的是可构集导数，而且可利用“微分法则机制”进行计算。

给定上述初步知识后，下面评估观点 B 和观点 C 的合法性：

- 观点 B：Streit 论文[282] 中 p.g.fl. 的泛函导数定义 (见(J.2)式和(J.3)式) 不是出自有限集统计学，而是由文献 [207] 中的式 (4.11) 得到。该观点是错误的：
  - 术语“泛函导数”特指 Volterra 泛函导数，而 Volterra 泛函导数及“泛函导数”在文献 [207] 中均未出现过。Moyal 采用的“k 阶变分”属于 Gâteaux 导数，而非泛函导数。
  - 式(J.3)采用的狄拉克 δ 函数在 *Moyal* 论文中未曾出现。如式(J.13)后的评论，采用狄拉克 δ 函数 (并非一个实际的函数) 代替有界可测函数 (如文献 [207] 中的 (4.11) 式) 在数学上是不合法的。
  - 即使按照 *Streit* 自己的定义，式(J.3)仍存在数学错误，见本附录前面的注解 3。
  - 式(J.3)实际出自有限集统计学，它等同于泛函导数的工程版，见式(3.27)。由于数学上不太严格，因此它并未出现在文献 [207] 中。
- 观点 C：p.g.fl. 的 FISST 泛函导数与文献 [207] 中的式 (4.11) 并无差别。该观点是错误的：

- 严格定义的 FISST 泛函导数基于式(J.9)的集导数概念，进而基于可构的 Radon−Nikodým 导数。它是 Volterra 泛函导数，而非文献 [207] 所用的 Gâteaux 导数。
- 启发式的 FISST 泛函导数基于狄拉克 δ 函数，由于数学上不太严格，因此它并未出现在文献 [207] 中。

附录K　数学推导

附录 K 的正文参见下面的网址：

- http://www.artechhouse.com/static/Downloads/Mahler_Appendix_K.pdf

其中包括：

- 附录 K.1：联合空间上的积分。
- 附录 K.2：解卷积公式。
- 附录 K.3：联合 p.g.fl. 的错误分解。
- 附录 K.4：双滤波器形式的混合贝叶斯滤波器。
- 附录 K.5：泊松过程的“独立增量”性质。
- 附录 K.6：Campbell 定理的证明。
- 附录 K.7：Clark 通用链式法则 (泛函导数) 的证明。
- 附录 K.8：原则近似。
- 附录 K.9：泊松过程的 Csiszár 散度。
- 附录 K.10：i.i.d.c. 过程的 Csiszár 散度。
- 附录 K.11：MTA 与 RFS 之间的关系。
- 附录 K.12：Reuter−Dietmayer 近似。
- 附录 K.13：近似的经典 CPHD 滤波器。
- 附录 K.14：“远距幽灵作用”。
- 附录 K.15：PHD 滤波器的合并与切分。
- 附录 K.16：高斯混合合并公式。
- 附录 K.17：马尔可夫跳变 GM−PHD 滤波器。
- 附录 K.18：状态相关泊松杂波下的 PHD 滤波器。
- 附录 K.19：部分均匀新生 PHD 滤波器。
- 附录 K.20：多传感器经典 PHD 滤波器。
- 附录 K.21：杂波过程估计。
- 附录 K.22：β−高斯分量的合并。
- 附录 K.23：未知泊松混合杂波下的 CPHD 滤波器。
- 附录 K.24：闭式 GM 前向−后向平滑器。
- 附录 K.25：伯努利前向−后向平滑器。

- 附录 K.26：Hauschildt 精确近似。
- 附录 K.27：广义 TNC 近似的协方差。
- 附录 K.28：IO−CPHD 滤波器。
- 附录 K.29：IO−MeMBer 滤波器。
- 附录 K.30：扩展目标 APB−PHD 滤波器。
- 附录 K.31：单层群目标的贝叶斯滤波器。
- 附录 K.32：单层群目标的 PHD 滤波器。
- 附录 K.33：GLF 的贝叶斯最优性。
- 附录 K.34：理想传感器下的单目标控制。
- 附录 K.35：线性高斯情形下的 K−L 目标函数。
- 附录 K.36：广义理想传感器的传感器管理。
- 附录 K.37：PIMS 对冲的特例。

参考文献

[1] M. Adams, B.-N. Vo, R. Mahler, and J. Mullane, "New concepts in map estimation: Implementing PHD filter SLAM," IEEE Robotics and Automation Magazine, accepted for publication, 2014.

[2] B. Anderson and J. Moore, Optimal Filtering, Prentice-Hall, 1979.

[3] E. Aoki, A. Bagchi, P. Mandal, and Y. Boers, "On the 'near-universal proxy' argument for theoretical justification of information-driven sensor management," Proc. IEEE Workshop on Statistical Sign. Proc., Nice, France, June 28-30, 2011.

[4] E. Aoki, A. Bagchi, P. Mandal, and Y. Boers, "A theoretical look at information-driven sensor management criteria," Proc. 14th Int'l Conf. on Information Fusion, Chicago, July 5-8, 2011.

[5] Angelosante, A., Biglieri, E., and Lops, M., "Multipath channel tracking in OFDM systems," Proc. 18th IEEE Int'l Symp. on Personal, Indoor and Mobile Radio Communcations (PIMRC2007), pp. 1-5, Athens, Greece, Sept. 3-7, 2007.

[6] Angelosante, A., Biglieri, E., and Lops, M., "Multipath channel tracking in OFDM systems,"Proc. 2007 IEEE Int'l Symp. on Signal Processing and Information Theory, pp. 1121-1125, Cairo, Egypt, Dec. 15-18, 2007.

[7] Angelosante, A., Biglieri, E., and Lops, M., "Multiuser detection in a dynamic environment Part II: Joint user identification and parameter estimation," IEEE Trans. Info Theory, 55(4): 2365-2374, 2009.

[8] Angelosante, D., Biglieri, E., and Lops, M., "Some applications of FISST to wireless communications," Proc. 11th Int'l Conf. on Information Fusion, Cologne, Germany, July 3, 2008.

[9] I. Arasaratnam and S. Haykin, "Cubature Kalman filters," IEEE Trans. Auto. Cntrl., 54(6): 1254-1269, 2009.

[10] A. Aravinthan, R. Tharmarasa, K. Punithakumar, T. Kirubarajan, and T. Lang, "Distributed tracking with a PHD filter using efficient measurement encoding," J. Advances in Information Fusion, 7(2): 114-130, 2012.

[11] M.S. Arulamalan, S. Maskell, N. Gordon, and T. Clapp, "A tutorial on particle filters for online nonlinear/non-Gaussian Bayesian tracking," IEEE Trans. Sign. Proc., 50(2): 174-188, 2002.

[12] J. Aughenbaugh and B. La Cour, "Metric selection for information theoretic sensor management," Proc. 11th Int'l Conf. on Info. Fusion, pp. 1-7, Cologne, June 30-July 3, 2008.

[13] A. Baddeley, "Errors in binary images and an L version of the Hausdorff metric," Nieuw Achief voor Wiskunde, 10: 157-183, 1992.

[14] Balakumar, B., Sinha, A,. Kirubarajan, T., and Reilly, J., "PHD filtering for tracking an unknown number of sources using an array of sensors," Proc. 13th IEEE Workshop on Stat. Sign. Proc., 43-48, Bordeaux, France, July 17-20, 2005.

[15] G. Battistelli, L. Chisci, C. Fantacci, A. Farina, and A. Graziano, "Consensus CPHD filter for distributed multitarget tracking," IEEE J. Selected Topics in Sign. Proc., 7(3): 508-520, 2013.

[16] M. Beard, B-T. Vo, B.-N. Vo, and S. Arulampalam, "Gaussian mixture PHD and CPHD filtering with partially uniform target birth," Proc. 15th Int'l Conf. on Information Fusion, Singapore, July 9-12, 2012.

[17] M. Beard, B.-T. Vo, B.-N. Vo, and S. Arulampalam, "A Partially Uniform Target Birth Model for Gaussian Mixture PHD/CPHD Filtering," IEEE Trans. Aerospace & Electr. Sys., 49(4): 2835-2844, 2013.

[18] M. Beard, B.-T. Vo, and B.-N. Vo, "Bearing-only multi-target filtering with unknown clutter density using a bootstrap GMCPHD filter," IEEE SIgn. Proc. Letters, 20(4): 323-326, 2013.

[19] E. Biglieri, E. Grossi, and M. Lops, "Random-set theory and wireless communications," Foundations and Trends in Communications and Information Theory, 7(4): 317-462, 2012.

[20] E. Biglieri and M. Lops, "Multiuser detection in a dynamic environment," Proc. 1st Workshop of the Center on Information Theory and Applications, La Jolla, CA, Feb. 6-10, 2006.

[21] E. Biglieri and M. Lops, "Multiuser detection in a dynamic environment-Part I: User identification and data detection," IEEE Trans. Info. Theory, 53(9): 3158-3170, 2007.

[22] A. Bishop and B. Ristic, "Fusion of spatially referring natural language statements with random set theoretic likelihoods," IEEE Trans. Aerospace & Electr. Sys., 49(2), pp. 932-944, 2013.

[23] S. S. Blackman, Multiple-Target Tracking with Radar Applications, Artech House, Norwood, MA, 1986.

[24] S. Blackman and S. Popoli, Design and Analysis of Modern Tracking Systems, Artech House, Norwood, MA, 2000.

[25] E. Blasch, A. Steinberg, S. Das, J. Llinas, C.-Y. Chong, O. Kessler, E. Waltz, and F. White, "Revisiting the JDL model for information exploitation," Proc. 16th Int'l Conf. on Information Fusion, pp. 129-136, Istanbul, Turkey, July 9-12, 2013.

[26] Y. Boers and H. Driessen, “Point estimation for jump Markov systems: Various MAP estimators,” Proc. 13th Int’l Conf. on Information Fusion, Edinburgh, UK, July 26-29, 2010.

[27] Y. Chun Yang, I. Kadar, E. Blasch, and M. Bakich, “Comparison of information theoretic divergences for sensor management,” in I. Kadar (ed.), Sign. Proc., Sensor Fusion, and TargRecogn. XX, SPIE Proc. Vol. 8050, 2011.

[28] M. Briers, A. Doucet, and S. Maskell, “Smoothing algorithms for state-space models,” Ann. Inst. Stat. Math, 62: 61-89, 2010.

[29] O. Cappé, S. Godsill, and E. Moulines, “An overview of existing methods and recent advances in sequential Monte Carlo,” Proc. IEEE, 95(5): 899-924, 2007.

[30] F. Caron, P. Del Moral, A. Doucet, and M. Pace, “On the conditional distributions of spatial point processes,” Advanced Applied Probability, 43: 301-307, 2011.

[31] S. Challa, R. J. Evans, and D. Musicki, “Target tracking—a Bayesian perspective,” Proc. 14th Int’l Conf. on Digital Sign. Proc., 1: 437-440, Santorini, Greece, July 1-3, 2002.

[32] S. Challa and B.-N. Vo, “Bayesian approaches to track existence—IPDA and random sets,” Proc. 5th Int’l Conf. on Information Fusion, pp. 1228-1235, Annapolis, MD, July 8-11, 2002.

[33] P. Cheeseman, J. Kelly, M. Self, J. Stutz, W. Taylor, and D. Freeman, “Autoclass: A Bayesian Classification System,” Proc. 5th Int’l Conf. on Machine Learning, June 12-14, 1988, University of Michigan at Ann Arbor, pp. 54-64, Morgan Kaufmann Publishers, San Mateo CA, 1988.

[34] P. Cheeseman, M. Self, J. Kelly, J. Stutz, W. Taylor, and D. Freeman, “Bayesian Classification,”Proc. 7th Nat’l. Conf. on Artificial Intelligence, 2: 607-611, St. Paul MN, August 21-26, 1998.

[35] Chen Xin, T. Kirubarajan, R. Tharmarasa, and M. Pelletier, “Integrated clutter estimation and target tracking using spatial, amplitude, and Doppler information,” in I. Kadar (ed.), Sign. Proc., Sensor Fusion, and Targ. Recogn. XIX, SPIE Proc. Vol. 7697, 2010.

[36] Xin Chen, R. Tharmarasa, M. McDonald and T. Kirubarajan, “A Multiple Model Cardinalized Probability Hypothesis Density Filter,” ETFLab Technical Report #TR1011-01, McMaster University, Canada, October 2011.

[37] Chen Xin, R. Tharmarasa, T. Kirubarajan, and M. Pelletier, “Integrated clutter estimation and target tracking using Poisson point process,” in O. Drummond and D. Teichgraeber (eds.), Signal and Data Processing of Small Targets 2009, SPIE Proc. Vol. 7445, San Diego, CA, Aug. 2-6, 2009.

[38] Xin Chen, R. Tharmarasa, T. Kirubarajan, and M. Pelletier, “Online clutter estimation using a Gaussian kernel density estimator for target tracking,” Proc. 14th Int’l Conf. on Information Fusion, Chicago, July 5-8, 2011.

[39] Chen Xin, R. Tharmarasa, M. Pelletier, and T. Kirubarajan, "Integrated clutter estimation and target tracking using Poisson point processes," IEEE Trans. AES, 48(2): 1210-1234, 2012.

[40] D. Clark, "Bayesian filtering for multi-object systems with independently generated observations," http://arxiv.org/abs/1202.0949, 2012.

[41] D. Clark, "Faa di Bruno's formula for Gâteaux differentials," http://arxiv.org/abs/1202.0264, 2012.

[42] D. Clark, "First-moment multi-object forward-backward smoothing," Proc. 13th Int'l Conf. on Information Fusion, Edinburgh, UK, July 26-29, 2010.

[43] D. Clark, "Joint target detection and tracking smoothers," in I. Kadar (ed.), Sign. Proc., Sensor Fusion, and Targ. Recogn. XVIII, SPIE Proc. Vol. 7336, 2009.

[44] D. Clark and J. Bell, "Convergence results for the particle PHD filter," IEEE Trans. Sig. Proc., 54(7): 2652-2661, 2006.

[45] D. Clark and S. Godsill, "Group target tracking with the Gaussian mixture probability hypothesis density filter," Proc. 3rd Int'l Conf. on Intelligent Sensors, Sensor Networks and Information (ISSNIP2007), pp. 149-154, Melbourne, Australia, Dec. 3-6, 2007.

[46] D. E. Clark, K. Panta, and B.-N. Vo, "The GM-PHD filter multiple target tracker," Proc. 9th Int'l Conf. on Information Fusion, Florence, Italy, July 10-13, 2006.

[47] D. Clark and R. Mahler, "Generalized PHD filters via a general chain rule," Proc. 15th Int'l Conf. on Information Fusion, Singapore, July 9-12, 2012.

[48] D. Clark and B.-N. Vo, "Convergence analysis of the Gaussian mixture PHD filter," IEEE Trans. Sig. Proc., 55(4): 1204-1212, 2007.

[49] D. Clark, B.-T. Vo, and B.-N. Vo, "Gaussian particle implementations of probability hypothesis density filters," Proc. 2007 IEEE Aerospace Conf., pp. 1-11, Big Sky, MT, March 3-10, 2007.

[50] D. Clark, B.-N. Vo, and B.-T. Vo, "Forward-backward sequential Monte Carlo smoothing for joint thtarget detection and tracking," Proc. 12 Int'l Conf. on Information Fusion, pp. 899-906, Seattle, July 6-9, 2009.

[51] D. Crouse, P. Willett, K. Pattipati, and L. Svensson, "A look at Gaussian mixture reduction algorithms," Proc. 14th Int'l Conf. on Information Fusion, Chicago, July 5-8, 2011.

[52] I. Csiszár, "Information-type measures of difference of probability distributions and indirect observations," Studia Scientarum Mathematicarum Hungarica, 2: 299-318, 1967.

[53] I. Csiszár, "Information measures: A critical survey," Trans. 7th Conf. on Info. Theor., Stat. Dec. Func.'s and the Eighth Euro. Meeting of Statisticians, pp. 73-86, Tech. Univ. Prague, Prague, 1978.

[54] R. Curry, W. vander Velde, and J. E. Potter, "Nonlinear estimation with quantized measurements—PCM, predictive quantization, and data compression," IEEE Trans. Info. Theory, IT-16(2): 152-161, March 1970.

[55] D. Daley and D. Vere-Jones, An Introduction to the Theory of Point Processes, First Edition, Springer-Verlag, New York, 1988.

[56] D. Daley and D. Vere-Jones, An Introduction to the Theory of Point Processes, Volume 1: Elementary Theory and Methods, Springer-Verlag, New York, 2003.

[57] D. Danu, T. Ratnasingam, T. Lang, and T. Kirubarajan, "Assignment-based particle labelling for probability hypothesis density filters," in O. Drummond (ed.), Signal and Data Processing of Small Targets 2009, San Diego, Aug. 4-6, 2009.

[58] J. Davey, G. Rutten, and B. Cheung, "A comparison of detection performance for several track-before-detect algorithms," EURASIP J. Adv. Sign. Proc., 2008(1), Article 41, 2008.

[59] M. DeGroot, Optimal Statistical Decisions, Second Edition, New York, McGraw-Hill, 1970.

[60] J. Davey, G. Rutten, and N. Gordon, "Track-before-detect techniques," Chapter 18 in M. Mallick, V. Krishnamurthy, and B.-N. Vo (eds.), Integrated Tracking, Classification, and Sensor Management: Theory and Applications, Wiley, 2012.

[61] A. Doucet, N. de Freitas, and N. Gordon (eds.), Sequential Monte Carlo Methods in Practice, Springer, New York, 2001.

[62] O. Drummond and B. Fridling, "Ambiguities in evaluating performance of multiple target tracking algorithms," in O. Drummond (ed.), Data and Signal Processing of Small Targets 1992, SPIE Proc. Vol. 1698, pp. 326-337, 1992.

[63] E. Delande, E. Duflos, P. Vanheeghe, and D. Heurguier, "Multi-sensor PHD: Construction and implementation by space partitioning," Proc. 2011 Int'l Conf. on Acoustic, Speech, and Signal Processing (ICASSP2011), Prague, May 22-27, 2011.

[64] K. Demars, I. Hussein, M. Jah, and R. Erwin, "The Cauchy-Schwarz divergence for assessing situational information gain," Proc. 15th Int'l Conf. on Information Fusion, Singapore, July 9-12, 2012.

[65] D. Dunne and T. Kirubarajan, "Multiple model tracking for multitarget multi-Bernoulli filters,"in I. Kadar (ed.), Signal Processing, Sensor Fusion, and Target Recognition XXI, SPIE Proc. Vol. 8392, Baltimore, MD, April 23-27, 2012.

[66] D. Dunne and T. Kirubarajan, "Multitarget multi-Bernoulli filters for manoeuvering targets,"IEEE Trans. Aerospace & Electr. Sys., 49(4): 2679-2692, 2013.

[67] D. Dunne and T. Kirubarajan, "Weight partitioned probability hypothesis density filters," Proc. 14th Int'l Conf. on Information Fusion, Chicago, July 5-8, 2011.

[68] D. Dunne, R. Tharmasara, T. Lang, and T. Kirubarajan, "Seamless track labeling without peak extraction in SMC-PHD filters," in O. Drummond (ed.), Signal and Data Processing of Small Targets 2009, San Diego, Aug. 4-6, 2009.

[69] D. Dunne, R. Tharmarasa, T. Lang, and T. Kirubarajan, "SMC-PHD-based multi-target tracking with reduced peak extraction," in O. Drummond (ed.), Signal and Data Processing of Small Targets 2009, San Diego, Aug. 4-6, 2009.

[70] A. El-Fallah, A. Zatezalo, R. Mahler, R. K. Mehra, and M. Alford, "Advancements in situation assessment sensor management," in I. Kadar (ed.), Sign. Proc., Sensor Fusion, and Targ. Recogn. XV, SPIE Proc. Vol. 6235, 2006.

[71] A. El-Fallah, A. Zatezalo, R. Mahler, R. Mehra, and M. Alford, "Mission-based situational awareness sensor management and information fusion," in I. Kadar (ed.), Sign. Proc., Sensor Fusion, and Targ. Recogn. XVI, SPIE Proc. Vol. 6567, 2007.

[72] A. El-Fallah, A. Zatezalo, R. Mahler, R. K. Mehra, and M. Alford, "Unified Bayesian situation assessment sensor management," in I. Kadar (ed.), Sign. Proc., Sensor Fusion, and Targ. Recogn. XIV, SPIE Proc. Vol. 5809, pp. 253-264, 2005.

[73] A. El-Fallah, A. Zatezalo, R. Mahler, R. Mehra, and J. Brown, "Sensor management of space-based multiplatform EO/IR sensors for tracking disparate geosynchronous satellites," in I. Kadar (ed.), Sign. Proc., Sensor Fusion, and Targ. Recogn. XVIII, SPIE Proc. Vol. 7336, 2009.

[74] A. El-Fallah, A. El-Fallah, R. Mahler, R. Mehra, and D. Donatelli, "Dynamic sensor management of dispersed and disparate sensors for tracking resident space objects," in I. Kadar (ed.), Sign. Proc., Sensor Fusion, and Targ. Recogn. XVII, SPIE Proc. Vol. 6968, 2008.

[75] A. El-Fallah, M. Perloff, B. Ravichandran, T. Zajic, C. Stelzig, R. Mahler, and R. Mehra, "Multisensor-multitarget sensor management with target preference," in I. Kadar (ed.), Sign. Proc., Sensor Fusion, and Targ. Recogn. XIII, SPIE Proc. Vol. 5429: 222-232, 2004.

[76] A. El-Fallah, A. Zatezalo, R. Mahler, R. Mehra, and K. Pham, "Situational awareness sensor management of space-based EO/IR and airborne GMTI radar for road targets tracking," in I. Kadar (ed.), Sign. Proc., Sensor Fusion, and Targ. Recogn. XIX, SPIE Proc. Vol. 7697, 2010.

[77] A. El-Fallah, A. Zatezalo, R. Mehra, and R. Mahler, "Space-based sensor management and geostationary satellite tracking," in I. Kadar (ed.), Sign. Proc., Sensor Fusion, and Targ. Recogn. XVI, SPIE Proc. Vol. 6567, 2007.

[78] A. El-Fallah, A. Zatezalo, R. Mehra, R. Mahler, and K. Pham, "Joint search and sensor management of space-based EO/IR sensors for LEO threat estimation," in J. Cox and P. Motaghedi (eds.), Sensors and Sys. for Space Applications III, SPIE Proc. Vol. 7330, 2009.

[79] E. Engel and R. Dreizler, Density Functional Theory, New York, Springer, 2011.

[80] O. Erdinc, P. Willett, and Y. Bar-Shalom, "The Bin-occupancy filter and its connection to the PHD filters," IEEE Trans. Sign. Proc., 57(11): 4232-4246, 2009.

[81] O. Erdinc, P. Willett, and Y. Bar-Shalom, "A physical-space approach for the probability hypothesis density and cardinalized probability hypothesis density filters," in O. Drummond (ed.), Signal Processing of Small Targets 2006, SPIE Proc. Vol. 6236, 2006.

[82] O. Erdinc, P. Willett, and Y. Bar-Shalom, "Probability hypothesis density filter for multitarget multisensor tracking," Proc. 8th Int'l Conf. on Information Fusion, Philadephia, PA, July 25-29, 2005.

[83] M. Evans, N. Hastings, and B. Peacock, Statistical Distributions, Third Edition, John Wiley & Sons, New York, 2000.

[84] Feng Lian, Chongzhao Han, and Weifeng Liu, "Estimating unknown clutter intensity for PHD filter," IEEE Aerospace & Electr. Sys. (46)4: 2006-2078, 2010.

[85] Feng Lian, Chongzhao Han, Weifeng Liu, Jing Liu, and Jian Sun, "Unified cardinalized probability hypothesis density filters for extended targets and unresolved targets," Sign. Proc., 92(7): 1729-1744, 2012.

[86] M. Feldman and W. Koch, "Comments on 'Bayesian approach to extended object and cluster tracking using random matrices'," IEEE Trans. Aerospace & Electr. Sys., 48(2): 1687-1693, 2012.

[87] W. Förstner and B. Moonen, "A metric for covariance matrices," Techncial Report, Dept. of Geodesy and Geoinformatics, Stuttgart University, 1999.

[88] D. Fränken and M. Ulmke, " 'Spooky action at a distance' in the cardinalized probability hypothesis density filter," IEEE Trans. Aerospace & Electr. Sys., 45(4): 1657-1664, 2009.

[89] A. Gelb, J. Kasper, Jr., R. Nash, Jr., C. Price, and A. Sutherland, Jr., Applied Optimal Estimation, MIT Press, Cambridge, MA, 1974.

[90] W. Gau and D. Bauer, "Vague sets," IEEE Trans. Sys., Man, and Cybern., 23(2): 610-614, 1993.

[91] R. Georgescu and P. Willett, "The multiple model CPHD tracker," IEEE Trans. Sign. Proc., (60)4: 1741-1751, 2012.

[92] A.L. Gibbs and F.E. Su, "On choosing and bounding probability metrics," Int'l Stat. Rev., 70(3): 419-435, 2002.

[93] K. Gilholm, S. Godsill, S. Maskell, and D. Salmond, "Poisson models for extended target and group tracking," in O. E. Drummond (ed.), Sign. and Data Proc. of Small Targets 2005, SPIE Proc. Vol. 5913, 2005.

[94] I. R. Goodman, R. P. S. Mahler, and H. T. Nguyen, Mathematics of Data Fusion, Kluwer Academic Publishers, New York, 1997.

[95] K. Granström C. Lundquist, and O. Orguner, "Extended target tracking using a Gaussian-mixture PHD filter," IEEE Trans. Aerospace & Electr. Sys., 48(4): 3268-3286, 2012.

[96] K. Granström, C. Lundquist, and U. Orguner, "A Gaussian mixture PHD filter for extended target tracking," Proc. 13th Int'l Conf. on Information Fusion, Edinburgh, UK, July 26-29, 2010.

[97] K. Granström, C. Lundquist, and U. Orguner, "Tracking rectangular and elliptical extended targets using laser measurements," Proc. 14th Int'l Conf. on Information Fusion, Chicago, July 5-8, 2011.

[98] K. Granström and U. Orguner, "Implementation of the GIW-PHD filter," Technical Report LiTH-ISY-R-3046, Dept. of Electrical Engineering, Linköping U., Linköping, Sweden, 12 pages, Mar. 28, 2012. http://www.control.isy.liu.se/publications/doc?id=2508.

[99] K. Granström and U. Orguner, "On the reduction of Gaussian inverse Wishart mixtures," Proc. 15th Int'l Conf. on Information Fusion, Singapore, July 9-12, 2012.

[100] K. Granström and U. Orguner, "On spawning and combination of extended/group targets modeled with random matrices," IEEE Trans. Sign. Proc., 61(3): 678-692, 2012.

[101] K. Granstróm and U. Orguner, "A PHD filter for tracking multiple extended targets using random matrices," IEEE Trans. Sign. Proc.

[102] R. Gray and D. Neuhoff, "Quantization," IEEE Trans. Info. Theory, (44)6: 2325-2383, 1998.

[103] Jerry A. Guern, "Method and System for Calculating Elementary Symmetric Functions of Subsets of a Set," U.S. Patent No. 20110040525, Feb. 2, 2011, http://www.faqs.org/patents/app/20110040525.

[104] D. Hauschildt, "Gaussian mixture implementation of the cardinalized probability hypothesis density filter for superpositional sensors," Proc. Int'l Conf. on Indoor Positioning and Indoor Navigation (IPIN2011), Guimarães, Portugal, Sept. 21-23, 2011.

[105] D. Hauschildt and N. Kirchhof, "Advances in thermal infrared localization: Challenges and solutions," Proc. 2010 Int'l Conf. on Indoor Positioning and Indoor Navigation (IPIN2010), Zürich, Sept. 15-17, 2010.

[106] M. Hernandez, B. Ristic, A. Farina, T. Sathyan, and T. Kirubarajan, "Performance measures for Markovian switching systems using best-fitting Gaussian distributions," IEEE Trans. AES, (44)2: 724-747, 2008.

[107] O. Hernández-Lerma, Adaptive Markov Control Processes, New York, Springer-Verlag, 1989.

[108] Hung Gia Hoang, B.-T. Vo, B.-N. Vo, and R. Mahler, "The Cauchy-Schwartz divergence for Poisson point processes," submitted for publication, preprint available at http://arxiv.org/abs/1312.6224.

[109] J. Hoffman and R. Mahler, "Multitarget miss distance and its applications," Proc. 5th Int'l Conf. on Information Fusion, pp. 1228-1235, Annapolis MD, July 8-11, 2002.

[110] J. Hoffman and R. Mahler, "Multitarget miss distance via optimal assignment," IEEE Trans. Sys., Man, and Cybernetics—Part A, 34(3): 327-336, 2004.

[111] Hongyan Zhu, Chongzhao Han, and Chen Li, "An extended target tracking method with random thset observations," Proc. 14 Int'l Conf. on Information Fusion, Chicago, July 5-8, 2011.

[112] R. Hoseinnezhad, B.-N. Vo, D. Suter, and B.-T. Vo, "Multi-object filtering from image sequence without detection," Proc. 2010 IEEE Int'l Conf. on Acoustics, Speech and Signal Processing (ICASSP2010), Dallas, TX, Mar. 14-19, 2010.

[113] R. Hoseinnezhad, B.-N. Vo, and B.-T. Vo, "Visual tracking in background subtracted image sequence via multi-Bernoulli filtering," IEEE Trans. Sign. Proc., 61(2): 392-397, 2012.

[114] R. Hoseinnezhad, B.-N. Vo, B.-T. Vo, and D. Suter, "Bayesian integration of audio and visual information for multi-target tracking using a CB-MEMBER filter," Proc. 2011 Int'l Conf. on Acoustic, Speech, and Signal Processing (ICASSP2011), Prague, May 22-27, 2011.

[115] R. Hoseinnezhad, B.-N. Vo, and N.-V. Truong, "Visual tracking of multiple targets by multi-Bernoulli filtering of background subtracted image data," Proc. Int. Conf. on Swarm Intelligence (ICSI2011), Chongqing, China, June 12-15, 2011.

[116] J. Houssineau and D. Laneuville, "PHD filter with diffuse spatial prior on the birth process with applications to GM-PHD filter," Proc. 13 Int'l Conf. on Information Fusion, Edinburgh, UK, July 26-29, 2010.

[117] Huaiyu Zhu, "Bayesian geometric theory of learning algorithms," Proc. 1997 Int'l Conf. on Neural Nets, Houston, TX, June 9-12, 1997.

[118] R. Hummel, "Model-based ATR using synthetic aperture radar," Proc. IEEE 2000 Int'l Radar Conf., pp. 856-861, Alexandria, Virginia, May 7-12, 2000.

[119] Jin-Long Yang, Hong-Bing Ji, and Hong-Wei Ge, "Multi-model particle cardinality-balanced multi-target multi-Bernoulli algorithm for multiple manoeuvring target tracking," IET Radar, Sonar & Navigation, 7(2): 101-112, 2012.

[120] Jin Wei and Xi Zhang, "Decentralized-detection based mobile multi-target tracking in wireless sensor networks," Proc. 2010 IEEE Int'l Conf. on Communications (ICC2010), Cape Town, South Africa, May 23-27, 2010.

[121] Jin Wei and Xi Zhang, "Dynamic mode collaboration for mobile multi-target tracking in two-tier hierarchical wireless sensor networks," Proc. 2009 Military Communications Conf. (MIL-COM2009), Boston, Oct. 18-21, 2009.

[122] Jin Wei and Xi Zhang, "Efficient node collaboration for mobile multi-target tracking using two-tier wireless camera sensor networks," Proc. 2010 IEEE Int'l Conf. on Communications (ICC2010), Cape Town, South Africa, May 23-27, 2010.

[123] Jin Wei and Xi Zhang, "Mobile multi-target tracking in two-tier hierarchical wireless sensor networks," Proc. 2009 Military Communications Conf. (MILCOM2009), Boston, Oct. 18-21, 2009.

[124] Jin Wei and Xi Zhang, "Sensor self-organization for mobile multi-target tracking in decentralized wireless sensor networks," Proc. IEEE Wireless Communications and Networking Conference (WCNC2010), Sydney, Australia, April 18-21, 2010.

[125] A. Johansen and A. Doucet, "A note on auxiliary particle filters," Statistics and Probability Letters, 78(12): pp. 1498-1504, 2008.

[126] A. Johansen, S. Singh, A. Doucet and B. Vo, "Convergence of the SMC implementation of the PHD filter," Methodology and Computing in Applied Probability, 8(2): 265-291, 2006.

[127] R. Jonsson, J. Degerman, D. Svensson, and J. Wintenby, "Multi-target tracking with background discrimination using PHD filters," Proc. 15th Int'l Conf. on Information Fusion, Singapore, July 9-12, 2012.

[128] S. Julier, "The scaled unscented transformation," Proc. American Control Conf., 6: 4555-4559, Anchorage, Alaska, May 8-10, 2002.

[129] S. Julier and J. Uhlmann, "A new extension of the Kalman filter to nonlinear systems," in I. Kadar (ed.), Signal Processing, Sensor Fusion, and Target Recognition VI, SPIE Proc. Vol. 3068: pp. 182-193, 1997.

[130] S. Julier and J. Uhlmann, "Unscented filtering and nonlinear estimation," Proc. IEEE, 92: 401-422, 2004.

[131] S. Julier, J. Uhlmann, and H. Durrant-Whyte, "A new approach for filtering nonlinear systems,"Proc. American Control Conf., pp. 1628-1632, Seattle, WA, June 21-23, 1995.

[132] K. Kampa, E. Hasanbelliu, and J. Principe, "Closed-form Cauchy-Schwartz PDF divergence for mixture of Gaussians," Proc. Int'l Joint Conf. on Neural Networks, pp. 2578-2585, San Jose, CA, July 31-August 5, 2011.

[133] J. Kemper and D. Hauschildt, "Passive infrared localization with a probability hypothesis density filter," Proc. 7th Workshop on Positioning, Navigation and Communication, pp. 68-76, Dresden, Germany, March 11-12, 2010.

[134] J. Kingman, Poisson Processes, Oxford University Press, London, 1992.

[135] G. Kitagawa, "Non-Gaussian state-space modeling of nonstationary time series," J. American Statistical Assn., 82(400): 1032-1041, 1987.

[136] M. Klaas, M. Briers, N. de Freitas, A. Doucet, S. Maskell, and D. Lang, "Fast particle smoothing: If I had a million particles," Proc. 13th Int'l Conf. on Information Fusion, Edinburgh, UK, July 26-29, 2010.

[137] J. Koch, "Bayesian approach to extended object and cluster tracking using random matrices,"IEEE Trans. Aerospace & Electr. Sys., 44(3): 1042-1059, 2008.

[138] J. H. Kotecha and P. M. Djurić, "Gaussian sum particle filtering," IEEE Trans. Sign. Proc., 51(10): 2602-2612, 2003.

[139] S. Kullback, Information Theory and Statistics, Dover Publications, 1968.

[140] H. Kwakernaak and R. Sivan, Linear Optimal Control Systems, New York, Wiley & Sons, 1972.

[141] C. Lee, D. Clark, and J. Salvi, "SLAM with dynamic targets via single-cluster PHD filtering," IEEE J. Selected Topics in Sign. Proc., 7(3): 543-552, 2013.

[142] C. Letac and H. Massam, "All invariant moments of the Wishart distribution," Scandanavian J. of Math., 31(2): 295-318, 2004.

[143] Wenling Li and Yinming Jia, "Gaussian mixture PHD filter for jump Markov models based on best-fitting Gaussian approximation," Signal Processing, 91(4): 1036-1042, 2011.

[144] Y. Li, "Probabilistic Interpretations of Fuzzy Sets and Systems," Doctoral Dissertation, Dept. of Elec. Eng. and Comp. Sci., Massachusetts Institute of Technology, Cambridge, MA, July 1994.

[145] F. Lian, C. Han, W. Liu, and H. Chen, "Joint spatial registration and multi-target tracking using an extended probability hypothesis density filter," IET Radar, Sonar, and Navigation, 5(4): 441-448, 2011.

[146] L. Lin, Y. Bar-Shalom, and T. Kirubarajan, "Track labeling and PHD filter for multitarget tracking," IEEE Trans. Aerospace & Electr. Sys., 42(3): 778-795, 2006.

[147] C. Lundquist, K. Granström, and U. Orguner, "An extended target CPHD filter and a gamma Gaussian inverse Wishart implementation," IEEE J. of Selected Topics in Sign. Proc., 7(3): 472-483, 2013.

[148] D. Macagnano and G. de Abreu, "Gating for multitarget tracking with the Gaussian Mixture PHD and CPHD filters," Proc. 8th Workshop on Positioning Navigation and Communication (WPNC2011), pp. 149-154, Dresden, Germany, April 7-8, 2011.

[149] D. Macagnano and G. de Abreu, "Multitarget tracking with the cubature Kalman probability hypothesis density filter," Proc. IEEE 44th Asilomar Conference, pp. 1455-1459, Pacific Grove, CA, Nov. 7-10, 2010.

[150] M. Maehlisch, R. Schweiger, W. Ritter, and K. Dietmayer, "Multisensor vehicle tracking with the probability hypothesis density filter," Proc. 9th Int'l Conf. on Information Fusion, Florence, Italy, July 10-13, 2006.

[151] R. Mahler, "Approximate multisensor CPHD and PHD filters," Proc. 13th Int'l Conf. on Information Fusion, Edinburgh, UK, July 26-29, 2010.

[152] R. Mahler, "Bayesian cluster detection and tracking using a generalized Cheeseman approach," in I. Kadar (ed.), Signal Processing, Sensor Fusion, and Target Detection XII, SPIE Proc. Vol. 5096: 334-345, 2003.

[153] R. Mahler, "A comparison of 'clutter-agnostic' PHD/CPHD filters," in I. Kadar (ed.), Signal Processing, Sensor Fusion, and Target Recognition XXI, SPIE Proc. Vol. 8392, Baltimore, MD, April 23-27, 2012.

[154] R. Mahler, "CPHD and PHD filters for unknown backgrounds, I: Dynamic data clustering," in J. Cox and P. Motaghedi, (eds.), Sensors and Sys. for Space Applications III, SPIE Proc. Vol. 7330, 2009.

[155] R. Mahler, "CPHD and PHD filters for unknown backgrounds, II: Multitarget filtering in dynamic clutter," in J. Cox and P. Motaghedi, (eds.), Sensors and Sys. for Space Applications III, SPIE Proc. Vol. 7330, 2009.

[156] R. Mahler, "CPHD filters for superpositional sensors," in O. E. Drummond (ed.), Sign. and Data Proc. of Small Targets 2009, SPIE Proc. Vol. 7445, 2009.

[157] R. Mahler, "Dempster's combination is a special case of Bayes rule," in I. Kadar (ed.), Signal Processing, Sensor Fusion, and Target Recognition XX, SPIE Proc. Vol. 8050, Orlando, FL, April 26-28, 2011.

[158] R. Mahler, "Detecting, tracking, and classifying group targets: A unified approach," in I. Kadar (ed.), Signal Processing, Sensor Fusion, and Target Recognition X, SPIE Proc. Vol. 4380: pp. 217-228, 2001.

[159] R. Mahler, "An extended first-order Bayes filter for force aggregation," in O. Drummond (ed.), Signal and Data Processing of Small Targets 2002, SPIE Proc. Vol. 4729: pp. 196-207, 2002.

[160] R. Mahler, "Fundamental statistics for sensor resource management (Position Paper for the Panel on Issues in Resource Management with Applications to Real-World Problems)," in I. Kadar (ed.), Sign. Proc., Sensor Fusion, and Targ. Recogn. XV, SPIE Vol. 6235, 2006.

[161] R. Mahler, "General Bayes filtering of quantized measurements," Proc. 14th Int'l Conf. on Information Fusion, Chicago, July 5-8, 2011.

[162] R. Mahler, "Global optimal sensor allocation," Proc. 9th Nat'l Symp. on Sensor Fusion, Vol. I (Unclassified), pp. 347-366, Naval Postgraduate School, Monterey CA, Mar. 12-14, 1996.

[163] R. Mahler, "Linear-complexity CPHD filters," Proc. 13 Int'l Conf. on Information Fusion, Edinburgh, UK, July 26-29, 2010.

[164] R. Mahler, "Measurement-to-track association for nontraditional measurements," Proc. 14th Int'l Conf. on Information Fusion, Chicago, July 5-8, 2011.

[165] R. Mahler, "Multitarget filtering via first-order multitarget moments," IEEE Trans. Aerospace & Electr. Sys., 39(4): 1152-1178, 2003.

[166] R. Mahler, "The multisensor PHD filter, I: General solution via multitarget calculus," in I. Kadar (ed.), Sign. Proc., Sensor Fusion, and Targ. Recogn. XVIII, SPIE Proc. Vol. 7336, 2009.

[167] R. Mahler, "The multisensor PHD filter, II: Erroneous solution via 'Poisson magic'," in I. Kadar (ed.), Sign. Proc., Sensor Fusion, and Targ. Recogn. XVIII, SPIE Proc. Vol. 7336, 2009.

[168] R. Mahler, "Multitarget moments and their application to multitarget tracking," Proc. Workshop on Estimation, Tracking, and Fusion: A Tribute to Y. Bar-Shalom, pp. 134-166, Naval Postgraduate School, Monterey CA, May 17, 2001. www.dtic.mil/cgi-bin/GetTRDoc?AD=ADA414365.

[169] R. Mahler, "Multitarget sensor management of dispersed mobile sensors," in D. Grundel, R. Murphey, and P. Paralos (eds.), Theory and Algorithms for Cooperative Systems, World Scientific, Singapore, 2005.

[170] R. Mahler, "On multitarget jump-Markov filters," Proc. 15th Int'l Conf. on Information Fusion, Singapore, July 9-12, 2012.

[171] R. Mahler, "Optimal PHD filter for single-target detection and tracking," in O.E. Drummond (ed.), Sign. and Data Proc. of Small Targets 2007, SPIE Vol. 6699, 2007.

[172] R. Mahler, "Optimal/robust distributed data fusion: a unified approach," in I. Kadar (ed.), Sign. Proc., Sensor Fusion, and Targ. Recog. IX, SPIE Vol. 4052, pp. 128-138, 2000.

[173] R. Mahler, "PHD filtering in known, target-dependent clutter," in I. Kadar (ed.), Sign. Proc., Sensor Fusion, and Targ. Recogn. XIX, SPIE Proc. Vol. 7697, 2010.

[174] R. Mahler, "PHD filters for nonstandard targets, I: Extended targets," Proc. 12th Int'l Conf. on Information Fusion, Seattle, pp. 915-921, WA, July 6-9, 2009.

[175] R. Mahler, "PHD filters for nonstandard targets, II: Unresolved targets," Proc. 12th Int'l Conf. on Information Fusion, pp. 922-929, Seattle, WA, July 6-9, 2009.

[176] R. Mahler, "PHD filters of higher order in target number," IEEE Trans. Aerospace & Electr. Sys., 43(4): 1523-1543, 2007.

[177] R. Mahler, "Random Set Theory for Target Tracking and Identification," Chapter 16 of D.L. Hall and J. Llinas (eds.), Handbook of Multisensor Data Fusion: Theory and Practice, Second Edition, CRC Press, Boca Raton, FL, 2008.

[178] R. Mahler, "Sensor management with non-ideal sensor dynamics," Proc. 7th Int'l Conf. on Inf. Fusion, Stockholm, June 28-July 1, 2004.

[179] R. Mahler, Statistical Multisource-Multitarget Information Fusion, Artech House, Norwood, MA, 2007.

[180] Mahler, Statistical Multisource-Multitarget Information Fusion, Artech House, Chinese Edition, Fan Hongqi (trans.), National Defense Industry Press, Beijing, China, 2013.

[181] R. Mahler, " 'Statistics 102' for multisensor-multitarget tracking," IEEE J. Selected Topics in Sign. Proc., 7(3): 376-389, 2013.

[182] R. Mahler, "A theoretical foundation for the Stein-Winter 'Probability Hypothesis Density (PHD)' multitarget tracking approach," Proc. 2000 MSS Nat'l Symp. on Sensor and Data Fusion, Vol. I (Unclassified), San Antonio TX, June 20-22, 2000.

[183] R. Mahler, "Toward a theoretical foundation for distributed fusion," Chapter 8 in D. Hall, M. Liggins II, C.-Y. Chong, and J. Linas (eds.), Distributed Data Fusion for Network-Centric Operations, CRC Press, Boca Raton, FL, 2012.

[184] R. Mahler, "A unified approach to sensor and platform management," Proc. 2011 Nat'l Symp. on Sensor and Data Fusion, Vol. 1 (Unclassified), Washington D.C., October 24-26, 2011.

[185] R. Mahler, "Unified sensor management in unknown, dynamic clutter," in O. Drummond (ed.), Sign. and Data Proc. of Small Targets 2010, SPIE Proc. Vol. 7698, 2010.

[186] R. Mahler, "Unified sensor management using CPHD filters," Proc. 10th Int'l Conf. on Information Fusion, Quebec City, Canada, July 9-12, 2007.

[187] R. Mahler, "Urban multitarget tracking via gas-kinetic dynamics models," in I. Kadar (ed.), Sign. Proc., Sensor Fusion, and Targ. Recogn. XXII, SPIE Proc. Vol. 8745, 2013.

[188] R. Mahler and A. El-Fallah, "An approximate CPHD filter for superpositional sensors," in I. Kadar (ed.), Signal Processing, Sensor Fusion, and Target Recognition XXI, SPIE Proc. Vol. 8392, Baltimore, MD, April 23-27, 2012.

[189] R. Mahler and A. El-Fallah, "CPHD and PHD filters for unknown backgrounds, III: Tractable multitarget filtering in dynamic clutter," in O. Drummond (ed.), Sign. and Data Proc. of Small Targets 2010, SPIE Proc. Vol. 7698, 2010.

[190] R. Mahler and A. El-Fallah, "CPHD filtering with unknown probability of detection," in I. Kadar (ed.), Sign. Proc., Sensor Fusion, and Targ. Recogn. XIX, SPIE Proc. Vol. 7697, 2010.

[191] R. Mahler and A. El-Fallah, "The random set approach to nontraditional measurements is rigorously Bayesian," in I. Kadar (ed.), Signal Processing, Sensor Fusion, and Target Recognition XXI, SPIE Proc. Vol. 8392, Baltimore, MD, April 22-27, 2012.

[192] R. Mahler and A. El-Fallah, "Unified Bayesian registration and tracking," in I. Kadar (ed.), Signal Processing, Sensor Fusion, and Target Recognition XX, SPIE Proc. Vol. 8050, Orlando, FL, April 26-28, 2011.

[193] R. Mahler, P. Leavitt, J. Warner, and R. Myre, "Nonlinear filtering with really bad data," in I. Kadar (ed.), Sig. Proc., Sensor Fusion, and Targ. Recog. VIII, SPIE Proc. Vol. 3720: 59-70, 1999.

[194] R. Mahler, B.-T. Vo, and B.-N. Vo, "CPHD filtering with unknown clutter rate and detection profile," IEEE Trans. Sign. Proc., 59(6): 3497-3513, 2011.

[195] R. Mahler, B.-T. Vo, and B.-N. Vo, "CPHD filtering with unknown clutter rate and detection profile," Proc. 14th Int'l Conf. on Information Fusion, Chicago, July 5-8, 2011.

[196] R. Mahler, B.-T. Vo, and B.-N. Vo, "Forward-backward probability hypothesis density smoothing," IEEE Trans. Aerospace & Electr. Sys., 48(1): 707-728, 2012.

[197] Mengjun Jin, Shaohua Hong, Zhiguo Shi, and Kangsheng Chen, "Current statistical model probability hypothesis density filter for multiple maneuvering targets tracking," Proc. 2009 Int'l Conf. on Wireless Comm's and Sign. Proc. (WCSP2009), Nanjing, China, Nov. 13-15, 2009.

[198] R. Mahler, " 'Statistics 101' for multisensor, multitarget data fusion," IEEE Aerospace & Electr. Sys. Mag., Part 2: Tutorials, 19(1): 53-64, 2004.

[199] R. Mahler, B.-N. Vo, and B.-T. Vo, "The forward-backward probability hypothesis density smoother," Proc. 13th Int'l Conf. on Information Fusion, Edinburgh, UK, July 26-29, 2010.

[200] A. Martin, "Reliability and combination rule in the theory of belief functions," Proc. 12th Int'l Conf. on Information Fusion, pp. 529-536, Seattle, WA, July 6-9, 2009.

[201] G. Matheron, Random Sets and Integral Geometry, John Wiley, New York, 1975.

[202] E. Mazor, A. Averbuch, Y. Bar-Shalom, and J. Dayan, "Interacting multiple model methods in target tracking: A survey," IEEE Trans. Aerospace & Electr. Sys., (34)1: 103-123, 1998.

[203] M. Moakher, "A differential geometric approach to the geometric mean of symmetric positive-definite matrices," SIAM J. Matrix Anal. & Appl., 26(3): 735-747, 2005.

[204] M. Montemerlo, S. Thrun, D. Koller, and B. Wegbreit, "FastSLAM: A factored solution to the simultaneous localization and mapping problem," Proc. 21st Nat'l Conf. on Artificial Intelligence, Edmonton, Canada, July 14-18, 2002.

[205] D. Moratuwage, B.-N. Vo, and Danwei Wang, "A hierarchical approach to the multi-vehicle SLAM problem," Proc. 15th Int'l Conf. on Information Fusion, Singapore, July 9-12, 2012.

[206] M. Moreland and S. Challa, "A multi-target tracking algorithm based on random sets," in Proc. 6th Int'l. Conf. on Information Fusion, pp. 807-814, July 8-11 2003, Cairns, Australia, 2003.

[207] J. E. Moyal, "The general theory of stochastic population processes," Acta Mathematica, 108: 1-31, 1962.

[208] J. Mullane, B.-N. Vo, M. Adams, and B.-T. Vo, "A random-finite-set approach to Bayesian SLAM," IEEE Trans. Robotics, 27(2): 268-282, 2011.

[209] J. Mullane, B.-N. Vo, and M. Adams, "Rao-Blackwellised PHD SLAM," Proc. 2010 Int'l Conf. on Robotics & Automation (ICRA2010), Anchorage, Alaska, May 3-8, 2010.

[210] J. Mullane, B.-N. Vo, M. Adams, and B.-T. Vo, Random Finite Sets in Robotic Map Building and SLAM, Springer, 2011.

[211] J. Mullane, B.-N. Vo, M. Adams, and W. Wijesoma, "A random set approach to SLAM," Proc. 2009 IEEE Int'l Conf. on Robotics and Automation (ICRA09), Kobe, Japan, May 12-17, 2009.

[212] J. Mullane, B.-N. Vo, M. Adams, and W. Wijesoma, "A random set formulation for Bayesian SLAM," Proc. 2008 IEEE/RSJ Int'l Conf. on Intelligent Robots and Systems (IROS2008), Nice, France, pp. 1043-1049, Sept. 22-26, 2008.

[213] K. Murphy and S. Russell, "Rao-Blackwellized particle filtering for dynamic Bayesian networks," Chapter 24 of Doucet, N. de Freitas, and N. Gordon (eds.), Sequential Monte Carlo Methods in Practice, Springer, New York, 2001.

[214] S. Musick, K. Kastella, and R. Mahler, "A practical implementation of joint multitarget probabilities," Sign. Proc., Sensor Fusion, and Targ. Recogn. VII, SPIE Proc., Vol. 3374, pp. 26-37, 1998.

[215] D. Musicki, R. Evans, and S. Stankovic, "Integrated Probabilistic Data Association," IEEE Trans. Auto. Contr., 39(6): 1237-1241, 1994.

[216] D. Musicki, S. Suvorova, M. Moreland, and B. Moran, "Clutter map and target tracking," Proc. 8th Int'l Conf. on Information Fusion, pp. 856-863, Philadelphia, PA, July 25-29, 2005.

[217] N. Nadarajah and T. Kirubarajan, "Maneuvering target tracking using probability hypothesis density smoothing," in I. Kadar (ed.), Sign. Proc., Sensor Fusion, and Targ. Recogn. XVIII, SPIE Proc. Vol. 7336, 2009.

[218] N. Nadarajah, T. Kirubarajan, T. Lang, M. McDonald, and K. Punithakumar, "Multitarget tracking using probability hypothesis density smoothing," IEEE Trans. Aerospace & Electr. Sys., 47(4): 2344-2360, 2011.

[219] S. Nagappa and D. Clark, "On the ordering of the sensors in the iterated-corrector probability hypothesis density (PHD) filter," in I. Kadar (ed.), Signal Processing, Sensor Fusion, and Target Recognition XX, SPIE Proc. Vol. 8050, Orlando, FL, April 26-28, 2011.

[220] N. Nagappa and D. Clark, "Fast sequential Monte Carlo PHD smoothing," Proc. 14th Int'l Conf. on Information Fusion, Chicago, July 5-8, 2011.

[221] S. Nagappa, D. Clark, and R. Mahler, "Incorporating track uncertainty into the OSPA metric,"Proc. 14th Int'l Conf. on Information Fusion, Chicago, July 5-8, 2011.

[222] S. Nannuru, M. Coates, and R. Mahler, "Computationally-tractable approximate PHD and CPHD filters for superpositional sensors," IEEE J. Selected Topics in Sign. Proc., 7(3): 410-420, 2013.

[223] S. Nannuru, F. Thouin, and M. Coates, "Evaluation of corrected ALM filter equations," undated personal communication, 2012.

[224] R. Nelson, An Introduction to Copulas, Second Edition, New York, Springer, 2006.

[225] Y. Ogura, "On some metrics compatible with the Fell-Matheron topology," Int'l J. of Approx. Reasoning, 46(1): 65-73, 2007.

[226] U. Orguner, C. Lundquist, and K. Granström, "Extended target tracking with a cardinalized probability hypothesis density filter," Proc. 14th Int'l Conf. on Information Fusion, Chicago, July 5-8, 2011.

[227] U. Orguner, C. Lundquist, and K. Granström, "Extended target tracking with a cardinalized probability hypothesis density filter," Technical Report LiTH-ISY-R-2999, Dept. of Electrical Engineering, Linköping U., Linköping, Sweden, Mar. 2011. http://www.control.isy.liu.se/research/reports//2011/2999.pdf.

[228] C. Ouyang, H. Ji, and C. Li, "Improved multi-target multi-Bernoulli filter," IET Radar, Sonar & Navigation, 6(6): 458-464, 2012.

[229] K. Panta, D. Clark, and B.-N. Vo, "Data association and track management for the Gaussian mixture probability hypothesis density filter," IEEE Trans. Aerospace & Electr. Sys., 45(3): 1003-1016, 2009.

[230] K. Panta, B.-N. Vo, and D. Clark, An efficient track management scheme for the Gaussian-mixture probability hypothesis density tracker," 4th Int'l Conf. on Intelligent Sensing and Information Processing (ICISIP2006), pp. 230-235, Dec. 18, 2006.

[231] K. Panta, B. Vo and S. Singh, "Novel data association schemes for the probability hypothesis density filter," IEEE Trans. Aerospace & Electr. Sys., 43(2): 556-570, 2007.

[232] S. Pasha, H. Tuan, and P. Apkarian, "The LFT based PHD filter for nonlinear jump Markov models in multi-target tracking," Proc. 48th IEEE Conf. on Automatic Control, pp. 5478-5483, Shanghai, China, Dec. 15-18, 2009.

[233] A. Pasha, B. Vo, H.D. Tuan, and W.-K. Ma, "Closed-form PHD filtering for linear jump Markov models," Proc. 9th Int'l Conf. on Information Fusion, Florence, Italy, July 10-13, 2006.

[234] A. Pasha, B.-N. Vo, H.D. Tuan, and W.-K. Ma, "A Gaussian mixture PHD filter for jump Markov system models," IEEE Trans. Aerospace & Electr. Sys., 45(3): 919-936, 2009.

[235] R. Pathria, Classical Mechanics, Second Edition, Butterworth-Heinemann, 1996.

[236] N. Patwari and J. Wilson, "RF sensor networks for device-free localization: Measurements, models, and algorithms," Proc. IEEE, 98(11): 1961-1973, 2010.

[237] Y. Petetin, D. Clark, and R. Ristic, "Un pisteur multi-cibles basé sur une approche CPHD," Proc. 2011 GRETSI Symp. on Signal and Image Processing, Bordeaux, France, Sept. 5-8, 2011.

[238] Y. Petetin, D. Clark, B. Ristic, and D. Maltese, "A tracker based on a CPHD filter approach for infrared applications," in I. Kadar (ed.), Signal Processing, Sensor Fusion, and Target Recognition XX, SPIE Proc. Vol. 8050, Orlando, FL, April 26-28, 2011.

[239] Picinbono, B., "Second-order complex random variables and normal distributions," IEEE Trans. Signal Proc., 44(10): 2637-2640, 1996.

[240] D. Pierre, Optimization Theory with Applications, Dover Publications, 1986.

[241] R. Prasanth and H. Hoang, "Probability hypothesis density tracking for interacting vehicles in traffic," in I. Kadar (ed.), Signal Processing, Sensor Fusion, and Target Recognition XXI, SPIE Proc. Vol. 8392, Baltimore, MD, April 23-27, 2012.

[242] K. Punithakumar, T. Kirubarajan, and A. Sinha, "A distributed implementation of a sequential Monte Carlo probability hypothesis density filter for sensor networks," in I. Kadar (ed.), Sign. Proc., Sensor Fusion, and Targ. Recogn. XV, SPIE Vol. 6235, 2006.

[243] K. Punithakumar, T. Kirubarajan, and A. Sinha, "A multiple model probability hypothesis density filter for tracking maneuvering targets," in O. Drummond (ed.), Sign. and Data Proc. of Small Targets 2004, SPIE Vol. 5428, pp. 113-121, 2004.

[244] K. Punithakumar, T. Kirubarajan, and A. Sinha, "Multiple-model probability hypothesis density filter for tracking maneuvering targets," IEEE Trans. Aerospace & Electr. Sys., 44(1): 87-98, 2008.

[245] D. B. Reid, "An Algorithm for Tracking Multiple Targets," IEEE Trans. Auto. Contr., 24(6), pp. 843-854, 1979.

[246] S. Reuter and K. Dietmayer, "Real-time implementation of a random finite set particle filter,"Proc. 6th Workshop on Sensor Data Fusion: Trends, Solutions, Applications (SDF2011), Technische Universität Berlin, Oct. 6-7, 2011.

[247] S. Reuter, B. Wilking, J. Wiest, M. Munz, and K. Dietmayer, "Real-time multi-object tracking using random finite sets," IEEE Trans. Aerospace & Electr. Sys., 49(4): 2666-2678, 2013.

[248] B. Ristic, "Bayesian estimation with imprecise likelihoods in the framework of random set theory," Proc. 2011 Australian Control Conf., Melbourne, Australia, Nov. 10-11, 2011.

[249] B. Ristic, "Bayesian estimation with imprecise likelihoods: Random set approach," IEEE Sign. Proc. Letters, 18(7): 395-398, 2011.

[250] B. Ristic, Particle Filters for Random Set Models, Springer, New York, 2013.

[251] B. Ristic and S. Arulampalam, "Bernoulli particle filter with observer control for bearings-only tracking in clutter," IEEE Trans. Aerospace & Electr. Sys., 48(3): 2405-2415, 2012.

[252] B. Ristic, S. Arulampalam, and N. Gordon, Beyond the Kalman Filter: Particle Filters for Tracking Applications, Artech House, Norwood, MA, 2004.

[253] B. Ristic and D. Clark, "Calibration of tracking systems using detections from non-cooperative targets," Proc. 7th Workshop on Sensor Data Fusion: Trends, Solutions, Applications, Bonn, Germany, Sept. 4-6, 2012.

[254] B. Ristic and D. Clark, "Particle filter for joint estimation of multi-object dynamic state and multi-sensor bias," Proc. 36th Int'l Conf. on Acoustics, Speech and Signal Processing (ICASSP2011), 2476-2479, Prague, May 22-27, 2011.

[255] B. Ristic, D. Clark, and N. Gordon, "Calibration of multi-target tracking algorithms using non-cooperative targets," J. Selected Topics in Sign. Proc., 7(3): 390-398, 2013.

[256] B. Ristic, D. Clark, and B.-N. Vo, "Improved SMC implementation of the PHD filter," Proc. 13th Int'l Conf. on Information Fusion, Edinburgh, UK, July 26-29, 2010.

[257] B. Ristic, D. Clark, B.-N. Vo, and B.-T. Vo, "Adaptive target birth intensity for PHD and CPHD filters," IEEE Trans. Aerospace & Electr. Sys., 48(2): 1656-1668, 2012.

[258] B. Ristic and J. Sherrah, "Bernoulli filter for joint detection and tracking of an extended object in clutter," IET Radar, Sonar and Navigation, 7(1): 26-35, 2012.

[259] B. Ristic and B.-N. Vo, "Sensor control for multi-object state-space estimation using random finite sets," Automatica, 46(1): 1812-1818, 2010.

[260] B. Ristic, B.-N. Vo, and D. Clark, "A note on the reward function for PHD filters with sensor control," IEEE Trans. Aerospace & Electr. Sys., 47(2): 72-80, 2011.

[261] B. Ristic, B.-N. Vo, and D. Clark, "Performance evaluation of multi-target tracking using the OSPA metric," Proc. 13th Int'l Conf. on Information Fusion, Edinburgh, UK, July 26-29, 2010.

[262] B. Ristic, B.-T. Vo, B.-N. Vo, and A. Farina, "A tutorial on Bernoulli filters: Theory, implementation, and applications," IEEE Trans. Sign. Proc., 61(13): 3406-3430, 2012.

[263] X. Rong Li and Ning Li, "Integrated real-time estimation of clutter density for tracking," IEEE Trans. Sign. Proc. 48(10): 2797-2804, 2000.

[264] L. H. Ryder, Quantum Field Theory, 2nd Edition, Cambridge University Press, 1996.

[265] D. Salmond and N. Gordon, "Group and extended object tracking," SPIE Proc., in O. Drummond (ed.), Signal and Data Processing of Small Targets 1999, Vol. 3809, pp. 284-296, 1999.

[266] D. Salmond and N. Gordon, "Group tracking with limited sensor resolution and finite field of view," in O. Drummond (ed.), Signal and Data Processing of Small Targets 2000, SPIE Proc. Vol. 4048: 532-540, 2000.

[267] D. Schuhmacher, B.-T. Vo, and B.-N. Vo, "A consistent metric for performance evaluation of multi-object filters," IEEE Trans. Sign. Proc., 86(8): 3447-3457, 2008.

[268] F. Septier, Sze Kim Pang, A. Carmi, and S. Godsill, "On MCMC-based particle methods for Bayesian filtering: Application to multitarget tracking," Proc. IEEE Int'l Workshop on Comp. Adv. in Multi-Sensor Adaptive Processes (CAMSAP2009), Aruba, Dutch Antilles, Dec. 13-16, 2009.

[269] K. Shafique and M. Shah, "A non-iterative greedy algorithm for multi-frame point correspondence," IEEE Trans. Pattern Anal. & Machine Intell., 21(1): 55-65, 2005.

[270] Shaohua Hong, Zhiguo Shi, and Kangsheng Chen, "Novel multiple-model probability hypothesis density filter for multiple maneuvering targets tracking," Proc. 1st Asia Pacific Conference on Postgraduate Research in Microelectronics & Electronics (PrimeAsia2009), pp. 189-192, Shanghai, China, Jan. 19-21, 2009.

[271] H. Sidenbladh, "Multi-target particle filtering for the probability hypothesis density," Proc. 6th Int'l Conf. on Information Fusion, pp. 800-806, Cairns, Australia, 2003.

[272] S. Singh, B.-N. Vo, A. Baddeley, and S. Zuyev, "Filters for spatial point processes," SIAM J. Control & Optimization, 48(4): 2275-2295, 2009.

[273] E. Sorensen, T. Brundage, and R. Mahler, "None-of-the-above (NOTA) capability for INTELL-based NCTI," in I. Kadar (ed.), Sig. Proc., Sensor Fusion, and Targ. Recog. X, SPIE Proc. Vol. 4380: 281-287, 2001.

[274] M. Stein, and C. Winter, "Recursive Bayesian fusion for force estimation," Proc. 8th Nat'l Symp. on Sensor Fusion, Vol. I (Unclassified), Mar. 15-17 1995, Dallas, TX, 47-66, 1995.

[275] M. Stein and C. Winter, "An additive tneory of probabilistic evidence accrual," Los Alamos National Laboratories Technical Report, LA-UR-93-3336, 1993.

[276] D. Stein, S. Theophanis, W. Kuklinski, J. Witkoskie, and M. Otero, "Mutual information based resource management applied to road constrained target tracking," Proc. 2006 MSS Nat'l Symp. on Sensor & Data Fusion, Vol I (Unclassified), McLean, VA, June 6-8, 2006.

[277] D. Stein, J. Witkowskie, S. Theophanis, and W. Kuklinski, "Random set tracking and entropy based control applied to distributed sensor networks," in I. Kadar (ed.), Sign. Proc., Sensor Fusion, and Targ. Recogn. XVI, SPIE Proc. Vol. 6567, 2007.

[278] D. Stoyan, W. S. Kendall, and J. Meche, Stochastic Geometry and Its Applications, Second Edition, New York, John Wiley & Sons, 1995.

[279] R. Streit, "Poisson Point Processes: Tracking, Imaging and Distributed Sensing," Tutorial No. 4, presented July 9, 2012 at the 15th Int'l Conf. on Information Fusion, Singapore, July 9-12, 2012.

[280] R. Streit, "Multisensor multitarget intensity filter," Proc. 11th Int'l Conf. on Information Fusion, pp. 1694-1701, Cologne, Germany, June 30-July 3, 2008.

[281] R. Streit and L. Stone, "Bayes derivation of multitarget intensity filters," Proc. 11th Int'l Conf. on Information Fusion, pp. 1686-1693, Cologne, Germany, June 30-July 3, 2008.

[282] R. Streit, "Multisensor traffic mapping filters," Proc. 7 Workshop on Sensor Data Fusion: Trends, Solutions, Applications, Bonn, Germany, Sept. 4-6, 2012.

[283] P. Stroud and R. Gordon, "Automated military unit identification in battlefield simulation," in F. Sadjadi (ed.), Automatic Target Recognition VII, SPIE Vol. 3069: pp. 375-386, 1997.

[284] D. Svensson and L. Svennson, "An alternative derivation of the Gaussian mixture cardinalized probability hypothesis density filter," Technical Report No. R018/2008, Chalmers University of Technology, Göteborg, Sweden, 2008.

[285] A. Swain and D. Clark, "Extended object filtering using spatial independent cluster processes,"Proc. 13th Int'l Conf. on Information Fusion, Edinburgh, UK, July 26-29, 2010.

[286] A. Swain and D. Clark, "The single-group PHD filter: An analytic solution," Proc. 14th Int'l Conf. on Information Fusion, Chicago, July 5-8, 2011.

[287] Taek Lyul Song and D. Musicki, "Adaptive clutter measurement density estimation for improved target tracking," IEEE Trans. Aerospace & Electr. Sys., 47(2): 1457-1466, 2011.

[288] Tang Xu and Wei Ping, "Improved peak extraction algorithm in SMC implementation of PHD filter," Proc. 2011 Int'l Symp. on Intelligent Signal Proc. and Comm. Systems (ISPACS2010), 1-4, Chengdu, Sichuan, China, Dec. 6-8, 2012.

[289] G. Terejanu, "Unscented Kalman filter tutorial," http://users.ices.utexas.edu/~terejanu/files/tutorial/UKF.pdf (undated).

[290] F. Thouin, S. Nannuru, and M. Coates, "Multi-target tracking for measurement models with additive contributions," Proc. 14th Int'l Conf. on Information Fusion, Chicago, July 5-8, 2011.

[291] M. Tobias and A.D. Lanterman, "Techniques for birth-particle placement in the probability hypothesis density particle filter applied to passive radar," IET Radar, Sonar & Navigation, 2(5): 351-365, 2008.

[292] M. Ulmke, O. Erdinc, and P. Willett, "Gaussian mixture cardinalized PHD filter for ground moving target tracking," Proc. 10th Int'l Conf. on Information Fusion, Quebec City, Canada, July 9-12, 2007.

[293] M. Ulmke, D. Fränken, and M. Schmidt, "Missed detection problems in the cardinalized probability hypothesis density filter," Proc. 11th Int'l Conf. on Information Fusion, pp. 1-7, Cologne, Germany, June 30-July 3, 2008.

[294] M. Uney, D. Clark, and S. Julier, "Distributed fusion of PHD filters via exponential mixture densities," IEEE J. Selected Topics in Sign. Proc., 7(3): 521-531, 2013.

[295] B.-T. Vo and B.-N. Vo, "Labeled random finite sets and multi-object conjugate priors," IEEE Trans. Sign. Proc., 61(13): 3460-3475, 2013.

[296] B.-N. Vo and B.-T. Vo, "Labeled random finite sets and the Bayes multi-target tracking filter," submitted for publication, 2014, available at http://arxiv.org/pdf/1312.2372v1.pdf.

[297] B.-N. Vo, A. Pasha, and D.T. Hoang, "A Gaussian mixture PHD filter for nonlinear jump Markov models," Proc. 45th IEEE Conf. on Decision and Control (IDC2006), 3162-3167, Dec. 13-15, 2006.

[298] B.-T. Vo, "Random Finite Sets in Multi-Object Filtering," Ph.D. Dissertation, School of Electrical, Electronic and Computer Engineering, The University of Western Australia, 254 pages, October 2008.

[299] B.-N. Vo and W.-K. Ma, "A closed-form solution to the probability hypothesis density filter," Proc. 8th Int'l Conf. on Information Fusion, pp. 856-863, Philadelphia, PA, July 25-29, 2005.

[300] B.-N. Vo and W.-K. Ma, "The Gaussian mixture probability hypothesis density filter," IEEE Trans. Sign. Proc., 54(11): 4091-4104, 2006.

[301] B.-T. Vo, D. Clark, B.-N. Vo, and B. Ristic, "Bernoulli forward-backward smoothing for joint target detection and tracking," IEEE Trans. Sign. Proc., 59(9): 4473-4477, 2011.

[302] B.-N. Vo, B.-T. Vo, and R. Mahler, "Closed-form solutions to forward-backward smoothing," IEEE Trans. Sign. Proc., 60(1): 2-17, 2012.

[303] B.-T. Vo, C. See, N. Ma, and W. Ng, "Multi-sensor joint detection and tracking with the Bernoulli filter," IEEE Trans. Aerospace & Electr. Sys., 48(2): 1385-1402, 2012.

[304] B.-T. Vo and B.-N. Vo, "The para-normal Bayes multi-target filter and the spooky effect," Proc. 15th Int'l Conf. on Information Fusion, Singapore, July 9-12, 2012.

[305] B.-T. Vo and B.-N. Vo, "A random finite set conjugate prior and application to multi-target tracking," Proc. 2011 Int'l Conf. on Intelligent Sensors, Sensor Networks, and Information Processing (ISSNIP2011), Adelaide, Australia, 2011.

[306] B.-N. Vo, S. Singh, and A. Doucet, "Sequential Monte Carlo implementation of the PHD filter," Proc. 6th Int'l Conf. on Information Fusion, pp. 792-799, Cairns, Australia, July 8-11, 2003.

[307] B.-T. Vo and B.-N. Vo, "Tracking, identification and classification with random finite sets," in I. Kadar (ed.), Sign. Proc., Sensor Fusion, and Targ. Recogn. XXII, SPIE Proc. Vol. 8745, 2013.

[308] B.-T. Vo, B.-N. Vo, and A. Cantoni, "Analytic implementations of the cardinalized probability hypothesis density filter," IEEE Trans. Sign. Proc., 55(7): 3553-3567, 2007.

[309] B.-T. Vo, B.-N. Vo, and A. Cantoni, "Bayesian filtering with random finite set observations," IEEE Trans. Sign. Proc., 56(4): 1313-1326, 2008.

[310] B.-T. Vo, B.-N. Vo, and A. Cantoni, "The cardinality balanced multi-target multi-Bernoulli filter and its implementations," IEEE Trans. Sign. Proc., 57(2): 409-423, 2009.

[311] B.-N. Vo, B.-T. Vo, and D. Clark, "Bayesian multiple target filtering using random finite sets," Chapter 3 in M. Mallick, V. Krishnamurthy, and B.-N. Vo (eds.), Integrated Tracking, Classification, and Sensor Management, Wiley, New York, 2013.

[312] B.-T. Vo, B.-N. Vo, R. Hoseinnezhad, and R. Mahler, "Multi-Bernoulli filtering with unknown clutter intensity and sensor field-of-view," Proc. 45th Conf. on Information Sciences and Systems (CISS2011), Baltimore, MD, Mar. 23-25, 2011.

[313] B.-T. Vo, B.-N. Vo, R. Hoseinnezhad, and R. Mahler, "Robust multi-Bernoulli filtering," IEEE J. Selected Topics in Sign. Proc., 7(3): 399-409, 2013.

[314] B.-N. Vo, B.-T. Vo, and R. Mahler, "A closed form solution to the probability hypothesis density smoother," Proc. 13th Int'l Conf. on Information Fusion, Edinburgh, UK, July 26-29, 2010.

[315] B.-N. Vo, B.-T. Vo, and N. Pham, "Bayesian multi-object estimation from image observations," Proc. 12th Int'l Conf. on Information Fusion, Seattle, July 6-9, 2009.

[316] B.-N. Vo, B.-T. Vo, N.-T. Pham, and D. Suter, "Joint detection and estimation of multiple objects from image observations," IEEE Trans. Sign. Proc., (58)10: 5129-5241, 2010.

[317] V. Volterra, Theory of Functionals and of Integral and Integro-Differential Equations (trans. M. Long), Blackie and Son, Ltd., London and Glasgow, 1930.

[318] M. Waxman and O. Drummond, "A bibliography of cluster (group) tracking," in O. Drummond (ed.), Sign. and Data Proc. of Small Targets 2004, SPIE Proc. Vol. 5428: pp. 551-560, Orlando, FL, Aug. 25, 2004.

[319] R. Wheeden and A. Zygmund, Measure and Integral: An Introduction to Real Analysis, Marcel Dekker, 1977.

[320] N. Whiteley, S. Singh, and S. Godsill, "Auxiliary particle implementation of the probability hypothesis density filter," Proc. 5th Int'l Symp. on Image and Signal Processing and Analysis (ISPA2007), 510-515, Istanbul, Turkey, Sept. 27-29, 2007.

[321] N. Whiteley, S. Singh, and S. Godsill "Convergence of the auxiliary particle implementation of the PHD filter," Technical Report, University of Cambridge, 2008.

[322] D. Winters, J. Witkoskie, and W. Kuklinkski, "An initial investigation into incorporating human reports into a road-constrained random set tracker," in I. Kadar (ed.), Sign. Proc., Sensor Fusion, and Targ. Recogn. XVII, SPIE Proc. Vol. 6968, 2008.

[323] L. Withers, Jr., "Computing measures of divergence between exact or approximate distributions: A case for omitting zeros," Proc. 1998 Nat'l Symp. on Sensor and Data Fusion, Vol. I (Unclassified), Marietta, GA, 22-27, 1998.

[324] J. Witkoskie, W. Kuklinksi, S. Theophanis, D. Stein, and M. Otero, "Random set tracker experiment on a road constrained network with resource management," Proc. 9th Int'l Conf. on Information Fusion, Florence, Italy, July 11-13, 2006.

[325] J. Wong, B.-T. Vo, and B.-N. Vo, "Multi-Bernoulli based track-before-detect with road constraints," Proc. 15th Int'l Conf. on Information Fusion, Singapore, July 9-12, 2012.

[326] Xi Chen, A. Edelstein, Yungpen Li, M. Coates, M. Rabbat, and Aidong Men, "Sequential Monte Carlo for simultaneous passive device-free tracking and sensor localization using received signal strength measurements," Proc 2011 IEEE/ACM Int'l Conf. on Info. Proc. in Sensor Networks, pp. 342-353, Chicago, April 12-14, 2011.

[327] Xi Zhang, "Adaptive control and reconfiguration of mobile wireless sensor networks for dynamic multi-target tracking," IEEE Trans. Auto. Contr., 56(10): 2429-2444, 2011.

[328] Xi Zhang, "Decentralized sensor-coordination optimization for mobile multi-target tracking in wireless sensor networks," Proc. 2010 IEEE Global Telecommunications Conf. (GLOBECOM2010), Miami, Dec. 6-10, 2010.

[329] Yunpeng Li, Xi Chen, Mark Coates, and Bo Yang, "Sequential Monte Carlo radio-frequency tomographic tracking," Proc. Int'l Conf. on Acoustics, Speech, and Signal Proc. ICASSP2011), Prague, May 22-27, 2011.

[330] T. Zajic and R. Mahler, "A particle-systems implementation of the PHD multitarget tracking filter," in I. Kadar (ed.), Signal Processing, Sensor Fusion, and Target Recognition XII, SPIE Proc. Vol. 5096, pp. 291-299, 2003.

[331] T. Zajic and R. Mahler, "Practical information-based data fusion performance evaluation," in I. Kadar (ed.), Signal Processing, Sensor Fusion, and Target Recognition VIII, SPIE Proc. Vol. 3720, pp. 92-103, 1999.

[332] A. Zatezalo, A. El-Fallah, R. Mahler, R. Mehra, and J. Brown, "Tracking low Earth-orbit objects using dispersed and disparate sensors," in I. Kadar (ed.), Sign. Proc., Sensor Fusion, and Targ. Recogn. XVIII, SPIE Proc. Vol. 7336, 2009.

[333] A. Zatezalo, A. El-Fallah, R. Mahler, R. Mehra, and K. Pham, "Joint search and sensor management for geosynchronous satellites," in I. Kadar (ed.), Sign. Proc., Sensor Fusion, and Targ. Recogn. XVII, SPIE Proc. Vol. 6968, 2008.

[334] Zhang Yongquan and Hong-Bing Ji, "Robust Bayesian partition for extended target Gaussian inverse Wishart PHD filter," IET Signal Processing, to appear.

作 者 简 介

罗纳德 · 马勒 (Ronald P. S. Mahler) 博士：自 1980 年起受聘于洛克希德 · 马丁公司，担任该公司先进技术实验室的资深研究科学家，2015 年退休后创立 RFS 科技公司。1974 年至 1979 年曾在明尼苏达大学任数学助理教授，拥有芝加哥大学数学学士学位、明尼苏达大学电子工程学士学位、布兰迪斯大学数学博士学位；曾获洛克希德 · 马丁公司 2004 年度与 2008 年度 MS2 作者奖、IEEE AESS 2005 年度 Harry Rowe Mimno 奖和 2007 年度 M. Barry Carlton 奖以及 JDL 数据融合组 2007 年度 Joseph Mignogna 数据融合奖。

自 2005 年以来，马勒博士专注于数据融合、专家系统理论、多目标跟踪、多目标非线性滤波、传感器管理、随机集理论以及条件事件代数等研究。作为主要研究人员，参与了洛克希德 · 马丁公司来自 DAPPA、空军实验室 (AFRL)、空军科学研究局 (AFOSR)、陆军研究局 (USARO) 以及 SPAWAR 系统中心等美国国防机构的多个科研项目，并出席了 USARO、AFRL、DARPA、SPAWAR 系统中心的技术咨询会议。

从 1995 年起，马勒博士发表 / 合作发表了 100 多篇期刊 / 会议论文并出版了 2 部专著 (*Mathematics of Data Fusion*, Kluwer, 1997; *Statistical Multisource–Multitarget Information Fusion*, Artech House, 2007)，是 1996 年国际随机集科学研讨会 (Random Sets: Theory and Applications, Springer, 1997) 的主要组织者、联合主席及共同主编。现为 SPIE 国防 & 安全年会的分会主席，被邀请在多个会议、大学及国防部实验室作报告，包括：哈佛大学、约翰・霍普金斯大学、麻省大学艾默斯特校区、威斯康星大学麦迪逊分校、空军技术学院 (AFIT)、IEEE 决策与控制会议、IEEE 多目标跟踪会议以及国际信息决策与控制会议，曾在 2004 年国际信息融合会议上作大会报告。

后 记

从北欧瑞典厄勒布鲁小城的皑皑白雪，到祖国星城长沙的杨柳煦风。历经两次寒暑，辗转数万公里，中文版《多源多目标统计信息融合进展》一书终于要和读者见面了。

当前，由于隐身技术、无人化技术特别是电子对抗技术的不断发展，给预警探测、制导跟踪、导航定位、精确打击等应用系统提出了前所未有的挑战。诸如弱小目标检测识别、密集群目标跟踪、背景未知的目标检测跟踪、多源异质融合、传感器管理控制等日益成为制约装备发展及其性能提升的关键技术，同时也是近年来信息融合与目标跟踪领域重点关注的前沿课题。

对于这些问题，传统信息融合与目标跟踪方法多为启发式的经验设计，缺乏统一而有效的理论支撑，严重阻碍了这些问题的解决。罗纳德 · 马勒 (Ronald P. S. Mahler) 博士提出并发展起来的有限集统计学 (FISST) 以崭新的视角和无缝统一的全概率方法重新审视多源多目标检测–跟踪–分类 (1 级融合) 及整个信息融合问题，为解决上述问题提供了一套很好的理论工具与技术支撑。该理论一经提出，便吸引了国际学术界和国防科技工作者们的广泛关注。特别是在 2007 年马勒博士出版 *Statistical Multisource–Multitarget Information Fusion* 一书后，随机集信息融合的发展势头更加迅猛，研究和应用方向逐渐多样化，甚至催生出一些未曾预期的新方向。为了给 FISST 研究人员提供一幅系统而完整的技术图景，使大家不至于从一开始就陷入具体技术分支的团团迷雾中，马勒博士在 2014 年 8 月出版了 *Advances in Statistical Multisource–Multitarget Information Fusion* 一书，全面总结了自 2007 年以来该技术领域的最新研究进展，诸如：从 PHD 滤波器到 CPHD 滤波器；从 CPHD 滤波器到多伯努利滤波器；及至最新发展出的“背景未知的” CPHD/CBMeMBer 滤波器以及 Vo–Vo 精确闭式多目标检测跟踪滤波器；联合跟踪与传感器配准；叠加式传感器与检测前跟踪；传感器管理控制等。

目前，全球有十几个国家的众多研究机构，特别是美国的 AFOSR、MDA、DARPA、AFRL 等，都对 FISST 理论及其应用研究给予了广泛资助。国内“十一五”和“十二五”期间在 973、国防预研、自然科学基金等不同层次上也资助了相关理论技术的应用研究并取得了一定的进展，但理论和应用水平总体上尚处在一个较低的层次上。

为了向国内学术界和工业界同仁普及推广 FISST 理论，促进设计者理论水平的同时提高系统的应用水平，我们于 2013 年 8 月翻译出版了中文版的《多源多目标统计信息融合》。该书反响良好并获得了 2013 年度“全国引进版科技类优秀图书奖”，但书中未涉及 2007 年以后的最新技术进展。考虑到 FISST 理论技术近 10 年来的迅猛发展势头及其对解决各行业信息融合瓶颈问题的重要性，我们深感有必要及时地引进并出版中译版的《多源多目标统计信息融合进展》。

在总装备部装备科技译著出版基金 (现装备发展部装备科技译著出版基金) 的资助下，我们自 2014 年 12 月起开始了本书的翻译工作。参加翻译工作的人员有范红旗 (前言，致谢，第 1 章，第 I 篇，第 II 篇第 11～13 章，第 III 篇，第 IV 篇第 19、20 章，第 V 篇，附录 A～H、J、K）、卢大威 (第 II 篇第 14、15 章，第 IV 篇第 21、22 章，附录 I)、蔡飞 (第 II 篇第 7～10 章，作者简介)。范红旗、卢大威和蔡飞负责本书的校对和文字整理工作，为了确保图书质量，每一章均由三人进行了多次校对，力求做到“信”“达”“雅”。博士生项盛文和刘让参与了本书插图的修改和整理，本书的 LaTeX 模板由刘本源博士负责制作。最后，由付强教授负责全书译文的审定。

在翻译过程中，我们尽量保持原著的行文风格和语气。由于部头巨大且成书时间较紧，原著中出现了许多疏漏和错误，我们在翻译过程中予以更正并以译者注的形式指出了那些特别重大的错误及影响理解的笔误。为便于查阅，书中引用 *Statistical Multisource–Multitarget Information Fusion*[179] 一书的地方，我们也以译者注形式给出了其在中译版《多源多目标统计信息融合》[180] 中的相应位置。

感谢装备发展部装备科技译著出版基金及国防科技大学青年拔尖人才培养计划对本书翻译出版的资助与支持，同时感谢责任编辑陈洁在本书版权购买及出版过程中所付出的辛勤劳动。在本书出版过程中，还得到了国内许多专家学者的关注与指导。他们是中国电子科技集团第 14 研究所的张光义院士、北京理工大学的吴嗣亮教授、海军航空大学的何友院士、西安交通大学的韩崇昭教授、中国航天科工集团第二研究院的李陟研究员，在此向他们致以诚挚的谢意。

然翻译出版并非目的。如前面所述，希望本书能够增进读者的理论水平，填补相关应用和先进理论方法之间的鸿沟，如此则译者初衷得偿。受水平和知识面所限，书中难免有疏漏、不当和错误之处，恳请读者批评指正。

2017 年 5 月 长沙

内容简介

作为 2007 年版 *Statistical Multisource-Multitarget Information Fusion* 一书的姊妹篇，本书系统全面地介绍了随机集信息融合最近 10 年来的理论及技术进展，密切结合弱小目标检测、联合跟踪识别、集群目标跟踪、多源异质融合、传感器配准、传感器 / 平台资源管理等实际应用问题，内容新颖且系统性强。

全书按专业化程度和应用水平分为五篇 26 章：有限集统计学初步 (第 2~6 章)；标准观测模型的 RFS 滤波器 (第 7~15 章)；未知背景下的 RFS 滤波器 (第 16~18 章)；非标观测模型的 RFS 滤波器 (第 19~22 章)；RFS 传感器与平台管理 (第 23~26 章)。主要内容涵盖：随机有限集与多目标的数学基础、贝叶斯建模 / 滤波与性能评估、经典有限集滤波器、多传感器有限集滤波、跳变多目标系统滤波、联合的滤波与传感器配准、多目标平滑器、动态未知背景下的有限集滤波、叠加式传感器滤波、图像传感器检测前跟踪、群 / 簇 / 扩展目标跟踪、模糊观测下的随机集滤波、单 / 多目标传感器管理控制的理论及近似。

本书可为从事雷达 / 光电信息系统设计及其信息综合的技术人员提供理论指导与实际参考，同时也可作为高等院校相关专业研究生的学习教材。计算科学家、物理学家、数学家以及其他从事信息融合理论研究的人员也可从本书中获益。